Margit Szöllösi-Janze

Fritz Haber

Margit Szöllösi-Janze

Fritz Haber
1868–1934

Eine Biographie

Verlag C.H.Beck München

Gedruckt mit Unterstützung des Stifterverbands für die Deutsche Wissenschaft

Mit 20 Abbildungen

2. Auflage. 2015
Unveränderter Nachdruck

www.chbeck.de
Satz: Janß GmbH, Pfungstadt
Druck und Bindung: Druckerei C.H.Beck, Nördlingen
Umschlaggestaltung: Fritz Lüdtke, München
Umschlagabbildung: Fritz Haber, 1931. © Archiv zur Geschichte der Max-Planck-Gesellschaft, Berlin-Dahlem
Gedruckt auf säurefreiem und alterungsbeständigem Papier
Printed in Germany
ISBN 978 3 406 67169 2

myclimate
shape our future

FSC
www.fsc.org
MIX
Papier | Fördert gute Waldnutzung
FSC® C019821

verantwortungsbewusst produziert
www.chbeck.de/nachhaltig
produktsicherheit.beck.de

Inhalt

Anhang

Einleitung

«Yes, writing lives is the devil!» Man ist geneigt, am chronologischen Ende eines derartigen Unterfangens diesen Stoßseufzer der britischen Schriftstellerin Virginia Woolf, die als Verfasserin zahlreicher Biographien einschlägige Erfahrungen mit dem Genre sammelte, an den Anfang zu stellen. Aber die Hölle übt bekanntlich seit jeher auf die Menschen eine ganz besondere Anziehungskraft aus, und außerdem gilt das Diktum wohlgemerkt für das Schreiben, nicht jedoch für das Lesen von Biographien.

Selten war ein Naturwissenschaftler so umstritten wie Fritz Haber, dessen Name längst seinen Weg aus den Lehrbüchern der Chemie und der wissenschaftshistorischen Fachliteratur in eine breitere Öffentlichkeit gefunden hat. Hier scheinen nun beinahe zwei Personen gleichen Namens zu existieren: Es gibt einen ‹guten› Haber, den genialen Wissenschaftler und Nobelpreisträger, dessen Ammoniaksynthese die Ernährungsgrundlage der Menschheit sicherte, der die Deutsche Forschungsgemeinschaft mitbegründete, der mit anderen Nobelpreisträgern wie Albert Einstein, Richard Willstätter oder Max Planck vertraulich von gleich zu gleich verkehrte. Es gibt aber auch einen ‹bösen› Haber, den Nationalisten und Militaristen, den gewissenlosen Gaskrieger und Kriegsverbrecher, den kaltherzigen Ehetyrannen, der seine sensible Frau in den Tod trieb. Sich einer derart kontrovers beurteilten Persönlichkeit biographisch zu nähern, birgt zweifellos einen eigenen Reiz. Eine wissenschaftliche Biographie, die ihre Aussagen vor dem Hintergrund der Fragestellungen der historischen Forschung durch kritisch ausgewertete Quellen sichern und belegen muß, eröffnet zudem die Möglichkeit, simplifizierende Sichtweisen zu vermeiden und der florierenden Legendenbildung entgegenzutreten.

1. Zum Unbehagen an der wissenschaftlichen Biographie

Aber warum eine Biographie? Keine Biographie eines Normaltypus, keine Kollektivbiographie, keine Antiheldenbiographie, sondern die Biographie einer durchaus auffälligen Einzelpersönlichkeit? Das Genre erfreut sich nicht nur auf dem populären Buchmarkt einer ungebrochenen Beliebtheit, sondern nimmt auch unter den Neuerscheinungen der historischen Forschungsliteratur einen wachsenden Anteil ein. Biographien sind zur tragenden Säule des Buchmarkts geworden, eine Entwicklung, die die Frankfurter Allgemeine Zeitung kürzlich als ‹eine Art literarischen Kannibalismus› diagnostizierte, als den maßlosen Hunger des Publikums nach geschriebenem Leben.[1] Der Rückzug der deutschen Geschichtswissenschaft aus der Biographik, der in den siebziger Jahren als ein Symptom der Krise der Geschichtswissenschaft angesehen und je nach Standpunkt begrüßt oder beklagt wurde, ist längst beendet. In der Soziologie hat sich die Lebenslaufforschung seit geraumer Zeit gar zu einem eigenständigen methodischen Konzept entwickelt. Und doch löst das Genre bei Historikern in der Regel Unbehagen aus, das sie gleichsam unter einen besonderen Begründungszwang setzt. Begründungszwang ist nun eigentlich in der Geschichtswissenschaft weder etwas Neues noch etwas Besonderes, denn der Historiker ist wie jeder Wissenschaftler völlig unabhängig von seinem Forschungsgegenstand stets dazu angehalten, sich Klarheit über das Objekt und den Zweck der Analyse, seine Erkenntnisinteressen und den gewählten Ansatz zu verschaffen. Daraus allein kann also der besondere Begründungszwang nicht resultieren. Es kommt vielmehr hinzu, daß sich der Historiker der Unterstellung erwehren muß, es handele sich bei der Biographie um ein ebenso theorieabstinentes wie konservatives Genre. Beide Vorwürfe sind eng miteinander verbunden, aber nicht ganz deckungsgleich.

Die erste Klage ist so neu nicht. Seit nunmehr hundert Jahren, als sich der Berner Philosoph Ludwig Stein bemüßigt fühlte, sich in den neu begründeten «Biographischen Blättern» programmatisch zur Methodenlehre der Biographie zu äußern, wird das theoretische und methodologische Defizit des Genres beklagt.[2] Es ist bis heute gleichsam mit dem Odium unreflektierter Vorwissenschaftlichkeit behaftet. Nun gab und gibt es Stimmen, die aus der Not eine Tugend machen und das Genre kurzerhand in den theorieresistenten Rang einer Kunst erheben. Sie sind jedoch in der Minderheit. Sogar Schriftsteller, die erklärtermaßen mit einer Biographie ein literarisches Kunstwerk schaffen wollen, bedenken zumeist sehr gründlich ihre Möglichkeiten und Grenzen.[3] Ebenso stellen sich die Wissenschaftler der Herausforderung einer Reflexion, denn so alt wie die Klagen sind auch die Bemühungen, die erkannten Defizite mit mehr oder weniger Erfolg zu beheben. Es genügt hier, ohne in die Details zu gehen, der Hinweis auf drei zeitlich wie inhaltlich weit auseinanderliegende Zeitschriften, die eigens zu diesem Zweck begründet wurden: die «Biographischen Blätter» 1895, die allerdings gerade in ihrer theoretisch-methodologischen Rubrik am Desinteresse der Zeitgenossen scheiterten; die von amerikanischen Literaturwissenschaftlern seit 1978 herausgegebene Zeitschrift «Biography»; seit 1988 schließlich «BIOS», ein Organ, das mit seinem Fokus auf der Biographieforschung und Oral History einen ganz andersgearteten Neubeginn biographischer Forschung in Deutschland markiert.

Freilich unterliegt nicht nur das Schreiben von Biographien, sondern auch das Nachdenken über ihre Problematik zeitlichen Konjunkturen. Nach der Funkstille der siebziger Jahre wird inzwischen wieder ein zwar nicht hektisches, aber doch geschäftiges Treiben verzeichnet, das sich allerdings auf verschiedene, in ihren disziplinären Grenzen befangene Wissenschaften verteilt. Von der Literaturwissenschaft bis zur Psychologie nähern sich die Disziplinen ihrem Gegenstand mit spezifischen Erkenntnisinteressen und Methoden.[4] So geht gerade in der Gegenwart eine Vielzahl der theoretischen Publikationen zur Biographie auf das Konto der Lebenslaufforschung. Sowohl für die Soziologie[5] wie auch, um in der Geschichtswissenschaft zu bleiben, für die Oral History oder die Alltagsgeschichte stellt die Erforschung von Lebensverläufen jedoch keineswegs das Ziel, sondern vielmehr eine Methode dar, um Erkenntnisse zu gewinnen, die andere Quellen nicht hergeben und die auch nicht in Form einer Biographie dargestellt werden. Hier gilt es zu unterscheiden, wenngleich sich manche Probleme und Ansätze zu ihrer Lösung auch überlappen.

Natürlich will nicht jeder, der über Biographie nachdenkt, auch wirklich eine Biographie schreiben. Vielleicht gibt er oder sie das Unternehmen sogar in Anbetracht der Lücke auf, die zwischen den gesetzten theoretischen Ansprüchen und den begrenzten Möglichkeiten ihrer praktischen Erfüllung klafft. Die wohlbegründeten, hohen theoretischen Anforderungen, die heute an die sozialhistorische Biographieforschung[6] oder auch die Psychohistorie[7] gestellt werden, sind bestens geeignet, Zweifel am Gelingen zu nähren. Schließlich werden allein durch die ganz unterschiedliche Situation der archivalischen Überlieferung völlig unabhängig vom eigenen Grad der Reflexion inhaltliche Vorentscheidungen getroffen, die den Historiker unweigerlich binden. Anders als der Schriftsteller kann er nicht ausweichen, um die Leerstelle fiktiv aufzufüllen, sondern ist abhängig von der Quantität und Qualität seiner Quellen. Die Möglichkeit, seinen Protagonisten oder andere Zeitzeugen selbst zu befragen, eröffnet sich ohnehin nur dem Zeithistoriker und birgt eine ganz eigene Problematik.

Der Historiker, der sich mit dem Gedanken an eine Lebensgeschichte trägt, sieht sich heute in der Regel veranlaßt, sich in engem Zusammenhang mit dem behaupteten Theoriedefizit auch mit dem zweiten der eingangs erwähnten Vorwürfe auseinanderzusetzen, er habe es mit einem konservativen Genre zu tun: Konservativ sei die narrative, chronologisch vorgehende Darstellungsform, konservativ auch die dahinter stehende Denkweise, sei sie nun ausdrücklich formuliert oder – weit öfter – implizit eingeflossen. Abgrenzungsbedarf besteht gegen eine Biographik, die, zentriert auf die historische Einmaligkeit ‹großer› Persönlichkeiten, das handelnde Individuum seiner sozialen Bedingtheiten entkleidet und individualistisch reduziert, die sein Leben methodisch naiv verstehen, ja gleichsam nachempfinden will. Die Biographie, gegen die da Stellung genommen wird, gilt als Fossil einer längst überholten Historiographie der großen Ereignisse und Persönlichkeiten, als der Historiker noch daran glaubte, durch Intuition und Nacherleben die innere Notwendigkeit der geschichtlichen Entwicklung und der Handlungen seiner Protagonisten verstehen und darstellen zu können. Die Biographie fällt unter das Verdikt des Historismus, der verdächtigt wird, in dieser «unschuldigen Gattung»[8] seine letzte Bastion zu verteidigen.

Zu Recht ist bemerkt worden, daß dieses Zerrbild des Historismus der methodologischen Differenziertheit der Geschichtswissenschaft des 19. und frühen 20. Jahrhunderts nicht gerecht wird.[9] Es ist vielmehr Ausdruck des Bedürfnisses nach einer innovativen Biographik, die den inhaltlichen wie methodologischen Herausforderungen gewachsen ist, die ein Verständnis von Geschichte als historischer Sozialwissenschaft vorgibt, die aber vermeidet, das handelnde Individuum auf einen Träger von Strukturmerkmalen zu reduzieren und ganz hinter sozioökonomischen Großstrukturen verschwinden zu lassen.[10] Während die Biographie in der gesamten englischsprachigen Welt eine relativ ungebrochene Tradition aufweist, begeben sich nun auch die Historiker in Deutschland wieder auf die Suche nach dem «wirklichen Menschen» in der Geschichte.[11] In Frankreich ist die Gelehrtenwelt ebenfalls bemüht, die menschliche Leerstelle der seriellen Geschichtsschreibung zu füllen. Der abstrakter Strukturen überdrüssige Historiker werde, so schreibt Jacques LeGoff in Rückgriff auf Marc Bloch, «wie der Menschenfresser im Märchen: Wo er Menschenfleisch riecht, da wittert er seine Beute.» Diese Beute ist nun kein kollektiv erfaßtes Menschenpotential mehr, sondern das Individuum, die ganz bestimmte historische Persönlichkeit.[12] In den letzten beiden Jahrzehnten hat daher eine ganze Reihe theoretisch argumentierender Schriften nachgewiesen, daß eine moderne Biographie den durch die Strukturgeschichte erhobenen Ansprüchen durchaus gerecht werden kann.[13] Ihre Überlegungen sind schlüssig, wenngleich auch mit der Zeit eine gewisse Redundanz der Argumente und der Belegtexte festzustellen ist. Schwerer wiegt, daß in den letzten Jahren viele hervorragende Biographien geschrieben wurden, die den praktischen Beweis führen, daß das Genre erfolgreich allen historistischen Fallen entgehen kann. Die Schlacht um die Biographie ist im Grunde längst geschlagen: Ohnehin hat keiner der Kombattanten je behauptet, daß sich individuelles Handeln vollständig aus sozioökonomischen Strukturen ableiten läßt, und umgekehrt vertritt auch niemand ernsthaft die Überzeugung, daß das Individuum ohne Gesellschaft überhaupt denkbar ist. Hagen Schulze beklagte schon 1978 diese wissenschaftstheoretisch wie -politisch schädliche «Frontstellung», da die grobe Alternative Individuum versus Gesellschaft oder Struktur tatsächlich gar nicht existiert.[14] Ebensowenig läßt sich der oft behauptete unvereinbare Gegensatz zwischen narrativer und analytischer Darstellung aufrechterhalten und ist längst einem von Fragestellung und Gegenstand der Forschung abhängigen ‹sowohl – als auch› oder ‹je nachdem› gewichen.

Also alles polemische Spiegelfechtereien? In einer Biographie wird das narrative Element, mit dem gewisse ästhetische Ansprüche an die Lesbarkeit des Textes verbunden sind, wohl immer eine wesentliche Rolle spielen. Unbeschadet der Erzählform können, ja müssen jedoch systematisierende, analytische Elemente in die Schilderung eingehen. Sie strukturieren die jeweiligen chronologischen Lebensphasen, fügen der zeitlichen Dimension eine oder mehrere analytische hinzu, um dadurch das Ziel einer «multiperspektivischen Darstellung» zu erreichen, in dem sich alle kritischen Historiker einig sind.[15] Der Biograph verspürt dabei die Faust Pierre Bourdieus im Nacken, der mit Bezug auf die ethnologische und soziologische Lebenslaufforschung eindringlich vor der «biographischen Illusion» warnte[16], eine Warnung, die grundsätzlich auch für das Verfassen einer historischen Biographie gilt: Die chronologische Erzählform konstituiere nach dem Modell des bürgerlichen Entwicklungsromans einen kohärenten Zusammenhang «des» Lebens, deute die Details finalistisch auf das Ende hin, suggeriere Sinn. Der Biograph mache sich damit zum Komplizen, ja mehr noch: zum Ideologen eines sinnhaften Lebens. Hier taucht der Vorwurf des konservativen Genres in neuem Gewande auf, doch kann Bourdieus Gegenentwurf, der «nouveau roman» eines Alain Robbe-Grillet, nur bedingt überzeugen. Nicht einmal in der Literatur hat es sich durchgesetzt, den Zerfall der Identität und die diskontinuierliche Lebenserfahrung der Moderne dauerhaft in den ästhetischen Formen des «nouveau roman» zu gestalten. Außerdem geht es dem Historiker nicht um naive Sinnvermittlung; ihm hilft gerade das Einfügen der analytischen Ebene in die Biographie, die nach den sozioökonomischen, politischen, kulturellen und psychologischen Koordinaten menschlichen Handelns fragt, aus dem Dilemma. Die Vorstellung eines einheitlichen und verbindlichen Biographiekonzepts ist damit jedoch obsolet. Der Historiker ist vielmehr genötigt, nach Darstellungs- und Ausdrucksformen zu suchen, die der spezifischen Problematik seines Untersuchungsgegenstands angepaßt sind.[17]

Als schwieriger erweist sich die Gewichtung strukturaler und personaler Faktoren in der Biographie.[18] Zum einen gibt es kaum eine Möglichkeit, in komplexen historischen Zusammenhängen die Wirkungsanteile einzelner Faktoren eindeutig festzustellen. Zum anderen rührt diese Frage in letzter Konsequenz an Kernprobleme wie Determinismus und Freiheit bzw. Offenheit des Menschenbildes und des Geschichtsverlaufs. Vielleicht ist dies auch die Ursache für das offenkundige Unbehagen des modernen Historikers an der Biographie: Die grundlegende Frage nach den Handlungs- und Gestaltungsfreiräumen des Menschen in der Geschichte stellt sich hier unmittelbarer als in anderen Gattungen, und selten wohl war die

Unsicherheit, wie diese Frage zu beantworten ist, größer als in der Gegenwart. Eine Biographie zu schreiben ist somit Herausforderung und Chance, sich, wie Hagen Schulze es nannte, «der Totalität des Wirklichen in der Geschichte» zu nähern und die Verflechtung eines individuellen Lebens mit seinem historischen Umfeld ausschnittsweise aufzuklären.[19] Zentraler Bezugspunkt bleibt dabei die Lebensbeschreibung, der die anderen Dimensionen zugeordnet sind: ein Balanceakt, der von Kapitel zu Kapitel neu gewagt werden muß. Die Vorgehensweise des Biographen ist gleichsam mikroskopisch, doch eröffnet ein geschickt plaziertes ‹historisches Mikroskop› Perspektiven mit enormer Reichweite, vom Allerpersönlichsten zum Allgemeinsten[20], und stellt die Frage nach den Handlungsspielräumen des Individuums in der Geschichte neu. Fritz Habers exponiert verlaufenes Leben bietet sich hierfür geradezu an.

Biographien von Naturwissenschaftlern haben eine lange Tradition. Sie waren das bevorzugte Genre einer Wissenschaftsgeschichte, die ihre Aufgabe in der Huldigung eines Genies und seiner überragenden kognitiven Leistungen erblickte. Dies hat sich geändert, seitdem Wissenschaft als sozialer Prozeß verstanden wird, der die kognitiven Leistungen an ihre sozialen, kulturellen, politischen Entstehungs- und Vermittlungszusammenhänge bindet, wobei gegenwärtig den zwischen personalen und strukturalen Faktoren vermittelnden Zwischeninstanzen wie Forschungstraditionen, wissenschaftlichen Schulen, nationalen «Stilen» usw. besondere Aufmerksamkeit zukommt. Trotz des erweiterten Bezugsrahmens erhebt jede wissenschaftshistorische Biographie nach wie vor den Anspruch, die kognitive Ebene in die Lebensbeschreibung ihres Protagonisten zu integrieren. Damit stellt sich die vielfach diskutierte Frage, wer denn überhaupt befugt ist, die Biographie eines Naturwissenschaftlers zu schreiben.

Richard Willstätter, Nobelpreisträger für Chemie des Jahres 1915, schrieb in seinen Lebenserinnerungen einzig dem Physiker James Franck die Fähigkeit zu, eine Biographie Fritz Habers zu verfassen, vereinige doch nur dieser «die Kompetenz des Gelehrten, des Militärs und des Freundes».[21] Der quellenkritisch versierte Historiker meldet freilich unwillkürlich Bedenken an, sich auf die Sichtweise eines befreundeten Kriegskameraden einlassen zu sollen. Wie aber steht es mit der Kompetenz des Naturwissenschaftlers? 1966 erhoben Physiker auf einer Newton-Tagung den Vorwurf, fachlich nicht ausgebildete Wissenschaftshistoriker seien notwendig «historians of prefaces», die sich darauf beschränken müßten, die Vorworte der Werke ihrer Protagonisten wiederzugeben, ohne weitergehende Schlußfolgerungen ziehen oder gar ein selbständiges Urteil abgeben zu können. Umgekehrt wurde ebenso vehement darauf verwiesen, daß reine Fachwissenschaftler ohne historische Ausbildung in der Regel noch größere Absurditäten verfaßten als Historiker ohne einschlägige Fachkenntnisse, daß vielmehr einige der besten wissenschaftsgeschichtlichen Werke gerade nicht von Fachwissenschaftlern geschrieben wurden.[22] Daß Wissenschaftsgeschichte, ja überhaupt Wissenschaftsforschung «ein Mittel zur Selbstfotografie und Selbstanalyse der Naturwissenschaft mit ihren eigenen methodischen Mitteln» bietet, ist längst zugunsten einer gesellschaftswissenschaftlichen Vorgehensweise entschieden worden.[23]

Freilich wird damit das Grundproblem einer jeden Wissenschaftlerbiographie nicht gelöst. Wie Ulrich Wengenroth es einmal pointiert formuliert hat, bleiben «die Ästhetik und Sinnlichkeit der instrumentengestützten und instrumentenerzeugten Naturwahrnehmung» einer rein textlichen Präsentation verborgen, so wie der Biographie eines Komponisten ohne Musikbeispiele wesentliche Dimensionen des beschriebenen Lebens entgehen. Damit entziehen sich auch die Denk- und Wahrnehmungsformen des physikalischen Chemikers, die ihn weit über den Bereich der Chemie hinaus prägen, ab einem gewissen Punkt einer adäquaten textlichen Darstellung. Auch die vermehrte Wiedergabe chemischer Formeln allein wird dem Leser nicht den über das Wissenschaftliche hinaus ins Ästhetische und Sinnliche gehenden Reiz beispielsweise der osmotischen Lösungstheorie vermitteln können. Die Reichweite der biographischen Analyse wird also längst nicht alle Dimensionen eines Lebens einholen können, zumal sie entscheidend auch vom imaginierten Leser abhängt. Nun wird aber nicht einmal mehr innerhalb der Naturwissenschaften die ‹Notenschrift› des Physikochemikers allgemein verstanden, so daß das Dilemma immer weniger auflösbar scheint. All dieser Vorbehalte eingedenk, erweist sich gerade Fritz Haber als gute Wahl. Die klassische physikalische Chemie, mit der er seinen Ruf erwarb, gehört noch wenigstens teilweise zum naturwissenschaftlichen Grundwissensbestand, wie er auf höheren Schulen gelehrt wird. Außerdem saß Haber niemals im Elfenbeinturm der Wissenschaft, suchte vielmehr von Anfang an den Kontakt zur technischen Anwendung und zur Industrie. In der zweiten Lebenshälfte gar verlagerte sich der Schwerpunkt seiner Tätigkeit ganz in Bereiche, die an den Schnittstellen zwischen Wissenschaft und Politik, Militär, Verwaltung und Wirtschaft lagen. Eine Biographie Habers, in der es um Problemkomplexe wie die Wissenschaftskultur des Wilhelminischen Kaiserreichs, die Organisation der Kriegswirtschaft im Ersten Weltkrieg oder die Probleme der Forschungsfinanzierung in der Hyperinflation geht, erfordert also gerade die Fähigkeiten des Allgemeinhistorikers.

2. Forschungsstand und Quellenlage

James Franck stellte sich der ihm von Willstätter zugewiesenen Aufgabe nicht. Vielmehr war es Willstätter selbst, der früh Wissenswertes zum

Leben seines engen Freundes beisteuerte: Er widmete seinem Gedächtnis das Kapitel X seiner 1949 publizierten Autobiographie, in dem er vier in früheren Jahren erschienene Aufsätze kompilierte.[24] Habers ehemaliger Mitarbeiter J. E. Coates verfaßte 1937 ebenfalls eine biographische Skizze, für die er auch eine Reihe von Zeitzeugeninterviews führte. Der gründlich recherchierte Schwerpunkt seiner «Haber Memorial Lecture» lag vor allem auf dem wissenschaftlichen Werk des Physikochemikers.[25] Beide Kurzbiographien, deren freundschaftlicher, ja bewundernder Grundtenor dem Leser nicht entgeht, dienten späteren Darstellungen häufig als mehr oder weniger offen eingestandene Quellengrundlage. Sie gingen auch unausgesprochen in die bis vor kurzem einzige ausführliche Lebensbeschreibung Habers ein, die der Amerikaner Morris Goran 1967 nach langjährigen Vorarbeiten vorlegte.[26] Zu seinen Recherchen zählten auch Interviews mit jüdischen Emigranten aus Deutschland, eine im Grunde sehr wertvolle und aufschlußreiche Quelle, die heute unwiderruflich schweigt. Doch ist Vorsicht angebracht: Else Freyhan und Hermann Haber, Schwester und Sohn des Physikochemikers, hatten wie James Franck einen ausgesprochen ungünstigen Eindruck von Goran und weigerten sich daraufhin, mit ihm zusammenzuarbeiten und Informationen weiterzugeben.[27] Der weder naturwissenschaftlich noch historisch vorgebildete Verfasser verzichtete in seiner Biographie ganz auf Quellenbelege und stellt den Leser damit vor das Problem, Fakten, Legenden und freie Erfindungen detektivisch ermitteln zu müssen. Seine Darstellung ist in hohem Grade unzuverlässig und diente erkennbar vor allem publizistischen Zwecken.

Das Interesse der DDR-Geschichtsschreibung an Haber bestand schon sehr früh, provozierte doch dieser eng mit Industrie und Staatsmacht zusammenarbeitende Wissenschaftler gleichsam eine marxistische Interpretation. Der erste Versuch vom Beginn der sechziger Jahre geriet jedoch auf einer minimalen Quellenbasis dermaßen plump vulgärmarxistisch und fehlerhaft[28], daß er wenig später eine differenziertere, wenngleich sehr versteckt publizierte Gegendarstellung des Ostberliner Wissenschaftshistorikers Günter Wendel nach sich zog.[29] Wendel bemühte sich erkennbar darum, Haber auf der Grundlage der publizierten Quellen und Literatur nicht auf einen monopolistischen Ausbeuter und aggressiven Feind der Arbeiterklasse zu reduzieren, sondern auch den emanzipatorischen Gehalt seiner wissenschaftlichen Leistungen zu würdigen. Interessanterweise wurde die Figur Habers in späteren Jahren in der Historiographie der DDR nicht wieder thematisiert, vielleicht wegen der offenkundigen Schwierigkeiten, den schillernden Physikochemiker in das marxistisch-leninistische Prokrustesbett zu zwingen. Hermann Heinz Willes 1969 in Ostberlin erschienener biographischer Roman «Der Januskopf»[30] reagierte durch die Wahl des fiktiven Genres auf die theoretischen Nöte und entledigte sich dadurch auch des Zwangs, seine Aussagen belegen zu müssen.

Die 1970 publizierte Autobiographie von Habers zweiter Frau Charlotte[31] enthielt ebenfalls eine ausführlichere Lebensbeschreibung des Physikochemikers, zumal sie sich unter dem Zwischentitel «Das Buch Fritz Haber» nicht nur auf die Zeit der gemeinsamen Ehe beschränkte. Die Aufzeichnungen eröffnen zweifellos eine Möglichkeit, sich den nur schwer zugänglichen Privat- und Intimbereich zu erschließen, doch ist, wie noch zu zeigen sein wird, größte quellenkritische Vorsicht geboten. Bis in die Gegenwart hinein herrschten jedoch kurzgefaßte Lebensbilder Habers vor, die bereits Bekanntes neu aufbereiteten und zusammenfaßten[32], meistens jedoch Einzelaspekte herausgriffen und die eingangs erwähnten positiv oder negativ akzentuierten Skizzen entwarfen. Während die einen beispielsweise die «außergewöhnliche Genialität» des Juden Haber und seine spektakulären Leistungen zum Wohle der Menschheit hervorhoben[33], geißelten andere den Mann «zwischen Sprengstoff, Kunstdünger und Giftgas» im Ersten Weltkrieg.[34] Nur wenige unternahmen den Versuch, die ganze Spannbreite dieser Persönlichkeit auszuloten, den kreativen Forscher nicht zu trennen vom geschickten Organisator des Gaskriegs. Am ehesten gelang dies noch Fritz Stern, wenngleich auf vergleichsweise dünner Quellengrundlage, in welche die durch Briefabschriften ergänzten Erinnerungen seines Vaters Rudolf A. Stern[35], ärztlicher Berater und Freund Habers, eingingen. Fritz Stern faßte die einander freundschaftlich verbundenen Haber und Einstein als die beiden Extrempole deutsch-jüdischer Existenz auf, doch ging die bewußt polare Konstruktion seines eindringlichen Doppelporträts letztlich auf Kosten der Spannbreite der Einzelperson Haber.[36]

Wie ist es möglich, daß ein Wissenschaftler von der Bedeutung Habers bis in die jüngste Vergangenheit ohne angemessene Biographie blieb? Ein eigentlicher Nachlaß ist nicht überliefert: Ein Großteil der persönlichen Papiere und Aufzeichnungen des Wissenschaftlers ging 1940 im Keller der Wohnung seines Sohnes Hermann in Paris verloren.[37] 1954 rief Otto Hahn als Präsident der Max-Planck-Gesellschaft in Gemeinschaft mit der Deutschen Bunsen-Gesellschaft, der Gesellschaft Deutscher Chemiker, der Gesellschaft Deutscher Naturforscher und Ärzte sowie dem Verband deutscher physikalischer Gesellschaften öffentlich in Ost und West dazu auf, Johannes Jaenicke (1888–1984) bei seiner Materialsuche für eine Biographie des Physikochemikers zu unterstützen. Jaenicke, von 1916 bis 1925 als Mitarbeiter Habers in Dahlem und danach in der Metallgesellschaft AG in Frankfurt tätig, beabsichtigte, nach seiner Pensionierung alle für eine Lebensbeschreibung relevanten Dokumente zu ermitteln, zu sichern und zusammenzutragen. Er war ungemein fleißig, recherchierte in den wichtigsten Archiven, sammelte Briefe aus Privatbesitz, fertigte Kopien und Abschriften an, korrespondierte mit vielen Zeitzeugen, führte zahlreiche Interviews.[38]

Das Ergebnis dieser immensen Sammelarbeit war durchaus ambivalent: Einerseits sicherte sie Quellen, die, wie beispielsweise die Interviews mit den Zeitzeugen, sonst verloren gewesen wären; andererseits ist Joachim Zepelin darin zuzustimmen, daß dieser wohlgemeinte Ansatz zum Schlimmsten wurde, was passieren konnte.[39] Der treue Schüler Jaenicke trug alle Quellen zusammen, «Haber-Reliquien», wie er sie nannte, scheiterte aber an der Materialfülle und wohl auch an der Problematik der Person seines verehrten Lehrers. Er schrieb nur einige sehr kurze Beiträge[40]; der beabsichtigte große Wurf blieb aus. Damit blockierte er auf Jahrzehnte den Zugang anderer zu den Dokumenten, die er erst kurz vor seinem Tod als sog. «Haber-Sammlung» dem Archiv zur Geschichte der Max-Planck-Gesellschaft (Abt. V, Rep. 13 Haber) zur Verfügung stellte, wo sie archivalisch aufbereitet, durch ein detailliertes Repertorium erschlossen und durch weitere Neuerwerbungen ergänzt wurden.[41]

Trotzdem sollte es noch bis 1993 bzw. 1994 dauern, bis im wesentlichen auf der Basis der «Haber-Sammlung» zuerst eine Biographie über Habers erste Frau, die Physikochemikerin Clara Immerwahr, und kurz darauf über ihn selbst erschien. Gerit von Leitners «Fall Clara Immerwahr»[42] vereinigt die Form einer wissenschaftlichen mit einer literarischen Biographie zu einem nachempfundenen, stellenweise beinahe nachgelittenen Lebensbild ihrer sensiblen Protagonistin. Die spärlichen Quellenverweise erschweren es, Fakten und Fiktion voneinander zu trennen. Anliegen der dezidiert feministischen Darstellung ist letztlich eine schroffe Kontrastierung männlich-destruktiver und weiblich-lebenserhaltender Wissenschaft, deren Gegensatz nur gewaltsam und auf Kosten der Frau, nämlich durch den Selbstmord Claras 1915, aufgebrochen werden konnte.

Völlig anders stellt sich dagegen Dietrich Stoltzenbergs dickleibige Haber-Biographie dar.[43] Nach seiner Pensionierung im Jahre 1984 arbeitete sich der gelernte Chemiker acht Jahre lang durch die Bestände der Haber-Sammlung, ergänzt durch Archivreisen, die ihn bis nach Breslau und Rehovoth/Israel führten. Er verfaßte in der Tat die erste quellengesättigte Lebensgeschichte des Physikochemikers, die sich erkennbar bemühte, alle Facetten aufzunehmen. Warum dann also noch eine Haber-Biographie? Man könnte bereits damit argumentieren, daß Fritz Haber eine Forscherpersönlichkeit ist, die ohne weiteres mehrere Biographien trägt, zumal die Ergebnisse je nach Herangehensweise divergieren. Hinzu kommt im Fall Stoltzenbergs das Dilemma, in dem der oben erwähnte reine Fachwissenschaftler steckt, der, ausgehend von einer überwältigenden Menge archivalischer Quellen, eine Lebensgeschichte chronologisch erzählt. Abgesehen von seinen kompositorischen Schwächen, kompiliert das Werk über weite Passagen ausführliche, aber leider oft auch fehlerhaft wiedergegebene Quellenzitate. In der Tat verführt Habers sehr plastischer Briefstil leicht dazu, ihn möglichst oft zu Wort kommen zu lassen. Andererseits sprechen

Quellen bekanntlich nur dann, wenn man sie richtig befragt, also mit dem handwerklichen Instrumentarium des Historikers, in Kenntnis der geschichtswissenschaftlichen Forschungsliteratur und vor dem Hintergrund der geschichtstheoretischen und methodologischen Diskussionen der letzten Jahre auswertet.

Darin liegt nun die Chance der vorliegenden Biographie Habers. Ihre leitenden Fragestellungen werden wie der speziellere Forschungsstand themenbezogen in den einzelnen Kapiteln der Darstellung aufgeworfen und diskutiert, so daß es sich erübrigt, sie hier im einzelnen vorzustellen. Sie liegen zu weit auseinander und sind zu unterschiedlich, als daß es Sinn machte, sie an dieser Stelle vorwegzunehmen. Wenn man die Forderung ernst nimmt, das Individuum und seine Handlungen in den jeweiligen sozialen oder politischen Kontext einzubinden, bietet sich diese Vorgehensweise an. Die Kapitelfolge ist grundsätzlich chronologisch, doch fächerten sich mit dem Ersten Weltkrieg Habers Tätigkeitsbereiche derartig auf, daß sie zunächst isoliert und für sich verfolgt werden müssen, um sie dann wieder zusammenzuführen. Dies gilt erst recht für die Jahre der Weimarer Republik, in der systematische Fragestellungen die Kapitelabfolge bestimmen.

Materialkern der Biographie ist ebenfalls die «Haber-Sammlung» des MPG-Archivs, ergänzt um die relevanten Akten der Generalverwaltung der Kaiser-Wilhelm-Gesellschaft und kleinerer, dort verwahrter Bestände. Sich allein auf die unter dem Blickwinkel des Chemikers und Haber-Bewunderers erfolgte Auswahl Jaenickes zu verlassen, verbietet die quellenkritische Vorsicht. Obwohl man ihm aufrichtigen Sammeleifer bescheinigen kann, ist ferner zu berücksichtigen, daß er viele Fragen, die den Historiker heute interessieren, gar nicht erst stellte und daher auch nicht nach entsprechenden Quellen fahndete. Folglich mußten alle Archive, in denen Jaenicke vor dreißig, vierzig Jahren gewesen war, von neuem aufgesucht, der ‹archivalische Suchscheinwerfer› auf zusätzliche Bestände und weitere Archive bzw. Handschriftenabteilungen gerichtet werden.

Es wird hier darauf verzichtet, das im Anhang befindliche Archivalienverzeichnis ausführlich zu erläutern, zumal die Quellensituation in den einzelnen Kapiteln der Darstellung unter themenspezifischem Gesichtspunkt vorgeführt werden wird. Auffällig ist, daß der überwältigenden Materialfülle zu bestimmten Themenbereichen auf der einen Seite merkliche Lücken auf der anderen gegenüberstehen. So kann die Technische Hochschule Karlsruhe ihre Geschichte nur unvollständig in den Beständen des Badischen Generallandesarchivs dokumentieren, da im Laufe der Jahrzehnte viele Akten einfach weggeworfen wurden. Erinnert sei weiter an den Verlust des Potsdamer Heeresarchivs durch einen Luftangriff am 14. 2. 1945. Zwar sind einzelne Bestände inzwischen wieder aus der Sowjetunion und der ehemaligen DDR aufgetaucht[44], doch bleibt die Quellengrundlage beispielsweise für Habers Tätigkeit in der Abteilung A 10 des Kriegsministeriums oder für die Arbeit seines Instituts für den Gaskrieg fragmentarisch. Die ihrerseits ebenfalls eher zufällig überkommenen Bestände des Unternehmensarchivs der BASF bieten eine gewisse Ersatzüberlieferung für die Frage der Stickstoff- und Sprengmittelversorgung. Die geheimen Akten über die Gasforschungen der Weltkriegsjahre, die Haber in der Weimarer Zeit auf dem Dachboden des Instituts versteckte[45], wurden 1933 offenbar dem Reichswehrministerium übergeben.[46] Sie sind seitdem verschollen, vielleicht mit dem Heeresarchiv vernichtet. Auch sind Eingriffe der Nationalsozialisten in zentrale, die ‹persona non grata› Haber betreffende Aktenbestände in den Jahren des Dritten Reichs nicht auszuschließen. So fehlt beispielsweise aus unerklärlichen Gründen der so wichtige Aktenband für das Habersche Institut in den Weimarer Jahren im ansonsten sehr aufschlußreichen Bestand des preußischen Kultusministeriums im Geheimen Staatsarchiv Preußischer Kulturbesitz in Berlin/Dahlem.[47] Grundsätzlich gilt freilich, daß durch die nun frei zugänglichen Akten der früheren DDR-Archive – erwähnt seien zusätzlich zum preußischen Kultusministerium nur die Akten des Reichsinnenministeriums im Bundesarchiv in Potsdam (jetzt Berlin) – ein beträchtlicher Erkenntniszuwachs erzielt werden konnte. Dasselbe gilt für Haber-relevante kleinere Nachlässe, Nachlaßfragmente oder auch nur einzelne Briefe, die sich weit verstreut in den diversen Handschriftenabteilungen fanden.

Bei aller Materialdichte hat es eine Haber-Biographie also mit vielen auffälligen Lücken zu tun. Manchmal konnten sie geschlossen werden, sei es durch neue Quellenfunde, sei es durch kritische Auswertung der Archivalien und der Literatur, sei es auch durch eine systematische Bestandsaufnahme. So wurde beispielsweise ein Publikationsverzeichnis Habers (ohne Anspruch auf Vollständigkeit) erstellt, das bislang fehlte und nun im Anhang Orientierungshilfe gibt. Viele inhaltliche Leerstellen blieben jedoch bestehen. Die vorliegende Arbeit macht es sich zum Ziel, diese Leerstellen offenzulegen und deutlich sichtbar zu machen, keinesfalls aber durch die merkwürdigerweise gerade in Wissenschaftlerbiographien so beliebten Legenden zu füllen. Helmuth Trischler hat auf «anti-biographische» Versuche hingewiesen, in denen die Unterscheidung zwischen Primär- und Sekundärquellen zugunsten einer gleichberechtigten Integration der Mythen aufgegeben wird. So verabschiedete sich David Nye von der Fiktion des einen Thomas Edison, dekonstruierte seine Person und ermittelte statt dessen 16 verschiedene historische Figuren.[48] Dies ist ein intellektuell sehr interessantes und aufschlußreiches Manöver, doch räumt damit der Historiker dem Semiotiker das Feld, ein Weg, der hier nicht beschritten wird. Hier wird vielmehr versucht, nicht die Person, sondern die Legenden quellenkritisch zu ‹dekonstruieren›. Es bleibt die grundsätzliche Widersprüchlichkeit der Biographie als literarischer Form, auf die Volker

Hentschel aufmerksam machte: «gleichermaßen unmöglich und unentbehrlich, notwendig unbefriedigend und – wenn es gut geht – dennoch aufschlußreich».[49]

Fritz Haber spielte bei der Gründung und Ausgestaltung der Notgemeinschaft der deutschen Wissenschaft eine wichtige Rolle, war ihm doch die Förderung der Forschung und des wissenschaftlichen Nachwuchses ein zentrales Anliegen. Es bietet sich daher an, hier an erster Stelle der Deutschen Forschungsgemeinschaft zu danken. Sie bewilligte mir ein Habilitanden-Stipendium, das mir drei Jahre lang nicht nur materielle Sicherheit, sondern auch Anerkennung und Ermutigung bedeutete. Dem Stifterverband für die Deutsche Wissenschaft, dessen frühe Geschichte ebenfalls mit Haber zusammenhängt, danke ich für einen Druckkostenzuschuß.

Die Philosophische Fakultät für Geschichts- und Kunstwissenschaften der Universität München nahm im Wintersemester 1996/97 die vorliegende Haber-Biographie als Habilitationsschrift an, die für den Druck leicht überarbeitet wurde. Viele haben dazu beigetragen, daß ich dieses Ziel erreichte. Ich danke vor allem meinem akademischen Lehrer Gerhard A. Ritter für seine vielfache Förderung und Unterstützung. Er hat meine wissenschaftliche Arbeit von Anbeginn begleitet, mich angespornt und bestärkt. Mein Dank gilt ferner den hilfsbereiten Mitarbeiterinnen und Mitarbeitern der zahlreichen von mir besuchten oder angeschriebenen Archive, die im einzelnen im Anhang aufgeführt sind. Hervorheben möchte ich das Archiv zur Geschichte der Max-Planck-Gesellschaft in Berlin, dessen Leiter Eckart Henning und Marion Kazemi mir sehr entgegenkamen. Daß Berlin für mich nicht zu einem Ort bloßer Archivrecherche verkümmerte, verdanke ich Sabine und Rüdiger vom Bruch, deren anregende Gespräche und Gastfreundschaft ich genossen habe.

Die Professoren Laetitia Boehm, Hans Günter Hockerts, Gerhard A. Ritter, Winfried Schulze und Ulrich Wengenroth haben das Manuskript begutachtet und wichtige Hinweise gegeben, Carl Steenstrup half bei der Transkription und Übersetzung der japanischen Namen. Meinen Kolleginnen und Kollegen in München danke ich für die freundschaftliche Arbeitsatmosphäre im Institut für Neuere Geschichte, die mir sehr viel bedeutet hat. Eigens erwähne ich Elisabeth Droß, Ulrike Haerendel und Wilfried Rudloff, die einzelne Kapitel lasen und kommentierten. Marian Rappl beschaffte die teilweise schwer zugängliche Literatur. Alexander Schunka half bei den Korrekturarbeiten und erstellte das Register. Wolf Hosbach meisterte kompetent alle Computerfragen. Mein Dank gilt ferner Stephan Meyer vom Verlag C. H. Beck für die freundliche Begleitung der Drucklegung.

Ich widme dieses Buch aus guten Gründen meiner Familie: meiner Schwester, die trotz eigener Belastung Teile des Manuskripts kritisch las; meinem Mann, der Beruf und Kinder stets als Aufgabe und Chance beider

Ehepartner auffaßte und Erziehungsurlaub nahm, damit ich die auswärtigen Archive besuchen konnte; meinen beiden Kindern, die mich erfolgreich ‹geerdet› und daran erinnert haben, daß Fritz Haber seit mehr als 60 Jahren tot ist; schließlich meinen Eltern, besonders meiner Mutter, auf deren Hilfe ich in den zahllosen kleineren und größeren familiären Notfällen immer bauen konnte.

I. Kindheit und Jugend

Fritz Haber wurde am 9. Dezember 1868 in Breslau als Sohn des jüdischen Farben- und Chemikalienhändlers Siegfried Haber und seiner Frau Paula, geb. Haber, geboren. Fast jede Biographie beginnt wenig originell, und doch stellen diese nüchternen Daten das geographische, politische, sozioökonomische, kulturelle und familiäre Koordinatensystem auf, das die Dimensionen eines individuellen Lebens absteckt.

Das Geburtsjahr machte Haber zu einem Kind der Reichsgründungszeit, einer Gesellschaft, die sich in mancher Hinsicht «im Aufbruch» (Wolfram Siemann) befand: im Aufbruch in das Deutsche Reich, dem lang ersehnten Nationalstaat nun freilich Bismarckscher Prägung, von ‹oben› geschaffen, aus Kriegen hervorgegangen, von Preußen dominiert; im Aufbruch in den modernen Industriestaat, dessen rasante Entwicklung Deutschland innerhalb weniger Jahre zur wirtschaftlich führenden Nation Europas machte; im stimmungsmäßigen Aufbruch, der bereits von den Zeitgenossen als euphorisch, grenzenlos optimistisch und fieberhaft erlebt wurde; letztlich auch im Aufbruch in eine Zeit stärkster geistiger Dynamik auf dem Gebiet der Wissenschaften und der Technik. Für den Sohn einer jüdischen Familie bedeutete die Reichsgründung nicht zuletzt die endgültige und rechtlich abgesicherte staatsbürgerliche Gleichstellung, die der Kanzler des Norddeutschen Bundes am 3. Juli 1869 per Gesetz verkündete.

1. Breslau und die Habers

Der Geburtsort Breslau machte Haber zu einem Sohn Preußens. Die traditionsreiche Stadt an der Oder, administratives und kulturelles Zentrum Schlesiens, nahm in der zweiten Jahrhunderthälfte eine überaus stürmische Entwicklung; ihr Wachstum, ihre Eingemeindungspolitik und Bauplanung waren bereits Gegenstand zeitgenössischer politisch-wissenschaftlicher Betrachtungen.[1] Das Bevölkerungswachstum gibt einen ersten Eindruck der kommunalen Dynamik. Die Daten der Volkszählungen weisen für 1816 eine Zahl von gut 75 000 Einwohnern nach, die bis 1849 auf knapp 111 000 anwuchsen. 1871 wohnten in der Stadt schon 208 000 Menschen, 1890 dann 335 000, zehn Jahre später schließlich fast 423 000. 1910 hatte die Einwohnerzahl die halbe Million (512 000) überschritten.[2]

Breslau, die drittgrößte Stadt Preußens, Sitz eines Fürstbischofs, des

Generalkommandos, der Provinzialverwaltung, der Bezirksregierung, zahlreicher Behörden und kultureller Einrichtungen, wandelte sich in der zweiten Hälfte des 19. Jahrhunderts von der Handels- zur Industriestadt. Die alte Stadt an der Oder, wo sich die Handelswege von den Niederlanden über Leipzig nach Polen und Rußland, vom europäischen Südosten über Süddeutschland an die Ostsee kreuzten, war noch Ende des 18. Jahrhunderts der Hauptumschlagplatz zwischen den Waren des Westens und Südens und den Naturprodukten des Ostens. Danach büßte die Stadt ihre glänzende Rolle als merkantiles Zentrum aus verschiedenen Gründen allmählich ein, obwohl immer noch ein Großteil des Ost-West-Handels über die in der Stadt zusammentreffenden Straßen, Eisenbahnlinien und Schifffahrtswege rollte. Vor allem die Lage Breslaus an der großen nordwestlichen Verkehrsdiagonale durch Deutschland, die von der Elbemündung zur oberen Oder lief und somit Hamburg über Berlin mit dem oberschlesischen Industriegebiet verband, blieb für den Handel von Bedeutung, der sich insgesamt in der Ära der Caprivischen Verträge wieder leicht erholte. Auf der anderen Seite entwickelte sich die schlesische Metropole stürmisch zur Industriestadt. Gefördert durch zahlreiche Bankinstitute, expandierte der gewerbliche Sektor, vor allem die Bekleidungsindustrie, das Baugewerbe, die Metallverarbeitung, der Maschinen- und Apparatebau sowie die Nahrungsmittelindustrie.[3] Die Berufszählung 1907 ergab für die beiden städtischen Reichstagswahlkreise 91 und 92, Breslau Ost und Breslau West, daß 49 % der Berufstätigen in der Industrie, 25 % im Handel beschäftigt waren.[4]

Das zunehmend industriell geprägte Sozialprofil der Stadt sollte in den Reichstagswahlergebnissen seinen Niederschlag finden. Ähnlich wie Berlin wurde Breslau aus einer Domäne des Liberalismus eine Hochburg der Sozialdemokratie, die gerade in der Zeit des Sozialistengesetzes auch an der Oder den politischen Durchbruch erlebte. Seit 1881 waren ihr beide Wahlkreise sicher; nur 1887 und 1890 verlor sie je einen Wahlkreis, 1907 allerdings beide. Führende Sozialdemokraten des Kaiserreichs wie Wilhelm Hasenclever, Bruno Schönlank, Eduard Bernstein und Gustav Bauer zogen über das sichere Breslauer Mandat in den Reichstag.[5]

Sein familiärer Hintergrund machte Fritz Haber zu einem Sohn des wohlhabenden, aufstiegsorientierten, großbürgerlich geprägten deutschen Judentums. Breslau hatte eine bedeutende – seit den 1840er Jahren in eine konservative und eine liberale Kultusfraktion gespaltene – jüdische Gemeinde, die im 19. Jahrhundert durch Zuzug aus dem Osten bzw. zunehmende Verstädterung der in Schlesien ansässigen Juden stark wuchs. Ihre Zahl betrug 1810 erst 3255, hatte sich bis 1849 auf fast 7400 mehr als verdoppelt, um danach besonders anzusteigen: 1880 lebten knapp 18 000, dreißig Jahre später 20 200 Juden in der Stadt. Ihr Anteil an der Breslauer Bevölkerung schwankte damit zwischen gut 4 und über 6 %.[6]

Die Berufsgliederung der Breslauer Juden unterschied sich signifikant vom oben erwähnten städtischen Bevölkerungsdurchschnitt. Eine statistische Analyse für das Jahr 1912 weist nach, daß knapp 24 % der Juden in der Industrie, gut 41 % im Sektor Handel und Verkehr tätig waren; die Verhältnisse für die nichtjüdische Bevölkerung lagen fast genau umgekehrt. Auffällig ist der hohe Anteil von jüdischen «berufslosen Selbständigen» mit 25,5 %: Unter diese Kategorie fielen Personen, die von ihrem Vermögen lebten, solche, die im Alter in die Stadt zogen, sowie vor allem Studenten, Schüler und Seminaristen, die in den bedeutenden Universitäts- und Schulstädten wie Breslau oder Königsberg ins Gewicht fielen.[7] Nun hatte gerade Breslau im 19. Jahrhundert nicht nur eine Universität mit bedeutenden Gelehrten jüdischer Herkunft, sondern auch eine beträchtliche Anzahl jüdischer Schulen und Wohlfahrtseinrichtungen. Das 1854 von der Fraenckelschen Stiftung gegründete Jüdisch-Theologische Seminar bildete Rabbiner und Seminarlehrer aus und machte die Stadt zum wichtigsten Zentrum der mosaischen Wissenschaft in Europa.[8] Die industrielle, vor allem schwerindustrielle Entwicklung Oberschlesiens wurde wesentlich von der jüdischen Wirtschaftselite Breslaus getragen, und zwar sowohl als Unternehmer wie auch als Finanziers, nicht zuletzt auch auf Managementebene.[9] Ihr Einfluß ging über den ökonomischen Bereich weit hinaus und schlug sich in der Politik über das Dreiklassenwahlrecht auf staatlichem und kommunalem Gebiet sinnfällig nieder. Zu den reichsten jüdischen Breslauer Familien zählten Namen wie Alexander, Bielschowsky, Boden, Breslauer, Caro, Gottstein, Kauffmann, Milch, Pringsheim, Rawack, Rinkel, Sachs, Schottländer, Singer, Wertheim usw.[10]

Zu diesem engsten Kern der Breslauer jüdischen Wirtschaftselite gehörten die Habers nicht, wohl aber zu dem etwas breiteren Kreis sehr wohlhabender jüdischer Kaufleute. Fritz Haber selbst ließ in den Jahren 1928–1930 den Stammbaum seiner Familie durch seine Großnichte Elisabeth Freund zusammenstellen, als er, erschüttert durch Krankheit und das Scheitern seiner zweiten Ehe, die Bedeutung der Familie für das Leben des einzelnen in voller Tragweite erkannte.[11] Die Nachforschungen führten auf den 1828 gestorbenen Wollhändler Pinkus Haber zurück, der aus Kempen/Posen nach Breslau gekommen war. Zwei seiner vier Söhne, Jakob (?–1846) und Julius Haber (1801–1877), führten die väterliche Wollhandlung mit beträchtlichem wirtschaftlichen Erfolg fort, wobei sich Julius auch um die Familie seines früh verstorbenen Bruders kümmerte. Jakob Haber und seine Frau Caroline, geb. Friedländer, hatten sechs Kinder, vier Söhne und zwei Töchter; die Familie lebte nach dem Tod Jakobs in Brieg und leitete die dortige Filiale des Wollgeschäfts. Julius Haber und seine Frau Johanna, geb. Warschauer, hatten fünf Söhne und fünf Töchter; die Familie führte die Breslauer Geschäfte und brachte es zu großer Wohlhabenheit.

Die auf Jacob und Julius Haber folgende Generation war die Generation von Fritz Habers Eltern, Siegfried Haber (1841–1920) aus der Familie des Jacob, und Paula Haber, geb. Haber (1844–1868) aus dem Zweig des Julius. Von den drei Brüdern Siegfrieds schlug der jüngste, Julius (1844–1920) mit dem Jurastudium als erster einen anderen Lebensweg ein als den bisher in der Familie üblichen Kaufmannsberuf. Demgegenüber blieben Eduard (1837–1917), Ludwig (1843–1874; ermordet als deutscher Konsul in Hakodate/Japan durch einen Samurai) und Siegfried dem Kaufmannsberuf treu. Der am 6. 2. 1841 in Brieg geborene Siegfried Haber hatte in Breslau eine kaufmännische Ausbildung bei der Farbenfirma S. E. Goldschmidt und Sohn durchlaufen und kurz nach Abschluß der Lehre eine eigene Farbengroßhandlung gegründet, die er sehr erfolgreich ausbaute.[12] Seine 1867 geschlossene Ehe mit seiner Cousine Paula endete nach nur kurzer Dauer in der Katastrophe, als die junge Frau drei Wochen nach der schweren Geburt des ersten Kindes, Fritz, starb. Sie hinterließ einen verzweifelten, sich nun ganz in das Berufsleben zurückziehenden Mann. In dieser Zeit waren die zum Handel angebotenen Farben noch Naturfarben aus einheimischen Pflanzen, die vor allem in der Textilindustrie zum Einfärben von Stoffen, Garnen usw. verwendet wurden. Typisch für Schlesien waren Bauern, die Krapp anbauten, eine Pflanze, deren Wurzeln einen leuchtendroten Farbstoff enthielten. Indigoblau wurde entweder aus dem einheimischen, in Thüringen kultivierten Waid gewonnen oder aber teuer aus Indien importiert. Diese und andere natürlichen Farbstoffe mußten, um verschiedene Farbtöne zu ergeben und anschließend in der Färberei Verwendung zu finden, mit einer Vielzahl chemischer Substanzen versetzt werden. Ein Farbengeschäft in dieser Zeit handelte also nicht zuletzt mit Chemikalien, so daß Fritz Haber als Kind durchaus schon Berührung mit dem Gegenstand seiner späteren wissenschaftlichen Karriere aufnahm.

Bevor die Entdeckung und großtechnische Herstellung synthetischer Farben durch die deutsche Chemieindustrie das Farbengeschäft im letzten Viertel des 19. Jahrhunderts strukturell völlig veränderten, war Siegfried Habers Unternehmung wirtschaftlich sehr lukrativ. Die Firma hatte insofern ein besonderes Profil, als sie sich auf den Farbhandel nach Rußland spezialisierte, was im Falle des Indigo ein gut kalkuliertes Import-Export-Geschäft bedeutete.[13] Siegfried Haber wird denn auch übereinstimmend als sehr kluger, überaus vorsichtiger und trockener, gänzlich phantasieloser Geschäftsmann beschrieben, das völlige Gegenbild zum sprudelnden, unbekümmerten Temperament seines Sohnes, so daß allein dieser Gegensatz später zum dauerhaften Konflikt führte. Von spartanischer Strenge gegen sich und andere, vor allem gegen den Sohn, arbeitete Siegfried Haber hart, beseelt vom rastlosen Willen des sozialen Aufsteigers und geleitet von unumstößlichen Prinzipien. Dazu gehörte nicht zuletzt der

Grundsatz, alles, was nicht unbedingt zum Leben notwendig war, als Luxus zu betrachten, eine Haltung, die sogar von wohlwollenden Familienmitgliedern als falsch verstandene Sparsamkeit bezeichnet wurde. 1876 heiratete er die erst neunzehnjährige, sehr zarte Hedwig Hamburger, die nicht nur den gemeinsamen drei Töchtern Else (1877–1960), Helene (1879–1978) und Frieda (1881–1946), sondern auch dem Stiefsohn Fritz eine liebevolle Mutter war. Sie war es, die das familiäre Leben eigentlich erst schuf und mit Herzlichkeit und Heiterkeit erfüllte. Hedwig Hamburger starb 1912 nach längerem Kränkeln an Herzversagen.[14]

Siegfried Haber war ein wohlhabender und angesehener Kaufmann: Bürgerliche Ehrenämter zu übernehmen, war ihm selbstverständliche Pflicht. Die konfessionelle Scheidung zwischen Protestanten und Katholiken (rund 36 %)[15] verlief in dieser Zeit in Breslau noch schärfer als zwischen Christen und Juden, wenngleich diese Trennlinie gerade in den kaufmännischen Kreisen durchaus bestand. Der zentrale, zum liberalen Milieu gehörige kaufmännische Verein der Stadt, die «Zwingergesellschaft», ließ Juden nicht als Mitglieder zu, was in den 1820er Jahren eine jüdische Gegengründung provozierte, die «Gesellschaft der Freunde», der auch Siegfried Haber angehörte.[16] 1877 wurde er Mitglied der 1849 gegründeten Breslauer Handelskammer, in der er sich vor allem dem Verkehrswesen widmete. 1891 ernannte man ihn zum Handelsrichter.[17]

Nach der preußischen Reformzeit und der Einführung der Steinschen Städteordnung waren auch Juden allmählich in die kommunalen Ehrenämter eingetreten; seit der Jahrhundertmitte stieg ihr – quantitativ nicht genau zu erfassender – Anteil plötzlich an, um danach in gleicher Höhe bestehen zu bleiben. Jüdische Stadtverordnete und Stadträte rekrutierten sich fast ausschließlich aus dem sehr wohlhabenden Bürgertum, aus der Unternehmerschaft und in Breslau vor allem aus den freien Berufen.[18] Seit 1895 engagierte sich auch Siegfried Haber in der Kommunalpolitik und wurde zum Stadtverordneten gewählt. Von 1908 bis zu seinem Ausscheiden 1919, als ihm der Ehrentitel eines Stadtältesten verliehen wurde, war er einer der 15 unbesoldeten Magistratsmitglieder Breslaus, unter denen sich, im Gegensatz zu den 12 besoldeten Stadträten und den zwei Bürgermeistern, oft auch angesehene jüdische Bürger befanden. Die kommunale Selbstverwaltung der Stadt stand in den Jahren vor dem Ersten Weltkrieg vor großen Herausforderungen: Eingemeindungen mit den damit zusammenhängenden Fragen der Boden- und Baupolitik, eine neue Verkehrspolitik in Zusammenhang mit der Übernahme der Straßenbahngesellschaft in städtisches Eigentum 1911, der Ausbau der kommunalwirtschaftlichen Unternehmen, eine dem Wachstum der Stadt angemessene Schulpolitik. Traditionell wurden Bürger außer zu unbesoldeten Magistratsmitgliedern und Stadtverordneten auch zu anderen ehrenamtlichen Tätigkeiten herangezogen, so vor allem als Ehrenbeamte in der Armen- und Schulverwaltung, aber auch in gemischten Deputationen, in denen Mitglieder beider städtischer Körperschaften mit qualifizierten Angehörigen der Bürgerschaft zur Leitung einzelner Verwaltungszweige zusammenwirkten. Siegfried Habers Rat war hier besonders in finanziellen Dingen geschätzt. Er war Mitglied der Finanzdeputation und des Kuratoriums der Städtischen Sparkasse, leitete mit großem Engagement die Gartendeputation, die sich um die städtischen Parkanlagen kümmerte, und erwarb sich in den Hungerjahren des Ersten Weltkriegs Verdienste an der Spitze der städtischen Kartoffelstelle.[19]

Über eine Parteizugehörigkeit Siegfried Habers ist nichts bekannt, doch lassen sich durchaus begründete Überlegungen über seinen politischen Hintergrund anstellen, der auch den späteren Nobelpreisträger prägen sollte. Die preußischen Stadtparlamente waren bis 1867 Bollwerke liberaler Honoratioren, die wegen des kommunalen Dreiklassenwahlrechts trotz der Zersplitterung und des Zerfalls des Liberalismus nach der Reichsgründung ihre Machtpositionen noch lange verteidigen konnten. Mit Ausnahme eines konservativen Intermezzos 1854–1862 war Breslau von einer liberalen Mehrheit geprägt, die in profilierten Erscheinungen wie den liberalen Oberbürgermeistern Arthur Hobrecht (1863–1872), Max von Forckenbeck (1872–1878) oder Georg Bender (1891–1912) greifbaren Ausdruck fand. Ebenso blieben viele Merkmale der nicht fest an Parteien gebundenen Honoratiorenpolitik auf kommunaler Ebene erhalten, wenngleich sie sich zunehmend abschwächten.[20] So betonte noch eine Darstellung Breslaus von 1906 in den Schriften des Vereins für Socialpolitik den im wesentlichen «unpolitischen Charakter» der Stadtverordnetenversammlung. Damit meinte sie das Überwiegen praktischer kommunalpolitischer Aufgaben über parteipolitische Gegensätze hinweg, die sich erst nach dem Auftreten des Stoeckerschen Antisemitismus 1879 auf kommunaler Ebene verschärft bzw. überhaupt gebildet hatten.[21] Das kommunalpolitische Engagement der Sozialdemokratie bewirkte dann seit den 1890er Jahren eine weitere Politisierung im Sinne parteipolitischer Fraktionsbildung unter den Stadtverordneten.

Trotz des großen Anteils der Industriearbeiterschaft geriet der Gemeindeliberalismus in Breslau nicht von seiten der Sozialdemokratie her unter Druck, die sich erstmals 1896 erfolglos an den Stadtverordnetenwahlen beteiligte. Erst 1898 erkämpfte sie zwei Sitze, konnte diese Zahl aber dann über viele Jahre nicht weiter erhöhen. Zurückzuführen war dies auf das kommunale Dreiklassenwahlrecht, wonach, übersetzt in Zahlen für die Kommunalwahl 1906, nur 785 Wahlberechtigte (2,2 %) in der ersten, 4405 (12,4 %) in der zweiten Abteilung wählten, während sich die Masse von 30356 Wählern (85,4 %) in der dritten Abteilung drängte. Das Wahlrecht bewirkte, daß bis Anfang der 1890er Jahre Breslau unbestritten vom Liberalismus aller Schattierungen beherrscht wurde. Obwohl sich der national- und der linksliberale Flügel zeitweise heftig befehdeten, traten sie auf kommunaler Ebene stets gemeinsam als «Liberale Partei» auf, wobei der Fortschritt dominierte. Diese Machtstellung wurde danach von rechts, von der sog. «Freien Vereinigung», angegriffen, einem Zusammenschluß aus Konservativen und Zentrum mit deutlich antisemitischer Stoßrichtung. Die Ersatzwahlen zur Stadtverordnetenversammlung 1904 ließen den Vorsprung der Liberalen auf 52 der insgesamt 102 Sitze schmelzen, während die Freivereinigten 48, die Sozialdemokratie 2 Mandate eroberten. Bezeichnenderweise gewannen die Liberalen alle 34 Sitze der ersten Abteilung, in der zweiten nur noch 16, in der dritten lediglich zwei. Unter den Wählern der letzten beiden Abteilungen scheinen vor allem die Mittelstandsparolen der Freien Vereinigung gegriffen zu haben, die gegen die großen jüdischen Handelshäuser mobil machten.[22]

Der Kaufmann Siegfried Haber ist zweifellos im politischen Milieu der liberalen Honoratioren anzusiedeln, wo sich Breslaus Juden mehrheitlich seit dem Vormärz engagierten.[23] Wie die Kaufmannschaft vor Handwerkern und freien Berufen die zentrale Trägerschicht des Breslauer Liberalismus war, so entwickelten sich die Juden der Stadt im Laufe des Kaiserreichs immer mehr zur eigentlichen liberalen Kerngruppe. Die moderne Forschung führt dies mit guten Gründen darauf zurück, daß sich die traditionellen christlichen Trägergruppen des Liberalismus zunehmend weniger mobilisieren ließen, während die Juden in wachsendem Maße bereit waren, für die Durchsetzung liberaler Ziele auch aktiv zu sein.[24] So auch Siegfried Haber: Bester Ausdruck seiner Denkart ist vielleicht sein Eintritt in die angesehene «Gesellschaft der Brüder» im Jahr 1875. Diese älteste gesellige Vereinigung Breslauer Juden war 1780 gegründet worden, um die aufklärerische Philosophie Moses Mendelssohns zu verbreiten und in seinem Geiste das Judentum zu reformieren. Siegfried Haber identifizierte sich mit diesem Anliegen so, daß er 1892 Vorstandsmitglied wurde und sich an der Ausarbeitung der neuen Statuten der Gesellschaft beteiligte.[25] Zu dieser liberal-aufgeklärten jüdischen Denkart stießen die patriotische Begeisterung der Reichsgründungszeit und ein stark ausgeprägter, kommunalpolitisch ausgerichteter Gemeinsinn.[26] Haber war befreundet mit dem Fortschrittler Wilhelm Freund (28. 9. 1831–26. 8. 1915), dem dominierenden Kommunalpolitiker Breslaus, der als Abgeordneter in Preußen (1876–1879) und im Reichstag (1879–1881) zusätzliche politische Erfahrungen gesammelt hatte. Der bekannte jüdische Rechtsanwalt und Notar gehörte von 1871 bis 1915 der Stadtverordnetenversammlung an; seit 1887 stand er an ihrer Spitze und hielt dort seinem Parteifreund, dem Oberbürgermeister Georg Bender, den Rücken frei.[27]

Zweifelsfrei dem linksliberalen Milieu zuzuordnen ist Siegfried Habers Bruder Julius (6. 5. 1844–18. 12. 1920). Der studierte Jurist und begeisterte Kriegsteilnehmer 1870/71, der bei Wörth schwer verwundet worden war,

war Mitglied der Freisinnnigen Partei. Nach neunjähriger Tätigkeit als Kreisrichter wurde er 1880 Rechtsanwalt am Landgericht Breslau, von 1888 bis 1913 schließlich Rechtsanwalt am Leipziger Reichsgericht. Der angesehene Jurist, Dr. h. c., war von 1896 bis 1899 Mitglied des Ehrengerichtshofs für die deutschen Rechtsanwälte und führte vom März 1911 an ein Jahr lang den Vorsitz im Vorstand der Anwaltskammer. Von 1909 bis 1920 stand er in Zeiten großer innerer Spannungen an der Spitze des Deutschen Anwaltvereins. Von ähnlichem Gemeinsinn beseelt wie sein Bruder Siegfried, übernahm er als über 70jähriger im Weltkrieg zahlreiche Ehrenämter, u. a. in der Gründung und Leitung der Feld-Rechtsauskunftsstellen und des Leipziger Mietseinigungsamts.[28]

Siegfried Habers fast gleichaltriger enger Freund und Vetter Hermann, Bruder der früh verstorbenen ersten Frau Paula, der das väterliche Wollgeschäft in Breslau weiterführte, engagierte sich ebenfalls für die Linksliberalen. Er war insgesamt der Moderne gegenüber sehr aufgeschlossen, doch hielt er, anders als der Farbengroßhändler, auch den Kontakt mit der jüdischen Gemeinde aufrecht: Von 1877 bis zu seinem Tod 1897 war er Kuratoriumsmitglied der Fraenckelschen Stiftung. In seinem Onkel sollte Fritz Haber wiederholt einen verständnisvollen Vermittler zum Vater finden.[29]

2. Die Schulzeit

Schulbesuch, Studium und Militärzeit des jungen Fritz Haber unterscheiden sich, bei allen individuellen Zügen, nicht von der frühen Lebensgeschichte der meisten deutschen Wissenschaftler seiner Zeit. Sie folgen dem bildungsbürgerlichen Muster. Tatsächlich scheinen ihre Biographien bis hierhin fast austauschbar, wenn man die Daten, Orts- und Personennamen sowie die Studienfächer auswechselt.[30] Und wie bei den meisten später berühmten Persönlichkeiten sind Kindheit und Jugend Habers archivalisch schlecht belegt, schlagen sich doch die frühen Jahre eines Menschen in der Regel kaum in schriftlichen Zeugnissen nieder, die, wenn überhaupt vorhanden, noch seltener der Nachwelt überliefert werden. Hinzu treten der Kahlschlag durch Nazizeit und Weltkrieg, unter dem die Breslauer Archive besonders schwer litten.[31] Im Falle Fritz Habers existiert kein dichter Briefwechsel etwa aus der Elterngeneration, der Aufschluß über seine frühe Entwicklung geben könnte. Alle Darstellungen über die Studienzeit stützen sich wesentlich auf das Lebensbild, das Richard Willstätter 1928 anläßlich von Habers 60. Geburtstag zeichnete und das für die Jugendzeit auf Angaben zurückging, die der Physikochemiker seinem Freund wunschgemäß für die geplante Festschrift zukommen ließ.[32] Hinzu treten die Erinnerungen von Angehörigen, Freunden und Kollegen, die sie erst Jahrzehnte später auf Befragung oder beim Niederschreiben ihrer

Memoiren zu Papier brachten. Die Leerstellen sind also größer als die inhaltlich gefüllten Lücken. Dies gilt besonders für die psychische und geistige Entwicklung des jungen Haber, wenngleich seine überlieferte, in ihrem Quellenwert sehr hoch einzuschätzende Korrespondenz mit seinem Jugendfreund Max Hamburger für die Jahre 1885–1891 blitzlichtartige Einsichten ermöglicht.[33]

Fritz Haber erhielt nach dem Besuch der Volksschule in seiner Vaterstadt eine humanistische Schulbildung.[34] Grundsätzlich hätte sich in Breslau auch die Alternative des Realgymnasiums gestellt, das als neunjährige Schule (Latein, Französisch, Englisch) mit Abitur vom Sozialmilieu her die idealtypische Schule der Kaufmanns- und Unternehmerkinder war: So war z. B. die Realschule I. Ordnung am Zwinger (1882 Realgymnasium) eine über die Stadtgrenzen hinaus weithin anerkannte Anstalt mit traditionell großer Betonung der technisch-naturwissenschaftlichen Fächer, die ihren Schülern sogar ein chemisches Laboratorium bot. Der Prozentsatz jüdischer Schüler war hoch; er schwankte im Zeitraum von 1860 bis 1876 zwischen 14 und 25 %.[35] Haber besuchte jedoch als einer von 77718 Knaben in Preußen im Jahr 1886 das Gymnasium, das waren 60 % der höheren Schüler. Das humanistische Gymnasium war eine theoretisch ausgerichtete Lern- und Wissensschule von hohem Prestige, in der die alten Sprachen und die formale Bildung – allen politischen und sozialen Veränderungen zum Trotz – dominierten. Dieser gegen alle «realistischen» Bildungsinhalte resistente Schultyp blieb im 19. Jahrhundert die Regelschule der höheren Bildung, und dies bei aller Kritik der Schulreformer mit beträchtlichem Erfolg, denn die deutsche Wissenschaft entwickelte sich auf seiner Grundlage außergewöhnlich gut. Das Gymnasium besaß noch das Zugangsmonopol zu den «gelehrten Berufen» mit Staatsexamen im höheren Dienst und in den freien Berufen; grundsätzlich berechtigte nur das Abitur zum Universitätsstudium. Siegfried Haber wollte seinen Sohn also den Weg des am höheren Staatsdienst orientierten deutschen Bildungsbürgers gehen lassen.[36]

Zu Habers Schulzeit gab es in Breslau fünf Gymnasien[37]: das 1638 als Jesuitengymnasium gegründete katholische Königliche St. Matthias-Gymnasium[38]; das 1812 aus einer Realschule entstandene Friedrichsgymnasium[39]; das Elisabet- und das Maria-Magdalena-Gymnasium, beide städtisch, evangelisch und aus alten Stiftungen erwachsen; sowie das erst 1872 eröffnete konfessionslose Johannes-Gymnasium, das im sog. Breslauer Schulstreit Gegenstand heftiger Auseinandersetzungen gewesen war. Bei der Grundsteinlegung 1865 hatten die Stadtverordneten den Antrag abgelehnt, ein katholisches Gymnasium zu errichten, und auf einer konfessionsfreien Gründung bestanden. Drei Jahre später beharrten sie auf ihrem Votum gegen das preußische Kultusministerium, das eine evangelische Anstalt wünschte. Die Wogen der Erregung glätteten sich erst mit der Reichsgründung, als sich die Stadt durchsetzte.[40]

Haber besuchte zunächst die unteren Klassen des Johanneums[41], das, im liberalen Geist geführt, bis 1918 das erste und einzige Breslauer Gymnasium mit jüdischen Lehrkräften war. Ehemalige Schüler erinnerten sich an keine Anzeichen von Antisemitismus und hoben die zahlreichen Beziehungen zwischen jüdischen und christlichen Schülern und Lehrern hervor. Sie erinnerten sich vielmehr in dieser Zeit des Kulturkampfs an die scharfe Trennlinie zwischen Protestanten und Katholiken. Warum Fritz Haber trotzdem die Schule wechselte, ist nicht bekannt. Die Vermutungen reichen von Konflikten mit einem orthodox-jüdischen Lateinlehrer bis zum Umzug der Habers in eine Wohnung am Königsplatz.[42]

Von 1879 bis 1886 besuchte Haber dann das Gymnasium zu St. Elisabet, wo er zu Michaelis 1886, also am 29. September, sein Abitur machte.[43] Gegründet 1293 als zweite Stadtschule Breslaus, wurde es 1562 das erste Gymnasium der Stadt, das in Betonung seiner humanistischen Tradition stets auf der offiziellen Schreibweise ohne «h» bestand. Es besaß das Prestige und wohl auch die Atmosphäre der Jahrhunderte und war unter seinem Direktor Johannes Paech ein sehr angesehenes und strenges Gymnasium, auf welches das höhere Breslauer Bürgertum seine Söhne schickte.[44] Obzwar protestantisch, stand es auch jüdischen Schülern offen, in Fritz Habers Klasse über 50 %. Die Söhne vieler Familien, mit denen die Habers gesellschaftlich verkehrten, besuchten diese Schule, so Eduard Köbner, Franz Leonhard oder die Vettern Ernst und Max Hamburger, die mit Fritz' Stiefmutter verwandt waren. Unter seinen Mitschülern waren ferner Hans Trentin, der spätere Bürgermeister Breslaus, und der Schriftsteller und Kritiker Alfred Kerr (25. 12. 1867–16. 10. 1948), der damals noch Kempner hieß und seiner Schulzeit in St. Elisabet in einem publizierten Lebenslauf 1928 mehrere Seiten widmete. Nicht zuletzt dieses Sozialmilieu des höheren jüdischen wie nichtjüdischen Bürgertums mag der Anlaß für den Schulwechsel gewesen sein.[45]

Was lernte Fritz Haber auf dem Gymnasium? Der Lehrplan setzte für die Unter- und Oberprima seines Jahrgangs bei insgesamt 30 Wochenstunden ein eindeutiges Schwergewicht auf Latein und Griechisch mit acht bzw. sechs Unterrichtsstunden pro Woche, gefolgt von Mathematik (vier), Deutsch und Geschichte/Geographie (je drei). Auf Physik, Französisch und Religion entfielen je zwei Wochenstunden.[46] Die überragende Bedeutung der alten Sprachen reflektierte den neuhumanistischen, vorwiegend philologisch orientierten Bildungsanspruch. Die formal-logische Schulung des Sprachunterrichts ging weit über Grammatik und Übersetzen hinaus; bis 1892 war der lateinische Aufsatz Inhalt der Abiturprüfung. Die für viele in der Sprachaneignung steckenbleibende Lektüre klassischer Autoren bedurfte der Unterstützung durch die Fächer Deutsch und Geschichte. Deutsch als Unterrichtsfach verfolgte in Anlehnung an Latein primär eine formale Bildungsaufgabe mit grammatischer Formen- und Satzlehre, Aufsatzlehre, Poetik usw.; die nationale Erziehungsaufgabe des Fachs durch die Lektüre der deutschen Klassiker schlug sich im Schulalltag nur begrenzt nieder. Während der Bildungswert der Mathematik, neben der Grammatik Hauptträger der formal-logischen Schulung, unbestritten war, wurde er den naturwissenschaftlichen Fächern nur sehr bedingt zugestanden. Am besten erging es noch der gegenüber der Mathematik offenen Physik, der als klassischer Gesetzeswissenschaft Grundlagencharakter für die anderen Fächer beigemessen wurde. Die sog. Naturbeschreibung, nämlich Botanik und Zoologie, besaß einen geringen Stellenwert und wurde nur in den unteren Klassen unterrichtet, Biologie im Sinne der Darwinschen Abstammungslehre 1879 völlig untersagt. Auf die Chemie, der man bei ihrer großen praktischen Bedeutung nur untergeordneten Bildungswert zugestand, verzichtete der gymnasiale Lehrplan gänzlich. Der mathematisch-naturwissenschaftliche Anteil am vermittelten Lehrstoff betrug auf dem Gymnasium 1882 insgesamt nur 19 %, der der alten und neuen Sprachen hingegen 54 %. Das Verhältnis sah auf den Realschulen I. Ordnung mit je 35 % ganz anders aus.[47]

Wie erlebte Fritz Haber seine Schulzeit, was bedeuteten ihm die gymnasialen Bildungsinhalte? Sein Schulfreund Eduard Köbner beschrieb ihn später als sportlichen, fast wilden Jungen und eifrigen Schüler, der sich als Primaner in seiner Freizeit mit chemischen Experimenten befaßte. Zu dieser Zeit standen die naturwissenschaftlichen Interessen noch neben den mindestens gleichwertigen, humanistisch inspirierten Betätigungen. Haber war Mitglied des sog. «klassischen Kränzchens», einer Vereinigung von rund einem Dutzend Breslauer Gymnasiasten, wo man gemeinsam griechische und lateinische Schriftsteller las, die nicht zum Schulpensum gehörten, Vorträge über antike Stoffe hielt und vor allen Dingen stundenlang diskutierte.[48] Das Kränzchen, an dem jüdische wie nichtjüdische Schüler teil hatten, stand in Verbindung mit dem Akademisch-Literarischen Verein (ALV), der sich die Beschäftigung mit der neueren deutschen Literatur als Ziel gesetzt hatte. Gegründet 1874, war er einer der zahlreichen wissenschaftlich-kulturellen Vereine des Breslauer Bürgertums.[49] Der ALV übernahm seit den 1880er Jahren, als jüdische Studenten zunehmend von anderen Verbindungen ausgeschlossen werden sollten, zusätzlich zu seinem eigentlichen Vereinsziel auch die Funktion einer Studentenverbindung für jüdische Hochschüler.[50] Kränzchen wie ALV waren nicht zuletzt dazu angetan, aus Anlaß ihrer Stiftungsfeste Gelegenheit zum Feiern, d. h. zum Trinken zu bieten. Haber hielt kräftig mit und errechnete als Siebzehnjähriger befriedigt sieben Schoppen Bürgerbräu pro Mann.[51] Er las in Maßen die populären Romane seiner Zeit, kritisierte Felix Dahns dickleibigen Völkerwanderungsroman «Gelimer», räsonierte, deutlich inspiriert vom gymnasialen Deutschunterricht, über geniale, die Grenzen der Sittlichkeit verrückende Schurken und schwärmte für Theaterschauspielerinnen, deren Vorstellungen er besuchte.[52]

Bereits der Sechzehnjährige interessierte sich für philosophische Fragestellungen im Grenzbereich der Naturwissenschaften. Mit seinem Freund Max Hamburger, der von der Schule abgegangen war und zunächst in Berlin, später in Landeshut/Schlesien und Krefeld eine Ausbildung im Textilgewerbe absolvierte, tauschte er sich mit großem Engagement über das Wesen der Seele und des Geistes aus. Er verwarf die vulgärmaterialistische Position, wie sie Karl Vogt und andere in den 1850er Jahren vertreten hatten, wonach das Gehirn Gedanken absondere wie die Blase den Urin. Der Gymnasiast schloß sich dagegen mit umständlichen, der Physik entnommenen Beweisführungen der Position des Berliner Physiologen Emil du Bois-Reymond an, wie er sie in seinem berühmten Vortrag über die Grenzen des Naturerkennens 1872 formuliert hatte. Dieser hatte sich auf der 45. Versammlung der Gesellschaft deutscher Naturforscher und Ärzte in Leipzig gegen den unbeschränkten Erkenntnisoptimismus der Naturwissenschaft gewandt und das schon bisher geläufige «Ignoramus» der Naturforscher zum «Ignorabimus» ausgeweitet. Grenzen des Erkennens zog er vor allem im Verhältnis von Materie und Bewußtsein, da er die materialistische Annahme, alle Phänomene seien mechanistisch ableitbar, entschieden bestritt. Du Bois-Reymonds Rede löste einen jahrelangen Meinungsstreit um den Darwinismus und seinen Einzug in den Biologie-Unterricht der Schulen aus, in dem sich nicht nur Rudolf Virchow und Ernst Haeckel eine spektakuläre Kontroverse lieferten, sondern der in breitesten bürgerlichen Kreisen heftig diskutiert wurde. Die Presse bis hin zur «Gartenlaube» war voll von einschlägigen Stellungnahmen. Die Auseinandersetzung jugendlicher Gymnasiasten mit derartigen Themen war also keineswegs überraschend, markiert aber andererseits angesichts der detaillierten Beweisführung des jungen Haber ein über den Durchschnitt hinausgehendes Engagement.[53] Die Liebe zur Philosophie sollte in Schüler- wie später in Studententagen «ohne Zusammenhang» neben dem Interesse an der Chemie stehen.[54]

Fritz Habers psychische Verfassung als Jugendlicher war altersgemäß unausgeglichen, widersprüchlich und heftig; der Überdruß an den Verhältnissen wurde in große Worte gekleidet und in wirren, auf das väterliche Briefpapier gekritzelten Briefen dem Freund Max Hamburger mitgeteilt. Selbst dieser mokierte sich über «Stil, Sprache u. Gedankenausdruck» Habers, der mit 16 Jahren über versagende Verstandeskräfte klagte und sich «in einem wahrhaften geistigen Sumpfe» stecken sah: «Nichts und aber nichts, keine befriedigende Thätigkeit, keine Anregung, immer Ärger und Kleinigkeiten, Rücksichten auf Schritt und Tritt, es ekelt mich das ganze Leben hier an bis zum Bersten.»[55] In lichten Momenten erkannte er sich selbstkritisch als «viel zu sehr weiches Wachs mit wenigen festen Linien [...] heute im tiefsten Pessimismus, morgen den Himmel voller Geigen».[56] Das Nahen des Abiturs verstärkte die Sehnsucht nach «Stunden wahrhaften Lebens», die sich der junge Haber, nicht untypisch, vom Studentenleben erhoffte, das er als das Gegenteil von Fachausbildung, Öde und engen heimatlichen Verhältnissen definierte. Seine von Max Hamburger kritisierte Sentimentalität erklärte er vollmundig als «das Fäulnißprodukt einer geistigen Stagnation», wie sie die Examensvorbereitung zwangsläufig mit sich bringe.[57]

Habers Vorbereitung auf das Abitur entsprach den Anforderungen des Gymnasiums: griechische Geschichte, lateinische Stilübungen, Geographie. In Mathematik fühlte er sich sicher, auch in Deutsch und Griechisch hielt er ein «gut» nicht für ausgeschlossen. Latein war seine Schwäche.[58] Die Abiturprüfung, die er als schwer und willkürlich kritisierte, bestätigte seine Vorahnungen. In den schriftlichen Arbeiten erhielt er in Mathematik die Note sehr gut, in Griechisch und Deutsch gut, in Latein genügend und im lateinischen Aufsatz ungenügend, was er auf die «entsetzliche Hitze» des Tages schob. In den mündlichen Examina vor dem Schulrat ging es ihm dagegen «glänzend»: die Prüfungen in Latein (Horaz, Cicero) und Griechisch (Platon: Apologia, Kriton) brachten ihm die Zensur gut ein, ebenso Mathematik und Französisch. In Geschichte/Geographie erhielt er sogar sehr gut.[59]

Die dem Abitur folgenden Wochen verbrachte der junge Haber noch in Breslau, voller Sehnsucht, endlich fortzukommen. Er empfand seine Situation als trostlos und trüb, gekennzeichnet durch «Rivalitäten und dann wieder wüstes Gezeche, keine wahre geistige Anregung und Erholung», weil dazu das Geld fehlte. Auf die Gesellschaft seiner ehemaligen Mitschüler glaubte er gerne verzichten zu können, erst recht auf die des Vaters, der ihm fortwährend Bummelei vorwarf.[60] Das Verhältnis zwischen Vater und Sohn verschlechterte sich zum Äußersten. Noch dem über sechzigjährigen Fritz Haber standen die Tränen in den Augen, als er seinem Arzt Rudolf Stern erzählte, wie ihn der Vater am Morgen nach der durchzechten Abiturfeier vor seinen drei jüngeren Schwestern als Trunkenbold demütigte.[61]

In diese Wochen fiel auch die Entscheidung des jungen Mannes, Chemie zu studieren. Die in der Literatur kolportierte Version vom verständnisvollen Vater, der sich in der Zeit der aufstrebenden Teerfarbenindustrie einen fachkundigen Erben seines florierenden Geschäfts gewünscht habe, entbehrt jedoch der Grundlage.[62] Noch weniger zu halten ist die Memoirenversion von Habers zweiter Ehefrau Charlotte. Demnach wollte der Abiturient in Breslau bleiben und seine Tanzstundenliebe Clara Immerwahr heiraten, woraufhin der entsetzte Vater ihn nach Berlin auf die Universität geschickt habe.[63] Quellenbelege für Habers Heiratspläne gibt es nicht, erst recht nicht für die ausschlaggebende Initiative des Vaters. Glaubwürdig dokumentiert ist dagegen, daß der junge Mann im Gegenteil seine Studienwahl nur mit Hilfe seines Onkels Hermann durchsetzen konnte, dem er, wie er später immer wieder hervorhob, seine ganze Entwicklung verdankte. Der Vater war strikt gegen das Studium, da es seiner Ansicht nach einem Juden nur sehr geringe Aussichten bot. Er wünschte sich freilich den Sohn als Erben und Nachfolger in der Firma, wozu ihm eine kaufmännische Lehre bei einer Hamburger Exportfirma der geeignete Weg schien. Der freisinnige Hermann Haber, durchdrungen von liberalem Optimismus, war jedoch überzeugt, daß sich für die deutschen Juden alles zum Besseren wenden würde. Es gelang ihm schließlich, den widerstrebenden Vater auf seine Seite zu ziehen.[64]

Daß der 17jährige zwischen Abitur (29. 9. 1886) und Studienbeginn im Wintersemester 1886/87 tatsächlich noch ein kaufmännisches Praktikum in Hamburg von zwei- bis dreimonatiger Dauer absolviert haben soll, ist durch Quellen nicht zuverlässig belegbar und eher zu bezweifeln.[65] Haber führte es in seinen späteren, die Stationen seines Studien- und Berufswegs ansonsten präzise nachzeichnenden Lebensläufen niemals auf. Die Briefe an Max Hamburger aus dem Jahr 1886 stammten aus Breslau (der letzte vom 3.10., in dem er bereits vom Studienbeginn zum Wintersemester schrieb) bzw. Berlin (der erste vom 2.12.), ein Praktikum in Hamburg wurde nicht erwähnt. Wenn es denn überhaupt stattgefunden hat, dann war es allenfalls von kurzer Dauer.

3. Studium und Militärzeit 1886–1891

Habers Studienwahl lag außerhalb des humanistischen Kanons. Voraussetzung für ein Chemiestudium war zu dieser Zeit im allgemeinen das Abitur eines Gymnasiums oder einer Oberrealschule, doch gab es eine weitere Zugangsmöglichkeit über Industrieschulen oder Gewerbeakademien, die von einem nicht unbeträchtlichen Teil der Interessenten genutzt wurde. Noch 1894 hatten nur rund drei Viertel der Chemiker eine Abiturprüfung abgelegt. Das Fach konnte sowohl auf der Technischen Hochschule wie auf der Universität studiert werden. Die Technischen Hochschulen sahen für den Studiengang Chemie – bei allen Abweichungen im einzelnen – auch ein vertiefte Beschäftigung mit technischen Fächern wie Maschinenlehre, Baukonstruktion und Maschinenzeichnen vor. Das Studium endete nach rund vier Jahren mit der Diplomprüfung; eine Promotion zum Dr.-Ing.[66] nach dem Diplom war erst nach 1899 möglich. Die technischen Disziplinen wurden dagegen an den Universitäten kaum verlangt; die Studienpläne waren erheblich freier und längst nicht so differenziert wie an den THs. Das Chemiestudium endete hier im Regelfall nach zehn bis zwölf Semestern mit der Promotion zum Dr. phil., da die Naturwissenschaften zumeist der philosophischen Fakultät angehörten.[67]

Haber war entschlossen, im Wintersemester in Berlin zu studieren. Er entschied sich gegen den Besuch des Polytechnikums, also der Technischen Hochschule in Charlottenburg, und für die Universität. Bereits im darauffolgenden Sommer wollte er nach Freiburg oder Heidelberg wechseln. Haber war angezogen von der Attraktivität der Reichshauptstadt und der alten deutschen Universitätsstädte und nicht zuletzt von ihrem sprichwörtlichen Studentenleben.[68] Mit der Entscheidung für die Universität handelte er wie die meisten Chemiestudenten während der gesamten Kaiserreichszeit, denn der Doktortitel übertraf das TH-Diplom bei weitem an sozialem Ansehen. Aus denselben Prestigegründen bevorzugten zahlreiche Unternehmen promovierte Universitätsabsolventen bei der Einstellung, obwohl gerade in der Chemie der TH-Abschluß als der industriegeeignetere galt. Eine Erhebung Carl Duisbergs über die Vorbildung der deutschen Industriechemiker im Winter 1895/96 ergab, daß 45 % ausschließlich an Universitäten, weitere 35 % an Universitäten und Technischen Hochschulen studiert hatten. Ausschließlich die TH besucht hatten dagegen nur 17 %.[69]

Daß die Namen großer Wissenschaftler wie Hofmann und Helmholtz für Berlin bzw. Bunsen für Heidelberg für die Wahl von Habers Studienorten ausschlaggebend waren[70], ist aus den Quellen nicht zu belegen und eher fraglich. Aus den überlieferten Briefen spricht vielmehr das dringende Bedürfnis des jungen Mannes, möglichst bald eine große räumliche Distanz zwischen sich und das Elternhaus zu bringen. Einen Bruch durfte er freilich nicht riskieren, mußte der Vater doch bei dem wenig entwickelten Stipendienwesen jener Zeit das Studium und den Unterhalt seines Sohnes finanzieren. Die Kosten beliefen sich, berechnet für die Zeit kurz vor dem Ersten Weltkrieg, nach einer zeitgenössischen Aufstellung auf rund 10000 Mark bei einer Studiendauer von zehn Semestern.[71] Hält man dem entgegen, daß zur selben Zeit die bestbezahlten Arbeiter im Bergbau, keinerlei Lohnausfälle durch Krankheit, Arbeitslosigkeit usw. vorausgesetzt, im Jahr etwa 2400 Mark verdienten, so erhellt sich daraus einerseits die Finanzkraft des Haberschen Farbhandels, andererseits auch selbstredend die überwiegende soziale Rekrutierungsbasis von Habers Kommilitonen im Besitz- und Bildungsbürgertum.[72]

Auf den Universitäten Berlin und Heidelberg

Über Habers erstes Semester in Berlin, das Wintersemester 1886/87, weiß man wenig mehr, als daß es enttäuschend verlief. Man weiß nicht einmal genau, wie viele Chemiestudenten es zu dieser Zeit an deutschen Universitäten gab, da genauere Daten erst ab dem Sommersemester 1903 verfügbar sind. Für die Vorjahre muß man sich mit Zahlen für die gesamten Naturwissenschaften und die Mathematik begnügen; 1886/90 waren es in diesen Fächern 2571 Studenten, davon an preußischen Universitäten 1521

(1886). Die Zahlen waren in den 1880er und frühen 1890er Jahren rückläufig (in ganz Deutschland 1881/85: 2925; 1891/95: 2385), um erst danach dynamisch wiederanzusteigen (1896/1900: 3776; 1901/03: 5252). Haber hatte also, gemessen an den heutigen Verhältnissen, wenige Kommilitonen, da die Zahl der Chemiestudenten in ganz Deutschland um die Jahrhundertwende ihr Maximum mit rund 2200 bzw. 6,4 % der universitären Gesamtfrequenz erreichte. Davon studierten 966 (im Jahr 1903) an preußischen Universitäten.[73] Im Vergleich zur Stagnationsphase um die Mitte des 19. Jahrhunderts jedoch erlebten die deutschen Universitäten im Kaiserreich eine Phase bislang unbekannter Frequenzexpansion, deren größten Wachstumsfaktor die Studenten der philosophischen Fakultäten und dort besonders der Naturwissenschaften darstellten. Ihr Anteil an der Gesamtstudentenschaft stieg seit 1870 in nur einem Jahrzehnt von 30,4 % auf 42,7 %, um nach einer stagnativen Phase bis 1910 auf 52,1 % emporzuschnellen. Das Schlagwort vom «gelehrten Proletariat» machte bereits in Habers erstem Semester die Runde. Krisenstimmung sollte die nächsten Jahre begleiten, als durch den Überhang anstellungsfähiger Kandidaten für den Staatsdienst einschließlich der Hochschullehrer die durchschnittlichen Wartezeiten für die Anstellung emporschnellten. Nicht zuletzt breitete sich im Zuge der ‹Überfüllungskrise› gerade unter den Studenten ein vehementer Antisemitismus aus, da die jüdische Jugend weit überproportional auf die Universitäten drängte. In Habers erstem Semester, dem Winterhalbjahr 1886/87, waren bei einer Normalverteilung von 1,00 evangelische Studenten mit 1,09 an deutschen Universitäten leicht überrepräsentiert, die katholischen mit 0,58 stark unterrepräsentiert, während die jüdischen auf den enormen Wert von 7,43 kamen.[74] Doch dazu später.

Das erste Universitätssemester sah allgemeine Studien vor: empfohlen wurden neben einer Einführung in die Chemie Veranstaltungen in Philosophie, Mathematik, Biologie und Volkswirtschaft.[75] Haber folgte den Empfehlungen, wie das Kontrollbuch für das Wintersemester 1886/87 belegt. Er hörte vor allem Vorlesungen bei den großen alten Namen der Berliner Naturwissenschaften: über Naturforschung bei Emil Du Bois-Reymond (7. 11. 1818–26. 12. 1896), dessen Überlegungen über naturwissenschaftlich-philosophische Grenzfragen ihn schon als Schüler interessiert und fasziniert hatten; über experimentelle Chemie bei August Wilhelm (1888: von) Hofmann (8. 4. 1818–5. 5. 1892); über Physik bei Hermann (1883: von) Helmholtz (31. 8. 1821–8. 9. 1904). Ferner belegte er auch Meteorologie bei dem gelernten Physiker Wilhelm von Bezold (21. 6. 1837–17. 2. 1907), der im Vorjahr aus München zur Reorganisation und Leitung des Preußischen Meteorologischen Instituts nach Berlin berufen worden war und dort die erste deutsche ordentliche Professur für Meteorologie bekleidete.[76]

Der Eindruck, den Haber als Studienanfänger gewann, war überwiegend negativ. Mehr als dreißig Jahre später erklärte er seinen Überdruß so: «Eine gute Vorlesung muß Anforderungen stellen, ohne zu schwer zu sein. Hofmanns Vorstellung stellte zu wenig Anforderung, Helmholtz zu viel.»[77] Nun war der Liebig-Schüler Hofmann[78], der das Anilin im Steinkohlenteer entdeckt und nach zwanzig ungemein erfolgreichen Jahren in England 1865 einen Ruf nach Berlin angenommen hatte, zweifellos eine der markantesten Persönlichkeiten der Chemie jener Zeit. Die Entstehung der Teerfarbenindustrie und damit der chemischen Großindustrie ist untrennbar mit seinem Namen verbunden, Wissenschaft und Industrie gingen mit ihm eine neuartige «Allianz» ein. Wilhelm Ostwald charakterisierte seine Position und sein Ansehen später zutreffend-ironisch als «regierender Oberchemiker».[79] Unter Hofmanns Leitung wurde das I. Chemische Institut bis 1869 zu einem für die damaligen Verhältnisse repräsentativen Institut ausgebaut. Er war nicht zuletzt wegen seiner «fein erdachten und elegant ausgestalteten» Vorlesungsversuche berühmt geworden, was Emil Fischer noch 1902 anläßlich von Hofmanns zehnjährigem Todestag eigens hervorhob.[80] Allerdings war er, als Haber mit dem Studium begann, bereits 68 Jahre alt. Zudem waren in seinem letzten Lebensjahrzehnt die zweifellos genossenen Repräsentationspflichten so groß, daß er keinen geregelten Vorlesungsbetrieb aufrechterhalten konnte.[81] Willstätter charakterisierte daher Hofmanns Vorlesungsstil später als «elegantes Theater», das relativ anspruchslos vorbildliche Experimente mit beschreibendem Text verbunden habe.[82] Daß die Berliner Laboratoriumsverhältnisse inzwischen den Ansprüchen der modernen chemischen Forschung nicht mehr genügten, was Emil Fischer als Nachfolger Hofmanns zum spektakulären Neubau des I. Chemischen Instituts nutzte – der Aufwand von 1,67 Millionen Mark war im Jahr 1900 gigantisch[83] –, betraf Haber nicht, da das erste Semester noch keine praktische Laborarbeit vorsah.

Der inzwischen 65jährige gelernte Physiologe Helmholtz, der sich nach seiner Berufung nach Berlin 1871 endlich wunschgemäß ganz der Physik hatte widmen können, verkörperte einen völlig anderen Gelehrtentypus als Hofmann. 1886 gab er die Leitung seines Instituts auf, nachdem er schon die Jahre zuvor die experimentellen Arbeiten zugunsten seiner theoretischen Untersuchungen zurückgestellt hatte. Er stand kurz vor dem Höhepunkt seiner Karriere als Präsident der neu gegründeten Physikalisch-Technischen Reichsanstalt 1888. Helmholtz war bekannt für seine schlechten Vorlesungen. Max Planck zufolge hatte man stets «das Gefühl, daß er sich selber mindestens ebenso langweilte wie wir».[84] Der Mathematiker Leo Koenigsberger war durch die Tiefe der Helmholtzschen Gedanken, fast mehr aber noch durch «die dunkle Form, in die er diese kleidete», beeindruckt.[85] Der junge Haber stand zudem vor dem Problem, daß Helmholtz akustisch schwer zu verstehen war und überhaupt in der

Vorlesung wenig sprach, sondern an der Tafel komplizierte Rechnungen ausführte. Noch beinahe 50 Jahre später sollte Haber am Beispiel von Helmholtz den «Überanspruch» der Einheit von Forschung und Lehre demonstrieren.[86]

Mindestens gleiches Gewicht wie auf das Chemiestudium legte Haber auf seine alte Liebe aus Schülertagen, die Philosophie, wobei er sich, nicht außergewöhnlich in dieser Zeit des aufblühenden Neukantianismus, zeit seines Studiums vor allem für Kant interessierte.[87] In seinem ersten Semester ließ er sich jedoch erst einmal durch Eduard Zeller (22. 1. 1814–19. 3. 1908), der sich der Erforschung des Urchristentums und vor allem der griechischen Philosophie gewidmet hatte, breit in die Allgemeine Geschichte der Philosophie einführen.[88] Auch in seiner Freizeit, die er mit seinen «Vereinsbrüdern» verbrachte, waren «die schwierigsten Dinge», zumeist aus dem Grenzbereich der Naturerkenntnis, «beständiger Gesprächsgegenstand»:

«Gott u. Welt, Seele u. Bewußtsein, Idealismus u. Realismus etc! [...] Ich schwimme in einem Meer von formaler Dialektik u. Logik, leider nicht mehr mit dem alten Behagen. Erfahrenere Schwimmer haben mich zu oft in die Strudel u. Wirbel hineingelockt.»[89]

Um welche studentische Vereinigung es sich dabei handelte, ist nicht bekannt; Haber sprach immer nur kurz vom «Verein», und es ist anzunehmen, daß es sich dabei eher um einen geselligen Zirkel handelte. Seine neun aktiven Mitglieder beschrieb Haber teilweise sehr drastisch und scharfzüngig. Sie zeichneten sich nach seinem Eindruck alle durch einen zwar interessanten, aber doch unangenehmen Spleen aus, und er fühlte sich in ihrer Runde nicht sonderlich wohl. Das politische Spektrum reichte von freikonservativ bis freisinnig, doch waren die Gesprächsthemen offenbar weniger parteipolitischer als philosophisch-kultureller Natur.[90]

Das Interesse des jungen Mannes an den politischen Ereignissen jener Studententage war insgesamt relativ gering; der Bürgersohn hatte kein ausgeprägtes politisches Profil. Aus der Rückschau des Jahres 1924, nach den Erfahrungen des Weltkriegs und der Revolution, umriß er sehr selbstkritisch seine damalige, bei allem nationalen Getöse letztlich unpolitische Denkart. Der vaterländische Geist der Großväter- und Vätergeneration

«lebte in unseren Herzen und in unseren Liedern, aber er war ohne politischen Inhalt. Was war uns der Streit der politischen Parteien, ihr fremdartiger Lärm um wirtschaftliche Interessen und um soziale Fragen [...] Die sozialen Dinge lagen uns fern; denn vom Arbeiter wußten wir nichts und waren naiv bürgerlich bis auf die Knochen.»[91]

Allerdings zwang die erbitterte Debatte um die 1886/87 anstehende Militärvorlage, die in den Medien mit aller Härte ausgetragen wurde, auch Haber während seines Berliner Semesters zur grundsätzlichen Stellungnahme. Schon während des ganzen Jahres 1886 gingen vor dem Hintergrund verschärfter europäischer Spannungen Staatsstreichgerüchte um, und Bismarck räsonierte ohne Scheu über das ‹Austrocknen› des Reichstags und die Verlagerung der großen finanziellen Bewilligungen in die Landtage. Die parlamentarischen Beratungen der Militärvorlage, die eine Steigerung der Friedenspräsenzstärke des Heeres um mehr als 10 % und eine erhebliche Vergrößerung der Reservearmee vorsah, begannen am 3. 12. 1886 und dauerten bis zum 14. 1. des Folgejahres, als der Reichstag das Septennat mit knapper Mehrheit ablehnte und die verlangte Stärke nur für drei Jahre bewilligte. Bismarcks Kalkül ging auf: Der Reichstag wurde sofort aufgelöst; der Wahlkampf, vom Reichskanzler vollendet aus dem Hintergrund geleitet, zielte darauf ab, ihm mit dem sog. «Kartell» aus Konservativen, Freikonservativen und Nationalliberalen eine Mehrheit zu verschaffen, Zentrum und Linksliberale unter massiven Druck zu setzen und insgesamt das Parteienparlament mit Hilfe plebiszitärer Stimmungsmache zu diskreditieren.[92]

In der Tat markierten die Militärseptennate die Crux der konstitutionellen «Schwebelage» der Reichsverfassung, indem hier monarchische Prärogative und parlamentarisches Budgetrecht aufeinanderprallten.[93] Der junge Haber war sich bewußt, daß es um eine Grundsatzfrage des Parlamentarismus ging, und vertrat ohne Vorbehalt und sehr dezidiert den liberalen Standpunkt, wie er ihn in seinem Elternhaus und besonders bei seinem freisinnigen Onkel Hermann Haber kennengelernt hatte. Er durchschaute die Bismarckschen Manöver, die Opposition politisch in die Ecke zu treiben, indem die zeitlich beschränkte Bewilligung der Heeresvergrößerung durch den alten Reichstag demagogisch mit der Auflösung der neuen Truppenteile nach drei Jahren gleichgesetzt wurde. Darüber hinaus attackierte er, «radikal links», wie er sich empfand, grundsätzlich die verfassungsrechtliche Konstruktion des Septennats:

> «Der Reichstag ist das deutsche Volk, und wenn das deutsche Volk nicht das Recht haben soll, über die Lasten, die es trägt, zu entscheiden, wenn die Regierung nur selten, am liebsten nie, eine Hauptlast zur Entscheidung des Volkes bringen will, dann betrügt man das Volk um sein Recht. Und zweitens, der Reichstag ist das deutsche Volk in seiner augenblicklichen Gesamtheit. Er darf Ausgaben und Lasten doch nur bewilligen für die Zeit, da er besteht. Er darf doch dem Volkswillen, wie er nach 3 Jahren ist, nicht vorgreifen. Und ein Gesetz zu geben genügt der Reichstag, ein Gesetz aufzuheben aber nicht.»[94]

Diese sehr eindeutige politische Meinungsäußerung des Bürgersohns Haber blieb jedoch für viele Jahre die einzige, zumindest insofern sie sich in den Quellen niederschlug.

Sein zweites bis viertes Semester verbrachte Haber in Heidelberg. Der Wechsel des Studienorts war, wie bereits erwähnt, seit dem Abitur geplant, resultierte also nicht aus der Unzufriedenheit mit den Berliner Verhältnissen, sondern entsprach der damaligen studentischen Gepflogenheit, mehrfach die Universität zu wechseln. Im zweiten Semester des Chemiestudiums begann generell die Laborarbeit mit qualitativen anorganischen Analysen; später folgten quantitative anorganische und organisch-präparative Praktika. Nach durchschnittlich zehn Semestern baute der Student dann ein experimentelles Thema meist aus der organischen Chemie zur Dissertation aus.[95]

Die chemische Wissenschaft in Heidelberg wurde zu Habers Studienzeit noch von Robert Bunsen (30. 3. 1811–16. 8. 1899)[96] dominiert, neben Hofmann in Berlin die zweite große, aber bereits betagte Forscherpersönlichkeit der Chemie in Deutschland. Mit seinen 76 Jahren stand er kurz vor seiner Emeritierung, die er zwei Jahre später beantragte. Haber äußerte sich im Rückblick sehr abfällig über die vorgefundenen Verhältnisse: Das Niveau sei gering gewesen, da Heidelberg als eine der wenigen Hochschulen damals keine chemische Dissertation zur Erlangung des Doktortitels verlangte. Bunsens analytische Tradition sah Haber in buchstabengetreuer Wiedergabe erstarrt: «Nur analytische Handgriffe geübt. Unter welchem Winkel ein Tiegel zum Veraschen zu neigen war, wurde als erhebliches Detail gelehrt», kritisierte er. Am schlimmsten empfand er, daß es keine Privatdozenten gab, die zwischen dem alten Mann und den Studenten menschlich wie wissenschaftlich hätten vermitteln können.[97] Nach Willstätter schreckten die Semester bei Bunsen den jungen Haber beinahe für immer von der Chemie ab.[98]

Auch andere Chemiker beschrieben die ablehnende Wesensart und pedantische Lehrmethode des alten Bunsen. Willstätter überlieferte die Anekdote, wie dieser dem sich vorstellenden Bischof von Speyer mit der Bemerkung «Wohnt nicht hier» die Tür vor der Nase zuwarf[99], und Wilhelm Ostwald berichtete von dem merkwürdigen Umschwung Bunsens in seiner frühen Heidelberger Zeit (seit 1852), als sich der Unterricht immer mehr auf exakte Analysen und die Beachtung von Kleinigkeiten beschränkte, während er größere Untersuchungen nicht mehr leitete und den wissenschaftlichen Nachwuchs sich selbst überließ.[100] Andere, verständnisvollere Stimmen gaben jedoch auch positive Aspekte zu bedenken. Hans Goldschmidt, der 1886 bei Bunsen lernte, bewunderte die Fertigkeit des alten Mannes, mit der er mikrochemische Arbeiten ausführte, und den unermüdlichen Eifer, mit der er sich bemühte, den Studenten auch noch die allerkleinsten Handgriffe zu zeigen. Die tägliche Vorlesung über Experimentalchemie vermittelte ihnen nach Goldschmidts Einschätzung in einem Semester einen vollständigen Überblick über die anorganische Chemie. Auf die Doktorarbeit verzichtete Bunsen mit dem Argument, daß eine wirklich selbständige Arbeit doch nicht zu erwarten sei; Sinn des Universitätsstudiums sei vielmehr, sich in den Grundzügen der Wissenschaft so tief und breit wie nur möglich auszukennen.[101]

Stoltzenberg stellt also zu Recht die Frage, ob Haber bei dem vielgeschmähten Bunsen nicht doch Kenntnisse erwarb, die ihn später in Karlsruhe auszeichneten. Dies ging über rein handwerkliche Fertigkeiten wie präzise Versuchsdurchführung und genaues Beobachten hinaus und erstreckte sich durchaus bis in die chemische Wissenschaft hinein. Bunsen hatte sich nicht zuletzt durch die Ausarbeitung quantitativer Bestimmungsverfahren der Gasanalyse einen Namen gemacht und 1857 mit seinem Werk «Gasometrische Methoden» das erste Lehrbuch der Gasanalyse verfaßt. Es ist schlechterdings kaum vorstellbar, daß Haber für seine eigenen gasanalytischen Arbeiten davon nicht profitierte.[102] Hinzu tritt ein weiterer Aspekt. Wegen der spektakulären Erfolge der organischen, besonders der Farbenchemie trat im deutschen Kaiserreich die Anorganik im Lehrangebot der Professoren wie im Studienverhalten der Studenten immer weiter zurück, wie überhaupt die technische und die angewandte Chemie nur unzureichend vertreten waren. Am Abschluß dieses Prozesses bedurfte es regelrechter «Stützungsaktionen» für die Anorganik, um die Forschungslücke gegenüber Frankreich und den USA auszugleichen.[103] Bunsen machte diese Entwicklung nicht mit, weil er, wie Goldschmidt kritisch anmerkte[104], die Arbeiten und Erfolge anderer ignorierte. Er beschäftigte sich gar nicht mit der organischen Chemie, sondern konzentrierte sich ganz auf die anorganische und analytische Chemie. Was Haber noch als Mangel empfand, nämlich das Fehlen der Organik, sollte sich später für ihn persönlich durchaus als vorteilhaft herausstellen, hinderte ihn Bunsens Tradition doch daran, dem allgemeinen Trend zu folgen und vorzeitig zur organischen Chemie überzuwechseln.

Habers späterer Karriere kam ferner eine solide mathematische Ausbildung zugute, die er sich in Heidelberg bei dem bekannten jüdischen Mathematiker Leo Koenigsberger (15. 10. 1837–15. 12. 1921) aneignete. Koenigsberger, der mit Bunsen und insbesondere Helmholtz in engem Kontakt stand, war auf dem Gebiet der Theorie der Differentialgleichungen führend. Haber empfand dessen Veranstaltungen über Differential- und Integralrechnung vorbehaltlos als «fascinierend».[105] Er studierte ferner[106] bei dem Physiker Georg Hermann Quincke (19. 11. 1834–13. 1. 1924), der sich durch Forschungen zur Oberflächenspannung und Akustik einen Namen gemacht und 1866 das nach ihm benannte Rohr zur interferometrischen Bestimmung der Wellenlänge von Schallwellen entwickelt hatte. Philosophische Vorlesungen hörte er bei Kuno Fischer (23. 7. 1824–5. 7. 1907), dessen philosophiegeschichtliche Forschungen für den einsetzenden Neukantianismus Grundlage und Antrieb bedeutet hatten.[107]

Die Semester in Heidelberg waren für Haber nicht zuletzt deshalb fruchtbar, weil er sich über die Ansprüche des Chemiestudiums bewußt wurde. Die erste, durchaus verständliche Reaktion des jungen Mannes war, neudeutsch ausgedrückt, Frust: Je tiefer er in seine Wissenschaft eindringe, so klagte er Max Hamburger kurz vor Weihnachten 1887, um so gewaltiger türmten sich die Schwierigkeiten, ehe er daran denken könne, seine Kenntnisse durch Konzentration auf die Farbenchemie praktisch nutzbar zu machen. Er empfand seinen Zustand als «ziemlich leidend», reagierte, wie später so oft, mit Nervosität und ging viel spazieren.[108]

Das bedeutete nicht, daß er nicht intensiv, wenn auch geplagt von Geldsorgen[109], am studentischen Leben teilnahm. Er war Mitglied des Akademisch-Naturwissenschaftlichen Vereins, einer farbentragenden Studentenverbindung, die wie der Breslauer ALV auch jüdischen Mitgliedern offen stand und in der Heidelberger Studentenschaft eine nicht unerhebliche Rolle spielte. Der Geist eines rassistischen Antisemitismus, der mit der Gründung der Vereine Deutscher Studenten seit 1881 Einzug in das studentische Verbindungswesen gehalten hatte, breitete sich seitdem unaufhaltsam aus. Unter den schlagenden Verbindungen nahmen die elitären Korps seit Anfang der 1880er Jahre, die Burschenschaften nach langjährigen, heftigen inneren Auseinandersetzungen dann seit 1896 keine jüdischen Mitglieder mehr auf. Diese gründeten entweder eigene Verbindungen, die erste, die «Viadrina», 1886 in Breslau, oder wichen wie Haber auf die dem Korporatismus weniger verhafteten Vereine aus, die der Geselligkeit oder der Wissenschaft gewidmet waren und die sich jüdischen Studenten nicht verschlossen.[110]

Zu den alten Herren des Akademisch-Naturwissenschaftlichen Vereins in Heidelberg gehörten einige führende Chemiker aus der Industrie, vor allem der BASF, die häufig zu den Veranstaltungen kamen. Haber war wegen seiner anregenden Unterhaltungen geschätzt, schoß aber wohl manchmal über sein Ziel hinaus, so daß es zu gelegentlichen Zusammenstößen mit Vereinsbrüdern kam. Einer dieser Streitigkeiten, keineswegs also einem Zweikampf auf dem Fechtboden einer schlagenden Studentenverbindung, verdankte er seine in der Literatur oft erwähnte schmißähnliche Narbe.[111] In diese Zeit fiel auch eine sich anbahnende Liebesbeziehung zu Julie Hamburger in Breslau, der Schwester seines Freundes Max, die durch sofortige Intervention des Bruders auf Weisung des Vaters im frühesten Stadium abgebrochen werden mußte. Der junge Haber verlor seinen «Lichtpunkt», fügte sich aber in die Notwendigkeit.[112]

Bereits zu Weihnachten 1887 hatte sich Haber einen Zeitplan für seine nächsten Lebensjahre überlegt. Er wollte noch das Sommersemester 1888 in Heidelberg verbringen und dann seinen Militärdienst als Einjährig-Freiwilliger leisten, da die Dienstpflicht der Wehrpflichtigen mit dem vollendeten 20. Lebensjahr einsetzte. Danach plante er, mit dem Studium der organischen Chemie zu beginnen. In dieser Teildisziplin wollte er dann promovieren und, dem Rat des im Textilgewerbe erfahrenen Max Hamburger folgend, danach eine vertiefte farbenchemische «Specialausbildung» absolvieren.[113] Damit schlug er den herkömmlichen Weg eines Industriechemikers ein. Rund drei Viertel aller Chemiestudenten, so ergaben Schätzungen für Berlin 1890, sollten die sog. «technische Laufbahn» einschlagen. Es war in der Farbenchemie erwünscht, die im Studium erworbenen Kenntnisse vor Eintritt in das Unternehmen zu vertiefen, und zwar üblicherweise ein bis zwei Jahre lang als Assistent eines, wie sich Carl Duisberg ausdrückte, «der Professoren, mit denen wir in Verbindung stehen».[114]

Das Militärjahr in Breslau

Nach einer Frankreichreise mit seinem Schulfreund Franz Leonhard im Sommer 1888[115] diente Fritz Haber 1888/89 als Einjährig-Freiwilliger beim Feldartillerie-Regiment von Peucker (1. Schlesisches) Nr. 6, das seit 1808 in Breslau stand.[116] Die Einjährig-Freiwilligen, ein Relikt der preußischen Befreiungskriege, mußten anstatt der üblichen dreijährigen (seit 1893: zweijährigen) Dienstzeit nur ein Jahr dienen. Die Bedeutung der militärisch längst überlebten Einrichtung lag im politisch-gesellschaftlichen Bereich, indem die Söhne des wohlhabenden Bürgertums über ihren besonderen militärischen Status in die Wertewelt der aktiven Offiziere integriert wurden. Die erste Voraussetzung war eine Bildungsqualifikation: Die Berechtigung wurde entweder durch eine Prüfung vor der Prüfungskommission für Einjährige oder aber durch den Besuch von mindestens sechs Klassen einer mittleren oder höheren Schule erworben; seit 1877 wurde die Versetzung in die Obersekunda verlangt. Die Einjährigen mußten sich ferner selbst bekleiden, ausrüsten und verpflegen, eine Voraussetzung, die ganz offen vom Vermögen oder Einkommen der Eltern abhängig war. Die hohen materiellen Anforderungen führten dazu, daß beispielsweise in den Jahren 1906–1910 von den über 180000 nach ihrer Ausbildung Berechtigten weniger als ein Drittel das Privileg auch nutzte, da die Eltern die Mittel nicht aufbringen konnten. Diese Zahlen, die für Habers Militärzeit nach unten zu korrigieren sind, sind durchaus geeignet, die Verhältnisse zu verdeutlichen. Haber zählte zu der Minderheit, die sich den Einjährigendienst leisten konnte, was ein bezeichnendes Licht auf die Finanzkraft des väterlichen Geschäfts wirft, da im Falle der Feldartillerie auch der besonders teure Unterhalt der Pferde bestritten werden mußte. Die Kosten betrugen mindestens 3000 Mark – unerreichbar für Handwerker und Industriearbeiter mit einem Jahreseinkommen um die 1000 Mark.[117]

Die Militärzeit im allgemeinen wie die Einrichtung der Einjährig-Freiwilligen im besonderen zählten neben Familie und Schule zu den wichtigsten Sozialisationsagenturen des Kaiserreichs, denen ein bedeutender Einfluß auf die soziale Militarisierung der Gesellschaft zugemessen wird.[118] Wie sehr sich Haber in der Welt der Militärs tatsächlich zu Hause fühlte, wird aus den wenigen erhaltenen Überrestquellen nicht recht deutlich. Der eigentliche Dienst langweilte ihn. Auf dem Artillerieschießplatz bei Falkenberg fand er «das Leben zum Sterben», die «geräuschvolle[n] Einsamkeit dieses wüsten Vergnügungsortes» gefiel ihm nicht. In Gedanken plante er lieber für Ende Juli 1889 eine Fahrt nach Helgoland mit seinen Freunden.[119] Im Rückblick fand er den ersten und den letzten Tag des Dienstjahres am schönsten. Die Zeit dazwischen wurde ihm «miserabel sauer» und war nach eigenen Worten nur «mit grenzenloser Wurschtigkeit» zu ertragen. Besonders litt er unter seinem unmittelbaren Ausbilder und Futtermeister, dem Vizewachtmeister Spremberg, der ihn mehr kostete als das Futtergeld für die Pferde.[120]

Auf der anderen Seite war Haber auch der Bürgersohn seiner Zeit, der brennend gerne Reserveoffizier geworden wäre. Das Reglement sah vor, daß Einjährige, die sich nach Bildung, militärischer «Beanlagung» und Diensteifer eigneten, zu Offizieren der Reserve ausgebildet wurden. Sie erhielten spätestens vom Beginn des vierten Monats an praktischen und theoretischen Unterricht, wurden nach sechs- bzw. neunmonatiger Dienstzeit zu Gefreiten bzw. Unteroffizieren befördert und legten kurz vor Ende der aktiven Dienstzeit die Offiziersprüfung ab. Sie wurden dann als Reserveoffiziersaspiranten entlassen.[121] Jetzt türmte sich die höchste Hürde auf: Der Bewerber mußte ein Regiment finden, dessen Kommandeur überhaupt bereit war, ihn dem aktiven Offizierskorps des Regiments zur Wahl vorzuschlagen. Der Name eines so Gewählten wurde dann dem Geheimen Militärkabinett präsentiert, das die Ausfertigung der königlichen Ernennungsurkunde zum Leutnant der Reserve veranlaßte.[122]

Haber scheiterte an dieser letzten Hürde, wiewohl er im Grunde erstaunlich weit gekommen war. Von dem knappen Drittel der 180 000 oben erwähnten jungen Männer, das 1906–1910 den Vorzug der Einjährig-Freiwilligen-Berechtigung überhaupt nutzen konnte, wurde während des Dienstjahres bereits über die Hälfte (29 710) praktisch von der Reserveoffizierslaufbahn ausgeschlossen.[123] Haber gehörte zu der verbleibenden knappen Hälfte: Während seiner Dienstzeit erwarb er die Qualifikation zum Reserveoffizier und wurde zum Vizewachtmeister ernannt. Später erhielt er sogar vom Kommandeur des thüringischen Feldartillerie-Regiments in Erfurt das Einverständnis zur Reserveoffizierswahl; die Feldartillerie galt nach ihrem militärischen Prestige neben den Garderegimentern und der Kavallerie als «gute» Waffengattung. Erst jetzt kam der Bruch. In seiner Standesliste an der TH Karlsruhe vermerkte er später lapidar, er habe sich nicht wählen lassen.[124] Woran scheiterte Haber?

Grundsätzlich ist zu berücksichtigen, daß tatsächlich nur sehr wenige in den Genuß des Reserveoffizierspatents kamen. Von den erwähnten 180 000 jungen Männern erreichten schließlich nur um die 11 % das ersehnte Patent, zu gut funktionierten die eingebauten sozialen Schleusen. Es scheiterten grundsätzlich alle, die politisch verdächtig waren oder deren

Herkunft als unpassend empfunden wurde, sowie alle jüdischen Bewerber. Mit Ausnahme des Sanitätswesens erhielt kein Jude in Preußen je das Reserveoffizierspatent; sogar in Bayern, Sachsen oder Württemberg gelang dies nur wenigen.[125] Ist es möglich, daß sich der junge Haber trotzdem solchen Illusionen hingegeben hatte? Seine Nichte erinnerte sich später, man habe ihm angedeutet, er könne die Beförderung haben, wenn er sich taufen lasse. Damals schlug Haber diesen Weg noch aus.[126] Spätestens zu diesem Zeitpunkt dürfte dem jungen Mann jedoch zweierlei klar geworden sein: erstens, daß es unüberwindliche Trennlinien in der Gesellschaft des Kaiserreichs gab, die ehrgeizigen bürgerlichen Juden den weiteren Aufstieg in die unteren Regionen der preußisch-deutschen Machteliten versperrten; und zweitens, daß die Taufe diese Grenze nach oben verschieben konnte.

Der militärische Status als Einjähriger hatte jedoch noch weitere Vorzüge. Er gestattete Haber beispielsweise, trotz des Militärdienstes am gesellschaftlichen Leben im nahen Breslau teilzunehmen. Der junge Mann festigte den nie abgerissenen Kontakt zum Kreis seiner ehemaligen Mitschüler. Anfang 1889 gründete er mit Ernst Hamburger eine Vereinigung

> «von jungen Mädchen und jungen Leuten [sic], um in regelmäßigem Zusammensein, bald lustiges, bald ernstes [sic] zusammen treibend, sich kennen zu lernen und von einander den Genuß zu haben, den die conventionellen abrupten Berührungen in Gesellschaften nicht gewähren können.»[127]

Unter dem Wahlspruch «Harmlosigkeit und Heiterkeit» ging es offenbar nicht zuletzt darum, die Verbindung mit Julie Hamburger wiederaufzunehmen. Haber forderte sie über ihren Bruder Max zum Beitritt auf, nachdem ihn ein Besuch bei Julies Vater in dieser Angelegenheit auf den «erreichbar tiefsten Punkt in der Barometerskala meiner Zufriedenheitsempfindung» geworfen hatte.[128]

Ein weiterer Vorteil war, daß der Einjährige sein Studium an der Universität Breslau fortsetzen konnte und dort sein fünftes und sechstes Semester verbrachte. Allen Quellen zufolge stand jedoch nicht die Chemie, sondern die Philosophie im Vordergrund. «Vorlesung über Philosophie in Reithosen am Nachmittag gehört», vermerkte der Lebenslauf des Sechzigjährigen.[129] Haber wunderte sich später über seinen «mir sonst fremden Fleiße» jener Tage, den er damit erklärte, daß er sonst vor Langeweile gestorben wäre. Besonders stolz war er auf den Besuch eines Kollegs von Benno Erdmann über Metaphysik und eines Kantseminars von Jakob Freudenthal.[130] Dies entsprach Habers vorwiegend an Kant orientiertem Interesse an Philosophie. Freudenthal (20. 6. 1839–1. 7. 1907), der von 1864 bis 1888 Dozent am jüdisch-theologischen Seminar in Breslau gewesen war, hatte sich 1875 habilitiert. 1879 wurde er an der Universität Breslau außerordentlicher, 1888, also zu Habers Studienzeit, ordentlicher Professor. Sein thematischer Schwerpunkt war die Geschichte der Philosophie.[131] Das philosophische Denken Erdmanns (30. 5. 1851–7. 1. 1921) war maßgeblich durch Helmholtz geprägt worden. Seit 1884 in Breslau, lag seine Bedeutung vor allem auf dem Gebiet der historisch getreuen Rekonstruktion der Kantschen Philosophie.[132]

Abschluß des Studiums in Berlin

Am 16. 10. 1889 schrieb sich der zwanzigjährige Haber an der jungen, aber doch traditionsreichen TH Berlin-Charlottenburg ein[133], die erst zehn Jahre zuvor aus der Vereinigung der Gewerbe- mit der Bauakademie entstanden war. Ihre neuerrichteten Gebäude im Tiergarten, darunter das für Chemie, gelten noch heute als «prominent» und programmatisch für das selbstbewußte Auftreten der Technikwissenschaften.[134] Im Wintersemester 1890/91 war Haber einer von insgesamt 1169 immatrikulierten TH-Studenten, von denen 159 die in der Statistik zusammengefaßten Fächer Chemie und Hüttenkunde studierten. Sie rangierten quantitativ hinter den Disziplinen Maschinenbau (395), Bauingenieurwesen (265) und Architektur (233). Die Technische Hochschule Charlottenburg erlebte zu Habers Studienzeit Jahre eine merkliche Expansion. Im Wintersemester 1885/86 hatte sie nur 662 ordentliche Studierende gezählt; im Winter 1902/03 waren es 3463, wobei der Anteil der Studenten der Chemie und Hüttenkunde ungefähr gleichblieb. Der quantitativen Expansion der Studentenzahlen parallel verlief eine nicht annähernd proportionale Zunahme der Professoren und Dozenten (30 bzw. 25 im Sommer 1885, 34 bzw. 28 fünf Jahre später, 47 bzw. 43 im Sommer 1903); den ‹Studentenberg› bewältigten – wie auch an den Universitäten – vor allem die Charlottenburger Privatdozenten (1885: 24; 1890: 26; 1903: 65).[135]

Haber war, als er nach Berlin zurückkehrte, alles andere als zielsicher und optimistisch gestimmt, sondern vielmehr von grundsätzlichen Zweifeln über seine berufliche Zukunft geplagt. Wie bereits in Heidelberg geplant, widmete er sich nun nach den diesbezüglich abstinenten Semestern bei Bunsen der organischen Chemie, in jenen Jahren des Booms der Teerfarbenindustrie vor allem der Chemie der Farbstoffe. Damit lag er ganz im Trend der Zeit. Habers Selbstwertgefühl war, vielleicht bedingt durch das Scheitern am Reserveoffizierspatent, stark gesunken. Er sei ein «übles Produkt», wisse wirklich nicht, was er werden wolle, schrieb er im November 1889 an Max Hamburger; er interessiere sich für vieles, tauge aber nur wenig. Haber verglich sich mit den chemischen Substanzen seines Labors, die sich zu seinem Kummer nicht «zu einem klaren Gebilde» verbinden wollten, sondern stets ein «unhandliches trübes Gemenge» darstellten. Die beruflichen Möglichkeiten, die sich ihm eröffneten, schienen ihm beide gleich reizlos. An der akademischen Laufbahn begeisterte ihn zu wenig, als daß er alle damit verbundenen materiellen Nachteile in Kauf nehmen wollte. An der Tätigkeit des Industriechemikers schreckte ihn die Aussicht, «den Tag 12 Stunden mit 400 Thaler Gehalt» Benzol zu destillieren.[136] Vier Monate später hatte sich seine psychische Verfassung kaum gebessert. Nichts mache ihm Freude, klagte er seinem Freund, ihm fehlten eine «Lebensauffassung» und ein Mensch, der ihm durch seine Persönlichkeit imponieren könnte; er lebe hier «so zu sagen dilatorisch».[137]

Haber studierte das siebente bis neunte Semester bei Carl Liebermann, der ihm die «neue Welt» der organischen Chemie eröffnete.[138] Um die Ausmaße und die Bedeutung dieser neuen Welt in der zweiten Hälfte des 19. Jahrhunderts zu erahnen, sei daran erinnert, daß die Zahl der bekannten organisch-chemischen Substanzen von rund 3000 im Jahr 1860 auf 15 000 zwanzig Jahre später und schließlich auf 150 000 im Jahr 1910 stieg.[139] Zwischen 1891 und 1895 bezogen sich 88 % der Aufsätze und kurzen Monographien der deutschen Instituts- und Laboratoriumsdirektoren auf Forschungen der organischen Chemie.[140] Das organische Laboratorium war neben dem anorganischen, dem photochemischen und dem technisch-chemischen etablierter Bestandteil der TH; ein elektrochemisches Laboratorium wurde erst nach Habers Studienzeit eingerichtet.[141] Liebermann (23. 2. 1842–28. 12. 1914) stammte aus der bekannten jüdischen Familie gleichen Namens; er war der Vetter des Großindustriellen Emil Rathenau und des berühmten Malers Max Liebermann sowie der Schwiegervater des liberalen Staatsrechtlers Hugo Preuß. Liebermann war mit dem Fach Chemie an der TH Charlottenburg bzw. ihrer Vorgängerin vor 1879, der Gewerbeakademie, seit langem fest verbunden: als Schüler Adolf von Baeyers seit 1863, als Mitarbeiter Carl Graebes seit 1867, als Assistent bei Baeyer seit 1869 und schließlich als sein Nachfolger als Laborleiter seit 1872. Im selben Jahr wurde er zum außerordentlichen, im Jahr darauf zum ordentlichen Professor für organische Chemie ernannt. Bekannt wurde Liebermann vor allem, als er 1868 zusammen mit Graebe die chemische Konstitution des roten Pflanzenfarbstoffs Alizarin als Anthracenderivat erkannte und ihn ein Jahr später über das Bromderivat synthetisierte. Die BASF kaufte das Patent, schlug jedoch für die großtechnische Produktion den günstigeren Weg Heinrich Caros über die Sulfonsäure ein. Die Alizarinsynthese hatte weitreichende, auch den Haberschen Farbhandel betreffende wirtschaftliche Folgen, denn sie ruinierte den Krappanbau u. a. im Elsaß, in Südfrankreich und in Schlesien. Liebermann untersuchte danach noch weitere Anthracen- und auch Naphthalenderivate, natürliche und synthetische Farbstoffe, organische Schwefelverbindungen sowie Alkaloide. Er war stets ein engagierter Verfechter der Idee und der Anerkennung der TH als gleichwertiger Hochschule neben der Universität, wo er seit 1879 eine außerordentliche Professur bekleidete.[142]

Als seinen zweiten großen Lehrer an der TH bezeichnete Haber später Otto Nikolaus Witt, dessen Vorlesung über die chemische Technologie der Faserstoffe ihn nachhaltig anregte.[143] Witt (31. 3. 1853–22. 3. 1915) war ein führender Farbstoffchemiker seiner Zeit, der in englischen wie deutschen Chemieunternehmen weitreichende praktische Erfahrungen gesammelt hatte. Seinen Ruf erwarb er sich u. a. 1876 durch seine Arbeit über den Bau und die Bildung färbender Kohlenstoffverbindungen, die zwischen der Chromophor- und der Auxochromtheorie der Farbstoffe unterschied, was von der Chemieindustrie erfolgreich aufgegriffen wurde. Witt ging 1885 an die TH Charlottenburg, wo er sich ein Jahr später habilitierte. 1888 wurde er dort zunächst Dozent, 1891 dann ordentlicher Professor für chemische Technologie.[144] Diese Disziplin, die als spezielle Technologie der Verfahrensbeschreibung alle zu einem Verfahren gehörigen Prozesse einschließlich der Maschinen, Apparate und Anlagen behandelte, war an den Universitäten ein allenfalls geduldetes Gebiet. Mit der zunehmenden wissenschaftlichen Durchdringung der chemischen Produktion institutionalisierte sie sich hingegen erfolgreich an den Polytechnika bzw. Technischen Hochschulen.[145] Während Haber sich später über den «jammervollen Unterricht[s]» F. R. Webers beklagte, der an der TH Technologie lehrte[146], sollte er von seinen bei Witt erworbenen Kenntnissen in seiner frühen Karlsruher Zeit sehr profitieren, als ihm die Färberei seinen ersten Lehrauftrag einbrachte.

Der Aufstieg der älteren technischen Lehranstalten zu Technischen Hochschulen im Laufe des 19. Jahrhunderts vollzog sich grundsätzlich durch eine auffällige «defensive Anpassung an das normsetzende Vorbild der Universitäten» und ihres Wissenschafts- bzw. Bildungsverständnisses.[147] Dabei waren die chemischen Abteilungen der THs in besonderem Maße gezwungen, die Verhältnisse an den Universitäten zu berücksichtigen und ihre Lehrpläne an ihnen zu orientieren. Ohne eigenes Promotionsrecht mußten sie, solange von den Chemikern der Dr. phil. erwartet wurde, den Unterricht so gestalten, daß die Studenten während des Studiums zwischen TH und Universität problemlos wechseln konnten. Im Endeffekt dominierte die theoretische Ausbildung in den chemischen Studiengängen auch der Technischen Hochschulen, so daß die Industrie seit den 1880er Jahren regelmäßig die Praxisferne aller Hochschulabsolventen kritisierte.[148] Der junge Haber wollte ebenfalls am Ende seines Studiums nicht das Diplom, sondern den Doktortitel erwerben. Er erfüllte die Voraussetzung zur Promotion, da er das sog. «akademische Triennium», d. h. ein sechssemestriges Studium an einer Universität bereits vor seiner Immatrikulation an der TH absolviert hatte.[149] Er konnte nun seine Disseration unter der Anleitung Liebermanns in dessen Eigenschaft als Extraordinarius an der Friedrich-Wilhelms-Universität anfertigen. Liebermann ließ seinen Doktoranden verschiedene Reaktionen am organischen Duftstoff Piperonal überprüfen, eine Arbeit, die sich immerhin 1890/91 in zwei Veröffentlichungen in den renommierten «Berichten der Deutschen Chemischen Gesellschaft», gemeinhin «Berichte» genannt, niederschlugen: Gemeinsam mit Liebermann überführte Haber zunächst das Nitropiperonal in den Bidioxymethylenindigo; das Untersuchungsgebiet wurde danach auf andere Derivate des Piperonals und damit zur Dissertation ausgeweitet.[150]

Zur Zeit der Dissertation befand sich Habers Seelenzustand wieder auf dem Nullpunkt. Freilich waren einerseits seine Ansprüche an seine wissenschaftlichen Leistungen gestiegen; andererseits war er wie viele Studenten kurz vor Abgabe der Dissertation von Selbstzweifeln über den Sinn seiner Arbeit geplagt. Trotzdem zeugen seine Formulierungen in einem Brief an Max Hamburger davon, daß seine Liebe nicht der organischen Chemie gehörte. Haber empfand seine Arbeit rundheraus als «elend»:

«1½ Dutzend neue Körper, die gemacht sind wie die Semmel beim Bäcker, im Ramsch weg, und außerdem lauter negative Resultate, wo ich erhebliche Resultate gesucht habe, noch dazu Resultate, die ich gar nicht veröffentlichen kann, weil ich fürchten muß, daß ein tüchtiger Chemiker darüber kommt und mir nachweist, daß mir zum Cameel [sic] blos [sic] die Höcker fehlen. Man lernt sich bescheiden.»[151]

Haber promovierte am 29. 5. 1891 an der Friedrich-Wilhelms-Universität zu Berlin mit der mäßigen Gesamtnote «cum laude», nachdem er die Thesen seiner Dissertation öffentlich gegen drei Opponenten verteidigt hatte.[152] Die Promotionsordnungen für Chemiker wichen von Universität zu Universität etwas voneinander ab. An der philosophischen Fakultät in Berlin wurde zu Habers Zeit das Hauptfach Chemie noch von zwei Examinatoren geprüft. Hinzu traten als Nebenfächer eine naturwissenschaftliche Disziplin und – obligatorisch – Philosophie.[153] Haber wurde in Chemie von August Wilhelm von Hofmann und dem Anorganiker und Mineralogen Karl Friedrich Rammelsberg (1. 4. 1813–29. 12. 1899) befragt, der sich durch Mineralanalysen und Forschungen zur Kristallstruktur einen Namen gemacht hatte. August Kundt (18. 11. 1839–21. 5. 1894)[154], der 1888 den Helmholtzschen Lehrstuhl für Experimentalphysik übernommen hatte, examinierte ihn im Nebenfach Physik, Wilhelm Dilthey in Philosophie. Während Haber bei Dilthey, der ihn laut Prüfungsprotokoll über einige altgriechische Denksysteme und die Vernunftkritik Kants prüfte, einen glatten «Erfolg» verbuchen konnte, verdarb er seine Note ausgerechnet in Physik. Der Widerstandsmessung von Elektrolyten, mit denen er später in der Elektrochemie laufend zu tun hatte, begegnete er mit völliger Unkenntnis.[155]

Abb. 1 Fritz Haber kurz nach der Promotion, 1891

4. Zwischen Industrie, Handel und Universität: Irrwege und Weichenstellungen 1891–1894

Der inzwischen 22jährige Haber war sich auch nach Abschluß des Studiums über seine berufliche Zukunft nicht im klaren. Sein dem Freund Willstätter 1928 übergebener Lebenslauf vermerkte kurz: «Liebermann rät von Ostwald ab.»[156] Demnach spielte er schon damals mit dem Gedanken, sich auf die physikalische Chemie zu verlegen und vorerst an der Universität zu bleiben, wurde aber von dem überzeugten Organiker Liebermann davon abgebracht. Wilhelm Ostwald (2. 9. 1853–4. 4. 1932) war 1887 für diese Teildisziplin an die Universität Leipzig berufen worden, und sein

Institut übte eine große Anziehungskraft aus. Nun liegt der Verdacht durchaus nahe, der alte Haber und in seinem Gefolge Willstätter[157] hätten den Lebenslauf nachträglich etwas begradigt, um aus Anlaß des 60. Geburtstags des Nobelpreisträgers den Eindruck einer gewissen Ziellosigkeit des jungen Chemikers zu mildern. Der Verdacht einer ex-post-Rationalisierung des Lebenslaufs trifft jedoch nur teilweise zu.

In seinen Berliner Semestern hatte Haber Richard Abegg (9. 1. 1869–3. 4. 1910)[158] kennengelernt, mit dem ihn eine lebenslange enge Freundschaft verbinden sollte. Der in Danzig geborene Chemiker war der Sohn des wohlhabenden Kommerzien- und Admiralitätsrats Wilhelm Abegg[159], Mitglied des Aufsichtsrats der Deutschen Hypothekenbank AG in Berlin, dessen Vermögen sich 1913 auf 2,5 Millionen Mark belief. Seine Mutter stammte aus der Breslauer Bankiersfamilie Friedenthal. Haber und Abegg promovierten in Berlin gleichzeitig bei Hofmann zum Dr. phil.[160] und bewarben sich beide im Juli 1891 in getrennten Schreiben bei Ostwald um einen Platz in seinem Institut.[161] Abegg erhielt eine Stelle, Haber nicht, aus welchen Gründen auch immer. Es gibt Hinweise darauf, daß Abeggs Einfluß auf den altersgleichen, aber weniger zielorientierten Freund in dieser Zeit erheblich war. Dessen ausgeprägtes Interesse an der physikalischen Chemie machte Haber offenbar erst auf diese Teildisziplin aufmerksam.[162] Im Falle von Ostwalds Zusage wäre Haber seinem Freund zweifellos nach Leipzig gefolgt; Liebermanns ablehnende Haltung spielte wohl kaum eine ausschlaggebende Rolle.

Statt dessen absolvierte der junge Dr. phil. im Sommer und Herbst 1891 drei kurze Industriepraktika, die ihm zweifellos sein Vater vermittelt hatte. Siegfried Haber wollte, daß sein Sohn praktische, technisch-kaufmännische Kenntnisse erwarb, um später erfolgreich den väterlichen Farbhandel weiterführen zu können. Da seine Geschäftskontakte vor allem nach Osten orientiert waren, ging der junge Chemiker vermutlich Mitte Juli 1891 nach Budapest zur Spiritusbrennerei Grunwald & Co, die zusätzlich die anfallende Melasseschlempe zu Pottasche (Kaliumcarbonat), die seit dem Altertum als Reinigungsmittel verwendet wurde, weiterverarbeitete. Er blieb dort einige Wochen bis zum 1. 9. desselben Jahres. Vor allen Dingen genoß er, wie er Max Hamburger schrieb, die ungarische Hauptstadt, die er wunderschön fand. Auch mit seiner Tätigkeit im Laboratorium war er zufrieden.[163] Es ging ihm darum, von den Meistern einfachste technische Kenntnisse zu erwerben, da er, wie er später zugab, ein Durchlaßventil nicht von einem Absperrhahn unterscheiden konnte.[164] Für die Memoirenversion Charlotte Habers, derzufolge Siegfried Haber gehofft hatte, sein Sohn würde die einzige Tochter seines Budapester Geschäftsfreundes heiraten, fehlen die Belege.[165]

Fritz Habers nächstes Praktikum führte ihn im September 1891 für wenige Wochen nach Galizien zur österreichischen Ammoniaksodafabrik in Szczakowa, einem Dorf von 1098 Einwohnern und 141 Häusern in der Bezirks-Hauptmannschaft Chrzanów nordwestlich von Krakau.[166] Szczakowa lag einige Kilometer nördlich von Chrzanów direkt an der russischen Grenze. Der Ort bestehe fast nur aus Fabrikgebäuden und den dazugehörigen Arbeiterhäusern, er liege in einer «Sand-, Sumpf- und Fieberwüste, die nichts, rein nichts bietet», klagte Haber seinem Freund Max. Das Leben sei monoton, die Geselligkeit gleich null.[167] Andererseits lernte er in technischer Hinsicht viel dazu. Soda (Natron, Natriumcarbonat) war ein zentraler Grundstoff in zahlreichen chemischen Verfahren. Das alte, bereits 1789 entwickelte Leblanc-Verfahren zur Sodaherstellung wurde zunehmend durch das moderne, von dem Belgier Ernest Solvay entwickelte Ammoniak-Soda-Verfahren verdrängt, nach dem Soda mit Hilfe von Kohlendioxid aus Natriumchlorid und Ammoniak hergestellt wurde. Solvay gründete 1885 zusammen mit dem Aussiger Verein in Ebensee im Salzkammergut eine große Ammoniaksodafabrik, die 50 % des Sodabedarfs der österreichischen Monarchie deckte. Zur Versorgung lokaler, weit entfernter Märkte errichtete Solvay danach eine Vielzahl kleinerer Anlagen in Galizien, Böhmen, Bosnien usw., so auch Szczakowa.[168] Haber lernte also vor Ort eine neue, besonders wirtschaftliche Technologie kennen. Er gestand der Firmenleitung eine «glänzende und energische Intelligenz» zu und bewunderte die großen Geldmittel, die hinter der galizischen Sodafabrik steckten. Er profitierte davon, daß ihm voller Einblick in die Produktion gewährt wurde, was ihm, wie er zugab, sonst in Europa wohl kaum gestattet worden wäre.[169]

Noch in Galizien hatte sich Haber mit seinem Freund Max Hamburger für Mitte Oktober 1891 in Breslau verabredet, wo er auf dem Weg nach Zürich einen Zwischenstopp einlegen wollte.[170] Er war zu diesem Zeitpunkt bereits entschlossen, das Wintersemester 1891/92 bei Georg Lunge am Eidgenössischen Polytechnikum zu verbringen, so daß er seiner dritten Station als Industrievolontär, der Zellulosefabrik Feldmühle, von Anfang an nur wenige Wochen vor Semesterbeginn zugestand.[171] Die Schlesische Sulfit-Cellulose-Fabrik Feldmühle war 1885 in Liebau unweit des Riesengebirges gegründet worden und entwickelte sich schnell zu einem der bedeutendsten Zellstoffhersteller. Ihre große Anlage arbeitete nach dem modernen, bis heute üblichen Sulfitverfahren, das, in den 1860er Jahren von einem Amerikaner entwickelt, großtechnisch erstmals 1874 in Schweden eingeführt worden war.[172] Wieder war es also ein neues Unternehmen und eine moderne Technologie, die er als Volontär kennenlernte.

Die folgenden Jahre Habers sind durch Quellen fast gar nicht mehr belegt. Der besonders für die Schulzeit, teilweise auch noch für die Studienjahre ergiebige Briefwechsel mit Max Hamburger versiegte; der 1928 für Willstätter verfaßte Lebenslauf war kaum mehr als eine Skizze, die den Zeitrahmen absteckte:

«Herbst 1891 auf 1 Semester zu Lunge. Dann Sommer 1892 Kaufmann väterl. Geschäft bis Herbst 1892. Danach Rückehr [sic] zur Wissenschaft. 3 Semester in Jena, wohin Freundschaft mit Czapski führte.»[173]

Willstätter stellte in seinem «Nachruf» Habers Leben vor seinem Eintritt in die TH Karlsruhe unter das Motto «Siebeneinhalb Jahre Umwege und Irrwege». Er schrieb ihm «für die Wissenschaften und für sein gewähltes Fach höchste Begabung und lebhaftestes Interesse [zu], unermüdlichen Fleiß, ein seltenes Maß von Energie und Geduld».[174] Damit suggerierte er eine bei allen Mißerfolgen doch hartnäckige Zielstrebigkeit Habers auf seinem Weg in die Wissenschaft, die in den Quellen nicht belegt ist, im Gegenteil: Man hat eher den Eindruck eines lange Zeit hindurch orientierungslosen jungen Mannes, der zwischen industrieller, kaufmännischer und wissenschaftlicher Tätigkeit schwankte und für dessen Entscheidungen Personen eine große Bedeutung hatten. Der junge Haber wußte eher, was er nicht wollte, als daß er sich positiv bestimmte Ziele setzte. Ein ihn fesselndes Fach fand er gar erst gegen Ende seines Aufenthalts in Jena.

Nur für seinen Entschluß, an das Eidgenössische Polytechnikum nach Zürich zu Georg Lunge zu gehen, vermerkte Haber als Begründung, er habe auf dem Gebiet der Technologie den «Mangel jedes Überblicks in Folge des jammervollen Unterrichts an der T. H. in Berlin» empfunden[175], was ihm während der Industriepraktika wohl täglich vor Augen geführt wurde. Die Abteilung IV für Chemie (einschließlich Pharmazie) des Polytechnikums deutete schon in ihrer Gründungsbezeichnung als «Chemisch-Technische Schule» auf ihre Bestimmung hin, den Chemikern in der Industrie eine akademische Ausbildung zu vermitteln. Im Wintersemester 1891/92 hatte sie 166 Studenten.[176]

Zu ihrem anerkannten Ruf trug nicht zuletzt Georg Lunge (15. 9. 1839–3. 1. 1923) bei, mit dem Haber die Geburtsstadt Breslau, die Abstammung aus einer jüdischen Kaufmannsfamilie, den späteren Übertritt zum protestantischen Glauben und das Bedürfnis nach Anwendung der chemischen Wissenschaft gemeinsam hatte. Lunges wissenschaftlicher Weg war eng mit der technischen Praxis verknüpft. Nach dem Studium der Chemie in Breslau und Heidelberg erwarb er umfassende Industrieerfahrungen in deutschen und englischen Unternehmen, besonders auf dem Gebiet der Teerchemie und der Sodaproduktion, die das beherrschende wissenschaftlich-technische Thema seines Lebens wurde. Die Sodaindustrie war die Schlüsselindustrie der anorganischen Großchemie, da nach dem damals angewandten Leblanc-Verfahren Schwefel-, Salpeter- und Salzsäure benötigt wurden bzw. anfielen. 1876 ging er als ordentlicher Professor für technische Chemie nach Zürich. Lunge, der sich einen Ruf als Meister der anorganischen chemischen Technologie erwarb, nutzte den 1884 begonnenen Neubau des Chemiegebäudes dazu, sein Institut zu einer der modernsten Lehrstätten ihrer Art auszubauen. Er arbeitete vor allem an der

Schwefelsäure- und Sodaproduktion, erfand wichtige technische Neuerungen, die von der Industrie erfolgreich aufgegriffen wurden, und machte sich auch auf dem Gebiet der chemisch-technischen Analyse einen Namen, indem er u. a. das seitdem weitverbreitete Methylorange als Indikator einführte. Er hinterließ ein umfangreiches Werk, darunter bedeutende Handbücher über die Teer-, Soda-, Schwefelsäure- und die gesamte anorganisch-chemische Industrie.[177]

Richard Willstätter vermerkte später, daß Lunge vielen Chemikern seiner Zeit unbegreiflich und fremd war, schien er doch kein Naturforscher, sondern eher ein «Enzyklopädist», zu dem es «keine Brücke und keinen Vergleich» gab.[178] In der Tat war er ein ungemein produktiver Autor auf dem Gebiet der technischen Chemie. Sein Werkeverzeichnis umfaßte nahezu 700 Titel, doch trat er oft vor allem als Berichterstatter und Kompilator auf.[179] Das Unbehagen der Kollegen hatte noch eine andere Ursache. Lunge haftete unablösbar das Stigma der praktischen Anwendung an, die seit dem deutschen Idealismus etwas für «Köpfe zweiter Klasse» (Friedrich Schleiermacher) war und nicht an die Universität gehörte. Von derartigen Berührungsängsten der Wissenschaft mit der wirtschaftlich-technischen Praxis war Haber grundsätzlich frei. Der Nachruf, den er 1923 nach Lunges Tod verfaßte, zeugt vielmehr davon, daß er in seinen jungen wie in seinen späten Jahren ein tiefes Verständnis für die Berechtigung von Lunges Arbeitsweise und Ansatz aufbrachte. Haber bestritt dort energisch, daß nur den «Königreichen» im Bereich der wissenschaftlichen Abstraktion Ruhm gebühre, und forderte gleiches Ansehen für das «Königreich Georg Lunges». Er habe der Wissenschaft Provinzen erobert, in denen vorher nur Handwerker gelegentliche Streifzüge unternommen hätten.[180] Haber schätzte Lunge als Fachmann für chemische Technologie. Er gestand jedoch einem ehemaligen Mitschüler, daß der Mann ihm als Mensch und Lehrer nichts zu geben vermochte, und Willstätter konkretisierte später, daß Lunge dem 23jährigen einfach zu autoritär war.[181] Der Aufenthalt in Zürich dauerte daher nur ein Semester.

Im Sommer 1892 folgten sechs Monate kaufmännischer Tätigkeit im väterlichen Geschäft[182], die im Endergebnis die Weichen in die Wissenschaft stellten. Bedauerlicherweise sind gerade für diese entscheidende Zeit keine Überrestquellen überliefert, die eine zuverlässige Rekonstruktion der Ereignisse und Hintergründe erlauben würden. Statt dessen kursieren mehrere, nicht überprüfbare und auch nicht deckungsgleiche Versionen Dritter. Charlotte Haber vertrat in ihren Erinnerungen die These, Fritz Haber habe seit seinem Abitur hartnäckig alles darauf ausgerichtet, umgehend Clara Immerwahr zu heiraten. Demnach arbeitete er im väterlichen Geschäft, um möglichst schnell finanziell unabhängig zu werden und zu einem guten Einkommen zu gelangen. Der Vater, erfreut über den Arbeitseifer seines Sohnes, habe erst später die wahre Ursache dieses Fleißes entdeckt und der geplanten Hochzeit ein kategorisches Nein entgegengesetzt, woraufhin Fritz die Firma endgültig verlassen habe.[183] Wahr ist, daß sich Haber und Clara Immerwahr zu diesem Zeitpunkt bereits kannten und verliebt hatten. Wie weit diese Liebesbeziehung ging, ist aus den Quellen nicht zu belegen, ebensowenig Siegfried Habers entschiedene Ablehnung. Doch dazu später.

Die anderen Lebensbeschreibungen Habers gingen von einer weniger romantischen Konstellation aus. Sie behaupteten überstimmend, der heftige Zusammenprall zweier so gegensätzlicher Persönlichkeiten, des vorsichtigen, konservativen Vaters und des lebhaften, risikofreudigen Sohnes, habe eine dauerhafte Kooperation verhindert.[184] Goran beschrieb als einziger ausführlich, aufgrund welcher Quellen auch immer, wie das belastete Verhältnis schließlich in einem Eklat endete. Demnach mußte der aufstrebende Dr. phil. erst einmal seine Handschrift durch Schreibübungen verbessern, um danach die Firma Haber als Geschäftsreisender im Raum Hamburg zu vertreten, was ihm noch weniger gefiel. Die häufigen, von der Stiefmutter und dem Onkel Hermann Haber mühsam geschlichteten Streitigkeiten vertieften sich durch grundsätzliche Meinungsverschiedenheiten über die Zukunft der synthetischen Farbstoffe, da der Vater in Anbetracht seiner polnischen und russischen Kunden an den Naturfarben festhielt. Das Intermezzo Fritz Habers im väterlichen Handel endete nach Goran mit einer kaufmännischen Fehldisposition des Juniors, der seinen widerstrebenden Vater dazu überredete, in Anbetracht der in Hamburg wütenden Cholera große Mengen Chlorkalk zu kaufen und zu Desinfektionszwecken zu vertreiben. Da die Epidemie jedoch wider Erwarten ein lokales Ereignis blieb und bei Abschluß des Geschäfts schon eingedämmt war, endete die Transaktion mit einem beträchtlichen finanziellen Verlust. Der kaufmännisch offensichtlich unbegabte Sohn sei vom Vater mit bitteren Worten in die Welt der Wissenschaft zurückverwiesen worden.[185]

Daß der junge Doktor im väterlichen Geschäft falsch disponierte und größere Summen verlor, ist auch von anderer Seite überliefert. Ein Mitglied der Karlsruher Chemischen Gesellschaft erinnerte sich Jahrzehnte später an einen launigen Bericht Habers, wonach er damals den Vater überredet habe, einen Waggon Chlorkalk nach Rußland zu verkaufen, der ihm aber nicht abgenommen wurde. Daraufhin sei er aus dem Geschäft geflogen.[186] Ob nun Chlorkalk nach Hamburg oder nach Rußland oder weder – noch: Auch der fast rein auf die wissenschaftlichen Verdienste Habers zielende Coates schrieb kryptisch von seinem Protagonisten als «a danger to the business»[187], und sein späterer Arzt Rudolf Stern berichtete ebenfalls, gestützt auf die Erinnerung an ein Gespräch im Jahr 1928, die Episode im väterlichen Handel habe mit einem «disaster» geendet. Ein finanzieller Verlust mußte für den in Geschäftsdingen überaus vorsichtigen Vater Haber traumatische Züge annehmen, verkörperte er doch einen von seiner Zeit längst überholten Typus von Kaufmann, der grundsätzlich keinen Kredit aufnahm, da er dies für den ersten Schritt in den Betrug hielt. Demgegenüber bewies Fritz Haber zeit seines Lebens eine erheblich größere Risikobereitschaft in finanziellen Dingen, die nicht selten auch mit einem Mißerfolg endete.[188]

Nach dem abrupten Ende seiner kaufmännischen Tätigkeit in Breslau ging Haber im Herbst 1892 nach Jena. Die spärlichen Quellen aus dieser Zeit setzen lediglich ein stark beschädigtes Mosaik zusammen, was um so bedauerlicher ist, als der inzwischen knapp 24jährige hier drei entscheidende Weichenstellungen seines Lebens vornahm: Zum einen konvertierte er zum evangelischen Glauben; zum anderen schlug er nicht den beruflichen Weg als angestellter Industriechemiker ein, sondern er ging zurück an die Universität, offenbar um die wissenschaftliche Laufbahn einzuschlagen. Beginnend mit dem Wintersemester 1892/93, verbrachte er drei Semester bei dem Organiker Ludwig Knorr. Zum dritten entwickelte er in seiner Jenaer Zeit seine Vorliebe für die physikalische Chemie.

Der Übertritt zum Christentum

Unmittelbar nach seiner Ankunft in Jena konvertierte Haber noch im November 1892 zum evangelischen Glauben und ließ sich in der Michaeliskirche taufen.[189] Die Entscheidung für diesen Schritt muß bereits in Breslau gefallen und von dort aus vorbereitet worden sein, und es ist durchaus denkbar, daß dies auch der eigentliche Grund für das Zerwürfnis mit dem Vater war. Unmittelbare zeitgenössische Quellen, die Aufschluß über Habers Beweggründe geben könnten, sind nicht überliefert, doch erlaubt die Memoiren- wie auch die geschichtswissenschaftliche Literatur eine Annäherung mit mehr oder weniger großer Beweiskraft.

Religiöse Motive deutete nur Charlotte Haber an.[190] Sie machte eine enge Freundschaft Habers mit einem jungen evangelischen Theologen für den Glaubenswechsel verantwortlich, der ihn in die Schönheiten des Christentums eingeführt und besonders für die Bergpredigt begeistert habe. Nun sind weder der Theologe nachweisbar noch Habers Interesse für religiöse Fragen. Allen Quellen zufolge war er der jüdischen wie auch der christlichen Religion gegenüber indifferent, die Taufe als religiöser Akt daher für ihn ohne Bedeutung.[191]

Habers Übertritt zum Protestantismus als bewußten Ausdruck jüdischer Assimilation aus patriotischen Motiven bezeugte sein späterer Arzt und Freund Rudolf Stern in seinen Erinnerungen, auf die auch sein Sohn Fritz Stern in seiner Haber-Deutung implizit rekurrierte, ihre Aussage aber überspitzte. Er nannte als letzten Beweggrund Habers einen glühenden «preußisch-deutschen Patriotismus» als äußerste Steigerung seiner Assimilationshaltung.[192] Nun ist zu Recht mehrfach moniert worden, daß der

Assimilationsbegriff ideologiehaltig und zudem analytisch unscharf ist: Er bezieht sich auf soziale, kulturelle, psychische Prozesse gleichermaßen, verschleiert Wechselwirkungen zwischen ihnen und bezeichnet nicht zuletzt sowohl einen Prozeß wie seine Ergebnisse.[193] Demgegenüber bevorzugt die neuere Forschung den aus der amerikanischen Kulturanthropologie stammenden Terminus der Akkulturation, der die in der Assimilation implizierte Unterordnung einer Kultur unter die andere vermeidet. Akkulturation beschreibt demnach einen Prozeß, in dem sich Elemente verschiedener Kulturen begegnen und eine neue Einheit bilden, deren Gleichgewicht als instabil und mehr oder weniger dauerhaft gesehen wird. Damit geraten sowohl die Bewahrung wie auch der Wandel der einen Kultur durch ihre Verbindung mit Elementen der anderen in den Blickpunkt historischer Forschung. Der Assimilationsbegriff engt sich auf einen umfassenden Kulturwechsel ein, also auf das unterschiedslose Aufgehen einer Minderheit in der Mehrheit. Demnach waren die deutschen Juden als soziale Gruppe akkulturiert, nicht aber assimiliert, was freilich nicht heißt, daß sich Individuen nicht anders verhielten.[194] Diese terminologische und konzeptionelle Differenzierung erlaubt auch ein schärferes Licht auf Fritz Haber: Beschritt er, so ließe sich zugespitzt fragen, den Weg der vollständigen Assimilation weiter als die Mehrzahl der deutschen Juden?

Rudolf Stern überlieferte ein Gespräch mit seinem Freund bei einem gemeinsamen Erholungsaufenthalt zum Jahreswechsel 1926/27 in Monte-Carlo, in dem die Rede auch auf die Hintergründe der ‹delikaten Frage› der Konversion kam. Es ist dies die einzige bisher bekannte Äußerung, die Haber selbst zu seinem Glaubenswechsel abgab und der daher quellenkritisch eine besondere Bedeutung zukommt. Seine Generation, so Haber, habe unter dem Eindruck der Reichsgründung hundertprozentig deutsch gefühlt und unter dem Eindruck der rationalen Philosophie und der Naturwissenschaften keinerlei Bindung an den jüdischen Glauben empfunden. Den Ausschlag gegeben habe Theodor Mommsens berühmter Aufsatz von 1880, «Auch ein Wort über unser Judenthum»[195], der ihn und seine Freunde entscheidend beeinflußt habe.

Der Hinweis auf Theodor Mommsen, der nicht nur als Althistoriker in den letzten Jahrzehnten des 19. Jahrhunderts eine «geistige Weltmacht» darstellte[196], erlaubt eine differenziertere Rekonstruktion von Habers Assimilationsbereitschaft. Sie ging nicht einfach auf eine deutsch-patriotische Einstellung zurück, sondern entstammte einer bewußten Auseinandersetzung mit dem aufkommenden modernen Antisemitismus. Mommsen veröffentlichte seine Schrift als Entgegnung auf Heinrich von Treitschkes antisemitische Ausfälle von 1879 und den dadurch ausgelösten Berliner Antisemitismusstreit[197], der eine erste Welle des politischen Antisemitismus im deutschen Kaiserreich markierte. In Breslau schlug sich diese Welle zeitgleich in den antijüdischen Hetzartikeln der katholischen Schlesischen

Volkszeitung nieder, die vor Gericht mit der Verurteilung des Redakteurs Constantin Nowak und des Druckereivorstehers Reid (22. 1. 1879; Berufung verworfen am 6. 4. d. J.) gipfelten.[198] Es ist unter diesen Umständen sehr wahrscheinlich, daß der Schüler Fritz Haber die Auseinandersetzung genau verfolgt hatte und auch Mommsens Beitrag kannte.

Die Position Mommsens im Antisemitismusstreit wies eine bemerkenswerte, für Haber offenbar ausschlaggebende Einstellung zur Assimilation auf. Bei aller Kritik an Treitschke und Verteidigung der Rechtsgleichheit der Juden befürchtete er nämlich einen drohenden «Bürgerkrieg einer Majorität gegen eine Minorität», wofür er teilweise auch die Juden selbst verantwortlich machte. Sie vermittelten ihrer christlichen Umwelt «das Gefühl der Fremdheit und Ungleichheit». Mommsen definierte die Christenheit durchaus säkular nicht als Religions-, sondern als kulturelle Gemeinschaft, die «den Charakter der heutigen internationalen Civilisation» zusammenfasse. Außerhalb dieser Schranken zu bleiben und innerhalb der Nation zu stehen, sei möglich, aber gefahrvoll. In diesem Zusammenhang rief er die Juden, die keine religiösen Bindungen an ihren Glauben mehr verspürten, dazu auf zu konvertieren.[199]

Es mag kein Zufall sein, daß Habers tatsächlicher Entschluß zur Taufe zeitlich mit der zweiten antisemitischen Welle im deutschen Kaiserreich von etwa 1887 bis 1893 zusammenfiel. Sie breitete sich vor allem in Hessen, Sachsen, Brandenburg und Pommern aus. Der Stimmenanteil der antisemitischen Splitterparteien stieg zwischen den Reichstagswahlen 1890 und 1893 von 0,7 auf 3 %, ihre Mandate von 5 auf 16, während die Linksliberalen fast ein Drittel ihrer Sitze verloren. Während der in eigenen Parteien organisierte Antisemitismus bald zerfiel, breitete er sich als politische Haltung in anderen Parteien, verschiedenen gesellschaftlichen Vereinigungen sowie gerade an den Universitäten aus. Der Verbändeantisemitismus kam in der Gründung des Deutschnationalen Handlungsgehilfen-Verbands und des Bundes der Landwirte, beide 1893, signifikant zum Ausdruck.[200] Auf der anderen Seite reagierte nicht zuletzt die linksliberale Szene: Sie gründete Anfang 1891 den «Verein zur Abwehr des Antisemitismus», in dem auch wieder Theodor Mommsen eine Rolle spielte. Diese überparteiliche Organisation, der noch im Gründungsjahr 12 000 Mitglieder beitraten, verband ihr Auftreten gegen die Antisemiten mit der von Mommsen vor zehn Jahren bereits formulierten Assimilationserwartung. Sie reklamierte, so die Vereins-Mitteilungen aus dem Jahr 1912, den «vollkommenen Verschmelzungsprozeß und keine abgesonderte Kultur, kein Volk im Volke».[201] Nimmt man Habers Berufung auf Theodor Mommsen ernst, so ist sein Entschluß zum Glaubenswechsel vor dem Hintergrund der Auseinandersetzung des Liberalismus mit dem erstarkenden Antisemitismus und seiner Forderung nach vollständiger Aufgabe jüdischer Eigenheit zu sehen.

Das Aufzeigen dieses Kontextes allein vermag jedoch nicht zu befriedigen. Im Kaiserreich war der Übertritt von Juden zum christlichen Glauben, und zwar im allgemeinen in die dominierende Konfession der jeweiligen Umgebung (75–80 % zur evangelischen Kirche), nicht ungewöhnlich, aber auch alles andere als selbstverständlich. Abgesehen von der statistisch nicht erfaßbaren Taufe von Neugeborenen jüdischer Eltern, traten zwischen 1890 und 1910 rund 10 000 Juden in Deutschland der evangelischen Kirche bei; das war mehr als je zuvor, markierte keineswegs aber den allgemeinen Trend. Die Lösung vom orthodox-jüdischen Glauben führte eher zu einer agnostizistischen und religiös indifferenten Haltung, nicht zum Religionswechsel. Die Mehrheit der deutschen Juden hielt diesen Schritt für eine Leugnung ihrer jüdischen Identität und daher für nicht wünschenswert.[202] Richard Willstätter, der als Sohn eines Karlsruher Textilkaufmanns eine Haber vergleichbare soziale Herkunft aufwies, formulierte in seinen Erinnerungen diese spezifisch jüdische Mentalität: Man war politisch und religiös liberal, in der Zugehörigkeit zum Judentum jedoch konservativ. Ein Übertritt aus anderen als religiösen Gründen erschien «unanständig».[203] Willstätters Einstellung war symptomatisch: Die Lebenserfahrung der Juden im deutschen Kaiserreich wurde grundlegend von ihrer dualistischen Existenz als Jude und Deutscher beeinflußt.[204] Habers Übertritt zum evangelischen Glauben hatte also durchaus Signalcharakter als Geste einer über dem jüdischen Durchschnitt liegenden Assimilationsbereitschaft.

Hinzu kam jedoch ein weiteres. Charlotte Haber deutete als eigentlichen, durchaus bedenkenswerten Beweggrund des jungen Mannes sein Zerwürfnis mit dem Vater an.[205] Führt man diesen Gedanken fort, dann gipfelte Habers Auszug aus dem Haus und der Firma der Väter symbolhaft in der Abkehr auch von ihrer Religion. Für diese Lesart sprechen der Zeitpunkt der Taufe unmittelbar nach dem Verlassen Breslaus und die Tatsache, daß der in religiösen Dingen an sich sehr frei denkende Siegfried Haber vom Schritt seines Sohnes in seinem Selbstverständnis als Jude tief getroffen war.

Eine überdurchschnittliche Assimilationsbereitschaft und vor allem einen überaus starken Ehrgeiz Fritz Habers setzen all jene voraus, die seine Taufe in direktem Zusammenhang mit seinem Entschluß sehen, die akademische Laufbahn einzuschlagen und mit dem Wechsel der Konfession ein Karrierehindernis aus dem Weg zu räumen.[206] Die Konversion Habers aus Opportunismus ist ebenso vehement behauptet wie bestritten[207] worden, was um so leichter fiel, als weder pro noch contra Quellen vorliegen. Die Befürworter der Deutung beziehen sich letztlich auf Annahmen über das Verhalten aufstiegsorientierter Juden. Sie reklamieren Plausibilität und Beweiskraft für ihre Interpretation, indem sie Aussagen über mögliche unbewußte Verhaltensorientierungen treffen. Den Mangel an Quellen versuchen sie durch eine Notlösung auszugleichen: Sie machen Habers individuellen Schritt vor dem Hintergrund statistisch erfaßbaren Gruppenverhaltens von jüdischen Wissenschaftlern plausibel, ein methodisch aus verschiedenen Gründen sehr problematischer Zugriff. Die methodisch ‹saubere› Alternative, nämlich keine derartigen Aussagen zu treffen, kann jedoch in einer Biographie ebenfalls nicht befriedigen, so daß auch hier mögliche weitere Motive Habers rekonstruiert und dem Leser angeboten werden.

Zweifellos war im Kaiserreich der Assimilationsdruck auf jüdische Wissenschaftler an Universitäten sehr groß. Die Taufe beförderte das Avancement auf der akademischen Karriereleiter erheblich. Autobiographien jüdischer Wissenschaftler verzeichnen immer wieder, wie ihnen spätestens nach der Habilitation der Übertritt zum christlichen Glauben nahegelegt wurde. So berichtete beispielsweise Willstätter von entsprechenden energischen Vorstößen seines Lehrers Adolf von Baeyer, der selbst ebenfalls jüdischer Herkunft war.[208]

Was Fritz Haber geahnt haben mochte, aber mit Zahlen nicht belegen konnte, bestätigte eine 1911 vom Verband der Deutschen Juden[209] in Auftrag gegebene Untersuchung des Berliner Rechtsanwalts Bernhard Breslauer.[210] Seine Enquete über die Zurücksetzung jüdischer Hochschullehrer (Ordinarien, außerordentliche Professoren, Honorarprofessoren, Privatdozenten) an den deutschen Universitäten ist aus zwei Gründen für eine Haber-Biographie besonders aussagefähig. Erstens wiesen die zeitgenössischen Universitätsstatistiken die konfessionelle Struktur des Lehrkörpers nicht aus. Zweitens erhob Breslauer diejenigen, die zwar als Juden geboren, aber später zum Christentum konvertiert waren («Getaufte»), und diejenigen, die den jüdischen Glauben nicht verlassen hatten («Juden»), in gesonderten Kategorien. Die sehr geringe Zahl der insgesamt nur vier «Dissidenten», d. h. der aus dem Judentum Ausgetretenen ohne anschließende christliche Taufe, wurde den Getauften zugerechnet. Obgleich das Datenmaterial Lücken aufwies, so daß insbesondere bei den absoluten Zahlen im einzelnen Vorsicht geboten ist, ergab die Analyse der Wintersemester 1874/75, 1889/90 und 1909/10 einen deutlichen Trend: Die Getauften, die ja innerhalb des Judentums eine sehr kleine Minderheit ausmachten, wurden gegenüber den Nichtgetauften erkennbar bevorzugt.[211] Dies galt besonders für die Ebene der Ordinarien, wo sich der Anteil von im obigen Sinn definierten Juden an allen ordentlichen Professoren in Deutschland zu den genannten Stichdaten von 1,5 auf 3 bzw. 2,5 % veränderte, während sich der Anteil der Getauften auf 3, 4 bzw. 4,5 % belief. Die Zahlen für die Ordinarien an preußischen Universitäten lauteten für Juden 2, 3 bzw. 2,5 %, für getaufte Juden dagegen 5, 5,5 bzw. 6 %. Klettert man die universitäre Rangleiter nach unten, so sahen die Verhältnisse für die außerordentlichen Professoren wie für die Privatdozenten noch ganz anders aus. Der Prozentsatz der Juden unter den Extraordinarien in

Deutschland belief sich zu den gewählten Stichsemestern auf 9, 11 bzw. wieder 9 % (in Preußen: 9, 13, 12 %), der der Getauften auf 4, 6 bzw. 7 % (in Preußen: 5,5 %, 6 bzw. 6,5 %). Noch deutlicher war der Trend unter den Privatdozenten, wo die Juden, bezogen auf ganz Deutschland, 13,5 %, 12,5 und 12 % ausmachten (in Preußen: 18, 18 und 14,5 %), die getauften Juden dagegen 5, 4,5 und 7 % (in Preußen: 6, 6, 9 %). In anderen Worten: Mit dem Erklimmen der akademischen Karriereleiter steigerte sich der «strukturelle» zum «individuellen Taufdruck».[212]

Die Zahlen variierten freilich von Universität zu Universität wie auch unter den einzelnen Fakultäten. Die Verteilung jüdischer Hochschullehrer, getaufter wie nichtgetaufter, war insgesamt sehr ungleichgewichtig: 70 % von ihnen waren an preußischen Universitäten, und von diesen wiederum 85 % in Berlin, Königsberg und Breslau.[213] So gab es im gesamten Untersuchungszeitraum Universitäten, an denen niemals Ordinarien lehrten, die den jüdischen Glauben nicht aufgegeben hatten, z. B. Würzburg oder Tübingen. Während sich die medizinischen Fakultäten bei der Besetzung der Lehrstühle gegen getaufte wie nichtgetaufte Juden gleichermaßen zurückhaltend verhielten, wiesen die hier interessierenden, heterogen zusammengesetzten philosophischen Fakultäten je nach Disziplin sehr unterschiedliche Verhältnisse auf. Nichtgetaufte Juden wurden generell von den geistes- und wirtschaftswissenschaftlichen Lehrstühlen ferngehalten, während sie in den «Realien», d. h. den Naturwissenschaften und besonders der Mathematik, eine größere Chance hatten. Auch war in diesen Fächern die Bevorzugung der getauften Juden gegenüber den Nichtgetauften nicht so ausgeprägt. Nichtsdestotrotz ist nicht daran zu zweifeln, daß sich die Karrierechancen eines jüdischen Naturwissenschaftlers an den Universitäten mit der Taufe erheblich verbesserten und daß dies natürlich auch Haber bewußt gewesen sein muß.

In Anbetracht all dieser bisher genannten Faktoren und im Vorgriff auf sein späteres Verhalten im Weltkrieg erscheint Haber nicht einfach nur als ‹akkulturiert›, sondern als überdurchschnittlich assimilationsbereit und tatsächlich ‹assimiliert›. Nichtsdestotrotz hatte diese ‹Assimilation› auch ihre Grenzen, die nicht nur von außen durch die Abwehrhaltung der christlichen Umwelt gesetzt wurden. Bei aller bewußten Integration in die nichtjüdische Gesellschaft bewahrte Haber in seinem Privatbereich nicht zu unterschätzende Elemente jüdischer Identität. Als Indikatoren jüdischer Identität gelten in der neueren Forschung unter anderem ein endogames Heiratsverhalten und der persönliche freundschaftliche Umgang.[214] Habers beide Ehefrauen, die er 1901 und 1917 heiraten sollte, waren jüdischer Abstammung, wenngleich ebenfalls aus sehr ‹assimilierten› Familien: Clara Immerwahr war bereits vor der Eheschließung konvertiert; Charlotte Nathan entschloß sich allerdings nur unter dem Druck ihres Verlobten zur Taufe. Schließlich waren von Jugend an die eher wenigen Menschen, denen sich Haber freundschaftlich eng verbunden fühlte, überwiegend Juden: Max Hamburger, Siegfried Czapski, August Marx, Max Mayer, Albert Einstein und Richard Willstätter.

Die Entscheidung für die Wissenschaft

Mit dem Ausscheiden aus der väterlichen Firma fiel für Fritz Haber nach eigenen Worten der Entschluß, die wissenschaftliche Laufbahn einzuschlagen.[215] Dies tat im wilhelminischen Deutschland ein konstanter Prozentsatz von etwa 5 % aller Hochschulabsolventen der Chemie, die nun die bis heute gleichgebliebene Stufenleiter Assistent, Privatdozent, Extraordinarius und Ordinarius erklimmen mußten.[216] So schnell konnte Haber jedoch keine Assistentenstelle finden. Es gab mancherlei von der Konfessionszugehörigkeit völlig unabhängige Hemmnisse, z. B. seinen mäßigen Studienabschluß, fehlende Beziehungen zu großen Namen der chemischen Wissenschaft, ja eine offenbar immer noch vorhandene Unsicherheit, auf welche chemische Teildisziplin er sich überhaupt verlegen sollte. Seine Entscheidung, ausgerechnet an die Universität Jena zu Ludwig Knorr zu gehen, hatte keine wissenschaftlichen Gründe, weil er etwa plötzlich seine Liebe zur organischen Chemie entdeckt hätte. Als Sechzigjähriger gab er vielmehr an, seine lebenslange Freundschaft mit dem jüdischen Physiker Siegfried Czapski habe ihn in das thüringische Universitätsstädtchen geführt.[217]

Beide waren Mitglied im Akademisch-Literarischen Verein in Breslau gewesen, wo sie sich vermutlich kennengelernt hatten. Haber ging in Czapskis Haus ein und aus und hielt auch nach dessen frühem Tod Kontakt zu seiner Frau und seinen Kindern.[218] Mehr ist über diese Freundschaft nicht bekannt. Ob Czapski für Habers Glaubenswechsel eine Rolle als Vorbild oder Ratgeber spielte, ist nicht ausgeschlossen, war er doch selber zum Protestantismus konvertiert. Belegen läßt sich dieser Zusammenhang nicht. Czapski (28. 5. 1861–29. 6. 1907) hatte 1884 bei Helmholtz in Berlin promoviert und wurde danach auf dessen Empfehlung Privatassistent von Ernst Abbe in Jena. 1889 trat er in die Optischen Werkstätten Carl Zeiss ein, die nach dem Tod des Firmengründers 1888 und dem Austritt seines Sohnes von Abbe als alleinigem Besitzer geleitet wurden. Czapski war der erste bedeutende wissenschaftliche Optiker der «Jenaer Schule». Seine eigenen Forschungen stellte er allerdings hinter die Aufgabe zurück, die Ergebnisse von Abbes Werk systematisch darzustellen («Die Theorie der optischen Instrumente nach Abbe», 1893). Insgesamt verlagerte sich das Schwergewicht seiner Tätigkeit von der wissenschaftlichen zur kaufmännisch-technischen Seite: Seit 1891 war er Mitglied der Geschäftsleitung und damit eine einflußreiche Persönlichkeit.[219]

War dies der Grund, daß Habers Wahl nach seinem unrühmlichen Abgang aus der väterlichen Firma auf die eigentlich wenig attraktive Universität Jena fiel? Nach ihrer glänzenden Vergangenheit war sie nun provinziell geworden: Sie hinkte der allgemeinen Entwicklung hinterher, schuf Lehrstühle, die anderswo bereits eine Selbstverständlichkeit waren, und stand um die Jahrhundertwende nach Zahl der Studenten wie der ordentlichen Professoren im Reich nur mehr an vorletzter Stelle, was um so mehr schmerzte, als sie hundert Jahre zuvor noch die zweitgrößte Hochschule Deutschlands gewesen war. Die Krise war durchaus existenzgefährdend, obwohl eine planvolle Berufungspolitik vor allem junger Nachwuchswissenschaftler das Schlimmste verhinderte und Namen wie beispielsweise Ernst Haeckel den provinziellen Rahmen durchbrachen. Die 1889/96 von Abbe geschaffene Carl-Zeiss-Stiftung kam zunächst satzungsgemäß nur den mathematisch-naturwissenschaftlichen Disziplinen zugute und hielt sich mit 42 500 Mark im Jahresdurchschnitt 1890–1896 noch in begrenztem Rahmen. Eine kraftvolle Wiederbelebung der Universität setzte dagegen erst nach der Jahrhundertwende ein, als Haber Jena längst verlassen hatte. Ein Ergänzungsstatut der Stiftung erlaubte nun die Förderung der allgemeinen Belange der Universität: Im Geschäftsjahr 1903/04 wurden dafür über 650 000 Mark bereitgestellt. Erst jetzt konnten die dringend erforderlichen Baumaßnahmen, u. a. des chemischen Instituts, ergriffen werden.[220]

Verschaffte Czapski seinem Vereinsbruder aus dem ALV, dessen Mitgliedern ein starkes Zusammengehörigkeitsgefühl nachgesagt wurde, durch seine Stellung bei Zeiss einen Platz im Labor von Ludwig Knorr, wie manche als sicher annehmen?[221] Warum aber dann bei einem Organiker? Mußte Haber nehmen, was er bekommen konnte? Knorr war der einzige Ordinarius für Chemie in Jena[222], und Czapskis Einfluß war auf diese Universität beschränkt. Wagte Haber es noch nicht, das Hauptbetätigungsfeld der deutschen chemischen Wissenschaft, die organische Chemie, die zweifellos auch die meisten Stellen zu vergeben hatte, zu verlassen? Oder war es Knorrs Reputation, die ihn anzog, in der Hoffnung, nicht nur von ihm zu lernen, sondern auch im Kielwasser seines guten Namens erfolgreicher als bisher weiterzuschwimmen? Wir wissen es nicht. Immerhin fand Haber in Knorrs Laboratorium wenigstens einen Arbeitsplatz, wenn auch nur als freier, d. h. unbezahlter Mitarbeiter. Im Personalverzeichnis der Jenaer Institute wurde er nicht unter den Assistenten aufgeführt. Haber, seinem Status nach ein einfacher Gasthörer, war also immer noch vom Vater finanziell abhängig.[223]

Ludwig Knorrs (2. 12. 1859–4. 6. 1921)[224] Arbeiten werden einer Phase zwischen der Vollendung der klassischen, organischen Chemie der Baeyer-Schule einerseits und einem neuen, physikalisch bestimmten Verständnis chemischer Prozesse andererseits zugeordnet. Sein Lebensweg war eng mit Emil Fischer verbunden, dem er seit seiner Studentenzeit an die Universitäten München, Erlangen und Würzburg gefolgt war. Nach der Habilitation 1884 wurde er als außerordentlicher Professor 1888 Leiter der analytischen Abteilung in Würzburg, im Jahr darauf Ordinarius in Jena, wo er bis an sein Lebensende blieb. Seit seiner Promotion 1883 befaßte sich Knorr mit heterozyklischen Verbindungen, der Aufklärung ihrer Konstitution und ihrer Synthese. Ergebnisse einer fruchtbaren Kooperation mit den Farbwerken in Höchst waren die Synthese des fiebersenkenden Mittel Antipyrin (1883), das als Ersatz für das mit Nebenwirkungen verbundene Chinin hochwillkommen war. Die Herstellung des Antipyrins, aus dem bis 1897 das an Wirksamkeit überlegene Pyramidon entwickelt wurde, gilt als Beginn der synthetischen Heilmittelindustrie. Knorr erwarb sich damit nicht nur einen Ruf als bedeutender Organiker, sondern auch finanzielle Unabhängigkeit, was um so wichtiger war, als Jenas Professoren neben den Rostockern die am schlechtesten bezahlten Professoren Deutschlands waren. In der Zeit von Habers Labortätigkeit weitete Knorr seine Forschungen gerade auf Tautomerieerscheinungen des Acetessigesters und des Diacetbernsteinsäureesters aus. Dieses Phänomen, daß nämlich ein und dieselbe Substanz je nach Versuchsbedingungen chemisch und physikalisch unterschiedlich reagiert, erschien damals rätselhaft und wurde viel diskutiert. Knorr konnte bis 1911 wesentlich zur Klärung des Problems beitragen, indem er nachwies, daß diese Verbindungen zwar dieselbe Bruttoformel, aber unterschiedliche Strukturformeln besitzen, d. h. die Atome sind im Molekül in unterschiedlicher Reihenfolge angeordnet. Am Beginn dieser Forschungen arbeitete auch Haber unter Knorrs Anleitung mit; die Ergebnisse, «kleine Nebenwege in der Gegend des Diacetbernsteinsäureesters», wurden 1894 unter beider Namen veröffentlicht.[225]

Ein Aufsatz in eineinhalb Jahren ist nicht sehr viel. Haber wollte von Anfang an weg aus dem «Nest» Jena, wo er sich, wie er in einem der seltenen Briefe an Max Hamburger klagte, «so wohl [befinde] wie ein Fisch auf dem Trocknen».[226] Während ihn schon die Arbeiten bei Liebermann und die Dissertation nicht begeistert hatten, machte ihm die Tätigkeit bei Knorr vollends deutlich, daß er nicht bei der organischen Chemie bleiben durfte. Da zeitgenössische Aussagen Habers zu seinen Erfahrungen fehlen, verwies Richard Willstätter auf einen Brief seines Freundes vom Januar 1911. Haber gestand dort seinen stets empfundenen Unmut bei der Lektüre organisch-chemischer Literatur ein, die ihm den Eindruck vermittele, «daß dieser ganze Betrieb auf einer Massensuggestion beruht.» Seiner Ansicht nach überzeugten sich die unzähligen organischen Chemiker gegenseitig von der Nützlichkeit und tieferen Bedeutung ihres Tuns, das Haber selbst nur als «ein unverdauliches und ideenarmes Gekoch» bewerten wollte.[227] In der Tat fand Haber bei der «Umwandlung von Derivaten in Derivate» keine Befriedigung. Allerdings überhöhte Willstätter die geistig-psychische Verfassung seines Freundes in jenen Jahren, wenn er schrieb, Habers Mißerfolge bei Knorr beruhten auf seiner Unfähigkeit, sich an Mittelmäßiges anzupassen, d. h., positiv formuliert, sie beruhten «auf der Stärke seiner eigenen Art», die sich mit kleinen Aufgaben nicht begnügen, sondern selbständig «Tiefen» ergründen wollte.[228] Haber war vielmehr immer noch auf der Suche nach dem Gebiet, das ihn dauerhaft fesseln konnte. Geistig unausgelastet, nutzte er seine Zeit in Jena, um weiter zu lernen. Im Wintersemester 1892/93 und im Sommer 1893 war er Gasthörer an der Universität; im Winterhalbjahr 1893/94 ließ er sich sogar regulär als Student der Chemie immatrikulieren.[229]

Angestoßen wohl durch seinen Freund Richard Abegg, vertiefte sich ausgerechnet in Jena Habers Interesse für die physikalische Chemie, obwohl diese Disziplin den beiden Ordinarien, Ludwig Knorr für die Chemie und Adolf Winkelmann für die Physik, völlig fern lag. Im Wintersemester 1893/94 hörte Haber das erste physikalisch-chemische Kolleg seiner Studienzeit, und zwar die Vorlesung des gerade erst habilitierten Rudolf Straubel über «Physikalische Chemie». Straubel (16.6. 1864–2.12. 1943) war eigentlich Mathematiker, der sich seit seiner Promotion 1888 mit der Berechnung und der Theorie von Beugungserscheinungen befaßte und damit Ernst Abbes Mikroskoptheorie fortführte. Er wurde denn auch später Mitglied der Geschäftsleitung der Zeiss-Werke 1903–1933. Warum Straubel sein erstes Kolleg – vor nur fünf Studenten – ausgerechnet über die ihm fremde physikalische Chemie las, ist nicht geklärt. Nicht zu bezweifeln ist, daß Haber gerade von dessen mathematisch-theoretischer Herangehensweise sehr profitierte.[230] Immer deutlicher stellte sich heraus, daß seine Stärke in der quantitativen Durchdringung chemischer Phänomene lag. Willstätters Diktum, Haber habe in Jena drei «ganz unergiebige und nutzlose Semester» verbracht, trifft also in dieser ausschließlichen Formulierung nicht zu.[231]

Bereits im November 1893, also noch zu Beginn von Straubels Kolleg, fühlte sich Haber in der physikalischen Chemie bereits so sicher, daß er dem Großmeister Wilhelm Ostwald in Leipzig eine theoretische physikalisch-chemische Abhandlung übersandte. Haber vermutete ein Reziprozitätsverhältnis zwischen strahlender und chemischer Energie und erbat Ostwalds Urteil, um im positiven Fall mit Hilfe eines Leipziger Kollegen entsprechende Experimente durchzuführen. Ostwald lud Haber zu der erhofften mündlichen Diskussion nach Leipzig ein, da er dessen Überlegungen zwar für nicht notwendig, aber immerhin für möglich hielt. Das Gespräch fand kurz darauf statt.[232] Über seine wissenschaftlichen Ergebnisse ist nichts bekannt. Haber hegte natürlich den Hintergedanken, über eine derartige Disputation Anschluß an Ostwalds Gedanken- und vor allem Mitarbeiterkreis zu gewinnen, doch realisierte sich diese Hoffnung nicht. «Zweimal», so schrieb Haber 1929 an Ostwald, «schien es an einem Haare zu hängen, daß ich Aufnahme in den Kreis Ihrer Mitarbeiter fand! Wie lebhaft stehen diese Stunden vor mir.»[233] Sein Weg zur sich gerade erst konstituierenden neuen Teildisziplin der physikalischen Chemie war der eines Außenseiters unter Außenseitern.

II. Die physikalische Chemie: Herausbildung einer wissenschaftlichen Disziplin

Fritz Haber verortete seinen wissenschaftlichen Standort rückblickend «an der Grenze der physikalischen und technischen Chemie».[1] Technische Chemie verstand man zeitgenössisch im Sinne von chemischer Technologie, also als die Lehre von der Durchführung chemischer Vorgänge im industriellen Maßstab. Dazu gehörte neben der engeren Aufgabe, chemische Reaktionen in der technischen Anwendung zu untersuchen, auch die Beschäftigung mit den Rohstoffen, Zwischen-, Neben- und Abfallprodukten der verschiedenen Fabrikationsvorgänge, der verwendeten Materialien, der benutzten Apparate und Maschinen etc.[2] Es genügt an dieser Stelle hervorzuheben, daß Habers Selbstverständnis als Wissenschaftler stets den Anwendungsbezug der Chemie betonte. Enge Zusammenarbeit mit Technikern und Mechanikern am Institut, Kooperation mit der Industrie waren die natürlichen Begleiterscheinungen seiner wissenschaftlichen Tätigkeit. Bevor nun auf «die 17 besten Arbeitsjahre»[3] Habers in Karlsruhe eingegangen wird, lohnt es sich, innezuhalten und sich zuerst dem ‹Lebenslauf› der Wissenschaft zuzuwenden, die er sich in Jena als zukünftiges Arbeitsgebiet ausgesucht hatte: die physikalische Chemie.

Lange bevor es sie als Disziplin geben sollte, findet sich der Begriff der physikalischen Chemie seit dem 16. Jahrhundert in naturbetrachtenden Schriften, wenn auch mit vom heutigen Wortgebrauch abweichender Bedeutung: Eingebettet in das Aristotelische Weltbild, zeigte das Adjektiv «physikalisch» die Zugehörigkeit der Chemie zur Naturlehre an. Eine Ausnahme bildete Michail W. Lomonossows 1752 verfaßter «Lehrkursus der wahren physikalischen Chemie», in dessen Vorwort er Aufgaben und Inhalt der Disziplin definierte:

«Die physikalische Chemie ist eine Wissenschaft, die auf Grund der Gesetze und Versuche der Physik die Ursache dessen erklärt, was in den zusammengesetzten Körpern [= chemischen Verbindungen] bei chemischen Operationen geschieht. […] Wir nennen dieses Lehrgebiet physikalische Chemie, weil wir uns entschlossen haben, nur das aufzunehmen, was zur wissenschaftlichen Aufklärung der Zusammensetzung der Körper führt.»[4]

Lomonossow entwickelte in seiner Schrift ein Programm für die Chemie, um mit Hilfe der Mathematik und Physik das «Innere» zusammengesetzter Körper zu erforschen. Seine Definition wie auch sein Ansatz blieben jedoch isoliert: Sie fanden keinen Eingang in die naturwissenschaftliche Literatur der Zeit. Über Lomonossows physikochemische Versuche ist kaum etwas bekannt, da seine Laboratoriumsaufzeichnungen bis auf wenige Fragmente verlorengingen. Man weiß allerdings, daß sie alle quantitativ durchgeführt wurden.[5]

Eine Analyse der Definitionen heutiger Lehrbücher der Chemie ergibt, ähnlich wie bereits gegen Ende des 19. Jahrhunderts, keinen einheitlichen Befund. Die einen verstehen unter physikalischer Chemie vor allem die Anwendung physikalischer Methoden bei der Lösung chemischer Probleme. Andere sehen in ihr eine Grenzdisziplin zwischen Chemie und Physik, welche die physikalischen Eigenschaften chemischer Erscheinungen erforscht. Dritte wiederum betrachten sie als eine Disziplin, die eine spezielle physikalisch-chemische Bewegungsform der Materie erforscht, während eine vierte Gruppe sie im Sinne von «theoretischer Chemie» versteht, die alle Teilbereiche der Chemie durchdringt. Für die historische Analyse hat es sich als sinnvoll erwiesen, den Gegenstand der physikalischen Chemie zu umreißen als die Erkenntnis derjenigen Gesetze, welche die chemischen Reaktionen auf Grundlage der Zusammenhänge und Wechselwirkungen zwischen der stofflich gebundenen Bewegung, der Struktur und der Energie der Materie sowie zwischen den unterschiedlichen Formen der Materie bestimmen.[6]

Die Geschichte der physikalischen Chemie, verstanden als Rekonstruktion ihrer Entwicklung auf kognitiver Ebene, hat schon früh Beachtung gefunden, vielleicht weil sie als sprichwörtliche «Hybridwissenschaft» grundsätzliche Bedeutung auch für andere Disziplinen im Grenzgebiet zwischen zwei etablierten Wissenschaften zu gewinnen vermochte.[7] Für den Berichtszeitraum 1960–1981 wurden weltweit bereits Tausende von Aufsätzen zu ihrer historischen Entwicklung nachgewiesen.[8] Eine erste Artikelserie zu ihrer Geschichte in den einzelnen Ländern erschien in den 1960er Jahren in der «Annual Review of Physical Chemistry».[9] Um nun Habers wissenschaftlichen Standort in der physikalischen Chemie erfassen zu können, soll hier zunächst versucht werden, die Herausbildung dieser Wissenschaft zur eigenständigen Disziplin nachzuzeichnen.

1. Disziplingenese als historischer Prozeß

Die Disziplingenese ist seit den 1970er Jahren eine bevorzugte Thematik wissenschaftshistorischer Forschung. Ältere Ansätze konzentrierten sich zuvor in der Regel auf die kognitiven Leistungen einzelner Gelehrter und feierten diese dann als die Begründer einer Disziplin, so beispielsweise Wilhelm Ostwald für die physikalische Chemie. Sie ignorierten dabei, daß gerade Ostwald bereits kurz nach dem Ersten Weltkrieg Wissenschaft und damit auch wissenschaftliche Disziplinen eindringlich als «ein eminent soziales Gebilde» charakterisiert hatte, das weder ohne die «Mitwirkung einer größeren Gemeinschaft» entstehen noch ihren Sinn anders als in ihrer Rückwirkung auf diese finden könnte.[10] Dieser Mahnung folgte die moderne Forschung, gleich welcher Ausrichtung. Bei allen Unterschieden in Fragestellung, Methode und Zielsetzung im einzelnen ist sie sich darin einig, die disziplinäre Gliederung der Wissenschaft als kognitiv-soziale Einheit im Spannungsfeld wissenschaftsinterner wie -externer Faktoren aufzufassen.

Die Herausbildung wissenschaftlicher Disziplinen wurde bisher in verschiedenen Zusammenhängen thematisiert; der Zugang führte über die Frage der Professionalisierung wissenschaftlich-technischer Berufe, über die Untersuchung von Institutionalisierungsprozessen oder über die Ausbildung des modernen Wissenschaftsverständnisses. Neben der überwiegend wissenschaftssoziologisch ausgerichteten angelsächsischen Forschung wandten sich auch deutsche Wissenschaftshistoriker früh dem Phänomen der Disziplinen zu, so daß das Thema inzwischen zu einem international ausgerichteten und ebenso besetzten Forschungszweig avanciert ist.[11] Das anglo-französische Projekt Parex, das sich der Erforschung der sozialen Dimension von Wissenschaft widmete, veranstaltete bereits drei Jahre nach seiner Gründung 1970 eine Tagung zur Disziplingenese, der sie eine weitere einschlägige Veranstaltung folgen ließ. Insgesamt dominierte hier der soziologische Zugriff.[12] In der Bundesrepublik veranstaltete die Gesellschaft für Wissenschaftsgeschichte 1977 und 1980 zwei Symposien zum «Entstehen neuer Wissenschaften in der Neuzeit» bzw. zu den «Verdrängten Wissenschaften», d. h. zu Disziplinen, die es nicht mehr gibt.[13] In der DDR wandelte sich das Untersuchungsziel einer Forschergruppe nach zwei ersten Kolloquien zur Disziplinentwicklung 1972 von einer zunächst eher theoretischen Ausrichtung zu einer verstärkt historischen Herangehensweise. Seit 1977 wurden im Umkreis der Wissenschaftshistoriker Martin Guntau und Hubert Laitko in zahlreichen Arbeiten die Genesen verschiedener Disziplinen konkret untersucht, darunter auch die physikalische Chemie.[14] Die vergleichend angelegten Ergebnisse wurden auf mehreren Symposien vorgestellt und anschließend publiziert.[15]

Generell steht der Vielzahl der Ergebnisse eine noch größere Zahl von Forschungsdesideraten gegenüber, und manche Aussagen haben eher Thesencharakter, als daß sie breit abgesicherte Untersuchungsergebnisse präsentierten. Alle einschlägigen Publikationen treten denn auch mit eher bescheidenem Anspruch auf, betonen ihren Charakter als «work in progress» oder als prätheoretische Sammlung von Fallstudien.[16] Festzuhalten bleibt jedoch der Versuch, eine deskriptiv-analytische Phasengliederung des historischen Prozesses der Disziplingenese zu erarbeiten und auf konkrete Verläufe anzuwenden.[17] Im Zuge dieses Gesamtprojekts liegt auch für die physikalische Chemie ein orientierender Rahmen vor, der ihre

Herausbildung durch eine entsprechende Zäsurensetzung zeitlich konturiert.[18] Jüngere Arbeiten über die Geschichte der Zeitschrift für physikalische Chemie[19] und der Deutschen Bunsen-Gesellschaft[20] ermöglichen es, die Entstehung der Disziplin im Bereich der wissenschaftlichen Kommunikation und Institutionalisierung auf breiterer Basis nachzuvollziehen.

Retrospektiv enthüllt sich generell eine erste, lange Vorgeschichte einer kommenden disziplinären Entwicklung. Zwar liegen bereits einzelne Erkenntnisse und Erfahrungen vor, deren Aussagen, Methoden, Deutungen usw. durchaus wissenschaftlichen Kriterien entsprechen, doch sind sie ohne systematischen Zusammenhang, gleichsam disparat und ohne Ausrichtung auf den erst später erkannten Gegenstand der Disziplin.[21] Bezogen auf die physikalische Chemie[22], beginnt nach einer langen, noch vor das 18. Jahrhundert zurückführenden Frühphase die eigentliche Disziplingenese mit dem Anfang des 19. Jahrhunderts. Räumlich, zeitlich und inhaltlich weitgehend unabhängig voneinander, entwickelten sich im Grenzgebiet zwischen Physik und Chemie mehrere Forschungsfelder mit unterschiedlicher Gegenstandsorientierung, die sich der späteren physikalischen Chemie gleichsam von verschiedenen Seiten her näherten. Physik und Chemie ließen sich in dieser Zeit im Hinblick auf ihre Fachvertreter ohnehin oft kaum voneinander abgrenzen. An kleineren Universitäten wurden häufig beide Fächer von demselben Lehrstuhl abgedeckt; Autodidakten wie z. B. der berühmte Michael Faraday hatten ihre Chance.[23]

Die an den neuen Forschungsfeldern arbeitenden Wissenschaftler untersuchten die physikalischen Eigenschaften chemischer Substanzen und konzentrierten sich dabei zunehmend auf den Zusammenhang physikalischer und chemischer Effekte bei chemischen Reaktionen. Sie veröffentlichten ihre Ergebnisse in den Fachzeitschriften der Physik oder Chemie, auch in thematischen Monographien, die ein erstes kommunikatives Bezugssystem des speziellen Gegenstandsbereichs bildeten.[24] So entstanden Forschungsrichtungen wie die Thermochemie, die sich mit den bei chemischen Reaktionen auftretenden Wärmeumsätzen befaßt und die Abhängigkeit des chemischen Gleichgewichts u. a. von der Temperatur untersucht; die Elektrochemie [25], die sich mit den Zusammenhängen zwischen elektrischen und chemischen Vorgängen, z. B. der Elektrolyse, beschäftigt; die chemische Reaktionskinetik, die den zeitlichen Verlauf chemischer Vorgänge beschreibt; die Untersuchung der Lösungserscheinungen usw. Alle Forschungsrichtungen entwickelten über ihren engeren Gegenstand hinaus auch theoretische Vorstellungen über die Zustände und die Struktur der Materie. Ihre Leistungen im einzelnen befanden sich bereits auf einem beträchtlichen wissenschaftlichen Niveau. Begriffsbildung, experimentelle Fertigkeiten, quantitative Gesetzesaussagen, theoretische Vorstellungen waren fortgeschritten, doch gab es noch keine befriedigenden Erklärungen für eine Reihe zentraler Phänomene wie die Katalyse oder verschiedene Lösungs- und elektrochemische Erscheinungen.

Die Wissenschaftler eigneten sich in dieser frühen Phase ihre spezifischen physikalisch-chemischen Kenntnisse noch überwiegend autodidaktisch oder im direkten Lehrer-Schüler-Verhältnis an. Allerdings bildeten sich auch erste kommunikative und institutionelle Verdichtungen heraus. Ein erster Lehrstuhl für physikalische Chemie im deutschen Raum wurde 1864 in Heidelberg für Hermann Kopp errichtet, was es zu betonen gilt, da in der Literatur gelegentlich Ostwalds Behauptung ungeprüft übernommen wird, der erste und einzige derartige Lehrstuhl sei an der Universität Leipzig errichtet worden.[26] Dieser wurde seit 1887 mit Ostwald berühmt; er war jedoch bereits 1871 mit dem physikalisch-chemischen Unterrichtslaboratorium des Physikers Gustav Wiedemann begründet worden. Allerdings gilt es auch die beschränkte Reichweite dieser Institutionen hervorzuheben. Kopps physikochemische Tätigkeit lag rein im Bereich der Forschung; sein Lehrauftrag bezog sich auf eine ergänzende Vorlesung im Rahmen von Bunsens Lehrprogramm. Bei Wiedemann war der Anteil der Lehre zwar schon wesentlich größer, konzentrierte sich jedoch auf die Vermittlung experimenteller physikalischer Meßmethoden bei der Untersuchung chemischer Phänomene.[27]

2. Die Konstituierungsphase der physikalischen Chemie als Disziplin

In der Phase ihrer disziplinären Herausbildung oder Konstituierung werden grundsätzlich die bisherigen Einzelresultate in einem logisch übergeordneten, relativ geschlossenen theoretischen System zusammengeführt. Die in der Vorgeschichte gewonnenen Erkenntnisse lösen sich nun aus ihren ursprünglichen Zusammenhängen heraus, werden als Gegenstand der Disziplin identifiziert und bilden ein neues, eigenständiges System des Erkennens. Auslöser für diesen qualitativen Sprung sind neben kognitiven Fortschritten auch veränderte wirtschaftlich-gesellschaftliche Bedürfnisse und Verhältnisse. In dieser Phase entwickeln sich spezifische, auf den Gegenstand der Disziplin ausgerichtete Kommunikationsformen und Institutionen.[28]

Für die physikalische Chemie erstreckte sich die äußerst intensive Phase ihrer Konstituierung von den 1880ern bis zur ersten Hälfte der 1890er Jahre, als sich die Möglichkeit abzeichnete, die bisher gewonnenen Erkenntnisse der einzelnen Forschungszweige integrativ zu einem System zu verknüpfen.[29] Diese auf die Leistungen von van't Hoff, Arrhenius und Ostwald zentrierte Sichtweise wurde inzwischen relativiert, indem man darauf verwies, daß durch die Verengung des Blicks auf dieses Triumvirat die wissenschaftlichen Beiträge jener, die keine sog. «key ideas» oder «focal topics» der physikalischen Chemie lieferten, die sich mit der Ostwald-Schule durchsetzten, ungebührlich minimiert würden. Außerdem wiesen rein quantitativ, nach Auswertung aller der in J. R. Partingtons 1964 erschienenen «A History of Chemistry» zitierten physikochemischen Originalbeiträge, die 1880er Jahre, abweichend von früheren Jahrzehnten, keine signifikante Zunahme auf.[30] Andererseits ist die neue Qualität der theoretischen Erkenntnisse durch bzw. im Gefolge von van't Hoff und Arrhenius für die Disziplinbildung nicht zu verkennen; sie integrierten mehrere, zuvor vereinzelte Forschungsfelder zu einem neuartigen Theoriesystem. Abgesehen von dieser kognitiven Seite der Disziplinbildung, läßt sich ihre nicht minder wichtige soziale Dimension an Ostwald festmachen, dessen organisatorischem Geschick es in nahezu beispielloser Weise gelang, die neue Wissenschaft in mehrfacher Hinsicht zu institutionalisieren. Es soll daher hier der von Girnus vorgeschlagenen Phasengliederung gefolgt werden.

Osmotische Lösungstheorie und Theorie der elektrolytischen Dissoziation: die Leistungen von van't Hoff und Arrhenius

Als zentral stellte sich das alle physikalisch-chemischen Gebiete durchziehende Problem der Affinität oder, in der älteren Terminologie, der chemischen Verwandtschaft heraus. Darunter versteht man «die Neigung oder Tendenz von Stoffen zum Eingehen von Verbindungen miteinander, andererseits den Zusammenhalt oder die Festigkeit der Verbindung, die bei deren Zerlegung überwunden werden muß.»[31] Schon sehr früh war beobachtet worden, daß die Neigung chemischer Substanzen, mit einer oder mehreren anderen zu reagieren, unterschiedlich stark war. Theoretische Versuche, dieses Phänomen zu erklären, gruppierten sich um zwei entgegengesetzte, miteinander konkurrierende Auffassungen über das Wesen der stofflich gebundenen Materie. Die chemische Atomistik verstand den Stoff als Diskontinuum und leitete aus seiner diskret-korpuskularen Struktur die Affinitätserscheinungen aus den mikrostrukturellen Bewegungs- und Wirkzusammenhängen der elementaren Teilchen ab. Die Gegner dieser bis zum Beginn des 20. Jahrhunderts unbewiesenen Hypothese nahmen eine kontinuierliche Konstitution der Materie an. Sie gingen nicht auf mikrostrukturelle Vorstellungen ein, sondern leiteten ihre theoretischen Schlußfolgerungen rein aus den meßbaren Veränderungen makroskopischer Größen wie Temperatur, Druck, Volumen usw. ab.

Bereits in der zweiten Hälfte des 18. Jahrhunderts war die Abhängigkeit chemischer Reaktionen von äußeren Einflußfaktoren wie Temperatur, Druck, Konzentration bekannt. Das zentrale Problem der Ursachen der chemischen Affinität war als Frage aufgeworfen, trotz eines hohen Maßes an Verallgemeinerung jedoch nicht beantwortet bzw. besser: nicht beantwortbar, da ein theoretisches Fundament zu ihrer systematischen Erforschung fehlte. In der Vorbereitungsphase der Disziplinbildung, also bis in die 1870er Jahre hinein, schien das Affinitätsproblem hinter den sich herausbildenden physikalisch-chemischen Forschungszweigen zurückzutreten, doch gingen sowohl das bisherige Wissen über das Wesen der chemischen Verwandtschaft wie auch die Konkurrenz der beiden Basiskonzepte über die Struktur der Materie implizit in die neuen Forschungsrichtungen ein, womit sie sich auch qualitativ weiterentwickelten. Die Konkurrenz verschärfte sich in dem Maße, als die Thermodynamik in die Bearbeitung elektrochemischer Prozesse Einzug hielt. Das Zusammenwirken von Thermodynamik, Thermochemie, Lösungstheorie und Elektrochemie ließ, retrospektiv betrachtet, eine integrative, systematische Theoriebildung erwarten.

In der Physik befaßt sich die Thermodynamik mit der Abhängigkeit der Gleichgewichtszustände von der Temperatur. Sie behandelt also Systeme und ihre Zustände sowie die Übergänge zwischen diesen Zuständen. Die Thermodynamik rechnet mit den Größen Temperatur, Wärme, Energie und Arbeit. Ihre Herausbildung war eng verbunden mit der Entwicklung der Dampfmaschine im 18. und 19. Jahrhundert, an der man beobachtete, daß zwar mechanische Energie vollständig in Wärme umgesetzt werden konnte, der umgekehrte Vorgang aber nur bedingt möglich war: Ein Teil der Wärmemenge ließ sich nicht in Arbeit überführen.[32] Seit Beginn der 1870er Jahre hatte die Thermodynamik u. a. durch die Berechnung der thermischen Dissoziation der Gase gezeigt, daß sie Bedingungen für das Zustandekommen, die Richtung und die Intensität chemischer Prozesse im voraus verläßlich angeben konnte. Es ging nun darum, die Thermodynamik auf die chemischen Prozesse in Lösungen anzuwenden, wovon man sich einen integrativen Zusammenschluß der einzelnen physikalisch-chemischen Forschungszweige erhoffen konnte. Dies gelang durch die Verbindung der osmotischen Lösungstheorie des Niederländers Jakobus Hendricus van't Hoff (30. 8. 1852–1. 3. 1911) mit der Theorie der elektrolytischen Dissoziation des Schweden Svante August Arrhenius (19. 2. 1859–2. 10. 1927).

Seit 1877 untersuchte van't Hoff[33] systematisch die Zusammenhänge zwischen der Struktur und den chemischen Eigenschaften organischer Verbindungen, wobei er sich insbesondere von einer qualitativ und quantitativ exakten Erfassung ihres Reaktionsverhaltens neue Aufschlüsse erhoffte. Er konzentrierte sich dabei auf die Analyse der kinetischen Verhältnisse chemischer Vorgänge und ihrer thermischen Abhängigkeit. 1884 legte er seine Ergebnisse in den «Etudes de dynamique chimique» vor, wo er, ausgehend von der Darstellung experimentell bestimmter Reaktionsgeschwindigkeiten, ihren Verlauf mathematisch formulierte. Bei der Untersuchung des Einflusses der Temperatur auf die Reaktionsgeschwindigkeit wandte van't Hoff die Prinzipien der Thermodynamik erstmals streng an und gelangte damit zum sog. Prinzip vom beweglichen Gleichgewicht: Jedes Gleichgewicht zwischen zwei verschiedenen Zuständen der Materie (Systeme) wird bei konstantem Volumen durch eine Temperaturabnahme nach der Seite desjenigen Systems verschoben, dessen Bildung Wärme erzeugt. Konsequent kennzeichnete er als Maß der chemischen Affinität nicht, wie bisher üblich, eine Kraft, sondern eine Arbeitsgröße und konnte sie so mit mechanischen, elektrischen, thermischen Größen quantitativ vergleichen. Er hatte damit eine thermodynamische Begründung der chemischen Affinitätslehre entwickelt, womit es gelang, eine Vielzahl beobachteter Vorgänge unter einer einheitlichen Betrachtungsweise zusammenzufassen und ein geschlossenes, quantitativ formuliertes System der verschiedenen Einflußfaktoren auf chemische Reaktionen zu erarbeiten.

Van't Hoffs Ergebnisse und Ableitungen, deren Tragweite aufgrund seiner ungewöhnlichen Herangehensweise und unvorteilhaften Darstellung zunächst nur von wenigen erkannt wurde, galten allerdings nur für den verdünnten Gaszustand und die ebenfalls verdünnten «kondensierten», d. h. dem idealen Zustand nahen Systeme. Sie waren also Aussagen über Grenzzustände. In den Jahren 1884–1886 widmete er sich daher der Formulierung der Gleichgewichtsgesetze in Lösungen, in denen die meisten chemischen Reaktionen abliefen, wobei er das Problem von Anfang an von der Thermodynamik her anging. Dabei griff er das Phänomen der Osmose fruchtbar auf, d. h. jener einseitig verlaufenden Diffusion von Molekülen, wenn zwei gleichartige, aber unterschiedlich konzentrierte Lösungen durch eine semipermeable Membran voneinander getrennt sind. Durch diese halbdurchlässige Wand können nur die kleineren Moleküle des Lösungsmittels passieren, nicht die größeren des gelösten Stoffes. Dabei diffundieren mehr Moleküle in die stärker konzentrierte Lösung als umgekehrt; der dabei auf seiten der höher konzentrierten Lösung auftretende hydrostatische Überdruck, der um so höher ist, je größer die Konzentrationsunterschiede sind, wird als osmotischer Druck bezeichnet. Über die aus der Osmose abgeleitete Modellvorstellung wies van't Hoff die prinzipielle Gleichartigkeit des flüssigen und des Gaszustandes nach, d. h. man konnte die Gasgesetze direkt auf Lösungen anwenden. Damit hatte er nicht nur die Thermodynamik erneut erfolgreich auf chemische Probleme angewandt, sondern die bis dahin chemisch-mechanische Lehre vom Gleichgewicht mit dem Forschungsfeld der chemischen Affinität vereinigt. Mit seiner 1886 publizierten osmotischen Lösungstheorie (deutsch: «Die Gesetze des chemischen Gleichgewichts für den verdünnten gasförmigen oder gelösten Zustand») trug er maßgeblich dazu bei, die chemische Thermodynamik als eigenständige physikalisch-chemische Forschungsrichtung zu etablieren.

Die intensive wissenschaftliche Korrespondenz von Svante Arrhenius mit van't Hoff 1887 stellte einen weiteren Schritt physikochemischer theoretischer Systembildung dar, indem der Schwede den engen Zusammenhang seiner elektrolytischen Dissoziationstheorie mit der osmotischen Lösungstheorie nachwies. Das von van't Hoff formulierte Gesetz mußte nämlich im Falle von Elektrolyten als gelösten Stoffen mit Hilfe eines empirisch eingeführten Korrekturfaktors i ergänzt werden, um seine Gültigkeit zu behalten. Arrhenius hatte in seiner Dissertation 1883 die elektrische Leitfähigkeit verdünnter wäßriger Lösungen von Elektrolyten untersucht und in einem theoretischen Teil seine Vorstellungen über die Dissoziation der Elektrolyte als den Zerfall von Molekülkomplexen in Moleküle dargelegt, wobei er die von den Chemikern seiner Zeit noch heftig abgelehnten Dissoziationsauffassungen der Physiker aufgriff. Er formulierte dann seine Ansicht, daß die Spaltung in Ionen nicht durch den elektrischen Strom erzeugt werde, sondern daß die Ionen bereits in wäßriger Lösung vorhanden sind, was mit den herrschenden Auffassungen der Chemiker über die Unveränderlichkeit des Atoms kollidierte und die bisher erkannten elektrochemischen Gesetze revolutionierte. Arrhenius' Arbeit wurde folglich zunächst sehr schlecht bewertet, was ihn nicht davon abhielt, seine Theorie weiter auszubauen. 1887 lernte er van't Hoffs Publikation über die Gesetze des chemischen Gleichgewichts kennen und erkannte sofort den Zusammenhang beider Theorien, indem er aus dem abweichenden Verhalten der Elektrolyte in wäßrigen Lösungen vom van't Hoffschen Gesetz den Beweis für ihren Zerfall in Ionen erhielt. Noch im selben Jahr veröffentlichte er seine mit Hilfe des Briefwechsels mit van't Hoff abgeschlossene Theorie der elektrolytischen Dissoziation. Er konnte nun dessen Korrekturfaktor i quantitativ bestimmen und wandelte seine bisherige qualitative Hypothese in eine quantitative, experimentell nachprüfbare Theorie um.

Mit der integrativen Verknüpfung der Theorien von van't Hoff und Arrhenius war ein neues Niveau physikochemischer theoretischer Systembildung erreicht, das die Elektrochemie, die chemische Thermodynamik und die Lehre von den Lösungen in einer Synthese vereinte und damit die Konstituierungsphase der physikalischen Chemie als Disziplin einleitete. Girnus betont für diese Phase der Entwicklung besonders, daß die beiden unterschiedlichen Basisannahmen über die Struktur der stofflich gebundenen Materie, die Korpuskulartheorie und das Konzept der Kontinuität, aus ihrem konkurrierenden Verhältnis heraus nun in eine notwendige Korrespondenz miteinander traten: Ohne ihre grundsätzliche Polarität aufzugeben, waren nun naturwissenschaftliche Sachverhalte ohne die Einbeziehung theoretischer Vorstellungen aus dem jeweils anderen Konzept nicht mehr zu erklären. Die Symbiose beider Prinzipien war so fruchtbar, daß beispielsweise Wilhelm Ostwald die wissenschaftliche Kapazität seines ganzen Instituts über ein Jahrzehnt lang auf die Bearbeitung der daraus entstehenden Probleme lenken konnte. Zu einer wirklichen Synthese beider Konzepte gelangte man erst später auf Basis der Quantentheorie, deren Anwendung die ‹klassische Phase› der physikalischen Chemie, in der die Gesetze der klassischen Physik auf chemische Probleme bezogen wurden, abschließen sollte.[34]

Es verdient an dieser Stelle hervorgehoben zu werden, daß, unbeschadet der gleichzeitigen sprunghaften Entwicklung der chemischen Industrie und ihrer technisch-wissenschaftlichen Bedürfnisse, die Formierung des Erkenntnissystems der physikalischen Chemie in den 1880er Jahren auf der kognitiven Ebene vor sich ging und sich danach in entsprechenden institutionellen Formen niederschlug. Erst nachdem sich diese Entwicklungen vollzogen hatten, fanden ihre Ergebnisse auch Eingang in die industrielle Produktion. Die empirische Untersuchung von gesellschaftlichen Mechanismen der Disziplingenese, also warum und wodurch es zur Herausbildung neuer wissenschaftlicher Disziplinen kam, ergab verschiedene Typen. Auf der einen Seite des Spektrums standen Disziplinen wie die Agrikulturchemie oder die Geologie, die unmittelbar auf eine gesellschaftliche Erfordernissituation reagierten, also auf das Ernährungsproblem bzw. auf den Abbau von Kohle und Erzen. Auf der anderen Seite entstanden Disziplinen wie die klassische Physik und eben auch die grundsätzlich sehr anwendungsnahe physikalische Chemie «aus der eigengesetzlichen Entwicklung dieser Erkenntnisgebiete» heraus, für deren institutionell gesicherten Fortbestand dann allerdings gesellschaftliche Bedürfnisse ausschlaggebend waren.[35]

Das Jahr 1887: Wilhelm Ostwald und die Institutionalisierung der physikalischen Chemie

Guntau und Laitko definierten Disziplinen zu Recht als gegenstandsorientierte Systeme wissenschaftlicher Tätigkeiten, denen notwendig das Ziel der Selbstreproduktion zu eigen sein muß, um ihren Erhalt über den Wechsel der Wissenschaftlergenerationen hinaus zu sichern. Dieses Streben schlägt sich institutionell nieder, nämlich in der Errichtung fachspezifischer Lehrstühle, Institute und Laboratorien, der Gründung spezieller Zeitschriften und Fachvereinigungen sowie in der Publikation zusammenfassender Lehr- und Handbücher. Erste derartige Institutionen von spezifischem Profil, die Gradmesser für die gesellschaftliche Anerkennung der neuen Einzelwissenschaft sind, entstehen grundsätzlich noch in der Konstituierungsphase einer Disziplin.[36]

Bezogen auf die physikalische Chemie, gilt das Jahr 1887 traditionell als Eintritt der neuen Disziplin in die wissenschaftliche Öffentlichkeit. Bereits Hugo Bauers 1905/06 erstmals erschienene «Geschichte der Chemie» setzte mit diesem Jahr den «Beginn der Chemie der Jetztzeit» fest, die Handbuchdarstellungen späterer Jahre folgten ihm.[37] Auch wenn man mit der modernen Wissenschaftsforschung Disziplingenese nicht an punktuellen Ereignissen oder Arbeiten einzelner großer Wissenschaftler festmachen will, sondern ihren Charakter als kognitiv-sozialen Prozeß begreift, so stellt sich doch das Jahr 1887 als Zäsur heraus: Es häuften sich gleich mehrere Indikatoren dafür, daß sich die physikalische Chemie als Disziplin konstituierte. Das gilt mit der oben dargestellten integrativen Verknüpfung der Theorien von van't Hoff und Arrhenius für die kognitive Ebene der Entwicklung, aber auch für den sozialen Aspekt ihrer institutionellen Verankerung zu Zwecken ihrer disziplinären Reproduktion. Die Stichdaten dieses Jahres gruppieren sich um Wilhelm Ostwald, dem Arrhenius rückblickend «eine geradezu explosive Wirksamkeit» zuschrieb[38]: 1887 wurde er als Ordinarius an das II. chemische Institut der Universität Leipzig berufen. Im Februar desselben Jahres erschien das erste Heft der von ihm gemeinsam mit van't Hoff herausgegebenen «Zeitschrift für physikalische Chemie», und ebenfalls 1887 publizierte Ostwald den zweiten Band seines «Lehrbuchs der allgemeinen Chemie».

Ostwald, der, was die Entstehung seines Fachs anging, eine ausgeprägte wissenschaftshistorische Neigung hatte, beschrieb seine damalige Funktion im Rückblick zutreffend als die eines Organisators und Multiplikators:

«Es ist in der Wissenschaftsgeschichte dieser Zeit üblich geworden, mit den Namen van't Hoff und Arrhenius auch den Namen Wilhelm Ostwald zu verbinden, obwohl er nicht durch eine gleichwertige Entdeckung um dieselbe Zeit hervorgehoben wurde. Dies liegt daran, daß in meiner Person sich der organisatorische Faktor verkörperte, ohne welchen eine derart schnelle und weitreichende Gestaltung eines neuen Wissensgebietes nicht stattfinden kann.»[39]

In der Tat ist Ostwalds Bedeutung, was die Institutionalisierung und Durchsetzung der physikalischen Chemie angeht, kaum zu überschätzen und unabhängig von seinen späteren eigenen wissenschaftlichen Leistungen über die Katalyse oder chemische Gleichgewichtsverhältnisse. Er selbst stilisierte sich in der Rolle «eines Helfenden [...] und eines, der die Schläge des Gegners parierte».[40] Andererseits hielt er, durchaus durchdrungen von der ausschlaggebenden Funktion der eigenen Person, die Arbeit des Wissenschaftsorganisators für schwieriger und wichtiger als die des Forschers, der nur «seinen Garten» pflege, während jener «an der Straße» baue.[41] Von einem «Triumvirat»[42] van't Hoff, Arrhenius, Ostwald in dieser entscheidenden Phase der Disziplinbildung zu sprechen, ist daher gerade hinsichtlich ihrer sozialen Dimension durchaus berechtigt. Der in Riga geborene Ostwald (2. 9. 1853–4. 4. 1932)[43] befaßte sich seit seinem Studium an der Universität Dorpat mit der Suche nach den Gesetzmäßigkeiten der chemischen Affinität. Nach seiner Assistenzzeit am dortigen

Physikalischen Institut 1875–1881 wurde er Professor für Chemie am Polytechnikum in Riga, wo er mit wachsendem Erfolg Vorlesungen über physikalische Chemie hielt: Die Zahl seiner Hörer vergrößerte sich von 120 im Jahr 1882 auf 300 fünf Jahre darauf. Als er 1884 Arrhenius' von den Gutachtern völlig verrissene Dissertation über die elektrische Leitfähigkeit von Elektrolyten erhielt, erkannte er sofort ihre Bedeutung. Er lud den Schweden an sein Rigaer Institut ein und arbeitete dann selbst auf dem Gebiet der Ionendissoziation weiter.

Mit der Berufung nach Leipzig 1887 gelang es ihm in einzigartiger Weise, die physikalisch-chemische Abteilung des dortigen II. chemischen Instituts trotz anfangs eher kümmerlicher Arbeitsbedingungen zum internationalen «Mekka» der jungen physikalischen Chemie zu machen. Nicht umsonst versuchte Haber zweimal, bei Ostwald Fuß zu fassen. Dessen magnetische Anziehungskraft besonders auf junge Wissenschaftler erfaßte beispielsweise auch Albert Einstein, der sich 1901 ebenfalls darum bemühte, als mit absoluten Meßmethoden vertrauter mathematischer Physiker in Ostwalds Mitarbeiterkreis aufgenommen zu werden.[44] Der Leipziger Ordinarius vereinigte zielgerichtete Forschung, eine methodisch-didaktisch anspruchsvolle Lehre sowie Organisationsgeschick und auch Machtbewußtsein zur Durchsetzung der neuen Disziplin. Hier war in der Tat «die erste Institution, die einerseits für die Produktion und beständige Reproduktion eines spezifisch physikochemischen Wissenschaftlerpotentials und andererseits erheblich zur Durchsetzung der theoretischen Konzepte der physikalischen Chemie beitrug.» Die Fakultät hatte sich, als sie sich für Ostwald entschied, von der neuen Disziplin ausdrücklich die Schaffung einer geschlossenen, integrativen theoretischen Basis für die zunehmend in Teilgebiete zerfallende Chemie erwartet. Bereits 1894 wurden die Mittel für die Errichtung eines eigenständigen, knapp vier Jahre später eröffneten Physikalisch-Chemischen Instituts bewilligt.[45]

Ostwald, eine dynamische, organisatorisch geschickte Natur, war, wie sein Schüler Frederic G. Donnan bemerkte, «ein pausenlos sprudelnder Quell neuer Ideen».[46] Er war sich der Bedeutung seiner Berufung für die Disziplin vollkommen bewußt: «Denn die neue Wissenschaft gewann durch meine Berufung nach Leipzig einen geographischen und schulebildenden Mittelpunkt.»[47] Wissenschaftliche Schulen sind grundsätzlich «Konzentrationspunkte und Keimzellen» konzeptgebundener Kommunikation und haben daher für die Herausbildung und stabile Entwicklung wissenschaftlicher Kommunikationsbeziehungen große Bedeutung.[48] Die Schule, die Ostwald in bemerkenswert kurzer Zeit aufbaute, dominierte fortan die Entwicklung der frühen physikalischen Chemie in beinahe erdrückender Weise.[49] Sie verhalf nicht nur den Theorien van't Hoffs und Arrhenius' zum Durchbruch, die zum Konsensus der schnell entstehenden physikochemischen Wissenschaftlergemeinschaft avancierten, sondern sie zementierte damit auch die Ausrichtung der weiteren Forschungen auf bestimmte Gebiete und Fragestellungen. Andere Ansätze gerieten in Vergessenheit.

Ostwalds Mitarbeiter, unter ihnen als die bedeutendsten Arrhenius und Nernst, wurden durch ein ausgeprägtes Identitätsgefühl zusammengehalten. Sie besetzten auf Jahre hinweg einen Großteil der Stellen in Hochschulen und Industrie im In- und Ausland. Die Zahl der durch eigene Arbeiten bekannt gewordenen Schüler des Leipziger Ordinarius beträgt rund 150, darunter viele Ausländer. 63 ehemalige Schüler wurden später Hochschullehrer, wenn auch nicht alle für physikalische Chemie. Sie brachten die Disziplin u. a. in die USA[50], wo sie durch die Gründung physikochemischer Laboratorien Generationen amerikanischer Studenten erzogen. Sie setzten sich auch in Großbritannien durch, wo es andersgeartete Ansätze physikalisch-chemischer Forschungen gegeben hatte, die nun verdrängt wurden.

Für den Bereich der ‹kommunikativen Institutionen› ist das Jahr 1887 in zweierlei Hinsicht von Bedeutung. In diesem Jahr erschien zunächst in Leipzig der zweite Band von Ostwalds «Lehrbuch der allgemeinen Chemie»[51], wie er die physikalische Chemie gerne bezeichnete, um ihren für die gesamte Chemie grundlegenden Charakter zu betonen. Der erste Band war zwei Jahre zuvor publiziert worden. Zusammenfassende Lehr- und Handbücher stecken für ihre Disziplin gleichsam einen Claim ab, stellen einem wissenschaftlichen Publikum reproduzierbares, gesichertes Wissen zur Verfügung, bestimmen die Konturen der Disziplin. In seinem zweibändigen Lehrbuch faßte Ostwald die seiner Ansicht nach wegweisenden, aber bis dahin verstreut veröffentlichten Ergebnisse physikalisch-chemischer Forschung zusammen. Er machte damit die Arbeiten bedeutender Wissenschaftler auch aus dem Ausland einer breiten Fachöffentlichkeit zugänglich. Svante Arrhenius betonte später genau diesen disziplinbildenden und damit epochemachenden Charakter des Werks, indem es «der erstaunten Welt» gezeigt habe, «wie viele erhebliche Schätze durch die physikalische Chemie» erschlossen worden waren.[52] Der erste Band des Lehrbuchs, betitelt «Stöchiometrie», handelte von den verschiedenen Methoden zur Bestimmung von Atom- und Molekulargewichten, beschrieb dann die Stöchiometrie gasförmiger, flüssiger und fester Stoffe und gab anschließend eine Übersicht der bekannten Daten der chemischen Elemente und Verbindungen. Der zweite Band bezog sich auf die Thermo-, Photo- und Elektrochemie sowie auf die chemische Verwandtschaftslehre.

Ostwalds Darstellung erwies sich als methodisch und didaktisch außerordentlich gelungen. Sie basierte auf einem breiten Fundus von Vorarbeiten, den er sich für seine ersten physikochemischen Vorlesungen an der Universität Dorpat 1877/78 angeschafft hatte, indem er systematisch die vorangegangenen 50 Jahrgänge einschlägiger Zeitschriften nach wichtigen physikalisch-chemischen Arbeiten durchsah. Vor allem die zweite, wesentlich überarbeitete Auflage des «Lehrbuchs» (1891–1906) wurde zum Standardwerk der Disziplin, da die erste die Theorien von van't Hoff und Arrhenius noch nicht umfassend hatte berücksichtigen können. Die neue Konzeption drückte sich bereits durch das Erscheinen des zweiten Bandes in zwei Teilen aus, die Ostwald «Chemische Energie» und «Verwandtschaftslehre» betitelte. Das Lehrbuch wurde mehrfach wiederaufgelegt und auch in andere Sprachen übersetzt. Walther Nernst bezeichnete es noch 1932 als eine «fundamentale Leistung». Es habe dem Fach «klar vorgezeichnete Bahnen» gewiesen, indem es

«nicht nur die bereits vorliegenden, aber vielfach wenig beachteten Arbeiten kritisch zusammenfaßte, sondern vor allem auch die vorhandenen Lücken aufdeckte, und so fast kategorisch der weiteren Forschung ihre dringlichsten Aufgaben stellte.»[53]

Ostwald ließ dem «Lehrbuch» in kurzer Zeit weitere Werke von grundsätzlicher Bedeutung für die Konstituierung der Disziplin folgen.[54]

Von noch größerer Bedeutung für die Formierung des disziplinären Selbstverständnisses der physikalischen Chemie wurde die im Februar 1887 erstmals erschienene, von Ostwald initiierte und gemeinsam mit van't Hoff herausgegebene «Zeitschrift für physikalische Chemie, Stöchiometrie und Verwandtschaftslehre».[55] Eine Fachzeitschrift setzt die Existenz einer kommunizierenden Wissenschaftlergemeinschaft voraus, d. h., sie konstituiert diese nicht, fördert jedoch ihre Weiterentwicklung, indem sie neue Kommunikationsbeziehungen knüpft. Generell verdichtete sich gerade im letzten Drittel des 19. Jahrhunderts das chemisch-wissenschaftliche Zeitschriftenwesen analog der sprunghaften Entwicklung und Ausdifferenzierung ihrer Disziplinen. Die 1832 gegründeten «Justus Liebigs Annalen der Chemie» erhielten nun Konkurrenz durch die Gründung neuer Organe für die chemischen Teildisziplinen bzw. für bestimmte Interessentenkreise der Chemie. Erwähnt seien an dieser Stelle nur «Fresenius' Zeitschrift für Analytische Chemie» (gegr. 1862), die «Berichte der Deutschen Chemischen Gesellschaft» (1868), die «Chemiker-Zeitung» (1877), «Hoppe-Seyler's Zeitschrift für Physiologische Chemie» (1877), die «Naturwissenschaftliche Rundschau» (1886), die «Zeitschrift für angewandte Chemie» (1888) oder die «Zeitschrift für Anorganische und allgemeine Chemie» (1892).[56]

Mit der Zeitschrift für physikalische Chemie erhielt nun auch die Gemeinschaft der «Ionier», wie Ostwald die Physikochemiker im Gefolge van't Hoffs und Arrhenius' nannte, ihre internationale Kommunikationsplattform. Ihre kontinuierliche Publikationstätigkeit belegt die Stabilität der innerdisziplinären Kommunikation. Ostwald hatte sich die Mitarbeit bekannter internationaler Wissenschaftler gesichert, deren Namen er programmatisch und werbewirksam im Impressum aufführte, die aber auch das wissenschaftliche Niveau des neuen Organs garantieren sollten. Er war sich der Bedeutung der Zeitschrift für die Herausbildung der physikalischen Chemie wohl bewußt. Rückblickend stellte er fest:

«Die Begründung der Zeitschrift sicherte das Dasein der Allgemeinen Chemie als einer selbständigen Wissenschaft, indem sie die zeitgenössischen Mitarbeiter vereinigte und ihnen die Möglichkeit gab, sich der Öffentlichkeit im eigenen Hause darzustellen und nicht wie bisher als geduldete Gäste in nicht immer wohlwollender Umgebung.»[57]

Der erste Band der Zeitschrift für physikalische Chemie eröffnete programmatisch mit den berühmten, einander ergänzenden Arbeiten von Arrhenius zur Ionentheorie und van't Hoff zur osmotischen Lösungstheorie. Die ersten Erscheinungsjahre standen ganz im Dienst der theoretischen Fortführung und Anwendung der von dem Schweden und dem Niederländer geschaffenen Grundlagen der Disziplin.[58] Dominiert wurde die Zeitschrift aber von Ostwald. Bis 1897 übernahm er die Tätigkeiten des Herausgebers: Er verfaßte fast alle der 3331 Referate und 412 Buchbesprechungen und übersetzte auch die Beiträge ausländischer Wissenschaftler. Nach 1898 referierte er weiterhin die deutschsprachigen Zeitschriften und schrieb die Buchbesprechungen.[59]

Im 19. Jahrhundert wurden weit über 90 % aller naturwissenschaftlichen Entdeckungen und Erfindungen zuerst in Zeitschriften mitgeteilt. Einigen Journalen kam zu bestimmten Zeiten eine herausragende Position zu, wobei gerade im letzten Drittel des Jahrhunderts international ein Führungswechsel stattfand. Die Zeitschrift für physikalische Chemie nahm dabei, bezogen auf die Erstpublikation von Arbeiten, die für die wissenschaftliche Entwicklung von Chemie, Physik und physikalischer Chemie von grundsätzlicher Bedeutung waren, unter den 17 wichtigsten naturwissenschaftlichen Fachorganen Europas den dritten Rang ein.[60] Ihre Autoren stammten zu rund 50 % aus Deutschland.[61] Die Zeitschrift wurde zum deutschsprachigen, zumindest bis zum Ersten Weltkrieg führenden Fachorgan. Fast alle bekannten Physikochemiker jener Zeit publizierten ihre Resultate hier; sie waren Mitarbeiter oder Leiter der wichtigsten physikochemischen Forschungsstätten vor allem an den Universitäten, aber auch Technischen Hochschulen und Polytechnika. Der im hohen Maß kommunikationsfördernde Charakter der Zeitschrift wird nicht zuletzt aus ihrer Vorbildfunktion für die Gründung ähnlicher Organe im Ausland deutlich, ohne daß sie selbst ihre Führungsposition einbüßte. Erwähnt seien z. B. das amerikanische «Journal of Physical Chemistry» des Ostwald-Schülers Wilder D. Bancroft (seit 1896) oder das seit 1903 in Genf erscheinende «Journal de chimie physique, électrochimie, thermochimie, radiochimie, mécanique chimique, stoechiométrie».[62]

Die elektrotechnische Verankerung der Elektrochemie

Freilich sollte eine Ostwald-zentrierte Sichtweise nicht den Blick dafür verstellen, daß die Institutionalisierung der Disziplin in jenen Jahren auch unabhängig vom ‹Triumvirat› voranschritt. Das betraf vor allem das Teilgebiet der Elektrochemie, die sich in diesen Jahren ansatzweise aus der gerade an den Technischen Hochschulen institutionalisierten Elektrotechnik ausgliederte. Die – historisch bisher kaum erforschte – disziplinäre Herausbildung der Elektrochemie stand damit also auch noch in einer anderen Tradition, die eng mit der Entwicklung der Elektroindustrie zusammenhing.

Die ersten elektrochemischen Laboratorien[63] befanden sich an den Technischen Hochschulen nicht nur in räumlicher Nähe zu den elektrotechnischen Abteilungen, sondern es waren zunächst auch die Elektrotechniker selbst, die bereits in den 1880er Jahren an einzelnen THs elektrochemische Vorlesungen abhielten. Das erste Laboratorium für Elektrochemie wurde 1885 an der TH in Aachen eingerichtet; es stand unter der Leitung eines Extraordinarius. An der TH München machte sich Wilhelm von Miller (9. 12. 1848–1. 3. 1899), Ordinarius für allgemeine Chemie, um die Entwicklung der Elektrochemie verdient, wobei entscheidende Impulse von der Internationalen Elektrizitätsausstellung in München 1882 ausgegangen waren. Nach ersten einfacheren Versuchseinrichtungen in seinem Laboratorium folgte 1886 ein elektrochemischer Arbeitsraum, die Keimzelle des 1897 eröffneten elektrochemischen Laboratoriums.[64] Elektrochemische Vorlesungen und Übungen waren an mehreren deutschen THs Bestandteil der Studienpläne für Elektrotechniker, während umgekehrt Professoren für Elektrotechnik spezielle Veranstaltungen für Chemiker abhielten. Allerdings sollte das Niveau derartiger Einrichtungen und Veranstaltungen zu dieser Zeit nicht sehr hoch veranschlagt werden. Noch Anfang 1890 beklagte sich Walther Rathenau, der an der TH München weiterführende Studien in technischer Elektrochemie treiben wollte, bei seinem Vater, «daß eine eigentliche Elektrochemie noch gar nicht existiert, hier ebensowenig wie irgendwo anders.»[65] Erst später erkannten vor allem unbesoldete Privatdozenten der anorganischen und physikalischen Chemie in einer Spezialisierung auf die Elektrochemie eine Berufungschance. Gewappnet mit dem wissenschaftlich-theoretischen Rüstzeug im Gefolge des ‹Triumvirats›, trieben sie nun den Ausgliederungsprozeß der Elektrochemie aus der Elektrotechnik voran.

Der zunächst enge Zusammenhang zwischen beiden Disziplinen und die anschließende Herauslösung der Elektrochemie sollten ab den 1890er

Jahren wiederholt zu beobachten sein. Ohne vorgreifen zu wollen, sei an dieser Stelle bereits die Deutsche Elektrochemische Gesellschaft erwähnt: Bei ihrer Gründung 1894 waren Chemiker und Elektrotechniker gleichwertig vertreten, doch wurden letztere nach kurzer Zeit nicht zuletzt durch Ostwalds zielgerichtetes Durchsetzungsvermögen aus der Vereinigung gedrängt. Auf seiten der Industrie versuchte Emil Rathenau, durch die Gründung der Elektrochemischen Werke GmbH 1893 in Bitterfeld und fünf Jahre später in Rheinfelden Elektrotechnik und Chemie unter einem Konzerndach zu verknüpfen. Das Experiment scheiterte, das Werk in Bitterfeld wurde 1898 an die Konkurrenz von der Chemie, die Chemische Fabrik Griesheim-Elektron, pachtweise abgetreten.[66]

3. Disziplinäre Etablierung und Selbstdarstellung der physikalischen Chemie

Den Prozeß der Disziplingenese beschließt generell eine Phase der Konsolidierung und Etablierung, indem das neue Gebiet über den Kreis der unmittelbaren Fachvertreter hinaus Anerkennung findet, was wiederum positiv auf seine endgültige Institutionalisierung in Forschung und Lehre zurückwirkt. Die Eigenständigkeit der Disziplin stabilisiert sich, sie entwickelt neue Problemstellungen und theoretische Auffassungen auf eigenen Grundlagen. Das disziplinäre Beziehungs- und Kommunikationsnetz verdichtet sich weiter: Spezifische Forschungs- und Ausbildungsstätten, Fachvereinigungen, Fachzeitschriften, Handbücher sind keine Einzelerscheinungen mehr, sondern normaler «Bestandteil des institutionellen Profils von Universitäten und Hochschulen bzw. des wissenschaftlichen Kommunikationssystems insgesamt». Im klassischen Fall wird die Disziplin zum universitären Ausbildungsgang.[67]

Bezogen auf die physikalische Chemie, datiert Girnus diese Phase ungefähr auf den Zeitraum von 1895 bis 1910[68], wobei man die Jahreszahlen zweifellos in Anbetracht der überaus komplexen wissenschaftlichen Entwicklung nicht verabsolutieren darf. Immerhin empfanden die beteiligten Wissenschaftler selbst den endgültigen Durchbruch ihrer Disziplin: So schrieb Nernst bereits 1893, seiner Ansicht nach sei nunmehr «eine Epoche der ruhigen, aber erfolgreichen Ausarbeitung für die physikalisch-chemischen Forscher» angebrochen.[69]

Viele Indikatoren belegen den konsolidierten Charakter der Disziplin. Zunächst wandelte sich in diesen Jahren gegen Ende des Jahrhunderts das Verhältnis zwischen Industrie und physikalischer Chemie, deren Ergebnisse nun als ökonomisch interessant für die Produktion aufgegriffen wurden. Besonders deutlich wird dies in der Elektrochemie. Nachdem die technische Elektrochemie anfänglich mit Verfahren der Galvanoplastik und Galvanostegie rein empirisch gearbeitet hatte, fanden allmählich die Resultate der Wissenschaft Eingang in großtechnische Verfahren. Sie verknüpften die Interessen von Elektro- und chemischer Industrie sowie der Energiewirtschaft, da alle Verfahren mit einem hohen Energieaufwand einhergingen. Wilhelm Ostwald hatte diesen Zusammenhang im Blick, als er die elektrochemische Kreation der Brennstoffzelle als ideale Maschine für die Zukunft anvisierte:

«Ja, wenn wir in die Zukunft ausschauen und uns vorstellen, dass das Studium der Elektrolyse auch dasjenige ihrer Umkehrung einschliesst, so werden wir die Möglichkeit ins Auge fassen dürfen, dass aus der Elektrochemie neue Verfahren zur Stromerzeugung oder Aufspeicherung entspringen.»[70]

Hervorgehoben sei unter den Verfahren zur Elektrolyse wäßriger Lösungen vor allem die Chloralkali-Elektrolyse zur Darstellung von Ätzalkalien und Chlorgas, die seit den frühen 1890er Jahren die Gründung neuer Industrien nach sich zog. Träger dieser großtechnischen Entwicklung war ein 1884 gegründetes Konsortium von Chemieindustriellen unter der Führung der Chemischen Fabrik Griesheim. Sämtlich Sodafabrikanten nach dem alten Leblanc-Verfahren, standen sie unter dem ökonomischen Druck des Solvay-Konzerns, der mit seinem Ammoniaksodaverfahren sehr erfolgreich arbeitete. In der großtechnischen Chloralkali-Elektrolyse schien sich eine konkurrenzfähige Alternative anzubieten. Bei der Herstellung von Aluminium löste die Schmelzflußelektrolyse allmählich die unwirtschaftlichen Reduktionsverfahren ab. Sie ging mit einem besonders hohen Energieverbrauch einher und errang erst nach der Jahrhundertwende wirtschaftliche Bedeutung. Im Elektroofen produziert wurde Calciumcarbid, das leicht in Acetylen und Kalkstickstoff überführt werden konnte. An Acetylen knüpfte man hohe Erwartungen als Leuchtgas, so daß der junge Direktor Walther Rathenau seine Elektrochemischen Werke nicht nur auf die Chloralkali-Elektrolyse, sondern zusätzlich auch auf die industrielle Erzeugung von Calciumcarbid orientierte. Ebenfalls im elektrischen Schmelzofen konnte Phosphor hergestellt werden, der später vor allem in der Produktion phosphathaltiger Düngemittel Verwendung finden sollte. Daneben setzte die physikalisch-chemische Durchdringung einfacher Gleichgewichtsreaktionen von Gasen ein, die mit der Ammoniaksynthese nach Haber-Bosch einen großtechnischen Triumph feiern sollte.[71] In engem Zusammenhang mit dem Aufgreifen der physikalischen Chemie durch die Industrie und mit der Institutionalisierung des Ausbildungsgangs an den Hochschulen stand die ebenfalls in diese Phase fallende Professionalisierung des Physikochemikers als Beruf.[72]

Das Zusammenwirken von Wissenschaft, Industrie und Bürokratie: Walther Nernst an den Universitäten Göttingen und Berlin

Neben Leipzig bildete sich mit Göttingen ein zweites Zentrum physikochemischer Forschung und Lehre heraus, wo der Ostwald-Assistent Walther Nernst (25. 6. 1864–19. 11. 1941)[73], ein gelernter Physiker, zunächst Assistent am physikalischen Institut war, aber selbständig physikochemisch arbeitete. Nernst hatte noch in Leipzig das Triumvirat Ostwald, Arrhenius, van't Hoff als gleichberechtigter Vierter aufgebrochen. Seine berühmte «Nernstsche Gleichung», welche die Beziehung zwischen elektromotorischer Kraft und Ionenkonzentration formulierte (1889), stellte das wichtigste Bindeglied zwischen Thermodynamik und Elektrochemie dar.

Das preußische Kultusministerium tat in diesen Jahren mit seinem Hochschulreferenten Friedrich Althoff den Schritt von der Wissenschaftsverwaltung zur Wissenschaftspolitik.[74] Als einen sinnvollen Weg der Wissenschaftsförderung erkannte dieser u. a. die wissenschaftliche Schwerpunktbildung an einzelnen Universitäten, die er in enger Zusammenarbeit mit seinen Vertrauensleuten vor allem über die Personalpolitik durchsetzte. Anknüpfend an die langjährige Tradition der Universität Göttingen, setzte Althoff alles daran, sie gezielt zu einem Zentrum der Mathematik und der Naturwissenschaften auszubauen.[75] Vor Ort kooperierte er mit dem Mathematiker Felix Klein und dem Nationalökonomen Wilhelm Lexis, die seit 1886 bzw. 1887 in Göttingen wirkten. Sie brachten engagiert eigene Vorstellungen in Althoffs Pläne ein und versuchten umgekehrt, diese in der widerstrebenden Fakultät durchzusetzen. Thomas Nipperdey schrieb Althoff zu Recht «eine Witterung für das Neue und Bedeutende und ein Mißtrauen gegen die Zunftinstinkte der Fakultäten» zu.[76] Seit 1889 existierten Pläne, die neuen Disziplinen Geophysik und physikalische Chemie in Göttingen zu etablieren. Die Initiative ging bemerkenswerterweise vom Kultusministerium aus, während Klein in den Folgejahren den Widerstand der Fakultät zu brechen versuchte. Diese stimmte zwar der Etablierung der physikalischen Chemie grundsätzlich zu, fand es allerdings, als es an die konkrete Durchführung ging, zunächst «ganz unstatthaft», daß im chemischen Laboratorium ein Physikochemiker «selbständig installirt [sic]» werde. Es gelang dem Gespann Althoff-Klein, die Kollegen vom Gegenteil zu überzeugen.[77]

1891 schuf das Kultusministerium auf Antrag der Göttinger Fakultät eine außerordentliche Professur für physikalische Chemie, die mit Nernst besetzt wurde. Die in Zusammenhang mit dem Extraordinariat eingeholten, überaus vielversprechenden Gutachten bestärkten Althoff in seinem Einsatz für die neue Disziplin. Noch im selben Jahr forderte er eine Stellungnahme der Akademie der Wissenschaften an, welche diese im Januar

1892 mit dem offiziellen Antrag an das Kultusministerium beantwortete, die physikalische Chemie in den Lehrplan der preußischen Universitäten aufzunehmen. Die Begründung der Akademie war gewichtig: Das Zeitalter der organischen Chemie beginne, sich seinem Ende zu nähern, das der physikalischen Chemie werde nun folgen. Althoff, der sich im Herbst desselben Jahres erneut von Ostwald über die Bedeutung der neuen Disziplin berichten ließ, stellte damit die «Weichen zur vollen Institutionalisierung dieses Gebietes in Preußen.» Als Nernst im Oktober 1894 einen Ruf nach München erhielt, nahm Althoff dies zum Anlaß, ihm durch das einmalige Zusammenwirken von Universität, chemischer Industrie und preußischem Kultusministerium ein Institut in Göttingen zu errichten. Auf Bitten Althoffs erklärte sich der mit ihm befreundete Henry Theodore Böttinger, Direktor der Farbenfabriken in Elberfeld und seit 1891 Abgeordneter im preußischen Landtag, zunächst dazu bereit, persönlich die Differenz zwischen dem Angebot aus München und dem preußischen Gehalt für zwei Jahre an Nernst zu bezahlen, bis staatlicherseits eine endgültige Lösung erzielt worden sei. Das Interesse der Industrie wurde dabei offen formuliert: Böttingers Zahlung hatte die Form eines Mitarbeitervertrags, wonach Nernst alle elektrochemisch nutzbaren Erfindungen zuerst den Farbenfabriken anbieten sollte. In der Folge gelang es Althoff, der sich mit einer griffigen Darlegung Ostwalds über die wissenschaftliche und ökonomische Bedeutung der physikalischen Chemie gewappnet hatte, dem preußischen Finanzminister bei einem Überraschungsbesuch im November 1894 die Errichtung des Nernstschen Instituts abzutrotzen. Damit war der maßgebliche Schritt zur Etablierung der Disziplin in Preußen getan.[78]

Mitte 1896 wurde das «Institut für Physikalische Chemie und Elektrochemie» an der Universität Göttingen eingeweiht. Nernst kam damit, was die Leitung einer selbständigen Forschungs- und Lehrinstitution der neuen Disziplin anging, seinem Lehrer Ostwald zuvor, dessen physikochemische Abteilung in Leipzig erst knapp zwei Jahre später als eigenes Institut eröffnet wurde. Eine Besonderheit der Göttinger Einrichtung war, daß sie keine chemische und physikalische Grundausbildung vornahm, sondern nur Fortgeschrittene unterrichtete, die in einem vorbereitenden Praktikum ihre Befähigung zur wissenschaftlichen Arbeit nachweisen mußten. Damit war von vornherein ein hohes Niveau gesichert, so daß es Nernst gelang, in Göttingen seine eigene physikochemische Schule zu gründen.[79]

Mit Nernsts Berufung als Nachfolger Hans Landolts nach Berlin 1905, mit der die Umwandlung des dortigen II. chemischen Instituts in ein physikalisch-chemisches verbunden war, etablierte sich die Reichshauptstadt als fortan für die Disziplin wichtigstes Zentrum. Bereits 1896 war es Althoff auf Betreiben Emil Fischers gelungen, van't Hoff, der an die Preußische Akademie der Wissenschaften gewählt worden war, eine Forschungsprofessur ohne Lehrverpflichtung zu verschaffen. Allein seine Anwesenheit hatte der Disziplin einen enormen Prestigegewinn zukommen lassen, zumal Berlin als eine der letzten Festungen gegen die «Ionier» galt. Nernsts Berufung 1905 setzte eine Zäsur, die wissenschaftshistorisch als gleichrangig mit den Berufungen von Helmholtz 1871 bzw. von Max Planck 1889 beurteilt wird. In seinen Arbeiten über den dritten Hauptsatz der Thermodynamik ab 1906 begründete er, zunächst ohne dies zu erkennen, das Fundament des Anschlusses der klassischen physikalischen Chemie an Plancks ebenfalls in Berlin aufgestellte Quantentheorie.[80]

Die dominante Wissenschaftlerpersönlichkeit von Walther Nernst sollte nicht den Blick dafür verstellen, daß die Institutionalisierung der Disziplin auch an den Technischen Hochschulen voranschritt. 1894 wandelte die TH Darmstadt ihre bisherige Professur für chemische Technologie in eine für «chemische Technologie und Elektrochemie» um. Im Jahr darauf richteten die Technischen Hochschulen in Aachen, Berlin und Hannover Lehrstühle für Elektrochemie ein.[81] 1896 begann an der TH Dresden der Privatdozent Fritz Foerster mit Vorlesungen über Elektrochemie, nachdem das anorganisch-chemische Laboratorium entsprechende zusätzliche Einrichtungen erhalten hatte. Foersters außerordentliche Professur (1899) wurde zwei Jahre später in Zusammenhang mit der Eröffnung eines selbständigen elektrochemischen Laboratoriums in ein Ordinariat für Elektrochemie und physikalische Chemie umgewandelt.[82] Die Etablierung der Elektrochemie an den Technischen Hochschulen Mitte der 1890er Jahre hing jedoch bereits mehr oder weniger direkt mit einer ‹konzertierten Aktion› von Wissenschaft und Industrie in der Deutschen Elektrochemischen Gesellschaft zusammen.

Von der Deutschen Elektrochemischen Gesellschaft zur Deutschen Bunsen-Gesellschaft

Das ökonomische Interesse der chemischen Industrie an der physikalischen und der Elektrochemie sollte sich nicht zuletzt in der für die Konsolidierung einer Disziplin typischen Bildung wissenschaftlicher Vereinigungen niederschlagen. Das chemische Verbandswesen[83] war generell durch eine zunehmende, der wissenschaftlichen, industriellen und professionellen Entwicklung analoge Ausdifferenzierung gekennzeichnet. August Wilhelm von Hofmann, der 25 Jahre lang die «Deutsche Chemische Gesellschaft» (DChG)[84] seit ihrer Gründung im Jahr 1867 beeinflußte, hatte klar erkannt, daß Theorie und Praxis, Wissenschaft und Industrie sich in Zukunft «Hand in Hand» entwickeln würden. Diese neuartige Beziehung auf Gegenseitigkeit hoffte er in der Gesellschaft zu institutionalisieren, die sich folglich von Anbeginn an Wissenschaftler, Industriechemiker und Unternehmer wandte. Ihr Gründungszweck, die «Förderung des Gesamtgebiets der Chemie», behielt allerdings eine deutliche akademische Ausrichtung bei. Zehn Jahre später, 1877, bildete sich daher der «Verein zur Wahrung der Interessen der chemischen Industrie Deutschlands»[85] (VWI) als Interessenverband der Unternehmerschaft, der in der staatlichen Handels-, Steuer- und Zollpolitik wie bei der Ausgestaltung der Patentgesetzgebung sein Hauptbetätigungsfeld fand. Ebenfalls 1877 wurde der Verein der analytischen Chemiker gegründet, der erst zehn Jahre später unter dem Einfluß des Chemie-Ingenieurs und Professors Ferdinand Fischer als «Deutsche Gesellschaft für angewandte Chemie» an Profil und Bedeutung gewann und nun Chemikern aller Sparten offenstand. 1896 auf Antrag Carl Duisbergs in «Verein Deutscher Chemiker» (VDCh)[86] umbenannt, sah diese äußerst aktive und größte, bis in Ortsvereine verzweigte Vereinigung ihre Aufgabe darin, die Belange der wissenschaftlichen und technischen Chemie aufeinander abzustimmen und die Standesinteressen der Chemiker nach außen zu vertreten. Die Ausrichtung auf die Professionalisierung des Chemikerberufes und die Hebung seines gesellschaftlichen Prestiges ließ gelegentlich den – allerdings falschen – Verdacht aufkommen, es handele sich beim Verein um eine Art «Gewerkschaft» der angestellten Industriechemiker.

Neben den drei großen chemischen Vereinigungen und den gewichtigen, von ihnen getragenen Fachzeitschriften, den renommierten «Berichten der Deutschen Chemischen Gesellschaft» (seit 1868) und der «Zeitschrift für angewandte Chemie» (seit 1888)[87], bildete sich eine Reihe kleinerer spezialisierter Verbände. Ihre Gründung spiegelt den Grad der Professionalisierung innerhalb der chemischen Teildisziplinen, so z. B. die Vereinigung der Lederindustriechemiker (1896), der selbständigen öffentlichen Chemiker (1897), der Nahrungsmittelchemiker (1902) oder der Zellstoff- und Papierchemiker (1905). In diesen Zusammenhang fällt auch die Gründung der «Deutschen Elektrochemischen Gesellschaft» (DEG) 1894.[88] Anknüpfend an den Mangel an wissenschaftlich ausgebildeten Elektrochemikern, warb der Elektrotechniker Arthur Wilke seit Anfang des Jahres für die Errichtung elektrochemischer Lehrstühle und Laboratorien an den Technischen Hochschulen. Er sprach gezielt führende Universitätschemiker wie Ostwald, vor allem aber die chemische Industrie an, die sofort lebhaftes Interesse bekundete. Wilke griff geschickt wilhelminische Argumentationsmuster auf, indem er ausführte, man müsse die industrielle Machtstellung Deutschlands durch die Förderung der sich entfaltenden Elektrochemie wahren und ausbauen. Diesen Zweck sah er durch die bestehenden chemischen Verbände offensichtlich nicht gewährleistet, sondern lancierte die Gründung einer eigenständigen Gesellschaft. Aufschlußreich in Hinblick auf die Etablierung der Disziplin ist Wilkes Argumentation, die Elektrochemie sei «weder ein Zweig der Chemie noch der Elektrotechnik»:

«Die gegenteilige Auffassung, welche vielfach einerseits von Chemikern, andererseits von Elektrotechnikern vertreten wird, muß als eine einseitige und schädliche bezeichnet werden. Denn die Elektrochemie ist nach beiden Seiten hin eng und mit zahllosen Fäden hin verbunden, und wollte man sie auf die eine oder andere hinüberziehen, so zerrisse man jene Fäden, jene Lebensfäden, welche sie mit der anderen Seite verknüpfen.»[89]

Die Funktion der DEG umriß Wilke als wechselseitig zu nutzende Vermittlungsinstanz im Dialog zwischen Wirtschaft und Wissenschaft. Ziel sei, nicht zuletzt auch durch die Pflege internationaler Kontakte «die Ergebnisse der wissenschaftlichen Forschung durch Überleitung auf die Technik für die Industrie nutzbar zu machen und umgekehrt der Wissenschaft durch ihre Verbindung mit der Technik neue Anregungen zuzuführen».[90] Das Bedürfnis nach einer derartigen Kommunikationsinstanz muß groß gewesen sein, denn am Tag der Gründungsversammlung, am 21.4. 1894, waren 65 hochrangige Interessenten zusammengekommen: 18 Hochschullehrer, darunter Ostwald und Nernst, 14 Unternehmer und Direktoren, unter denen Walther Rathenau und Henry Böttinger herausragten, sowie 33 Ingenieure und Industriechemiker. Das Renommee und die medienwirksame Dynamik Ostwalds, des ersten Vorsitzenden, verbanden sich vorteilhaft mit dem politischen und wirtschaftlichen Einfluß des zweiten Vorsitzenden Böttinger. Die neue Gesellschaft fand rasch Zulauf, zumal sie eine bemerkenswert geschickte Mitgliederwerbung betrieb. Als Organ der DEG erschien ebenfalls seit 1894 die «Zeitschrift für Elektrotechnik und Elektrochemie».[91] Als nach einem Jahr die Elektrotechnik aus Titel und Inhalt verschwand, trugen Ostwalds Bemühungen Früchte. Er hatte schon auf der ersten Hauptversammlung der Gesellschaft die Gelegenheit genutzt, den Industrievertretern den Vorrang der Chemie vor der Elektrotechnik zu beweisen. Damit einher ging in den nächsten Jahren die spürbare Verlagerung des gesellschaftsinternen Kräfteverhältnisses weg von der industrienahen Technik hin zur chemischen Wissenschaft.

Diese Verschiebung fand im Ablauf der Auseinandersetzung um die Einführung eines Staatsexamens für Chemiker ihren greifbarsten Ausdruck. Die chemische Industrie, unzufrieden mit der praxisfernen Ausbildung der Chemiker an den Universitäten, propagierte ein staatliches Examen als Alternative zur Promotion. Als 1897 Böttinger versuchte, die Gesellschaft dazu zu bewegen, die Petition der Industriellen zu unterstützen, wurde er durch die geschickte ‹Choreographie› der Versammlung durch den Leipziger Vorsitzenden und die wortgewaltigen Reden der Ordinarien Ostwald, Adolf von Baeyer und Viktor Meyer gleichsam ausgebootet.

Auch die Wahl der Ehrenmitglieder der DEG entsprach ganz Ostwalds Geschmack und trug entsprechend zur Konsolidierung der Disziplin bei: Robert Bunsen, Friedrich Kohlrausch, Wilhelm Hittorf und Gustav Wiedemann für 1894, van't Hoff und Arrhenius für 1895. Die nebenamtliche

Geschäftsführung der DEG ging bis 1922 [!] an Ostwalds langjährigen Assistenten Julius Wagner, so daß die Gesellschaft, die Ende 1894 375, um die Jahrhundertwende dann 600 Mitglieder hatte, ein sicheres Instrument zur Stabilisierung der Teildisziplin Elektrochemie im Sinne Ostwalds und Nernsts darstellte. Beide ließen es sich auch nicht nehmen, anläßlich der Versammlungen der Gesellschaft 1898 in Leipzig und im Jahr darauf in Göttingen die Besichtigung ihrer vorbildhaften Institute in die Tagesordnung einzufügen.

Es war denn auch nur eine Frage der Zeit, bis die DEG mit der Änderung ihres Namens in «Deutsche Bunsen-Gesellschaft für angewandte physikalische Chemie»[92] ihre Vereinsziele auf die technische Anwendung aller Teile der physikalischen Chemie ausdehnte. Ostwald kämpfte seit Ende 1900 diesen ursprünglich wohl auf van't Hoff zurückgehenden Plan gegen nicht unerhebliche Widerstände durch. In einer veröffentlichten Denkschrift argumentierte er 1901, daß auch auf den anderen Gebieten

«auf der Grenze zwischen Physik und Chemie technische Bestrebungen und Erfolge von großer Wichtigkeit und Ausdehnung schon jetzt vor[liegen]. Es kann keinem Zweifel unterworfen sein, daß diese Gebiete sich entsprechende Organe schaffen werden ... Wenn daher einer allzufrühen Teilung und den damit verbundenen Schädigungen des jungen Organismus vorgebeugt werden soll, so ist es ein Recht und eine Pflicht der bereits organisierten und in erspriesslicher Thätigkeit befindlichen Elektrochemischen Gesellschaft, ihrerseits sich einem solchen Zweck darzubieten ...»[93]

Erst 1902 wurden nach kontroversen öffentlichen Diskussionen Namens- und Satzungsänderung auf der Hauptversammlung in Würzburg endgültig beschlossen[94], während die Zeitschrift für Elektrochemie ihren Namen beibehielt; man ergänzte ihn zwei Jahre später nur durch den Zusatz «und angewandte physikalische Chemie». Ostwalds Dominanz wurde nicht überall positiv vermerkt. So kritisierte Friedrich Quincke, die Versammlung 1902 zeige «in jeder Beziehung eine Unterdrückung der von Ostwald abweichenden Anschauungen», was sich in den Vortragsthemen deutlich niederschlage. Eine ganze Reihe von Technikern stehe ebenfalls unter seinem Einfluß, andere seien «der Dialektik Ostwalds eben nicht gewachsen.»[95] Drei Jahre später attackierte Theodor Curtius als Rektor der Universität Heidelberg die «Komödie», die Ostwald an Bunsens Grab[96] für seine Zwecke inszeniert habe, und mokierte sich über

«die Art, in welcher die heutigen physikalischen Chemiker arbeiten und namentlich, wie sie sich auch bei den kleinsten und unwichtigsten Arbeiten gegenseitig emporzuloben versuchen, um dem Publikum Glauben zu machen, daß *sie* erst die anorganische Chemie groß gemacht hätten ...»[97]

Unter dem Aspekt der Etablierung der physikalischen Chemie als Disziplin sind diese Vorgänge, unbeschadet aller Kritik an Ostwalds Machtbewußtsein, von großer Bedeutung. Es war dem Leipziger gelungen, seinem Fach ein wissenschaftliches Forum und eine zweite angesehene Zeitschrift zu verschaffen, die den Brückenschlag zur interessierten Industrie schaffte. So informierte die Zeitschrift für Elektrochemie über technische Neuerungen und Erfahrungen einzelner Firmen, über Patentanmeldungen und auch ausführlich über die Weltausstellungen.[98] Die Disziplin hatte auf der Ebene der wissenschaftlichen Vereinigungen endlich ihren Kristallisationskern gefunden. Auf den Jahrestagungen der Bunsen-Gesellschaft[99] hielten führende Physikochemiker Vorträge über ihre neuesten Entdeckungen und zeigten Demonstrationsversuche. Ein Jahr nach ihrer Umbenennung, 1903, organisierte die Gesellschaft ihre Hauptversammlung als Sektion des im Berliner Reichstag stattfindenden Internationalen Kongresses für angewandte Chemie, was ihr die Chance eröffnete, sich der bereits etablierten Fachwelt zu präsentieren. Die darauf folgenden Jahrestagungen blieben wieder im engeren Rahmen der Bunsen-Gesellschaft; seit 1906 standen sie unter einem festgelegten Schwerpunktthema von aktuellem wissenschaftlichen Interesse, wobei der Verlauf der Diskussionen im Falle aufsehenerregender Vorträge oder Forschungsereignisse durchaus eine andere Richtung nehmen konnte.

Die schon in der DEG vorhandenen Ansätze zur identitätsstiftenden Selbstinszenierung der jungen Community setzten sich nun verstärkt fort. 1904 schuf sich die Bunsen-Gesellschaft eine eigene Tradition, feierte ihr zehnjähriges Jubiläum und meldete gleichzeitig der Öffentlichkeit ihr 1000. Mitglied.[100] Hatte sich die DEG auf ihrer ersten Hauptversammlung in Berlin 1894 noch mit einem Vortragenden Rat des preußischen Kultusministeriums als Ehrengast begnügen müssen, trat die Bunsen-Gesellschaft 1905 erstmals mit einem Monarchen in Kontakt, als sie den Erbgroßherzog Friedrich von Baden auf ihrer Hauptversammlung in Karlsruhe begrüßte. Im Jahr darauf beehrte sie in Dresden der Kronprinz mit seiner Gegenwart. 1911 stattete sie dann bereits dem Kaiser telegraphisch Dank für die Gründung der Kaiser-Wilhelm-Gesellschaft ab, ein symbolischer Akt der Loyalitätsbekundung, mit dem man gleichzeitig auf die ehrenvolle Existenz der Gesellschaft aufmerksam machen konnte.[101]

Der öffentlichen Manifestation des eigenen Selbstverständnisses dienten ferner die Ehrungen. Einige der neu ernannten Ehrenmitglieder der Gesellschaft waren mit Sicherheit von Ostwald ausgewählt worden, «Pioniere, deren bedeutende Leistungen lange zurücklagen und die man fast unerwartet noch unter den Lebenden fand». Ihre verstreuten und meist kaum bekannten Originalarbeiten waren zuvor in der von Ostwald seit 1889 herausgegebenen Reihe «Klassiker der exakten Wissenschaften» einer breiteren Öffentlichkeit zugänglich geworden. Ehrenmitglieder in diesem Sinne wurden 1904 Sir Henry E. Roscoe (Ostwalds Klassiker Nr. 34), zwei Jahre später der Italiener Stanislao Canizzarro (Ostwalds Klassiker Nr. 30) und 1912 schließlich August Horstmann (Ostwalds Klassiker Nr. 137). Mit Hans Landolt 1904 ehrte Nernst seinen Vorgänger auf dem Berliner Lehrstuhl, so wie dies Ostwald 1894 mit Gustav Wiedemann getan hatte.[102]

Alle diese Maßnahmen dienten letztlich der integrativen Selbstprämierung der physikochemischen Führungsriege. Einen Höhepunkt dieser Strategien bildete die Stiftung der Bunsen-Gedenkmünze, mit der Persönlichkeiten geehrt wurden, die sich durch ihre Leistungen in Wissenschaft oder Praxis besonders um die physikalische Chemie verdient gemacht hatten. Mit ihr stattete Böttinger im April 1907 der Gesellschaft seinen Dank für die ihm im Vorjahr verliehene Ehrenmitgliedschaft ab. Die Münze, eine goldene Medaille mit dem Bildnis Bunsens auf der Vorderseite und dem Namen des Trägers wie des Stifters auf der Rückseite, wurde alle drei Jahre aus den Zinsen des Stiftungskapitals in Höhe von 8000 Mark verliehen, erstmals 1908 an Friedrich Kohlrausch, der bereits 1894 von Ostwald bevorzugtes Ehrenmitglied geworden war.[103]

Ähnliche Prozesse der Selbstinszenierung gelangen Ostwald auch außerhalb der Bunsen-Gesellschaft. In der Zeitschrift für physikalische Chemie erschienen vier sogenannte «Jubelbände»: 1899 und 1903 anläßlich der Promotion von van't Hoff bzw. Ostwald vor 25 Jahren (Bände 31, 46), 1909 und 1910 anläßlich des 25jährigen Jubiläums von Arrhenius' Theorie der elektrolytischen Dissoziation (Bände 69, 70). Die Jubelbände waren als Festschriften konzipiert. Sie enthielten keine Referate und Bücherschauen, sondern ausschließlich Originalarbeiten der Schüler und Kollegen der Geehrten, vor allem aber ihre Kurzbiographien und Publikationsverzeichnisse. Ostwald ließ es sich nicht nehmen, Arrhenius und van't Hoff zu würdigen, während dieser den Artikel über den Leipziger verfaßte.[104] Den Jubelbänden waren groß aufgezogene Feierstunden vorausgegangen, in denen das Triumvirat sich gegenseitig Festansprachen hielt.[105]

Mit diesen und ähnlichen Maßnahmen gelang in erstaunlich kurzer Zeit zweierlei: Sie wirkten zum einen nach innen identitätsstiftend und integrativ auf die noch junge Community der Physikochemiker; zum anderen verschaffte sich die Disziplin gleichsam aus sich selbst heraus, als selbstreferentielles System, ein wissenschaftliches und gesellschaftliches Renommee.

Die Akzeptanz der physikalischen Chemie in Wissenschaft und Gesellschaft

Das Triumvirat van't Hoff, Arrhenius und Ostwald personifizierte 1887 in dem von der präparativen organischen Chemie beherrschten Deutschland den Außenseitercharakter der neuen Disziplin der physikalischen Chemie. Die drei Protagonisten waren ausgesprochen jung, zwischen 28 und 35 Jahre alt. Sie kamen mit ihren neuen Ideen alle drei von außerhalb, gleichsam von der Peripherie der auf Deutschland zentrierten gelehrten Welt:

van't Hoff aus Utrecht bzw. Amsterdam, Arrhenius aus Stockholm, Ostwald aus dem von seinem wissenschaftlichen Renommee her eher belächelten Baltikum, aus Dorpat und Riga.[106] Ostwald schilderte in seinen «Lebenslinien» denn auch drastisch die Ablehnung, auf welche die neue Richtung stieß. Er überlieferte sowohl die vorherrschende Meinung der DChG, ein schlichtes: «Die janze Richtung paßt uns nicht», wie auch seinen berühmt gewordenen Zusammenstoß mit Emil Fischer auf der Naturforscherversammlung in Heidelberg 1889: Demnach hatte der Organiker abschätzig bemerkt, er könne auf die neuen Methoden, Molekulargewichte zu bestimmen, gut verzichten, da er jedem neuen Stoff sein Gewicht ohne weiteres ansehe.[107] Die negative Einstellung auch anderer Koryphäen der Chemie ist bekannt: Adolf von Baeyer hegte eine intensive Abneigung, und noch im April 1910 zeigte sich Fritz Haber nach einem Gespräch mit Baeyer in München über das «Unverständnis der größten Vertreter einer Wissenschaft» sehr betrübt.[108] Diese Ablehnung Baeyers färbte auf seinen Schüler Carl Duisberg ab. 1911 schrieb er bekräftigend an Emil Fischer, daß doch immer noch «das Experiment und nicht die Rechnung den Chemiker zum wahren Naturwissenschaftler macht». Bei mehreren Gelegenheiten betonte er öffentlich wider besseres Wissen, die chemische Technik habe aus der physikalisch-chemischen Forschung bislang nur in beschränktem Maße Nutzen gezogen.[109]

Die Gegnerschaft der Organiker gegen die Physikochemiker war zweifellos vorhanden, doch sollte man sich hüten, sie durch Ostwalds Brille zu sehen und damit zu verschärfen. Seine ins Irrationale gesteigerte Abneigung gegen die organische Chemie verstellte ihm den Blick dafür, daß diese bereits viel theoretischer und physikalischer war, als er eingestehen wollte.[110] Emil Fischer wies in seiner Autobiographie jeden Vorwurf weit von sich, jemals die Entwicklung der physikalischen Chemie behindert zu haben; er habe sie «stets als notwendigen Bestandteil des Unterrichts und der Forschung anerkannt und auch bei den Behörden empfohlen».[111] Sein später noch ausführlich zu schilderndes Engagement für die Gründung einer Chemischen Reichsanstalt, die vor allem ja auch der physikalischen Chemie zugute kommen sollte, ist bester Beweis für Fischers letztlich positive Einstellung. Der sehr macht- und repräsentationsbewußte Leipziger Ordinarius proklamierte natürlich einen profilierten Gegner auch zu Zwecken der Selbstinszenierung seiner Person wie der Disziplin. Ein Gutteil seiner Gegner rieb sich denn auch weniger an der physikochemischen Forschung als an Ostwalds unnachahmlicher Art, wie er selber eingestehen mußte.[112]

Oft war es auch weniger Ablehnung als bloßes Unverständnis, denn nur die wenigsten Chemiker waren anfänglich den mathematischen Anforderungen der neuen Disziplin gewachsen, was schließlich in letzter Konsequenz auch auf den Leipziger Großmeister selbst zutraf, der beispielsweise die fundamentalen Arbeiten von Josiah W. Gibbs (1839–1903) zwar übersetzte, ihre Bedeutung aber mehr ahnte als verstand.[113] Der im Vergleich mit Ostwald nicht minder machtbewußte Duisberg schließlich fühlte sich, nimmt man seine Ausführungen gegenüber Fritz Foerster, Professor für Elektrochemie an der TH Dresden, anläßlich der Verleihung der Ehrendoktorwürde 1908 ernst, deutlich durch die Machtansprüche der neuen Richtung herausgefordert. Er wehrte sich dagegen, sie «wie so viele Ihrer Spezialkollegen» als «Wurzel des fruchtbaren Baums der chemischen Erkenntnis» anzuerkennen, bestritt entschieden ihren fundamentalen Charakter und wies ihr unter den «verschiedenen Gebäudeabteilungen der Chemie» statt dessen den Platz des obersten Stockwerks zu. Das berechtigte Anliegen, die anfängliche «Aschenbrödelstellung» der neuen Disziplin zu beheben, sei allerdings durch das Vorgehen ihrer «Propagandeure» in eine «das Ganze schädigende Reklame ausgeartet». Duisberg verstieg sich soweit, die weltbeherrschende Stellung der deutschen chemischen Industrie durch die Ansprüche der physikalischen Chemie bedroht zu sehen.[114]

Es gab von Anbeginn auch andere Stimmen. Emil Du Bois-Reymond begrüßte bereits 1882 in der Berliner Akademie die physikalische Chemie als «die Chemie der Zukunft» und schrieb die Aufgabe, einfache chemische Vorgänge mathematisch darzustellen, einem kommenden «Newton der Chemie» zu.[115] Auch andere erkannten die Bedeutung der neuen Disziplin darin, das in der stürmischen Entwicklung der organischen Chemie angehäufte Tatsachenmaterial physikalisch zu durchdringen und die ungeklärte Natur häufig gebrauchter chemischer Methoden oder Phänomene freizulegen.[116] Ostwalds überpointierter Sicht der Dinge steht die Wertschätzung der neuen Disziplin in Wissenschaft und Gesellschaft entgegen, wie sie sich in ihrer bereits dargestellten Institutionalisierung an den Hochschulen niederschlug. In den ersten zehn Jahren des 20. Jahrhunderts wurden physikalisch-chemische Laboratorien, Lehrstühle und Institute anerkannter Bestandteil des institutionalisierten Wissenschaftssystems. Allerdings war die Entwicklung zu dieser Zeit nicht abgeschlossen, sondern noch im Fluß. Ostwald hatte also in der Tendenz durchaus recht, als er 1904 bemerkte, die neuen physikochemischen Institute, die meist unter der Leitung eines außerordentlichen Professors stünden, seien bis jetzt nur «Anhängsel» der organisch-chemischen Hauptinstitute.[117] Die Lage stellte sich ein Jahr später so dar, daß es an sechs von zehn Technischen Hochschulen in Deutschland eigene Laboratorien für Elektro- oder physikalische Chemie gab, dagegen aber nur an fünf von 21 Universitäten, d. h., die neue Disziplin etablierte sich eher an den weniger angesehenen und finanziell auch relativ schlechter ausgestatteten Institutionen des deutschen akademischen Systems.[118] Unter den korporativen Mitgliedern der Bunsen-Gesellschaft befanden sich schließlich 1913 insgesamt 20 physikalisch-chemische und weitere zehn spezifisch elektrochemische Institutionen, davon allerdings 16 im Ausland.[119]

Ausdruck der Akzeptanz der neuen Disziplin in der internationalen Chemikergemeinschaft war nicht zuletzt die Einrichtung eigener physikalisch-chemischer bzw. elektrochemischer Sektionen auf den Internationalen Kongressen für angewandte Chemie. Den Anfang machte der Kongreß in Paris 1896 mit einer gemeinsamen Sektion Elektrochemie und Photographie. Es folgten die Kongresse Wien 1898 (Elektrochemie), Paris 1900 (Photographie; Elektrochemie), Berlin 1903 (Photographie; Elektrochemie und physikalische Chemie), Rom 1906 (Photochemie und Photographie; Elektrochemie und physikalische Chemie), London 1909 (Photochemie und Photographie; Elektrochemie und physikalische Chemie) sowie Washington/New York 1912 (Photochemie, Elektrochemie und physikalische Chemie).[120]

Ihren prestigeträchtigsten Ausdruck fand die wissenschaftliche und gesellschaftliche Wertschätzung der neuen Disziplin darin, daß alle führenden Vertreter der physikalischen Chemie innerhalb weniger Jahre den gerade erst gestifteten Nobelpreis erhalten sollten. Der erste überhaupt vergebene Preis für Chemie ging 1901 an van't Hoff, was Ostwald nicht zu Unrecht als Fanal feierte:

«Daß van't Hoff den Nobelpreis erhalten hat, ist eine sehr gute Sache für die physikalische Chemie in Deutschland. Denn jetzt fangen die Organiker an, Angst für ihre Hegemonie zu bekommen und versuchen überall uns zu unterdrücken. So haben sie sich auch sehr geärgert, daß nicht Baeyer oder Fischer bevorzugt worden ist ...»[121]

Betrachtet man mit Ostwald den Nobelpreis als Feld eines Machtkampfes der chemischen Disziplinen, so erzielte freilich Emil Fischer nur ein Jahr darauf den Anschlußtreffer der Organiker. Auch die weiteren Preisverleihungen sollten die physikalische Chemie nicht benachteiligen: Arrhenius wurde 1903 ausgezeichnet, Ostwald im Jahr 1909, sein Schüler Nernst schließlich 1920, um nur die bisher erwähnten Disziplingründer zu betrachten. Der Schwede wurde schließlich 1905 langjähriger Direktor des von der Stiftung errichteten Nobelinstituts für physikalische Chemie der Schwedischen Akademie der Wissenschaften in Stockholm, wo er bis zu seinem Tod 1927 tätig war.

III. «... die 17 besten Arbeitsjahre meines Lebens»: Haber an der Technischen Hochschule Karlsruhe 1894–1911

1. Baden, die Technische Hochschule Karlsruhe und ihre chemische Abteilung

Nach Abschluß des Wintersemesters in Jena ging Haber im Frühjahr 1894 nach Karlsruhe an die dortige Großherzoglich Badische Technische Hochschule, wo er nach offenbar mehrmonatiger Wartezeit in unbezahlter Stellung am 16. 12. 1894 bezahlter Assistent am chemisch-technischen Institut wurde. Bis Mitte 1906, also zwölf Jahre lang, sollte er diese Stelle bekleiden.[1] Warum er sich für Karlsruhe entschied, ist nicht bekannt. Die frühen Jahre Habers in der badischen Residenzstadt sind archivalisch ausgesprochen schlecht dokumentiert, so daß Anekdoten und Mutmaßungen die Leerstellen füllen. Willstätter schrieb in der autorisierten Kurzbiographie zum 60. Geburtstag seines Freundes, «nichts anderes als ein ungeschickter Zufall» habe ihn nach Karlsruhe geführt, und sein Nachruf betonte ebenfalls, Haber sei «ohne Plan, Bedacht und Vorbereitung durch eine Zufallslaune nach Karlsruhe verschlagen» worden.[2] J.E. Coates gab in seiner «Memorial Lecture» 1937 vor, diesen «Zufall» entschlüsselt zu haben: Der Bruder eines gestorbenen Freundes, den Haber bis zu seinem Tod in Jena aufopfernd gepflegt habe, habe als Dank zugesagt, ihn mit Hilfe seiner einflußreichen Beziehungen an die TH Karlsruhe zu empfehlen. Vor Ort habe sich allerdings die gute Beziehung als der Pförtner des chemischen Instituts entpuppt.[3] Diese anekdotenhafte Version tauchte seitdem immer wieder in der Literatur auf, doch entspricht sie zu sehr dem Muster der Legendenbildung um große Wissenschaftler, als daß man ihr Glauben schenken wollte.[4]

Andere mutmaßten, der Grund für Habers Entscheidung sei wohl eher in der Vorurteilslosigkeit des liberal regierten Baden zu suchen, wo er die relativ geringsten Schwierigkeiten wegen seiner jüdischen Herkunft befürchten mußte.[5] Diese Lesart setzt voraus, daß der junge Wissenschaftler doch nicht ganz so planlos und zufallsbestimmt vorging, wie Willstätter suggerierte. In der Tat gewannen die Antisemiten in den Reichstagswahlen von 1893 und 1898 in Baden, anders etwa als im benachbarten Hessen, weniger als 3 % der Stimmen. Wenngleich die antisemitische Agitation auf lokaler, überwiegend protestantisch bestimmter Ebene durchaus beachtliche politische Erfolge verbuchen konnte, so erwiesen sich doch das Großherzogtum als Ganzes und Karlsruhe im einzelnen als weitgehend resistent.[6] Haber zeigte sich noch Jahrzehnte später von «der größeren politischen Reife» beeindruckt, die er in Karlsruhe vorfand:

«Denn es war hier mehr Verständnis als im klassenmäßigen Norden für die Denkweise anderer Menschenkreise und mehr Bereitwilligkeit, auf sie Rücksicht zu nehmen.»[7]

Hier ‹übersah› der evangelisch getaufte Jude Haber, daß sich der konfessionelle Konflikt zwischen Katholiken und Protestanten gerade in Baden zwischen 1890 und dem Ersten Weltkrieg kontinuierlich vertiefte.[8] Andererseits hob er auf die Popularität des Großherzogs auch in den unteren Bevölkerungsschichten und vor allem auf die spätere parlamentarische Einbindung der Sozialdemokratie in den «Großblock» ab, was den gebürtigen Preußen Haber nachhaltig beeindruckte. Die Wahl der Technischen Hochschule entsprach seiner Neigung, anwendungsorientiert zu arbeiten; außerdem stand dieser Hochschultyp Außenseitern, wie es Haber aufgrund seiner Herkunft, seiner Interessen für eine neue, stark mathematisch bestimmte Diszplin und seines bisherigen, nicht geradlinigen beruflichen Werdegangs war, tendenziell eher offen als die etablierten, stark traditionsbestimmten und anwendungsfernen Universitäten.

Peter Borscheid wies 1976 in seiner einschlägigen Untersuchung nach[9], daß die badische Regierung in der Reaktionszeit mit der bewußten Förderung der Chemie, in ihrem Gefolge auch der Physik und der Physiologie auf die traumatischen Erfahrungen der Revolution 1848/49 reagierte, die sie als direkte Folge der Ernährungskrise der 1840er Jahre ansah. Das südwestdeutsche Großherzogtum war von der allgemein problematischen Ernährungssituation besonders hart betroffen. Ein überdurchschnittliches Bevölkerungswachstum einerseits, die Entstehung immer kleinerer bäuerlicher Parzellen durch die Realteilung andererseits führten über eine fortlaufend intensivierte Bodennutzung zu einer Auslaugung des Ackerlandes und zu beträchtlichen Ernteausfällen.

Mit einem breiten Bildungsprogramm, Reformen im Hochschulbereich und erheblichen Investitionen betrieb die Regierung seit Anfang der 1850er Jahre eine zielstrebige Politik der Revolutionsprävention durch die Förderung anwendungsnaher Wissenschaften wie vor allem der Chemie, von der sie sich einen unmittelbaren wirtschaftlichen und damit indirekt auch politischen Nutzen erwartete: Systemgefährdende politische Bestrebungen sollten also an ihren ökonomischen Wurzeln bekämpft werden. Damit machte sich die badische Regierung Liebigs Ansatz zu eigen, der Ackerbau- und Pflanzenlehre auf naturwissenschaftlich-technische Grundlagen stellte und der Chemie eine Führungsposition nicht nur in der Landwirtschaft, sondern auch in Industrie und Wissenschaft zuwies.[10] Nach Liebigs

Ausbildungssystem standen Experimente und Demonstrationen im Mittelpunkt der praxisorientierten Forschung und Lehre; das Laboratorium avancierte zur zentralen Unterrichtseinrichtung. In letzter Konsequenz bewirkte die Orientierung an Liebig in Baden die frühe Emanzipation der Chemie aus der untergeordneten Position einer Hilfswissenschaft für Medizin, Pharmazie oder Metallurgie zur anerkannten Universitätsdisziplin.

Borscheids These wurde inzwischen modifiziert, indem Arleen Tuchman sich von der Fixierung auf die Agrikultur löste, vor allem aber die Anfänge der badischen Förderungspraxis im Bereich von Bildung und Wissenschaft in den Vormärz vorverlegte, damit also die Kontinuität der Regierungspolitik herausarbeitete. Andererseits bestätigte sie Borscheid, indem sie die Erfahrung der Revolution als auslösendes Moment für die auffällige Höhe der staatlichen Ausgaben wie auch für die deutliche Priorität betonte, die der Chemie zuteil wurde.[11]

Das badische Programm zur Verhütung künftiger Revolutionen wurde auf mehreren Ebenen durchgeführt.[12] Dazu zählten zunächst Bemühungen, der Landbevölkerung über die Volksschulen naturwissenschaftliche Grundkenntnisse und moderne Techniken zu vermitteln. Dies setzte eine entsprechende Fortbildung der Volksschullehrer voraus, die man in Form von agrikulturchemischen Vortragsreihen an der Universität Heidelberg organisierte. 1852 wurde die staatliche Landwirtschaftsschule von Weinheim nach Karlsruhe verlegt, um den Schülern die Möglichkeit zu geben, am dortigen Polytechnikum wissenschaftliche Kenntnisse in Geometrie, Botanik und Agrikulturchemie zu erwerben. Die badische Politik implizierte schließlich eine kraftvolle Reform und Reorganisation der anwendungsnah verstandenen Naturwissenschaften, vor allem der Chemie, in Forschung und Lehre an der Universität Heidelberg und der Technischen Hochschule in Karlsruhe.[13]

An der Universität Heidelberg wurden zwischen 1850 und 1860 97 % der außerordentlichen Staatsausgaben, also der Neuinvestitionen, auf die Förderung der Chemie verwandt.[14] Zwar realisierten sich die Hoffnungen nicht, Liebig als Nachfolger für den Gmelinschen Lehrstuhl zu gewinnen, doch gelang 1852 die Berufung Robert Bunsens. Diese prominente Besetzung, der aufwendige Neubau des chemischen Laboratoriums, Namen wie Helmholtz und Kirchhoff waren greifbarer Ausdruck der Umsetzung der staatlichen Bemühungen, Heidelberg zu einem Mittelpunkt für das Studium der Naturwissenschaften und der Medizin in Deutschland auszubauen. Der Strukturwandel der Universität Heidelberg in der zweiten Jahrhunderthälfte machte sie zum modernen «wissenschaftlichen Großbetrieb»[15], wenngleich ausgerechnet die Chemie durch Bunsens Fixierung auf die Anorganik seit Ende der 1860er Jahre bis zu seinem Rücktritt 1889 stagnierte und verfiel. Sein ursprünglich vorbildliches Laboratorium blieb jahrzehntelang unverändert und veraltete.

Die Entwicklung der TH Karlsruhe und ihrer chemischen Abteilung

Eine der ersten hochschulpolitischen Handlungen der badischen Regierung nach der Niederschlagung der Revolution war die Reorganisation der Chemie am Karlsruher Polytechnikum. Die erst seit 1902 so betitelte «Fridericiana» versäumte die Gelegenheit, wie von der technikgeschichtlichen Forschung kritisiert worden ist[16], ihr 150jähriges Gründungsjubiläum im Jahr 1975 zu einer umfassenden, modernen wissenschaftlichen Ansprüchen genügenden Aufarbeitung ihrer Geschichte zu nutzen.[17] Grundlegend sind daher immer noch Franz Schnabels Pionierstudien, die vor allem für die Wurzeln des technischen Bildungswesens und die Vormärzzeit ergiebig sind.[18] Die folgende Skizze der Entwicklung der Chemie in Karlsruhe basiert darüber hinaus auf den – im einzelnen oftmals widersprüchlichen und verwirrenden – Festschriften zu früheren TH-Jubiläen[19] und auf entsprechenden Abschnitten aus neueren Untersuchungen.[20]

Die 1825 gegründete polytechnische Schule in Karlsruhe, die bereits nach sieben Jahren völlig umgestaltet werden mußte, um überhaupt den Anspruch auf einen höheren technischen Unterricht einlösen zu können, bot Chemie im Rahmen ihrer Höheren Gewerbeschule an. Diese bildete neben der Ingenieur-, Bau-, Forst- und Handelsschule eine der fünf Fachschulen, während die in zwei Abteilungen gegliederte mathematische Schule propädeutische Funktionen erfüllte. Hochschulniveau wurde auch nach der Reorganisation noch nicht erreicht. Auf Anregung Ferdinand Redtenbachers erfolgte 1847 die Aufteilung der Gewerbeschule in eine Mechanisch-Technische und Chemisch-Technische (seit 1862 Chemische) Schule, Ausdruck wachsender Differenzierung der polytechnischen Ausbildung.

Franz Schnabel hatte die Herausbildung eigenständiger Methoden und die Differenzierung der vertretenen Disziplinen bei gleichzeitiger Entstehung einer einheitlichen «universitas» der technischen Fächer als wichtige Indikatoren für die Entwicklung zur wissenschaftlichen Hochschule bezeichnet; Wolfgang König ergänzte diesen Kriterienkatalog unter anderem durch die Einrichtung von Instituten und Laboratorien als Stätten wissenschaftlicher Forschung.[21] In diesem Sinne brachten in Karlsruhe die Jahre 1849–1851 den Durchbruch für die Chemie. Durch das gemeinsame Vorgehen eines Großteils des Professorenkollegiums und des damals für das Hochschulwesen zuständigen Innenministeriums wurde der bisherige Vorstand der Chemisch-Technischen Schule, der Professor und Bergrat Friedrich Walchner, gegen seinen Willen abgelöst. Walchner war ein Vertreter der alten Richtung, die der Chemie nur einen marginalen Status als Hilfswissenschaft beimaß; er selbst verstand sich vor allem als Mineraloge und Geologe. Sein Nachfolger wurde der von Liebig geprägte Carl Weltzien, der als außerordentlicher Professor seit 1842 an der Forstschule Vorlesungen über Agrikulturchemie gehalten und seit Jahren erfolglos auf den notwendigen Bau eines modernen Laboratoriums hingewiesen hatte. Seine Berufung und die Errichtung des vorbildlichen chemischen Laboratoriums waren deutlicher Ausdruck des ‹Liebig-Kurses› der badischen Regierung. Erst mit Weltzien begann die wissenschaftliche Forschung an der Chemisch-Technischen Schule. Der von ihm reformierte, experimentell orientierte Unterricht schlug sich in einem deutlichen Anstieg ihrer Frequenz nieder. Sie hatte Ende der 1840er Jahre nur zwischen 11 und 21 Studierenden gelegen (bei einer Gesamtfrequenz um 280), um 1851/52 auf 50 (von 330) hochzuschnellen, dann allerdings infolge der von Bunsen in Heidelberg ausgehenden Anziehungskraft wieder etwas nachzulassen.[22]

Das bereits 1857 wesentlich erweiterte Laboratorium war Schauplatz des drei Jahre später stattfindenden Ersten Internationalen Chemikerkongresses. Organisiert von Weltzien, verhandelten hier über 100 Wissenschaftler, darunter die führenden ihrer Zeit, grundlegend über die Definition der relativen Atomgewichte und über den Molekülbegriff von Avogadro; sie schufen damit die Grundlagen der modernen Entwicklung in Chemie und Physik. Durch die Wahl des Tagungsorts erkannte die internationale Scientific Community Karlsruhe gleichsam offiziell als Wissenschaftsstandort der Chemie an.[23]

Wolfgang König bezeichnete generell Anpassung und Ausgrenzung als die Schlüsselkategorien, nach denen sich die TH-Entwicklung in Deutschland vollzog: Ausgrenzung empirischer Elemente technischer (Vor-)Bildung einerseits, «defensive Anpassung an das normsetzende Vorbild der Universitäten» andererseits. Dazu zählten vor allem die schrittweise Anhebung der Zulassungsvoraussetzungen, die nun die höheren von den mittleren technischen Ausbildungsgängen abgrenzten, aber auch die Angleichung an äußere universitäre Verfassungsstrukturen und Symbole.[24] Eine Serie von Reformen in den 1860er Jahren machte die polytechnische Schule in Karlsruhe, die auch in ihren anderen Fachrichtungen expandierte und an Renommee gewann, faktisch, wenngleich auch noch nicht nominell zu einer Technischen Hochschule. Sie erhielt 1865 die volle Hochschulverfassung mit Berufungsverfahren und Selbstverwaltung; gleichzeitig wurde die Habilitation zum Privatdozenten eingeführt. In diesem Sinne bedeutete es nur noch «die verspätete Anerkennung eines schon lange erreichten Niveaus», als 1885 das Karlsruher Polytechnikum offiziell zur Technischen Hochschule erhoben wurde: Jahre später als die Mehrzahl der anderen THs in Deutschland, um jeden Verdacht eines Eingriffs in die Rechte der Landesuniversitäten zu vermeiden. Die Angleichung an universitäre Strukturen und Gepflogenheiten ging dann mit neuerlichen Reformberatungen seit 1887 weiter. Grundlage der neuen Hochschulverfassung war eine 1888 vorgenommene, 1895/96 durch die Aufnahme der Elektrotechnik leicht veränderte Gliederung in Abteilungen, die sich erkennbar am Vorbild der Fakultäten orientierten und an die Stelle der alten Fachschulen rückten. Die Chemie umfaßte nun eine selbständige Abteilung. Eine Sektion für allgemeinbildende Fächer (Geschichte und Literatur; Volkswirtschaftslehre) übernahm propädeutische Funktionen, unterstrich allerdings auch in deutlicher Anspielung auf die philosophische Fakultät den universitären Anspruch der TH. Die Bemühungen um ihre Aufwertung fanden im Verfassungsstatut von 1895 und der Habilitationsordnung von 1896 einen ersten Höhepunkt; sie äußerten sich nicht zuletzt in den Bezeichnungen «Rektor magnificus» anstelle des Direktors und «Senat» anstelle des Großen Rats, im Modus der Rektorwahl und in der Zusammensetzung des Senats. Gleichzeitig wurden die Aufnahmebedingungen, jetzt in der Regel das Abitur, und die Prüfungsvorschriften verschärft. Der Kampf um die volle Gleichberechtigung mit der Universität konnte jetzt beginnen.[25]

Carl Engler, Hans Bunte und das chemisch-technische Institut

Haber hatte sich im Frühjahr 1894 nach seiner Ankunft aus Jena zunächst an Carl Engler gewandt, seit 1887 Professor für reine Chemie und gleichzeitig Direktor des chemischen Instituts, dem er seinen Habilitationswunsch vortrug. Haber erinnerte sich später gerne daran, wie Engler ihm «geduldig» zuhörte und ihn dann an seinen Kollegen Hans Bunte verwies, der seit 1887 den Lehrstuhl für chemische Technologie innehatte und das chemisch-technische Institut leitete. Bunte stellte den bislang wenig ausgewiesenen Haber ab 16. 12. 1894 als Assistent ein; bis dahin hatte dieser offenbar eine unbezahlte Probezeit absolviert und sich bewährt. Er bekam einen Arbeitsraum im Keller des Instituts. Ob es Haber bei seiner Bewerbung half, daß er in Buntes Mitarbeiter Paul Eitner, dem er bei seinem ersten Besuch begegnete, einen ehemaligen Kommilitonen erkannte, sei dahingestellt.[26]

Es ist Willstätter zuzustimmen, daß die Förderung Habers durch die TH-Professoren Carl Engler und Hans Bunte die für seine akademische Karriere entscheidende Weichenstellung bedeutete.[27] Beide Wissenschaftler, die von der wissenschaftshistorischen Forschung bislang völlig ignoriert wurden, waren mit der stürmischen Entwicklung des chemisch-technischen Instituts eng verbunden. Bereits 1851 war bei der Reorganisation der Chemie in Karlsruhe neben Weltziens Lehrstuhl für anorganische und organische Chemie ein eigener Lehrstuhl für chemische Technologie errichtet worden, der Räume im neuerbauten chemischen Institut zur Verfügung hatte. Erst unter Karl Birnbaum (1869–1876), der eine umfangreiche chemisch-technologische Sammlung anlegte, entwickelte sich aus bescheidenen Anfängen 1872 das chemisch-technische Institut mit einem eigenen kleinen Laboratorium.[28] Das chemisch-technische Institut gewann an Gewicht, als in der Nachfolge Birnbaums 1876 Carl Engler als ordentlicher Professor seine Leitung übernahm. Engler (5. 1. 1842–7. 2. 1925)[29] hatte seit 1859 bei Weltzien in Karlsruhe studiert. Nach der Promotion 1864 in Freiburg mit einer Arbeit, die er bei Weltzien durchführte, ging er an das chemische Institut der Universität Halle, wo er sich 1867 habilitierte und fünf Jahre darauf außerordentlicher Professor wurde. Mit seiner Berufung als ordentlicher Professor für chemische Technologie 1876 kehrte Engler an den Ausgangspunkt seiner Karriere zurück; er blieb bis zu seinem Tod in Karlsruhe.

Der chemisch-technische Unterricht war seit Engler darauf abgestellt, die Studierenden

> «mit den wissenschaftlichen und wirtschaftlichen Grundlagen der chemischen Industrie bekannt zu machen, die besonderen Methoden zu lehren, nach denen Rohstoffe, Zwischenprodukte und Endprodukte in der Technik untersucht und der Verlauf chemischer Vorgänge überwacht werden kann, und endlich Anleitung zu geben, mit den Hilfsmitteln wissenschaftlicher Forschung technische Probleme zu lösen.»[30]

Englers Bestrebungen gingen jedoch weit über chemisch-technische Forschung und Lehre im engeren Sinn hinaus. Er öffnete sein Institut für staatliche Versuchs- und Prüfaufgaben. 1878 wurde ihm das Eisenbahnlaboratorium Karlsruhe als eigene Abteilung angegliedert, 1880 die von Engler geschaffene Staatliche Chemisch-Technische Prüfungs- und Versuchsanstalt: eine Staatsanstalt, die zur Förderung des chemischen Gewerbes in Baden auf Antrag von Behörden und Industrie Untersuchungen und Beratungen ausführte.[31] 1881 ließ Engler ein separates Färberei-Technisches Laboratorium einrichten, Reflex seiner früheren Beschäftigung mit dem Problem der Indigosynthese und seiner engen Verbindung mit der BASF, d. h. mit Heinrich Brunck, seit 1884 leitender technischer Direktor, und vor allem mit Heinrich Caro, der das Haupt- und das Patentlaboratorium des Unternehmens aufbaute und leitete.[32] 1887 übernahm Engler die Karlsruher Professur für reine Chemie und die Direktion des Chemischen Instituts.

Englers Ruf als Wissenschaftler ist damals wie heute weniger mit seinen Forschungen zu den Pyridinabkömmlingen, zum Ozon, zur Autoxydation und Desinfektion verbunden als mit seiner Pionierrolle bei der Untersuchung des Erdöls, der er sich seit 1876 widmete. Wiederholte Reisen führten ihn in den 1880er und 1890er Jahren zu den größten damals bekannten Ölquellen der Erde. Seine Forschungen zur Erdölchemie fanden ihren Niederschlag in dem sechsbändigen, mit Hans von Höfer herausgegebenen Standardwerk «Das Erdöl, seine Physik, Chemie, Geologie, Technologie und sein Wirtschaftsbetrieb» (Leipzig 1909–1925). Doch damit erschöpfte sich Englers Bedeutung bei weitem nicht. Haber sollte vielmehr von seiner

Eigenschaft profitieren, «wunderbar [...] nach allen Seiten Fäden zu spinnen und sie geschickt zu schlingen.»[33] Seine Jahre als Direktor bzw. Rektor der TH 1883, 1889 und 1898, als nationalliberaler Reichstagsabgeordneter 1887–1890 für seinen Heimatkreis Lahr/Baden, als Mitglied der I. Kammer der badischen Landstände 1890–1904 und als Mitglied des Aufsichtsrats der BASF seit 1903 sind nur äußere Zeichen von Englers organisatorisch-politischem Geschick und weitgespannten Aktivitäten. So war beispielsweise die Verleihung des Promotionsrechts an die Technischen Hochschulen nicht zuletzt seinem engagierten Einsatz für ihre völlige Gleichberechtigung mit den Universitäten zu verdanken. In wörtlicher Übernahme des preußischen Erlasses erhielt die TH Karlsruhe am 28. 12. 1899 das Promotionsrecht.[34] Wie später Haber selbst war Engler also eine moderne Forscherpersönlichkeit, die den engen Rahmen der Hochschule bei weitem sprengte.

Daß auch Hans Bunte (25. 12. 1848–17. 7. 1925)[35] ein Chemiker war, dessen Wirken sich nicht auf Forschung und Lehre beschränkte, ist weniger bekannt. Er setzte sich nicht nur engagiert gemeinsam mit Engler für die Verleihung des Promotionsrechts an die Technischen Hochschulen ein, sondern war wie dieser Mitglied der I. Kammer der badischen Landstände, 1903–1913. Zudem war er Karlsruher Stadtverordneter und Mitglied mehrerer kommunaler technischer Ausschüsse. Nach dem Chemiestudium in Stuttgart, Heidelberg und Erlangen ging Bunte 1872 als Assistent ohne Honorar zu Emil Erlenmeyer an die Polytechnische Schule (seit 1877 Technische Hochschule) München, wo er sich 1874 habilitierte und als Privatdozent die wahrscheinlich erste Vorlesung über Teerfarben hielt. Zehn Jahre später legte er seine Lehrtätigkeit nieder, nachdem ihm eine äußere Anerkennung versagt geblieben war und eine akademische Karriere unwahrscheinlich schien. Buntes erster Forschungsschwerpunkt in analytischer und organischer Chemie wich seit 1874 seiner Lebensaufgabe, der Chemie der Gase und der damit zusammenhängenden Techniken wie z. B. der Feuerungstechnik. In enger Fühlung mit der Münchner Gasgesellschaft und dem Polytechnischen Verein wurde Bunte 1874 zunächst Redakteur des «Journal für Gasbeleuchtung und Wasserversorgung», Organ des Deutschen Vereins von Gas- und Wasserfachmännern, eine Tätigkeit, die er 42 Jahre lang ausüben sollte. Als er 1884 Generalsekretär des Vereins wurde, hatte er sich bereits einen internationalen Ruf als Gas- und Feuerungsfachmann erworben, wobei ihm die Forschungsmöglichkeiten der 1878 errichteten Heizversuchsstation München zugute kamen. Bunte führte Versuche zur Technik und Leistungsfähigkeit von Koks- und Wassergasgeneratoren durch, konstruierte zu diesem Zweck zuverlässige gasanalytische Geräte (u. a. die «Bunte-Bürette») und bestimmte als erster den Heizwert von Brennstoffen, vor allem der Steinkohle. Er legte die Grundlagen der Feuerungstechnik und damit der Wärmewirtschaft, indem er

u. a. den Einfluß des Kohlensäuregehalts der Rauchgase untersuchte und eine Formel für den Bruttonutzeffekt einer Feuerung aufstellte. Folge dieser Arbeiten war nicht zuletzt eine völlig veränderte Konstruktion der Gaserzeugungsöfen («Münchner Generatorofen»). Alle Gebiete der Gasreinigung und der Nebenproduktnutzung beim Kokereiprozeß waren weitere Vertiefungsgebiete Buntes.

Über die Bayerische Eisenbahnverwaltung, die an Bunte herantrat, um zuverlässige Lieferungsbedingungen für Kohle und Schmieröle zu bestimmen (bei Kohle nach dem Heizwert), kam Bunte in Kontakt mit dem Karlsruher Erdölexperten Engler, was für seine Berufung als ordentlicher Professor für chemische Technologie 1887 an die TH bedeutsam werden sollte. Er übernahm damit die Leitung des chemisch-technischen Instituts, das sich allein rein räumlich durch Neubauten um ein Vielfaches vergrößerte. Sein erklärtes Ziel war es, den Absolventen der TH in enger Zusammenarbeit mit Engler ein den Universitäten ebenbürtiges chemisches Fachwissen zu vermitteln, ihnen aber durch vertiefte Kenntnisse in Maschinenkunde und Maschinenzeichnen Startvorteile für die Praxis zu verschaffen. Durch Buntes Unterricht erwarben seine zahlreichen Schüler gründliche Kenntnisse aus dem Gesamtgebiet der chemischen Technologie, wozu Gerberei, Färberei, Düngemittel und Zucker ebenso gehörten wie die keramische oder die chemische Großindustrie. Sein voller Einsatz galt allerdings weiterhin vor allem der Gas- und Feuerungstechnik. In den Osterferien hielt Bunte zuerst ein-, später zweiwöchige «Gaskurse» ab, um die in der Praxis tätigen Männer nach neuesten wissenschaftlichen Erkenntnissen fortzubilden. Er erweiterte die Chemisch-Technische Prüfungs- und Versuchsanstalt um eine feuerungstechnische Abteilung. 1907 wurde schließlich die Lehr- und Versuchsanstalt des Deutschen Vereins von Gas- und Wasserfachmännern gegründet, die unter der späteren Bezeichnung «Gasinstitut»[36] der TH angegliedert war. Bunte hatte seit seiner Ernennung zum Generalsekretär des Vereins 1884 einen Fonds für die Errichtung der Anstalt gesammelt, die sehr erfolgreich arbeitete und bis 1919 zweimal erweitert werden mußte.

2. Erfüllte und enttäuschte Hoffnungen: Habers Assistentenzeit 1894–1906

Fritz Haber erlebte also zu Beginn seiner Assistentenzeit[37] eine entscheidende Phase in der Aufwertung der Hochschule zu einer universitätsähnlichen Anstalt. Dies bedeutete über den Gewinn an wissenschaftlichem und gesellschaftlichem Prestige hinaus, daß hochschulintern nun die wissenschaftliche Forschung definitiv in den Vordergrund rückte und die Bedeutung der technischen Chemie reduzierte. Die THs statteten um die

Jahrhundertwende ihre chemischen Abteilungen mit verbesserten Forschungsmöglichkeiten, Erweiterungs- und Neubauten der Institute und modernen Laboratorien aus. Bis 1910 sollten beispielsweise nur die Spitzenuniversitäten Berlin und Leipzig mehr in die Chemie investiert haben als Karlsruhe. Dabei verfolgten die THs generell die Strategie, vor allem die chemischen Teildisziplinen auszubauen, sahen sie in der Spezialisierung auf zukunftsträchtige Forschungsgebiete doch die Chance, gegenüber den generalistischen Universitäten an Terrain zu gewinnen. Freilich schlug in summa das Pendel nun in die andere Richtung aus: Die auffallende Betonung der anorganischen und der physikalischen Chemie sei, so Johnson, im Endeffekt «excessively one-sided» gewesen.[38] Für Haber sollte sich diese Tendenz allerdings ausgesprochen positiv auswirken, indem ihm die TH Karlsruhe expandierende Freiräume für seine sich nun erst entwickelnden Forschungsinteressen bot. Zeitgleich mit Haber erhielt Nernst seinen Lehrstuhl in Göttingen; im selben Jahr wurde auch die Deutsche Elektrochemische Gesellschaft gegründet. Die junge Disziplin der physikalischen Chemie befand sich auf dem sicheren Weg ihrer akademischen Etablierung, bot aber noch genügend Raum für den Einstieg begabter Außenseiter. Haber hatte Engler bei seinem Vorstellungsgespräch auch seine «Ideen über physikalische Chemie» mitgeteilt, die er in Karlsruhe zu verwirklichen hoffte, woraufhin er an Bunte verwiesen wurde, der, so Engler, für seine «Absichten großes Verständnis hätte.»[39]

Über jenes Verständnis hinaus schien Karlsruhe zunächst kein geeigneter Ort für Habers wissenschaftliche «Ideen». Auch nach einer die junge Disziplin berücksichtigenden Reform des Studienplans sah dieser 1895/96 lediglich in den zwei Semestern des dritten Studienjahrs eine zwei- bzw. dreistündige Lehrveranstaltung in physikalischer Chemie und Elektrochemie vor.[40] Physikalische Chemie wurde von dem Physiker August Schleiermacher unterrichtet, der nach einer Assistenz bei Kundt in Straßburg 1881 nach Karlsruhe kam, sich dort vier Jahre später habilitierte und seit 1892 etatmäßiger außerordentlicher Professor war. Schleiermacher bemühte sich, für diesen Zweck auch die erforderlichen Einrichtungen und Apparate anzuschaffen, hatte jedoch Probleme, sie im Budget der Hochschule unterzubringen. Daß die Physik an der Karlsruher TH der Elektrotechnik zugeordnet war, war für eine disziplinäre Emanzipation der physikalischen Chemie nicht günstig. Allerdings waren sich die Fachvertreter mit Seitenblick auf die Entwicklung an den anderen Hochschulen der wachsenden Bedeutung der jungen Disziplin durchaus bewußt, so daß sie im April 1895 beantragten, Schleiermachers Extraordinariat in ein Ordinariat für theoretische Physik und physikalische Chemie umzuwandeln.[41] Daran knüpften sich weitergehende Hoffnungen, später ein eigenes physikalisch-chemisches Institut der Abteilung für Elektrotechnik anzugliedern.[42]

Hans Bunte setzte die Tradition der Bunsenschen Gasanalyse fort, war aber, wie Willstätter formulierte, «eine Autorität mit dem wissenschaftlichen Rüstzeug einer schon abgeschlossenen Periode, der Zeit vor der physikalischen Chemie». Daß daraus für Haber kein Nachteil erwuchs, lag an Buntes wissenschaftlichem wie menschlichem Zuschnitt. Er bezog seinen Assistenten uneigennützig in seine Forschungsfelder ein und vermittelte ihm so wichtige Kenntnisse. Auf der anderen Seite ließ er ihm «ohne einen Schatten von Rivalität oder Mißgunst» einen großen Freiraum für seine eigene Entwicklung.[43]

Haber hielt sich zunächst eng an Buntes Arbeitsgebiet der Brennstoffchemie und nutzte, wie ein Blick auf seine Veröffentlichungen 1895–1897 zeigt[44], neben den Berichten der Deutschen Chemischen Gesellschaft reiflich auch die durch Bunte garantierten Publikationsmöglichkeiten im Journal für Gasbeleuchtung. Er untersuchte die Verbrennungsprodukte von Gasflammen, arbeitete über die Leuchtgasverbrennung an gekühlten Flächen und in Gasmotoren, beschäftigte sich mit den Elementaranalysen von Kohlen und äußerte sich über die Berechnung von Nutzeffekt und Heizwertverlust, alles typische Problemstellungen seines Chefs. Habers frühe Publikationstätigkeit war begleitet von Vorträgen auf den Versammlungen einschlägiger Vereine wie des Mittelrheinischen Vereins von Gas- und Wasserfachmännern oder des Karlsruher Bezirksvereins Deutscher Ingenieure.[45] Er konzentrierte jedoch seine Arbeitskraft neben der Zuarbeit zu Buntes Lehrveranstaltungen zunächst auf seine Habilitation, wie die spärlichen Veröffentlichungen 1895 und ihr plötzlicher Anstieg im Jahr darauf belegen. Auf Buntes Rat befaßte sich der überdurchschnittlich eifrige Assistent mit der thermischen Zersetzung von Kohlenwasserstoffen, woran unter anderen der von Ostwald hochverehrte Franzose Marcelin Berthelot 1863–1869 gearbeitet hatte. Aufgrund seiner Experimente hatte dieser eine allgemeine Theorie der Kohlenwasserstoff-Pyrolyse aufgestellt, die Haber als willkürlich und experimentell nicht belegbar kritisierte. In seinen eigenen Untersuchungen ging er rein quantitativ vor, entwickelte neue analytische Methoden und stellte als Ergebnis die sog. «Habersche Regel» auf. Zwar stellte sich bald heraus, daß sie nicht generell gültig war, sondern Ausnahmen aufweisen sollte, doch gilt Habers Habilitationsschrift als «a classic in the little-known field of pyrolysis».[46]

Haber legte Ende 1895 seine Schrift mit dem schlichten Titel «Experimental-Untersuchungen über Kohlenwasserstoffe» vor und beantragte die venia legendi als Privatdozent der Chemie. Die Habilitationskommission bestand nach § 34,3 des neuen Verfassungsstatuts der TH aus dem Kollegium der Abteilung Chemie, verstärkt durch je einen ordentlichen Professor für Physik, Zoologie und Maschinenlehre. Am 18. 12. 1895 fand das Kolloquium statt, am 11. 3. 1896 hielt Haber seine Probevorlesung über die Theorie des Färbeprozesses. Zehn Tage später erteilte das zuständige Ministerium der Justiz, des Kultus und Unterrichts[47] die beantragte venia.[48]

Noch 1896 veröffentlichte Haber seine Habilitationsschrift bei Oldenbourg in München unter dem Titel «Experimentelle Untersuchungen über Zersetzung und Verbrennung von Kohlenwasserstoffen» und publizierte Teilergebnisse in mehreren Zeitschriftenaufsätzen.[49] Der frischgebackene Privatdozent unternahm nun noch einmal den Versuch, mit dem umworbenen Wilhelm Ostwald in Kontakt zu kommen. Um «eine verjährte Bekanntschaft zu erneuern», übersandte er ihm seine Habilitationsschrift mit der Bitte, sie zu besprechen oder rezensieren zu lassen, wobei er einen handschriftlich verbesserten «Schnitzer» entschuldigte.[50] Sollte Haber Hoffnungen gehegt haben, mit seinem Vorstoß näher an Ostwald und seine Schule zu kommen, so blieb sein Bemühen erneut erfolglos. Daß ihn seine Arbeit «in close touch with the fuel industry» gebracht habe[51], läßt sich dagegen nicht nachweisen.

Das Thema der Probevorlesung bezeichnete bereits den nächsten Schwerpunkt Habers, dem er sich seit 1895/96 mit großem Einsatz zuwandte. Die chemische Industrie Deutschlands war jahrzehntelang vom Bedarf des Textilsektors geprägt, d. h., anwendungsnahe Forschung und Entwicklung zum Bleichen, Färben, Drucken usw. sowie der akademische Unterricht auf diesen Gebieten waren von zentraler Bedeutung. Der Farbstoffexperte Paul Friedländer (29. 8. 1857–4. 9. 1923)[52], der mit Baeyer zusammen an der Indigosynthese gearbeitet hatte, wurde 1888 in Karlsruhe Dozent, ein Jahr darauf außerordentlicher Professor am chemisch-technischen Institut. In dieser Eigenschaft hielt er jedes Sommersemester eine Vorlesung mit praktischen Übungen zur Färberei und leitete das noch von Engler 1881 eingerichtete Färberei-Technische Laboratorium. 1895 wechselte Friedländer an das Technologische Gewerbemuseum in Wien. Haber wählte daraufhin das Thema seiner Probevorlesung in der Absicht, den Unterricht im Färbereiwesen zu übernehmen, was ihm mit erfolgter Habilitation zum Sommersemester 1896 gestattet wurde.[53] Es gereichte Haber natürlich nicht zum Nachteil, daß im Studienjahr 1896/97 Hans Bunte zum Rektor gewählt wurde, der seine Amtszeit mit einer programmatischen Rede über wissenschaftliche Forschung und chemische Technik einleitete.[54] Er beförderte Habers Antrag, sich im Herbst 1896 auf eine Studienreise nach Schlesien, Sachsen und Westfalen zu begeben, um sich vor Ort über technische Neuerungen in der Färberei und Zeugdruckerei zu informieren; das Ministerium bewilligte einen Reisekostenzuschuß von 500 Mark und stellte ihm ein offizielles Empfehlungsschreiben aus.[55]

Es kennzeichnet Habers Arbeitseifer und Buntes bereitwillige Unterstützung, daß schon das Programm der chemischen Abteilung für das Studienjahr 1896/97 vorsah, den bisher auf das Sommersemester beschränkten färbereitechnischen Unterricht zeitlich auch auf das Winterhalbjahr und thematisch auf die verwandten Gebiete der Chemie der Faserstoffe und der Bleicherei auszudehnen. Habers zweistündige Vorlesung unter dem

Gesamttitel «Chemische Technologie der Faserstoffe» gliederte sich nun in zwei Teile: im Wintersemester las er über die «Chemie der Gespinstfasern, Bleicherei, Repetitorium der Farbstoffe», im Sommer folgte dann die «Färberei und Druckerei mit Uebungen».[56]

Damit aber nicht genug. Haber gewann Bunte dafür, daß er im Wintersemester des Studienjahres 1896/97 eine zweistündige Vorlesung «Einführung in die Elektrochemie» halten durfte, die ab Weihnachten durch eine zweistündige elektrochemische Übung ergänzt wurde. Wenngleich dieses Teilgebiet Bunte ganz fremd war, was zu gelegentlichen Meinungsverschiedenheiten führte[57], so förderte der alte Gasfachmann doch dieses Vorhaben seines Assistenten um so bereitwilliger, als er die kommende Bedeutung der Elektrochemie erkannte und bestrebt war, die an seinem chemisch-technischen Institut vertretenen Forschungs- und Unterrichtsschwerpunkte der disziplinären Fortentwicklung anzupassen. Ebenso deutlich aber sah er, daß die für diesen Zweck unzulänglichen Räumlichkeiten seines Instituts es verhindern würden, einen renommierten Experten zu gewinnen, so daß die Lösung, seinen ersten Assistenten mit dem elektrochemischen Unterricht zu beauftragen, unter den gegebenen Umständen sehr günstig war. Die für Habers Veranstaltung erforderlichen Apparate und Einrichtungen beantragte Bunte erfolgreich aus einem Extrakredit des Ministeriums. Die Vorlesung wurde von 12 Studierenden besucht.[58] Am Ende des Wintersemesters begab sich Haber im März 1897 erneut auf eine Studienreise durch verschiedene Industriegebiete Deutschlands und Österreichs, um sich, wieder ausgestattet mit einem ministeriellen Empfehlungsschreiben, in der industriellen Praxis über technische Innovationen zu informieren. Ziel waren diesmal nicht mehr nur Färberei-, sondern auch elektrochemische Betriebe.[59]

Mit der ganzen Energie seiner schier unbegrenzten Arbeitskraft und seines Ehrgeizes vertiefte sich Haber nun in das Gebiet der Elektrochemie. Wieder erweist sich hier die große Bedeutung von Personen für die Interessen und Entscheidungen des inzwischen 28jährigen Privatdozenten, denn er ‹entdeckte› gleichsam die neue Disziplin über seine «anregende, sogar mitreißende Freundschaft»[60] mit dem nur wenig älteren Hans Luggin, der 1896 nach Karlsruhe übergesiedelt war. Luggin (24. 6. 1863–5. 12. 1899)[61], Sohn eines Advokaten und Landtagsabgeordneten aus Klagenfurt, hatte in Wien, Straßburg und Prag Physik studiert und 1888 an der deutschen Hochschule in Prag promoviert. Danach war er Assistent für Physik, nur kurze Zeit in Wien, wo er sich mit den elektromotorischen Kräften im Lichtbogen befaßte, länger dann in Graz am Institut von Ludwig Boltzmann. Hier beschäftigte er sich vor allem mit dem Problem der Größe der Potentialdifferenz zwischen Metallen und Elektrolyten. In Graz befreundete sich Luggin eng mit Svante Arrhenius, was ihn 1894 zu physikochemischen Forschungen nach Stockholm führte. Hier konzentrierte er sich auf komplizierte Versuche zu den photoelektrischen Erscheinungen, die er quantitativ fassen und physikalisch deuten konnte. Zwei Jahre darauf ging er an die TH Karlsruhe, wo er sich im November 1897 mit den in Stockholm erzielten Ergebnissen «Über die photoelektrischen Erscheinungen und den photographischen Prozeß» habilitierte.

Wenn es Haber auch nicht gelungen war, direkten Zugang zu Ostwalds Mitarbeiter- und Gedankenkreis zu finden, so eröffnete ihm nun der österreichische Freund und Schüler von Svante Arrhenius gleichsam einen Nebeneinstieg in die neue theoretische Welt der physikalischen Chemie. Haber gab später in ganz anderem Zusammenhang öffentlich zu, daß ihm die Theorien und Arbeiten von Helmholtz, van't Hoff, Arrhenius und Nernst («ein besonderer Teufelskerl») damals noch «ganz undeutlich» waren.[62] Eine enge Freundschaft verband die beiden jungen Privatdozenten menschlich, auf wissenschaftlichem Gebiet waren es die Elektrochemie und die Thermodynamik, die sie zusammenführten. Haber, der physikochemische Autodidakt, profitierte immens von der Zusammenarbeit mit Luggin, verschaffte dieser ihm doch das «theoretische Rüstzeug», um z. B. mit Nernst überhaupt eine wissenschaftliche Auseinandersetzung führen zu können.[63] Daß ihre enge Beziehung kaum schriftlichen Niederschlag gefunden hat, ist nicht verwunderlich: sie trafen sich täglich im Institut zur gemeinsamen Arbeit. So hielten sie im Sommersemester 1898 eine gemeinsame elektrochemische Lehrveranstaltung ab: Habers zweistündige Vorlesung über «Technische Elektrochemie» und Luggins einstündige «Methoden der Elektrochemie» wurden ergänzt durch eine gemeinsame dreistündige Übung.[64]

Haber verschwieg nie den geistigen Anteil, den Luggin an seinen elektrochemischen Arbeiten hatte. So dankte er ihm im Vorwort seines 1898 erschienenen Lehrbuches «Grundriß der technischen Elektrochemie auf theoretischer Grundlage», das die Ergebnisse der 1896–1898 durchgeführten, zum Teil bereits in Aufsätzen publizierten Forschungen präsentierte und große Beachtung fand.[65] Bunte hatte seinem Assistenten noch prophezeit, er werde sich schön damit blamieren[66], doch machte der «Grundriß» seinen Verfasser in Fachkreisen schlagartig bekannt und inspirierte ihn wie andere zur Fortführung der Untersuchungen. Einschlägig befaßte Wissenschaftler wie Lunge, von Knorre, Lorenz, Foerster und Bredig nahmen das Buch spontan «sehr freundlich» auf.[67] An Luggin erinnert ferner bis heute die sog. «Haber-Lugginsche Kapillare», ein bei der Aufnahme von Stromspannungskurven benutztes Gerät, das Haber selbst als «Lugginscher Fadenheber» bezeichnete.[68] Als Luggin mit 36 Jahren nach einer schweren Krankheit im Dezember 1899 starb, wies Haber in seinen Publikationen immer wieder auf seinen Freund hin, sei es, daß er dessen Anordnung eines Gefällsdrahtes für Polarisationsmessungen veröffentlichte, oder ihm zum Gedenken einen Aufsatz widmete.[69] Daß er selbst unter den

Freunden Luggins eine besonders Vertrauensstellung einnahm, beweist die Tatsache, daß dessen Vater ihn beauftragte, die wissenschaftlichen Hinterlassenschaften seines Sohnes zu regeln. Haber kam dieser Bitte in enger Absprache mit Richard Abegg und besonders Svante Arrhenius nach, der Luggins photoelektrische Versuchsreihen abschloß und die Ergebnisse publizierte.[70]

Auf der 5. Jahrestagung der Deutschen Elektrochemischen Gesellschaft in Leipzig am 14./15. 4. 1898 in Leipzig referierte Haber einige Teilergebnisse seiner elektrochemischen Forschungen, nämlich die Resultate zur potentialgesteuerten Reduktion organischer Nitroverbindungen.[71] Mit diesem Vortrag betrat er erstmals die Bühne der Fachöffentlichkeit. Er war der DEG im Vorjahr beigetreten, ein sicherer Indikator dafür, daß er nunmehr fest entschlossen war, der jungen, von Ostwald und Nernst dominierten Scientific Community der Physiko- und Elektrochemiker anzugehören. Damit eröffnete sich ihm gleichzeitig die Möglichkeit, die Zeitschrift für Elektrochemie als Publikationsorgan zu nutzen. An die Leipziger Tagung erinnerte sich Ostwald noch 30 Jahre später, blieb ihm doch im Gedächtnis, wie der junge Haber «sehr zahlreiche Ergebnisse mit atemberaubender Geschwindigkeit vortrug.»[72] Dem Vortrag folgte am nächsten Tag eine kontroverse Diskussion, ausgelöst durch Dr. Löb/Bonn, der über ein ähnliches Thema referierte und seinen Vorredner in Einklang mit Fritz Foerster/Dresden heftig kritisierte. Haber verteidigte sich ebenso heftig, so daß Ostwald sich als Vorsitzender genötigt sah, zu seinen Gunsten einzugreifen.[73] Offenbar wirkte Habers Auftreten zumindest auf einzelne Fachvertreter provozierend. Gegen Löb, Foerster und andere (Arthur Binz, Hagenbach) entspannen sich jahrelange ‹Fehden›, die publizierten Niederschlag fanden und den temperamentvollen, aber dünnhäutigen und zunehmend nervösen Haber über Gebühr beschäftigten. Er verfaßte wissenschaftliche Polemiken, gebremst und klug beraten von Richard Abegg, der die Attacken seines Freundes besonnen mäßigte.[74]

Haber setzte noch im selben Jahr 1898 ein zweites Mal seinen Fuß in das Leipziger Institut für physikalische Chemie, als er zusammen mit Georg Bredig (1. 10. 1868–24. 4. 1944)[75] eine Untersuchung über das Phänomen der Zerstäubung von Metallkathoden bei der Elektrolyse durchführte. Die Versuche waren teils in Leipzig, teils in Karlsruhe vorgenommen worden.[76] Wie Haber in Kontakt mit dem Ostwald-Schüler und -Assistenten Bredig gekommen war, der ihm 1911 auf seinem Karlsruher Lehrstuhl nachfolgen sollte, ist nicht ganz klar. Beide Männer hatten nicht nur das Geburtsjahr gemeinsam, sondern auch die Heimat Schlesien, ihre jüdische Herkunft und das Chemiestudium an der Universität Berlin 1886, und es ist wahrscheinlich, daß sie sich aus dieser Zeit kannten. Bredig promovierte 1894 bei Ostwald und wurde nach Forschungsaufenthalten bei van't Hoff in Amsterdam und bei Arrhenius in Stockholm 1895 Assistent von Ostwald in Leipzig, wo er sich sechs Jahre später habilitierte. Er war also ein ‹Insider› der herrschenden physikochemischen Schule, was Haber jenseits aller wissenschaftlichen Interessen nur zu gelegen kommen mußte.

Ostwald reagierte insgesamt pikiert und abwehrend auf den dynamischen Eindringling aus Karlsruhe. Als Haber dem Leipziger Gralshüter der physikalischen Chemie im Juni 1898 den Abdruck seines Vortrags vor der DEG-Jahrestagung zusandte, schlug er ihm im selben Schreiben vor, eine von ihm verfaßte Notiz über eine Kritik des Amerikaners Wilder D. Bancroft in der Zeitschrift für physikalische Chemie abzudrucken. Ostwald lehnte aus formalen Gründen ab, ergänzte seine Absage aber durch die brüske Bemerkung, daß «weder der Inhalt der Bancroft'schen Kritik noch auch die Thatsache, daß sie Ihnen ‹viel Vergnügen bereitet› hat, für die Leser Interesse haben.» Zwar waren es in erster Linie Bancrofts «Unüberlegtheit und Kurzsichtigkeit», die Ostwalds Zorn erregten, so daß er ihm kein Forum für seine «Schnitzer» bieten wollte, doch traf die Antwort nach Form und Inhalt auch Haber.[77] Daß der forsche Privatdozent aus Karlsruhe ihm etwas auf die Nerven ging, belegt ein weiterer Brief Ostwalds vom Jahresende. Er schrieb einem namentlich nicht bekannten Kollegen im Zusammenhang mit einer Berufungsangelegenheit, «daß Hr. Haber erst etwas ‹ablagern› muß.» Trotz seiner guten Kenntnisse sei er doch erst zwei Jahre in der Elektrochemie, so daß ihm ein «sicheres Urtheil» noch fehle.[78]

Haber hatte in seinem vorwärtsdrängenden Eifer eine Art, die manchem als zu selbstbewußt aufstieß. Sogar sein Förderer Bunte mokierte sich, wenn er ratsuchende Studenten mit der Bemerkung an den Privatdozenten verwies: «[...] der weiß alles. Ja er weiß noch viel mehr, er weiß alles besser.»[79] Neidgefühle, Ressentiments gegen den umtriebigen Eindringling, teilweise auch Vorbehalte gegen den Juden machten Haber in Kollegenkreisen nicht nur beliebt.[80] Allerdings stellt sich auch der Eindruck ein, daß er als Außenseiter, der nicht dem Schüler-Kreis des ‹Triumvirats› entstammte, es sichtlich schwerer hatte als andere, in Ostwalds Dominium vorzudringen. So schlugen Haber Vorbehalte auch aus Nernsts Umkreis entgegen. Nernst selbst hatte sich in der ihm eigenen schneidenden Art gelegentlich abfällig geäußert, so daß Haber dessen «Ton» auch aus kritischen Äußerungen Dritter herauszuhören vermeinte. Positive Reaktionen des Göttinger Ordinarius waren dem Karlsruher Privatdozenten dann aus guten Gründen «sehr wertvoll». Durch seinen Freund aus Berliner Zeiten, Richard Abegg, der seit 1894 Assistent bei Nernst war und unter der «Gebundenheit in den Ideenkreis N.'s» litt, war Haber über dessen Haltung zumeist im voraus informiert und richtete sich entsprechend darauf ein. Schon im Sommer 1898 hatte er so viel Selbstbewußtsein gewonnen, daß er schreiben konnte, der Nernstsche Ton störe ihn jetzt nicht mehr.[81]

Als Abegg ab 1900 zuerst mit Nernst zusammen, nach kurzer Zeit dann alleine die Redaktion der Zeitschrift für Elektrochemie übernahm[82], war dies für die Publikationsmöglichkeiten des Karlsruher Außenseiters von entscheidendem Vorteil.

Habers Erfolgsjahr 1898 wurde am Jahresende gekrönt durch den Titel eines außerordentlichen Professors, nur knappe zwei Jahre nach der Habilitation. Die äußere Konstellation war günstig: Bunte stand gerade der Abteilung für Chemie vor, Engler war 1898/99 Rektor der Hochschule. Im November 1898 richtete Bunte ein Schreiben an Rektor und Senat, in dem er im Namen der chemischen und elektrotechnischen Abteilung beantragte, Haber zum Extraordinarius zu ernennen und ihm Lehraufträge für technische Elektrochemie und für chemische Technologie der Gespinstfasern und Färberei zu erteilen. Seine Bezüge wurden ausdrücklich nicht erhöht; er sollte nach wie vor Assistent bleiben.[83] Engler machte sich Buntes Gedankengang zu eigen, indem er in seinem Schreiben an das Ministerium ebenfalls Habers Leistungen hervorhob. Aber es ging ihm bereits um mehr.[84]

Bereits im Januar hatte das Ministerium die Abteilungen für Chemie und Elektrotechnik aufgefordert, zur «Frage einer selbständigen Vertretung der physikalischen Chemie, insbesondere der Elektrochemie» Stellung zu nehmen. In Anbetracht der beschränkten Mittel- und Raumverhältnisse des chemisch-technischen Instituts waren die elektrochemischen Vorlesungen und Übungen von Haber/Luggin nur eine Notlösung. Die «Berufung einer bewährten auswärtigen Kraft» scheiterte nach Ansicht der beiden Abteilungen allerdings daran, daß jüngere Fachleute von der Industrie gesucht und hoch bezahlt würden. Der einzige Ausweg aus diesem Dilemma war die Errichtung eines selbständigen Instituts für physikalische und Elektrochemie im Zuge der geplanten Neubaumaßnahmen, eine Idee, der sich Rektor und Senat der TH umgehend anschlossen.[85] Damit war jedoch auch vorgegeben, daß die Abteilung für Chemie an die Berufung eines renommierten, auswärtigen Wissenschaftlers und nicht an Fritz Haber dachte.

Neun Monate später nahm Engler als neuer Rektor der TH die beantragte Ernennung Habers zum außerordentlichen Professor zum Anlaß, auf diesen Plan zurückzukommen. Um die «führende Stellung» der deutschen elektrochemischen Industrie zu sichern, so behauptete er unter Rückgriff auf ein beliebtes Argumentationsmuster in der wilhelminischen Forschungsförderung, müsse die geplante neue Abteilung für physikalische Chemie «insbesondere auch den Unterricht in der wissenschaftlichen Elektrochemie umfassen». Damit war ausgesprochen, daß der außerordentliche Professor Haber trotz seiner Erfolge während des Jahres 1898 nicht als ordentlicher Professor in Frage kam: Habers Lehrauftrag erstreckte sich auf die technische, also angewandte und industriebezogene Elektrochemie[86], nicht auf die «wissenschaftliche», d. h. theoretische Elektrochemie als Teilgebiet der physikalischen Chemie. Diese Unterscheidung war auch bisher getroffen worden, da neben Habers technischer Elektrochemie die «wissenschaftliche» physikalische Chemie weiterhin von dem theoretischen Physiker August Schleiermacher im Rahmen der elektrotechnischen Abteilung unterrichtet wurde. Dieser erhielt inzwischen wachsende finanzielle Zuschüsse für Apparate und Hilfsmittel zur Durchführung seines Unterrichts[87], die insgesamt über den Summen lagen, die Haber für seine elektrochemischen Lehrveranstaltungen im chemisch-technischen Institut zur Verfügung hatte. Nur in diesem eingeschränkten Sinn ist Engler also zu verstehen, wenn er schrieb, der Privatdozent Haber sei «in der That eine jüngere Kraft, welche nach der derzeitigen Sachlage den Anforderungen an den zu erteilenden Unterricht in der technischen Elektrochemie entsprechen dürfte.»[88] Damit eröffnete Engler Haber jedoch gleichzeitig die Möglichkeit, sich unter dem Etikett der technischen Elektrochemie auch künftig mit elektrochemischen Forschungen und Veranstaltungen zu befassen, ohne mit den Kompetenzen des Ordinarius für physikalische Chemie zu kollidieren. Das Ministerium folgte Englers Strategie: Haber erhielt zunächst den erbetenen Lehrauftrag für die Technologie der Gespinstfasern und Färberei und für technische Elektrochemie. Am 6. 12. 1898, kurz vor seinem 30. Geburtstag, verlieh ihm dann der Großherzog den Titel eines außerordentlichen Professors.[89]

Obwohl keine Quellen erhalten sind, die Habers Reaktion dokumentieren, war die Ernennung zweifelsohne ein enormer Erfolg für jemanden, der als mäßig ausgewiesener Absolvent der Chemie erst vor vier Jahren der Hochschule beigetreten und vor knapp zwei Jahren habilitiert worden war. Er hatte endlich ein Gebiet gefunden, das ihm zusagte und eine schier unerschöpfliche wissenschaftliche Leistungsfähigkeit und Energie freilegte. Die Erfolge stellten sich nach nur zweijähriger vertiefter Forschungsarbeit in der Elektrochemie ein, die sich durch Praxisorientierung und Anwendungsbezug kennzeichnete. Daß die außerordentliche Professur auch als reiner Titel, ohne damit verbundene Stelle und Gehaltserhöhung, einen Gewinn darstellte, war Haber nur zu bewußt: die «so festgewurzelte Anschauung in allen academischen Kreisen von der Selbständigkeit der Professoren»[90] konnte ihm nur von Vorteil sein. In der Tat brachte die Assistenz bei Bunte seit diesem Zeitpunkt «kaum irgend welche Beanspruchung mit sich.» Die Lehraufträge machten Haber, wie er sich später erinnerte, nicht viel Arbeit, und er gab Bunte rückblickend recht, der ihm wiederholt gesagt hatte, er werde die späteren Jahre bei ihm einmal als seine glücklichsten betrachten.[91]

Habers unmittelbares Lebensgefühl war allerdings zunächst alles andere als glücklich. Er mußte mit einer Enttäuschung fertig werden, die seinen selbstsicheren akademischen Höhenflug als bloße Hoffnung und Selbstüberschätzung entlarvte. Habers Seelenzustand war im Oktober 1900 auf dem Nullpunkt, so daß er sich in einem sonst rein fachlichen Schreiben an Ostwald zu dem Bekenntnis hinreißen ließ, er könne «unmöglich» in Karlsruhe bleiben.[92] Anlaß war die offenbar für Haber völlig unerwartete Besetzung der neuen ordentlichen Professur für physikalische und Elektrochemie nicht mit ihm, sondern mit dem Ostwald-Schüler Max Le Blanc.

Die im Zusammenhang mit Habers Professorentitel 1898 verfaßten Schriftsätze der Abteilungen für Chemie und Elektrotechnik sowie des Senats hatten bereits den festen Willen der Hochschule bekundet, einen renommierten auswärtigen Wissenschaftler zu berufen, was zu jener Zeit die Auswahl fast automatisch auf den Kreis der Ostwald-Schule einschränkte. Aber auch auf die Person hatte man sich längst geeinigt, wie ein viel später abgefaßtes Schreiben der Abteilungsvorstände, Engler, Bunte und Lehmann, belegt. Seit spätestens Anfang 1898, als sich die Errichtung des neuen Ordinariats abzeichnete, hatten sie Kontakt mit Le Blanc aufgenommen, von dem sie wußten, daß er nach mehrjähriger Tätigkeit bei den Farbwerken in Höchst wieder an eine Hochschule zurückkehren wollte. Unter vorbehaltlicher Zustimmung des zuständigen Ministers wurden bereits damals «Verbindungen angeknüpft», um Le Blanc «für unsere Hochschule zu sichern».[93] Der gebürtige Ostpreuße Max Julius Le Blanc (26. 5. 1865–31. 7. 1943)[94] war ein ‹Insider›: Der evangelische Sohn eines Baumeisters hatte nach dem Gymnasium in Rastenburg von 1883 bis 1886 in Tübingen, München und Berlin Chemie studiert. Nach zwei Semestern als Privatassistent bei August Wilhelm von Hofmann promovierte er bei ihm 1888, ging aber dann aus Interesse an der physikalischen Chemie zu Ostwald nach Leipzig. 1890 wurde er Nachfolger Nernsts als Assistent, habilitierte sich im Folgejahr und wurde 1895 zum außerordentlichen Professor ernannt. Diese sehr geradlinige akademische Karriere nahm Ende 1896 eine Wendung zur Industrie, als Le Blanc in die Höchster Farbwerke eintrat. Er erwarb sich einen guten Ruf als Elektrochemiker, vor allem mit grundlegenden Arbeiten zur Elektrolyse wäßriger Lösungen. Ein von ihm verfaßtes Lehrbuch der Elektrochemie erschien 1900 bereits in zweiter Auflage, woraus man nicht nur wissenschaftliche Qualifikation, sondern auch Lehrtalent ableitete. Als besonders wichtig erachtete man schließlich Le Blancs mehrjährige Tätigkeit in der Großchemie, wiewohl die Geheimhaltungsvorschriften des Unternehmens wissenschaftliche Publikationen verhindert hatten.

Ende Mai 1899 war die Errichtung des Ordinariats für physikalische und Elektrochemie im Zusammenhang mit dem Neubau des chemischen Instituts in seine entscheidende Phase getreten. Ein eigenes physikochemisches Laboratorium sollte «selbständig und unabhängig von den übrigen Abtheilungen des Hauptinstituts geleitet werden», was die Errichtung eines separaten Instituts im Rahmen der Abteilung für Chemie bedeutete. Engler und Bunte warteten in diesem Zusammenhang umgehend unter Hinweis auf die «ungeahnt große Bedeutung» der physikalischen und Elektrochemie für die chemische Industrie und die Elektrotechnik mit zusätzlichen gewichtigen Argumenten auf:

«Gerade die technische Hochschule muß darauf bedacht sein, alle wichtigen Zweige der Anwendung und Verwerthung der Resultate der Naturwissenschaften vollgiltig bei sich vertreten zu sehen, und ganz besonderer Werth muß darauf gelegt werden, daß diejenigen Richtungen der Technik, welche neue Bahnen eröffnen und bedeutende Resultate erwarten lassen, dabei rechtzeitig die gebührende Berücksichtigung erfahren.»[95]

Der auffällige Hinweis auf die umfassende Vertretung neuer Disziplinen gewann natürlich vor dem Hintergrund, daß die TH kurz vor der Erlangung des Promotionsrechts und damit der Gleichstellung mit den Universitäten stand, eine besondere Bedeutung. Bau und innere Einrichtung des Instituts wurden im Dezember 1903 fertiggestellt und von Le Blanc selbst detailliert beschrieben, der damit die «verwöhntesten Ansprüche» befriedigt sah.[96]

Die Besetzung des Ordinariats mit dem einstimmig unico loco plazierten Le Blanc ging dann sehr zügig vonstatten. Die von den Abteilungen für Chemie und Elektrotechnik bestellten Referenten Bunte, Engler und Lehmann äußerten sich am 4. 7. 1900; zwölf Tage später leitete der Rektor das Referat an das Ministerium weiter. Am 9. 10. ernannte der Großherzog Le Blanc mit Wirkung vom 1. 4. 1901 zum etatmäßigen ordentlichen Professor, der gleichzeitig mit der Direktion des neuen physikalisch-chemischen Laboratoriums betraut war. Sein Gehalt sollte jährlich 6000 Mark betragen, ergänzt von einem «Nebengehalt» von 1000 und dem gesetzlichen Wohnungsgeld von 760 Mark.[97]

Waren die eigentlichen fachlichen wie personellen Entscheidungen bei der Besetzung des neuen Ordinariats schon 1898 gefallen, so kam man auch in einer weiteren Frage auf die damals vorgegebene Linie zurück. Es ist Stoltzenberg zuzustimmen, der hinter der konkreten Ausgestaltung des physikochemischen Lehrstuhls «ein Ringen um Macht und Kompetenzen, um Geld und um Einrichtungen» wittert.[98] Daß sein Schützling Haber noch nicht ordinariabel war, war natürlich auch Bunte klar. Bei aller Anerkennung seiner elektrochemischen Arbeiten war doch allzu deutlich, daß er sich erst seit kurzem mit diesem Gebiet befaßte. Der Mangel an praktischen technischen Erfahrungen, auch eine gelegentlich spekulative Herangehensweise waren für die Fachwelt aus Habers Publikationen ablesbar.[99] Man kann daher als sicher annehmen, daß sich Bunte wie Engler und der Senat für die Berufung eines auswärtigen und ausgewiesenen Wissenschaftlers aussprachen. Er landete allerdings einen geschickten

Coup, indem es ihm gelang, bei den Beratungen, welche die Abteilung für Chemie teils intern, teils zusammen mit den Vertretern der Elektrotechnik im April und Mai 1899 abhielt, die Errichtung der neuen Professur ausdrücklich damit zu koppeln,

«daß die technische Seite der Elektrochemie auch in Zukunft vertreten sein muß, etwa in dem Umfange, wie dies zur Zeit im chemisch-technischen Institut der Fall ist. Es erscheint deshalb nothwendig, den gegenwärtigen provisorischen Zustand in den definitiven überzuleiten.»[100]

Zweifellos lag dies im Interesse Buntes, der das breite, an seinem Institut vertretene fachliche Spektrum, die neu angeschafften Apparate und Einrichtungen sowie die Position Habers erhalten wissen wollte. Mit Hinweis auf die besonderen Belastungen durch den Unterricht in technischer Elektrochemie beantragte Bunte sogar im selben Schreiben zusätzliche außerordentliche Mittel für das chemisch-technische Institut sowie die Einstellung einer weiteren Hilfskraft, um Haber «von einem Theil seiner Verpflichtungen zu entlasten.»[101]

Er wurde darin mit Sicherheit von Engler unterstützt, der ja die nützliche Unterscheidung in wissenschaftliche und technische Elektrochemie schon 1898 festgeschrieben hatte. Sie verfolgte den einzigen Zweck, das zuständige Ministerium, vielleicht auch den Senat davon abzulenken, mit Gründung des physikalisch-chemischen Instituts die als Behelfslösung konzipierten elektrochemischen Einrichtungen des chemisch-technischen Laboratoriums aufzulösen und den Lehrauftrag Habers zurückzuziehen. Im Grunde hatte man ja in Le Blanc mit seinen mehrjährigen Erfahrungen in den Hoechster elektrochemischen Laboratorien einen Wissenschaftler berufen, der gerade von der technischen Seite seines Fachs sehr viel verstand. Auch im Referat der Berufungskommission zu Le Blanc Anfang Juli 1900 wurde eigens eingefügt, daß die bisher im chemisch-technischen Institut getroffenen Einrichtungen für Forschung und Lehre in der technischen Elektrochemie beibehalten und ausgebaut werden sollten. Es ging Bunte und Engler also um Haber, dessen «tüchtige wissenschaftliche Arbeiten» und Verdienste um das Fach sie ausdrücklich würdigten.[102]

Erst im Rückblick nach Jahrzehnten konnte Haber richtig einschätzen, was die beiden Institutsdirektoren damit für ihn erreicht hatten. Der außerordentliche Professor Haber verfügte nun völlig unabhängig von Le Blanc über ein kleines elektrochemisches Laboratorium am Institut seines Förderers, der in Kauf nahm, daß das wissenschaftliche Profil seines Instituts in beträchtlichem Maße umfunktioniert wurde. Um seinen technisch-industriellen Charakter zu dokumentieren, beschrieb Haber sein Laboratorium detailliert in einem Heft des für diese Zwecke einschlägigen Organs, nämlich der Zeitschrift für angewandte Chemie. Hier konnte er zusätzlich zu seinen Übungen und Kolloquien, die sich neben technischen mit wissenschaftlich-theoretischen Problemen befaßten, auch seine Forschungen fortsetzen und einen kleinen Kreis von Schülern bilden, deren Zahl freilich begrenzt war, da das Laboratorium nur sechs Plätze bot.[103] Als Sechzigjähriger erkannte er den bereits mittelfristig sich auszahlenden Vorteil der ‹Zurücksetzung› gegenüber Le Blanc: Die geringe Arbeitsbelastung durch das Assistentenverhältnis bei Bunte wie durch die wenigen Schüler «erlaubten Fortbildung»[104], und das hieß, Vertiefung der ja erst seit kurzem angeeigneten elektrochemischen Kenntnisse und Ausweitung der Forschungen auf andere Bereiche der physikalischen Chemie. Damit legte Haber den Grundstein für seine weitere wissenschaftliche Karriere.

Der junge Extraordinarius sah dagegen vorerst nur den Nachteil dieser Beschränkung, die ihn in seinem ausgeprägten Selbstwertgefühl tief getroffen hatte. Er empfand sich und seine aus allen chemischen Teilgebieten zusammengestückelten Lehraufträge als überflüssig:

«Ich vertrete hier Gaschemie, technische Electrochemie, chem. Technologie der Faserstoffe. Die techn. Electrochemie nimmt Le Blanc, die Faserstoffe Buntrock und die Gaschemie ein jüngerer College. Ich bin also ‹überzählig› in optima forma.»[105]

Haber war so verletzt, daß er, einem Impuls nachgebend, kurz nach der Berufung Le Blancs Wilhelm Ostwald einweihte, mit dem er seit der Jahrhundertwende in der ersehnten wissenschaftlichen Korrespondenz stand. Er teilte ihm seine Absicht mit, Karlsruhe zu verlassen und vielleicht sogar «in die Praxis» zu gehen, obwohl er lieber «im Lehrfach» bliebe. Wahrscheinlich geschah dies mit dem Hintergedanken, das von dem Leipziger Großordinarius überschaute und mitbeeinflußte Stellenkarussell zu seinen Gunsten zu nutzen. Haber beschrieb seine berufliche Situation als «ungemein unklar», eine etatmäßige Anstellung als aussichtslos. Das ihm verfügbare «Studentenmaterial» hielt er außerdem für viel zu klein, um einen «Wirkungskreis» aufzubauen.[106] Wenig später bedauerte er, Ostwald «unter der Nachwirkung einiger Anstrengungen und im Kampf mit einigen privaten Mißlichkeiten» belästigt zu haben, um kurz darauf seine fortdauernde «Überreizung» und ungeregelte Arbeitsweise einzugestehen.[107] Hier traf er bei Ostwald auf vollstes Verständnis, der bereits selbst einige Nervenzusammenbrüche hinter sich hatte. Ihm seien, so beruhigte er den Karlsruher Kollegen, «die Erscheinungen, die zu solchen Stimmungen führen», nur zu gut bekannt, und er riet ihm, seine Arbeitskraft nicht über Gebühr zu beanspruchen:

«Abgesehen von allem Anderen [sic] bewirkt das Zutagefördern von Leistungen in einem schnelleren Tempo als gewöhnlich unmittelbar eine unwillkürliche Gegnerschaft bei den Fachgenossen. Hierüber habe ich sehr ausgedehnte Erfahrung.»[108]

Aber genau das tat Haber: er stürzte sich in die Arbeit.

3. Haber privat

3.1. Lebensumstände und Gesundheit

Es ist außerordentlich schwierig, sich einen zuverlässigen Überblick über Habers finanzielle Situation in Karlsruhe zu verschaffen, zu fragmentarisch sind die überlieferten Quellen, zu groß die in den Akten nicht festgehaltenen Spielräume der Verwaltung, die bei der Gehaltszumessung an Assistenten, Privatdozenten und außerordentliche Professoren bestanden. Nachweislich der 1894 angelegten Standesliste bezog Haber bei seiner Einstellung ein Gehalt von 1200 Mark jährlich, ein zwar sicheres, aber sehr bescheidenes Einkommen, das der geringen Höhe der damals gezahlten Assistentengehälter entsprach.[109] Diese Summe erhöhte sich mit seiner Ernennung zum 1. Assistenten auf 1500,– «geordnete Vergütung» plus 300 Mark Personalzulage.[110] Zum Vergleich: Friedrich Kirchenbauer, der sich später als Habers Mechaniker große Verdienste erwerben sollte, trat am 1. 10. 1901 als «Diener» mit einer jährlichen Vergütung von ebenfalls 1200 Mark in das neue physikalisch-chemische Institut ein.[111] Eine Anfangsstellung als Industriechemiker brachte durchschnittlich 200 Mark monatlich ein, die allerdings üblicherweise nach einem Jahr auf 250, später auf 300–350 Mark erhöht wurden. Das Gehalt eines Gymnasiallehrers lag nach einigen Dienstjahren ebenfalls bei rund 300 Mark.[112]

Dem schmalen Gehalt entsprechend, befand sich Habers Unterkunft zunächst in einer preiswerten Wohngegend Karlsruhes, doch belegen mehrere Umzüge innerhalb der Stadt[113] seine nach der Habilitation sich langsam bessernde finanzielle Lage. Habers Ernennung zum nichtetatmäßigen außerordentlichen Professor war zwar ausdrücklich unter der Bedingung erfolgt, daß seine Bezüge nicht erhöht wurden.[114] Das schließt aber nicht aus, daß er trotzdem das für Extraordinarien übliche Wohnungsgeld in Höhe von 620 Mark, eventuell auch eine weitere «Personalzulage» erhielt.[115] Schließlich verbesserte sich Habers Einkommen durch die seit 1896/97 ohne Unterbrechung erteilten Lehraufträge, die mit 300–400 Mark pro Semester und Veranstaltung vergütet wurden. So erhielt Haber für seine Vorlesungen «Chemische Technologie der Faserstoffe I» und «Einführung in die Elektrochemie mit Übungen» im Winterhalbjahr 1896/97 400 und 300 Mark, d. h., er besserte sein Jahresgehalt in einem Semester um mehr als die Hälfte auf. Seit der Jahrhundertwende brachten die zwei Lehraufträge pro Halbjahr dann zusammen 1000 Mark ein: Zu den 400 Mark für die zweistündigen Veranstaltungen zur Faserstofftechnologie kamen 600 Mark im Sommersemester für die drei- bis vierstündigen Vorlesungen und Übungen zur technischen Elektrochemie bzw. seit 1901 im Wintersemester zur Chemie der Gase. Zu dem Grundgehalt von 1200 Mark traten jährlich also regelmäßig weitere 2000 Mark hinzu.[116] Habers Lehrauftragsvergütung entsprach damit der eines Extraordinarius, die der Große Rat der TH im Januar 1903 für Vorlesungen auf 200 Mark pro Semesterwochenstunde und auf 100 Mark für Übungen festgesetzt hatte.[117]

Völlig unklar ist, was an der TH Karlsruhe damals mit den Kolleggeldern – um 1900 5 bis 6 Mark pro Student und Stunde[118] – geschah und ob auch Haber welche bezog. Indizien deuten darauf hin, daß diese sog. «Kopfgelder» in einen gemeinsamen Fonds wanderten, um dann gleichmäßig je nach Stundenzahl der gehaltenen Vorlesungen verteilt zu werden, doch ist nicht klar, bis zu welcher Stufe der akademischen Hierarchie die Gelder ausgeschüttet wurden. Prüfungsgelder erhielten nur die Ordinarien.[119] Schließlich bezog Haber Nebeneinkünfte aus Buch- und Aufsatzpublikationen sowie aus Gutachten, doch lassen sie sich aus Mangel an Quellen nicht genauer beziffern.

Haber war ehrgeizig, wollte akademische Karriere machen und arbeitete fast pausenlos. Trotzdem bzw. gerade deswegen pflegte er auch die um die Jahrhundertwende üblichen Formen bürgerlicher Geselligkeit, was ihm bei seinem Naturell nicht schwer fiel. Als Privatdozent schloß er sich einem Kreis von Junggesellen an, die sich am abendlichen Stammtisch als «Tischgesellschaft» konstituierten. Die Tischgesellschaft erweiterte, was ihre Mitglieder anging, ihre gehobene akademische Bürgerlichkeit um eine künstlerische Note, «ein Stück Schwabing», wie Willstätter sie charakterisierte. Es dominierten die Karlsruher Gymnasiallehrer, hervorstechend unter ihnen der Geschichtslehrer Dauber, der dem Kreis ‹präsidierte›, und der Altphilologe Dr. August Marx (1864–1934). Marx, ein entfernter Verwandter Albert Einsteins[120], war Habers erster Freund in Karlsruhe und später der erste jüdische Direktor eines badischen Gymnasiums. Namentlich bekannt sind ferner die Brüder Hausrath, ein Gymnasiallehrer und ein Forstwissenschaftler, sowie der Maler Leopold Graf Kalckreuth, doch wurde die Gesellschaft noch von anderen jungen Wissenschaftlern und Künstlern frequentiert. Etliche, von der Literatur kolportierte Anekdoten ranken sich um die Tischgesellschaft. Sie sind inhaltlich vielleicht nicht so wichtig, belegen aber, daß Haber ein festes und wohlgelittenes Mitglied der feucht-fröhlichen Männerrunde war. Seine Eigenart, bei jeder Gelegenheit aus dem Stegreif launige Gedichte zu ersinnen oder Postkarten in Versform zu verschicken, ging offenbar auf die jahrelange Übung in diesem Kreis zurück.[121]

Haber war ferner neben Engler und Bunte Gründungsmitglied der 1898 errichteten «Karlsruher Chemischen Gesellschaft». Kommunale chemische Vereine existierten neben den Ortsverbänden der entsprechenden Fachvereinigungen häufig in Städten mit Universitäten/THs und/oder chemischer Industrie, so z. B. die Frankfurter Chemische Gesellschaft, die

1869, nur zwei Jahre nach der DChG, gegründet wurde. Sie veranstalteten gut besuchte wissenschaftliche Vortragsreihen, wetteiferten mit den Fachverbänden und schufen der Chemie eine weitere Kommunikationsplattform.[122] So wurde durchaus zutreffend die Karlsruher Chemische Gesellschaft als Bindeglied zwischen der Abteilung für Chemie an der TH und der chemischen Industrie in der weiteren Umgebung der Stadt charakterisiert.[123] Sie hatte 1905 224 Mitglieder, darunter alle TH-Professoren für Chemie. Es war ungeschriebenes Gesetz, der Gesellschaft anzugehören, wollte man wissenschaftlich in die örtliche Scientific Community integriert sein. Es war daher unter den Professoren üblich, in der Regel zwei Jahre lang den Vorsitz zu übernehmen. Haber präsidierte in den Jahren 1905–1907. Die Karlsruher Chemische Gesellschaft feierte jährlich ein Stiftungsfest und gab aus Anlaß ihrer zehnjährigen Gründung eine vervielfältigte gereimte Festschrift heraus, die in großen Teilen von Haber verfaßt war.[124]

Die Gesellschaft veranstaltete während des Semesters Sitzungen, die durchschnittlich alle 14 Tage stattfanden. In der Regel wurden zwei wissenschaftliche Vorträge gehalten, die dann diskutiert und in Protokollen schriftlich festgehalten wurden. Einige erhaltene Sitzungsprotokolle aus dem Jahr 1908/1909 weisen Haber als eifrigen Diskutanten und engagierten Referenten aus, der über ganz verschiedene Themen aus dem weiten Kreis seiner Forschungen vortrug. Innerhalb eines Monats sprach er beispielsweise über eine neue Art galvanischer Ketten, (104. Sitzung, 12.6. 1908), über die Einwirkung von Kohlenoxyd auf Natronlauge (105. Sitzung, 27.6. 1908) und über das Ammoniakgleichgewicht (106. Sitzung, 10.7. 1908).[125] Er nutzte die Möglichkeit des Vortrags, um seine Ergebnisse vor ihrer Publikation von einem Fachpublikum diskutieren zu lassen.[126]

Es ist wahrscheinlich, daß Haber seine frühen Kontakte zur chemischen Industrie über die Karlsruher Chemische Gesellschaft herstellte. Er war bereits als außerordentlicher Professor darum bemüht, Innovationen, die sich aus seiner Tätigkeit an der TH ergaben, großtechnisch umzusetzen und wirtschaftlich zu verwerten. Seine Forschungen waren stets stark anwendungsorientiert ausgerichtet; die Erschließung von Geldquellen, um das schmale Universitätsgehalt zu ergänzen, mag seine Rührigkeit bestärkt haben. So brachten ihn seine Lehraufträge und Erfahrungen über die Technologie des Färbeprozesses in Kontakt mit der chemischen und Textilindustrie. Im Juli 1901 engagierte er sich bei der Gründung und Finanzierung eines Unternehmens, das nach einem von ihm erfundenen neuen Flachdruckverfahren Seidenstoffe chemisch, d. h. ohne gravierte Walzen, bedrucken sollte «und das ich ‹managere›», wie er seinem alten Freund Max Hamburger gestand. Haber hatte das Verfahren zusammen mit seinem Assistenten Friedrich Bran entwickelt, der die Versuche dann im Laboratorium der BASF mit den technischen Hilfsmitteln der Farbenfabrik wiederholen durfte und dadurch die Drucktechnik verfeinerte. Das ‹Management› bestand zunächst darin, finanzielle Beteiligungen zu akquirieren, denn es fehlte der geplanten Aktiengesellschaft an 300 000–400 000 Mark Stammkapital. Textilunternehmen in Krefeld und Düsseldorf (C. A. Köttge, Herzfeld & Söhne) zeigten sich interessiert, mit der BASF wurde verhandelt. Haber selbst führte das Verfahren dem Koloristen von Baron Leitenberger vor, um diesen zu einer Beteiligung zu bewegen; Max Hamburger umwarb er mit demselben Ziel und bot an, ihm Anteile für 5000 oder 10 000 Mark zu «besorgen».[127] Allerdings scheint sich die terminlich bereits festgelegte Firmengründung vielleicht aus patentrechtlichen Schwierigkeiten zerschlagen zu haben. Haber mußte sich mit zwei einschlägigen Publikationen begnügen.[128]

So wie es zum guten Ton der Professoren gehörte, der Karlsruher Chemischen Gesellschaft beizutreten, so war man auch Mitglied des Vereins «Volksbildung», der sich das Ziel gesetzt hatte, Wissenschaft und Technik zu popularisieren und einem breiteren Publikum zu dessen Fortbildung in verständlicher Form zu präsentieren. Der Verein bot, ähnlich wie eine Volkshochschule, jedes Semester vier- bis fünfstündige Vortragszyklen zu Themen wie Physik, Elektrotechnik, Metallgewinnung usw. an, die von den TH-Professoren gehalten und später in kleinen Broschüren veröffentlicht wurden. Der Eintritt kostete 50 Pfennig. Haber war nach dem Jahresbericht 1899/1900 bereits Mitglied des Volksbildungsvereins, der sich neben einigen Arbeitern und Handwerkern vor allem aus dem gehobenen, akademisch gebildeten Bürgertum rekrutierte. Es dominierten Lehrer, Professoren, höhere Beamte und Fabrikanten. Ein größeres Engagement Habers ist allerdings nicht nachweisbar.[129]

Habers beispiellose rasche Auffassungsgabe und enormer Fleiß werden unisono in allen Zeitzeugenberichten bewundernd dokumentiert. Er eignete sich autodidaktisch in kurzer Zeit verschiedenste wissenschaftlich-technische Bereiche an, um sie dann glänzend zu vertreten. Gefragt, wie er das mache, antwortete er: «Jede Nacht bis 2 Uhr studiert, bis ich's kapiert hatte.»[130] Eine solche Lebensweise kostet ihren Preis, sie fordert ihn auch von begabten Wissenschaftlern. Habers Briefe an den Freund Richard Abegg, die neben wissenschaftlichen Fragen auch vertrauliche persönliche Mitteilungen enthielten, sind einige der wenigen Überrestquellen aus der Zeit um die Jahrhundertwende, die gelegentlich einen unverstellten Blick in sein Innenleben zulassen. Demnach führte seine pausenlose Arbeit zu körperlichen und psychischen Erschöpfungszuständen, die er in späteren Jahren regelmäßig in bekannten Heilbädern und Luftkurorten auszugleichen suchte. Bis an sein Lebensende sollte sich daran nichts mehr ändern.

Erstmals in seiner Jenaer Zeit, also vermutlich im Sommer 1893, verbrachte Haber einen mehrwöchigen Aufenthalt in einem ärztlich geleiteten

Sanatorium «für Nervenkranke und Erholungsbedürftige» im Thüringer Wald.[131] Im August 1898 hielt er sich im böhmischen Bad Johannisbad auf, wo er sich «einigermaßen» regenerierte.[132] Im Februar 1900 glaubte er, daß seine «Nerven» sich nach einer gewonnen geglaubten Fehde mit einigen Kritikern nun allmählich besserten, doch mußte er sich bereits zwei Monate später in Wiesbaden in einem Badehotel erholen.[133] Bereits im Spätherbst war er wieder so überreizt und nervös, daß er, wie er später eingestand, aus einem «ganz indifferenten Schreiben» eines Kollegen «Gott weiß welche Dinge» herauslas und sich völlig überstürzt an Ostwald wandte. Im Februar 1901 fühlte er sich erneut «wirklich so unglückselig nervös, daß ich mir gar nicht zu helfen weiß», er sei «wirklich gräßlich herunter und bilde [sich] immer allerhand Dinge ein.»[134] Er beschrieb seinen Zustand als ohne jeden Anlaß «ungemein erregbar» und führte ihn darauf zurück, daß er «in den letzten Jahren statt Ferien immer nur neue Arbeiten gehabt habe».[135]

Es griffe zu kurz, wollte man Habers Klagen über seine «Nerven» einfach als Folge selbstgemachten Leistungsdrucks abtun, da er doch sein wissenschaftliches Soll übererfüllte. Karl Jaspers wies in seiner «Allgemeinen Psychopathologie» darauf hin, daß auch Neurosen ihren «Zeitstil» haben, was die moderne geschichtswissenschaftliche Forschung fruchtbar aufgriff, um auf diesem Weg eine Rekonstruktion der «mentalen Epocheneinheit» zu versuchen.[136] Habers diffuse Beschwerden, Schlaflosigkeit, Reizzustände, Niedergeschlagenheit, Angst vor beruflichem Ungenügen, erweisen sich vor diesem Hintergrund als geradezu idealtypischer Fall von «Neurasthenie», die bereits zeitgenössisch in einer Flut von medizinischen wie populären Publikationen als epochenspezifische Krankheit der wilhelminischen Ära bezeichnet wurde. Als anfällig galten besonders bürgerliche Kreise, Geschäftsleute, Wissenschaftler, Studenten und Schüler, wobei, im Gegensatz zu früher, nun auch die Männer als nervenschwach akzeptiert wurden. Die als therapiebedürftig erkannte Neurasthenie bewirkte eine Gründungswelle von privaten Sanatorien und Heilstätten; um die Jahrhundertwende waren es rund 500. Sie nahmen zahlungsfähige «Nervöse» auf, doch versprach man sich auch von Badekuren Heilung, da Passivität, vollkommene Untätigkeit und Entspannung als positiv galten. «Entfernung aus den häuslichen Verhältnissen», «Ruhe und nochmals Ruhe» wurden als geeignete Therapie für «ein ganzes Heer nervöser Störungen» empfohlen.[137] Besonders höhere Beamte hatten im Fall von Neurasthenie gute Aussichten auf einen Badeurlaub. Dies entsprach der zeitgenössischen Annahme, daß Überarbeitung, Leistungsdruck, Beschleunigung und Intensivierung der Arbeitsvorgänge die Ursachen für nervöse Schwäche und Überreizung seien. Haber war diesbezüglich ein Kind seiner Zeit, sowohl nach den aufgetretenen Symptomen wie nach selbsterstellter Diagnose und erhoffter Therapie.

3.2. Die Hochzeit mit Dr. Clara Immerwahr

Es war also nicht nur ein sehr ehrgeiziger, die wissenschaftliche Erfolgsleiter rastlos emporklimmender Fritz Haber, der am 3. 8. 1901 die promovierte Chemikerin Clara Immerwahr (21. 6. 1870–2. 5. 1915) heiratete, sondern auch ein bereits nervöser, reizbarer Mann. Erst in jüngster Zeit, dafür aber in um so weiteren Kreisen, hat diese bemerkenswerte Frau im Schatten ihres Ehemanns in einer eigenen Biographie Beachtung gefunden, die, von archivalischen, leider meist nicht ausgewiesenen und auch selektiv ausgewählten Quellen ausgehend, das Leben ihrer Protagonistin rekonstruiert und fiktiv ergänzt, was sie für den wissenschaftlichen Gebrauch im einzelnen problematisch macht.[138]

Wie Fritz Haber stammte auch Clara Immerwahr aus einer wohlhabenden jüdischen, assimilierten und liberalen Breslauer Familie. Ihr Vater, Philipp Immerwahr, ein Vetter des in Zürich tätigen Chemietechnologen Georg Lunge, war selber promovierter Chemiker und gehörte der Alten Breslauer Burschenschaft der Raczeks an, einer 1817 gegründeten, sehr traditionsbewußten und betont liberalen Burschenschaft, die in ihrer Geschichte mehrfach verboten und aufgelöst wurde.[139] Verwandte schildern ihn übereinstimmend als aufgeklärten Freigeist; die Familie ging nie in die Synagoge und hielt auch keine jüdischen Gebräuche ein.[140] Trotzdem entschloß sich Philipp Immerwahr, hierin Siegfried Haber ähnlich, nicht zu konvertieren. Auch in einem anderen Punkt ähnelten sich die späteren Schwiegerväter: in ihrer preußisch einfachen Lebensführung, die dazu führte, daß die Immerwahrschen Kinder trotz großer Wohlhabenheit sehr einfach, äußerst sparsam und bescheiden aufgezogen wurden.[141] Nach einer glücklosen Unternehmensgründung mit Georg Lunge zog sich Philipp Immerwahr auf das Gut Polkendorf in der Breslauer Umgebung zurück, das er erfolgreich bewirtschaftete. Er pachtete weitere Güter hinzu; später übernahm er den Direktorenposten einer Zuckersiederei. Er war darüber hinaus, gemeinsam mit seinen Brüdern Emil und Rudolf, Mitinhaber des vom Großvater David gegründeten Fachgeschäfts für feine Stoffe und Teppiche in Breslau. Philipp Immerwahr und seine Frau Anna, geb. Krohn, hatten vier Kinder, drei Töchter, Elli, Lotte und Clara, sowie einen Sohn, Paul, der später ebenfalls Chemiker werden sollte.[142]

Nach dem Besuch einer höheren Töchterschule und privaten Unterrichtsstunden absolvierte Clara Immerwahr 1892/93 ein Lehrerinnenseminar in Breslau, übte jedoch den Beruf nicht aus.[143] Zu dieser Zeit kannte sie Fritz Haber bereits. In der Literatur finden sich mehrere, durch Quellen nicht belegte Versionen über den Beginn der Liebesbeziehung. Nach Charlotte Haber, hierin gefolgt von Leitner, wollte schon der Abiturient seine frühere Tanzstundenliebe heiraten und verfolgte daraufhin zäh diesen

Plan, gegen den heftigen Widerstand des Vaters.[144] Goran verlegte den Anfang seiner breit ausgeschmückten Liebesgeschichte ebenfalls in das Abiturjahr 1886 und fügte gar noch eine heimliche Verlobung 1892 hinzu, als Haber im väterlichen Geschäft volontierte.[145] Stoltzenberg datierte die «alte Jugendliebe» auf Habers Breslauer Militärzeit, also 1888/89.[146] Ob und wenn ja, seit wann es sich um eine Liebesbeziehung handelte, verraten die wenigen überlieferten Quellen nicht. Ein Briefwechsel zwischen Clara Immerwahr und Fritz Haber ist weder aus seiner Studienzeit noch aus den Jahren danach nachzuweisen.[147] Haber selbst schrieb im April 1901 nach seiner Verlobung rückblickend, er habe seine Braut bereits «als Student lieb gehabt» und sich zehn Jahre «redlich aber erfolglos» bemüht, sie zu vergessen.[148] Diese erfolglosen Bemühungen haben demnach 1891 eingesetzt, dem Jahr, als Haber sein Chemiestudium beendete und seine Industrievolontariate antrat. Auch Clara Immerwahr verliebte sich spätestens 1891 in den jungen Chemiker. Im Frühjahr dieses Jahres entlieh sie sich von Max Hamburger, mit dessen Schwester Julie, Habers früherem Schwarm, sie befreundet war, «Fritzens Photographie»[149]. Mit wortreicher Geheimniskrämerei erklärte sie Max schriftlich, warum sie ihm den Grund «für diesen einigermaßen sonderbaren Wunsch» nicht erklären könne, obwohl die «Sache [...] sehr einfach» sei, wollte das Bild nur persönlich zurückgeben und es noch behalten, beschwor ihn, ihr «selbst in zweifelhaften Fällen» zu vertrauen – auch für Max Hamburger dürfte der Fall klar gewesen sein.[150]

Die äußerst wißbegierige Clara Immerwahr schlug nach dem Lehrerinnenseminar einen ungewöhnlichen Weg ein. Mit bemerkenswerter Zähigkeit verfolgte sie den Plan, an der Frauen noch verschlossenen Universität Naturwissenschaften zu studieren, d. h. auch, als Externe das Abitur nachzuholen, da es noch keine Mädchengymnasien gab. Ostern 1896 schaffte sie es mit Hilfe ihres Vaters, vor dem Kollegium des Realgymnasiums am Zwinger die Leistungen für die Einjährig-Freiwilligen-Prüfung nachzuweisen. Der preußische Kultusminister hatte es inzwischen in das Ermessen der einzelnen Universität, d. h. ihres Rektors und der Professorenschaft, gestellt, genügend vorgebildeten Frauen wie männlichen Hospitanten den Besuch einzelner Vorlesungen gastweise zu gestatten. Clara Immerwahr nutzte diese Chance und stellte erstmals im Oktober 1896 das – semesterweise zu erneuernde – Gesuch, im Wintersemester 1896/97 Vorlesungen über Experimentalphysik an der Breslauer Universität zu besuchen; sie begründete dies mit dem Wunsch, die Abiturprüfung am Realgymnasium abzulegen. Dieses Ziel hatte sie ein Jahr später bereits erreicht. Nun wollte sie Naturwissenschaften studieren.[151]

Bei den Frauen, denen vor der offiziellen Einführung des Frauenstudiums der Weg an die Universität gelang, fallen – neben Begabung und Interesse für ein Fach – zwei ‹fördernde Faktoren› auf: eine überdurchschnittliche Motivierung und/oder Unterstützung durch den Vater sowie eine jüdische Abstammung. Beides traf bei Clara Immerwahr zusammen. Die Chemie hatte sich in der Familie inzwischen eine gewisse Tradition erobert: Philipp Immerwahr hatte bei Bunsen in Heidelberg Chemie studiert, Sohn Paul in Berlin; in Zürich lehrte Georg Lunge, Philipp Immerwahrs Vetter, chemische Technologie. Untersuchungen der jüdischen privaten Kultur im wilhelminischen Deutschland[152] haben erwiesen, daß Erziehung und Ausbildung der Kinder, und zwar typischerweise auch der Mädchen, von den Eltern nachdrücklich betrieben wurden und weit über dem Durchschnittsniveau lagen. Um die Jahrhundertwende besuchten jüdische Mädchen in den preußischen Provinzen zehn- bis fünfzehnmal häufiger die höheren Schulen als nichtjüdische Mädchen. Auch unter den Pionierinnen des Frauenstudiums waren sie überdurchschnittlich vertreten. Die Eltern förderten die höhere Ausbildung ihrer Töchter, obwohl sie hinterher in der Regel keiner, auch keiner akademischen Erwerbsarbeit nachgingen. Philipp Immerwahr wird seine Tochter Clara, zweifellos die begabteste unter den vier Kindern, nicht als künftige Wissenschaftlerin gesehen haben. Er drängte sie nicht, ihren Beruf als Lehrerin auszuüben, sondern unterstützte ihren Weg in ein Studium, von dem nicht zu erwarten stand, daß es ihr je zu irgend etwas ‹nutzen› würde.

Seit dem Wintersemester 1897/98 stand Clara Immerwahr, die kurz zuvor zum evangelischen Glauben konvertiert war, als Gast im neu errichteten chemischen Laboratorium der Universität Breslau, wo sie durch den Abteilungsvorsteher und Nernst-Schüler Friedrich Wilhelm Küster (1861–1917) in die physikalische Chemie eingeführt wurde, für die sie lebhaftes Interesse entwickelte. Daß sie Chemie studierte, um ihrer heimlichen Liebe Fritz Haber ‹näher› zu sein[153], ist eine Interpretation, die sich offenkundig damit schwer tut, daß eine Frau eigenständige wissenschaftliche Interessen ohne den Hintergedanken einer Eheschließung entwickelt. Alle erhaltenen Quellen belegen vielmehr, daß Clara Immerwahr von der Chemie fasziniert war. Eine mittelbare Verbindung zu Haber stellte sich 1899 her, als Küster als außerordentlicher Professor nach Clausthal an die Bergakademie berufen wurde und ihm Habers frisch habilitierter Freund Abegg als Abteilungsvorsteher, d. h. in eine beamtete, aber mit sechsmonatiger Frist kündbare Stelle, nachfolgte. Der talentierte Abegg[154] zählte zweifellos zum inneren Kern der jungen physikochemischen Community: Nach Arbeiten bei Ostwald in Leipzig und Arrhenius in Stockholm wurde er Assistent bei Nernst in Göttingen, und es gibt Stimmen, wonach Haber in Abegg nicht nur den Freund sah, sondern stets auch eine Brücke zum Gedankenkreis des Göttinger Stars.[155] Abegg war ein ausgewiesener Physikochemiker: Nach der Untersuchung der Gefrierpunkte konzentrierter und verdünnter Salzlösungen befaßte er sich mit Dielektrizitätskonstanten und ihren Änderungen, Dampfdrücken und Ionenbeweglichkeiten. Danach be-

Abb. 2 Clara Immerwahr während des Studiums

schäftigte er sich mit den Veränderungen chemischer Gleichgewichte, ab 1899 mit Arbeiten zur Valenztheorie und der Stellung der Elemente im Periodensystem.

Clara Immerwahrs durch Küster gewecktes Interesse an der physikalischen Chemie bekam unter Abeggs Anleitung vielversprechenden Auftrieb, zumal der Abteilungsvorsteher, der bald zum außerordentlichen Professor ernannt wurde, die junge Frau unbeschadet ihres Status als Hospitantin sehr förderte. Sie arbeiteten und veröffentlichten gemeinsam über das elektrochemische Verhalten des Fluors und des Fluorsilbers (November 1899)[156], danach über photochemische Probleme. Als der preußische Kultusminister durch Erlaß auch den gastweisen Vorlesungsbesuch als gültiges Studium anerkannte, sofern ein entsprechender Schulabschluß und die Einhaltung des Studienplans nachgewiesen werden konnten, betreute Abegg die Doktorarbeit seiner talentierten Schülerin. Nach zweimonatigen experimentellen Voruntersuchungen, die sie in Küsters Laboratorium an der Clausthaler Bergakademie durchführte und in engem Kontakt mit Küster und Abegg auswertete, publizierte Clara Immerwahr erste Teilergebnisse ihre Studien, diesmal nur unter ihrem Namen. Die Bedeutung ihrer Versuchsreihen zu den Potentialen von Kupferelektroden liege darin, so schrieb sie durchaus selbstbewußt, daß sie den quantitativen Beleg für die von Nernst, Ostwald und Küster früher festgestellten Tatsachen lieferten.[157] Im selben Jahr 1900 verfaßte sie ihre breiter angelegte Dissertation «Beiträge zur Löslichkeitsbestimmung schwerlöslicher Salze des Quecksilbers, Kupfers, Bleis, Cadmiums und Zinks» und stellte im Juni beim Dekan der philosophischen Fakultät in Breslau das Gesuch, im kommenden Wintersemester zum Doktorexamen zugelassen zu werden. Als erste Frau an der Universität Breslau promovierte Clara Immerwahr mit dem Gesamturteil «magna cum laude» am 22. 12. 1900, nachdem sie mündlich in Chemie, Physik, Mineralogie und Philosophie geprüft worden war und die Thesen ihrer Doktorarbeit in einem von der lokalen Presse vielbeachteten öffentlichen Auftritt in der Aula der Universität verteidigt hatte.[158]

Mit ihrem Doktorvater Richard Abegg verband Clara Immerwahr ein enges Verhältnis, das sich in einem zeitweise sehr dichten Briefwechsel niederschlug. Von dieser Korrespondenz, die in der Zeit ihrer Clausthaler Versuchsreihen für die Dissertation einsetzte und erst mit Abeggs frühem Unfalltod beim Absturz seines Fesselballons am 3. 4. 1910 abbrach, sind Claras Briefe erhalten. Bis zum Schluß unter Einhaltung aller Formen, gewähren sie doch Einblick in die komplexe Persönlichkeit dieser Frau. Sie gehen in ihrer Offenheit viel weiter als Fritz Habers Korrespondenz mit dem Freund und zeigen die Kehrseite ihrer Erfolgsgeschichte: Sie lassen die Widerstände ahnen, auf die sie in den chemischen Laboratorien stieß, belegen die Ängste und Unsicherheiten der Chemikerin, die, ermutigt durch Abegg und auch unterstützt von dem konservativeren Küster, einen ungewöhnlichen Weg ging. Nach ihren Briefen war Clara Immerwahr eine sehr sensible, auch äußerst nervöse Frau, die, wie sie ihrem Doktorvater gestand, «alle meine nicht unbeträchtliche Kraft brauche, um nur überhaupt mit dem Dasein fertig zu werden». Den Grund für diese häufig von Kopfschmerzen begleiteten psychischen Kraftanstrengungen schrieb sie selbst teilweise dem Leben zu, das sie führte, teilweise aber auch einer «unglückliche[n] Weichheit», die ihr alles schwerer mache als anderen: «Was ‹des Lebens Frohsinn› ist, das habe ich immer nur in flüchtigen Momenten kennen gelernt und darf wohl sagen, daß jeder derselben mir Jahre voll Schwerem aufgewogen hat.» Abegg kannte die Gefühlswelt seiner Schülerin, legte ihr diese aber bemerkenswerterweise nicht zum Nachteil aus, sondern ermunterte sie zu

«Schneid und frischem Mut».[159] Wenngleich Clara Immerwahr derartigen Zuspruch als die leichtherzigen Ratschläge eines Satten gegenüber einer Hungrigen empfand, war sie doch andererseits auf derartige psychologische Unterstützung angewiesen. Ihr sei «furchtbar bange nach Herrn Professor», bekannte sie Abegg aus Clausthal.[160] In die größte Panik geriet sie, als sie von dem Gerücht hörte, er solle nach Christiania berufen werden; sie käme sich dann «ganz und gar wie verwaist vor».[161] Als Abeggs beruhigende Nachricht eintraf, freute sie sich «so blödsinnig», daß sie einen beinahe kecken Ton anschlug.[162]

Auf der 8. Hauptversammlung der Deutschen Elektrochemischen Gesellschaft vom 17.–20. 4. 1901 in Freiburg sollte sich mit Clara Immerwahr zum erstenmal eine Frau unter den aktiven Teilnehmern befinden.[163] Haber zeigte sich im Vorfeld sehr interessiert daran, daß die frisch promovierte Chemikerin ihren Doktorvater, der inzwischen die Redaktion der Zeitschrift für Elektrochemie übernommen hatte, auf die Tagung begleitete. Er übersandte Abegg und dem «Fräulein Doktor Assistentin» Mitte März eine entsprechende gedichtete Anfrage und lud beide kurz darauf in launiger Weise ein, auf ihrer Reise nach Freiburg in Karlsruhe Zwischenstopp zu machen.[164] Haber drängte – er stellte seine Brautwerbung offenbar unter denselben Zeitdruck wie seine Arbeiten. Auf dem dreitägigen Kongreß hätten sie sich «gesehen, gesprochen, und schließlich hat sich Clara erbitten lassen, es mit mir zu versuchen», schrieb Haber bereits wenige Tage nach der Tagung einem Onkel seiner Braut.[165] Diese hatte offenbar zuerst gezögert. Nach Charlotte Haber war sie zwar «sehr bewegt», lehnte aber zunächst mit dem Hinweis ab, sie sei «zum Heiraten nicht geeignet». Erst am nächsten Tag habe sie zugestimmt.[166] Jahre später gestand sie Abegg, was sie zu ihrem Jawort bewogen hatte:

«Es war stets meine Auffassung vom Leben, dass es nur dann wert gewesen sei, gelebt worden zu sein, wenn man alle seine Fähigkeiten zur Höhe entwickelt und möglichst alles durchlebt habe, was ein Menschenleben an Erlebnissen bieten kann. Und so habe ich damals schließlich auch *mit* unter dem Impuls mich zur Ehe entschlossen, dass sonst eine entscheidende Seite im Buch meines Lebens und eine Saite meiner Seele brach liegen bleiben würde.»[167]

Daß, um das sentimentale Bild aufzugreifen, durch die Eheschließung das Kapitel «chemische Wissenschaft» in ihrem Lebensbuch beendet würde, muß Clara Immerwahr zumindest in der Theorie, wenngleich nicht in den Auswirkungen auf die Saite ihrer Seele als Chemikerin klar gewesen sein. Eine außerhäusliche Erwerbstätigkeit, auch als Assistentin, war für eine Professorengattin damals schlechterdings unvorstellbar. Fritz Haber seinerseits war uneingeschränkt glücklich; er konnte seine Gefühle nur noch stark romantisierend ausdrücken: «[...] wie der Prinz und die Prinzessin im Märchen, eingesponnen in einen Traum», reisten er und seine Braut im

Anschluß an die Tagung nach Breslau, wo Haber bei Vater Immerwahr vorstellig wurde.[168] Daß Claras Schwager Sachs, der Mann ihrer Schwester Elli, einen tödlichen Schlaganfall erlitt, als er das Paar vom Bahnhof abholte, bot der Literatur Anlaß genug, dies vorausschauend als schlechtes Omen für die Ehe zu interpretieren.[169] Dafür, daß die Verlobten dies selbst so empfanden, gibt es jedoch keine Belege.

Nach der Hochzeit am 3. August 1901 und den anschließenden, von Haber sorgfältig geplanten vier Flitterwochen auf einer friesischen Insel[170] zog das Paar in Karlsruhe in eine repräsentative Wohnung um, deren hohe Miete von 1500 Mark jährlich[171] freilich nicht erlaubte, daß Dienstboten angestellt wurden. Clara Haber mußte alle Hausarbeiten allein verrichten. Sie gehe unter «in Wirtschaft und Näharbeit», bekannte sie Richard Abegg kurz nach dem Umzug, könne den wissenschaftlichen Ausführungen ihres Mannes über Thermodynamik nur zuhören und kritiklos folgen. Arbeiten im Laboratorium vertagte sie auf später, «wenn wir Millionäre sind und uns ‹eine Dienerschaft› halten können. Denn ganz darauf verzichten kann ich selbst in Gedanken nicht.»[172] Zweifellos litt sie unter ihrer Abstinenz in wissenschaftlichen Dingen, vertieft durch die psychischen Schwankungen zu Beginn ihrer Schwangerschaft. Ihre «tiefsinnige» Gemütsverfassung besserte sich allerdings bezeichnenderweise in dem Augenblick, als sie regelmäßig nachmittags im chemischen Institut wenigstens die Manuskripte ihres Mannes Korrektur lesen und Zeichnungen anfertigen konnte.[173] Sie blühte auf, als sie vertraulich bei Abegg zugunsten der Berufung Georg Bredigs nach Halle intervenierte, und zwar «höchsteigenhändig und -mächtig» hinter dem Rücken ihres Mannes, der dies nicht getan hatte. «Er ist in so was viel zu schwerfällig und denkt für Professorenkreise viel zu genierlich», befand Clara. Sie hielt die korrekte Zurückhaltung Habers nicht für opportun, denn «sonst kann einer ewig sitzen und warten, ehe er was wird in der Universitätskarriere».[174]

Die leichten, beinahe übermütigen Briefe an Abegg aus dieser Zeit[175] wichen mit Fortschreiten der Schwangerschaft wieder einem bedrückten Ton. Clara Immerwahr war inzwischen 31 Jahre alt. Der Tod der Ehefrau von Küsters Clausthaler Mitarbeiter Bose bei der Geburt des ersten Kindes ergriff sie, da auch ihre Schwangerschaft problematisch verlief: «Ich habe neulich zu Fritz gesagt, ich wolle lieber noch zehn Doktorarbeiten machen, statt mich so quälen zu müssen», bekannte sie Abegg.[176] Sie überwand die Belastungen ihres körperlichen wie seelischen Zustands jedoch, wenn sie die Chance hatte, sich mit fachlichen Fragen zu befassen. Eine polemische Auseinandersetzung zwischen Küster und Clemens Winkler (1828–1904), Professor für Chemie an der Bergakademie Freiberg, in der die Gegensätze zwischen anorganischer und physikalischer Chemie aufbrachen[177], veranlaßte sie zu temperamentvollen Nachschriften gegen den

«Wolf im Schafspelz» Küster und dessen Artikel, einem «Musterstück von Heuchelei»: «Wenn ich nur van't Hoff oder Ostwald wäre, dem hätte es schon mal in die Bude geregnet», konnte sie sich schon wenige Tage nach der tiefsten Depression ereifern.[178] In einem engzeilig geschriebenen, zweiseitigen Brief an Abegg bezog sie fachlich Stellung – selbstbewußt, ohne Larmoyanz und Klagen, auch im Dissens mit ihrem Mann.[179] Zweifellos war sie hier in ihrem Element, nicht im Haushalt.

Haber selbst war in diesen Monaten intensivster Forschungen, als er die Schlappe seiner gescheiterten Berufung auf den neuen physikalisch-chemischen Lehrstuhl an der TH im wörtlichen Sinne abarbeitete, mit den Nerven «wieder zu sehr herunter».[180] Er ängstigte sich sehr über die schwierige Schwangerschaft seiner Frau[181], war doch seine eigene Mutter kurz nach der Entbindung gestorben. Er erregte sich aber nicht minder über berufliche Dinge, besonders über vermeintliche Angriffe oder Herabwürdigungen seiner Person. Die Aufregung führte zu einer wochenlangen Gastritis, so daß er zur Zeit der Geburt seines Sohnes Hermann am 1. 6. 1902 vor allem sich selbst als Patient empfand. «Meiner Frau geht es befriedigend. Der Frosch befindet sich sehr wohl ...», notierte er kurz an den Patenonkel Abegg, um sich dann gleich seiner schweren «Darmaffection» und vor allem ausführlich dem Bericht zuzuwenden, den Heinrich Danneel, Privatdozent in Aachen, über die Hauptversammlung der DEG Anfang Mai in der Zeitschrift für angewandte Chemie publiziert hatte. Haber war verstimmt über dessen «Pseudoprioritäten» und besonders über die Bemerkungen, die seinem Vortrag über Aluminiumdarstellung den Schwierigkeitsgrad der ersten Praktikumsaufgaben der Anfängerstudenten an der TH Aachen beimaßen.[182] Er habe viel an einer «durch schlechte Nerven, Ammen- und Kindersorgen verursachte[n] nervöse[n] Salzsäureüberproduktion im Magen» gelitten, klagte er Abegg kurz darauf, ohne den Zustand seiner Frau für erwähnenswert zu halten.[183] Sogar Wilhelm Ostwald erfuhr im Begleitbrief zu einem eingesandten Manuskript von der «schmerzhaften Verdauungsstörung».[184] Daß ihm die viermonatige USA-Reise im Auftrag der DEG, die einschließlich der Schiffspassagen eine Abwesenheit vom 16. 8. bis 20. 12. 1902 bedeutete[185], zeitlich nicht ganz ungelegen kam, ist eine zwar nicht belegbare, aber doch sehr wahrscheinliche Vermutung.[186]

4. Die Informationsreise in die Vereinigten Staaten 1902

Im Dezember 1901 teilte van't Hoff dem Vorstand der Deutschen Elektrochemischen Gesellschaft mit, er halte es für sinnvoll, einen Sachverständigen nach Nordamerika zu entsenden. Van't Hoffs Wort hatte Gewicht. Er war nicht nur seit 1898 Vorsitzender der DEG, sondern hatte 1901 den ersten überhaupt vergebenen Nobelpreis in Chemie erhalten. Im selben Jahr noch hatte er sich auf eine Vortragsreise durch die USA begeben und Kenntnisse erworben, die, wie es hieß, «sachlich zu Gunsten der Gesellschaft noch weiter exploitiert werden» sollten. Zur Durchführung seiner Anregung stiftete van't Hoff eine Summe von 2000 Mark. Die Mitglieder der DEG wurden am 9. 5. 1902 auf ihrer 8. Hauptversammlung in Würzburg nicht nur über van't Hoffs Stiftung informiert, sondern auch darüber, daß der Vorstand Fritz Haber bereits mit diesem «Ehrenmandat» betraut hatte.[187] Warum die Wahl gerade auf Haber fiel, ist nicht ganz klar. Die USA-Reise ist in der Literatur als «Trost und Entschädigung für den entgangenen Lehrstuhl» interpretiert worden[188], doch läßt sich ein ursächlicher Zusammenhang nicht belegen. Haber selbst nannte als Grund seinen ausführlichen Bericht über die Elektrochemie auf der Weltausstellung in Paris 1900, den er in der Zeitschrift für angewandte Chemie publiziert hatte. Die Elektrochemie war erstmals selbständig als Klasse 24 innerhalb der «Gruppe V: Elektrizität» vertreten. Ausgestattet mit einer Reisebeihilfe von 250 Mark, war er damals unter dem Rektorat Englers zusammen mit vier Kollegen von der TH Karlsruhe nach Paris gefahren.[189]

Seit einiger Zeit sind die internationalen Wissenschaftsbeziehungen um die Jahrhundertwende zu einem bevorzugten Feld historischer Forschung avanciert. Die Fragestellungen, die den Kontext der Analyse bilden und ihre Stoßrichtung vorgeben, sind unterschiedlich. Im deutschen Raum dominierte zunächst das Interesse an den Anfängen der auswärtigen Kulturpolitik Deutschlands, die zu Recht aus der Weimarer Zeit[190] in die wilhelminische Ära vorverlegt und in Verbindung mit der Hochschul- und Wissenschaftspolitik des «Systems Althoff» gebracht wurden.[191] Es fiel auf, daß die Initiative zuerst von den Wissenschaftlern selbst ausgegangen und erst später vom Staat aufgegriffen worden war. Den deutsch-amerikanischen Kontakten galt von Anbeginn besondere Aufmerksamkeit, wobei der 1905 bzw. 1906 vereinbarte jährliche Professorenaustausch eine Schlüsselrolle spielte: Er stellte die erste große kulturpolitische Unternehmung des Kaiserreichs im Ausland dar.[192] Andere Forschungsvorhaben untersuchten den Technologietransfer und den internationalen Wettbewerb in Wirtschaft und Wissenschaft, um über Persönlichkeiten wie Franz Reuleaux[193] sowie über die internationalen Weltausstellungen[194] ebenfalls bevorzugt auf die deutsch-amerikanischen Wissenschaftsbeziehungen zu stoßen. Da die Weltausstellungen in Chicago 1893, Paris 1900 und St. Louis 1904 mit Universitäts-, Unterrichts- und Kunstausstellungen verbunden waren, die von deutscher Seite vom Reichsamt des Innern in Kooperation mit den Kultusministerien der Länder, vor allem Preußens, vorbereitet wurden[195], lag der Zusammenhang zwischen Wissenschaftsbeziehungen, internationalem Wettbewerb und auswärtiger Kulturpolitik auf der Hand. Der wissenschaftliche Transfer zwischen Deutschland und den

USA wurde nicht zuletzt auch vor dem Hintergrund der Genese bzw. Rezeption verschiedener wissenschaftlicher Disziplinen bevorzugt untersucht.[196] Daraus entwickelten sich in jüngster Zeit Fragen eines interkulturellen Vergleichs deutscher und amerikanischer Wissenschaft und die Erforschung verschiedener nationaler «Stile» in Wissenschaft und Technik, nachdem die ältere Forschung frühere Unterschiede durch die Entstehung moderner Kommunikationsmittel und enger internationaler Wissenschaftsbeziehungen für eingeebnet erklärt hatte. Die Ergebnisse für Disziplinen wie Genetik[197], Psychologie[198], Biochemie[199], Kältetechnik[200] oder Mathematik[201] belegen u. a. schlüssig, wie sich die unterschiedliche Organisation des Wissenschaftssystems in beiden Ländern bis in das 20. Jahrhundert hinein auf die Inhalte und die historische Entwicklung der Disziplinen auswirkte.

Dieser Abriß der Forschung kennzeichnet die Dimensionen, in denen auch Habers USA-Reise zu sehen ist, ohne daß freilich dieser Anspruch im Rahmen einer Biographie einzulösen wäre. Hervorzuheben ist dabei, daß es der DEG bei ihrem Auftrag weniger um Selbstdarstellung ging als darum, Informationen über den chemischen Unterricht einerseits, den Entwicklungsstand und die Ausrichtung der elektrochemischen Industrie in den USA andererseits einzuholen. Dahinter standen die sich um die Jahrhundertwende in weiten Bereichen der deutschen Öffentlichkeit durchsetzenden Befürchtungen, gegenüber den enormen Ressourcen Amerikas wissenschaftlich-technisch wie wirtschaftlich ins Hintertreffen zu geraten oder auf dem Feld der bereits bestehenden Beziehungen zu den Vereinigten Staaten Boden an die konkurrierenden europäischen Nationen zu verlieren. Felix Klein war einer von vielen, der diese Ängste am Beispiel der amerikanischen Studenten im Ausland belegte. 1896 schrieb er Althoff, er könne «an vielen Einzelheiten nachweisen, wie sehr sich England und Frankreich Mühe geben, den Strom der amerikanischen Studenten, der seither nach Deutschland ging, zu sich abzulenken.»[202] Tatsächlich sollte die Zahl der amerikanischen Studenten an deutschen Universitäten, die in der zweiten Hälfte des 19. Jahrhunderts kontinuierlich gestiegen war, von 1088 im Jahr 1880 auf 338 im Jahr 1912 sinken. Das lag jedoch nur zu einem Teil daran, daß Frankreich und England ihre Hochschulen für ausländische Studierende geöffnet hatten, zu einem anderen, gewichtigeren Teil an einem indirekten deutschen ‹Erfolg›: Dazu beigetragen hatte vor allem die Reform des amerikanischen Hochschulwesens nach deutschem Vorbild seit den 1870er Jahren, die in der Gründung der ersten «Forschungsuniversität» Johns Hopkins 1876 ihren frühesten Ausdruck fand.[203] Während in den USA das wissenschaftliche Ansehen der eigenen Hochschulen stieg, sank andererseits das Prestige der deutschen Universitäten, denen man schwindende Qualität und unfruchtbares Verhaftetsein in Detailfragen nachsagte.[204]

Die Initiative, die äußerst vielfältigen amerikanischen Verhältnisse zu studieren und die gegenseitigen Beziehungen auszubauen, um im internationalen Wettbewerb bestehen zu können, war von den Wissenschaftlern in Deutschland ausgegangen. Als erster besuchte Franz Reuleaux, der Begründer der modernen Kinematik, 1876 als Reichskommissar die Weltausstellung in Philadelphia. In Anbetracht des schlechten Abschneidens der deutschen Exponate («billig und schlecht») plädierte er in seinen bekannten, ursprünglich in der Nationalzeitung veröffentlichen «Briefen aus Philadelphia» dafür, den «wissenschaftlich-technischen Apparat» der Hochschulen einzuschalten, damit die deutsche Industrie bei hoher Qualität und günstigen Preisen mit der industriellen Massenproduktion Amerikas konkurrieren könne. Seine engen Kontakte zu amerikanischen Wissenschaftlern und Unternehmen spielten für die Markteinführung von Produkten des Maschinenbaus und den Transfer ingenieurwissenschaftlicher Kenntnisse zwischen beiden Ländern eine wichtige Rolle.[205]

Als der Mathematiker Felix Klein 1889 zu Vorlesungen an die renommierte Clark University in Worcester/Massachusetts eingeladen wurde, wandte er sich ganz in diesem Sinn mit der Bitte an Althoff, den Kultusminister zu bitten, ihn offiziell mit der Reise zu beauftragen und zu verpflichten, später ausführlich Bericht zu erstatten. Der Minister sagte damals noch verständnislos ab. Bereits vier Jahre später entsandte er Klein «als mein[en] Kommissar nach Chicago» zur Weltausstellung. Klein verfaßte einen ausführlichen Bericht, in dem er auch vergleichend auf das deutsche und das amerikanische Wissenschaftssystem einging. Er plädierte für eine systematische Förderung der deutsch-amerikanischen Wissenschaftsbeziehungen durch den Staat, betrachtete er doch die USA als «das größtmögliche und glücklichste Object wissenschaftlicher Colonisation» Deutschlands. Er versprach sich davon allerdings auch, seiner Heimat «zweifellos neue Gesichtspunkte und damit neue Lebenselemente in Menge zu[zu]führen.»[206]

Ebenfalls aus Anlaß der Chicagoer Weltausstellung 1893 erstattete der Maschinenbauer Alois Riedler dem Kultusministerium einen ausführlichen, später veröffentlichten Bericht über die technische Ausbildung in den USA. Er stellte diese an den wichtigsten Ingenieurschulen im Detail, von der Finanzierung und der Struktur des Lehrkörpers bis zu den Studienplänen, dar und kontrastierte die praxisnahe amerikanische «Laboratoriumsmethode» mit der kopflastigen Schulung seiner Heimat. Verbunden mit einer Polemik gegen das humanistische Gymnasium forderte er, in dieser Hinsicht «die amerikanischen Einrichtungen so rasch als möglich ein[zu]führen.»[207] Auch Reuleaux besuchte, diesmal in nichtoffizieller Funktion, die Weltausstellung in Chicago und löste wieder einen Eklat aus, der dazu führte, daß breite Kreise die Leistungsfähigkeit des deutschen und amerikanischen Maschinenbaus vergleichend diskutierten.[208]

Für die Chemie beobachtete Habers Lehrer an der TH Charlottenburg, Otto Nikolaus Witt, die Weltausstellung 1893 und erstattete auch Bericht über die chemische Industrie in den Vereinigten Staaten.[209] Witt machte als erster darauf aufmerksam, daß Deutschland zwar eine chemische Industrie besitze, die «heute unbestritten als die vollkommenste der Welt anerkannt wird», deren Führungsrolle jedoch bereits mittelfristig von der amerikanischen «Gefahr» bedroht werde. Es komme nun darauf an, gegenüber «dem jungen Riesen» jenseits des Ozeans «eine richtige Taktik» zu entwickeln:

«Wir können uns der Einsicht nicht verschließen, daß eine Zeit kommen wird und nicht ferne ist, in der Amerika nicht nur einen großen Theil seiner Bedürfnisse auf chemischem Gebiete selbst zu befriedigen im Stande sein, sondern auch versuchen wird, auf dem Weltmarkte mit uns in Wettbewerb zu treten.»[210]

Der Auftrag der DEG an Haber 1902 stand also in einer gewichtigen Tradition, wobei die historische Erforschung der deutsch-amerikanischen Beziehungen in der Chemie erst in den Anfängen steckt.[211] Über die USA-Reisen deutscher Chemiker besteht noch kein Überblick.[212] Durch Carl Englers Engagement, der selbst 1893 die nordamerikanischen Ölfelder besichtigt hatte[213], wandelte sich Habers Reise von einer privaten wissenschaftlichen Unternehmung in eine staatlich unterstützte, fast schon halbamtliche Mission. Engler war gerade Vorsitzender des angesehenen Naturwissenschaftlichen Vereins in Karlsruhe, der, 1858/62 gegründet, seinen fast 300 Mitgliedern während des Semesters alle 14 Tage wissenschaftliche Vorträge aus den verschiedensten Gebieten der Naturwissenschaften anbot. Zur Unterstützung des Vereins war eine eigene private Stiftung, die von Kettner-Stiftung, errichtet worden. Sie wurde vom Ministerium verwaltet, das jedoch bei der Verwendung ihrer Zinsen das Votum des Vereins einholen mußte.[214]

In seiner Eigenschaft als Vereinsvorsitzender wandte sich Engler kurz nach der Benennung Habers an das großherzogliche Ministerium mit dem Antrag, ihm einen Reisezuschuß von mindestens 1000 Mark aus der von Kettner-Stiftung zu gewähren, da van't Hoffs Stipendium zwar sehr ehrenvoll, für einen längeren Aufenthalt aber nicht ausreichend sei. Ein halbes Jahr später beantragte er einen weiteren Zuschuß von 600 Mark. Darüber hinaus stellte Haber beim Ministerium einen von Engler befürworteten Antrag auf Beurlaubung bis Ende Dezember, so daß sich die USA-Reise, die er Anfang September antreten wollte, zu einer sechzehnwöchigen Unternehmung auswuchs. Ebenso wurde Habers Bitte aufgegriffen, ihm eine amtliche Empfehlung an den kaiserlichen Gesandten in den Vereinigten Staaten zu vermitteln.[215] Der deutsche Generalkonsul unterstützte ihn, indem er reichhaltiges Material zur Statistik und Wirtschaft der USA zur Verfügung stellte. Haber legte seinen Untersuchungen erklärtermaßen vor allem die ökonomischen Daten des 12. Zensus für das Jahr 1900 zugrunde.[216]

Habers Informationsreise lag also auch im Interesse deutscher auswärtiger Kulturpolitik. Die politische Bedeutung, die man ihr zumaß, ergibt sich nicht zuletzt aus der Tatsache, daß das preußische Kultusministerium eigens einen Beamten abordnete, der seinem Dienstherrn über Habers Amerika-Vortrag im Berliner Hofmann-Haus am 18. 1. 1903 Bericht erstatten mußte, obwohl der Physikochemiker weder in preußischen Diensten stand noch seine Reise durch staatliche Gelder gefördert worden war.[217] Dieser Vortrag, den der Vorstand der Bunsen-Gesellschaft veranlaßt hatte, wurde in erweiterter Form unter dem Titel «Über Hochschulunterricht und elektrochemische Technik in den Vereinigten Staaten» veröffentlicht.[218] Der Aufsatz wurde, um dies vorwegzunehmen, nicht nur in Deutschland ungemein positiv aufgenommen, sondern auch in den USA, wo man ihn als «one of the ablest and most complete papers which have been published on this subject» feierte.[219] Sein wissenschaftlicher Wert als herausragendes Dokument zur Geschichte der elektrochemischen Industrie ist auch nach Jahrzehnten unbestritten.[220] Weitere Vorträge Habers, in denen im Vorfeld der Weltausstellung in St. Louis 1904 die wirtschaftliche Ausrichtung der Informationsreise noch stärker zur Geltung kam, schlossen sich seinem Berliner Referat an, so z. B. im April 1903 vor der Karlsruher Bezirksgruppe des Vereins Deutscher Ingenieure.[221]

Haber begab sich auf eine gewaltige Rundreise, die ihn in zwei großen Schleifen, jeweils ausgehend von New York und bestimmt durch die Standorte der elektrochemischen und eng damit zusammenhängender Industrien, quer über den nordamerikanischen Kontinent führte.[222] Hauptreiseziel war Niagara Falls im Staate New York, das sich seit 1895 zum Zentrum der elektrochemischen Industrie entwickelt hatte. 90 % der elektrochemischen Produkte der USA, bemessen nach ihrem Wert, wurden hier hergestellt; bis 1902 hatten sich 17 einschlägige Unternehmen angesiedelt, ein Großteil von ihnen im Zusammenhang mit der Suche nach billigen Verfahren zur Aluminiumherstellung.[223] Außerdem hielt die erst vor kurzem gegründete American Electrochemical Society (AES) vom 14.–21. 9. 1902 ihre Jahrestagung in Niagara Falls ab, die Haber als Gast besuchte.[224] Technische Chemiker verschiedener Richtungen und mit starken Affinitäten zur Industrie hatten seit den 1890er Jahren verstärkt eigene Fachverbände außerhalb der American Chemical Society gegründet, ehe diese, um eine weitere Konkurrenz zu verhindern, ab 1908 eigene Sektionen für die chemischen Teildisziplinen einrichtete.[225] So auch die Elektrochemiker: Die AES bildete dem Namen und dem Programm nach das amerikanische Gegenstück zur DEG, hatte wie diese eine eigene Zeitschrift, die «Transactions of the AES»[226], umfaßte wie diese zumindest in ihrer Frühzeit die führenden Wissenschaftler des Fachs, allerdings mit dem

Unterschied, daß eindeutig die angewandte physikalische und Elektrochemie dominierte. Die AES stand mehr noch als die DEG an der Schnittstelle zwischen Wissenschaft, Technik und Industrie; ihr Praxisbezug war unverkennbar.[227]

Die Beziehungen der AES zu Deutschland gingen jedoch weit über die aufgezeigten Analogien hinaus. Ihre Gründung verdankte sie vor allem dem Engagement zweier Wissenschaftler, Wilder D. Bancroft und Louis Kahlenberg, die 1890–1892 bzw. 1893–1895 bei Ostwald in Leipzig studiert hatten. Zwischen 1850 und dem Beginn des Ersten Weltkriegs hatten schätzungsweise 1000 Chemiestudenten aus Amerika einen deutschen Hochschulabschluß erworben.[228] Neben Friedrich Wöhler in Göttingen zog vor allem Wilhelm Ostwald Schüler aus den USA an; bis zu seinem Ruhestand waren es über 40. Als spätere Professoren an den führenden Universitäten des Landes bildeten sie den Kristallisationskern der physikalischen Chemie Ostwaldscher Prägung in den Vereinigten Staaten, über den sich die neue Disziplin etablierte und nach amerikanischem ‹Stil› fortentwickelte.[229] Allerdings steckte die Disziplin auch in den USA noch in ihren Anfängen. In Cornell, wo sie sich um die Ostwald-Schüler J. E. Trevor (1890–1892 in Leipzig) und Bancroft sehr früh als selbständiges Department etabliert hatte, lag ihre Frequenz 1901 bei nur 23 Studenten, also erheblich unter den Zahlen für anorganische, organische oder analytische Chemie.[230]

Es war daher keine reine Höflichkeitsfloskel, wenn Haber nach seiner Rückkehr die besondere Unterstützung durch die AES betonte, der er als Mitglied beigetreten war.[231] Ausgerüstet mit Ostwalds Empfehlungsschreiben an seine ehemaligen Schüler Wilder D. Bancroft/Cornell, Theodore W. Richards/Harvard (1895 in Leipzig), Arthur A. Noyes/Massachusetts Institute of Technology (1888–1890 in Leipzig) und Harry C. Jones/Johns Hopkins (1892–1894 in Leipzig)[232], gewann Haber, der selbst sehr schlecht Englisch sprach[233], Zugang zu den führenden Physikochemikern der USA, die zudem über enge Industriekontakte verfügten. Er erhielt von ihnen detaillierte Informationen über die Struktur der Chemikerausbildung an den amerikanischen Hochschulen. Zudem erschloß er sich auf diesem Weg die Möglichkeit eines interkulturellen Vergleichs zwischen Deutschland und den USA, auf den er in seinen Publikationen großen Wert legte. Es ging ihm ausdrücklich darum, die verbreiteten Zerrbilder über «den» Amerikaner und «den» Deutschen zu differenzieren[234], wobei er andererseits versuchte, den unterschiedlichen ‹Stil› beider Länder in Technik und Wissenschaft herauszuarbeiten und über den Vergleich für die deutsche chemische Industrie und Ausbildung fruchtbar zu machen. In diesem Sinne kennzeichnete er Deutschland metaphorisch mit dem Bild einer für eine alte Kultur typischen «Entwicklung in die Tiefe»: Hier könne wachsender nationaler Wohlstand nur noch auf technisch-wissenschaftlichen Fortschritt gründen, während das junge «Kolonialland» Amerika die Errungenschaften der alten Kultur anderer Länder für eine «Entwicklung in die Breite» nutze, um seine riesigen, noch ungenutzten natürlichen Reichtümer zu erschließen. Daraus leitete er nun keineswegs ein arrogantes deutsches Überlegenheitsgefühl ab, sondern differenzierte den Stand von Wissenschaft und Technik je nach Disziplin. Haber führte die Blüte von Bauingenieurwesen, Maschinenbau und Elektrotechnik in der amerikanischen Technik und Wirtschaft darauf zurück, daß sie unter dem besonderen Druck standen, enorme räumliche Distanzen zu überwinden und fehlende Arbeitskräfte zu ersetzen, also in die «Breite» zu wirken. Anders diagnostizierte er die Lage der Chemie: Als Voraussetzung ihrer selbständigen Entwicklung erkannte er «ein grösseres Stück theoretischer Naturerkenntnis» sowie insgesamt «eine grössere Tiefe der geistigen Kultur», so daß die Chemie in Amerika «viel weniger selbständig fortgewachsen ist, als Ingenieurwesen und Elektrotechnik.» Haber verstieg sich nun allerdings nicht in eine vermeintliche Überlegenheit der alten, ‹tiefen› Kultur gegenüber der ‹breiten› amerikanischen, verfiel auch nicht in das andere Extrem einer panischen Angst vor der «amerikanischen Gefahr» in Wissenschaft, Technik und Wirtschaft, sondern gelangte zu einer durchaus differenzierten Analyse.[235] An ihrem Ende stand weder deutsche Über- noch Unterlegenheit, sondern das nüchterne Fazit: «Man wird allmählich selbständig drüben, aber Selbständigkeit ist nicht Ueberlegenheit.»[236]

Haber hatte auf seiner Reise die in der Chemie führenden Universitäten und Hochschulen des Landes: Stanford, Harvard, Cornell, MIT, die University of California in Berkeley, die University of Wisconsin in Madison, die University of Michigan in Ann Arbor sowie die Case School of Applied Sciences in Cleveland/Ohio besucht.[237] Er konnte daher aus eigener Anschauung die Besonderheiten des amerikanischen Hochschulwesens im Vergleich mit dem deutschen feststellen und Einsicht in Lehrkörper, Frequenz und Studienpläne für Chemiker gewinnen.[238] Hatte Alois Riedler neun Jahre vor ihm dem deutschen Publikum die amerikanische Ingenieursausbildung detailliert aufgeschlüsselt, so tat Haber dies nun für den chemischen Unterricht. Während er die Förderung des technischen Wesens «in der Mitte des Universitätslebens» insgesamt positiv hervorhob, kam er jedoch zu dem Schluß, die Prüfung als bachelor of science entlasse den Studierenden «mit einer Fülle sorgsam gelernter thatsächlicher Kenntnisse», aber nur einem «sehr niedrigen Grad wissenschaftlicher Reife»: «Es ist fertige Wissenschaft, die gelehrt wird, wie auf der Schule, nicht werdende, wie auf der Hochschule». Erst dem graduate bzw. postgraduate work der Universitäten maß er wissenschaftliche Qualität zu und würdigte die in diese Richtung gehenden amerikanischen Reformbemühungen. Unabhängig davon erkannte er zwei positive, nachahmens- bzw. bedenkenswerte Züge der amerikanischen Verhältnisse: Zum einen sprach er sich mit Nachdruck dafür aus, aus der amerikanischen Studienpraxis die Gepflogenheit zu übernehmen, den chemischen Anfängerunterricht mit anorganisch-präparativen Übungen zu begleiten und nicht mit der qualitativen Analyse zu belasten. Er war von der in den USA vorgefundenen Methode, in die Chemie einzuführen, so beeindruckt, daß er Alexander Smiths Lehrbuch «A Laboratory Outline of General Chemistry» in Deutschland bekannt machen wollte. Hans Buntes Vorlesungs- und Laboratoriumsassistent M. Stoecker besorgte für Haber den Großteil der Übersetzung, die 1904 unter beider Namen erschien; eine zweite Auflage mit neuer Übersetzung wurde 1910 publiziert.[239]

Zum anderen erkannte Haber in der gegenwärtigen Schwäche der organischen Chemie die zukünftige Stärke der USA: In die Lücke trete die physikalische Chemie, da hier im Gegensatz zu Deutschland «keine mächtige, ältere Schule von hohem Verdienste ihr mit Bedenken gegenübersteht». Die Lösung von der Dominanz der Organik war nach Habers Ansicht jedoch zukunftsentscheidend für die deutsche chemische Industrie. Er griff dabei auf die Diskussion über den Rückstand der anorganischen Technik in Deutschland zurück, der um die Jahrhundertwende schlagartig in das Bewußtsein der Fachöffentlichkeit gerückt war. Haber zufolge ließ sich dieser Nachteil nur über die Förderung der physikalischen Chemie, und zwar vor allem ihrer angewandten Richtung, ausgleichen: Rein theoretisch betrieben, erschöpfe sich die Disziplin als «formales Bildungsmittel». In ihrer angewandten Richtung jedoch, wie sie die Bunsen-Gesellschaft vertrete, sei sie geeignet, den Aufbau einer modernen anorganisch-chemischen Industrie zu gewährleisten.

Schon den Streit zwischen Küster und Winkler über die Besetzung anorganisch- bzw. physikalisch-chemischer Lehrstühle in der ersten Jahreshälfte 1902 hatte Haber als Scheingefecht entlarvt und versucht, die Auseinandersetzung durch vorsichtige Fühlungnahme mit den Kontrahenten zu entschärfen.[240] Er vertrat engagiert die Auffassung, daß physikalisch-chemische, anorganisch-präparative und anorganisch-analytische Forschung «sich auf das wertvollste ergänzen» und eng zusammengehörten. Diesen integrativen Anspruch sah er in der Umbenennung der DEG in Bunsen-Gesellschaft schon im Namen garantiert. Haber plädierte daher in mehreren Schreiben an Ostwald ausdrücklich dafür, die Vereinigung in diesem umfassenden Sinn zu öffnen und durchaus auch Wissenschaftler wie Winkler, Lunge oder Treadwell als Mitglieder zu gewinnen.[241] Demselben Zweck sollte die Gründung einer internationalen Zeitschrift für Eigenreferate über physikalische und anorganische Chemie dienen, die er dem Leipziger Großordinarius noch aus Boston vorschlug. Er maß vor allem der angewandten physikalischen Chemie in den USA bereits so hohes wissenschaftliches Gewicht zu, daß er sich viel von einer solchen, durch einen deutschen und einen amerikanischen Redakteur gemeinsam betreuten Zeitschrift versprach.[242]

In diesem integrativen, stark wirtschaftlich-technisch ausgerichteten Sinn faßte Haber auch seinen Untersuchungsauftrag der elektrochemischen Industrie in den Vereinigten Staaten[243] auf. Er beschränkte sich dabei nicht auf die im Zensus von 1900 unter der Kategorie «Elektrochemie» subsumierten 14 Unternehmen mit ihren insgesamt 739 Arbeitern und Produkten im Wert von 2 Millionen Dollar, sondern bezog die in der Statistik anders erfaßte Elektrometallurgie, Chlorkalk- und Ätznatronerzeugung in seine Untersuchung ein. Starkes Interesse bekundete er schließlich für die Energiewirtschaft wie überhaupt für die natürlichen und technischen Bedingungen, unter denen sich Industrien entwickeln, also für Fragen der Energie- und Rohstoffversorgung, der Verkehrswege, der Maschinisierung, der Löhne usw.

Das technisch-industrielle Reiseprogramm des Karlsruher Extraordinarius war zu umfassend, um hier in Einzelheiten wiedergegeben zu werden. Über die AES gewann Haber das Vertrauen der Unternehmensführungen bzw. ihres technischen Personals, die fast alle ihre Anlagen überraschend offenherzig präsentierten und Detailfragen freimütig beantworteten. Allerdings verstanden einige offenbar ihre Angaben als vertrauliche Informationen und waren wenig glücklich über Habers veröffentlichten Bericht.[244] Seinen analytisch scharfen Beobachtungen wurde jedoch in der amerikanischen Fachpresse erhebliche Aufmerksamkeit zuteil.[245] Haber besichtigte u. a. zahlreiche Anlagen zur Kupferraffinerie, Goldsilber- und Goldplatinscheidung, Aluminium-, Ferrochrom-, Ferrosiliciumerzeugung, elektrolytischen Kochsalzzerlegung und zur Kraftübertragung. Den natürlichen, verkehrstechnischen und wirtschaftlichen Gegebenheiten des elektrochemischen Zentrums Niagara Falls widmete er breiten Raum, beschrieb die technische Ausrüstung der dortigen beiden Stromversorgungsunternehmen, berechnete die Stromkosten. Entgegen seinen Erwartungen stellte weniger die Wasserkraft als die viel billigere Kohle den Hauptenergieträger der amerikanischen Industrie dar. Ausführlich ging er auf die technischen Anlagen der bedeutendsten elektrochemischen Unternehmen in Niagara Falls ein, so z. B. auf die Union Carbide oder die aluminiumerzeugende Pittsburgh Reduction Co. Besonders interessierte ihn die erst 1902 gegründete Atmospheric Products Co., die nach dem von Bradley und Lovejoy entwickelten Verfahren unter Ausnutzung der Wasserkräfte atmosphärischen Stickstoff zu Salpetersäure oxydierte. Habers hohe Erwartungen, hier eine funktionierende Produktionsanlage zur Stickstoff-Fixierung zu besichtigen, wurden enttäuscht; er fand nur eine Art Versuchsapparatur vor. Zwei Jahre nach Habers Besuch war der Betrieb wegen zu geringer Ausbeuten bei überaus komplizierten, empfindlichen und teuren Apparaten bereits eingestellt.[246]

Habers abschließender Vergleich der deutschen und der amerikanischen elektrochemischen Industrie zog ein sehr differenziertes Fazit. Hatte bereits Otto N. Witt zehn Jahre zuvor die «ganz eigenartigen», den Verhältnissen des Landes angepaßten «eigenen Wege» der Chemie in den USA betont[247], so bestätigte auch Haber die überwiegend von Europa unabhängige Entwicklung der technischen Elektrochemie in den USA, wobei er besonders die Anlagen zur Aluminiumherstellung hervorhob. Er konstatierte nüchtern, daß sich in beiden Ländern die elektrochemische Technik ohne die Wissenschaft entwickelt habe, schrieb den Amerikanern aber die größere Bereitschaft zu, wissenschaftliche Ergebnisse der physikochemischen Forschung aufzugreifen und in die Produktion zu übernehmen:

«Die elektrochemische Technik ist drüben so wenig wie bei uns auf dem Boden der physiko-chemischen Einsicht gross geworden, aber sie würdigt vielleicht noch mehr als die unsere den Nutzen dieser Ausbildung und hat das lebhafte Bestreben, sie sich dienstbar zu machen.»[248]

Mit den Vorteilen Amerikas wie einer «lebensvollen» Metallurgie, reichlichen Wasserkräften und Geldmitteln sowie regem Unternehmergeist kontrastierte er das deutsche wissenschaftliche Kapital: die fortgeschrittene Chemie und die große Zahl wissenschaftlich ausgebildeter junger Chemiker. Die deutsche chemische Industrie, resümierte Haber, habe allen Grund, sich rege an der Weltausstellung in St. Louis 1904 zu beteiligen.

Martha M. Trescott hob in ihrer detaillierten und quellenfundierten Untersuchung der amerikanischen Elektrochemie 1880–1910 immer wieder die Treffsicherheit und den Weitblick von Habers zeitgenössischer Analyse hervor. Dazu zählte sie vor allem sein Gespür für die komplexen wirtschaftlich-technischen Bedingungen der zum ökonomischen Erfolg führenden «distinctive American culture». In zahlreichen Punkten deckten sich ihre, die ältere Forschung kritisch widerlegenden Ergebnisse ganz mit Habers Beobachtungen: in der Betonung der Rolle der billigen Kohle für den industriellen Aufstieg der USA bzw. in der skeptischen Einschätzung der Bedeutung der relativ teuren Wasserkraft; in der Überlegenheit der amerikanischen Metallurgie; in der überraschend frühen Unabhängigkeit der Entwicklung zahlreicher elektrochemischer Verfahren vom wissenschaftlich führenden Europa; schließlich in der Betonung der Geschwindigkeit, mit der Innovationen aus dem Labor- in den großtechnischen Maßstab übertragen würden.[249] Vor allem die von Haber beobachtete anwendungsorientierte Ausrichtung von Wissenschaft und ihre enge Kooperation mit der Industrie, die er konsequent für Deutschland anmahnte, sollte im Fall der amerikanischen Elektrochemie schon bald, wie Trescott mit ihren Forschungen belegte, ihre Fruchtbarkeit beweisen:

«[...] in the development of the large-scale industry and programs of higher education in electrochemicals technology and engineering, the United States became a leader by the early 1900s.»[250]

5. Der Weg zum Ordinarius

Fritz Haber erkämpfte sich das Ordinariat durch pausenlose wissenschaftliche Arbeit auf den verschiedensten Gebieten. «Fritz ist so zerstreut, wenn ich ihm nicht ab und zu seinen Sohn brächte, er wüsste gar nicht, dass er Vater wäre [sic].»[251] So formulierte seine Frau die Kehrseite der Karriere aus Sicht der Familie. Schüler und Mitarbeiter staunten über seine enorme Vielseitigkeit und ungeheuer schnelle Auffassungsgabe. Sie schätzten sein unprofessorales Auftreten, vor allem seine völlig uneigennützige Förderung. Habers vor Anregungen übersprudelnde Beratungen wurden fast schon gefürchtet, waren sie doch einerseits hochinteressant, türmten aber andererseits immer neue Fragen und Probleme auf, die den ersehnten Abschluß der Arbeit verzögerten. Seine Dynamik brachte das eher bedächtige Arbeitstempo der Kollegen in Aufruhr, seine Beschlagenheit erntete ihre Anerkennung. Habers scharfe Kritikfähigkeit erweckte Bewunderung, aber auch Vorbehalte, fand er doch unabhängig davon, was vorgetragen wurde, sofort die Schwachstelle heraus. So hakte er regelmäßig an den «faulen Stellen» der Vorträge Le Blancs ein, den er nicht übermäßig mochte. Daß er damit in Hinblick auf sein eigenes Fortkommen nicht unbedingt ‹geschickt› handelte, war ihm dabei offenbar gar nicht bewußt, vermied er es doch sonst sehr, mit jemandem in Konflikt zu kommen, so daß seine konzessionsbereite Art auf den Betrachter nahezu devot wirken konnte.[252]

Die Elektrochemie blieb zunächst eines der bevorzugten Arbeitsgebiete Habers[253], wobei er grundsätzlich an dem Prinzip festhielt, die technische Seite im Licht der wissenschaftlichen Theorie zu behandeln. Angeregt durch Carl Engler, näherte er sich dem Problem der Autoxidation, also der unter katalytischer Mitwirkung sauerstoffreicher Verbindungen erfolgenden Oxidation eines Stoffes, wie sie z. B. beim Verrosten oder Vermodern erfolgt, von elektrochemischer Seite. Er trug damit wesentlich zur Klärung der sog. nassen Autoxidation bei. In Fortsetzung früherer Arbeiten über die elektrochemische Reduktion entwickelte er eine erste allgemeine Theorie für reversible wie irreversible Reduktionen. Er befaßte sich weiter mit dem elektrochemischen Zentralproblem seiner Zeit, den Brennstoffzellen. Bei der Umwandlung der chemischen in elektrische Energie kommt es auf eine möglichst hohe Energieausbeute an. Im Zuge dieser Arbeiten entwickelte Haber eine neue Methode zur Messung der freien Energie bei der Oxidation von Wasserstoff, Kohlenstoff und Kohlenmonoxid. Ferner befaßte er sich mit der elektrolytischen Leitfähigkeit kristalliner Salze und formulierte eine Theorie der Glaselektrode und ihrer praktischen Anwendung. Ausgehend von den Verfahren zur Herstellung von Druckplatten für Banknoten, untersuchte Haber in mehreren Arbeiten die Elektrochemie des Eisens, nämlich sein anodisches Verhalten in alkalischen Lösungen und das Phänomen der Passivität. Ein anderes Alltagsproblem, das Haber zu grundlegenden und sorgfältig durchgeführten Forschungen veranlaßte, waren die vagabundierenden Ströme des noch mit Gleichstrom arbeitenden Straßenbahnsystems, welche die Korrosion unterirdisch verlegter Wasser- und Gasleitungen verursachten. Seine Untersuchungen in Karlsruhe und Straßburg lösten das Problem, doch büßten sie ihre praktische Bedeutung durch die Einführung des Wechselstroms ein. Unter Habers elektrochemischen Arbeiten verdienen ferner die Forschungen zur Darstellung von Aluminium eine eigene Erwähnung.

Noch zu Lebzeiten Hans Luggins hatte Haber begonnen, sich mit den thermodynamischen Gesetzmäßigkeiten chemischer Reaktionen zu befassen. Die starke Mathematisierung der Thermodynamik hatte bislang vor allem die Rezeption ihres zweiten Hauptsatzes, des Entropiesatzes, unter den Chemikern stark gehemmt. Haber arbeitete sich mit dem Ziel in die Materie ein, sie in ihrer technischen Bedeutung zu veranschaulichen. Als theoretischen Ausgangspunkt wählte er Helmholtz' komplizierte und stark formalisierte Ergebnisse vom Anfang der 1880er Jahre. Nicht nur Kollegen und Mitarbeiter stöhnten unter der Mathematik, die Haber in seinen außerplanmäßigen kolloquiumsähnlichen Vorlesungen heranzog, um seine Forschungen zur Thermodynamik vorzustellen und zu diskutieren. Aus dieser Zeit stammt auch sein eigenes Bekenntnis, er habe «14 Tage tot und begraben unter 1 Logarithmentafel und einer Quadrattabelle» gelegen.[254] Für die Buchpublikation seiner thermodynamischen Studien unter dem Titel «Thermodynamik technischer Gasreaktionen»[255] behielt Haber die äußere Form der Vorlesung bei, was ihre Rezeption aufgrund seines prägnanten Stils sehr erleichterte. Hinzu kam, daß er als Chemiker für Chemiker schrieb: Er stellte allseits bekannte, für die Industrie wichtige Gasreaktionen thermodynamisch dar und diskutierte anschaulich und praxisbezogen die experimentelle Bestimmung von Gasgleichgewichten. Für die Geschichte der Disziplin interessant ist die Tatsache, daß ihn seine Überlegungen, die Max Plancks Forschungsergebnisse einbezogen, in die Nähe des dritten Hauptsatzes der Thermodynamik führten, den Walther Nernst ein Jahr später als sog. Nernstsches Wärmetheorem formulieren sollte. Es entsprach Habers Denk- und Arbeitsweise nicht, den letzten Schritt auf rein theoretischer Basis, ohne Untermauerung durch experimentelle Ergebnisse, zu tun.[256] Die Kritik nahm jedenfalls das Buch, das eine seit langem monierte Forschungslücke schloß, uneingeschränkt positiv auf und lobte besonders die vielfachen neuen Ausblicke, die es in theoretischer wie praktischer Hinsicht eröffnete.[257]

Habers Beschäftigung mit Gasreaktionen führte dazu, daß er in der Folgezeit seine Untersuchungen über die Vorgänge in der Flamme und bei der Verbrennung fortsetzte, mit denen er sich unter Buntes brennstofftechnologischem Blickwinkel seit seinen ersten Karlsruher Jahren befaßt hatte.

Er beschäftigte sich nun mit dem Wassergasgleichgewicht, der Oxidation des Stickstoffs in heißen Flammen und mit der Bunsenflamme. Im Zuge seiner gasanalytischen Arbeiten erwirkte Haber zudem seinen ersten bedeutenderen Industriekontakt, und zwar mit der Firma Carl Zeiss in Jena. Die Kooperation dauerte von 1904 bis kurz vor den Ersten Weltkrieg, so daß, um den thematischen Zusammenhang zu wahren, im folgenden zeitlich vorgegriffen wird. Das Unternehmen meldete insgesamt fünf Patente an (1904, 1909, zwei im Jahr 1910, 1922), die direkt auf Haber zurückgingen.[258]

Ausgangspunkt der Zusammenarbeit war Habers Bedürfnis nach optischen Meßgeräten zur Gasanalyse, die er zur genauen Bestimmung der Gleichgewichte seiner Gasgemische benötigte. Im Juni 1904 wandte er sich an den Physiker Fritz Löwe (1. 9. 1874–4. 3. 1955), der seit 1899 in den Zeisswerken tätig war. Haber gab als Ziel vor, zwei Meßgeräte mit unterschiedlicher Empfindlichkeit zu entwickeln, ein Gerät mittlerer und eines hoher Genauigkeit, die 0,2 bzw. 0,02 % CO_2 in Luft nachweisen sollten.[259] Zunächst ging es darum, das Prinzip der bei Zeiss von Abbe und Pulfrich entwickelten Refraktometer, also Instrumente zur Messung des Brechungsindexes von Flüssigkeiten, auf die Gasanalyse zu übertragen. Bereits einen Monat nach dem ersten Kontakt wurde zwischen Zeiss und Haber ein Vertrag «über die Ausarbeitung des von Prof. Haber angeregten Gas-Refraktometers» geschlossen, in dem sich der Karlsruher Professor verpflichtete, der Firma bei der Entwicklung der Instrumente zuzuarbeiten und ihre Einführung auf dem Markt durch Vorträge und Publikationen zu unterstützen. Als Gegenleistung erhielt er für die 15jährige Dauer des deutschen Patentschutzes 5 % des Katalogpreises für jedes verkaufte Gerät.[260]

Drei Wochen später meldete Zeiss das erste Patent an, an dem Haber als Erfinder beteiligt war[261] und aus dem Löwe das erbetene Gerät mittlerer Meßgenauigkeit entwickelte, nämlich das nach ihm und Haber benannte Gasrefraktometer. Es konnte, im Karlsruher Institutsgebrauch erprobt, 0,2 % Kohlendioxid in Luft zuverlässig nachweisen. Haber kam seinen vertraglichen Verpflichtungen auch aus eigenem Interesse nach: Er stellte das Gerät auf den Hauptversammlungen des Vereins deutscher Chemiker in Nürnberg im Juni 1906 und der Deutschen Bunsen-Gesellschaft in Hamburg im Mai 1907 vor, womit Publikationen in den entsprechenden Fachorganen verbunden waren. Allerdings wurden von dem Gasrefraktometer insgesamt nur fünf Stück gebaut, da es von der technischen Entwicklung des Interferometers überholt wurde.[262]

Zur Lösung der zweiten Aufgabe, der Entwicklung eines Meßgeräts höherer Genauigkeit, für das eine zehnfache Steigerung der Präzision erforderlich war, kam nur die Interferometrie in Frage, ein optisches Meßverfahren der Wellenlänge einer Substanz. In enger Zusammenarbeit mit

Haber baute Löwe ein meßtechnisch zuverlässiges, auf 0,02 % genaues Gasinterferometer, das auf der Interferenzanordnung von Lord Rayleigh 1896 beruhte, aber entscheidend kleiner und leichter zu bedienen war. 1908 waren zwei Versuchsgeräte gebaut: eines von 2,50 m Gesamtlänge, das in Habers Institut erprobt und beschrieben wurde; ein zweites Gerät mit einer Kammerlänge von 1 m, das Löwe und Haber im Bergwerkslabor in Gelsenkirchen auf seine Eignung für Grubengasanalysen testeten. 1909 legte Zeiss die erste Serie des «Interferometers für Chemiker», auch Laboratoriums-Interferometer genannt, mit zwölf Stück auf, im Mai 1910 wurde das erste Gerät geliefert. Löwe entwickelte diesen Typ in Kontakt mit Haber weiter zum tragbaren Interferometer mit Kammerlängen von 10, 25 bzw. 50 cm.[263] Die erste Serie mit fünf Geräten kam bereits im Oktober 1910 auf den Markt; bis 1914 wurden 20 Stück gefertigt, nach dem Krieg stiegen die Produktionszahlen auf bis zu 120 Stück. Aus dem tragbaren Interferometer entwickelte Löwe, nach wie vor in Verbindung mit Haber und dem Bergwerkslabor, das Grubengas-Interferometer, das den besonderen Anforderungen im Bergbau (geringes Gewicht, Sicherheit gegen Schlagwetter und Staubeinwirkung usw.) gerecht wurde. Haber stellte es im Oktober 1913 zusammen mit der von ihm entwickelten Schlagwetterpfeife im neugegründeten KWI für physikalische Chemie in Dahlem vor. Die durch den Krieg unterbrochene Serienfertigung (1913/14: vier Stück) wurde 1925 in größeren Zahlen fortgesetzt und weiter verbessert. Die Haber-Löweschen Interferometer, so das Urteil der Fachwelt, schlossen die Lücke in den gasanalytischen Meßmethoden, besonders in der ambulanten Gasanalyse. Ihre Verwendung ging in der Folgezeit über den ursprünglichen Zweck hinaus und fand Eingang in weite Bereiche von Wissenschaft und Technik bis in den Arbeitsschutz und das Gesundheitswesen.[264]

Wenngleich dieser Siegeszug des Haber-Löweschen Interferometers zu Beginn der Kooperation zwischen Zeiss und dem Karlsruher Professor nicht absehbar war, so erkämpfte sich Haber bis 1906 durch seine zahlreichen, thematisch breit gestreuten Forschungen und Publikationen zweifellos einen Rang als einer der führenden angewandten Physiko- und Elektrochemiker in Deutschland. Vor allem das Buch über die «Thermodynamik technischer Gasreaktionen» von 1905 trug zu seinem wachsenden Renommee bei. Doch der Ruf auf einen Lehrstuhl erschallte nicht. Hinter seinen rastlosen wissenschaftlichen Aktivitäten verbarg Haber wachsende Ungeduld und Frustrationsgefühle. Er träumte von einem eigenen Laboratorium mit nur einigen Plätzen, einem Assistenten, einigen Apparaten, einem Gehalt nicht unter den 3300 Mark, die er in Karlsruhe inzwischen insgesamt verdiente, und vor allem von Selbständigkeit: «Denn ich will niemandes Assistent sein.» Als zunehmend gespannt empfand er das Verhältnis zu Bunte, das seine natürliche Grenze in dessen Wunsch habe, seine

Freiheit als Direktor des chemisch-technischen Instituts nicht eingeschränkt zu sehen: «Er will in diesem Zweige herrschen und ich will selbstständig [sic] sein. Diese beiden Dinge gehen nicht zusammen und werden mit den Jahren immer drückender.»[265] An diesem Gefühl, hoffnungslos auf der Stelle zu treten, änderte sich auch nichts, als Engler wie Bunte ihm schon im Frühjahr 1905 zusicherten, ihn an Le Blancs Stelle zum Ordinarius zu machen. Dessen anvisierte Berufung nach Göttingen scheiterte jedoch, und damit vorerst auch Habers Hoffnungen. Im Juni desselben Jahres zerschlug sich schon im Vorfeld eine mögliche Berufung nach Wien; die Errichtung einer physikochemischen Professur in Frankfurt, für die Haber ins Gespräch kam, zeichnete sich allenfalls vage ab.[266] Ein Jahr später erfuhr er «mit sehr bescheidenem Hochgefühl» die Nachricht, daß seine «Wenigkeit» bei einer Ausschreibung der TH Stuttgart nur an dritter Stelle hinter Fritz Foerster und Erich Müller gelandet war.[267]

Daß er bei der Neubesetzung von Lehrstühlen nicht reüssierte, führte Haber auf zwei Gründe zurück: auf seine jüdische Abstammung und seine Leistungen. Einem weitläufigen Verwandten seiner Frau, dem Chemiker Martin Freund (1863–1920), Direktor des chemischen Laboratoriums des Physikalischen Vereins in Frankfurt und später des Chemischen Instituts der Universität, bekannte er vertraulich:

«Man will in den hervorragenden Stellen keinen Juden oder getauften Juden und in denen, die daneben in Betracht kommen, keinen Mann, der durch eine umfangreiche litterarische Thätigkeit etwa eine gewohnte Reihenfolge localer Geltung unwillkürlich ändern und neben einem Manne zur Geltung kommen könnte, der bisher gewohnt war, das fachliche Ansehen der betreffenden Lehranstalt allein zu haben.»[268]

Auch getaufte Juden stießen an die Grenzen des latenten Antisemitismus an den Universitäten, wie er im Zusammenhang mit der im Vorfeld gescheiterten Berufung nach Wien nachweisbar ist, von der Haber hier Martin Freund berichtete. Im Falle seiner anderen Berufungsangelegenheiten ist dieser Hintergrund zwar nicht zu belegen, aber auch keinesfalls auszuschließen. Einige Zahlen aus Bernhard Breslauers Untersuchung von 1911, die bereits im Zusammenhang mit Habers Taufe erläutert wurden, seien hier wiederholt bzw. hinzugefügt. Im Wintersemester 1909/10 waren 2,5 % der Ordinarien in Deutschland ungetaufte, 4,5 % getaufte Juden; die Zahlen für Baden lauteten 2 bzw. 7 %. Da sich ordentliche Professoren nicht aus der «Gesamtbevölkerung» rekrutieren, sondern aus der Gesamtzahl der Hochschullehrer, ist es aufschlußreich zu untersuchen, wie sich die Gewichte innerhalb der gesamten jüdischen Dozentenschaft verteilten. Bezogen auf dasselbe Stichjahr zeigt sich, daß von allen ungetauften jüdischen Hochschullehrern in Deutschland nur 12 % ordentliche Professoren waren. Von allen getauften jüdischen Hochschullehrern hatten 25 %, von den Nichtjuden 39,5 % das Ordinariat erlangt. Bezogen auf die von Breslauer erhobenen ordentlichen Professoren der Naturwissenschaften innerhalb der philosophischen Fakultät, hieß dies in absoluten Zahlen zwei ungetaufte und vier getaufte jüdische bei 170 nichtjüdischen Ordinarien.[269] Juden, getaufte wie ungetaufte, waren also zweifellos «more bottom heavy in the academic ranks than the non-Jews».[270]

Breslauers Zahlen weisen aber auch auf einen weiteren Problemkomplex hin, den es hier zu bedenken gilt. Die für das Wintersemester 1874/75 erhobenen Daten belegen 14,5 % Ordinarien unter allen ungetauften jüdischen Hochschullehrern; ihr Anteil war in 35 Jahren also fast gleichgeblieben. Im Gegensatz dazu war der Anteil der ordentlichen Professoren unter den getauften jüdischen wie unter den nichtjüdischen Hochschullehrern, der zu Beginn des Kaiserreichs 47 % bzw. sogar 58 % betragen hatte, eklatant gefallen, nämlich auf die oben erwähnten 25 bzw. 39,5 %.[271] Diese Zahlen belegen anschaulich die sich in der wilhelminischen Ära verschärfende, keineswegs auf Juden beschränkte Entwicklung, daß sich insgesamt das numerische Verhältnis zwischen Ordinarien und Nicht-Ordinarien gegenüber dem Beginn des 19. Jahrhunderts genau umgekehrt hatte. Die Folge waren überlange, in vielen Fällen erfolglose Wartezeiten auf ein Ordinariat. Gerade die Jahre, in denen Haber seiner ordentlichen Professur entgegenfieberte, stellen sich im Rückblick als die Inkubationszeit der Nicht-Ordinarienbewegung dar[272], die sich nach dem Hochschullehrertag in Salzburg 1907 in Orientierung an der Assistentenbewegung organisierte. In seiner noch heute grundlegenden Erhebung (Stand: 1. 7. 1907) konstatierte Franz Eulenburg, daß die «unoffizielle Universität» der Privatdozenten und Extraordinarien in Deutschland und Österreich fast zwei Drittel des habilitierten Lehrkörpers umfaßte, der Anteil der Ordinariate dagegen nur noch 37 % betrug. Dabei lagen die Verhältnisse in Preußen und Österreich noch ungünstiger.[273]

Gerade die wilhelminische Ära verzeichnete einen starken Anstieg der Studentenzahlen, der Privatdozenten und Extraordinarien, während sich auf der anderen Seite die Zahl der Ordinariate sehr viel langsamer vermehrte. In den Jahren 1886–1912 nahm die Gruppe der ordentlichen Professoren nur um 23 % zu, die der außerordentlichen um 68 % und die der Privatdozenten gar um 94 %.[274] Für letztere bedeutete dies, daß auf der einen Seite vor allem sie das Anwachsen der Studentenzahlen um 97 % im selben Zeitraum auffangen und bewältigen mußten, d. h., die Belastung durch Lehr-, Prüfungs- und Assistenzaufgaben nahm enorm zu. Auf der anderen Seite war der Zugang zu den sich kaum vermehrenden Ordinariaten gleichsam blockiert. Die Folge war, daß sich der Charakter der Privatdozentur und des Extraordinariats wandelte. Aus einer Übergangsstellung des wissenschaftlichen Nachwuchses wurde in vielen Fällen eine Dauereinrichtung ohne Aufstiegschancen. Hinzu kam, daß neu entstehende Teil- oder Spezialdisziplinen nicht in den Lehrkörper der Fakultäten eingegliedert, sondern dauerhaft von Extraordinarien gelehrt wurden. Franz Eulenburg, der vom «akademischen Nachwuchs» der Privatdozenten und Extraordinarien daher nur noch ironisch in Anführungszeichen schreiben wollte, beobachtete zu Recht, wie sich damit die vertikale «alte handwerksmäßige Hierarchie vom Lehrling, Gesellen und Meister, dem der Scholar, Dozent und Professor durchaus entsprach», in Richtung auf eine horizontale Gliederung verschob.[275]

Besonders ungünstig war dabei die Lage in Medizin und Naturwissenschaften, für die Eulenburg 336 Privatdozenten und 169 Extraordinarien auf 100 Ordinarien errechnete. Dabei hob er die mißliche Lage der Chemiker eigens hervor. Er erkannte richtig, daß sich die Chemie inzwischen in mindestens fünf selbständige Teildisziplinen ausdifferenziert hatte, die von der beschränkten Zahl der Lehrstühle nicht mehr abgedeckt würden, d. h., die Neigung, neue Disziplinen durch die «unoffizielle Universität» vertreten zu lassen, war hier besonders hoch. Waren insgesamt 43 % der Privatdozenten Assistenten, die wie Haber bei sehr geringem Gehalt Übungen gegen «Remuneration» abhielten, so kritisierte Eulenburg das gerade bei den Chemikern eklatante «Mißverhältnis», das zwischen ihrer Entlohnung und den Einnahmen lag, die sie ihren Instituten verschafften.[276] Wenngleich Haber in seiner Zeit als außerordentlicher Professor mit der Stellung eines Assistenten die erst 1908 veröffentlichte Untersuchung Eulenburgs nicht kennen konnte, so müssen ihm die Zahlenverhältnisse und Probleme grundsätzlich vertraut gewesen sein. Zu den Nachteilen der schmalen Bezahlung, der unzureichenden sozialen Versorgung und der mangelnden Aufstiegschancen hinzu kamen noch die kollektive Rechtsungleichheit und unsicheren Arbeitsbedingungen der Nicht-Ordinarien, die Karl Lamprecht später immerhin dazu veranlaßten, ihre Situation zur «kleinen sozialen Frage» zu deklarieren.[277] Habers in Niedergeschlagenheit endende Ungeduld, einen Ruf zu bekommen, war innerhalb der Nicht-Ordinarien nicht die Ausnahme, sondern die Regel.[278] Daß er bei allem persönlichen Ehrgeiz besonders aufgeregt reagierte, ist verständlich, häuften sich in seinem Fall doch die Erschwernisse: Er war nicht nur ein junger Wissenschaftler, sondern auch ein – getaufter – Jude und ein Quereinsteiger in eine noch junge Disziplin. Allerdings bot gerade die physikalische Chemie durchaus Aufstiegschancen, hatte sie sich doch inzwischen als akademisches Fach etabliert, dem, wie erläutert, im steigenden Maße auch Lehrstühle zugesprochen wurden.

Bereits 1971 wies David Preston in seiner Dissertation über die sozialen Bedingungen jüdischer Wissenschaftler in Deutschland darauf hin, daß sie, gerade weil sie von der akademischen Karriere in den prestigebehafteten alten Disziplinen nahezu ausgeschlossen waren, Zugang hatten zu den Fächern, «which were very new and not yet incorporated fully into the institutional framework». Aber genau in diesen neuen Disziplinen, die oft wie die physikalische Chemie oder die Biochemie zwischen den tradierten Lehrstühlen standen und für Außenseiter offen waren, sollte sich der wissenschaftliche Fortschritt um die Jahrhundertwende besonders stürmisch entwickeln, während die etablierten alten Fächer häufig stagnierten. Juden, die zuvor in marginale und weniger prestigeträchtige Positionen abgedrängt waren, hatten nun gerade «a structural predisposition to participation in the new, emerging fields of science».[279] Auch Shulamit Volkov gelangte zu dem Schluß, daß die dem deutschen Wissenschaftssystem innewohnende Diskriminierung von Juden sich in einen Vorteil verwandelte, indem diese in disziplinäre Randgebiete abgedrängt wurden, die sich als Brennpunkte wissenschaftlichen Fortschritts erwiesen. Die für Juden offene Privatdozentur bedeutete freilich eine Zurücksetzung in untergeordnete akademische Positionen, erlaubte ihnen aber andererseits eine enge fachliche Spezialisierung in einer Zeit, als der mit dem Ordinariat verbundene Zwang zur breiten Beherrschung des Fachs kontraproduktiv wurde. Schließlich positionierte das deutsche Universitätssystem Juden zwar in die weniger angesehene «Peripherie» der akademischen Landschaft wie z. B. die Technischen Hochschulen, doch besetzten diese dann ihre Stellen mit einem einzigartigen wissenschaftlichen Potential, während umgekehrt die jüdischen Wissenschaftler relativ freier und ohne den Druck des etablierten fachlichen Konformismus der alten Universitäten, des «Zentrums», forschen und ihre Spezialgebiete vorantreiben konnten.[280] Volkov mußte auf dem Historikertag 1994 ihre Ergebnisse teilweise revidieren, da sie, methodisch nicht korrekt, eine Gruppe von 40 jüdischen Spitzenwissenschaftlern mit der Gesamtheit nichtjüdischer Wissenschaftler, also auch der mittelmäßigen, verglichen hatte. Ihre Gegenüberstellung von zwölf jüdischen mit zwölf nichtjüdischen Spitzenwissenschaftlern ergab besonders hinsichtlich der Karrieremuster erstaunliche Ähnlichkeiten, da in beiden Fällen die langen Jahre als Privatdozenten und Extraordinarien zentrale Bedeutung hatten.[281] Trotzdem bleibt das Ergebnis bestehen, daß die benachteiligende Verdrängung jüdischer Wissenschaftler an die disziplinäre und institutionelle Peripherie des Universitätssystems sich zu einem strukturellen Vorteil wandeln sollte.

Habers akademischer Karriereweg ging in Prestons wie in Volkovs Untersuchung ein. Er gibt ein nahezu idealtypisches Beispiel für diese Entwicklung ab, wenngleich festzuhalten ist, daß er keineswegs auf die untergeordneten Positionen des Privatdozenten und außerordentlichen Professors fixiert blieb. Allen seinen Befürchtungen zum Trotz schaffte er den Sprung zum Ordinarius dann doch sehr bald. Noch Anfang 1906 war die chemische Abteilung der TH offiziell von einer Fortschreibung des bisherigen Zustands ausgegangen, wobei Bunte als Abteilungsvorstand eine weitere Verbesserung der Situation Habers durchsetzte. Statt seiner diversen «Spezialvorlesungen» in technischer Elektro- und Gaschemie sollte er ab dem Wintersemester 1906/07 einen Lehrauftrag über eine zweistündige Vorlesung mit einstündiger Übung über «angewandte physikalische Chemie» erhalten, der mit 1000 Mark pro Semester honoriert wurde. Wenngleich sich die Inhalte, die Haber vermitteln sollte, offenbar in weiten Teilen mit seinen früheren Lehraufträgen deckten, so stellte die neue Bezeichnung doch mehr als eine bloß verbale Veränderung dar. Haber saß damit nicht mehr zwischen den Stühlen verschiedener chemischer Teildisziplinen, sondern war auch nach außen in die Community der Physikochemiker aufgenommen. Bunte wertete den Lehrauftrag noch dadurch auf, daß er ihn ausdrücklich in Beziehung zu seiner eigenen und Le Blancs Lehr- und Forschungstätigkeit setzte und eine indirekte Gleichrangigkeit suggerierte.[282] Haber wurde ‹ordinariabel›.

Die Vermutung, daß Habers Ritterschlag zum Physikochemiker in weisem Vorgriff auf die in Kürze stattfindende Neubesetzung des physikalisch-chemischen Lehrstuhls in Karlsruhe erfolgte, liegt nahe, wenngleich die Quellen einen direkten Zusammenhang nicht belegen. Wilhelm Ostwalds Rücktritt in Leipzig lag in der Luft, obwohl das sächsische Kultusministerium sein Entlassungsgesuch, das er nach scharfen Kontroversen mit der Fakultät bereits Ende 1904 gestellt hatte, erst am 11. 5. 1906 mit Wirkung zum 1.10. desselben Jahres bewilligte.[283] Als Nachfolger auf den renommierten Lehrstuhl, der jedoch seit Walther Nernsts Aufstieg in Göttingen und Berlin wissenschaftlich an Bedeutung verloren hatte, wurde Max Le Blanc berufen, der den Ruf Mitte Juli annahm.[284] Die Sachsen drängten auf Eile, und auch die TH und die badischen Behörden setzten alles daran, die Wiederbesetzung ihres Lehrstuhls zum 1.10. sicherzustellen. Am 30. 7. trat die Berufungskommission bereits zu ihrer Schlußsitzung zusammen. Ihr gehörten von seiten der chemischen Abteilung neben den Chemieordinarien Engler, Bunte und Le Blanc, der freilich nur noch beratend teilnahm und sich bei der Abstimmung enthielt, auch Roland Scholl, etatmäßiger Extraordinarius für organische Chemie, der Ordinarius für Botanik Ludwig Klein sowie der etatmäßige Extraordinarius für Mineralogie und Geologie Wilhelm Paulcke an; hinzu traten der Elektrotechniker Engelbert Arnold, der im Studienjahr 1906/07 das Rektorat der TH inne hatte, sowie der Physiker Otto Lehmann, der jedoch an der Schlußsitzung nicht teilnahm.[285]

Die Kommission[286] war sich über zwei Grundsätze einig: Man wollte einen Ordinarius, der erstens in Lehre und Forschung «auf voller Höhe steht» und zweitens den Zweig der Elektrochemie der bisherigen Tradition entsprechend qualifiziert vertrat. Daher kamen «überhaupt nur vier Persönlichkeiten in Betracht», nämlich Richard Abegg/Breslau, Fritz Foerster/TH Dresden, Fritz Haber sowie R. Luther/Leipzig, mit Ausnahme Foersters alle außerordentliche Professoren. Luther, der sich später in

Dresden wissenschaftliches Renommee vor allem als Photochemiker erwarb, schied allerdings aufgrund mangelnder Lehrerfahrung aus. Die Referenten Engler und Bunte schlugen nun der Kommission eine Liste vor, auf der Foerster und Haber gleichwertig an der ersten, Abegg an der zweiten Stelle stand.

Das war ein sehr positives Votum für Haber. Daß es sich um eine Hausberufung handelte, fand in den Quellen keinerlei Niederschlag; die Tatsache wurde weder besonders begründet noch überhaupt erwähnt. Fritz Foerster (22. 2. 1866–14. 9. 1931)[287] war nach seiner Promotion 1888 an der Universität Berlin zunächst an die neugegründete Physikalisch-Technische Reichsanstalt gegangen, wo er von 1891–1895 Assistent war und sich 1894 habilitierte. Im Anschluß daran unterrichtete er an der TH Dresden reine und angewandte Elektro- und physikalische Chemie. 1898 wurde er dort außerordentlicher, zwei Jahre darauf ordentlicher Professor. Ihm hielten Engler und Bunte zugute, daß er bereits seit Jahren selbständig und erfolgreich den akademischen Unterricht geleitet hatte. Vor allem durch seine elektrochemischen Arbeiten, u. a. über das Kupfervoltameter, die Darstelltung von Nickel und Thallium und die Elektrolyse von Alkalichloriden, hatte er sich auch einen wissenschaftlichen Namen gemacht. Über Persönlichkeit und Charakter Foersters wußten Engler und Bunte ebenfalls «nur Günstiges zu berichten». In ihrem Referat über Haber betonten sie seine umfangreiche Lehrtätigkeit und gingen sehr detailliert auf seine Forschungen ein, deren Breite sie eigens hervorhoben. Sämtliche Publikationen, so ihr Fazit, wurden «in den Fachkreisen des In- und Auslandes als hervorragend tüchtige Leistungen anerkannt.» Eine Bemerkung über Persönlichkeit und Charakter fehlte. Ob absichtlich, sei dahingestellt, doch entzündete sich offenbar an diesem Punkt in der Kommission eine heftige Kontroverse. In einer Kampfabstimmung mit drei zu zwei Stimmen (zwei Enthaltungen: Scholl, Le Blanc; eine Absenz: Lehmann) beurteilte sie Foerster und Haber zwar in Hinblick auf die wissenschaftlichen Leistungen und die Lehrbefähigung als gleichwertig, setzte aber «mit Rücksicht auf die persönlichen Eigenschaften» Foerster an die erste bzw. besser umgekehrt: Haber an die zweite Stelle.[288] Daß sich Haber durch seine ambitionierte Art nicht nur Freunde gemacht hatte, schlug in diesem verklausulierten Votum durch. Die Fachkollegen aus der Chemie hatten sich entweder der Stimme enthalten (Le Blanc, Scholl) oder für die Gleichwertigkeit der Bewerber (Engler, Bunte) ausgesprochen. Die Stimmen gegen Haber stammten also von den fachfremden Mitgliedern der Kommission, d. h., da Lehmann fehlte, von Arnold, Klein und Paulcke.

Trotzdem lief die Berufungsangelegenheit ziemlich geradlinig auf Haber zu. Der Senat der TH schloß sich in Kenntnis aller Unterlagen noch «dem Vorschlag der Berufungskommission» an. Das konnte nur die Erstplazierung Foersters vor Haber bedeuten, denn Bunte stimmte als einziges Senatsmitglied dagegen, wie das Schreiben des Rektors an das Justiz- und Kultusministerium eigens vermerkte.[289] Aber nur wenige Tage später, am 6. 8., sah die Sache bereits anders aus. Die befaßte Kultusabteilung erklärte in ihrem Schreiben an den Großherzog den Referenten-Vorschlag einer gleichwertigen Erstplazierung Habers und Foersters stillschweigend zum Votum der Berufungskommission und des Senats. Sie unterrichtete den Monarchen ferner davon, daß sie Haber die ordentliche Professur mit einem Jahresgehalt von 4000 Mark plus 1200 Mark Wohnungsgeld angeboten und daß dieser den Ruf auch schon angenommen habe.[290] Von Foerster war überhaupt nicht mehr die Rede. In Anbetracht der enorm kurzen Frist von nur einer Woche zwischen der Sitzung der Berufungskommission und der Annahme des Rufs durch Haber liegt die Vermutung nahe, daß der Dresdener Ordinarius gar keine Chance erhalten hatte, Berufungsverhandlungen zu führen: Das Ministerium hatte sich offenbar gleich an den Karlsruher Extraordinarius gewandt.[291] Daß im Ministerium ein Mann wie Engler ein Gewicht besaß, das knappe Voten von Berufungskommissionen ‹ausgleichen› konnte, ist sicher. Der langjährige Hochschulreferent Franz Böhm (1861–1915), der 1911 der erste badische Kultusminister werden sollte, hatte mit Engler die Zugehörigkeit zu den Nationalliberalen gemein. Daß Althoff sich bei seinem Abschied 1907 Böhm als Nachfolger wünschte[292], zeigt, daß der badische Ministerialdirektor eine ähnlich vorausschauende und zupackende Hochschulpolitik verfolgte. Er war Haber offenbar sehr gewogen, denn noch Jahre später dankte dieser aus Berlin für «Wohlwollen und Förderung», die er seiner Entwicklung habe zuteil werden lassen.[293]

So unterzeichnete Großherzog Friedrich die Berufungsurkunde noch am 10. 8.: Mit Wirkung vom 1. Oktober 1906 wurde Haber ordentlicher Professor für physikalische und Elektrochemie an der TH Karlsruhe mit einem jährlichen Einkommen von insgesamt 5200 Mark.[294] Für die Beschaffung neuer Apparate und Instrumente für sein Institut handelte Haber einen außerordentlichen Zuschuß von 4000 Mark heraus.[295] Die Glückwünsche der Freunde trafen sofort ein und wurden umgehend beantwortet.[296] Haber war ein gemachter Mann, denn bereits ein Jahr später, um dies vorwegzunehmen, erhöhte sich sein Einkommen auf 7000 Mark (5800,– plus 1200,– Wohnungsgeld), als er den Ruf als Nachfolger Georg Lunges am chemisch-technischen Institut des Züricher Polytechnikums ablehnte. Zusätzlich wurden ihm seine Zeit als bezahlter Assistent abzüglich eines Probejahres (also seit 16. 12. 1895) auf die Dienstzeit als Beamter angerechnet und finanzielle Sondermittel für wissenschaftliche Zwecke in Aussicht gestellt.[297]

Haber war zum Zeitpunkt seiner Berufung gerade 37 Jahre alt, also sehr jung, was oft von jenen vergessen wird, die den Antisemitismus betonen, der seine Karriere verlangsamt habe.[298] Zwar war er zwölf Jahre lang

Abb. 3 Fritz Haber und seine Mitarbeiter am Institut für physikalische Chemie und Elektrochemie an der Technischen Hochschule Karlsruhe, 1909
Ganz vorn sitzend: Mechaniker Friedrich Kirchenbauer.
1. Reihe, sitzend: Robert Le Rossignol (2. v. l.), Paul Askenasy (4. v. l.), Fritz Haber (5 v. l.), Gerhard Just (4. v. r.), Richard Leiser (3. v. r.), Adolf Koenig (2. v. r.).
2. Reihe, stehend: Friedrich Bergius (1. v. l.), J. E. Coates (3 v. l.), Tamaru Setsurō (4. v. l.), Paul Krassa (5. v. l.).

formell Assistent gewesen. Andererseits wartete ein Privatdozent bis zu seiner Ernennung zum außerordentlichen Professor, ob mit oder ohne Lehrauftrag, in den Naturwissenschaften rund sechs Jahre lang; Haber hatte nur zwei gebraucht. Die Berufung zum Ordinarius erfolgte in den Naturwissenschaften, wenn überhaupt, dann in der Regel im Alter von über 42 Jahren, wie diese überhaupt im Vergleich mit anderen Disziplinen die ältesten (die Historiker die jüngsten) waren: die ordentlichen Professoren der Naturwissenschaften hatten 1907 ein Durchschnittsalter von 55 Jahren; nur 17 % waren jünger als 45, dafür 29 % über 60 Jahre alt.[299]

Noch zwei Jahre später befand Ostwald Haber im Vergleich zu früher «sehr viel besser, weil er (seit Le Blanc in Lpg [= Leipzig] ist) Ordinarius geworden ist».[300] Daß er sein Ziel erreicht hatte, hieß freilich nicht, daß er dem Rat wohlmeinender Freunde folgte, jetzt «eine Zeit lang nichts zu thun». Er hatte, wie er selbst nur zu gut wußte, den Arbeitsdruck längst internalisiert und verglich sich mit einer Maschine, die, einmal angestoßen, «von selbst ihren gewohnten Trott geht». Über die nächsten Jahre war er zuversichtlich und verzagt zugleich. Er schwelgte in «Träumen phantastischer Natur», was er nun alles in dem neuen Laboratorium mit den unvergleichlich größeren Mitteln versuchen wollte. Auf der anderen Seite wurde ihm auch klar, daß sich vor allem die Anforderungen an seine Lehrtätigkeit grundlegend geändert hatten. Er, der Autodidakt, empfand es nun schmerzlich, daß er selbst nie eine richtige physikalisch-chemische Vorlesung gehört und nie an einem solchen Institut gearbeitet hatte. Hatte er zuvor wenige, ältere und bereits qualifizierte Schüler gehabt, sah er sich nun vor dem Problem, sich auf «Massen junger durchschnittlicher Kräfte» einzustellen.[301] Die Befürchtungen trafen nicht zu. Die «Massen» bezifferten sich im Wintersemester 1906/07 auf 65 Studierende einschließlich der Hospitanten: Von diesen absolvierten 35 den Einführungskurs; 30 waren mit wissenschaftlichen Arbeiten befaßt, von denen Haber nur drei von Le Blanc übernommen hatte. Drei waren ihm aus dem chemisch-technischen Institut gefolgt, 24 von auswärts hinzugekommen, um nach Abschluß ihres Chemiestudiums bei dem frischgebackenen Ordinarius eine physikochemische Zusatzausbildung zu erhalten.[302] Haber hatte es also nach wie vor großenteils mit fortgeschrittenen Studierenden zu tun.

IV. Brot aus Luft: Fritz Haber, die BASF und die Fixierung des Stickstoffs

1. Das Problem: seine Formulierung durch die Wissenschaft und die Ansätze zu seiner Lösung

Es gibt kaum ein besseres Beispiel für die erfolgreiche Popularisierung wissenschaftlicher Erkenntnisse als Liebigs Arbeiten über die Pflanzenernährung.[1] Die Bedeutung von Mineralien wie Kalisalzen, Phosphaten und Stickstoffverbindungen für das Wachstum der Pflanzen war Gemeingut breiter Kreise geworden; geläufig war die Vorstellung vom Kreislauf der Stoffe, verbreitet die Ansicht, der kenntnislose Raubbau des Bodens sei für den Untergang früherer Kulturvölker verantwortlich. Die Versorgung der Landwirtschaft mit Kali- und Phosphorsalzen, um die Folgen des intensivierten Ackerbaus auszugleichen, galt um die Jahrhundertwende als gesichert: Die Entdeckung der Kalisalzlager in Staßfurt hatte nach der ersten Tiefbohrung durch den preußischen Staat 1837 zur Entstehung der Kaliindustrie geführt. Bereits 1890 gab es in Deutschland 75 Superphosphatfabriken, daneben spielte das Thomasmehl aus den Stahlwerken eine bedeutende Rolle als phosphorhaltiges Düngemittel.[2] Differenzierter war die Situation beim Stickstoff, der bereits zu Beginn des Kaiserreichs neben dem Wasser als «der gewaltigste Motor» des Lebens galt: «Ihn einzufangen, Gewalt über ihn zu bekommen, das ist die Aufgabe; ihn zu erhalten, das ist der Schlüssel der Ökonomik», so der Agronom und Liebig-Schüler Albert Schultz.[3] Schultz dachte noch vor allem an die biologische Stickstoffquelle. Bereits 1886 wurde die Funktionsweise der uralten Dreifelderwirtschaft wissenschaftlich nachgewiesen, nämlich daß die Schmetterlingsblütler zu einer indirekten Stickstoffaufnahme aus der Luft befähigt sind, indem bestimmte, in den Wurzelknöllchen lebende Bakterienarten den Luftstickstoff binden und der Pflanze zuführen. Es gab sogar mehrfache Anläufe, diese Bakterien zu züchten und unter dem Namen Nitragin- oder Nitrobakterine-Kulturen im großen Maßstab herzustellen und zu vertreiben, so beispielsweise durch das Chemieunternehmen Meister Lucius und Brüning in Höchst um die Jahrhundertwende. Allerdings wurde gerade die chemische Industrie nicht müde zu betonen, daß auf diese Weise bei bester Ausnutzung allenfalls 30–40 % des gesamten Stickstoffbedarfs gedeckt werden könnten.[4]

Pflanzen können Stickstoff nur in anorganischer, gebundener Form aufnehmen. Wichtigste Quelle um die Jahrhundertwende war der natürlich vorkommende Chilesalpeter (Natriumnitrat, $NaNO_3$). Nach der Entdekkung der gewaltigen Lager an der südamerikanischen Westküste Anfang der 1820er Jahre wurde er erst gut vierzig Jahre später im industriellen Maßstab abgebaut und exportiert; die Salpeterindustrie wurde zu einem der wichtigsten Wirtschaftszweige Chiles. Dort gab es im Jahr 1910 155 Salpeterfabriken, davon 63 in englischem, 53 in chilenischem und 15 in deutschem Besitz.[5]

Der Weltverbrauch an Chilesalpeter stieg in den zehn Jahren zwischen 1898 und 1908 von knapp 1,2 auf etwas über 2 Millionen Tonnen, die jährliche Steigerung betrug durchschnittlich mindestens 50 000 Tonnen. Auf Deutschland entfiel ein knappes Drittel des chilenischen Exports, rund 600 000 Tonnen im Jahr 1908, von denen wiederum rund drei Viertel von der Landwirtschaft, ein Viertel von der chemischen Industrie beansprucht wurden: Salpetersäure war unentbehrlich für die Explosivstoff- und besonders die Teerfarbenindustrie, die sie für die Darstellung von Indigo sowie der Anilin- und Azofarben benötigte.[6] Der größte deutsche Hersteller von Salpetersäure aus der Umsetzung mit Chilesalpeter war die Firma Griesheim-Elektron.

Nun waren es gerade die Chemiker, die öffentlichkeitswirksam vorrechneten, daß der eigentliche Stickstoffbedarf viel höher liege, als der Salpeterkonsum verrate. August Bernthsen (29. 8. 1855–26. 11. 1931) etwa, seit 1887 Leiter des Hauptlabors der BASF und seit 1898 auch ihrer Patentabteilung, behauptete 1909 als Vorstandsmitglied seiner Firma unumwunden, Deutschland könne von einem Import- zum Exportland für Getreide und Kartoffeln werden, wenn es nur seine Stickstoffdüngung verdoppelte.[7] In der Tat war die BASF seit der Jahrhundertwende auf der Suche nach großtechnisch durchführbaren Verfahren zur chemischen Synthese von Stickstoffverbindungen. Und auch der renommierte englische Chemiker Sir William Crookes (17. 6. 1832–4. 4. 1919), Schüler und Assistent August Wilhelm von Hofmanns[8], befaßte sich seit 1892 mit der physikalisch-chemischen Erforschung der Stickstoffoxidation mittels elektrischer Energie, bevor er sechs Jahre später seinen berühmt gewordenen Kassandraruf über die baldige Erschöpfung der chilenischen Salpetervorräte ausstieß. Er bezog sich dabei auf die statistische Vorausberechnung der Zunahme der Brot essenden Weltbevölkerung durch den Amerikaner D. Wood 1895, der zu dem Schluß gekommen war, daß diese nach 1930 nur über eine Intensivierung der Landwirtschaft sichergestellt werden könnte, da bis dahin alle potentiellen Bodenreserven urbar gemacht und für den Ackerbau genutzt würden.[9] Als Präsident der British Association for the Advancement of Science hielt Crookes am 7. 9. 1898 in Bristol unter dem Titel «The Wheat Problem» eine «Presidential Address», die, in mehreren Auflagen publiziert, über Jahre hin weltweite Beachtung fand. Crookes konfrontierte sein Publikum mit der Nachricht, daß «England and all civilised nations stand in deadly peril of not having enough to eat», um allerdings gleich auch den Retter der Menschheit zu präsentieren: «It is the chemist who must come to the rescue of the threatened communities.»[10]

Bemerkenswert an der häufig zitierten Rede sind zwei Tatsachen: Sie war erstens durchzogen von offenkundigem rassistischen Imperialismus, da nach Crookes die Weltherrschaft der weißen, Weizenbrot essenden «great Caucasian race» durch die Ernährungsprobleme gefährdet wurde.[11] Sie zielte zweitens darauf ab, das gesellschaftliche Prestige der Chemiker enorm zu erhöhen, indem sie die Fortexistenz der zivilisierten Menschheit von der Lösung des Problems abhängig machte, den in der Luft unbegrenzt vorhandenen atmosphärischen Stickstoff chemisch zu binden. Dabei ging Crookes davon aus, daß die natürlichen Salpetervorräte in kurzer Zeit erschöpft sein würden.[12]

Die um die Jahrhundertwende angestellten Schätzungen der Fachleute gingen allerdings weit auseinander: Ein amerikanischer Statistiker errechnete, daß die Salpeterlager bereits im Jahr 1923 erschöpft sein würden. Dem schloß sich die deutsche Gesandtschaft in Santiago an; sie beurteilte anders lautende Prognosen der chilenischen Regierung, die eine Ergiebigkeit der Felder bis in die 1940er Jahre gewährleistet sah, als zu positiv. Wenig später beruhigten allerdings auch eine französische und eine weitere chilenische Hochrechnung mit fernen Jahreszahlen wie 2032 oder 2044.[13]

Daß derartige Schätzungen interessengebunden sind, sollte dabei allerdings nicht nur für Chile angenommen werden, sondern auf andere Weise auch für Crookes, der ohne weitere Erklärung oder Diskussion von den ungünstigsten Annahmen ausging. Ihm folgten deutsche landwirtschaftliche Verbände wie die mit der Düngerversorgung befaßte Bezugsvereinigung der deutschen Landwirte, aber auch der preußische Staat, der zusätzlich die Gefahr erkannte, daß englische und amerikanische Gesellschaften das Salpetergeschäft monopolisieren und enorme Preissteigerungen durchsetzen könnten.[14] Allerdings ist die Neigung des Chemikers Crookes, wissenschaftliche Großaufgaben für seine Disziplin auszumachen, nicht zu übersehen, denn er ging mit keinem Wort auf die zweite wichtige Quelle gebundenen Stickstoffs ein, die nach den Chilesalpeterimporten um die Jahrhundertwende durchaus in beträchtlicher Quantität zur Verfügung stand: Das als Nebenprodukt bei der Verkokung anfallende sog. Zechenammoniak (NH_3) wurde dem bei der Zersetzungsdestillation von Kohle entstehenden Gaswasser durch Kochen ausgetrieben und kam in Form von Ammoniumsalzen in der Landwirtschaft zum Einsatz. Es hatte seit den 1870er Jahren zunehmend an Bedeutung gewonnen, wobei der Vorteil der Nebenproduktnutzung auch der Nachteil war: Seine Erzeugung war an die Kohleverkokung und damit indirekt an die Eisenproduktion gebunden, die rund 90 %

des hergestellten Kokses verbrauchte. Die Zechenammoniakproduktion war daher nur in begrenztem Rahmen zu steigern, bezifferte sich aber auf beträchtliche Mengen. Sie schwankte in den Jahren vor dem Ersten Weltkrieg in Deutschland zwischen 65 000 und 120 000 Tonnen gebundenen Stickstoffs; 1913 fielen 110 000 Tonnen aus Zechenammoniak an, während im selben Jahr 750 000 Tonnen Chilesalpeter importiert wurden, was einer Stickstoffmenge von 116 250 Tonnen entsprach.[15]

Im Gefolge von Crookes' Aufruf, der in zahlreichen Publikationen eine zentrale argumentative Stelle einnehmen sollte[16], eröffneten sich den Chemikern grundsätzlich drei Wege, den aufgrund seiner molekularen Struktur sehr reaktionsträgen Luftstickstoff in reaktionsfähige Verbindungen zu überführen:

1. die Herstellung von Salpetersäure über mehrere Verfahrensschritte, wobei zuerst im elektrischen Lichtbogen Stickoxid aus Sauerstoff und Stickstoff erzeugt, dieses anschließend zu Stickstoffdioxid oxidiert und letzteres danach in Salpetersäure umgewandelt wurde;
2. die indirekte Darstellung von Ammoniak, wobei die Eigenschaft des Stickstoffs ausgenutzt wurde, sich mit gewissen Metallen oder Kohlenstoffverbindungen von Metallen zu Stickstoffmetallen bzw. Cyanverbindungen zu vereinigen, die dann durch weitere chemische Verfahren in Metalloxide einerseits und Ammoniak andererseits gespalten wurden;
3. die direkte Darstellung von Ammoniak aus seinen Elementen Stickstoff und Wasserstoff.

Die Wege 1 und 2 waren seit der Jahrhundertwende durch mehrere Verfahren bereits beschritten, doch standen ihre großtechnische Durchführung und wirtschaftliche Rentabilität in Frage, so daß es nun auf weitere Verfahrensverbesserungen und -änderungen ankam.[17]

Die verschiedenen Lichtbogenverfahren des Weges 1[18] versuchten, die in der Natur beobachtbare Entstehung von Stickoxiden bei Gewittern künstlich nachzustellen, was durch die Fortschritte der Elektrotechnik gute Erfolgsaussichten zu haben schien. Das technische Problem war, die Gleichgewichtsreaktion: $N_2 + O_2 \leftrightarrow 2\ NO$ zur Stickoxidseite hin zu stabilisieren, d. h. eine Möglichkeit zu finden, die Reaktionsgase zuerst sehr stark zu erhitzen und dann nach Bildung des Stickoxids sehr schnell wieder abzukühlen, um dessen Zerfall zu verhindern. An diesem Prinzip hatten sich Größen wie Crookes (1897), Lord Rayleigh (1897) und andere versucht, Patente wurden erworben, doch der großtechnische Durchbruch ließ auf sich warten. Das Scheitern der Atmospheric Products Co. mit ihrem Bradley-Lovejoy-Verfahren[19] hatte Haber bereits auf seiner USA-Reise 1902 erlebt. Der erste technische Erfolg war das Verfahren zweier Norweger, des Physikers Christian Birkeland und des Ingenieurs Samuel Eyde, die 1902/03 den Lichtbogen durch ein Magnetfeld zu einer Scheibe auseinanderzogen, so daß das gebildete Stickoxid nicht durch die sonst entstehende heiße Zone um den Lichtbogen wieder zerlegt wurde. Ihr Verfahren wurde seit 1904 großtechnisch in der Nähe des heutigen Oslo durchgeführt, wobei Norwegen grundsätzlich den Vorteil bot, die benötigten großen Mengen elektrischer Energie durch billige Wasserkräfte rentabel anzubieten.

Weg 2 wurde auch um die Jahrhundertwende beschritten, wobei die entwickelten Verfahren ebenfalls auf dem Einsatz großer Mengen elektrischer Energie beruhten. Am zukunftsträchtigsten war das Verfahren der Chemiker Adolf Frank und Nikodem Caro, die über Calciumcarbid, das mit dem Luftstickstoff zur Reaktion gebracht wurde, Kalkstickstoff ($CaCN_2$) darstellten, der entweder direkt zur Düngung oder aber in einem weiteren Schritt durch Erhitzen mit Wasserdampf zu Ammoniak zersetzt werden konnte. Auf demselben Funktionsprinzip basierten ähnliche Verfahren, Metallnitride und -cyanide wie Bariumcyanid oder Aluminiumnitrid unter Freigabe von Ammoniak zu zersetzen. Gemeinsam war ihnen allen, daß erste Anfänge zu ihrer großtechnischen Umsetzung bereits erkennbar waren.[20]

Anders dagegen bei Weg 3: Diese eleganteste, für den Chemiker reizvollste Lösung ließ sich auf dem Papier auf die einfache Gleichung bringen: $N_2 + 3\,H_2 \leftrightarrow 2\,NH_3$. Für die technische Realisierung jedoch stellte sich das Problem, daß es sich um eine Gleichgewichtsreaktion handelt, wobei die Lage des Gleichgewichts durch Temperatur und Druck bestimmt wird. Bei hohem Druck und niedrigen Temperaturen liegt es auf seiten des Ammoniaks. Wendet man zur Überwindung der Reaktionsträgheit des Stickstoffs jedoch hohe Temperaturen an, zerfällt das Ammoniak wegen der nun ungünstigen Gleichgewichtslage wieder in seine Bestandteile. Ein scheinbar unlösbarer Teufelskreis, zumal zu Beginn des Jahrhunderts noch nicht einmal die Zahlenwerte des Gleichgewichts bestimmt worden waren. Noch 1908 hieß es daher in seriösen Fachpublikationen nachdrücklich, die direkte Gewinnung von Ammoniak aus Stickstoff und Wasserstoff scheine «auch in Zukunft absolut aussichtslos zu sein.»[21]

2. Erste Schritte der BASF und Fritz Habers auf dem Gebiet der Stickstoffbindung bis 1907

Das Interesse an der von Crookes' definierten Menschheitsaufgabe, den atmosphärischen Stickstoff zu fixieren, sollte die BASF und Fritz Haber zur fruchtbaren Kooperation zwischen Wirtschaft und Wissenschaft zusammenführen, die in der erfolgreichen großtechnischen Entwicklung der Ammoniaksynthese nach Haber-Bosch gipfelte und mit dem Nobelpreis belohnt wurde. Während der technische Verlauf der Entwicklung seit langem bekannt ist[22], fand die archivalische Basis der Zusammenarbeit beider Vertragspartner, nämlich ihre umfangreiche, in großen Teilen überlieferte

Korrespondenz[23], lediglich in jüngster Zeit erstmals das Interesse der Historiker.[24] Dabei hatten sich zunächst das Unternehmen wie der Wissenschaftler unabhängig voneinander an der Lösung des Problems versucht: die Badische auf den Wegen 1, 2 und 3, Haber auf den Wegen 1 und 3.

2.1. Die BASF unter dem Zwang zur Diversifizierung

Zwei eng zusammenhängende Fragen sind zunächst zu beantworten: Warum interessierte sich die Badische Anilin- & Soda-Fabrik um die Jahrhundertwende für die großtechnischen Möglichkeiten der Bindung des Luftstickstoffs? Und, dieses Interesse vorausgesetzt, warum suchte das Unternehmen, das bedeutende industrieeigene Forschungskapazitäten aufgebaut hatte, die Kooperation mit einem Wissenschaftler an der Technischen Hochschule? Eine modernen wissenschaftlichen Ansprüchen genügende Unternehmensgeschichte der 1865 gegründeten Aktiengesellschaft fehlt, so daß die Forschung bis heute auf sehr alte Veröffentlichungen[25] oder auf die firmeneigene Publikationsreihe[26] zurückgreifen muß, die in ihre populärwissenschaftlichen Darstellungen die Materialien des Unternehmensarchivs einbezieht. Arbeiten über die Entwicklung der chemischen Industrie[27] wie vor allem über den Aufbau industrieller Forschungslaboratorien[28] liefern notwendige weitere Informationen und Fragestellungen. Der hier vorrangig interessierende Bereich wissenschaftlicher Forschung in der BASF wurde erst vor kurzem und nur für die Entwicklung synthetischer Farbstoffe auf breiter Quellengrundlage, vor allem den rund 2000 erhaltenen Forschungsberichten der BASF-Chemiker, vertieft analysiert.[29] Damit wird der Rahmen abgesteckt, in dem die Situation der BASF als chemischer Großbetrieb um 1900 zu verorten ist.

Die Badische war bereits um die Jahrhundertwende mit Abstand das größte chemische Unternehmen Deutschlands. Sie hatte 1900 knapp 7000 Beschäftigte, davon 146 Chemiker.[30] Allerdings war sie bis dahin eine reine Farbenfirma geblieben, die mit der gelungenen großtechnischen Indigosynthese 1897 nach 17jähriger teurer und intensiver Forschungsarbeit einen ihrer größten Triumphe gefeiert, aber auch einen gewissen Endpunkt erreicht hatte.[31] Nun stand das Unternehmen vor der überlebenswichtigen Entscheidung, in welche Richtung es sich fortentwickeln sollte. Um die Jahrhundertwende war die gesamte, bisher einseitig von der Teerfarbenproduktion dominierte deutsche chemische Industrie mit dem Zwang konfrontiert, in zukunftsträchtige Bereiche zu diversifizieren. Die meisten Unternehmen hatten diesen Schritt bereits getan: Hoechst und Bayer schon in den 1880er bzw. 1890er Jahren in die Arneimittelforschung, Agfa zur selben Zeit in die Photochemie.[32] Die BASF hinkte diesem Prozeß hinterher, bannte doch der Wettlauf um die Indigosynthese ihre Kapazitäten.[33] Versuche in der ersten Hälfte der 1880er Jahre, auf dem Gebiet der synthetischen Pharmazeutika Fuß zu fassen, waren sämtlich gescheitert. Die Badische blieb bis zum Ersten Weltkrieg von der Farbstoffproduktion beherrscht. Betrachtet man die Umsatzentwicklung, so entfielen im Jahr 1890 jeweils knapp 50 % auf die Anilin- und die Alizarinfarben. Zehn Jahre später betrug der Anteil der Alizarinfarben 27 %, des Indigos über 20 % und der Anilin- und Azofarbstoffe knapp 45 %. Die anorganischen Produkte lagen bei etwa 6 %; sie erhöhten zwar ihren Anteil bis 1913 auf über 15 %, doch verfügte die anorganische Abteilung trotz wachsender Bedeutung über kein eigenes Forschungslabor auf Abteilungsebene.[34]

Der Firmengründer Friedrich Engelhorn hatte von Anbeginn ein Konzept der integrierten Produktion verfolgt, wonach die Firma, wie ihr programmatischer Name auch aussagte, die anorganischen Grundstoffe der Farbenherstellung, nämlich vor allem Soda, Schwefel-, Salpeter- und Salzsäure, selbst herstellte.[35] Unter der Ägide Heinrich (1905: von) Bruncks (26. 3. 1847–4. 12. 1911)[36], leitender technischer Direktor der BASF seit Anfang 1884 und nach Worten seines Freundes Otto Nikolaus Witt «eines der größten Genies unserer Zeit», was sein Gespür für die Möglichkeiten großtechnischer Umsetzung und kommerzieller Erfolge anging[37], wurden im Zuge der Arbeiten an der Indigodarstellung gerade auf dem Gebiet der Grundstoffchemie bedeutende neue Verfahren entwickelt: 1888 das sog. Schwefelsäure-Kontaktverfahren und die Chlorgasverflüssigung, beide durch Rudolf Knietsch, drei Jahre darauf die katalytische Phthalsäureproduktion. Diese Daten sind nicht nur deshalb wichtig, weil damit die BASF beispielsweise zum damals weltweit größten Schwefelsäurehersteller avancierte oder weil sie mit den handlichen Stahlflaschen für verflüssigtes Chlor einen weiteren großen Verkaufserfolg verbuchen konnte. Die neuen Verfahren, ursprünglich rein auf die großtechnische Indigosynthese ausgerichtet, für deren Rentabilität sie grundlegend waren, markierten vielmehr den Beginn kontinuierlicher, großtechnisch-katalytischer Verfahren in der BASF. Damit erwarb sich das Unternehmen zum einen das Knowhow, durch den Einsatz geeigneter Katalysatoren hohe Reaktionstemperaturen zu senken und chemische Abläufe bei niedrigeren Temperaturen zu bewirken. Zum anderen erforderte der Übergang zu großtechnisch-katalytischen Verfahren eine neue Art der technisch-wissenschaftlichen Zusammenarbeit zwischen Chemikern, Physikern, Ingenieuren und Architekten. Dies implizierte Strukturen, die man zu Recht heranzieht, um einen neuen Abschnitt der Unternehmensentwicklung zu kennzeichnen: Nicht nur mußten die Bauformen den großtechnischen Arbeitsweisen und Anforderungen angepaßt, sondern vor allem die Ingenieure systematisch in den Prozeß von Forschung und Entwicklung einbezogen werden.[38] Damit entstanden großforschungsähnliche Strukturen in der Organisation chemischer Forschung, die über die Farbenfabrikation hinausführten und neue Einsatzmöglichkeiten provozierten.

Unter dem Druck, weiter zu diversifizieren, wagte die BASF unter Brunck Leitung in den 1890er Jahren erste Schritte in das neue Gebiet der Elektrochemie. Sie beschäftigte sich zunächst mit der Aluminium- und Calciumcarbidgewinnung auf elektrothermischem Weg, doch führte erst die seit 1898 ausgeführte Chloralkali-Elektrolyse zum großtechnischen Einsatz des elektrischen Stroms.[39] Über das Problem der Oxidation des Stickstoffs im elektrischen Flammenbogen, also den Weg 1, betrat das Unternehmen schließlich den weiten Problembereich der chemischen Bindung des Luftstickstoffs, nachdem mit dem erfolgreichen Abschluß der technischen Indigodarstellung personelle und vor allem finanzielle Kapazitäten frei geworden waren. Kurz darauf eröffneten sich Möglichkeiten, auch die Wege 2 und 3 zu beschreiten, die zum Ammoniak führen sollten.

Am erfolgversprechendsten schien zunächst Weg 1, der im Lichtbogenverfahren zur Salpetersäure führte. Seit 1896 stellten der Chemiker Otto Schönherr und der Elektrotechniker Johannes Heßberger in der BASF Versuche mit dem Lichtbogen an. Zwei Jahre später schloß die Badische einen Vertrag mit dem Chemiker Philippe-Auguste Guye, der vor einiger Zeit wichtige Verfahrensfortschritte erzielt hatte: Das unter seiner Leitung stehende Genfer Unternehmen wurde gegen Bezahlung verpflichtet, über die Ergebnisse seiner Arbeiten zu berichten und Erfindungen zum Erwerb anzubieten. Schließlich war Brunck über seinen Freund Otto Nikolaus Witt, der seinerseits mit Samuel Eyde befreundet war, über die norwegischen Versuche von Birkeland-Eyde informiert. Als diesen die großtechnische Gewinnung der Salpetersäure aus der Luft gelungen war, brachte Witt Brunck und Eyde im Oktober 1903 im Interesse gegenseitiger Förderung in Kontakt. Die Verhandlungen schleppten sich allerdings dahin, bis 1905 die BASF-Mitarbeiter Schönherr und Heßberger ein eigenes, Birkeland-Eyde gegenüber konkurrenzfähiges Verfahren entwickelt hatten, das in einem sehr langen, ruhig brennenden Lichtbogen Stickoxide von nahezu doppelter Konzentration produzierte. Allerdings war das Verfahren ebenfalls nur in der Nähe billiger Wasserkräfte rentabel. 1906 endlich schlossen die Badische und der norwegisch-französische Konzern, der im Besitz der Birkeland-Eyde-Patente war, einen Vertrag über die gemeinsame Gründung der Norsk Hydro Elektrisk Kvaelstof AS, die weitere Versuchsarbeiten durchführte und Öfen nach beiden Verfahren großtechnisch betrieb.[40] Dabei erwies sich Schönherrs Konstruktion schon nach kurzer Zeit als überlegen: 1913 arbeiteten 80 % der norwegischen Fabrik nach Schönherr, nur 20 % nach Birkeland.[41]

Weg 3, die direkte Synthese des Ammoniaks aus den Elementen, endete für die BASF bereits im Jahre 1900, kurz nachdem er beschritten worden war.[42] Begonnen hatte er sehr vielversprechend, als der Großmeister der physikalischen Chemie, Wilhelm Ostwald, dem Unternehmen am 12. 3. ein von ihm entwickeltes und im Laborbetrieb erprobtes Verfahren anbot, das er als Patent angemeldet hatte: «Die Gewinnung von Ammoniak und Ammoniakverbindungen durch Vereinigung von freiem Stickstoff und Wasserstoff mittels Kontaktsubstanzen» (= Katalysatoren). Ostwald wandte sich mit demselben Gesuch auch an die Farbenfabriken in Leverkusen und die Farbwerke in Höchst, um, wie er es später interpretiert sehen wollte, «eine allgemeine deutsche Sache» daraus zu machen.[43] Allerdings war es offenbar Carl Duisberg, der, nachdem Ostwald bereits mit dem höchst interessierten Brunck und mit der Höchster Geschäftsleitung verhandelt und erste finanzielle Angebote erhalten hatte, eine gemeinsame Beteiligung der drei genannten Chemieunternehmen anregte. Am 24. 3. schließlich lag Ostwald eine vorläufige Übereinkunft mit finanziellen Aussichten vor, die ihm, wie er gestand, «eine mehr als bequeme wirtschaftliche Zukunft» versprachen, nämlich drei Millionen Mark. Eine größere Summe zu verwalten traute sich Wilhelm Ostwald laut seiner Autobiographie nicht zu.[44]

In Höchst wie in Ludwigshafen wurde nun, nachdem erste Versuche positive, wenngleich quantitativ geringere Ausbeuten an Ammoniak erbracht hatten als zuvor in Leipzig, die Überprüfung des Ostwald-Verfahrens eingeleitet. Brunck beauftragte damit – Ironie der Geschichte – den erst 1899 in die BASF eingetretenen jungen technischen Chemiker Carl Bosch (27. 8. 1874–26. 4. 1940), der selber seit 1896 in Leipzig studiert hatte. Boschs Ergebnisse waren negativ. Sein Laborbericht vom 2. 4.[45] belegte, daß die von Ostwald beobachteten kleinen Mengen Ammoniak nicht aus dem Luftstickstoff synthetisiert worden waren, sondern aus dem verwendeten Eisenkatalysator herrührten: Stickstoff war in allen technischen, d. h. käuflichen Eisen vorhanden, was Ostwald unbekannt gewesen war. Ostwald, der zunächst aufgebracht argumentiert haben soll, daß, «wenn Sie einen frisch eingetretenen, unerfahrenen Chemiker beauftragen, der nichts kann, dann natürlich nichts herauskommen [wird]»[46], gab klein bei und zog sein Patentgesuch zurück.

Ostwalds Patentgesuch[47] war allerdings bemerkenswert, enthielt es doch, wie in der Literatur stets hervorgehoben wird[48], bereits alle wesentlichen Merkmale des späteren Haber-Bosch-Verfahrens, nämlich hohe Temperaturen, hohen Druck, Metallkatalysatoren und Kreislaufverfahren. Ostwald selbst wurde nicht müde, sich selbst als «den geistigen Vater dieser Industrie» zu bezeichnen, während die leiblichen Väter sich später «des verlassenen Kindleins angenommen» hätten. Tatsächlich fühlte sich der von mehreren Nervenzusammenbrüchen geschwächte Leipziger Ordinarius zu erschöpft, um die Versuche fortzuführen.[49] Aber auch die BASF zog sich sofort zurück. Sie arbeitete weiter an der elektrisch induzierten Stickoxidbildung (Weg 1), schlug aber nach 1902 auch den Weg 2 ein, die indirekte Ammoniakgewinnung über Metallnitride und -cyanide. Beauftragt mit der Leitung der Arbeiten wurde Carl Bosch, der seit 1904 durch

Alwin Mittasch (27. 12. 1869–4. 6. 1953)[50] unterstützt wurde. Der ehemalige Volksschullehrer Mittasch hatte nebenberuflich in Leipzig Chemie studiert und danach als Assistent bei Ostwald und seinem Mitarbeiter Max Bodenstein eine vertiefte physikochemische Ausbildung erfahren; er sollte sich zum zukünftigen Katalysefachmann der BASF entwickeln.

Boschs Ziel war auf dem Weg 2, energiesparende Verfahren zu entwikkeln; er suchte also nach Möglichkeiten, den Stickstoff bei niedrigen Temperaturen zu binden.[51] Am erfolgversprechendsten schien eine bereits vor 50 Jahren in Frankreich entwickelte Methode, bei der aus Baryt, Kohle und Stickstoff Bariumcyanid gewonnen wurde, das bei Wasserdampf Ammoniak abspaltete. Bis 1907 erarbeitete Bosch in mühsamsten Einzelschritten ein Verfahren, das durch den Bau einer Bariumcyanidanlage im Sommer desselben Jahres im halbtechnischen Maßstab überprüft wurde. Allerdings waren die Fabrikationskosten unerwartet hoch, und die Materialprobleme konnten nicht behoben werden, so daß die Anlage im Juni 1908 ihren Betrieb wieder einstellte. Andere Verfahren über verschiedene Metallnitride, vor allem über Titan-, Silicium- und Aluminiumnitrid, die Bosch und Mittasch erprobten, führten zur selben Zeit bestenfalls zu langwierigen Patentstreitigkeiten, hier mit dem Österreicher Ottokar Serpek, der auf diesem Gebiet zahlreiche Patente besaß und in Zusammenarbeit mit einer französischen Firma verwertete.

1907/08 stellte sich Weg 2 also für die BASF als Sackgasse heraus. Damit blieb dem Unternehmen eigentlich nur Weg 1 der elektrisch induzierten Stickoxidbildung, der allerdings unter dem Problem enormer Energiekosten litt; Weg 3 der Ammoniaksynthese aus den Elementen schien fast aussichtslos. In dieser höchst verfahrenen Situation traf die Badische auf Haber, und hier liegt auch die Antwort auf die zu Eingang dieses Kapitels gestellte zweite Frage, warum das Unternehmen trotz industrieeigener Forschungskapazitäten die Kooperation mit einem Hochschulchemiker suchte.

Grundsätzlich war in der Geschichte der BASF wie überhaupt der deutschen chemischen Industrie die Zusammenarbeit mit Wissenschaftlern nichts Neues. Der 1868 in das Unternehmen eingetretene Heinrich Caro[52] pflegte intensive Kontakte mit Gelehrten an den Hochschulen, um die in ihren Laboratorien anfallenden Ergebnisse in Ermangelung industrieeigener Forschungskapazitäten in die Produktion zu überführen. Bekannt sind die vertraglich abgesicherten Kooperationen der Badischen mit Carl Graebe und Carl Liebermann vom Berliner Gewerbeinstitut bei der Alizarinsynthese seit 1869, die sich auf anderen Gebieten jahrelang fortsetzten, oder mit Adolf Baeyer an der Indigosynthese seit 1880, nachdem Caro schon früh die Bedeutung von dessen Arbeiten für sein Unternehmen erkannt hatte. Intensivste Beziehungen pflegte Caro mit Victor Meyer, zuerst Zürich, seit 1889 Nachfolger Bunsens in Heidelberg, der von der BASF große Mengen von Chemikalien für sein Institut erhielt und dafür seinen Schülern sehr praxisbezogene Arbeitsthemen erteilte. Meyer bezog Caros Vorstellungen sogar in die Entwürfe für das neue Heidelberger Laboratorium ein. Im Falle Emil Fischers ging Caro 1883 sogar noch einen Schritt weiter, indem er ihn gegen ein fürstliches Gehalt als seinen Nachfolger als Forschungsleiter der BASF zu gewinnen suchte. Als dieser ablehnte, bemühte sich Caro, ihn wenigstens als ständigen Berater, sprich: als Ideenlieferanten, zu gewinnen.[53]

Allerdings erhielt die Zusammenarbeit zwischen chemischer Wissenschaft und Industrie durch den allmählichen Aufbau industrieeigener Forschungskapazitäten einen grundsätzlich anderen Stellenwert.[54] Caro, der gelernte Färbereitechniker, der erst später Chemie studiert hatte, verfolgte von Anfang an eine zweite Strategie, die sich nicht mehr darauf verließ, wie früher neue Produkte oder Verfahrensverbesserungen technisch-empirisch auf Werkmeisterebene zu finden oder die wissenschaftlichen Erkenntnisse von Hochschullehrern ‹einzukaufen›, großtechnisch umzusetzen und kommerziell zu verwerten. Caro ließ zusätzlich wissenschaftlich ausgebildete Chemiker in den einzelnen Fabriklaboratorien der BASF systematisch nach neuen Farbstoffen suchen. Er war verantwortlich für Einführung und Ausbau technologisch orientierter, also auf die Entwicklungslinien der Farbstofftechnologie ausgerichteter Forschung in der Badischen.[55] Die Zahl der gelernten Chemiker[56] betrug 1875 20 Wissenschaftler in fünf Betriebslaboratorien (zwei Jahre zuvor waren es erst zehn gewesen), 1888 waren es 66 Chemiker in insgesamt 18 Laboratorien. Im Jahre 1900 beschäftigte die BASF insgesamt 146 Chemiker: 70 bis 80 % in den Betriebslaboratorien der einzelnen Farbenfabriken, d. h. also dezentralisiert für Alizarin-, Anilin-, Azofarben usw., den Rest in den beiden zentralen Laboratorien, dem 1889 im Betrieb genommenen Hauptlaboratorium und dem sog. Patentlaboratorium. Während die historische Forschung bisher die Gründung des Hauptlaboratoriums als Zäsur für die «industrialization of invention» in der deutschen Farbenindustrie wertete, wurde erst jüngst die bis dahin unterschätzte Bedeutung der dezentralen Werkslaboratorien für die Erfolgsstrategie der Unternehmen nachgewiesen. Auf unterer Ebene, also im Kontakt mit dem Produktionsprozeß, fand ebenfalls Forschung statt; die enge Zusammenarbeit von Chemikern, Ingenieuren, Technikern, Werkmeistern und Färbern erwies sich als überaus fruchtbar.[57] Diese Forschungen sind allerdings in den Quellen nur schwer zu fassen. Eine quantitative Auswertung für Hoechst ergab immerhin, daß hier fast ebensoviele Farbstoffe erfunden wurden wie in den eigentlichen Forschungslaboratorien.[58]

In der Tat wurden in der BASF die Arbeiten von Schönherr und Heßberger über das Lichtbogenverfahren im Chlorlaboratorium der Indigoabteilung durchgeführt, während die Versuche Boschs und Mittaschs, Ammoniak indirekt aus Metallnitriden und -cyaniden zu gewinnen, im Laboratorium der Phthalsäurefabrikation angesiedelt waren.[59] Die Kapazitäten dieser Fabriklaboratorien waren jedoch begrenzt, sowohl personell wie auch hinsichtlich der nun erforderlichen Forschungsleistung: Nachdem die jahrelangen industrieeigenen Bemühungen um die Stickstoffbindung in der Sackgasse steckten, mußte wissenschaftliches Neuland betreten werden, wollte man nicht ein Scheitern der bisherigen Ansätze riskieren. Trotz des Aufbaus eigener Forschungskapazitäten blieb die Badische – wie überhaupt die chemische Industrie – auf die Kooperation mit Wissenschaftlern aus Hochschulen und außeruniversitären Einrichtungen angewiesen, wenn sie, unter dem Druck zu diversifizieren und über ihre etablierten Marktanteile hinaus zu expandieren, auf wissenschaftliche und technische Innovationen angewiesen war. Aus diesem Grund bemühte sich die Direktion mehrfach intensiv, wenn auch wenig erfolgreich darum, Hochschulchemiker in die Firma zu holen oder wenigstens als Berater zu gewinnen.[60] Die Stärke des Industrielabors lag darin, ein beschränktes Forschungsspektrum abzudecken und intensiv zu bearbeiten, doch war dies keineswegs «a master key to entrepreneurial growth». Gegenüber den Hochschullaboratorien, die den industriellen Forschungskapazitäten hinsichtlich ihrer personellen, finanziellen und apparativen Ausstattung längst unterlegen waren, zog das Industrielabor in dieser innovativen Phase der Entwicklung den kürzeren, denn jetzt kam es auf wissenschaftliche und technische Kreativität an.[61]

2.2. Fritz Habers erste Arbeiten auf dem Stickstoffgebiet

Haber beschäftigte sich seit dem Sommer 1903 wissenschaftlich mit dem Gebiet der Stickstoffbindung. Den Anstoß hatte eine Anfrage der Österreichischen Chemischen Werke in Wien gegeben, die aus einer Verbindung der Firma B. Margulies & Co. und der Creditanstalt für Handel und Gewerbe hervorgegangen war. Warum die Hauptinhaber und Geschäftsführer des Unternehmens, die Brüder O. und R. Margulies, sich ausgerechnet an den auf dem Stickstoffgebiet noch nicht ausgewiesenen Fritz Haber gewandt hatten, ist nicht bekannt. Vielleicht waren Mitglieder dieser weltweit verzweigten jüdischen Familie[62] Geschäftsfreunde seines Vaters. Die Österreichischen Chemischen Werke, die sich dem Stickstoffproblem zuwandten, als sie bei der Einwirkung von Wasserstoff auf verschiedene Nitride geringfügige Mengen Ammoniak erhalten hatten[63], fragten im Sommer 1903 wiederholt an, «ob es sich für sie empfiehlt, Stickstoff und Wasserstoff im großen katalytisch zu Ammoniak zu vereinigen.» Diese Frage zielte, ausgehend vom Weg 2 der indirekten Ammoniakgewinnung über Zwischenverbindungen, durchaus auf den damals aussichtslosen Weg 3 der Synthese aus den Elementen[64], und Haber reagierte dem damaligen Forschungsstand entsprechend: Zuerst verwies er die Firma auf das im Nebenprodukt gewonnene billige Zechenammoniak, dann, als sie insistierte, an Ostwald, nachdem er auf einem Kongreß über dritte von dessen vermeintlich geglückten Syntheseforschungen erfahren hatte. Ostwald, so meinte er, müßte Interesse haben an der Zusammenarbeit mit einer so «kapitalkräftige[n] und ehrenwerte[n] Firma».[65] Haber war also weder über das Scheitern des Leipziger Physikochemikers informiert noch darüber, daß dieser vor drei Jahren mit der BASF, Bayer und den Höchster Farbwerken in dieser Sache verhandelt hatte.

Aus der Anfrage von Margulies entwickelte sich eine Kooperation[66], die Haber offiziell erst 1906 beendete, als Engler den neu berufenen Ordinarius darauf hinwies, die Verbindung eines deutschen Hochschullehrers mit einer ausländischen Firma könne «unter Umständen Tadel erfahren».[67] Zunächst nahm Haber Margulies' Frage zum Anlaß, zusammen mit Gabriel van Oordt die damals noch nicht bestimmten Zahlenwerte des Ammoniakgleichgewichts bei verschiedenen Temperaturen zu berechnen, nachdem sie in einer Versuchsapparatur bei 1020 Grad und normalem Druck geringste, obendrein stark schwankende Mengen Ammoniak (zwischen 0,012–0,0052 %) nachgewiesen hatten. Die Herstellung der Verbindung war zwar gelungen, doch waren ihre Bedingungen extrem ungünstig: Haber und van Oordt testeten verschiedene metallische Katalysatoren, doch war keiner von ihnen bei Temperaturen wirksam, die eine wirtschaftlich rentable Ammoniakdarstellung in den Bereich des Möglichen rückten. Sie veröffentlichten ihre Ergebnisse 1905.[68] In diesem Jahr, so Haber rückblickend, schien ihm die weitere Verfolgung des Gegenstands «aussichtslos».[69] Die Brüder Margulies honorierten das negative Ergebnis großzügig, wurden sie doch dadurch von größeren Fehlinvestitionen abgehalten.[70]

Es war Walther Nernst, dessen theoretischer Zugriff bei der Untersuchung von Gleichgewichtsreaktionen Haber davon abhielt, das Thema beiseite zu legen. Im selben Jahr 1905 entwickelte Nernst sein Wärmetheorem, den sog. dritten Hauptsatz der Thermodynamik, mit dem er chemische Gleichgewichte aus thermischen Daten rein rechnerisch ermittelte.[71] Zur Verifizierung seines Wärmesatzes befaßte er sich auch mit dem Ammoniakgleichgewicht in einem größeren Temperaturbereich, doch wichen seine Berechnungen erheblich von den Zahlen Habers und van Oordts ab und ergaben noch geringere Werte, die allerdings im wesentlichen mit seiner Wärmetheorie übereinstimmten.[72] Im Sommer 1906 startete Nernst zusammen mit seinem Schüler R. Jellinek eine erste Versuchsreihe und kam zu dem Ergebnis, daß die Differenz zwischen seiner Rechnung und Habers Experimenten auf dessen falscher Gleichgewichtsbestimmung beruhte. Im darauffolgenden Winter führte er mit Fritz Jost eine zweite Versuchsreihe durch, die einen entscheidenden Erkenntnisfortschritt brachte. Nach dem Massenwirkungsgesetz mußte sich die bisher minimale Ammoniakausbeute durch höheren Druck steigern lassen, der auch noch eine Beschleunigung der Reaktionsgeschwindigkeit bewirken würde. Nernst konstruierte daher erstmals einen kleinen elektrischen Druckofen für 30–75 atm. Auch diesmal stimmten die Ergebnisse nicht mit Habers Daten überein, doch war nun wieder an eine technische Umsetzung zu denken: Die Resultate stützten die Annahme, daß in einem mittleren Temperaturintervall und bei hohen Drücken die Bildung von Ammoniak aus den Elementen, analog auch von Methylalkohol aus Kohlenoxid und Wasserstoff eintrete. Nernst wandte sich noch im September 1906 an die Chemische Fabrik Griesheim-Elektron, einen der führenden Salpetersäureproduzenten Deutschlands, und schloß mit dem Unternehmen Ende des Monats einen Beratervertrag. Er verpflichtete sich, seine Kenntnisse und Erfahrungen den Griesheimer Versuchsarbeiten unentgeltlich zur Verfügung zu stellen und dafür im Erfolgsfall 15 Jahre lang mit höchstens 20% am Reingewinn beteiligt zu werden.[73] Etwa zur selben Zeit benachrichtigte Nernst Haber brieflich von seinen abweichenden Ergebnissen und kündigte genauere Ausführungen für die 14. Hauptversammlung der Bunsen-Gesellschaft in Hamburg am 11./12. 5. 1907 an.

Haber hatte sich schon immer durch Nernst besonders unter Druck gesetzt gefühlt, seine impulsiv-verletzende Art gefürchtet, seine theoretische Überlegenheit aber stets anerkannt. Er ging auf die Herausforderung ein und wiederholte mit größter Sorgfalt, bevor Nernst öffentlich wurde, zusammen mit seinem Mitarbeiter, dem Engländer Robert Le Rossignol, seine Bestimmungen der Gleichgewichtswerte, allerdings immer noch unter Normaldruck.[74] Als Nernst, wie angekündigt, am 12. Mai 1907 vor der Bunsen-Gesellschaft über seine Versuche referierte, meldete sich in der Diskussion Haber zu Wort und präsentierte seine mit Le Rossignol erarbeiteten neuen Werte[75], die zwar eine geringere Ausbeute an Ammoniak als die früheren Messungen ergaben, aber immer noch über Nernsts Zahlen lagen. Dieser ließ es sich nun nicht nehmen, seinem Widersacher vor versammelter Scientific Community schulmeisterlich eine Lektion zu erteilen. Er wies wiederholt auf die «stark unrichtigen Zahlen» Habers hin, schlachtete verbal die Tatsache aus, daß der Karlsruher sich hatte korrigieren müssen, um ihm dann einen guten Rat zu erteilen:

> «Die jetzige Differenz ist ja immerhin sehr klein im Vergleich zu der Differenz mit Herrn Habers früheren Zahlen und da möchte ich doch vorschlagen, dass Herr Prof. Haber statt seiner früher angewandten Methode, die so unsichere Werte gegeben hat, doch nun auch eine Methode anwendet, die wegen der grossen Ausbeute wirklich präzise Werte geben muss.»[76]

Mit dieser Methode meinte Nernst Versuche unter erhöhtem Druck, hatte er doch unter 50 atm Druck und 685 Grad Temperatur mit einem Mangankatalysator bereits höhere Ammoniakausbeuten nachgewiesen als der Karlsruher Wissenschaftler bei 1000 Grad unter Normaldruck. Umsonst wies Haber darauf hin, daß bei seinen hochpräzisen Meßeinrichtungen bereits ein hundertstel Milligramm Ammoniak genaue wissenschaftliche Aussagen erlaube. Nernst insistierte darauf, daß man mit so geringen Ausbeuten «wirklich nicht viel machen kann», und empfahl Haber genüßlich, «mit unserer einfachen Einrichtung», nämlich dem Druckofen, die Ammoniakmenge «zu verhundertfachen».[77]

Haber war von dieser öffentlichen Zurechtweisung zutiefst verletzt und sah, nicht unverständlich, seine Reputation geschädigt.[78] Bei aller gegenseitigen Achtung sollte die tiefsitzende Abneigung und Eifersucht zwischen beiden Wissenschaftlern auch in späteren Jahren anhalten. Das lebenslange Gefühl, vom anderen um wichtige Entdeckungen gleichsam betrogen worden zu sein, bestimmte fortan ihr Verhältnis, das James Franck so formulierte:

«Haber glaubte, daß er sehr nahe daran gewesen war, den 3. Wärme-Hauptsatz von sich aus zu finden und hat es Nernst verübelt, daß er es ihm vor der Nase weggenommen hat. Und Nernst erklärte allen Leuten, die Stickstoffbindung wäre von ihm gewesen. Nernst duldete keinen Gott neben sich.»[79]

Die Demütigung vor den Mitgliedern der Bunsen-Gesellschaft 1907, die über die Zeitschrift für Elektrochemie nun international kundgetan wurde, mag der Stachel gewesen sein, daß Haber sich fortan gleichsam in die Problematik verbiß. Er startete mit Le Rossignol unverzüglich eine neue Versuchsreihe zur Bestimmung des Ammoniakgleichgewichts, wobei er Nernsts Ratschlag, mit erhöhtem Druck zu arbeiten, fruchtbar aufgriff. Umgekehrt ließ der triumphierende Nernst nun mit seinen Bemühungen nach. Noch auf jener spektakulären Sitzung hatte er, bestärkt ausgerechnet von Max Le Blanc, eine großtechnische Verwertung seiner Ergebnisse sehr skeptisch beurteilt. Hinzu kam, daß ihm der in Zukunft von Haber eingeschlagene Weg, tiefere Temperaturen mit besseren Katalysatoren zu erzielen, fern stand, dominierte doch bei allem kommerziellen Interesse das theoretische Interesse an der Überprüfung des Wärmesatzes. Bis zum Februar 1908 brachten die gemeinsamen Griesheimer Versuche, so der Entwicklungsleiter des Unternehmens, «nur negative Resultate»; auch eine günstige Wendung der Experimente in den Folgemonaten sollte dann nicht mehr zu konkurrenzfähigen Entwicklungen führen.[80]

Ende 1907 stand fest, daß die von Haber und Le Rossignol vorgenommenen neuen Versuche zur Bestimmung des Ammoniakgleichgewichts bei drei Temperaturen und 30 atm Druck ihre früheren Werte bestätigten. Bei der Veröffentlichung ging er mit größter Vorsicht vor, ließ das Manuskript von Abegg gegenlesen, um dem überempfindlichen Nernst auf keinen Fall zu scharf entgegenzutreten.[81] Festzuhalten bleibt, daß es sich bei Habers

Forschungen zum Weg 3 um eine vorerst rein theoretische Streitfrage handelte, wobei es darum ging, die Abhängigkeit des Ammoniakgleichgewichts von Temperatur und Druck, der spezifischen Wärme und der Bildungswärme der beteiligten Gase zu ermitteln. Eine industrielle Anwendung schien genauso aussichtslos wie vor drei Jahren, da die Ausbeute auch bei Druck erheblich hinter Habers Erwartungen zurückblieb. Die erforderlichen Bedingungen für eine erfolgreiche Synthese, nämlich Hochdruck von 200 atm und wirksame Katalysatoren, standen großtechnisch nicht zur Verfügung oder waren gar nicht vorstellbar.[82]

Durchaus greifbar waren dagegen die ebenfalls an Habers Institut durchgeführten Forschungen zum Weg 1, der Gewinnung von Stickoxid im elektrischen Lichtbogen, bei denen der Karlsruher Ordinarius bereits an einem konkreten Verfahren arbeitete. Diese Arbeiten entstanden zunächst in Verbindung mit der Salpetersäure-Industrie-Gesellschaft in Gelsenkirchen, doch löste Haber seine Beziehungen zu der Firma im Februar 1907.[83]

Bei seinen Forschungen zum Lichtbogenverfahren[84] ging Haber zunächst von der damals allgemein akzeptierten thermischen Deutung der elektrischen Stickoxidbildung aus, die an Nernsts Berechnung der Gleichgewichtswerte dieser Reaktion von 1904 anschloß. Dementsprechend schrieb Haber in seiner «Thermodynamik technischer Gasreaktionen» von 1905 noch davon, größere Stickoxidkonzentrationen durch eine Erhöhung der Bogentemperatur und die Verbesserung der Abschreckung der Gase zu erreichen. Bereits ein Jahr später erschütterte der Physiker Emil Warburg, seit kurzem Präsident der Physikalisch-Technischen Reichsanstalt, auf der Hauptversammlung der Bunsen-Gesellschaft die thermische durch seine elektrokinetische Deutung der Stickoxidbildung durch Ionenstoß, wonach auch bei relativ kalten elektrischen Glimmentladungen in der Luft Stickoxid entsteht. Nach dieser Theorie war eine höhere Ausbeute bei sehr niedrigen Bogentemperaturen zu erwarten. Haber griff Warburgs Elektronenstoßtheorie sofort in Versuchen mit seinem Schüler und Mitarbeiter Adolf Koenig (1881–1964) auf, der in Wien und Karlsruhe Chemie und Maschinenbau studiert hatte. In ihren Arbeiten, darunter Koenigs Dissertation, entwickelten sie 1907 ein Verfahren unter vermindertem Gasdruck und starker Kühlung des Lichtbogens, mit dem sie Stickoxidkonzentrationen erzielten, die beträchtlich über dem thermodynamisch berechneten Gleichgewichtswert lagen. Dadurch bestätigten Haber und Koenig nicht nur eindrucksvoll Warburgs Theorie, sondern sie konnten auch gegenüber dem Stand der bekannten Verfahren die Energieausnutzung um 20 % verbessern. Die 1907 und 1908 publizierten Ergebnisse[85] stießen verständlicherweise bei der einschlägig befaßten Industrie wie der BASF, die ja gerade mit dem Problem des enormen Energieaufwands aller bisherigen Lichtbogenverfahren konfrontiert war, auf größtes technisch-kommerzielles Interesse.

3. Die vertragliche Zusammenarbeit zwischen Haber und der BASF 1908–1913

Die BASF befand sich 1907 auf dem Gebiet der Stickstoffixierung also in einer Sackgasse. Nach ihren Mißerfolgen auf den Wegen 2 und 3 konnte sie einen Ausweg nur über Verbesserungen des elektrischen Lichtbogenverfahrens ausmachen, also auf dem Weg 1. Das war auch Carl Engler klar, der nach langjährigen persönlichen Beziehungen zu Heinrich Caro und August Bernthsen[86] seit 1903 Aufsichtsratsmitglied der Badischen war. In einem Brief an Brunck vom April 1907 kritisierte er die bisherige wissenschaftliche Beratung des Projekts durch Witt, empfahl dringend, «mit einer Autorität ersten Ranges auf dem Gebiete der Elektrochemie» in Kontakt zu treten, und erwähnte auch gleich Fritz Haber, der vor zwei Monaten seine Verbindung zur Salpetersäure-Industrie-Gesellschaft in Gelsenkirchen gelöst hatte.[87] Engler griff dabei das sich in der BASF wie in den anderen Dreibundfirmen verstärkende Mißtrauen gegen Witt auf, den man «ganz in Eydes Händen» wähnte; eine unabhängige Beratung hinsichtlich der anstehenden Investitionen in Norwegen traute man ihm nicht mehr zu.[88] Statt dessen zeichnete sich nun eine Kooperation zwischen der BASF und Haber ab März 1908 ab, da dessen Vertrag mit Gelsenkirchen ein Karenzjahr zwischen seiner Kündigung und der Aufnahme vertraglicher Verbindungen mit anderen Firmen auf dem Stickoxidgebiet vorschrieb.

Ab Dezember 1907 unternahm Engler konkrete Schritte, um die Kooperation in die Wege zu leiten. Während die BASF auf Innovationen aus dem Hochschulbereich angewiesen war, um aus ihrer wissenschaftlich-technischen Sackgasse herauszufinden, war umgekehrt Haber an einem Punkt seiner Forschungen angelangt, an dem er im Hochschullabor nicht weiterarbeiten konnte. Für die notwendigen Verbesserungen des Lichtbogenverfahrens benötigte er Apparate und Maschinen, die, wie er Engler offen schrieb, «aus den staatlichen Fonds allein nicht angeschafft werden können». Er brauchte die Finanzkraft eines chemischen Großunternehmens, um weiterzuarbeiten, ein Motiv, das Engler gegenüber der Badischen nachdrücklich unterstrich.[89] Darüber hinaus legte Haber Wert darauf, «hinsichtlich des Wesens des Vorganges verwandten Grundanschauungen zu begegnen»: Er suchte einen Kooperationspartner, der Warburgs Elektronenstoßtheorie, der er sich angeschlossen hatte, nicht grundsätzlich zugunsten der thermischen Deutung Nernsts ablehnen würde. Dies war bei der BASF der Fall.[90]

Für die Badische führte ihr Vorstandsmitglied August Bernthsen, Leiter des Hauptlaboratoriums seit 1887 und – seit 1897 – der Patentabteilung[91], die Verhandlungen. Dem Unternehmen ging es um zwei Punkte: Es wollte erstens das Patent erwerben, das Haber und Koenig auf ihr Verfahren zur Erzeugung nitroser Gase aus Stickstoff- und Sauerstoffgemengen angemeldet hatten, und zweitens für die nächsten drei Jahre eine vertraglich fixierte Kooperation auf dem Gebiet der Stickoxiderzeugung erreichen.[92] Haber fügte dem einen dritten Verhandlungspunkt hinzu[93]: Er suchte auch einen industriellen Sponsor für die Fortsetzung seiner Arbeiten auf dem Ammoniakgebiet, beurteilte er doch inzwischen, wie er der BASF im Februar 1908 mitteilte, eine Synthese aus den Elementen durchaus als «ein hoffnungsvolles Unternehmen». Zwei Faktoren waren nach seinem damaligen Kenntnisstand ausschlaggebend: ein geeigneter Katalysator sowie vor allem ein wesentlich höherer Druck als die 50 atm, mit denen er und Le Rossignol bisher gearbeitet hatten.[94] Entscheidend für seinen Meinungswandel zu Beginn 1908 war, wie Haber in seinem Nobelvortrag rückblickend erklären sollte, daß er inzwischen zwei ganz neue Verfahren kennengelernt hatte, die unter Druck abliefen: zunächst und vor allem Lindes Verfahren zur Luftverflüssigung bei 200 atm, zweitens die Formiatherstellung, die ihm als Gutachter in einem Rechtsstreit zwischen den Elektrochemischen Werken Bitterfeld und der Firma Koepp & Co vertraut wurde. Für die Erstellung des Gutachtens erhielt er im März 1908 von beiden Unternehmen einen Hochdruckkompressor (bis 200 atm), den er mit einer Zusatzapparatur zur Verflüssigung von Luft und Wasserstoff ausstattete. Der Kompressor sollte ihm für die Ammoniakarbeiten unentbehrlich werden.[95] Bernthsen beurteilte dagegen die Synthese aus den Elementen, dem Kenntnisstand seiner Zeit entsprechend, als technisch unmöglich und lehnte eine Förderung durch die BASF ab. Erst als Haber damit drohte, sich für diese Forschungen einen anderen Kooperationspartner zu suchen, und die Firma Margulies erwähnte, lenkte dieser ein. Er sagte die finanzielle Förderung der Syntheseforschungen zu, nicht ohne erneut zu betonen, daß damit «nicht ein Zutrauen in die Sache, sondern die persönliche Rücksicht auf Habers Wunsch» verbunden sei.[96]

Obwohl der Karlsruher Ordinarius erklärte, es komme ihm weniger auf eine hohe Honorierung an als darauf, Mittel für die erforderlichen Apparate und Versuche zu erhalten[97], bewies er durchaus Verhandlungsgeschick in finanziellen Dingen. Flankiert wurde er dabei von Engler, der unermüdlich einerseits Habers Rührigkeit und Talent betonte, andererseits mögliche lukrative Angebote durch Konkurrenzunternehmen erwähnte, die de facto gar nicht existierten.[98] Engler war deutlich darum bemüht, seinem langjährigen Schützling zu einer möglichst hohen Vergütung zu verhelfen, so etwa, wenn er schrieb, dieser wolle «gemäss der Schule Ostwald – auch gerne etwas verdienen» und sei daher «natürlich nicht gerade billig».[99] Engler wußte nur zu gut, daß Haber nicht aus der Schule des Leipziger Physikochemikers stammte, er behauptete dies strenggenommen auch nicht, sondern suggerierte mit dieser Erwähnung Qualität gegen beste Bezahlung.

Umgekehrt trat auch Haber nicht weniger geschickt auf. Er brauchte für die anstehenden Versuche teure Apparate und qualifizierte Mitarbeiter, um deren berufliche Zukunft und materielle Absicherung er sich zeitlebens intensiv kümmerte. Bei den Bleibeverhandlungen im Sommer 1907 anläßlich seiner Berufung nach Zürich waren ihm von seiten der badischen Regierung zwar eine Erhöhung des Assistentenetats auf jährlich 4200 Mark, die Errichtung eines neuen Arbeitsraums und 12000 Mark zur Ergänzung des Institutsinventars zugesichert worden[100], doch waren die Mittel längst nicht ausreichend. Haber bestand daher zunächst darauf, daß Adolf Koenig, der gegenwärtig seinen erkrankten Vorlesungsassistenten gegen eine Vergütung von 15 Mark pro Woche vertrat[101], bei der BASF angestellt wurde, um aber weiterhin als sein Mitarbeiter auf dem Stickoxidgebiet «besonders in der Richtung der Ausbeuteerhöhung» zu forschen. Für Le Rossignol, der ihm für die Ammoniaksynthese unentbehrlich war, handelte er einen monatlichen Gehaltszuschuß, eine Gewinnbeteiligung sowie die Zusage des Unternehmens aus, ihm bei seiner beruflichen Karriere förderlich zu sein.[102] Auch hinsichtlich der apparativen Ausstattung seines physikalisch-chemischen Instituts sollte Habers Rechnung aufgehen: Es galt um 1910 nicht nur als eines der wissenschaftlich führenden, sondern war mit ziemlicher Sicherheit auch das am besten ausgestattete in ganz Deutschland.[103]

Am 6. März 1908 schlossen die BASF und Haber zwei Verträge. Der erste, in den Adolf Koenig einbezogen wurde, betraf den Erwerb des angemeldeten Haber-Koenig-Patents.[104] Die BASF hatte ursprünglich eine Gewinnbeteiligung von 10 % angeboten, worauf Haber mit deutlichem Hinweis auf andere potentielle Interessenten zusätzlich die Summe von 10000 Mark forderte. Seine Verhandlungsposition stärkte sich, als noch Ende Februar 1908 die Höchster Farbwerke Interesse am Erwerb des Patents äußerten[105], so daß er sich durchsetzen konnte. Das Patent wurde im Mai 1909 rechtskräftig erteilt und vertragsgemäß auf die BASF umgeschrieben, die Haber umgehend die vereinbarte Summe überwies.[106]

Der zweite Vertrag betraf die vereinbarte Kooperation für einen Zeitraum von drei Jahren. Die BASF hatte sich eine jährliche Summe von 4500 Mark «zu beliebiger Verwendung» und weitere Beträge nach Vereinbarung vorgestellt.[107] Haber handelte die Summe auf 6000 Mark pro Jahr herauf; anzuschaffende Apparate wollte das Unternehmen bezuschussen oder aus den eigenen Beständen zur Verfügung stellen. Dagegen verpflichtete sich der Wissenschaftler, der Badischen «die Resultate seiner Arbeiten» zur Verfügung zu stellen. Während ihm die literarische Urheberschaft grundsätzlich verblieb, durfte er seine experimentellen Forschungsergebnisse nicht ohne vorherige Genehmigung des Unternehmens veröffentlichen. Die gewerbliche Verwertung stand gegen eine Beteiligung von 10 % am Reingewinn unumschränkt und ausschließlich der BASF zu. Schließlich war Haber verpflichtet, ohne Zustimmung der Badischen kein ähnliches Verhältnis, das mit dem Vertrag «irgendwie kollidieren» könnte, mit einem anderen Unternehmen einzugehen.[108] Gegen die bestehenden Verbindungen Habers zu Carl Zeiss in Jena und zur Steinzeugwarenfabrik in Friedrichsfeld sowie gegen seine Gutachtertätigkeit im Rechtsstreit der Elektrochemischen Werke Bitterfeld und der Firma Koepp hatte die BASF keine Einwendungen.[109]

Die finanziellen Abmachungen des Vertrags betrafen nach mündlicher Absprache, wie Reinhardt nachwies, nur die persönliche Hilfeleistung auf dem Stickoxidgebiet. Die Ammoniakarbeiten mit einem von Haber geschätzten Aufwand von 8000 Mark für Personal- und Sachkosten wurden eigens beglichen.[110] Der Karlsruher führte dementsprechend zwei Konten, betitelt Salpetersäure bzw. Ammoniak, in die er die entsprechenden Ausgaben eintrug.[111] Mit Robert Le Rossignol schloß er noch am 1. 5. 1908 einen Vertrag, der diesem 40 % Gewinnbeteiligung an eventuellen technisch verwertbaren Erfindungen zusagte.[112]

Die Kooperation auf dem Stickoxidgebiet

Das Schwergewicht der Bemühungen des Karlsruher Ordinarius wie auch der BASF lag anfangs eindeutig auf der Verbesserung des Lichtbogenverfahrens[113], d. h. konkret der Erhöhung der Stickoxidausbeute und der Senkung des Energieaufwands. Sowohl in der Badischen, und zwar anfangs im Chlorlaboratorium, wie auch im physikochemischen Institut der TH bildeten sich Arbeitsgruppen, die die bisherigen Versuche von Haber und Koenig fortführten oder überprüften. Zu Habers Mitarbeitern an der Hochschule, um deren Anstellung bei der BASF er sich später bemühte[114], zählten, wie gemeinsame Publikationen oder Dissertationen namentlich nachweisen, Eilif Platou, Gilbert W. Morden, Wilhelm Holwech, Arkady Wolokitin und H. J. Hodsman. Schon drei Wochen nach Vertragsabschluß testete der Karlsruher die finanzielle Belastbarkeit seines Kooperationspartners, indem er darum bat, ihm eine Hochfrequenzmaschine, ein Gleichstromaggregat, 4000 Mark für damit verbundene Hilfsapparate und Meßwerkzeuge sowie weitere 1500 Mark für laufende Ausgaben zur Verfügung zu stellen. Er verwies auf die unzulängliche Ausstattung seines Instituts und die hohen Kosten, die die «Hineinziehung eines neuen Stükkes Physik in die Chemie» verursache. Die Badische akzeptierte.[115]

Im Juni 1908 plante das Unternehmen die Einrichtung eines gesonderten Laboratoriums für Salpetersäurefragen, das an der Verbesserung der Lichtbogenöfen und der Entwicklung von Meßverfahren, vor allem zur Bestimmung der Energieausbeute, arbeiten sollte. Nachdem auch Haber um Rat gefragt worden war, wurde es 1909 nicht unter zwei in Frage kommende Nernst-Schüler, sondern unter die Leitung des ersten Physikers der BASF, Johannes Zenneck, gestellt. Im selben Jahr trat Adolf Koenig in dieses Labor ein, um die an der TH entwickelten Verfahren fortzuführen. Diese hatten zwar bessere Ausbeuten geliefert als die bestehenden, doch konnte Habers Versuchsanordnung nicht in den großtechnischen Maßstab umgesetzt werden, da gekühlte Lichtbögen klein sein müssen, um die Kühlung zu gewährleisten. Mit Koenigs Eintritt in die BASF Mitte 1909 wurden die Stickoxidarbeiten an Habers Institut eingestellt. Die Bemühungen innerhalb der Badischen führten ebenfalls zu keinem Erfolg: Das Laboratorium wurde 1911, als sich das Unternehmen von der Norsk Hydro zurückzog, zu einem physikalischen Prüf- und Meßlabor umgewandelt.

3.1. Die Ammoniaksynthese

Führte die Zusammenarbeit auf dem Stickoxidgebiet, dem anfangs alle Hoffnungen der Badischen gegolten hatten, zu keinem technisch realisierbaren Erfolg, so war es für die Ammoniakforschungen genau umgekehrt. Die Skepsis des Unternehmens kam bereits darin zum Ausdruck, daß keine betriebsinterne Arbeitsgruppe zur Fortführung und Überprüfung der an der TH durchgeführten Versuchsanordnungen gebildet wurde, und auch Haber selbst stellte die Ammoniakforschungen gegenüber dem Lichtbogenverfahren zurück. Das änderte sich schlagartig im Mai 1908. Wieder spielte Nernst das auslösende Moment. Haber traf ihn in Berlin und erfuhr zu seinem «allerhöchsten Erstaunen» von dessen Verbindung mit der Chemischen Fabrik Griesheim-Elektron auf dem Gebiet der Ammoniaksynthese aus den Elementen. Hatte Nernst noch vor einem Jahr Haber vor der Bunsen-Gesellschaft abgekanzelt und eine großtechnische Umsetzung für unmöglich erklärt, so war er nun, als die Griesheimer Versuche eine positive Wendung zu nehmen schienen, geradezu euphorisch über ihre Zukunftsaussichten. Er entwarf vor dem Karlsruher wirtschaftliche Szenarien größter Reichweite, kalkulierte Preise und baute im Geiste eine konkurrenzfähige Ammoniakbranche auf, die «die ganze Salpetersäureindustrie über den Haufen» werfen würde. Haber mußte Nernsts Auftreten vor der Bunsen-Gesellschaft nachträglich als reines Ablenkungsmanöver interpretieren, um Konkurrenten von der kommerziell vielversprechenden Spur abzubringen. Seine Konsequenz war denn auch «die dringende Notwendigkeit, in raschestem Tempo die Sache zu verfolgen.»[116]

Haber investierte von nun an seine Arbeitskraft und Kreativität in die Ammoniaksynthese. Seine Forschungen mußten sich nach dem Stand der Dinge auf zwei Ziele richten: erstens auf die Suche nach wirksamen Katalysatoren, die die Reaktionsgeschwindigkeit nicht, wie die damals bekannten, erst ab 700 Grad erhöhten, sondern bereits bei tieferen Temperaturen wirkten; zweitens auf die Entwicklung eines Verfahrens mit einer hochdruckfähigen Apparatur.[117] Die Forschungen über katalytische Substanzen konzentrierten sich zunächst darauf, die Wirksamkeit des Eisens in diversen Verbindungen zu verbessern[118], doch war noch kein Durchbruch zu verzeichnen. Auf dem Verfahrensgebiet erzielte Haber bereits im August 1908 einen wichtigen Fortschritt: Er entwickelte eine patentfähige Anordnung, bei der, nachdem die Reaktionsgase den erhitzten Katalysator passiert haben, aus dem entstandenen ammoniakhaltigen Gasgemisch das Ammoniak unter Hochdruck abgeschieden, seine Abwärme aber in einem Kreislauf zurückgeführt und für die Erhitzung des komprimierten Ausgangsgasgemischs genutzt wird. Dieses Kreislaufprinzip war wichtig für die wirtschaftliche Arbeitsweise, kam es doch darauf an, den Energieaufwand für die elektrische Heizung herabzusetzen. Dieses sog. Zirkulationspatent, eingereicht am 12. 10. 1908, wurde im Jahr darauf durch das Hochdruckpatent, eingereicht am 13. 9. 1909, ergänzt, in dem es hieß, daß die Synthese bei Hochdruck zweckmäßig von 150 bis 250 atm vorgenommen werden sollte.[119]

Die vollständige Ausarbeitung des Hochdruckzirkulationsverfahrens erstreckte sich bis in das Jahr 1909. Wenngleich die Ammoniakausbeuten für eine großtechnische Umsetzung immer noch zu gering waren, so waren nun doch bereits drei wichtige Verfahrensbestandteile entwickelt, welche die Grundlage aller späteren Hochdrucksynthesen bildeten: das Kreislaufprinzip, die Ammoniakabscheidung unter Druck und die Wärmeregenerierung.[120] Daß die Skepsis der Badischen bestehen blieb, zeigt, daß sie sich weiterhin nur über die Arbeiten informieren ließ. Carl Bosch, der von Bernthsen über Habers Arbeiten auf dem laufenden gehalten wurde, verfolgte nach wie vor die Ammoniakerzeugung über Nitride und Cyanide als Zwischenverbindungen. August Bernthsen, der große Bedenken hatte, formulierte seine anhaltende, durchaus nachvollziehbare Zurückhaltung im Rückblick so:

«Man begibt sich hierbei in ein Druckgebiet, welches […] in der Technik etwas durchaus Neues war, indem bisher niemand auch nur daran gedacht hatte, eine katalytische Reaktion mit strömenden Gasen bei den hohen in Betracht kommenden Temperaturen unter derartig enormem Druck technisch auszuführen.»[121]

Die Probleme der Versuchsarbeiten unter hohem Druck und bei hohen Temperaturen hatte im kleinen auch Haber zu bewältigen, was den Blick auf seine beiden Mitarbeiter, den Chemiker Robert Le Rossignol und den Institutsmechaniker Friedrich Kirchenbauer lenkt. Nur die enge, systematische Einbeziehung und gegenseitige Abstimmung physikochemischer, ingenieurwissenschaftlicher und technisch-mechanischer Fähigkeiten konnten zum Erfolg führen. Ganze Apparate oder Teilstücke mußten selbst entwikkelt und hergestellt werden, ohne deren Konstruktion niemals Ammoniak getropft wäre. Zwar gibt es keine Darstellung, die das Verdienst beider Männer nicht erwähnte und sehr hoch ansiedelte, und Haber selbst wurde nicht müde, darauf zu verweisen. Genauere biographische Informationen sind jedoch kaum verfügbar. Hinzu kommt, daß es kaum möglich ist, den Anteil beider an der gemeinsamen Laboratoriumsarbeit genau zu erfassen.

Der Engländer Robert Le Rossignol[122] wurde am 27. 4. 1884 als Sohn eines Arztes auf der Insel Jersey geboren. Der Schüler von Sir William Ramsay schrieb sich zum Wintersemester 1906/07 als Hospitant an der TH Karlsruhe ein. Die nächsten beiden Semester versah er eine reguläre Assistentenstelle bei Haber. Danach, als er aus BASF-Mitteln bezahlt wurde, fungierte er an der TH offiziell wieder nur als Hospitant. Neben der Bestimmung des Ammoniakgleichgewichts arbeitete er mit Haber an der Dissoziation der Kohlensäure. Er war ein ausgesprochen erfindungsreicher Experimentator mit ingenieurwissenschaftlichen Fähigkeiten, der an der Planung und Zusammenstellung der Apparaturen für die Ammoniaksynthese entscheidenden Anteil hatte. Seine Bedeutung erhellt sich aus den mit Haber verfaßten zentralen Aufsätzen sowie den gemeinsam angemeldeten Patenten. Le Rossignol ging im August 1909 zur Auergesellschaft. Im Ersten Weltkrieg verliert sich seine Spur. Nach Charlotte Habers Erinnerungen wurde er als Engländer kurz nach Kriegsausbruch interniert, auf Habers Intervention hin aber bald gegen einen in England internierten Deutschen ausgetauscht.[123] Sicher ist jedoch, daß sich Le Rossignol bis Kriegsende in Deutschland aufhielt und erst am 6. 12. 1918 nach England zurückkehrte.[124] Später war er bei General Electric beschäftigt.

Der 1876 in Singen geborene Friedrich Kirchenbauer[125] hatte zunächst eine Lehre als Gießer absolviert und sich danach zusätzliche mechanische und elektrotechnische Kenntnisse erworben. Am 1. 10. 1901 trat er als «Diener», so die offizielle Amtsbezeichnung, in das neu geschaffene physikalisch-chemische Institut ein, wo er seine ausgesprochene Begabung bei der Herstellung neuer Apparate unter Beweis stellte. Maßgeblich gefördert durch Haber, der in wiederholten Schreiben an das Ministerium seine Höhergruppierung durchsetzte, schaffte Kirchenbauer im Staatsdienst den sozialen Aufstieg vom Metallfacharbeiter bzw. einfachen Diener über den Mechaniker zum technischen Beamten. Festverwurzelt in seiner badischen Heimat, sollte er Haber trotz dessen Drängen nicht nach Berlin folgen, sondern blieb bis zu seinem Ruhestand 1932 im Range eines Technischen Obersekretärs an der Technischen Hochschule.

Anfang 1909 hing der Erfolg von Habers Arbeiten nur noch von einem geeigneten Katalysator ab, kam es doch nun darauf an, mit seiner Hilfe die Reaktionstemperatur zu senken und die Ammoniakausbeute zu erhöhen. Durch einen im Mai des Vorjahres geschlossenen weiteren Industriekontakt gelangte der Karlsruher Physikochemiker in den Besitz einiger seltener Elemente wie Wolfram, Uran und mehrerer Platinmetalle, die er der Reihe nach auf ihre katalytische Wirkung testete.[126] Diese Testreihe sollte den Durchbruch bringen. Bei dem Unternehmen handelte es um die Deutsche Gasglühlicht AG (Auergesellschaft) in Berlin, die von nun an mehrere entscheidende Weichenstellungen in Habers Leben vornehmen sollte.

Der österreichische Chemiker Carl Auer von Welsbach hatte 1885 das Gasglühlicht erfunden und mit dem sog. Auer-Glühstrumpf technisch realisiert. Er befaßte sich auch erfolgreich mit der elektrischen Beleuchtungstechnik, indem er 1900 die Metallfadenglühlampe mit Osmiumglühdraht anstelle der bisher üblichen Kohlefäden entwickelte. In beiden Fällen erwarb die 1892 gegründete Deutsche Gasglühlicht AG (Auergesellschaft) Auers Patente und erzielte mit ihrer Verwertung phantastische Gewinne. Das Gründungskapital von nur 1,3 Millionen Mark belief sich im Mai 1911 auf 13,2 Millionen, das von der Börse bei einem Kurs von 747 also auf rund 97 Millionen Mark bewertet wurde. Die jährliche Dividende betrug 1894 und 1895 130 %, nach schlechteren Jahren um die Jahrhundertwende dann 1908 wieder 35 %, 1910 gar 50 %.[127]

Dieser Erfolg auf elektrotechnischem Gebiet sollte in ständigem Kontakt mit hervorragenden wissenschaftlichen Beratern fortgesetzt werden, wobei es unmittelbar um die Herstellung und Verbesserung der Wolframlampen ging. Das weit günstigere Wolfram hatte inzwischen das Osmium in der Glühlampenfabrikation abgelöst. Am 9. 5. 1908 wandte sich daher Direktor Nathan von der Auergesellschaft an den ihm persönlich bekannten Haber mit der Bitte, zu seinem Unternehmen in ein «consultirendes Verhältnis» zu treten. Der Karlsruher Ordinarius legte das Ersuchen der Badischen vertragsgemäß vor, die gegen ein Kooperationsverhältnis auf dem Glühlampengebiet denn auch nichts einzuwenden hatte. Haber nutzte den Kontakt zu Auer «beiläufig auch darum», wie er der BASF schrieb, um über das Unternehmen «aus Gefälligkeit eine Menge seltener und, wie ich hoffe, wirksamer Stoffe» als potentielle Katalysatoren für die Ammoniaksynthese zu erhalten.[128]

Unter ihnen befand sich auch Osmium, ein sehr seltenes und teures Edelmetall, das die Auergesellschaft in nach einem Geheimverfahren gewonnener Pulverform für ihre Lampenfabrikation verwendet hatte. Osmiumpulver stellte, wie Haber die Badische im März 1909 informierte, alle anderen bisher getesteten katalytischen Substanzen «weit in [den] Schatten». Schon bei 550 Grad wurden bei 175 atm Druck Ammoniakkonzentrationen von 8 % erzielt. Diese höhere Konzentration ermöglichte es Haber, mit Hilfe einer Kühlvorrichtung flüssiges Ammoniak aus dem Gasgemisch abzuscheiden. Noch fast fünfzig Jahre später sollte sich der 1908 nach Karlsruhe berufene Hermann Staudinger[129] darüber begeistern, wie er, von Haber dazugerufen, das Ammoniak aus der Apparatur tropfen sah. Das Problem war lediglich die Seltenheit des Metalls, dessen Weltvorrat nach damaligem Kenntnisstand nur 100 kg umfaßte. Dieser befand sich im Besitz der von Auer stammenden Firmen; der größte Anteil war in Händen der Gasglühlicht AG, die allerdings die Herstellung von Osmiumlampen inzwischen völlig eingestellt hatte. Haber erfaßte blitzschnell die ökonomische Chance dieser Konstellation: Er drängte die Badische, die Berliner Gesellschaft von ihrem «toten Bilanzposten» zu befreien und ihre Osmiumvorräte zu erwerben, werde doch «auf diese Weise jeder Wettbewerb im Keime erstickt». Nach Habers Rat sollte die BASF daneben versuchen, durch Vermittlung der Auergesellschaft planmäßig an die kleineren Vorräte der anderen Firmen zu gelangen. Die Ludwigshafener wollten sich nun bei aller Skepsis offenkundig die Möglichkeit nicht verbauen, ein Monopol zu errichten, und sicherten sich die Option auf das gesamte Osmium zum Preis von 4000 Mark pro kg. Allerdings hatte sich inzwischen Uran als ebenso wirksamer, aber leichter verfügbarer Katalysator erwiesen.[130] Auf beide katalytischen Substanzen wurden Patente angemeldet und erteilt.[131]

Trotzdem blieb Bernthsen weiterhin skeptisch; allerdings ließen sich Bosch und Brunck von Haber überzeugen. Während der erhaltene Briefwechsel hierzu schweigt, bieten sich mit Le Rossignols kurzer Geschichte der Ammoniaksynthese und Karl Holdermanns Biographie über Carl Bosch miteinander übereinstimmende Ersatzquellen. Der Quellenwert der Erinnerung des engen Haber-Mitarbeiters ist unmittelbar einleuchtend. Holdermann war, wie Reinhardt nachwies[132], damals in der Bernthsen unterstellten Patentabteilung der BASF beschäftigt und daher Augenzeuge der Vorgänge. Demnach teilte Bernthsen Haber in einem persönlichen Gespräch trotz der positiven Erfolge mit Osmium unverblümt mit, er glaube nicht an die praktische Durchführbarkeit des Verfahrens und interessiere sich nicht für die Versuche. Mit diesem pessimistischen Votum war der nun notwendige Sprung aus dem Hochschul- in das Industrielabor gefährdet, ging es doch darum, daß die BASF das Verfahren übernahm und selbst in die Versuchsarbeiten einstieg. Haber wandte sich in dieser kritischen Situation offenbar hilfesuchend an Carl Engler, der sich, beeindruckt von den ihm bereits vorgeführten Versuchen, vermittelnd an den ihm gut bekannten technischen Direktor Brunck wandte, seit 1907 auch Aufsichtsratsvorsitzender der BASF. Dieser erschien, Holdermann zufolge, umgehend in Begleitung von Bernthsen und Bosch im Karlsruher Laboratorium und folgte, nachdem ersterer erneut ein Hochdruckverfahren für undurchführbar hielt, dem anderslautenden positiven Votum von Carl Bosch.[133]

Seit spätestens Juni 1909 begann die BASF mit der Vorbereitung eigener Ammoniakarbeiten unter Hochdruck, nachdem ihr Mechanikermeister Julius Kranz die Apparaturen in Karlsruhe studiert hatte.[134] Der berühmte, mehrfach überlieferte Demonstrationsversuch in Habers Labor fand am 2. 7. 1909 statt, als Bosch, Mittasch und Kranz[135] nach Karlsruhe fuhren, um sich vom Funktionieren von Apparatur und Katalysator zu überzeugen

Abb. 4 Haber-Le Rossignol-Apparatur zur Ammoniaksynthese

und den Apparat mitzunehmen. Bosch reiste zur Enttäuschung von Haber und Le Rossignol ab, als die Vorführung wegen einer defekten Dichtung um Stunden verschoben werden mußte. Dafür war Alwin Mittasch Zeuge, wie der Druckofen unter dem Druck von 185 atm, einer Temperatur von 600–900 Grad und 98 g Osmium als Katalysator fünf Stunden lang je 80 g flüssiges Ammoniak störungsfrei produzierte.[136] Am Tag darauf erstattete Haber nüchtern einen vierseitigen Erfolgsbericht und überstellte den Druckofen nach Ludwigshafen.[137] Er schloß sein Ammoniakkonto mit einem Minus von 4400 Mark und bat um weitere 8000 Mark, um die Suche nach geeigneten Katalysatoren fortzusetzen. Die Badische stellte beide Summen umgehend zur Verfügung, Haber führte bereits im Juli wieder Versuchsreihen mit Mangan, Osmium und Uran durch.[138]

Auf seiten der BASF entschied Brunck mit dem ihm eigenen Gespür für die Umsetzung wissenschaftlicher Ergebnisse in den großtechnischen Maßstab: Er stattete Bosch mit außerordentlichen Vollmachten aus, das Habersche Verfahren beschleunigt zur großtechnischen Reife zu führen, wofür eine eigene technische Werkstatt eingerichtet und der junge Ingenieur Franz Lappe gewonnen wurde. Auf dem Katalysatorgebiet forschten Alwin Mittasch und seine Mitarbeiter Georg Stern und Hans Wolf. Hatte

Haber auch das Prinzip der Ammoniakhochdrucksynthese gefunden, mußten für seine großtechnische Umsetzung noch enorme Aufgaben gelöst werden: die Suche nach einem einfachen und billigen, dennoch effizienten Katalysator; die Gewinnung großer Mengen reinen Wasserstoffs zur Herstellung des Synthesegases; die Übertragung der Apparaturen aus dem Labor- in den technischen Maßstab; damit verbunden die technischen und Materialprobleme bei der Beherrschung der hohen Temperaturen und Drücke; schließlich die Entwicklung geeigneter Meßvorrichtungen. Die ausführliche Darstellung der von Bosch geleiteten, sehr schwierigen, aber nach überraschend kurzer Zeit erfolgreichen Arbeiten würde den Rahmen einer Haber-Biographie sprengen und unterbleibt an dieser Stelle, zumal sie sich in mehreren Publikationen gut nachlesen läßt.[139]

Zur Verdeutlichung der Dimensionen der Entwicklungsarbeiten mögen zwei Hinweise genügen: Mittasch und seine Mitarbeiter überprüften zwischen 1909 und Ende 1912 2500 Substanzen auf ihre katalytischen Eigenschaften und führten rund 6500 Experimente durch.[140] Im Juni 1912 wurde die selbständige Stickstoffabteilung der BASF unter Carl Bosch gegründet, die Mittaschs Ammoniaklaboratorium mit einschloß: Die Abteilung beschäftigte neun Chemiker, einen Physiker, zwei Betriebsingenieure, einen Aufseher, zwei Schlossermeister, sechs Vorarbeiter und 120 Arbeiter, darunter rund die Hälfte gelernte Schlosser.[141] Im Oktober 1912 hatte Bosch die Vorarbeiten für eine Großanlage beendet. Ein knappes Jahr später nahm das Ammoniakwerk der BASF in Oppau Anfang September 1913 die Produktion auf und erreichte schon ein halbes Jahr darauf die vorgesehene Tagesleistung von 30 Tonnen Ammoniak.[142] Der 1915 von Carl Duisberg geprägte[143] und seitdem verwendete Begriff des «Haber-Bosch-Verfahrens» zur Ammoniaksynthese und die Verleihung des Nobelpreises an Haber 1918 und Bosch 1931 reflektieren den Erfolg der systematischen Zusammenarbeit von Chemie und Ingenieurwissenschaften; sie wurde zum «characteristic feature of modern chemical manufacture».[144] Durch die gelungene Ammoniakdarstellung im großtechnischen Maßstab sollte die BASF bzw. später die IG Farben den Entwicklungspfad der Hochdrucksynthesen beschreiten, der allerdings nach der erfolgreichen Methanolsynthese in der Sackgasse der Kohlehydrierung für synthetisches Benzin während des Dritten Reichs und damit in der wirtschaftlichen und politischen Katastrophe endete.[145]

3.2. Publikationsprobleme und Rechtsstreitigkeiten

Durch seinen Vertrag mit der Badischen gebunden, durfte Haber seine Entdeckung nur mit Einverständnis des Unternehmens, d. h. also in der Phase der technischen Entwicklung gar nicht oder nur mit erheblichen Streichungen publizieren. Zwar hatten er und Le Rossignol ihren Erfolgsbericht vom Sommer 1909 bereits in Aufsatzform verfaßt, um die spätere Veröffentlichung der Ergebnisse zu beschleunigen, doch erschien diese erst 1913, und auch dann immer noch mit Kürzungen und unter Weglassung so mancher quantitativer Angaben.[146]

Als Wissenschaftler hatte Haber natürlich größtes Interesse an einer umgehenden Publikation seines Erfolgs, zumal sein alter Widersacher Nernst weiterhin öffentlich gegen seine mit Le Rossignol erarbeiteten Gleichgewichtsbestimmungen des Ammoniaks polemisierte. «Mein Freund Nernst», so Haber Ende 1909 an seinen ehemaligen Doktoranden und entfernten Vetter seiner Frau, Paul Krassa, falle wieder in die alte «Tonart» zurück: «In der Ammoniakangelegenheit geht jetzt Mord und Totschlag an.»[147] Mitte Januar 1910 bat er die BASF erstmals um die Erlaubnis, seine Ergebnisse vom Sommer trotz der noch schwebenden Patentierung des Eisenkatalysators veröffentlichen zu dürfen, da Nernst «einen sehr unfreundlichen Angriff» gegen ihn in Druck habe, den er zurückweisen wolle.[148] Dabei versuchte er, die inzwischen sechs Einsprüche gegen die Verfahrenspatente als argumentativen Hebel zu benutzen, indem er behauptete, die Patente seien durch eine Publikation seiner Resultate nahezu gesichert und die Einsprüche hinfällig.[149] Bernthsen zögerte, hielt derartig detaillierte und die Apparatur beschreibende Veröffentlichungen wie den Haber-Le Rossignol-Bericht beim derzeitigen Stand für unbequem und gefährlich, eröffnete aber den Ausweg einer sehr knapp gefaßten vorläufigen Mitteilung über die gelungene Synthese.[150] Unter dem sachten Druck Carl Englers einigte man sich schließlich auf einen mit der BASF-Direktion abgestimmten Vortrag vor dem Naturwissenschaftlichen Verein in Karlsruhe am 18. 3. 1910, bei dem Haber offensichtlich selbst für die Anwesenheit der Presse sorgte.[151] Es war also ein Gutteil Heuchelei, wenn er zwei Tage später seine völlige Überraschung über die Vortragsberichte des Karlsruher Tageblatts und der Frankfurter Zeitung kundtat, die ihm «nach Form und Inhalt vollständig fern» stünden. Damit die Sache nicht weitere Wellen schlage, hatte er auch gleich einen passenden Vorschlag parat: die rasche Veröffentlichung einer Vortragskurzfassung in der Fachpresse, die er bereits formuliert hatte. Bernthsen blieb nichts anderes übrig, als nach wiederholten Korrekturen zuzustimmen. Die Kurzfassung erschien am 1. 4. zuerst in der Zeitschrift für Elektrochemie, um sofort in weiteren Fachorganen nachgedruckt zu werden.[152]

Habers Vortrag und die anschließend veröffentlichte Kurzfassung erregten selbstverständlich das größte Interesse in Wissenschaft und Wirtschaft, und die von Bernthsen so gefürchteten Wellen der Aufmerksamkeit schlugen weiter hoch. Eine Flut von Anfragen aus der Industrie des In- und Auslandes traf bei Haber ein, die er korrekt alle an die Badische weiterleitete. Der Verein Deutscher Chemiker bat ihn um einen Vortrag auf seiner nächstjährigen Hauptversammlung – Haber lehnte nach Rücksprache ab. Der Verband wiederholte von da an jedes Jahr seine Anfrage. Auch die Deutsche Chemische Gesellschaft wurde vorstellig.[153] Die Haltung der Badischen zur Veröffentlichungsfrage lautete jahrelang unverändert: Je weniger vom Verfahren geredet, je weniger die Aufmerksamkeit potentieller Konkurrenten erregt werde, um so besser.[154] Für Haber war das Schweigegebot schwierig einzuhalten. Abgesehen davon, daß er als Wissenschaftler an möglichst umfang- und zahlreichen Publikationen seiner Ergebnisse interessiert sein mußte, stand er vor allem vor zwei Problemen: Er konnte erstens seinen in den meisten Fällen rein akademisch interessierten Kollegen nicht einfach jede Antwort verweigern, um sie nicht zu düpieren.[155] Zweitens ergaben sich vorher nicht bedachte Schwierigkeiten mit den Dissertationen seiner Schüler, die auf dem Ammoniakgebiet gearbeitet hatten und promoviert werden wollten, während die BASF auf der Verschiebung der Publikation oder der Auslassung wichtiger Angaben beharrte.[156]

Vom Standpunkt des Unternehmens aus betrachtet, war die Zurückhaltung nachvollziehbar, wollte es doch nicht nur seinen Vorsprung vor der Konkurrenz bewahren, sondern war es doch dabei, ein Verfahren mit großem Entwicklungs- und Kostenaufwand großtechnisch umzusetzen, bei dem der Schutz der grundlegenden Patente strittig war. Bereits bei der Anmeldung des Zirkulationspatents (12. 10. 1908) waren beim Kaiserlichen Patentamt vier Einsprüche, darunter die Firmen Kunheim & Co., Griesheim-Elektron und Elektrochemische Werke, erhoben worden, die aber zurückgewiesen wurden. Das Patent wurde erteilt. Gegen das Hochdruckpatent (13. 9. 1909) erfolgten ebenfalls gleich bei der Anmeldung vier Einsprüche, und zwar von den Firmen Kunheim, Griesheim-Elektron und den Höchster Farbwerken sowie von Fritz Jost, der mit Walther Nernst an der Bestimmung des Ammoniakgleichgewichts gearbeitet hatte. Jost zog seinen Einspruch bald zurück, doch legten die drei Firmen im November 1910 Beschwerde gegen die inzwischen erfolgte Patenterteilung ein. Im Jahr darauf erhoben die Farbwerke am 31. 7. 1911 Nichtigkeitsklage.[157]

Es war ein Geniestreich der BASF, wie Lothar Suhling rekonstruierte[158], ausgerechnet Habers Intimfeind Walther Nernst, der noch dazu auf demselben Forschungsgebiet mit einem Konkurrenzunternehmen kooperierte, in den Dienst der eigenen Sache zu stellen. Bereits drei Wochen nach der ersten Kontaktaufnahme kündigte Nernst seinen Vertrag mit Griesheim am 20. 5. 1910 und sagte der Badischen jede Unterstützung gegen eine entsprechende besondere Honorierung oder Gewinnbeteiligung zu. Außerdem erhielt er von dem Unternehmen ab 1. 6. für fünf Jahre einen jährlichen «Ehrensold» von 10 000 Mark, woraufhin er es prompt «geradezu als eine nationale Pflicht» erklärte, das strittige Haber-Patent zu verteidigen. Der Ehrensold erwies sich schon nach kurzer Zeit als gut angelegtes

Geld, denn nach Erhebung der Höchster Nichtigkeitsklage erarbeitete Nernst bis zum Januar 1912 aufgrund umfangreicher eigener Experimente ein Gutachten für die BASF, während die Höchster einen nicht weniger prominenten Gutachter für sich gewannen: Wilhelm Ostwald, der sich, wie bereits dargelegt, noch in seinen Lebenserinnerungen als eigentlichen Vater der Ammoniaksynthese verstand. Die Streitsache vor der Nichtigkeitsabteilung des Patentamts endete am 4. 3. 1912 mit der kostenpflichtigen Abweisung der Klage. Die staunenden Zeitgenossen sahen die einstigen Kontrahenten Haber und Nernst «Arm in Arm» daherkommen.[159]

Mit der Entscheidung des Patentamts vom März 1912 war eine entscheidende Hürde genommen worden, die es der BASF daraufhin erleichterte, in der Publikationsfrage ihre Zurückhaltung aufzugeben und an die Öffentlichkeit zu treten. Anlaß war der VIII. internationale Kongreß für angewandte Chemie in Washington und New York im September 1912. Ursprünglich war Carl Duisberg gebeten worden, als deutscher Vertreter einen Vortrag über «Die neuesten Arbeiten und Probleme der chemischen Industrie» einschließlich der Ammoniaksynthese zu halten und auch Zeichnungen zu präsentieren. Duisberg bat Haber um Unterstützung, doch wollte dieser mit Hinweis auf die «Verteidigungsstellung» der BASF nur die bisher bekannten Kurzmitteilungen zusenden. Das übervorsichtige Unternehmen verbot ihm auch dieses: Wenn ein Vortrag zur Ammoniaksynthese gehalten werden sollte, dann nur durch Haber selbst oder einen BASF-Vertreter. Dafür sei es aber auf dem New Yorker Kongreß noch zu früh.[160] Erst zwei Monate später, als erhebliche Fortschritte beim Bau der Oppauer Ammoniakfabrik erzielt worden waren und gleichzeitig immer weitere Indiskretionen in die Öffentlichkeit drangen, gab die BASF ihre Reserve auf. Wegen Arbeitsüberlastung Carl Boschs schickte sie Bernthsen nach New York.[161] Ausgerechnet Bernthsen, der bis zum Schluß die größten Zweifel gehegt hatte, präsentierte Habers Verfahren am 11. 9. 1912 als erster ausführlich vor einem internationalen Publikum. Abschließend stellte er der Großproduktion synthetischen Ammoniaks «das Horoskop auf ein glückliches Gedeihen».[162] Habers Reaktion auf Bernthsens Auftritt ist nicht überliefert.

Damit war der Weg auch für Publikationen Habers frei, wenngleich er nach wie vor auf die Veröffentlichung einiger technischer Details und quantitativer Angaben verzichten mußte. Immerhin nahm das Oppauer Ammoniakwerk der BASF im September 1913 seine Produktion auf, so daß der Vorsprung der Badischen auch jenseits des Verfahrensschutzes nicht mehr einzuholen war. Im selben Jahr erschien nun endlich Habers oben erwähnter gemeinsamer Bericht mit Le Rossignol vom Sommer 1909 in der Zeitschrift für Elektrochemie. Auch die bisher vergeblichen Vortragsanfragen der Deutschen Chemischen Gesellschaft und des Vereins Deutscher Chemiker erhielten für 1913 bzw. 1914 eine Zusage.[163] Während des Krieges, 1914 und 1915, veröffentlichte Haber dann in sieben «Mitteilungen» eine zusammenfassende Darstellung des gesamten Ammoniakgebietes.[164]

3.3. Honorare, Tantiemen und die Freiheit der Forschung: Haber und die BASF 1909–1913

Nicht einmal eineinhalb Jahre nach Abschluß ihres Kooperationsvertrags hatte Haber der BASF ein Forschungsergebnis zur Verfügung gestellt, dessen großtechnische Umsetzung und kommerzieller Erfolg sich abzeichneten. Der Karlsruher Ordinarius nutzte den Erfolg, eine «Neuordnung» seiner Beziehungen zur BASF wie auch die Stärkung seiner Stellung innerhalb der chemischen Abteilung der TH durchzusetzen. Tatsächlich sollten sich die vertraglichen Vereinbarungen mit der Badischen bis zum Ersten Weltkrieg spätestens alle zwei Jahre ändern, wobei der Anstoß zur Veränderung jedesmal von Haber ausging. Dabei konnte er in allen entscheidenden Fragen und krisenhaften Situationen auf die uneigennützige Beratung und Vermittlung seines Förderers Carl Engler zurückgreifen. Englers Bedeutung für den späteren Nobelpreisträger liegt folglich zusammenfassend in vier Punkten: Er ermöglichte überhaupt erst seine akademische Karriere durch seine Einstellung als Assistent, sicherte und förderte diese weit über das übliche Maß hinaus, leitete drittens die Kooperation mit der BASF ein, die zum bahnbrechenden Erfolg der Ammoniaksynthese führte, und spielte viertens bei der Fortführung dieser Kooperation eine wichtige Rolle als Vermittler und Berater seines Schützlings. Im folgenden sollen die Vertragsverhandlungen zwischen Haber und der BASF und die vereinbarten Änderungen bis zum Ersten Weltkrieg nachgezeichnet werden, geben sie doch über den Einzelfall hinaus Aufschluß über die nur partiell deckungsgleiche Interessenlage beider Partner und die Inkongruenzen einer Kooperation zwischen Hochschulwissenschaft und Industrie.

Anlaß für die erste Vertragsänderung war das Angebot der Deutschen Gasglühlicht AG von Ende September 1909, sich Haber nicht mehr wie bisher nur als wissenschaftlichen Berater, sondern als Direktor zu verpflichten, d. h. ihn zur Aufgabe seiner Professur und zum Eintritt in ihr Unternehmen zu bewegen. Die Gesellschaft beabsichtigte, auf chemisches Gebiet unter Einschluß der Stickstoffverwertung[165] zu diversifizieren, wozu sie durch die immensen Gewinne aus der Glühlampenproduktion finanziell bestens in der Lage war. Hatte sie bereits 1906 die «Gesellschaft für Verwertung chemischer Produkte» (GVP) als Tochtergesellschaft gegründet[166], so plante sie jetzt die Errichtung einer separaten «Chemischen Versuchsgesellschaft» unter Habers Leitung. Die Bedingungen, die sie ihm zusicherte, waren verlockend und bestens geeignet, gegenüber der Badischen als Druckmittel zu dienen: Demnach versprach man dem Karlsruher

Ordinarius, ihm in der Chemischen Versuchsgesellschaft ein wissenschaftlich-technisches Laboratorium «grössten Stils» einzurichten, in dem er nicht nur die Zahl und Auswahl der beschäftigten Chemiker, sondern auch die Ausrichtung der Forschungen völlig frei bestimmen und deren Umsetzung vom Labor- in den großtechnischen Maßstab organisieren konnte. Hinzu kamen die Zusicherung bedeutender Tantiemen in Höhe von 2,5 % des Gewinns, eine Gehaltszusage über 50 000 Mark jährlich sowie die eigens vergütete Fortsetzung seiner Beratertätigkeit für die Auergesellschaft auf dem Glühlampengebiet.[167] Verlockend mag ferner für Haber gewesen sein, daß zwei seiner Mitarbeiter im selben Jahr bei Auer eingestiegen waren: Le Rossignol und Max Mayer, erster Assistent bei Bunte.[168] Damit befand sich der Karlsruher Ordinarius grundsätzlich in einer sehr starken Verhandlungsposition, um den bis zum 28. 2. 1911 laufenden Vertrag mit der BASF und die darin festgeschriebenen relativ bescheidenen Summen in seinem Sinne nachzubessern.

Haber ging in enger Absprache mit Carl Engler vor, der die Belange seines Schützlings sowohl gegenüber der TH und dem badischen Justiz- und Kultusministerium als auch gegenüber der BASF beförderte. Die Absprache mit der Hochschule und dem Ministerium[169] ging vergleichsweise unproblematisch vor sich, betraf sie doch die Zeit nach Englers Emeritierung. Eine «Denkschrift über die Gestaltung des chemischen Unterrichts» sah vor, nach Ausscheiden Englers seinen bisherigen «Lehrstuhl für Chemie» aufzuteilen: Die allgemeine und die anorganische Chemie sollten dem Lehrstuhl für physikalische und Elektrochemie angegliedert, die organische Chemie unter Einschluß des pharmazeutischen Unterrichts zum selbständigen Ordinariat erhoben werden.[170] Damit hätte Haber das zukünftige Gewicht seines Instituts bedeutend gesteigert. Andererseits entsprach eine Neuaufteilung aber auch übergeordneten, über den Einzelfall hinausgehenden wissenschafts- bzw. hochschulpolitischen Erwägungen, da ein Lehrstuhl für «Chemie» dem Entwicklungsstand der chemischen Disziplinen längst nicht mehr adäquat war.

Sehr viel schwieriger gestalteten sich die Verhandlungen mit der BASF, wollte der Karlsruher doch klären, «ob Sie in der Lage sind, mir durch eine Abänderung unserer derzeitigen Beziehungen den Verzicht auf die Vorschläge der Auergesellschaft zu ermöglichen.»[171] Haber ging es um insgesamt fünf wesentliche Punkte, die über alle juristischen und finanziellen Implikationen hinaus für das Verhältnis von Hochschul- und Industrieforschung interessant sind:

1. die Erhöhung der jährlichen Vergütung von 6000 auf 20 000 Mark, plus 3000 Mark zur Deckung von Selbstkosten;
2. die ausdrückliche Beschränkung der vertraglichen Zusammenarbeit auf das Stickstoffgebiet;
3. die Verlängerung der Vertragsdauer auf zehn Jahre;

4. die Zusicherung der Badischen, Haber hinsichtlich seiner Tantiemen nicht durch eigene Verbesserungen Konkurrenz zu machen, wenn wie im Fall der Ammoniaksynthese die wissenschaftlich-technische Basis von ihm geschaffen wurde; schließlich
5. die Zusicherung, trotz des alleinigen Bestimmungsrechts der Firma ihn, Haber, vom Fortgang der technischen Entwicklung vollständig zu informieren und auch zu hören.[172]

Bemerkenswerterweise schwächte Haber seine Verhandlungsposition dadurch, daß er der Badischen umgehend seine wahrscheinliche Ablehnung des Auer-Angebots signalisierte und mitteilte, er wolle am liebsten «in einem bleibenden Verhältnis mit Ihnen meine accademische [sic] Tätigkeit fort[zu]führen». Trotz des angebotenen chemischen Laboratoriums größten Stils mit allen inhaltlichen, personellen und finanziellen Freiheiten zog er also die Freiheit und das Prestige des Hochschullehrers einer bestbezahlten Industriestellung vor. Am Kontakt mit der Auergesellschaft lag ihm vor allem deshalb, weil er die Erkenntnisse aus seiner Beratertätigkeit auf dem Gebiet der Glühlampenfabrikation für die wissenschaftliche Erforschung der Elektronenwirkungen nutzen wollte, die er über die elektrischen Erscheinungen an glühenden Drähten untersuchte. Haber versuchte also, mehrere ihm wichtige Ziele gleichzeitig zu erreichen: Befriedigung seiner Interessen als Wissenschaftler, Freiheit der Forschung, das Ansehen des Ordinarius, aber auch hohe finanzielle Einkünfte. In seinen Augen entsprach offenbar die Stellung eines beamteten ordentlichen Professors mit hochdotierten Kooperationsverträgen mit der Industrie diesem Anliegen am besten, wofür er Einkommensverluste in Kauf nahm.[173]

Nur zwei Tage, nachdem Haber der BASF noch sein volles Zutrauen in ihre «Gerechtigkeit und Noblesse» versichert hatte[174], schaltete er Carl Engler als Vermittler ein, sah er doch die Reaktion der Badischen vom «Geiste des Misstrauens» geprägt. Das Unternehmen lehnte eine vertragliche Fixierung der Forderungen 4 und 5 rundweg ab und hatte Bedenken hinsichtlich der Höhe der jährlichen Vergütung und der langen Laufzeit des Vertrags. Es schlug umgekehrt die Aufnahme eines Vertragspassus vor, wonach sich Haber verpflichtete, ständig zwei Assistenten auf dem Stickstoffgebiet forschen zu lassen. Dies lehnte nun wieder Haber empört als Eingriff in seine wissenschaftliche Freiheit ab, behielt er es sich doch vor, die Dinge mit dem Tempo und der Zahl von Hilfskräften zu bearbeiten, die er für richtig beurteilte. Er insistierte weiter vor allem auf seiner Forderung 2: Er habe seinerzeit den Passus, die Resultate seiner Arbeiten, also über das Stickstoffgebiet hinaus, der Badischen zur Verfügung zu stellen, «mit allem Widerstreben» und «ohne Freude» akzeptiert, doch gehe es gegen sein «innerstes Gefühl», sein, wie er sich ausdrückte, «Gesammtverhalten als Gelehrter einer [...] pflichtmässig geforderten Betätigungserlaubnis zu unterwerfen».[175]

Engler erfaßte sofort, daß damit die Verhandlungen an einem kritischen Punkt angelangt waren. Sein ausdrückliches Ziel war, zu verhindern, daß sich ein führender Wissenschaftler wie Haber in den Dienst eines Konkurrenzunternehmens stellte, weshalb er seine Intervention vor allem so auffaßte, der BASF-Direktion die Gedanken- und Gefühlswelt eines Universitätsprofessors zu vermitteln. Unter mehrfacher Betonung von Habers Ehrenhaftigkeit, wonach dieser auch ohne vertragliche Fixierung einer moralischen Verpflichtung gegenüber der Badischen zuverlässig nachkommen werde, wies er einen Ausweg aus dem Dilemma.[176] Tatsächlich konkretisierte Haber später seinen Unwillen dahin, es habe ihn vor allem geärgert, daß die Firma ihn in allen wesentlichen Punkten durch einen Vertrag, sich selbst aber nur durch briefliche Bekundungen ihres guten Willens binden wollte.[177]

Die BASF akzeptierte die Vermittlerrolle Englers, da sie umgekehrt das Mißtrauen nun ganz auf seiten Habers sah. Auf eine vertragliche Fixierung von Habers Forderungen 4 und 5 konnte sich das Unternehmen nicht einlassen. In der Frage der Tantiemenberechnung verwies es auf die selbstverständliche Beachtung des Ersterfinderrechts und verbat sich die Unterstellung möglicher Illoyalitäten bei der Patentanmeldung. Die Verpflichtung, Haber vollständigen Einblick in die betriebsinterne technische Fortentwicklung seiner Erfindung zu gewähren, lehnte die BASF aus mehreren Gründen ab: Er sei erstens kein Firmenmitarbeiter und daher nicht wie diese zum Schweigen verpflichtet. Er sei zweitens bestrebt, mit verschiedensten Unternehmen Kontakt aufzunehmen und Kooperationsverhältnisse einzugehen, und drittens bestehe bei jedem Hochschullehrer ohnehin «ein gewisser Zwiespalt [...] zwischen seinen Privatkenntnissen und dem, was er in seinen Vorlesungen verwerten kann.» Viertens sei auch den eigenen Mitarbeitern gegenüber die Gewähr einzuräumen, ihre Ideen selbständig weiterzuverfolgen und zu entwickeln: Ihr Verhältnis zu Haber sei eben nicht das eines Assistenten zum Professor. Fünftens und abschließend liege in der getrennten Bearbeitung wissenschaftlich-technischer Probleme auch ein gewisser Vorteil.[178] Haber blieb in der Tat von der großtechnischen, betriebsinternen Entwicklung seiner Entdeckung großenteils ausgeschlossen, wenngleich man die an seinem Institut fortgeführten Arbeiten einbezog und durchaus seinen Rat suchte. Er beschränkte sich also nicht freiwillig auf die wissenschaftliche Seite der Angelegenheit; mit dem Abstand der Jahre erinnerte er sich, er hätte dies nicht getan, wenn er «nicht das Bewusstsein gehabt hätte, dass die Arbeiten in der Fabrik besser gefördert werden, als bei mir im Laboratorium».[179] Damit hatte er zwar recht, doch war dies nur die nachträgliche Rationalisierung einer schmerzlichen Erfahrung. De facto gab Haber die eigene Forschertätigkeit auf dem Ammoniakgebiet ab 1912 mit der Übersiedlung nach Berlin fast völlig auf.[180]

Hinsichtlich der von Haber erhobenen Forderungen 1 bis 3 zeigte sich die Badische kompromißbereit, waren sie doch in Sicht des Unternehmens erklärtermaßen «von weit weniger Belang». Er erhielt freie Hand in der Assistentenfrage und die Zusicherung, das fünfjährige Vertragsverhältnis nach Ablauf um weitere fünf Jahre zu verlängern. Die Reichweite des Vertrags wurde auf das Stickstoffgebiet beschränkt. Die Badische begnügte sich mit einer brieflichen Erklärung Habers[181], ihr auch ohne explizite vertragliche Verpflichtung alle Erfindungen außerhalb des Stickstoffgebietes, die er technisch verwerten wollte, zuerst zum Erwerb anzubieten und keine Industriekontakte einzugehen, die ihr «unwillkommen» sein könnten. Eine rein wissenschaftliche Verwertung in Form von Publikationen blieb ihm demnach freigestellt. Schließlich hielt die BASF seine finanziellen Forderungen für annehmbar, wollte aber «gegenüber den anscheinend etwas uneingeschränkten Ideen des Herrn Haber künftig eine gewisse Grenze» setzen.[182] Nach der zwei Wochen später unterzeichneten Neufassung des Vertrags im obigen Sinne, der die Absage Habers an die Auergesellschaft vorangegangen war[183], erhielt er jährlich eine Summe von 23 000 Mark, von der er 8000 Mark für Anschaffungen und Selbstkosten verwenden mußte.[184]

Damit war ein Modus vivendi gefunden, der Habers Bedenken zerstreute, allerdings bereits nach eineinhalb Jahren in Teilen wieder hinfällig war, als sich mit Habers Ernennung zum Direktor des KWI für physikalische Chemie die Situation grundlegend wandelte. Beide Vertragspartner hatten noch Ende November 1909 in einem Briefwechsel die Kündbarkeit ihres Abkommens vereinbart, wenn Haber in ein anderes akademisches Amt oder ins Ausland berufen würde. Die Vereinbarung entsprach einer dringenden Bitte der Auergesellschaft, die der Karlsruher bei der Ablehnung des angebotenen Direktorenpostens zugesagt hatte.[185] Die vorgeschlagenen Vertragsänderungen erfolgten nun rasch und im gegenseitigen Einvernehmen.[186] Nach einem Zusatz zum Vertrag senkte sich der Haber jährlich auszuzahlende Betrag mit Wirkung vom 1. 10. 1911 auf 10 000 Mark; die briefliche Übereinkunft hinsichtlich der prioritären Überlassung technisch verwertbarer Erfindungen außerhalb des Stickstoffgebiets an die BASF wurde für hinfällig erklärt.[187] Die restlichen Vereinbarungen blieben demnach bestehen.

Nachdem die Badische mit dem Bau ihrer Ammoniakanlage in Oppau begonnen hatte und sich deren Inbetriebnahme und damit auch die Großproduktion abzeichneten, avancierte die bislang unstrittige Gewinnbeteiligung Habers, die nach dem Vertrag von 1908 auf 10 % des Reingewinns für die Gültigkeitsdauer der betreffenden deutschen Patente festgelegt worden war, zum Diskussionsgegenstand.[188] Nach einem Besuch bei der Badischen am 13. 1. 1913, wo ihm die Kalkulationen des Unternehmens erstmals zur Kenntnis gebracht wurden[189], wandte sich Haber in einem selbst nicht überlieferten, aber rekonstruierbaren langen Schreiben wieder an seinen Förderer Carl Engler. Er war «ängstlich, dass die Sache nicht zu seinen Gunsten sich entwickeln werde.»[190] Anlaß waren die konkreten Gewinn- und Abgabenberechnungen des Unternehmens, die der Feststellung von Habers Tantiemen zugrunde gelegt worden waren.

Engler kontaktierte, da er sich in juristischen Dingen selbst nicht auskannte, den ihm persönlich bekannten BASF-Direktor Professor Gustav von Müller, den er für einen «rechtlich, billig und versöhnlich denkenden» Mann hielt. In einer langen Unterredung zwischen Müller und Engler am 21. 1. 1913 erwies sich, daß Haber keine Ahnung von betriebswirtschaftlicher Kostenrechnung hatte und vor fünf Jahren auch nicht davon unterrichtet worden war, wie der § 4 seines Vertrags, der die Gewinnbeteiligung regelte, zu verstehen war. Haber hatte damals aus Kostengründen den Vertrag nicht von einem Anwalt prüfen bzw. formulieren lassen, sondern ihn selbst «rausgewurschtelt».[191] Der Paragraph war in der vorliegenden Fassung nur so zu interpretieren, daß als Berechnungsgrundlage der ihm zustehenden 10 % nicht etwa der Reingewinn aus dem Haber-Bosch-Verfahren, sondern nur der Differenzgewinn zwischen den der BASF verfügbaren anderen Ammoniakverfahren und dem Haberschen Verfahren herangezogen werden konnte. Müller führte die Cyanamidverfahren und die Serpek-Patente an, für welche die BASF Lizenzen erworben hatte, und argumentierte, sein Unternehmen hätte schließlich «auch ohne Haber sehr wahrscheinlich Ammoniak fabriziert.» Nach den Kalkulationen der Badischen betrugen die Herstellungskosten für das Kilo Ammoniak nach den anderen Verfahren 70, nach Haber 50 Pfennig, d. h., ihm standen aus der Differenz von 20 Pfennig 10 %, also 2 Pfennig, zu. Auch die Berechnung der Einnahmen aus ausländischen Lizenzen war ganz anders und viel komplizierter, als Haber sich das vorgestellt hatte. Er fühlte sich zu kurz gekommen.[192]

Sein Glück war, daß die BASF größere Verstimmungen verhüten wollte und dazu bereit war, über einen handhabbaren Abrechnungsmodus zu verhandeln, der Habers, aber natürlich auch ihre eigenen Interessen wahrte.[193] Der Physikochemiker nutzte seine Chance, indem er einen Weg wählte, der ihn von Marktgesetzen und Konjunkturen unabhängig machte. Dies geschah nach dem besten Wissen der Vorkriegszeit, die von Geldwertstabilität ausging und Inflationen nicht kannte. Müller und die BASF hatten in ihren Kalkulationen angenommen, daß der Stickstoffpreis nicht fallen würde, aber, so Haber, «in solchen Weltfragen überholen die Jahre häufig das Urteil des Einsichtigsten». Er schlug daher der Badischen über Engler einen Festbetrag von 1,5 bis 2 Pfennigen pro Kilo produzierten Ammoniaks vor.[194] Damit antizipierte Haber das zukünftige Sinken der Herstellungskosten von Haber-Ammoniak und seine preisliche Konkurrenzfähigkeit gegenüber den bisweilen noch viel billigeren anderen Stickstoffprodukten wie Chilesalpeter oder Zechenammoniak und sicherte sich auf längere Sicht einen relativ wachsenden Gewinnanteil, ein kluger Schachzug, der sich allerdings nach noch nicht zehn Jahren wegen der nicht vorhersehbaren Geldentwertung in sein Gegenteil verkehren sollte.

Einzelheiten der hochkomplizierten Berechnungen und Formulierungen, bei denen sich Haber u. a. vom früheren Direktor der Auergesellschaft, Rechtsanwalt Kallmann, beraten ließ[195], wurden über Engler verhandelt.[196] Am 17. 2. 1913 kam Müller nach Karlsruhe, um die abschließende Vertragsfassung zu besprechen. Einer überlieferten, stilistisch nicht geschönten und daher um so realistischeren BASF-Gesprächsnotiz zufolge versuchte Haber «herauszuschlagen, was nur irgend möglich ist». Dabei wies er wiederholt darauf hin, daß er stets angenommen hatte, 10 % vom ganzen Gewinn zu erhalten: Er sei «bei der Sache hereingefallen» und «empfinde die neuen Vorschläge als Härte».[197] Zieht man auch Verhandlungstaktik in Betracht, so wird doch deutlich, daß Haber nun endgültig der Großindustrie mißtrauisch entgegentrat bzw. besser gesagt: Er hatte die Funktionsweise des kapitalistischen Wirtschaftssystems verstanden, Erfahrungen, die ihm im Ersten Weltkrieg, aber auch bei der Gründung der Notgemeinschaft der deutschen Wissenschaft, unentbehrlich sein sollten. Erster Ausdruck dieser Erfahrung war, daß, nachdem das Gespräch mit Müller bei aller Härte den Durchbruch der Verhandlungen gebracht hatte, auf Antrag Habers ein unparteiischer Vertrauensmann die Berechnung und Buchung der eingehenden Zahlungen der BASF zu kontrollieren hatte. Dem am 5. bzw. 7. 4. 1913 unterzeichneten Nachtrag zum Vertrag von 1908 zufolge erhielt Haber für die Dauer des Hochdruckpatents von der Badischen und ihren Filialfabriken eine Abgabe von 1,5 Pfennig pro Kilo hergestellten Ammoniaks, im Falle von Lizenzen 1 Pfennig für die Laufzeit des Lizenzvertrags.[198] Um welche Summen es genau gehen würde, sollte sich erst mit dem Ersten Weltkrieg erweisen, doch hatten sich dann die Ausgangsbedingungen erneut radikal geändert.

4. «Gedenken Sie auch des anderen Teils!» – Die Kehrseite des Erfolgs

«Gedenken Sie auch des anderen Teils! Was Fritz in diesen 8 Jahren gewonnen hat, das – und noch mehr – habe ich verloren, und was von mir eben übrig ist, erfüllt mich selbst mit der tiefsten Unzufriedenheit.»[199]

Habers Arbeiten zur Ammoniaksynthese erlebten gerade mit der Entdekkung des Osmiums und des Urans als geeignete Katalysatoren ihren Durchbruch zum Erfolg, als seine Frau im April 1909 dieses «Minus-Facit» ihres Ehelebens zog. Der zeitliche Zusammenhang ist nicht zufällig. Die Kehrseite von Habers nobelpreiswürdigen Arbeiten sind die enormen Kosten im menschlichen Bereich. Der wissenschaftliche Erfolg ging mit dem persönlichen Scheitern im Privatleben einher.

Clara Immerwahrs Korrespondenz mit Richard Abegg war im Laufe ihrer Ehe seltener geworden. Aus dem Jahr 1908 sind keine Briefe überliefert, aus dem Folgejahr nur das eingangs zitierte Schreiben, das zu einer rückhaltlos offenen Generalabrechnung wurde. Abegg hatte die Familie Haber im April besucht und dann, offenbar alarmiert über den Ablauf seiner Visite, seiner ehemaligen Schülerin einen beunruhigten Brief geschrieben, auf den sie nun antwortete und seinen Eindruck bestätigte. Selbstkritisch machte sie auch ihr wenig glückliches Naturell für ihre unglückliche Ehe verantwortlich. Auf der anderen Seite stand die übermächtige, egozentrische, ausschließlich der Wissenschaft lebende Persönlichkeit ihres Mannes, die sie unter ihrer Dominanz erdrückte. Sie empfand ihre Situation offenbar als die eines langsamen, aber sicheren Absterbens und drückte ihren inneren Tod dadurch aus, daß sie den Brief an Abegg auf Trauerpapier mit schwarzem Rand verfaßte:

«... so ist der Hauptteil [des Minus-Facits] zweifellos auf Fritzens erdrückende Stellungnahme für seine Person im Haus und in der Ehe zu schieben, neben der einfach *jede Natur*, die nicht noch rücksichtsloser sich auf *seine* Kosten durchsetzt, zugrunde geht. Und das ist mit mir der Fall. [...] Und nun noch ein Wink in Bezug auf Fritz' Natur selbst. Wollte ich selbst *noch* mehr von dem bißchen Lebensrecht opfern, das mir hier in Karlsruhe geblieben ist, so würde ich Fritz zum einseitigsten, wenn auch bedeutendsten Forscher eintrocknen lassen, den man sich denken kann. Fritzens *sämmtliche* menschlichen Qualitäten ausser dieser einen sind nahe am Einschrumpfen, und er ist sozusagen vor der Zeit alt.»[200]

Clara Immerwahr litt nicht nur unter der Dominanz und der menschlichen Einseitigkeit ihres Mannes, sondern auch unter der Beschneidung ihres «inneren Menschen» auf die Rolle der Professorengattin und Mutter. Die «Quälerei» mit dem ständig kränkelnden Kind entwickele sie nicht weiter, gestand sie Abegg, während sie umgekehrt das gelegentliche Gespräch mit dem befreundeten, ebenfalls aus Breslau stammenden Elektrochemiker Paul Askenasy mit einer «inneren ‹Erhebung›» verglich.[201] Hatte sie sich zur Eheschließung aus dem Impuls heraus entschlossen, daß sie sonst eine entscheidende Seite des Lebens nicht erfahren könnte, so litt sie nun darunter, daß mit der Heirat eine andere, ihr wichtige Seite ganz wegfiel, nämlich der Kontakt zur chemischen Wissenschaft. Zeitzeugen bestätigen, daß die hochintelligente Frau im Familienleben nicht den notwendigen Ersatz für die Aufgabe ihres Berufs finden konnte.[202]

Vor der Berufung ihres Mannes hatte sie sich wohl noch gelegentlich im privaten Rahmen mit wissenschaftlichen Fragen befaßt. 1905 versah Haber sein Erfolgsbuch «Thermodynamik technischer Gasreaktionen» eingangs mit einer für damalige Verhältnisse ungewöhnlichen Widmung:

«Meiner lieben Frau Clara Haber, Dr. phil., zum Dank für stille Mitarbeit zugeeignet», eine Formulierung, die sich so nur auf inhaltliche Zuarbeit bezogen haben kann. In welcher Form diese Zuarbeit stattfand, ob in der Diskussion wissenschaftlicher Probleme, der Besprechung unklarer Textstellen oder im Korrekturlesen, ist damit nicht ausgedrückt. Haber hielt den Anteil seiner Frau jedoch offenbar für so wichtig, daß er in der Widmung eigens darauf hinwies. Charlotte Habers Memoiren, wonach Clara kein Interesse für die Forschungen ihres Mannes aufgebracht habe, gehen also zumindest für die frühen Ehejahre völlig fehl.[203]

Mit der Berufung Habers zum Ordinarius änderte sich die Situation. Über seine extreme Nervosität und Reizbarkeit in arbeitsintensiven Lebensphasen wurde bereits geschrieben. Bereits nach einem Jahr auf dem Lehrstuhl war sein Gesundheitszustand so angegriffen, daß seine Frau nur «mit Schrecken an die Arbeitslast» des Wintersemesters 1907/08 denken konnte. Haber litt wieder «an seinen alten Magen-Verdauungs-Nerven-Hautaffektionen» und mußte diesmal wegen der Heftigkeit der Attacken einen Magenspezialisten aufsuchen. Der stellte die Harmlosigkeit der organischen Erkrankung fest, was den Umkehrschluß auf Nervosität als Ursache erhärtet.[204]

Der extremen Reizbarkeit ihres Mannes war Clara, die als «eine zarte, sanfte, beinahe mädchenhafte Frau» beschrieben wird[205], schon allein deshalb nicht gewachsen, als ihre eigenen psychischen wie physischen Widerstandskräfte nachließen. Häufige Migräneanfälle zermürbten sie.[206] Zwei Wochen nach der Berufung ihres Mannes zum Ordinarius mußte sie einen Erholungsaufenthalt in einem nervenärztlich geleiteten privaten Sanatorium antreten.[207] Ein knappes Jahr später erkrankte sie an Diphtherie. Trotzdem leitete sie kurz nach der unmittelbaren Überwindung der Krankheit den Umzug der Familie in eine repräsentativere Wohnung selbst, da die erbetene Hilfe sich vor einer eventuellen Ansteckung fürchtete und nicht kam. Zur gleichen Zeit litt der kleine Hermann fünf Wochen lang an starkem Husten – die Mutter war danach völlig erschöpft und mußte sich auf das elterliche Gut bei Breslau zurückziehen.[208]

Trotz ihres angegriffenen Gesundheitszustands versuchte Clara immer wieder, auch ihren «inneren Menschen» zu befriedigen. Erstmals wahrscheinlich im Wintersemester 1905/06 hielt sie vor dem Volksbildungsverein in Karlsruhe eine vierteilige Vortragsreihe über «Chemie in Küche und Haus», für die sie ein Honorar von 100 Mark erhielt.[209] Einen ersten derartigen Vortrag hatte sie bereits kurz nach ihrer Promotion im März 1901 vor dem Breslauer Verein «Frauenwohl» gehalten, der es sich zum Ziel gesetzt hatte, Frauen akademisches Wissen zugänglich zu machen.[210] Sie kam nun in Karlsruhe auf die Möglichkeit zurück, stellte ein bürgerlicher Bildungsverein doch eines der wenigen öffentlichen Foren dar, auf denen eine verheiratete Frau Professor auftreten konnte. Clara Immerwahr baute die Vortragsreihe aus und führte sie in unregelmäßigen Abständen fort. «Die Damen sind begeistert», notierte sie 1906 an Abegg, als die Reihe bereits sechs Vorträge umfaßte und sich die Zahl der Hörerinnen auf 100 belief.[211] Im Oktober 1910 hielt sie einen vier Abende umfassenden Kursus «Naturwissenschaften im Haushalt» im Rahmen des Karlsruher Arbeiterbildungsvereins; Ort der Veranstaltung war die frühere Arbeitsstätte ihres Mannes, das chemisch-technische Institut der TH.[212]

Wie Haber die Aktivitäten seiner Frau empfand, ist nicht belegt, doch unterband er sie jedenfalls nicht. Welche Inhalte Clara Immerwahr in ihren Vorträgen vermittelte, läßt sich indirekt erschließen, handelte es sich doch um einen Themenkreis, der um die Jahrhundertwende auf große Resonanz traf. Lassar-Cohns populäres Buch «Die Chemie im täglichen Leben», bewußt als «gemeinverständliche Vorträge» konzipiert, erreichte nach seinem ersten Erscheinen 1895 bis zum Ende des Weltkriegs neun Auflagen.[213] Die angesprochenen Fragestellungen behandelten neben der chemischen Erklärung z. B. des Gasglühlichts, der Metallgewinnung und -verarbeitung, der Düngung oder der Pharmazeutika auch Themen wie die biochemischen Vorgänge der Atmung, eine ausgewogene Ernährung und eine gesunde Bekleidung und Lebensweise. Alle diese Punkte waren nicht zuletzt auch Themen der Lebensreformbewegung, und es gibt Indizien, daß Clara durch die lebensreformerische Gedankenwelt geprägt war.

Haber selbst, mag er auch vorrangig seine Ammoniaksynthese im Kopf gehabt haben, empfand seine Ehe ebenfalls als wenig befriedigend, wobei er allerdings in seiner Egozentrik die Defizite nur bei seiner Frau ausmachte und sich jeder Einsicht in ihre Gefühlswelt verschloß.[214] Sie entzog sich seinen Vorstellungen, entwickelte Verhaltensweisen, die seine Reizbarkeit noch steigerten. Die Zeitzeugen machen übereinstimmend eine große Einfachheit und übertriebene Gewissenhaftigkeit als ihre hervorstechenden Züge aus. Clara, «eine gütige schlichte Dame»[215], hatte ganz im Gegensatz zu ihrem Mann für Repräsentation gar nichts übrig, war doch schon die Lebensführung der Familie Immerwahr in Breslau trotz großer Wohlhabenheit ausgesprochen bescheiden gewesen.[216] Sie kleidete sich sehr unscheinbar in Reformkleidern, wie sie von der Lebensreformbewegung als gesunde, luftige, vor allem die Taille nicht einengende Frauenbekleidung propagiert wurden. Den ästhetischen Vorstellungen ihres Mannes entsprach diese äußere Erscheinung nicht[217], auch nicht denen der Kollegen und ihrer Frauen. Offenbar legte sie jedoch im Laufe der Jahre immer weniger Wert auf ihr Äußeres. James Franck, der die Frau Professor später beim ersten Kennenlernen mit der Putzfrau verwechseln sollte, interpretierte ihre übertrieben schlichte Kleidung auch als Ausdruck des Protests gegen ihren Mann, der gerne repräsentierte – eine bedenkenswerte Überlegung.[218]

Genausowenig wie ihre äußere Erscheinung paßte es in das damalige Bild einer Professorenfrau, daß Clara Haber zusammen mit den Dienstmädchen Kaffee trank oder selbst auf den Markt zum Einkaufen ging. Ihrem durchaus sympathischen Wesen fehlte nach Ansicht ihrer großbürgerlich-akademischen Umwelt «eine gewisse Würde».[219] Ihre betont einfache Erziehung, ihr schlichtes Wesen wie auch ein – bewußtes oder unbewußtes – Protestverhalten gegen den dominanten Mann gingen Hand in Hand, denn es mußte natürlich provozieren, wenn sie, wie überliefert, Gäste in der Küchenschürze empfing oder sich früh aus der abendlichen Runde verabschiedete mit der Bemerkung, sie sei müde und müsse morgen um 6 Uhr aufstehen.[220] Die beharrliche, fast schon zelebrierte Übererfüllung ihrer Pflichten als Hausfrau und Mutter, ihre extreme Sparsamkeit, die ständigen Sorgen um die Gesundheit der Familie nahmen dabei ein Ausmaß an, das nicht nur ihre eigenen Kräfte erschöpfte, sondern auch ihren Ehemann irritierte.[221] Der Sohn Hermann war häufig krank, doch reagierte sie überängstlich und übertrieb die hygienischen Maßnahmen, so daß sie den Spott der Umwelt erregte.[222] Sie sorgte sich auch um die Gesundheit ihres Mannes, zu Recht übrigens, da er Raubbau mit seinen Kräften trieb. Sie kümmerte sich darum, daß er etwas aß, da sie großen Wert auf eine gesunde, regelmäßige Lebensweise legte. Wenn er an Tagen fesselnder Experimente nicht zum Essen nach Hause kam, brachte sie ihm etwas auf einem Tablett. Doch was objektiv richtig war, regte Haber nur auf: Er wollte in Ruhe gelassen werden.[223] Die Erwartungen der Partner an das gemeinsame Leben, ihr «Lebensrhythmus», waren nicht aufeinander abgestimmt[224], die gegenseitige Entfremdung nahm im Lauf der Jahre noch zu. Die Inkongruenz ihrer Bedürfnisse ließ sich nicht überbrücken und teilte sich als mangelnde Harmonie nach außen bis in die Kreise der Mitarbeiter und ausländischen Studenten mit.[225]

V. Die Gründung des Kaiser-Wilhelm-Instituts für physikalische Chemie und Elektrochemie

Mitte Juni 1911 bat Fritz Haber das badische Kultusministerium offiziell darum, ihn aus dem Amt des ordentlichen Professors und Direktors des physikalisch-chemischen Instituts an der Fridericiana zum 30. September des laufenden Jahres zu entlassen. Das Ministerium bedauerte lebhaft «das Ausscheiden dieses besonders tüchtigen und anregenden Gelehrten». Elf Tage später gab der Großherzog der Entlassung statt. Am 1. Oktober 1911 trat Haber seinen Ruf als Direktor des neugegründeten Kaiser-Wilhelm-Instituts für physikalische Chemie und Elektrochemie in Berlin-Dahlem (KWI) an. Am selben Tag folgte ihm an der TH Karlsruhe sein Freund Georg Bredig nach.[1] Die Übersiedlung nach Berlin bedeutete für Haber nicht nur einen Ortswechsel oder eine weitere Sprosse auf der akademischen Karriereleiter, sondern leitete auch, was er allerdings nicht vorhersehen konnte, seinen Abschied von der Wissenschaft im engeren Sinn ein. Schon nach fünf Jahren war er sich darüber im klaren, daß seine Karlsruher Zeit, was die Wissenschaft anging, «für mich die arbeitsvollste und beste Lebenszeit gewesen ist.»[2] Berlin bedeutete für Haber den Schritt weg von der Forschung hin zur Wissenschaftsorganisation.

Bedingt durch den engen Entstehungszusammenhang mit der KWG, wurde die Errichtung des Haberschen Instituts in der historischen Literatur stets im Kontext der Vorgeschichte der Gesamtgesellschaft behandelt. Die positive Folge war, daß es Eingang in die zahlreichen Untersuchungen und Dokumentationen zur Entwicklung der KWG fand. Reflektierte die Gesellschaft bzw. ihre Nachfolgerin, die Max-Planck-Gesellschaft, ihre Geschichte anläßlich der Gründungsjubiläen zunächst in eigenen Publikationen[3], setzte in den 1970er Jahren eine erste Welle geschichtswissenschaftlichen Interesses ein. Geprägt vom Ost-West-Gegensatz, wurde die Entstehung der KWG vor dem Hintergrund des Zusammenspiels von Staat, Wirtschaft und Wissenschaft und ihrer sozialen Funktion im Wilhelminischen Deutschland analysiert.[4] Erste ausführliche Institutsgeschichten einzelner KWI entstanden in den 1980er Jahren.[5] In jüngster Zeit profitierte der Themenkomplex erneut von dem international zunehmenden Interesse der Historiker an der Wissenschaftskultur der Jahrhundertwende. Diskutiert wurde die Entstehung der KWG vor dem Hintergrund weiterführender Fragen wie etwa nach dem komplexen Geflecht der Gründungsinitiativen, bei dem je nach Ansatz die überlegene staatliche

Wissenschaftspolitik des «Systems Althoff»[6] oder das gemeinsame, aber nur teilweise interessenkongruente Auftreten von Industriellen und Hochschulwissenschaftlern in der Chemie[7] im Vordergrund standen. Neue Fragestellungen richteten sich weiter auf die kritische Durchleuchtung des Harnack-Prinzips[8], auf die Regionalisierung und anschließende Re-Konzentrierung preußischer Forschungsförderung[9] oder auf den Versuch einer «konservativen Modernisierung», indem durch wissenschaftspolitische Flexibilität die Zukunft der erstarrten soziopolitischen Strukturen gesichert werden sollte.[10]

Allerdings führte diese Sachlage auch zu der weniger positiven Konsequenz, daß Habers Institut bis heute keine eigenständige, wissenschafts- oder institutionengeschichtlich ausgerichtete Darstellung gefunden hat. Die Quellensituation für das physikalisch-chemische Institut ist erstaunlich schlecht. Da es sich um kein Staatsinstitut, sondern eine privatrechtlich organisierte Forschungseinrichtung handelte, sind die Bestände des preußischen Kultusministeriums naturgemäß auf die gar nicht so zahlreichen staatlichen Belange konzentriert.[11] Eine eigene Institutsüberlieferung existiert praktisch nicht, und auch die Überlieferung innerhalb der Akten der KWG ist aus verschiedenen Gründen spärlich. Für die Zeit vor 1923 ist dies fraglos auf die formale Selbständigkeit des Haber-Instituts zurückzuführen, dessen Trägerin, die Koppel-Stiftung, archivalisch kaum greifbar ist: Von der Deutschen Gasglühlicht AG (Auergesellschaft), welche die Angelegenheiten der Stiftung verwaltete, sind bis heute keine größeren Bestände aufgetaucht. Für die Zeit nach 1923 sind nicht nur die kriegsbedingten Aktenverluste, sondern, so ist zu vermuten, auch Eingriffe der Nationalsozialisten in Rechnung zu stellen.

1. Von der Chemischen Reichsanstalt zur Koppel-Stiftung: die Rolle der physikalischen Chemie

Die Errichtung des Instituts für physikalische Chemie, das seit 1953 Fritz Habers Namen trägt[12], ging auf das Zusammenwirken mehrerer, zunächst voneinander unabhängiger Initiativen zurück. Sie mündeten schließlich einerseits in die Gründung der Kaiser-Wilhelm-Gesellschaft (KWG) und ihrer Institute, andererseits in die Errichtung des KWI für physikalische Chemie, das rechtlich und finanziell selbständig, aber der Gesamtgesellschaft dem Namen und dem Anspruch nach verbunden war. Die Person Fritz Habers kam erst relativ spät, dafür aber an entscheidender Stelle ins Spiel und gab den Ausschlag für den besonderen Status des Instituts. Entstanden war es aus demselben Grund wie alle außeruniversitären – staatlichen wie privaten oder später gemischtfinanzierten – Forschungseinrichtungen seit dem frühen 19. Jahrhundert, nämlich aus der zum Bedürfnis geronnenen Erkenntnis, daß gewisse Forschungsaufgaben oder neu entstandene Disziplinen von den Universitäten und ihren vorgegebenen Strukturen aus verschiedenen Gründen nicht oder nur ungenügend aufgegriffen wurden.

1.1. Pläne für eine Chemische Reichsanstalt

Bezogen auf die Chemie um die Jahrhundertwende[13], wurde in weiten Kreisen der Universitäts- und Industriechemiker die Befürchtung geäußert, daß Deutschland, bedingt durch die überragende Dominanz der Organik, in der anorganischen und allgemeinen Chemie wirtschaftlich wie wissenschaftlich in einen alarmierenden Rückstand zum Ausland zu geraten drohe. Der wachsende deutsch-britische Gegensatz machte bewußt, daß das Kaiserreich bei gewissen anorganischen Grundstoffen bereits zum Importland geworden war. Auch Habers USA-Reise 1902 und sein anschließender Bericht waren vor diesem Hintergrund zu lesen, hatte er sich doch deutlich für eine anwendungsorientierte, die physikalische wie die anorganische Chemie umgreifende Forschungsinitiative in seiner Heimat ausgesprochen. Während die physikalische und die Elektrochemie als neue Disziplinen sich immer noch am Anfang ihrer akademischen Etablierung befanden und in den festgefügten Ordinarienstrukturen der Universitäten auf Hindernisse stießen, waren die analytische wie die anorganische Chemie trotz ihrer langen Tradition wegen der spektakulären Erfolge und des wirtschaftlichen Booms der Organik stiefmütterlich behandelt worden. Auf diesen Gebieten holte das Ausland auf und erzielte wissenschaftliche Fortschritte, die man in Deutschland, wo man dazu neigte, die Führungsrolle in der Chemie als selbstverständlich anzunehmen, nur schwer akzeptieren konnte. Hinzu kam, was Winfried Schulze vor kurzem als das deutsche «Rückstandssyndrom» bezeichnet hat: Je problematischer die Situation Deutschlands im europäischen Machtgefüge wie auf dem Weltmarkt erschien, desto eher war man auch bereit, den Eindruck eines generellen wissenschaftlich-technologischen Rückstands für wahr zu halten und Konsequenzen zu ziehen. Andererseits ließ sich gerade auf diesem Hintergrund die «Rückstands»-Gefahr mit guten Erfolgschancen als argumentativer Hebel einsetzen, um finanzielle Mittel zu erhalten, politische Widerstände zu beseitigen und Innovationen zu bewirken. Nicht von ungefähr waren daher tatsächlich wichtige Innovationsphasen deutscher Wissenschaftsorganisation dadurch bestimmt, das fortgeschrittenere Ausland einzuholen.[14]

Mit der Beobachtung, wissenschaftlich gegenüber dem Ausland zurückzufallen, eng verbunden, aber nicht darauf zu reduzieren war die Einsicht, daß sich in den Wissenschaften generell und in den Naturwissenschaften im besonderen ein grundlegender Wandel vollzog. Dieser Wandel erforderte auch innerhalb der organischen Chemie mit der zunehmenden Komplexität der Forschungsaufgaben teure, aufwendige Apparate. Statt auf die große Leistung eines einzelnen war wissenschaftlicher Fortschritt nun auf die systematische, langfristige Zusammenarbeit mehrerer Forscher angewiesen. Den Trend zur «Großwissenschaft» analog der Entwicklung von Großstaat und Großindustrie hatte der Althistoriker Theodor Mommsen schon 1890 ausgemacht.[15] Fünfzehn Jahre später hatte sich der Begriff vom «Großbetrieb» der Wissenschaft durchgesetzt: Moderne Forschung war in Anbetracht ihrer Komplexität auch Geisteswissenschaftlern nur noch als Großforschung vorstellbar, die nicht in der Studierstube des einzelnen Gelehrten, sondern arbeitsteilig in einem «System der Forschungen» zu bewältigen war.[16] Im industriellen Bereich reflektierten sich dieser Wandel und der Druck eines enger werdenden Markts in Konzentrationsbewegungen innerhalb der Großchemie, wie sie in Carl Duisbergs berühmter Denkschrift über die «Vereinigung der deutschen Farbenfabriken» vom Januar 1904 theoretisch begründet und kurz darauf in den Zusammenschlüssen von Dreibund (Bayer, BASF, Agfa) und Zwei- bzw. Dreiverband (Hoechst, Cassella; Kalle ab 1907) umgesetzt wurden.

Drei bedeutende Universitätschemiker machten früh auf die mittelfristig problematische Lage ihrer noch blühenden Disziplin aufmerksam und ergriffen die Initiative: der Organiker Emil Fischer und zwei Physikochemiker, Wilhelm Ostwald und Walther Nernst. Gemeinsam war ihnen zunächst die wissenschaftliche Arbeit in Grenzgebieten der traditionellen Chemie: Fischers Forschungen hatten ihn zunehmend an die Schnittstelle zur Biologie geführt, Ostwald und Nernst integrierten die Physik in ihr Fach. Doch was brachte darüber hinaus diese drei ganz unterschiedlichen Wissenschaftler zusammen? Emil Fischer galt als «archetypal insider» des akademischen Systems; die beiden Physikochemiker waren hingegen relative Außenseiter als Vertreter einer gerade erst etablierten Disziplin, wobei Ostwald seine Außenseiterposition in Selbstverständnis und Lebensführung gleichsam zum persönlichen Markenzeichen erhob. Nach Johnson verkörperten sie gleichermaßen den Typ des modernen Wissenschaftlers: Alle drei hatten sich erfolgreich um enge, auch institutionalisierte Verbindungen zwischen reiner und angewandter Chemie, zwischen Wissenschaft und Industrie bemüht. Sie hatten persönlich, Ostwald und Fischer bis zum Nervenzusammenbruch, die Zerreißprobe zwischen Forschung und Lehre an den Hochschulen erfahren. Alle drei waren sich schließlich früh bewußt geworden, daß die moderne Entwicklung ihres Fachs eine wissenschaftliche Spezialisierung erforderte, die von den bestehenden universitären Institutionen strukturell nicht geleistet werden konnte. Als «disciplinary leaders and organizers» leiteten sie daraus die Notwendigkeit zu institutionellen Reformen ab und gingen daran, sie auch umzusetzen, wobei sie geschickterweise die Grundstrukturen des akademischen Systems nicht angriffen, sondern Lösungen jenseits des Hochschulwesens anstrebten.[17]

Daß sich Ostwald und Nernst für eine weitgehende Förderung der physikalischen gegenüber der organischen Chemie einsetzten, überrascht weniger, als daß gerade Fischer ihre Belange als Teil der «allgemeinen Chemie», wie er sich ausdrückte, stets engagiert mitbedachte. Mitte 1898 äußerte er die feste Überzeugung, man müsse «wieder mehr für die Pflege der anorganischen und allgemeinen Chemie sorgen, wenn wir uns nicht vom Auslande beschämen lassen wollen.»[18] In seinem für teuerstes Geld entstehenden, als Modell einer modernen Forschungsstätte konzipierten chemischen Laboratorium an der Universität Berlin sah er mehrere Räume für Sondergebiete, darunter auch für physikochemische Forschungen, vor. Sensibilisiert für deren Bedeutung und Entwicklungsmöglichkeiten wurde Fischer durch persönliche Verbindungen einerseits und die Existenz der Physikalisch-Technischen Reichsanstalt (PTR) andererseits. Zu den persönlichen Faktoren zählten Fischers langjährige Freundschaften mit dem Physiker Friedrich Kohlrausch, der 1894 Helmholtz als PTR-Präsident nachfolgte, mit dem ihn sehr beeindruckenden britischen Chemiker Sir William Ramsay, der in den 1890er Jahren bei der Untersuchung der Luftbestandteile mehrere Edelgase entdeckte, sowie mit dem Disziplinmitbegründer van't Hoff. Daß der Holländer, nachdem er 1894 die Nachfolge auf den physikalischen Lehrstuhl August Kundts an der Berliner Universität abgelehnt hatte, zwei Jahre später als Akademiemitglied und ordentlicher Honorarprofessor eine – wenn auch schlecht dotierte und kaum ausgestattete – Forschungsstelle im Rahmen der Akademie erhielt, war maßgeblich Fischers Einfluß zu verdanken.[19]

Die Gründung der PTR 1887 als technische Prüf- und Meßanstalt im Bereich des Elektrizitätswesens und Stätte physikalischer Grundlagenforschung gilt aus mehreren Gründen zu Recht als Zäsur in der Entwicklung außeruniversitärer Forschung[20], auf die in diesem Zusammenhang nur kurz verwiesen werden kann. In der PTR manifestierte sich zum einen ihre boomhafte funktionale und institutionelle Ausdifferenzierung im Kaiserreich, wobei die Rechtsform der staatlichen Forschungsanstalt den Schritt des Staates von der traditionellen Ordnungs- zur modernen Leistungsverwaltung reflektierte: Dieser seit dem frühen 19. Jahrhundert existierende Organisationstyp von Forschung griff als Ausdruck hoheitlichen Handelns Aufgaben auf, die im weitesten Sinne der staatlichen Infrastrukturverbesserung im Zuge der Industrialisierung und Urbanisierung dienten, darunter u. a. auch dem Bereich technischer Normierung und Kontrolle. Nach 1871 entstanden Reichsanstalten auf der Ebene zentralstaatlicher Kompetenzen wie für das Maß-, Münz- und Gewichtssystem, im Patent- und im Gesundheitswesen: Sie bildeten, vor allem nach Einführung der Sozialversicherung, Einfallsmöglichkeiten des Reichs in den ansonsten den Bundesstaaten vorbehaltenen Bereich von Forschung und Wissenschaft. Zum anderen belegt die fünfzehnjährige, wechselvolle Vorgeschichte der PTR erstmals das erfolgreiche enge Zusammenwirken von Staat, Industrie und Wissenschaft bei der Gründung einer außeruniversitären Forschungseinrichtung. Die Reichsanstalt gab damit ein Raster für weitere Initiativen vor: Erst das finanzielle Engagement von Werner Siemens, der wie Helmholtz neben der staatlichen Förderung der Präzisionstechnik eine von der Lehre befreite Stätte für experimentelle physikalische Grundlagenforschung schaffen wollte, von der er sich freilich mittel- bis langfristigen praktischen Nutzen versprach, lockte das zögernde Reich gegen den verfassungsrechtlich motivierten Widerstand der Bundesstaaten aus der Reserve. Während die Baukosten von privater Seite aufgebracht wurden, arbeitete die PTR als staatliche Anstalt unter der Jurisdiktion der Reichsleitung.[21]

Emil Fischer war von der Errichtung und Konzeption der PTR sehr beeindruckt. Um Erfahrungen für sein neues chemisches Modellaboratorium zu sammeln, «treibe ich mich jetzt während aller freien Stunden in der Physikalisch-Technischen Reichsanstalt umher», schrieb er Baeyer Mitte 1898 und erwähnte gemeinsame Versuche «mit Freund Kohlrausch», die ihn restlos von der Bedeutung physikalisch-technischer Präzisionsinstrumente wie überhaupt der Physik für die chemische Wissenschaft überzeugten. Ein Jahr später engagierte er sich erstmals bei Althoff für die Errichtung eines Laboratoriums für chemische Präzisionsarbeit im Rahmen der Akademie und traf damit auf parallele Bemühungen des Nernst-Schülers Emil Bose zur Gründung einer Chemisch-Technischen Reichsanstalt. Althoff, der in der Chemie und, wie gerade die Berufung Nernsts zuerst nach Göttingen und später nach Berlin zeigt, auch in der physikalischen Chemie eine langfristige und eigenständige Entwicklungskonzeption verfolgte, reagierte zwar positiv, doch wollte Preußen die Kosten nicht aufbringen und verwies auf das Reich, das ebenfalls wegen finanzieller Überbelastungen abwinkte.[22]

Nernst, von dessen sehr schlecht ausgestattetem Göttinger Institut die Initiativen zu einer Chemisch-Technischen Reichsanstalt ausgingen, fand in dem ihn persönlich hochschätzenden Fischer einen Fürsprecher dieser Idee, allerdings unter Betonung der wissenschaftlichen auf Kosten der technischen Aufgaben. Das Jahr 1905 eröffnete neue Chancen auf politischer Ebene: Die Aussichten auf eine Finanz- und Steuerreform waren günstig, mit der Gründung der Biologischen Reichsanstalt am 1. 4. schien ein Präzedenzfall geschaffen. Im Bereich der chemischen Industrie ermöglichte der Zusammenschluß zum Dreibund bzw. Zweiverband auch ein koordiniertes Vorgehen in Forschungsfragen. Auf der Ebene der handelnden Personen trat ebenfalls eine günstige Konstellation ein, die Fischer, Nernst und Ostwald in Berlin zusammenführte. Nernst übernahm in der

Nachfolge Hans Landolts das II. chemische Institut der Universität, das ausdrücklich in eine physikochemische Forschungsstätte umgewidmet wurde. Er schlug die Brücke zwischen Fischer und seinem Lehrer Ostwald, der gerade von seiner Leipziger Professur unter den bereits erörterten konflikthaften Umständen zurückgetreten war und sich brieflich mit der Frage an Althoff und Fischer wandte, ob nicht auch für ihn eine van't Hoff-Forschungsstelle im Rahmen der Akademie geschaffen werden könne. Diese Idee scheiterte zwar sofort an den Finanzen, doch traf sie bei Fischer auf großes Verständnis. Im Gefolge des gerade begründeten deutsch-amerikanischen Professorenaustausches, der mit einer breiten Diskussion über den internationalen Stand der deutschen Wissenschaften einherging, traten Fischer, Nernst und Ostwald, der als erster Austauschprofessor im Wintersemester 1905/06 nach Harvard gehen sollte, in einen lebhaften Gedankenaustausch. Alle drei waren sich einig, daß eine den modernen Anforderungen angemessene Förderung chemischer Forschung nur außerhalb der bestehenden Universitätsstrukturen erfolgen könne; auch den Technischen Hochschulen trauten sie entsprechende Innovationen und Spitzenleistungen nicht zu.[23]

Unter den möglichen Alternativen kristallisierte sich die Form der Reichsanstalt als vorteilhafteste heraus, da auch Ostwald die Entwicklung der PTR stets «mit lebhaftestem Interesse» verfolgt hatte.[24] Im Sommer 1905 entwarf er eine Denkschrift über die Gründung einer Chemischen Reichsanstalt, deren Errichtung und Finanzierungsmodus er analog zur PTR konzipierte. Da Ostwald nach Antritt seiner amerikanischen Austauschprofessur aus dem Kreis der Akteure de facto vorläufig ausschied, wurde anstelle seines Erstentwurfs Nernsts Fassung einer vorläufigen Denkschrift im September an führende Chemieindustrielle und Universitätswissenschaftler versandt und eine Einladung zu einem kleinen Treffen im nächsten Monat beigefügt. Auf dieser Sitzung bildeten sich aus Wissenschaftlern, hohen Reichs- wie preußischen Beamten und Industriellen ein Haupt- und ein engeres Komitee, welche die Denkschrift überarbeiteten und die endgültige Fassung gemeinsam mit den Sitzungsprotokollen und positiven Stellungnahmen mehrerer technischer, Berufs- und Industriellenverbände dem Reichsamt des Innern und dem Reichsschatzamt überreichten.[25]

Inhaltliche Konzeption und organisatorische Struktur der geplanten Chemischen Reichsanstalt belegen, daß unter dem Einfluß von Nernst und Ostwald die junge Disziplin der physikalischen Chemie gewissermaßen das «wissenschaftliche Rückgrat»[26] der Einrichtung bilden sollte. Ostwalds 1906 publizierte Überarbeitung seines vorjährigen Entwurfs[27] ging in seinem modernen, sicher von konservativen Ordinarien nicht geteilten Wissenschaftsverständnis von einem Großbetrieb der Wissenschaft aus, in dem man «die völlig unerwarteten Funde und die Produkte ganz großer

Geister [...] als erratisch und zufällig betrachten muß.» Umgekehrt hieß das für ihn:

«[...] man kann Entdeckungen oder Erfindungen bestellen, ebenso wie man ein Paar Stiefel bestellt. Und ebenso wie bei diesen dann nur die Frage ist, wann und nicht ob man sie bekommt, so ist es auch mit den Entdeckungen.»

Ostwald begründete zunächst mit Blick auf das Ausland die Notwendigkeit einer öffentlich finanzierten chemischen Forschungsstätte ohne Lehrbelastung und mit rein wissenschaftlicher Ausrichtung. Eine zentrale argumentative Rolle spielte dabei das amerikanische National Bureau of Standards, das 1901 nach dem Vorbild der PTR gegründet worden war, aber zusätzlich eine selbständige chemische Abteilung mit einem umfassenden Forschungsprogramm besaß. Ostwald sah Deutschland von «Amerika bereits zeitlich überflügelt», und «darum ist für uns Gefahr im Verzuge.» In Abweichung von der Organisation der PTR sollte im Falle der Chemischen Reichsanstalt, da hier Wissenschaft und Technik ohnehin enger verbunden seien als in der Physik, die Zweiteilung in eine wissenschaftliche und technische Sektion aufgegeben werden zugunsten einer Gliederung in vier selbständige Abteilungen: für analytische, anorganische, organische und physikalische Chemie. Dabei schrieb Ostwald der physikalischen Chemie eine zentrale Rolle zu, ließen doch die Erkenntnisfortschritte dieser Disziplin die Unzulänglichkeiten der anderen Teilgebiete offenbar werden. So basierten in der analytischen Chemie die Bestimmung der chemischen Konstanten und die Erforschung der Gleichgewichtsprobleme auf den Gesetzen, die

«sich als ein Nebenprodukt der allgemeinen Theorie der chemischen Vorgänge ergeben, mit welcher uns die neuere Entwicklung der allgemeinen und physikalischen Chemie beschenkt hat.»

Unter die anorganische Abteilung subsumierte Ostwald neben Problemen der Metallurgie, Verkokung usw. vor allem die Atomgewichtsbestimmungen, bei denen er die Forschungen seines von der Carnegie-Stiftung unterstützten amerikanischen Schülers, des Physikochemikers Theodore W. Richards, besonders betonte. Die Aufgaben der organischen Abteilung führte er wegen der Unbegrenztheit der «allgemeinen Probleme» nicht einzeln auf, sah sie aber wie in der Katalyse darin begründet, daß die qualitativen Vorgänge zwar bekannt seien, diese aber «systematisch-quantitativ durchgearbeitet» werden müßten. Vor diesem Hintergrund mußte die physikalisch-chemische Abteilung nach Umfang wie Aufgaben die wichtigste sein. Sie sollte z. B. die Konstanten der reinen Stoffe zuverlässig bestimmen, das große Handbuch von Landolt/Börnstein experimentell neu bearbeiten sowie neue Konstanten wie beispielsweise die Dissoziationskonstanten der Säuren und Basen oder die Dielektrizitätskonstanten organischer Verbindungen messen. Eine eigene Unterabteilung war dazu bestimmt, die Grundlagen der Katalyse «von der Schwefelsäuredynamik bis zur Serumtherapie» zu erforschen:

«Dynamische Konstanten, Untersuchungen der typischen Reaktionsvorgänge, eine systematische Neubearbeitung der Thermochemie – ja, wo soll ich ein Ende finden?»

Wenngleich das Projekt der Chemischen Reichsanstalt primär an den Widerständen von seiten des Reichs und der Industrie und nicht an den Wissenschaftlern scheitern sollte, löste es doch vor allem unter Vertretern der analytischen Chemie, auf deren unzulängliche Leistungen so besonders oft und deutlich hingewiesen wurde, Unmutsäußerungen aus. Während allerdings Gustav Keppeler, Geschäftsführer des Vereins Deutscher Chemiker, die prekäre Situation der analytischen Chemie anerkannte, sie aber innerhalb der bestehenden akademischen Institutionen verbessern wollte, attackierten andere die Pläne um die Reichsanstalt aus Gründen disziplinärer Prestige- und Machtkämpfe. In zwei äußerst kritischen Denkschriften griff Emil Heyn, Abteilungsvorsteher für analytische Chemie am preußischen Materialprüfungsamt, mit Unterstützung seines Direktors Adolf Martens die Vertreter der «sogenannten» physikochemischen Richtung mit ihren höchst «fragwürdigen Theorien» an. In seiner Sicht war die Reichsanstalt nur ein Versuch, die intradisziplinären Gewichte zugunsten der physikalischen Chemie zu verschieben und sich finanzielle Ressourcen auf Kosten anderer zu verschaffen.[28]

Es geht nun im Rahmen einer Haber-Biographie nicht an, das weitere Schicksal der Chemischen Reichsanstalt im Detail zu verfolgen und die vielfachen Widerstände von seiten des Reichs und der Industrie zu rekonstruieren, die den Plan torpedierten. Nach den ersten Arbeiten von Burchardt und Wendel in den 1970er Jahren hat Johnson die komplexen Hintergründe ausführlich in seiner jüngst publizierten Monographie analysiert.[29] Festzuhalten ist, daß das zögerliche Reich von seiner ersten Kompromißidee eines «Mitteldings» zwischen Reichs- und Privatinstitut[30] aus finanziellen Gründen bald ganz zurücktrat und sich im Gegenzug im Frühjahr 1908 ein Trägerverein aus Industriellen und Wissenschaftlern bildete, der «Verein Chemische Reichsanstalt e. V.». Damit waren die Initiatoren einer zentralen chemischen Forschungsanstalt vom Plan einer ursprünglich überwiegend staatlichen Finanzierung über eine gemischte nun schließlich bei einer privaten Mittelaufbringung angelangt. Unter dem Vorsitz von Emil Fischer und Walther Nernst beabsichtigte der Verein, über Mitgliedsbeiträge und Spenden einen Großteil der Gelder für die Errichtung und den Betrieb der Anstalt zu sammeln. Man blieb jedoch letztlich weiterhin auch auf Zuwendungen des Reichs und des preußischen Staats angewiesen, so daß der Plan 1909 an der endgültigen Absage des Reichs nach dem

Aus für die Finanzreform scheiterte. Er mündete ein Jahr darauf unter der Ägide Fischers in die Bemühungen um die Gründung der KWG ein.

Bevor dieser Entwicklungsstrang aufgegriffen wird, ist kurz ein Blick auf die Wissenschaftler zu werfen, die in den jeweiligen Komitees und Vereinsgremien vertreten waren, welche sich um die Realisierung einer Chemischen Reichsanstalt bemühten. Die ausschlaggebende Figur war durch die Jahre hindurch zweifellos Emil Fischer, gefolgt von Walther Nernst. Die physikalische Chemie hatte in den Jahren 1905–1908 mit Ostwald und vor allem Nernst zwei gewichtige Vertreter im engeren Kreis der Promotoren der Reichsanstalt gehabt. Im breiteren Rahmen des zahlenmäßig von den Industriellen dominierten Hauptkomitees, das 22 Universitätschemiker umfaßte[31], war allerdings lediglich van't Hoff ganz der physikalischen Chemie zuzurechnen, Ernst Beckmann immerhin teilweise. Unter der Vielzahl der hier vertretenen technischen Chemiker und Chemiker von den Technischen Hochschulen befanden sich auch Hans Bunte und Carl Engler von der TH in Karlsruhe. Fritz Haber war über die Bestrebungen für eine Chemische Reichsanstalt nicht nur über die Presse, sondern wohl auch über seine wissenschaftlichen Mentoren unterrichtet. Er gehörte dem Kreis aber selber nicht an. Allerdings zählten auch Engler und Bunte nicht zum engsten Kern der Promotoren einer Reichsanstalt, wie auch auf seiten der chemischen Industrie die BASF sich kaum Vorteile von ihr versprach und ihre Vertreter Brunck und Caro hinter Carl Duisberg/Bayer und Franz Oppenheim/Agfa zurücktraten. Die Bemühungen, nicht zuletzt die physikalische Chemie in einer neuen, außeruniversitären und finanziell gut ausgestatteten Einrichtung zu fördern, liefen also keineswegs auf Haber zu, sondern bewegten sich, dirigiert von Emil Fischer, in Ostwald-Nernstschen Gleisen, d. h. also im Grunde von Haber weg, wenn man das angespannte Verhältnis zu Nernst im gerade kulminierenden Streit um die Berechnung des Ammoniakgleichgewichts betrachtet.

Über die Person des Präsidenten der geplanten Reichsanstalt herrschte unter ihren Promotoren von Anbeginn Einigkeit: Gedacht war nicht an Fritz Haber, sondern an einen Insider des Ostwald-Nernstschen Netzwerks, nämlich Ernst Beckmann (4. 7. 1853–12. 7. 1923). Beckmann bot sich jenseits aller persönlichen Verbindungen deshalb an, weil er als ungemein vielseitiger Chemiker erfolgreich auf organischem, angewandtem und physikochemischem Gebiet wie auch an der Entwicklung von Analyseverfahren gearbeitet hatte. Der ehemalige Apothekengehilfe hatte in Leipzig Chemie studiert und 1877 zunächst das pharmazeutische Staatsexamen abgelegt, ein Jahr später in Chemie promoviert. Nach der Habilitation an der TH Braunschweig 1882 kehrte er zunächst nach Leipzig zurück, wo er 1890 eine außerordentliche Professur für physikalische Chemie erhielt. Ein Jahr darauf wechselte er ebenfalls als Extraordinarius für dieselbe Disziplin nach Gießen, um 1892–1897 ein Ordinariat für pharmazeutische Chemie in Erlangen zu bekleiden. 1897 nahm er einen Ruf zurück nach Leipzig auf einen eigens für ihn geschaffenen Lehrstuhl an und wurde damit Direktor des größten Instituts für angewandte Chemie in Deutschland. Schon 1903 hatten Fischer und Althoff vergeblich versucht, den Kollegen Ostwalds und Nernsts als Leiter des neuen Instituts für pharmazeutische Chemie der Berliner Universität in Dahlem zu gewinnen.[32]

Daß die Bemühungen um eine Chemische Reichsanstalt eher von Haber weg- als auf ihn zuliefen, galt erst recht nach der Gründung des Trägervereins 1908. Zwar wurde Carl Engler als Nicht-Mitglied des Vereins trotzdem in den erweiterten Vorstandsrat hinzugewählt, doch war Haber niemals im Gespräch. Darüber hinaus schwand das konzeptionelle wie personelle Gewicht der physikalischen Chemie. Bereits gegen Ende des Vorjahres hatte Duisberg gegenüber Fischer verlautbart, in Zukunft «mehr die Technik und weniger die physikalische Chemie»[33] betonen zu wollen. Kurz danach schied Ostwald aus: Er sah sich durch die vielen «Berliner» verdrängt und verzichtete auf den ihm zugewiesenen «subalterne[n] Platz».[34] Die Disziplin war unter den Mitgliedern[35] de facto nur noch durch Nernst repräsentiert, der sich persönlich sehr für die Reichsanstalt engagierte, wobei er den chemisch-technischen und analytischen Aufgabenbereich hervorhob. Für die Leser der Vossischen Zeitung definierte er die Anstalt noch Ende März 1908 als das «Schwesterinstitut» der PTR, das vor allem an der «Verfeinerung aller chemischen Meßmethoden» arbeiten solle, gehe es doch überhaupt darum, «chemische Probleme allgemeiner Art mit großen Mitteln zu behandeln.»[36]

Eine Ende des Jahres formulierte Eingabe des Vereinsvorstands an Bethmann Hollweg reflektierte dann allerdings deutlich die Schwerpunktverlagerung hinsichtlich der Finanzierung und der wissenschaftlichen Ausrichtung des Projekts, indem seine Aufgabenstellung um die Bearbeitung der von der chemischen Industrie angemahnten Probleme erweitert wurde. Ein beigefügtes, argumentativ sehr geschicktes Memorandum Beckmanns, das unter tatkräftiger Mitwirkung von Fischer und Nernst verfaßt worden war, schrieb die inhaltliche und organisatorische Konzeption der geplanten Anstalt fest, die nur noch zum Teil der PTR entsprechen sollte. Unter Hinweis auf die Entdeckungen vor allem britischer und amerikanischer Chemiker (Rayleigh, Ramsay, Rutherford, Richards) definierte Beckmann ihre Aufgaben auf folgenden Gebieten: erstens die Neubestimmung chemischer Konstanten mit Hilfe moderner Meßmethoden und -apparate, z. B. spezifische Gewichte, Siede- und Erstarrungspunkte, refraktometrische und polarimetrische Werte; zweitens die ständige Fortführung physikalisch-chemischer Tabellen; drittens die systematische Anwendung der elektrischen Heizung und neuen Kühlmittel, um chemische Reaktionen bei sehr hohen bzw. sehr niedrigen Temperaturen zu erforschen; viertens die

Revision der gesamten analytischen Chemie, wie sie wegen der neuen Erkenntnisse über die Natur der Lösungen und der chemischen Gleichgewichte erforderlich sei; fünftens die von der «Technik», d. h. der chemischen Industrie angemahnten Aufgaben wie Verbesserungen der Analyse z. B. des Chilesalpeters, des Schwefelkieses und zahlreicher organischer Zwischenprodukte, die Prüfung der Lichtechtheit von Farben, aber auch Versuche zur Reinigung von Luft und Wasser von den Schadstoffen der chemischen Industrie. Die physikalische Chemie wurde nicht ausdrücklich benannt, tauchte jedoch für den Fachmann indirekt als die Disziplin auf, die durch ihre enormen Fortschritte und Erkenntnisse, aber auch Forschungsbedürfnisse die oben benannten Aufgaben großenteils überhaupt erst notwendig bzw. möglich gemacht hatte. Allerdings sollte die physikalische Chemie nun nicht mehr eigens institutionell verankert werden. Die Denkschrift ging von nur zwei Abteilungen unter je einem beamteten Direktor aus: einer anorganischen und einer organischen.[37]

1.2. Die chemischen Forschungsinstitute in Konzeption und Vorgeschichte der KWG

In Anbetracht der zögerlichen Haltung des Reichs schlossen sich Emil Fischer und in seinem Schlepptau Walther Nernst schon sehr früh, nämlich 1907, einem preußisch geprägten Alternativkonzept zur Chemischen Reichsanstalt an, und zwar Friedrich Althoffs umfassenden Plänen, auf dem Gelände der ehemaligen königlichen Domäne Dahlem eine Reihe neuer Forschungsinstitute, darunter mehrere für Chemie, anzusiedeln.[38] Bereits Jahre zuvor hatte sich Fischer mit Weitblick für Althoffs Idee engagiert. Er war der einzige Ordinarius gewesen, der dessen ersten Plan, die gesamte, von Raumnot geplagte Berliner Universität oder wenigstens ihre naturwissenschaftlichen Institute nach Dahlem zu verlegen, befürwortet hatte. Fischer sah denn auch den innerstädtischen, 1900 eingeweihten Neubau seines Instituts stets nur als zweitbeste Lösung an. Die Gesuche von Rektor und Senat an den Kultusminister von 1901 und 1904, in Dahlem Gelände für die Belange der Universität zu reservieren bzw. forschungsintensive Institute und Sammlungen dort anzusiedeln, fanden seine Unterstützung. Fischer zählte neben Nernst auch zu den sieben Berliner Professoren und gleichzeitigen Akademiemitgliedern, die, als die Wissenschaft bei der Aufteilung der Domäne leer auszugehen drohte, am 8. 3. 1906 eine von Althoff veranlaßte Immediateingabe an den Kaiser richteten, der sich damit von nun an persönlich mit der Angelegenheit befaßte. Geländezuweisungen in Dahlem wurden zur «Lebensfrage für die Berliner Wissenschaft» erklärt, wobei die Petenten erstmals die Notwendigkeit betonten, gesonderte, hochschulunabhängige Institute zu gründen und auf dem Areal anzusiedeln. Eigens hervorgehoben wurde die Chemie: Für eine der PTR ähnliche zentrale Forschungseinrichtung veranschlagte man eine Fläche von 4–5 Hektar. Emil Fischers Handschrift prägte auch die entsprechenden Passagen des Antwortschreibens der Akademie auf eine kultusministerielle Anfrage vom Oktober desselben Jahres. Mit Hinweis auf die Nobel-Institute wurde ein fünf Hektar umfassendes Areal gefordert, auf dem Institute «für freie Forschung» in der Chemie und Physik begründet werden sollten, in denen hervorragende Gelehrte unbelastet von der Lehre ihren Forschungen nachgehen könnten. Eigens genannt wurde in diesem Zusammenhang van't Hoff. Damit kam die physikalische Chemie als Disziplin gleich zweimal indirekt, aber ausgestattet mit dem Renommee ihrer führenden Vertreter, ins Gespräch: Von den zitierten Nobel-Instituten – die Statuten der Nobelstiftung von 1900 sahen insgesamt fünf, d. h. eines für jedes Preisgebiet vor – wurde vor dem Ersten Weltkrieg nur eines errichtet, und zwar im Oktober 1905 das Nobelinstitut für physikalische Chemie für den Disziplinmitbegründer Svante Arrhenius, der 1903 mit dem Nobelpreis ausgezeichnet worden war.[39] Der namentlich benannte van't Hoff, als zweiter Disziplinbegründer stets in einem Atemzug mit Arrhenius erwähnt, hatte den Preis bekanntlich 1901 erhalten.

Im Mai 1907 verlagerte Fischer aus Enttäuschung über die Haltung des Reichs den Schwerpunkt seiner Bemühungen um eine chemische Forschungsanstalt auf Preußen. In einem Schreiben an den Kultusminister schlug er unter Hinweis auf entsprechende ausländische Beispiele vor, in Dahlem im Rahmen der Akademie und in enger Verbindung zur Universität mehrere kleine Forschungsinstitute zu errichten. Unter einem Direktor sollten vier bis fünf Assistenten und rund zwölf fortgeschrittene Studenten tätig sein. Ein knappes Jahr später griff Walther Nernst im April 1908 Fischers Vorschläge auf, als mit der Gründung des privaten Finanzierungsvereins für eine Chemische Reichsanstalt die technische vor der rein wissenschaftlichen Aufgabenstellung überwog. Nernst brachte bei Althoff vor, über die Reichsanstalt hinaus vier weitere naturwissenschaftliche Forschungsinstitute zu gründen, deren inhaltliche Zielsetzung sehr an die Konzeption erinnert, die Ostwald bzw. er selbst in ihren ersten Entwürfen der Reichsanstalt zugeschrieben hatten. Neben einem Institut für Serumforschung schlug er Forschungsstätten für «physiologische Chemie» (Biochemie), «Mineralchemie» (anorganische Chemie) und «Radioaktivität und Elektronenforschung» vor, also eine grenzüberschreitende Einrichtung zwischen Physik und Chemie, die über den besonderen Fall der Radioaktivität hinaus den Aufgabenbereich der physikalischen Chemie umfassen sollte.[40]

Mit welchem Geschick Friedrich Schmidt (seit 1920: Schmidt-Ott; 1860–1956), seit 1907 im Kultusministerium zuständig für die wissenschaftlichen Angelegenheiten außerhalb des Hochschulsektors, als langjähriger enger Mitarbeiter Althoffs nach dessen Tod die Dahlemer Pläne durchsetzte, ist hinlänglich bekannt und braucht nicht wiederholt zu werden. Im Zusammenhang einer Haber-Biographie ist hier nur die geplante Forschungsstätte für physikalische Chemie zu verfolgen, die erstmals wieder unter den von Nernst genannten vier Instituten ausdrücklich eine Rolle spielte. Nernsts Vorschlag fand unverändert Eingang in die Denkschrift «Althoffs Pläne für Dahlem», die der Kaiser nach dem Tod des Ministerialdirektors bei Schmidt-Ott in Auftrag gegeben hatte und mit deren Hilfe die blokkierenden preußischen Ressortminister im Frühjahr 1909 gleichsam überrumpelt wurden. Ganz in der Nähe der in Gründung begriffenen Chemisch-«Technischen» Reichsanstalt, wie sie nun wieder hieß, da ihre Aufgabe darin bestehe, «bestimmte, ihr durch die Technik gestellte Probleme zu fördern», sollten sich auf dem Dahlemer Gelände die vier chemischen, von Nernst vorgeschlagenen, nur «der reinen Forschung dienenden Staatsanstalten» befinden.[41]

Ein knappes halbes Jahr später gelangten Althoffs Dahlemer Pläne zum Durchbruch, als sich der immer noch von der Daily-Telegraph-Affäre gebeutelte Kaiser entschloß, aus Anlaß des bevorstehenden Universitätsjubiläums die Errichtung neuer Forschungsinstitute zu verkünden. Die kultusministerielle Ausarbeitung von Schmidt-Otts Mitarbeiter Hugo Krüss[42], welche ein entsprechendes «Kaiser Wilhelm-Institut für Naturforschung» konzipierte und die Organisation und innere Struktur der späteren KWI vorwegnahm, sprach nun wieder statt von vier kleineren von einer einzigen, umfassenden Stätte chemischer Forschung, deren weitere Unterteilung in spezialisierte Abteilungen vorläufig nicht in Erwägung gezogen wurde. Einerseits schien es in der besonders hinsichtlich der Finanzierung unklaren Gründungssituation geraten, sich nicht unzulässig zu binden. Andererseits steckte der später von der KWG aufgenommene Grundgedanke dahinter, die Arbeitsrichtung der Institute durch die «Persönlichkeit des leitenden Gelehrten» an ihrer Spitze zu bestimmen und nicht von vornherein auf ein spezifisches Teilgebiet festzulegen, dessen dauerhafte wissenschaftliche Fruchtbarkeit nicht gewährleistet, ja sogar zweifelhaft war. Mit diesem Prinzip wurde die Person des Institutsdirektors bzw. seine Auswahl, über die allerdings in keinem Memorandum gehandelt wurde, zu der zentralen Frage. Jedenfalls wurde der Chemie neben der Physik und noch vor der Biologie Vorrang eingeräumt. Nach der Konzeption des Kultusministeriums sollte das Institut im engen Anschluß an die Akademie und die Universität entstehen, um seinen rein wissenschaftlichen, akademischen Charakter zu betonen. Allerdings gab der mehrfach bemühte Hinweis auf die gegenwärtig beobachtbare Opferfähigkeit der chemischen Industrie und die behauptete Zweckfreiheit ihrer Förderbestrebungen den anvisierten Finanzierungsmodus für die neuen Forschungseinrichtungen vor: «Stiftungen von privater Seite», unterstützt vom «Staat durch Hergabe beträchtlicher Mittel». Zur Finanzierung des chemischen Instituts wurden flugs, «das Einverständnis der Stifter vorausgesetzt», die vom Verein Chemische Reichsanstalt gesammelten Mittel in Vorschlag gebracht, nämlich 900 000 Mark plus jährliche Beiträge von rund 50 000 Mark, um damit auszudrücken, daß die Stiftung auch Mittel mit «besonderer», allerdings nicht zu enger Zweckbestimmung aufnehme.

Aufgrund dieses kultusministeriellen Exposés wurde Adolf (1914 von) Harnack streng vertraulich am 2. 9. 1909 durch den Chef des Zivilkabinetts, Rudolf von Valentini, mit der Abfassung einer Denkschrift für den Kaiser beauftragt, die Anfang Dezember vor dem Monarchen Wort für Wort verlesen wurde, dessen «lebhaftesten uneingeschränkten Beifall» und damit auch umgehend den Weg ins preußische Staatsministerium fand.[43] Harnacks diplomatisches Meisterwerk, das sich nicht zuletzt auf die Expertise und Zustimmung Emil Fischers berief, warnte unter Einarbeitung des Krüss-Memorandums vor einer Notlage der deutschen Naturforschung mit verhängnisvollen nationalpolitischen und wirtschaftlichen Folgen:

> «Ganze Disziplinen gibt es heute, die in den Rahmen der Hochschule überhaupt nicht mehr hineinpassen, teils weil sie so große maschinelle und instrumentelle Einrichtungen verlangen, daß kein Universitätsinstitut sie [sich] leisten kann, teils weil sie sich mit Problemen beschäftigen, die für die Studierenden viel zu hoch sind und nur jungen Gelehrten vorgetragen werden können.»[44]

Als konkrete Notlagen in der Chemie benannte die Denkschrift die an Hochschulen nicht organisierbare Erforschung der Elemente und Bestimmung der Atomgewichte sowie ausdrücklich die Organik, wo der wissenschaftliche Fortschritt von den Universitäten in die Industrielaboratorien abgewandert sei. Die physikalische Chemie wurde nicht namentlich erwähnt, tauchte aber wieder indirekt auf: einerseits im umfassenden Ostwaldschen Sinn einer allgemeinen Chemie, unter die Atomgewichte und Elementelehre fielen, andererseits unter den aufgezählten ausländischen Instituten, die als «mächtige große Kampfeseinheiten» Deutschland die wissenschaftliche Führungsrolle in der Chemie streitig machten. Genannt wurden explizit u. a. die Forschungsstätten von Sir William Ramsay (Nobelpreis 1904) mit anorganischem Schwerpunkt, des amerikanischen Ostwald-Schülers Theodore W. Richards (Nobelpreis 1914), der über Probleme der Atomgewichte forschte, und das physikalisch-chemische Nobelinstitut von Arrhenius.[45] Nun waren diese drei Institute zwar ausgesprochen klein und von den Ausmaßen her als Modell für die späteren KWI denkbar ungeeignet, doch umgab ihre Nennung die KWG noch vor ihrer Gründung werbewirksam «mit der Aura der Förderung von Spitzenforschung»[46] und transportierte indirekt die schwerpunktmäßige Förderung der physikalischen Chemie. Im Rahmen der zu gründenden reinen Forschungsinstitute als deutscher Antwort auf die ausländische Konkurrenz konzipierte Harnacks Denkschrift jedoch ebenfalls nur ein – prioritär zu behandelndes – chemisches Institut ohne spezifische Zweckbestimmung. Seine Finanzierung mit Hilfe der gesammelten Mittel des Vereins Chemische Reichsanstalt und des preußischen Staates, unter Umständen auch des Reiches, wurde nunmehr – eindeutig mit Emil Fischers Zustimmung – vorausgesetzt und im Detail vorgerechnet. Dieser Finanzierungsmodus wurde auf alle zu gründenden Institute der «Königlich preußischen Gesellschaft zur Förderung der Wissenschaften», wie sie hier noch hieß, übertragen.[47]

Die Gründungsvorbereitungen der späteren KWG und die im Namen des Kaisers stattfindende Werbung um private Stifter, von Johnson ironisch, aber treffend als «orchestrated philantropy» bezeichnet, wurden bereits im Detail rekonstruiert[48] und brauchen nicht mehr wiederholt zu werden. Festzuhalten bleibt, daß vor allem Emil Fischer, aber auch Walther Nernst als Vorstandsmitglieder des Vereins Chemische Reichsanstalt in engem Kontakt mit Harnack, Schmidt-Ott und den beteiligten Ressorts die Grundzüge der geplanten Selbstverwaltungsorganisation mitentwickelten und unmittelbar in die Verhandlungen einbezogen waren. Im Januar 1910 arbeiteten sie Richtlinien für die Zusammenarbeit zwischen Verein und geplanter Stiftung aus. Die Beratungen drehten sich zuerst vor allem um die konkrete Finanzierung, dann aber auch in zunehmendem Maße um Personen. Die diskutierten Finanzierungsmodelle bewegten sich zwischen den Polen einer rein privaten Mittelaufbringung, so die favorisierte Lösung der beteiligten Ressortminister, und einer paritätischen Finanzierung aus staatlichen und privaten Mitteln, so der Plan Schmidt-Otts und Harnacks.[49] Das paritätische Modell, dies sei vorweggenommen, scheiterte am Widerstand des Finanzministeriums. Die Mittelaufbringung mußte für jedes Institut eigens ausgehandelt werden und entschied mit über seine Integration in die KWG, aber auch den Praxisbezug der dort betriebenen Forschungen. Das Spektrum reichte von außerhalb der Gesellschaft finanzierten, organisatorisch selbständigen und industrieorientiert forschenden Instituten mit starken Reservatrechten der Geldgeber und einer entsprechend schwachen Position der KWG (z. B. KWI für Kohlenforschung 1914) bis zu Stätten reiner Grundlagenforschung ohne praktischen Nutzeffekt, aus KWG-Mitteln finanziert, in eigener Regie errichtet und voll in die Gesellschaft integriert (z. B. KWI für Biologie 1915). Dazwischen gab es zahlreiche Mischformen.[50]

Die Verhandlungen im Vorfeld der KWG-Gründung drehten sich aber auch zunehmend um Personen. Das Hauptcharakteristikum des «Systems Althoff» war, wie vom Brocke schlüssig nachwies, das von dem Ministerialdirektor über Jahrzehnte hinweg «kunstvoll aufgebaute Netz von Vertrauensleuten und Beratern, offiziellen und offiziösen Beziehungen, die sich schließlich in alle Bereiche der Verwaltung und des öffentlichen Lebens erstreckten». In dieses Netzwerk der persönlichen Verbindungen gehörte z. B. Rudolf von Valentini, ein Schüler Althoffs in Straßburg, der als Zivilkabinettschef seit 1908 die Belange seines verstorbenen Lehrers beim Kaiser ungemein beförderte. Dazu zählte auch Harnack, an dessen Berufung nach Berlin 1887/88 und Ernennung zum Generaldirektor der Kgl. Bibliothek 1905 Althoff maßgeblichen, teilweise gegen heftige Widerstände durchgesetzten Anteil gehabt hatte.[51] Zum Beziehungsgeflecht des Ministerialdirektors, das Schmidt-Ott nach dessen Tod ebenfalls nutzen konnte, gehörte als fester Bestandteil auch Emil Fischer, der das Netz mit seinen engen Industriekontakten seinerseits weiterwebte und verdichtete. So war Schmidt-Otts enger Mitarbeiter Hugo Krüss, selbst studierter Physiker, dessen Ausarbeitung vom Sommer 1909 wesentliche Züge der späteren KWG prägte, der Bruder von Gerhard Krüss, der zusammen mit Fischer im Institut Adolf von Baeyers gearbeitet und dort die anorganische Abteilung geleitet hatte.[52] Maßgeblich über Emil Fischer ergänzte sich das Netzwerk um Walther Nernst, eine Persönlichkeit von, so Johnson, «tremendous vigour, ego, and ambition, plus a quick and fertile mind»[53], der seinerseits die zunächst sehr wichtige, später abgerissene und unerhebliche Verbindung zu Ostwald hergestellt hatte. In dem Augenblick aber, als die Entscheidung fiel, nicht nur ein chemisches Institut privat über die Mittel des Vereins Chemische Reichsanstalt, sondern die ganze KWG aus den Spenden kapitalkräftiger Bürger zu finanzieren, die durch eine breite Kampagne in Kaisers Namen eingeworben wurden, kamen nun Interessengruppen und Personen ins Spiel, die bisher noch außerhalb gestanden hatten. Erst jetzt bekam Haber seine Chance.

1.3. Der Bankier Leopold Koppel und seine Stiftung

Am 13. 5. 1910, eine Woche, nachdem man sich auf den einen reichsweiten Anspruch ausdrückenden Namen der Kaiser-Wilhelm-Gesellschaft geeinigt hatte, fand im Staatsministerium eine Besprechung «mit einer Reihe von Vertrauenspersonen aus Handel und Industrie» sowie einigen Regierungspräsidenten und Oberbürgermeistern statt. Um die Erfolgschancen der geplanten Stiftung und die Namen potentieller Spender zu erkunden, wurde ihnen eine verkürzte Version der Denkschrift Harnacks zur Kenntnis gebracht. Unter den eingeladenen Wirtschaftsführern befand sich neben Krupp von Bohlen und Halbach, Böttinger oder Wilhelm von Siemens eine ganze Reihe äußerst wohlhabender jüdischer Geschäftsleute und Bankiers, kam es doch nun darauf an, in kürzester Zeit bis zum Universitätsjubiläum (10.–12. Oktober 1910) Spendenwillige mit sehr hohen Stiftungsbeiträgen zu gewinnen, um die erhofften 6 Millionen Mark zu sammeln. Unter ihnen befand sich neben Walther Rathenau, Franz von Mendelssohn, Eduard Arnhold, Paul von Schwabach, Ludwig Goldberger und

Eduard Simon auch der Berliner Bankier Leopold Koppel (20. 10. 1854–29. 8. 1933).[54] Koppel sollte von 1910 an für Haber eine Rolle erfüllen, wie sie zuvor Carl Engler eingenommen hatte.

Leopold Koppel war einer der reichsten Männer Preußens, gleichzeitig aber auch der publizitätsscheueste, dessen Aussehen heute nur noch über eine zeitgenössische Karikatur[55] bekannt ist. Ihre biographischen Kenntnisse bezieht die historische Forschung seit Jahren aus denselben, spärlichen Quellen. Archivmaterial existiert kaum, so daß Koppel trotz seines immensen Vermögens und seiner Bedeutung für Wirtschaft und Wissenschaft genauso unerforscht und unbekannt ist wie die mit seinem Namen eng verbundene Auergesellschaft, von der man trotz ihrer Führungsrolle im Glühlampensektor in Ermangelung eines Firmennachlasses kaum etwas weiß. Leopold Koppel stellte auch innerhalb der jüdischen Wirtschaftselite Preußens einen Sonderfall dar. Ihr hervorstechendes Charakteristikum besonders im Bankwesen war Tradition, wie Werner E. Mosse nachwies, und zwar Tradition des Geschäfts und des Vermögens über mehrere Generationen bis zum Beginn des 19. Jahrhunderts zurück. Unter den jüdischen Millionären des Wirtschaftssektors Handel und Banken gab es nur zwei «self-made men»: Rudolf Mosse, Sohn eines armen Provinzarztes, und Leopold Koppel.[56]

Der in Dresden geborene Koppel stammte, wie Althoff 1905 vertraulich ermitteln ließ, «aus kleinen Verhältnissen» und gelangte zu seinem damals auf 20 Millionen Mark geschätzten Vermögen «durch eigene Kraft und Rührigkeit». Nach Besuch des Gymnasiums absolvierte er in seiner Heimatstadt eine Banklehre, machte sich Mitte der 1870er Jahre selbständig und verlegte sein 1890 gegründetes Bankgeschäft Koppel & Co. ein Jahr später nach Berlin.[57] Eine 1912 erstellte Übersicht über das Vermögen und Einkommen preußischer Millionäre erklärte lakonisch:

> «Es dürfte wenige Personen in Berlin geben, die in den letzten 20 Jahren so viel Geld verdient haben wie Leop. Koppel.»[58]

Koppels Bankhaus finanzierte die Gründung und gewaltige Expansion der bereits ausführlich vorgestellten Deutschen Gasglühlicht AG (Auergesellschaft) mit europaweiten Tochtergesellschaften, die 1909 vergeblich versucht hatte, den ihr als wissenschaftlicher Berater verbundenen Haber auch als Direktor und Laboratoriumsleiter zu gewinnen. Daß das Bankhaus der Gesellschaft an deren enormen Gewinnen ebenfalls partizipierte, lag in der Natur der Sache und manifestierte sich in Koppels Position als Vorsitzender des Aufsichtsrats[59] und anderen ehrenvollen Ämtern, so z. B. als Generalsekretär des Vereins Berliner Kaufleute und Industrieller 1912.[60]

Koppels Bankhaus war finanziell in erheblichem Maß auch an der 1897 gegründeten Hotel-Betriebsgesellschaft beteiligt, die ihr Aktienkapital von anfangs 2 auf 9,8 Millionen Mark im Mai 1911 (bei einem Kursstand von

223) erweitert hatte. Der Gesellschaft gehörten die größten Berliner Hotels wie das Bristol, das Central und das Westminster. Koppel war hier stellvertretender Vorsitzender des Aufsichtsrats. Aufsichtsratsvorsitzender war er ferner bei der Panzer AG für Geldschrank-Tresorbau und Eisenindustrie; den Aufsichtsräten der Monoline Maschinenfabrik AG in Berlin und der Arthur Koppel AG seines Bruders gehörte er als einfaches Mitglied an. Koppels jährliches Einkommen betrug 1910 über 1,6 Millionen Mark.[61] Seine Villa im Tiergarten wurde von Besuchern als «Palais» geschildert, «mit Sälen voller Rembrandts, Rubens und Van Dycks.»[62]

1900 war Koppel zum Kgl. Sächsischen Kommerzienrat, drei Jahre später zum Geheimen Kommerzienrat ernannt worden. Nach den Ermittlungen des Berliner Polizeipräsidenten 1905 führte er sich «in jeder Hinsicht einwandfrei», war politisch nicht hervorgetreten und lebte sehr zurückgezogen. Er verkehrte, wie eigens vermerkt wurde, weniger mit seinen Geschäftskollegen «als in Kreisen von jungen Gelehrten und Künstlern». Bereits 1903 hatte er, da er für sich und seine Familie nichts mehr hinzuerwerben wollte, größere Stiftungen für gemeinnützige Zwecke beabsichtigt, und zwar zuerst auf sozialem Gebiet zur Bekämpfung des Schlafstellenunwesens durch den Bau von Ledigenheimen. Dieser Plan scheiterte an Koppels Bedingung, absolut inkognito zu bleiben, und an den konkreten Voraussetzungen der Finanzierung. Er verlagerte daraufhin seine Vorliebe auf die Wissenschaftspflege.[63]

Aus Anlaß der Silbernen Hochzeit des Kaisers stiftete Koppel im Sommer 1905 eine Million Mark in 3,5 %igen Berliner Städtischen Pfandbriefen für die «Koppel-Stiftung zur Förderung der geistigen Beziehungen Deutschlands zum Auslande», die Ende des Jahres die landesherrliche Genehmigung erhielt und etliche Strukturen der späteren KWG vorwegnahm. Für den Stiftungszweck herangezogen werden sollten nur die jährlichen Zinsen in Höhe von rund 35 000 Mark. Durch die Entsendung deutscher und Einladung ausländischer Gelehrter wollte Koppel nach eigenen Worten «zu vermehrtem gegenseitigen Verständniß und dauerndem friedlichen Zusammenschluß der Kulturstaaten der Erde» beitragen. Das Kuratorium der Koppel-Stiftung bestand aus sieben Mitgliedern: dem Stifter als Vorsitzendem, der sich dadurch eine Mitsprachemöglichkeit über die Verwendung seiner Mittel sicherte; dem vom Kaiser ernannten Stellvertretenden Vorsitzenden (1906: Althoff, später Valentini), je einem Vertreter des Außen- und des Kultusministers (ab 1907: Schmidt-Ott), zwei Professoren der Berliner Universität (Hermann Diels, Oskar Hertwig) und einem von den Kuratoriumsmitgliedern zu wählenden Vertreter aus dem Handelsstand.[64]

Mit seiner Stiftung war Koppel in das personelle und politische Netzwerk des «Systems Althoff» integriert worden, denn er finanzierte primär den von dem Ministerialdirektor mit dem Harvard-Präsidenten Charles

W. Eliot konzipierten, vom Kaiser unterstützten deutsch-amerikanischen Professorenaustausch[65], von dem schon mehrfach die Rede war. Der Physikochemiker Ostwald reiste also mit Koppels Geld als erster Austauschprofessor 1905/06 in die USA. Die Koppel-Stiftung förderte weitere internationale Projekte Althoffs, etwa die Deutsche Medizinschule in Schanghai, die deutsch-chinesische Hochschule in Tsingtau, das 1910 eröffnete Amerika-Institut in Berlin oder die Internationale Wochenschrift (seit 1912: Monatsschrift) für Wissenschaft, Kunst und Technik, die Althoff zur publizistischen Unterstützung seiner Pläne gegründet hatte. Die Zukunft sollte erweisen, daß die von der Stiftung unterstützten Unternehmungen eine ‹natürliche› Tendenz hatten, den preußischen Staat über das Kultusministerium in wachsendem Maße auch in ihre Finanzierung einzubeziehen.[66]

Für sein mäzenatisches Engagement erhielt Koppel den Wilhelms-Orden, der vor ihm in der Berliner Hochfinanz nur dem Kaiser-Vertrauten James Simon verliehen worden war. Die Auszeichnung war bestens geeignet, das soziale Ansehen gerade jüdischer Stifter zu heben. Sie hatte aber auch die Kehrseite, daß sie den Beliehenen implizit zu weiteren Spenden aufforderte und in gewissen Zugzwang brachte.[67] Koppel jedenfalls war ein Mann, der das unausgesprochene Regelwerk des monarchischen Staates beachtete.

2. Haber, Koppel und die Gründung des KWI für physikalische Chemie

Am 13. 5. 1910 hatte Koppel im Staatsministerium zum erstenmal in aller Form von der geplanten Gründung der KWG aus Anlaß des Universitätsjubiläums erfahren. Er reagierte sofort und ging an die Verwirklichung seiner erst vier Monate später offiziell eingebrachten Idee, ein separates Institut für physikalische und Elektrochemie unter der Bedingung eines von ihm ausgesuchten Direktors zu stiften. Dieses Novum war bisher in keinem der diskutierten Vorschläge aufgetaucht, die sich über die Institutionalisierung der physikalischen Chemie entweder völlig bedeckt gehalten oder ihr einen Platz als Abteilung, höchstens als Kleinstforschungsstätte zugewiesen hatten. Als Direktor kam für Koppel nur Haber in Frage, den er umgehend nach Berlin zu vertraulichen Besprechungen vom 20. bis 24. 5. einlud. Dem Karlsruher Ordinarius traten Koppels Pläne nach eigenem Bekunden «völlig überraschend entgegen».[68] Allerdings äußerte er wenig später selbst den Verdacht, daß der Berliner Bankier seit seiner Ablehnung des angebotenen Direktorenpostens bei Auer im November 1909 an diesem Plan gewebt hatte.[69] Damals war Haber von der Gesellschaft gedrängt worden, seinem abgeänderten Kooperationsvertrag mit der BASF einen Kündigungsvorbehalt für den Fall anzufügen, daß er in ein anderes akademisches Amt oder ins Ausland berufen würde. Es ist sehr wahrscheinlich, daß Koppel schon frühzeitig von den Dahlemer Plänen erfahren hatte, da Schmidt-Ott die bereits in zahlreichen Projekten Althoffs engagierte Stiftung des Bankiers als mögliche Finanzierungsquelle in Betracht ziehen mußte. Ob jedoch dann gleich auch die Idee, ein eigenes physikochemisches Institut zu stiften, auf Schmidt-Ott zurückging, wie sein Sohn behauptet, ist nicht zu belegen.[70] Koppel sah darin jedenfalls offensichtlich einen Weg, den einer Industriestellung abgeneigten Haber trotzdem an sich und die Auergesellschaft zu binden: Der Ausweg lag in einem außeruniversitären Forschungsinstitut, das akademisch geprägt, aber industriellen Wünschen gegenüber offen war.

Der Karlsruher Ordinarius konferierte vom 20. bis 24. Mai mehrfach mit dem präsumptiven Stifter, am 21. auch mit Schmidt-Ott und drei Tage darauf mit Emil Fischer, der von seiten der Wissenschaft maßgebenden Persönlichkeit. Während Fischer ihn mit dem Gründungsvorhaben insgesamt vertraut machte und ihm zur Information mehrere «belehrende[n] Druckschriften», also mit Sicherheit auch das Harnack-Memorandum überließ, äußerten Koppel wie auch Schmidt-Ott konkrete Vorstellungen, die Haber zusätzlich zu seinen eigenen Wünschen in seine Berufungsbedingungen aufnehmen sollte. Einen guten Monat später teilte der Karlsruher telegraphisch Koppel und abschriftlich Emil Fischer und Schmidt-Ott diese Voraussetzungen mit, wobei er hinzufügte, daß seine derzeitige Position ihn in jeder Beziehung so befriedige, daß er sie nicht aufgeben wolle, wenn die Berliner «unter den dort gegebenen Verhältnissen eine Stellung zweiten Ranges wäre.»[71] Damit zielte er auf den ungeschmälerten Direktorenposten ab, womit er für seine Person das sich abzeichnende Schicksal Ernst Beckmanns ausschloß, dessen Position als Direktor des KWI für Chemie de facto auf die Leitung der analytischen Abteilung beschnitten wurde, während im Hintergrund Emil Fischer regierte.[72]

Es ist für die Motive der an einem KWI für physikalische Chemie interessierten Partner aus Staat, Industrie und Wissenschaft aufschlußreich, Habers fünf Punkte umfassende Berufungsbedingungen zu analysieren, gingen doch nach seinen eigenen Worten die ersten beiden Punkte auf Schmidt-Ott, der dritte auf Koppel zurück, während nur die beiden letzten von ihm selbst stammten. Die gegenseitigen Absprachen im Vorfeld waren, um dies vorwegzunehmen, so eng gewesen, daß sich später alle Forderungen unverändert auch realisierten.

«Lebenslängliche Anstellung als Staatsbeamter in der Eigenschaft als Chef der neuen Anstalt. [...] Gewährung zureichender Betriebsmittel und gleicher voller Unabhängigkeit in deren Verwendung sowie in der Wahl der Arbeiten, der Bestimmung über die Anstaltseinrichtungen und der Auswahl der Angestellten beziehungsweise Mitarbeiter, wie sie der Director eines deutschen Hochschulinstituts im gleichen Fach geniesst.»[73]

Dieser gleich zwei Bedingungen enthaltende erste Punkt war zentraler Bestandteil der Konzeptionen Schmidt-Otts wie auch Harnacks und Fischers, von dessen Richtigkeit sie Kultusminister von Trott zu Solz, der anfänglich eine rein private Finanzierung der Forschungseinrichtungen bevorzugt hatte, rasch überzeugen konnten. Harnacks berühmtes Diktum, durch eine feste Verankerung des Staatseinflusses «der Gefahr einer Abhängigkeit von Clique und Kapital» zu begegnen[74], fand hier unmittelbaren Niederschlag. Man suchte einen Weg, sich bei möglichst geringer finanzieller Belastung vergleichsweise große Einflußmöglichkeiten zu sichern, und fand diesen in der staatlichen Besoldung des Institutsleiters. Zugrunde lag die Erkenntnis, daß die Person des Direktors in der Konzeption der neuen Forschungseinrichtungen ausschlaggebende Bedeutung haben würde. Bei «sonst weitestgehender Selbstverwaltung der Institute» sollte über dessen Ernennung und danach über dessen Beamtenstatus der gewünschte «ausschlaggebende[n] Einfluß» des Staates gewahrt werden.[75] Auf diesem Umweg glaubte man, dem Direktor hinsichtlich der Auswahl seiner Forschungen und Mitarbeiter die volle wissenschaftliche Freiheit des Ordinarius an einer deutschen Universität zugestehen zu können, zumal es darauf ankam, einen führenden Wissenschaftler zu gewinnen, das Renommee der neuen Einrichtung hoch anzusiedeln und vor allem dem Institutsleiter die Möglichkeit zu geben, eventuellen Anweisungen des industriellen Stifters entgegenzutreten. Das wie selbstverständlich hinzugerechnete Recht, die apparative Ausstattung des Instituts allein zu bestimmen, ging ohnehin nur auf dessen Kosten.

Der zweite, von Schmidt-Ott eingebrachte Punkt von Habers Bedingungen betraf die akademische Stellung des Institutsleiters. Diese mußte aus den eben bereits genannten drei Gründen hochrenommiert sein und mit einem universitären Ordinariat konkurrieren können. Gleichzeitig ging es jedoch auch darum, die neuen Einrichtungen in das bestehende System wissenschaftlicher Institutionen zu integrieren und die dort zu Recht vermuteten Widerstände zu neutralisieren. Also sollte der Direktor qua «Aufgabe und Rang des Instituts» der preußischen Akademie der Wissenschaften und als Professor der Berliner Universität angehören, letzteres, um nicht die Lehrbelastung durch die Hintertüre wieder einzuführen, als «ordentlicher Honorarprofessor». Mit diesem Titel war der Rang eines Ordinarius ohne Gehalt und Lehrverpflichtung, aber auch ohne Prüfungs- und Korporativrechte ausgedrückt.[76]

Habers dritte Bedingung betraf die finanzielle Seite und entsprach in weiten Teilen den Vorstellungen des Stifters Koppel. Die Höhe seines lebenslangen staatlichen Jahresgehalts von 15 000 Mark plus 5000 Mark Wohnungsgeld und die Regelung der Pensionierung sowie der Witwen- und Waisenversorgung analog den Verhältnissen preußischer Professoren stammte offenbar allerdings ebenfalls aus dem Kultusministerium. Das

Gehalt sollte erklärtermaßen die «außerordentlich hohen Einnahmen» hervorragender Hochschullehrer ausgleichen.[77] Das jährliche Diensteinkommen eines Ordinarius an der Berliner Universität betrug nach über 20 Dienstjahren rund 14000 Mark, wobei die üppigen Kolleg- und Prüfungsgelder noch hinzukamen. Die Haber zugestandene Summe entsprach dem Gehalt der anderen KWI-Direktoren, lag aber beispielsweise unter den 20000 Mark, die Helmholtz als Präsident der PTR oder Robert Koch als Leiter des 1891 eröffneten Kgl. Preußischen Instituts für Infektionskrankheiten bewilligt worden waren.[78]

Die weiteren Bedingungen des Karlsruher Ordinarius gingen eindeutig auf Koppel zurück und zeigen, in welcher Richtung die Vorteile lagen, die sich der Stifter von seiner Institutsgründung versprach. Haber verlangte die ausdrückliche Berechtigung «zu beratender und gutachtender Verbindung mit der Technik», d.h. mit der Industrie, und «zur Entnahme von Patenten», von deren Vergütung ein Drittel an das Institut abzuführen war. Als Nutznießer dieser Bestimmung nahm Koppel selbstverständlich die Auergesellschaft an. In seinem erst Anfang Oktober schriftlich fixierten Stiftungsangebot formulierte er ganz unverstellt, daß die Förderung der physikalischen Chemie ihm deshalb besonders nahe liege, «weil dieselbe am direktesten auf die Industrien einwirkt, denen ich selbst nahestehe.» Ebenso offen schloß der Kaiser seinen «wärmsten Dank» für das gestiftete Institut mit dem Wunsch, das finanzielle Opfer möge «Ihren Erwartungen entsprechend nicht nur für die Deutsche Wissenschaft und Forschung, sondern durch ihre Befruchtung auch für die Deutsche Industrie eine Quelle reichen Segens werden.»[79] Ganz ohne Umschweife kam Koppel auch auf den Kündigungsvorbehalt zurück, der Ende November 1909 auf Betreiben der Auergesellschaft dem Kooperationsvertrag Habers mit der BASF beigefügt worden war. Der Bankier stieß sich ausdrücklich nicht an dessen Verpflichtungen gegenüber der Badischen auf dem Stickstoffgebiet, da diese Entwicklung bereits für die Konkurrenz uneinholbar vorangeschritten war. Er wollte aber aus nachvollziehbaren Gründen Habers Verpflichtung beseitigt wissen, auch verwertbare Entdeckungen außerhalb dieses Forschungsfeldes zuerst der BASF anbieten zu müssen.[80]

Von der mit Koppel vereinbarten Möglichkeit zu freier Beratertätigkeit und Patententnahme profitierte Haber allerdings über den finanziellen Aspekt hinaus, indem es ihm gelang, sich Spielräume zur freien Entscheidung offenzuhalten. Die Art und die Bedingungen der Verwertung von Erfindungen, ja überhaupt die Entscheidung darüber, ob eine Erfindung verwertet oder «ins öffentliche Gut fallen», d.h. wissenschaftlich publiziert werden sollte, wollte Haber ausschließlich sich selbst vorbehalten. Mit diesen Bestimmungen unterschied sich das physikalisch-chemische Institut grundsätzlich vom KWI für Chemie, bei dem aufgrund seiner komplizierten Mitfinanzierung durch den ehemaligen Verein Chemische

Reichsanstalt die Frage der Patente vom Kultusministerium bewußt ausgeklammert wurde: Dem einzelnen Industriellen durfte ja aus dem Institutsbetrieb kein Schaden dadurch entstehen, daß ein mitfinanzierender Konkurrent dessen Patente verwertete.[81]

Die beiden letzten Punkte von Habers Bedingungen stammten von ihm selbst. Er erbat sich zum einen «Urlaubsverhältnisse im Geiste der academischen Einrichtungen», die er in Anbetracht seines dauerhaft angegriffenen Gesundheitszustandes auch dringend brauchte. Die Regelung erstreckte sich bis zu dem Recht auf Selbstbeurlaubung bis zu acht Tagen.[82] Zum zweiten äußerte Haber erstmals konkrete personelle Vorstellungen: zwei Mechaniker, zwei jüngere Assistenten und die Übernahme seiner beiden habilitierten Mitarbeiter aus Karlsruhe, Just und Leiser. Beide sollten ein Jahresgehalt von zusammen 9000 Mark erhalten und zudem von der Berliner Universität als Privatdozenten anerkannt werden. Just, den Haber als seinen Stellvertreter im Verhinderungsfall bestimmte, sollte außerdem, um dieser Funktion auch nach außen zu entsprechen, den Titel eines Professors erhalten. Demnach sollte das Institut vorerst neben dem Direktor nur vier Wissenschaftler auf Planstellen beschäftigen.

Der am 4. 8. 1874 in Wien geborene Richard Leiser[83] war österreichischer Staatsbürger katholischer Konfession. Nach seinem Studium in Wien mit physikochemischem Schwerpunkt war er dort von 1899–1907 Assistent am 2. chemischen Institut der Universität. Im Oktober 1907 wurde er Assistent Habers in Karlsruhe und habilitierte sich zwei Jahre später mit einer Arbeit über die elektrische Doppelbrechung der Gase. Leiser folgte Haber nach Dahlem. Anfang 1914 erhielt er auf dessen Antrag den Professorentitel, um kurz darauf das KWI zu verlassen und in die Industrie zu gehen. Gerhard Just[84], geboren am 14. 6. 1877 in Karlsruhe, war der Sohn des dortigen TH-Professors für Botanik, Leopold Just. Nach dem Studium der Physik und Chemie an der TH Karlsruhe und den Universitäten Freiburg und Leipzig, wo er promovierte, arbeitete er 1902 im Laboratorium von van't Hoff und wurde im folgenden Jahr Assistent von Le Blanc an der TH Karlsruhe, wo Haber ihn 1906 übernahm. Just habilitierte sich zwei Jahre später. Er folgte seinem Chef 1911 an das KWI, wo er Abteilungsleiter und stellvertretender Direktor wurde. Wunschgemäß erhielt er den Professorentitel noch im selben Jahr durch kultusministeriellen Erlaß.

Wenngleich Habers Bedingungen später alle erfüllt werden sollten, war er dennoch zunächst zu voreilig gewesen. Er mußte auf Schmidt-Otts Wunsch Emil Fischer telegraphisch bitten, seinen Brief als nicht geschrieben zu betrachten, und auch versichern, sich mit weiteren Äußerungen einige Wochen zurückzuhalten.[85] Weder hatte Koppel zu diesem Zeitpunkt seinen Stiftungswunsch offiziell proklamiert, noch hatte der Kaiser die Gründung der neuen Forschungsgesellschaft verkündet. Ausschlaggebend dürfte jedoch gewesen sein, daß nach der ins Auge gefaßten Satzung der Staat den Institutsdirektor ernannte, d. h. diesen auffordern mußte, seine Bedingungen zu nennen, auch wenn im Vorfeld schon konkrete Abmachungen getroffen worden waren.

Tatsächlich lief die Auswahl des Institutsdirektors für Schmidt-Ott nicht so ohne weiteres auf Haber zu, wie es sich Koppel vorstellte. Die jahrelangen Beratungen um die Chemische Reichsanstalt kreisten, wenn es um die physikalische Chemie ging, stets um die Person Walther Nernsts, der durch seine enge Verbindung zu Fischer zu den Promotoren des Projekts gehörte. Allerdings schied Nernst mit dem Jahr 1910 aus Gründen, die nicht ganz transparent werden, aus dem engeren Kreis der Akteure aus und spielte dann nicht mehr die Rolle, die man nach der Vorgeschichte eigentlich erwarten könnte. Ausgangspunkt war vermutlich die konkrete Gestalt der KWG, wie sie sich nach dem Harnack-Memorandum abzeichnete, und die Nernst wie auch Ostwald kritisch beurteilten. Ostwald mokierte sich darüber, daß, wie er es später ausdrückte, «der Kaiser gewissermaßen selbst mit dem Klingelbeutel bei der Großindustrie herumging» und die Spenden «reichlich mit Orden und Titeln quittierte».[86] Nernst äußerte sich bereits Anfang 1910 sehr negativ über die «Verpreußung der [Reichs]Anstalt». Er war offensichtlich nicht einverstanden mit ihrem neuen Namen, der privaten Rechtsform, dem geplanten Verwaltungsaufbau und sogar der Architektur des Baus. Nernst stimmte auch nicht mit der wissenschaftlichen Organisation und den ins Auge gefaßten Forschungsgegenständen überein, ohne daß dieser Punkt aus den Quellen deutlicher würde.[87] Im Juli kam Nernst nach Ansicht Schmidt-Otts jedoch durchaus als ernsthafter Konkurrent Habers um den Direktorenposten am physikalisch-chemischen Institut in Frage. Der Ministerialdirektor, der in jenem Monat mit seiner Familie den Sommerurlaub auf der Insel Rügen verbrachte, reiste von dort kurzentschlossen nach Stockholm, um die Kandidatenfrage mit Arrhenius zu beraten. Der Nobelpreisträger von 1904 sprach sich für Haber aus, was dann den Ausschlag für seine Berufung gab.[88] Haber empfand für seinen schwedischen Gönner, den er später als Mensch wie als Wissenschaftler gleichermaßen schätzen sollte, ein lebenslanges Gefühl der Dankbarkeit.[89]

Die Motive für Arrhenius und Schmidt-Ott, Haber gegenüber Nernst zu bevorzugen, waren mehrschichtig. Ein Grund war mit Sicherheit Arrhenius' Zerwürfnis mit Nernst seit der Jahrhundertwende. Nernst hatte in einer scharfen Debatte in der Zeitschrift für physikalische Chemie Arrhenius' Versuch, seine Theorie von schwachen nun auch auf starke Elektrolyte auszuweiten, widerlegt und damit die begrenzte Reichweite von dessen Theorie der elektrolytischen Dissoziation schlüssig nachgewiesen. Konkurrenz- und Neidgefühle bestimmten das beiderseitig spannungsreiche Verhältnis: «The two men's egos were as large as their achievements», was schließlich soweit ging, daß Arrhenius die Verleihung des Nobelpreises an Nernst mit Erfolg bis 1920 verzögerte.[90] Darüber hinaus war Habers erfolgreiche Ammoniaksynthese, die er im März des Jahres 1910, wenn auch nur in Grundzügen, in Karlsruhe öffentlich vorgestellt hatte, in Stockholm als nobelpreisverdächtig im Gespräch. Elisabeth Crawford konnte durch ihre quellengestützte Untersuchung der Nobelpreisverleihungen bis 1915 zeigen, daß Arrhenius' Einfluß auf die Nominierung der Chemiepreise und die Bedeutung seines internationalen wissenschaftlichen Netzwerks gar nicht überschätzt werden kann.[91] Das Nobelkomitee für Chemie diskutierte gerade die Möglichkeit, die Entdecker der bereits bekannten Verfahren zur Stickstoffbindung, nämlich Birkeland-Eyde, Schönherr oder Frank-Caro, für die Verleihung des Preises vorzuschlagen.[92] In diesem Zusammenhang muß die Rede auch auf Haber gekommen sein, was Arrhenius dann mit Schmidt-Ott besprach. Daß die antizipierte Nobelpreisverleihung bei der Auswahl Habers als KWI-Direktor eine wichtige Rolle spielte, wie Crawford/Heilbron vermuten, ist nur zu unterstreichen, kam es doch darauf an, den neuen Forschungseinrichtungen das größtmögliche wissenschaftliche Prestige zu verleihen. Umgekehrt spielte das Habersche Institut in Zukunft eine wichtige Rolle in Arrhenius' Netzwerk als Berliner Horchposten für die Preisträger-Auswahl.[93] Auch für die weitere Entwicklung der KWG schied Nernst in der Folgezeit praktisch aus. Trotz seines großen Engagements in den Vorjahren und trotz seiner führenden Position im Verein Chemische Reichsanstalt wurde er 1911 bei der Ernennung ihrer Senatsmitglieder völlig übergangen, während auf der anderen Seite Emil Fischer nicht nur Senator, sondern zuerst als zweiter Schriftführer, dann als zweiter Vizepräsident auch Mitglied des Verwaltungsausschusses wurde und de facto im Hintergrund eine Rolle spielte, welche die Bedeutung Harnacks noch übertraf.[94]

Haber hörte erst nach der Sommerpause wieder etwas von den Institutsplänen, als er zu einer Besprechung ins preußische Kultusministerium am 16.9. 1910 eingeladen wurde. Beraten durch Carl Engler, fuhr er in dem Bewußtsein nach Berlin, daß die Verhandlungen scheitern würden bzw. im Grunde schon gescheitert waren.[95] Er hatte ganz offensichtlich seinen ‹Rückpfiff› durch Schmidt-Ott Anfang Juli so verstanden, daß seine zuvor mit ihm abgesprochenen Bedingungen unerfüllbar waren. Auch war Haber innerlich darauf eingestellt, an der TH zu bleiben, hatte er doch noch am 1. Juli in Karlsruhe ein eigenes Haus bezogen, für dessen innere Ausgestaltung er einen «erheblichen Aufwand» trieb.[96] Was er bei seiner Ankunft in Berlin offenbar nicht wußte, war zweierlei: daß erstens «meines dringenden Abredens ungeachtet» Koppel seine Stiftung an Habers Institutsleitung geknüpft hatte, und daß zweitens die preußische Staatsregierung «von dem Gelingen [der Verhandlungen] ebenso überzeugt war, wie ich vom Scheitern, und ihre ganze Richtlinie danach bestimmt hatte.»

Demnach stand Haber unter gewaltigem Zugzwang, als die Diskrepanz der Erwartungen am 16.9. offenbar wurde, war doch, nachdem inzwischen oberste Instanzen wie der Reichskanzler und der Chef des Zivilkabinetts mit der Angelegenheit positiv befaßt worden waren, für den Folgetag um 15 Uhr eine Sitzung des Staatsministeriums einberufen worden. Auf dieser Besprechung wollte Koppel im Beisein des Finanzministers sein Stiftungsangebot offiziell verkünden. Mit anderen Worten:

«Meine Weigerung 24 Stunden vor dieser Sitzung wirkte als eine Zerstörung dieses ganzen Planes. Damit scheiterte aber zugleich die kaiserliche Absicht, da es nicht möglich war, eine neue Richtlinie so schnell zu wählen und ihre Verwirklichung vor dem 11. October durch alle Instanzen zu führen.»[97]

Da Koppel auf Haber insistierte, obwohl dieser ihm einen anderen Ordinarius vorschlug, verstärkten Nernst und besonders van't Hoff am folgenden Samstag vormittag den freundlichen Druck auf den Karlsruher, bis dieser, nachdem er sich telefonisch Englers zustimmenden Rats versichert hatte, zusagte.[98]

Die wichtige Sitzung am 17. 9. konnte also planmäßig stattfinden. Koppel offerierte 700000 Mark für den Bau und die Einrichtung des physikalisch-chemischen Instituts inklusive des Direktorenwohnhauses auf staatlichem Gelände, knüpfte sein Angebot allerdings an drei Voraussetzungen: daß erstens Haber zum Direktor berufen würde; daß sich zweitens der Staat mit jährlich 50000 Mark an den Betriebskosten beteiligte, wofür Koppel wiederum zusagte, den Rest – man rechnete mit rund 35000 Mark – zehn Jahre lang aus seiner Stiftung zu begleichen; daß drittens und letztens diese beiden Bedingungen rechtzeitig genug akzeptiert würden, um das Institut als erstes KWI dem Kaiser noch vor dem Universitätsjubiläum darbringen zu können. Die Punkte 2 und 3 waren zuvor mit dem Kultusministerium abgesprochen worden, erschienen aber, um Druck auf den blockierenden Finanzminister auszuüben, als unerläßliche Bedingungen des Stifters, der andernfalls von seinen Zusagen zurücktreten wollte. Die gleiche Funktion hatten die den preußischen Staat betreffenden Bedingungen Habers, also die Verbeamtung mit einem Jahresgehalt von 15000 Mark plus Dienstwohnung bzw. Wohngeldzuschuß. Sie waren ja ebenfalls schon im Vorfeld mit Schmidt-Ott abgestimmt worden, versprachen nun aber offiziell «äußerst schwierige» Berufungsverhandlungen.[99]

Wogegen sich der Finanzminister sträubte, war der Staatszuschuß zu den laufenden Kosten in Höhe von 50000 Mark, in denen die 15000 Mark für die Besoldung des Institutsdirektors enthalten sein sollten. Unter der Ägide Schmidt-Otts intendierte Kultusminister Trott zu Solz damit nicht nur staatliche Einflußmöglichkeiten in einem ihm sonst entzogenen Bereich abzusichern. Er schätzte zudem in Anbetracht der oft nur einmaligen

Industriespenden grundsätzlich eine private Dauerfinanzierung der Forschungsinstitute als problematisch ein und hielt daher eine Übernahme von einem Drittel der laufenden Kosten für unbedingt erforderlich.[100] Auf der anderen Seite standen die dem preußischen Staat tatsächlich aus der Gründung der KWG und ihrer Institute erwachsenden Kosten, die erheblich waren und das Zögern des Finanzministers verständlich machen. So beliefen sich allein die Ausgaben für die Besoldung der Direktoren der ersten drei KWI auf über 83 000 Mark, erweiterten sich doch die je 15 000 Mark Grundgehalt um die Beträge für Wohnungsgeld, Remuneration der Akademiemitglieder, Pensionsfonds etc. Hinzu kamen die staatlichen Zuschüsse zu den laufenden Betriebskosten und der Wert der Bauplätze in Höhe von mindestens 1,4 Millionen Mark, die dem Fiskus entgingen. Im Haushaltsjahr 1913/14 stammten immerhin 25 % der Mittel der KWG von öffentlicher Seite, ein Anteil, dem das staatliche Gewicht in den Selbstverwaltungsorganen auch nicht annähernd entsprach. Solche Rechnungen machten freilich die KWG und das Kultusministerium aus verschiedenen Gründen nicht gerne auf.[101]

Unter dem Druck des drohenden Rückzugs des Stifters und des unmittelbar bevorstehenden Universitätsjubiläums stimmte der Finanzminister im Falle des physikalisch-chemischen Instituts am 27.9. dem staatlichen Zuschuß zu den Betriebskosten zu, nicht ohne auch danach immer wieder zu betonen, er tue dies «unter Ablehnung jeder Konsequenz für die anderen noch zu gründenden Forschungsinstitute» und «unter Aufrechterhaltung meiner grundsätzlichen Einwendungen gegen die Schaffung von besonderen Beamtenstellen für die Leiter».[102] Damit war jedoch der Präzedenzfall geschaffen.

Mit der Zustimmung des Finanzministers waren die Voraussetzungen dafür eingetreten, daß Koppel sein Angebot am 3. 10. zuerst dem Kuratorium der Koppel-Stiftung eröffnen und am selben Tag dem Kaiser offiziell in einer Immediateingabe offerieren konnte. Am «Geburtstage der Kaiser Wilhelm II. Institute» wollte er die chemisch-physikalische Forschungsstätte als erste der geplanten Einrichtungen im Rahmen der Gesamtgesellschaft, aber in der Rechtsform einer selbständigen Stiftung anbieten. Dabei wollte er nach außen als Person zurücktreten und die Ausführung der laufenden Geschäfte der Koppel-Stiftung übertragen. Die Rechnung ging auf, indem bereits vier Tage später der Kaiser den Kultusminister um seinen Bericht bat und dem Stifter ein sehr gewogenes Allerhöchstes Handschreiben mit seinem «wärmsten Dank» zukommen ließ.[103] Wilhelm II. leitete damit die unmittelbaren Gründungsvorbereitungen des Instituts ein. Am 11. 10. 1910 konnte er auf dem pompösen Festakt der Jahrhundertfeier der Berliner Universität persönlich seinen Wunsch verkünden, «unter Meinem Protektorat und Namen eine Gesellschaft zu begründen, die sich die Errichtung und Erhaltung von Forschungsstätten zur Aufgabe stellt.»[104] Auf der konstituierenden Sitzung der KWG am 11. 1. 1911 befand sich neben Paul Ehrlich, van't Hoff, Harnack und Emil Fischer auch Leopold Koppel unter den zehn vom Kaiser ernannten Senatoren.[105] In seinem anschließenden meisterhaften Experimentalvortrag[106] präsentierte Emil Fischer in Anwesenheit des Kaiserpaares die Chemie und mit ihr alle Naturwissenschaften als «das wahre Land der unbegrenzten Möglichkeiten». Unter den neueren bahnbrechenden Forschungsergebnissen seines Fachs erwähnte er geschickt auch alle Wissenschaftler, die für die neuen Institute gewonnen werden sollten: Otto Hahn, Franz Fischer, Richard Willstätter und auch Fritz Haber. Als Emil Fischer die Rede auf die Stickstoffixierung und ihre wirtschaftlichen Folgen brachte, sah er den Kaiser zustimmend nicken.[107]

3. Abschied und Neuanfang: Fritz Haber, der Aufbau des KWI und seine innere Organisation

Obwohl von seiner künftigen Wirkstätte noch kein Stein stand und er noch nicht einmal den offiziellen Ruf erhalten hatte, war Haber seit Herbst 1910 mit fast nichts anderem beschäftigt, als seinen Abschied aus Karlsruhe zu regeln, den Bau und die Einrichtung des Dahlemer Instituts zu leiten und auf seine innere Organisation Einfluß zu nehmen. Haber schied schweren Herzens von der TH, der er sich zeit seines Lebens eng verbunden fühlte. Um seine lebhaft empfundene Dankbarkeit[108] für die Förderung auszudrücken, die er in Karlsruhe erfahren hatte, setzte er sich mit Erfolg dafür ein, die hochwertige materielle Ausrüstung des physikalisch-chemischen Instituts zu erhalten, die ja großenteils aus Apparaten bestand, die ihm persönlich von diversen Firmen, darunter vor allem der BASF, zur Verfügung gestellt worden waren.

Haber bewegte zunächst die Firma Rudolf Koepp dazu, dem Institut ihre Hälfte des zusammen mit den Elektrochemischen Werken in Bitterfeld gekauften Kompressors als Geschenk zu überlassen. Da die Bitterfelder nicht derart generös handelten, beglich ein laut amtlichen Schriftstücken ungenannter Spender die andere Hälfte des Betrags, nämlich 2070 Mark. Hinter dem anonymen Wohltäter verbarg sich die BASF, die Haber für die Stiftung gewinnen konnte und die ganz ähnlich wie Koppel offiziell im Hintergrund bleiben wollte und auch auf jede amtliche Danksagung verzichtete. Andererseits wußten die badische Regierung und der Rektor der TH sehr wohl, wer sich hinter dem Geschenk verbarg, und sie sollten es auch wissen.[109] Sie wurden gleichzeitig von der «Geneigtheit» des Unternehmens unterrichtet, die festeingebauten Maschinen unter Wahrung des Eigentumsrechts der BASF im Institut zu belassen, während die Firma andere Apparate, so einen weiteren Kompressor und eine Hochfrequenzmaschine samt Zubehör, zurückverlangte.[110] Haber schaffte es jedoch, die Badische dazu zu überreden, der TH weitere Instrumente und Geräte leihweise zur Benutzung zu überlassen, deren Gesamtwert sich schließlich auf über 9200 Mark addierte. Bereits ein halbes Jahr später verzichtete das Unternehmen auf seine Eigentumsrechte. Zu den Spenden der BASF hinzu kamen Apparate im Wert von über 7200 Mark, die Haber von anderen Firmen als Geschenke eingeworben hatte. Weiter übernahm Haber privat bei seinem Weggang die Bezahlung noch ausstehender Rechnungen. Sein Nachfolger Bredig ermittelte schließlich einen Wertzuwachs der Betriebsmittel in Höhe von ca. 20 000 Mark, die auf ihn zurückgingen. Das badische Kultusministerium sah sich schließlich veranlaßt, dem ausgeschiedenen Ordinarius eigens für seine außerordentlichen Verdienste um die Entwicklung des physikalisch-chemischen Instituts zu danken.[111]

Damit nicht genug: Haber hatte bei seinen Abmachungen mit Le Rossignol über die Aufteilung der Gewinne aus den Ammoniakpatenten auch verabredet, einen Teil dieser Erträge der TH als Stiftung zur Pflege der physikalischen Chemie anzubieten. Während des Krieges, im September 1916, war der Stand in Höhe von 50 000 Mark erreicht, bei dem die Stiftung realisiert werden sollte. Nach Habers Vorstellungen lag die Verfügung über die Mittel im freien Ermessen der Abteilung für Chemie, wobei er den Wunsch aussprach, Engler, Bunte und Bredig mit der näheren Ausarbeitung der Bestimmungen zu betrauen.[112] Anfang Januar 1917 stellte Haber das Geld zur Verfügung, davon den größten Teil in 5 % Fünfter Deutscher Kriegsanleihe. Nur die Zinsen der «Fritz-Haber-Stiftung» sollten satzungsgemäß zum Verbrauch kommen. Die Haber-Stiftung überstand die Inflationszeit, sanierte sich nach 1926 durch den Erwerb von Wohlfahrtsrentenwerten und Wertpapieren und verfügte 1936 über ein Vermögen von 26 000 RM. Sie existierte im und nach dem Zweiten Weltkrieg unter ihrem alten Namen weiter und wurde erst 1985 mit anderen kapitalschwachen Stiftungen zur «Vereinigten Studienstiftung der Universität Karlsruhe» zusammengefaßt.[113]

Stiftung und Satzung des KWI

Tage-, ja wochenweise fuhr Haber trotz laufenden Semesters nach Berlin, bis er im Juli 1911 mit seiner Familie nach Dahlem umzog.[114] Er wurde mit den «ausserordentlichen Schwierigkeiten» und «Kämpfen» vertraut, welche für die Realisierung der neuen Forschungsinstitute überwunden werden mußten[115], und verglich Ende März 1911 die ganze Angelegenheit gar etwas resigniert mit einem «grosse[n] Wurstkessel, in welchen eine Unmenge von Zeit und Arbeit hineingetan wird, ohne dass man noch genau sehen kann, was heraus kommt.»[116]

Für den Bau und die Einrichtung des Instituts stellte wie im Falle des

Abb. 5 Das KWI für physikalische Chemie und Elektrochemie. Luftaufnahme aus den dreißiger Jahren; im Bild links das KWI für Chemie.

KWI für Chemie[117] die BASF ihr Know-how im Laboratoriumsbau und ihre Erfahrung mit diversen Apparaten und Maschinen zur Verfügung. Haber griff dieses Angebot gerne auf und übersandte noch im November 1910 der bautechnischen Abteilung des Unternehmens seine 23seitige Ausarbeitung einschließlich einer ersten Kostenaufstellung. Bereits eine erste Durchsicht ergab Kritikpunkte wie z. B. ungenügende Belichtung des Hauptkorridors, nicht zweckmäßige Abluftkamine usw., die in den folgenden Überarbeitungen ausgeräumt werden konnten, so daß die Grundzüge des Instituts bereits nach sehr kurzer Zeit und auf dem neuesten Stand der Technik feststanden.[118] Anfang Februar 1911 fielen weitere grundlegende Entscheidungen. So wurde beschlossen, das chemische und das physikalisch-chemische Institut in unmittelbarer Nachbarschaft zu erbauen, wofür ein geeignetes Grundstück in Dahlem in Aussicht stand. Ernst von Ihne, Geheimer Oberhofbaurat, wurde mit der Aufstellung der Baupläne betraut, für die ihm Haber das mit der BASF erarbeitete Material geliefert hatte. Ferner sollten die beiden so grundverschieden finanzierten und strukturierten chemischen KWI intern über einen gemeinsamen wissenschaftlichen Beirat verbunden werden.[119] Freilich mußte vorerst die Diskussion und Bewilligung des Kapitels 122, Titel 30d: «KWI für physikalische Chemie» durch das preußische Abgeordnetenhaus am 15. 3. 1911 abgewartet werden, bis der Landwirtschaftsminister die ausgesuchten drei Hektar Grund für die beiden chemischen Institute zur Verfügung stellen konnte. Im Mai reichte Ihne die fertigen Pläne bei den Behörden ein; die von Emil Fischer und Koppel am 20. des Monats erbetene Baugenehmigung wurde noch am selben Tag erteilt.[120]

Haber war in diesen Wochen und Monaten weniger mit den Bauplänen befaßt als mit der Institutssatzung, an deren Ausarbeitung er aus nachvollziehbaren Gründen regen Anteil nahm. Ihm kam es dabei vor allem auf drei Punkte an: Entschied der Direktor allein über die Anstellung der Assistenten oder die Aufnahme von Gästen in das Institut, oder hatten die Geldgeber der Stiftung ein Mitspracherecht? Wie sollte sich die Geldbewilligung vollziehen? Mußte der Direktor zur Begründung des Institutsetats seine Arbeitspläne offenlegen? Haber ließ sich wegen der großen Bedeutung dieser Fragen sogar die Statuten des Stockholmer Nobelinstituts schicken, um fundiert argumentieren zu können.[121] Die Entwürfe des Schenkungsversprechens, des Stiftungsgeschäfts und der Institutssatzung fanden bereits Anfang Juni die Zustimmung Koppels und der Koppel-Stiftung, so daß die notarielle Ausfertigung und endgültige Beschließung durch das Kuratorium absehbar waren. Haber sollte daher zum 1. 10. 1911 berufen werden, um seine volle Arbeitskraft für die Durchführung der Bauarbeiten einsetzen zu können. Der neue Direktor wollte zu diesem Zeitpunkt den Institutsbetrieb mit seinen aus Karlsruhe mitgebrachten Assistenten Just, Leiser und dem Japaner Setsuro Tamaru, dazu einem Mechaniker, einem Maschinisten, einem Laboratoriumsdiener und einer «Verwaltungsperson» aufnehmen.[122]

Die offizielle Berufung Habers als KWI-Direktor und sein Ausscheiden aus der TH erfolgten überstürzt noch in der ersten Juni-Hälfte 1911. Gegen Ende des Vormonats hatte die Karlsruher Berufungskommission eine Liste für die in Aussicht stehende Nachfolge Habers erstellt, in der sie seinen Freund Georg Bredig an die erste Stelle setzte, gefolgt von Max Bodenstein und Max Trautz.[123] Bredig, der seit 1910 als Ordinarius das physikochemische Laboratorium des Züricher Polytechnikums leitete, war wie der badische Kultusminister vertraulich von diesem Ergebnis benachrichtigt worden und hatte zugestimmt. Um allerdings am 1. Oktober in Karlsruhe anzutreten, was die großherzogliche Behörde zur Bedingung für ihre Entlassung Habers machte, mußte Bredig bis zum 13. 6. gekündigt haben.[124] Diese terminlichen Vorgaben Bredigs bewirkten ihrerseits in Berlin eine beschleunigte Berufung Habers mit Hilfe von Eilsachen und Staatstelegrammen, was insofern kein Problem war, als seine Bedingungen ja seit einem Jahr feststanden und auch alle akzeptiert waren. Sie mußten nur noch um die konkrete Berechnung der Dienstzeit, die Pensionierungsregelung und die Umzugsentschädigung ergänzt werden, so daß Haber den Vertrag am 12.6. in Berlin unterzeichnen und am selben Tag per Telegramm seine offizielle Entlassung aus dem badischen Staatsdienst erbitten konnte. Ein ebenfalls vom 12. datierender kultusministerieller Erlaß bestätigte, daß er unter Beachtung der für Beamte geltenden Regeln zu beratender und gutachtender Tätigkeit berechtigt war, d. h., er mußte diese Angelegenheiten der Behörde zur Kenntnis und formaler Genehmigung vorlegen. Am Tag darauf erging der Ruf an Georg Bredig.[125] Am 28.9.1911 schließlich unterzeichnete Wilhelm II. Habers Bestallungsurkunde zum 1. Oktober.[126]

Die rechtsgültige Abwicklung des Stiftungsgeschäfts verzögerte sich geringfügig. Ein Grund waren die wiederholten Abänderungswünsche des Finanzministeriums[127], ein anderer die Rücksichtnahme auf die parallelen, äußerst komplizierten Verhandlungen beim KWI für Chemie. Auf Wunsch Schmidt-Otts sollte das für das Haber-Institut entworfene Statut weder dem Verein Chemische Reichsanstalt noch der KWG vorzeitig zur Kenntnis gebracht werden.[128] Erst am 28. 10. 1911 hinterlegte Koppel sein notarielles Schenkungsversprechen und bot es rechtsgültig der Koppel-Stiftung zur Annahme an. Am selben Tag vollzog dessen Kuratorium das Stiftungsgeschäft, indem es die Errichtung des KWI für physikalische Chemie und Elektrochemie als rechtsfähige Stiftung beschloß und die zuvor getroffenen Entscheidungen hinsichtlich Bauplatz, Finanzierung und Besoldung des Institutsleiters in die juristisch korrekte Form brachte. Herzstück des Stiftungsgeschäfts war die Institutssatzung.[129] Demnach hatte das KWI als rechtsfähige Stiftung unter dem Protektorat des Kaisers drei Organe: einen Stiftungsrat, einen wissenschaftlichen Beirat und den Institutsdirektor, auf dessen Person die ganze Konstruktion zugeschnitten war. Wie Haber Richard Willstätter vertraulich mitteilte, war die Satzung sogar darauf ausgerichtet, «dass die Einwirkung der Verwaltungsinstanzen und des Beirates nicht ein zulässiges Mass übersteigt.»[130]

Der Stiftungsrat (§§ 5–7, 24) war der eigentliche Vorstand des Instituts. Ihm gehörten fünf auf fünf Geschäftsjahre ernannte Mitglieder an: neben dem Institutsdirektor (Haber) mit nur beratender Stimme beriefen das Kuratorium der Koppel-Stiftung und die Aufsichtsbehörde je zwei Mitglieder, die mit einfacher Stimmenmehrheit entschieden. Im Falle eines Patts gab die Stimme des Vorsitzenden den Ausschlag. Entsandt wurden für die Koppel-Stiftung Koppel und Zivilkabinettschef Valentini und für das Kultusministerium Schmidt-Ott (in Verhinderungsfällen vertreten durch Krüss) und ein Regierungsrat Klotz. Die durch Wahl vorgenommene Aufgabenverteilung innerhalb des Stiftungsrats, der im September 1912 seine konstituierende Sitzung abhielt, sagt viel über die innere Funktionsweise und Machtstruktur des Gremiums aus: Der Vorsitz ging selbstredend an Koppel, der befugt war, gerichtliche wie außergerichtliche Willenserklärungen für das Institut abzugeben. Schmidt-Ott wurde Schatzmeister, Klotz der Schriftführer. Valentini bat, ihn wegen dienstlicher Überbeanspruchung von seinen Aufgaben zu entbinden, doch wirkte er gewissermaßen auch in Abwesenheit allein über die in seiner Person verkörperte Kaisernähe. Daß Habers beratende Stimme bei Koppel und Schmidt-Ott schwer wog, war intendiert und entsprach der enorm starken Position des Institutsdirektors.[131]

Der auf fünf Jahre ernannte wissenschaftliche Beirat (§§ 8–10), der als Reflex des ursprünglich erhofften chemischen Zentralinstituts zugleich auch der Beirat des benachbarten chemischen KWI war, diente der Beratung in wissenschaftlichen Fragen und der Förderung der von den Institutsdirektoren geplanten Forschungsprojekte. Er hatte insgesamt zwölf Mitglieder: je zwei Vertreter der KWG, des Vereins Chemische Reichsanstalt (umbenannt in: Verein zur Förderung der chemischen Forschung) und der Koppel-Stiftung sowie sechs Vertreter «gelehrter Körperschaften»: Die Kgl. Akademie der Wissenschaften in Berlin entsandte zwei Repräsentanten, die Akademien bzw. Gesellschaften der Wissenschaften in München, Göttingen und Leipzig und die Berliner Universität je einen. Der wissenschaftliche Beirat wurde hochrangig besetzt. Ihm gehörten an: Carl Duisberg und Paul Ehrlich (KWG), Carl Engler und Ludwig Knorr (Verein Chemische Reichsanstalt), Philipp Lenard und Emil Warburg (Koppel-Stiftung), Emil Fischer und Walther Nernst (Akademie Berlin), Karl Wichelhaus (Universität Berlin), Otto Wallach (Göttingen), Arthur Hantzsch (Leipzig) und Wilhelm Muthmann (München).[132]

Für die eigentliche Leitung beider Institute besaß der wissenschaftliche Beirat «eher einen ornamentalen Charakter».[133] Es stand ihm zwar zu, die Person des Institutsdirektors gutachtlich vorzuschlagen (§ 11), doch wurde er zu spät gebildet, um auf die Besetzung der Direktorenposten beider KWI noch Einfluß zu nehmen. Haber persönlich hatte im Vorfeld größte Bedenken gegen eine aus Fachgenossen zusammengesetzte Instanz mit Lenkungskompetenzen geäußert.[134] Ganz in diesem Sinn machte Emil Fischer dem ersten Vorsitzenden Wallach mit unverstellter Offenheit deutlich, der Beirat solle so unsichtbar wie nur möglich bleiben[135], was dann auch geschah. Die einzige Aufgabe, die ihm von Fischer zugewiesen wurde, war die Verteilung der Stipendien (jährlich insgesamt 3500 Mark) aus dem «Allgemeinen Fonds zur Förderung chemischer Forschungen (Leo-Gans-Stiftung) der KWG», die Nachwuchswissenschaftlern außerhalb der KWI zugute kamen.[136] Die Vielzahl der eingebundenen Wissenschaftsorganisationen und die Hochrangigkeit ihrer entsandten Vertreter hatte freilich ihren Sinn. Der Beirat sollte satzungsgemäß auch die Integration beider KWI in die bestehende Wissenschaftslandschaft fördern, d. h. Kommunikationszusammenhänge herstellen und eventuelle Konflikte entschärfen, ein Ziel, das erfahrungsgemäß durch ehrenhafte Mitgliedschaften und große Namen erreicht werden kann. So erfüllte der wissenschaftliche Beirat allein durch seine

Existenz eine wichtige Funktion. Unter diesen Bedingungen ist die überwiegende personelle Kontinuität des Beirats bei der Neuwahl 1917 nach fünfjähriger Amtsdauer nicht überraschend, sondern eher Voraussetzung. Statt der verstorbenen bzw. ausgeschiedenen Mitglieder Ehrlich, Muthmann, Lenard und Warburg finden wir nun Theodor Curtius/Heidelberg, Willstätter, Koppel und Valentini, letztere in Personalunion mit ihrer Stellung im Stiftungsrat. Emil Fischer drängte Otto Wallach erfolgreich, trotz seines hohen Alters das Amt des Vorsitzenden weiter auszuüben.[137]

Daß die KWI auf die Person des leitenden Wissenschaftlers an ihrer Spitze zugeschnitten waren, ließ schon dessen Berufung nach einem eigenen Muster ablaufen. Gebe es nur einen Mann, den man unbedingt haben wolle, und nicht noch einen zweiten und dritten, so schrieb Haber unverstellt, dann könne dieser eine sicher sein, «alle diejenigen Forderungen erfüllt zu erhalten, welche nach Lage der Verhältnisse überhaupt irgend jemandem erfüllt werden können.»[138] Dem korrespondierte die in der Satzung verankerte starke Stellung des verbeamteten Direktors (§§ 11–18). Die administrative und wissenschaftliche Leitung des Instituts befand sich allein in seiner Hand. Seine Tätigkeit unterlag freilich den maßgebenden staatlichen Dienstvorschriften, er war jedoch erklärtermaßen

> «innerhalb der durch den Haushaltsplan gesteckten Grenzen in der Ausübung seiner wissenschaftlichen Tätigkeit vollkommen frei; insbesondere unterliegt er keiner Beschränkung in bezug auf Wahl und Ausführung seiner wissenschaftlichen Arbeiten.» (§ 12)

Was den wissenschaftlichen Bereich anbelangte, so entschied der Direktor allein über die Anstellung der wissenschaftlichen Mitarbeiter und Assistenten sowie auch der mittleren und unteren Institutsangestellten. Die Vertragsdauer der Wissenschaftler betrug im Regelfall zwei Jahre, konnte aber mit Zustimmung des Stiftungsrats darüber hinaus verlängert werden. In der Satzung wurde ferner die Möglichkeit verankert, wissenschaftliche Gäste einzuladen, also selbständige Gelehrte, die einen Arbeitsplatz im KWI erhielten, aber völlig frei forschen durften. Für ihre Zulassung brauchte der Direktor allerdings das Einvernehmen des Stiftungsrats.

Im kaufmännischen Bereich unterstand der Direktor insgesamt stärker der Kontrolle des Stiftungsrats als im wissenschaftlichen. Laut Satzung entwarf der Direktor den Haushaltsplan, mußte aber nur eventuelle Mehrforderungen eingehend begründen. Der Stiftungsrat stellte dann den Haushaltsplan fest; im – nie eingetretenen – Konfliktfall entschied die Aufsichtsbehörde unter Anhörung des wissenschaftlichen Beirats. Auch bei Etatüberschreitungen war die Einwilligung des Stiftungsrats erforderlich. Allerdings erhielt der Direktor bei der Verwendung der für wissenschaftliche Zwecke bestimmten Summen des Haushaltsplans völlig freie Hand, wozu auch die Vergütung der «wissenschaftlichen Hilfsarbeiter» zählte. Außerdem konnte der Stiftungsrat bei der Feststellung des Haushaltsplans beschließen, dem Direktor zusätzliche Mittel zur freien Verfügung zu stellen. Über die Verwertung nutzbarer Erfindungen schließlich traf die Satzung keine generellen Vorschriften, sondern sah Einzelfallregelungen vor, die in den Verträgen mit dem Direktor, den wissenschaftlichen Mitarbeitern und Gästen festgeschrieben werden sollten.

Statusprobleme des KWI-Direktors

So stark die Position des Institutsdirektors nach innen auch war, so fraglich war zunächst sein Status in der ihn umgebenden akademischen Landschaft. Die Strategie des Kultusministeriums bestand daher von Anfang an darin, den Ruf der neuen Institute nicht nur über die wissenschaftlichen Leistungen ihrer Direktoren zu begründen, sondern auch über ihre Verzahnung mit den bestehenden Institutionen durch Titel und Mitgliedschaften. Bereits als Haber im Juni 1910 seine Berufungsbedingungen zum erstenmal formulierte, fügte Schmidt-Ott die Zugehörigkeit zur Berliner Universität und Preußischen Akademie der Wissenschaften hinzu. Nicht umsonst vermutete er gerade hier grundsätzlich motivierte Widerstände, die es zu neutralisieren galt.

Wie Beckmann, Willstätter und Carl Correns sollte auch Haber in die philosophische Fakultät der Berliner Universität eingegliedert werden, und zwar Haber verabredetermaßen als ordentlicher Honorarprofessor, d. h. mit dem bloßen Rang eines Ordinarius, aber ohne Korporativrechte, Lehrverpflichtung und Prüfungserlaubnis, also auch ohne die lukrativen Einnahmen aus Kolleggeldern und Prüfungsgebühren. Die philosophische Fakultät sperrte sich aus mehreren Gründen grundsätzlich dagegen, die Institutsleiter als ordentliche Professoren zu integrieren und durch die Errichtung neuer Ordinariate den Status der bestehenden zu schmälern. Sie setzte vielmehr alles daran, die potentiellen Konkurrenten um Einnahmen, Assistenten und Studenten zu isolieren und der Universität und damit auch ihrem Prestige so weit als möglich fernzuhalten. Tonangebend in der philosophischen Fakultät wie erst recht in der Akademie war die sog. «Göttinger Clique», allen voran der einflußreiche konservative Altphilologe Ulrich von Wilamowitz-Moellendorff und der Germanist Gustav Roethe, die «strengen Zionswächter akademischer Tugenden»[139]. Wilamowitz, in mancher Hinsicht der persönliche Rivale Harnacks, verdächtigte die ganze KWG, unter dem Deckmantel des Kaisers die reine Wissenschaft durch den aus ihrer Finanzierung abgeleiteten Praxisbezug ihrer Forschungen zu unterminieren. Aber die Bedenken der Fakultät gingen darüber hinaus. Sie befürchtete erstens einen staatlichen Eingriff in das Selbstergänzungsrecht der Fakultäten und zweitens die Spaltung der Professorenschaft in solche mit und ohne Lehrverpflichtung, ein spannungsbeladenes Thema, das der IV. Hochschullehrertag in Dresden im Oktober 1911 erstmals aufgriff.[140] Die Verbindung Habers mit der Berliner Universität war folglich nur in der entschärften Form einer ordentlichen Honorarprofessur denkbar, die ihm bei seiner Vertragsunterzeichnung im Kultusministerium im Juni 1911 vorbehaltlich der Zustimmung der Fakultät zugesichert wurde. Diese gab statt, so daß der Kaiser die Ernennung Ende des Jahres bestätigte.[141] Die ordentliche Honorarprofessur Habers wurde sieben Jahre später, 1918, in ein Ordinariat umgewandelt; er gehörte von da an zum ordentlichen Lehrkörper der Universität.[142]

Die akademische Statusunsicherheit, mit der alle KWI-Direktoren anfangs zu kämpfen hatten, sollte zusätzlich zur Eingliederung in die Universität auch durch die Ernennung zum Geheimen Regierungsrat ausgeglichen und behoben werden, im Falle Habers mit Patent vom 17. 10. 1912 anläßlich der Institutseinweihung.[143] Detaillierte Untersuchungen zur Verleihungspraxis der Titel-Räte fehlen in der historischen Forschung. Sie dienten jedoch, so viel ist offensichtlich, auch im Falle der Universitätsprofessoren und akademisch gebildeten Oberlehrer als ein statushebendes Rangabzeichen. Zwar waren beide Berufsgruppen Beamte und den Räten 4. bzw. 5. Klasse gleichgestellt, doch besaßen sie keinen Ratstitel. Wenngleich der Geheimrat nur dem Regierungsrat entsprach, dem ersten festbesoldeten Rang in der allgemeinen Verwaltung, so wirkte die Verleihung ad personam, nach einer streng formalisierten Ordnung und stufenweisen Überprüfung der Titelwürdigkeit, und schließlich durch die vom Monarchen eigenhändig vollzogene, mit dem preußischen Staatssiegel versehene Urkunde eindeutig rangerhöhend. Zahlreiche Memoiren belegen, daß die Auszeichnung von den betitelten Professoren auch als solche verstanden wurde, die sich nun nicht mehr als «Herr Professor», sondern als «Herr Geheimrat» ansprechen ließen.[144] Nun gab es zwar kritische Stimmen, welche namentlich die philosophischen Fakultäten als wahre «Geheimratskollegien» bespöttelten.[145] Aber gerade unter diesen inflationären Umständen mußte es an der Berliner Universität, wo 1911 80 % der Ordinarien Geheimräte oder Wirkliche Geheime Räte waren (gegenüber 47 % an allen preußischen Universitäten), rangmindernd wirken, den Ratstitel nicht zu besitzen.[146] Umgekehrt hatte der Geheimratstitel bei einem so ‹unordentlichen› Rang wie dem ordentlichen Honorarprofessor eine statuserhöhende Konsequenz, worauf es Haber und den Promotoren der neuen Forschungseinrichtungen im Kultusministerium ankam.

Der Widerstand der Akademie der Wissenschaften gegen die aufoktroyierten neuen Mitglieder war heftiger und nachhaltiger als vorhergesehen und verzögerte Habers Wahl um drei Jahre bis 1914. Akademien, so scherzte man damals, seien «dazu da, um diejenigen zu ärgern, die nicht darin sind.»[147] Grundsätzlich mußte die Akademie als älteste Trägerin außeruniversitärer Forschung die neuen, in Berlin konzentrierten Institute beargwöhnen, zumal sich damit ihre eigenen, allerdings nur halbherzig verfolgten Pläne für neue Zentralinstitute erledigten. Seit Frühjahr 1909 war sie in der Dahlemer Angelegenheit umgangen und nicht weiter konsultiert worden, obwohl die Akademiemitgliedschaft der neuen KWI-Direktoren einen festen Bestandteil der Konzeptionen Schmidt-Otts, Fischers und Harnacks bildete.[148] Seit spätestens Herbst 1910 stand fest, durch «eine Allerhöchste Statutenänderung» drei neue Stellen in der physikalisch-mathematischen Klasse einzurichten. Das Finanzministerium wollte wegen der staatlichen Remuneration der Akademiemitglieder von 900 Mark jährlich möglichst nur eine Stelle schaffen, und zwar für Haber, der diese Bedingung zuerst gestellt hatte. Für diesen Fall sahen Fischer und Harnack «Mißstimmungen» voraus, da sich die Akademie dann in ihrer korporativen Selbständigkeit gebunden fühlen würde. Von der Einrichtung gleich drei neuer Stellen hingegen versprachen sie sich «das unerläßliche Zusammenwirken der neuen Institute mit der Akademie».[149]

Im Juni 1911 genehmigte ein kaiserlicher Erlaß eine entsprechende Vergrößerung. Die Akademie, die vorher nicht einmal gehört worden war, wurde aufgefordert, ihre Statuten entsprechend zu verändern und die neuen Stellen für die KWI-Direktoren zu reservieren. Die nun stellenungleiche philosophisch-historische Klasse (32 gegenüber 35 Mitgliedern) wurde dagegen nicht aufgestockt; vielmehr räumte der Erlaß die Möglichkeit ein, die drei neuen Stellen ohne Stimmrecht in der Gesamtakademie einzurichten. Obwohl Harnack zu beschwichtigen suchte und um Vertrauen bat, reagierte besonders die philosophisch-historische Klasse empört über die staatliche Bevormundung: Sie protestierte gegen den «Anschein einer Zwangsernennung» der neuen Mitglieder, gegen die «Schaffung einer Classe von Akademikern zweiter Ordnung» oder die «Majorisierung der numerisch zurückstehenden philosophisch-historischen Classe». In der Tat widersprach es allen Gepflogenheiten, die von Dritten ausgewählten Institutsleiter der neuen Forschungseinrichtungen einfach in die Akademie zu übernehmen.[150]

Das Zerwürfnis äußerte sich nicht zuletzt darin, daß Harnack, obwohl der gefeierte Geschichtsschreiber der Akademie, bei der Wahl eines der Beständigen Sekretare im August betont übergangen wurde. Es konnte nur mit Mühe im November behoben werden, als Schmidt-Ott zu einer Aussprache ins Kultusministerium lud. Der springende Punkt war tatsächlich die Regelung einer institutionalisierten Verbindung zwischen Akademie und Kaiser-Wilhelm-Instituten. Der Ministerialdirektor beharrte dabei auf der Zugehörigkeit von Akademiemitgliedern zum wissenschaftlichen Beirat der Institute und umgekehrt der Möglichkeit einer Akademiemitgliedschaft der KWI-Direktoren; weitergehenden Kompromißvorschlägen Fischers erteilte er mit Hinweis auf das Selbstverwaltungsrecht der KWG eine eindeutige Absage. Umgekehrt verwahrte sich der Sekretar Hermann Diels gegen jede «moralische Nötigung» der Akademie. Ein für beide Seiten gangbarer Ausweg wurde schließlich in der Formulierung gefunden, die drei neuen Stellen sollten «vorzugsweise» für die Direktoren der neuen Institute herangezogen werden, ohne ihrer Wahl durch die Akademie vorzugreifen.[151]

Ernst Beckmann war der erste KWI-Direktor, der am 7. 11. 1912 zum ordentlichen Mitglied der Berliner Akademie gewählt wurde.[152] Dabei wird eine Rolle gespielt haben, daß er als einziger auch ein Ordinariat an der Universität bekleidete. Haber dagegen wurde so lange wie möglich ausgegrenzt. Bremsend wirkten mit Sicherheit das fehlende Prestige des ordentlichen Professors, vielleicht bei einigen auch seine jüdische Abstammung. Zumindest erregte offenbar der aus seiner Finanzierung abgeleitete industrienahe Status seines Instituts größtes Mißtrauen in akademischen Kreisen. So führte das akademische Jahrbuch «Minerva» für das Jahr 1913/14 die KWG wie auch Beckmanns KWI für Chemie unter den Forschungseinrichtungen in Berlin auf, erwähnte aber weder die Koppel-Stiftung noch Habers physikalisch-chemisches Institut.[153] Haber wurde gemeinsam mit Willstätter erst am 25. 6. 1914 zur Wahl vorgeschlagen, wobei der Antrag von Fischer, Beckmann, Rubens, Warburg, Nernst, Einstein und Planck gestellt und von Nernst begründet wurde. In der Laudatio bekamen die Erfindung der Ammoniaksynthese und ihre Realisierung durch die BASF einen zentralen argumentativen Stellenwert. Am 30. 7. 1914 wählte die physikalisch-mathematische Klasse Willstätter mit 18 weißen und Haber mit 17 weißen und einer schwarzen Kugel zu ordentlichen Mitgliedern. Anfang November vollzog die Gesamtakademie die Wahl (Haber: 34:6; Willstätter: 35:5), der Kaiser bestätigte sie durch Erlaß vom 16. 12. 1914.[154] Doch während Willstätter während der Weltkriegszeit regelmäßig und gern die Akademiesitzungen besuchte, um der «Verödung des wissenschaftlichen Lebens» in Dahlem zu entgehen[155], hielt sich Haber fern, hauptsächlich aus Zeitgründen, aber nicht nur. Er erkannte richtig, daß die Akademie keinen Ansatzpunkt mehr für zeitgemäße wissenschaftliche und wissenschaftsorganisatorische Initiativen bot.

In der Gunst des Kaisers: Institutseinweihung und erste Arbeiten

Am 23. Oktober 1912 wurden die beiden Kaiser-Wilhelm-Institute für Chemie und physikalische Chemie in Anwesenheit des Kaisers feierlich eingeweiht, mit anderen Worten: Elf Monate nach Baubeginn wurde das Institut eröffnet, obwohl erst im Juli der Rohbau fertiggestellt worden war. Mit dem Einbau der Inneneinrichtungen wurde umgehend begonnen, doch ging dies langsamer vonstatten als geplant. Haber kam unter Zeitdruck, als der Kaiser den Einweihungstermin auch noch vorverlegte.[156]

Haber stand im Spätsommer 1912 zunächst vor dem sich seit längerem abzeichnenden Problem, daß die von Koppel gestifteten 700 000 Mark für

Abb. 6 Das KWI für physikalische Chemie und Elektrochemie: Inneneinrichtung

Bau und Einrichtung des Instituts nicht ausreichten. Zunächst waren Einsparungen an den geplanten Nebengebäuden vorgenommen worden. Dann schlug Koppel eine Verkleinerung des Hauptgebäudes, Haber dagegen eine Reduktion der Betriebskosten und apparativen Ausstattung vor, wofür nun wieder der Stifter nicht zu gewinnen war: Dem Institut sollte eine leistungsfähigere Laboratoriums- und Werkstatteinrichtung zur Verfügung stehen als einem Hochschulinstitut.[157] Schließlich erklärte sich Koppel unter dem Eindruck der kaiserlichen Präsenz bei der Institutseinweihung zu einer zweiten Geldspende bereit. Haber ermittelte Ende September zur Deckung der bereits entstandenen oder unmittelbar absehbaren Kosten eine zusätzliche Gesamtsumme in Höhe von 350000 Mark: 230000 für die reichliche, seinem Zweck und Namen entsprechende Ausstattung des Instituts und 120000 Mark für einen «Reservefonds», falls die ordentlichen Mittel für dringend notwendige Anschaffungen nicht ausreichen sollten.[158]

Der Stifter zeigte sich wohlwollend, verband aber seine Spende mit einer materiellen und zwei immateriellen Gegenleistungen: Auf der anstehenden Einweihungsfeier sollte erstens der Kultusminister in seiner geplanten Rede der «hochherzigen» Stiftung des Bankiers gedenken und die Ergänzungsstiftung bekanntgeben; zweitens wollte Koppel den Kaiser beim Betreten des physikalisch-chemischen Instituts persönlich mit einigen Worten begrüßen dürfen. Beiden Wünschen wurde durch Vermittlung Valentinis stattgegeben.[159] Drittens verband der Bankier seine zweite Spende mit der Erwartung, daß ihm dafür die Schenkungssteuer für seine erste Spende in Höhe von über 52 000 Mark vom Fiskus zurückerstattet und seine zweite Schenkung ebenfalls von der Steuer befreit würde, wie dies beim benachbarten KWI für Chemie der Fall war. Um nun Druck auf den Finanzminister auszuüben, aber auch im Vertrauen auf die kaiserliche Gunst zog er in Absprache mit Schmidt-Ott die Summe der erhofften Steuererstattung von dem erforderlichen Gesamtbetrag ab und stellte nur 300 000 Mark als Schenkung sofort zur Verfügung. Für den positiven Fall der Befreiung von der Schenkungssteuer versprach er, diese Summe ebenfalls für die Ausstattung des Instituts zu stiften.[160]

Mitte Oktober nahm der Stiftungsrat des Instituts Koppels notariell beglaubigte zweite Schenkung an und bat den Kultusminister, die landesherrliche Genehmigung einzuholen, die Wilhelm im November erteilte.[161] Um dies vorwegzunehmen: Schmidt-Ott und Koppel hatten sich in der Steuerangelegenheit verrechnet und scheiterten an dem gepeinigten Finanzminister, den diesmal auch die Drohung mit dem Eingreifen des Kaisers nicht einschüchtern konnte. Als der Stiftungsrat des KWI im März 1913 wegen der steuerlichen Rückerstattung bzw. Befreiung vorstellig wurde, verweigerte er seine Zustimmung, befürchtete eine Präjudizierung weiterer Fälle und zog die Steuerfreiheit des chemischen KWI in Zweifel. Ein gemeinsames Immediatgesuch des Kultus- und Finanzministers von Anfang 1914, das die Entscheidung der Majestät anheimstellte, blieb jedoch infolge des Kriegsausbruchs liegen und erledigte sich dann mit dessen Ausgang.[162]

Zurück zum Spätsommer 1912, als Haber auch nach der zweiten Koppel-Spende immer noch vor einem weiteren Problem stand. Für die Einweihung des Instituts war mit dem Chef des Zivilkabinetts ein Programm «auf Allerhöchsten Wunsch tunlichst beschränkt[en]» Umfangs vereinbart worden.[163] Nach den detaillierten Anordnungen Valentinis sollte sich an den eigentlichen Festakt in der Bibliothek des KWI für Chemie eine Besichtigung beider Institute durch den Kaiser anschließen, bei dem ihm einige kurze Experimente vorzuführen waren. Dieser Programmpunkt verursachte allenthalben Kopfzerbrechen: Otto Hahn sollte beispielsweise dem Monarchen seine radioaktiven Präparate demonstrieren, deren schwache Leuchtkraft aber nur im Dunkeln zu erkennen war. Andererseits war es protokollarisch völlig unmöglich, Wilhelm in einen finsteren Raum zu führen.[164] Haber hatte schon in den Tagen zuvor in der – vergeblichen – Erwartung eines Vortrags im Schloß in Willstätters Arbeitszimmer ‹feines Benehmen› eingeübt, was diesen im Falle des Rückwärtshinausgehens eine Kopenhagener Vase kostete.[165] Die Festordnung sah nun im physikalisch-chemischen Institut drei Präsentationen vor, die spektakuläre Erfolge bzw. besonders greifbare und ‹nützliche› Forschungsgebiete seines Leiters vorführten: die Darstellung synthetischen Ammoniaks aus den Elementen, die Vorführung des in Kooperation mit der Firma Carl Zeiss entwickelten Gasinterferometers zur exakten Bestimmung von Grubengas in der Luft und einige sichtbar von vagabundierenden Straßenbahnströmen zerfressene Wasser- und Gasleitungen.[166]

Für diese Demonstrationen brauchte Haber die erforderlichen Geräte und Hilfsmittel, doch mit der apparativen Ausstattung des Instituts stand es schlecht. Da war beispielsweise der Kompressor, ein «Danaer-Geschenk» der Firma Humboldt an Haber, aus technischen Gründen nicht an den Luftverflüssigungsapparat der Firma Carl Linde anzuschließen. An die kurzfristige Lieferung einer Eis- und einer Aethylenmaschine desselben Unternehmens war nicht einmal zu denken.[167] Siemens & Halske erfüllte seine vertragliche Zusage nicht, die elektrischen Einrichtungen des Instituts bis Anfang Oktober fertigzustellen; noch ein halbes Jahr später klagte Haber über ihren provisorischen Zustand, der den Institutsbetrieb lähmte und zusätzliche Bau- und Personalkosten verursachte.[168] Haber war für die Einweihungsfeierlichkeiten auf Improvisationen und auf die Großzügigkeit der BASF angewiesen, die ihm einen kompletten Syntheseofen mit Demonstrationsverflüssiger und Verbindungsstücken leihen und sogar zwölf Flaschen mit der erforderlichen Wasserstoff-Stickstoff-Mischung füllen mußte.[169]

Die Einweihung der ersten beiden KWI am 23. 10. 1912 verlief mit prunkvollem Zeremoniell[170], das auch die erste Hauptversammlung der KWG prägte, die anschließend im Maschinensaal des Haber-Instituts stattfand. Die neuen Forschungseinrichtungen waren sichtbar von der Gunst ihres Protektors umgeben. Haber wie auch Koppel kamen in den erhofften direkten Kontakt zum Kaiser: Haber, indem er dem Monarchen zu Beginn des Festakts zusammen mit Beckmann, Willstätter, Otto Hahn und Gerhard Just persönlich vorgestellt wurde[171], ihn danach durch sein Institut führte und die erwähnten Vorführungen präsentierte. Koppel wurde wunschgemäß bei aller Bescheidenheit mehrfach herausgestellt. Zunächst hob Kultusminister Trott in seiner Ansprache die «Initiative und Opferwilligkeit» des Institutsstifters gebührend hervor und proklamierte seine zweite Spende, wobei die banale Wahrheit der Überziehung der Baukosten dem Kotau vor dem Kaiser wich: «In tiefem Dank für die Anwesenheit Ew. Majestät» habe sich der Bankier im Interesse einer «vollkommenen Ausgestaltung des Instituts» zur Ergänzung seiner Zuwendungen entschlossen. Wilhelm II. dankte in seiner Rede allen Stiftern, erwähnte jedoch den Kommerzienrat als einzigen namentlich. Schließlich fand auch der kurze Wortwechsel zwischen Koppel und Kaiser vor Beginn der Institutsführung statt.[172]

Umgekehrt regte der Monarch auch die ersten wissenschaftlichen Arbeiten beider KWI-Direktoren in ihren neu errichteten Forschungsstätten an. Im Hinblick auf die Grubenunglücke der letzten Jahre bat er in seiner Eröffnungsrede die Chemiker um die Entwicklung von Geräten zur prophylaktischen Schlagwetteranzeige. Dieselbe Aufgabe hatte er bereits Anfang August telegraphisch der Abteilung für Chemie und Hüttenkunde an der TH Charlottenburg erteilt, nachdem er anläßlich eines Besuches bei Krupp indirekter Zeuge einer Grubenexplosion geworden war.[173] Haber war schon im Vorfeld durch Valentini von der kaiserlichen Intention unterrichtet worden, so daß sich sein mit Zeiss entwickeltes Grubengasinterferometer während der Institutsbesichtigung bereits als Vorwegnahme bzw. prompte Erfüllung der allerhöchsten Anregung empfahl. Allerdings handelte es sich dabei um ein Meß- und nicht um ein Anzeigegerät.

Der Wunsch des Kaisers machte die Schlagwetteranzeige zur Forschungsaufgabe des Jahres 1913: Die Chemiker der verschiedenen Einrichtungen konkurrierten eifrig miteinander, um das Rennen zu gewinnen. An der TH Charlottenburg befaßte sich Adolf Miethe (1862–1927) intensiv mit der Frage, wobei er den Weg des Spektralnachweises von Methan beschritt.[174] Ernst Beckmann begann im KWI für Chemie ebenfalls umgehend mit Forschungsarbeiten über Grubengase und konstruierte mehrere Schlagwetteranzeiger, darunter einen neuartigen manometrischen Grubengasanzeiger, der jedoch niemals kommerziell verwertet wurde.[175] Im benachbarten physikalisch-chemischen Institut ging Haber mit der ihm eigenen, die Grenzen seiner körperlichen Belastbarkeit attackierenden Intensität an die Arbeit. Der erfolgsgewohnte Wissenschaftler fand auch diesmal sehr schnell eine Lösung der Aufgabe, doch mußte er bereits um die Jahreswende 1912/13 einen längeren Urlaub nehmen, da nach eigenem Bekunden «Überanstrengung und Depression» seine Arbeitsfähigkeit zu sehr einschränkten.[176] Im Sommer beantragte er erneut einen sechs- bis achtwöchigen Urlaub, von dem vier Wochen auf eine ärztlich verordnete Kur in Karlsbad entfielen. Hier verbrachte er, geplagt von Gallensteinen und Depressionen, «einige klägliche Wochen».[177] Er beschrieb seinen Zustand in ironisch-distanzierter Weise, die gleichwohl seine schlechte körperliche Verfassung, vor allem aber seine psychische Niedergeschlagenheit durchblicken ließ:

«Niemals habe ich für möglich gehalten, dass heisses Wasser innerlich und heisse Umschläge äusserlich einen ausgewachsenen Mann so bedrücken und beelenden können. Der Arzt versichert mich, dass das ganz in Ordnung wäre, und so habe ich das Bewusstsein einer amtlich richtig befundenen inneren Miserablichkeit [sic]. Ich nehme immer ein Stück Brod [sic] mit, um zu sehen, ob irgend ein Hund hier es von mir nimmt. Aber die Bestien thun mir nicht den Gefallen.»[178]

Haber wählte seinen Abteilungsleiter Richard Leiser aus, um mit ihm gemeinsam die kaiserliche Aufgabe zu lösen. Nachdem eine Versuchsserie für einen rein chemischen Methannachweis daran gescheitert war, daß das

Abb. 7 Fritz Haber und Richard Leiser bei der Vorführung der Schlagwetterpfeife

Gas bei niedrigen Temperaturen sehr reaktionsträge ist und nur bei Rotglut leicht reagiert, andererseits hohe Temperaturen wegen der enormen Explosionsgefahr nicht riskiert werden konnten, suchten sie nach Nachweismöglichkeiten, die auf den physikalischen Eigenschaften des Gases beruhten. Optische Geräte, das bewiesen die Erfahrungen mit dem Grubengasinterferometer, gerieten stets zu Meßwerkzeugen und nicht zu Anzeigern, so daß Haber den seit 20 Jahren in der Fachliteratur diskutierten Gedanken eines akustischen Methannachweises aufgriff. Er basierte auf der Grundidee, daß verschiedene Gase beim Anblasen einer Pfeife auch verschiedene Töne erzeugen.[179] In der Wahl dieses Weges kollidierte er weder mit Miethe noch mit Beckmann, und auch nicht mit der BASF, die zur selben Zeit ganz unabhängig von Haber eine auf demselben Prinzip basierende Pfeife konstruierte, deren Verwendung jedoch auf die akustische Feststellung der Zusammensetzung der Stickstoff-Wasserstoff-Gemische für die Ammoniaksynthese beschränkt war.[180]

Mit der Konstruktion einer Schlagwetterpfeife machte Haber das Rennen um die Gunst des Monarchen. Anläßlich der zweiten Hauptversammlung der Kaiser-Wilhelm-Gesellschaft am 28. 10. 1913, die nach der Einweihung des KWI für experimentelle Therapie wie im Vorjahr im Maschinensaal des physikochemischen Instituts stattfand, hielt er dem Kaiser persönlich Vortrag. Während sich Miethes Verfahren zum Methannachweis noch in der Testphase befand, präsentierte Haber dem Monarchen nur ein Jahr nach der Anregung ein funktionstüchtiges Gerät. Die Schlagwetterpfeife war bereits in seinem Institut, auf der berggewerkschaftlichen Versuchsstrecke in Derne und auf der Zeche Gneisenau bei Dortmund erprobt und für praktikabel befunden worden.[181] Wilhelm nahm die Schlagwetterpfeife nach Habers Empfinden «mit besonderem Wohlwollen» auf. Mit dem kaiserlichen Gunstbeweis schien ihre obligatorische und massenweise Einführung im preußischen Bergbau und ihre Verbreitung auch im Ausland zum Greifen nah. Unmittelbar nach dem Vortrag bat der preußische Handelsminister um die Bereitstellung von 100 Pfeifen, um sie auf Staatskosten in der bergbaulichen Praxis erproben zu lassen.[182] Interessierte Anfragen kamen von ganz nah bis ganz fern, von der Berliner Feuerwehr wie auch aus Südafrika.[183]

Die Entwicklung der Schlagwetterpfeife stand von Anfang an in engem Kontakt mit Industrie und Staat und entsprach damit dem Ort, den das Haber-Institut nach seiner Vorgeschichte und Satzung einnahm. Seit März 1913 leitete Haber die Umsetzung seiner Erfindung in die Serienbauweise ein. Er wollte erklärtermaßen keine Einzelstücke im Laboratorium fertigen, sondern sein Ziel war, die Schlagwetterpfeife sofort nach der Entdeckung ihres Funktionsprinzips in Kooperation mit einem Industrieunternehmen zu entwickeln, um zu gewährleisten, daß sie «auf fabrikatorischem Wege robust, billig und sicher» herzustellen war. Auf der anderen Seite wollte er ihre kommerzielle Verwertung mit dem öffentlichen Interesse an seiner Erfindung abstimmen. Das konnte in Kenntnis der Entstehungsgeschichte seines Instituts nur so geschehen, daß Haber die Schlagwetterpfeife von der Deutschen Gasglühlicht AG anfertigen ließ und sich dafür das Plazet des Kultusministeriums einholte, mit dem Haber in Person von Krüss in dauerndem engen Kontakt stand. Und genau so mag sich Leopold Koppel den unmittelbaren Nutzen seiner Stiftung im Idealfall auch vorgestellt haben: Haber fand eine Reihe von Gründen, die dafür sprachen, die Auergesellschaft vor der Konkurrenz (AG für Akkumulatoren-Fabrikation, AEG, Siemens & Halske) zu bevorzugen: Er insistierte darauf, «den Apparat in Hände zu geben, deren Geschicklichkeit man kennt», verwies auf das Know-how seiner ehemaligen, bei Auer beschäftigten Schüler usw. Dabei hatte er dem kultusministeriellen Einverständnis bereits vorgegriffen, indem er schon Anfang 1913 einen Mechaniker der Gasglühlicht AG im KWI an der Schlagwetterpfeife arbeiten ließ, weil er nach eigenen Worten keinen anderen zuverlässigen Mann finden konnte.[184]

Der Vertrag, den Haber nach siebenwöchigen Verhandlungen[185] am 22. 12. 1913 mit der Auergesellschaft über die Verwertung der Schlagwetterpfeife schloß, reflektierte einerseits die enge Verflechtung von Staat, Wirtschaft und Wissenschaft, offenbarte aber auch ihre Grenzen. Auer übernahm alle bereits entstandenen und zukünftigen Kosten, von den Vorarbeiten bis zu den Patentanmeldungen im In- und Ausland. Haber und Leiser übertrugen dem Unternehmen ihre Patent-, Herstellungs- und Vertriebsrechte, wofür sie 7,5 % der Fakturenpreise der Verkäufe in europäischen Staaten erhalten sollten. Von diesen 7,5 % stand den beiden Erfindern und dem Institut je ein Drittel zu. Haber hatte vertraglich durchgesetzt, daß die Verkaufs- und Reparaturpreise der Schlagwetterpfeife in Deutschland einvernehmlich mit ihm festgelegt werden mußten, wobei er sich vorbehielt, das Kultusministerium hinzuziehen zu können. Der Auergesellschaft wurde dafür «ein angemessener Nutzen» zugesichert. Der ausgehandelte Vertrag stand insgesamt unter der vorbehaltlichen Zustimmung des Stiftungsrats des KWI und des Kultusministeriums, das sein Einverständnis später gleich mit der Bestellung von 100 Schlagwetterpfeifen zu Händen des Handelsministeriums verband.[186]

Haber selbst formulierte nach seinen Verhandlungen mit Auer in einem Schreiben an Schmidt-Ott in dessen Eigenschaft als Schatzmeister des KWI deutliche Vorbehalte gegen die Rentabilitäts- und Profiterwägungen des Unternehmens. Er faßte nach eigenen Worten den Vertrieb der Schlagwetterpfeife «unter dem humanitären Gesichtspunkt» auf, anders als die Auergesellschaft, die mit einem Mindestnutzen von 20 % kalkuliere.[187] Schmidt-Ott unterbreitete den Vertragsentwurf daraufhin August von Wassermann, der hinsichtlich mehrerer unklarer und dehnbarer Formulierungen zur Vorsicht riet, da nach seiner reichen Erfahrung mit der Großindustrie bei Gewinnauszahlungen an Gelehrte stets «weniger der Geist als der starre Buchstabe des Vertrages» gelte. Koppel empfand dagegen die Vertragsbedingungen für das Institut und Haber als sehr günstig.[188] Es kam daher zu keinen Nachverhandlungen im Sinne der Kritik Wassermanns, zumal Krüss die Ansicht vertrat, der Vertrag stelle es Haber offen, die Herstellung der Pfeife im Falle von mangelhafter oder zu teurer Ausführung einer anderen Firma zu übertragen.[189] Schmidt-Ott baute allerdings eine zusätzliche staatliche Kontrollmöglichkeit ein: Haber mußte sich verpflichten, seine vertraglichen Rechte hinsichtlich der Preisfestsetzung nur im Einvernehmen mit dem Kultusministerium auszuüben: Aus der früheren Kann- wurde nun eine Muß-Bestimmung.[190]

Die Schlagwetterpfeife entwickelte sich allerdings weder für die Auergesellschaft noch für Haber zu einem lukrativen Geschäft. Zwar arbeitete sie sehr präzise und funktionstüchtig, indem sie Methangehalte von 1 % an zuverlässig nachwies, und auch die Bergleute selbst konnten sie nach kurzer Einweisung richtig handhaben. Probleme tauchten vielmehr bei der Serienfertigung auf, da es nicht möglich war, völlig gleichartige Einzelpfeifen in großen Stückzahlen herzustellen. Außerdem stellte sich heraus, daß auch exakt gearbeitete Pfeifen nach nur wenigen Tagen neu justiert werden mußten, was sie für die Zechenpraxis ungeeignet machten. Es blieb daher für weitere Jahrzehnte bei den alten, sehr billigen und wenig aufwendigen Sicherheitslampen.[191]

Die Schlagwetterpfeife war zweifellos das spektakulärste Beispiel anwendungsorientierter Forschung und paralleler technischer Entwicklung aus der Frühzeit des Haber-Instituts. Das Ziel war von außen gesetzt worden, doch beruhte diese Auftragsarbeit auf einer Ausnahmesituation, nämlich dem Wunsch des Kaisers, den man kaum abschlagen konnte. Institut wie Gesellschaft verdankten dem Protektor viel und umgaben sich auch gerne mit seiner Aura. Die anderen Forschungsarbeiten des KWI vor Kriegsausbruch wurden dagegen satzungsgemäß nicht von außen vorgegeben, sondern ausschließlich von Haber selbst verantwortet. Sie lagen überwiegend im Bereich der Grundlagenforschung. Dabei gilt für das KWI im kleinen, was amerikanische Forschungen für das gesamte wilhelminische Wissenschaftssystem herausfanden: Der changierende Begriff der Grundlagenforschung ließ rein wissenschaftliche wie praxisorientierte Rechtfertigungen zu, die Unterschiede zwischen reiner und angewandter Forschung verschwammen begrifflich wie hinsichtlich der durchgeführten Arbeiten: «The distinctions between pure science, applied science and technology were blurred by constant interaction and mutual invigoration.» Entscheidend war, daß die Dynamik, die aus dieser interaktiven Konstellation resultierte, institutionalisiert wurde: in einem differenzierten, modernen Wissenschaftssystem wie auch im «complex dynamic arrangement» des Haber-Instituts, das ganz ähnliche Kennzeichen aufwies und wie das Gesamtsystem den nötigen Freiraum für die erfolgreiche «stimulation of excellence» bot.[192]

Für die Beurteilung der frühen Arbeiten nach Umfang und Themengebieten ist nicht zu vergessen, daß erstens zunächst ein Teil der in Karlsruhe begonnenen Forschungen in Dahlem zu Ende geführt wurde und daß zweitens das KWI nach seiner Einweihung keineswegs fertig eingerichtet und voll arbeitsfähig war. Seine Aufbauphase reichte bis weit in das Jahr 1913 hinein, lähmte den Forschungsbetrieb und beanspruchte die Zeit und Arbeitskraft des Direktors und der wissenschaftlichen Mitarbeiter. Größtes Hindernis war die immer wieder verzögerte Fertigstellung der elektrischen Anlagen durch Siemens & Halske, so daß Haber noch im März 1913 resigniert feststellte, sein Versuch eines geordneten Institutsbetriebs habe sich bisher nur «qualvoll und erfolglos gestaltet».[193] Der Grund für die wiederholte und noch dazu mit erheblichen Mehrkosten verbundene zeitliche Verzögerung lag in einem für den Dialog zwischen Wirtschaft und Wissenschaft nicht untypischen Mißverständnis: Während Siemens annahm, daß Haber seine Wünsche in den Vorbesprechungen von 1911 und 1912 erschöpfend zum Ausdruck gebracht hatte, die eigentliche Errichtung der Anlagen also im Ermessen der Firma liege, ging umgekehrt der Institutsdirektor davon aus, daß ihm jeder Detailplan vorgelegt würde, damit er anhand dieses Plans die endgültige Ausführung mit Siemens vereinbaren könne. Habers Einzelwünsche wurden nun von dem Unternehmen als Abänderung der ursprünglichen Abmachungen ausgelegt; die Kosten beliefen sich schließlich auf rund 40000 Mark. Durch die Vermittlung von Krüss gelang es immerhin, Siemens zu einer Spende an das Institut in gleicher Höhe zu bewegen.[194]

Laut Habers Jahresbericht für das Geschäftsjahr 1912/13, zu dem er laut Satzung verpflichtet war, beschäftigte das KWI außer dem Direktor nur drei besoldete wissenschaftliche Mitarbeiter (Just: 4800 Mark Jahresgehalt; Leiser: 4200 Mark; Tamaru: 2700 Mark), daneben drei unbesoldete Nachwuchswissenschaftler: R. Becker, A. von Bubnoff und William Ramsay jr., den Sohn des Nobelpreisträgers, der auf Wunsch seines Vaters ein Jahr bei Haber verbrachte.[195] Im Geschäftsjahr 1913/14 verzeichnete der Jahresbericht bereits fünf besoldete und 13 unbesoldete wissenschaftliche Mitarbeiter, dazu zehn weitere Beschäftigte, also Mechaniker, Laboranten, Verwaltungspersonal usw.[196] Die Zahl der nichtbezahlten Nachwuchswissenschaftler war also zweieinhalbmal so groß wie die der bezahlten wissenschaftlichen Mitarbeiter. Sie trugen erheblich dazu bei, daß die am KWI durchgeführten Forschungen überhaupt das bekannte Maß erreichten.

Während Leiser mit seinem Chef die Schlagwetterpfeife entwickelte und Tamaru den wissenschaftlichen Ertrag von Habers Ammoniakforschungen präzisierte und abschloß, führte Just seine in Karlsruhe begonnenen Arbeiten über die Elektronenemissionen fort.[197] Leiser verließ im April 1914 das KWI und trat in ein Industrieunternehmen ein. An seiner Stelle gewann Haber den jüdischen Privatdozenten und Professor an der Universität Breslau, Dr. Otto Sackur (1880–1914)[198]. Sackur, ein sehr begabter Schüler Richard Abeggs, hatte 1908 über «Die chemische Affinität und ihre Messungen» und vier Jahre später ein sehr positiv kritisiertes Lehrbuch der Thermochemie und der Thermodynamik publiziert. 1912 veröffentlichte er aus Anlaß von Nernsts 25jährigem Doktorjubiläum einen Aufsatz zur Bedeutung des elementaren Wirkungsquantums für die Gastheorie und die Berechnung der chemischen Konstanten. Einstein hielt diese Arbeit ausdrücklich für einen «wichtigen Fortschritt» in der Quantentheorie.[199] Sackur war seit Beginn des Sommersemesters 1913 wissenschaftlicher Gast am KWI, ein Jahr später wurde er Abteilungsleiter.[200]

Mit den Arbeiten Justs über die Elektronenemissionen und Sackurs zur quantentheoretischen Deutung der Zustandsgleichung der Gase zeichnete sich auch im Haber-Institut das Ende der klassischen physikalischen Chemie ab.

War die klassische Phase der Disziplin durch die bloße Symbiose der beiden Basiskonzepte über die Materiestruktur, des Konzepts der Diskontinuität (Korpuskulartheorie) und der Kontinuität (Thermodynamik), gekennzeichnet, so kam es erst mit dem Einbruch der Quantentheorie in die Chemie zu ihrer wirklichen Synthese.[201] Haber machte sich 1911 mit den Quantenvorstellungen näher vertraut und versuchte sich noch im selben Jahr auf dem neuen Gebiet. In einem Aufsatz untersuchte er den Zusammenhang ultravioletter und infraroter Eigenfrequenzen im Absorptionsspektrum fester Körper, um so die Bildungswärme mit der Quantentheorie zu verbinden.[202] Es waren nicht zuletzt die Publikationen Albert Einsteins zur Weiterentwicklung einer Quantentheorie der Materie gewesen, die ihn dazu anregten.[203] Als Einstein die 83. Versammlung der Gesellschaft Deutscher Naturforscher und Ärzte in Karlsruhe (24.–29. 9. 1911) besuchte, nutzte Haber die Gelegenheit, ihn persönlich kennenzulernen, zumal der Physiker im Haus ihres gemeinsamen Freundes August Marx abgestiegen war.[204] Auch danach korrespondierte er intensiv mit Einstein, der jedoch zwiespältig urteilte: Er fand Haber einerseits «von unheimlicher Beweglichkeit» und schätzte die von ihm aufgestellte Relation zwischen den Frequenzen der Atom- und Elektronenschwingungen als «verblüffend» ein; andererseits glaubte er von Anfang an nicht an die Richtigkeit des von Haber behaupteten Gesetzes über den Zusammenhang zwischen Eigenfrequenzen und chemischen Wärmetönungen. Einstein bewunderte Habers «Gedankenreichtum» und erkannte an dessen überaus einfacher quantitativer Herangehensweise «den Vorteil und die Schwäche, von des Gedankens Blässe nicht getrübt zu sein.» Er fand aber doch, daß der Berliner Kollege «mit gar zu wenig Kritik verfährt und gar zu wenig auf die Vernunft Rücksicht nimmt.»[205] Schließlich verwarf er den Kernpunkt von Habers Aufsatz ganz.[206]

Haber bewegte sich eingestandenermaßen auf fremdem Gebiet und beurteilte das Ergebnis als nur mäßigen Erfolg. Er habe «ungeheuer lernen müssen» und fühle sich jetzt nach der Anstrengung sehr erschöpft.[207] In einem Briefwechsel mit dem Münchener theoretischen Physiker Arnold Sommerfeld hob er seine spezifisch chemische, der Empirie verhaftete Arbeitsweise hervor und bekannte, sich mit abstrakten, noch stärker durch die Mathematik geprägten Ansätzen schwer zu tun:

«Ich bin um die Quantentheorie herumgegangen wie die Maus um ein Wurstende, mit der Empfindung, dass die Sache verlockend aussieht, aber mit dem grossen Misstrauen, ob es nicht ein Köder ist, an dem man sich fängt, statt einer Nahrung, an der man sich kräftigt.»[208]

Neben Einstein war es Sommerfeld, dessen Vorgehens- und Argumentationsweise Haber davon überzeugten, daß grundsätzlich in Zukunft «das Gebäude, welches man auf die Quantenvorstellung gründet, tragen wird».[209] Er bewunderte ausdrücklich die «spielende Leichtigkeit», mit der der Physiker die Mathematik beherrschte, sah sich selbst aber dazu außerstande. Sein Ansatzpunkt waren die chemischen Eigentümlichkeiten der Stoffe, nicht theoretische Überlegungen zum physikalischen Wesen der Energie. Haber blieb dem Gang, «den mir die experimentelle Anschauung nahe legt», verhaftet.[210] Er war zweifellos ein Physikochemiker der klassischen Phase der Disziplin, war sich andererseits aber der Bedeutung der neuen Theorie bewußt und gab seinen Mitarbeitern von Anfang an, verstärkt dann in der Weimarer Zeit, den wissenschaftlichen Freiraum, eigenverantwortlich in den Bahnen der modernen Physik zu forschen. Darin lag Habers Bedeutung als Institutsdirektor: Auch wenn er selbst den Paradigmenwechsel kaum mehr mitvollzog, erkannte er doch seine Bedeutung, stemmte sich nicht dagegen, sondern förderte ihn auf vielfältige Weise.

4. «Ein Mann von besonderem Einflusse»: Haber und die Berufungen von Richard Willstätter und Albert Einstein

War der Status des neuen KWI-Direktors Haber in altehrwürdigen akademischen Institutionen wie Universität und Akademie zunächst auch nicht gefestigt, so war er doch auf der anderen Seite Bestandteil des personellen Netzwerks geworden, das sich um die Pole Schmidt-Ott und Emil Fischer ausbreitete. Haber verdichtete und ergänzte das Beziehungsgeflecht gleichermaßen: Er verdichtete es durch seine besondere Verbindung zu Leopold Koppel, dessen Stiftung durch die Institutsgründung in weit größerem Ausmaß als zuvor Bestandteil staatlich inspirierter Wissenschaftsförderung wurde. Er erweiterte das Netzwerk durch seine intensiven Beziehungen zur Industrie, vor allem zur BASF, zur Auergesellschaft oder zur Firma Zeiss, wie auch zu Wissenschaftlern wie Willstätter oder Einstein, deren Begabung und bahnbrechende Leistung er unabhängig von aller persönlichen Sympathie erkannte und optimal gefördert wissen wollte. Seit seiner Berufung zum Direktor des physikalisch-chemischen Instituts wirkte Haber als wichtiger Faktor im personellen Netzwerk der Kaiser-Wilhelm-Gesellschaft. Über die Personalpolitik hinaus gewann er Einfluß auch auf weniger zentralen Gebieten, so auf die Namensgebung der neuen Straßen, da er mit dem Direktor der Domäne Dahlem gut bekannt war. Die Adressen der chemischen Institute und Wohnhäuser am Faradayweg, an der Hittorf- und van't Hoff-Straße gingen also auf Haber zurück.[211]

Von Habers Institut stand noch kein Stein, als er in den schwierigen Verhandlungen um die Gewinnung Richard Willstätters für das KWI für Chemie eine wichtige Vermittlungsfunktion zwischen Emil Fischer und dem seinerzeitigen Ordinarius am eidgenössischen Polytechnikum wahrnahm. Willstätter (13.8. 1872–3.8. 1942), der in München studiert und promoviert hatte und danach Baeyers Privatassistent wurde, habilitierte sich dort 1896, wo er auch sechs Jahre später außerordentlicher Professor wurde. Ab 1905 übernahm er ein Ordinariat in Zürich, wo nichtkonvertierte Juden unvergleichbar leichter ordentliche Professuren bekleiden konnten als im kaiserlichen Deutschland. Sein Forschungsgebiet war die moderne organische Chemie an ihrer Grenze zur Biochemie. Sein erstes Arbeitsgebiet war das Kokain gewesen, dessen Konstitution er 1898 aufklärte und später durch drei Synthesen bestätigte. Der Forschungsschwerpunkt seiner Züricher Jahre war die Struktur des Blattgrüns, des Chlorophylls, das er 1907 kristallin darstellte und dessen Konstitution er bis 1913 grundsätzlich herausgefunden hatte. Daneben erforschte er andere Blütenfarbstoffe, klärte bis zum Ersten Weltkrieg etwa 20 auf und bewies einige davon auch auf synthetischem Wege.[212]

Emil Fischer hielt Willstätter für den besten jüngeren Chemiker seiner Zeit. Er war über seine Forschungen zur Chlorophyllsynthese so beeindruckt, daß er ihn noch vor dem Scheitern der Chemischen Reichsanstalt dem Verein als Leiter der organischen Abteilung vorschlug. Unter den industriellen Mitgliedern des Vereins herrschte ebenfalls große Anerkennung, bei Duisberg die ihm eigene impulsive, offene Begeisterung. Mit der ‹Entdeckung› Willstätters begann freilich die Demontage Beckmanns, dessen Forschungsprogramm und Leistungsfähigkeit gegenüber dem jüngeren Wissenschaftler zunehmend verblaßte. Emil Fischer setzte für den Verein Chemische Reichsanstalt alles daran, den Züricher Ordinarius nach Berlin zu holen.[213]

Nicht weniger eingenommen von Willstätter war Fritz Haber. Er hatte ihn 1909 kennengelernt, als er in Zürich einen Vortrag über Kohle im Krieg hielt.[214] Die beiden jüdischen Wissenschaftler nahmen einen sich verdichtenden kollegialen Briefverkehr[215] auf, aus dem sich später eine lebenslange, enge Freundschaft entwickelte. Haber war tief beeindruckt von Willstätters Forschungen. Er, der gegen die «Massensuggestion» der organischen Chemie eine tiefe Abneigung entwickelt hatte, empfand Willstätters Aufsatz über Chlorophyll, den dieser im Weihnachtsheft von «Liebigs Annalen» 1910 veröffentlicht hatte, als ein «wissenschaftliches Erlebnis von großer Tragweite». Haber zeigte sich überwältigt von «Kraft, Intuition und Überzeugungsvermögen» der Arbeit, die ihm eingestandenermaßen den «Respekt» vor der Organik zurückgab. In verehrenden, beinahe ehrfurchtsvollen Formulierungen gratulierte er Willstätter zu dem Erfolg und bestürmte ihn mit einer fast jugendlichen Begeisterung, doch auch nach Berlin zu kommen.[216]

Noch am selben Tag, an dem Haber seinen Anstellungsvertrag unterzeichnete, d. h. am 20. 6. 1911, verstärkte er seine werbenden Bemühungen um Willstätter und bot sich als Vermittler an, damit dieser alles nach seinen Wünschen vorfinde. Er sei zwar «nicht eben gerade ein Mann von besonderem Einflusse in Berlin», habe aber doch «Gelegenheit, manchmal ein Wort zu sagen, das Gehör findet».[217] Bereits drei Tage später wiederholte er sein Drängen und konkretisierte die Vorteile der Stellung, die man dem zögernden, auf seine wissenschaftliche Unabhängigkeit bedachten Willstätter einräumen wollte. Dabei machte er ihm weitgehende vertrauliche Mitteilungen, die von Carl Engler, hauptsächlich aber von Emil Fischer selbst stammten und fast bis zur Preisgabe Beckmanns gingen. Unter dem Öffentlichkeitsdruck auf die KWG, etwas «Wesentliches» zu erforschen, wolle man, so Haber, der «produktiven Kraft» des jüngeren Willstätter mehr «Spielraum» einräumen als dem alternden Beckmann, der sich unter dem Ansturm auf die Rückzugsposition einließ, dem Konkurrenten einen «vollkommen getrennt[en]» Wirkungskreis in seinem eigenen Institut zuzugestehen.[218]

Willstätter lehnte in der letzten Juliwoche 1911 seine Berufung nach Berlin ab. Ihm widerstrebte die Stellung eines «Subdirektors», dessen Titel bereits ein Unterordnungsverhältnis ausdrückte, was dadurch zementiert wurde, daß er den Direktor im Verhinderungsfall vertreten sollte. Darüber hinaus mißfiel ihm, dem Züricher Ordinarius, der Berliner Universität als bloßer Extraordinarius anzugehören. Sein Hauptinteresse zielte auf eine freie Forschungstätigkeit. Haber ergriff umgehend die Initiative. Die Verhandlungen zwischen Fischer und Willstätter liefen nun über ihn, brieflich wie telefonisch: Er vermittelte die jeweiligen Positionen und Vorstellungen, klärte echte oder vermeintliche «Missverständnisse», entwickelte aber auch eigene Ideen, um die Gespräche wieder aus der Sackgasse zu führen. Vermutlich war es Haber, der Willstätters Streben nach der unabhängigen Stellung eines freien Forschers verhandlungsfähig machte, indem er den Titel eines «wissenschaftlichen Mitglieds» eines KWI schuf, das einer ordentlichen Professur entsprach. Implizierte die Stellung eines wissenschaftlichen Gastes am KWI eine völlig freie, aber zeitlich beschränkte Forschungstätigkeit, so war ein wissenschaftliches Mitglied dauerhaft am Institut beschäftigt. Es unterstand dem Direktor nicht, war quasi exempt und durfte unbelastet von Amtsgeschäften, aber ausgestattet mit ausreichenden Räumen und Mitteln, frei «wie ein deutscher Ordinarius» seine Forschungsziele verfolgen. Die Ranggleichheit sollte im Titel eines ordentlichen Honorarprofessors ausgedrückt werden. Während Haber also Willstätters Wunsch nach «Freiheit, Würde und Ansehen» an Emil Fischer vermittelte, versicherte er umgekehrt dem Züricher Wissenschaftler die Bereitschaft aller Beteiligten, ihn keinesfalls in eine von Beckmann abhängige Stellung zu bringen. Zu diesem Zeitpunkt hätte man Willstätter bereits am liebsten den Direktorenposten angeboten, wäre man nicht durch die Vereinbarungen mit Beckmann gebunden gewesen: «von Ihnen und nur von Ihnen» verspreche sich Fischer den erhofften hohen wissenschaftlichen Rang des KWI. Haber ging über eine rein sachliche Argumentation weit hinaus, indem er Willstätter mit dem Angebot seiner Freundschaft gleichsam umwarb. Er empfinde «ein unmittelbares Gefühl der Zuneigung», bekannte er und freute sich darüber, daß diese Neigung erwidert wurde. Innerhalb einer Woche gelang es Haber tatsächlich, zwischen beiden Verhandlungspartnern Einvernehmen herzustellen, so daß die spätere Berufung Willstätters eine reine Formsache war.[219]

Im Endergebnis verfügte Willstätter über annähernd das gleiche Einkommen, die gleichen Hilfskräfte und Einrichtungen wie Beckmann und sogar über einen vergleichsweise höheren Sachetat als dieser. Damit bildete er freilich eine Ausnahme, wurden doch andere wissenschaftliche Mitglieder, die nach Willstätters Präzedenzfall an den KWI arbeiteten, in der Regel nicht wie Ordinarien vergütet.[220] Auch in anderer Hinsicht scheiterte vorerst die Absicht, mit dem «wissenschaftlichen Mitglied» eine dem ordentlichen Professor gleichwertige Stellung an freien Forschungseinrichtungen zu schaffen. Der Titel war wohl «unpreußisch», schrieb Willstätter in seinen Erinnerungen, er führte seit der ersten Vorstellung beim Kaiser nur zu Schwierigkeiten.[221] Tatsächlich sprengte die Konstruktion des wissenschaftlichen Mitglieds die hierarchische Struktur der Universität, die nur deutlich nach Rang, Einkommen und Ansehen untergeordnete Extraordinarien und Abteilungsvorsteher kannte. Die Bezeichnung erinnerte, wie Johnson hervorhebt, nicht nur eher an die Abteilungen der Technischen Hochschulen, sondern, viel schlimmer, an eine amerikanische Universität. Ordentliche Professoren verweigerten mit Erfolg den wissenschaftlichen Mitgliedern der KWI die Gleichrangigkeit.[222]

Beckmann wußte um Habers vehementen Einsatz für Willstätter und damit indirekte Teilhabe an seiner Demontage als Institutsdirektor. Er verfügte schließlich nur noch über die Hälfte seiner Bezüge in Leipzig und leitete de facto lediglich die analytische Abteilung, deren Budget er auf Geheiß Emil Fischers selbst beschnitt, wie überhaupt Fischer die Drähte des chemischen KWI zog. Wissenschaftlich wie persönlich standen sich beide Direktoren fern: nach Alter, religiöser Einstellung, akademischem Werdegang. In Beckmanns Augen stellte Habers Institut zweifellos die Manifestation seiner gescheiterten Pläne als Präsident einer alle chemischen Teildisziplinen umfassenden Reichsanstalt dar. Umgekehrt gefiel sich Haber im Vollbewußtsein seiner durch nichts und niemanden eingeschränkten Direktorenstellung. Bemühungen um eine verwaltungsmäßige Kooperation zwischen beiden Instituten verliefen daher im Sand. Gut nachbarliche Beziehungen stellten sich auf Direktorenebene nicht her, wohl aber über die wachsende Freundschaft zwischen Haber und Willstätter und die simple Tatsache, daß das physikalisch-chemische Institut über die einzige Essensgelegenheit in Dahlem verfügte. Der asketische Emil Fischer hatte eine gastronomische Einrichtung mit der Bemerkung abgelehnt, die KWG baue keine «Wirtshäuser». Koppel dagegen akzeptierte auch die leiblichen Bedürfnisse von Wissenschaftlern und ließ ein solches ‹Wirtshaus› errichten, das bis zur Erbauung des Harnack-Hauses der KWG in der Weimarer Zeit diese institutsübergreifende Funktion ausübte.[223]

Während zu Albert Einstein inzwischen eine fast unübersehbar gewordene Fülle von Schrifteneditionen, disziplin- und wissenschaftsgeschichtlichen Untersuchungen, biographischen Darstellungen mit populärer wie wissenschaftlicher Ausrichtung existiert, beherrscht eigentlich nur Fritz Sterns Interpretation das Bild, das sich die Forschung vom Verhältnis von Haber und Einstein gemacht hat. Stern beschreibt die Beziehung der beiden so gegensätzlichen Wissenschaftler in einem beeindruckenden Doppelportrait einprägsam als die entgegengesetzten Pole deutsch-jüdischer Existenz.[224] Die Interpretation ist freilich in ihrer komplementären Polarität auf allen Gebieten überpointiert: hier der bewußte Jude, da der hyperassimilierte Deutsche; hier der Pazifist und Internationalist, da der Nationalist; hier «das Genie theoretischer Schöpferkraft», der «einsame Meister», da das Genie «unmittelbarer und praktischer Leistung», «der Impressario [sic] kollektiver Größe».[225] Bei aller Fruchtbarkeit dieses Zugriffs entfallen doch viele Schattierungen, auch hinsichtlich der Beurteilung ihrer Freundschaft und ihres Briefwechsels. Die erhaltenen Briefe[226] aus mehr als fünfzehn Jahren sind interessant, die Korrespondenz ist aber weder «umfangreich» noch «großartig», wie Stern schreibt, was natürlich vor allem darin begründet ist, daß beide Wissenschaftler, von auswärtigen Verpflichtungen und Reisen abgesehen, in Berlin waren und sich mündlich austauschten. Das Verhältnis zwischen Haber und Einstein war in der Tat freundschaftlich, reichte aber an die Intensität und Intimität der Beziehung zu Willstätter nicht heran. Das lag zunächst daran, daß «die Jahre des Krieges uns auseinandergerückt haben»[227], wie beiden Wissenschaftlern bewußt war, zu unterschiedlich war das Engagement beider nach 1914. Zumindest auf Einsteins Seite bestanden jedoch bereits vor Kriegsbeginn Reserven, die eine echte Freundschaft verhinderten. Noch bevor er nach Berlin übersiedelte, mokierte er sich darüber, daß «dieser sonst so prächtige Mensch [= Haber] persönlicher Eitelkeit verfallen ist, und zwar sogar nicht einmal von der geschmackvollsten Art.» Diesen «Mangel an persönlicher Gediegenheit», den Einstein an Haber, aber auch an allen Berlinern feststellte, beurteilte er als «Civilisation [...], aber keine persönliche Kultur», was für ihn eine unüberwindbare Schranke darstellte.[228] Bemerkenswert ist jedoch, und darin ist Stern zuzustimmen, daß Haber und Einstein trotz grundsätzlicher Divergenzen ihren positiven Kontakt stets aufrechterhielten. Sie achteten die wissenschaftliche Leistung, auch die abweichende politische Meinung und den völlig unterschiedlichen Lebensstil des anderen. Stern erkannte zu Recht das Tertium comparationis in ihrer Zugehörigkeit zur «enge[n] Wissenschaftler-Gemeinschaft» ihrer Zeit, genauer gesagt zur jüdischen Gruppe innerhalb dieser Gemeinschaft, und lenkte damit den Fokus auf «die nichtwissenschaftlichen Dimensionen wissenschaftlicher Arbeit».[229]

Abb. 8 Fritz Haber und Albert Einstein, 1. 7. 1914

Wie im Falle Willstätters nutzte Haber seine Position im personellen Beziehungsgeflecht um Koppel und das preußische Kultusministerium aus, um Einstein nach Berlin zu holen. Emil Fischer war längst auf ihn aufmerksam geworden; er hatte ihm in den Jahren 1910–1913 eine zusätzliche Unterstützung eines anonymen Stifters in Höhe von 5000 Mark jährlich vermittelt. Hinter dem unbekannten Stifter verbarg sich Agfa-Chef Franz Oppenheim, mit dem Fischer im Vorstand des Vereins Chemische Reichsanstalt saß.[230] Im preußischen Kultusministerium machten sich Schmidt-Ott und sein Referent, der gelernte Physiker Krüss, ernsthafte Gedanken, wie man Einstein nach Berlin holen könne. Problematisch war die Finanzierung, da die Gründung und Errichtung der chemischen KWI und die damit verbundenen Unklarheiten und Reibungen zunächst keinen Spielraum ließen. Schmidt-Ott vertrat daher die für den preußischen Staat kostengünstige Ansicht, die Begründung eines eigenen Instituts sei im Falle Einsteins entbehrlich, da dieser kein Experimentator sei und daher leicht in eine bestehende Einrichtung eingegliedert werden könne. Krüss wandte sich in diesem Sinne Ende 1912 an Haber mit der Frage, ob er nicht in seinem Institut für Einstein eine Arbeitsmöglichkeit schaffen könne.[231]

Die Berufung Willstätters 1911 bildete in mancher Hinsicht ein Muster auch für den Fall Einstein. Wie Willstätter war der Physiker zu dieser Zeit ordentlicher Professor an der TH in Zürich, und wie Willstätter war er daran interessiert, ohne Lehrbelastung nur seine Forschungen zu verfolgen. Wie im Vorjahr schaltete sich Haber als vermittelnde Kommunikationsstelle im Vorfeld ein. Es gelang ihm auf der Fahrt nach seinem Winterurlaubsort Pontresina, bei einem Treffen mit Einstein in Zürich dessen berufliche Vorstellungen zu erfragen. Er gab seine Informationen an das Kultusministerium weiter und leitete die weiteren Verhandlungsschritte ein, bevor die Angelegenheit dann auf offizieller Ebene verfolgt wurde.

Haber hielt es vorbehaltlos für äußerst vorteilhaft, Einstein für sein Institut und für die Berliner Wissenschaft zu gewinnen. Die theoretische Chemie habe, nachdem sie seit Helmholtz und van't Hoff die Wärmelehre integriert habe, einen Wendepunkt erreicht und müsse sich nun die Strahlungslehre und Elektromechanik «dienstbar» machen. Diese «Fundamentalaufgabe» würde, so Haber weiter, durch Einsteins Eintritt in das physikalisch-chemische Institut «in unvergleichlicher Weise gefördert» werden. In einem Gespräch mit Koppel als Vorsitzendem des Stiftungsrats erreichte er dessen grundsätzliche Zusage, «die Gewinnung Einsteins zu fördern», was nur heißen konnte, auch finanziell zu unterstützen. Außerdem riet er, für das weitere Vorgehen an Einsteins «nächste Fachgenossen», Emil Warburg, Heinrich Rubens und vor allem Max Planck, heranzutreten, und bot sich an, diesen Kontakt zu vermitteln.

Es ging, wie die Einstein-Forschung jüngst nachweisen konnte[232], weder Haber noch den anderen Verantwortlichen in Berlin um den Einstein, der das heutige Bild dominiert, nämlich den Physiker, der sich gerade anschickte, seine Spezielle zu einer Allgemeinen Relativitätstheorie auszubauen. Haber griff vielmehr die heute eher marginal behandelten Veröffentlichungen Einsteins zur Wärme- und Strahlungslehre auf. Die atomare

Theorie der Materie hatte Fortschritte gemacht, die vor allem von der Chemie getragen wurden, deren weiterer Ausbau aber nun von den Erkenntnissen der modernen Physik abhing. Einstein war eine Ausnahme unter den theoretischen Physikern, hatte er sich doch seit seiner Studienzeit mit dem atomaren Aufbau der Materie aus physikalischer wie chemischer Sicht befaßt. Man erhoffte sich nun von ihm, diese die Chemie und die Physik integrierende wissenschaftliche Leistung zu erbringen und eine neue Theorie der Materie und ihrer Wechselwirkung mit der Strahlung aufzustellen.

Konkret handelte es sich um die Theorie Einsteins von 1907 zur spezifischen Wärme von Festkörpern, in der er Plancks für die Strahlungstheorie entwickeltes Modell zu einer Theorie des festen Körpers ausbaute und Rückschlüsse auf dessen Wärmeverhalten zog. Diese Leistung beeindruckte Nernst, der sich dem Problem von der Seite seines Wärmetheorems genähert hatte und nun zum Promotor der Berufung Einsteins nach Berlin wurde. Einsteins enge wissenschaftliche Kontakte mit Emil Warburg und Rubens gingen auf seine 1905 formulierte Lichtquantenhypothese zurück, aus der sich ein neues Verständnis der Wechselwirkung zwischen Strahlung und Materie ableitete. Standen in der Korrespondenz mit Warburg photochemische Fragen im Vordergrund, so war es im Kontakt mit Rubens das Absorptionsverhalten von Kristallen im Infrarotbereich, ein Thema, an das sich 1911 auch Haber herangewagt und mit Einstein korrespondiert hatte. Dieser war aus privaten wie wissenschaftlichen Gründen ebenfalls sehr daran interessiert, nach Berlin zu gehen. Bereits im Frühjahr 1912 hatte er bei einem Berlinbesuch auch die persönliche Seite einer möglichen Zusammenarbeit abgeklopft. Nernst fand er zwar «herrschsüchtig und empfindlich», nicht aber «unehrlich», und glaubte, es mit ihm auf Distanz durchaus aushalten zu können. Die «übrigen Kerle in Berlin, Haber, Planck, Warburg & auch Rubens, sind lauter gediegene feine Kerle».[233]

Haber orientierte sich auch in seinen Vorschlägen zu Einsteins Bezahlung und akademischer Stellung an Willstätters Beispiel[234], kombiniert mit seiner eigenen Situation. Das hieß konkret, Einstein als wissenschaftlichem Mitglied seines Instituts ein Jahresgehalt von 18 000 Mark zukommen und ihn zum ordentlichen Honorarprofessor an der Berliner Universität ernennen zu lassen. Das Gehalt sollte Haber zufolge aus Mitteln des preußischen Staates stammen. Koppel hatte bereits die Bereitschaft signalisiert, dem Institut zehn Jahre lang 15 000 Mark zusätzlich an Sach- und Personalmitteln für Einstein zur Verfügung zu stellen. Haber rechnete offensichtlich auch damit, daß der Bankier die – mit 50 000 Mark reichlich hoch angesetzten – einmaligen Umbau- und Einrichtungskosten übernehmen würde.

Tatsächlich gab Habers strukturierende Tätigkeit im Vorfeld ein Raster vor, an dem sich die unmittelbaren Akteure positiv wie negativ orientierten. Wenngleich die weiteren Vorgänge und Hintergründe archivalisch ausgesprochen schlecht dokumentiert sind, so kann man doch mit Sicherheit aus der für diese Jahre bekannten blockierenden Haltung des preußischen Finanzministeriums gegen neue Ausgaben und dem entsprechend vorsichtigen Taktieren der Kultusbürokratie schließen, daß die Übernahme eines an den KWI-Direktoren orientierten Gehalts für Einstein aus Mitteln des preußischen Staates völlig ausgeschlossen war. Wegen der starken Ausrichtung Habers am Präzedenzfall Willstätters, der eine Gleichbehandlung Einsteins erzwang, kippte damit gleichzeitig die Möglichkeit, den Züricher Ordinarius als wissenschaftliches Mitglied in das physikalisch-chemische KWI aufzunehmen. Andererseits erlaubte das von Haber ‹organisierte› Interesse Koppels an Einstein aber auch, neue Wege zu suchen. Nach van't Hoffs frühem Tod (1. 3. 1911) war seine Forschungsprofessur an der Berliner Akademie frei geworden, die, vermittelt durch Planck und Nernst, im Sommer 1913 Einstein angeboten wurde. Finanziert wurde die nun mit 12000 Mark dotierte Professur, die das Recht, nicht aber die Pflicht, Vorlesungen zu halten, einschloß, zur Hälfte von der Koppel-Stiftung: Der Bankier hatte sich bereit erklärt, zwölf Jahre lang Einsteins Gehalt mit 6000 Mark zu unterstützen.[235] Man kann sicher sein, daß Habers enger Kontakt zu Koppel zu dessen anhaltender Spendierfreudigkeit erheblich beitrug. Für Einstein schien es nahezu selbstverständlich, auch in anderen finanziellen Dingen «mit Habers Hilfe [...] Herrn Koppel an[zu]pumpen».[236] Daß sich Einsteins Geliebte Elsa Löwenthal vertraulich an Haber wandte, um die Berufungsangelegenheit zu befördern, belegt ebenfalls die zentrale Bedeutung des Physikochemikers.[237]

Als Planck und Nernst Einstein das Angebot Mitte Juli persönlich antrugen, signalisierte dieser nach kurzem Zögern sein Einverständnis, freute sich über die «kolossale Ehre», die ihm damit zuteil wurde, freute sich vor allem aber auch auf die Zusammenarbeit mit Haber und Planck.[238] Haber, der gerade in Karlsbad kurte, schrieb ihm sofort: «Es freut mich dauernd zu denken, daß Sie nach Berlin kommen.»[239] Das Verhältnis zwischen beiden war inzwischen so vertraut geworden, daß Einsteins Frau Mileva Anfang 1914 bei Habers abstieg, um von dort aus eine Wohnung zu suchen. Haber hatte allerdings keine Ahnung von den «wahrhaftigen diplomatischen Schwierigkeiten», in denen sich der Physiker wegen seiner Liebesbeziehung zu Elsa Löwenthal befand.[240] Als schließlich Einstein Anfang April 1914 nach Berlin übersiedelte, wurde ihm in Habers KWI ein Arbeitszimmer zur Verfügung gestellt – letzter Reflex der ursprünglichen Planung.[241]

Das Zusammenwirken Habers mit Koppel einerseits, Nernst und Planck andererseits belebte auch den seit Harnacks Denkschrift vorgesehenen, aber zurückgestellten Plan, ein eigenes KWI für Physik zu gründen und unter Einsteins Leitung zu stellen. Der Bankier signalisierte Ende 1913 seine grundsätzliche Bereitschaft, die physikalische Forschung finanziell zu unterstützen. In einem ersten Gesprächstermin im Kultusministerium Anfang Januar 1914 sprach sich Planck zwar dafür aus, mit einem Institut für Einstein noch zu warten, wohl aber die astronomischen Hilfsarbeiten für seine Gravitationstheorie zu fördern. Nernst propagierte dagegen, die Arbeiten an einer «Theorie der festen Körper» massiv zu unterstützen, und schlug zwei Wege vor: entweder die Gründung eines eigenen physikalischen Instituts unter Einschluß einer radiologischen Abteilung oder die Bildung einer hochrangig besetzten «Kommission», die geeignete Forschungsprojekte auswählen und finanziell fördern sollte. Diese Kommission sollte Nernst zufolge aus ihm selbst, Planck, Einstein, Rubens, Laue, Emil Warburg, aber auch Beckmann und Haber bestehen.[242]

Die weitere Entwicklung lief rasch auf eine Kombination der von Nernst anvisierten alternativen Möglichkeiten hinaus. Haber, Nernst, Planck, Rubens und Warburg stellten einen Monat später einen «Antrag betr. Begründung eines Kaiser Wilhelm-Instituts für physikalische Forschung». Er richtete sich an das preußische Kultusministerium, die KWG und die Koppel-Stiftung, die von den Antragstellern als Geldgeber zu gleichen Teilen vorgesehen waren. Da jedoch für die Physik bereits die PTR als universitätsunabhängiges Forschungsinstitut zur Verfügung stand, sollte das neue KWI die zur Lösung dringlicher physikalischer Probleme erforderlichen theoretischen wie experimentellen Forschungen nicht etwa selbst durchführen. Es sollte vielmehr Forschergruppen oder Einzelwissenschaftler auswählen, koordinieren und finanziell fördern, die diese Aufgabenstellungen in ihren Universitätslaboratorien bearbeiteten. Es handelte sich also, abweichend von den bisherigen KWI-Gründungen, weniger um ein Forschungsinstitut als um eine Einrichtung zur Forschungsförderung, die entsprechend bescheidenere Baumaßnahmen verlangte. Als Institutsorgane sahen die Antragsteller neben einem Kuratorium und einem Arbeitsausschuß ein «wissenschaftliches Komitee» vor, das, bestehend aus einem beständigen «Ehrensekretär» und acht Physikern, die zu fördernden Forschungsaufgaben und Wissenschaftler benennen sollte. Als Ehrensekretär wurde Einstein vorgeschlagen; um zeitliche Verzögerungen zu vermeiden, konstituierten sich die Antragsteller für drei Jahre als Komitee und machten erste Projektvorschläge.[243]

Koppel stellte im April 1914 konkret die Finanzierung des Baus und für den Betrieb zehn Jahre lang die Zinsen von 625 000 Mark in Aussicht, was bei einem Zinssatz von 4 % ungefähr 25 000 Mark jährlich entsprach. Bedingung war, daß sich sowohl die KWG wie auch der preußische Staat in gleicher Höhe dauerhaft an den Betriebskosten beteiligten.[244] Damit schuf er ein an der Gründung des physikalisch-chemischen KWI orientiertes Junktim. Auch in anderer Hinsicht hatte er bei der neuen Stiftung das Haber-Institut im Auge. Er sagte seine finanzielle Beteiligung mit dem Argument zu, daß «das neue Institut nach dem vorliegenden Plan berufen erscheint, in engste Beziehungen zu den in Dahlem bereits vorhandenen beiden chemischen Kaiser Wilhelm-Instituten, insbesondere zum Kaiser Wilhelm-Institut für Physikalische Chemie und Elektrochemie zu treten.»[245]

Es ging Koppel also nicht zuletzt darum, mit der Unterstützung eines physikalischen KWI unter der Leitung Einsteins auch und vor allem Haber und sein physikalisch-chemisches Institut zu fördern. Während allerdings ein Senatsbeschluß der KWG am 21.3.1914 dem Antrag und damit auch einer finanziellen Beteiligung der Gesellschaft zustimmte, scheiterte der Plan einen Tag vor Kriegsausbruch am strikten Veto des Finanzministers; zwölf Tage darauf stellte die KWG wegen des Krieges alle weiteren Neugründungen zurück.[246]

Es geht nicht an, die im Herbst 1917 doch noch erfolgte Gründung und weitere Entwicklung des KWI für Physik hier detailliert nachzuzeichnen. Es genügt der Hinweis, daß der Berliner Maschinenfabrikant Franz Stock durch eine zweckgebundene Stiftung das fehlende staatliche Drittel zu den Betriebskosten zur Verfügung stellte. Haber blieb dem Institut nach seinem Engagement 1913/14 auch über seine persönliche Beziehung zu Einstein hinaus fest verbunden. Er wurde neben Max von Laue, Planck, Warburg und Friedrich Paschen Mitglied des Direktoriums.[247] Obwohl im Kuratorium des Instituts neben drei Vertretern der KWG und einem Kultusbeamten auch zwei Repräsentanten der Koppel-Stiftung saßen, liefen wichtige Kontakte zwischen Ministerium, Planck/Nernst und Koppel auch in der frühen Weimarer Zeit informell immer über Haber. So war es Haber, der sich in der beginnenden Inflationszeit zuerst mit der Regierung, dann mit Planck und Nernst einigte, Einsteins Bezüge als KWI-Direktor zu erhöhen, und der sich dann mit Koppel in Verbindung setzte, um dies zu realisieren.[248] Um Haber zentrierte sich ein zunehmend dichtes informelles Netzwerk von Beziehungen, die er im Krieg für militärische Zwekke, in der Weimarer Republik dann meisterhaft für Zwecke der Forschungsförderung nutzen konnte.

VI. Der Erste Weltkrieg

Die Kriegsjahre beendeten das zweite Drittel von Habers Leben als Höhe- und Wendepunkt: Der Physikochemiker, der eine steile akademische Karriere gemacht und schließlich in systematischer Kooperation mit der chemischen Großindustrie einen sensationellen wissenschaftlichen und später auch finanziellen Erfolg erzielt hatte, gewann nun Macht und Einfluß im staatlichen Bereich. Er bewegte sich von nun an nicht mehr nur an der Schnittstelle der gesellschaftlichen Teilsysteme Wissenschaft und Wirtschaft, sondern er erweiterte seinen Aktionsradius erfolgreich um den politisch-militärischen Bereich. Haber machte den Schritt vom Wissenschaftler zum Wissenschaftsorganisator. Damit werden an seiner Person abstrakte Prozesse greifbar, die das Deutsche Reich der Weltkriegszeit insgesamt wie auch die Entwicklung der Wissenschaften im besonderen kennzeichneten: Das Beziehungsgefüge zwischen Staat, Wirtschaft und Wissenschaft sollte sich signifikant verändern, und innerhalb dieses sich verschiebenden, verdichtenden, ja oftmals überhaupt erst neu entstehenden Gefüges zum Teil informeller, zunehmend aber institutionalisierter Beziehungen nahm Haber eine zentrale Position ein. Er scheute nicht davor zurück, seine Kenntnisse und Arbeitskraft wie auch die Kapazitäten seines Instituts bedingungslos in den Dienst der deutschen Kriegführung zu stellen. Die Ausrichtung von Wissenschaft an den Bedürfnissen des Krieges sollte sich jedoch nicht nur auf den Inhalt der Forschungen, sondern auch auf ihre Organisation auswirken: Die interdisziplinäre Projektforschung mit Ansätzen zur staatlichen Großforschung hielt in Deutschland Einzug. Habers Name steht, zusammen mit anderen, für die erfolgreiche Salpeterversorgung Deutschlands und damit für die Sicherung des deutschen Munitionsbedarfs, d. h. für die Verlängerung des Krieges. Noch eindringlicher wirft seine führende Rolle bei der Entwicklung und dem Einsatz der Gaswaffe als erstem Massenvernichtungsmittel der Menschheitsgeschichte die Frage nach der besonderen Verantwortung der modernen Wissenschaft bzw. ihrer Vertreter auf.

Der Erste Weltkrieg sollte sich, wie für das Deutsche Reich, so auch für Haber persönlich als eine Katastrophe erweisen. Der Absturz aus der Welt der Illusionen riß nicht nur den Wissenschaftler und Funktionsträger herab. Die drängende Frage nach Schuld und Verantwortung stellte sich durch den Selbstmord seiner Frau 1915 auch dem Menschen Fritz Haber. Die Niederlage Deutschlands wurde schließlich zur seelisch und körperlich empfundenen Niederlage des Wissenschaftlers.

Ende Juli 1914 richtete Haber noch wie jedes Jahr einen Antrag auf eine sechswöchige Kur in Karlsbad an das preußische Kultusministerium, fügte jedoch hinzu, er werde sofort aus dem Urlaub zurückkehren, wenn das Land «in eine kriegerische Verwicklung hineingezogen» werde. Er trat den Urlaub nicht mehr an.[1] Es bedurfte zu diesem Zeitpunkt keiner hellseherischen Fähigkeiten mehr, den Krieg in greifbarer Nähe zu sehen. Als Harnack für den 12. August eine außerordentliche Sitzung der KWG zur Beratung der wegen des Krieges erforderlichen Anordnungen einberief, schränkte Haber seine Zusage bereits mit dem Hinweis ein, nur dann zu kommen, wenn er bis dahin nicht die erbetene militärische Verwendung gefunden habe.[2] Zwischen dem Datum dieser bedingten Zusage, dem 8. August, und dem Tag der KWG-Sitzung am 12., als sich Haber bereits durch Just vertreten ließ, muß seine freiwillige Meldung angenommen worden sein. Er blieb während des ganzen Krieges Kriegsfreiwilliger, auch später als Abteilungsleiter im Preußischen Kriegsministerium.[3]

Haber war zwar der einzige der geladenen KWI-Direktoren, der wegen seines militärischen Engagements nicht mehr an der Beratung am 12. August teilnehmen konnte, doch hatten auch andere Wissenschaftler bereits begonnen, ihre Arbeitskraft und ihre Forschungseinrichtungen mit kriegswichtigen Problemen zu befassen: Beckmann, Just und Emil Fischer reflektierten die Probleme der deutschen Rohstoffversorgung und die damit zusammenhängenden neuen Aufgaben der chemisch-physikalischen Forschung; Wassermann teilte vertraulich mit, sein KWI für experimentelle Therapie führe bereits Arbeiten im Auftrag der Heeresverwaltung durch; Rubner wies auf die steigende Bedeutung arbeitshygienischer und arbeitsphysiologischer Untersuchungen in einer Zeit hin, wo besonders im Feld größte Anforderungen an die menschliche Leistungsfähigkeit gestellt würden, und bot damit auch die Dienste seines KWI an. Die KWG billigte derartige Vorstöße ihrer Direktoren, indem sie nachträglich gestattete, Arbeiten im Auftrag der Heeresverwaltung unabhängig davon durchzuführen, ob die erforderlichen Mittel auch durch den Institutshaushalt gedeckt seien.[4]

Die umgehende Bereitwilligkeit und Bedingungslosigkeit, mit der führende deutsche Wissenschaftler wie Fritz Haber, Emil Fischer, Walther Nernst und andere die Initiative ergriffen und den oft widerstrebenden, weil ahnungslosen Militärs ihre Dienste geradezu aufdrängten, wurde von der Forschung zu Recht hervorgehoben und in Parallele zum Kriegsengagement ‹industrieller Technokraten› wie Walther Rathenau oder Wichard von Moellendorff gesetzt.[5] Die Selbstmobilisierung von Wissenschaftlern für militärische Zwecke war freilich kein rein deutsches Phänomen und fand sich beispielsweise auch in den USA, wo die Militärs die Möglichkeiten der chemischen Forschung für Kriegszwecke völlig ignorierten, bis die Chemiker sie eines Besseren belehrten.[6]

Welche Motive bewogen nun Haber zu seinem frühen Schritt? War er ein Militarist und Chauvinist, ein Kriegstreiber? Welche Einstellung hatte er bei Ausbruch des Krieges? Die Literatur schließt häufig implizit aus Habers exponierter Position und seinem von Zweifeln scheinbar nicht berührten Verhalten während und nach dem Krieg darauf, er sei ein deutscher Nationalist gewesen, dessen glühende Vaterlandsliebe sich sogar im Zeitalter des Hurrapatriotismus ungewöhnlich ausnahm.[7] Tatsächlich finden sich jedoch kaum zeitgenössische Überrestquellen, die eine chauvinistische oder blind kriegsbegeisterte Einstellung Habers belegen, freilich auch nicht das Gegenteil: Quellen, die Einblick in seine Gefühls- und Gedankenwelt bei Kriegsausbruch gewähren, fehlen, so daß man auf die freilich potentiell getrübte Erinnerung von Zeitzeugen oder auf Extrapolationen aus anderen Quellen ausweichen muß, um ein mögliches Bild zusammenzusetzen.

Wie 92 andere der namhaftesten deutschen Künstler und Wissenschaftler hatte auch Fritz Haber den das Ausland so provozierenden Aufruf «An die Kulturwelt!» mitunterzeichnet, der am 4. Oktober 1914 in allen großen Tageszeitungen veröffentlicht und in zehn Sprachen übersetzt worden war.[8] In sechs Thesen, die jeweils mit einem vehementen «Es ist nicht wahr» einsetzten, formulierten die 93, ohne sich um Belege zu kümmern, ihren Protest gegen die «Lügen und Verleumdungen» der «reine[n] Sache» Deutschlands. Wissenschaft und Kunst machten sich damit blind zum Sprachrohr der Kriegspropaganda. Es unterzeichneten 58 Professoren, davon 22 Mediziner und Naturwissenschaftler. Ausgangspunkt war das deutsche Vorgehen gegen das neutrale Belgien. Bestritten wurden die unterstellte deutsche Schuld am Ausbruch des Krieges, die frevlerische Verletzung der Neutralität Belgiens, deutsche Greueltaten gegen belgische Zivilisten, die Verwüstung Löwens sowie die Mißachtung des Völkerrechts. Nach rassistischen Ausfällen gegen die westlichen Alliierten, die im Bündnis mit «russischen Horden [...] Mongolen und Neger auf die weiße Rasse» hetzten, gipfelte der Aufruf in einem leidenschaften Widerspruch gegen die These der alliierten Kriegspropaganda von den «zwei Deutschland», dem des Militarismus und dem der Kultur: deutsches Heer und deutsches Volk seien eins.

Die lange unklaren Entstehungszusammenhänge des Aufrufs der 93, der einen beispiellosen internationalen Propagandakrieg der Gelehrten einleitete, sind heute weitgehend bekannt.[9] Für Sprache und Inhalt verantwortlich waren Ludwig Fulda, Hermann Sudermann und der Berliner Bürgermeister Georg Reicke. Haber gehörte nicht dazu. Ihn ohne weiteres der Fraktion der blinden Chauvinisten zuzuordnen, gibt seine Unterschrift nicht her, zu unterschiedlich waren die 93 Unterzeichner zusammengesetzt, die alle Altersgruppen, Konfessionen und politischen Richtungen mit Ausnahme der Sozialdemokratie umfaßten.[10] Allerdings hatte offenbar mancher telegraphisch, lediglich aufgrund des Renommees anderer Unterzeichner, seine Unterschrift gegeben, ohne den Text zu kennen. Ein Privatbrief Einsteins, der sich als einer der wenigen Georg Friedrich Nicolais pazifistischem Gegenmanifest «Aufruf an die Europäer» angeschlossen hatte, erwähnte, daß Max Planck und Emil Fischer fahrlässig, ohne vorheriges Lesen, unterschrieben hätten.[11]

Zumindest im Falle Emil Fischers tauchen Zweifel auf, ob es sich bei seiner vermeintlichen Unterschrift ohne Textkenntnis des Manifests nicht um eine nachträgliche Schutzbehauptung handelte. Zeitgenössisch ist vielmehr ein Brief Fischers an Ludwig Fulda Mitte Oktober 1914, wonach dieser mit seiner markigen und doch vornehmen Sprache allen aus dem Herzen gesprochen habe.[12] Auch im Falle Habers ist nicht gerade Zurückhaltung der vorherrschende Zug in den ersten Kriegsmonaten, wenngleich nicht bekannt ist, wie sein Name unter das Manifest kam. Vielleicht war die persönliche Bekanntschaft mit dem Schriftsteller Hermann Sudermann am Abend des 24. September ausschlaggebend gewesen, der ihn angesprochen haben mag zu unterschreiben.[13] Urteile wie die von David Nachmansohn, Haber sei «ein absoluter Kriegsgegner» gewesen, habe den Ausbruch als «schreckliche[n] Schock» erlebt und das Manifest nur widerwillig unterschrieben[14], sind weder zu belegen noch zutreffend. Sicher war Haber wie die meisten seiner Zeitgenossen davon überzeugt, Deutschland sei als Opfer entgegen seinem Bestreben von den Feindmächten in den Krieg «hineingezogen» worden und führe einen Krieg in einer gerechten Sache. Aber darüber hinaus machte er sich die Sache der Proklamation durchaus zu eigen, indem er selbst etliche Exemplare ins Ausland verschickte und ihre verheerende Wirkung auch gleich persönlich erfuhr. So klärte ihn ein Deutschamerikaner umgehend über die negative Resonanz der Schrift in den USA und ihre schlechte Übersetzung auf, die «den Inhalt sofort lächerlich macht.» Haber war alarmiert und leitete Kopien des Schreibens an Major Max Bauer und Wichard von Moellendorff weiter[15], ein Indiz dafür, wie wichtig ihm das Anliegen des Aufrufs gewesen war.

In der frühen Nachkriegszeit gestand er dann seinem Arzt Rudolf Stern bereitwillig zu, die Proklamation sei nicht frei von manch grotesker Übertreibung gewesen, insbesondere was die behauptete Unschuld Deutschlands am Ausbruch des Krieges angehe.[16] Während die Kriegsjahre den Höhepunkt des politisch-publizistischen Engagements deutscher Professoren mit einer nie dagewesenen Flut entsprechender Publikationen, Aufrufe und Vorträge im Dienst der ideellen Bewältigung und Rechtfertigung des Krieges bildeten, trat Haber nach dem Intermezzo des 93er-Aufrufs nicht wieder öffentlich in Erscheinung. Er verhielt sich in dieser Beziehung wie fast alle Naturwissenschaftler, aus deren Feder nur 0,6 % der einschlägigen Publikationen stammten: Den Krieg auf dem Papier fochten die Professoren der Geistes-, Rechts- und Wirtschaftswissenschaften aus.[17] Bereits nach dem ersten Kriegsjahr konstatierte Einstein, daß sich die Naturwissenschaftler und Mathematiker eher besonnen verhielten und darauf achteten, ihre internationalen wissenschaftlichen Verbindungen zu bewahren und die ausländischen Kollegen nicht zu brüskieren.[18] Freilich spielte eine Rolle, daß ihr Selbstverständnis ausdrücklich unpolitisch war. In Habers konkretem Fall kam hinzu, daß er im Gegensatz zu seinen publizierenden Kollegen bis zur Erschöpfung in die konkrete Kriegführung an der Front, in die Forschung und die Organisation der Kriegswirtschaft involviert war, so daß er sich mit Wortgefechten nicht aufhalten konnte. Außerdem waren die ausgegebenen «Ideen von 1914», die die deutsche Kultur gegen die westliche Zivilisation ins Feld führten und antimoderne Affekte gegen Rationalität, Technik und naturwissenschaftliches Weltverständnis implizierten, Habers Denken völlig fremd.

Im Juli 1915 beriet die Berliner Akademie der Wissenschaften darüber, ob sie auf den Ausschluß der deutschen Mitglieder aus der Académie des Inscriptions et Belles Lettres und der Académie des Sciences in Paris sowie der englischen Chemical Society reagieren und nun ihrerseits ausländische Mitglieder aus Feindstaaten ausschließen solle. Haber, der wegen seiner heeresdienstlichen Verpflichtungen nur selten an den Akademiesitzungen teilnahm[19], wurde im Vorfeld von Emil Fischer um seine Ansicht gebeten. Er stand nicht auf der Seite der unbedingten Ausschlußbefürworter wie Eduard Meyer oder Ulrich von Wilamowitz-Moellendorff, sondern riet zur Besonnenheit: Die Schmähung der deutschen Wissenschaft oder der Nation insgesamt halte er persönlich zwar mit deutschen Ehren und Würden für unvereinbar, doch rate er der Akademie dringend davon ab, von sich aus vorzugehen; sie solle dies allenfalls in Übereinstimmung mit Ministerium und Zivilkabinett tun, wenn geklärt sei, wie die Krone mit den ausländischen Trägern des Ordens «Pour le Mérite» für Kunst und Wissenschaft oder anderer Auszeichnungen umzugehen gedenke. Wichtiger als ein sofortiger Entscheid sei unbedingt, die Akademie nicht durch voreiliges Vorpreschen in Gegensatz zu Krone und Unterrichtsverwaltung zu bringen oder deren Haltung zu präjudizieren.[20] Unter der Ägide von Max Planck, der die Opposition gegen eine kurzsichtige Ausschlußpolitik anführte, sprach sich die Akademie schließlich am 22. Juli mit 35 gegen 19 Stimmen dafür aus, mögliche Schritte bis nach Kriegsende zu vertagen.[21]

Mit Hilfe dieser bezeichnenden Reaktion kann man sich der Denk- und Verhaltensweise Habers im Krieg und den Motiven für sein militärisches Engagement weiter annähern als mit Formeln wie denen vom glühenden Patrioten, Chauvinisten oder Militaristen. Seine Haltung war preußisch: Im Vordergrund stand der Staat, dem er diente, dem er unbedingte Loyalität entgegenbrachte und für dessen Ziele er sich rückhaltlos einsetzte, auch wenn sie möglicherweise seiner persönlichen Überzeugung entgegenstanden. Wer die Ziele definierte, hinterfragte er nicht. Habers jüngerer Sohn interpretierte seinen Vater später als «a Prussian, with an uncritical acceptance of the State's wisdom, as interpreted by bureaucrats»[22], und auch Fritz Stern gestand seinem Patenonkel zu, er sei «frei von wilhelminischem Chauvinismus und der entsprechenden Engstirnigkeit» gewesen.[23] Habers zweite Frau erinnerte sich später, er habe gar nicht darüber nachgedacht, im Krieg als Wissenschaftler bei der Forschung zu bleiben. Er habe sich stets auf das britische «right or wrong, my country» berufen, das für ihn auch dann gelte, wenn die Regierung im Gegensatz zu den Menschenrechten stehe: «Genauso habe ich es in bezug auf die Verletzung der belgischen Neutralität gehalten und auf verschiedene andere Vorkommnisse.»[24] Er betrachtete es als die «sittliche Pflicht» jedes Deutschen, unter Einsatz «aller Kräfte die Gegner niederzuringen».[25] Nach Habers Worten war es Archimedes, der ihm und seinen Kollegen als Leitfigur diente: Archimedes, «der im Frieden durch seine wissenschaftliche Arbeit dem Fortschritte der Menschheit diente, im Kriege aber seiner Heimat, für deren Verteidigung er Kriegsmaschinen ersann.»[26] Freilich lagen Habers Aktivitäten nicht im Bereich defensiver Maßnahmen.

Fritz Habers Nationalismus war demnach nicht völkisch, sondern etatistisch geprägt. Er war kein Extremist und stand hinter der Politik der Reichsleitung. Es dominierten die altpreußischen Ideale der nicht hinterfragten Pflichterfüllung, der unbedingten Loyalität und des Dienstes am Staat, wenngleich die Bezugsgröße dieses Denkens nicht Preußen, sondern Deutschland war. Mit einem monarchischen Konservatismus hatte dies in seinem Fall nichts zu tun. So bezeichnete ihn James Franck mit einem nur scheinbaren Widerspruch: «Er war ein liberaler Mann. Persönlich stand er links, Demokrat. Er war ein Patriot, noch extremer, als ich es war.»[27] In ihrer letzten Konsequenz war diese Haltung unerbittlich. Politische Vorbehalte, menschliche Emotionen, moralisch-ethische Überlegungen traten demgegenüber weit zurück. Haber, ein führender Vertreter der modernen Wissenschaft des 20. Jahrhunderts, deren Vernichtungspotential sich im Ersten Weltkrieg ankündigte, war in seinem politischen Denken ein Mensch des 19. Jahrhunderts geblieben. Er war allerdings kein in politischen Kategorien denkender Mann, sondern ein Technokrat, fasziniert von den Möglichkeiten der modernen Wissenschaft und Technik.

Erst in zweiter Linie, aber jene grundsätzliche Einstellung ergänzend und fördernd, standen Habers mehrfach belegte Liebe zum Militärischen und sein großer Ehrgeiz. «To be a great soldier, to obey and be obeyed», war J. E. Coates zufolge ein in der Familie und Persönlichkeit Habers tief verankertes Ideal. Der Krieg habe diesen sonst nur latenten Zug seines Wesens freigelegt und ihn in einen preußischen Offizier verwandelt, «autocratic and ruthless in his will to victory».[28] Quellen belegen, daß er sich auch mit eigenen Überlegungen in die taktische Planung der OHL einzu-

Abb. 9 Fritz Haber in der Uniform eines Hauptmanns, 1916

schalten versuchte.[29] Ein früherer Kommilitone war im Februar 1917 fasziniert, Haber als hundertprozentigen, überzeugten Militär zu erleben.[30] Der Krieg eröffnete dem an seiner jüdischen Herkunft gescheiterten Reserveoffizier nachträglich diese Chance, und der arrivierte Physikochemiker fand offensichtlich Gefallen an seiner Machtposition wie auch an Äußerlichkeiten wie seiner tadellos sitzenden Uniform, wenngleich er gelegentlich seinen Säbel unmilitärisch als Spazierstock benutzte.[31] Derartige Gesten, die ein letztlich doch auch gebrochenes Verhältnis des Wissenschaftlers zum Militär signalisierten, werden allerdings reichlich überschätzt, wenn berichtet wird, Haber sei militärischer Neigungen gänzlich abhold gewesen, habe über Uniformen und Auszeichnungen Witze gemacht und insgesamt das Militär nicht sehr gemocht.[32] Auch Willstätter hob eigens hervor, wie gut sich Haber den Traditionen des Offizierskorps und des Heeres anpaßte. Ob er jedoch tatsächlich eine selbst erfundene Uniform trug[33], wie mehrfach kolportiert wird, scheint dagegen mehr als fraglich. Vieles spricht dafür, daß es sich dabei, noch vor seiner Beförderung zum Hauptmann, um die Uniform des Militärverwaltungsbeamten gehandelt haben muß.[34]

Dem ehrgeizigen Wissenschaftler boten sich durch den Krieg bislang unvorstellbare Möglichkeiten, in staatlich-militärische Entscheidungspositionen zu gelangen, kriegsbedingte Probleme zu definieren, mit wissenschaftlichen Mitteln zu lösen und in die Praxis umzusetzen – eine zweifellos faszinierende Erfahrung, die seinen Erfindergeist in der Ausnahmesituation des Krieges herausforderte und befriedigte. J. E. Coates hatte zweifellos recht mit seinem Urteil, die Kriegsjahre seien für Haber «the greatest period of his life» gewesen: «In them he lived and worked on a scale and for a purpose that satisfied his strong urge towards great dramatic vital things.»[35] Als äußerer Ausdruck seines ehrgeizigen Engagements entwickelte sich Habers Institut, dem seine ganze Liebe gehörte, nach den zögerlichen Anfängen der Gründungszeit zu einer der größten Forschungseinrichtungen des Reichs: 1913/14 beschäftigte es nur fünf Wissenschaftler, zehn Angestellte und 13 unbezahlte Mitarbeiter (ausländische Wissenschaftler, Doktoranden). Vier Jahre später waren es über 1500 Personen, von denen rund 150, also ein Zehntel, als Wissenschaftler und Techniker der verschiedensten Fachrichtungen arbeiteten.[36]

1. Militär, Kriegswirtschaft und chemische Wissenschaft

Auf der 24. Hauptversammlung der Deutschen Bunsen-Gesellschaft in Berlin vom 8. bis 10. April 1918 reflektierte Haber öffentlich seine Erfahrungen mit den Militärs:

«Dieses Verhältnis war vor dem Kriege ein unvollkommenes. Der General wohnte gewissermaßen in der Beletage und grüßte zwar den Gelehrten, der in demselben Hause wohnte, aber ein innerer Zusammenhang bestand nicht. Zur Vermittlung bediente er sich des im gleichen Hause wohnenden Industriellen.»[37]

Es ist heute allgemein akzeptiert, daß gerade der Erste Weltkrieg diesen von Haber beklagten fehlenden «inneren Zusammenhang» herstellte und einen bis in die Gegenwart andauernden Prozeß in Gang setzte, der durch eine wachsende gegenseitige Durchdringung der gesellschaftlichen Teilsysteme Wissenschaft, Industrie und Staat/Militär bzw. durch deren charakteristische «shifts in relative weight and in the nature of operation» gekennzeichnet ist. Historische Fallstudien, welche die Entstehung dieser neuartigen Beziehungen präzise rekonstruieren, Schlagworte wie jene von der Verwissenschaftlichung des Militärs oder der Militarisierung der Wissenschaft am konkreten Beispiel analysieren und beispielsweise der Frage nachgehen, wie sich die neue Rolle von Wissenschaft und Technologie für die moderne Kriegführung auf das Denken und Handeln der Generäle und Politiker, aber auch der Wissenschaftler auswirkte, werden trotz erheblicher Erkenntnisfortschritte immer noch angemahnt.[38] Andererseits nahmen bereits die Zeitgenossen weltweit wahr, daß durch den Krieg die wissenschaftlichen Ressourcen der beteiligten Staaten in einem zuvor unbekannten Ausmaß mobilisiert und koordiniert zur Lösung kriegswichtiger Probleme eingesetzt wurden.[39] Für Carl Duisberg lag es «bereits 1914 klar auf der Hand», daß im Westen die Armee siegen würde, die über die beste Technik verfügte, und er nahm dies für Deutschland «in chemischer wie in mechanischer Beziehung» als sicher an.[40] Sir William Ramsay, Nobelpreisträger für Chemie 1904, erklärte im Juli 1915 öffentlich, daß im Unterschied zu früher die reinen und die angewandten Wissenschaften im gegenwärtigen Krieg eine hervorragende Rolle spielten. Der militärische Sieg, so die Zeitschrift «Nature» wenig später, «will depend as much upon science and machinery as upon men».[41] Englische Kritiker diagnostizierten die strukturelle Unterlegenheit ihres Landes aufgrund des eingefleischten «national neglect of science» und des wissenschaftsfeindlichen Advokatengeists in Parlament und Regierung.[42] Kriegstechnische Neuerungen wie die Unterseeboote, der chemische Krieg oder die Luftwaffe entpuppten sich in der Rückschau als die Vorboten des modernen Krieges; die technologischen Errungenschaften der drei industriellen Revolutionen hätten sich erstmals 1914–1918 ausgewirkt.[43] Nicht zuletzt aufgrund der Erfahrung des Gaskrieges schrieben zeitgenössische Beobachter international der Chemie eine ausschlaggebende Rolle zu und interpretierten den Ersten Weltkrieg als Krieg der Chemiker.[44]

Diese geläufigen Sichtweisen sind, was die hervorragende Rolle der Wissenschaften im allgemeinen oder die der Chemie im besonderen angeht, von der neueren amerikanischen Forschung in Frage gestellt worden. Während Daniel Kevles die Bedeutung der Physik herausarbeitete[45], betonten andere wie Paul A. Koistinen[46], daß nicht etwa die Wissenschaftler, sondern die ‹Macher› wie Ingenieure und Manager für den Kriegsverlauf ausschlaggebend waren. Eine Extremposition nahm Alex Roland ein, demzufolge Wissenschaft und Technologie keinen einzigen der von den USA geführten Kriege entschieden hätten: «In theory, they are decisive. In fact, they seldom decide anything.»[47] In der Tat erwies sich beispielsweise die Gaswaffe, eine der spektakulärsten und gefürchtetsten Neuerungen der chemischen Wissenschaft im Ersten Weltkrieg, nicht nur als nicht kriegsentscheidend, sondern sie versagte insofern, als sie nach den ersten Überraschungsangriffen einen Wettlauf der Gegner um immer neue Kampfstoffe und geeignete Schutzmaßnahmen auslöste und letztlich nur zu einem Patt führte.

Andererseits wäre es verfehlt, die Rolle der Wissenschaften allgemein und der Chemie im besonderen für den Ersten Weltkrieg einzig an der Frage nach ihrem kriegsentscheidenden Einsatz in der Waffentechnik festzumachen. Zu reflektieren – und an der Person Habers nachzuvollziehen – ist vielmehr zweierlei: Generell, epochen- wie länderübergreifend, fällt auf, daß die Ideen für neue Waffensysteme bzw. für den Einsatz der Wissenschaften zur Lösung kriegswichtiger Probleme im weiteren Sinn nicht von den Militärs stammen, sondern von Wissenschaftlern und Technikern in Universitäten, privaten und staatlichen Forschungseinrichtungen oder auch in der Industrie.[48] Verfolgt man diesen Gedanken weiter, heißt das in der Konsequenz, daß jene kriegswichtigen Probleme oftmals überhaupt erst von Wissenschaftlern ausgemacht und definiert werden, was eine erhebliche gesellschaftliche Machtposition impliziert. Diese geht offenkundig auch damit einher, staatliche Mittel und Forschungsprojekte einzuwerben, bestehende Einrichtungen auszubauen und neue zu gründen.[49] Für die Chemie im besonderen tritt hinzu, daß sie erstmals im Ersten Weltkrieg, bedingt durch die eklatante Rohstoffknappheit, entscheidende Bedeutung für die Entwicklung synthetischer Ersatzstoffe im Bereich der gesamten Kriegswirtschaft erlangte, da der militärische Erfolg, wie bald deutlich werden sollte, von der Mobilisierung aller ökonomischen und sozialen Ressourcen im Innern abhing.

Haber hatte sich schon bei der Gründung seines Instituts Gedanken darüber gemacht, zwischen Heeresverwaltung und führenden Wissenschaftlern einen systematischen «Zusammenhang» herzustellen.[50] Das Fehlen jeglichen ‹Zusammenhangs› bei Ausbruch des Krieges, als die Militärstrategen noch vom traditionellen Konzept eines personalintensiven und zudem kurzen militärischen Schlags und einer «eher chevaleresken Auffassung vom Wesen des Krieges»[51] ausgingen, war eklatant. Kriegswirtschaftliche Vorsorgemaßnahmen wie auch eine weitblickende material- und technikorientierte Aufrüstung des Heeres waren unterlassen oder nur in bescheidenem Rahmen eingeleitet worden. Zwar besaßen Heer und Marine durchaus auch technische Einrichtungen, so die seit 1903 in Potsdam bestehende Militärtechnische Akademie zur Ausbildung von Ingenieur-Offizieren, die der Feldzeugmeisterei zugeordneten Inspektionen der technischen Institute der Infanterie bzw. Artillerie oder das seit 1890 in Berlin entstandene Militärversuchsamt. Obwohl die Tätigkeit dieser Einrichtungen bisher noch nicht umfassend untersucht wurde, scheint doch sicher, daß sie weniger für die wissenschaftliche Erforschung und Entwicklung neuer Waffensysteme und Sprengstoffe zuständig waren als für die waffenspezifische technische Prüfung und Abnahme der von der Rüstungsindustrie hergestellten Produkte.[52]

Auf ökonomischem Gebiet steckten die Vorüberlegungen für eine wirtschaftliche Mobilmachung erst in den Anfängen. Die steigende Abhängigkeit des Deutschen Reichs von Rohstoffimporten war durchaus bekannt: In den Jahren 1907–1913 entfielen rund 57 % des deutschen Imports auf Rohstoffe und Halbfabrikate (ohne Lebensmittel); 1880 waren es kaum 39 % gewesen. Gedeckt aus heimischer Produktion war nur der Bedarf an Kohle, diversen Salzen und keramischen Rohstoffen. Begrenzte Importe erforderten Eisenerze, Harze, Fette und Phosphate, erhebliche Einfuhren dagegen die Edel- und Nichteisenmetalle, Graphit, Asbest, Salpeter und Spinnstoffe. Gar nicht oder kaum vorhanden waren Erdöl, Schwefel und überseeische Rohstoffe wie Kautschuk und Baumwolle. Daß ein Industriestaat, sollte ein Krieg ihn von seiner auswärtigen Rohstoffbasis abschneiden, in Kürze wirtschaftlich und damit militärisch zusammenbrechen würde, war durchaus Thema der zeitgenössischen Publizistik. Als Lösungen diskutiert wurden jedoch nur zwei Wege, nämlich die Sicherung der Verbindungswege zu den Rohstoffmärkten durch eine starke Flotte sowie die Errichtung von privaten oder staatlichen Vorratslagern. Dagegen ignorierte man die Möglichkeit, durch Forschung Ersatzstoffe für die knappen Rohstoffe zu finden. Ressortkonferenzen und Denkschriften zu kriegswirtschaftlichen Fragen bezogen sich überwiegend auf den Ernährungssektor. Die Militärs beachteten bei ihren Planungen die Anforderungen einer an Materialschlachten ausgerichteten Kriegswirtschaft nicht und orientierten sich letztlich an den Erfahrungen der Einigungskriege. Sie hatten für großzügige Munitionsvorräte gesorgt, nicht jedoch für die Sicherung einer ausreichenden Produktion für den Nachschub. Bei Kriegsausbruch verfügte die Industrie über keine besonderen Kriegsreserven, die üblichen Lagerbestände reichten zwei bis drei Monate. Die Abriegelung Deutschlands von seinen Lebensmittel- und Rohstoffeinfuhren als Auswirkung der englischen Seeblockade sowie das Fehlen entsprechender Vorbereitungen im Frieden führten zur raschen Gründung von Rathenaus Kriegsrohstoffabteilung (KRA) im Kriegsministerium am 13. August 1914.[53]

Seit den zwanziger Jahren entspann sich eine bis in die Gegenwart anhaltende publizistische und wissenschaftliche Diskussion über die genauen Entstehungszusammenhänge der KRA, die sich in kürzester Zeit aus einem fünfköpfigen Mitarbeiterstab zum zentralen Lenkungsorgan der deutschen Kriegswirtschaft entwickelte und bei Kriegsende über 2500 Leute beschäftigte. Hatte Rathenau die Rohstoffproblematik als erster erkannt und die tragenden Ideen zu ihrer Lösung entworfen, oder war er nur den Anregungen seines Mitarbeiters Wichard von Moellendorff, damals noch Ingenieur beim AEG-Kabelwerk Oberspree, gefolgt? Nach dem heutigen Kenntnisstand hatte Rathenau zwar als erster noch vor dem 8. 8. 1914 hochrangige Gespräche im Kriegsministerium über die durch die Seeblockade verursachte Rohstoffproblematik geführt, doch stammte der ausschlaggebende Gedanke einer zentral gelenkten staatlichen Mangelbewirtschaftung in der Tat von Moellendorff. Auf der anderen Seite war es wiederum Rathenaus zupackendem Organisationstalent zuzuschreiben, daß die KRA so außerordentlich früh eingerichtet und in der Folge zielstrebig ausgebaut wurde. Abgesehen von der Requirierung kriegswichtiger Rohstoffe in den eroberten Gebieten oder deren Import aus dem neutralen Ausland hatte die KRA zwei zentrale Aufgaben: die Beschaffung und

Bewirtschaftung kriegswichtiger Rohstoffe sowie die Entwicklung von neuen, rohstoffsparenden Produktionsverfahren und Ersatzstoffen.[54]

Der Kriegsfreiwillige Haber mußte zunächst erleben, wie sein eben erst eingerichtetes Institut durch die Einberufung aller Mitarbeiter in den ersten Kriegswochen völlig verwaiste und den Forschungsbetrieb einstellen mußte.[55] Als eine seiner ersten Aktivitäten zur Unterstützung der deutschen Kriegführung machte der KWI-Direktor aus der Not eine Tugend: Für die Kinder einberufener Soldaten, deren Mütter nun eine Arbeit aufnahmen, ließ er eine Tagesstätte im leerstehenden zweiten Stock des Vorderhauses einrichten. Seine Frau engagierte sich bei der Ausstattung der Räume. Die Tagesstätte stand unter der Leitung einer Diakonisse und beaufsichtigte rund 80 Kinder von $2^1/_2$ bis 12 Jahren.[56]

Richard Willstätter berichtete in seinen Lebenserinnerungen, daß er und Haber sich «der Regierung für Kriegsarbeit» anboten und deshalb den KWG-Präsidenten Harnack aufsuchten, der sich seinerseits an die zuständigen Behörden wandte und erfahren mußte, es gebe keine Verwendung. Was danach und insbesondere wann genau geschah, wird aus der Memoiren- und wissenschaftlichen Literatur nicht deutlich; die wenigen archivalischen Überrestquellen geben ebenfalls nur bruchstückhafte Informationen. Willstätter zufolge «erreichte er [= Haber] es, vom Kaiser beachtet zu werden», der ihn schließlich zum Hauptmann ohne Bezüge ernannt und ihm dadurch die vorher verschlossenen Türen der Militärbehörden geöffnet habe, so daß er nun endlich «seine große Arbeit und Organisation für chemische Methoden der Kriegführung in Angriff» nehmen konnte.[57] Quellenbelege für die häufig zitierte Kaiserintervention[58] fehlen jedoch, erst recht für den von Willstätter suggerierten Zusammenhang zwischen kaiserlichem Eingriff, Hauptmannsrang und systematischer Einbeziehung der wissenschaftlichen Kapazitäten Habers und seines Instituts für militärische und kriegswirtschaftliche Zwecke. Zudem sprechen alle vorhandenen Quellen dafür, daß Haber erst nach dem ersten deutschen Chlorgasangriff bei Ypern am 22. 4. 1915 zum Hauptmann ernannt wurde, worauf später ausführlich einzugehen ist. An dieser Stelle bleibt festzuhalten, daß die militärische Beförderung relativ spät erfolgte, als der Physikochemiker längst intensiv für das Kriegsministerium tätig war, so daß kein Zusammenhang zwischen der militärischen Rangerhöhung und dem Engagement des Wissenschaftlers für die deutsche Kriegführung zu konstruieren ist.

Man muß also nicht gleich den Kaiser bemühen, um die systematische Einbeziehung Habers in die Organisation der Kriegswirtschaft[59] zu erklären; auch Formeln wie die, er habe sich, leidend an den verpaßten militärischen Chancen im Sommer und Herbst 1914, «dem Kriegsministerium als Chemie- und Rohstoffberater an[ge]dient»[60], geben allenfalls eine Seite des Gesamtvorgangs wieder. Tatsache ist, daß Haber bereits von August

1914 an als wissenschaftlicher Berater im Kriegsministerium tätig war, und zwar zunächst für die dem Allgemeinen Kriegsdepartement zugeordnete Fabrikenabteilung (B 5) und für die Feldzeugmeisterei. Erstere nahm laut Geschäftsverteilungsplan die allgemeinen Angelegenheiten der Inspektionen der technischen Institute der Infanterie und der Artillerie wahr, die ihrerseits der Feldzeugmeisterei angehörten.[61] Beide waren mit dem Problem der Deckung des deutschen Spreng- und Explosivstoffbedarfs befaßt. Ihnen erwuchs Konkurrenz mit der Gründung der KRA, die für die Beschaffung und Bewirtschaftung der dafür notwendigen Roh- und Ersatzstoffe zuständig war und Haber ebenfalls zur wissenschaftlichen Beratung heranzog. Bereits unter dem 20. 8. 1914 notierte Wichard von Moellendorff, in der KRA Leiter der Sektion Chemie, in sein Kriegstagebuch, die am Vortag begonnenen Besprechungen mit einem Vertreter der Feldzeugmeisterei über die Versorgung Deutschlands mit Chilesalpeter und Toluol seien unter Hinzuziehung von Haber fortgesetzt worden.[62] Haber war allerdings weiterhin nur für die Fabrikenabteilung und die Feldzeugmeisterei tätig. Erst am 30. 8. bot er, erneut die Initiative ergreifend, Rathenau seine Dienste an, der für die «überaus wertvolle Anregung» dankte und sich vorbehielt, später darauf zurückzukommen, sobald sich eine Gelegenheit zur Zusammenarbeit ergebe.[63]

Dies war dann sehr bald der Fall, da Rathenau in der Frage der Salpeterversorgung für seine Abteilung einen Alleinbearbeitungsanspruch erhob und schließlich durchsetzte. Bereits am 30. 8. verhinderte er, daß eine von der Fabrikenabteilung und der Feldzeugmeisterei delegierte Expertenkommission, der auch Haber angehörte, in Sachen Rohstoffversorgung nach Belgien entsandt wurde.[64] Allerdings zog sich der behördeninterne Konflikt lange hin. Noch am 2. 10. teilte Haber der über die Kompetenzverteilung offenbar verwirrten BASF-Direktion mit, die KRA wünsche bei den anstehenden Vertragsverhandlungen über die Errichtung neuer Anlagen zur Herstellung von Salpetersäure nun endlich die «Führung in die Hand zu nehmen»; Fabrikenabteilung und Feldzeugmeisterei widersetzten sich und hielten dies für eine Angelegenheit des Allgemeinen Kriegsdepartments. Haber mußte zugeben, mit der KRA «nicht mehr in Fühlung» zu sein[65], vielleicht ein erstes Indiz für seine mangelnde Harmonie mit Rathenau. Dieser konnte sich jedoch durchsetzen: Am 4.10. übertrug der stellvertretende Kriegsminister der KRA endgültig die Federführung in Sachen Salpeterversorgung.[66] Haber wie Emil Fischer stellten daraufhin «ihren sachverständigen Rat und ihre organisatorische Hilfe» in den Dienst der Rohstoffabteilung.[67]

Haber wurde in den zweiten Aufgabenbereich der KRA, die Entwicklung von Ersatzstoffen und rohstoffsparenden Produktionsverfahren, einbezogen, wo er durch seine Mitgliedschaft in zahlreichen Kommissionen und Ausschüssen, sein Organisationstalent sowie durch seine Verbindungen zur BASF eine wichtige Rolle spielte. Rathenau hatte sich bereits vor dem Krieg lebhaft für die Fortschritte bei den Verfahren zur Stickstoffgewinnung interessiert. Haber war ihm als Wissenschaftler selbstverständlich ein Begriff; spätestens seit 1911 verkehrte er mit ihm auch privat.[68] Kurz vor Ausbruch des Krieges teilte er Haber sogar mit, die AEG wolle nun selbst in Bitterfeld ein Werk zur industriellen Erzeugung von Nitraten aus der Luft errichten.[69] Mit Moellendorff[70], der als Leiter der Sektion Chemie innerhalb der KRA den Apparat für die Bewirtschaftung der kriegswichtigen Chemikalien aufbaute, wurde Haber wahrscheinlich erst im Rahmen seiner Tätigkeit für die Rohstoffabteilung bekannt, doch war der Kontakt zwischen beiden Männern eng und prägend.

Habers Verbindung zur KRA stellte sich schließlich noch auf einem zweiten Weg her, nämlich über das Netzwerk Emil Fischers. Fischer, als Wissenschaftsorganisator graue Eminenz der Vorkriegs- und Kriegsjahre, befaßte sich unmittelbar seit Kriegsausbruch intensiv mit den Problemen der deutschen Rohstoffversorgung und der Entwicklung möglicher Ersatzstoffe. Dabei konnte er erfolgreich auf seine langjährigen Erfahrungen, Staat, Industrie und Wissenschaft zu gemeinsamen Vorhaben zusammenzubringen, zurückgreifen. Schon sehr früh zum Berater der Reichsleitung in chemisch-technischen Fragen ernannt, entwickelte er in ihrer Bedeutung kaum zu überschätzende, in den Quellen eher spärlich belegte und in der wissenschaftlichen Literatur[71] nur unzulänglich gewürdigte Aktivitäten im Bereich der KRA und zahlloser Kriegskommissionen. Daß Fischer nicht sofort auch Haber, dessen erfolgreiche Arbeiten um die Bindung des Luftstickstoffs nun zu herausragender Bedeutung für die deutsche Kriegführung gelangten, in seine Bemühungen einbezogen haben soll, ist schlechterdings nicht vorstellbar, schlug sich aber natürlich nicht in schriftlichen Quellen nieder, da sich beide Männer häufig persönlich begegneten und besprachen.

Haber verfügte, den Aussagen der Literatur zufolge, im Rahmen der KRA über ein «effizientes Beratungsbüro». Über den genauen Status dieses sog. «Büro Haber» divergieren die Angaben: Die einen identifizieren es mit der Sektion Chemie der KRA oder als ihre Keimzelle[72], andere setzen es gar mit der späteren Chemischen Abteilung des Kriegsministeriums gleich.[73] In den überlieferten Quellen ist allerdings kein «Büro Haber» im Sinne eines institutionalisierten Referats der KRA zu finden. Deren Sektion Chemie wurde nachweislich von Moellendorff geleitet, dem Haber zuarbeitete. Habers Korrespondenz in Sachen Roh- und Ersatzstoffe erfolgte ausschließlich mit dem Briefkopf des KWI für physikalische Chemie. Er selbst bezeichnete seine damalige Position in einem offiziellen Lebenslauf einfach als «Beirat des Kriegsministeriums»[74], woraus sich sowohl der informelle Charakter seiner Tätigkeit erhellt wie auch die Tatsache, daß seine Zuordnung zur KRA keinesfalls zwingend war. Es ist ein auffälliges Charakteristikum der deutschen kriegswichtigen Forschung und Entwicklung, daß diese in den ersten Jahren informell organisiert war, keinesfalls aber institutionalisiert als ein bürokratisches Gebilde. Haber war hinter den Kulissen tätig, außerhalb der Behördenorganisation bzw. besser: betraut mit übergreifenden Querschnittsaufgaben, die er flexibel und selbstverantwortlich, gegebenenfalls mit Hilfe seines Instituts, löste: «Research and Development had, at first, no executive authority.»[75]

Habers informelle, von zahlreichen gesellschaftlichen Verbindungen und Kommissionsmitgliedschaften geprägte Beraterposition erwies sich als zugleich anfällig wie flexibel: Sie war störanfällig, da sie in starkem Maße von Personen abhing. So erklärte Haber Emil Fischer am Abend des 14. 12. 1914, eine soeben beendete Unterredung mit Rathenau habe «zu einer Trennung geführt, welche meines Erachtens nach Form und Inhalt nicht gestattet, daß ich weiter im Auftrage der Kriegsrohstoffabteilung chemische Angelegenheiten bearbeite.»[76] Welcher Art die «Schwierigkeiten» waren, die nach Habers Worten seine Kraft überstiegen, obwohl er im Interesse der «Sache» gerne mit jedermann kooperierte, geht aus dem Schreiben nicht hervor. Charlotte Haber schrieb rückblickend die offenkundige Disharmonie der beiden an exponierter Stelle in der Kriegführung engagierten deutschen Juden dem Umstand zu, sie seien sich in Geist und Charakter zu ähnlich gewesen: «Beide waren ehrgeizig, beide aus Hochmut bescheiden, und diese gemeinsamen Eigenschaften trennten sie.»[77] Was auch immer die Ursache des Zerwürfnisses gewesen sein mag: Haber setzte seine Tätigkeit an anderer Stelle als «chemisch-technischer Beirat des Kriegsministeriums» fort[78], d. h. ihr informeller Charakter war überraschend flexibel und bot zudem den Vorteil, komplizierte verwaltungstechnische Akte zu umgehen. Erst die wachsende Verantwortung des Physikochemikers im Gaskrieg führte auch zu einer bürokratischen Institutionalisierung seiner Funktion: im November 1915 in der Fußartillerieabteilung des Allgemeinen Kriegsdepartements als «Zentralstelle für Fragen der Chemie», die erst ein Jahr später, im November 1916, zur selbständigen Chemischen Abteilung A 10 ausgebaut wurde.[79]

2. Habers Einsatz zur Sicherung des deutschen Sprengstoffbedarfs

Die Leistungen Fritz Habers und anderer um die Schaffung von kriegswichtigen Roh- und Ersatzstoffen ließen sogar den pazifistisch eingestellten Albert Einstein vom «bewundernswerten Erfindergeist deutscher Wissenschaftler» schwärmen.[80] Habers Engagement in den ersten Kriegsmonaten lag im Bereich der sog. «Kriegschemikalien». Als Kriegschemikalien wurden alle Pulver- und Sprengstoffbestandteile definiert, die mit der Einführung moderner Pulver seit Ende des 19. Jahrhunderts die chemischen Ausgangsstoffe für die Munitionserzeugung bildeten, d. h. also Stickstoff bzw. Salpeter, Schwefel, Glyzerin, Toluol, Kampfer, Chlor, Zellstoff und ihre physikochemischen «Ahnen-» und «Enkelreihen» sowie Hilfsstoffe wie Paraffin, Terpentinöl usw.[81] Haber leitete nun einerseits Forschungen seines Instituts zur Einsparung bzw. Herstellung von Explosivstoffen ein; andererseits war er als wissenschaftlicher Berater organisatorisch mit der Entwicklung neuer Produktionsverfahren befaßt, und zwar vor allem im Bereich der Stickstoff- und Salpeterversorgung. Für ihre Verdienste auf diesem Gebiet wurde Haber, Bosch und Duisberg im April 1918 die Bunsen-Medaille aus Stahl verliehen.[82]

Da die Akten des Haberschen Instituts aus der Zeit des Ersten Weltkriegs nicht bzw. nur sehr fragmentarisch erhalten sind, sind Art und Umfang der Forschungen, die in den ersten fünf Kriegsmonaten durchgeführt wurden, nur schattenhaft zu erkennen. Haber selbst sprach rückblickend nur sehr vage von der «Klärung einiger Fragen [...] auf dem Grenzgebiete der Treib- und Schiessmittel».[83] Finanziell bemaßen sich die – aus Reichsmitteln zu erstattenden – Ausgaben für Kriegsarbeiten im KWI von August bis Dezember 1914 auf 2325 Mark für Versuche zur Änderung der Zusammensetzung des Fahrbenzols und auf 5225 Mark für Experimente zur Abänderung von Geschoßfüllungen. Um die Bedeutung dieser Summen für die Institutsarbeit abzuschätzen, sei hinzugefügt, daß die sich anschließenden Forschungen zur Ausbildung von Gaskampfmethoden und zur Herstellung einer Schutzmaske von Januar bis Oktober 1915 Kosten in Höhe von 25 475 bzw. 29 923 Mark verursachten, während im Gesamtzeitraum (August 1914 bis Oktober 1915) immerhin noch, wenn auch mit schwindender Tendenz, nicht-kriegswichtige Untersuchungen für rund 49 500 Mark durchgeführt wurden.[84]

Konkret handelte es sich zunächst darum, auf Bitte der Inspektion des Militär-, Luft- und Kraftfahrwesens einen Ersatzstoff für den knappen Sprengstoffbestandteil Toluol zu finden, der zu Kriegsbeginn noch als Gefrierschutzmittel in Motortreibstoffen verwandt wurde. Da Toluol in Form des Trinitrotoluols als Pulver für schwere Kaliber anstelle des sonst eingesetzten Nitroglyzerins herangezogen wurde, ließ sich eine derartige Verschwendung in Anbetracht des wachsenden Munitions- und Sprengstoffbedarfs nicht halten. Weil Haber selbst häufig vom Labor abwesend war, leitete sein Vertreter Gerhard Just die Forschungen; Otto Sackur führte die Bestimmung der Dampfdrucke und Gefrierpunkte der Gemische durch. Resultat der Arbeiten war, daß Xylol und lösliche Erdölfraktionen, genannt «Solventnaphta I», als Austauschstoffe in Frage kamen.[85] Diese Arbeiten waren bereits am 17. 9., wie ein Vertreter der Feldzeugmeisterei mitteilte, «endgültig zur Befriedigung der Verkehrstruppen abgeschlossen» und in zwei umfangreichen Gutachten niedergelegt. Moellendorff errechnete befriedigt eine monatliche Toluolersparnis von rund 400 Tonnen.[86]

Im Herbst 1914 begannen auf Veranlassung der Artillerieprüfungskommission Forschungen über neuartige «Aushilfssprengstoffe».[87] Hierzu zählten zunächst nach Habers eigenen Angaben ansonsten nicht näher bekannte Arbeiten zur Herstellung neuartiger Granaten, die beim Einschlagen explosionsfähige kleinere Körper ausstreuen sollten.[88] Dem schlossen sich Forschungen auf dem Grenzgebiet der Explosiv- und Gaskampfstoffe an, die Haber rückblickend als den «Beginn der Bearbeitung der chemischen Kampf- und Schutzmittel» in seinem Institut bezeichnete. Es ging zu diesem Zeitpunkt darum, die Wirkung der Haubitz-Geschosse der Feldartillerie zu erweitern, indem sie zusätzlich zum Sprengstoff mit chemischen Reizstoffen gefüllt werden sollten.[89] Als Haber mit der Aufgabe betraut wurde, sollte er zwei Probleme lösen: Einmal hatte sich der bisher verwendete Reizstoff, der sog. T-Stoff, wegen zu geringer Konzentrationen als wirkungslos erwiesen. Zum zweiten wurden infolge der extremen Stahlknappheit gußeiserne Geschosse getestet, die wegen ihrer dikkeren Außenwand und daher kleineren Sprengladung und der mangelhaften Qualität des Explosivstoffs eine schlechte Splitterwirkung zeigten. Habers Ausweg lag in der Verwendung neuer, aggressiver Reizstoffe.[90]

Bei Versuchen mit dem 1837 erstmals von Bunsen synthetisierten Kakodylchlorid (Dimethylarsinchlorid), das «um seiner entsetzlich reizenden und zugleich giftigen Eigenschaften willen» seit Baeyer nicht mehr chemisch studiert worden war, ereignete sich im KWI am 17. 12. eine folgenschwere Explosion. Haber und die Professoren Just und Sackur gingen zusammen dem Gedanken nach, dem Kakodylchlorid einen Zusatz zu geben, der gleichzeitig dessen Brennbarkeit aufheben wie auch zu Tränen reizen sollte. Experimentiert wurde mit Dichlormethylamin. Als Haber kurzfristig den Raum verließ und in die Werkstatt ging, setzten Just und Sackur die Arbeiten fort, um zu beobachten, ob sich beide Stoffe mischten oder eine selbständige Schicht bildeten. Bei der Berührung beider Flüssigkeiten entstand eine Explosion. Sackur, der das Reagenzglas in Augenhöhe gehalten hatte, wurde entsetzlich verstümmelt und tödlich verletzt; Just, der «nur zwei Tropfen» Dichlormethylamin zugesetzt hatte, verlor seine rechte Hand. Dem erschütterten Haber war die chemische Ursache der Detonation ein Rätsel, und er zog Liebermann, Beckmann und Willstätter als Sachverständige hinzu; zwei Tage später war der Unglücksfall aufgeklärt.[91] Die Arbeiten waren sofort eingestellt worden.

In seinem Bericht zum Hergang der Katastrophe hob Haber hervor, seine Mitarbeiter seien bei Versuchen, die im Frieden niemals am KWI unternommen worden wären, «Opfer ihres leidenschaftlichen Wunsches» geworden, im Laboratorium für die Verteidigung des Vaterlandes zu arbeiten. Er schlug vor, Just das Eiserne Kreuz zu verleihen, um damit zum

Ausdruck zu bringen, daß seine Verstümmelung wie der Tod des Kollegen dem Dienst der Soldaten auf dem Schlachtfeld gleichzusetzen seien.[92] Was sich vordergründig wie die patriotisch vernebelnde Selbstentlastung des Verantwortlichen liest[93], war alles andere als das. Haber, der zeit seines Lebens intensiv für das Schicksal seiner Mitarbeiter Sorge trug, instrumentalisierte erfolgreich den militärisch-patriotischen Ritus der Ordensverleihung, um den rechtlich ungeklärten Status der Wissenschaftler seines Instituts im Dienste der Heeresverwaltung sozial abzusichern und dem Frontdienst gleichzusetzen. Der erst im April 1914 als Abteilungsleiter eingetretene Sackur wurde auf Habers Intervention einem Kriegsgefallenen gleichgestellt. Er hinterließ eine Frau und eine Tochter, die in der Weimarer Zeit auf Veranlassung des Reichspräsidenten eine laufende Unterstützung aus dem Dispositionsfonds von monatlich 60 bzw. 50 RM erhielten. Der Tochter Irene Sackur verschaffte Haber später eine Anstellung als Sekretärin in seinem Institut.[94] Just, dessen Handamputation bei einem experimentell arbeitenden Chemiker versicherungsrechtlich als Ganzinvalidität zählte, erhielt am 26. 3. 1915 das EK 2. Klasse am weiß-schwarzen Bande und wurde mit dem 20. 11. desselben Jahres zu Habers Unterstützung «zum Kriegsministerium herangezogen». Ein Jahr später, am 1. 12. 1916, erhielt er eine planmäßige Beamtenstelle als Hilfsreferent und wurde schließlich mit Wirkung vom 1. 4. 1918 zum Geheimen Kriegsrat und vortragenden Rat im Kriegsministerium ernannt, womit auch seine Versorgung gesichert war.[95]

2.1. Die Salpeterversorgung Deutschlands

Habers eigentliche Bedeutung in den ersten Kriegsmonaten lag weniger in der Forschung als auf organisatorischem Gebiet, als er, der Wissenschaftler im staatlich-militärischen Auftrag, sein Organisationstalent, seine Kontakte und Erfahrungen mit der Großchemie optimal nutzen konnte. Seine Spuren finden sich in so weit auseinander liegenden Gebieten wie den Bemühungen der KRA um die Benzol- und Toluolgewinnung oder um den Aufbau einer Kautschukproduktion bei der BASF.[96] Zentral wurde Haber jedoch vor allem in der militärisch eminent wichtigen Salpeterversorgung, die für die Sprengstoffherstellung Bedeutung hatte, da alle modernen Pulver Salpetersäureester sind. Die Marneschlacht (6.–9. 9. 1914) leitete den Übergang zu dem von den Militärs nicht vorhergesehenen Stellungskrieg mit seinem immensen Munitionsverbrauch ein. Der Mangel an Artilleriemunition wurde an der Front unmittelbar spürbar. Die zweite Oberste Heeresleitung befahl äußerste Einschränkung und machte wenig praktikable Sparvorschläge, das feindliche Artilleriefeuer zu «unterlaufen» und die Stellungen des Gegners überfallartig zu stürmen.[97] Die massenweise Beschaffung bzw. großchemische Produktion der zur Munitionsherstellung erforderlichen Grundstoffe, nämlich vor allem Schwefel- und konzentrierter Salpetersäure, wurde vordringliches Ziel.

Salpetersäure (HNO_3) wurde damals noch hauptsächlich durch Umsetzung von natürlich in Südamerika vorkommendem Natronsalpeter ($NaNO_3$) mit Schwefelsäure (H_2SO_4) gewonnen. Die englische Blockade schnitt Deutschland jedoch von den zuvor unproblematischen Importen aus Chile ab, so daß das Salpeterproblem für die KRA seit ihrer Gründung virulent war. Zwar konnten nicht unbeträchtliche Mengen von Chilesalpeter bei Hamburger Importeuren und vor allem in den Häfen von Antwerpen und Ostende beschlagnahmt werden, doch waren Requirierungen in den eroberten Gebieten, in denen Rathenau noch Ende 1915 grundsätzlich die erste Hauptquelle der Rohstoffversorgung erblickte, im Falle der Deckung des Salpeterbedarfs von Anbeginn hoffnungslos.[98] Die Ergebnisse statistischer Erhebungen, um Vorräte wie Bedarf festzustellen, waren deprimierend, nicht nur, weil keine kriegswirtschaftlichen Vorsorgemaßnahmen ergriffen worden waren, sondern auch, weil die inländischen Vorräte aufgrund der noch vor Kriegsausbruch beendeten Frühjahrsdüngung weitgehend aufgebraucht waren und nur mehr 20 % der jährlichen Einfuhr betrugen. Der engere Kriegsbedarf von Heer und Marine an Pulvern und Sprengstoffen war nach Umfang und Art völlig unbekannt. Die im Mobilmachungsplan vorgesehene Herstellung von 600 Tonnen Sprengstoff und 475 Tonnen Pulver pro Monat lag weit unter dem tatsächlichen Bedarf. Zeitweise stellte jede Waffengattung von Monat zu Monat neue Forderungen; erste, viel zu niedrige Schätzungen der Feldzeugmeisterei im Herbst 1914 (bis 31. 3. 1915) gingen von monatlich 6500 Tonnen Chilesalpeter aus, wozu ca. 1500 Tonnen für die Marine traten.[99]

Rechnet man den Salpeterbedarf von Heer und Marine in Stickstoff um und betrachtet die Entwicklung bis zum Hindenburgprogramm, so werden die Dimensionen des Problems deutlich. Anfang November 1914 hielt man – in völliger Verkennung der Realität – einen Gesamtbedarf von 28 000 Tonnen Stickstoff bis 1. November 1915 für gegeben, wobei man den monatlichen Bedarf mit 1700 Tonnen bis März 1915 bzw. mit 2500 Tonnen von April bis Juni und mit 3000 Tonnen von Juli bis November 1915 ansetzte. Die Schätzungen orientierten sich dabei an der Leistungsfähigkeit der Munitionsindustrie. Bis zum 1. 1. 1916 waren allerdings bereits rund 50 000 Tonnen Stickstoff für Heereszwecke verbraucht. Der im August 1915 errechnete Heeresbedarf belief sich auf 10 000 Tonnen Stickstoff pro Monat; das Hindenburgprogramm forderte ein Jahr später bereits 20 000 Monatstonnen.[100] Hinzu kamen die Stickstoffbedürfnisse des verbündeten Österreich-Ungarn, vor allem aber auch der einheimischen Landwirtschaft und der chemischen wie pharmazeutischen Industrie.

Die KRA handelte, wie Moellendorff rückblickend zu bedenken gab, in der Salpeterfrage in den entscheidenden Monaten «gefühlsmässig», ohne Rücksicht auf die von der Feldzeugmeisterei ohnehin zu niedrig geschätzten Bedarfszahlen. Es ging darum, bei sinkenden bis ausbleibenden Importen «grundsätzlich so schnell und so viel wie möglich» Salpeter zu beschaffen und dabei mit einer beliebig langen Kriegsdauer zu rechnen. Die KRA begann noch im August 1914 (22. 8.), in einer Spezialenquete bei der chemischen Industrie festzustellen, mit welchen technischen Verfahren Salpetersäure am schnellsten, sichersten und zweckmäßigsten synthetisch hergestellt werden könnte. Die Enquete zielte also auf die Kapazitätserweiterung bestehender und die Errichtung neuer Produktionsanlagen. Zur wissenschaftlichen Begutachtung und Auswertung der Unternehmensangaben zog die KRA «Sachverständige» wie Emil Fischer und Fritz Haber heran, die in der Salpeterfrage bereits für die Feldzeugmeisterei und die Fabrikenabteilung tätig waren.[101] Das verlorengegangene Originalmaterial der Salpeterenquete ist, ergänzt um Informationen aus persönlichen Besprechungen Emil Fischers mit rheinisch-westfälischen Industriellen im September, in dessen Denkschrift über die «Künstliche Erzeugung von Salpetersäure und salpetersauren Salzen» vom 1. 10. 1914 (Nachtrag vom 10. 10.) erhalten, die als wichtigste Quelle für die Rekonstruktion der Kapazitäten und Interessen der beteiligten Industrien gelten kann.[102]

Produktionstechnische Verfahren und die Interessenlage der beteiligten Industrien

Chemische Verfahren zur Herstellung synthetischer konzentrierter Salpetersäure waren zwar bekannt, allerdings noch nicht oder erst ansatzweise im großtechnischen Maßstab eingeführt. Der Grund lag in ökonomischen Erwägungen, die in Friedenszeiten die Errichtung entsprechender Industrieanlagen verhindert bzw. verlangsamt hatten. Nun im Krieg legte das Ziel der politisch-militärischen Führung, alle Mittel ungeachtet ihrer Kosten für den Sieg zu mobilisieren, Rentabilitätserwägungen durch die nicht marktgebremsten Möglichkeiten der staatlichen Kriegsfinanzierung lahm. Allerdings setzten die Militärs anfangs nicht voll auf die Chemie, sondern versuchten, durch die Aufbrechung der englischen Seeblockade wieder Chilesalpeterimporte zu erlangen. Diese Möglichkeit scheiterte jedoch endgültig nach der verlorenen Schlacht bei den Falklandinseln am 8. 12. 1914.[103]

Grundsätzlich boten sich zwei Wege zur synthetischen Herstellung konzentrierter Salpetersäure[104] an: Der eine, direkte Weg (1) führte über die Oxidation von Luftstickstoff durch elektrische Entladung. Mehrere Verfahren (1 a–c) ließen dünne Salpetersäure entstehen, die nachträglich mit Hilfe weiterer Verfahren konzentriert werden mußte. Der andere denkbare Weg (2) verlief mittelbar über das Ammoniak, das mit Hilfe geeigneter Katalysatoren (2 a–b) zur Oxidation gebracht und über verschiedene Zwischenstufen in Salpetersäure umgesetzt wurde. Weg 2 zur Herstellung von Salpetersäure setzte also Ammoniak voraus, das selber über mehrere Verfahren (3 a–c) gewonnen werden konnte. Auf der industriellen Anbieterseite entstanden daher mannigfache Konkurrenzsituationen, nämlich zwischen (1) und (2), innerhalb von (1), innerhalb von (2) und, als notwendige Vorstufen von (2) gleich welchen Verfahrens, innerhalb von (3). Durch die Ausnutzung dieser Gegensätze konnte der Staat, dessen Möglichkeiten als einziger maßgeblicher Nachfrager in Anbetracht der permanenten Mangellage in den Verhandlungen mit den wenigen Anbietern relativ beschränkt waren, grundsätzlich wieder an Spielräumen in der Preispolitik und Anlagenfinanzierung gewinnen.[105] Dieses Konkurrenz- und Interessengeflecht ist ferner zuerst zu rekonstruieren, will man in einem zweiten Schritt Habers Aktivitäten zur Sicherung der deutschen Salpeterversorgung und die Rolle der BASF richtig einschätzen.

(1) Die Verfahren zur Herstellung von Salpetersäure über die Oxidation von Luftstickstoff mittels elektrischer Entladung, die im Zusammenhang mit der Bindung des Luftstickstoffs bereits vorgestellt wurden, setzten einen hohen Verbrauch an elektrischer Energie und kostspielige Anlagen voraus.

(1 a) In nennenswertem Ausmaß wurde die sog. «Luftverbrennung» nach den durch Wechselstrom erzeugten Lichtbogenverfahren von Birkeland-Eyde (1902/03) bzw. Schönherr (1905–07) in Norwegen wegen der dort vorhandenen Wasserkräfte praktiziert. Die Anlage der Norsk Hydro, aus der sich die BASF 1911 zurückgezogen hatte, erzeugte erhebliche Mengen des sog. Norgesalpeters (rund 50 000 Tonnen jährlich), die zu großen Teilen (35 000 Tonnen, entsprechend 4550 Tonnen Stickstoff.) an die deutsche Landwirtschaft und Sprengstoffindustrie veräußert wurden.[106] Emil Fischer, von den Ingenieuren und Chemikern der BASF gewiß nicht uneigennützig, hier aber doch zutreffend beraten, vermerkte in seiner Denkschrift kritisch, daß die norwegische Anlage etwa 50 Millionen Mark gekostet, ihr Bau mehrere Jahre in Anspruch genommen hatte. Die Errichtung einer vergleichbaren Fabrik in Deutschland würde, abgesehen von den ungleich höheren Energiekosten, mindestens ein Jahr dauern.

(1 b) Das von der Salpetersäure-Industrie-Gesellschaft Gelsenkirchen mbH genutzte Verfahren der Brüder Pauling arbeitete nach einem ähnlichen Prinzip. Anlagen der Gesellschaft standen in Innsbruck und an anderen Orten im Ausland. Pauling sicherte Fischer zu, seine Gesellschaft könne in sechs Monaten Fabriken mit einer monatlichen Leistung von 2500 Tonnen konzentrierter Salpetersäure errichten. Sein Angebot war insofern attraktiv, als Baumaterial wie elektrische Energie vorhanden waren und die Gesellschaft für den Bau keinen Staatszuschuß verlangte. Es war also nach Fischers Worten «sehr vorteilhaft» für die Heeresverwaltung.

Gebaut wurde dann eine kleine Anlage in Muldenstein bei Bitterfeld, wo die Eisenbahnverwaltung noch vor dem Krieg ein Kraftwerk für den Betrieb elektrischer Eisenbahnen errichtet hatte. Da die erforderliche Umrüstung des Bahnnetzes und der Fahrzeuge im Krieg nicht vorgenommen werden konnte, stand der Strom zur Salpetersäureherstellung zur Verfügung. Das Werk enttäuschte jedoch alle Erwartungen und mußte Anfang 1917 aus Braunkohleknappheit den Betrieb einstellen.[107]

(1c) Ein weiteres, in einer Versuchsanlage in der Schweiz seit 1912 realisiertes Verfahren zur Luftverbrennung im elektrischen Flammbogen hatte ebenfalls von Anfang an schlechte Erfolgsaussichten und endete mit einem Fiasko. Hinter dem Projekt stand ein Firmenverbund der interessierten Elektroindustrie, allen voran die AEG. Seit Sommer 1915 begann die AEG zusammen mit der Chemischen Fabrik Griesheim-Elektron mit dem Bau eines Werkes in Rhina/Baden, das seinen Strom vom schweizerischen Kraftwerk Laufenburg bezog, sowie eines Werkes in Zschornewitz im Bitterfelder Revier, dessen Elektrizität aus dem der AEG nahestehenden Kraftwerk Golpa stammte. Beide Unternehmungen scheiterten an technischen und wirtschaftlichen Problemen; die Anlage Zschornewitz wurde zudem bei einer Explosion im Juni 1917 völlig zerstört.[108] Vom Gesamtprogramm für Säurestickstoff entfielen 1917 auf die beiden Verfahrensarten 1b und 1c nur rund 7 %.[109]

(2) Beide Verfahren zur Oxidation von Ammoniak vollzogen sich grundsätzlich bei der Überleitung eines Gemisches von Ammoniakgas und Luft über einen erhitzten Katalysator, wobei das entstehende Stickoxid über Zwischenstufen in Salpetersäure verwandelt wurde.

(2a) Wilhelm Ostwald benutzte in seinem bereits 1901 entwickelten und nach ihm benannten Verfahren, dessen militärischen Nutzen er schon damals reflektierte, das teure Platin als Kontaktsubstanz. Sein Mitarbeiter und späterer Schwiegersohn Eberhard Brauer setzte es technisch in enger Zusammenarbeit mit der Köln-Rottweiler Sprengstoff-Gesellschaft um, die gleichzeitig die mit dem hergestellten Nitrat produzierten Sprengstoffe erprobte. Später zeigte sich die Kokereiindustrie interessiert. In den Chemischen Werken der Kohlenzeche Lothringen in Gerthe/Westfalen errichtete Brauer die bis Kriegsbeginn einzige Anlage nach dem Ostwaldschen Verfahren, die seit 1906 die Grundstoffe für den im Kohlenbergbau verwendeten Sicherheitssprengstoff herstellte. Ihre Kapazität lag 1914 bei rund 300 Tonnen Natronsalpeter im Monat.[110] Der Betriebsleiter der Zeche Lothringen, Hilgenstock, lockte Emil Fischer und das Kriegsministerium mit dem vorteilhaften Angebot, in nur vier bis fünf Monaten für 15 Millionen Mark bis zu zwanzig derartiger Anlagen im rheinisch-westfälischen Industriegebiet zu errichten, was einer monatlichen Erzeugung von 6000 Tonnen Natronsalpeter entsprach. Das erforderliche Platin, 150–200 kg (!), war Hilgenstock zufolge leicht zu beschaffen.

(2 b) Das knappe und teure Platin hatte die BASF veranlaßt, seit Herbst 1913 systematisch einen billigen und leicht zugänglichen Katalysator zu suchen. Bereits im Frühjahr 1914 hatte sie ihn mit einem Eisenoxid-Mischpräparat gefunden. Ihr schon seit langem projektiertes Verfahren, Salpeter über die Luftoxidation von Ammoniak zu gewinnen, war bei Kriegsbeginn allerdings noch nicht in den Maßstab der Fabrikation übertragen worden, die Natur des Katalysators wurde noch geheimgehalten.[111] Das BASF-Verfahren ging nicht wie das Ostwald-Verfahren direkt zur Salpetersäure, sondern zum Salpeter, der dann in Säure umgearbeitet werden mußte. Der Grund lag zum einen darin, daß man auf den Ersatz von natürlichem Salpeter fixiert war; zum anderen war die Ostwald-Methode verfahrensrechtlich für die Zeche Lothringen geschützt und stand der BASF nicht zur Verfügung.[112]

Für die Kalkulation der Kosten wie auch für die Interessenkonstellation der konkurrierenden Unternehmen ganz entscheidend war nun allerdings die Gewinnung des für beide Verfahren (2) als Ausgangsstoff erforderlichen Ammoniaks (3). Die Wege der Ammoniakgewinnung seien hier im Kontext der durch den Krieg geschaffenen Situation kurz wiederholt.

(3 a) Das von der Zeche Lothringen praktizierte Ostwald-Verfahren arbeitete mit dem Ammoniak, das dem bei der Zersetzungsdestillation von Kohle in Gasanstalten und Kokereien anfallendenen Gaswasser durch Kochen ausgetrieben wurde. Dieses als Nebenprodukt des Kokereiprozesses entstehende Ammoniak wurde von der in Bochum ansässigen Deutschen Ammoniak-Verkaufs-Vereinigung (DAVV) vertrieben, hinter der die Zechen des rheinisch-westfälischen Industriebezirks, die oberschlesischen Kokereien und die Wirtschaftliche Vereinigung Deutscher Gaswerke standen. Vertreten wurde die DAVV durch ihren Direktor Emil Sohn. Die Gesamtmenge des auf diese Weise gewonnenen gebundenen Stickstoffs schwankte erheblich zwischen 65 000 und 120 000 Tonnen; im Jahr 1913 waren es 110 000 Tonnen. Gegenüber allen anderen Methoden zur Herstellung von gebundenem Stickstoff war dieses Verfahren vor 1914 das quantitativ bedeutendste; es wurde 1913 nur von den 750 000 Tonnen importiertem Chilesalpeter übertroffen, was einer Stickstoffmenge von 116 250 Tonnen entsprach.[113]

Von immensem Vorteil war, daß das beim Kokereiprozeß als Nebenprodukt entstehende Ammoniak auf diese Weise einer gewinnbringenden Nutzung zugeführt werden konnte. Hinzu kam, daß dabei weitere kriegswichtige Nebenprodukte wie Benzol und Toluol anfielen. Als nachteilig erwies sich die Abhängigkeit des Zechenammoniaks von der Kohleverkokung und indirekt von der Eisenindustrie, die in Friedenszeiten 90 % des hergestellten Kokses verbrauchte. Das bedeutete zum einen, daß sich die Menge des anfallenden Ammoniaks nur in begrenztem Rahmen steigern ließ. Zum anderen schrumpfte bei Kriegsausbruch mit dem Rückgang der

Eisenproduktion die Nachfrage nach Koks, so daß auch die Nebenprodukte einen drastischen Einbruch erlebten. Schätzungen für 1915 rechneten nur noch mit 65000 Tonnen Stickstoff. Emil Fischer versuchte folglich, auf einer Reise im September 1914 die führenden rheinisch-westfälischen Industriellen in persönlichen Unterredungen, Ansprachen und schriftlichen Appellen dazu zu bewegen, ihre Koksproduktion zu erhöhen und sofortige technische Maßnahmen zu ergreifen, ein Engagement, das ihm damals noch den scharfen Tadel des wirtschaftlich-technisch ahnungslosen Generalkommandos Münster einbrachte.[114]

Hinter der Zeche Lothringen stand demnach die Kohlenindustrie, die an der Errichtung weiterer Anlagen nach dem Ostwald-Verfahren sehr interessiert sein mußte. Der Vorstand des Rheinisch-Westfälischen Kohlensyndikats sicherte Fischer auch flugs zu, «alles, was in seinen Kräften steht, zu tun, um die projektierten Anlagen in kürzester Zeit zweckmässig herzustellen und in Betrieb zu setzen.» Dazu gehörten nicht zuletzt auch die «grossen Hilfsmittel» des neu errichteten KWI für Kohlenforschung in Mülheim an der Ruhr, denn durch die Kompetenz seiner Wissenschaftler erhoffte man sich die Entwicklung neuer Absorptionsvorrichtungen, die das Ostwald-Verfahren weiter vereinfachen und verbilligen sollten.[115] Tatsächlich konnte Franz Fischer im ersten Tätigkeitsbericht seines Instituts auf diverse Erfolge hinweisen.[116]

(3b) Die BASF verwendete als Grundstoff für ihre neue Methode, «Kunstsalpeter» herzustellen, ausschließlich das nach dem Haber-Bosch-Verfahren von ihr selbst produzierte Ammoniak und bestand darauf, auch für den großen projektierten Fabrikbetrieb nur dieses besonders reine Präparat heranzuziehen, weil sie sich sonst vorgeblich der Wirkung des Katalysators nicht sicher war.[117] Das Oppauer Werk der BASF, das im September 1913 nach nur zweijährigen Vorarbeiten in Betrieb gegangen war, hatte noch vor Ausbruch des Krieges eine Tagesproduktion von 25 Tonnen erreicht.[118] Der Zuschlag für das BASF-Salpeterverfahren implizierte daher notwendig auch den Ausbau ihrer Ammoniakproduktionsanlagen. Es eröffnete sich damit die für das Unternehmen äußerst günstige Möglichkeit, für diesen Zweck ebenfalls Staatsmittel zu erhalten und den bislang noch bescheidenen Marktanteil des synthetisch hergestellten Ammoniaks nach Haber-Bosch zu erweitern, dessen Einsatz als Grundstoff für die landwirtschaftlichen Stickstoffdünger eben erst begonnen hatte.

(3c) Von Anbeginn hatte die BASF einen Hauptkonkurrenten in der Kalkstickstoffindustrie erblickt, die nach dem von Adolf Frank und Nikodem Caro um die Jahrhundertwende entwickelten Verfahren arbeitete. Bei diesem wurde Calciumcarbid (CaC_2), das im Lichtbogen eines elektrischen Ofens bei 2300°C leicht aus Kalk und Koks hergestellt werden konnte, bei hoher Temperatur mit Stickstoff zur Reaktion gebracht. Der so entstandene Kalkstickstoff konnte unmittelbar zu Düngezwecken herangezogen, aber auch in einem weiteren Schritt durch Erhitzen mit Wasserdampf zu Ammoniak zersetzt werden. Der Prozeß implizierte in allen seinen Schritten einen hohen Verbrauch an elektrischer Energie bzw. Wasserkraft.[119]

Die BASF hatte den Kalkstickstoff stets als lebhafte Konkurrenz empfunden, und ihr Vorstandsmitglied August Bernthsen konnte sich auf dem VII. Internationalen Kongreß für angewandte Chemie in London 1909 nicht zurückhalten, sich über jene «mit Kalk und Kohle verunreinigte, schwarz gefärbte, unangenehm riechende Masse» zu mokieren.[120] Weltweit produzierten bis 1912 neun Unternehmen nach dem Frank-Caro-Prozeß. Die Kalkstickstoffwerke der 1904 gegründeten Gesellschaft (1911: Aktiengesellschaft) für Stickstoffdünger, an der die Frankfurter Metallgesellschaft maßgeblich beteiligt war, arbeiteten nach dem ähnlichen Verfahren von Polzenius. Nach vielen Rückschlägen nahm deren Anlage in Knapsack bei Köln Ende 1910 die Produktion auf und erzeugte drei Jahre später rund 20000 Tonnen Kalkstickstoff jährlich, arbeitete aber aus technischen Gründen unter ihrer Kapazitätsauslastung.[121] Das bedeutendste Kalkstickstoffunternehmen war die 1908 gegründete Bayerische Stickstoffwerke AG, die vom Verfahrensentwickler Nikodem Caro persönlich geleitet wurde. 1913 hatte die Anlage eine jährliche Kapazität von rund 30000 Tonnen Kalkstickstoff. Für den wirtschaftlichen Machtkampf im Ersten Weltkrieg sollte es sich als entscheidend erweisen, daß die Deutsche Bank an der Gesellschaft finanziell maßgeblich beteiligt war.[122] Die Verbindung Caros zur Deutschen Bank bestand bereits seit gut 15 Jahren. Das Finanzunternehmen trat 1899 neben Siemens & Halske und der Deutschen Gold- und Silberscheideanstalt als Gesellschafter in die Cyanidgesellschaft mbH ein, die zur technischen Ausgestaltung und Verwertung der Frank-Caro-Patente gegründet worden war.[123] 1907 errichteten die Cyanidgesellschaft und die Deutsche Bank gemeinsam die Bayerischen Stickstoffwerke, die in Trostberg unter Ausnutzung der Wasserkräfte der Alz das erste große Kalkstickstoffwerk Deutschlands bauten.[124] Caro verfügte damit über einen mächtigen Bündnispartner, der es durchaus mit der Farbenchemie aufnehmen konnte. In Anbetracht der noch geringen Kapazität des Ammoniakwerks der BASF und der wenigen Erfahrungen, die man bisher mit dem Haber-Bosch-Verfahren gesammelt hatte, hielt Emil Fischer es im Oktober 1914 für unumgänglich, neben Oppau auch die Kalkstickstofferzeugung massiv auszubauen. Caro war dazu prinzipiell bereit, doch ließ sich das Trostberger Werk wegen seiner Abhängigkeit vom angeschlossenen Wasserkraftwerk nicht ohne weiteres vergrößern.[125]

Kriegschemikalien AG und Salpeterkommission

Vorgehensweise und Erfolge des Gespanns Haber-BASF bei der Salpeter- und der Ammoniakfertigung im Weltkrieg erhellen beispielhaft den Charakter der deutschen Kriegswirtschaft mit ihrer deutlichen Bevorzugung der «darlings of war economy», der Großindustriellen. Die konkrete Organisation der Rohstoffbewirtschaftung war zweifellos Rathenaus Werk, denn im Gegensatz zu Moellendorff, der eine staatliche Zwangsbewirtschaftung durch die einzelnen Fachsektionen der KRA anstrebte, schuf Rathenau in den zuletzt rund 200 sog. «Kriegsgesellschaften» eine spezifische «Mischung aus staatlichem Dirigismus und industrieller Selbstverwaltung», die im Kontext seiner gemeinwirtschaftlichen Pläne gerade auf die Abwehr potentieller Verstaatlichungen und auf die Stärkung der Großunternehmen durch die korporative Organisation der Wirtschaft zielte. Die kaufmännischen Aufgaben der KRA, nämlich den Aufkauf und die ökonomisch entscheidende Verteilung der Rohstoffe sowie die Preisgestaltung, übernahmen auf staatliche Initiative gegründete, gemeinnützige Aktiengesellschaften, die unter der Oberaufsicht staatlicher Kommissare mit Vetorecht im Aufsichtsrat standen. Vor dem Hintergrund einer langfristigen Kriegskonjunktur mit ihren Profitmöglichkeiten erwarben die Kartelle, Konzerne und Großunternehmen die Aktienmehrheiten und agierten fortan mit staatlicher Autorität. Ihre Politik der Marktbeherrschung stimmte sich mit den Bedürfnissen der Kriegswirtschaft ab. Dieses bemerkenswerte Geflecht großindustrieller und staatlicher Durchdringung wurde – bei allen Defiziten der Kriegsgesellschaften im einzelnen – erfolgreich durch die KRA garantiert, deren führende Positionen einschließlich ihrer Kommissare häufig von Vertretern der Großunternehmen besetzt waren. So kontrollierte beispielsweise Rathenau persönlich als Staatskommissar die besonders wichtige Kriegsmetall AG, was bekanntermaßen der AEG riesige Profitchancen eröffnete.[126]

Die ersten Pläne für eine Kriegschemikalien AG hatte Moellendorff bereits am 27. 8. lanciert, als die KRA an die Sprengstoffindustrie appellierte, zusammen mit der Großchemie eine Gesellschaft zu gründen, welche die Maßnahmen der KRA für Salpeter, Schwefelkies und andere Sprengstoffbestandteile kaufmännisch ausführen sollte. Das Echo war anfangs eher negativ, es kam zu Protesten insbesondere gegen die Verteilungskommission. Die Kriegschemikalien AG konstituierte sich am 28. 9. 1914, ihre Aktien wurden von insgesamt 26 Firmen der Explosivstoff- und Chemieindustrie gehalten. Der Dreibund Bayer, BASF und Agfa verfügte über 16,67 %, der Dreiverband Cassella, Kalle und Farbwerke vorm. Meister, Lucius & Brüning über 15 %; hinzu kamen die Außenseiter WeilerterMeer und Griesheim-Elektron mit zusammen 5 %. Den größten Anteil mit 43,33 % erhielt die im Generalkartell zusammengeschlossene Sprengstoffindustrie, dessen Sprecher Aufschläger, Generaldirektor der Dynamit Nobel AG, auch den Aufsichtsratsvorsitzenden stellte. Damit reflektierte die Binnenstruktur der Kriegschemikalien AG das Kräfteverhältnis zwischen Chemie- und Sprengstoffindustrie zu Beginn des Krieges. Moellendorff machte im Aufsichtsrat jedoch von Anfang an «starke Sonderinteressen der Gruppen (Sprengstoffe, Farben, Kunstdünger) und wenig Willigkeit zu gemeinsamer Selbstverwaltung» aus. Entscheidend war der grundsätzliche Beschluß, synthetischen Salpeter auf dem Wege der Ammoniakoxidation herzustellen.[127] Daß dies dem BASF-Verfahren den Weg ebnete und die Badische damit indirekt auch ihre Ammoniaksynthese auf dem Markt etablieren sollte, war nicht zuletzt Habers Einsatz zu verdanken.

Die neuartige wechselseitige Durchdringung von Staat, Großindustrie und auch Wissenschaft bei der Organisation der Kriegswirtschaft fand ihren vielleicht offensichtlichsten institutionalisierten Ausdruck in den zahlreichen Kriegskommissionen und -ausschüssen, in denen sich die beteiligten Akteure auf die jeweilige Bedarfslage abstimmten. Eine systematische geschichtswissenschaftliche Bearbeitung jener Kommissionen steht nicht zuletzt aufgrund der fragmentarischen Quellenlage bis heute aus, was um so bedauerlicher ist, als sich gerade hier die herausragende Rolle von Haber und besonders Emil Fischer als kommunikativen Schnittstellen nachvollziehen ließe. Von ausschlaggebender Bedeutung war zweifellos Fischer[128], und es fällt auf, daß Haber bzw. die BASF ihn immer wieder in kritischen Situationen der Verhandlungen als Vermittler einschalteten. Fischer war, um einige Beispiele herauszugreifen, Vorsitzender der wichtigen Kommission zur Beschaffung von Kokereiprodukten (seit Februar 1915), die sich um die Versorgung mit Benzol, Toluol, Schwerölen, Naphthalin usw. kümmerte; es gelang Fischer, von Hugo Stinnes bis Hans Bunte «so ziemlich alle Männer zu vereinigen, die auf dem Gebiet der Kohlenförderung, der Kokerei und der Gaserzeugung Erfahrung hatten». Unter Fischers Vorsitz standen ferner die Gips- und Kieseritkommission (seit August 1915), die Kommission zur Sicherung des Glycerinbedarfs (seit März 1916), der Kriegsausschuß für pflanzliche und tierische Öle und Fette, der Nährstoffausschuß (seit Januar 1917) und der Kriegsausschuß für Ersatzfutter. Zusammen mit Eberhard Ramm vom preußischen Landwirtschaftsministerium rief Fischer Ende November 1914 die Kommission zur Vorbereitung der Verträge zwecks Steigerung der Stickstoffproduktion ins Leben, auf die noch einzugehen sein wird.[129]

Die Clearing-Stelle zwischen Staat/Militär, Großchemie und Wissenschaft, in der das Salpeterproblem verhandelt wurde, war die im Zuge der Gründung der Kriegschemikalien AG gebildete Salpeterkommission, die ebenfalls unter Fischers Vorsitz stand. Vertreten waren neben der Kriegschemikalien AG und den verschiedenen Abteilungen des Kriegsministeriums die Vorstände der Chemieunternehmen, von seiten der Wissenschaft nicht zuletzt Fritz Haber in seiner Eigenschaft als chemisch-technischer Berater des Ministeriums. Er war ebenfalls Mitglied etlicher Kommissionen und Ausschüsse, reichte aber nicht an die weitgespannten Aktivitäten

Fischers auf den verschiedensten Feldern der Roh- und Ersatzstoffwirtschaft heran. Andererseits saß er in genau den Ausschüssen, die für die BASF in den Anfangsmonaten des Krieges entscheidend waren, neben der Salpeterkommission auch in der Kommission zur Vorbereitung der Verträge zwecks Steigerung der Stickstoffproduktion.[130]

Insgesamt setzte das Rathenausche Konstrukt der Kriegsrohstoffgesellschaften eine bereits bestehende industrielle Verflechtung in Konzernen, Kartellen und Syndikaten voraus; existierende Monopole wie etwa das Rheinisch-Westfälische Kohlensyndikat brauchten nur noch staatlich autorisiert zu werden.[131] Die Geschäftsinteressen der BASF innerhalb der Kriegschemikalien AG beförderten das steigende Gewicht der Chemiekartelle bzw. genauer: zunächst des Duisbergschen Dreibunds, in dem die Kokerei- und Sprengstoffindustrien einen potenten Gegenspieler fanden. Es erhöhte sich noch mit der Vereinigung von Dreibund, Dreiverband, Griesheim-Elektron und Weiler-terMeer zur «Interessengemeinschaft der deutschen Teerfarbenfabriken» im August 1916, auch wenn diese, bei rechtlich selbständigen Unternehmen, nur das Farbstoffgeschäft umfaßte und lukrative Sondergebiete wie z. B. die Ammoniaksynthese der BASF nicht einbezog.[132]

2.2. Fritz Haber und der Geniestreich der BASF

Haber, der an der Massenproduktion des nach seinem Verfahren hergestellten Ammoniak grundsätzlich interessiert sein mußte, erhielt er doch 1,5 Pfennig pro Kilo gutgeschrieben, stand mit der BASF-Direktion schon vor Ausbruch des Krieges in regem Briefverkehr, in dem er der Firma wertvolle vertrauliche Informationen wirtschaftlich-technischer Art zukommen ließ. So hatte er die Aufmerksamkeit der Unternehmensleitung schon im Dezember 1913 auf die enormen Verdienstmöglichkeiten gelenkt, die sich aus der großtechnischen Umwandlung von Ammoniak in Salpeter nach dem gerade entwickelten BASF-Verfahren ergeben würden. Haber teilte nach einem Gespräch mit Vertretern der Deutschen Landwirtschafts-Gesellschaft mit, nach seinem Eindruck glaube diese, «Salpeter in jedem Umfange unterbringen zu können, während sie sich dessen für das Ammoniak nicht getraut.»[133]

Mit dem Aufbau der Kriegswirtschaft gewann die BASF durch ihren nun im staatlich-militärischen Auftrag beratenden Korrespondenzpartner einen unschätzbaren Informationsvorsprung. Noch im August 1914 trat sie in der Salpetersäurefrage mit verschiedenen Abteilungen des Kriegsministeriums, nämlich der Fabrikenabteilung und der Feldzeugmeisterei, in regen Briefwechsel.[134] Dabei muß Haber dem Unternehmen bereits am 21.8. angetragen haben, in absehbarer Zeit und in größeren Mengen Salpetersäure aus Ammoniak herzustellen, was die BASF jedoch noch am selben Tag in einer Depesche absagte und die «Unmöglichkeit» tags darauf in einem Brief an das Kriegsministerium bestätigte. Daraus entwickelte sich ein direkter, nicht erhaltener Schriftwechsel zwischen BASF, Haber und dem Kriegsministerium, den Haber mit einem Schreiben vom 23. 8. an die BASF und der Übersendung von vertraulichen Protokollen einer Sitzung im Landwirtschaftsministerium einleitete, an der er, wie die BASF-Direktion wohlgefällig vermerkte, «als Vertreter unserer Fabrik» teilgenommen hatte.[135] Ab 22. 8. schaltete sich auch Rathenaus KRA mit ihrer Spezialenquete in die Verhandlungen ein. Dem Schriftwechsel folgten nach der Marne-Schlacht diverse Unterredungen im Berliner Kriegsministerium, deren Datum, genauer Inhalt und Verlauf sich nur indirekt aus einigen wenigen, fragmentarisch erhaltenen Quellen erschließen lassen. Keinen schriftlichen Niederschlag gefunden haben ferner Habers offensichtlich intensive Bemühungen, Carl Bosch zu einer Meinungsänderung zu bewegen, wofür er auch Emil Fischer gewann.

Ob sich bei den Berliner Besprechungen, wie der Biograph Carl Boschs schildert, die führenden Militärs tatsächlich immer noch durch eine wahrhaft entwaffnende Ahnungslosigkeit über die Bedeutung des Salpeters für die Munitionsherstellung ausgezeichnet haben, oder ob diese Behauptung nicht eher der Überhöhung der Leistung Boschs dient, sei dahingestellt.[136] Auch Duisberg akzentuierte in seinen Erinnerungen pathetisch die überragende Rolle seines Berufsstandes, als er schrieb, daß, als «wir ganz am Schluß» waren, «wir, die deutschen Chemiker, eingegriffen» und in Person von Haber und Bosch den «Wettlauf mit der furchtbaren Maschinerie des Krieges» in der Erzeugung synthetischen Salpeters gewonnen hätten.[137] Fest steht, daß Bosch vermutlich nach einer Konferenz am 17. 9., an der staatlicherseits die KRA, die Fabrikenabteilung und die Feldzeugmeisterei, von seiten der Industrie die führenden Vertreter der Großchemie, der Düngerfabriken und der Sprengstoffhersteller teilnahmen, Alwin Mittasch die alles entscheidende Frage stellte, ob er aufgrund der Laboratoriumserfahrungen eine baldige großtechnische Salpetersäurefabrikation nach dem BASF-Verfahren für möglich halte. Das Datum liegt nahe, da auf dieser Konferenz die Salpeterknappheit eingestanden und ein umfassendes Programm zur künstlichen Herstellung im Inland beschlossen worden war. Als Mittasch bejahte, gab Bosch der Obersten Heeresleitung in Berlin sein berühmtes «Salpeterversprechen», mit größter Wahrscheinlichkeit am 28. September während oder im unmittelbaren Zusammenhang mit der Konstituierung der Kriegschemikalien AG. Haber und Moellendorff waren dabei zugegen.[138]

Carl Bosch, der, wie ein wenig später verfaßter Brief an Emil Fischer belegt, ernsthaft auch die Errichtung von Anlagen nach dem elektrischen Luftoxidationsverfahren erwogen hatte[139], führte die Vorteile des großtechnisch noch gar nicht erprobten BASF-Verfahrens, für das nicht einmal die erforderlichen Apparaturen vorhanden waren, ins Feld: Der verwendete billige Katalysator erlaube eine zweckmäßige Form der Oxidationsöfen, so daß mit den verhältnismäßig geringen Kosten von fünf Millionen Mark in sechs Monaten eine hochleistungsfähige Anlage errichtet werden könne, die monatlich 5000 Tonnen Natronsalpeter liefere. Emil Fischer empfahl folglich in seinem Gutachten, mit der Zeche Lothringen, der BASF, der Paulingschen Gesellschaft und auch den Farbwerken in Höchst, die eine technisch ausgereifte Methode besäßen[140], in Verhandlungen zu treten. Er vermerkte jedoch, daß alle Verfahren im Frieden kaum wirtschaftlich lohnten und der größere Teil des angelegten Kapitals dann unweigerlich verloren sei; allerdings komme es jetzt weniger auf den Preis als auf die Zeit an, innerhalb derer die Anlagen errichtet werden und die Produktion aufnehmen könnten. Der größte Unsicherheitsfaktor war dabei objektiv die BASF, was Fischer überspielte, indem er einwarf, er kenne die Chemiker des Unternehmens «als sehr vertrauenswürdige Männer».[141] Er riet dem Kriegsministerium von Anfang an dringend, Boschs Offerte so bald als möglich anzunehmen.[142]

Rathenaus Ziel war klar umrissen:

«Am gefährlichsten war die Lage des Salpeters, der die Basis unserer gesamten Sprengstoffe bildet und der ohne Eingreifen rettungslos in der ersten Hälfte des nächsten Jahres zu Ende gegangen wäre. Ich habe den Bau großer Salpeterfabriken in die Wege geleitet, die von der Privatindustrie mit Staatssubventionen errichtet werden sollen, und die auf Grund der neueren technischen Entwicklung uns schon in wenigen Monaten gänzlich von der Salpeterzufuhr unabhängig machen.»[143]

Bereits kurz nach Boschs Salpeterversprechen wurde der BASF mündlich der Auftrag erteilt, in sechs bis sieben Monaten eine Anlage zur Erzeugung von monatlich 5000 Tonnen Natronsalpeter zu errichten. Die Höchster Farbwerke standen mit ihrem Angebot für 4000, die Zeche Lothringen für 5000 Tonnen im Wort, so daß Emil Fischer die Produktion der Paulingschen Gesellschaft nur noch als Reserve empfahl.[144]

In den sich unmittelbar anschließenden Vertragsverhandlungen spielte Haber für die BASF eine eminent wichtige Rolle. Er konferierte mit Moellendorff, bei dem die Gebote der interessierten Firmen über ihre Salpeterprojekte zusammenliefen.[145] Haber unterrichtete nun die BASF detailliert über alle relevanten Sitzungen im Kriegs- und Landwirtschaftsministerium, über die Zusagen und Gebote der anderen Firmen und die voraussichtliche Reaktion des Kriegsministeriums, um die BASF-Direktion gegenüber dem Staat in eine günstige Verhandlungsposition zu bringen: «Die Höchster haben ihr Projekt eingereicht [...] Was Höchst kann, haben Sie auch immer gekonnt.»[146] Darüber hinaus vertrat er selbst eben diesen Staat als Beauftragter der KRA bei den anschließenden Vertragsverhandlungen mit allen interessierten Unternehmen[147], was ihm einiges diplomatisches Geschick abverlangte, da sich die Firmen mit Argusaugen beobachteten. Immer wieder appellierte er daher an die Direktionen, die «gemeinsame Grosstat unserer chemischen Industrie» nicht durch «Hader und zwiespältige Gesinnung» zu gefährden.[148] Derartige Appelle galten aber eher den anderen; die BASF jedenfalls war ihren Konkurrenten durch Habers Engagement weit voraus.

Haber vereinbarte am 24. 10. in Ludwigshafen einen ersten Vertragsentwurf.[149] Der endgültige Text war im wesentlichen bis Mitte November formuliert, doch zog sich die Unterzeichnung dann bis Mitte Januar 1915 hin, da der ständig steigende militärische Bedarf gleich eine Erweiterung der geplanten Anlage erforderte. Mit den Baumaßnahmen war ohnehin, auch ohne unterzeichneten Kontrakt, schon begonnen worden, um keine Zeit zu verlieren. In den für die Dauer des Krieges geltenden Verträgen gewährte die Heeresverwaltung der BASF in Anbetracht der als sicher geltenden mangelnden Rentabilität der Salpeteranlagen in Friedenszeiten einen verlorenen Zuschuß in Höhe von vier bzw. später sechs Millionen Mark für die Erstellung der Bauten und Einrichtungen. Er sollte nur dann vollständig oder anteilig zurückgezahlt werden, wenn das Unternehmen auch noch sechs Monate nach Kriegsende Salpeter produziere. Die BASF verpflichtete sich dafür, eine Anlage zur Erzeugung von monatlich 5000 Tonnen Natronsalpeter «mit der grössten Beschleunigung» zu errichten und die Produktion, dies aber ohne Gewähr, bis spätestens 1. 5. 1915 (7500 Tonnen ab 1. 8. 1915) in vollem Umfang aufzunehmen. Der Salpeter, der mit dem Augenblick seiner Herstellung Eigentum des Fiskus wurde, sollte diesem zum noch unbestimmten Selbstkostenpreis überlassen werden, «unter Verzicht auf Gewinn», wie die Firma stets hervorhob. Er wurde auf 320 bis 330 Mark pro Tonne geschätzt und lag damit weit über dem Preis natürlichen Salpeters. Zwar war die BASF vertraglich verpflichtet, bei ihren Berechnungen den jeweils niedrigsten Satz nach dem normalen Geschäftsgebrauch zugrunde zu legen, doch war die für die Firma interessante Einbruchstelle der fixierte Preis des für die Salpeterbereitung erforderlichen reinen Ammoniaks nach Haber-Bosch in Höhe von 1,10 Mark pro Kilo. Die wirklichen Herstellungskosten wünschte die Badische nämlich geheimzuhalten.[150] Ihre massive Senkung war jedoch durch die zu erwartende Massenproduktion von Ammoniak bei gesicherter und bis auf weiteres noch steigender Abnahme absehbar. Die erforderliche Erweiterung der Ammoniakfertigungsanlagen versprach einen für den Frieden äußerst lukrativen, mit staatlicher Hilfe sprunghaft gestiegenen Marktanteil der bislang noch bescheidenen Oppauer Produktion.

Gesprächsgegenstand zwischen dem gleichzeitigen Unternehmensberater und KRA-Vertreter Haber und der BASF waren aber nicht nur die finanziellen Seiten des Geschäfts, sondern auch weitere, für die rechtzeitige Fertigstellung der Salpeterfabrik erforderliche Vergünstigungen, die dem gesamten Unternehmen wie auch seinen Zulieferern zugute kamen. Dazu zählten die administrative und finanzielle Unterstützung des Kriegsministeriums für die nun fällige Vergrößerung der Ammoniakfabrik, aber auch die uk-Stellung bzw. Rückberufung der benötigten Ingenieure und Facharbeiter. Bei Offizieren erbat Haber eine Namensliste, um sie «direkt durch die höchste Stelle», d. h. durch Immediateingabe beim Kaiser, freizubekommen. Der einzige Punkt, der nicht zur Zufriedenheit der BASF geregelt werden konnte, war die Frage einer staatlichen Kostenerstattung im Falle der Beschädigung oder Zerstörung der Ammoniakfabrik durch feindliche Luftangriffe.[151]

Mit den Entwürfen für die Salpeterfabrik der BASF wurde noch am 1. 10. 1914 begonnen, am 24. desselben Monats erfolgte der erste Spatenstich für die sog. Kriegsanlage ganz in der Nähe der Ammoniakfabrik Oppau. Bereits Anfang Februar 1915 wurde das erste Fertigungssystem mit einer Verarbeitungskapazität von vier Tonnen Stickstoff pro Tag angefahren; im Mai startete die Großfabrikation mit einer Erzeugung von 150 Tagestonnen Salpetersäure in Form von Natronsalpeter, «Weißsalz» genannt. 1916 wurde in Oppau eine weitere Daueranlage zur Ammoniakverbrennung errichtet, die im Juni des nächsten Jahres in Betrieb ging. Die Salpeteranlage, die schließlich aus drei Reihen mit je einem Kühlturm, vier Türmen für die wäßrigsaure und zwei Türmen für die alkalische Absorption der Stickoxide bestand, wurde zum Wahrzeichen des BASF-Werkes Oppau. Das die Fabrikation gefährdende Korrosionsproblem wurde schließlich dadurch gelöst, daß die Türme säurefest ausgemauert, Ventile, Pumpen, Rohrleitungen usw. aus dem von der Firma Krupp neuentwikkelten rost- und säurebeständigen V2A-Stahl gefertigt wurden.[152]

Während der Vertragsverhandlungen mit dem Kriegsministerium stand die Badische mit den beiden anderen Dreibund-Firmen, den Farbenfabriken in Leverkusen und der Agfa in Berlin, in engem Kontakt, da diese ebenfalls in die Salpeterfabrikation einsteigen wollten. Zunächst sah Haber Schwierigkeiten, «weil Duisberg kein Verfahren hat», so daß er der Badischen gleich Anfang November die «ungeheure Zumutung» vorschlug, die Oppauer Salpeteranlage ein zweites Mal auf dem Gelände ihrer Kohlenzeche Auguste Victoria zu errichten. Es gelang Haber, Emil Fischer einzuschalten, der unter Hinweis auf das Angebot der Zeche Lothringen und die dahinterstehende Kokereiindustrie hervorhob, wie sehr man sich «im hiesigen Chemikerkreise» über einen positiven Entschluß der BASF freuen würde.[153] Kurz darauf entschied man, auch in Leverkusen Salpeter nach dem BASF-Verfahren zu erzeugen. Haber übersandte Mitte November Duisberg denselben Vertragstext wie der Badischen über die Errichtung einer Salpeteranlange bis zum 1. 5. 1915 mit einer monatlichen Erzeugung von 7500 Tonnen; die ersten Baumaßnahmen waren bereits im Gange. Die BASF lieferte die für den Bau erforderlichen Zeichnungen und

Pläne und beriet Bayer bei der Bestellung der Apparaturen. Unsicher war nur, ob die Kapazität des Oppauer Ammoniakwerks ausreichen würde, auch nach Leverkusen zu liefern; falls nicht, mußten zusätzlich kostspielige Apparaturen zur Reinigung des Kokereiammoniaks finanziert werden. Duisberg überließ es wiederum Haber, diese Frage in Übereinkunft mit der BASF verbindlich zu regeln.[154] Im Endergebnis arbeitete die Salpeteranlage in Leverkusen bis August 1915 mit Ammonsulfat, danach jedoch mit Ammoniakwasser aus der inzwischen erweiterten BASF-Produktion.[155]

Im Januar 1915 schließlich sprach Haber die Badische an, ob sie bereit wäre, der Agfa als der dritten Dreibund-Partnerin bei der Errichtung einer Salpeteranlage über monatlich 3000 Tonnen zu helfen, die bei Greppin gebaut werden sollte. Bereits Mitte des Monats erteilte die Unternehmensleitung ihre Zustimmung und lieferte der Agfa sämtliche erforderlichen Pläne und Unterlagen.[156] Mit dem Bau wurde Anfang Mai begonnen, der Vertrag dann offiziell am 5. 7. 1915 geschlossen. Die Inbetriebnahme erfolgte noch im Oktober desselben Jahres, fünf Tage, nachdem am 16. 10. ein weiterer Vertrag den Bau einer zweiten Salpeterfabrik der Agfa mit gleicher Kapazität fixiert hatte. In beiden Fällen gewährte der Fiskus einen verlorenen Zuschuß von 3 bzw. 3,3 Millionen Mark. Die Agfa verpflichtete sich, die Fabriken bis zehn Jahre nach Kriegsende zur Verfügung der Heeresverwaltung zu halten.[157] Auch die Greppiner Anlagen waren auf die Verarbeitung von reinem Ammoniak aus Ludwigshafen angewiesen, ebenso die Salpeterfabrik von Griesheim-Elektron in Bitterfeld.[158] Anfang 1916 arbeiteten insgesamt zehn Salpeteranlagen nach dem Verfahren der BASF; sie produzierten zusammen 30 400 Tonnen Salpeter monatlich.[159]

Haber blieb trotz seiner fast ausschließlichen Konzentration auf den Gaskrieg ab 1915 als Sachverständiger Mitglied der Salpeterkommission. Sie diente den beteiligten Industrien und staatlichen Instanzen als wichtige Gesprächsplattform, um Erfahrungen auszutauschen und der zahlreichen Praxisprobleme der Anlagen Herr zu werden, die vom Arbeitskräftemangel über Lieferschwierigkeiten bis zu den hochkomplexen Materialanfälligkeiten reichten. Haber spielte hier eine gewisse Rolle, als sich herausstellte, daß die Erzeugung der Fabriken zunächst hinter den Ziffern des Programms zurückblieb. Noch im August 1915 übernahm er die Aufgabe, im Namen der Kommission die Salpeteranlagen im Umkreis von Frankfurt am Main zu kontrollieren und in allen technischen Fragen zu beraten. Ferner empfahl er sich den Industriellen als Kontaktmann zu den Behörden, falls besondere Konzessionen für den Bau erforderlich oder administrative Vorschriften zu beachten seien.[160]

Der Erste Weltkrieg kann international vergleichend zu Recht als «Wasserscheide in der Entwicklung der modernen Chemieindustrie» bezeichnet werden, denn die Kriegswirtschaft beschleunigte die Durchsetzung verschiedenster innovativer Technologien.[161] Die chemische Technik hatte ihre Bedeutung für die Rüstungswirtschaft unter Beweis gestellt: Zum einen erzeugte sie die unentbehrlichen synthetischen Ersatz- und Grundstoffe; zum anderen bzw. darüber hinaus gelang der Großchemie der Einbruch in den lukrativen Sprengstoffsektor, was um so leichter geschah, als ihre bestehenden großtechnischen Anlagen ohne großen Aufwand und in kurzer Zeit umgerüstet werden konnten. Die Rolle Habers bestätigt zudem ihren Charakter als «science based industry» in einem erweiterten Wortsinn. Der zu Kriegsbeginn äußerst skeptische und deprimierte Carl Duisberg jubelte im Juli 1915 darüber, «wie es hier in Leverkusen aussieht, wie die ganze Fabrik umgekrempelt und umorganisiert ist, wie wir fast nichts mehr als Kriegslieferungen ausführen». Daß Bayer synthetischen Salpeter fertige, sei «Habers Anregung zu verdanken»; die Firma stelle zudem gegenwärtig ein Viertel sämtlicher in der Armee gebrauchter Sprengstoffe her.[162] Im Herbst 1917 war dieser Anteil Bayers auf 39 % gestiegen; als zweitgrößter Sprengstoffhersteller folgte die Chemische Fabrik Griesheim-Elektron mit 24 %. Die Werke der IG-Gruppe lieferten insgesamt 77 % aller Sprengstoffe. Die Pulverproduktion blieb dagegen die Domäne der herkömmlichen Sprengstoffindustrie; die chemische Industrie beteiligte sich hier nur an der Herstellung von Ersatzstoffen.[163]

2.3. Haber, die BASF und die staatliche Stickstoffpolitik

In der wichtigen Frage der Errichtung von Salpeterfabriken nach dem BASF-Verfahren in Oppau, Leverkusen und Greppin war Haber also das Sprachrohr der Badischen und der Verhandlungsführer des Kriegsministeriums in einer Person. In den ab Herbst 1914 einsetzenden Verhandlungen um eine Erweiterung der deutschen Ammoniakproduktion, die durchaus mit dem Auf- und Ausbau der Salpeteranlagen zusammenhing, aber zunächst vor allem der Sicherung der Düngemittelversorgung dienen sollte und daher unter der Ägide des preußischen Landwirtschaftsministeriums stand, nahm Haber eine ähnliche Doppelfunktion wahr. Wichtig bleibt festzuhalten, daß seine Funktion letztlich nicht institutionalisiert war, so daß er sie selbst richtig als «beratende[r] Verbindung» ohne «verantwortliche Stellung in der Stickstoffbeschaffung» charakterisierte.[164] Aus diesem Grund einer fehlenden formalen Institutionalisierung seiner Tätigkeit konnte Haber, der seine Beamtenpflichten stets buchstabengetreu erfüllte, seinen Mitarbeitervertrag mit der BASF in der Fassung von 1911 aufrechterhalten. Danach war er verpflichtet, dem Unternehmen auf dem Stickstoffgebiet alle Erfindungen anzubieten und Rat zu erteilen. Erst im September 1916 trat er mit Rücksicht auf seine öffentliche Tätigkeit im Einvernehmen mit der Badischen vom Vertrag zurück.[165]

Fehlende Institutionalisierung darf jedoch keinesfalls als Machtlosigkeit mißverstanden werden, im Gegenteil: Emil Fischer reflektierte dessen Einfluß mehrfach in seiner privaten Korrespondenz[166], und auch Haber war sich der Machtfülle seiner damaligen Position noch als gebrochener, todkranker Mann im August 1933 bewußt:

«... ich war einer der mächtigsten Männer in Deutschland. Ich war mehr als ein großer Heerführer, mehr als ein Industriekapitän. Ich war der Gründer von Industrien; meine Arbeit war wesentlich für die wirtschaftliche und militärische Expansion Deutschlands. Alle Türen standen mir offen.»[167]

Im Jahr 1913 betrug der Stickstoffverbrauch für Düngemittel in Deutschland rund 210 000 Tonnen, von denen gut die Hälfte, nämlich 120 000 Tonnen, im Inland erzeugt wurde.[168] Mit dem Wegfall der Chilesalpeterimporte, die als natürliche Hauptquelle an gebundenem Stickstoff die Grundlage der Düngemittelversorgung dargestellt hatten, mit dem enormen Salpeterbedarf der Heeresverwaltung und mit der wachsenden Nachfrage der Salpeterfabriken nach Ammoniak kam die Landwirtschaft schnell in eine äußerst kritische Lage. Nach Einschätzung des preußischen Landwirtschaftsministeriums stand nur ein Viertel des erforderlichen Stickstoffdüngers zur Verfügung, so daß man den Ernteausfall für die Jahre 1915 und 1916 auf mindestens ein Drittel berechnete. Bei Fortdauer des Krieges könne nur eine volle Ernte den wirtschaftlichen Zusammenbruch verhindern, zumal die Einfuhr von acht Millionen Tonnen Brotgetreide und Futtermitteln fehle, die Verproviantierung der Armee mehr Material erfordere als der Unterhalt der Mannschaften in den Kasernen und auch die Kriegsgefangenen einen beträchtlichen Mehrkonsum verursachten.[169]

Ammoniaksynthese oder Kalkstickstoff?

Für den Ausbau der inländischen Stickstofferzeugung, der in Anbetracht des Zeitdrucks und der Hintanstellung von Rentabilitätserwägungen staatlich subventioniert werden sollte, boten sich die im Zusammenhang mit der Salpeterfabrikation bereits genannten Möglichkeiten an: das Kalkstickstoffverfahren nach Frank-Caro, die Gewinnung des Kokereiammoniaks und die Ammoniaksynthese nach Haber-Bosch. Das beim Kokereiprozeß anfallende Ammoniak ließ sich nur in begrenztem Maße steigern, wenngleich Emil Fischer im Oktober 1914 darauf drängte, «dass die Kokereien in flotteren Betrieb kommen». Der scharfe Rückgang der Kohlenförderung und Eisenerzeugung bei Ausbruch des Krieges konnte nur allmählich überwunden werden. Fischer hielt es daher für unumgänglich, in Anbetracht der noch geringen Kapazität des Oppauer Ammoniakwerkes der BASF auch die inländische Kalkstickstofferzeugung massiv zu fördern. Caro hatte sich bereit erklärt, derartige Anlagen zu errichten, machte aber zur Bedingung, daß ihm die nötige elektrische Energie zur Verfügung gestellt werde. Durch die Vermittlung Fischers nahm er mit Hugo Stinnes Kontakt auf, damit die nicht genutzte Kraft seiner Rheinisch-Westfälischen Elektrizitätswerk AG dafür verwandt werden könne.[170]

Damit aber nicht genug: Caro, der realistisch die mangelnde Rentabilität seiner Betriebe erkannte, versuchte sich für die Zeit nach dem Krieg abzusichern, indem er nacheinander zwei Abwehrstrategien verfolgte: In Erwartung billiger ausländischer Kalkstickstoffimporte forderte er zunächst einen Schutzzoll von 60 Mark pro Tonne für Kalkstickstoff und Ammonsulfat, worüber Haber die BASF-Direktion alarmiert noch aus der Sitzung im Landwirtschaftsministerium heraus informierte.[171] Kurz darauf drängte Caro auf eine vertraglich vereinbarte staatliche Absatz- und Preisgarantie für 150000 Tonnen Kalkstickstoff für die Dauer von zehn bzw. später von 15 Jahren. Haber war Ökonom genug, um zu verstehen, was eine derartige Abmachung für die Ammoniakerzeugung der BASF bedeutete. Auf der Aufsichtsratssitzung der Kriegschemikalien AG am 29.10. sprach er BASF-Direktor Robert Hüttenmüller «wiederholt» darauf an und meinte, «wir dürften es doch nicht geschehen lassen, dass ein solcher Kontrakt eingegangen würde.» Hüttenmüller, der Anfang 1914 für die Badische Abmachungen mit der DAVV eingegangen war, die auf der Voraussetzung eines freien Marktes im In- und Ausland beruhten, wollte denn auch Maßnahmen erwägen, «um ein solches Geschäft nicht ohne weiteres Caro zu überlassen.»[172]

Wie bei den Verhandlungen um die Errichtung der Salpeteranlagen versorgte Haber auch in diesem Fall die BASF mit Insiderinformationen aus den Ministerien: Er ließ der Direktion die Protokolle interner Kommissionssitzungen aus dem Landwirtschaftsministerium zukommen und teilte auch sofort mit, als Caro sein Projekt verbindlich eingereicht hatte.[173] Durch ihren Informationsvorsprung gewann die Badische die Möglichkeit, bei der Regierung frühzeitig gegenzusteuern. Die Unternehmensleitung erkannte die Gefahr, daß ein regulierter Markt die Durchsetzung des Haber-Bosch-Ammoniaks hemmen würde, von dessen technischer Überlegenheit sie überzeugt war. Mit derartigen Verträgen, hieß es im Entwurf einer Eingabe, sei «den wahren Interessen der Landwirtschaft» nicht gedient, der nicht daran gelegen sein könnte, ein mangelhaftes und noch dazu teures Produkt wie den Kalkstickstoff dauerhaft staatlich zu subventionieren, wenn ihr gleichzeitig mit dem Ammoniak der BASF ein überlegenes Produkt zur Verfügung stehe.[174]

In dieser Situation ging die Badische im Verein mit Haber zur Gegenoffensive über, indem sie das dem Angebot Caros positiv gegenüberstehende Landwirtschaftsministerium gegen die Heeresverwaltung ausspielte, die zur selben Zeit mit der Großchemie über Haber die Verträge zum Bau großer Salpeterfabriken aushandelte. Die Badische akzeptierte für das eigene Unternehmen grundsätzlich nur ihr in Oppau hergestelltes Ammoniak und versuchte, dies auch für die anderen Salpeteranlagen, die nach dem BASF-Verfahren produzierten, durchzusetzen. Geschickt lancierte sie im Kriegsministerium über Haber einen für sie günstigen Ausweg aus der mißlichen Situation, zwar Salpeterfabriken mit großen Kapazitäten errichten, aber die Ammoniakversorgung nicht gewährleisten zu können. Die Oppauer Anlage sollte laut Plan der Unternehmensleitung so erweitert werden, daß sie von Mai 1915 an monatlich 1000, ab Mitte August desselben Jahres 3000 Tonnen Ammoniak liefern konnte. Eine zu wünschende Verdoppelung der Gesamtleistung auf 6000 Tonnen bis Ende 1915 hielt man für zwar ausführbar, aber, so teilte man Haber mit:

«Wir finden nun aber leider, dass unsere pekuniären Mittel, die schon durch die Erweiterung auf 3000 Tonnen sehr in Anspruch genommen werden und mit denen wir angesichts der ausserordentlichen Anforderungen, die der Krieg an unsere Opferwilligkeit stellt, sehr haushälterisch umgehen müssen, für die Erbauung dieser letzten Erweiterung unserer Oppauer Fabrik, die 35 bis 40 Millionen Mark kosten wird, bei weitem nicht ausreichen. [...] Wir müssen also von diesem Projekt vorläufig, d. h. während des Krieges, absehen, es sei denn, dass uns der Staat die erforderliche Summe von etwa 40 Millionen Mark als verzinsliches, in nicht ferner Zeit nach Friedensschluss zurückzahlbares Darlehen zur Verfügung stellen würde.»[175]

Das Ziel der BASF war explizit, Caros Projekt staatlicher Abnahmegarantien zu festen Preisen «zu Fall zu bringen», zumal dieser Ende November 1914 sein Angebot auf eine Produktion von 250000 Tonnen Kalkstickstoff jährlich erhöht hatte und mit einer Bauzeit von nur wenigen Monaten lockte. Eine Abnahmegarantie für eine Produktion dieses Ausmaßes implizierte die drohende Gefahr, auch den Verkauf von Stickstoffprodukten zu monopolisieren. Die BASF erbat zur geplanten ersten Erweiterung ihres Ammoniakwerks in Oppau die finanzielle Beteiligung der Agfa und der Leverkusener Farbenfabriken und machte damit die ganze Angelegenheit geschickt zur Dreibund-Sache. Es solle vom Staat «anerkannt» werden, «dass wir in erster Linie heranzuziehen sind, wenn es sich um eine neue Stickstoff-Produktion handelt.» Die Frontstellung des Dreibunds richtete sich vordergründig gegen die Kalkstickstoffindustrie, doch war man sich bewußt, einen mächtigen Gegner anzugreifen: Hinter Caro standen die Deutsche Bank und die Elektrizitätswirtschaft.[176]

Mit der Heeresverwaltung und ihrem Interesse an weiteren Salpeteranlagen im Rücken entfaltete die BASF im November und Dezember 1914 hektische Betriebsamkeit, um für ihr Angebot der Vergrößerung des Oppauer Ammoniakwerks weitere Bündnispartner zu gewinnen bzw. potentielle Opponenten auszuschalten.[177] Am 26. 11. übermittelte sie dem preußischen Landwirtschaftsminister einen ersten Vertragsentwurf. Das in den erweiterten Anlagen hergestellte Ammoniak sollte als Ganzes der Heeresverwaltung zur Verfügung stehen und nur für den Fall, daß diese ausdrücklich darauf verzichtete, für landwirtschaftliche Zwecke herangezogen werden. Das in Raten abrufbare staatliche Darlehen über 35 Millionen Mark, verzinsbar mit 5 %, sei frühestens zwei Jahre, spätestens zehn Jahre nach Friedensschluß zurückzuzahlen. Dabei verknüpfe die BASF, so der abschließende Passus des Entwurfs, mit ihrem Vorschlag die Zuversicht, daß die Staatsregierung die Notwendigkeit des freien Wettbewerbs auf dem Stickstoffmarkt anerkenne und keine Abnahmeverpflichtungen mit inländischen Erzeugern eingehe.[178] Bei den anschließenden Vertragsverhandlungen wußte sie ihre Angelegenheit in guten Händen, denn der am 28. 11. eingesetzten siebenköpfigen «Kommission zur Vorbereitung der Verträge zwecks Steigerung der Stickstoffproduktion» unter Eberhard Ramm vom preußischen Landwirtschaftsministerium gehörten neben fünf Vertretern aus den Ministerien (preußisches Landwirtschafts- und Finanzministerium, Reichsschatzamt) zwei beratende Wissenschaftler an: Emil Fischer und Fritz Haber. Haber informierte die BASF umgehend von diesem glücklichen Umstand und signalisierte zugleich den «sehr erheblichen Widerstand» einiger Kommissionsmitglieder gegen langfristige staatliche Abnahmeverpflichtungen.[179]

Die Badische fand in den beiden Chemikern Fischer und Haber überzeugte Vertreter ihrer Sichtweise. Haber persönlich erläuterte der Kommission auf ihrer ersten Sitzung am 30. 11. den Sinn des BASF-Angebots. Zuvor wies er korrekterweise darauf hin, «daß er bei der Herstellung des synthetischen Ammoniaks finanziell interessiert sei und seine Ansichten nur soweit abgegeben wissen wolle, als diese Interessiertheit dabei nicht störend ins Gewicht falle.» Bezeichnend für den Charakter der deutschen Kriegswirtschaft war die Reaktion des Gremiums auf diese Eröffnung: Man nahm laut Protokoll davon «Notiz», erklärte dann aber lapidar, man halte Habers Mitwirkung «seiner anerkannten Sachkenntnis wegen für unentbehrlich». Er wurde gleich darauf beauftragt, den Vertragsentwurf mit der BASF so umzuarbeiten, daß alle die Heeresverwaltung betreffenden Punkte ausgelassen würden.[180] Mit ihr sollte ein eigener Vertrag geschlossen werden. Die zunächst ausgeklammerte Frage einer langfristigen staatlichen Absatzgarantie von Kalkstickstoff scheiterte kurz darauf am entschiedenen Widerstand der beiden Finanzverwaltungen, die aufgrund der Kriegskredite rechtlich zwar zur Leistung von Ausgaben für Kriegszwecke, nicht aber zur Übernahme von Garantien befugt waren. Der preußische Finanzrat Hans Meydenbauer erklärte eine derartige Verpflichtung für «undiskutierbar» und zwang Ramm dazu, mit der Deutschen Bank (!) darüber zu verhandeln, diese Forderung aufzugeben. Meydenbauer machte weiter den Kredit an die BASF ausdrücklich von staatlichen Mitwirkungsrechten bei der Preisgestaltung abhängig.[181]

Es erübrigt sich, die weiteren Verhandlungen detailliert darzustellen, die

Emil Fischer im oben festgelegten Sinn mit der BASF führte; sie drehten sich im wesentlichen um die einzusetzenden Höchst- und Mindestpreise, wobei Ramm sich gegenüber dem Anliegen der Badischen auffällig reserviert verhielt. Die Badische stand mit Haber die ganze Zeit über in enger Fühlung und zog ihn auch hinzu, als es am 5.12. darum ging, die konkreten Bedingungen für die Gewährung des staatlichen Darlehens zu formulieren. Statt des Schlußpassus des BASF-Entwurfs, der eine staatliche Abnahmeverpflichtung mit einem anderen Stickstoffproduzenten explizit verbot, wurde außerhalb des Protokolls zugesichert, «dass die mündlich abgegebene Erklärung der Regierung aber ebenso binde und von derselben ebenso gehalten werde, als wenn sie in dem Vertrag selbst niedergelegt sei.»[182] Am 18. 12. 1914 schloß das Unternehmen den Vertrag mit dem Landwirtschaftsministerium über den Ausbau der Oppauer Ammoniakanlage auf 37 500 Tonnen Ammoniak (entsprechend 150 000 Tonnen Ammonsulfatdünger) pro Jahr ab. Zur Sicherheit für das staatliche Darlehen über 35 Millionen Mark, das zu den oben benannten Konditionen gewährt wurde, verbürgten sich die beiden Dreibund-Partner Agfa und Farbenfabriken Leverkusen, so daß das ganze Projekt Angelegenheit der Interessengemeinschaft blieb. Für die Kriegszeit wurde ein Höchstpreis von 1,25 Mark für das Kilo Stickstoff vereinbart, sofern nicht die Heeresverwaltung mit der DAVV in Bochum einen höheren Lieferpreis festsetzte. Haber führte zur gleichen Zeit die Vertragsverhandlungen mit den Kalkstickstoffwerken in Knapsack, während Ramm mit Caros Kalkstickstoffwerken in Trostberg in Verbindung trat.[183]

Die Badische war sich des Vorteils bewußt, in dem rührigen Haber eine Vertrauensperson auf der Ebene der Ministerien zu besitzen, da man dem Landwirtschaftsressort mißtraute und nicht sicher war, ob es nicht hinter dem Rücken des Finanzministeriums staatliche Verpflichtungen mit Caro einging. Habers Rolle bestand nun erneut darin, die BASF-Direktion vertraulich über das weitere Verhalten der Konkurrenten, ihre Angebote und Verhandlungsstrategien zu informieren. Für die unternehmerischen Ziele der BASF ungefährlich waren die Kalkstickstoffwerke in Knapsack bei Köln, die eine weitere Anlage in Groß-Kayna bei Halle besaßen. Sie waren dem Dreiverband der Großchemie um Cassella, Kalle und den Farbwerken Hoechst assoziiert.[184] Haber handelte mit ihnen einen Vertrag über die Erweiterung der Anlagen auf eine Kapazität von 75 000 Tonnen Kalkstickstoff aus, der im wesentlichen auf denselben Bedingungen wie Fischers Kontrakt mit der BASF beruhte.

Parallel zu diesen Verhandlungen unter der Federführung des Landwirtschaftsministeriums liefen ebenfalls unter Habers Regie die zuvor ausgekoppelten Vereinbarungen über Ammoniaklieferungen an die Heeresverwaltung, die zunächst für Knapsack wie für die BASF verlorene Reichszuschüsse in Höhe von zwei bzw. einer Million Mark vorsahen. Die

Badische schlug jedoch im Januar 1915 einen für sie vorteilhafteren Weg ein, indem sie über Haber im Kriegsministerium signalisierte, sie ziehe statt dessen für jedes Kilo Ammoniak, das sie der Heeresverwaltung noch vor dem vorgesehenen Fertigstellungstermin der erweiterten Anlage liefern könne, eine Prämie von 20 Pfennig vor. Eine Prämie von 10 Pfennig sollte für den Fall gewährt werden, daß die beiden Salpeterfabriken ebenfalls vor dem vertraglichen Termin mit der Produktion beginnen könnten. Haber, der zu dieser Zeit bereits nicht mehr für Rathenau tätig war, erreichte es trotzdem, daß die KRA dem BASF-Vorstoß Rechnung trug; nur für die Salpeteranlagen scheiterte er, da der bereits abgeschlossene Vertrag eine Verpflichtung der Firma zur größtmöglichen Beschleunigung der Baumaßnahmen ohne weitere Gegenleistungen enthielt.[185]

Noch im Januar 1915 erwies es sich allerdings als ein strategischer Fehler Habers, daß er in der Kommission die Verhandlungen mit Knapsack übernommen und die Besprechungen mit Caros Stickstoffwerken dem Landwirtschaftsministerium überlassen hatte. Da im Falle eines Überangebots von Stickstoff nach Friedensschluß «der Staat gegen Konkurrenz gegebenenfalls Machtmittel anwenden könne», beharrte Caro auf der staatlichen Abnahmegarantie. Ramm hielt diese für «völlig unbedenklich», zumal der Salpeterbedarf der Heeresverwaltung erneut gestiegen war und bei Scheitern der Verträge die Landwirtschaft leer auszugehen drohte. Hinzu kam, daß der offerierte Preis für aus Kalkstickstoff gewonnenes Ammoniak günstiger war als der Mindestpreis der BASF.[186] Am 20. 1. telegraphierte Ramm der BASF lapidar, er werde in Kürze mit «einem Konsortium» einen Vertrag über 300 000 Tonnen Kalkstickstoff pro Jahr abschließen. Die Lieferung werde von der Bezugsvereinigung deutscher Landwirte zu einem Preis von 80 (bis 31. 3. 1931) bzw. 70 Pfennig (bis 1941) pro Kilo abgenommen, wobei der Staat die Erfüllung der von der Bezugsvereinigung eingegangenen Verpflichtungen garantiere.[187] Damit standen BASF und Dreibund wieder am Anfang – Caro bzw. die hinter ihm stehende Deutsche Bank hatten vorerst den längeren Arm. Deren Vorstandsvorsitzender Arthur Gwinner war um die Jahreswende eingeschaltet worden, um die Regierung bei der Finanzierung der neuen Stickstoffwerke zu beraten. Er drängte nachhaltig auf eine staatliche Abnahmegarantie für die gesamte Produktion. Mit Hilfe seines Freundes, des Chefs des Marinekabinetts Admiral von Müller, konnte er sich durchsetzen. Die staatliche Abnahmegarantie war allerdings nur Gwinners Zweitpräferenz. Am liebsten wäre ihm die Übernahme der Bayerischen Stickstoffwerke durch das Reich gewesen.[188]

Die befürchtete langfristige staatliche Abnahme- und Preisgarantie für das Konkurrenzprodukt Kalkstickstoff und darüber hinaus die Gefahr eines staatlichen Stickstoffhandelsmonopols schienen unumstößliche Realität. Tatsächlich ging es von seiten des Staates nicht nur darum, für die

Dauer des Krieges Ernährung und Munitionsversorgung sicherzustellen, sondern vor allem danach die deutsche Volkswirtschaft in der zentralen Stickstofffrage völlig unabhängig zu machen: Für kommende kriegerische Verwicklungen sollte in Fragen der Landesverteidigung und Volksernährung «absolute Sicherheit» gewährleistet werden.[189] Moellendorff, der das Problem des zivilen Stickstoffbedarfs zunächst nur am Rande mitverfolgte, beurteilte die Politik der Badischen in jenen Monaten im Rückblick daher sehr kritisch: Seines Erachtens verharrte sie mit ihren zögerlichen Ausbauzusagen und ihrem Pochen auf den freien Markt «auf einem äusserst starren privatwirtschaftlichen Standpunkt», was den nichtmilitärischen Fiskus, der natürlich für keine Verfahrensart die technische Sicherheit und ökonomische Rentabilität übersah, in die Arme der Kalkstickstoffindustrie getrieben habe:

«Alles mündete in einer Vertrauensfrage, und ich kann nicht behaupten, dass die Badische Anilin- und Sodafabrik sich bemühte, Vertrauensbrücken zu schlagen, wenn ich auch nicht verhehle, dass mir das psychologische Verständnis für eine Beamtenschaft, die den Bosch nicht findet und den Caro sucht, einfach fehlt ...»[190]

Die erste Reaktion der völlig überraschten BASF war bezeichnend. Sie protestierte sofort bei Ramm und forderte ihn auf, von dem Übereinkommen abzusehen. Gleichzeitig telegraphierte sie in diesem Sinne dem preußischen Finanzministerium und Haber. Dieser nahm noch am selben Tag an einer Besprechung im Landwirtschaftsministerium teil, wo auf die BASF ultimativer Druck ausgeübt wurde: Innerhalb von zwei Stunden erbat der Minister die Zusage, ob die Badische in der Lage sei, ihre Produktion 1915 um nochmals 100–150 000 Tonnen Ammonsulfat zu steigern. Andernfalls werde – und hier deutete sich ein neues Konzept an – eine staatliche Stickstoffgesellschaft mit der Deutschen Bank gebildet. Die BASF igelte sich ein und instruierte Haber sofort, dem Landwirtschaftsminister abzusagen, zumal sie «nicht ins Blaue hinein ein so ungeheueres Risiko übernehmen» könne.[191]

Daß mit dieser Depesche nicht das letzte Wort gefallen war, was die BASF in eine gefährliche Isolation getrieben hätte, war erneut Haber zu verdanken. Er nahm zwei Tage später, am 22. 1., den abgerissenen Verhandlungsfaden wieder auf, diesmal als Vermittler und Vertrauensmann für beide Seiten. Am erklärten Ziel der Reichsleitung, die Produktion von gebundenem Stickstoff im Jahr 1915 um weitere 50 000 Tonnen zu steigern, ließ sich nicht rütteln. Haber überzeugte nun im Verein mit Emil Fischer die BASF-Direktion, die verlangte weitere Vergrößerung Oppaus ins Auge zu fassen und damit wieder an den Verhandlungstisch zurückzukehren. Schon am Tag darauf, am 23. 1., signalisierte die BASF notgedrungen beiden Wissenschaftlern ihre grundsätzliche Bereitschaft. Diese konkretisierten kurz darauf den gewünschten weiteren Kapazitätsausbau Oppaus auf nochmals 150000 Tonnen Ammonsulfat jährlich, während die restlichen 100000 Tonnen aus Höchst oder Knapsack übernommen werden sollten. Haber und Fischer rieten dem Unternehmen ferner, in Anbetracht der sich abzeichnenden Verlagerung der Angelegenheit auf die Reichsebene Audienzen beim stellvertretenden Reichskanzler, Innenstaatssekretär Clemens Delbrück, sowie beim Leiter des Reichsschatzamts zu erbitten und den einflußreichen Carl Engler in die Beratungen einzubeziehen.[192]

Diese Audienzen fanden am 26. 1. in Berlin statt, ohne daß die Badische «Sachdienliches» in Erfahrung bringen konnte. Allerdings konkretisierte sich nun, daß anstelle der staatlichen Abnahmegarantie für Kalkstickstoff eine Gesellschaft mit Beteiligung des Reiches gegründet werden sollte, ein Plan, der für die BASF keinesfalls günstiger war. Umgehend richtete sie unter nochmaligem Protest ihr zweites Erweiterungsangebot in der von Haber signalisierten Höhe an alle befaßten Reichsämter und preußischen Ministerien, wobei sie «selbstverständlich» voraussetzte, daß Staat und Reich weder Abnahmeverpflichtungen noch Fabrikbeteiligungen oder dergleichen eingingen, die den freien Markt einschränkten.[193]

In der Tat hatte die Erhöhung der Stickstoffproduktion Anfang 1915 eine neue Dimension gewonnen. Den BASF-Vertretern war es bei ihrer vergeblichen Audienz mit Staatssekretär Hermann Kühn bereits aufgefallen, daß sich das Reichsschatzamt schon sehr weit mit dem «Konzern» aus Deutscher Bank, Elektrizitätswirtschaft und Caros Stickstoffwerken eingelassen hatte.[194] Das Konzept des neuen Staatssekretärs Karl Helfferich, der am 1. 2. 1915 sein Amt antreten sollte (bis 22. 5. 1916), warf seine Schatten voraus.[195] Bereits im Dezember hatte Reichskanzler Bethmann Hollweg den Finanz- und Währungsspezialisten, der seit 1908 im Vorstand der Deutschen Bank saß, mit der Leitung des Reichsschatzamts beauftragt. Helfferich begriff den Krieg als einen «Kampf der Finanzen und Volkswirtschaften» und stieß sich am «stark ausgeprägte[n] Geist der Negation» der staatlichen Finanzverwaltung, die wahllos alle neuen Ausgaben blockiere. Hinzu kam, daß er gerade in der Frage der Stickstoffwirtschaft eine willkommene Chance sah, «dem Reich in diesem neuen, nationalwirtschaftlich unschätzbar wichtigen und finanziell aussichtsreichen Industriezweige eine starke Position zu schaffen.» Am 23. 1. erörterte Helfferich seine Pläne mit allen beteiligten Ressortchefs und versicherte sich auch der Zustimmung des Reichskanzlers. In Konfrontation mit der Farbenchemie verfolgte er eine doppelte Strategie.

Zunächst finanzierte jetzt das Reich die gewünschten Kapazitäten der Kalkstickstoffindustrie mit Hilfe von Reichsdarlehen. So vergrößerten die Bayerischen Stickstoffwerke ihre Fabrik in Trostberg, die ihre Leistungsfähigkeit während des Krieges von 30000 auf 80000 Tonnen Kalkstickstoff ausbaute.[196] Auf dieselbe Weise errichtete die Lonza AG aus Basel[197], deren Kapital sich überwiegend in deutschem Besitz befand, in Waldshut/Baden eine Anlage über 40000 Jahrestonnen; Auflage war die Überlassung der gesamten Produktion an das Reich. Das eigentlich Neue war die Gründung reichseigener Stickstoffwerke, die in nur neun Monaten in Piesteritz bei Wittenberg und Chorzow in Oberschlesien entstanden. Sie waren auf eine Jahresproduktion von 150000 bzw. 75000 Tonnen Kalkstickstoff ausgerichtet, was die den BASF-Kurs verfolgende Knapsack AG sofort veranlaßte, ihre weiteren Ausbaupläne zurückzustellen. Die Werke in Piesteritz und Chorzow, bei deren Standortwahl die Sicherheit vor Luftangriffen eine ausschlaggebende Rolle gespielt hatte, wurden mit Reichsmitteln finanziert, d. h., das Reich trug das Risiko des Unternehmens. Die Aufwendungen allein für die Errichtung der Werke wurden Anfang 1915 auf 42 Millionen Mark berechnet. Sie waren mit der Caro-Gruppe nicht nur insofern assoziiert, als sie den Kalkstickstoff nach dem Frank-Caro-Verfahren produzierten, sondern auch, als das Reichsschatzamt ihren Aufbau und Betrieb den Bayerischen Stickstoffwerken überließ.[198] Über einen Betriebsvertrag war das Reich am Reingewinn der Werke beteiligt; außerdem floß ihm der gesamte, über einen festgelegten Satz für das Kiloprozent Kalkstickstoff hinausgehende Bruttoerlös zu. Die Verträge über die Errichtung der Reichswerke wurden im Februar 1915 abgeschlossen. Anfang 1916 nahmen sie ihre Produktion auf und standen ab 25.4. 1916 unter der Kontrolle eines geheimen Kommissars für die Reichsstickstoffwerke (ab Juli: Reichskommissar für Kalkstickstoff), zu dem Moellendorff ernannt wurde. Inwieweit Helfferichs Entscheidung, von der er sich «nur günstige Wirkungen» zur Sicherung der Stickstoffproduktion versprach, von der Interessenlage der Deutschen Bank beeinflußt war, die hinter der Caro-Gruppe stand, war bereits Gegenstand zeitgenössischer Spekulationen.

Helfferichs Konzept eines «gemischtwirtschaftlichen Betriebs» sollte bei Erhalt der unternehmerischen Freiheit dem Reich die Kontrolle des Betriebs und die Vorteile aus Preiserhöhungen sichern, die «nur infolge der monopolartigen Stellung des Unternehmens oder auf Grund von Preiskonventionen erzielbar sind». Folglich bestand der zweite Teil seiner Doppelstrategie zwingend in der Errichtung eines Handelsmonopols für Stickstoffdünger unter Beteiligung der Erzeuger und Verbraucher. Es sollte erklärtermaßen die Position des Reichs in der Stickstoffindustrie stärken und nach Kriegsende die erwartete Bedrohung der einheimischen Produktion durch billige Auslandsimporte abwehren.[199] In der Sicht der Badischen führte die Doppelstrategie des Reichsschatzamts allerdings dazu, wie sie alarmiert bemerkte, auf Kosten ihres technisch überlegenen, leistungsfähigeren und preisgünstigeren Haber-Bosch-Verfahrens «der Industrie des minderwertigen Kalkstickstoffs eine Existenz [zu] sichern.»[200] In der Tat ergaben Rentabilitätsberechnungen von Wissenschaftlern schon 1915, daß die Kalkstickstoffindustrie das Kilogramm Stickstoff für etwa 70 Pfennig, die BASF nach Haber-Bosch nur für etwa 50 Pfennig würde liefern können.[201] Die Politik der Badischen mußte nun sein, wenigstens auf die Kontingentierung des geplanten Handelsmonopols einzuwirken, am besten aber das ganze Monopol, für das eine Ermächtigung durch den Reichstag benötigt wurde, zu Fall zu bringen.

Fritz Haber meldete sich an dieser entscheidenden Weichenstellung zum letztenmal in dieser Angelegenheit beratend zu Wort, bevor er an die Westfront abreiste. Noch vor Helfferichs offiziellem Amtsantritt besprach er sich mit Engler, für den die BASF ein offenes Ohr hatte. Beide Wissenschaftler wandten sich in getrennten Schreiben Anfang Februar 1915 an die Unternehmensleitung und rieten dringend, freiwillig die Produktion des Oppauer Werks auf 350–375000 Tonnen Ammonsulfat zu steigern. Haber führte mehrere Gründe auf: Der Staat werde erstens bei der Schaffung von Kontingenten die vorhandene oder im Bau befindliche Produktion respektieren, nicht aber spätere Projekte. Die Badische könne zweitens ihre Leistungsfähigkeit gerade anhand des sicheren Versagens der Reichswerke dokumentieren. Drittens verwies er auf den «moralischen Grund», daß die Kriegslage jetzt eine maximale Stickstoffproduktion erfordere: «Zur Zeit sind Sie diejenigen, deren Nichtweiterkönnen alles fiskalische Eingreifen rechtfertigt. Die Sache wird zweifellos eine grosse politische Angelegenheit.»[202]

Haber sollte recht behalten. Mit Datum vom 8.3.1915 legte Bethmann Hollweg dem Reichstag das vom Bundesrat beschlossene Ermächtigungsgesetz zur Einführung eines Stickstoff-Handelsmonopols vor, um die Rentabilität der neuen, mit Reichs- oder preußischen Staatsmitteln finanzierten Anlagen auch nach dem Krieg zu sichern. Das Monopol, das zunächst bis zum 31.3.1922 begrenzt sein sollte, danach aber durch Reichsgesetz verlängert werden konnte, war sehr weit gefaßt: Es erstreckte sich auf a) anorganische stickstoffhaltige Mineralien (v.a. Chilesalpeter), b) künstliche Stickstoffverbindungen (Salpetersäure, salpetrige Säure, Ammoniakgas, Kalkstickstoff.) sowie c) stickstoffhaltige Düngemittel, wie sie aus den unter a) und b) genannten oder anderen Stoffen hergestellt werden konnten (salpetersaure und salpetrigsaure Salze wie Natron-, Kalk-, Ammoniaksalpeter oder Natriumnitrit; weiter schwefelsaures Ammoniak, Harnstoff und Guanidin).[203]

Zur Beratung des Gesetzentwurfs wurde eine Reichstagskommission unter dem Vorsitz des sozialdemokratischen Abgeordneten Emanuel Wurm (1857–1920) eingesetzt. Die Ernennung Wurms, der mit Haber die Geburtsstadt Breslau, die jüdische Abstammung und das Studium der Chemie gemeinsam hatte, lag nahe: Er war der einzige Naturwissenschaftler der sozialdemokratischen Reichstagsfraktion, der er von 1890 bis 1906 und von 1912 bis 1918 als Abgeordneter für Reuß j. L. angehörte. Wurm wurde der Fachmann für Ernährungs- und Gesundheitsfragen seiner Fraktion, nach der Revolution dann einige Monate sogar Staatssekretär des Reichsernährungsamtes.[204] Die Beratungen der Reichstagskommission zum Stickstoff-Handelsmonopol wurden zunächst bis zum 18.5., dann auf einen noch späteren Zeitpunkt vertagt. Dies gab allen Befürwortern und Gegnern des Entwurfs Gelegenheit, sich öffentlich wie hinter den Kulissen zu Wort zu melden. Für den Plan setzten sich die mit hohen Kosten arbeitenden Produzenten ein, die ihre Konkurrenzfähigkeit mit allen Mitteln wahren wollten, also in erster Linie die Kalkstickstoffindustrie, aber auch die DAVV, die unter dem Druck der erweiterten Kapazitäten der BASF und ausländischer Importe nach dem Krieg um die Marktchancen des Zechenammoniaks fürchtete. Ihnen schloß sich der Düngemittelhandel an, der aus Angst vor einem Privatmonopol aller Stickstofferzeuger ein Reichshandelsmonopol für das geringere Übel hielt.[205] Auf der Seite der Kritiker standen die billig produzierenden Stickstofferzeuger sowie die Mehrzahl der Konsumenten. Die Front reichte vom chilenischen Staat und den Salpeterimporteuren[206] über den Deutschen Handelstag (Erklärung vom 22. 6.) bis zur chemischen und Sprengstoffindustrie, die für die Teerfarben- bzw. Munitionsherstellung an Stickstoff zu Weltmarktpreisen interessiert sein mußten. Die Stellung der landwirtschaftlichen Verbände war uneinheitlich, da ein Reichsmonopol immerhin die dauernden Preisschwankungen auszuschalten versprach.[207]

Der schärfste Gegner war aus naheliegenden Gründen die BASF, die eine beispiellose Propagandaaktion entfesselte. Sie umfaßte Konferenzen und eindringliche Denkschriften ebenso wie beeindruckende Werksführungen, die Regierungsverteter, Parlamentarier und Funktionäre von Industrie- und Landwirtschaftsverbänden durch das Oppauer Gelände leiteten.[208] Haber nahm an der Kampagne wegen seines intensiven Engagements in der chemischen Kriegsführung nicht mehr teil, wohl aber Emil Fischer, der in einem Gutachten an den Reichstag nicht nur die Ammoniaksynthese als «die technisch wertvollste Methode zur Erzeugung künstlicher Stickstoffverbindungen» beurteilte, sondern darüber hinaus die schweren Bedenken der «technischen Chemiker» (!) gegen das Stickstoffhandelsmonopol ins Feld führte.[209] Mehr noch: Als nach einem Besuch der Trostberger Kalkstickstoffabrik im Juli die zuvor BASF-geneigte Stimmung der Reichstagskommission zugunsten des Monopols umzuschlagen drohte, erklärten sich Emil Fischer und Carl Engler bereit, vor der entscheidenden Parlamentssitzung an einzelne einflußreiche Abgeordnete heranzutreten, um ihnen «vom Standpunkt der Allgemeinheit» die schädlichen Folgen des Monopolplans mit der Autorität der Sachverständigen auseinanderzusetzen.[210] Moellendorff, der sich später selbst für ein staatliches Stickstoffmonopol einsetzen sollte, kritisierte die Haltung der Großchemie scharf als «Prinzipienreiterei der kapitalistischen Wirtschaftsmachthaber»[211], die, unterstützt von namhaften Wissenschaftlern, Helfferichs Vorlage buchstäblich auflaufen ließen. Der Gesetzentwurf bot in der Tat viele Angriffsflächen, da er nicht deutlich machte, ob sich das geplante Handelsmonopol, sei es staatlich oder nicht, auch auf die Kontrolle der Importe, die Herstellung, die Verteilung sowie die Preisgestaltung erstreckte oder nicht.[212] Erst im August 1915 konkretisierten nachgereichte «Anregungen zur Ausgestaltung» die Pläne des Reichsschatzamts. Demnach hatte die vom Bundesrat zu errichtende Monopolverwaltung das ausschließliche Recht, Stickstoffverbindungen aus dem Ausland zu importieren oder Dritten die Einfuhr zu gestatten. Inländische Hersteller durften nur an die Monopolverwaltung verkaufen; die Preise für den An- und Verkauf waren vom Bundesrat festzulegen. Eine Kontingentierung der inländischen Produktion sollte einem späteren Reichsgesetz vorbehalten bleiben, stand aber damit mit großer Wahrscheinlichkeit an.[213]

Es gab für die Badische inzwischen allerdings wenig Anlaß zu übergroßen Befürchtungen, wies doch bereits der explodierende Stickstoffbedarf der Heeresverwaltung einen Ausweg aus der Konfrontation mit dem Reichsschatzamt. Nach dem ersten französischen Luftangriff auf die Oppauer Werke (27. 5. 1915) hatte sich Emil Fischer engagiert im Kriegsministerium dafür eingesetzt, die Salpeterfabrikation in Mitteldeutschland zu verstärken, woraufhin im Juni 1915 Gespräche zwischen der Heeresverwaltung und der Agfa über eine Vergrößerung ihrer Greppiner Anlage aufgenommen wurden. Bei dieser Gelegenheit brachte das Kriegsministerium erstmals die Gründung einer neuen Ammoniakfabrik nach Haber-Bosch in Mitteldeutschland ins Spiel, da die Frage, ob das aus Kalkstickstoff gewonnene Ammoniak für die Salpeterherstellung nach dem BASF-Verfahren rein genug sei, offenstand. Während das Reichsschatzamt mit der Badischen noch in erbitterter Fehde lag und Unterstützung für seine Monopolpläne suchte, fiel ihm die Heeresverwaltung quasi in den Rücken, indem sie über den Agfa-Vorstandschef Oppenheim sondieren ließ, ob die BASF zum Bau einer weiteren Ammoniakfabrik geneigt wäre. «Jedes Entgegenkommen» würde «bereitwilligst gewährt»: sowohl ein höherer Preis für das Ammoniak als auch eine Abnahmegarantie für den Fall des Handelsmonopols.[214]

Es gelang unter diesen Umständen dem Reichsschatzsekretär nicht, der Reichstagskommission die «Notwendigkeit, dem Reich in der neuen Industrie eine nach innen und außen hinreichend gesicherte Position zu schaffen», zu vermitteln. Sie konnte sich allerdings weder zu einer Zustimmung noch zu einer Ablehnung des Gesetzentwurfs durchringen, so daß die Angelegenheit vertagt wurde.[215] De facto war die Vorlage, da sich der Krieg weiter hinzog, gescheitert und dem Konzept der gemischtwirtschaftlichen Reichsstickstoffwerke die Spitze genommen.

Die Gründung des Ammoniakwerks Merseburg (Leuna-Werke)

Noch während der Auseinandersetzungen um das Stickstoffhandelsmonopol war zweierlei deutlich geworden: daß erstens auch der Ausbau der Kalkstickstoffwerke nicht genügte, den Stickstoffbedarf des Heeres und den eklatanten Stickstoffmangel der Landwirtschaft zu beheben, und daß zweitens die Anlagen zur Herstellung von Ammoniak und Salpeter an Rhein und Main wegen der Möglichkeit feindlicher Luftangriffe extrem gefährdet waren. Der letzte Gesichtspunkt hatte bereits bei der Ortswahl für die Reichsstickstoffwerke eine Rolle gespielt.[216] Die erwähnte erste Fühlungnahme des Agfa-Chefs Oppenheim, der im Juni 1915 beim Dreibund-Partner BASF vorsichtig eruierte, ob sie zur Errichtung eines Ammoniakwerks in Mitteldeutschland bereit sei[217], stieß auf taube Ohren. Die Firma fürchtete das gewaltige finanzielle Risiko und das Entstehen von Überkapazitäten in der Friedenszeit. In dieser Krisensituation wandte sich das Kriegsministerium erneut an Haber, der sich selbst zu Recht als Mann sah, «der weiß, wie schwer sich jetzt das Stickstoffschiff steuert.»[218] Haber stellte am 6. 9. 1915 als Vermittler den Kontakt mit der Badischen her und unterbreitete auch gleich das Finanzierungsangebot der Heeresverwaltung: Für die Errichtung eines Werkes mit einer Tageserzeugung von 100 Tonnen Ammoniak sollte das Unternehmen ein Darlehen von 30 Millionen Mark und eine staatliche Abnahmegarantie für zehn Jahre erhalten. Der Staat wollte 61 Pfennig für das Kilo Ammoniak bezahlen, davon aber 11 Pfennig zur Verzinsung und Amortisation einbehalten. Weitere Detailvorschriften zu Abschreibung und Vertrieb sollten das Angebot attraktiv erscheinen lassen.[219] Die BASF erkannte in dem Projekt jedoch «wenig Verlockendes», wollte es aber «aus patriotischen Gründen» in Erwägung ziehen. Am 21. 9. leitete Haber persönlich in Berlin die Verhandlung mit der Unternehmensleitung ein, die eine weitere Ammoniakfabrik für ganz unnötig hielt und ihre kurzfristige Errichtung – die Rede war von nur sieben Monaten – unter den gegebenen Umständen als Ding der Unmöglichkeit bezeichnete.[220]

Erst Anfang Februar 1916 gab Bosch dem Drängen der Heeresverwaltung nach und nannte der KRA bei einem Besuch in Berlin die Bedingungen seines Unternehmens, die sich freilich von dem durch Haber vermittelten Angebot unterschieden. Bosch verlangte ein zinsloses Darlehen für den Bau, die volle Übernahme kriegsbedingter Mehrkosten durch den Staat sowie eine staatliche Abnahme- und Preisgarantie. Nach der Tilgung des Darlehens sollte die Anlage, die ihre Produktion erst nach der vollen Auslastung des Oppauer Werkes aufnehmen dürfe, in das Eigentum der BASF übergehen. Eine von der KRA ins Spiel gebrachte staatliche Gewinnbeteiligung von 30 Pfennig pro Kilo Ammoniak lehnte Bosch ab und schlug statt dessen eine Teilung des Betriebsgewinns vor.[221]

Damit traten die Verhandlungen auf der Stelle. Die BASF informierte ihren Vertrauensmann Haber über den Stand der Dinge, der sich umgehend in die internen Beratungen des Kriegsministeriums einschaltete. Haber teilte «streng vertraulich» am 8. 2. mit, daß der knapp geschätzte Bedarf der Heeresverwaltung nun bereits auf eine neue Fabrik mit einer Leistung von mindestens 44 000 Tonnen Stickstoff hinauslaufe; das Kriegsministerium habe bisher nicht mit anderen Unternehmen verhandelt und wolle gerne mit der Badischen abschließen.[222] Wie im Fall der Verträge um die Vergrößerung Oppaus und der Kalkstickstoffwerke erhielten die Verhandlungen eine neue Qualität, als sich Reichsschatzsekretär Helfferich vernehmbar zu Wort meldete und erneut versuchte, seinen Vorstellungen gemischtwirtschaftlicher Stickstoffbetriebe zum Durchbruch zu verhelfen. Helfferich stand der Politik der «sehr tatkräftigen Kriegsrohstoffabteilung» kritisch gegenüber, die, «ohne sich viel um die Zivilressorts zu kümmern, ihren Weg ging» und den Anspruch erhob, über die vom Reichstag bewilligten Kriegskredite zu verfügen, ohne die Zustimmung der Reichsfinanzverwaltung einzuholen.[223] In einem persönlichen Gespräch mit dem stellvertretenden Kriegsminister machte er deutlich, daß er weder einfach ein Darlehen noch einen verlorenen Zuschuß gewähren, sondern, wie Haber der BASF-Direktion sofort mitteilte, «der finanziellen Mitwirkung des Reichs den Charakter einer Beteiligung» wie bei den Reichsstickstoffwerken geben wolle. Außerdem werde Helfferich «das Verhältnis der Produktion synthetischen Ammoniaks zu Kalkstickstoff nach technischen und wirtschaftlichen Gesichtspunkten» erörtern.[224]

Wie im Falle der Oppauer Anlage war es Haber, der die Kontrahenten an diesem kritischen Punkt wieder ins Gespräch brachte, denn die BASF telegraphierte ihm, sie habe zwar ein Terrain für eine Fabrik in Mitteldeutschland gefunden und sei bereit, die Anlage zu errichten, aber doch nur bei voller Selbständigkeit. In dem umgehend folgenden Brief lehnte sie nicht nur die staatliche Beteiligung ab, sondern auch den von Haber kryptisch formulierten Vorstoß Helfferichs, ein Produktions- und Verkaufsverhältnis von Ammoniak zu Kalkstickstoff festzuschreiben.[225] Haber reagierte zu diesem Zeitpunkt äußerst vorsichtig und versuchte, die Badische zum Einlenken zu bewegen. Hinzu kam eine in diesen Monaten durchschlagende gewisse Prägung durch Moellendorffs gemeinwirtschaftliche Vorstellungen, auf die noch einzugehen sein wird. Habers Einschätzung nach durfte in dieser Situation der rein privatwirtschaftliche Standpunkt nicht überbetont werden: Die Stickstoffinteressen des Reiches waren eine Tatsache, und es zeichnete sich eine persönliche Verständigung des Reichsschatzsekretärs mit dem Kriegsminister ab, so daß «mit dem vereinigten Einflusse beider Ministerien» in der Stickstoffangelegenheit zu rechnen war. Hinzu kam, daß sich inzwischen auch die Kalkstickstoffindustrie um die Zuteilung des ganzen Quantums bemühte. Haber riet der

BASF dringend, dem verständigungsbereiten Helfferich in der Frage der Wirtschaftsform entgegenzukommen, d. h. konkret, das Modell der Reichsstickstoffwerke in Piesteritz und Chorzow zu übernehmen, ein Reichsammoniakwerk zu erstellen und als «Pächter» zu betreiben, wobei über die Bedingungen der Pacht zu verhandeln wäre. Er bot sich selbst beiden Seiten als Vermittler an.[226]

Die Badische schlug diesen Vorschlag aus. Der Vorstand wies Bosch sogar an, sich in Berlin nicht mit Haber zu treffen, um den Eindruck zu vermeiden, daß man sich weiter um die Anlage bemühe. In einem Schreiben an Haber wurde klargestellt, daß sich die Badische nicht aus freien Stücken um die Errichtung der mitteldeutschen Fabrik bewerbe, sondern dies in Anbetracht des beschränkten Stickstoffmarkts nur aus patriotischen Erwägungen und bei Risikoübernahme durch das Reich tun wolle.[227] Haber ging, überzeugt von der Notwendigkeit der Anlage und vielleicht auch mit Blick auf seine eigene Interessenlage, in dieser Situation überraschend selbständig vor, um ein Scheitern des Gesamtprojekts zu verhindern: Ohne vorherige Absprache mit der Unternehmensleitung teilte er Helfferich seine privaten Vermittlungsvorschläge mit. Demzufolge sollte die BASF ein Reichswerk für 36,5 Millionen in Mitteldeutschland erstellen, das 14 Jahre lang dem Reich zu völlig freier Verfügung stehe; die BASF, die in dieser Zeit den über 85 Pfennig hinausgehenden Betrag pro verkauftem Kilo Stickstoff als Entgelt erhalte, sollte nach den 14 Jahren die Fabrik für zehn Millionen Mark vom Reich kaufen können; für jedes Jahr früher kämen noch 3 Millionen Mark dazu. Das war dem BASF-Vorstand, den Haber kurz darauf von seiner Initiative informierte, dann doch zu viel des unkontrollierbaren Engagements: Er ging auf Habers Vorschläge nicht ein, sondern stellte sich Helfferich telegraphisch für Verhandlungen zur Verfügung.[228]

Obwohl Haber an den nun folgenden offiziellen Verhandlungen zwischen Helfferich und dem BASF-Vorstand nicht persönlich teilhatte, übernahm er erneut seine inzwischen eingespielte Rolle eines Informanten und Vermittlers. Diesmal versuchte er jedoch eher, der Unternehmensleitung den Standpunkt des Reichsschatzamtes zu vermitteln, als umgekehrt. Noch vor Beginn der Gespräche verschaffte er der BASF einen gewissen Informationsvorsprung, indem er in einem vertraulichen Schreiben das aktuelle Angebot der Kalkstickstoffindustrie und die voraussichtliche Reaktion des Reichs umriß. Die Badische dankte ihm, indem sie ihn umgehend über Ablauf und Inhalt der entscheidenden Besprechung am 25. 3. im Reichsschatzamt in Kenntnis setzte, allerdings ohne die in Frage stehenden Summen zu nennen.[229]

Entgegen Habers Warnungen setzte das Unternehmen seinen strikt privatwirtschaftlichen Kurs fort und konnte unter dem Druck der Verhältnisse einen überraschend weitgehenden Teilerfolg verbuchen. Helfferichs Ausgangsposition war dieselbe wie in der Vereinbarung über die Errichtung der staatlichen Kalkstickstoffwerke in Piesteritz und Chorzow, nämlich Abführung des vollen, eine gewisse Grenze übersteigenden Erlöses an das Reich, eine 75%ige Beteiligung des Reichs am Gewinn sowie eine Verständigung der BASF mit den Kalkstickstoffunternehmen. Die Badische lehnte das Modell der Reichswerke und insbesondere die staatliche Gewinnbeteiligung erneut vehement ab, beschritt aber einen Ausweg, wie ihn Haber vor zwei Wochen in einem Schreiben an die Unternehmensleitung angedeutet hatte: Sie erklärte sich bereit, in Mitteldeutschland eine Ammoniakfabrik, deren Kosten Bosch mit 64–78 Millionen Mark je nach Kapazität bezifferte, gegen Gewährung eines normal verzinslichen Reichsdarlehens zu errichten, d. h. das wirtschaftliche Risiko damit teilweise zu übernehmen. Als Darlehensbürgen stellten sich wie im Fall der Oppauer Anlage die Dreibund-Partner zur Verfügung. Helfferich ging nach langen Verhandlungen auf diesen Gedanken ein, mehr noch: Er akzeptierte schließlich sogar die von der BASF geforderte Übernahme kriegsbedingter Mehrkosten durch den Staat, was konkret einen verlorenen Zuschuß für die inzwischen gestiegenen Löhne und Materialpreise bedeutete. Nur am Gedanken einer Preisverständigung mit den anderen Herstellern von Stickstoffdüngern hielt er fest, da er, wie er sagte, aus staatsrechtlichen Gründen nicht darauf verzichten könne.[230] Die am 4. 4. fortgeführten Verhandlungen setzten die konkreten Zahlen fest: Die BASF verpflichtete sich zur Errichtung einer Anlage zur jährlichen Produktion von 36000 Tonnen reinem Ammoniak und erhielt dafür vom Reich einen verlorenen Zuschuß von 12 Millionen Mark sowie ein zu 5% verzinsliches Darlehen in Höhe von 64 Millionen Mark, rückzahlbar in 14 Jahresraten, beginnend mit dem 31. 12. 1922. Als Gegenleistung für den verlorenen Zuschuß akzeptierte die BASF notgedrungen, einen Teil des Erlöses an das Reich abzuführen. Sie stimmte ferner der geforderten Absprache mit den anderen Stickstofferzeugern zu.[231]

Vor der Vertragsunterzeichnung stand Haber der BASF-Direktion erneut in einem entscheidenden Augenblick beratend zur Seite. In einem vertraulichen Schreiben teilte er nicht nur mit, was diese längst wußte, nämlich daß eigentlich nur die geforderte Preisverständigung mit den anderen Stickstofferzeugern von Gewicht sei; die Grenze, die überschritten werden mußte, ehe die Abführung des Erlöses an den Staat eintrat, war so hoch, daß die Regelung «eine Bedeutung zu Ihren Ungunsten nicht in erheblichem Maaße gewinnen» würde, wie Haber sich gewunden ausdrückte. Darüber hinaus signalisierte er dem Unternehmen aber auch, daß Helfferich es sich politisch gar nicht leisten konnte, die «Bereitwilligkeit» der BASF abzulehnen, was ihre Verhandlungsposition immens stärkte, als sie darum wußte. Haber informierte die Unternehmensleitung vertraulich darüber, was intern «auf die Haltung des Reichsschatzamtes am meisten [...] gewirkt hat»: Erstens sei inzwischen nachgewiesen, daß, bezogen auf dieselbe Stickstoffmenge, die Zahl der benötigten Arbeiter beim Kalkstickstoff zwölfmal größer sei als beim Haber-Bosch-Verfahren; zweitens seien die Betriebsverhältnisse in den Reichswerken «fehlerhaft eingerichtet», so daß die verfügbare elektrische Energie gar nicht voll ausgelastet werde.[232]

Diese Kenntnis von Helfferichs eingeengtem Verhandlungsspielraum stärkte die Position der BASF. Am 19./28. 4. 1916 wurde der Vertrag zwischen der Badischen und dem Reich geschlossen, einen Monat später begannen die Bauarbeiten bei Leuna südlich von Merseburg, wo man das Wasser der Saale und die mitteldeutschen Braunkohlefelder zur Verfügung hatte. Nach einer Rekordbauzeit von nur einem Jahr nahm am 28. 4. 1917 die Anlage unter dem Namen «BASF, Ammoniakwerk Merseburg» ihre Produktion auf. Sie wurde nach Oppauer Vorbild errichtet, nur daß die Synthesegaskompressoren nicht mit Großgasmaschinen, sondern mit Dampfmaschinen angetrieben wurden, was sich äußerlich in der charakteristischen langen Reihe der Kesselhäuser mit ihren hohen Schornsteinen ausdrückte.[233]

An den Verhandlungen über die zwei folgenden Ausbaustufen des Merseburger Werks war Haber mit nachlassender Intensität beteiligt. Erste Sondierungen des Kriegsministeriums im August 1916 über eine weitere Vergrößerung der noch gar nicht fertiggestellten Anlage konkretisierten sich bereits einen Monat später, als die KRA im Auftrag der dritten Obersten Heeresleitung (OHL) am 6. 9. ihren Wunsch nach Verdoppelung der Merseburger Kapazität auf 300 000 Tonnen Ammonsulfat im Jahr sowie den Ausbau der Salpeterfabriken in Oppau und Merseburg unterbreitete.[234] Haber machte es sich in diesen Wochen unter dem Eindruck des Hindenburg-Programms zur Aufgabe, die BASF über die seiner Ansicht nach zu niedrig gegriffenen Bedarfsschätzungen und die wahren Dimensionen der Ausbaupläne zu informieren. Unmittelbar nach der ersten Verhandlungsrunde zwischen der Badischen und der Rohstoffabteilung teilte er der Unternehmensleitung mit, daß seines Erachtens ein weiterer Aufbau auf 450 000 Jahrestonnen «bestimmt vorauszusehen» sei.[235] Eine Woche später sprach er bereits von einer potentiellen Vervierfachung der Merseburger Kapazität, nachdem am 20. 9. eine Besprechung im Reichsschatzamt unter dem neuen Staatssekretär Siegfried von Roedern, an der von Industrieseite nur Caro teilgenommen hatte, eine immer noch klaffende Lücke zwischen Stickstoffbedarf und vorhandenen Produktionskapazitäten aufgezeigt hatte. Unter der Prämisse des Vorrangs der Munitionsindustrie stand der Landwirtschaft 1918 den Berechnungen zufolge nur ein Zehntel des Verbrauchs von 1913/14 für Düngezwecke zur Verfügung. Als Folge des Hindenburg-Programms endete die Düngemittelversorgung Deutschlands in einer Katastrophe. Bei ihren Ausbauplänen setzte die dritte OHL voll auf das BASF-Verfahren, das ihr hinsichtlich des Arbeitskräftebedarfs und der Bauzeit als «das zweckmäßigste» schien.[236]

Haber informierte die Direktion der BASF umgehend über Verlauf und Ergebnisse dieser Besprechung, so daß das Unternehmen wieder mit einem wichtigen Vorsprung in die direkt anschließenden Verhandlungen mit dem Reichsschatzamt ging. Der Spielraum Roederns war, wie Haber mitteilte, durch zwei Tatsachen eingeengt, nämlich die mangelnde Leistungsfähigkeit der Caro-Gruppe und den Zwang, die Stickstoffproduktion sofort um mindestens 6000 Monatstonnen zu erhöhen. Es konnte die Badische daher nicht überraschen, als sie vier Tage später erfuhr, daß sie über zwei Drittel der ausstehenden Menge erzeugen sollte. Daß die Verträge über Merseburg II dann doch erst Anfang Dezember unterzeichnet werden konnten, lag am erneuten Vorstoß des Schatzamts, die Finanzierung der Anlage mit der staatlichen Beteiligung an Gewinn und Vermarktung des Stickstoffdüngers zu verbinden. Nach dem Stand des Gesamtprogramms entfiel nun mehr als die Hälfte des zu produzierenden Stickstoffs auf die BASF, was das Reich zu dem Versuch bewog, ihre Machtstellung vor allem in der Preisgestaltung zu beschränken und selbst Einfluß auf das Unternehmen zu gewinnen. Die Badische konnte sich dieser Forderung nicht mehr völlig entziehen.[237]

Haber, Moellendorff und das Hindenburg-Programm

Haber hatte sich, wenn man die Aktenlage betrachtet, im September 1916 zum letztenmal als Informant und Vermittler direkt in die Verhandlungen um Merseburg II eingeschaltet. Natürlich ist in Rechnung zu stellen, daß er auch nach diesem Zeitpunkt seinen Einfluß und seine Möglichkeiten geltend machte, ohne daß dies in schriftlichen Quellen seinen Niederschlag gefunden hätte. Viele Vorgänge wurden nur noch mündlich abgehandelt, da Haber unter den fortdauernden Kriegsanstrengungen keine Zeit mehr für ausgedehnte Korrespondenzen hatte. Vor allem aber verschoben sich nach dem November 1916 mit der Schaffung des Kriegsamts unter General Wilhelm Groener die Gewichte in der Stickstoffpolitik, womit sich auch die Funktion Habers grundlegend veränderte.

Nur wenige Äußerungen Habers ermöglichen es, ihn im politischen Kräftespiel der Kriegsjahre vage zu verorten, und letztlich bleiben mehr Fragen offen als beantwortet werden. Haber war unter der Mitgliedsnummer 255 der am 28. 11. 1915 offiziell gegründeten «Deutschen Gesellschaft 1914» (DG)[238] beigetreten, einer Vereinigung, die am ehesten als politischer Club charakterisiert werden kann und beim Gründungsakt bereits 900 Mitglieder umfaßte. Ihr Ziel war, wie ihr Vorsitzender Wilhelm Solf, Staatssekretär des Reichskolonialamts, in seiner programmatischen Antrittsrede formulierte, «deutschen Männern aus allen Berufen ohne Unterschied der Partei jetzt und in Zukunft die Möglichkeit eines vorurteilsfreien und zwanglosen gesellschaftlichen Verkehrs zu geben.» Es ging explizit darum, den «Geist des Schützengrabens» festzuhalten und für den Frieden zu bewahren.[239] In der Tat konnte die regionen-, schichten- und parteienübergreifende Zielsetzung der DG realisiert werden. Finanziell großzügig unterstützt von Robert Bosch[240], unterhielt sie neben ihrem natürlichen Schwerpunkt in Berlin Filialklubs in vielen deutschen Großstädten. Sozial dominierten Vertreter der höheren Beamtenschaft, des Bankwesens, der Industrie und des Militärs, doch waren Journalisten, Verleger und Professoren ebenfalls stärker repräsentiert. Politisch rekrutierten sich die Mitglieder aus allen Parteien mit Ausnahme des linken Rands der Sozialdemokratie, wobei das liberale Lager einen gewissen Schwerpunkt bildete.[241] Die Ursprünge der DG lagen im Umfeld Bethmann Hollwegs, und die inhaltlichen Konzeptionen ihrer Gründer zielten darauf ab, die «Politik der Diagonalen» des Reichskanzlers zu stützen, damit dessen verfassungs-, wirtschafts- und sozialpolitische Reformpositionen zu stärken und die Bereitschaft zu einem Verständigungsfrieden zu erhöhen. Tatsächlich bildete sich innerhalb der DG, die unter den Bedingungen des Reichsbelagerungszustands eine wichtige Funktion als politische Ersatzöffentlichkeit erfüllte[242], eine wachsende Fraktion reformorientierter Mitglieder. Sie stand im engen Kontakt mit dem Interfraktionellen Ausschuß des Reichstags und trat für eine Parlamentarisierung der Reichsverfassung und die Reform des preußischen Wahlrechts ein. Namen wie Theodor Wolff, Bernhard Dernburg, Hans Delbrück, Hugo Preuß, Walther Rathenau, Ferdinand Tönnies und andere sind hier zu nennen.[243]

Andererseits wäre es verfehlt, Fritz Haber deshalb auch gleich für einen prononcierten Linksliberalen zu halten. Die parteienübergreifende Konzeption des Klubs bot ebenfalls Raum für Annexionisten wie den Historiker Dietrich Schäfer und den Altphilologen Ulrich von Wilamowitz-Moellendorff, was Theodor Wolff veranlaßte, der DG zunächst sehr distanziert gegenüberzustehen. Mitglieder waren auch Carl Duisberg (Mitgliedsnummer 433), Fritz Thyssen (Nr. 745), Hugo Stinnes (Nr. 67) oder Wolfgang Kapp, der 1920 an der Spitze des nach ihm benannten Putschs gegen die Weimarer Republik stehen sollte.[244] Obwohl es keinen Nachlaß der DG gibt, kann man aus den existierenden Quellen nur den vorsichtigen Schluß ziehen, daß Haber nicht politisch hervortrat und sich auch nicht augenfällig einer politischen Gruppierung anschloß, sondern den Klub vielmehr als gesellschaftliche Plattform nutzte, um mit wichtigen Persönlichkeiten informell in Kontakt zu treten. Seine zweite Frau Charlotte, damals noch Generalsekretärin der DG, vermerkte in ihren Erinnerungen, Haber habe, wenn er nicht verreist war, fast jeden Tag im Club gegessen.[245]

Ein Blick auf die Mitgliederverzeichnisse läßt vermuten, daß vielen Männern in Entscheidungspositionen der Eintritt in die DG aufgrund ihrer Nähe zur Reichsleitung unerläßlich erschienen sein muß. Um beim

Beispiel der Salpeter- und Stickstoffversorgung zu bleiben: DG-Mitglieder waren Nikodem Caro, Karl Helfferich, Josef Koeth, Wichard von Moellendorff, Walther Rathenau, Finanzrat Hans Meydenbauer sowie Wilhelm Groener und Julius Bueb, alles Männer, die nach der Gründung des Kriegsamts eine Rolle für die Stickstoffwirtschaft spielen sollten. Haber durfte in diesem Kreis nicht fehlen, und es ist zu vermuten (nicht aber zu belegen), daß die offiziellen Verhandlungen hier maßgeblich vorberaten, nachbereitet oder vorentschieden worden sind. Haber knüpfte in der DG persönliche Kontakte zu Politikern des liberalen Lagers, die ihm in der Weimarer Zeit nach Aussagen von Zeitzeugen zu Einfluß bei den führenden Männern der DDP verhelfen sollten. Er konnte dann wegen des oft ausschlaggebenden Gewichts dieser Partei bei Reichstagsabstimmungen «mit einem Anruf ernste Schwierigkeiten» beseitigen und Unterredungen mit «einflussreichen Männern» vermitteln.[246] Mit Solf verband ihn schließlich, wie noch zu zeigen sein wird, eine fruchtbare Zusammenarbeit bei der Gründung des Japan-Instituts in Berlin sowie eine lebenslange enge Freundschaft.

Zurück zu den Jahren des Weltkriegs und Habers Position in der Kriegszieldiskussion 1915/16. Anfang 1916 gab er in seinem Neujahrsbrief an Valentini seiner Hoffnung auf einen baldigen Siegfrieden Ausdruck, die er nicht mit alldeutschen Visionen, sondern mit wirtschaftlichen und kriegstechnischen Argumenten begründete. Er sehe keinen Frieden gern, der Frankreich und Belgien rüstungsfähig erhalte: «Denn von allem Ethischen und Politischen abgesehen, bedeutet der Friede, der uns nötigt, uns mit ähnlicher Sorgfalt wie bisher gegen einen hochwertigen Feind an der Westgrenze zu rüsten, materielle Lasten, die, wie es scheint, heute noch nicht erkannt werden.» Er begründete seine Befürchtung mit der Zukunftsvision eines «Luftkrieges grossen Stiles», der es erforderlich mache, die im Westen gelegenen deutschen Industrie- und Fernsprechzentren, Verkehrsknotenpunkte und Munitionslager durch über- oder sogar unterirdische Schutzvorrichtungen gegen den Abwurf von Bomben zu sichern.[247]

Diese ökonomisch-technisch geprägte, zweckrationale Sichtweise verband Haber mit Wichard von Moellendorff, dessen «logische Schärfe und systematische Unbeugsamkeit» er bewunderte.[248] Er hatte ihn als Leiter der Sektion Chemie der KRA kennengelernt und stand seitdem mit ihm dienstlich wie persönlich in Kontakt. Moellendorff war nach seinem Ausscheiden aus der KRA im August 1915 acht Monate lang Direktor der Kriegschemikalien AG, um im April 1916 zum geheimen Kommissar für die Reichsstickstoffwerke, ab Juli 1916 dann zum Reichskommissar für Kalkstickstoff ernannt zu werden.[249] Die Beziehung beider Männer schlug sich allerdings kaum in schriftlichen Quellen nieder. Inwieweit Haber Moellendorffs gemeinwirtschaftliche Pläne zum Umbau von Staat, Wirtschaft und Gesellschaft teilte, ist nur indirekt zu ermitteln.

Die Linie, die Haber in den Verhandlungen um das Merseburger Ammoniakwerk verfolgte, als er der Badischen dringend zur Annahme der Beteiligungspläne des Reichsschatzamts riet, läßt darauf schließen, daß er sich zunehmend für Moellendorffs Gedankengänge interessierte. Er wie auch andere führende Wissenschaftler öffneten sich in diesen Monaten für Überlegungen, das individuelle Gewinnstreben in der Kriegswirtschaft auszuschalten. Zu erinnern sei beispielsweise an Adolf von Harnack. In seiner Rede zum dritten Kriegsjahr, die er am 1. 8. 1916 in Berlin für den einen Monat zuvor gegründeten Deutschen Nationalausschuß hielt, attakkierte er die «unbekümmerte, lediglich auf den Profit gestimmte, heimische Privatwirtschaft». Er klagte nicht nur «das ganze System» an, das «den vollen Handelsegoismus und das rücksichtslose Verdienen auch im Kriege erlaubt», sondern er sagte auch für die Nachkriegszeit die Bildung von gemischtwirtschaftlichen Unternehmungen mit staatlicher Beteiligung voraus.[250] Haber war diesbezüglich zurückhaltender. Beim Erscheinen von Moellendorffs «Deutscher Gemeinwirtschaft» Mitte 1916 vertrat er noch die Ansicht, «dass es zu früh sei, und dass es eines neuen Geschlechtes für diese Ideen» bedürfe.[251]

Moellendorff fühlte sich Haber umgekehrt politisch so verbunden, daß er ihm bereits im Mai 1916 seine Pläne mitteilte, die auf die kriegswirtschaftlich begründete Diktatur der dritten Obersten Heeresleitung mit plebiszitären Elementen hinausliefen, wie sie das Gespann Hindenburg-Ludendorff nach Ende August 1916 dann durchzusetzen versuchte. In Anbetracht der kritischen Ernährungslage setzte Moellendorff alles auf einen «Lebensmitteldiktator», der innerhalb der zivilen wie militärischen Ressorts über eine «natürliche Sonderstellung» und auch einen «Überschuss an Popularität» verfügte. Dieser überragende Mann sollte «die vielzuvielen [sic] Vorarbeiten und die vielzuvielen Einzelwünsche bis zur Entscheidung» bringen. Nicht nur nannte Moellendorff einen Namen, nämlich Hindenburg, sondern er forderte Haber unumwunden auf, seinen Einfluß in dieser Richtung geltend zu machen.[252] Er war sich, so ist zu folgern, also ziemlich sicher, daß der Physikochemiker in seinem Sinne handeln würde, und vertraute ihm so weit, daß er ihm eine Rolle bei der Aushöhlung der konstitutionellen Verfassung des Kaiserreichs beimaß.

Inwieweit Haber dieser Aufforderung nachkam, ist nicht belegbar. Es spricht vieles dafür, daß er sich nicht aktiv am Sturz Falkenhayns beteiligte. Andererseits verschaffte er seinem Freund Moellendorff tatsächlich nach der Ernennung der dritten OHL Gehör bei den politisch maßgeblichen Militärs, die in der Folge ihre Machtposition kontinuierlich zuungunsten der zivilen Entscheidungsträger ausbauen konnten.[253] Zeitgleich mit den Verhandlungen um einen Ausbau des Merseburger Ammoniakwerks, die bereits unter dem Eindruck des Hindenburg-Programms zur Steigerung der Rüstungsproduktion[254] geführt wurden, kam es am 5. 9.

1916 zu einer folgenreichen Besprechung zwischen Haber und Moellendorff. Auf wessen Initiative sie zustande kam und welche Position Haber dabei einnahm, ist nicht bekannt.[255] Voraussetzung für die geforderte Rüstungsvermehrung und Ausgangspunkt des Gesprächs war der Einsatz einer hohen Zahl zusätzlicher Arbeitskräfte. Haber bat Moellendorff offenbar, sein Konzept einer künftigen Arbeitsorganisation in einer Denkschrift niederzulegen, was dieser noch am selben Tag erledigte. Haber leitete das Memorandum[256], wie Moellendorff handschriftlich vermerkte, dann an die OHL weiter, und zwar an Oberstleutnant Max Bauer, der es dann «im Geschäftsgang verwertet[e]». Mit Bauer hatte Haber seit seinem Giftgasengagement häufig Kontakt. Einen einflußreicheren Interessenten für Moellendorffs Konzeption eines autoritären und militaristischen Kriegssozialismus hätte er seinem Freund kaum vermitteln können, denn Bauer war nicht nur Leiter der Kriegsgeräte-Beschaffung im Rahmen des Hindenburg-Programms, sondern auch Ludendorffs engster politischer Berater und Verbindungsmann zu Industrie und Gewerkschaften. Freilich hatte er ein anderes Motiv als Moellendorff, dem es darum ging, den Rahmen für eine neue korporative Staats- und Wirtschaftsordnung zu skizzieren, während die dritte OHL die kriegswirtschaftliche Umstrukturierung nicht zuletzt dazu nutzen wollte, das für ihre Machtambitionen lästige Kriegsministerium auszuschalten. Moellendorffs Aufzeichnungen wurden von Bauer so intensiv «im Geschäftsgang verwertet», daß sie nur wenige Tage später, am 13. 9., nahezu wörtlich als Schreiben Hindenburgs an den preußischen Kriegsminister geschickt wurden.[257]

Es erübrigt sich, Moellendorffs Plan einer künftigen Arbeitsorganisation hier im einzelnen zu diskutieren. Festzuhalten bleibt, daß er, ausgehend vom Arbeitszwang für die gesamte Bevölkerung, ein Arbeitsamt einrichten wollte, um den Einsatz zentral und systematisch zu organisieren, wofür er detaillierte Punkte aufführte, die ebenfalls Eingang in Hindenburgs Vorstellungen über ein Kriegsleistungsgesetz fanden. Obwohl sich Bauer später selbst als Urheber all dieser Ideen bezeichnete[258], war es doch jener von Haber vermittelte Vorstoß Moellendorffs, der, wenn auch im Endergebnis verformt durch die unterschiedlichen Interessen der an der Entscheidung beteiligten Akteure, zur Errichtung des Kriegsamts am 1. 11. 1916 und zum Hilfsdienstgesetz vom 5. 12. 1916[259] führte.

Im Rahmen des Kriegsamts, das als zentrale Planungs- und Organisationsbehörde für die gesamte Rüstungswirtschaft konzipiert war, sollte auch Haber wieder eine Rolle spielen. Die dritte OHL bezweckte mit seiner Gründung eine Zusammenfassung der zuvor auf verschiedene Abteilungen des Kriegsministeriums bzw. andere Behörden zersplitterten rüstungswirtschaftlichen Aufgaben von der Ernährung bis zum Arbeitseinsatz. Zwar setzte sie sich mit ihren Maximalvorstellungen eines «Rüstungsdiktators» außerhalb des Kriegsministeriums und voller Weisungsbefugnis gegenüber allen militärischen und zivilen Stellen nicht durch, doch umfaßte das dem Ministerium eingegliederte neue Amt eine ganze Reihe bisheriger Haupt- und Unterabteilungen: die Kriegsrohstoffabteilung, das Kriegsersatz- und Arbeits-Departement, das Bekleidungsbeschaffungsamt, Abteilungen für Volksernährung und für Ein- und Ausfuhr sowie das Waffen- und Munitionsbeschaffungsamt (Wumba) unter Generalmajor Karl Coupette, in dessen Stab Moellendorff als technischer Berater eintrat.[260]

Der Stickstoffversorgung kam unter den hochgesteckten Zielen des Hindenburg-Programms zentrale Bedeutung zu. Allein für die Zeit vom 1. 5. 1917 bis zum 30. 4. 1918 verlangte es zur Befriedigung der militärischen Bedürfnisse, wie Haber errechnete, eine Stickstoffproduktion, die der gesamten deutschen Friedenseinfuhr an Salpeter plus der gesamten deutschen Friedensproduktion an Stickstoffverbindungen im Düngejahr 1913/14 entsprach. Darin war der landwirtschaftliche Bedarf nicht enthalten.[261] Aus diesem Grund wurde dem Wumba die Stelle eines gemeinsamen Stickstoffreferenten aller beteiligten Ressorts angegliedert, zu dem der frühere leitende Chemiker der Deutschen Continental Gasgesellschaft in Dessau, Rittmeister Dr. Julius Bueb (27. 2. 1865–24. 5. 1944)[262], ernannt wurde. Coupette gab klar das Ziel vor, nämlich eine über sein Amt laufende einheitliche Stickstoffbewirtschaftung mit einem doppelten Ziel: der Beratung und ‹Orientierung› von Industrie und Landwirtschaft sowie der Prüfung und Verhandlung von Projekten zur Stickstofferzeugung. Die Verteilung des Stickstoffs an die Landwirtschaft sollte dagegen über das Kriegsernährungsamt erfolgen. Dem Referenten zur Seite gestellt werden sollte laut Plan eine Expertenkommission aus Emil Fischer, Haber und Moellendorff.[263]

So wie aus dem Referenten Bueb kurz darauf der Reichskommissar für die Stickstoffwirtschaft wurde, weitete sich offenbar – die Quellenlage ist hier sehr fragmentarisch[264] – der als reines Expertengremium geplante Beirat zum Technischen Ausschuß für Stickstoff aus, abgekürzt: TAN, der sich mit allen technischen und wirtschaftlichen Fragen einer maximalen Stickstoffproduktion befaßte. Ihm gehörten Vertreter der beteiligten Akteure, also von Reich bzw. preußischem Staat, Wissenschaft und Wirtschaft, an. Es überrascht nicht, daß neben den unstrittigen Repräsentanten von Wumba (Moellendorff), Landwirtschaftsministerium (Ramm), Innen- und Schatzamt (Pilger) die in der Kriegswirtschaft bewährten Chemiker Emil Fischer und Fritz Haber für die Wissenschaft in diesem Gremium saßen. Auf Wunsch des Reichsschatzamts wurde zunächst von seiten der Industrie nur Nikodem Caro als Betreiber der Reichsstickstoffwerke beteiligt. Nach Protest der BASF erhielt schließlich auch Bosch einen Sitz. Eines Informanten und Vermittlers zu den Behörden bedurfte das Unternehmen nicht mehr, denn die Funktion der Person Haber an der Schnittstelle zwischen Staat, Wissenschaft und Industrie übernahm nun mit dem TAN eine Institution. Mit dem Ausschuß war folglich eine Kommunikationsplattform gefunden, wo die Verhandlungspartner direkt miteinander in Kontakt traten.

Allerdings wird aus den wenigen vorhandenen Archivalien nicht deutlich, welche Wirksamkeit der TAN tatsächlich entfalten konnte und welche Rolle Haber dabei spielte. Mehrere Indizien deuten darauf hin, daß der TAN, ähnlich wie der Industriellen-Beirat des Wumba[265], ein Schattendasein fristete. Haber trat in den Beratungen nicht hervor. Er beschränkte seine Expertenrolle darauf, durch gelegentliche Intervention ein möglichst störungsfreies Funktionieren der militärischen Stickstoffversorgung zu gewährleisten. So versuchte er beispielsweise, Valentini nach der Verkündung des Hindenburg-Programms mit ausführlichen Daten über den gegenwärtigen Stickstoffbedarf im Vergleich mit den Produktionsziffern auszustatten, damit der Zivilkabinettschef «die allerhöchste Stelle» gegen den erwarteten Ansturm der landwirtschaftlichen Interessengruppen wappnete.[266] Allerdings stürmte niemand, war doch der Kaiser längst nicht mehr mit derartigen Fragen befaßt.

Die zentralen Entscheidungen über den Ausbau der Kapazitäten und die Beschaffungsaufträge fällte nun der Stickstoffkommissar. Statt wie bisher mit mehreren staatlichen Instanzen, von der KRA bis zum Reichsschatzamt, verhandelte die Badische im Falle des Ausbaus von Merseburg III jetzt nur noch mit ihm. Mit der Durchführung dieses Programms wären zwei Drittel der deutschen Stickstoffproduktion auf die BASF entfallen. Um eine derartige Machtzusammenballung zu verhindern, gleichzeitig aber die reichseigene Kalkstickstoffindustrie zu schützen, verstärkten sich jetzt die Vorstöße für eine neue Vertragsform. Es gelang dem Reich im Vertrag vom Juli 1918 u. a., das Unternehmen rechtlich zu verpflichten, dem Staat einen Einfluß auf den Absatz des in der geplanten Neuanlage hergestellten Stickstoffs zu sichern: Der Fiskus konnte verlangen, daß ihm die Produktion zu einem festen Preis zur Verfügung gestellt wurde.[267]

Der TAN scheint hingegen eine gewisse Rolle als Diskussionsforum für Moellendorffs gemeinwirtschaftliche Zukunftspläne gespielt zu haben. Er zog «Stickstoff als Beispiel grundsätzlich veränderter Friedenswirtschaft» heran und gab unter Berufung auf Diskussionen im TAN die angeblich übereinstimmende Meinung wieder, aufgrund der Erfahrungen im Krieg rechtzeitig «zu einer planmässigen Gemeinsamkeit des Vorgehens» zu gelangen und auf keinen Fall den Vorkriegszustand wiederherzustellen. Moellendorff griff Helfferichs Modell auf und plädierte für ein Stickstoffmonopol des Staates mit «abgestimmten» Verbrauchspreisen.[268] Er befand sich damit in Übereinstimmung mit Ludendorff, der sich im letzten Kriegsjahr ebenfalls Gedanken über die zukünftige Stickstoffbewirtschaftung machte. Ludendorff hob nicht nur darauf ab, daß die Verfügungsgewalt über den Stickstoff in die Hände des Reiches übergehen sollte, sondern er wollte «dem Staat unmittelbarere Einnahmequellen» verschaffen; im Stickstoff sah er dafür «ein sehr dankbares Objekt», wobei er ausschließlich auf die Ammoniaksynthese setzte.[269] Habers Haltung zu diesen Plänen ist nicht dokumentiert.

Der Erste Weltkrieg verhalf dem zuvor quantitativ unbedeutenden und noch teuren Haber-Bosch-Verfahren zur Hochdrucksynthese von Ammoniak zum Durchbruch auf dem Stickstoffmarkt. Der Krieg hatte für die Stickstoffwirtschaft in Deutschland eine vollständige Umwälzung zur Folge[270], und zwar hinsichtlich der technischen Verfahren, des Produktionsumfangs, der herstellenden Industrien und ihrer Selbstorganisation sowie hinsichtlich des Standorts. Deutschland wandelte sich vom Importland für ausländische Stickstoffprodukte zum potenten Stickstoffproduzenten. Betrug die Leistungsfähigkeit der deutschen Stickstoffindustrie bei Ausbruch des Krieges 129000 Tonnen Stickstoff, so produzierte sie im Erntejahr 1915/16 (1. 5.–30. 4.) 134000 Tonnen, im Folgejahr bereits 221000 und 1917/18 schließlich 271000 Tonnen. Wenn alle im Krieg geschlossenen Verträge auch ausgeführt wurden, so konnte sie mit einer Leistungsfähigkeit von rund 520000 Tonnen rechnen, d. h. es waren Anlagen entstanden bzw. im Bau, die nach ihrer Vollendung und vollen Inbetriebnahme mehr Stickstoff herstellen konnten, als Chile unter äußerster Anspannung in den Kriegsjahren erzeugt hatte (1917: 470000, 1918: 440000 Tonnen).

Mit der Steigerung der Leistungsfähigkeit verbunden waren tiefgreifende strukturelle Verschiebungen. Vor dem Krieg lag das Schwergewicht der deutschen Produktion auf dem Zechenammoniak, das als Nebenprodukt in einer Vielzahl von Kokereien und Gasanstalten gewonnen wurde, aber wegen seiner Abhängigkeit vom Kokereiprozeß keine wesentlichen Produktionssteigerungen erlaubte. Damit verlagerte sich die zuvor dezentral organisierte Stickstoffherstellung von der Kohlen- auf die chemische Industrie, in der sich nur mehr zwei starke Gruppen gegenüberstanden: die Kalkstickstoffindustrie sowie, weit bedeutsamer und zukunftsträchtiger, die BASF. Ein Vergleich der Stickstoffproduktion (in 1000 Tonnen) nach Erntejahren belegt eindrucksvoll den Siegeszug der BASF.

	1915/16	1916/17	1917/18
Kokereien/Gasanstalten	90	100	100
Kalkstickstoffindustrie	20	58	66
BASF	24	64	105

Daß die Zukunft der Luftstickstoffindustrie gehörte, wird in mittelfristiger Perspektive noch deutlicher, wenn man die Entwicklung der jeweiligen Produktionsanteile (in %) an der gesamten deutschen Stickstofferzeugung verfolgt. Das Zechenammoniak fiel von 91 % im Jahr 1913 bereits im Folgejahr auf 82 % zurück. 1918 betrug sein Anteil nur mehr 31 %. Der

Verfall seiner Bedeutung setzte sich in der Weimarer Zeit fort und stabilisierte sich Ende der zwanziger Jahre schließlich bei rund 15 %. Der Anteil der Kalkstickstoffindustrie steigerte sich von 8 % (1913) auf 20 % (1918) bzw. sogar 28 % (1919), um danach bis 1930 wieder auf 12 % abzusinken. Demgegenüber schoß der Anteil der Ammoniaksynthese nach Haber-Bosch von 1 % im Vorkriegsjahr zunächst auf 49 % (1918) bzw. 36 % (1919), kletterte danach aber bis Ende der zwanziger Jahre weiter auf rund 70–75 %.[271]

Neu gegenüber dem Vorkriegsstand war ferner das Eindringen des Staates in die Stickstoffwirtschaft. Waren zuvor vor allem die Städte über ihre Gasanstalten, der preußische Staat lediglich über einzelne Kokereien an der Produktion von Zechenammoniak beteiligt, nahm während des Krieges das Reich über die Reichswerke eine veränderte Rolle wahr. Hinzu kam noch, daß es über seine Verträge mit der BASF Einfluß auf den Absatz der Stickstofferzeugnisse gewonnen hatte. Schließlich verlagerte sich die Stickstoffindustrie mit der Verschiebung von der Kohlen- zur chemischen Industrie geographisch vom rheinisch-westfälischen Kohlengebiet zunächst in das Rheintal, dem Standort der Großchemie, in Anbetracht der drohenden Luftangriffe dann aber aus Sicherheitsgründen in das mitteldeutsche Braunkohlenrevier. Den Anfang machten die Reichswerke in Piesteritz, den Abschluß bildeten die gigantischen BASF-Anlagen in Leuna.

Es ist Walter Eucken also zuzustimmen, daß der Erste Weltkrieg in Deutschland «eine an Umfang, Organisation und Standort neue Stickstoffindustrie» geschaffen hatte[272], in der die BASF, nicht zuletzt beraten durch Fritz Haber, eine führende Rolle spielte. Davon profitierte weniger der Physikochemiker, der, wie noch zu zeigen sein wird, mit der Badischen in Konflikt stand, als es darum ging, seine Gewinnbeteiligung zur Inflationszeit festzulegen. Wohl profitierte aber die BASF, die während der Kriegsjahre ihre schwierige Diversifizierungsphase erfolgreich abschloß und ihr Aktienkapital von 36 auf 90 Millionen Mark erhöhte. Vom 1. Januar 1915 bis zum 11. November 1918 verkaufte das Unternehmen Stickstoffverbindungen im Wert von 414 Millionen Mark, von denen nur der geringste Teil, nämlich 24,5 Millionen, auf Düngemittel entfiel. Nach dem Krieg stellte die BASF ihre mit staatlichen Mitteln errichteten großen Neuanlagen problemlos auf die Massenerzeugung von Stickstoffdüngern, vor allem von Ammonsulfat, um. Die Herstellungskosten waren erheblich gesunken, und das synthetische Ammoniak konnte nun mit den ausländischen Stickstoffimporten konkurrieren. Die staatlichen Darlehen zahlte das Unternehmen zur Zeit der Hyperinflation in wertloser Papiermark bequem zurück.[273]

In den Folgejahren beherrschten die BASF bzw. später die IG den deutschen Stickstoffmarkt, der weit straffer als der Weltmarkt organisiert war.[274] Nach dem Ende der Stickstoffbewirtschaftung im Juli 1919 hörte die staatliche Verteilung der Produktion auf. Die Reichspolitik zielte nun darauf ab, weiterhin Höchstpreise für Stickstoffdüngemittel festzusetzen, um einerseits die Landwirtschaft zu schützen und die Preise für landwirtschaftliche Produkte tief zu halten, um andererseits aber auch die Rentabilität aller Stickstoffanlagen ungeachtet der angewendeten Verfahren zu sichern, zumal nun in der Tat Überkapazitäten bestanden. Nachdem zuvor der von der Nationalversammlung eingesetzte Ausschuß für Volkswirtschaft zugestimmt hatte, wurde am 5. Mai 1919 das Stickstoffsyndikat der drei wichtigsten Erzeugergruppen (BASF; Bayerische Stickstoffwerke einschließlich der Reichswerke[275]; DAVV) als GmbH gegründet. Die Gesellschafter übertrugen dem Syndikat, das etwa 95 % der Stickstoffdüngerproduktion auf sich vereinigte, den Verkauf ihrer Erzeugnisse. Maßgeblichen Einfluß hatte zunächst das Reich, dessen drei Mitglieder im Verwaltungsrat bis 1924 ein Vetorecht bei der Preisfestlegung ausübten. Die BASF als größter Gesellschafter verfügte auch über das größte Absatzkontingent, das nach der Kapazität der Produktionsanlagen berechnet war. Die Zahlen vom April 1930, als das Syndikat erneuert und erweitert wurde, reflektieren die Dominanz von Big Chemistry: Von der gesamten Absatzmenge in Höhe von knapp 1,22 Millionen Tonnen Stickstoff entfielen auf die IG 840 000 Tonnen, dagegen nur noch 250 000 Tonnen auf die DAVV und 90 000 Tonnen auf die Bayerischen Stickstoffwerke.

3. Gas – Fritz Haber und der chemische Krieg

Der Name Habers ist aus der Geschichte der Entwicklung und Anwendung chemischer Kampfstoffe in der modernen Kriegführung nicht wegzudenken. Darunter versteht man gasförmige, flüssige oder feste Giftstoffe, die auf verschiedene Weise, sei es durch Geschosse wie Granaten und Bomben, sei es durch Abblasen oder Abregnenlassen, gegen menschliche Ziele eingesetzt werden.[276] Mag auch die Gesamtmenge der im Ersten Weltkrieg verwendeten Giftgase (rund 124 200 Tonnen) im Vergleich mit den konventionellen Kampfmitteln (2 Millionen Tonnen Sprengstoff, 50 000 Millionen Schuß Munition für Handfeuerwaffen) niedrig scheinen, so war das Gas doch neben der Luft- und der U-Bootwaffe die auffälligste und gefürchtetste kriegstechnische Neuerung mit von Jahr zu Jahr rapide anwachsenden Mengen (1915: 3870 Tonnen; 1916: 16 535 Tonnen; 1917: 38 635 Tonnen; 1918: 65 160 Tonnen).[277] Am Engagement Habers beim Einsatz chemischer Kampfstoffe, den er maßgeblich initiierte und organisierte, schieden sich seit jeher die Geister. Er wurde und wird in einer ebenso hochemotional wie politisch geführten Debatte als «Vater des Gaskriegs» attackiert oder verteidigt. Habers offene Kritiker befanden sich in und nach dem Ersten Weltkrieg vor allem in den Reihen der wenigen Pazifisten[278] oder aber der Alliierten, welche die Entfesselung der chemischen Kriegführung als Akt deutscher Barbarei geißelten und zum Gegenstand ihrer Kriegspropaganda machten[279], was sie freilich nicht hinderte, nun selbst nach wirksamen Kampfstoffen zu suchen. Obwohl die Ächtung der chemischen Kriegführung bereits in der Zwischenkriegszeit an Boden gewann, bekam die Diskussion um Habers Rolle nach den Atombombenabwürfen von Hiroshima und Nagasaki eine neue Qualität. Er wurde nun zum Prototyp des modernen Wissenschaftlers, der in bedenkenloser Kooperation mit dem «militärisch-industriellen Komplex» Massenvernichtungsmittel ersann. Angesichts des Vernichtungspotentials moderner Waffen wurde nun grundsätzlich die moralische Verantwortung von Wissenschaftlern für die Ergebnisse und die Anwendung ihrer Forschungen angemahnt.[280]

Habers Verteidiger schlugen demgegenüber eine Argumentationslinie ein, die damals wie heute demselben Muster folgte. Sie verwiesen regelmäßig[281] einerseits auf die lange, bis in die Antike zurückreichende Geschichte der Anwendung chemischer Mittel für die Kriegführung, andererseits auf den frühzeitigen Einsatz von Gasgeschossen im Ersten Weltkrieg durch die Franzosen. In dieser Sicht relativierte und reduzierte sich Habers Bedeutung, bis sie schließlich der Rolle Leonardo da Vincis vergleichbar war.[282]

In der Tat war Haber nicht der «Erfinder» chemischer Waffen oder des Gaskriegs: Die wissenschaftliche Literatur bestätigt die lange Tradition des militärischen Einsatzes der Chemie in Form von erstickendem Rauch oder anderen Reizstoffen.[283] Unbestritten ist ferner, daß bereits 1912 die Pariser Polizei ihre Gewehrpatronen mit dem Tränenreizstoff Bromessigester füllte und erfolgreich gegen eine verbarrikadierte Apachenbande einsetzte, woraufhin die Armee ebenfalls Tränengasmunition einführte und seit Herbst 1914 auch anwandte. Wenig später kamen tränenreizstoffgefüllte Granaten dazu. In Großbritannien führte das War Office seit 1913 Testreihen mit chemischen Reizstoffen wie Chloraceton und Benzylchlorid durch, stellte sie wegen ungünstiger Ergebnisse allerdings bald wieder ein.[284] Auch für die Deutschen begann, wie noch zu zeigen sein wird, der Gaskrieg nicht mit Haber.

Trotzdem erhielt die chemische Kriegführung mit Habers Engagement eine neue Qualität. Alle zuvor eingesetzten Stoffe waren im militärischen Einsatz allenfalls von sehr begrenzter Wirkung, weshalb Tränengas dann auch nur im zivilen Bereich Karriere machte. Mit dem ersten deutschen Chlorgasangriff bei Ypern am 22. 4. 1915 eröffnete Haber jedoch ohne Zweifel die Geschichte der modernen C-Waffen. Gas wurde zum ersten Massenvernichtungsmittel der Weltgeschichte, wofür der Weltkrieg 1914–1918 als totaler Krieg erstmals auch die erforderlichen Rahmenbedingungen stellte, nämlich eine hochentwickelte Kriegs- und chemische Technik sowie eine leistungsfähige chemische Großindustrie. Mit Haber setzte der internationale Wettlauf um immer wirksamere und giftigere Kampfstoffe ein, der sich bereits im Ersten Weltkrieg ad absurdum führte, indem die Entwicklung eines neuen Gaskampfstoffs durch die eine Seite entsprechende Schutzmaßnahmen und die Neuentwicklung noch gefährlicherer Chemikalien auf der anderen provozierte. Der Physikochemiker war sich der neuen Qualität, die der chemische Krieg mit Ypern angenommen hatte, durchaus bewußt und betonte sogar die Zäsur, die der deutsche Chlorgasangriff gesetzt hatte, wie er überhaupt niemals seine Verantwortung leugnete. Vor dem Untersuchungsausschuß des Reichstags sagte er am 4. 10. 1923 aus, der Ypern vorangehenden «Entwicklungsperiode» in Frankreich wie in Deutschland habe es an der entscheidenden Erkenntnis gefehlt, für einen militärischen Erfolg Kampfstoffe mit «Massenwirkung» einsetzen zu müssen. Erst der «Tag von Ypern», der die Frühphase von der «eigentlichen Gaskriegszeit» trenne, habe allen kriegsbeteiligten Staaten eine «neue Einsicht» vermittelt, so daß von da an «ein Wettlauf in der Auswahl, der Massenerzeugung und der Massenverwendung der besten Gaskampfstoffe» begonnen habe.[285]

Daß dem Gas 1915–1918 vielleicht weniger Menschen zum Opfer fielen, als es die lange unter dem Eindruck der Kriegspropaganda stehende Literatur ursprünglich annahm, steht seiner Qualität als potentiellem Massenvernichtungsmittel nicht entgegen. Die immer wieder kolportierten Zahlen von 5000 Toten und gut 10 000 Gasverletzten allein beim ersten Chlorgasangriff bei Ypern sind von der jüngeren Forschung übereinstimmend als übertrieben erkannt worden.[286] Allerdings leiden alle berechneten oder geschätzten Zahlen wegen der Lückenhaftigkeit des überlieferten Materials und der Unvollkommenheit der Verluststatistiken an einem erheblichen Mangel an Genauigkeit. L. F. Haber nennt eine Zahl von rund einer halben Million Gasverlusten, d. h. Verletzten und Getöteten, unter den kämpfenden Truppen Deutschlands, Englands, Frankreichs und der USA für die Jahre 1915–1918, von denen der größte Teil erst im letzten Kriegsjahr dem Gaskrieg zum Opfer fiel. Die Sterblichkeitsrate betrug 3 bis 4 %. Darin nicht enthalten sind allerdings die gasverletzten oder getöteten Zivilisten, über die man allenfalls vage Vermutungen äußern kann, sowie die Verluste der österreich-ungarischen und besonders der russischen Truppen, die aufgrund der schlechten Schutzmaßnahmen sehr hoch waren und über die bislang kaum Daten vorliegen. Schätzungen belaufen sich allein auf eine halbe Million Gasopfer unter den russischen Soldaten, von denen über 10 % starben.[287] Hinzu kommen massive Probleme bei der Erfassung der an den Gasspätfolgen leidenden oder gestorbenen Kriegsteilnehmer, deren Anerkennung und damit Berentung in Deutschland, aber auch in den anderen Ländern sehr zurückhaltend erfolgte.[288]

Mögen die erhaltenen Zahlen, gemessen an den immensen Verlusten durch konventionelle Kampfmittel, auch relativ begrenzt sein, so war doch eine Aufrüstungsspirale in Gang gesetzt, die, ausgehend vom Konzept des totalen Krieges, den «größtmöglichen Vernichtungswert bei geringstem personellen und materiellen Einsatz» bezweckte.[289] Haber betrachtete selbst zu Recht die Gaswaffe neben der Luftwaffe als größte technische Neuerung des Landkrieges. Gegen Ende des Ersten Weltkrieges zeichnete sich bereits die bedrohliche Möglichkeit eines strategischen Gas-Luftkriegs gegen das Hinterland ab, als den man sich in der gesamten Zwischenkriegszeit eine künftige militärische Auseinandersetzung vorstellte. Das bedeutete die potentielle Massenvernichtung der Zivilbevölkerung vor allem in den Städten durch Gasbomben.[290]

Mit Zahlenwerten überhaupt nicht zu erfassen ist schließlich die panikerregende, neuartige Erfahrung der Gasangriffe durch die Frontsoldaten. Giftgas bewirkte bisher unbekannte Verwundungen und ein qualvolles Sterben, das den Körper weniger verletzte als sukzessiv zerstörte.[291] Mögen auch die Apologeten des Gaskriegs, Haber eingeschlossen, immer bestritten haben, daß eine Verletzung oder Tötung durch Gas qualvoller sei als die Zerfetzung des Körpers durch konventionelle Geschosse[292], so äußerten sich die betroffenen Kriegsteilnehmer doch ganz anders. Stellvertretend sei ein englischer Zeuge herausgegriffen:

«It is a hateful and terrible sensation to be choked and suffocated and unable to get breath: a casualty from gunfire may be dying from his wounds, but they don't give him the sensation that his life is being strangled out of him.»[293]

Hier kann es nicht darum gehen, eine Geschichte des Gaskriegs (die ohnehin nur für die Westfront, aufgrund bisher fehlender Quellen jedoch nicht für den Osten geschrieben werden könnte) oder auch nur des deutschen Kampfstoffeinsatzes zu verfassen. Vielmehr soll Habers Rolle bei der Entwicklung der Kampfstoffe und der Organisation ihres Einsatzes rekonstruiert und der Frage nachgegangen werden, welche Auswirkungen dies auf die Organisation von Wissenschaft im sich verschiebenden Gefüge von Staat, Militär und Wirtschaft hatte. Daß es sich um einen Versuch handeln muß, mag zunächst erstaunen, denn es gibt eine sehr reiche Literatur zum Gaskrieg. Bereits die Zwischenkriegszeit erlebte eine Flut einschlägiger Titel von Zeitzeugen und Fachleuten, welche die chemische Kriegführung sowie die Zusammensetzungen und Wirkungen der verschiedenen Kampfgase beschrieben.[294] Sie waren erkennbar vor dem Hintergrund verfaßt worden, daß die chemischen Waffen in einem zukünftigen Krieg eine entscheidende Rolle spielen würden. Freilich ‹recycleten› sie eine beschränkte Anzahl von Informationen, schrieben voneinander ab und gaben gerade auf die interessantesten Fragen wie Organisation, Forschung und Entwicklung keine Antwort. Haber wurde allenfalls erwähnt.[295]

In die neuere Literatur hielt der Gaskrieg Eingang über Fragen wie nach der Abrüstung von Massenvernichtungsmitteln oder nach der moralischen Verantwortung von Wissenschaftlern für die Folgen ihrer Forschungen, aber auch über das Problemfeld der Organisation von Forschung, waren die Gaskampfstoffe doch eine der ersten Waffen, die aus der systematischen Zusammenarbeit von Wissenschaftlern verschiedener Disziplinen entstanden.[296] Damit rückten die Entwicklung der Chemiker als soziale Gruppe, ihre Beziehungen zu anderen gesellschaftlichen Gruppen sowie die Dynamik dieses Entwicklungsprozesses zunehmend in den Mittelpunkt des historischen Interesses, was für die USA bereits zu bemerkenswerten Ergebnissen führte.[297] Für die deutsche Seite ist die Quellenlage zum Gaskrieg 1914–1918 insgesamt wie für Fritz Haber im besonderen erstaunlich fragmentarisch, was in der Literatur weniger auffällt, da sie in weiten Teilen auf die Wiederholung von längst Bekanntem, auf die Erläuterung der diversen Giftgase, die Beschreibung einzelner Gasangriffe oder auch auf die Wiedergabe langer Zeitzeugenberichte ausweicht.[298] L. F. Haber fand für seine bisher unübertroffene vergleichende Analyse in Ermangelung deutscher Materialien die tragfähigste Quellengrundlage im sog. «Hartley-Report», den der britische Verantwortliche, General Harold Hartley, nach Gesprächen mit Haber im Juni 1921 anfertigte und der Einsichten in Entwicklung, Organisation und Ziele der chemischen Kriegführung Deutschlands vermittelt.[299] Darüber hinaus ist es nur schwer möglich, Habers Tätigkeit quellengestützt und präzise im einzelnen nachzuvollziehen. Seine Rolle und Bedeutung sind allerdings nicht in Zweifel zu ziehen. Sie treten auch in der jüngst erschienenen, breit recherchierten Monographie des Chemikers Dieter Martinetz zum Gaskrieg klar hervor.[300]

Für die schlechte archivalische Überlieferung gibt es mehrere Gründe. Zum einen kam persönlichen Besprechungen unter den Bedingungen des Krieges eine sehr große Bedeutung zu. Viele Vorgänge fanden aus Zeitdruck, aber auch aus Furcht vor Spionen[301] keinen schriftlichen Niederschlag. Zum anderen ist natürlich in Betracht zu ziehen, daß deutsche Stellen nach dem verlorenen Krieg belastende Materialien vor den alliierten Kommissionen vernichteten oder versteckten, denn falls dies nicht gelang, wurden sie beschlagnahmt. So wurden beispielsweise die Unterlagen des Haber-Instituts über die Gasforschungsergebnisse der Weltkriegsjahre niemals gefunden. Tatsächlich lagerten sie noch 1933 in einem verschlossenen Bibliotheksraum des KWI, wurden daraufhin offenbar dem Reichswehrministerium übergeben[302] und dann spätestens mit dem Bombenangriff auf das Potsdamer Heeresarchiv am 14. 4. 1945, zusammen mit den einschlägigen Akten des Kriegsministeriums, vernichtet.[303] Eine mögliche Ersatzüberlieferung aus den Beständen des bayerischen Kriegsarchivs existiert für Haber nicht.[304] Weiter ist nicht auszuschließen, daß bereits vor dem Ende des Zweiten Weltkriegs, wie Herbert Freundlich 1940 argwöhnte, die Nazis Quellen zur Unperson Haber nach Möglichkeit «verschütte[te]n».[305] Der Historiker ist deswegen auf die wenigen erhaltenen Akten vor allem aus den Beständen der KWG und des Kultusministeriums angewiesen, ergänzt um die Nachlässe führender Militärs, die reiche Memoirenliteratur und Interviews mit Zeitzeugen.

3.1. Die Entscheidung für den Gaskrieg

Als im Herbst 1914 die deutsche Westoffensive in den Gräben des Stellungskriegs erstarrte, wurden die führenden Militärs nicht nur auf die drohende Munitionskrise aufmerksam, die Großchemie und Wissenschaft kooperativ durch die Errichtung von Anlagen zur synthetischen Salpetererzeugung lösten. In dieselbe Zeit fiel auch die Entscheidung, systematisch nach neuen Waffen zu suchen, um die Front wieder in Bewegung zu bringen.

Die völkerrechtliche Lage[306] zum Einsatz von Gas als Mittel der Kriegführung war dem Wortlaut der getroffenen Vereinbarungen nach unklar. Das Arbeitsprogramm der ersten Haager Friedenskonferenz[307], die 1899 auf Initiative von Zar Nikolaus II. zusammengetreten war, umfaßte neben der Verhinderung von Kriegen und der Abrüstung auch das Verbot neuer Waffen und Zerstörungsmittel. Ihre Erklärung untersagte schließlich die Verwendung von Geschossen, deren einziger Zweck die Verbreitung erstickender oder giftiger Gase sei.[308] Diese vage Formulierung, die wohlgemerkt noch gar nicht existente Waffen zu verhindern suchte, eröffnete drei offensichtliche Einbruchstellen: Dem Wortlaut nach nicht verboten waren die Verwendung ungiftiger Reizgase, der Gaseinsatz durch andere Verfahren als durch Verschießen (z. B. durch Abblasen oder Abregnen) sowie die Verwendung von Explosivgeschossen mit Gasfüllung.[309] Die acht Jahre später stattfindende zweite Haager Konferenz schaffte keine Klarheit. Als Aufgaben setzte sie sich die Weiterbildung der Friedensinstitutionen, die Regelung des Seekriegsrechts sowie die Fortführung des Reglements über den Landkrieg. Über die Erklärung von 1899 hinaus verbot die Haager Landkriegsordnung 1907[310], zu deren Vertragsmächten auch England, Frankreich, Rußland und Deutschland zählten, in ihrem Artikel 23a die Verwendung von Gift oder von vergifteten Waffen. Nach der Interpretation der Völkerrechtler beider Seiten umfaßte das Verbot nicht den offenen Einsatz von Kampfgasen, was aus der Entstehungsgeschichte der Vorschrift gefolgert wurde. Man dachte dabei vorgeblich an die vergifteten Pfeile der Indianer oder an das Vergiften von Brunnenwasser. Für ebensowenig einschlägig hielten die Juristen Artikel 23e, demzufolge Waffen, Geschosse oder Stoffe völkerrechtswidrig waren, wenn sie unnötige Leiden verursachten. Unnötig seien sie dann, wenn ihre Wirkung im Mißverhältnis zum erzielten militärischen Erfolg stünden. Verboten waren demnach zwar Gaseinsätze gegen Zivilisten, nicht aber im Feld, da sie hier «kriegsnotwendig» sein konnten, also kein Mißverhältnis zwischen Leiden und potentiellem militärischem Erfolg bestand.

Wenn das Völkerrecht in den Überlegungen der Militärs überhaupt eine Rolle spielte, dann nur insoweit, als nach den leicht zu findenden Lücken im großmaschigen Netz der Interpretationsmöglichkeiten gesucht wurde. Erste unkoordinierte Kampfstoffversuche in Deutschland scheint es bereits kurz vor oder nach der Kriegserklärung gegeben zu haben, als ein Fliegerkommando auf dem Schießplatz in Wahn bei Köln phosgengefüllte Abwurfbomben (!) testete, dann aber als unzweckmäßig aufgab.[311] Carl Duisberg, dessen Farbenfabriken in der Giftgasproduktion eine zentrale Rolle spielen sollten, schilderte die Geschichte der chemischen Kampfstoffe in seinen Memoiren später ganz offen, mußte diese Fassung jedoch auf Weisung Hindenburgs und des Reichswehrministeriums zurückziehen. Während er in den publizierten Erinnerungen die deutschen Maßnahmen fälschlich als reine Abwehr und Reaktion auf die feindlichen Gasgranatenangriffe beschrieb[312], zeichnete die unveröffentlichte Version ein anderes Bild. Demnach ging die Initiative von den Militärs aus, und zwar von Max Bauer[313], damals noch Major, der in der Operationsabteilung der Obersten Heeresleitung die Sektion II für schwere Artillerie, Minenwerfer, Festungen und Munition leitete. Er schlug Generalstabschef Erich von Falkenhayn[314] in der zweiten Septemberhälfte 1914 vor, chemische Waffen im Grabenkrieg zu prüfen. Dabei dachte Bauer an Geschosse, die durch eingeschlossene feste, flüssige oder gasförmige Stoffe den Gegner schädigen oder kampfunfähig machen sollten. Falkenhayn griff die Anregung sofort auf und wandte sich u. a. an den Physikochemiker Walther Nernst, der positiv auf diese Aufgabe reagierte. Anfang Oktober stellte Bauer, der die Vorgänge 1919 verkürzt in einer Denkschrift wiedergab, auf persönliche Weisung Falkenhayns eine Kommission aus Wissenschaftlern, Offizieren und Industriellen zusammen, um geeignete chemische Verbindungen zu prüfen. Er fragte u. a. Nernst und Duisberg, die beide ihre Mitarbeit zusagten, Nernst «mit ungeheurem Eifer»[315], Duisberg offenbar erst nach einigem Zögern, da er technische Bedenken hatte. Noch im selben Monat wurde aus den Versuchen der Kommission auf dem Schießplatz in Wahn bei Köln ein Schrapnell entwickelt, das sog. Ni-Geschoß, das auf Basis von Dianisidinsalz, eines reizenden Niespulvers, als feiner Staub Augen und Atemwege belästigte. Hergestellt in Leverkusen, kamen die ersten 3000 Ni-Geschosse bereits Ende des Monats bei Neuve-Chapelle zum Einsatz. Sie verpufften wirkungslos, ohne daß die gegnerischen Truppen überhaupt etwas davon merkten.[316]

Typisch für diese frühe Phase ist wieder die informelle, nichtinstitutionalisierte Vorgehensweise bei der Einbindung wissenschaftlichen Know-hows in die Lösung militärischer Probleme. Bauer zog weitere Chemiker als Sachverständige hinzu, so auch Emil Fischer und Fritz Haber. Nernst und Duisberg erwuchs jedoch zunächst Konkurrenz in Person des Chemikers Hans Tappen[317], der, geboren 1879 in Goslar, zwei Jahre Assistent bei Emil Fischer gewesen war, um dann nach kurzer Anstellung bei den Elberfelder Farbenfabriken eine eigene Firma zu gründen. Sein Bruder, Oberst Gerhard Tappen[318], geboren 1866 und seit Kriegsbeginn Chef der Operationsabteilung im Generalstab des Feldheeres, wurde nach erwiesener Wirkungslosigkeit der Ni-Geschosse von Falkenhayn mit dem Problem konfrontiert: In Köln säßen «zwei alte Geheimräte», Nernst und Duisberg, die nicht von der Stelle kämen. Gerhard Tappen wandte sich an seinen Bruder Hans, der sich schließlich an den flüssigen Augenreizstoff Xylylbromid erinnerte, mit dem er während seiner Dissertation gearbeitet hatte. Anfang November 1914 schlug er der OHL diese ihm zu Ehren dann als T-Stoff benannte Chemikalie vor, die, in Granaten gefüllt, Mitte Dezember (vor dem 18. 12.) der Generalität auf dem Artillerieschießplatz Kummersdorf bei Berlin und abschließend am 9. 1. 1915 auf einer Großübung in Wahn vor Falkenhayn und seinem Generalquartiermeister Adolf Wild von Hohenborn vorgeführt wurde. Nernst und Duisberg reagierten äußerst pikiert auf ihren Konkurrenten, konnten aber nicht verhindern, daß die T-Granaten in die Produktion gingen und Ende Januar 1915 bei Lodz und bei Bolimow an der Ostfront erstmals eingesetzt wurden. Der Erfolg blieb aus, da sich der Stoff im freien Gelände verflüchtigte und wegen der Kälte keine Wirkung zeigte. Auch an der Westfront, u. a. bei Ypern und beim Angriff auf Verdun, fielen die T-Granaten kaum auf.[319] Die Anfänge anderer Tränengasgeschosse, die mit dem seit Dezember 1914 bzw. Januar 1915 in Leverkusen produzierten B-Stoff (Bromaceton) und K-Stoff (ein Gemisch aus Mono- und Dichlormethylchlorformiat) gefüllt waren, waren ebenfalls wenig beeindruckend.[320] Auch im Falle des B-Stoffs herrschten eher Konkurrenz und Mißgunst als der Geist militärisch-wissenschaftlicher Kooperation, sah sich doch der bei den Farbwerken in Höchst tätige Chemiker Albrecht Schmidt[321], ein Vetter Friedrich Schmidt-Otts, durch Nernst um den zweifelhaften Ruhm seiner Erfindung gebracht, der sich wiederum in deutlicher Rivalität zu Haber 1915 auf die Einführung von Reizgeschossen versteifte.[322]

Beim Kummersdorfer Probeschießen der T-Granaten Mitte Dezember 1914 war Haber in seiner Eigenschaft als chemisch-technischer Berater und Mitglied der von Bauer eingesetzten Kommission nachweislich anwesend und beeindruckte Tappen durch seine von Konkurrenzverhalten freie Freundlichkeit und blitzschnelle Auffassungsgabe.[323] Er machte auf das grundsätzliche Problem, nämlich die begrenzte Wirkung einer einzelnen Granate, aufmerksam und empfahl als Ausweg den gleichzeitigen Abschuß einer großen Anzahl von Gasgeschossen mit Hilfe von gruppenweise aufgestellten Granatwerfern.[324] Zu dieser Zeit ließ Haber, wie im Zusammenhang mit der Munitionskrise dargelegt, in seinem Institut Forschungen zu neuartigen Explosivstoffen durchführen, die auf dem Grenzgebiet zu den chemischen Kampfstoffen lagen. Die Experimente mit Kakodylchlorid, die schließlich Ende Dezember zur Explosionskatastrophe im KWI geführt und ein Todesopfer und einen Schwerverletzten gefordert hatten, standen bereits unter der Zielvorgabe, eine Alternative zum T-Stoff zu finden. Allerdings traf gerade in den Wintermonaten 1914/15 die Beschaffung von Schießgeräten und Pulvern auf unüberwindliche Schwierigkeiten, so daß der Weg, Gasgeschosse zu konstruieren, vorerst aufgegeben wurde.[325] Hinzu kam, daß Falkenhayns Auftrag an die Chemiker inzwischen eine radikale Wendung genommen hatte: Er hatte Hans Tappen bei der Entwicklung der T-Granate noch ausdrücklich angewiesen, er wünsche keine tödliche oder schädigende Wirkung des neuen Stoffs. Das Gas sollte nur reizen und eine Nebenwirkung eines sonst voll funktionsfähigen Sprenggeschosses sein.[326] Anfang Dezember war er davon überzeugt, daß der Durchbruch im Stellungskrieg nur mit dem Einsatz neuer technischer Mittel gelingen werde[327], und trat deshalb am 18. 12., kurz nach dem Kummersdorfer Probeschießen, mit Emil Fischer in Kontakt. Falkenhayn beklagte sich über die unbefriedigende Wirkung der «Stinkstoffe» und mahnte jetzt «etwas» an, «was die Menschen dauernd kampfunfähig macht.»[328]

Wenngleich auch weiterhin nach wirksamen chemischen Substanzen für «Stinkbomben» gesucht wurde[329], so vollzog doch Haber nun diesen von Falkenhayn und Bauer gewünschten Schritt vom Reizstoff zum tödlichen Kampfstoff. Er schlug der OHL Ende 1914 die Verwendung des in großen Mengen verfügbaren Chlors vor[330], das, in Hunderte handelsüblicher Stahlflaschen komprimiert, bei passenden Windverhältnissen auf die gegnerischen Stellungen abgeblasen werden sollte. Der Physikochemiker befürwortete eigentlich das Verschießen von Gasgranaten; er entwickelte das von äußeren Bedingungen extrem abhängige Blasverfahren notgedrungen als Ausweg, da man ihm, mitten in der Sprengstoffkrise, den nötigen Munitionsraum nicht bewilligte.[331] Chlorgas ruft bereits in geringen Konzentrationen lebensgefährliche Vergiftungen hervor und wirkt, da es in Kontakt mit feuchten Schleimhäuten Salzsäure bildet, verätzend vor allem im Nasen- und Rachenraum und in der Lunge, wo es bei starker Vergiftung zu einem Lungenödem kommt. Die ersten Experimente erfolgten Anfang Januar 1915 auf dem Schießplatz in Wahn, allerdings, wie Gerhard Tappen seinem Kriegstagebuch anvertraute, nur im kleinen Rahmen, um das Sicherheitsrisiko einer Chlorgaswolke zu vermeiden, über deren mögliche Reichweite man noch keine wissenschaftlichen Erkenntnisse hatte. Mitte Januar, also noch bevor die T-Granaten im Osten ihre Wirkungslosigkeit beweisen sollten, fiel die Entscheidung der OHL, die neue Waffe an der Westfront gleich in einem Einsatz zu testen.[332]

Wie Hermann Geyer, damals Stabsoffizier von Bauer und mit der konkreten Durchführung der Gasangriffe beauftragt, später bemerkte, gelang es Haber, «Militär und Zivil, Wissenschaft und Industrie, Heimat und Front, Stäbe und Truppen zu fast ideal zu nennender Zusammenarbeit zu bringen.»[333] Zusammenarbeit ja, ideal im Sinne fragloser Akzeptanz der neuen Waffe – nein. Besonders von seiten der Militärs gab es von Anfang an Vorbehalte gegen den Einsatz von Gas wie gegen das Blasverfahren im besonderen. Die im Nachlaß von Gerhard Tappen und anderswo überlieferten Dokumente belegen starke Zweifel innerhalb der OHL, mit ein Grund dafür, daß der deutsche Vorstoß bei Ypern dann nicht genutzt wurde. Das Gas sollte im großen erprobt werden, taktische oder gar strategische Zwecke wurden nicht verfolgt, zumal man inzwischen ganz auf einen Durchbruch im Osten setzte. Die Militärs zögerten aus verschiedenen Gründen: Zu aufwendig war das Vergraben der Chlorgasflaschen, zu gefährlich für die eigenen Mannschaften, zu abhängig von günstigen Wetterbedingungen. Zudem war die Tauglichkeit der neuen Waffe nicht erwiesen.[334] Kronprinz Rupprecht von Bayern, Oberbefehlshaber der 6. Armee, bemerkte bei einem Besuch Habers und Falkenhayns, das neue Kampfmittel erscheine ihm nicht nur «unsympathisch», sondern auch «verfehlt», da der Feind in Kürze zum gleichen Mittel greifen werde.[335] Hans Tappen erinnerte sich später, das Blasverfahren habe Habers Ansehen bei der hohen Generalität sehr geschadet.[336] Der Oberbefehlshaber der 3. Armee, Generaloberst Carl von Einem, brachte die Vorbehalte des traditionsbewußten Offiziers auf den Begriff, indem er rückblickend seiner Frau schrieb:

«Aber ich bin wütend über das Gas und seine Verwendung, die mir widerlich gewesen ist von Anfang an. Wir verdanken die Einführung dieses so unritterlichen, nur von Schuften und Verbrechern sonst gebrauchten Mittels in die Kriegführung natürlich Falkenhayn, dessen Abenteuerlichkeit glaubte, mit diesem Mittel im Handumdrehen den Krieg zu gewinnen. Jetzt haben es unsere Feinde auch ...»[337]

Die chevalereske Einstellung zum Krieg, in der wohlgemerkt völkerrechtliche Überlegungen, wenn überhaupt, dann nur eine geringe Rolle spielten, ist oft als Ausdruck der wissenschaftsfeindlichen, von vormodernen Idealen geprägten Mentalität der deutschen Offizierskaste gewertet worden, und sicher ist diese Behauptung nicht falsch. Andererseits ist im internationalen Vergleich auf die durchgängig konservative Einstellung der Militärs gegenüber der Anwendung neuer Waffen zu verweisen, die sich erst nach dem Zweiten Weltkrieg grundsätzlich ändern sollte. Unter diesem Aspekt einer «traditional reluctance of the military professions to be killed by anything but traditional weapons» nahm die deutsche Generalität im Ersten Weltkrieg keine Sonderstellung ein.[338] Falkenhayn, der selber sehr skeptisch war[339], beriet sich mit den Generalstabsoffizieren der verschiedenen Frontabschnitte im Westen, wo das Chlorgas am besten eingesetzt werden sollte. Zunächst ohne Ergebnis: Die Oberbefehlshaber winkten ab, zumal sie Falkenhayn gegenüber sehr kritisch eingestellt waren.[340] Die Sondierungen dauerten vom 14. bis 25. 1. 1915, als in einem Gespräch mit dem Generalstabschef der 4. Armee unter Herzog Albrecht von Württemberg, Generalmajor Emil Ilse, und dem Befehlshaber des ihm unterstellten XV. Armeekorps, General Berthold von Deimling, die Wahl auf den Ypernbogen in Flandern fiel. Ilse war als Spezialist für schwere Artillerie mit lebhaftem Interesse für technische Neuerungen eine Ausnahme unter den Generalstabsoffizieren.[341] Haber selbst sah in ihm rückblickend den Mann, der «den Gaskrieg aus der Taufe gehoben hat», und Ilse war seinerseits der Überzeugung, ohne die «genialen Erfindungen» des Physikochemikers hätte der Feldzug früh ein unrühmliches Ende gefunden.[342] Deimlings Vorkriegskarriere bei der Niederwerfung des Hereroaufstands und in der Zabern-Affäre ließ ebenfalls keine Bedenken erwarten. Seinen Memoiren zufolge ging ihm die Vorstellung, die Feinde «wie die Ratten» zu vergiften, zwar innerlich wie «jedem anständig fühlenden Soldaten» gegen den Strich, doch «Helf', was helfen mag. Der Krieg ist Notwehr und kennt kein Gebot.»[343]

Noch bevor die Entscheidung über den Ort des ersten Chlorgasangriffs gefallen war, entwickelte Haber das Konzept eines Blasangriffs und setzte es persönlich in allen Einzelheiten, von der Erprobung bis zur Materialbeschaffung, um. Nach dem Scheitern von Nernst und Tappen standen er und mit ihm die mit kriegswichtigen Aufgaben betrauten Chemiker an sich unter einem gewaltigen Erwartungsdruck. Es ging nicht mehr allein um die Entwicklung einer neuen Waffe, sondern auch darum, den Militärs den Wert wissenschaftlicher Arbeit zu beweisen und sie dazu zu zwingen, die Wissenschaftler als gesellschaftlich relevante Gruppe wahrzunehmen und ihrer Bedeutung gemäß einzuschätzen. Eventuelle moralische oder völkerrechtliche Zweifel Habers an der Zulässigkeit der neuen Waffen sind in den Quellen nicht belegt. In seiner Zeugenaussage vor dem Reichstagsuntersuchungsausschuß sagte er rückblickend im Oktober 1923 aus, er sei mit völkerrechtlichen Fragen niemals befaßt gewesen. Er habe sich vielmehr darauf verlassen, daß Falkenhayn persönlich diese Seite der chemischen Kriegführung geklärt habe. Dieser habe deutlich zu erkennen gegeben, daß er sich, von einer Ausnahme abgesehen, streng an die völkerrechtlichen Grenzen gehalten habe.[344] Freilich folgte Habers Argumentation der deutschen Rechtsauslegung, die bewußt die Lücken im Wortlaut des Völkerrechts suchte. Doch auch wenn man die apologetische Absicht seiner Aussage in Rechnung stellt, so ist die letztlich obrigkeitsstaatliche Rechts- und Politikauffassung für Habers Denken typisch. Er diente seinem Vaterland und verließ sich fraglos auf die Richtigkeit der Anordnungen, wie sie die höchsten Vertreter der staatlichen Autorität trafen.

Seit Anfang Januar 1915 wurden nach Habers Plan und unter seiner Aufsicht die ersten Gastruppen aufgestellt und in der Technik und Taktik des Gasangriffs ausgebildet, wozu auch die Festlegung des Angriffsdatums aufgrund der Wettervorhersage sowie Experimente zur Bestimmung der notwendigen Gaskonzentration gehörten.[345] Ausbildung bedeutete im Grunde eher ein experimentelles Herantasten, denn es gab keinerlei Erfahrungen, auf denen man aufbauen, keine gesicherten Erkenntnisse, die man vermitteln konnte. Das in der Füllstation in Cortemarck in Stahlflaschen (anfangs handelsübliche Kohlensäureflaschen) abgefüllte flüssige Chlorgas wurde zunächst mit Vollbahn, Klein- und Förderbahnen an die Front transportiert. Aufgabe der Gastruppen war es nun, die Flaschen in unmittelbarer Frontnähe in die Brüstungen der Schützengräben einzubauen, mit Sandsäcken zu umpacken und an den Ventilen Bleischläuche zu befestigen, die über den Grabenrand gelegt wurden. Das Gas sollte dann als zusammenhängende Wolke bei entsprechenden Windverhältnissen in die feindlichen Reihen strömen und die verschanzten Soldaten aus ihren Stellungen treiben.[346] Den taktischen Wert der Gaswaffe sah Haber darin, daß sie in einem Überraschungsschlag Bewegung in den Stellungskrieg bringen und die erstarrten Fronten aufbrechen sollte. Er nahm offenbar an, wie er auch immer wieder gegenüber Skeptikern betonte, daß man mit Gas den Krieg verkürzen und so indirekt viele Menschenleben retten könne.[347] Das später von Haber selbst wie von allen Befürwortern der chemischen Kriegführung international immer wieder gebrauchte Argument, es handele sich beim Giftgas um eine «humane Waffe», die weniger Todesopfer fordere und weniger Leiden verursache als konventionelle Geschosse[348], spielte dabei keine Rolle. Festzuhalten ist dagegen die offensichtliche Faszination, die taktisches Denken und die Möglichkeiten der neuen Kriegstechnik auf den Physikochemiker ausübten. So war die vernichtende Wirkung der Gaskampfstoffe für Haber erklärtermaßen sekundär; ihn faszinierte es, mit der ihm eigenen «naturwissenschaftlichen Phantasie» Probleme der Kriegführung «vorauszusehen und auf die Abhilfe zu verfallen, die der Stand der Technik möglich machte.» Die traditionelle Kriegstechnik mit ihren Brisanz- und Vollgeschossen verglich er daher mit einem «einfachen Damespiel»: «Durch die Gaskampfstoffe und ihre Abwehr wird sie zum Schach.»[349]

Kommandant der Gastruppen, die man als Desinfektionseinheiten tarnte, war Oberst Peterson[350], dessen Stab sich anfangs aus seinem Adjutanten Otto Lummitzsch, dem Oberleutnant d. R. Ludwig Hermann und Fritz Haber zusammensetzte.[351] Als technischer Adjutant Habers fungierte sein Privatassistent am KWI, Friedrich Kerschbaum. Die erste Gastruppe bestand anfangs aus drei Pionierkompanien aus kriegsfreiwilligen und nach Lummitzschs Erinnerung hochmotivierten Studenten, deren Kompaniechefs sich allerdings nur widerstrebend der neuen Aufgabe stellten. Trainiert wurden sie auf dem Schießplatz Wahn. Aus der Spezialtruppe wurden schließlich zwei Pionierregimenter gebildet: am 27. 4. zunächst Nr. 35, bestehend aus zwei Bataillonen zu je drei Kompanien, einer Parkkompanie, einer Feldwetterstation und einer Fernsprechabteilung, Anfang Mai dann Nr. 36. Haber bemühte sich, die Offiziersstellen mit Wissenschaftlern, vor allem mit Physikern und Chemikern, aber auch Medizinern, Pharmazeuten und den beim Blasverfahren besonders wichtigen Meteorologen, zu besetzen, was ihm mit Bauers Hilfe auch gelang.[352] Aufgabe dieser etwa 30 sog. «Frontbeobachter» war es, zunächst die örtlichen Bedingungen für die Möglichkeiten des Abblasens zu untersuchen und den Einbau der Flaschen zu leiten. Beim Angriff selbst mußten sie Gaskonzentrationen messen und dafür sorgen, daß bei unerwarteten Winddrehungen die eigenen Truppen nicht gefährdet wurden. Am liebsten hätte Haber den Frontbeobachtern Befehlsgewalt für ihren Abschnitt gegeben, doch scheiterte dies am Widerstand der Militärs.[353] Später kamen weitere Gaspionierregimenter dazu, nämlich Nr. 37–39 sowie 94, 95.[354]

Es ist bekannt, daß Haber hochqualifizierte Wissenschaftler zu den Gastruppen heranzog, von denen etliche später zu Weltruhm gelangten. Zu erwähnen sind die späteren Nobelpreisträger Otto Hahn (für Chemie 1944), James Franck (für Physik 1925) und Gustav Hertz (für Physik 1925), aber auch der Physiker Wilhelm Westphal (1882–1978), der Untersuchungen über Wärmestrahlung und Gasentladungen durchführte, der Physiker Hans Geiger (1882–1945), dessen bahnbrechende Arbeiten zur experimentellen Atomphysik in dem nach ihm benannten Geigerzähler gewürdigt werden, oder der Physiker Erwin Madelung (1881–1972), der durch Arbeiten über den molekularen Aufbau von Kristallen hervorgetreten war.[355] Mißbrauchte Haber seinen wissenschaftlichen Ruf, um diese Spitzenkräfte zu gewinnen, wie gelegentlich in der Literatur behauptet wird?[356] Die Aussagen der Quellen gehen hier auseinander. Der Gaspionier Franz Richardt, der 1902/03 bei Haber in Karlsruhe studiert hatte, notierte, daß jeder Offizier, den dieser nannte, von Bauer in Petersons Formation versetzt wurde, und auch Otto Hahn schrieb in seinen Memoiren, er wie andere Wissenschaftler seien für diese Aufgabe «abkommandiert» worden.[357] Dem Kriegsfreiwilligen James Franck, der sich langweilte, in Königsberg Schützengräben auszuheben, war es «sympathisch», brieflich vom Haberschen Institut (!) angefordert und in das Pionierregiement 35/36 abkommandiert zu werden.[358] Dem steht das Beispiel Max Borns entgegen, der seinen Erinnerungen zufolge die chemische Kriegführung verabscheute, alle «Angebote», daran teilzunehmen, ablehnte und sich einer Einheit von Physikern und Technikern unter Max Wien anschloß, die Funkgeräte für Flugzeuge entwickelten. Diese seien zwar «weniger brillant als die Gasleute» gewesen, hätten dafür aber «doch eine viel harmlosere Aufgabe» gehabt.[359]

Borns Formulierung läßt die Faszination ahnen, die eine Truppe mit wissenschaftlich-technischer Aufgabenstellung auf kriegsteilnehmende Wissenschaftler ausübte, und Habers Ruf erhöhte sicherlich diese Anziehungskraft. Beruhte die Teilnahme jedoch auf Freiwilligkeit, oder wurde man abkommandiert? Auch Otto Hahn, der zu Haber «befohlen» wurde, berichtete, wie dieser ihn auf Einwände hin vom Zweck des Gaskriegs und seiner Berechtigung überzeugte. Das Beispiel Max Borns zeigt, daß wohl kein Wissenschaftler gegen seinen erklärten Willen gezwungen wurde, am chemischen Krieg teilzunehmen, doch waren Fälle wie er die Ausnahme. Wilhelm Westphal erinnerte sich später, daß viele der naturwissenschaftlich ausgebildeten Frontbeobachter zuvor lange unbeschäftigt gewesen waren. Für sie bot sich damit also eine Chance, wieder wissenschaftlich tätig zu sein. Unter ihnen entwickelte sich gar ein sehr anregendes «Dauer-Kolloquium».[360] Außerdem gibt Fritz Stern richtig zu bedenken, daß in der Zeit des Ersten Weltkriegs der Dienst fürs Vaterland auch unter Wissenschaftlern ein anerkannter Imperativ war. Hahn, Franck, Hertz und die anderen erfüllten ihren Dienst in den vordersten Stellungen gewissenhaft, ohne sich zu verweigern. Franck wurde als einer der ersten der Gastruppe mit dem Eisernen Kreuz II. Klasse ausgezeichnet, und Hahn hatte sich bis 1916 einen Namen als «Sachverständiger in Gas» gemacht.[361] Zu ihrer Teilnahme am Gaskrieg bekannten sich später allerdings nur wenige: neben Westphal und Haber, der stets die volle Verantwortung übernahm, ging nur Otto Hahn in seinen Lebenserinnerungen ausführlich auf seine Einsätze bei den Gastruppen ein. Er gab zu, er habe sich nach anfänglichen Bedenken von Haber «bekehren lassen und später durchaus mit Überzeugung mitgemacht.»[362]

Bereits im Februar 1915 begannen die Gastruppen die komplizierten, von vielen Rückschlägen und Unfällen begleiteten Vorbereitungen bei Ypern. Haber befand sich stets an vorderster Front und überwachte persönlich den Einbau der Gasflaschen. Wahrscheinlich um der skeptischen Generalität die Wirksamkeit des neuen Kampfstoffs zu beweisen, unternahm er am 2. April gar einen Eigenversuch, indem er mit Oberst Bauer in eine probeweise abgeblasene Chlorwolke hineinritt – beide erkrankten schwer.[363] Nach übereinstimmenden Aussagen erwies sich Haber als geschickter Menschenkenner im Umgang mit den Offizieren, als hervorragender Organisator und fähiger Taktiker, der selbst die Stellen zum Vergraben der Flaschen bestimmte.[364] Nachdem der Befehl zur Bereitstellung siebenmal wegen einer nicht vorhergesehenen Änderung der Windrichtung wieder zurückgenommen werden mußte[365], erfolgte am 22. April 1915 gegen 18 Uhr der erste Gasangriff der Militärgeschichte, als auf 6–7 km Frontlänge rund 150 Tonnen Chlor aus 1600 großen und 4130 kleineren

Stahlflaschen abgeblasen wurden.[366] Der kurze Frontabschnitt und die späte Uhrzeit belegen, daß von Anfang an nicht daran gedacht war, einen größeren militärischen Vorstoß zu erzielen.

«Jetzt waren wir mit unserer Gastruppe auf einmal grosse Leute geworden», erinnerte sich Otto Lummitzsch später[367], und in der Tat hatte die chemische Wissenschaft ihre Kriegstauglichkeit bewiesen. Trotzdem darf die Begeisterung der Militärs nicht zu hoch veranschlagt werden. Nach L. F. Habers Analyse blieben die Chemiker im Offizierskorps «in little esteem», und Habers Ansehen führte keineswegs dazu, daß auch seine Ratschläge befolgt wurden. Männer wie Ilse, Geyer, Bauer und Wrisberg waren in ihrer uneingeschränkt positiven Einstellung zur chemischen Kriegführung die Ausnahme.[368] Andererseits wurde der Gaskrieg, obwohl Bauer Falkenhayn später vorwarf, er habe die Möglichkeiten der neuen Waffe gar nicht begriffen[369], doch integrierter Bestandteil der Kriegführung im Westen wie im Osten und Haber mit seiner Weiterentwicklung und Organisation betraut. Der Physikochemiker erfüllte in der Folge hier wie im Falle der Salpeter- und Stickstoffversorgung die wichtige Kontaktfunktion an der Schnittstelle zwischen Militär, Industrie und Wissenschaft.

Die Reibungsverluste in der Zusammenarbeit mit den Offizieren gingen nach Ypern durch einen einfachen Kunstgriff zurück, indem Haber einer der Ihren wurde. Seine Blitzbeförderung vom Vizewachtmeister des Landsturms[370] zum Hauptmann, d. h. aus einem unteren in einen mittleren Offiziersrang, ist inzwischen sagenumwoben. Überrestquellen, die Aufschluß über einfache Sachverhalte wie Datum oder Ablauf geben könnten, existieren nicht, so daß mehrere Versionen von Zeitzeugen in der Literatur kursieren. Nicht einmal über den Anlaß besteht Einigkeit. Meistens wird ein Zusammenhang mit dem Chlorgasangriff bei Ypern aufgezeigt, wobei einige eine Beförderung noch an der Front behaupten[371]; andere datieren sie auf Herbst 1914 als Würdigung der Entwicklung eines alternativen Gefrierschutzmittels[372] oder auf Anfang 1915 ohne besondere Angabe von Gründen.[373] Der nach einigen Stimmen in der preußisch-deutschen Militärtradition sogar beispiellose[374] Karrieresprung legte es nahe, an eine Intervention des Kaisers zu glauben[375], der sich damit, wie gelegentlich behauptet wurde, gegen den Widerstand seiner Generäle durchsetzen mußte.[376] Es gibt allerdings auch die umgekehrte Version, derzufolge der Kaiser den Physikochemiker nur zum Leutnant befördern wollte; ein verwandter Offizier habe den Hauptmannsrang, auf welchem Weg auch immer, durchgesetzt, und zwar nicht, wie geplant, bei Habers Breslauer Regiment, sondern auf seinen ausdrücklichen Wunsch beim Gaspionierregiment Nr. 35.[377]

Einiges spricht dafür, der Aussage des Zeitzeugen Otto Hahn zu folgen, wonach Haber wenige Tage nach Ypern befördert wurde[378], als sich die OHL für den Ausbau der Gaswaffe entschied und der Physikochemiker verantwortlich mit ihrer Weiterentwicklung und Organisation betraut wurde. Erst die Ernennung zum Offizier ermöglichte es dem chemisch-technischen Berater des Kriegsministeriums überhaupt, wie ihm durchaus bewußt war, dauerhaft «in dem militärischen Kreise mitzuarbeiten» und die Befugnisse eines Abteilungsleiters auszuüben. Haber selbst fühlte sich in seinem Neujahrsschreiben 1916 dem «große[n] Wohlwollen» von Zivilkabinettschef Valentini verpflichtet, auf dessen Fürsprache hin er den Hauptmannsrang «von der Gnade des Kaisers» erhalten habe.[379] Festzuhalten bleibt, daß er, wie auch Zeitgenossen überrascht konstatierten, trotz seiner großen Bedeutung auf der Rangleiter nicht weiter emporstieg, ein Beleg für seine fortdauernde Außenseiterposition als Jude und Wissenschaftler in der Welt der preußischen Offiziere. Als ordentlichem Honorarprofessor an der Berliner Universität entsprach ihm eigentlich schon qua Amt mindestens der Rang eines Rates vierter Klasse bzw. Majors.[380] Ebenso verhalten nahm sich die Verleihung von preußischen Kriegsauszeichnungen aus: Erst am 28. 2. 1916 erhielt er das Eiserne Kreuz II. Klasse am schwarz-weißen Band, also für Kombattanten. Da waren Habers Standesgenossen von der Fridericiana schneller, die ihm schon im Oktober 1915 die Würde eines Dr. Ing. ehrenhalber wegen seiner Verdienste «um die Ernährung und die Verteidigung des deutschen Volkes in schwerer Zeit und um die Wahrung seiner volkswirtschaftlichen Unabhängigkeit im Krieg und im Frieden» verliehen hatten. Im Juni 1917 folgte die Universität Halle, die Haber zum Dr. med. h. c. ernannte. Im selben Jahr erhielt er das EK I sowie das Kreuz der Ritter des kgl. Hausordens von Hohenzollern mit Schwertern und schließlich am 30. 8. 1918 den Kronenorden III. Klasse. Persönliche Neujahrsglückwünsche und die Verleihung der Erinnerungsmedaille der Heeresgruppe Kronprinz, beide Anfang 1918, deuten dagegen auf eine besondere Gewogenheit des Kronprinzen, wofür auch spricht, daß dieser beim Kriegsministerium das EK am schwarz-weißen Band für die «hervorragend tätigen Fachgenossen» am Haber-Institut durchsetzte.[381]

Habers Neujahrsschreiben an Valentini ist ein vielsagendes Dokument: Es verrät sein Geltungsbedürfnis und seinen Wunsch nach allerhöchster Anerkennung. Auf den Kaiser kam es ihm an, denn in dem zehnseitigen handschriftlichen Brief berichtete er ausführlich von seinen Verdiensten um die Kriegführung, und als Valentini immer noch nicht begriff, bat er ihn kurz darauf unumwunden, seinen Rapport der Majestät vorzulegen. Damit aber nicht genug: Haber war, wie man zwischen den Zeilen lesen kann, mit den bisherigen Gaseinsätzen nicht zufrieden. Er beschrieb, «wie fürchterlich seelischer Eindruck und Wirkung beim Feinde gewesen sind», um dann hinzuzufügen, daß die großen Operationen im Osten ohne Gas angelegt würden. «Die großen Gasunternehmungen, die ich vom November ab für möglich hielt, sind bisher ausgeblieben», beklagte er sich, und um weiter Druck zu machen, setzte er hinzu, daß in Amerika Gas und Flaschen in eindeutiger Absicht nach Europa verschifft würden. Nur die Unfähigkeit der Alliierten, eine wirklich gute Gasmaske zu entwickeln, ermögliche es «noch», die feindlichen Truppen schwer zu schädigen.[382] Haber versuchte offenbar, an Falkenhayn vorbei direkt beim Kaiser als oberstem Kriegsherrn eine Intensivierung des Gaskriegs zu bewirken. Daß dies erfolglos bleiben mußte, da die zweite und später erst recht die dritte OHL den Kaiser aus der Kriegführung völlig ausschalteten[383], steht auf einem anderen Blatt: Haber erkannte als Zeitgenosse diesen erst in der Rückschau deutlichen Prozeß der wachsenden Isolierung des Kaisers und die kontinuierliche Machtverschiebung von der zivilen zur militärischen Gewalt nicht. Auch andere Quellen belegen, daß Haber von Anfang an auf einen massiven Einsatz der Gaswaffe drängte. Bereits vor Ypern wollte er mit dem Angriff warten, bis eine noch größere Anzahl von Chlorgasflaschen zur Vergasung eines breiteren Frontabschnitts angeliefert waren; nur die Ungeduld der Generäle erzwang den ersten günstigen Windtag.[384]

War er also ein Fanatiker des Gaskriegs? Es darf nicht übersehen werden, daß Haber die Bedeutung der Gaswaffe in ihrem Überraschungscharakter erblickte und ihre innere Dynamik anders einschätzte als die Militärs. Sie konnte seines Erachtens nur dann wirksam und kriegsverkürzend eingesetzt werden, wenn der Krieg beendet würde, bevor die gegnerische Seite geeignete Schutzmaßnahmen und noch gefährlichere Kampfstoffe entwickelte. Aus diesem Grund äußerte er auch gegenüber Ludendorff auf einer Sitzung im Kriegsministerium im Jahr 1917 Bedenken gegen den Einsatz von Lost/Senfgas, der ihm nur sinnvoll schien, wenn Deutschland seinen Vorsprung wahren und den Krieg innerhalb eines Jahres gewinnen könnte. Er garantierte, daß die Alliierten das Gas aus Blindgängern würden analysieren und dann selbst herstellen können, so daß nach Ablauf dieses Zeitraums Deutschland den Krieg «rettungslos verlieren müßte[n]».[385] Die chemische Kriegführung implizierte für Haber also eine neue Zeitdimension, der die Militärs nicht Rechnung trugen.

3.2. Großforschung für den Gaskrieg

Die organisatorische Seite der deutschen chemischen Kriegführung 1915–1918 war lange überraschend informell und unbürokratisch; die Kompetenzen waren sachlich wie hierarchisch nur grob abgegrenzt, Improvisationen überwogen. Militärische Planung und Durchführung, administrative Abwicklung, Beschaffung von Materialien und Transportmöglichkeiten, Erforschung und Entwicklung von Kampfstoffen und Schutzmasken sowie ihre großindustrielle Fertigung mußten aufeinander abgestimmt werden. Im Zentrum des Geflechts von Dienststellen und Aufgabenbereichen stand die Person Fritz Habers, dessen Funktionen sich erst allmählich institutionalisierten.

Oberste Heeresleitung und Chemische Abteilung des Kriegsministeriums

Innerhalb der OHL war es Max Bauer, der die operativen Entscheidungen zum Einsatz der Gaswaffe fällte. Sein Vorgehen beim Abblasen von Gaswolken, das weniger zu Angriffszwecken als zu Ablenkungs- und Störmanövern benutzt wurde, war bis 1917 dasselbe: Frontbeobachter lokalisierten einen geeigneten Abschnitt, die Detailplanungen führte Hermann Geyer aus Bauers Stab durch. Nachdem die betroffenen Oberbefehlshaber endgültig zugestimmt hatten, kamen dann an Ort und Stelle die bereits erläuterten Gaspioniere zum Einsatz. Die Zuständigkeit für Granaten und sonstige schwere Munition lag innerhalb der OHL im Verantwortungsbereich von General Gerhard Tappen. Gasschutzangelegenheiten, also die Fertigung und Kontrolle geeigneter Gasmasken, waren Aufgabe des Sanitätswesens. Haber war der wissenschaftlich-technische Berater all dieser Stellen, hatte also eine nichtinstitutionalisierte Funktion außerhalb der Hierarchie inne. Gleichzeitig überwachte er, ebenfalls als Berater, die einzelnen Gaseinsätze an der Front.[386]

Nach und nach wurde der KWI-Direktor, bedingt durch die wachsende Komplexität der Anforderungen im andauernden Weltkrieg, in den militärisch-staatlichen Apparat integriert. Der erste Schritt war zweifellos die bereits beschriebene Blitzbeförderung zum Hauptmann nach dem Blasangriff bei Ypern. Sie war die Vorbedingung für die erstaunlich späte Institutionalisierung von Habers Tätigkeit im Kriegsministerium, als er im November 1915 die Leitung der «Zentralstelle für Fragen der Chemie» innerhalb der Fußartillerieabteilung des Allgemeinen Kriegsdepartements unter Generalmajor Ernst von Wrisberg übernahm. Die Zentralstelle wurde ein Jahr später, im November 1916, zur selbständigen Chemischen Abteilung A 10, ebenfalls innerhalb des Allgemeinen Kriegsdepartements, ausgebaut. Haber war damit der erste Wissenschaftler, der eine Abteilung des Kriegsministeriums leitete.[387]

Der Geschäftskreis der Chemischen Abteilung war breit gefaßt. Neben allen Gaskampf- und Gasschutzangelegenheiten gehörten dazu auch die Schädlingsbekämpfung sowie die «Mitwirkung bei allen Fragen chemisch-technischer Art, soweit sie die Heeresverwaltung betreffen».[388] Diese vage Formulierung, die zuvor auch den Aufgabenkreis der Zentralstelle abgesteckt hatte, zielte auf die Verhandlungen um einen Ausbau der stickstoffproduzierenden Werke ebenso wie auf die Vorzensur chemischer Zeitschriften, die Haber auf eventuell kriegsrelevante und deshalb geheimzuhaltende Informationen durchsehen ließ.[389] Weiter gab die A 10 vervielfältigte «Mitteilungen» an interne Stellen heraus, in denen sie z. B. über die gegnerischen Gaswaffen oder -schutzvorrichtungen informierte.[390]

Vor allen Dingen schloß der Physikochemiker für das Kriegsministerium die Verträge mit der Großchemie über die Produktion von Kampfstoffen und ihre Vor- und Zwischenprodukte, über die Erweiterung der Produktion, über die Errichtung neuer Anlagen und ihre Finanzierung. Auch beschaffte er die für die Fabrikation benötigten Rohstoffe oder Edelmetalle, z. B. Gold oder Platin aus den Beständen der Reichsbank. Ob er die Kalkulation der Firmen kritisch überprüfen konnte, ist in Anbetracht des immensen Zeit- und Arbeitsdrucks in der Kriegssituation und der letztlich begrenzten betriebswirtschaftlichen Kenntnisse Habers fraglich. Die fragmentarisch erhaltene Korrespondenz der A 10 mit der BASF und den Farbenfabriken belegt, daß es bei Fortdauer des Krieges nur noch darum ging, in kürzestmöglicher Zeit die Produktionskapazitäten zu erweitern. Die Kostenfrage trat dementsprechend zurück.[391] Dieses System der kurzen administrativen Wege zerbrach in dem Augenblick, wenn Stellen außerhalb von Habers Abteilung befaßt werden mußten, so im Falle der Bezahlung: Die Rechnungen wurden an das Wumba weitergeleitet, das dann seine Kassenverwaltung mit der Bezahlung beauftragte. Die Firmen reagierten auf bürokratische Verzögerungen besonders gegen Kriegsende ungehalten und in Anbetracht ihrer Gewinne sehr wenig kulant: Haber konnte die BASF im Oktober 1918 nur mit Mühe zurückhalten, Zinsforderungen für eine erst nach sechs Wochen geleistete Abschlagszahlung zu stellen.[392]

Haber war damit das Bindeglied zum wichtigsten Faktor innerhalb der Organisation des Gaskriegs, der chemischen Großindustrie in Deutschland, auf die hier nicht näher einzugehen ist. Sie konnte ihre gewaltigen Anlagen problemlos auf die Bedürfnisse des Gaskriegs umstellen, da sie die meisten Substanzen oder Vorprodukte ohnehin schon seit langem im großtechnischen Maßstab fertigte. Zwar konnte auch sie die 1918 enorm auswachsenden Bedürfnisse der Militärs nach Kampfstoffen nicht voll befriedigen, doch überstieg ihre Leistungsfähigkeit bei weitem die der alliierten Chemieunternehmen mit ihren strukturell bedingten Schwächen. Mit Ausnahme von Chlorpikrin und Blausäure, die eine englische bzw. französische ‹Spezialität› waren, war Deutschland in der Produktion aller anderen Kampfstoffarten führend.[393] Das Gewicht der 1916 in der Interessengemeinschaft zusammengeschlossenen Unternehmen war dabei eklatant. Haber forderte «die auf dem Gebiete der organisch-chemischen Gross-Industrie führenden Firmen» unumwunden auf, «gemeinsam an dem Problem mit[zu]arbeiten», da sie «in der Lösung synthetischer Aufgaben ein besonderes wissenschaftliches, technisches und wirtschaftliches Können von jeher bewiesen» hätten.[394] Weit über zwei Drittel der deutschen Kampfstoffe im Ersten Weltkrieg (ohne Vor- und Zwischenprodukte) wurden von den drei tonangebenden Unternehmen der IG hergestellt, den Farbenfabriken in Leverkusen, der BASF und den Höchster Farbwerken, ergänzt um die meist spezialisierten Produktionen der IG-Partner Agfa und Griesheim Elektron. Zur zentralen Figur avancierte Carl Duisberg.[395]

Auf dem Höhepunkt ihrer Tätigkeit beschäftigte Habers Chemische Abteilung nach den Angaben des Hartley-Reports weniger als zehn Offiziere bzw. Zivilisten im höheren Dienst sowie 14 einfache Büroangestellte und Boten. Die nachträgliche Erklärung des Physikochemikers, eine kleinere Arbeitseinheit gewährleiste eben eine größere Effizienz als eine große Abteilung, wird in L. F. Habers kritischer Analyse zu Recht als «post hoc rationalization» offengelegt: «throughout 1915 and for most of 1916 there was no clear policy and various functional responsibilities were handed over to A 10 as circumstances arose.» So wurden der Zentralstelle beispielsweise erst in der ersten Jahreshälfte 1916 die Entwicklung und Beschaffung von Gasgranaten angegliedert, die Gasschutzangelegenheiten einschließlich der Gasmaskenproduktion gar erst Ende 1916 von der Medizinalabteilung übernommen. Seit diesem Zeitpunkt gliederte sich die A 10 in fünf Zuständigkeiten – Referate wäre zu viel gesagt –, nämlich für die Herstellung von Kampfstoffen (Epstein), Gasgeschossen (Poppenberg) und Gasmasken (Just), für die Schulung im Umgang mit Gas sowie für Finanz- und Vertragsangelegenheiten.[396]

Habers wichtigster Mitarbeiter in der Zentralstelle bzw. der Abteilung A 10 war sein ehemaliger Karlsruher Assistent (1907–1911) Dr. Friedrich Epstein. Der am 21. 1. 1882 geborene Epstein hatte in München, Lausanne, Berlin und Heidelberg Chemie studiert und dort 1905 mit Auszeichnung promoviert. Nach der Assistenz in Karlsruhe wechselte er 1911 mit Haber nach Berlin, wo er ohne reguläres Beschäftigungsverhältnis wissenschaftlich am KWI arbeitete. 1914 ging er an die deutsche TH nach Prag. Nach einer schweren Kriegsverletzung kam er im Januar 1915 zu Habers Unterstützung ins Kriegsministerium, wo er die Kampfstofforschungen des KWI referierte und die Arbeitsergebnisse für die Kampfausstattung des Heeres nutzbar machte. In Würdigung seiner Verdienste beantragte Haber im Dezember 1917 beim Kultusminister, ihm den Professorentitel zu verleihen, was ein Jahr später bewilligt wurde. Nach dem Krieg in der Industrie tätig, emigrierte Epstein 1933 nach Frankreich, wurde im Zweiten Weltkrieg von den Nazis interniert und starb mit unbekanntem Datum und Ort in einem der Lager.[397]

Eine derart rudimentäre Behördenstruktur wie in der Zentralstelle für Chemie bzw. in der Abteilung A 10 im Kriegsministerium impliziert, daß zum einen ungeheure Anforderungen an die Person ihres Leiters gestellt, daß zum anderen aber auch administrative Aufgaben von Stellen außerhalb des Ministeriums wahrgenommen wurden. Haber arbeitete in der

Tat wie besessen und bis zur totalen Erschöpfung, da er Aufgaben, die im Falle einer ausgebauten Organisation von Mitarbeitern oder ganzen Referaten wahrgenommen wurden, persönlich erledigte und ständig auf Reisen war. Es ist unter diesen Umständen nicht verwunderlich, daß aus jenen Jahren keine breite Korrespondenz Habers erhalten sein kann, auch wenn man die Vernichtung von Aktenmaterial in Rechnung stellt. Die engen informellen Kontakte des Physikochemikers zur Industrie, zu führenden Wissenschaftlern wie auch zu leitenden Beamten, Offizieren und Politikern z. B. in der Deutschen Gesellschaft waren nicht nur von unschätzbarem Wert, sondern unumgängliche Bedingung dafür, daß die Organisation des Gaskriegs überhaupt funktionierte. Hinzu kamen, daran sei hier erinnert, die parallelen Bemühungen Habers um die synthetische Salpeter- und Stickstoffproduktion. Nach der kritischen Einschätzung L. F. Habers waren die Reibungsverluste in der Tat groß, da zu wenig delegiert, zu viel zentral entschieden wurde und fast alles von der Arbeitskraft einer Person abhing, was die Effektivität der chemischen Kriegführung schwächen mußte.[398] Aber gerade in Hinblick auf diese organisatorischen Defizite war das, was Haber leistete, bei aller inneren Distanz, die man selbst dem Gegenstand dieser Aktivitäten entgegenbringt, fast unvorstellbar.

Das «Königlich-Preußische Kaiser-Wilhelm-Institut»

Neben der Person Habers war es zweifellos sein KWI für physikalische Chemie, dem in der Organisation des Gaskriegs eine tragende Bedeutung zukam. Es nahm zum einen die technisch-administrativen Aufgaben wahr, die eigentlich Sache der Heeresverwaltung waren, aber wegen des fehlenden Behördenapparates nicht von Habers Zentralstelle oder der A 10 übernommen werden konnten. Das Institut fungierte also als eine Art nachgeordneter Behörde, was sich um so eher anbot, als seine Mitarbeiter über die erforderliche technisch-wissenschaftliche Sachkompetenz verfügten. So war zwar, um ein erstes Beispiel zu nennen, die Schulung im Umgang mit Gas Aufgabe der A 10, doch lag die gesamte praktische Durchführung, also die Organisation der Kurse, die Auswahl der Teilnehmer, die Aufstellung des Lehrplans sowie die Abhaltung des Lehrgangs, in den Händen des Institutspersonals.[399] Zum anderen entwickelte sich Habers KWI zur zentralen Stätte für die Erforschung, Entwicklung und Kontrolle von Kampfstoffen und Schutzmitteln. Natürlich wurden derartige Arbeiten auch anderswo, vor allem in den Laboratorien der Großchemie, durchgeführt, und es war an Haber, diese Projekte zu überblicken und zu koordinieren. Andererseits bildete sich gerade in seinem Institut ein neuartiger Typ organisierter Forschung aus, der zu Recht als frühe Form von Großforschung oder vorweggenommenes «Manhattan-Project» charakterisiert wurde.

Großforschung ist nicht einfach nur groß im quantitativen Sinne, sondern ist vor allem gekennzeichnet durch die Teamarbeit von Wissenschaftlern verschiedener Disziplinen an einem gemeinsamen Projekt, das ganz oder in wesentlichen Teilen öffentlich finanziert wird und dessen Ziele politisch vorgegeben sind. Dabei fällt trotz dieser Zielvorgabe die relative Autonomie des Wissenschaftlers in seiner konkreten Arbeit auf. Daß der «Großwissenschaft» nicht nur der «Großstaat», sondern erst recht die Großindustrie entspreche, bemerkte Theodor Mommsen bereits 1890, und in der Tat ist die Wirtschaft häufig in die Projekte involviert.[400] Die an Habers Institut durchgeführten Forschungen wiesen alle diese idealtypischen Merkmale auf; im Vordergrund standen zweifellos militärisch vorgegebene Projekte, doch wurde, wie noch am Beispiel der Schädlingsbekämpfung zu zeigen sein wird, ihre industrielle Verwertbarkeit stets mitbedacht. Schließlich war insgesamt die chemische Großindustrie mit ihren für die Kampfstoffproduktion umgerüsteten Anlagen für die Gaskriegsführung konstitutiv. Person und Stellung des Institutsdirektors bewirkten die erforderliche Zusammenarbeit von wissenschaftlichem, industriellem und militärischem Apparat.[401] Der weitgehende Verzicht auf institutionalisierte Strukturen und das große Gewicht der Einzelperson Haber legen es allerdings nahe, von einer Frühform und nicht vom entwickelten Typus Großforschung zu sprechen. Auffallend ist schließlich das Spannungsverhältnis zwischen den schon allein durch den Zeitdruck des Krieges vorgegebenen Projektzielen und Habers manchmal recht autokratischem Führungsstil einerseits und der relativen Freiheit der beteiligten Wissenschaftler andererseits, die zahlreiche Mitarbeiter in ihrer Erinnerung hervorhoben. Dies traf besonders auf die Abteilungsleiter zu, deren Spielraum sich wieder erweiterte, nachdem die Anfangsschwierigkeiten, die bei der Umstellung des Instituts auf seine Rolle im Gaskrieg auftraten, überwunden waren. Auch viele wissenschaftliche Mitarbeiter betonten Habers Fähigkeit, den einzelnen selbständig arbeiten zu lassen, «aber trotzdem unsichtbar die Fäden der Organisation und aller Arbeiten fest in der Hand» zu behalten.[402]

Eine entscheidende Zäsur für die Institutsentwicklung bildete zweifellos die Unterstellung des KWI unter militärische Führung im November 1916, ein deutliches Indiz für die wachsende Verflechtung von Wissenschaft und Heeresverwaltung. Seit Februar des Jahres bearbeitete das Institut ausschließlich militärische Projekte, deren sprunghaft steigende Kosten durch einzelne Zahlungsanweisungen der Militärkasse beglichen wurden. Hatte die Heeresverwaltung vom August 1914 bis Oktober 1915 rund 63 000 Mark aufwenden müssen (davon knapp 30 000,– für die Entwicklung der Gasmaske und knapp 25 500,– für Mittel und Methoden des Gaskampfes), betrugen die Kosten für die folgenden drei Monate (bis Januar 1916) bereits fast 52 000 Mark. Für die Arbeiten im April 1916 erhielt das KWI beinahe 40 000, für Mai dann knapp 44 000 Mark. Bis zu diesem Zeitpunkt hatte das Haber-Institut kriegswichtige Forschungsarbeiten im Gesamtwert von fast 260 000 Mark durchgeführt, die zum Leidwesen des Allgemeinen Kriegsdepartements stets erst Monate später beglichen wurden.[403]

Im September bzw. Oktober 1916 erstellte Haber zwei Vorlagen an den Kriegsminister und forderte nicht nur Entlastung durch einen Verwaltungsdirektor, da er selbst dazu nicht mehr in der Lage sei, sondern er kritisierte die mannigfachen Reibungsverluste im KWI, die er durch «die Undeutlichkeit seines Charakters als einer halb bürgerlichen, halb militärischen Stelle» bedingt sah. Die Schwierigkeiten begannen schon beim beschäftigten Personal, das sich aus Zivilisten, zurückgestellten Heeresangehörigen und Soldaten zusammensetzte. Ihre Stellung in der Befehlshierarchie, Dienstpflichten und Bezüge waren nicht aufeinander abgestimmt. Haber schlug daher vor, das KWI unter seiner wissenschaftlichen Leitung und unter Beibehaltung seines Namens bis zum Ende des Krieges «militärisch einzurichten», also der Zuständigkeit des Allgemeinen Kriegsdepartements, sprich: der Haberschen Abteilung zu unterstellen. Für die Beschäftigten bedeutete dies einen Status wie beim Militärversuchsamt: Sie unterstanden den Weisungen einer nachgeordneten Behörde. Wissenschaftler mit abgeschlossenem Hochschulstudium wurden Beamte auf Widerruf und durften Uniform tragen; sie unterlagen wie alle anderen Beschäftigten der Geheimhaltungspflicht und der militärischen Gerichtsbarkeit.[404] Am 27. 10. schrieb Kriegsminister Wild von Hohenborn in dieser Angelegenheit an den Kultusminister, der seinerseits den zuständigen Stiftungsrat des Haber-Instituts unter dem Vorsitz Leopold Koppels zusammenrief. Dem «Haberschen Vorschlag» wurde dort am 7. 11. 1916 offenbar ohne große Diskussionen «allerseits beigepflichtet».[405] Das «Königlich Preußische Kaiser-Wilhelm-Institut für physikalische Chemie und Elektrochemie», das der Einfachheit halber oft «Militärinstitut» genannt[406] und dessen Etat nun vollständig vom Fiskus übernommen wurde, erhielt damit neben Haber als wissenschaftlichem Direktor eine zweite, militärisch-administrative Spitze, deren Zusammenarbeit durch eine geschickte Personalauswahl problemlos funktionierte. Als Verwaltungsdirektor wurde zunächst Habers Freund und Schwager, Hauptmann Fritz Meffert, eingesetzt, Ehemann von Lotte Immerwahr und von Beruf Patentantwalt. 1917 löste ihn ein weiterer Haber-Bewunderer, der Chemiker und T-Stoff-Erfinder Hans Tappen, Leutnant d. L., ab.[407]

Damit war innerhalb der KWG neben dem «klassischen» akademischen Institutstyp und dem industrienahen Typ, der durch Kriegsgründungen wie die des KWI für Eisenforschung (1917) oder des Schlesischen Kohlenforschungsinstituts (1918) aus Motiven der industriellen Daseinsvorsorge an Bedeutung gewann, ein dritter Typ entstanden, der die kriegsbedingte Verflechtung von Wissenschaft und Militär reflektierte. Das «staatsnahe

Institut» stand im Dienst der Forschungsbedürfnisse des Militärs, führte Projektaufträge durch und wurde auch aus öffentlichen Mitteln finanziert. Eine ähnliche Entwicklung wie das Haber-Institut nahm, um ein weiteres Beispiel anzuführen, die von Anfang an von starken staatlichen Interessen mitbestimmte Luftfahrtforschung. Die Modellversuchsanstalt in Göttingen wurde in die «Aerodynamische Versuchsanstalt in der KWG» (AVA) umgegründet und erweitert, deren kriegsrelevante Forschungen Heer und Marine aus ihren Mitteln bestritten. Die Leitungsgremien der AVA wurden dementsprechend auch mit Vertretern der Militärbehörden besetzt. Neu beim staatsnahen Institutstyp waren weniger die von außen vorgegebene Aufgabenstellung und Finanzierung stark praxisorientierter Projekte, auch nicht die von den Geldgebern dominierten Gremien, da dies bei den industrienahen Instituten von Anbeginn der Fall gewesen war. Es änderte sich vielmehr die Funktion des Staates, der nun von seiner anfänglichen Rolle als wohlmeinender Förderer in Gestalt des preußischen Kultusministeriums in die Funktion des Bedarfsträgers und Geldgebers überwechselte und seine Beiträge mit entsprechenden Vorgaben der Heeres- und Marineverwaltung koppelte. Im Falle des militärisch umstrukturierten Haber-Instituts entstand gar eine dem Militärversuchsamt ähnliche weisungsgebundene Ressortforschungsanstalt. Damit trat die KWG, wie Burchardt zu Recht hervorhebt, zum Staat in ein ganz neues Verhältnis, das sich in den von Finanznöten geprägten zwanziger Jahren auswirken sollte.[408]

Die Ausdifferenzierung der am Haber-Institut durchgeführten Forschungen läßt sich an der Entwicklung der Mitarbeiterzahlen wie an der Binnengliederung des KWI durch die Kriegsjahre hindurch nachvollziehen. Nachdem die Zahl der Mitarbeiter durch die planlosen Einberufungen zu Anfang des Krieges auf fünf abgesunken und die Institutsarbeit damit praktisch zusammengebrochen war[409], begann Haber 1915, sein KWI hauptsächlich durch die Anwerbung jüngerer Mitarbeiter auszubauen, mit denen er, der Endvierziger, durchgängig besser zusammenarbeitete als mit altersgleichen Wissenschaftlern.[410]

Die Entwicklung der Gasmaske 1915 und die Arbeiten des KWI für den Gasschutz

Priorität hatte im Jahr 1915 der zunächst völlig unzulängliche Gasschutz. Ihm kam aus naheliegenden Gründen erhebliche Bedeutung zu: anfangs zum Schutz gegen die selbst abgeblasene Chlorgaswolke, weil die eigenen Truppen mit ihr vorrückten bzw. weil sie bei einer Änderung der Windrichtung selbst betroffen waren; später gegen die feindlichen Kampfstoffangriffe. Darüber hinaus nahm der Gasschutz in Habers theoretischen Überlegungen zum chemischen Krieg eine besondere Position ein. Die Bedeutung der Kampfstoffe sah er nicht etwa in ihrer Toxizität, sondern «in dem Zwange, den Kampf mit Schutzgerät zu führen»; dessen Herstellung, Instandhaltung und Benutzung stelle an die Industrie wie besonders an die Truppen höchste Anforderungen, die «der besseren Führung und der grösseren soldatischen Tüchtigkeit einen bedeutend vermehrten Spielraum gewähren.»[411] Der Kampfstoffeinsatz wurde damit, wie Haber unverblümt vor Offizieren des Reichswehrministeriums im November 1920 einräumte und später veröffentlichte, ein Mittel der psychologischen Kriegführung. Kriegsentscheidend seien, so formulierte er, die «seelischen Imponderabilien», unter denen der Zwang unter die Maske besonders hervorzuheben sei:

«Eine strenge Auslese scheidet die Mannschaft, die vermöge dieser Gasdisziplin standhält und ihre Kampfaufgabe erfüllt, von der soldatisch minderwertigen Masse, die zerbröckelt und die Gefechtsposition aufgibt.»[412]

Diese Denkfigur, die eine gleichsam sozialdarwinistische Funktion des Gaskriegs postulierte, findet sich auch bei anderen Kampfstoffbefürwortern. Max Bauer stellte in seinem Memorandum Ende 1918 ähnliche Überlegungen zur «Auslese der Tüchtigen» durch den Gaskampf an. Im Dritten Reich war die Argumentation dann offen rassistisch, wenn es hieß, daß «gerade kulturell tiefer stehende Mannschaften» – genannt wurden Russen und die unter weißen Offizieren «sonst erträglich brauchbar[en]» farbigen Engländer und Franzosen – im Weltkrieg der chemischen Kriegführung nicht standgehalten hätten. Dem schloß sich in ebenso rassistischer wie diffamierender Absicht die These an, «daß gerade kulturell tiefstehende Völker den chemischen Kampfstoffen einen übertriebenen Wert beimessen.»[413]

Während die Truppen bei Ypern noch mit völlig unzulänglichen «Atemschützern», nämlich mit Natriumthiosulfatlösung getränkten Putzwollbäuschen, versehen waren, erhielten die Gaspioniere Sauerstoffgeräte des Lübecker Drägerwerkes, das derartige Apparate für den Bergbau fertigte. Der 1913 entwickelte, drei Kilo schwere sog. «Selbstretter Dräger-Tübben» war allerdings für längere Arbeiten bei körperlichen Anstrengungen nicht eingerichtet. Als Haber im Auftrag der Ingenieur- und Pionierabteilung des Kriegsministeriums die Ausrüstung der Gastruppen zusammenstellte, orderte er nach entsprechenden Versuchen im März 1915 eigenhändig 6000 Selbstretter für den geplanten Blasangriff, die Dräger durch eine größere Kalipatrone frontgeeignet machte; weitere Materialverbesserungen sollten geprüft werden.[414]

Die deutschen Truppen wurden im Juni 1915 mit einigen Selbstrettern ausgestattet, doch erwiesen sich die Apparate für den Feldgebrauch als zu empfindlich und unhandlich; zudem war das mitgeführte Sauerstoffquantum sehr begrenzt.[415] In der Folge entwickelte sich der Gasschutz hin zur Gasmaske, die ihren Träger durch einen auswechselbaren, chemisch absorbierenden Atemfilter vor dem Kampfstoff in der Luft schützt. Ende April 1915 wurde Haber von der Operationsabteilung der OHL die «Maskenangelegenheit» übertragen. Er sollte unter der administrativen Zuständigkeit des Hauptsanitätsdepots eine sichere Gasmaske in Zusammenarbeit mit Industrie und Wissenschaft entwickeln und ihre Massenfertigung einleiten.[416] Das Problem war chemisch wie technisch sehr komplex; es stand zudem unter dem Diktat der Rohstoffknappheit und unter einem enormen Zeit- und Erfolgsdruck. Haber beauftragte sofort mehrere Firmen, Prototypen in enger Abstimmung mit dem KWI zu entwickeln. Im Mai und Juni arbeiteten vor allem zwei Unternehmen, die Farbenfabriken in Leverkusen und die Deutsche Gasglühlicht AG/Auergesellschaft, an dieser Aufgabe. Bei Bayer hatte man sich bereits völlig unabhängig von Haber mit Fragen der Gasabwehr befaßt, doch lag ihr Schwergewicht naturgemäß auf den Filterfüllungen. Die Auergesellschaft konstruierte ihre Maske in Zusammenarbeit mit Hans Pick vom Haber-Institut. Ende Juni oder Anfang Juli lagen mehrere Prototypen vor. Vorgeführt wurden sie im Beisein des Kriegsministeriums im Universitätsinstitut von Walther Nernst, der sich auch für Gasschutzdinge interessiert, aber gegenüber Haber offenbar wieder den kürzeren gezogen hatte. Nach eingehenden Überprüfungen im KWI Ende Juli wurde schließlich das Modell der Auergesellschaft ausgewählt und umgehend von Haber in Großauftrag gegeben.[417]

Während die Lübecker Drägerwerke Anteil an der Entwicklung des Maskenkörpers hatten, bot sich die Auergesellschaft für die Fertigung des Filtereinsatzes geradezu an, da das Prinzip der Lampenfassung von der Glühbirnenfabrikation mit nur geringen Änderungen auf die Produktion von abschraubbaren Filtereinsätzen für Gasmasken übertragen und die vorhandenen Maschinen benutzt werden konnten. Die Schutzrechte an der Gasmaske waren folglich Gemeinschaftseigentum der Firmen Auer und Dräger.[418]

Für die Auergesellschaft, die bisher unter dem massiven Exporteinbruch gelitten hatte, kamen die Massenaufträge der Heeresverwaltung gerade zum rechten Zeitpunkt. Es war Haber gewesen, der auf das Unternehmen zugegangen war und dessen Beteiligung bei der Entwicklung und Massenproduktion von Gasmasken eingeleitet hatte. Die Frage liegt auf der Hand, ob nicht der Vertrag an Auer das «quid pro quo» für Koppels Wohltaten an Haber und seinem Institut gewesen sei. Umgekehrt mag auch Koppels Schenkungsversprechen vom Oktober 1916, dem KWI, beginnend mit dem 1. 10. 1921, zehn Jahre lang zusätzlich jährlich 35 000 Mark zur Verfügung zu stellen, als Reflex auf die günstige Geschäftssituation der Auergesellschaft interpretiert werden. Dabei ist allerdings nicht zu übersehen, daß im Herbst 1915 offenbar tatsächlich nur die Auergesellschaft und die Farbenfabriken zu einer industriellen Massenfertigung in der Lage waren, wie Haber der Medizinalabteilung des Kriegsministeriums klagte. Die Auergesellschaft sicherte sich auf alle Fälle einen immensen Startvorteil; sie wurde nicht nur zu einem der wichtigsten Hersteller, sondern spielte auch in der Endmontage eine zentrale Rolle, da sie Teilprodukte von anderen Vertragsfirmen aufkaufte und dann zusammensetzte. Insgesamt waren am Schluß rund 20 Firmen an der Gasmaskenherstellung beteiligt, davon sieben aus der Metallbranche, mehrere aus der Kautschukindustrie und später, bedingt durch den Ersatz des knappen Kautschuks durch Leder, aus der Lederbranche. Neben der Auergesellschaft spielte auch Siemens & Halske eine Rolle. Die Agfa lieferte die Klarsichtscheiben aus Celluloid. Die Füllstoffe für die Filtereinsätze stammten vor allem von den Farbenfabriken, aber auch vom Aussiger Verein in Böhmen (Aktivkohle) und von der BASF.[419]

Das zentrale chemische Problem stellte die chemische Füllung des Atemeinsatzes dar, an dem in Leverkusen die Chemiker Lommel und Voltz zuerst unabhängig, dann in enger Fühlung mit Hans Pick vom KWI und mit den Auerwerken arbeiteten. Haber beschränkte sich darauf, sich über den Fortgang der Forschungen berichten zu lassen; Durchführung und Entscheidungen im einzelnen oblagen den beteiligten Chemikern, die schließlich nach vielen Rückschlägen einen Einschichtenfilter auf der Basis von Diatomit entwickelten.[420] Seine Schwäche war, daß er nur gegen Chlor schützte. So wandte sich Haber im Juli 1915 «mit der privaten Bitte» an seinen Freund Richard Willstätter, ihm in kurzer Zeit einen Filter zum Schutz gegen Chlor, Phosgen und «sämtliche bekannten und möglichen Gifte und Reizstoffe» zu schaffen. Er bot ihm zwei Mitarbeiterstellen an, die Willstätter mit seinen einberufenen Assistenten Adolf Pfannenstiel und Josef Weil besetzte. Die Versuche, die zunächst im Laboratorium des KWI für Chemie, dann aus Geheimhaltungsgründen im Haber-Institut durchgeführt wurden und an denen auch die Farbenfabriken beteiligt waren, dauerten nur fünf Wochen. Willstätter lieferte seine Ergebnisse im August 1915 ab und ergänzte sie dann durch weitere Forschungen im November. Die praktische Erprobung fand im Gasturm der Auergesellschaft statt. Willstätters Dreischichtenfilter fügte der Einlage des Einschichtenfilters eine zweite Schicht aus gekörnter Aktivkohle und eine dritte, mit Hexamethylentetramin getränkte, hinzu. Seine Massenherstellung begann im Januar 1916. Innerhalb eines Jahres setzten die Truppen, so das Dankschreiben des Kriegsministers an Willstätter vom Februar 1917, rund 30 Millionen Dreischichtenfilter erfolgreich ein. Er blieb bis 1918 im Einsatz, als ein verbesserter Zweischichtenfilter mit einer noch größeren Aktivkohleschicht eingeführt wurde.[421]

Was die Honorierung seiner Arbeit durch die Militärs anging, machte Willstätter nach eigenen Angaben eine ähnliche Erfahrung wie Haber. Das Kriegsministerium sperrte sich gegen die von mehreren Seiten angeregte

Abb. 10 Vollständiger Gasschutzanzug; im Hintergrund das sog. «Kleine Chlorhaus» des Kaiser-Wilhelm-Instituts für physikalische Chemie und Elektrochemie

Verleihung des Eisernen Kreuzes II. Klasse (am weißen Band mit schwarzer Einfassung) an den Chemiker und Zivilisten, bis der Kaiser eingriff und die Auszeichnung im Mai 1917 anordnete. Wie bei Habers Beförderung zum Hauptmann spielte dabei offensichtlich wieder der Chef des Zivilkabinetts Valentini eine Rolle.[422] Auch die kaufmännisch-administrative Seite, die vom Hauptsanitätsdepot bzw. der Medizinalabteilung bearbeitet wurde, ließ überraschende Defizite erkennen, die, wie Lommel später aussagte, auf das «oft sehr mangelnde Verständnis» der leitenden Militärärzte für die Arbeitsweise von Wissenschaftlern und eines Großunternehmens zurückzuführen waren. Nach den ersten alliierten Gasangriffen im September 1915 beklagte Haber bürokratische Verzögerungen bei Auftragsvergabe und Vertragsabschluß durch das mit der Beschaffung beauftragte Hauptsanitätsdepot und bot sich der Medizinalabteilung an, diese Dinge auf Wunsch selbst zu erledigen.[423] Doch erst Ende 1916, nach der Schaffung seiner Abteilung, übernahm Habers A 10 sämtliche Gasschutzangelegenheiten.

Die Prioritäten, die bei den Forschungs- und Entwicklungsarbeiten für den Gaskrieg gesetzt wurden, spiegelten sich in der Einrichtung immer neuer Abteilungen im KWI wider, deren Gründungszeitpunkt dementsprechend aufschlußreich ist. Eine erste Bestandsaufnahme vom Oktober 1916[424], also noch vor der militärischen Umgestaltung des Instituts, belegt, daß es mit insgesamt 181 Beschäftigten quantitativ noch verhältnismäßig klein war, jedoch mit 80 Personen einen auffallend hohen Wissenschaftleranteil aufwies. Die restlichen 101 entfielen auf Hilfspersonal, überwiegend Frauen.

Das Institut unter seinem Direktor Haber und stellvertretenden Direktor Gerhard Just umfaßte fünf Abteilungen:

- die kleine Abteilung A unter Leutnant Glücksmann für rein administrative Aufgaben, den «militärischen Verkehr» und die Rechnungsführung (4 Personen);
- Abteilung B unter Dr. Friedrich Kerschbaum für die Darstellung und Erprobung neuer und die Untersuchung feindlicher Gaskampfstoffe (Wissenschaftler, v. a. Chemiker, auch Ingenieure, Pharmakologen: 31; Hilfspersonal: 16);
- Abteilung C unter Dr. Hans Pick für die Forschung und Entwicklung von Gasmaskeneinsätzen und Füllstoffen (Wissenschaftler, v. a. Chemiker, auch Ingenieure: 14; Hilfspersonal: 27);
- die Atemeinsatz-Prüfstelle unter Professor Herbert Freundlich, welche die von der Industrie hergestellten Filter kontrollierte und die Tagesfertigungen abnahm (Wissenschaftler: 20; Hilfspersonal: 45);
- Abteilung D unter Professor Reginald Oliver Herzog für die Entwicklung des Maskengesichtsteils, die Verbesserung und Überprüfung der dafür verwendeten Materialien, besonders des Gummis, und für die technische Überprüfung der fertigen Masken (Wissenschaftler: 12; Hilfspersonal: 10).

Das anfänglich große Gewicht der defensiven Seite des Gaskriegs kam in der Errichtung gleich dreier spezialisierter Abteilungen zum Gasschutz zum Ausdruck. Die Sektionen C und D für die Forschung und Entwicklung der Füllstoffe bzw. des Atemeinsatzes sowie des Gesichtsteils der Gasmaske wurden nach dem Hartley-Report offiziell im September 1915 gegründet.[425] Sie waren die am frühesten eingerichteten Abteilungen, doch gab es zweifellos bereits zuvor entsprechende Arbeitsgruppen unter Pick und Herzog. Der Physikochemiker Hans Pick, geb. am 4. 7. 1884 in Breslau, hatte in seiner Geburtsstadt bei Habers Freund Richard Abegg studiert und 1906 promoviert. Er war ein Spezialist für Atemeinsätze und -filter, besonders für Aktivkohle. In dieser Tätigkeit kooperierte er eng mit der Auergesellschaft. Nach dem Ersten Weltkrieg war er bei dem nun in der Tschechoslowakei gelegenen Verein für chemische und metallurgische Produktion beschäftigt.[426] Pick, der auch mit Willstätter am Dreischichtenfilter gearbeitet hatte, beschäftigte in seiner Abteilung u. a. dessen ehemaligen Assistenten Pfannenstiel sowie den späteren Haber-Forscher Johannes Jaenicke.[427]

Der gebürtige Wiener Reginald Oliver Herzog (20. 5. 1878–4. 2. 1935) war Haber noch aus seiner Karlsruher Zeit gut bekannt. Er hatte sich nach dem Chemiestudium in seiner Geburtsstadt an der TH Karlsruhe habilitiert (1905), ging drei Jahre später als außerordentlicher Professor an die TH Berlin-Charlottenburg und wurde 1912 Ordinarius für Biochemie an der Deutschen TH Prag, woher Haber ihn bei Ausbruch des Krieges an sein KWI holte. Der sehr vielseitige Wissenschaftler hatte sich mit physiologischen, bio- und kolloidchemischen Fragestellungen befaßt und stets auch die technologische Seite berücksichtigt. Nach dem Weltkrieg leitete er ab März 1919 die Abteilung Textilforschung des Haber-Instituts und wurde noch im selben Jahr Direktor des neu gegründeten KWI für Faserstoffchemie. Er emigrierte 1933 nach Istanbul.[428]

Von allergrößter praktischer Bedeutung waren die am KWI durchgeführten Kontrollarbeiten, die von den herstellenden Firmen nicht geleistet wurden. Eigentlich fiel diese Tätigkeit in den Aufgabenbereich der Heeresverwaltung bzw. der ihr nachgeordneten militärtechnischen Prüfanstalten, deren Funktion hier, verwaltungsentlastend, aber entgegen allen Gepflogenheiten der KWG, von Habers Institut übernommen wurde. Die Prüfung der Maskenstoffe und der fertigen Masken erfolgte in Herzogs Abteilung D, die hochwichtige Kontrolle der Filter in der von Freundlich geleiteten Atemeinsatz-Prüfstelle, die offiziell im Februar oder März 1916, also im Zusammenhang mit der Massenproduktion von Willstätters Dreischichtenfilter, gegründet wurde und 1916 als einzige Abteilung mehr als doppelt soviel Hilfspersonal als Wissenschaftler beschäftigte. Herbert Freundlich (28. 1. 1880–31. 3. 1941), der in München bei Adolf von Baeyer studiert und dann bei Wilhelm Ostwald gearbeitet hatte, wurde 1911, fünf Jahre nach seiner Habilitation in Leipzig, Professor für physikalische Chemie an der TH Braunschweig. Er befaßte sich seit seinem Studium mit dem noch gänzlich unerforschten Gebiet kolloider Systeme, die man vage zwischen echten Lösungen und Gemischen einordnete und deren Verhalten durch elektrochemische und Grenzflächenreaktionen bestimmt wurde. Freundlich arbeitete zunächst über Lösungen, später über Adsorptionsvorgänge von Gasen an Kohle und veröffentlichte 1907 seine grundlegenden Ergebnisse zu der dann nach ihm benannten Adsorptionsisotherme. Im Herbst 1915 machte er, da bei den Atemfiltern die Adsorption gasförmiger

Stoffe an Festkörperoberflächen zentral war, offenbar aus eigener Initiative Vorschläge zum Gebrauch von Aktivkohle, so daß Haber ihn im Februar 1916 an sein Institut holte und mit Gasschutzaufgaben betraute. Er blieb als stellvertretender Direktor und wissenschaftliches Mitglied (1919) bis zu seiner Emigration 1933 am Institut.[429]

Die Binnengliederung des KWI und die Entwicklung des Gaskriegs seit 1915

Mit der offensiven Seite des Gaskriegs befaßte sich anfangs nur die im November 1915 offiziell gegründete Abteilung B unter Dr. Friedrich Kerschbaum, die freilich absolut und relativ die meisten Wissenschaftler beschäftigte. Kerschbaum, geboren am 10. 7. 1887 in Villach, promovierte 1910 in Leipzig und trat nach dem Militärdienst und zwei Jahren als «advanced student» in Cambridge 1913 in das KWI für physikalische Chemie ein, wo er ein Jahr später Habers Privatassistent wurde. Vom Januar bis Juli 1915 begleitete er seinen Chef als «Frontbeobachter» und technischer Adjutant zu den Gasformationen, leitete dann den ersten Armee-Gaskurs und kehrte im Herbst 1915 als Abteilungsleiter in das KWI zurück. Haber bewunderte seine «wahrhaft außergewöhnliche experimentelle und technische Begabung» und «so ausgeprägten Führereigenschaften», so daß ihm in Anerkennung seiner Leistungen Ende 1918 das Prädikat «Professor» zuerkannt wurde. Nach dem Krieg war er in führender Position zunächst bei der Metallgesellschaft in Frankfurt, danach bei der dortigen Deutschen Gold- und Silberscheideanstalt beschäftigt. Er emigrierte in die USA, wo er 1946 Selbstmord beging.[430]

Die in den Kriegsjahren durchgeführten Kampfstofforschungen erbrachten, wie Haber später eingestand und wie Willstätter bestätigte, der Chemie als Wissenschaft keinen systematischen Fortschritt. Die ‹besten› Substanzen seien vor 1914 entdeckt und beschrieben worden. Das Vorgehen der beteiligten Wissenschaftler, und dies galt für die Allierten in noch höherem Maß, bestand eher «in adaptive improvisation rather than in purposive research».[431] Im KWI wurde die chemische Literatur nach potentiellen Kampfstoffen durchgesehen.[432] Man versuchte dann, diese nach den Literaturangaben synthetisch darzustellen, gegebenenfalls die Darstellungsmethode zu verbessern oder neue Kampfstoffe zu synthetisieren.[433] Hunderte fester, flüssiger oder gasförmiger Chemikalien testete man dann hinsichtlich ihrer Eignung im militärischen Einsatz, wobei sich je nach Lage und Dauer des Krieges und nach Gaskampfmethode die Anforderungen an derartige Stoffe veränderten. Nur ein Kriterium war die hohe Toxizität, die sich mit der sog. «Haberschen Tödlichkeitsformel» c x t bestimmen ließ. Haber hatte als erster auf die einfache Gesetzmäßigkeit hingewiesen, daß sich die Wirkung giftiger Gase proportional der Höhe der Konzentration und der Länge der Einwirkungszeit verhält. Je kleiner also das Produkt aus c x t ist, desto wirksamer ist der Kampfstoff, d. h., desto schneller tritt der Tod bei einer geringeren Menge Gas ein.[434] Andere Kriterien, nach denen sich die Anforderungen an Kampfstoffe bemaßen, waren ihre Wirkungsweise an verschiedenen Organen, der Eintritt (unmittelbar oder verzögert) und die Dauer der Wirkung, die Flüchtigkeit oder Seßhaftigkeit des Stoffes, sein Durchdringungsvermögen durch Schutzgeräte, seine chemische Stabilität gegenüber anderen Stoffen, die Lösungsfähigkeit und Mischbarkeit, die Lagerstabilität oder, im Falle von Gasgeschossen, die Detonations- und Wärmebeständigkeit. Es ging also vor allem um die physikalisch-chemischen Eigenschaften, die eine Substanz aufweisen mußte, um als Kampfstoff eingesetzt werden zu können, und dafür war das Haber-Institut die geeignete Entwicklungs- und Prüfstelle. Es verfügte mit seinem fachkompetenten Personal über das wissenschaftlich-technische Know-how und besaß zudem bereits eine Vielzahl der erforderlichen Apparate und Instrumente. Tatsächlich wurde nur ein winziger Bruchteil der vielen hundert im Krieg getesteten Chemikalien militärisch relevant.[435]

Mit der Synthese der nach dem Chlorgas angewandten Kampfstoffgruppe, den sog. «Grünkreuz»-Typen (benannt nach der deutschen Kennzeichnung von Kampfstoffmunition durch farbige Kreuze), hatten das Haber-Institut bzw. Kerschbaums Abteilung nichts zu tun, da die Verfahren zu ihrer großtechnischen Herstellung damals längst von der BASF und den Farbenfabriken erarbeitet worden waren. Erste Versuche mit phosgengefüllten Abwurfbomben hatte ein Fliegerkommando, wie erwähnt, bereits kurz vor oder nach der Kriegserklärung auf dem Schießplatz in Wahn unternommen, diese aber als unzweckmäßig aufgegeben. Die Nernst-Duisberg-Kommission machte weitere Versuche mit Phosgen, einem Chlorkohlenoxid (Cl_2CO), die seine Unbrauchbarkeit zunächst bestätigten, doch riet Duisberg Anfang 1915 anläßlich eines Chlorblasversuchs in Wahn dringend zu seiner Verwendung. Haber, der dieses giftige Gas aus seinen Forschungen zur Elektronenemission 1911 kannte[436], führte daraufhin nach entsprechenden Versuchen das Phosgen, das dem Chlorgas mit wachsenden Anteilen zugemischt wurde, in das Gasblasverfahren ein und gab Duisbergs Urheberschaft zu den Akten des Kriegsministeriums.[437]

Bei einer Phosgenvergiftung entwickelt sich mit verzögerter Wirkung nach einem Initialstadium mit Augen- und Bronchialreizung Stunden bis zu drei Tage später ein Lungenödem. Duisberg drängte auf die schnelle Erprobung des Gases an der Front und machte seinen Freund Bauer noch im März 1915 auf die gegenüber Chlor erheblich giftigere Substanz aufmerksam: «Dieses Chlorkohlenoxyd ist das gemeinste Zeug, das ich kenne.» Er mußte jedoch wegen fehlender Gasschutzmöglichkeiten zunächst warten, bis Otto Hahn, James Franck und andere Wissenschaftler in

Selbstversuchen getestet hatten, daß bzw. wie lange die Atemfilter hohen Phosgenkonzentrationen standhielten. Am 19. 12. 1915 erfolgte der erste Angriff. Allerdings waren die Alliierten durch ein im November abgefangenes Dokument über die chemische Natur des Gases und den geplanten Ort und Zeitpunkt seines Einsatzes gewarnt, so daß die deutschen Truppen nicht nur wieder keinen Druchbruch erzielten, sondern die Allierten nun selbst Phosgen produzierten.[438]

Ab 1916 verdrängte das Verschießen von Gasgranaten durch die Artillerie die wetterabhängigen und aufwendigen Blasangriffe[439], von denen die deutsche Armee im Weltkrieg insgesamt fünfzig durchführte und die besonders unter den schlecht geschützten russischen Truppen verheerende Wirkungen gezeigt hatten.[440] Die Franzosen eröffneten den Phosgengranatenkrieg am 21. 2. 1916 vor Verdun, den die kaiserliche Armee zweieinhalb Monate später mit diphosgengefüllten Granaten erwiderte. Diphosgen (Perstoff) konnte wegen seiner flüssigen Form leichter in Geschosse laboriert werden und zerfiel bei Erwärmen in Phosgen. Am 22./23. 6. 1916 machten die Deutschen ebenfalls vor Verdun ihren ersten verheerenden Großangriff mit Grünkreuzgeschossen.[441] Die nun eindeutig gebrochenen Haager Konventionen waren im Bewußtsein der Militärs ausdrücklich nur noch «im Winde flatternde Papierfetzen!»[442]

Mit der Fortentwicklung der im Gaskrieg verwendeten Methoden und Kampfstoffe gliederten sich immer neue Abteilungen aus Kerschbaums Sektion B aus bzw. kamen ganz neu hinzu. Zuverlässige Auskunft über die weitere quantitative und organisatorische Entwicklung des Instituts gibt eine von Haber im September 1917 erstellte Übersicht.[443] Innerhalb eines knappen Jahres war die Zahl der Beschäftigten auf rund 1500 angestiegen, hatte sich also verachtfacht; davon waren 10% Wissenschaftler, deren Anteil sich damit gegenüber Oktober 1916 nur knapp verdoppelt hatte. Am Ende des Krieges sollten dann rund 2000 Personen am KWI arbeiten; die Zahl der Wissenschaftler stagnierte bei 150.[444] Dabei ist zu berücksichtigen, daß zu dieser Zeit allein Bayer in Leverkusen rund 200 Chemiker beschäftigte. Nach Schätzungen arbeiteten auf deutscher Seite (einschließlich Industrie und Militär) rund 1000 Akademiker für den Gaskrieg.[445] Das Budget des Instituts betrug im September 1917 allerdings das Fünfzigfache des Friedensetats. Das KWI gliederte sich in mittlerweile neun Abteilungen, drei für den Gasschutz (A, C, F) und sechs für die offensive Seite des Gaskriegs (B, D, E, G, H, J; später noch K).

Die drei frühen Gasschutzsektionen hatten ihre alte Arbeitsteilung beibehalten: Picks Abteilung C für die chemischen Fragen des Gasschutzes beschäftigte jetzt 36 ArbeiterInnen, 4 Soldaten, 24 weibliche Hilfskräfte, 4 Offiziere und 23 Wissenschaftler, also 91 Personen. Freundlichs Atemeinsatz-Prüfstelle war in Abteilung F umbenannt worden: Hier arbeiteten nun 40 Arbeiterinnen, 16 sonstige weibliche Hilfskräfte, 5 Soldaten und 21

Wissenschaftler, zusammen 82 Personen. Demgegenüber hatte der nun als Abteilung A geführte Bereich von Herzog eine explosionsartige Entwicklung genommen. An der Überwachung der Gasmaskenfabrikation und der Ausarbeitung neuer Schutzgeräte arbeiteten nun 29 Wissenschaftler, 65 Soldaten, 6 weibliche Hilfskräfte, 36 Arbeiter und 1017 Arbeiterinnen, welche die Hauptlast der Prüfarbeiten trugen. Die Aufblähung der Mitarbeiterzahl des KWI war also hauptsächlich auf die Zunahme der Kontrolltätigkeit zurückzuführen.

Sechs Abteilungen waren inzwischen mit der offensiven Seite des Gaskriegs betraut. Kerschbaums Abteilung B befaßte sich nach wie vor mit der Entwicklung von Kampfstoffen und der Prüfung der vom Gegner benutzen Gase und Schutzgeräte, aber auch mit Projekten wie der Konstruktion von Gasbomben, die von Zeppelinen aus abgeworfen werden sollten. Haber sah in der Kombination von Gas- und Luftkrieg eine besonders zukunftsträchtige Methode der Kriegführung, doch scheiterten derartige Pläne 1916 an Falkenhayn und ein Jahr darauf an Ludendorff.[446] Die Abteilung B war mit nun 32 Wissenschaftlern, 2 Offizieren, 14 weiblichen Hilfskräften und 12 ArbeiterInnen nur unbedeutend angewachsen.

Neu hinzugekommen war die vermutlich Ende 1916[447] gegründete Abteilung D zur Darstellung neuer Kampfstoffe, die zunächst von Wilhelm Steinkopf (28.6. 1879–12.3. 1949) geleitet wurde. Haber kannte Steinkopf noch aus Karlsruhe, wo dieser seit 1902 Assistent gewesen und 1914 zum außerordentlichen Professor ernannt worden war. Nach dem Krieg sollte er 1919 als Extraordinarius an die TH Dresden gehen, wo er dann von 1935 bis 1940 eine ordentliche Professur bekleidete. Er beschäftigte sich weiter einschlägig mit der Kampfstofforschung.[448] Die Errichtung der Abteilung D stand im Zusammenhang mit der Entwicklung und Prüfung des Gelbkreuzkampfstoffes Lost/Senfgas (Dichloräthylsulfid)[449], dessen erster Einsatz durch die Deutschen am 12./13.7. 1917 vor Ypern[450] eine dramatische Steigerung und neue Qualität des Gaskriegs bedeutete. Der gegenüber Chlorgas 50mal giftigere Lost ist bei Normaltemperatur flüssig, verdunstet sehr langsam und bildet, verschossen in Granaten, einen Tröpfchennebel. Er haftet im Gelände sowie an Schuhen und Kleidung, die er leicht durchdringt und mit deren Hilfe er weiterverbreitet wird. Seine physiologische Wirkung, die zeitgenössisch nur teilweise verstanden wurde[451], beruht auf seiner zellschädigenden Wirkung, die sich in verbrennungsartigen Hautverletzungen, Augenreizungen mit zeitweiliger bis dauerhafter Erblindung, Schädigungen der Atemwege und der Lunge und heftigen Magen-Darm-Beschwerden äußert.[452]

Auch in diesem Fall war die chemische Industrie dem KWI einen Schritt voraus. Der seit Jahrzehnten bekannte Stoff war 1916 von W. Lommel im pharmakologischen Laboratorium der Farbenfabriken auf seine Verwendbarkeit als Kampfstoff getestet und in einer Probe an das Haber-Institut geschickt worden. Diese wurde von Steinkopf geprüft, die Einführung aber wegen des Fehlens geeigneter Schutzmöglichkeiten zunächst abgelehnt. Als die Substanz dann doch eingesetzt werden sollte, meldete Lommel durch Übergabe der Unterlagen an Haber seine Priorität an, die dieser durch die Bezeichnung Lost (LOmmel/STeinkopf.) anerkannte.[453] Nach Aussage eines Zeitzeugen wurde Steinkopf zu einem Immediatvortrag zum Kaiser befohlen, der danach erklärt habe, er werde die Anwendung dieses Kampfmittels verbieten. Das Kaiserwort, falls es je gefallen ist, blieb jedenfalls ohne Wirkung.[454] Haber selbst verhielt sich hinsichtlich des Einsatzes von Lost skeptisch, zumal er seine Wirkung einige Male bei Versuchen im Institut am eigenen Leib verspürt hatte[455]; er setzte sich aber offenbar nicht gegen die Militärs durch. Noch im Mai 1918 erkannte er im Lost zwar einen «fabelhafte[n] Erfolg», hielt ihn aber wegen seiner langen Haftfähigkeit im Gelände nur für begrenzt verwendbar, da er der eigenen Truppe ein Vorgehen unmöglich machte. Haber maß ihm daher – ganz im Gegensatz zu den Militärs – nur eine Bedeutung als Defensivkampfstoff zu und mahnte dringend «ein absolut einwandfreies Vernichtungsmittel für Lost» an, da es ihm sehr wahrscheinlich schien, daß die Alliierten bald selbst über Senfgas verfügen würden.[456] Er sollte recht behalten: Das deutsche Lostmonopol, das immerhin fast ein Jahr gehalten und in den ersten drei Wochen seiner Verwendung unter den britischen Truppen mehr Verluste gefordert hatte als alle vorherigen Gasgranatenangriffe zusammen, endete im Juni 1918 mit dem ersten französischen «Ypérite»-Granatenangriff; ein wirksames «Vernichtungsmittel» war nicht gefunden.[457]

Steinkopf hatte zunächst unter Kerschbaum gearbeitet[458] und trat dann an die Spitze der Abteilung D, wo er nach dem 15. 3. 1917 von Heinrich Wieland (4. 6. 1877–5. 5. 1957) abgelöst wurde. Im Vormonat hatten sich Haber und Emil Fischer mit der Bitte an Harnack gewandt, die KWG möge den Ordinarius für organische Chemie an der TH München für die Dauer des Krieges bei einem Monatsgehalt von 680 Mark an das physikalisch-chemische Institut berufen. Wieland brauchte seine Professur nicht aufzugeben: Er pendelte zwischen Dahlem und München, wobei er, von durchweg süddeutscher Mentalität, den Aufenthalt in Berlin als seine «Verbannungszeit» bezeichnete. Er blieb bis zum 8. 11. 1918 am KWI. 1921 sollte er an die Universität Freiburg, 1925 zurück nach München an die Universität wechseln. 1927 erhielt er für seine Arbeiten über den Aufbau der Gallensäuren den Nobelpreis für Chemie.[459]

Ein später prominenter Mitarbeiter der Abteilung D war ferner Professor Kurt Hans Meyer (29. 9. 1883–14. 4. 1952), der nach seinem Chemiestudium 1908 Assistent bei Adolf von Baeyer in München wurde, dort 1911 habilitierte und zwei Jahre später die organische Abteilung leitete. 1917 zum außerordentlichen Professor ernannt, ging er noch im selben

Abb. 11 KWI-Mitarbeiter bei Gasversuchen im Wald

Jahr zu Fritz Haber nach Berlin. Meyer trat 1921 als wissenschaftlicher Leiter des Haupt-Labors in die BASF ein, wo er als Prokurist bald auch das Wissenschaftliche Labor leitete. 1922 wurde er stellvertretendes Vorstandsmitglied der BASF, 1926 ordentliches Vorstandsmitglied der IG Farben. 1933 schied er auf eigenen Wunsch als Jude aus dem Vorstand aus und wurde Direktor des Instituts für Anorganische Chemie der Universität Genf.[460]

Die sehr kleine Sektion D umfaßte im September 1917 neun Wissenschaftler und fünf ArbeiterInnen. Um diese Zeit versuchte man hier, «verwandte Körper» des Lost[461] herzustellen, um auf diese Weise seinen rätselhaften Giftwirkungen auf die Spur zu kommen und noch wirksamere Kampfstoffe zu erhalten. Dieses Ziel wurde nicht erreicht; dafür entdeckte man einen neuen Syntheseweg für Lost, der, da er in Gemeinschaftsarbeit mehrerer Mitarbeiter der Abteilung D gefunden worden war, als «Delost» bezeichnet wurde. Das neue Verfahren wurde Mitte November 1917 der BASF übergeben, wo die Arbeiten ohne endgültiges Ergebnis fortgeführt und schließlich im Februar 1918 der Agfa in Wolfen/Bitterfeld überantwortet wurden, die in enger Abstimmung mit der KWI-Abteilung D stand. Der Waffenstillstand machte der Kooperation ein Ende.[462]

Die Abteilung D war ebenfalls federführend bei der Entwicklung der sog. «Blaukreuz»-Kampfstoffe, die wie der Lost seit dem Juli 1917 eingesetzt wurden. Auf Vorschlag Emil Fischers, der offenbar die chemische Kriegführung beratend verfolgte, wurden im Haber-Institut seit 1916 verschiedene Arsenverbindungen auf ihre militärische Verwendbarkeit getestet. Das sog. Clark I (Diphenylchlorarsan) und Clark II (Diphenylcyanarsan) waren ebenfalls seit Jahrzehnten bekannt; sie erwiesen sich als extrem nasen- und rachenreizend. Neu war, und damit vertieft sich die mit der Einführung von Lost gesetzte Zäsur, daß die Clarkstoffe fest waren und sich bei der Verschießung mit Brisanzgranaten als Aerosole verteilten, welche durch die Atemfilter der Gasschutzgeräte drangen. Als «Maskenbrecher» sollten sie die gegnerischen Truppen veranlassen, die Gasmaske abzureißen, was sie dann den in Kombination verschossenen tödlichen Grünkreuzkampfstoffen aussetzte. Es war offenbar Haber selbst, der die taktische Variante des sog. «Buntschießens» in Zusammenarbeit mit dem Gasartilleriespezialisten Oberstleutnant Georg Bruchmüller entwickelte.[463]

Allerdings gab es erhebliche wissenschaftlich-technische Probleme bei der Anwendung der Clarkstoffe: Mangels geeigneter Filter waren auch die eigenen Truppen gefährdet. Mischungen mit Grünkreuzkampfstoffen erwiesen sich als stark korrosiv, andere technische Lösungen ergaben keine Schwebstoffwolke, so daß die Abteilung D des KWI darauf angesetzt wurde, systematisch nach vernebelbaren Reizstoffen des Clarktyps zu suchen. Wielands Gruppe stellte wie beim Lost eine Vielzahl von Arsenverbindungen her, die im KWI auf ihre physikalischen und toxischen Eigenschaften überprüft wurden, darunter, wie Stoltzenberg hervorhebt, die von den Amerikanern zur selben Zeit gefundenen hochwirksamen und bis in den Zweiten Weltkrieg hinein relevanten Stoffe «Adamsite» (bezeichnet als «Flavol») und «Lewisite».[464]

Die Erzeugung und das chemisch-physikalische Verhalten von Aerosolen in Gasbrisanzgeschossen erwiesen sich jedoch als überaus problematisch. Hartley zufolge war sich Haber der gravierenden Wissenslücken und der übereilten Einführung der Clarkstoffe bewußt und deutete persönliche Differenzen an, um die amateurhafte Vorgehensweise des KWI auf diesem Gebiet zu erklären. Um Lücken in der vernachlässigten Grundlagenforschung zu schließen, wurde dem Hartley-Report zufolge offenbar nach dem September 1917 als letzte aller KWI-Abteilungen die Sektion K gegründet, die unter der Leitung des Physikers Erich Regener stand.[465] Regener (12. 11. 1881–27. 2. 1955), seit 1913 am physikalischen Institut der Landwirtschaftlichen Hochschule Berlin, befaßte sich seit 1915 mit der Physik der Atmosphäre, insbesondere der Wolken. Der Pionier der Höhenstrahlungsforschung sollte 1920 als Ordinarius an die TH Stuttgart berufen werden. Nach seiner Amtsenthebung 1937 baute er sein privates Laboratorium in Friedrichshafen zur Forschungsstelle für Physik der Stratosphäre in der KWG aus, das aus Mitteln des Reichsluftfahrtministeriums finanziert wurde. Die nach einem Luftangriff nach Weißenau bei Ravensburg verlegte Forschungsstelle wurde nach dem Anschluß der Institute der französischen Zone 1949 in die MPG eingegliedert. Regener war von 1948–1955 Senator und Vizepräsident der MPG.[466]

Über die Abteilung K ist kaum etwas bekannt. Physikalische Fragen wurden noch im September 1917 nachweislich im Rahmen der Kampfstoffabteilung B bearbeitet, und es ist nicht ausgeschlossen, daß K schon bald wieder aufgelöst und ihr Aufgabenbereich in Kerschbaums Sektion rückgeführt wurde, denn ein Besprechungsprotokoll vom Mai 1918 führt Regener als Vertreter der Abteilung B an. Der Physiker erwies sich zudem nach Kriegsende als nicht sehr mitteilsamer Gesprächspartner Hartleys. Er befaßte sich seinen Aussagen zufolge im Haber-Institut mit dem physikalischen Verhalten von Teilchenwolken, ihrer technischen Erzeugung und der Schutzwirkung verschiedener Atemfilter. Dabei entwickelten er und seine Mitarbeiter die sog. «Gasbüchse», ein Gerät zur Zerstäubung feinster Teilchen (angeblich bis 10^{-6} mm), die sich wie ein Gas verhielten – nach L. F. Habers Urteil im Erfolgsfall eine (wenn auch nicht mehr eingesetzte) wahre Wunderwaffe.[467]

Vermutlich ebenfalls Ende 1916 wurde die pharmakologisch-toxikologische Abteilung E errichtet, als deren Arbeitsgebiet Haber stark verharmlosend «Tierversuche und gewerbehygienische Fragen» angab. Sie stand unter der Leitung des gebürtigen Würzburgers Ferdinand Flury (21. 5. 1877–6. 4. 1947). Vor Gründung der Abteilung wurden pharmakologische Arbeiten entweder in Kerschbaums Sektion B durchgeführt, wo Flury nach einjährigem Felddienst als Korpsstabsapotheker seit 1915 tätig war, oder aber an Carl Neuberg und Adolf Bickel von der chemischen Abteilung des benachbarten KWI für experimentelle Therapie[468] vergeben. Flurys Studien- und Berufsweg reflektiert am besten den disziplinübergreifenden Charakter seiner Abteilung, die sich der Erforschung der Toxikologie giftiger Gase, Nebel und Stäube, aber auch der Bekämpfung von Schädlingsinsekten widmete. Der approbierte Pharmazeut promovierte 1902, legte dann während der Assistenzzeit im chemischen Laboratorium in Erlangen 1904 das Examen als Nahrungsmittelchemiker ab und studierte danach als Stabsapotheker in Würzburg Medizin (Approbation 1909, Promotion 1910). Als Assistent am Pharmakologischen Institut der Universität Würzburg habilitierte er sich 1912. Drei Jahre später wurde er außerordentlicher Professor, 1920 dann Ordinarius für Pharmakologie in Würzburg, wo er bis zu seiner Amtsenthebung 1945 bleiben sollte. Flurys Bücher zur Toxikologie der Gase und Lösungsmittel galten jahrzehntelang als internationale Standardwerke. Er hatte in den Jahren der Weimarer Republik wie des Dritten Reichs eine zentrale Position bei der Koordinierung der Kampfstofforschung inne. Seine KWI-Abteilung E beschäftigte im September 1917 fünf Wissenschaftler, ihrem interdisziplinären Charakter gemäß Pharmakologen, Mediziner, Zoologen und Veterinäre, zwei Sanitätsoffiziere, fünf weibliche Hilfskräfte und zehn ArbeiterInnen.[469]

Unter Flurys Mitarbeitern am Haber-Institut befanden sich z. B. der Pharmazeut Franz Zernik und der Pharmakologe Hermann Wieland, Schüler Oswald Schmiedebergs in Dorpat, der 1919 das pharmakologische Institut an der Würzburger Universität kommissarisch leiten, 1920 nach Königsberg und 1925 nach Heidelberg berufen werden sollte.[470] Die zahlreichen Baracken und Tierkäfige der Sektion E, in denen physiologische und toxikologische Experimente an Versuchstieren, von Insekten bis zu Affen und Pferden, durchgeführt wurden, waren rund um das Institutsgebäude aufgestellt. Außerdem werteten Flury und seine Mitarbeiter die Kampfstoffverwundungen von Frontsoldaten, zufällige Verletzungen ihrer Laboranten und Arbeitsunfälle in den Granatenfüllanstalten aus, um die Wirkung der Chemikalien zu untersuchen. Ferner wurden auch Experimente am Menschen in Selbstversuchen durchgeführt. Die Abteilung erstellte umfangreiche Berichte über die Pathologie der Gasvergiftungen, welche die doppelte Stoßrichtung der Aufgabenstellung der Sektion reflektieren: Sie sollte einerseits die akuten Wirkungen neuer Kampfstoffe überprüfen, andererseits auch Aufschluß über chronische Dauerschädigungen gasvergifteter deutscher Soldaten geben, um ihre weitere Kriegsverwendungsfähigkeit und ihre Versorgungsansprüche zu beurteilen. Obwohl die Wissenschaftler die mannigfachen Spätfolgen der Gasvergiftungen entschieden betonten, mahnten sie weitere Spezialuntersuchungen in eigens dafür eingerichteten Instituten an. Nicht zuletzt aus diesem Grund legten sie eine umfangreiche Sammlung mikro- und makroskopischer Präparate, Zeichnungen und Photos an.[471]

Die wissenschaftlichen Resultate der Abteilung E fanden, zusammen mit Ergebnissen aus anderen Institutionen wie dem Pathologischen Institut der Universität Berlin oder dem Physiologischen Laboratorium der Kaiser-Wilhelm-Akademie für das militärärztliche Bildungswesen, aufgrund der alliierten Verbote und Kontrollbestimmungen nur unvollkommenen Niederschlag: Der Sonderband 13 der «Zeitschrift für die gesamte experimentelle Medizin» von 1921 widmete sich in neun Aufsätzen den Kampfgasvergiftungen und behandelte umfangreiche Experimente über die Wirkungsmechanismen der Kampfstoffe, Intoxikationserscheinungen und Therapie.[472] Es wäre jedoch verfehlt, aufgrund der – wegen der Bestimmungen der Alliierten erzwungenermaßen – medizinisch-therapeutischen Ausrichtung dieser Arbeiten darauf schließen zu wollen, Flurys Abteilung habe vor allem dem Schutz der Soldaten und der Behandlung von Gasvergiftungen gedient. Auch stand die Gewerbetoxikologie, die sich mit gesundheitsschädlichen Arbeitsstoffen befaßte, nicht im Vordergrund.[473] Die Sektion zählte vielmehr zu den der offensiven Seite des Gaskriegs zuzurechnenden Abteilungen des KWI, die potentielle neue Kampfstoffe auf ihre physiologischen und toxischen Wirkungen hin untersuchte und damit indirekt auch relevantes Wissen für die Pathologie und Therapie der Gaskranken lieferte. Mit der medizinischen Seite des Gaskampfes und -schutzes befaßt waren jedoch die Medizinalabteilung des Kriegsministeriums und die ihr nachgeordneten bzw. zuarbeitenden Lazarette, Krankenhäuser und medizinischen Forschungsstellen.[474]

Die vermutlich im März 1917 errichtete Abteilung G stand unter der Leitung von Wilhelm Steinkopf, der gerade die Sektion D an Wieland abgegeben hatte. G war für die Überwachung der Produktion von Gasmunition (Geschosse und Zünder) zuständig. Hier arbeiteten im September desselben Jahres fünf Offiziere, fünf Wissenschaftler, ein Soldat und fünf Arbeiterinnen. Über die kleine Abteilung H unter der Leitung von Otto Poppenberg sind weder Gründung (vor Oktober 1917) noch Aufgabenbereich näher bekannt. Poppenberg (6.6. 1876–19.8. 1956), Professor für technische Chemie und zuvor an der Artillerieprüfungsanstalt tätig, war ein Experte für Explosivstoffe. 1933–1945 war er Ordinarius an der TH Berlin-Charlottenburg. Haber gab als Arbeitsbereich der Abteilung H lapidar «Sprengstoffe» an, die, so ist zu ergänzen, in Verbindung mit Kampfstoffen erforscht wurden, doch scheint sich die Sektion dem Hartley-Report zufolge zusätzlich auch mit der Entwicklung von Gasminenwerfern befaßt zu haben. Vier Wissenschaftler und drei Arbeiter waren hier beschäftigt. Beide Abteilungen standen in engem Zusammenhang mit dem Übergang zum Gaswerfer und zum Verschießen von verschiedenartiger Gasmunition durch die Artillerie seit 1916, was spezifische Probleme hinsichtlich der verwendeten Materialien, der Kampf- und Sprengstoffe, der Abfüllung usw. aufwarf. Die Fertigung von Gasmunition stieg in den Jahren 1915–1918 bei der Artillerie im Verhältnis 1:4:40:80 und erreichte damit einen Anteil von ungefähr einem Fünftel der Gesamtmunition des Heeres. Dabei trat das reine Gasgeschoß zunehmend hinter dem Gasbrisanzgeschoß zurück, dem Haber als die «normale Munition» künftiger Kriege höchste Bedeutung zumaß.[475] Bevor die neu entwickelten Angriffsverfahren an der Front eingesetzt wurden, führten die Gastruppen in enger Zusammenarbeit mit dem KWI großangelegte Versuche durch, u. a. auf der Ostsee von einem dort kreuzenden Schulschiff aus. Haber entwickelte offenbar auch Gasabwurfmunition für die Luftwaffe, die nach der Erinnerung eines Zeitzeugen auf Befehl des Kaisers nicht eingesetzt werden durfte.[476]

Die Abteilung J, nach Hartley spätestens im Frühjahr 1917 errichtet, war eine Prüfstelle zur Überwachung der Fabrikation von Gaskampfstoffen und stand in engem Kontakt mit den giftgasproduzierenden Firmen. Abteilungsleiter war der Farbenchemiker und Indigoexperte Professor Paul Friedländer (29.8. 1857–4.9. 1923), dessen Lehraufträge über Färberei und Farbstoffe Haber 1895 an der TH Karlsruhe übernommen hatte. Der frühere Assistent Adolf von Baeyers war einer der bekanntesten Farbstoffchemiker seiner Zeit und hatte enge Kontakte zur BASF. Nach seinen Karlsruher Jahren lehrte er bis 1911 am technologischen Gewerbemuseum in Wien, danach an der TH Darmstadt. In der Abteilung J des Kriegs-KWI arbeiteten neun Wissenschaftler, zwei Soldaten, zwei weibliche Hilfskräfte und drei ArbeiterInnen.[477]

Die räumliche Ausdehnung des KWI und seine Außenstellen

Das explosionsartige Wachstum des Personals zog die räumliche Ausdehnung des Haber-Instituts nach sich. Die auf dem Institutsgelände errichteten Baracken und Hilfsbauten reichten nicht mehr aus. Nach Habers erstem Vorstoß bei Emil Fischer im Juni 1916 dehnte es sich seit September desselben Jahres krakenartig auf die benachbarten Kaiser-Wilhelm-Institute für Chemie und Biologie aus, deren Direktoren Beckmann und Correns nolens volens ihre Zustimmung zur Mitbenutzung zunächst des Institutsgeländes, dann auch ihrer Räumlichkeiten erteilten.[478] Sie mußten dafür in Kauf nehmen, daß das Gelände militärisch abgesperrt und die Zugänge durch Wachposten kontrolliert wurden. Die Nutzungsabkommen, welche die Entschädigung, Instandsetzung und Rückgabe der Anlagen nach Kriegsende regelten, wurden im November 1916 unterzeichnet und im Februar 1917 ergänzt, doch gab es von Anfang an Reibereien und Vorstöße der um ihre Institute besorgten Direktoren beim Präsidenten der Gesellschaft.[479] Bis Oktober 1917 hatte das Haber-Institut, um das Beispiel des KWI für Chemie herauszugreifen, auf dessen Grundstück neun Militärbaracken errichtet und sich sämtliche Räume mit Ausnahme der verkleinerten Abteilungen von Beckmann und Hahn/Meitner angeeignet.[480] Lise Meitner hoffte im Herbst 1916 umsonst, «daß der Löwe nicht seine Tatze auch auf unsere bescheidene Abteilung legen wird»; sie beklagte sich später bei Otto Hahn darüber, daß die «Haberleute uns natürlich wie erobertes Gebiet [behandeln]; man nimmt nicht, was man braucht, sondern was einem gefällt.»[481] Im KWI für Biologie fielen vor allem die Abteilung Warburg, ein Großteil der Aquarien und des Kellers sowie die gesamte Werkstatt dem Haber-Institut zum Opfer, was Correns um so mehr erbittern mußte, als sein nicht kriegswichtiges Institut auch personell gleichsam ausgehungert wurde: Es verlor im Laufe des Krieges den größten Teil seiner Wissenschaftler und Gärtner.[482]

Das Haber-Institut dehnte sich jedoch auch jenseits der Forschungsstätten der KWG aus. So trat noch im Dezember 1916 das Pharmazeutische Institut der Universität Berlin Räume ab.[483] Insbesondere die personalintensiven Prüfarbeiten sowie die mit großen Gefahren verbundenen Einrichtungen wurden zunehmend aus Dahlem ausgelagert und in Außenstellen des Instituts durchgeführt. Oliver Herzogs Abteilung A, welche die Fabrikation der Gasmasken überwachte und neue Schutzgeräte ausarbeitete, war in Berlin in der städtischen Webeschule (Warschauer Str. 8) untergebracht, verfügte aber bis Kriegsende über zahlreiche Außenstellen, nämlich über die Maskenprüfstellen Lübeck (bei der Firma Dräger), München (bei Metzeler) und Neumünster, über das sog. «Chlorhaus» bei der Auergesellschaft in Berlin und über Einrichtungen auf den Gasplätzen in Breloh bei Munster in der Lüneburger Heide und in Adlershof bei Berlin.[484] Das in Adlershof geplante riesige Prüfzentrum wurde allerdings wegen zahlreicher bürokratischer Verzögerungen erst nach dem Waffenstillstand fertig. Ähnliche Hemmnisse gab es trotz Habers energischem Einsatz und guten persönlichen Kontakten auch beim Bau der Prüf- und Versuchseinrichtungen in Breloh.[485]

Adlershof und Breloh bringen die Eigenart, aber auch die Schwäche der von Haber maßgeblich gestalteten Organisation des Gaskriegs insofern zum Ausdruck, als in den letzten eineinhalb Jahren des Krieges trotz einfacher administrativer Wege Planung, Produktion und Projektmanagement bei der sich verschärfenden Lage an der ‹Heimatfront› nicht mehr in Einklang gebracht werden konnten. Der zunehmende Einsatz von mit Kampfstoffen gefüllten Granaten und Minen erforderte den Aus- und Neubau sogenannter Füllanstalten. Die ersten derartigen Anlagen hatte noch die herstellende chemische Industrie 1915 mit Reichsmitteln errichtet, vor allem die Leverkusener Farbenfabriken mit einer Füllstation in Dormagen, aber auch die Farbwerke in Höchst. Die Heeresverwaltung besaß eigene Anlagen hinter der Westfront (zunächst bei Mancieulles, später verlegt nach Saulnes bei Longwy) sowie im Osten in der Nähe von Warschau. Problematisch wurde 1917 die Massenabfüllung von Lost-Granaten, da sich die Farbenfabriken als größter Hersteller aus Gefahrengründen weigerten, die Abfüllung in ihren eigenen Einrichtungen vorzunehmen. Die Anlage der Heeresverwaltung im Westen kam vermutlich aus Furcht vor Luftangriffen nicht in Frage, die in Warschau wurde gerade aufgelöst. Das Kriegsministerium sah einen Ausweg im Bau einer staatseigenen Lost-Abfüllanlage und betraute Habers A 10 mit der administrativen, das KWI, namentlich Kerschbaum und seine Abteilung, mit der praktischen Durchführung.[486]

Ausgewählt wurde der am 31.1.1916 auf dem Truppenübungsplatz Munster errichtete «Gasplatz Breloh», auf dem man bereits Ende des Jahres erste Granatenfüllanlagen für Phosgen und Chlorpikrin aufgebaut hatte. Diese sollten nun um Füllstationen für Lost sowie für die Blaukreuzkampfstoffe Clark I und II erweitert werden.[487] Verzögerungen beim Aufbau und der enorme Zeitdruck machten eine Zwischenlösung erforderlich, für die Haber mit der chemischen Fabrik C. A. F. Kahlbaum um ihr Gelände in Adlershof im Osten Berlins verhandelte, das den Vorteil guter

Transportmöglichkeiten bot. Die eiligst errichtete Barackenanlage war im Mai 1917 fertiggestellt, wurde im selben Monat durch eine Brand- und Explosionskatastrophe im daneben liegenden Chemiewerk Kahlbaum vernichtet und in nur vier Wochen hastig wiederaufgebaut. Die leitenden Offiziere waren Chemiker der IG-Firmen BASF, Bayer und Hoechst, die Mannschaften stammten vom Gaspionierregiment 35 sowie von der Warschauer Heeresfüllanlage. Die wissenschaftlich-technische Durchführung und Überwachung lag in den Händen des Haber-Instituts. Adlershof war 1918 die größte Gasgranatenfüllanlage, die in Spitzenzeiten täglich 24000 7,7 cm-Granaten abfüllte. Sie beschäftigte rund 2800 Frauen und frontdienstuntaugliche Soldaten mit den hochgefährlichen Arbeiten.[488]

Mitte August 1917 wurden in einer Besprechung zwischen Vertretern des Kriegsministeriums, des KWI (Kerschbaum, Stoltzenberg) und der Füllstation in Adlershof Einzelheiten über den Bau des neuen Lostfüllwerks in Breloh festgelegt und Stoltzenberg mit der Durchführung und Koordination der Arbeiten beauftragt. Der mehrfach verwundete Chemiker Hugo Stoltzenberg war über seinen Schwager Friedrich Bergius, der 1909 in Karlsruhe bei Haber gearbeitet hatte, mit diesem in Kontakt gekommen und in das KWI eingetreten. Er hatte bereits die Errichtung der Adlershofer Anlage beaufsichtigt. Nach Habers Planungen sollte die Füllstation in Breloh ihre Produktion bereits im Oktober 1917 aufnehmen; für den Bau wurden ihm 2400 Festungsgefangene und 50 Offiziere zur Verfügung gestellt. Allerdings stieß die Errichtung der Anlage auf massive Schwierigkeiten wie Materialmangel, Verpflegungsausfälle, hohen Krankenstand und fortwährende Streitigkeiten zwischen Kommandantur und Bauleitung, so daß erst Mitte Februar 1918 die ersten Lostgranaten abgefüllt werden konnten. Technischer Leiter der Anlage wurde Stoltzenberg, ihr militärischer Kommandeur war ein Betriebschemiker der Farbwerke in Höchst. Den höchsten Tagesausstoß der Breloher Füllstation gibt L. F. Haber für die zweite Jahreshälfte 1918 sehr vage mit «several thousand gas shells» an; sie erreichte also die Bedeutung von Adlershof nicht mehr.[489]

3.3. Haber und die Kaiser Wilhelm Stiftung für kriegstechnische Wissenschaft

Mit der zunehmenden Integration seines Instituts in die chemische Kriegführung sammelte Haber praktische Erfahrungen über die Zusammenarbeit von Militär und Wissenschaft, die er zuvor theoretisch angemahnt hatte. Er erkannte klar die Reibungsverluste durch gegenseitige Fehlperzeptionen und mangelhafte Koordinierung, aber auch die Probleme eines militärisch geleiteten Forschungsbetriebs. Haber entwickelte seit 1916 eigene Vorstellungen und Initiativen, um die Schwachstellen zu beseitigen, denn er wollte den durch den Krieg erzwungenen «Zusammenhang nämlich zwischen dem Offizier und dem Naturwissenschaftler und Techniker» für den Frieden erhalten und zum «befruchtenden Ideenaustausch» intensiviert sehen.[490] Er war sich aber auch bewußt, daß diese Kooperation nicht wie bisher vom Engagement und den Verbindungen einzelner Personen abhängig sein durfte, sondern systematisch betrieben, also institutionalisiert werden mußte. Er setzte sich folglich konsequent für die Gründung zweier Einrichtungen ein, die allerdings wegen der Niederlage im Krieg und der turbulenten Anfangsjahre der Republik keinen Bestand hatten bzw. gar nicht realisiert wurden. Andererseits weisen sie für Habers Denken bezeichnende Ansätze neuartiger Organisationsformen von Forschung und Forschungsförderung im Beziehungsfeld von Wissenschaft und Militär auf, die sich auch auf die technischen Disziplinen erstreckten.

Der erste Anstoß für die Gründung der Kaiser Wilhelm Stiftung für kriegstechnische Wissenschaft (KWKW) ging nicht von Haber aus. Manfred Rasch, der die Stiftung durch einen gründlichen Aufsatz mit anschließender Quellendokumentation erst vor kurzem der Vergessenheit entriß, wies auf die Initiativen einzelner Zivilisten hin, die seit dem zweiten Kriegsjahr versuchten, systematisch die natur- und technikwissenschaftliche Forschung an den Hochschulen und in der Industrie an militärische Fragestellungen heranzuführen.[491] Unter anderem wandte sich der bereits im Zusammenhang mit der Einführung des B-Stoffs erwähnte Vetter Friedrich Schmidt-Otts, der Chemiker Albrecht Schmidt, Leiter des Patentlaboratoriums der Farbwerke in Höchst, Anfang 1916 an Haber. Ihm schwebte vor, von anonymen Spendern 250000 Mark zu sammeln und mit dem Geld Wissenschaftler und Techniker zu belohnen, die sich um die Kriegführung verdient gemacht hätten. Nach Schmidts Vorstellung sollte Haber «als ‹Kaiser-Wilhelm-Institut›» die Verteilung übernehmen. Dieser griff die Idee in Anbetracht der zurückhaltenden Verleihungspraxis militärischer Ehrungen an Wissenschaftler, wie er und seine Mitarbeiter sie selbst erlebten, auf und entwickelte sie in Absprache mit Schmidt-Ott, damals Ministerialdirektor im Kultusministerium, weiter. Als Trägerin der Stiftung schlug er Anfang April 1916 die KWG vor und skizzierte erste organisatorische Vorgaben. Einen Geldpreis, der, so die Anregung Schmidt-Otts, zusammen mit einer eisengeprägten Medaille als Ordensersatz zu verleihen war, sollten diejenigen Zivilisten und Militärs erhalten, die hervorragende, für die Kriegführung wichtige wissenschaftlich-technische Leistungen erbracht hätten. Das Antragsrecht gestand Haber dem Kriegs- wie dem Kultusministerium zu, die er beide gleichberechtigt, aber unter der ausgleichenden Trägerschaft der KWG, in die administrativen und wissenschaftlichen Gremien der neuen Stiftung einbinden wollte.[492]

Schmidt-Ott verfolgte zunächst kurzzeitig den Plan, nicht die KWG als neutrale Instanz zu wählen, sondern die preußische Akademie der Wissenschaften um drei Mitgliederstellen für Ingenieure zu erweitern, die dann als «technische Kommission» die geplanten Ehrungen vergeben sollten. An einem ähnlichen Vorhaben war allerdings, wie Rasch hervorhebt, bereits der allgewaltige Friedrich Althoff um die Jahrhundertwende gescheitert, da die Akademie die technischen Disziplinen nicht als gleichberechtigte Wissenschaften anerkennen wollte. Zudem waren ihre Widerstände gegen ihre Erweiterung um drei Stellen für die ersten KWI-Direktoren 1911 noch erinnerlich, so daß der ohnehin nicht sehr akademiebegeisterte Haber Schmidt-Ott offenbar sehr schnell von diesem Plan abbringen konnte. Am 18. 5. 1916 entwickelten beide im Berliner Weinhaus Habel ihr Stiftungsprojekt fort. Das eher traditionelle Vorhaben, schon vollbrachte Leistungen auszuzeichnen, wurde durch die in die Zukunft weisende Idee der Forschungsförderung und -koordination abgelöst. Eine auch und erst recht im Frieden aktive Organisation sollte Anreize schaffen, kriegstechnisch relevante Forschungen überhaupt anzustellen, und die Bedürfnisse der Militärs mit den Möglichkeiten der Wissenschaften zusammenführen. Abweichend vom KWG-Prinzip sollte jedoch kein neues Institut errichtet werden, sondern man wollte derartige Untersuchungen an den schon vorhandenen Einrichtungen der Hochschulen und staatlichen bzw. außeruniversitären Forschungsanstalten fördern.

Dachten Haber und Schmidt-Ott bei ihrem Umschwenken auf die Idee institutionalisierter Forschungsförderung an bestimmte Vorbilder? Die vorhandenen Quellen schweigen zu diesem wichtigen Punkt. Rasch verweist naheliegend auf das KWI für physikalische Forschung, das Haber selbst 1914 im Verein mit Nernst, Planck, Rubens und Emil Warburg beantragt hatte. Es sollte die an den Universitäten und Hochschulen tätigen Physiker zur Zusammenarbeit anregen und ihnen Mittel für derartige größere Forschungen gewähren. Allerdings kamen nun weder der anvisierte Finanzierungsmodus (zu je einem Drittel von KWG, Koppel-Stiftung und Preußen) noch die Errichtung eines Institutsgebäudes in Frage. Auch mögen die zeitgleichen Gründungen des englischen Department of Scientific and Industrial Research und des amerikanischen National Research Council eine Rolle gespielt haben. Haber und Schmidt-Ott hielten an der Finanzierung ihres Projekts durch eine Stiftung fest, doch waren weder Beiträge von Reich, Staat und KWG zu erwarten, die mitten im Krieg ohnehin finanziell überbeansprucht waren, noch wollte man in Anbetracht des Zeitdrucks langwierige Spendenaufrufe mit ungewissem, wohl eher negativem Ergebnis riskieren.

In dieser Situation bewies Haber erneut seine Qualität als ideale Vermittlungs- und Kontaktperson. Er wandte sich an seinen alten Gönner Leopold Koppel, der ihm nun selbst durch die Massenaufträge der Heeresverwaltung über die Gasmasken der Auergesellschaft verpflichtet war. Eine im November 1915, also noch vor dem vollen Durchschlagen der

Heeresaufträge veröffentlichte Bilanz hatte einen Reingewinn von 5,4 Millionen Mark ausgewiesen, der es dem Unternehmen erlaubte, eine Dividende in Höhe von 25 % für die Stammaktien und von 5 % auf die Vorzugsaktien auszuschütten.[493] Anders läßt es sich kaum erklären, daß Koppel den Vorschlag sofort aufgriff und bereits Mitte Juni bei Zivilkabinettschef Valentini vorfühlte. Er beabsichtige, «Kaiser und Heer eine mit 2 Millionen [Mark] Kriegs-Anleihe dotierte Einrichtung anzubieten», die, man glaubt Habers Formulierung wiederzufinden, «eine organisierte Verbindung zwischen dem Heer und der deutschen Wissenschaft für die Zeit während des Krieges und nach demselben herstellt.» Koppels Brief waren abstimmende Gespräche mit den für die Einbindung der Wissenschaften in die Kriegführung maßgeblichen Personen vorangegangen, nämlich mit Haber, Nernst und Emil Fischer, zu denen in diesem Fall Schmidt-Ott dazugestoßen war, der die organisatorisch-administrative Seite der geplanten Stiftung klärte.[494]

Die zentrale Rolle Habers und seiner Erfahrungen als Leiter eines mit Militärprojekten befaßten Instituts tritt in dem zuvor abgestimmten Satzungsentwurf einer «Kaiser Wilhelm Stiftung für Naturwissenschaft und Technik im Heere» und der beigefügten schriftlichen Begründung deutlich hervor, die Koppel Kriegsminister Wild Anfang Juli zukommen ließ.[495] Er habe, so Koppel in der Erläuterung wieder mit Habers Worten, aus der kriegswichtigen Tätigkeit des von ihm gestifteten KWI und anderer hervorragender Gelehrter erkannt, daß «durch den Krieg neue Beziehungen zwischen dem Heere und der Wissenschaft entstanden» seien, deren Ausbau auch nach Kriegsende im nationalen Interesse liege. Andererseits spreche die von der staatlichen Unterrichtsverwaltung stets respektierte Idee der «Gelehrten-Republik» freier Wissenschaftler dagegen, diese in militärische Einrichtungen einzugliedern. Der ganze Satzungsentwurf spiegelt die Sorge um die Wahrung der Autonomie der Wissenschaften und die Furcht vor Eingriffen der Militärs wider. Er sah deshalb ein doppeltes Lenkungsorgan vor, das vornehmlich mit repräsentativen Aufgaben befaßte Kuratorium und die viel wichtigere sog. «Verwaltung». Dem streng symmetrisch konstruierten Kuratorium gehörten neben einem Offizier des Großen Generalstabs als Geschäftsführer und einem Vertreter des Kultusministeriums sechs Offiziere aus den technischen Ressorts der Heeresverwaltung und sechs Wissenschaftler an. Als geeignete Militärs schlug der Entwurf z. B. die Leiter der Artillerie- und der Gewehr-Prüfungskommission und des Ingenieur-Komitees vor; die Wissenschaftler sollte der Kaiser auf Vorschlag der Preußischen Akademie auf fünf Jahre berufen. Die Dominanz der Militärs gewährleistete hier der Vorsitz des preußischen Kriegsministers. Anders die Verwaltung, bei der das Kuratorium die finanziellen Mittel für den Stiftungszweck beantragen mußte. Die Verwaltung, die also für die Bewilligung der Projekte maßgeblich war, setzte sich aus einem Mitglied der Akademie, dem Präsidenten der KWG und Koppel als dem Vorsitzenden seiner Stiftung zusammen; der Geschäftsführer des Kuratoriums war ihr nur «attachiert».

Die eigentliche Arbeit der Stiftung erfolgte in den sog. sechs Senaten oder «Fachausschüssen», womit sich in Deutschland ein Prinzip etablierte, das, von der 1902 errichteten Carnegie Institution mit ihren 18 Fachausschüssen eingeführt, später von der Notgemeinschaft der deutschen Wissenschaft bzw. der Deutschen Forschungsgemeinschaft fruchtbar weiterentwickelt wurde. Der Satzungsentwurf sah sechs Ausschüsse vor, die unter dem Vorsitz eines wissenschaftlichen Kuratoriumsmitglieds standen; es dominierten also «die bestgeeigneten Persönlichkeiten des Faches» ohne Zuziehung der Militärs. Die Ausrichtung der Senate reflektierte deutlich die momentanen Anforderungen der Kriegführung, und welche Spitzenwissenschaftler als Vorsitzende in Frage kommen konnten, lag in einigen Fällen klar auf der Hand. Es gab neben den drei technischen Fachausschüssen für Metallgewinnung und -bearbeitung, für Luftfahrt und für die «maschinellen Hilfsmittel der Kriegsführung» auch drei naturwissenschaftliche: einen für die chemischen Rohstoffe der Munitionserzeugung und der Betriebsstoffe, für chemische Kampfstoffe (Pulver, Sprengstoff, Gas) und für Physik (Ballistik, Telephonie, Telegraphie, Meßwesen usw.). Es ist unschwer vorzustellen, wie sich der Vorsitz der drei letztgenannten Gremien später auf die Herren Fischer, Haber und Nernst verteilen sollte. Der Entwurf sah ferner vor, daß die Vorsitzenden in der Auswahl der Ausschußmitglieder ganz frei waren. Die zivilen Mitglieder sollten formal auf den gemeinsamen Vorschlag des jeweiligen Vorsitzenden und des Vertreters des Kultusministeriums hin ernannt werden, während etwaige Militärs nach Anhörung des Ausschußvorsitzenden auf Vorschlag des Kuratoriums von ihrer Dienststelle abkommandiert wurden.

Koppel, Schmidt-Ott wie der ins Vertrauen gezogene Valentini hatten in Anbetracht der ausschlaggebenden Dominanz der Wissenschaftler in den Fachausschüssen große Zweifel, ob der Kriegsminister einer derartigen Konstruktion überhaupt würde zustimmen können. Dieser reagierte am 24. 7. nach nur drei Wochen überraschend positiv, was Rasch nicht nur der militärischen Lage der Mittelmächte, sondern auch Habers Vorgesprächen mit Wild im Frühjahr zuschreibt. Der KWI-Direktor spielte im Sommer seine guten Beziehungen zu führenden Militärs des Kriegsministeriums aus, indem er sie für den Stiftungsplan in der vorgelegten Form zu gewinnen suchte. Vor allem scheint ihm gelungen zu sein, seinen unmittelbaren Vorgesetzten, den Leiter des Allgemeinen Kriegsdepartements Ernst von Wrisberg, auf seine Seite zu ziehen. Auch das Kultusministerium, das nach Habers Plan für die praktische Arbeit der Fachausschüsse von großer Bedeutung war, zeigte sich «von der Bedeutung der Sache durchdrungen» und nominierte den unerläßlichen Schmidt-Ott als seinen Vertreter für die weiteren Besprechungen.[496] Diese ließen jedoch wegen der durch die dritte OHL veranlaßten Gründung des Kriegsamts und der damit zusammenhängenden Veränderungen im Kriegsministerium auf sich warten. In der letzten Oktoberwoche aber drängte es plötzlich. Da die Heeresverwaltung am 26. 10. «dringend Abschlußsitzung» mit der Akademie, der KWG, der Koppel-Stiftung und dem Kultusministerium wünschte, ließ Haber den verreisten Schmidt-Ott sogar aus Warschau zurückrufen. Ihm war die Sache so wichtig, daß er, als die KWKW-Satzung am selben Tag in der Akademie besprochen wurde, zum ersten Mal überhaupt an einer Akademiesitzung teilnahm, um eventuelle Befürchtungen zu beschwichtigen. Die Akademie akzeptierte jedoch ihre Beteiligung nach dem vorliegenden Entwurf und nominierte umgehend ihren Sekretar, den Altphilologen Hermann Diels, als Vertreter in der «Verwaltung»; für das Kuratorium bzw. als Leiter der naturwissenschaftlichen Fachausschüsse 1 bis 3 berief sie planmäßig die Professoren Fischer, Haber, Nernst, für den Senat 4 (maschinelle und verkehrstechnische Hilfsmittel des Krieges) den Professor für Maschinenbau Alois Riedler von der TH Charlottenburg. Später, kurz vor Weihnachten, ernannte sie noch Fritz Wüst von der TH Aachen für den Fachausschuß Metalle sowie für Luftfahrt den nicht einschlägigen Heinrich Müller-Breslau.

Auch von militärischer Seite gab es keine Widerstände. Die Änderungswünsche der beteiligten Heeres- und Marinestellen waren relativ geringfügig und zielten im wesentlichen auf das rein repräsentative Kuratorium. Dort wurde das zuvor leichte Übergewicht der Militärs verstärkt, indem man dem vom Generalstabschef ernannten Offizier je einen Vertreter des Kriegsministeriums und des Reichsmarineamts zur Seite stellte; letzteres erhielt schließlich noch einen weiteren Repräsentanten zugebilligt. Da nun auch die Marine beteiligt war, ging die Rede fortan von der «Kaiser Wilhelm Stiftung für kriegstechnische Wissenschaft», abgekürzt KWKW, die für ihre Arbeit nicht das Stiftungskapital in Höhe von zwei Millionen Mark 5 %iger Kriegsanleihe, sondern nur seine Erträge angreifen durfte.[497]

Die Erweiterung des Kuratoriums um drei Offiziere brachte vor allem Haber auf den Plan, dessen Institut in diesen Wochen gerade «militärisch eingerichtet» wurde. Zusammen mit Schmidt-Ott drängte er nun darauf, daß auch der Kaiser selbst einen Vertreter seiner Wahl in das Kuratorium entsende, um das numerische Übergewicht der Militärs auszugleichen. Man verfiel auf Zivilkabinettschef Valentini, der nach Ansicht des KWI-Direktors einzig in der Lage war, die vorauszusehenden Konflikte zwischen Wissenschaft und Militär sachlich durchzufechten und «die innere Achtung vor der Wissenschaft» zu gewährleisten.[498] Der Vorstoß war erfolgreich, so daß Koppel am 13. 11. 1916 sein offizielles Gesuch um die Gründung der KWKW mit der beigefügten Stiftungssatzung an den neuen

Kriegsminister Hermann von Stein richtete. Der Kaiser genehmigte die Stiftung am 17. 12. 1916 und ernannte satzungsgemäß die von ihm zu berufenden Mitglieder von Kuratorium und Verwaltung. Einen Monat später informierte der Kriegsminister die Universitäten und Hochschulen von der Neugründung.[499]

In ihren praktischen Auswirkungen war die KWKW, soweit sich nach der Zerstörung des Potsdamer Heeresarchivs ihre Tätigkeit überhaupt rekonstruieren und in den Quellen weiterverfolgen läßt, eine Totgeburt. Sie erreichte ihr satzungsgemäßes Ziel nicht, «durch das Zusammenarbeiten der besten wissenschaftlichen Kräfte des Landes mit den militärischen Kräften die Entwicklung der naturwissenschaftlichen und technischen Hilfsmittel der Kriegsführung zu fördern». Die geplante Arbeitsweise der KWKW erinnert am ehesten an die des KWI für physikalische Forschung. Sie sah vor, daß Heer und Marine Listen mit Forschungsdesideraten über das Kriegsministerium an die Fachausschüsse leiteten; deren Vorsitzende beriefen ihnen bekannte, qualifizierte Wissenschaftler als Mitglieder und verteilten intern die zu bearbeitenden Aufgaben. Jedem Ausschuß standen jährlich nur 7500 Mark zur Verfügung, die wohl zur Deckung der Reisekosten herangezogen wurden, d. h. die Mitarbeit war de facto ehrenamtlich. Für die Durchführung von Versuchen kam die Heeresverwaltung auf. Die Zeitspanne bis zum Kriegsende war freilich zu kurz, um technische Innovationen zu realisieren. Hinzu kamen jedoch, worauf Rasch begründet hinweist, «hohe ‹Reibungsverluste› und eine Desorganisation der deutschen Rüstungsanstrengungen im Bereich Forschung und Entwicklung», die sich unter anderem in der Gründung einer Konkurrenzorganisation rüstungsindustrieorientierter und nicht in Berlin ansässiger Wissenschaftler niederschlugen.[500]

Habers Engagement in der KWKW läßt sich nur noch fragmentarisch nachvollziehen. Anfang März 1917 schlug er sechs Mitglieder seines Fachausschusses vor, der neben den chemischen Kampfstoffen auch die Spreng- und Explosivstoffe umfaßte. Von diesen sechs Wissenschaftlern sollten sich zwei mit der Verbesserung von Gasschutzmitteln befassen, nämlich Richard Willstätter, inzwischen Ordinarius an der Universität München, und Johannes Thiele (1865–1918), Professor für organische Chemie und Direktor des chemischen Laboratoriums der Universität Straßburg.[501] Die restlichen vier hatten Aufgaben zur Entwicklung rohstoffsparender Sprengstoffe und Pulver: Lothar Wöhler, Professor an der TH Darmstadt, den Haber noch aus Karlsruhe gut kannte; Emil Bergmann und Wilhelm Will, die Leiter der beiden chemischen Abteilungen des Militärversuchsamts[502]; schließlich der Explosivstoffexperte Otto Poppenberg, Professor für technische Chemie und Leiter der Abt. H in Habers KWI. Ende August 1917 erweiterte Haber seinen Fachausschuß um Professor Vorländer von der Universität Halle, der sich, wie Haber lapidar formulierte, ebenfalls mit «Gasschutz und Gaskampf» beschäftigen sollte.[503] Wie aktiv der Ausschuß tagte, läßt sich nicht mehr feststellen.[504]

Nachweisbar ist Habers gutachterliche Tätigkeit für die Stiftung[505] sowie vor allem seine entscheidende Mitarbeit an der Frage, wie die Erfindungen, die im Zuge von KWKW-Projekten gemacht wurden, patentrechtlich zu regeln seien, ein Problemkreis, der ihm in Anbetracht der militärischen Geheimhaltungsvorschriften aus seinem eigenen Institut durchaus geläufig war. Eine für alle Seiten befriedigende Erfindungsregelung wurde durch das ganze Jahr 1917 hindurch mit mäßigem Nachdruck verhandelt, da kein unmittelbarer Handlungsbedarf bestand. Das Kriegsministerium erarbeitete bis Ende November einen Entwurf, wonach die militärisch relevanten Erfindungen der KWKW-Mitglieder von der Heeres- bzw. Marineverwaltung als Geheimpatente übernommen werden konnten. Im Falle eines Streites über die Vergütung sollte ein dreiköpfiges Schiedsgericht entscheiden. Seine Beisitzer waren laut Entwurf vom betroffenen Wissenschaftler bzw. der zuständigen militärischen Dienststelle, sein Vorsitzender vom preußischen Kriegsministerium und vom Staatssekretär des Reichsmarineamts im Einvernehmen mit dem Kultusministerium zu ernennen. Im Auftrag der Fachausschußvorsitzenden, die sich am 13. 12. 1917 abgestimmt hatten, äußerte Haber in einer Besprechung beim Kriegsminister eine Woche später heftige Bedenken gegen diese letzte Bestimmung. Sekundiert vom Kultusministerium, drängte er darauf, den Vorsitzenden allein durch dieses bestimmen zu lassen, da die militärischen Stellen schließlich bereits an der Benennung des einen Beisitzers beteiligt seien. Kriegsminister von Stein akzeptierte diese Argumentation, die wie alle bisherigen Bemühungen Habers darauf gerichtet war, eine Dominanz der Militärs in den ausschlaggebenden Gremien zu verhindern. In einer abschließenden, von Haber selbst geleiteten Besprechung am 7. 1. 1918 mit Vertretern sämtlicher beteiligten Behörden zerstreuten sich die letzten Bedenken und Unklarheiten, so daß die endgültige Fassung der Erfindungsregelung am 13. 2. 1918 von Kriegsminister von Stein unterzeichnet werden konnte.[506]

3.4. Planungen für ein Gasinstitut der Kaiser-Wilhelm-Gesellschaft

Der Erhaltung und dem Ausbau des im Krieg gewonnenen «Zusammenhangs» zwischen Militär und Wissenschaft auch im Frieden diente ein weiteres, von Haber maßgeblich initiiertes und verfochtenes Projekt, das, obwohl es sich nicht realisierte, dadurch an Bedeutung gewinnt, daß es einen Punkt markierte, an dem, wie Burchardt formulierte, «die KWG gleichsam ihre Unschuld verlor.»[507] Am 13. 2. 1917 wandte sich der Leiter des Allgemeinen Kriegsdepartements im Kriegsministerium, General Ernst von Wrisberg, in einem fast fünfseitigen Schreiben an das Kultusministerium.[508] Das Aktenzeichen verrät seine Herkunft aus der Chemischen Abteilung A 10, und auch an der Diktion läßt sich Habers Urheberschaft unschwer erkennen.

Wrisberg sprach sich in seinem Schreiben für «dauernde Einrichtungen militärischer Art» für das Gaskampf- und Gasschutzwesen einschließlich der Erforschung seiner naturwissenschaftlichen Grundlagen aus. Dabei kam es ihm wesentlich darauf an, «das erworbene Erfahrungskapital» des Haber-Instituts nicht zu verlieren und wenigstens einen Teil seiner Mitarbeiter für die Fortarbeit nach Beendigung des Krieges zu erhalten. Damit stellte sich jedoch das Problem der institutionellen Anbindung der Gasforschung. Das gegenwärtig damit befaßte KWI Habers mußte nach Friedensschluß seiner ursprünglichen Bestimmung wieder zugeführt werden. Eine militärische Stelle im Bereich der Heeresverwaltung hielt Wrisberg als Habers Sprachrohr «nicht für zweckmässig», die Möglichkeiten der KWKW dagegen für unzulänglich. Ihm schwebte statt dessen eine institutionelle Verortung innerhalb der allgemeinen Wissenschaftspflege vor, wobei die Institute der Universitäten und Technischen Hochschulen aufgrund ihrer räumlichen Zersplitterung und der gebotenen Geheimhaltung nicht in Frage kamen. Wrisberg schlug nun dem Kultusministerium vor, die KWG dazu zu bewegen, ein derartiges Institut in ihrem Rahmen zu errichten und zu betreiben. Er selbst wollte das Reichsschatzamt veranlassen, noch während des Krieges der KWG einen Betrag aus dem Kriegsjahresetat zuzuweisen, der ausreichen sollte, das Institut zu errichten und zehn Jahre lang zu betreiben. Durch eine entsprechende Besetzung der Gremien behielt Wrisberg der Heeresverwaltung allerdings entscheidende Kontrollrechte vor. Ohne in die wissenschaftliche Arbeit im einzelnen eingreifen zu wollen, war doch von einem «bestimmenden Einfluss» die Rede, wenn es um Fragen der Themenauswahl, der Publikation und der praktischen Verwendung der Arbeitsergebnisse ging.

Selbst das Datum des Briefes hatte Haber mit Bedacht gewählt, denn noch am selben Tag fand eine Senatssitzung der KWG statt, in der Schmidt-Ott die Angelegenheit vortrug und erfolgreich verfocht. Der Senat erklärte mehrheitlich sein grundsätzliches Einverständnis und machte nur ein unentgeltlich überlassenes staatliches Grundstück zur Voraussetzung für weitere Verhandlungen.[509] Was hatte Haber dazu bewogen, sich für die Neugründung eines «Gasinstituts» einzusetzen? Burchardts These, der Physikochemiker wollte möglichst bald zu seinem ursprünglichen Arbeitsgebiet zurückkehren und die für die Chemie als Wissenschaft wenig ergiebige Gasforschung um so sicherer loswerden, hat in Anbetracht des Forschungsalltags seines KWI vieles für sich.[510] Hinzu dürften noch zwei weitere Motive kommen: Zum einen war Haber von der Bedeutung des Gaskriegs für die moderne Kriegführung überzeugt, so daß er die mühsam erreichte systematische Zusammenarbeit zwischen Militär und Wissenschaft unbedingt ausbauen wollte. Zum anderen bewog ihn die Fürsorge für seine zahlreichen wissenschaftlichen Mitarbeiter zu initiativen Schritten. Unter ihnen befand sich eine große Zahl junger, oft jüdischer Wissenschaftler ohne gesicherte berufliche Stellung und mit relativ einseitigem wissenschaftlichem Profil. Sie standen im Augenblick der Demobilmachung buchstäblich auf der Straße, denn es war absehbar, daß das KWI personell wieder auf seine ursprüngliche Größe würde schrumpfen müssen. Ein Gasinstitut innerhalb der KWG hätte allen drei Beweggründen optimal Rechnung getragen.

Obwohl sich derartige Pläne um ein dauerhaft militärisch ausgerichtetes Institut kaum mit dem wissenschaftlichen Selbstverständnis der KWG in Einklang bringen ließen, stießen sie innerhalb ihres Senats auf überraschend geringen Widerstand. Aktenkundig protestierte lediglich der Heidelberger Internist Ludolf von Krehl, dieser allerdings mehrfach und nachdrücklich. Noch im März 1917 schrieb er Harnack, die Gesellschaft müsse den Antrag des Kriegsministeriums zumindest zivil ausrichten: «Denn zum Töten sind wir wohl nicht da.» Gleichzeitig distanzierte er sich von diesem «furchtbare[n] und, wie gerade sehr gute Offiziere glauben, nicht wertvolle[n] Teil der Kriegsführung». Im Mai drängte Krehl erneut auf «Vorsicht und Klugheit mit dem Gasinstitut».[511] Immerhin schaffte er es, daß der Senat seine Haltung präzisierte, indem er die Entwicklung und Erprobung von Gaskampfmitteln für die KWG ablehnte und statt dessen die zivile Komponente des geplanten Instituts hervorhob und in den Bereich der Grundlagenforschung verlegte. Die offizielle, bewußt vage gehaltene Lesart der Senatsmehrheit definierte die KWG-adäquate Gasforschung daher als wissenschaftliche Erforschung «insbesondere der Atmungsvorgänge und der Einwirkung von Gasen auf Lebewesen», eine Definition, die einer zivilen wie militärischen Ausrichtung Platz ließ.[512] Damit reagierte die Gesellschaft auf die bereits in Wrisbergs Schreiben vom Februar angedeutete Möglichkeit, im Interesse der Land- und Forstwirtschaft auch die Schädlingsbekämpfung durch giftige Gase in die Aufgaben des Instituts einzubeziehen. Diese Idee hatte, wie noch zu zeigen sein wird, inzwischen eine rasante Eigendynamik entwickelt. Das Kriegsministerium betonte nun die Bedeutung des ‹zivilen Gaskriegs› gegen Parasiten, wohl um seine Institutspläne bei der KWG zu befördern, doch kann kein Zweifel bestehen, daß es sich vor allem um ein militärisches Projekt handelte.

Die Widerstände von behördlicher Seite waren ebenfalls gering und beschränkten sich auf Irritationen des Reichsamts des Innern in Zusammenhang mit der Schädlingsbekämpfung. Das Reichsmarineamt dagegen unterstützte die Institutspläne, da es sich vor allem wissenschaftliche Unterstützung bei Problemen wie der Luftverbesserung in U-Booten erhoffte.[513] Seit Juli bemühten sich das Kriegsministerium bzw. Habers federführende Chemische Abteilung bei der staatlichen Domänenverwaltung um ein geeignetes Gelände.[514] Es kam nun alles auf die Haltung der KWG an. Ende des Monats lud Haber die KWG-Spitze in Person ihres Präsidenten Harnack und ihres Generalsekretärs Trendelenburg zu einer Besprechung in das Ministerium ein. Folgt man dem Wortlaut des überlieferten Kurzprotokolls, so trat in der geschickten Verhandlungsführung des Physikochemikers die militärische Bestimmung des Projekts nun vollständig hinter seinen rein wissenschaftlichen Aufgaben zurück. Er sah diese «ganz unabhängig von der gegenwärtigen militärischen Bedeutung der Gaskampf- und Gasabwehrmittel» in der unverdächtigen Grundlagenforschung und umriß ein chemisches, ein physikalisches und ein physiologisches Forschungsanliegen. Als Beispiele für die anwendungsorientierten Aufgaben des Instituts nannte er lediglich die Schädlingsbekämpfung sowie die hohe Bedeutung von Gasschutzuntersuchungen für Bergbau und Industrie. Obwohl Haber gleich mit zugesicherten vier Millionen Mark aus dem Kriegsjahresetat für Bau und zehnjährigen Betrieb des Gasinstituts lockte, reagierte Harnack ambivalent. Er forderte «volle wissenschaftliche Freiheit» unbeschadet der Vorstellungen von militärischer Seite, sicherte aber andererseits zu, die Angelegenheit auf die Tagesordnung der nächsten Senatsversammlung zu setzen. Zu diesem Zweck bat er Haber um die vorherige Vorlage einer Denkschrift.[515]

Diese 15seitige Denkschrift über Aufgaben und Einrichtungen eines «Kaiser-Wilhelm-Instituts für angewandte physikalische und Biochemie», die Haber am 18. 9. 1917 an den Kultusminister richtete[516], ist ein bemerkenswertes Dokument, gibt sie doch Aufschluß nicht nur über seine Pläne, sondern auch über die Tätigkeit seines KWI für die chemische Kriegführung einschließlich einer grundsätzlichen Stellungnahme zum Gaskrieg. Sie wurde in diesem letztgenannten Zusammenhang bereits ausgewertet und der Darstellung zugrunde gelegt. Was das projektierte Gasinstitut anging, führte Haber die Grundgedanken des Wrisbergschen Schreibens vom Februar sowie der Juli-Besprechung mit Harnack und Trendelenburg aus und untermauerte sie mit konkreten Vorschlägen zu Aufgabenstellung, Binnengliederung und Betrieb der Neugründung. Um Bedenken zu zerstreuen, argumentierte er geschickt mit dem Zauberwort der «angewandten Naturwissenschaft», die er zwischen reiner Wissenschaft und technischer Entwicklung ansiedelte und deren Wert für die Grundlagenforschung und die Friedensindustrie die militärische Stoßrichtung in den Hintergrund treten ließ. Von dem bestimmenden Einfluß der Militärs in den Institutsgremien war denn auch nicht mehr die Rede. Haber schrieb nur vage von Vertretern der KWG, des Kultus- und des Kriegsministeriums, ohne ihre Kompetenzen und Machtbefugnisse auch nur zu umreißen. Statt dessen überlegte er laut, die KWKW als «Verbindungsglied» zum Militär zu nutzen und ihren einschlägigen Fachausschuß zum wissenschaftlichen Beirat des Gasinstituts zu erklären. Gleichzeitig lockte er damit, selbst die Institutsleitung «neben- und ehrenamtlich» kommissarisch zu übernehmen, und empfahl unumwunden, «die massgeblichen Stellen» mit einschlägig befaßten Wissenschaftlern seines KWI für physikalische Chemie zu besetzen.

Auch die vorgeschlagene Binnengliederung des Gasinstituts war darauf angelegt, die mit Gaskampf- und Gasschutzfragen befaßten Wissenschaftler und Abteilungen des KWI glatt in eine neue Organisation zu überführen, wobei das gesamte Versuchs- und Prüfwesen militärischen Stellen überlassen werden sollte. Haber schlug die Einrichtung von drei Abteilungen vor. Eine biochemische Abteilung sollte die bisherigen Sektionen A, C, E und F[517] übernehmen, wobei er erneut die industrielle und gewerbehygienische Bedeutung des Gasschutzes und den Nutzen der Parasitenbekämpfung für Landwirtschaft und Volksernährung herausstrich. Daß er die zukunftsweisende Bedeutung institutionalisierter Teamarbeit von Wissenschaftlern verschiedener Disziplinen für die moderne Forschung erkannte hatte und fortbilden wollte, ergibt sich aus der zentralen Stellung, die er den pharmakologisch-toxikologischen Untersuchungen der Flury-Abteilung beimaß. Haber forderte hier ein systematisches Zusammenwirken von Chemikern, Physikern und Medizinern auch über das Kriegsende hinaus.

Die Tätigkeit der Sektionen B, D und J über die Erforschung, Fabrikation und Überprüfung chemischer Kampfstoffe wollte Haber in einer organisch-chemischen Abteilung organisieren, wobei die enge Zusammenarbeit mit der Großchemie erhalten und ausgebaut werden sollte. Schließlich dachte er an die Errichtung einer separaten physikalischen Abteilung, welche die entsprechenden Forschergruppen aus den Abteilungen B bzw. K (Regener) sowie die auf dem Grenzgebiet zwischen Kampf- und Sprengstoffen arbeitenden Abteilungen G und H aufnehmen sollte. Damit reagierte er auf die erfahrenen Defizite im Zusammenhang mit der Herstellung von Aerosolen, aber auch auf den generellen Trend innerhalb der physikalischen Chemie, der erkennbar von der Chemie weg hin zur Physik führte und in den zwanziger Jahren durchschlagen sollte.

Obwohl Haber seine Sache in der Senatssitzung am 19. 10. 1917, zu der er eingeladen gewesen war, wegen Abwesenheit an der Westfront nicht mündlich vertreten konnte, genügte doch seine Denkschrift, die KWG zu weiteren Verhandlungen zu bewegen. Die Senatsmehrheit schränkte allerdings ganz im Sinne seines Memorandums ein, daß die KWG alle praktischen Versuche zu Gaskampf und -schutz der Militärverwaltung überlassen müsse. Interpretationen, die daraus einen starken Widerstand der KWG ableiten wollen, gehen jedoch zu weit.[518] Zu diesem Zeitpunkt hatte der Reichsschatzsekretär einen Kriegszuschuß zum Gasinstitut in Höhe von vier Millionen Mark bereits fest zugesagt; die Suche der staatlichen

Domänenverwaltung nach einem geeigneten Gelände konzentrierte sich auf Grundstücke in Adlershof, Tegel und Potsdam.[519]

Nach diesem durchaus dynamischen Auftakt verschleppte sich die Angelegenheit aus nicht aktenkundigen Gründen, so daß man bei aller gebotenen Vorsicht doch ein sich ausbreitendes Unbehagen innerhalb der KWG wie auch vielleicht des Kultusministeriums vermuten kann. Im Februar 1918 meldete sich Krehl noch einmal vehement mahnend bei Harnack zu Wort, und seine Argumentation belegt, daß er, abgesehen von den ethischen Bedenken, die er in seinen früheren Schreiben geäußert hatte, durch eine derartige Gründung vor allem Probleme für das innere Gefüge der KWG befürchtete. Er stieß sich an Habers offenkundigem Bestreben, seine Mitarbeiter auch nach Kriegsende in einem Forschungsinstitut der Gesellschaft dauerhaft unterzubringen, wie ihm auch der ungehemmte, vom Militär abgeschirmte Expansionsdrang des Haber-Instituts anscheinend grundsätzlich mißfiel. Zusätzlich mögen ein latenter Antisemitismus und die instinktive Abwehrreaktion des Ordinarius gegen das Extraordinarienproblem eine wichtige Rolle für Krehls dauerhafte Opposition gespielt haben:

> «Ich war neulich bei einem Gespräche doch wieder erstaunt zu hören, mit welch unglaublicher Naivität diese Mitglieder der Gaskampfanstalten damit rechnen, dass sie in ihrer gegenwärtigen Zusammensetzung in einem Institute der Kaiser-Wilhelm-Gesellschaft auch nach dem Kriege bleiben. [...] Wenn man nicht von vornherein ausserordentlich aufpasst, wird das ein Staat im Staate, der um so tyrannischer auftreten wird, als er über die ganze jüdische Betriebsamkeit und – über eine ganze Anzahl Extraordinarien verfügt, die an sich keine Stellen haben und jetzt, wie ich den Eindruck habe, in ihren Stellen verbleiben wollen. Aber gerade für die Wahl der Mitglieder eines Gasinstituts muss doch die Kaiser-Wilhelm-Gesellschaft auch eine Stimme haben.»[520]

Im Lauf des letzten Kriegsjahrs muß die KWG deutlich auf Distanz zur Gründung eines Gasinstituts gegangen sein, so daß Haber, der sein Projekt energisch weiter betrieb, in der zweiten Jahreshälfte einen anderen, weniger hindernisreichen Weg einschlug. Noch im Juli 1918 war die Rede von der Gründung eines selbständigen Gasinstituts, denn das Kriegsministerium stellte nun sechs Millionen Mark für diesen Zweck zur Verfügung und verband damit die Hoffnung, das Bestehen der Einrichtung auch über die Mindestfrist von zehn Jahren hinaus zu sichern.[521] Das Geld war also da, es fehlte allein die institutionelle Anbindung. Spätestens im September 1918, also nur zwei Monate vor Ende des Krieges, verfiel Haber auf die Idee, die KWG zu umschiffen und das Gasinstitut im Rahmen seines KWI für physikalische Chemie anzusiedeln, das als rechtsfähige Stiftung nicht von der Zustimmung des Senats der Gesellschaft abhängig war. Er entwarf einen Plan[522], nach dem sich die Stiftung unter der veränderten Bezeichnung «KWI für reine und angewandte physikalische Chemie» verpflichtete, neben dem ursprünglichen «Institut 1» ein «Institut 2» zu begründen und mindestens zehn Jahre zu betreiben, das unter dem Namen KWI für angewandte physikalische Chemie die naturwissenschaftlichen Grundlagen des Gaskampfes und -schutzes erforschen sollte. Das Institut 2 sollte grundsätzlich die Satzung und den wissenschaftlichen Beirat des ersten übernehmen und «dieselbe Freiheit der wissenschaftlichen Betätigung» genießen, was konkret bedeutete, daß die Heeres- und Marineverwaltung zwar Anregungen geben, aber keine Forschungsaufträge erteilen konnten. Dafür durften sie je einen Vertreter mit beschließender Stimme in den Stiftungsrat entsenden, dem ferner beratend auch der Direktor des Instituts 2 angehörte. Eine Personalunion der Direktoren beider Institute war ausdrücklich gestattet; Haber behielt sich, denn an eine andere Möglichkeit war nicht zu denken, für diesen Fall weitgehende Freiheiten für eine flexible Handhabung der Haushaltspläne vor.

Derartige Planungen konnte der Physikochemiker nur mit Koppels Rückendeckung angestellt haben, und es ist zu vermuten, daß er dessen Hilfe mit Hinweis auf die glänzenden Abschlüsse der Auergesellschaft aus dem Gasmaskengeschäft sehr direkt einforderte. Habers Entwurf für eine Ergänzung der Stiftung KWI für physikalische Chemie gab nämlich die Herkunft der sechs Millionen Mark für das Gasinstitut preis, von denen es bisher stets geheißen hatte, sie stammten aus dem Kriegsjahresetat. Hier dagegen war konkret die Rede davon, daß der Kriegsminister die ihm vertraglich zustehende Forderung des halben Geschäftsgewinnes der Firma Deutsche Gasglühlicht AG/Auergesellschaft aus dem Gasschutzgeschäft für das Geschäftsjahr 1917/18 bis zur Höhe von sechs Millionen der Stiftung KWI für physikalische Chemie übertragen wollte. Diese sollte den Betrag dem Stiftungsvermögen einverleiben und damit Gründung und Betrieb des Instituts 2 finanzieren. Tatsächlich ließ die Deutsche Gasglühlicht dem Kultusministerium Anfang Oktober 1918 «bei unserem Bankhaus Koppel & Co» sechs Millionen Mark in 5 % Kriegsanleihe überweisen, die dem Stiftungsrat zur Verfügung gestellt wurden.[523]

Der Stiftungsrat, namentlich Koppel, Schmidt-Ott, Haber und Krüss, akzeptierte in seinen Beratungen am 21. 9. die Erweiterung des wissenschaftlichen Aufgabenkreises des KWI, sobald ihm das Geld überwiesen war. In Übereinstimmung mit Haber und den Militärs sorgte sich Schmidt-Ott, der inzwischen zum Kultusminister aufgestiegen war, ausdrücklich darum, das personelle Potential des Haber-Instituts auch für den Frieden zu erhalten. Dabei bot die anvisierte «organische» Verbindung der Gasforschung mit dem KWI den zusätzlichen Vorteil, dieser die Leitung Habers dauerhaft zu sichern. Freilich reduzierte sich das «Institut 2» schon in den Planungen auf «eine Reihe von Abteilungen», die aber immerhin ein eigenes Gebäude nahe dem bisherigen Institut erhalten sollten. Abgesehen von der Vertretung der Militärs im Stiftungsrat wurde die wissenschaftliche Freiheit uneingeschränkt hochgehalten.[524]

Man muß sich vor Augen halten, daß derartige Planungen in den letzten Wochen des verlorenen Krieges angestellt wurden, was nicht heißen muß, daß sich die Beteiligten bis zuletzt Illusionen über die militärische Lage machten. Es ging im Gegenteil vielmehr darum, noch im letzten Augenblick vollendete Tatsachen zu schaffen. Freilich richtete Haber wenige Tage nach dem deutschen Waffenstillstandsgesuch ein tief deprimiertes, von Unsicherheit gekennzeichnetes Schreiben an Kultusminister Schmidt-Ott, in dem er völlig richtig zu bedenken gab, daß die öffentliche Meinung nach der Niederlage schwerlich Verständnis für den vorgesehenen Zweck der sechs Millionen aufbringen würde. Er riet persönlich «zu einer vorsichtigen Behandlung» der Angelegenheit und empfahl, in Absprache mit der Auergesellschaft «der kommenden Zeit besser angepasste Ziele für die Verwendung» zu definieren.[525] Auch Schmidt-Ott wartete offenbar ab, denn er überwies die bereits erhaltene Summe zunächst nicht an den Stiftungsrat des KWI weiter. Haber forcierte daher noch kurz vor Ausbruch der Revolution eine amtliche zivile Zweckbestimmung der geplanten Einrichtungen, die er dem Kultusminister über das Allgemeine Kriegsdepartement zuschickte[526]: Chemische Kampfstoffe ließen sich demnach, wenn man sie mit Haber als «Stoffe von besonders starker Einwirkung auf den menschlichen Organismus» definierte, für die pharmazeutische Forschung und die chemische Schädlingsbekämpfung nutzen; die naturwissenschaftlichen Grundlagen des militärischen und des bergbaulichen Gasschutzes stimmten ihm zufolge ohnehin «weitgehend» überein, so daß die Gasforschungsabteilungen auf einmal für die Landwirtschaft, die öffentliche Gesundheitspflege und die Arbeiterhygiene größten Nutzen versprachen.

Nun ist bis heute die Konvertierungsproblematik moderner Forschung Gegenstand kontroverser Debatten, ob nämlich militärische Forschung durch eine entsprechende Ausrichtung tatsächlich ‹zivilisiert› werden kann. Haber war sich schon 1918 bewußt, wie sein Schreiben an den Kultusminister verrät, daß im Falle der chemisch-physikalischen Gasforschung die Grenze zwischen militärischer und ziviler Anwendung aufgehoben ist. Ihm ging es ausdrücklich darum, das erworbene Erfahrungskapital seiner Institutsmitarbeiter zu bewahren und im öffentlichen Interesse auszubauen, womit «zugleich dem Sonderinteresse der Heeresverwaltung am besten gedient» sei. Das war nicht nur einfach die Aufforderung zu getarnten militärischen Forschungen, sondern der Physikochemiker machte darauf aufmerksam, daß sich die Ergebnisse zivil ausgerichteter Projekte auf bestimmten Gebieten selbstverständlich auch militärisch nutzen ließen.

Diese Überlegung mischte sich mit Habers Interesse, bestimmte Wissenschaftler am KWI zu halten, was ihn zusätzlich motivierte, die revolutionären Unruhen auszunutzen und vollendete Tatsachen zu schaffen. Am

7. 11. führte er mit Flury, Steinkopf, Friedländer und vor allem Freundlich regelrechte Berufungsverhandlungen, indem er ihnen Gehälter, Assistenten, Hilfspersonal und Sachmittel in Aussicht stellte und Kalkulationen durchführte, die sich am Schluß auf die sechs Millionen Mark des Kriegsministeriums addierten. Er tat dies klar in Überschreitung seiner Kompetenzen, wie er Schmidt-Ott eingestand, da der Stiftungsrat immer noch auf die Überweisung wartete und folglich die Ergänzung des KWI um die neuen Arbeitsgebiete noch nicht formal abgesegnet hatte. Besonderen Wert legte Haber auf Freundlich, den er auf keinen Fall auf seinen Lehrstuhl für physikalische und anorganische Chemie und anorganische Technologie an der TH Braunschweig zurückkehren lassen wollte. Mit ihm hatte er sogar schon Detailfragen wie die Dienstaltersberechnung, Witwen- und Waisenversorgung usw. geklärt.[527] Unter dem Druck der Ereignisse leitete Schmidt-Ott schließlich die Millionensumme an den Stiftungsrat weiter, der am 19. 11. die Bestimmung des KWI um die «Aufschließung neuer Wissenschaftsgebiete» erweiterte. Der republikanische Kultusminister Konrad Haenisch sanktionierte die Transaktion indirekt, indem er dem Stiftungsrat die Verfügung über Depot und Konto des KWI übertrug und Schmidt-Ott ersuchte, das Ministerium weiterhin im Stiftungsrat zu vertreten.[528] Aufgrund der inflationären Geldentwertung nahm die Entwicklung des Haber-Instituts jedoch eine andere Richtung als vorgesehen.

4. Der ‹zivile Gaskrieg›: Fritz Haber und die chemische Schädlingsbekämpfung

In engem Zusammenhang mit den Bemühungen um ein Gasinstitut der KWG stand Habers dritte große Kriegsaufgabe, die Bekämpfung von Vorratsschädlingen und Parasiten durch giftige Gase, womit sich erneut die Frage der Konvertierbarkeit militärischer Forschung stellt. Wenn auch kein Zweifel daran bestehen kann, daß beim Gasinstitut die militärische Aufgabenstellung dominierte, so wäre es doch verfehlt, die Schädlingsbekämpfung als reines Alibi abzutun, um von naiven Zivilbehörden Gelder locker zu machen und getarnt für militärische Zwecke zu verwenden. Dafür war das Engagement Habers 1917/18 zu groß, zumal er in kurzer Zeit erstaunlich viel bewirkte und eine wirtschafts- wie wissenschaftsgeschichtlich bedeutsame Entwicklung einleitete, die in den zwanziger Jahren durchschlagen sollte. Seine «stille Liebe zur Schädlingsbekämpfung», zu der er sich auch später immer bekannte[529], ist in den Archiven verhältnismäßig gut überliefert, da die zivile Seite des Gaskriegs nicht vor Ententekommissionen versteckt oder gar vernichtet werden mußte. Es ist daher überraschend, daß diese Kriegsaufgabe Habers von der historischen Forschung erst in jüngster Zeit wahrgenommen wurde.[530] Andererseits muß man sich davor hüten, die Bedeutung der Schädlingsbekämpfung angesichts ihrer guten archivalischen Dokumentation in ihrer Relation zur schlecht überlieferten Kampfstofforschung und -anwendung überzubewerten. Es dominierte immer Habers militärische Aufgabe, wenngleich die Bekämpfung der Schädlingsinsekten während des Ersten Weltkriegs eine ungeahnte Bedeutung für die Kriegführung erlangte.

Vorratsschädlinge und Parasiten: Problemlage und Lösungsansätze

Die Kriegsjahre rückten zwei Schädlingsgruppen in das Zentrum der wissenschaftlichen und militärisch-politischen Aufmerksamkeit, die zuvor zwar durchaus bekannt, aus verschiedenen Gründen aber nicht weiter beachtet worden waren: die Vorratsschädlinge wie vor allem die Mehlmotte sowie menschliche Parasiten wie Läuse und Wanzen.

Professor Kühn, der Direktor des landwirtschaftlichen Instituts der Universität Halle, hatte erstmals 1877 in einer Mühle, in der nordamerikanischer Weizen vermahlen wurde, einen 20 mm spannenden Kleinschmetterling entdeckt, den er dem Entomologen Zeller nach Stettin übersandte. Dieser bestimmte das Mitglied aus der Familie der Zünsler als «Ephestia Kuehniella Zeller», die sich unter der gemeinen Bezeichnung Mehlmotte nicht nur in Deutschland, sondern weltweit ausbreitete. Aufgrund des Fundorts nahm man eine Einschleppung aus den USA an, vermutete die Heimat jedoch in Indien. Die Mehlmotte richtete in Mühlen und Speichern weniger durch ihren Verzehr Schäden an als durch ihre Gespinste, die das vermahlene Getreide verunreinigten, Maschinenausfälle verursachten und zu permanenten Säuberungen zwangen. Fachleute schätzten die Mehleinbußen in deutschen Mühlen in Friedenszeiten auf 10 bis 15 000 Doppelzentner im Jahr, die Kosten auf mindestens eine halbe bis eine Million Mark.[531] Die Schäden potenzierten sich im Krieg durch die Strukturveränderungen auf dem Ernährungssektor. Der Zwang zur Lagerhaltung von Lebensmitteln, um die Ernährung des Heeres wie auch zunehmend der Zivilbevölkerung sicherzustellen, führte zur Errichtung zentraler Großspeicher, in denen die Mehlmotten optimale Lebens- und Fortpflanzungsbedingungen vorfanden und enorme Schäden anrichteten, zumal sie auch die Reisvorräte befielen. Der kriegswirtschaftsbedingte Trend zur Zentralisierung und zum Großbetrieb schlug ferner auch auf die Mühlenwirtschaft durch. Diese war zuvor überwiegend kleinteilig strukturiert; nur knapp 16 % des vermahlenen Getreides stammten aus Großmühlen mit einer Tagesleistung von über 100 Tonnen. Der Krieg führte zur Schließung zahlreicher Kleinmühlen; mit der Durchsetzung des Mühlengroßbetriebs nahm der Mottenbefall automatisch erheblich größere Schadensdimensionen an als zuvor, wobei die zunehmend angespannte Ernährungslage in der zweiten Kriegshälfte aus einem rein wirtschaftlichen auch ein politisches Problem machte.[532]

Alle bekannten Bekämpfungsmethoden erwiesen sich unter den Bedingungen des Krieges als wirkungslos: das mechanische Einsammeln und Einfangen per Hand; die biologische Bekämpfung durch natürliche Feinde wie Schlupfwespen und Milben oder durch eine künstlich erzeugte Schlaffsuchtepidemie; Hitze, Kälte, Formaldehyd, Stearinöl, Essigsäure – den Mehlmotten war nicht beizukommen. Das Ausschwefeln der Mühlen erwies sich zwar als wirksam, setzte sich jedoch wegen unangenehmer Nebenwirkungen nicht durch. Mit dem Schwefelmangel seit Kriegsbeginn verbot sich diese Methode zudem von selbst. Die Leistungsfähigkeit der Mühlen sank rapide.[533]

Das drängendste Parasitenproblem für die kämpfenden Truppen, aber auch für die Menschen in Lazaretten und Kriegsgefangenenlagern sowie für die Zivilbevölkerung in den besetzten Ostgebieten stellten vor allem die Kopf- und Kleiderläuse, aber auch Wanzen, Flöhe, Stechmücken und Krätzemilben dar. Die Läuseplage war bereits im Herbst 1914 an der Ostfront verbreitet. Sie weitete sich durch die ständigen Truppenverschiebungen, die Benutzung derselben Transportmittel und die Unterbringung in Massenquartieren aus und griff schließlich, gefördert durch die Bedingungen des Stellungskriegs, auch auf den Westen über. Von Ungeziefer gequält wurden schließlich in besonderem Maße auch die Besatzungen von Schiffen und U-Booten. In der Wahrnehmung der deutschen Zeitgenossen waren die Läuse oftmals geradezu ein Charakteristikum des jüdisch-slawischen Ostens, und es mischten sich früh rassistische Untertöne auch in die wissenschaftlichen Abhandlungen. So war von Polen als dem «klassischen Lande jeglichen Ungeziefers» die Rede, wo der Läusebefall einer ansteckenden Krankheit gleichkam, die sich auf die deutschen Soldaten erst durch «die innige Berührung im Osten mit einer durchgängig verlausten Bevölkerung», sprich: durch Einquartierung und Prostitution, übertrug. Als «durchweg, oft in einem geradezu ekelerregenden Grade verlaust» galten die russischen Kriegsgefangenen.[534]

Parasiten aller Art quälten die Befallenen nicht nur durch das unerträgliche Jucken ihrer Bisse bzw. Stiche, sondern waren zudem als Überträger gefährlicher Krankheiten bekannt oder verdächtig. Stechmücken übertrugen Malaria, Flöhe die Pest, Wanzen ebenfalls die Pest und eventuell auch das Rückfallfieber. Die Bedeutung der Läuse für die Entstehung von Fleckfieberepidemien (Typhus exanthematicus) war unstrittig. Diese typische Kriegsseuche hatte Deutschland im Dreißigjährigen Krieg entvölkert. Sie trat noch im Krimkrieg (1854–1856) und im Russisch-Türkischen Krieg (1877/78) epidemisch auf; im Weltkrieg blieb sie auf Rußland, Galizien und den Balkan beschränkt, wobei die Truppen der Mittelmächte wegen der Voraussicht der leitenden Sanitätsdienststellen relativ wenig von der Seuche betroffen waren. Fleckfieberepidemien entstanden jedoch dort, wo man, wie es euphemistisch hieß, «diese den deutschen Ärzten fast unbekannte Krankheit aus äußeren Gründen nicht sogleich gründlich bekämpfen konnte», nämlich in den Kriegsgefangenen-, Arbeiter- und Flüchtlingslagern sowie unter der Zivilbevölkerung im Osten. So erkrankten im Frühjahr 1915 allein in den elf am schwersten von der Seuche betroffenen mitteldeutschen Kriegsgefangenenlagern von den insgesamt fast 128000 Insassen annähernd 35 %, von denen wiederum ein Zwölftel starb.[535]

Die Medizinalabteilung des Kriegsministeriums ergriff umgehend Maßnahmen und gab bis Kriegsende schätzungsweise 250 Millionen Mark allein für die Läusebekämpfung aus; nochmal dieselbe Summe wandte sie zusätzlich gegen andere Parasiten wie Wanzen, Flöhe usw. auf. Hinzu kam die ebenfalls sehr teure Bekämpfung tierischer Parasiten, die im Falle der Pferderäude (durch Milbenbefall), der sehr viele Pferde zum Opfer fielen, nochmals 50 Millionen kostete.[536] Hier lag jedoch das eigentliche Problem. 250 handelsübliche prophylaktische «Läusemittel» halfen nur ihren Herstellern. Die biologische Methode durch Aushungern war unter den Bedingungen des Krieges wegen der großen Hungerfähigkeit der Parasiten kaum praktikabel; sie dauerte bei Läusen beispielsweise rund 40 Tage. Formaldehyd war unzureichend, Rauch half nur gegen wenig widerstandsfähige Insekten wie Stechmücken. Das Ausschwefeln von Wohnräumen zeigte Wirkung, hatte jedoch eine relativ geringe Durchdringungskraft, schädigte Metallsachen und Farben und machte die Räume auf lange Zeit unbewohnbar. Die technisch-physikalische Vernichtung von Parasiten mit großer Hitze kam für Baracken nicht in Frage, war jedoch gegen Kleiderläuse sehr wirksam, wobei man das Dampfdesinfektions- und das Heißluftverfahren unterschied.[537]

Mit der Jahreswende 1914/15 wurden an den Eintrittsstellen der Eisenbahnlinien an der östlichen Reichsgrenze sog. «Sanierungsanstalten» errichtet, die bei den ständigen Truppenverschiebungen «wie ein Filter» wirken sollten. Alle Personen wurden gründlich gebadet und gegebenenfalls geschoren, ihre Kleidung und Ausrüstung durch Hitzeeinwirkung entlaust. Die Leistungsfähigkeit der Anstalten bemaß sich nach strategischen Gesichtspunkten; die größten erreichten bei ununterbrochenem Betrieb eine Tagesleistung von 12000 Mann: Eydtkuhnen, Prostken, Illiwo, Alexandrowo, Kalisch, Stradom und Sosnowice, später auch Rosenheim und Oppeln. Die Heeresleitung stand allerdings vor zwei sich verschärfenden Problemen: Die erforderliche Kohle war ein zunehmend knapper Rohstoff, ihr Transport zu den weit entfernten Anstalten ebenfalls problematisch. Außerdem wurden Stoffe und Ledersachen bei wiederholten Entlausungen durch Hitze erheblich geschädigt.[538]

Es ist nun keineswegs so, daß es von seiten der Wissenschaft, der Industrie und des Militärs keine Versuche gegeben hätte, den sich verschärfenden Problemen der wirksamen Bekämpfung von Schädlingen beizukommen. Aus verschiedenen Gründen überwogen hier allerdings die Unzulänglichkeiten und Defizite. Die für die Biologie und damit auch die Bekämpfung von Schädlingsinsekten ‹zuständige› Wissenschaft, die angewandte Entomologie, steckte in Deutschland vor dem Weltkrieg noch in den Kinderschuhen. Die theoretisch orientierte Zoologie neigte dazu, «die angewandte Zoologie nicht als gleichwertige Wissenschaft anzusehen und auf letzere gewissermassen etwas herabzublicken.» An Universitäten und landwirtschaftlichen Hochschulen gab es keinen einzigen Lehrstuhl für angewandte Zoologie oder gar Entomologie. Auch experimentell arbeitende Institute und Feldstationen fehlten. Die nicht zuletzt zu diesem Zweck gegründete Kaiserliche Biologische Anstalt in Dahlem betrieb die Schädlingsforschung ‹nebenamtlich› durch Botaniker oder Agronomen.[539] Die Grundlagen der Schädlingsbekämpfung zählten eben nicht als vollwertige Wissenschaft, sondern als Handwerk des Kammerjägers, und sie teilten mit diesem das geringe Sozialprestige. Argumentationen, welche die angewandte Entomologie nach wissenschaftlichem Rang und Schwierigkeitsgrad der Medizin und der Hygiene zur Seite stellten[540], trafen auf Unverständnis. Die etablierte Zoologie sah auf die fächerübergreifende neue Teildisziplin herab, die um ihre Anerkennung als Wissenschaft kämpfte. Sie konnte dies um so energischer tun, als sich herausstellte, daß es keineswegs nur um den Anwendungsbezug ihrer Forschungen, nämlich eine wissenschaftlich fundierte Schädlingsbekämpfung, ging, sondern daß auch die Grundlagenforschung erhebliche Defizite aufwies, da über die Lebensweise, die Fortpflanzung und das Verhalten von Schädlingsinsekten keine gesicherten Erkenntnisse vorlagen.

Der Pionier der angewandten Entomologie in Deutschland war Karl Escherich (18. 9. 1871–22. 11. 1951), dessen Studien- und Berufsweg für sein Fach bezeichnend ist. Nach Abschluß des Medizinstudiums in München und Würzburg (Promotion 1892) wandte er sich der Zoologie zu, die er in Heidelberg und Leipzig studierte (Promotion 1894). Nach mehreren Forschungsreisen ins Ausland schrieb er damals weltbekannte Bücher über die Lebensweise sozialer Insekten wie Ameisen und Termiten (1906, 1909/10) und legte die Grundlagen der biologischen Symbioseforschung. Seine akademische Karriere startete Escherich nicht an den klassischen, prestigebeladenen Universitäten, sondern an der geographischen und institutionellen Peripherie bzw. einer Universitätsneugründung: Nach seinen Jahren als Assistent und Privatdozent an der TH Karlsruhe und den Universitäten Rostock und Straßburg ging er 1907 als ordentlicher Professor an die sächsische Forstakademie in Tharandt, wo er sich systematisch mit der angewandten Entomologie befaßte. Auf Einladung von L. O. Howard, dem Direktor des 1904 gegründeten «Bureau of Entomology», lernte Escherich die Vereinigten Staaten kennen, wo aufgrund der ausgedehnten landwirtschaftlichen Monokulturen schon 1859 der erste staatliche Entomologe seine Tätigkeit aufgenommen hatte. In einem 1913 publizierten

Buch berichtete er begeistert von der amerikanischen Behördenstruktur und der vorgefundenen wissenschaftlichen Situation.[541]

Escherichs Reformvorschläge für Deutschland[542] leiteten in seiner Heimat noch im selben Jahr einen Institutionalisierungsschub der angewandten Insektenforschung ein. Sein Vortrag auf der Jahresversammlung der Deutschen Zoologischen Gesellschaft in Bremen im Mai 1913 führte zur Gründung der Deutschen Gesellschaft für Angewandte Entomologie, die fortan den institutionellen Kristallisationskern der neuen Teildisziplin bildete. Mit ihren Publikationsorganen bildete sie ein Forum für den so wichtigen wissenschaftlichen Diskurs: Die Zeitschrift für angewandte Entomologie erwarb sich schnell akademische Reputation als einschlägiges Periodikum. Die regelmäßig erscheinenden Verhandlungen der Deutschen Gesellschaft für Angewandte Entomologie publizierten die auf ihren Jahrestagungen (Würzburg, 21.–24. 10. 1913; München, 24.–26. 9. 1918; danach jährlich) gehaltenen Vorträge und anschließenden Diskussionen. Beide Organe fanden einen über die Vereinsmitglieder (120 im Oktober 1913) hinausgehenden Leserkreis. Die Gesellschaft verfolgte satzungsgemäß ein doppeltes Ziel: Mit Blick auf die USA wollte sie die Rückständigkeit der Disziplin in Deutschland ausgleichen und ihr zur wissenschaftlichen Etablierung verhelfen. Darüber hinaus setzte sie sich jedoch auch für den Aufbau einer «zweckdienlichen, staatlichen Organisation» ein, die zur Erforschung und Bekämpfung der wirtschaftsschädlichen und krankheitsübertragenden Insekten beitragen sollte.[543] Escherich, der jahrelange Vorsitzende der Gesellschaft, konnte nun endlich wirkungsvoll ein chemisches Verfahren zur Schädlingsvernichtung propagieren, das er in Amerika kennen- und schätzengelernt hatte: die Durchgasung von Mühlen, Speichern und Magazinen mit dem hochtoxischen Zellatmungsgift Blausäure (Cyanwasserstoff, HCN)[544].

Die im Aufwind befindlichen Entomologen fanden zeitgleich mit Kriegsausbruch in der in Frankfurt am Main ansässigen Deutschen Gold- und Silber-Scheideanstalt vormals Roessler einen unentbehrlichen Kooperationspartner. Die Scheideanstalt war traditionell in der Blausäurechemie führend; sie stellte marktbeherrschend Cyanverbindungen her und war aus wirtschaftlichen Gründen brennend an einer großflächigen Einführung von HCN-Durchgasungen interessiert. Sie verfügte mit ihrem 1884 gegründeten Tochterunternehmen Roessler & Hasslacher Chemical Company bei New York über einen wertvollen Zugriff auf die Erfahrungen der in den USA seit 1898 praktizierten Blausäureverfahren. Die amtliche Schrift des Bureau of Entomology empfahl 1909 gasförmige Blausäure nachdrücklich als bestes Mittel gegen die Mehlmotte, und der beeindruckte Escherich sagte dem Verfahren weltweit eine große Zukunft voraus.[545] Die Scheideanstalt trieb in ihren Firmenlabors die Forschungen zur Schädlingsbekämpfung durch Blausäure voran, wofür sie eigens Chemiker und

Entomologen beschäftigte.[546] Allerdings genügten die Ergebnisse der Industrieforschung offensichtlich nicht, das Verfahren wissenschaftlich abzusichern und marktbeherrschend im großen Maßstab in Deutschland einzuführen. Die Scheideanstalt nutzte die Gründung der Deutschen Gesellschaft für angewandte Entomologie 1913, um ihr als außerordentliches Mitglied beizutreten und so mit den Wissenschaftlern an Universitäten und Hochschulen bzw. über sie mit den staatlichen Instanzen Kontakt aufzunehmen.[547]

Mit Ausbruch des Weltkriegs kam für die Scheideanstalt ein zweites ökonomisches Interesse hinzu, das Blausäureverfahren in Kooperation mit Wissenschaft und Staat in Deutschland zu verankern. Das Unternehmen war nicht in der Kriegschemikalien AG vertreten, da es keine unmittelbar kriegswichtigen Säuren, Sprengstoffe oder deren Vorprodukte herstellte und folglich gar nicht aufgefordert worden war, sich an der AG zu beteiligen. Unter den Bedingungen der Kriegswirtschaft konnte dies das wirtschaftliche Aus für die Scheideanstalt bedeuten, so daß sie sich nach Kräften bemühen mußte, mit den Militärbehörden in Kontakt zu treten und sich als kriegswichtiges Unternehmen zu profilieren. Sie tat dies einerseits durch die gezielte Suche nach Ersatzstoffen und ersetzte beispielsweise das für photographische Zwecke erforderliche Silbernitrat durch Silbersulfat, wodurch sich die für die Sprengstoffherstellung zentrale konzentrierte Salpetersäure einsparen ließ.[548] Andererseits stellte die Scheideanstalt kostenfrei ihr Know-how, Personal und insbesondere die Geräte, Chemikalien und Laborräume für Versuchszwecke auf dem Gebiet der Schädlingsbekämpfung zur Verfügung. So kooperierte sie spätestens seit 1916 mit dem Leiter des Biologischen Laboratoriums im Hygienischen Institut der Universität Frankfurt, Ernst Teichmann, der Versuchsreihen gegen die Kleiderlaus durchführte. Im selben Jahr noch hob Escherich vor einem größeren Publikum die Verdienste des Unternehmens bei der Entlausung von Lazarettzügen hervor.[549]

Seit Kriegsbeginn kooperierte die Scheideanstalt in der Mehlmottenbekämpfung mit dem Entomologen Richard Heymons, Kustos am Kgl. Museum für Naturkunde in Berlin und seit 1915 Professor am Zoologischen Institut der dortigen Landwirtschaftlichen Hochschule. Heymons hatte bereits 1908 auf das in Amerika praktizierte Blausäureverfahren aufmerksam gemacht und leitete den ersten Großversuch in Deutschland, der am 18. 11. 1916 an der staatlichen Versuchsanstalt für Getreideverarbeitung in Berlin in einen Raum von 70 m³ stattfand. Die Scheideanstalt stellte Chemikalien und technisches Personal kostenlos zur Verfügung. Dieses Engagement zahlte sich aus: Der durchschlagende, staatlich kontrollierte Erfolg der Aktion führte dazu, daß die Versuchsanstalt die Mühlenwirtschaft auf das fast praxisreife Verfahren aufmerksam machte. Bis April 1917 meldeten sich zwölf Mühlen aus Nord- und Mitteldeutschland bei Heymons bzw. der Berliner Versuchsanstalt zur Durchgasung an.[550]

Karl Escherich, seit Herbst 1914 Ordinarius für angewandte Zoologie an der Universität München und gleichzeitig Leiter der Abteilung für angewandte Zoologie der dortigen Forstlichen Versuchsanstalt, stand ebenfalls mit der Scheideanstalt in Kontakt. Das daraus resultierende Konkurrenzverhältnis zu Heymons schlug bis in die Fachliteratur durch. Escherich wurde nun von dem Unternehmen gebeten, eine geeignete Mühle für die erste Mühlendurchgasung auszusuchen und den Einsatz wissenschaftlich zu leiten. Er delegierte diese Aufgabe an seinen Assistenten Hans Walter Frickhinger. Am 21./22.4. 1917 wurde eine Mühle von 3500 m^3 in Heidingsfeld bei Würzburg mit Hilfe eines sog. Cyanofumers, d. h. eines außerhalb des Gebäudes aufgestellten Blausäuregasgenerators, erfolgreich von Mehlmotten befreit.[551]

In diese durch den Krieg beschleunigte Kontaktaufnahme zwischen Wissenschaft und Industrie schaltete sich, veranlaßt durch die Läuseplage vor allem an der Ostfront, die Heeresverwaltung als dritter Akteur ein. Wieder fungierte die Deutsche Gesellschaft für angewandte Entomologie als Kontaktschmiede, indem sie an ihre im Felde stehenden Mitglieder herantrat und wissenschaftliche Studien durch Gelder und Geräte förderte. In diesem Sinne bot auch der Entomologe Albrecht Hase (16. 3. 1882–20. 11. 1962) dem preußischen Kriegsministerium seine Dienste an. Hase, der 1907 in Jena promoviert und ein Jahr später das Staatsexamen für das höhere Lehramt abgelegt hatte, wurde 1910 1. Assistent am Zoologischen Institut der Landwirtschaftlichen Hochschule in Berlin. 1911 ging er nach Jena, wo er sich im selben Jahr habilitierte und am 2. 9. 1914 zum unbesoldeten außerordentlichen Professor der Zoologie ernannt wurde.[552] Hase erhielt am 24. 2. 1915 vom preußischen Kriegsministerium den Auftrag, «die Biologie der Läuse zu bearbeiten, um nach Kenntnis dieser, rationelle Bekämpfungsmethoden und sichere prophylaktische Mittel zu finden.»[553] In einem Quarantänelager für russische Kriegsgefangene in Hammerstein/Westpreußen richtete er als Feldarzt, da eine andere Form der Einstellung nicht möglich war, Anfang März 1915 das erste «Läuse-Feldlaboratorium» ein, das neben der engeren Erforschung der Parasiten auch die Aufgabe hatte, im Gebiet Oberost den Verlausungsgrad der Zivilbevölkerung zu erfassen und besonders in den Städten zivile Entlausungsanstalten einzurichten. Hase veröffentlichte noch in den Kriegsjahren seine grundlegenden Untersuchungen über die Kleiderlaus und die Bettwanze, heftig beneidet von etlichen Kollegen wegen seiner optimalen Arbeitsbedingungen.[554]

1916 stießen auch die Militärs auf das Blausäureverfahren. Im Sommer ordnete die Medizinalabteilung des Kriegsministeriums an, dieses «unter feldmäßigen Bedingungen» zur Ungeziefervernichtung zu prüfen. Material und Richtlinien zu diesen Versuchen erhielt sie von Fritz Habers Zentralstelle für Fragen der Chemie bzw. Chemischer Abteilung. Hase führte in der zweiten Septemberhälfte in der verlassenen Stadt Korelitsch bei Novogrodek erste Blausäureexperimente gegen Wanzen durch, erzielte aber wegen zu geringer Gaskonzentrationen nur Teilerfolge und stellte kurz darauf die Versuche aus Materialmangel wieder ein.[555]

Haber und der Technische Ausschuß für Schädlingsbekämpfung 1917/18

Bei den zivilen Mühlensäuberungen wie bei der militärischen Ungezieferbekämpfung stellte sich erst im Frühjahr 1917 durch Habers Initiative eine Wende hin zu systematischen, großangelegten und straff organisierten Blausäuredurchgasungen ein, eine spezifisch deutsche Entwicklung, die Paul Weindling etwa im Vergleich mit den Seuchenmaßnahmen der Briten von einem «medical Sonderweg» sprechen läßt.[556] Der Anstoß ging von den bereits dargestellten Bemühungen um ein Gasinstitut im Rahmen der KWG aus. Wrisbergs von Haber diktiertes Schreiben an das Kultusministerium vom 13.2.1917 hatte die Interessen der Land- und Forstwissenschaft in einem kurzen Passus mitreflektiert, und die KWG fand den Plan, «namentlich, soweit er die Schädlingsbekämpfung betrifft», durchaus bedenkenswert. In seiner ausführlichen Denkschrift vom September 1917 schließlich hob Haber die zivile Bedeutung der Erforschung der Toxikologie der Gase an zentraler Stelle hervor: Er sah in ihr «vielleicht die zukunftsreichste Seite der im Kriege begonnenen Entwicklung» und propagierte das Ziel, durch das systematische Zusammenwirken von Chemikern, Physikern und Medizinern in der Schädlingsbekämpfung «aus Mitteln der Vernichtung Quellen neuen Wohlstands zu machen.»[557]

Es war den Zeitgenossen durchaus bewußt, daß der Ausnahmezustand des Krieges mit der damit einhergehenden Zentralisierung in Politik und Wirtschaft, der weitgehenden Ausschaltung der Parlamente und der großen Bedeutung von Behördeneingriffen in die zuvor staatlich kaum tangierten Bereiche Forschung, Industrie und Landwirtschaft Bedingungen schuf, welche die bislang vereinzelt kooperierenden Akteure in Staat/Militär, Wirtschaft und Wissenschaft zur systematischen Zusammenarbeit bei der Schädlingsbekämpfung zwang. Bereits 1916 jubelte Escherich, daß nun die Blausäuremethode auch in Deutschland Eingang finde, «und zwar ist es wieder der Krieg, der schon so vieles vollbracht hat, der auch hier das Vorurteil wegzuräumen scheint.»[558] Weggeräumt bzw. eingeschränkt war auch die Zuständigkeit der einzelnen Bundesstaaten und ihrer Landtage; der Weg war frei für zentrale Behördeneingriffe. Der bayerische Reichsrat Franz Ritter von Buhl, Weingutsbesitzer in Deidesheim und ein Promotor chemischer Vernichtungsmethoden, brachte diese in seiner Sicht vorteilhafte Tatsache in einer Rede auf den Punkt: «Es ist eben unmöglich, in Volksversammlungen einen Schädling zu bekämpfen, der sich an Mehrheitsbeschlüsse nicht bindet.»[559]

Bereits zwei Tage nachdem Wrisberg mit seinem Plan, ein Gasinstitut zu gründen, an das Kultusministerium herangetreten war, fand in den Räumen der Kriegschemikalien AG eine kompetent besetzte Besprechung statt.[560] Unter der Leitung des Reichskommissars für die Stickstoffwirtschaft, Rittmeister Julius Bueb, konferierten Vertreter ziviler (Reichsamt des Innern, Reichsschatzamt, preußisches Kultus- und Landwirtschaftsministerium) wie militärischer Behörden (Waffen- und Munitionsbeschaffungsamt, Kriegsamt/Stab, Medizinalabteilung, Chemische Abteilung A 10), der chemischen Industrie (Deutsche Gold- und Silber-Scheideanstalt) und der Wissenschaft (Ksl. Biologische Anstalt, Ksl. Gesundheitsamt, Kgl. Landwirtschaftliche Hochschule). Fritz Haber hob in Zusammenhang mit dem zu gründenden Gasinstitut die wirtschaftlich bedeutsame Möglichkeit hervor, die wissenschaftlich-technischen Erfahrungen des Gaskriegs auf die Schädlingsbekämpfung zu übertragen und die praktische Arbeit durch geschulte Gastruppen ausführen zu lassen. Er lieferte dem Direktor der Scheideanstalt, Fadé, das willkommene Stichwort, ausführlich über die Erfahrungen in Amerika und die «glänzenden Ergebnisse» seines Unternehmens bei Blausäureexperimenten mit Läusen und Wanzen zu berichten. Der Direktor der Ksl. Biologischen Anstalt, Behrens, erhob Bedenken gegen die unbekannten Nebenwirkungen. Er führte damit die äußerst zurückhaltende Linie seines Hauses gegen den Einsatz von Cyanwasserstoff fort, wie sie sich um die Jahrhundertwende herausgebildet hatte.[561] Ihm widersprach Richard Heymons mit Hinweis auf die Erfolge der Versuchsanstalt für Getreideverarbeitung gegen die Mehlmotten. Die Vertreter der staatlichen Behörden ließen sich schnell von den abgestimmten Vorstößen aus Industrie und Wissenschaft überzeugen und sicherten der Erforschung und Einführung der Schädlingsbekämpfung durch giftige Gase ihre finanzielle Unterstützung zu. Damit aber nicht genug: Bueb und der ebenfalls anwesende Moellendorff schlugen unter allgemeiner Zustimmung vor, nicht die Gründung des Gasinstituts abzuwarten, sondern sofort in Zusammenarbeit von Behörden, Scheideanstalt und Forschungsinstituten einen «Technischen Ausschuß für Schädlingsbekämpfung» (TASCH) zu bilden. Der TASCH unter dem Vorsitz Fritz Habers sollte ausdrücklich Koordinations- und Querschnittsaufgaben zwischen Staat/Militär, Industrie und Wissenschaft wahrnehmen, an denen die großangelegte Einführung des Blausäureverfahrens bislang gescheitert war.

Das Reichsamt des Innern, bei dem die Ksl. Biologische Anstalt ressortierte, reagierte irritiert, da die Gründung des Ausschusses «zu einer unerwünschten Berührung» seiner Zuständigkeit führe. Staatssekretär Helfferich kritisierte in zwei Schreiben an den Kriegsminister von Anfang März die Tendenz der Heeresverwaltung, Parallelorganisationen zu bereits bestehenden Institutionen ins Leben zu rufen und damit deren Kompetenz auszuhöhlen. Als Präzedenzfall führte er den Nährstoff-Ausschuß[562] im Kriegsamt an, dessen Gründung er als Konkurrenz zum Kriegsernährungsamt empfand, und drohte mit Konsequenzen. Allerdings schadete Helfferich seinem Vorstoß, der das Unbehagen am Machtgewinn militärischer auf Kosten der zivilen Stellen reflektierte, schon allein dadurch, daß er irrtümlich annahm, es sollte im Anschluß an das Gasinstitut der KWG ein eigenes Forschungsinstitut für Schädlingsbekämpfung gegründet werden. Kriegsamtschef Groener behielt sich denn auch gereizt vor, «*die* Maßnahmen zu treffen, welche ich für nötig halte», und bat pikiert, seinem Wunsch «nach frischentschlossenem Handeln nicht die Forderung peinlichster Mitbeteiligung aller nur irgend in Betracht kommender Ressorts entgegenzustellen». Die Angliederung des TASCH an ein Ministerium war bis jetzt zwar noch nicht erfolgt, doch ließ Groener keinen Zweifel daran, daß hierfür nur das Kriegsministerium in Frage kam.[563]

Der TASCH trat unter Habers Vorsitz am 12.4. 1917 zu seiner konstituierenden Sitzung zusammen und bildete als erstes, um überhaupt handlungsfähig zu sein, einen engeren Arbeitsausschuß.[564] Während im Plenum die Behördenvertreter überwogen, konzentrierten sich im Arbeitsausschuß, der ebenfalls von Haber geleitet wurde, die Wissenschaftler aus den Labors der beteiligten Hochschulen und Forschungsanstalten sowie der Scheideanstalt. Wichtigste Aufgabe des TASCH, so der Physikochemiker, sei vor allem, die Versuchserfahrungen zu zentralisieren, «um unfruchtbares und zeitraubendes Nebeneinanderarbeiten zu vermeiden», sowie Forschungen auf dem Gebiet der Schädlingsbekämpfung zu fördern, ohne die Freiheit des einzelnen Wissenschaftlers zu beeinträchtigen. Dabei ließen sich die im Gaskrieg gewonnenen Erkenntnisse nicht ohne weiteres auf eine zivile Anwendung gegen Parasiten übertragen, da die Durchgasungen im geschlossenen Raum stattfanden, das für die einzelnen Schädlinge unterschiedliche Minimum bzw. Optimum der einzusetzenden Kampfmittel nicht bekannt und die Kosten-Nutzen-Relation noch kaum abzuschätzen war. Für alle Forschungen stellte Haber die Kapazitäten seines für Gastests bestens ausgerüsteten Instituts zur Verfügung. Er trat also mit seinem KWI auch in eine gewisse Konkurrenz zu den bisher mit der Schädlingsforschung befaßten Institutionen und Wissenschaftlern.

Der TASCH verkörperte eine neue Form der institutionalisierten Zusammenarbeit von Staat/Militär, Wirtschaft und Wissenschaft. Rechtlich gesehen war er wohl nur in Kriegszeiten lebensfähig: Im Grunde eine freiwillige Arbeitsgruppe aus Vertretern der beteiligten Akteure mit starkem Übergewicht der Behörden, war er durch den Vorsitz und die starke Persönlichkeit Habers der chemischen Abteilung A 10 des Kriegsministeriums angegliedert, hatte also amtlichen Charakter. Andererseits beschäftigte er wie eine privatrechtliche Vereinigung oder ein Unternehmen einen Geschäftsführer (Otto Gagezow, später Walter Heerdt von der Scheideanstalt). Dem TASCH wuchsen neue, über die reine Koordination und Organisation wissenschaftlicher Versuche hinausgehende Aufgabenfelder zu. Im Schlepptau des Gaskriegs wurde die wissenschaftlich fundierte Schädlingsbekämpfung durch giftige Gase systematisch in Deutschland eingeführt. Im Bereich der Forschung erteilten Mitarbeiter des TASCH bzw. von Habers A 10 oder seinem Institut ab sofort Ratschläge zur Durchführung erfolgreicher Gasversuche und vermittelten die sachliche wie personelle Hilfestellung des KWI, wobei, der Natur der Aufgabe gemäß, durchaus auch die Abteilung zur Darstellung neuer Kampfstoffe unter Kerschbaum, vor allem aber Flury und seine toxikologische Sektion involviert waren.[565] In den der konstituierenden Sitzung folgenden Verhandlungen des TASCH-Plenums und des Arbeitsausschusses tauschten die auf dem Gebiet der Schädlingsbekämpfung führenden Wissenschaftler ihre Erfahrungen aus und regten zu neuen Experimenten an. Unter ihnen befanden sich die bereits erwähnten Professoren Escherich, Heymons und Behrens, aber auch Zschokke, Direktor der Kgl. Bayerischen Versuchs- und Lehranstalt für Obst-, Wein- und Gartenbau in Neustadt/Haardt, Brauer, Direktor des Zoologischen Museums in Berlin, Buchwald, Direktor der Versuchsanstalt für Getreideverarbeitung in Berlin, sowie die Entomologen der Scheideanstalt.[566]

Bereits am 4. 4. 1917 hatte Albrecht Hase den Befehl der Medizinalabteilung erhalten, die Entlausungsverfahren im Bereich der Heeresverwaltung auf die Blausäuredurchgasung umzustellen, Versuche zur Wanzenbekämpfung durchzuführen und das erforderliche Hilfspersonal auszubilden. Für den militärischen Bereich blieb die Medizinalabteilung federführend, die jedoch eng mit Haber zusammenarbeitete. Sie beschaffte die erforderlichen Chemikalien über seine chemische Abteilung A 10, nahm die Amtshilfe der Wissenschaftler des KWI in Anspruch und war zudem über den Oberstabsarzt Professor Heinrich Hetsch in den TASCH integriert. Hases erster Einsatzort war die große Sanierungsanstalt in Sosnowice (bei Kattowitz), wo er vom 7. 5. bis zum 26. 8. 1917 Blausäure erfolgreich und ohne Personen- und Materialschäden gegen Läuse und Wanzen einsetzte. Mit demselben Auftrag war er vom 21. 9. bis zum 6. 10. in der Sanierungsanstalt Kalisch tätig, gefolgt von schwierigen und letztlich gescheiterten Versuchen in Potsdam, ganze Eisenbahnwaggons mit getragenen Uniformen in einem gasdichten, heizbaren Tunnel zu entlausen.[567]

Im zivilen Bereich der Mehlmottenbekämpfung ließ der TASCH die Blausäuredurchgasungen zunächst in der Reihenfolge, in der sich die Mühlen bei der Versuchsanstalt für Getreideverarbeitung angemeldet hatten, durchführen. Beginnend ab Mai 1917, waren dies Mühlen in Elmshorn, Stendal und Meisdorf/Harz.[568] Unter der Teilnahme von Vertretern der Versuchsanstalt, des Ksl. Gesundheitsamts, der Ksl. Biologischen Anstalt und des TASCH waren wie zuvor Techniker der Scheideanstalt für die praktischen Arbeiten verantwortlich, da noch kein anderes geschultes Personal zur Verfügung stand. Durchgasungsanträge mußten von nun an direkt an den TASCH gerichtet werden, der die für die Vorarbeiten erforderlichen Sachverständigen entsandte und die benötigten Chemikalien reibungslos über Habers A 10 beschaffte. Die Antragswelle aus Nord- und Mitteldeutschland warf umgehend das Personalproblem auf. Es wurde dadurch gelöst, daß dem TASCH, wie von Haber vorgesehen, fronterprobte Gaspioniere zur Verfügung gestellt wurden. Diese «Kompagnie für Schädlingsbekämpfung», deren Bildung und Einsatz für zivile Zwecke durch kriegsministeriellen Erlaß vom 18. 8. 1917 (ergänzt am 13. 12.) angewiesen wurde, war auf dem Gasplatz Breloh stationiert. Sie umfaßte 150, auf mehrere Gaskommandos aufgeteilte Soldaten und Offiziere. Diese konnten sich nach ihren Erfahrungen mit hochtoxischen Kampfmitteln unschwer mit dem Blausäureverfahren vertraut machen. Haber erarbeitete persönlich eine vorläufige Dienstvorschrift der Kompagnie (16. 10. 1917) und erstellte ein «Merkblatt» für den Kommandoführer, das Vorschriften über die nötigen Vorbereitungen, die Durchführung, die Entgasung und den Abbau der Geräte enthielt. Je nach Größe der Mühle waren 8–13 Mann im Einsatz. Vorstößen insbesondere aus der Scheideanstalt, die sich aus naheliegenden Gründen für die baldige Auflösung der Kompagnie und für entsprechend ausgebildetes privates Bedienungspersonal aussprachen, wurde dabei nicht nur der Vorteil der militärischen Disziplin entgegengehalten. Heymons' Assistent Hans Soldanski vom Zoologischen Institut der Landwirtschaftlichen Hochschule Berlin sprach zudem offen aus, was andere dachten: Das «rein militärische Interesse» fordere die Beibehaltung der Kompagnie für Schädlingsbekämpfung auch im Frieden, «weil dadurch eine sehr erwünschte und geeignete Gelegenheit der Ausbildung von Mannschaften im Umgang mit hochgiftigen Gasen und in der Ausbildung mit dem Gasschutz für den Fall eines künftigen Krieges gegeben sei.» Um Kosten, Zeitverluste und Transportprobleme zu minimieren, faßte der TASCH im November 1917 den Entschluß, die bisher üblichen Einzeldurchgasungen in regionale «Durchgasungszyklen» zusammenzufassen. Der erste preußische Zyklus fand Anfang 1918 in der Provinz Hannover statt, es folgten Zyklen in Westfalen, Mecklenburg, Schleswig, Thüringen, der Provinz Sachsen und Schlesien.[569] Im Februar 1918 ordnete schließlich ein von Wrisberg unterzeichneter Erlaß des Kriegsministeriums an, zusätzliches «Gaspersonal» bei allen stellvertretenden Generalkommandos aufzustellen, um dem steigenden Bedarf nachzukommen. Es handelte sich dabei um Arbeiter der Heeresverwaltung, die durch die Kompagnie für

Schädlingsbekämpfung ausgebildet wurden. Sie kamen jedoch offenbar erst im September 1918 zum Einsatz, boten allerdings den unübersehbaren Vorteil, daß sie mit Kriegsende nicht von der Demobilmachung betroffen sein würden.[570]

Bereits im Juli 1917 zog der TASCH seine erste, erfolgreiche Bilanz. Die Reichsgetreidestelle, der zur Zeit 785 Mühlen unterstanden, sagte daraufhin bedingungslos ihre Unterstützung zu. Gegen einiges Murren aus dem Reichsamt des Innern dehnte der Ausschuß gleichzeitig seine Kompetenzen auch auf Versuche gegen die gemeinen Pflanzenschädlinge, vor allem im Weinbau, aus. Hierfür erarbeitete er ein neues Verfahren, wonach verdünnte wäßrige Blausäure auf die Weinstöcke gegossen wurde. Haber wischte alle Bedenken mit dem Hinweis auf die «ungezählte[n] Millionen» beiseite, die der Schädlingsbefall der deutschen Volkswirtschaft koste; gerade unter den gegenwärtigen Verhältnissen dürfe man sich «nicht mehr den Luxus einer jahrelangen Verschleppung der erforderlichen Massnahmen» leisten.[571] In der Tat war der Einsatz des TASCH in den letzten beiden Kriegsjahren durchaus erfolgreich. Bis August 1918 wurden 148 Mühlen mit einem Volumen von insgesamt 1,2 Millionen m^3 «durchgast», unter ihnen vor allem Großmühlen (Tagesleistung über 100 Tonnen) und mittelgroße Mühlen (10–100 Tonnen). Hinzu kamen Säuberungen von weiteren zivilen Gebäuden, besonders von Fabriken, in Höhe von mindestens 0,8 Millionen m^3. Haber errechnete auf der Grundlage des ihm bekannten Verbrauchs von Cyannatrium den Rauminhalt blausäuregeräucherter militärischer Objekte wie Kasernen, Sanierungsanstalten, Lazarette, Eisenbahnwaggons, Schiffe, Kriegsgefangenenlager usw. mit rund 2 Millionen m^3.[572]

Die Erfordernisse des Krieges sowie die systematische, von Haber organisierte Zusammenarbeit der beteiligten Akteure führten innerhalb kurzer Zeit zu bemerkenswerten Verfahrensverbesserungen und -vereinfachungen. Das zuerst praktizierte Generatorverfahren, bei dem das Blausäuregas durch einen außerhalb des Gebäudes aufgestellten sog. «Cyanator» oder «Cyanofumer» hergestellt wurde, war zwar sicher, warf aber erhebliche Transportprobleme auf. Es wurde nur bei der ersten überhaupt durchgasten Mühle in Heidingsfeld (21./22. 4. 1917) angewandt. Die Scheideanstalt entwickelte daraufhin das praktischere Bottichverfahren, bei dem sich das Gas aus mehreren im Raum plazierten Bottichen entwikkelte.[573] Besonders die Einschaltung des Haber-Instituts mit seinem wissenschaftlichen Potential zog erhebliche technische Fortschritte nach sich, die vor allem der Sicherheit des Bedienungspersonals dienten. Habers Wissenschaftler führten in die Benutzung aller Apparate ein und nahmen beratend und beobachtend an den wichtigsten Versuchen teil. So stand beispielsweise Albrecht Hase bei der Umstellung der Entlausung militärischer Objekte auf das Blausäureverfahren in engem Kontakt mit Flury und seinem Assistenten Freymuth, gelegentlich auch mit Hermann Wieland.[574] Zum Praxiseinsatz in der Schädlingsbekämpfung gelangte ferner Hermann Wielands für das KWI konstruierte «Blausäurebestimmungs-Apparat», mit dem sich die Gaskonzentrationen im Verlauf einer Durchgasung genau bestimmen ließen. Hunderte von derart kontrollierten Versuchen führten zu der Schlußfolgerung, daß man niemals schematisch vorgehen durfte, sondern jeden Einsatz den besonderen Bedingungen des Objekts anpassen mußte. Seit Sommer 1918 erhöhte sich die Sicherheit des HCN-Verfahrens noch einmal erheblich, als Adolf Sieverts im Auftrag des TASCH ein hochempfindliches Gerät zum Blausäurerestnachweis entwikkelte.[575]

Für den Gasschutz entwickelte Hans Picks KWI-Abteilung C eine spezielle Gasmaske, deren mit Kalilauge durchtränkte Filter die Blausäure neutralisierten. Hase konnte diese Masken bereits am 21. 4. 1917 für seinen Auftrag in Sosnowice in Empfang nehmen. Zurückgegriffen wurde dabei auf die Kenntnisse, die man aus französischen Angriffen mit Blausäuregranaten gewonnen hatte. Der Plan ihres ersten Einsatzes (am 1. 7. 1916) war damals verraten, die deutschen Truppen des gefährdeten Abschnitts mit blausäurefesten Atemeinsätzen versehen worden, so daß kein einziger Gastoter zu verzeichnen war. Allerdings erwies sich Blausäure in den Experimenten des KWI als im Freien äußerst ungeeigneter Kampfstoff.[576]

Vor allem Flurys toxikologische Sektion, in der Chemiker, Pharmakologen, Zoologen und Veterinäre interdisziplinär kooperierten, war für die Schädlingsbekämpfung aktiv. Es ging dabei um so zentrale Fragen wie z. B. die Absorption des Blausäuregases durch Mehl, Getreide, Brot usw., seine Wirkung auf die Haut von Tieren und Menschen oder die potentiellen Schädigungen von Pflanzen, Pilzen und Bakterien. Die Wissenschaftler führten zudem noch im Krieg Experimente zum zivilen Einsatz der neu entwickelten Gaskampfstoffe durch, da diese, wie der Gaskrieg zeigte, Menschen und Säugetiere viel wirksamer schädigten als HCN. Versuche belegten zwar die erstaunliche Resistenz von Insekten gegen giftige Gase, doch fand sich eine Reihe von Substanzen, welche die Blausäure in ihrer Wirkung auf Kerbtiere noch übertrafen: flüchtige organische Arsenverbindungen, einfache bromierte und chlorierte Äther und komplizierte Benzol-Derivate. Es wurden also noch während des Krieges systematisch Arbeiten «von hohem Reiz» durchgeführt, wie Flury befand, um «auch auf dem Gebiete des Gaskampfes die Kriegserfahrungen friedlichen Zwecken nutzbar zu machen».[577]

Bemerkenswert in diesem Zusammenhang ist nicht zuletzt der bayerische ‹Sonderweg›. Die Mühlenindustrie Bayerns nahm im Gegensatz zum Weinbau das TASCH-Angebot kaum wahr. Der durch Haber stark ins Hintertreffen geratene Karl Escherich betrieb nicht zuletzt zur Stärkung seiner eigenen Position den Plan, in Süddeutschland statt des TASCH eine eigene Stelle zu gründen. Haber zögerte, hielt er doch die wirtschaftliche Rentabilität einer solchen «Filiale» keineswegs für gewährleistet.[578] Escherich lud jedoch noch am 11. 12. 1917 Wirtschaftsvertreter, Verbände und Darlehenskassenvereine zu einer Besprechung ein. Unter Teilnahme des bayerischen Innenministeriums, der Landesgetreidestelle, zahlreicher landwirtschaftlicher Genossenschaften und der durch Georg Heim persönlich repräsentierten Bauernvereine hielt der TASCH-Geschäftsführer Otto Gagezow eine Vortrag über Aufgaben und Erfolge seiner Organisation. In der sich anschließenden Aussprache einigte man sich als Ausdruck der bayerischen Reservatrechte auf militärischem Gebiet auf die Gründung einer Zweigstelle des Technischen Ausschusses. Escherich bot flugs an, die Vorarbeiten zur Einbürgerung des Cyanwasserstoffverfahrens in seiner Abteilung in der Forstlichen Versuchsanstalt zu koordinieren, und beauftragte seinen Assistenten Frickhinger mit der Durchführung. Freilich war das preußische Vorbild erdrückend: Wie beim TASCH ging man auch in Bayern in Durchgasungszyklen vor und mußte, da es noch keine bayerische Kompagnie für Schädlingsbekämpfung gab, beim ersten Zyklus in Unterfranken auf Habers Gaspioniere zurückgreifen. Kurz darauf wurden allerdings bei den drei stellvertretenden Generalkommandos in Bayern separate Durchgasungsmannschaften aufgestellt.[579]

Die Institutionalisierung der Schädlingsbekämpfung 1918

Mit der Errichtung des TASCH schuf Haber ein Gremium, das die an der Schädlingsbekämpfung beteiligten Akteure erfolgreich zwangskoordinierte. Darüber hinaus bewirkte dies einen bemerkenswerten Institutionalisierungsschub, der die Schädlingsbekämpfung als wissenschaftliche Disziplin und als Industriezweig etablierte. Noch im Oktober 1920 äußerte sich Haber zwar vernichtend über die Leistungen der Schädlingsforschung: «Deutschland marschiert an der Spitze des madigen Obstes! Dies ist ein Zeugnis für den Stand unserer angewandten Zoologie.»[580] Dennoch war der angewandten Entomologie während der Kriegsjahre der Durchbruch zur anerkannten Teildisziplin gelungen. Bereits die unmittelbare Nachkriegszeit erlebte eine Flut von Publikationen über die Biologie der Schädlinge und die Blausäuredurchgasung; für viele Bereiche wurde bereits ein erstes wissenschaftliches Fazit gezogen oder aber zu weiteren Versuchen angeregt. Alle diese Veröffentlichungen basierten auf den Erfahrungen der Weltkriegsjahre.[581]

Noch im letzten Kriegsjahr, im Februar 1918, konnte Richard Heymons es wagen, sich an Harnack zu wenden und das «helfende Eingreifen» der KWG bei der Errichtung einer entomologischen Forschungsstation in Verbindung mit der Landwirtschaftlichen Hochschule Berlin zu erbitten. Heymons argumentierte, man dürfe gerade jetzt wegen der kriegsbedingten

Erfolge gegen Mühlenschädlinge und menschliche Parasiten nicht bei diesen momentan aktuellen Insekten verharren, sondern müsse nun sämtliche Schädlinge der Kulturpflanzen in Deutschland gründlich erforschen. Die Direktion der städtischen Rieselgüter in Malchow war bereit, ihm ein günstiges Gelände zu verpachten. Heymons verfügte über eine private Spende in Höhe von 30000 Mark für den Bau und die Einrichtung der Station und erbat nun dieselbe Summe von der KWG; die mit 10000 Mark veranschlagten laufenden Kosten erhoffte er vom preußischen Landwirtschaftsministerium.[582] Correns unterstützte den Plan engagiert. Wenngleich der Senat der KWG die Errichtung der Station ablehnte, da ein derartiges Vorhaben mit den Zwecken der Gesellschaft nicht vereinbar sei, zeigt dies doch, daß die angewandte Entomologie inzwischen an wissenschaftlicher Reputation gewonnen hatte.[583]

Die Deutsche Gesellschaft für angewandte Entomologie nahm deutliche Züge einer etablierten wissenschaftlichen Vereinigung an, indem sie durch ihre Veröffentlichungen weit über die eigenen Reihen hinaus wirkte. Ansprechpartner waren zum einen die Land- und Forstwirtschaft, zum anderen aber auch Schulen und die Presse. Seit 1915 gab sie kurze Flugblätter, Wandtafeln wichtiger Schädlinge und Krankheitsüberträger sowie eine Schriftenreihe unter dem Titel «Flugschriften der Deutschen Gesellschaft für angewandte Entomologie» heraus, zwei Jahre später erschienen die «Monographien zur angewandten Entomologie» als wissenschaftliche Beihefte zur gleichnamigen Zeitschrift.[584] Ihre vom 24. bis 26.9. 1918 in München stattfindende zweite Jahrestagung, über die erstmals auch die angesehene Zeitschrift «Die Naturwissenschaften» und die Tagespresse berichteten, empfand Albrecht Hase noch nach Jahrzehnten als einen «Wendepunkt» in der Geschichte der Schädlingsbekämpfung.[585] Unter der Teilnahme hochrangiger Vertreter aus Staat und Wissenschaft stellten die Vorträge die erzielten Erfolge, die bisher nur den direkt Beteiligten bekannt gewesen oder, wie im Bereich der Heeresverwaltung, absichtlich geheimgehalten worden waren, erstmals einem breiteren Publikum vor. Haber erschien mit mehreren Mitarbeitern, von denen Flury über die Tätigkeit des KWI für physikalische Chemie im Dienst der Schädlingsbekämpfung referieren sollte. Die Rivalität zwischen Haber und Escherich war unübersehbar. Escherich, der seinen Konkurrenten von der Chemie in fremden Revieren wildern sah, hob in seinem einleitenden Vortrag ausschließlich sein eigenes, in Form einer Stiftung geplantes Forschungsinstitut zur Bekämpfung tierischer Schädlinge in München-Nymphenburg hervor. Haber dagegen ließ es sich nicht nehmen, in einer spontanen Wortmeldung die Aufgaben und die Erfolge des TASCH darzulegen und seine feste Absicht kundzutun, die in seinem Institut angelaufenen Forschungen auch in Friedenszeiten fortzuführen.[586]

Tatsächlich hatte Haber mit dem TASCH von Anfang an weiterführende Pläne. Deutlich inspiriert von Moellendorff, plante er, wie er noch im April 1917 ausführte[587], nach einer vom Ausschuß koordinierten wissenschaftlichen Experimentierphase eine rechtlich privilegierte, gemeinnützige Schädlingsbekämpfungs-GmbH zu gründen. Das Kapital der Gesellschaft in der geschätzten Höhe von einer halben Million Mark sollte vom Reich, den Bundesstaaten und der an der Kampfstoff(!)herstellung interessierten chemischen Industrie aufgebracht werden. Nach Habers Konzept bildeten die im TASCH vertretenen staatlichen Stellen ein kontrollierendes Kuratorium, die wissenschaftlichen Institutionen hingegen ein beratendes Gremium. Erwirtschaftete Überschüsse seien im öffentlichen Interesse zu verwenden. Dem Physikochemiker schwebte also deutlich eine Art öffentlich-rechtlicher Schädlingsbekämpfung vor, wobei er grundsätzlich mit einer langen Experimentierphase rechnete, deren Finanzierung er sicherstellen wollte. Seiner Ansicht nach verbot sich eine privatrechtliche Organisation aus drei Gründen: erstens wegen der außerordentlichen Gefährlichkeit der Anwendung giftiger Gase gegen Parasiten; zweitens aus administrativ-rechtlichen Gründen, da reguläre Gaskampfeinheiten für die Durchgasungen eingesetzt werden sollten; drittens wegen des militärischen Interesses an «gewissen Stoffen» und ihrer Geheimhaltung, woraus sich ableiten läßt, daß für Haber Forschung und Entwicklung für den militärischen wie für den zivilen Gaskrieg zwei Seiten derselben Medaille darstellten. Damit beantwortete er für seine Person die Frage nach der Konvertierung der Kampfstofforschung für zivile Zwecke.

Interessanterweise sprach sich der Vertreter des preußischen Finanzministeriums, Meydenbauer, für die sofortige Gründung der GmbH aus, der auch schon die Koordinierung der Versuchsphase übertragen werden sollte. Da er vorerst nicht mit einer Beteiligung der übrigen Bundesstaaten rechnete, schlug er vor, daß sich Reich und Preußen mit je 100000, die interessierte Industrie mit 300000 Mark an der Gesellschaft beteiligten. Der Plan scheiterte jedoch an den besonders vom Reichsschatzamt und dem Reichsamt des Innern geäußerten Bedenken, so daß es vorerst beim TASCH blieb, der über die wissenschaftlichen Experimente hinaus auch die praktischen Einsätze koordinierte.

Haber ließ jedoch nicht locker. Bereits im November 1917 kam er unter Zustimmung des TASCH-Plenums auf seinen Plan zurück, nachdem er sich die Rückendeckung der chemischen Industrie gesichert hatte. Er argumentierte, die Mittel des Ausschusses aus dem Reichsfiskus würden ihm mit Kriegsende «nicht ohne weiteres» verfügbar bleiben, so daß schon aus diesem Grunde die Schädlingsbekämpfungs-GmbH umgehend in Fühlung mit dem Reichswirtschaftsamt gegründet werden müsse. Der Gesellschaft solle dann qua Bundesratsverordnung das Monopol für die Verwendung hochtoxischer Gase verliehen werden.[588] Haber setzte sich umgehend an die Realisierung seines Konzepts. Am 12. 1. 1918 trug er dem Staatssekretär des Reichswirtschaftsamts sein Konzept vor und verfaßte auf dessen Bitte eine zusammenfassende Denkschrift, in der er die Reorganisation des TASCH als dauerhafte Einrichtung und die Gründung der Deutschen Gesellschaft für Schädlingsbekämpfung vorschlug. Eine ausgearbeitete Satzung lag dem Memorandum als Anlage bei.[589] Demnach sollte sich der neue TASCH in eine Verwaltungsgruppe und eine wissenschaftliche Gruppe gliedern. Der Verwaltungsgruppe gehörten alle betroffenen Reichs- und preußischen Ressorts sowie Vertreter der am Obst- und Weinbau interessierten Regierungen Bayerns, Badens und Württembergs an, der wissenschaftlichen Gruppe hingegen die Vertreter der von den zuständigen Ressorts benannten staatlichen Forschungsinstitute sowie kooptierte hervorragende Wissenschaftler. Der neue TASCH stellte nach Habers Konzept eine amtliche Stelle zur wissenschaftlich-technischen Begutachtung und Förderung der Schädlingsbekämpfung dar. Er bildete darüber hinaus vor allem ein behördenähnliches Kontrollorgan der zu errichtenden gemeinnützigen Gesellschaft, die für die kaufmännischen Aufgaben des Ausschusses und die praktische Durchführung der Durchgasungen gegründet werden sollte. Der TASCH entsandte in ihren Aufsichtsrat einen vom Reichswirtschaftsamt ernannten Staatskommissar mit unbeschränktem Vetorecht und vollem Einblick in die Geschäftsführung. Zudem sollte er den über eine 5 %ige Verzinsung des Gesellschaftskapitals hinausgehenden Reingewinn erhalten und die Mittel gezielt im öffentlichen Interesse zur Förderung der Schädlingsbekämpfung verwenden. Die Durchführung der Durchgasungen blieb nach Habers Vorstellungen bis auf weiteres Sache der Militärs, indem die Kompagnie für Schädlingsbekämpfung und das Gaspersonal der Heeresverwaltung zunächst auch im Frieden aufrechtzuerhalten waren.

Haber hatte inzwischen längst die Zustimmung der chemischen Industrie eingeholt, sich mit Beiträgen von zusammen einer Million Mark am Stammkapital der GmbH zu beteiligen. Seine Denkschrift an das Reichswirtschaftsamt führte die zugesagten Summen auf, deren Höhe das fein austarierte Interessengeflecht der Großchemie an der Schädlingsbekämpfung widerspiegelt. Die 489 000 Mark der Scheideanstalt waren nach der Vorgeschichte wenig überraschend, doch blieben sie unter 50 % der Gesamtsumme. In das Geschäft stiegen nun die IG-Partner ein, allen voran die BASF, die Höchster Farbwerke und die Farbenfabriken in Elberfeld mit je 125 000 Mark, gefolgt von Cassella (50 000,–), Agfa (40 000,–) und Griesheim-Elektron (30 000,–). Mit den geringsten Summen beteiligten sich die Chemischen Fabriken vorm. Weiler terMeer (8000,–), die Chemische Fabrik Taucha (bei Leipzig) und die Holzverkohlungsindustrie AG in Konstanz (je 5000,–).

Das Reichswirtschaftsamt reagierte ausgesprochen positiv auf Habers «beachtenswert[e]» Pläne und übernahm damit die Federführung bei ihrer

Verwirklichung. Änderungswünsche bezogen sich im wesentlichen auf drei Kritikpunkte: Erstens sollte sich das Aufgabengebiet des TASCH und damit auch das gesetzliche Privileg der gemeinnützigen Gesellschaft auf die Parasitenbekämpfung mit giftigen Gasen beschränken. Es galt, eine wirtschaftliche Monopolstellung zu verhindern, die beispielsweise das berufliche Aus der Kammerjäger bedeutet hätte. Zweitens sollte die gesamte interessierte chemische Industrie zur Beteiligung aufgefordert und der Kreis der Gesellschafter auch nachträglich offengehalten werden, um nicht etwa eine kleine Gruppe ungerechtfertigt zu bevorzugen. Drittens und vor allem seien die Interessen der Verbraucher ausreichend zu wahren, in diesem Falle vor allem der Mühlen- und Speicherbesitzer. Sie sollten Sitz und Stimme in den Organen der Gesellschaft erhalten und insbesondere Einfluß auf die Festlegung der Preise nehmen können, damit die Chemie ihre Monopolstellung nicht zur Durchsetzung von Höchstpreisen nutzte.[590]

Diese letzte Vorgabe wurde in den letzten Kriegswochen, als die Niederlage die umgehende Realisierung des Haber-Konzepts nahelegte, stillschweigend umschifft, d. h. de facto fallengelassen. Der Physikochemiker glaubte, ihr dadurch Genüge zu leisten, als der Kreis der Gesellschafter offengehalten wurde, so daß die Verbände der Verbraucher, aber auch die der Desinfektoren dort eintreten und ihre Interessen vertreten konnten.[591] Dem zweiten Kritikpunkt wurde in den Überlegungen insofern Rechnung getragen, als der im Oktober vorliegende Entwurf eines Gründungsprotokolls der Gesellschaft den Beitrag der Scheideanstalt auf 250 000,– Mark reduzierte und den der bislang kaum hervorgetretenen Holzverkohlungsindustrie AG auf dieselbe Summe erhöhte.[592] Insgesamt lag der Großchemie und vor allem den IG-Partnern zu diesem revolutionsnahen Zeitpunkt sehr viel daran, möglichst im Hintergrund zu bleiben und nicht nach außen in Erscheinung zu treten. Duisberg setzte sich energisch dafür ein, die Namen der Gründer in der Satzung der geplanten Gesellschaft wegzulassen, sah er doch sonst ihre rechtliche Privilegierung überhaupt gefährdet.[593]

Noch am 5. 10. 1918 fand unter Habers Vorsitz eine hochrangig besetzte Besprechung[594] statt, die gerade in Hinblick auf die kommenden schweren Zeiten die Gründung der Deutschen Gesellschaft für Schädlingsbekämpfung voranbringen wollte. Die Wissenschaft war mit Flury/KWI und Behrens/Ksl. Biologische Anstalt nur schwach repräsentiert. Auch die Behördenvertreter (TASCH, Wumba, A 10/Kriegsministerium; Reichswirtschaftsamt) stellten nur eine kleine Gruppe. Es dominierte dagegen die Großchemie, die mit Duisberg, Weinberg, Oppenheim, terMeer u. a. ihre allgewaltigen Firmenchefs entsandt hatte, was darauf hindeutet, daß ihnen die Angelegenheit sehr wichtig war. Die Stimmung war trübe und stand unter dem Bewußtsein, daß in Zukunft, wie Haber sich ausdrückte, «die

Verbindung des Staates mit dem Wirtschaftsleben im einzelnen eine engere sein» würde. Geplagt von Sozialisierungsängsten, bot sich der Großchemie hier eine Gelegenheit, diese Gefahr auf dem zukunftsreichen Gebiet der Schädlingsbekämpfung durch Beteiligung an einer gemeinnützigen Gesellschaft zu neutralisieren. Haber nutzte seine Chance und präsentierte den Industrievertretern den Geschäftsabschluß des TASCH, mit dem er belegte, daß sich der Ausschuß zu einem wirtschaftlich tragfähigen Unternehmen entwickelt hatte. Sonst folgte er ganz den mit dem Reichswirtschaftsamt abgesprochenen Vorgaben. Insbesondere Duisberg hegte Zweifel über Sinn, Zweck und politische Durchsetzbarkeit der GmbH, doch setzte sich Haber, unterstützt von Bueb und Oppenheim, schließlich durch. Die Industrie beschloß, die gezeichneten Beträge nunmehr einzuzahlen, und zwar die Hälfte der Summe in bar, die andere in Kriegsanleihe zum Ausgabekurs. Zudem plante man einen achtköpfigen, auf drei Jahre zu wählenden Aufsichtsrat, in den die Gruppe der Scheideanstalt und die der IG je vier Vertreter entsenden sollte.

Die somit beschlossene Gründung der Deutschen Gesellschaft für Schädlingsbekämpfung realisierte sich in den letzten Wochen des Kaiserreichs allerdings nicht mehr. Offiziell errichtet wurde die GmbH erst am 1. 4. 1919 in Berlin. Sie gab sich mit dem Dreikreuz, das eine stilisierte Wanze darstellte, ein unverwechselbares Firmenkennzeichen. Ihre Rechtsform setzte das Habersche Konzept zunächst bis ins Detail um, doch hatte das gemeinnützige Konstrukt aus ökonomischen wie politischen Gründen keine Zukunft: Bereits 1922 wurde die Gesellschaft in ein reines Privatunternehmen umgewandelt.[595]

5. Persönliche Katastrophe und versuchter Neubeginn

5.1. Clara Immerwahrs Selbstmord 1915

Der «Fall Clara Immerwahr», der schon zuvor durch Publikationen der Autorin in der Presse ein bemerkenswertes Echo in der Öffentlichkeit ausgelöst hatte[596], stellt nach dem Erscheinen von Gerit von Leitners gleichnamiger Biographie nicht nur die persönliche Tragödie von Habers erster Frau, sondern auch die moralische Fragwürdigkeit seines Kriegsengagements als Chemiker zur Diskussion. Clara Immerwahrs Selbstmord in der Nacht vom 1. auf den 2. 5. 1915, als sie sich kurz nach seiner gefeierten Rückkehr von Ypern mit der Dienstwaffe ihres Mannes erschoß, gilt seitdem als «Fanal zu einer Neudefinition der Naturwissenschaften, das nicht gehört worden ist».[597] Ihr Tod wird zum Protest der Friedenskämpferin gegen die zerstörerischen Konsequenzen der modernen Massenvernichtungsmittel erklärt, an deren Entwicklung ihr Mann maßgeblich beteiligt war. Mit der Chemikerin, die «sich aus ihrer Verantwortung als Naturwissenschaftlerin gegen Krieg, Rüstung und gegen die anderen Bedrohungen der Grundlagen menschlichen Lebens eingesetzt hat»[598], entsteht eine ‹weiblich› geprägte, pazifistische und lebenserhaltende Wissenschaft als Gegenbild zu der männlichen, verantwortungslosen, moralisch nicht gezügelten Vernichtungswissenschaft Fritz Habers.

Nun kann nicht daran gezweifelt werden, daß die sensible Clara Immerwahr, wie bereits anhand ihrer zutiefst unglücklichen Briefe an Richard Abegg ausgeführt wurde, an ihrem Eheleben an Habers Seite litt. Woran aber verzweifelte sie so sehr, daß sie ihrem Leben ein Ende setzte? Leitners Antwort ist eindeutig, doch monierte die wissenschaftliche Kritik auch die Einseitigkeit ihrer Interpretation, welche die Komplexität und auch Ambivalenz der Persönlichkeit ihrer Protagonistin unzulässig auf ein simples Schwarz-Weiß-Schema reduziert habe.[599] Es widerstrebt einem, gleichsam als wissenschaftlicher Voyeur in die Intimbereiche einer verzweifelten Ehe vorzudringen. In Anbetracht der lebhaften Diskussion jedoch darf eine historische Biographie Fritz Habers nicht zu dieser Frage schweigen. Hier soll eine von der Kritik angemahnte Darstellungsweise verfolgt werden, welche, wenn auch auf Kosten einer besseren Lesbarkeit oder gar Einfühlung, «die Leerstellen in der Überlieferung sichtbar macht»[600], d. h. sich an die strengen Regeln der Quellensicherung und Quellenkritik hält.

Die Überlieferung zu Clara Immerwahrs letzten Lebensmonaten im Ersten Weltkrieg besteht, was die Tragfähigkeit und Aussagekraft der Quellen angeht, mehr aus Leerstellen denn aus gesicherten Erkenntnissen. Unmittelbare Überrestquellen oder gar Selbstzeugnisse sind nicht vorhanden. Die einzige Ausnahme und zugleich die letzte erhaltene Quelle von Claras Hand ist eine inhaltlich belanglose Karte vom Februar 1915.[601] Fritz Haber wie auch die ganze Familie bewahrten über den Selbstmord stets strengstes Stillschweigen.[602] Das Fehlen unmittelbar überlieferter Quellen ist ziemlich sicher auf äußere Eingriffe zurückzuführen. Alle Darstellungen beruhen folglich auf den Aussagen Dritter, die überwiegend mit einem zeitlichen Abstand von rund vier Jahrzehnten zu Papier gebracht wurden. Ein Großteil dieser Äußerungen stand in Zusammenhang mit Jaenickes Recherchen zu einer umfassenden Haber-Biographie.

Als Grundlage für Leitners Darstellung von Clara Immerwahrs Empörung über den Gaskrieg und die Tätigkeit ihres Mannes dienen, wie die 2. Auflage ihrer Biographie ergänzt, eineinhalb Seiten aus Gorans 1967 erschienener «Story» von Fritz Haber.[603] Goran, der weder Naturwissenschaftler noch Historiker war, recherchierte spätestens seit Anfang 1940 in den USA bei ehemaligen Mitarbeitern Habers nach Material. Er traf bei den Wissenschaftlern wie James Franck und anderen nur auf mangelnde Bereitschaft, ihn zu unterstützen, da ihnen J. E. Coates' Gedenkvortrag von 1937 genügte.[604] Gorans Spuren sind kaum zu verfolgen: Ein erster Aufsatz von 1947 ist eine eher belanglose und apologetische Kurzvita Habers[605]; die «Story» macht keinerlei Quellenangaben und enthält neben harten Fakten und richtigen Interpretationen zahllose Anekdoten und auch zweifelhafte Informationen. Die Grenze zwischen historisch korrekter Recherche und Fiktion verschwimmt.

Nach Goran war Clara Immerwahr «vitally affected» durch die Rolle, die ihr Mann bei der chemischen Kriegführung spielte. Der ihr in der gegenwärtigen Diskussion häufig in den Mund gelegte Ausspruch vom Gaskrieg als «Perversion der Wissenschaft» ist in Wirklichkeit eine Formulierung des Autors. Sie habe, so Goran, den Gaskrieg als Zeichen von Barbarei betrachtet und ihren Mann schließlich im Namen der Menschlichkeit angefleht, von seiner Tätigkeit abzusehen. Leitner übernimmt diese Passagen und baut sie aus, doch ist ihr Zugriff selektiv: Sie unterschlägt Gorans diskussionsbedürftige Deutung, Clara Immerwahrs Proteste gegen den Gaskrieg seien «an avenue or excuse for the morbid worry she seemed to favor» gewesen. Demnach war ihre Opposition Ausfluß ihrer schon in Karlsruhe vorhandenen Depressionen und Ängste, ihrer Überbelastung durch einfachste Dinge des Alltags, ihrer Furcht vor Krankheiten usw. Fritz Habers Position war nach Goran unnachgiebig, so daß es keine Annäherung der Standpunkte geben konnte. Allerdings stellte er ihn auch nicht als den kaltblütigen Unhold Leitnerscher Interpretation dar: Er schrieb vielmehr, Haber habe die Vorstellung gehaßt, Giftgas wirklich einzusetzen, schließlich habe er gar nach dem ersten Gasangriff ein Trauma erlitten. Diese Sicht wird wiederum durch die überlieferten Quellen keineswegs gestützt. Gorans Ausführungen dürfen also in keinem Fall übernommen, sondern müssen vielmehr mit anderen Quellen kritisch gegengelesen werden.

Auch Gerit von Leitner zieht weitere Aussagen heran, um ihre Deutung abzusichern, doch bleibt die Quellenbasis dünn, der Zugriff selektiv. Otto Lummitzsch, der im Stab des Oberst Peterson die Gaspioniere mitaufbaute, erwähnte in seinen Erinnerungen von 1955, Haber sei zu Übungen der neuen Einheiten auf dem Schießplatz Wahn bei Köln von seiner Frau begleitet worden, «einer nervösen Dame, die schon damals scharf gegen die Absicht Geheimrat Habers eingestellt war, die neue Gasformation an die Front zu begleiten.» Aus dieser kurzen Passage ist allerdings keine grundsätzliche Opposition zur chemischen Kriegführung herauszulesen, sondern nur, daß Clara Immerwahr erstens nervös war, zweitens nicht wollte, daß ihr Mann an die Front ging, und drittens diese Ablehnung auch später wiederholte. Immerhin bleibt bemerkenswert, daß sie Haber überhaupt nach Wahn begleitete.[606] Schwerer wiegt schon das Zeugnis von Clara Immerwahrs Vetter zweiten Grades Paul Krassa, geb. 11. 1. 1885 in Wien, der bei Haber in Karlsruhe studiert und 1908 promoviert hatte, sein Privatassistent wurde und später seine beruflichen Anstellungen bei der Chemischen Fabrik Güstrow, dann bei der Auergesellschaft und seit 1921 an der Universität Santiago de Chile Habers Vermittlung zu verdanken hatte.[607] Krassa war beiden Eheleuten Haber eng verbunden. Er berichtet, wenige Tage vor ihrem Tod sei Clara Immerwahr bei seiner Frau gewesen, mit der sie innig befreundet war und der sie Abschriften einer Reihe von Briefen ihres Mannes von der Front mitbrachte. «Sie war verzweifelt über die grauenhaften Folgen des Gaskriegs, dessen Vorbereitungen und Prüfung an Tieren sie mit angesehen hatte.» Krassa fügte jedoch hinzu, er könne nicht entscheiden, ob noch andere Beweggründe für ihren Entschluß zum Selbstmord maßgeblich waren.[608]

Daß Clara Immerwahr nicht nur theoretische Kenntnisse über toxische Gase hatte, sondern die destruktive Wirkung ihres Einsatzes gegen Lebewesen auch persönlich erfuhr, ist nicht zu bezweifeln. Die für die Tiere qualvollen Gasexperimente fanden sowohl auf dem Institutsgelände statt wie auch auf dem Schießplatz in Wahn, den sie mit ihrem Mann besucht hatte. Nachweisbar ist auch, daß sie nach der Explosionskatastrophe am 17. 12. 1914, als Otto Sackur bei Versuchen mit dem Reizstoff Kakodylchlorid tödlich verunglückte und Gerhard Just schwer verletzt wurde, zum Unglücksort eilte: Der als Augenzeuge anwesende Institutsmechaniker Hermann Lütge erinnerte sich allerdings daran, daß sie ganz im Gegensatz zu ihrem sprech- und handlungsunfähigen Mann, der wie gelähmt nur den Kopf schüttelte und von Friedrich Kerschbaum im Arm gehalten werden mußte, «sehr beherzt und gefaßt» war. Clara Immerwahr war demnach die einzige, die überhaupt an eine Notversorgung des schrecklich verstümmelten Sterbenden dachte, indem sie dem Mechaniker die Anweisung erteilte, Sackur den Kragen aufzuschneiden, um ihm das Atmen zu erleichtern. Von Erschütterung, Schuldgefühlen, Verzweiflung berichtete Lütge kein Wort, was natürlich nicht heißt, daß sie diese Empfindungen nicht hatte oder vielleicht später entwickelte, sondern nur, daß sie in den überlieferten Quellen nicht belegt sind.[609]

Belegt ist allerdings die «in Habers Institut umlaufende Version», wonach «das Motiv [des Selbstmordes] wohl am ehesten in der verzweiflungsvollen Mißbilligung des von ihrem Mann inaugurierten Gaskrieges zu suchen» sei.[610] Die emigrierten Mitarbeiter des KWI waren auch Gorans Quelle, der sich ihre Aussagen zu eigen machte. So berichtete beispielsweise James Franck im Rückblick, Clara Immerwahr sei «ein guter, begabter Mensch mit ausgesprochenen Ansichten» gewesen, der «die Welt reformieren» wollte: «Daß ihr Mann im Gaskampf tätig war, hat sicher Einfluß auf ihren Selbstmord gehabt.» Allerdings war nach seinem Zeugnis Haber «ungeheuer bemüht, seine politischen und menschlichen Meinungen mit ihren in Übereinstimmung zu bringen.»[611]

Dem stehen Aussagen gegenüber, die in Kenntnis der Familienverhältnisse Clara Immerwahrs Opposition gegen den Gaskrieg als Selbstmordmotiv energisch bestreiten und auf grundsätzliche Eheprobleme zurückführen.[612] Auch finden sich Stimmen, die ihr Verhalten nach Ypern offenbar ganz anders auffaßten. Ausgerechnet in einem Kondolenzschreiben an den Sohn Hermann, der als Kind seine tödlich getroffene Mutter fand und ihr Sterben miterlebte, schrieb dessen ehemaliger Schuldirektor anläßlich von Habers Tod 1934, er denke daran, «wie Ihre Frau Mutter gleich nach dem Empfang seiner telegraphischen Mitteilung zu mir kam und mir von dem Erfolg des ersten Gasangriffs, desjenigen auf Ypern, berichtete».[613] Das klingt nun wieder nicht unbedingt nach grundsätzlicher Opposition.

Der Institutsmechaniker Lütge, der beide Eheleute Haber sehr verehrte, ging sogar noch weiter, als er im Rückblick behauptete, die Frau Geheimrat sei «einfach nicht imstande [gewesen], intensiv über die Verwerflichkeit des Gaskrieges nachzudenken. Die Chefin mag stolz gewesen sein auf die Leistungen ihres Mannes.»[614] Nun mag man dem Zeugnis des KWI-Mechanikers wenig Binnenkenntnisse der Vorgänge im Hause Haber zutrauen, wenn da nicht die Tatsache wäre, daß gerade die ausführlichen Mitteilungen des redseligen Lütge an Jaenicke die wesentliche Quelle bilden, auf die sowohl Leitner wie auch – sehr vorsichtig – Stoltzenberg ihre Rekonstruktion des Abends vor dem Selbstmord stützen.[615] Lütge, der sich auf die Dienstboten und den Chauffeur bezog, berichtete all die Details, über deren Herkunft sich die Kritiker des «Fall Clara Immerwahr» immer wunderten[616]: von der Abendgesellschaft im Hause Haber, von der Anwesenheit der späteren zweiten Frau Haber, Charlotte Nathan, von den Abschiedsbriefen Claras, von der Tatwaffe, dem Probeschuß, dem tödlichen zweiten Schuß. Allerdings unterschlagen Leitner und auch Stoltzenberg den Dreh- und Angelpunkt von Lütges Aussagen. Der Mechaniker berichtete nämlich, Haber habe ein Verhältnis mit der «Kassiererin» des «Großen Clubs» gehabt, also mit Charlotte Nathan, damals Geschäftsführerin der Deutschen Gesellschaft 1914. Clara Haber habe zur späten Nachtzeit die beiden «in einer verfänglichen Situation überrascht». Nach diesem «Auftritt» faßte sie dann nach Lütge den Entschluß, sich zu erschießen.

Nun mag man dies alles als das Gerede phantasiebegabter, romantisch veranlagter Dienstboten abtun, zumal Charlotte Nathan das erste Zusammentreffen mit Haber wohlweislich auf einen Sonntag im März 1917 datiert.[617] Lütges Aussagen nur auszuwerten, solange sie ins Bild passen, offenbart jedoch eine merkwürdige Einstellung zum Umgang mit Quellen. Natürlich widerspricht die Szene eines in flagranti erwischten Ehemanns dem unbeachteten Fanal gegen den Mißbrauch der Wissenschaften zu Vernichtungszwecken. Aber ist sie vor dem Hintergrund einer an ihrer Ehe leidenden, verzweifelten Frau als Auslöser zum Selbstmord unvorstellbar? Natürlich tut sich auch manch anderer damit schwer, seinem Bild des genialen Wissenschaftlers die banalen Züge eines betrügerischen Ehemanns hinzuzufügen. Jaenicke jedenfalls maß Lütges Mitteilungen offenbar erheblichen Wahrheitsgehalt zu, denn sie deckten sich mit Andeutungen von anderer Seite. Er war allerdings entschlossen, in seiner geplanten Haber-Biographie «an diesen Teil Ihrer Memoiren nicht die Feile, sondern die Säge» anzusetzen, da diese «Irrungen und Verwirrungen» Geheimnis bleiben müßten: «Damit selbst mit dem ersten Stein nicht geworfen werden kann, soll ihm überhaupt kein Ziel geboten werden.»[618]

Lütge zufolge bildete also der Schock der Entdeckung, daß der Ehemann eine Geliebte hatte, den unmittelbaren Auslöser für Clara Immerwahrs Entschluß zum Selbstmord. In Leitners Rekonstruktion rückt an diese Stelle ein heftiger Streit zwischen den Eheleuten, in dem es um den Gaskrieg und die Verantwortung des Wissenschaftlers gegangen sei. Haber habe seiner Frau Landesverrat vorgeworfen, da sie in Dahlem alles herumerzählt und das mangelnde Zutrauen der Militärs in seine Fähigkeiten so erschüttert habe, daß sie nicht genügend Einheiten bereitgestellt hätten, um den Erfolg des Gasangriffs bei Ypern auch militärisch zu nutzen. Diese Version stützt Leitner auf einen mündlichen Überlieferungsstrang, der über Haber, Schmidt-Ott und dessen Sohn zu Adolf-Henning Frucht führt. Es gibt keine anderen Quellen, mit denen sich diese Aussage überprüfen ließe.[619] Nachweisbar ist nur, daß Haber offenbar ein so vertrauliches Verhältnis zu Schmidt-Ott hatte, daß er ihn, so dessen Lebenserinnerungen, noch am Abend nach dem Selbstmord «unter Tränen» anrief und mitteilte, er müsse in einer halben Stunde ins Hauptquartier abreisen. Über die Hintergründe erfährt der Leser nur, seine Frau habe das Leben nicht mehr ertragen.[620]

Charlotte Haber ging in ihren 1970 veröffentlichten Memoiren ebenfalls auf Clara Immerwahrs Selbstmord ein, als dessen Motiv sie ihre depressive Veranlagung suggerierte, welche die «Haber-Ehe» in eine «Strindberg-Ehe» verkehrt habe. Natürlich verfügte sie als zweite Frau Habers über intime Kenntnisse, die dritten verschlossen waren, doch nehmen ihre Ausführungen denunziatorischen Charakter an, etwa wenn sie die Immerwahrs als degenerierte Familie beschrieb, in der vermeintlich seit Generationen die Männer Alkoholiker und die Frauen Selbstmörderinnen waren. Claras Züge wurden in dieser Sicht ins rein Pathologische verzerrt.[621] Andererseits regt Angelika Ebbinghaus zu Recht an, Charlotte Habers Memoiren sachlich auszuwerten, ohne gleich auch ihre Wertungen zu übernehmen. Sie schrieb von der bereits in den Flitterwochen einsetzenden sexuellen Verweigerung der ersten Frau Haber, die körperliche Berührung als Qual empfunden und nach der Rückkehr des Physikochemikers aus den USA das gemeinsame Schlafzimmer aufgekündigt habe. «Ein Eheleben ohne Sexualität», so Ebbinghaus, oder, so ist hinzuzufügen, vielleicht gar mit erzwungener Sexualität, führt in der Tat zu schweren Konflikten auf beiden Seiten.[622] Clara Immerwahrs «horror [sic] vor dem, was man sinnlich nennt», wird auch von der Nichte Fritz Mefferts, der mit Claras Schwester verheiratet war, bezeugt.[623] Der Institutsmechaniker erinnerte sich ebenfalls an grundsätzliche Spannungen der Eheleute, die er auf Sexualitätsverweigerung zurückführte und mit denen er Habers frühes außereheliches Verhältnis mit Charlotte erklärte.[624] Damit erhält Clara Immerwahrs Lebensende eine tragische Dimension, die Raum ließe auch für mögliche Entzweiungen über den Gaskrieg und die Rolle Habers in der chemischen Kriegführung, für den Selbstmord jedoch eine sehr viel komplexere Ursachenkonstellation ahnen läßt, bei der man sich vor Simplifizierungen hüten sollte.

Haber reiste noch am Tag nach dem Tod seiner Frau befehlsgemäß an die Ostfront – sein knapp dreizehnjähriger Sohn Hermann blieb nicht nur ohne Mutter, sondern auch ohne Vater zurück. Warum ließ Haber sein Kind in dieser Situation allein? War dies Ausdruck seines bis ins Unmenschliche gesteigerten Pflichtgefühls gegenüber seinem Vaterland? Oder war die Flucht an die Front auch ein indirektes Eingeständnis von Versagen und Schuld? In einem sechs Wochen nach Claras Tod geschriebenen, sehr persönlichen Brief an Carl Engler gab Haber seiner seelischen Verfassung Ausdruck.[625] Aus den Zeilen spricht nun keineswegs der gefühllose Gaskrieger, sondern ein bei allem Pflichtgefühl doch merklich erschütterter Mann, der die Front als Fluchtmöglichkeit suchte: «[Ich] habe keine Zeit, rechts & links zu sehen, nachzudenken und mich in mein Empfinden zu versenken», so formulierte Haber, der es als «ordentlich eine Wohlthat» empfand, «wenn ich von Zeit zu Zeit ein paar Tage vorn bin, wo die Kugeln einschlagen.» Er flüchtete in die Mythologisierung des Fronterlebnisses, schrieb von Heldenideen und Landsknechttum, denn er fürchtete sich vor den Augenblicken der Ruhe: «Aber dann sitzt man wieder beim Generalkommando an das Telefon gekettet und hört im Herzen die Worte, die die arme Frau dann & da gesprochen hat und sieht zwischen Befehlen und Telegrammen in der Vision der Abspannung ihren Kopf auftauchen und leidet.» In seiner Erschütterung reflektierte Haber auch sein Tun, doch stellte er es mit keinem Wort grundsätzlich in Frage. Ihn bedrückte vielmehr die Versagensangst und die Sorge des Verantwortlichen, falsch zu entscheiden:

> «Nur das Gefühl der Angst lebt in mir, daß ich nicht aushalte und die Riesenlast nicht trage. Was wissen die vom Kriege, die in geregeltem Dienst mit begrenzter Verantwortung tapfer und treu ihr Leben wagen! Die Verantwortung ist das Fürchterliche, das Bewußtsein, daß ein versäumter Tag, eine verspätete Verfügung Blut kostet, das ich mit mehr Eifer und Kraft hätte sparen können. Das ist die Peitsche, die ich stets über mir spüre.»

Die Situation des einfachen Frontsoldaten verkannte er zumindest in diesem Brief völlig.

5.2. Heirat und erste Ehejahre mit Charlotte Nathan

Das überlieferte Bild von Habers zweiter, fast 20 Jahre jüngeren Ehefrau ist maßgeblich durch ihre veröffentlichten Lebenserinnerungen «Mein Leben mit Fritz Haber» geprägt und weist damit alle Vorzüge und Probleme eines derartigen Selbstzeugnisses auf. Mußten die fragmentarischen Informationen zu Clara Immerwahrs Lebensweg mühsam aus archivalischen Splittern zusammengesetzt werden, so erschloß sich Charlotte Nathan der Nachwelt scheinbar um so leichter. Ihre erhaltene Korrespondenz mit Haber seit 1917 erlaubt jedoch, die Memoiren wenigstens teilweise gegenzulesen, so daß sich tiefere Einsichten und weitere Dimensionen eröffnen.[626]

Charlotte Nathan[627] wurde am 1. 11. 1889 in Berlin als jüngstes von vier Kindern einer jüdischen, ursprünglich in Danzig beheimateten Familie geboren. Ihr Vater, ein Kaufmann mit geringer geschäftlicher Fortune, war der Sohn des Danziger Klempnermeisters Heinrich (Henoch) Nathan, eines Freidenkers, dessen Vater noch Rabbiner gewesen war. Heinrich Nathan führte und beherrschte seine Familie und seinen Betrieb wie ein altjüdischer Patriarch: In zwei Ehen zeugte er 23 Kinder, von denen allerdings nur acht heranwuchsen. Er war unduldsam, tyrannisch, aber ehrfurchterregend, «sehr preußisch, ein Pflichtmensch». Die beiden Frauen traten völlig in den Hintergrund, so daß Charlotte nichts über sie berichten konnte: «Sie hatten zu viele Pflichten, bekamen zu viele Kinder ...» Die Familienverhältnisse mütterlicherseits blieben in den Memoiren allerdings ebenfalls blaß. Ihre Mutter, eine geborene Gerson, stammte aus großbürgerlichem, kultiviertem Milieu. Sie erhielt eine gute Schulausbildung und Erziehung, spielte Klavier, machte feine Handarbeiten und war als höhere Tochter einen gewissen Luxus gewöhnt. Ihr sorgloser Umgang mit Geld machte ihrem Mann zu schaffen, dem nach der Übersiedelung nach Berlin aus nicht genannten Gründen der geschäftliche Erfolg versagt blieb und der Konkurs anmelden mußte. Die finanziellen Verhältnisse der Familie verschlechterten sich weiter, als die Mutter an Krebs erkrankte und nach zwei Operationen am 18. 11. 1900 starb. Charlotte Nathans ältester Bruder, Georg Nathan, wurde Kunstschlosser mit eigenem Betrieb. Die nach ihm geborene Paula heiratete in die Schweiz und starb früh nach dem Tod ihres ersten Kindes. Leo, geboren 1886, wurde Bankkaufmann, verspekulierte sich an der Börse und war obendrein hoch verschuldet, so daß er 1913 vor seinen Gläubigern nach Amerika floh. Im selben Jahr noch starb der Vater.

Charlotte, die Jüngste[628], stand mit 15 Jahren vor der Berufswahl. Schauspielerin oder Ärztin schwebten ihr nach eigenen Worten vor, Mädchenträume, die am Verbot des Vaters bzw. den bescheidenen finanziellen Verhältnissen scheiterten. Statt dessen besuchte sie ein Jahr lang in Berlin eine Handelsschule des «Lette-Vereins», offiziell «Verein zur Förderung der Erwerbsfähigkeit des weiblichen Geschlechts». Dieser Verein war 1866 nach sorgfältigen Vorarbeiten von Wilhelm Adolf Lette, dem Präsidenten des «Centralvereins in Preußen für das Wohl der arbeitenden Klassen», gegründet worden, um bürgerlichen Frauen neue Wege in die Berufstätigkeit zu eröffnen.[629] Nach ihrem Abschluß fand sie ihre erste Anstellung als Sekretärin bei dem linksliberalen Wirtschaftspublizisten Georg Bernhard (1875–1944), damals Herausgeber der Wochenschrift «Plutus» und Redakteur der «Welt am Montag».[630] Es folgten Tätigkeiten in der Geologischen Landesanstalt, im Antiquariat Breslauer, in einer Exportfirma, bei der Vossischen Zeitung und im Ullstein-Verlag. Anfang 1915 nahm sie die Stellung einer Geschäftsführerin bei der in Gründung begriffenen Deutschen Gesellschaft 1914 an, wo sie bei einem Monatsgehalt von 500 Mark zuzüglich freier Verpflegung und 2000 Mark Gratifikation zu einer, wie sie schrieb, der bestbezahlten berufstätigen Frauen in Deutschland wurde: «Mein Jahreseinkommen entsprach dem eines Ordinarius an der Universität Berlin. Ich war stolz.»[631]

Hier in der DG lernte Charlotte Nathan Fritz Haber kennen, den sie durch ihre Schlagfertigkeit und ihren Wortwitz faszinierte.[632] Ihre Liebesbeziehung datierte nach eigenen Worten seit März 1917, doch ist dies, wie bereits dargelegt, zweifelhaft: Einiges spricht dafür, daß das Verhältnis noch zu Clara Immerwahrs Lebzeiten begonnen hatte, neben dem Zeugnis des Institutsmechamikers Lütge nicht zuletzt die offenbar durchgängig negative Reaktion der Familie und der Institutsmitarbeiter auf die zweite Heirat.[633] Mehr als fraglich ist weiter Charlottes spätere Version, Haber habe ihr bereits bei ihrem ersten Zusammentreffen die Geschichte seiner unglücklichen ersten Ehe in allen Einzelheiten in einem mehr als drei Stunden dauernden Geständnis anvertraut, um «den verdunkelten Spiegel seiner Seele von all dem Staub zu befreien, der sich da festgesetzt hatte.»[634] Auf jeden Fall entwickelte sich die Liebesbeziehung zwischen Fritz Haber und Charlotte Nathan, unabhängig von ihrem tatsächlichen Beginn, sehr leidenschaftlich, wie die teilweise erhaltenen Liebesbriefe aus dem Jahr 1917 belegen.[635] Sie zeigen den fast fünfzigjährigen Physikochemiker als einen sehr verliebten und stürmischen Liebhaber und stützen grundsätzlich die veröffentlichten Erinnerungen Charlottes, welche die gegenseitige Leidenschaft vielleicht im bewußten Kontrast zu Clara Immerwahr etwas überpointiert zeichneten, aber keinen Zweifel an der sinnenfrohen Seite der Beziehung ließen. Ausflügen und gemeinsamen Wochenendreisen folgte die Verlobung in Dresden zu Ostern 1917.[636]

Charlotte Nathan war in mancher Hinsicht das Gegenbild zu Clara Immerwahr: fröhlich, lebensbejahend, intelligent, aber nicht intellektuell, unternehmungslustig, mit großer Freude an Repräsentation und Geselligkeit. Haber, der sich in jenen Monaten als «innerlich zerrissen» empfand, war ganz offensichtlich fasziniert von dieser sprühenden Frau, so daß er auch ihre manchmal etwas gewöhnliche Art in Kauf nahm.[637] Allerdings störte ihn, den Professor, ihre mangelnde Bildung, so daß er sie seit der Verlobung bedrängte, ihre Stellung in der DG aufzugeben, sich privat auf das Abitur vorzubereiten und dann vielleicht zu studieren.[638] Charlotte Nathans frühe Briefe lassen ein heftiges Rivalitätsgefühl zur verstorbenen Clara Immerwahr ahnen, gegen deren wissenschaftliche Ausbildung sie ihre erotischen und hausfraulichen Qualitäten ausspielte:

«Ich weiß, daß ich Dir niemals in Deiner Wissenschaft auch nur entfernt Kameradin sein könnte [...] Ich bin vor allem Frau, und darauf bin ich sehr stolz und könnte Dir vieles geben, vieles tun, was Du nie empfangen hast, weil nie eine richtige Frau Deinem Heim vorgestanden hat, wie ich das in den ersten 5 Minuten in Deinem Heim empfunden habe.»[639]

Ganz im Gegensatz zu ihren Memoiren, nach denen Haber auf eine offizielle Heirat drängte, während sie gar auf «den ganzen amtlichen Apparat verzichten und in einer ‹freien Ehe› glücklich sein» wollte[640], belegen die Liebesbriefe jedoch, daß es in Wirklichkeit Charlotte Nathan war, die im Sommer und Herbst 1917 unbedingt heiraten wollte, während er zögerte. Er war, wie er ihr schrieb, zwar entschlossen, «daß ich unter Deinen Pantoffel komme», verspürte jedoch «noch einige Hemmung»: Zu groß sei für ihn die Umstellung, und eigentlich habe er auch gar keine Zeit ...[641] Waren das Ausreden? Unbewußte Zweifel? Erinnerungen an Clara Immerwahr und die erste unglückliche Ehe? Charlotte Nathan schien letzteres anzunehmen, denn sie verstärkte unausgesprochen ihren Druck auf den zögernden Haber, indem sie ihn scheinbar aufforderte, keine Rücksicht auf sie zu nehmen: «... ich entbinde Dich von allem, ich drohe nicht mit Selbstmord – ergo tue nur, was Du mußt.»[642] Es kam kurz darauf bei aller gegenseitigen Liebesversicherung fast zum Streit. Haber beklagte sich, daß sie «die Heiratsfrage so scharf betont» habe, verwies auf die drückende Last des Krieges und die mindere Bedeutung des Standesamts gegenüber der inneren Einigkeit.[643] Er war in jenen Monaten großen Stimmungsschwankungen unterworfen[644], arbeitete fieberhaft und fühlte den Krieg nicht zuletzt durch den Kriegseintritt der USA im April in eine entscheidende Phase getreten. Haber wollte, wie er sagte, erst nach dem Ende des Krieges heiraten, um dann aus dem vom Kriegsministerium bestimmten Lebenskreis zu verschwinden und mit seiner jungen Frau ein neues, unbelastetes Leben zu beginnen.[645] Als Charlotte dennoch nicht locker ließ und die nachvollziehbare Frage stellte, ob man denn zur Heirat tatsächlich so viel Zeit, Ruhe und Kraft brauche, wie er behaupte[646], formulierte er grundsätzliche Bedenken:

«... ich liebe Dich nicht weniger als Du mich, aber ich habe nicht die innere Gewißheit, was wir einander sein können, wenn wir unser Leben auf immer verbinden und es ein paar Jahre zusammen geführt haben, denn dann ist es

Abb. 12 Fritz Habers Eheschließung mit Charlotte Nathan am 25. 10. 1917 in der Kaiser-Wilhelm-Gedächtniskirche; links: Sohn Hermann Haber

zu Ende mit der Liebe, die wir jetzt empfinden und an ihre Stelle muß eine innere Harmonie in dem Verhältnis jedes von uns zu Welt und Menschen getreten sein, von der wir nicht wissen, ob wir sie besitzen. Und nichts ist schrecklicher als das zu entdecken, nachdem man [...] sich auf immer verbunden hat.»[647]

Fritz Haber und Charlotte Nathan heirateten am 25. 10. 1917. Im Gegensatz zu seiner Braut, die nur an eine standesamtliche Heirat gedacht hatte, beharrte er auf einer kirchlichen Trauung in der Berliner Kaiser-Wilhelm-Gedächtniskirche. «Darunter tat er es nicht», schrieb Charlotte, und umriß damit, was dieser Akt für ihren Mann bedeutete: Er war Ausdruck von Standesbewußtsein, aber auch eine Demonstration der Zugehörigkeit zur deutschen Führungselite, Zeichen der Assimilation und der Identifikation mit der nationalen Sache. Dies war ihm so wichtig, daß er seine

Braut dazu drängte, zum evangelischen Glauben überzutreten. Charlotte Nathan war zwar nicht als religiöse Jüdin erzogen worden, hatte auch, wie sie schrieb, in ihrer Kindheit regelmäßig am evangelischen Jugendgottesdienst teilgenommen, doch empfand sie die Konversion lebenslang als «Zumutung», ohne sich Habers Wunsch entziehen zu können.[648] Der Übertritt seiner Braut zum evangelischen Glauben hatte zu dieser Zeit in der Tat demonstrativen Charakter. Die Konversionswelle von Juden zu einer christlichen Konfession hatte um die Jahrhundertwende ihren Höhepunkt erlebt. Inzwischen war die Taufbewegung längst ausgeklungen; Juden, die sich ihrem alten Glauben nicht mehr verbunden fühlten, wählten den Weg der Konfessionslosigkeit.[649]

Haber bestand noch auf einer zweiten Bedingung an seine Frau: Er widersetzte sich «sehr bestimmt» ihrer Berufstätigkeit, so daß Charlotte die von ihr so geschätzte Tätigkeit in der DG aufgab. Die Memoiren lassen ahnen, daß dies für sie bei aller Freude, nun die Frau eines berühmten Wissenschaftlers in kriegswichtiger Position zu sein, einen größeren Einschnitt bedeutete, als sie vermutet hatte: «... und ich saß als Ehe- und Hausfrau in der überdimensionierten Dahlemer Dienstvilla am Faradayweg. Allein mit Köchin und Dienstmädchen.»[650] Daß beide Partner ganz unterschiedliche Erwartungen in ihre Ehe setzten, bestätigte sich nur zu bald. Die heftigen Liebesbezeugungen der ersten Wochen nach der Hochzeit, in denen die Eheleute wegen Habers Fronteinsätzen meist getrennt waren[651], wichen dem Kriegsalltag. Charlotte bestritt nach nur neunmonatiger Ehe energisch, ein Familienleben zu führen, da sich das Zusammensein mit ihrem Mann, wenn er überhaupt in Berlin war, auf ein hastiges Frühstück und ein spätes Abendbrot beschränkte. In der Rückschau hielt sie Wissenschaftler dann für überhaupt eheuntauglich.[652] In der Dahlemer Villa fühlte sie sich «allzufremd»; sie fand das Haus unpersönlich und vermißte jeglichen «eigenen Duft».[653] Hinzu kamen ihre Schwierigkeiten mit dem Sohn Hermann, den sie für labil hielt und dessen Pubertätsprobleme sie mit eiskalten Duschen, Kontrolle der Bettwäsche und Landarbeit anging. Hilflosigkeit spricht aus ihren Zeilen, wenn sie dem abwesenden Haber brieflich ihre getroffenen Maßnahmen mitteilte, andererseits aber auch Unduldsamkeit und Unverständnis, wenn sie Hermann angesichts der körperlichen Begleiterscheinungen der Pubertät mit Vorwürfen überhäufte und so beschämte, daß sich der Fünfzehnjährige in der Ecke versteckte, um nicht entdeckt zu werden.[654]

Haber, der sich inzwischen in einem dauerhaften Erschöpfungszustand befand, stieß sich dagegen am ungebremsten Unternehmungsdrang seiner Frau, die auch nach der Geburt der Tochter Eva-Charlotte am 21.7.1918 Reisepläne hegte und sich zu seinem Ärger nicht einfach mit dem Kind in Dahlem einrichten wollte, «wie es einer Mutter und Frau ansteht» und wie es sein «dringender und bestimmter Wunsch» war.[655] Er hatte feste Vorstellungen vom Lebensstil einer Professorengattin und wollte zu Hause vor allem in Ruhe gelassen werden. Auch nach dem tragischen Ende seiner ersten Ehe war er nicht fähig, sein Privatleben mit größerer Sensibilität und mehr Verständnis für die Bedürfnisse seiner Frau einzurichten. Habers Freund Max Mayer erinnerte sich an ein gemeinsames Gespräch, bei dem der Physikochemiker gestand, Frauen seien für ihn wie schöne bunte Schmetterlinge. Er bewundere ihre Farben und ihr Glitzern, aber: «Weiter komme ich nicht mit ihnen.»[656] Demnach reduzierte sich die Rolle der Ehefrau auf die Funktion des schmückenden Beiwerks. Charlotte Haber gab in ihren Memoiren einen bezeichnenden Scherz ihres Mannes wieder, wonach er es bedauere, nicht zu König Salomons Zeiten gelebt zu haben, als Frauen nicht ungerufen erscheinen durften. Wenn man sie brauchte, winkte man, um sie «nach Gebrauch wieder zurück in die Ecke zu stellen».[657]

Clara Immerwahr entzog sich dem Leben in der Ecke durch den Tod. Die psychisch robustere Charlotte Nathan ließ sich nicht so leicht abstellen, erfuhr aber ihr Eheleben schon kurz nach der Hochzeit ganz ähnlich wie ihre Vorgängerin. In einem Brief an ihren Schwiegervater vom Mai 1918 bekannte sie, an Kleinigkeiten die «Unterdrückung der eigenen Persönlichkeit» durch Habers «Wucht» wahrzunehmen, während er umgekehrt infolge seiner nervlichen Abgespanntheit sich nicht die Mühe mache, «auch in meine Seele und Eigenart hineinzuhorchen». Er projizierte seine Nervenkrise in eine steigende Verbitterung gegen seine Frau, der er vorwarf, sie lege ihm «zu viele seelische Daumschrauben [sic]» an, daß er keine kraftvollen Gedanken mehr fassen könne. Haber, der, wie sie anerkannte, am Ende seiner psychischen und körperlichen Belastbarkeit angelangt war, war im letzten Kriegsjahr in einem Zustand, der nur noch schweigende Unterordnung vertrug.[658]

6. Die Katastrophe der Niederlage

Haber rechnete noch im Herbst 1917 mit einem baldigen Kriegsende im Winter.[659] Seit diesem Zeitpunkt machte er sich, wie seine Briefe belegen, vermehrt Gedanken über die politische Gegenwart und Zukunft Deutschlands. Für ihn war es eine unumstößliche Tatsache, daß mit dem Beginn des Krieges 1914 das alte Preußen durch «eine ganz andere Welt» abgelöst worden war. Diese Welt stellte er sich zwar ebenfalls preußisch, als «ein neues preußisches Jahrhundert» vor, doch erschien ihm eine Rückkehr in die früheren Verhältnisse unmöglich. Den Konservativen gegenüber verspürte er Distanz und Ablehnung. Ihre «Welt patriarchalischer Gutsordnung» war ihm fremd, ebenso ihr politisches Credo, «das Schicksal Preußens mit der Herrschaft ihrer Kreise zwangsläufig» zu verkoppeln.[660] Haber besaß so viel politisches Gespür, daß er in der sich verschärfenden inneren

Situation klar erkannte, wie wichtig eine Änderung des preußischen Wahlrechts geworden war. Alarmiert durch die Streikwelle im Winter 1917/18, die auch die chemische Industrie erfaßte, sah er deutlich, daß die Blockierung der Wahlrechtsänderung durch die Konservativen «alle Chance hat, uns in die grössten inneren Schwierigkeiten zu bringen». Vorrangig war für ihn, daß «die Masse» zu ihrem verlorenen Vertrauen zurückfand; die Änderung des preußischen Wahlrechts war in Habers Sicht unabdingbare Voraussetzung und erster Schritt.[661] Insgesamt fand er die Sozialdemokratie «jetzt besonders interessant» und ließ sich in seiner Abwesenheit täglich den Vorwärts kaufen, um die Zeitungen für die spätere Lektüre aufzuheben.[662]

Was die Führungspersönlichkeiten anging, die dem Kaiserreich aus der Krise helfen sollten, war auch Haber ratlos. In Graf Hertling als Reichskanzler sah er keine grundsätzliche Lösung, hielt jedoch einen erfahrenen Greis für immer noch besser als einen unerfahrenen Mann und gestand seiner Frau, «daß ich persönlich nicht wüßte, wen man mit Unbedingtheit bevorzugen müßte, wenn man von Bülow absieht.» Die Haltung der OHL, die sich «in heller Verstimmung» befand, beobachtete er eher, als daß er sie teilte.[663] Was Haber besonders bedrückte, war die Situation der Reichsfinanzen. Er errechnete Ende Mai 1918 eine ungedeckte Belastung von 70 Milliarden Mark im letzten Jahresviertel und ängstigte sich vor der voraussichtlich stark passiven Zahlungsbilanz Deutschlands nach Friedensschluß. In wirtschaftlicher Hinsicht setzte er zu diesem Zeitpunkt offenbar ausgerechnet auf Duisberg, den er aufforderte, «Hand an das Steuerruder [zu] legen» und «den Staat in Ordnung zu bringen». Er wollte dessen Prinzip der Interessengemeinschaft, nämlich «Ordnung zu machen und alles, was nichts brachte, unter Verminderung der Spesen abzustossen», auf das gesamte Wirtschaftsleben ausdehnen. Wieder machte sich Moellendorffs Einfluß bemerkbar, als Haber die Überzeugung äußerte, daß es «auf allen Gebieten straffer syndikatischer Organisation bedarf», wobei er den Grundsatz, der Egoismus des einzelnen bilde die sicherste Quelle für den Wohlstand der Gesamtheit, ausdrücklich als eine «grosse Gefahr» kritisierte.[664] Duisbergs Reaktion auf Habers Vorstöße ist nicht überliefert.

Außenpolitisch schöpfte Haber nach der Oktoberrevolution mit dem Beginn der deutsch-russischen Friedensverhandlungen in Brest-Litowsk (ab 22. 12. 1917) neue Hoffnung. Er unterstützte und bewunderte dabei die Strategie Kühlmanns, die Zustimmung Rußlands zur «soi-disant freiwillige[n] Ablösung der Randprovinzen» aufgrund des Selbstbestimmungsrechts zu erwirken und einen Gefangenenaustausch Mann gegen Mann zu vereinbaren. Am Neujahrstag 1918 jubelte Haber, es werde nun sicherlich 30 Jahre lang keinen Krieg mit Rußland geben und nach diesem Zeitraum auch nicht mehr innerhalb Europas. Er sah zwar die kommende Friedensperiode nicht durch Abrüstung und Völkerfrieden geprägt, erwartete aber grundsätzlich eine positive politische Entwicklung.[665] Schon einen Monat später beklagte er jedoch angesichts des Fortgangs der Verhandlungen selbstkritisch seine «politische Einfältigkeit». Er hoffte zwar immer noch, zunächst nicht unberechtigt, auf das Aufgehen des deutschen Kalküls hinsichtlich einer selbständigen Ukraine, deren Bedeutung als Nahrungsmittellieferant offenkundig war. In der Entwicklung der Polenfrage und im Verhältnis zu Österreich sah er dagegen ganz schwarz.[666] Habers Erwartungen an die Zukunft versanken von nun an in Pessimismus und Depression.

Richard Willstätter irrte sich, wenn er aus der Tatsache, daß Haber noch im August 1918 unverwandt die kriegschemischen Aufgaben für das kommende Jahr ausarbeitete, schloß, daß dieser die Zeichen der Zeit nicht deuten konnte.[667] Auch J. E. Coates ging mit seiner Behauptung fehl, er habe bis zum letzten Ende an seinem unbeirrbaren Glauben an einen deutschen Sieg festgehalten.[668] Die Material- und Truppenüberlegenheit der Alliierten war ihm seit 1917 nur zu deutlich, was ihn zunächst in seiner alten Überzeugung bestärkte, «daß es nur mit dem Gas geht.»[669] Über den tatsächlichen Einsatz chemischer Kampfmittel jedoch entschieden andere. Nach Charlotte Habers Erinnerungen war es schließlich ein Gespräch mit Rathenau und Einstein Anfang 1918, in dem Rathenau den uneingeschränkten U-Boot-Krieg als größten Fehler der deutschen Kriegführung nachwies und Haber politisch die Augen öffnete. Der Physikochemiker verlor daraufhin seinen Glauben an ein günstiges Kriegsende und auch an den möglichen Erfolg der Gaswaffe.[670] Seine technokratische Einstellung veranlaßte ihn nun, die beiden anderen modernen Waffengattungen, die U-Boot- und die Luftwaffe, als kriegsentscheidend anzusehen. Haber erkannte realistisch die alliierte Überlegenheit, während Deutschland «einen Krieg des armen Mannes» führe. Er sprach sich daher in mindestens einer Lagebesprechung mit Hindenburg und Ludendorff unverblümt dafür aus, den Krieg so bald als möglich unter einigermaßen tragbaren Bedingungen zu beenden.[671]

Im Februar 1918 bekannte Haber gegenüber Otto Hahn, er habe nun keine Hoffnung mehr auf einen militärischen Sieg. Zwei Monate später, als die Deutsche Chemische Gesellschaft ihr 50jähriges Bestehen und den 100. Geburtstag ihres Gründers Hofmann noch mit markigen Trinksprüchen und Huldigungstelegrammen feierte, fiel Haber durch sein andauerndes Schweigen auf. Trotzdem wurden die Gasangriffe fortgesetzt und weitere Kampfmittel und -methoden für die Zukunft entwickelt.[672] Die Erfüllung der Pflicht hörte mit der sich abzeichnenden Niederlage nicht auf. Noch am 15. Mai leitete Haber eine prominent besetzte Konferenz mit Vertretern von Industrie und Wissenschaft über den Stand der Gaskampfstoffe und gab als Ziel vor, neue Gaskampfstoffe mit Latenzzeit zu entwickeln, die bei «nicht chemisch durchdiszipliniert[en]» Menschen besonders fatal wirkten. Außerdem sollten diese Substanzen im Gelände nur einige Stunden haften, also Offensivwert haben. Dem Lost, gegen den er nach den Erfahrungen im Felde vergeblich «ein absolut einwandfreies Vernichtungsmittel» angemahnt hatte, gestand er nur Defensivwert zu. Dagegen sollten nun neue chemische Zusätze gefunden werden, die den Eigengeruch der Kampfstoffe verdeckten.[673] Noch kurz vor Kriegsende, acht Tage vor Ausbruch der Revolution, fanden Gasexperimente für eine Frühjahrsoffensive 1919 statt. Mitarbeiter des Haber-Instituts und des Gasstabs des Großen Hauptquartiers testeten auf der Halbinsel Hela die Wirkung sog. «Gasschweltöpfe», deren Gaswolken in Richtung auf das Meer abgeblasen wurden.[674]

Habers rastlose Bemühungen über die Fortführung der Gasforschung und der Schädlingsbekämpfung in den letzten Kriegsmonaten und seine aus Erschöpfung und Verzweiflung resultierende Nervenkrise wurden bereits dargestellt. Die Niederlage Deutschlands war ein so schwerer Schlag für ihn, daß er nach Aussage eines Freundes in der unmittelbaren Nachkriegszeit zu 75 % tot gewesen sei.[675] Richard Willstätter schrieb Habers schwere Gesundheitsschäden ebenfalls weniger seiner Überarbeitung zu als vielmehr der furchtbaren Enttäuschung über den Ausgang des Krieges, die Friedensbedingungen und seine Verfemung durch die Alliierten.[676] Auch sein Arzt Rudolf Stern wertete seine Depression, die ihn noch im Januar 1921 dem Nervenzusammenbruch nahe führte, als psychosomatische Reaktion auf die deutsche Niederlage.[677]

Überrestquellen, die Habers Zustand und Verhalten in der Zeit des Zusammenbruchs und der Revolution belegen könnten, fehlen weitgehend. Es war nicht die Zeit, um Briefe zu schreiben und Akten anzulegen. Charlotte Haber erinnerte sich später, daß sich an dem militärisch geführten KWI ein Soldatenrat bildete, der das Institut unter besonderen Schutz stellte. Durch seine militärische Bewachung war die Lage so ruhig, daß sich alle Dahlemer KWI-Direktoren in Habers Dienstvilla trafen, um die neue Situation zu beraten. Er selbst war demnach schon wieder in Sachen Giftgas aktiv: Mit einigen Mitarbeitern setzte er verschiedene Reichsbankgewölbe unter Gas, um das eingelagerte Gold vor dem Zugriff der Revolutionäre zu sichern.[678] Haber interpretierte die Revolution in der Rückschau als das Hervorquellen jeder «Form politischen Unverstandes aus den Gemütern politischer Doktrinäre». Ihren zukunftsweisenden positiven Gehalt erkannte er jedoch in der Zentralarbeitsgemeinschaft. Auf die Aufnahme gleichberechtigter Beziehungen zwischen Arbeitnehmern und Arbeitgebern gründete er später, nachdem er den Schock des Zusammenbruchs überwunden hatte, seine Hoffnungen für einen Wiederaufbau Deutschlands. Damit entwickelte Haber ein bejahendes Verhältnis zur neuen Republik von Weimar, das ihn von vielen seiner Kollegen unterschied.[679]

VII. Kriegsverbrecher und Nobelpreisträger: Fritz Haber in den frühen Weimarer Jahren

In einem deprimierten, ausführlichen Brief an Willstätter von Ende Januar 1919 formulierte Haber seine Empfindungen über den Zusammenbruch, die sein Verhalten in der unmittelbaren Nachkriegszeit bestimmen und ihn davon abhalten sollten, trotz seines angegriffenen Gesundheitszustands in Passivität zu versinken:

«Denn man war wie der Mann auf dem Boot, das die Strömung unaufhaltsam in den Maelstrom [sic] Edgar Allan Poe's treibt, mit der fast 100 %gen Aussicht auf Zugrundegehen von Schiff und Mannschaft und doch mit der Überzeugung, daß man durch Plan und rasche Einsicht hie und da Gelegenheit behält, etwas zu bessern und durch die eigene Haltung anderen das Ertragen zu erleichtern.» [1]

Drei Motive waren es vor allem, die Habers erste Nachkriegsaktivitäten bestimmten: trotz bzw. gerade wegen der Niederlage weiterhin verantwortlich im Dienste Deutschlands tätig zu sein, in den revolutionären Wirren stabilisierend zu wirken und wissenschaftliche Kapazitäten über das Kriegsende hinaus zu bewahren.

1. Pflicht erfüllen und Ordnung wiederherstellen

1.1. Habers Tätigkeit im Demobilmachungsamt

Unmittelbar aus seiner Tätigkeit im preußischen Kriegsministerium heraus wechselte Haber in das neue Reichsamt für wirtschaftliche Demobilmachung über, das am 7. 11. 1918 geschaffen worden war. Es bildete die Zentralbehörde der schon zuvor bei den Kommunalverbänden eingerichteten, paritätisch besetzten Demobilmachungsausschüsse und der Demobilmachungskommissare auf der mittleren Verwaltungsebene. Seine Errichtung war Anfang des Monats in den seit Oktober laufenden Verhandlungen zwischen Unternehmern und Gewerkschaften beschlossen worden, die in die Gründung der Zentralarbeitsgemeinschaft münden sollten. In diesen Gesprächen waren bezüglich der Demobilmachung mehrere Vorentscheidungen gefällt worden: die Schaffung einer selbständigen Reichsbehörde mit umfassenden Vollmachten unter einem Staatssekretär; ihre paritätische Besetzung mit Vertretern der Arbeitgeber und Arbeitnehmer;

schließlich die Einigung auf Oberstleutnant Josef Koeth, den bisherigen Leiter der Kriegsrohstoffabteilung, als den Mann an der Spitze.[2]

Die Verbindungen des Demobilmachungsamts zur KRA und zum System der Kriegswirtschaft gingen über die Person Koeths weit hinaus. Mit seiner Gründung wurden vielmehr die Strukturen und Merkmale wie auch die maßgebenden Persönlichkeiten der Kriegswirtschaft in die unmittelbare Nachkriegszeit übertragen. Im Vorfeld hatte wie im Falle der KRA vor vier Jahren Walther Rathenau eine gewichtige Rolle gespielt. Er maß der für die Demobilmachung zuständigen Stelle größte politische Bedeutung bei, vertrete sie doch «gegenüber dem drohenden Bürgerkrieg gleichzeitig die Stelle eines Kriegsministeriums und einer Obersten Heeresleitung». Auch Scheidemann sah in Koeth einen «Ludendorff für die Demobilisierung». Das mit umfassenden Machtbefugnissen ausgestattete Amt hatte also nicht zuletzt eine gegen die Fortführung der Revolution gerichtete, stabilisierende bzw. konservierende Aufgabe, so daß Koeth seine Behörde als «Amt zur Beseitigung der Revolutionsschäden» auffaßte.[3] Ähnlich befürchteten die Gewerkschaftsführer Arbeitslosigkeit, Massenelend und daraus die Gefahr einer Bolschewisierung, ließe man die Demobilmachung in den Händen der überkommenen zivilen oder militärischen Behörden.[4]

Ein Erlaß der Volksbeauftragten vom 12. 11. 1918 hatte als Aufgabe des Amts die «Überführung des deutschen Wirtschaftslebens in den Frieden» vorgegeben, was von Koeth als «Aufrechterhaltung des Wirtschaftslebens während der wirtschaftlichen Demobilmachung» und damit als «Erhaltung des bestehenden Wirtschaftssystems» interpretiert wurde. Abbau der Heeresaufträge, Umstellung der Kriegs- auf Friedensproduktion, Ingangsetzung stillgelegter Betriebe waren die Ziele des Amts, das mit der durch die heimkehrenden Veteranen verursachten Arbeitslosigkeit konfrontiert war und daher auch die Fragen der Erwerbslosenfürsorge und des Arbeitsnachweises in seinem Kompetenzbereich regelte.[5] Koeths prioritäres Ziel, die Arbeitslosigkeit möglichst gering zu halten, um die revolutionäre Situation zu entschärfen, implizierte freilich, daß die Unternehmen fast bis Ende Januar 1919 aufgrund der Heeresaufträge der Kriegsjahre weiterproduzierten; die Strukturen der Kriegswirtschaft, die durch staatliche Aufträge die Rentabilitätserfordernisse des Marktes ignorieren konnte, wurden aufrechterhalten. In der sich noch verschärfenden Rohstoffsituation übernahm das Demobilmachungsamt den Aufgabenbereich wie die Funktionsweise der KRA und übte das Monopol der Requirierung und Verteilung der Rohstoffe aus. Hier wie bei der Auftragserteilung und Finanzierung spielten wie zuvor die Kriegsgesellschaften eine zentrale Rolle, so daß damit auch die bisherigen kriegswichtigen Großindustrien auf Kosten anderer Branchen und der Klein- und Mittelbetriebe ausschlaggebend blieben.[6] Unter diesen Umständen liegt es in der Logik des Systems, daß das Amt nicht nur Beamte aus den einschlägig befaßten Ministerien und Behörden als Mitarbeiter heranzog, sondern die KRA und das Kriegsarbeitsamt des früheren Kriegsamts geschlossen übernahm. Es war selbst nach Gruppen eingeteilt: für die Fortführung der Rohstoffbewirtschaftung, den Abbau der Heeresaufträge, die Förderung der landwirtschaftlichen Produktion, die Erwerbslosenfürsorge usw.[7]

Die jüngere historische Forschung hat vor allem Koeths Einsatz zur Eindämmung der Arbeitslosigkeit und seine überraschend gute Zusammenarbeit mit den Arbeiter- und Soldatenräten detailliert rekonstruiert und positiv beurteilt. Dem «crisis manager par excellence» wurde zugute gehalten «meeting the immediate emergency as effectively as possible without trying to anticipate or plan for an uncertain future».[8] Über die interne Funktions- und Vorgehensweise des Amts ist hingegen kaum etwas bekannt. Es war unter den Voraussetzungen der Bewahrung bestehender wirtschaftlicher Strukturen, fachlichen Know-hows und personeller Verbindungen naheliegend, daß Haber die Leitung der Gruppe VIII (Chemie) übernahm. Sie umfaßte neben zwei Registraturen und einer Kanzlei sechs allgemeine und sieben Fachreferate. Die allgemeinen Referate zielten auf die politisch wichtigen Querschnittsaufgaben: Arbeiterfragen unter Habers Stellvertreter Dr. Ernst Schwarz[9]; Rechtsangelegenheiten (einschließlich Beschlagnahmungen, Personalfragen) unter Dr. W. Jacobi; Kohle und Transportwesen; Düngemittelzuteilung; Verbindung zum Kriegsministerium; Verbindung zum Reichswirtschaftsamt, einschließlich Import-/Exportangelegenheiten. Letzteres stand unter der Leitung von Habers ehemaliger rechter Hand im Kriegsministerium, Friedrich Epstein, der auch das Fachreferat für Chlor, Salzsäure, Sulfat, Glas, Mineralfarben usw. führte. Weitere Fachreferate waren zuständig für: Stickstoff, Cyan, Glyzerin, Ätzalkalien unter der Leitung des Reichsstickstoffkommissars; Schwefel- und Salpetersäure, Pulver, Sprengstoffe unter dem früheren Haber-Mitarbeiter Poppenberg; Harze, organische Säuren und das gesamte frühere Gebiet der KRA, Sektion Chemie; pharmazeutische Produkte; Kali, Phosphatdünger; endlich für die organische Großindustrie, Kleb- und Zellstoffe.[10] Schließlich wurde Habers Gruppe Chemie Ende des Jahres 1918 vom Reichsverwertungsamt noch mit der zusätzlichen Aufgabe betraut, die Chemikalien in Heeresbesitz, vom Pulver bis zum Ammoniakwasser, zu veräußern. Damit diese nicht unter Wert verkauft würden – Haber schätzte ihn auf rund fünf Millionen Mark –, delegierte er den Auftrag an die Kriegschemikalien AG, mit der er in dieser Angelegenheit eng zusammenarbeitete.[11]

In den Zeiten unterbrochener Kommunikations- und Transportmöglichkeiten und unentschiedener politischer Machtverhältnisse erhielten überkommene personelle Netzwerke doppeltes Gewicht. Der von Sozialisierungsängsten geplagte Duisberg war richtiggehend erleichtert, daß Haber die für die Chemieindustrie wichtige Stelle eingenommen hatte. In einem Schreiben von Ende November dankte er ihm fast schon euphorisch «für das grosse Opfer» und erkundigte sich auffällig mitfühlend nach seinem gesundheitlichen Zustand. Weder zuvor noch danach schrieb Duisberg Haber so lange Briefe. Duisbergs Sorgen betrafen nicht den Achtstundentag oder Lohnfragen, die er längst mit seinem Arbeiter- und Soldatenrat ausgehandelt hatte. Sie kreisten vielmehr um die sicherheitsgefährdenden Sprengstofflager seines Unternehmens rund um Köln, die kommende Besatzungszeit und vor allem die Sozialisierungsfrage.[12] Haber konnte ihn da beruhigen, wobei er voll auf Koeths Linie lag: Die chemische Industrie, die «aufs Erfinden gestellt» sei, sei das «letztgeeignete Objekt». Er rechnete nach seiner Einschätzung der Lage vielmehr damit, daß nur im Agrarbereich und im Bergbau sozialisiert werden würde. Habers Hauptsorgen betrafen dagegen die gefährdete Reichseinheit: Er hielt es für wahrscheinlich, daß durch die Besetzung getrennte Wirtschaftsräume in Deutschland entstünden, und äußerte laute Zweifel am «nötigen Idealismus» der rheinisch-westfälischen Industrie, den Verlockungen eines «neuen Rheinbundstaates» und seiner geschäftlichen Vorteile standzuhalten.[13] Habers schlimmste Befürchtungen schienen sich zu bestätigen, als sich Anfang Dezember Kölner Zentrumskreise öffentlich für eine Rheinisch-Westfälische Republik stark machten.[14] Duisberg reagierte nahezu aufgebracht auf diesen Verdacht. Er verstand entsprechende Zweifel überhaupt nicht und versicherte Haber, der Separatismus sei «lediglich ein Produkt des Zentrums und Ihrer Spezialkollegen, der Bonner Professoren», nicht aber der an der Reichseinheit festhaltenden Industrie, eine Information, die man nun wieder in Berlin gerne bestätigt sah.[15]

Habers Vorstellungen über die zukünftige Wirtschaftsordnung entfernten sich unter den Bedingungen des verlorenen Krieges wieder von seinen gemeinwirtschaftlichen Ideen der Vorjahre. Er faßte seine Aufgabe so auf, «der wiedererstehenden Friedensindustrie wie einem Kranken die Stütze des Behördlichen zu geben.» Ausdrücklich wollte er dabei der Industrie im Interesse ihrer wirtschaftlichen Leistungsfähigkeit und der Beschäftigungslage nicht in den Weg treten. Er sagte Duisberg, der über ihn einen Abbau der kriegswirtschaftlichen Beschränkungen der Wirtschaft zu lancieren versuchte, denn auch zu, in seinem Kompetenzbereich das Bewirtschaftungssystem fallweise erleichtern und Höchstpreise aussetzen zu wollen.[16] Seinem Freund Moellendorff, der die Stunde der Gemeinwirtschaft gekommen sah und im Reichswirtschaftsamt eine Bastion gegen Koeths pragmatisches Krisenmanagement aufbaute, erteilte er bedauernd, aber unmißverständlich eine Absage:

«Besetzt uns der Feind, so wirft er die gemeinwirtschaftlichen Ideale um, macht uns nach alter capitalistischer Weise wirtschaften. Besetzt uns der Feind nicht, so gehen dieselben Ideale an dem Unverstand und der Disciplinlosigkeit zu Grunde. [...] Die Revolution war ein Vehmgericht [sic] über das Regierungssystem, nicht über den Capitalismus. Die Nation ist ‹bourgeois› bis in die Knochen und durch den Krieg nur nach Standesauffassungen und politisch, nicht aber im Wirtschaftsdenken elementar umgestellt. Legen Sie das weg und ärgern Sie sich nicht darüber.»[17]

Es ist aufgrund der fragmentarischen Archivalien kaum möglich, sich über Habers Tätigkeit im Demobilmachungsamt ein Bild zu verschaffen. Nur wenige Quellensplitter erlauben punktuell begrenzte Einblicke. So hatte Haber im Gegensatz zu vielen anderen keine Probleme damit, die Gewerkschaftsvertreter in die Arbeit seiner Gruppe einzubinden. Nach eigenen Worten bildete er im Demobilmachungsamt den ersten paritätischen Fachausschuß, der wirklich arbeitete und funktionierte.[18] Haber hatte die Leitung der Gruppe Chemie übernommen in der Erwartung, seine Arbeit nach Auflösung des Amts im Februar oder März dem Reichswirtschaftsministerium übergeben zu können.[19] In dieser Einschätzung der Zeitspanne lag er richtig. Das Demobilmachungsamt wurde im April 1919 aufgelöst, nachdem es im Vormonat in ein Reichsministerium umgewandelt worden war; seine Aufgaben, insbesondere die weitreichenden Verordnungsbefugnisse, gingen auf die zuständigen Ministerien über.[20] Haber sollte allerdings nicht so lange ausharren. Ende Januar bat er aus gesundheitlichen Gründen um Enthebung von seiner Stellung zum 1. 2.; die Leitung der Gruppe Chemie übernahm daraufhin sein bisheriger Stellvertreter Schwarz.[21]

Tatsächlich war Haber körperlich schwer angeschlagen, doch sah er selbst den eigentlichen Grund seines Rücktritts im «Mißverhältnis zwischen Nervenkraft und Aufgaben», das er nicht mehr ausgleichen konnte. Er sei, so gestand er Willstätter, außerstande, «leidenschaftliche Verstimmungen aus meinem geschäftsmäßigen Thun auszuschalten».[22] Haber war Schwarz zufolge tief gekränkt gewesen, als ihm ein Gewerkschafter zu verstehen gab, sein von der Wissenschaft geprägter Verhandlungsstil sei in der Praxis eher abträglich. Hinzu kam, daß er offensichtlich manchmal wenig geschickt auftrat und der Wahrheit zuliebe Dinge beim Namen nannte, die im Interesse einer pragmatischen Lösung besser ungesagt geblieben wären.[23] Über eventuelle politische Hintergründe für Habers Rücktritt, d. h. ob, und wenn ja: in welcher Weise er in die Turbulenzen hineingezogen wurde, die Koeth seit Mitte Januar 1919 im Zusammenhang mit der Bekämpfung der Arbeitslosigkeit erlebte[24], ist nichts bekannt. Duisberg erkannte in Habers Rücktritt ein Anzeichen für die Aporie der Zwangswirtschaft, beglückwünschte ihn zu seinem Schritt und verband damit die Hoffnung, daß die ganze chemische Abteilung «jetzt so schnell als möglich dem Abbau und baldigen Tode anheimfällt.»[25] Obwohl Carl Engler ihn in diesen Wochen drängte, nach Karlsruhe zurückzukehren und sein Lehrstuhlnachfolger an der TH zu werden, konnte sich Haber dazu nicht entschließen. Er blieb in Berlin in der Überzeugung, nicht zuletzt durch seine Kontakte zu den Reichsbehörden den an seinem Institut beschäftigten Wissenschaftlern helfen zu müssen.[26]

1.2. Die Technische Nothilfe

Haber stand in diesen Wochen, Ende Januar/Anfang Februar 1919, unter dem Eindruck der Januarkämpfe in Berlin und der Radikalisierung der linken Arbeiterbewegung, vor allem aber der katastrophalen wirtschaftlichen Lage und der beginnenden Inflation. «Die Sorgen um Kohle, Geld, Arbeiter und Transporte fahren wie die 4 Reiter der Apokalypse über das von jedem gesunden Verstande verlassene Land», schrieb er an Willstätter. Der aufständischen Linken in Bremen und Braunschweig unterstellte er Verlangen nach persönlichem Wohlergehen, vor allem aber den «Taumel einer Autorität, die sie sich nehmen, ohne sie üben zu können.» In Kurt Eisner sah er gar das «Vorbild des Unverstandes und der dummen Dreistigkeit».[27] Von dem Ergebnis der Wahlen zur Nationalversammlung am 19. 1. versprach er sich offenbar keinen stabilisierenden Effekt, er erwähnte sie nicht einmal, vielleicht auch, weil ihm die Funktion von Wahlen in der parlamentarischen Demokratie noch gar nicht klar war. Staatliche Autorität, an der ihm so viel lag, erkannte er allenfalls noch auf dem Gebiet der Lebensmittelversorgung. Die bisherige Regierung des Rats der Volksbeauftragten kam ganz schlecht weg. Ihre Tätigkeit habe im wesentlichen darin bestanden,

> «an den Zipfeln einer viel zu kurzen Decke, bald rechts, bald links zu ziehen, um ein Dutzend darunter ungeduldig strampelnder Kinder vor dem schlimmsten Frieren und der ärgsten Ungebärdigkeit zu bewahren.»[28]

Zu diesen Beschwichtigungsmaßnahmen, die kritische Situationen entschärfen und die Leute zufriedenstellen sollten, zählte er auch die Inflation, die bewußt von der Regierung herbeigeführt werde: «Wo es aber gar nicht ging», fuhr er fort, «hat man die Bilderbogen geteilt, die im Tagesverkehr als Banknoten bezeichnet werden».[29] 46 Milliarden Mark, so hatte Haber erfahren, habe das Schatzamt an Banknoten und Darlehenskassenscheinen in Umlauf, während sein eigenes Vermögen durch die Kriegssteuer aufgezehrt werde.[30]

In dieser politisch wie wirtschaftlich kritischen Situation engagierte sich Haber für die Aufstellung der «Technischen Nothilfe», der Vorläuferorganisation des heutigen Technischen Hilfswerks, die in der Geschichte der Weimarer Republik eine äußerst ambivalente Rolle spielen sollte. Die personellen Zusammenhänge zwischen der Nothilfe und Habers Mitarbeiterkreis sind eklatant. Gegründet wurden die «Technischen Abteilungen» aus Heeres- und Marinesoldaten in der Zeit zwischen Januar und März 1919 durch Otto Lummitzsch, den gelernten Bauingenieur, der in Habers Gas-

Abb. 13 Abtransport von KWI-Angehörigen zu einem Einsatz der Technischen Nothilfe (2. v. r.: Professor Albrecht Hase)

truppen gedient hatte. Lummitzsch gehörte bei Kriegsende dem Berliner Freikorps der Garde-Kavallerie-Schützen-Division an, das für die Ermordung Liebknechts und Luxemburgs verantwortlich gewesen war und dem die Technischen Abteilungen zugeteilt wurden. Die Technischen Abteilungen umfaßten Ende Juli, als sie in die vorläufige Reichswehr eingegliedert wurden, 1100 Mann. Ihre Zahl wurde von den sog. technischen «Zeitfreiwilligen» weit übertroffen. Da weder die Abteilungen noch die Zeitfreiwilligen in das republikanische Berufsheer übernommen werden konnten, wurde am 30. 9. 1919 die zivile Technische Nothilfe unter Lummitzsch gegründet.[31]

Die Technischen Abteilungen und Zeitfreiwilligen verstanden sich als Nothilfeorganisationen, um lebenswichtige technische Betriebe, die der Streikradikalismus lahmzulegen drohte, durch ihren Einsatz aufrechtzuerhalten. Tatsächlich hatte der Berliner Arbeiter- und Soldatenrat am 10. 11. 1918 das Handels-, Verkehrs- und Transportgewerbe, die Lebensmittelbranche, vor allem aber die Staats- und Gemeindebetriebe wie Gas, Wasser, Elektrizität und das Krankenhaus- und Pflegepersonal mit Streikverbot belegt.[32] Nach den Erinnerungen Albrecht Hases gehörte Haber neben Lummitzsch zu den Gründern der Nothilfe, der sich auch zahlreiche Wissenschaftler aus den früheren Gastruppen bzw. aus seinem KWI aktiv als freiwillige Helfer zur Verfügung stellten. Dazu zählten Hase selbst, Flury, Wille, Hertz, Hahn und Franck. Sie wurden, begleitet von bewaffneten Soldaten und auch von ihnen verpflegt, erstmals während der Spartakusunruhen in Berlin, aber auch in den kommunistischen Streiks danach vor allem in den Gas- und Elektrizitätswerken eingesetzt.[33] Wissenschaftler des KWI bildeten also das kompetente Rückgrat der Nothelfer vor ihrer Institutionalisierung als zivile Organisation. Sie fanden in den gelernten Technikern und Studenten der Universitäten und Technischen Hochschulen, die unter den ehrenamtlichen Helfern auffällig stark vertreten waren (1920 in Berlin: 23 % Studenten!), anstellige Zuarbeiter.[34]

Die Technische Nothilfe wie ihre Vorläufer verstanden sich nach außen als überparteilich und stellten verbal das Koalitions- und Streikrecht nicht in Frage. In ihrem Vorstand waren alle Gewerkschaftsverbände vertreten. Andererseits standen sie von Anfang an im begründeten Verdacht, als republikfeindliche Streikbrecherorganisationen zu wirken. Ihre Entstehung aus freikorpsähnlichen militärischen Formationen prägte ihren Charakter sozial wie politisch auch nach der Umwandlung in eine zivile Einrichtung; die Zusammenarbeit mit dem Militär blieb stets eng, die Planspiele der Helfer hatten militärischen Charakter. Kommunistenhaß inspirierte nachweislich Otto Lummitzsch; auch andere ehemalige Militärbefehlshaber oft reaktionärsten Zuschnitts engagierten sich für die Aufstellung der Abteilungen. Die Probe aufs Exempel lieferte der Kapp-Putsch vom März 1920, als sich die Einheiten der Technischen Nothilfe in Berlin, aber auch Königsberg und Sachsen offen auf die Seite der Putschisten stellten und, allen voran Lummitzsch, als paramilitärische Ergänzung der aufrührerischen Truppen fungierten.[35]

Habers Motive hinter seinem Engagement für die politisch höchst ambivalenten Nothelfer sind aus Quellenmangel nur schwach zu erkennen. In seinen wenigen Äußerungen zur Technischen Nothilfe dominieren die humanitären Motive. Ihn habe «immer die Idee gefesselt, dass bei allen menschlichen Kämpfen wegen des Göttlichen im Menschen eine Grenze sein muss. Wer nichts mehr schont, ist nichts besseres [sic] wie eine Bestie.» Das Leben der Hilflosen sicherzustellen war ihm daher eine von der Entwicklung der Menschheit untrennbare Erziehungsaufgabe.[36] Um diese Aufgabe in die Realität umzusetzen, schwebte ihm offenbar eine dem Roten Kreuz vergleichbare, internationale technische Hilfsorganisation vor, für die er sich öffentlich und auch im Ausland einsetzte. Anläßlich der Verleihung des Nobelpreises Anfang Juni 1920, also nach dem Kapp-Putsch, der die politische Unzuverlässigkeit großer Teile der Nothilfe offenbart hatte, propagierte er den humanitären Nothilfe-Gedanken in einer Rede vor Wissenschaftlern: Der «Kampf um die wirtschaftliche Stellung» sei ein Grundrecht, müsse aber mit Hilfe einer überparteilichen, staatlichen Einrichtung in den Grenzen bleiben, welche die Achtung vor dem Recht und dem Leben anderer setzten.[37] Wenig später, im Oktober 1920, wandte er sich ausgerechnet an Albert Einstein, um einen Mann in Holland zu finden, der dort die Nothilfe nach deutschem Vorbild organisieren sollte, wie dies in den skandinavischen Ländern bereits der Fall war. Einstein und sein «Freund» Lummitzsch, so Haber wörtlich, seien die beiden einzigen Männer, «die in Deutschland in den letzten Jahren etwas Ansehnliches und international Bedeutsames geschaffen haben», und eigentlich hätte Einstein nach seiner «Gesinnung» die Nothilfe gründen müssen:

«Ich glaube, es ist eine verfluchte Pflicht und Schuldigkeit aller ordentlichen Leute, dafür zu sorgen, dass die lebenswichtigen Betriebe weiter arbeiten, wenn Unternehmer und Arbeiter im übrigen das Theater von Mord und Todschlag aufführen [...] Ich finde aber, Sie können helfen; denn was tun Sie schliesslich mit aller Relativität, wenn im Winter in Berlin der Lummitzsch nicht verhütet, dass Sie einen *absoluten* Mangel an Gas, Wasser und Elektricität haben, der durch kein Gravitationspotential beseitigt und selbst durch eine beliebige Krümmung des Raumes nicht gebessert wird.»[38]

War Haber politisch so naiv, daß er nur die humanitäre Seite der Nothilfe im Blick hatte? Oder war er im Gegenteil politisch sogar so raffiniert, daß er eine weit verzweigte humanitäre Tarnorganisation zur Beförderung rechtsradikaler republikfeindlicher Zwecke organisieren wollte? Die Fragen sind bei aller Vorsicht in Anbetracht der dünnen Quellenlage mit weder-noch zu beantworten. Die Technische Nothilfe war vielmehr auch Bestandteil von Habers wehrpolitischen Überlegungen, die er im Zusammenhang mit der Abschaffung der Wehrpflicht und dem beschränkten Weimarer Berufsheer anstellte. Es sei höchste Zeit, so teilte er Hermann Geyer im Juli 1919 mit[39], der während des Krieges bei Bauer als Stabsoffizier mit der Durchführung der Gasangriffe befaßt gewesen war, «sich auf den neuen Jammerzustand auch militärisch einzurichten.» Dabei hoffte er, daß Geyer einen «Mann von Rang aus der alten Militärhierarchie» wie beispielsweise Groener für seine Gedanken gewinnen könnte, damit dieser sie dann Noske mitteilte.

Es ging Haber zunächst um das Ziel, die beschränkte Waffenkraft des kleinen Heeres durch eine allseitige technische Ausbildung der Mannschaft zu vervielfältigen. Hielte man am bisherigen Prinzip fest, so Haber, daß jeder nur in einer Waffengattung ausgebildet würde, so würde der Berufssoldat vom dritten oder vierten Jahr seiner zwölfjährigen Dienstzeit an nur noch Wache schieben oder hasardieren. Die traditionelle Einteilung nach schweren und leichten Waffen hielt er für völlig überholt:

«Meines Erachtens ist es notwendig, daß in dieser Lage jeder *alles* lernt, indem er *Jahr um Jahr* einen neuen Dienstzweig sich aneignet. [...] Wir brauchen bei der Mannschaft die *Gemeinsamkeit der techni[schen] Waffen*, die Specialisierung noch beim Ausbildungsoffizierscorps. Es darf nur noch Infanterie und technische Truppen geben und jeder Infanterist muß zugleich Pionier sein oder so ähnlich.»

Zu den Möglichkeiten, die Mannschaften vielseitig technisch auszubilden, zählte Haber ausdrücklich die Nothilfe, die damit einen wehrpolitischen Stellenwert erhielt, aber auch dem Dunstkreis illegaler Freikorps enthoben wurde. Mit seinen Überlegungen verband er keine demokratiefeindlichen Absichten, sondern das Ziel einer starken Armee im bestehenden republikanischen Staat. Der zweite Zweck seiner Überlegungen war nämlich ausdrücklich, die «Gefahr eines Prätorianerthums» durch überlegte Vorsorgemaßnahmen zu bannen. Er schlug zwei konkrete Wege vor: erstens die technische Ausbildung der Soldaten als Vorbereitung auf ihren späteren Zivilberuf zuzuschneiden und den Entlassenen zweitens Siedlungsland aus staatlichem Besitz oder Ödland zuzuweisen: «*Das Heer als Schule in Handwerk und Ackerbau*, das ist der mir vorschwebende Inhalt der notwendigen Reform.» Truppenübungsplätzen kam dabei eine ausschlaggebende Bedeutung zu: Nach Haber sollten die Werkstätten und Einrichtungen beispielsweise des Gasplatzes Breloh in landwirtschaftlich-technische Ausbildungsstätten, entbehrliches Truppenübungsgelände dagegen in Siedlungsland umgewandelt werden.

Damit gelangte Sullas Ansiedelungspolitik zweitausend Jahre später zu neuen Ehren, und der heutige Zeitgenosse kann nicht umhin, bei Haber einen Anflug wehrromantischer Naivität festzustellen. Es erübrigt sich, die Realisierungschancen derartiger Konzepte im großen Maßstab zu diskutieren. Interessant ist, daß Haber offenbar wirklich tatkräftig daran ging, die Idee im Zusammenhang mit den technischen Nothelfern im kleinen zu realisieren. Nach Otto Lummitzsch[40] ging die sullanische Idee auf ihn selbst zurück: Er wollte die etwa tausend Mann seines technischen Freikorps, die nicht in die zivile Technische Nothilfe übernommen, sondern im Juli 1919 in das Übergangsheer eingegliedert wurden, geschlossen ansiedeln, um im Notstandsfall über eine bewährte technische Kerntruppe verfügen zu können. Haber griff den Plan auf und erreichte es durch seine Verbindungen im Reichswehrministerium, daß das Rittergut Breloh auf dem Gasübungsplatz, das während des Krieges zu Versuchszwecken ausgebaut worden war, auf seine Eignung als Siedlungsland hin überprüft wurde. Der Plan scheiterte an dem einstimmig negativen Urteil der Sachverständigen.

2. Kapazitäten bewahren – Wissenschaft und Militär

Das Bestreben, frühere militärische Kapazitäten unter den Bedingungen der Niederlage in ziviler Form zu erhalten und die durch den Krieg geschaffene systematische Kooperation zwischen Wissenschaft und Militär zu wahren, liegt als Motiv vielen Aktivitäten Habers in der unmittelbaren Nachkriegszeit zugrunde. Besonders deutlich wird dies an seinem fortgesetzten Engagement für die Erforschung und auch Herstellung von Giftgasen, die jedoch einen eigenen Problemzusammenhang bilden und an anderer Stelle dargelegt werden sollen. An dieser Stelle dagegen werden zwei illustrative Fallbeispiele verfolgt, die unabhängig vom Kontext der chemischen Kriegführung Habers Initiativen in einem breiteren wissenschaftspolitischen Rahmen verorten.

2.1. Die Gründung der Chemisch-Technischen Reichsanstalt

Ausgangspunkt war eine 20seitige Denkschrift des Direktors des Militärversuchsamts, Dr. Emil Bergmann, die er nach einer Unterredung mit den wissenschaftlichen Mitarbeitern seiner Behörde Mitte Januar 1919 an das preußische Kriegsministerium schickte. Die 1889 in Spandau gegründete Zentralversuchsstelle für Explosivstoffe wurde 1893 in eine selbständige Behörde umgewandelt; vier Jahre später erhielt sie die Bezeichnung Militärversuchsamt. In einer physikalischen und zwei chemischen Abteilungen wurden zunächst sprengtechnische und ballistische Fragen behandelt; 1902 kam eine mechanisch-technische Abteilung hinzu. Die Wissenschaftler und Techniker des Amts waren bis 1905 Zivilbeamte, danach Militärbeamte mit Offiziersrang. Während des Krieges wuchs die Belegschaft von 61 auf 230 Personen, die Zahl der Wissenschaftler von 16 auf 52. Neben Aufgaben im Bereich der Explosivstoffe und der Materialprüfung lag sein Schwergewicht nun auf Forschungen zu Ersatzstoffen für Sprengstoffe, Pulver und deren Ausgangsstoffe, für Fette, Öle, Metalle und Legierungen. Während der Demobilmachung trat, wie die Denkschrift euphemistisch formulierte, «eine Stockung in den Arbeiten» ein; eine Schließung des Amts schien absehbar. Die Wissenschaftler und Techniker ergriffen nun die Initiative, um die zuständigen Instanzen davon zu überzeugen, daß das Fortbestehen des Amts im «Staatsinteresse» liege: Gerade im Falle der zahlen- und waffenmäßigen Beschränkung des Heeres sei sein Erhalt um so wichtiger, damit die Fortschritte der Militärtechnik verfolgt bzw. selbst entwickelt werden könnten. Gleichzeitig bot sich das Amt für zivile Aufgaben, z. B. im Bereich des Arbeitsschutzes, an.[41]

Die Auflagen des Versailler Vertrags verboten das Weiterbestehen militärischer Forschungs- und Prüfanstalten. Bergmann lancierte seit Anfang

Juni 1919 erfolgreich die Angliederung seines Amts an das Reichsinnenministerium analog der PTR und dem Reichsgesundheitsamt.[42] Es liege «im allgemeinen Staatsinteresse», so propagierte das Kriegsministerium wenig später,

«das Institut mit seinem mit reichen Erfahrungen ausgestatteten Beamtenpersonal und den wertvollen, seiner Eigenart entsprechenden Einrichtungen soweit irgend möglich für die Zukunft zu erhalten.»[43]

Emil Warburg, dem in seiner Eigenschaft als Präsident der PTR die Frage vorgelegt wurde, ob das Potential des Militärversuchsamts erhaltungswürdig sei, beantwortete diese «unbedingt mit ja», mahnte aber eine auch im Namen zum Ausdruck kommende Umstellung auf Friedenszwecke an. Ihm schwebte ein ziviles Versuchsamt für Sprengstoffe und alle damit zusammenhängenden Probleme wie Sicherheitsprüfungen, Transport, Lagerung usw. vor.[44] Das Reichswehrministerium und der Chef der Admiralität legten Wert darauf, «dass das Versuchsamt seine Tätigkeit im Interesse des Heeres und [der] Marine fortsetzt.» Das Reichsministerium des Innern (RMI) fügte dem sein Interesse an der wissenschaftlichen Bearbeitung der Unfallverhütung und des Arbeitsschutzes hinzu.[45] Hier war es dessen Staatssekretär Theodor Lewald, der sich in überdurchschnittlichem Maß für den Erhalt des Amts unter der Ägide seines Ministeriums engagierte. Lewald war schon vor dem Krieg von seiten des Reichs mit den Plänen um die Gründung einer Chemischen Reichsanstalt befaßt gewesen. Unter den neuen Bedingungen der Weimarer Reichsverfassung sah er nun eine Gelegenheit, die verpaßte Chance von damals nachzuholen, zumal sich hier dem Reich eine weitere Einbruchstelle in den ansonsten den Ländern vorbehaltenen Wissenschaftsbereich eröffnete.

Haber, dessen Tätigkeit während des Krieges im Rahmen der KRA zahlreiche Berührungspunkte mit den Forschungen des Militärversuchsamts gehabt hatte, wurde zu den nachfolgenden Beratungen hinzugezogen. Es ist offensichtlich, daß seine Expertise hochwillkommen war, doch ist der Umfang seines Engagements aus Quellenmangel nicht zu erfassen. Fest steht, daß er sich nachhaltig für den Erhalt des Instituts aussprach, es grundsätzlich für «sehr entwicklungsfähig» hielt und keine inhaltlichen Überschneidungen mit den Aufgaben anderer Einrichtungen befürchtete. Haber war es auch, der konkrete Vorschläge über den Ausbau und die innere Verfassung des Amts machte. Seine Idee, ein Kuratorium wie bei der PTR zu schaffen, fand Zustimmung. Schließlich unterstützte er auch nachhaltig den Namen einer Chemisch-Technischen Reichsanstalt (CTR). Am 5. 12. 1919 fiel die Entscheidung, das Militärversuchsamt unter seiner neuen Bezeichnung zu erhalten, auszubauen und als nachgeordnete Behörde dem Reichsinnenministerium zu unterstellen.[46] Dieser Schritt wurde offiziell am 1. April 1920 vollzogen.[47]

Es erübrigt sich, die Gründung und Tätigkeit der CTR im einzelnen nachzuzeichnen, zumal sie wohl aus Quellenmangel noch keine vertiefte wissenschaftliche Darstellung gefunden hat. Es liegen bisher nur eine kurze Darstellung im Rahmen einer Festschrift des Materialprüfungsamts[48] und ein Aufsatz aus der DDR vor, der auf Basis der Akten aus dem Reichsinnenministerium die Anstalt als Manifestation des staatsmonopolistischen Kapitalismus interpretiert.[49] Hier genügt ein kurzer Blick auf das von Haber selbst vorgeschlagene Kuratorium, dessen Sinn in dem einschlägigen Erlaß des Reichspräsidenten vom 9. 6. 1921 nur unvollständig zum Ausdruck kam. Dort hieß es, das Kuratorium, bestehend aus dem Direktor, den Abteilungsleitern der Anstalt und den vom Reichspräsidenten ernannten Mitglieder, habe die Aufgabe, die CTR wissenschaftlich-technisch zu beraten, über die Unabhängigkeit ihrer Tätigkeit zu wachen und Verbindungen mit der Wissenschaft und Industrie herzustellen.[50] Tatsächlich ging es vor allem darum, wie Lewald dem auf Einsparungen bedachten Reichsfinanzminister gestand, die Vertreter der chemischen Industrie über ihre Mitgliedschaft in einem hochrangig besetzten Gremium dazu zu animieren, der Anstalt verstärkt Aufträge aus der Privatindustrie zukommen zu lassen und dadurch ihre Einnahmen zu steigern. Auch sollten sie die CTR «mit größeren Zuwendungen» bedenken.[51]

Unter den Bedingungen der anziehenden Inflation, als, wie noch zu zeigen sein wird, auch bereits etablierte Einrichtungen wie die KWG und ihre chemischen Institute ernsthafte Existenzprobleme bekamen, war die (Um-)Gründung einer neuen Reichsanstalt mit chemischer Aufgabenstellung anders nicht zu denken. Lewald, deutlich die KWG vor Augen, hielt unter den Umständen der katastrophalen Finanzlage die Bildung des Kuratoriums für dringend notwendig, zumal erste Spendenvorstöße der CTR bei Duisberg ins Leere gelaufen waren. Bergmann hatte sich noch im November 1920 mit der Frage an den Leverkusener Vorstandschef gewandt, ob er als «Vorsitzender eines Ausschusses zur Unterstützung staatlicher wissenschaftlicher Anstalten» auch für private Zuschüsse an die neue Reichsanstalt eintreten würde. Vermutlich meinte er damit die maßgeblich von Duisberg initiierte und dominierte Emil-Fischer-Gesellschaft zur Förderung der chemischen Forschung[52], die vor einem halben Jahr gegründet worden war. Duisberg winkte jedoch ab und verwies auf den Etat des Reichsinnenministeriums.[53]

Zu Recht ist festgestellt worden, daß selten das Kuratorium einer staatlichen Anstalt eine glänzendere Zusammensetzung hatte als das der CTR.[54] Wollte man jedoch den Newcomer unter den Forschungseinrichtungen, noch dazu unter Reichsägide, in der Inflationszeit am Leben halten, konnte das Gremium gar nicht glänzend genug besetzt sein. Darüber hinaus waren es das «große Schwesterinstitut» PTR und ihr «Weltruf», denen die CTR erklärtermaßen «nachzueifern» bestrebt war.[55] Während alle befaßten Ministerien und Behörden unstrittig waren (Innen-, Finanz-, Arbeits-, Reichswehrministerium, preußisches Handelsministerium, Reichsbahn), wurden die Vertreter der Wissenschaft und der Industrie seit Juni 1920 im einzelnen diskutiert. Es verstand sich von selbst, daß Haber von Anfang an zu denen gehörte, deren Mitgliedschaft außer Frage stand. Sein Name war erstmals in einer Vorschlagsliste des Militärversuchsamts vom Juli 1919 aufgetaucht.[56] Von seiten der Wissenschaft war ferner mit Walther Nernst ein zweiter Nobelpreisträger (1920) vertreten. Der vorgesehene dritte Preisträger (1915), Willstätter, hatte eine Ernennung mit Hinweis auf seine Arbeitsüberlastung abgelehnt. Dafür verliehen weitere führende Wissenschaftler wie Franz Fischer, Nikodem Caro oder Emil Warburg der CTR die gewünschte Aura. De facto kam es allerdings mehr auf die Repräsentanten der chemischen (Bosch, Duisberg, Haeuser, Oppenheim, Plieninger, von Weinberg) und der Sprengstoffindustrie an, wobei man es nicht unterließ, auch die rheinisch-westfälische Großindustrie (Klöckner, Vögler) einzubeziehen.[57] Haber sollte auf den Kuratoriumssitzungen der CTR nicht hervortreten. Das durchschnittlich nur alle eineinhalb Jahre tagende Gremium besaß in der Praxis nur dekorativen Charakter, und Haber faßte seine Mitgliedschaft auch in diesem Sinne auf, indem er entweder fehlte oder, im Falle seiner Anwesenheit, sich kaum zu Wort meldete.[58]

Die Existenz der CTR wurde offensichtlich zu keiner Zeit ernsthaft in Frage gestellt. Sie konnte im Gegenteil schon früh die chemische Industrie, die Politik und die Öffentlichkeit von ihrem Nutzen überzeugen.[59] Sie erhielt vier Abteilungen (für allgemeine Chemie, für Sprengstoffe, für Metallchemie und -schutz, für Physik) und ein mechanisch-technisches Referat zur Herstellung von Versuchsapparaten. 1926 beschäftigte sie vier Abteilungsleiter, neun wissenschafliche Mitarbeiter, vier «wissenschaftliche Hilfsarbeiter», neun Verwaltungsbeamte und 30 technische Angestellte. Die Zahl der durchgeführten Untersuchungen stieg kontinuierlich «in ungeahntem Masse»[60] an: 1923 waren es 338, im Folgejahr 823, 1925 schließlich 1340. Dabei wurden die wissenschaftlich-technischen Kapazitäten der CTR vor allem durch die Industrie in Anspruch genommen, so daß Direktor Lenze Ende 1924 darüber klagte, die großen wissenschaftlichen Aufgaben träten gegenüber den kleinen laufenden Aufträgen zu sehr in den Hintergrund.

Die Arbeiten der CTR konzentrierten sich vor allem auf die Gebiete Korrosionsschutz, Unfallverhütung, Transport- und Explosionssicherheit, Spreng- und Schweißtechnik sowie Ballistik. Im Zusammenhang mit einer Haber-Biographie interessiert vor allem, daß der Anstalt die amtliche Untersuchung des verheerenden Unglücks im Oppauer Werk der BASF am 21.9.1921[61] übertragen wurde. Nach Sprengarbeiten in einem Silo mit dem Düngesalz Ammonsulfatsalpeter ereignete sich eine gewaltige Explosion, bei der mehr als 500 Menschen ums Leben kamen; über 2000 wurden verletzt. Sämtliche Werksgebäude sowie zahlreiche Wohnhäuser der benachbarten Ortschaft wurden durch die Druckwelle schwer beschädigt: 7500 Menschen waren obdachlos. Die Explosionsursache war rätselhaft, weil die gelagerten Salze nach allen Erfahrungen nicht explodieren konnten. Ein amerikanischer Reporter interviewte Haber, der die Sicherheit seines Hochdruckverfahrens betonte und von unbekannten, schrecklichen Kräften raunte. Das Ausmaß der Katastrophe, aber auch Gerüchte im Ausland, die BASF habe an der Entwicklung neuer chemischer Waffen experimentiert[62], legten die Bildung eines Untersuchungsausschusses im Reichstag und eine amtliche Untersuchung durch unabhängige Stellen nahe. Die CTR legte Anfang Oktober ein vorläufiges, Ende November 1921 ein abschließendes Gutachten vor. Allerdings konnten weder sie noch die beauftragten Sachverständigen aus dem Ausland die Ursachen der Explosion restlos aufklären.[63]

2.2. Die Kaiser Wilhelm Stiftung für technische Wissenschaft

Die 1916 geschaffene Kaiser Wilhelm Stiftung für kriegstechnische Wissenschaft erwies sich bereits in den Kriegsjahren als Totgeburt, doch sollte die Stiftung den Absichten der Gründer entsprechend auch nach Kriegsende weiterbestehen.[64] Zwar fand Emil Fischer Anfang 1919, die Fortführung von Kriegsarbeiten sei ganz sinnlos und die KWKW tue am besten daran, möglichst bald zu verschwinden, doch war Haber anderer Ansicht. Im Mai des Jahres versicherte er sich der Unterstützung Schmidt-Otts. Es gelang beiden, das Interesse des für die Zukunft wichtigsten Mannes, nämlich des Geldgebers Koppel, an der Stiftung zu erhalten bzw. zu neuem Leben zu erwecken. Wie dies im einzelnen vor sich ging, ist aus den wenigen Quellensplittern nicht zu rekonstruieren, doch kann man von Haber als der treibenden Kraft ausgehen.

Eine etwas bessere Quellenüberlieferung setzt erst mit dem Anfang des Jahres 1920 ein. In einem Schreiben an Reichswehrminister Noske regte Koppel eine Veränderung des Zwecks und der Organisation der Stiftung an, da ihre ursprüngliche Bestimmung durch die Niederlage und die Bestimmungen des Friedensvertrags hinfällig seien. Aus den Begründungen des Bankiers zum modifizierten Stiftungszweck ist Habers Diktion nicht zu überhören: Erstens sei die «Wiederaufrichtung» Deutschlands nur mit Hilfe einer «hohen wissenschaftlichen Kultur» denkbar, und zweitens habe die «Verbindung zwischen den maßgeblichen Stellen der Staatsgewalt und der Wissenschaft» durch die gewandelten politischen Rahmenbedingungen nicht an Relevanz eingebüßt. In diesem Sinne bot sich eine sehr breite Definition der Aufgabe der Stiftung an, die nun als «Förderung des öffentlichen Wohles durch das Zusammenwirken der besten wissenschaftlichen Kräfte des Landes mit der Reichsregierung» umrissen wurde. Da damit die Zuordnung zu einem einzigen Ministerium entfiel, schlug Koppel eine Anbindung der Stiftung an die preußische Akademie der Wissenschaften vor. Die Akademie sollte die Leiter der Fachausschüsse bestellen, die ihrerseits gemeinsam mit einem Vorsitzenden das Kuratorium bildeten.[65]

Noske erklärte sich nicht einmal zwei Wochen später einverstanden, und auch die Akademie stimmte dem Plan zu. Sie bildete eine Kommission, die Koppel bei der Formulierung einer neuen Satzung unterstützen sollte und der Diels, Seckel, Nernst, Müller-Breslau und natürlich Haber angehörten. Am 9. 3. 1920 nahmen Kuratorium und Verwaltung der KWKW die von Schmidt-Ott, Koppel und Haber unterzeichnete Satzungsänderung an, die offizielle Zustimmung des Reichswehrministeriums erfolgte ohne Änderungswünsche sechs Wochen später.[66] In ihrem neuen Namen «Kaiser Wilhelm Stiftung für technische Wissenschaft» (KWTW) war nicht der Bezug auf den abgesetzten und geflohenen Monarchen, wohl aber auf den Krieg entfallen, wie auch in den Gremien nun das Reichsministerium des Innern die Stelle des preußischen Kriegsministeriums einnahm. Vage umrissene Aufgabe der Stiftung war es erklärtermaßen, «vaterländische Aufgaben technisch-wissenschaftlicher Art mit den Verwaltungsstellen der Reichs- und Landesregierung zu bearbeiten.» Die Besetzung des Kuratoriums, dem nun einzigen Leitungsgremium, wich von Koppels ursprünglicher Vorstellung etwas ab, indem es fünf Kuratoren vorsah, die vom Reichsinnenminister im Einvernehmen mit dem preußischen Kultusministerium und der Akademie ernannt werden sollten. Die Bezeichnungen der vorerst sechs Fachausschüsse waren ebenfalls ‹zivilisiert› worden: Es gab nun einen Ausschuß für organische und Biochemie (zuvor: chemische Rohstoffe der Munitionserzeugung), für physikalische und anorganische Chemie (zuvor: chemische Kampfstoffe), für Physik (ohne den früheren Zusatz: Ballistik, Telephonie usw.), Metallurgie (zuvor: Metallgewinnung und -bearbeitung), Maschinenbau (zuvor: maschinelle und verkehrstechnische Hilfsmittel der Kriegsführung) und Verkehrswesen (zuvor: Luftfahrt). Auch ohne formelle Anbindung der KWTW an die Akademie war deren Gewicht ausschlaggebend: Sie ernannte auf Vorschlag ihrer physikalisch-mathematischen Klasse die Mitglieder wie auch die Vorsitzenden der Fachausschüsse.

Vielleicht war es der unausgesprochene Versuch, die Finanzierungsprobleme der Stiftung in der Inflationszeit dadurch zu ‹lösen›, daß man zunächst gar nichts tat. Die Besetzung des Kuratoriums schleppte sich endlos durch die Jahre 1921 und 1922. Die Satzung hatte fünf Kuratoren vorgeschrieben, «Machthaber», wie Haber formulierte, war sie doch im Interesse der Ausgewogenheit schon im Vorfeld auf das sattsam bekannte personelle Repertoire zugeschnitten worden: auf Koppel als Vorsitzenden,

Schmidt-Ott, Krüss, Harnack und Diels.[67] Es geschah jedoch zunächst nichts, um sie zu ernennen. Erst im Februar 1921 bat das Reichsinnenministerium die preußische Unterrichtsverwaltung um offizielle Vorschläge, diese wandte sich wiederum erst sieben Monate später an Haber mit der Bitte um Beratung. Ob es nun der KWI-Direktor war oder nicht, der den Ausschlag für die endgültige Konstruktion gab, sei dahingestellt. Auf jeden Fall sprach sich das Kultusministerium dafür aus, aus Gründen der Ausgewogenheit das KWTW-Kuratorium außer mit Koppel mit je einem Vertreter der beiden beteiligten Ministerien, der Akademie der Wissenschaften und einer «leitenden[n] Persönlichkeit» der im Vorjahr gegründeten Notgemeinschaft der deutschen Wissenschaft zu besetzen. Es sollte nun wieder bis Mitte Mai 1922 dauern, bis die Kuratoren namentlich feststanden: Koppel, Krüss (Kultusministerium), Donnevert (RMI), Planck (Akademie) und Haber für die Notgemeinschaft.[68]

Erst danach wählte die Akademie die Vorsitzenden der Fachausschüsse, die bei der konstituierenden Sitzung des Kuratoriums am 25. 10. 1922 ebenfalls anwesend waren. Es handelte sich um den Fischer-Nachfolger Wilhelm Schlenk für die organische und Biochemie, um Walther Nernst für die physikalische und anorganische Chemie, Walter Reichel für den Maschinenbau und Gustav Kemmann für das Verkehrswesen. Der für den Fachausschuß für Physik vorgesehene Heinrich Rubens war verstorben, die Besetzung des Ausschusses für Metallurgie wurde vertagt, bis der neue Direktor des KWI für Eisenforschung feststand. Die interne Aufgabenverteilung des Kuratoriums bestimmte per Wahl Planck zum Vorsitzenden, Haber für die Leitung der wissenschaftlichen und Koppel für die geschäftlichen Aufgaben bzw. als deren Vertreter dann Krüss bzw. Donnevert. Erst jetzt, Ende Oktober 1922, kurz vor dem Höhepunkt der Inflation mit einem Dollarstand von 1: 3,2 Millionen, wurde darüber beratschlagt, welche Aufgaben die KWTW in Angriff nehmen sollte. Zinsen und Kapital des Stiftungsvermögens waren nahezu aufgezehrt, Zuschüsse von Reich und Ländern gab es nicht. Man machte aus der Not eine Tugend, indem man beschloß, die verbliebenen Mittel auf eine Aufgabe zu konzentrieren. Krüss schlug dafür unter allgemeiner Zustimmung die Förderung des Segelflugs vor, der nicht unter die Verbotsklauseln des Versailler Vertrags fiel. Er sei, so Krüss, von nationaler Bedeutung und allgemeinem Interesse und lasse den Zufluß weiterer Mittel erwarten.[69]

In der Tat bot der Segelflug in der Grauzone des Versailler Vertrags Deutschland eine rechtliche Lücke, um praxisbezogene aerodynamische Forschungen durchzuführen, und die Reichsregierung war sich dieses Potentials für die Weiterentwicklung der Luftfahrttechnik bewußt.[70] Allerdings überstiegen die Vorstellungen des angeforderten Gutachtens[71] bei weitem die Möglichkeiten der KWTW, die sich de facto auf den Siegerpreis beim Rhön-Segelflugwettbewerb im August 1923 beschränkten. Zwei

Jahre später schenkte das Kuratorium der KWTW das verbliebene Stiftungsvermögen in Höhe von 1224 Reichsmark Theodor von Kármán vom Aerodynamischen Institut der TH Aachen für Versuchszwecke.[72] Haber hatte inzwischen sein Engagement längst aufgegeben.

3. Der Wissenschaftler zwischen Triumph und Niederlage

3.1. Der geflüchtete Kriegsverbrecher

War Haber ein gesuchter Kriegsverbrecher, um dessen Auslieferung sich die Ententemächte bemühten, weil sie ihn vor Gericht stellen wollte? Es gibt kaum eine Darstellung zu Fritz Haber, die dies nicht erwähnte und der Episode weitere Einzelheiten hinzufügte: Sein Name habe, gemeinsam mit dem von Walther Nernst, auf der Liste der auszuliefernden Personen gestanden, die von Wilhelm II. angeführt wurde. Haber habe sich einen Vollbart wachsen lassen, um nicht erkannt zu werden, und sei, ausgestattet mit einem falschen Paß, überstürzt in die neutrale Schweiz geflohen.[73] Die Angelegenheit ist mit Sicherheit weniger ‹melodramatisch›, als sie gerne dargestellt wird[74], gewinnt aber an Relevanz, wenn man bedenkt, daß damit zum erstenmal ein Wissenschaftler wegen Verstößen gegen das Völkerrecht strafrechtlich zur Verantwortung gezogen worden wäre, und zwar noch dazu nicht vor einem deutschen, sondern vor einem alliierten Gericht. Der Stoff lädt allerdings zur Legendenbildung ein, und es ist aufgrund der löcherigen Quellengrundlage schwer, die Wahrheit von der Legende zu trennen. Schließlich können aber auch ‹Unwahrheiten› oder Legenden insofern zur ‹Wahrheit› werden, als Menschen sich in ihrem Handeln an Vermutungen, Befürchtungen oder Falschinformationen orientieren. Quellenfragmente, Erinnerungen von Zeitzeugen und Ergebnisse der historischen Forschung lassen ein Mosaik entstehen, in dessen Mittelpunkt ein körperlich wie psychisch überanstrengter, aber doch keineswegs irrational handelnder Fritz Haber steht, der am Schluß vielleicht sogar an seiner eigenen Legende weiterstrickte.

Am 28.6. 1919 wurde der Versailler Vertrag formell unterzeichnet, knappe drei Wochen später, am 16.7., fertigte der Reichspräsident das deutsche Ratifikationsgesetz aus. Neben dem Kriegsschuld-Artikel 231 waren es vor allem die Auslieferungs-Artikel 227–230 gewesen, die auf deutscher Seite empörten Widerstand ausgelöst hatten. Demnach sollten nicht nur der ehemalige Kaiser vor einen besonderen internationalen Gerichtshof, sondern auch andere Personen, die namentlich, nach ihrem Dienstgrade oder ihrer Dienststellung gegen die Gesetze und Gebräuche des Krieges verstoßen hätten, vor auswärtige Militärgerichte gestellt werden. Deutsche Vorbehaltsformulierungen, d. h. die bedingte Annahme des Friedensvertrags, ohne die inkriminierten Artikel zu akzeptieren, scheiterten am ultimativen Nein der Alliierten. Mit der vorbehaltlosen Unterzeichnung des Vertrags verpflichtete sich Deutschland zur Auslieferung.[75]

Haber war offenbar davon überzeugt, zum betroffenen Personenkreis zu gehören. In der Tat stand sein Name auf mindestens einem französischen Pamphlet, das vorschlug, ihn zusammen mit Adolf von Baeyer, Carl Engler, Emil Fischer und Richard Willstätter wegen Verstoßes gegen die Haager Konvention und den Code pénal zu Zwangsarbeit zu verurteilen.[76] Nicht durch Quellen dokumentiert, aber auch nicht ausgeschlossen ist, daß das deutsche Außenministerium Wissenschaftler wie Haber und Nernst vor ernsthaften Problemen warnte und ihnen riet, sich in neutrale Länder abzusetzen. Immerhin verkaufte auch Nernst in aller Eile sein Gut in Dargersdorf, um seine Familie finanziell sicher zu stellen, und ging selbst zuerst nach Schweden, danach in die Schweiz.[77] Es muß sich also schon um mehr als bloße Gerüchte gehandelt haben. Haber ergriff noch vor der Debatte und Verabschiedung des deutschen Ratifikationsgesetzes im Juli 1919 schützende Maßnahmen für sich und seine Familie. Dabei wartete auch er nicht etwa ab, bis er nach so prominenten Auszuliefernden wie dem ehemaligen Kaiser an die Reihe käme, dessen Herausgabe der Alliierte Oberste Rat erst Mitte Januar 1920 nach der Ratifikation des Versailler Vertrags durch die wichtigsten Vertragsnationen beantragen konnte.[78] Haber, obwohl schwer erschöpft, handelte hingegen sofort und schickte zunächst seine Frau mit beiden Kindern voraus in die Schweiz nach Interlaken. Er selbst blieb in Berlin zurück, fuhr «von Pontius zu Pilatus, um Dinge vorzubereiten», betrieb alles «mit der durch meine Ermüdung bedingten Langsamkeit» und empfand seine Existenz, wie er schrieb, als «ganz intolerabel».[79]

Die Dinge, die er betrieb, benannte er in einem nur wenig später verfaßten Brief an Willstätter, mit dem er eigentlich die Sommerferien hatte verbringen wollen:

«Ich war erfüllt von der Notwendigkeit, Vorbereitungen zu treffen für den Fall, daß die Entente mich vor ihre Gerichte ziehen will. Ich habe unendlich viel Zeit damit vertrödelt und bin im Grunde doch nicht voll vorbereitet.»[80]

Welche Dinge Haber regelte, ist mit wenigen Ausnahmen nicht bekannt. Wahrscheinlich betrafen sie vor allem sein Institut, wo es darum ging, Akten und Einrichtungen der Forschungen für die chemische Kriegsführung dem alliierten Zugriff zu entziehen. Erstens drohte dem KWI ohnehin die Auflösung, zweitens konnten die gefundenen Dokumente auch als Belastungsmaterial in einem Prozeß dienen. Auf diesen Punkt wird später im Kontext der fortgesetzten Gasaktivitäten Habers einzugehen sein. Weiter traf der Wissenschaftler Maßnahmen hinsichtlich seines Vermögens, da dessen Konfiszierung durch die Alliierten oder das Reich durchaus denkbar war. Da diese Verfügungen vor allem das Vertragsverhältnis mit der BASF betrafen, werden sie in diesem Zusammenhang ausgeführt.

Schließlich leitete Haber konkrete Schritte ein, um sein Handeln als die selbstverständliche Pflicht großer Wissenschaftler im Krieg zu legitimieren. In zwei Telegrammen ließ er im Juni 1919 den Hamburger Chemiker Hans Schimank um die Literaturangabe bitten, mit der er zu belegen hoffte, daß bereits Leonardo da Vinci Giftgasangriffe gegen Festungen, darunter den ersten achtstündigen Blasangriff, durchgeführt hatte.[81] Außerdem wurde Haber bei der preußischen Akademie der Wissenschaften vorstellig, die mit einem von ihm und Nernst entworfenen Aufruf vom 24. 7. die Akademien in den neutralen Staaten dazu veranlassen sollte, gegen das alliierte Vorgehen zu protestieren. Die Akademie, so hieß es in dem Appell, erhalte «zu ihrem höchsten Erstaunen» Kenntnis davon, daß ihre Mitglieder Nernst und Haber aufgrund des Art. 228 zur Verantwortung vor ein Kriegsgericht gezogen und als «gemeine Verbrecher verfolgt» werden sollten. Der Naturwissenschaftler diene der Menschheit, gehöre aber auch seinem Volke «und gehorcht einer sittlichen Pflicht, wenn er im Kriege seine Arbeit der Verteidigung seiner Heimat widmet.» Wieder wurde das antike Vorbild des Archimedes bemüht, um dann fortzufahren, das alliierte Vorhaben atme «den Geist jener finsteren Zeiten, in denen Staat und Kirche vorschrieben, welche Forschungstätigkeit erlaubt und verboten sein sollte.» Die Akademien in den neutralen Staaten sollten «erwägen, wieweit die Sache dieser beiden deutschen Gelehrten die Sache aller Gelehrten ist», da hier ein Versuch vorliege, «im Namen der Kultur die Wissenschaft in ihren Vertretern zu vergewaltigen.»[82] Der Appell wurde mit großer Sicherheit nicht versandt.[83] Über die Gründe kann man nur spekulieren. Daß der Entwurf ausgerechnet in der Giftgasforschung, die er ja implizierte, die Freiheit der Wissenschaft verteidigt wissen wollte, mag auch in Anbetracht der Welle der deutschen Empörung gegen Versailles in der Akademie schwerlich mehrheitsfähig gewesen sein. Hinzu kam, daß man, bevor Schritte im Namen der Gesamtakademie unternommen werden konnten, den offiziellen Auslieferungsantrag der Alliierten abwarten mußte. Der traf aber nicht ein.

Anfang August reiste Haber seiner Familie in die Schweiz nach, wo er sich nach Sankt Moritz begab und seinen Aufenthalt mit einer Kur verband, die seine eingestandenen Sorgen «bis zu einem leisen Misston» abdämpfte.[84] Nach den Erinnerungen seiner Frau, die eine der wenigen Quellen für die folgenden Wochen sind, war er bereit, vor einem neutralen Gericht zu erscheinen, nicht jedoch vor einem Gericht der Sieger. Er unternahm daher in der Schweiz Schritte, um eine Auslieferung zu verhindern, und versuchte, über das Bürgerrecht von St. Moritz die Schweizer Staatsangehörigkeit nach Art. 44 der Bundesverfassung der Schweizerischen Eidgenossenschaft zu erlangen, wofür sich der Besitzer des dortigen

Kurhauses und ein befreundeter Nationalrat aus Chur einsetzten.[85] Er sitze hier fest, klagte Haber seinem Freund Willstätter Anfang Oktober, bis er die Niederlassung habe, die er «für dieselben Zwecke brauche, die Nernst beunruhigen.»[86] Allerdings mußte Haber die kosten- und zeitaufwendige Prozedur nicht abwarten, da er «nach wenigen Monaten» nach Berlin zurückkehren konnte.[87] Wie lange der Aufenthalt in der Schweiz wirklich dauerte, läßt sich nur indirekt ermitteln. Zeitliche Anhaltspunkte liefert der Briefwechsel mit Willstätter, bei dem er sich Anfang November 1919 kurz nach seiner Ankunft in Berlin meldete. Haber fand die politische und wirtschaftliche Situation kaum besser vor als vor drei Monaten. Ihn beunruhigten das ungeklärte Verhältnis Preußens zum Reich, die politische Abwanderung nach rechts und vor allem die anziehende Inflation. Seine Sorgen konzentrierten sich in der Folge vor allem auf die Lähmung des Wissenschaftsbetriebes.[88]

Welcher Anlaß bestand für Haber, Ende Oktober 1919 die Schweiz wieder zu verlassen? Charlotte Haber zufolge war ihnen mitgeteilt worden, die Entente habe ihr Auslieferungsbegehren zurückgezogen.[89] Das kann nicht stimmen. Haber selbst rechnete Mitte November noch mit der Möglichkeit, für die «Gassachen» verantwortlich gemacht zu werden, hielt diesen Fall aber nicht für wahrscheinlich.[90] Außerdem und vor allem hatten die Alliierten einen derartigen Antrag noch gar nicht gestellt. Dies war rechtlich erst nach der Ratifikation des Versailler Vertrags durch die Vertragsstaaten möglich, also ab Mitte Januar 1920, als Haber längst wieder in Berlin war. Das deutsche Gesetz zur Verfolgung von Kriegsverbrechen vor dem Reichsgericht, das zuvor verabschiedet worden war, um dem Anspruch der Alliierten auf Ahndung deutscher Kriegsrechtsverstöße auch ohne Auslieferung zu genügen, datierte vom Tag seiner Vorlage bis zur Ausfertigung vom 12.–18. 12. 1919, konnte also auf Habers Entschluß zur Rückkehr ebenfalls keinen Einfluß haben. Denkbar ist allenfalls, daß er zuvor vertraulich von der Reichsregierung informiert worden war, daß sie diesen Weg wählen wollte, der sich kurzfristig jedoch als Sackgasse erwies. Am 3. 2. 1920 überstellte der französische Ministerpräsident und Vorsitzende des Alliierten Obersten Rats, Alexandre Millerand, die berühmte Note mit der Liste von 895 Auszuliefernden, auf der sich auch Habers Name befunden haben soll.[91]

Hier interessiert weniger die Tatsache, daß die Alliierten bereits zehn Tage später ihr Auslieferungsbegehren zurückstellten, indem sie die deutsche Zusage, Kriegsvergehen vor dem Reichsgericht zu verfolgen, formell zur Kenntnis nahmen und die Urteile abwarten wollten, um danach nicht wieder auf die Angelegenheit zurückzukommen.[92] Die jüngere Forschung hat vielmehr hervorgehoben, daß zuverlässige Quellen für die in Presse und Darstellungen immer wieder erwähnte Auslieferungsliste und die in ihr enthaltenen Namen fehlen.[93] Tatsächlich wurde Haber in der im Februar

Abb. 14 Fritz Haber mit Vollbart, ca. 1919/20

1920 in deutschen Tageszeitungen veröffentlichten Liste nicht aufgeführt, wenngleich nicht auszuschließen ist, daß es weitere Listen gab. Auch von englischer Seite bestehen Zweifel, ob Habers Name jemals enthalten war.[94] Immerhin handelte es sich inzwischen um einen designierten Nobelpreisträger: Mitte November 1919 waren Haber und die Öffentlichkeit davon unterrichtet worden, daß ihm für das Jahr 1918 der Chemiepreis zuerkannt worden war.[95] Sei es, wie es sei: Auf jeden Fall blieb Haber jetzt unbeschadet in Berlin und sah keine Veranlassung zur Flucht. Den Vollbart trug er freilich noch auf der Hinreise nach Stockholm zur Nobelpreisverleihung im Juni 1920. Er begründete ihn damit, er stehe wahrscheinlich als Kriegsverbrecher auf der Auslieferungsliste der Alliierten und wolle daher sein allseits bekanntes, glatt rasiertes Gesicht nicht zeigen. Johannes Stark, der den Physikpreis für 1919 erhielt, nahm die Geschichte aus gutem Grund nicht ernst.[96] Zur Preisverleihung nahm Haber den Vollbart endgültig ab und trug wie Laue, Planck und Stark einen Schnauzbart.[97]

3.2. Der Nobelpreis

Noch Anfang 1919 hielt Haber selbst es für völlig ausgeschlossen, daß er den Nobelpreis für Chemie erhalten könnte. Er wußte, daß Willstätter ihn als Preisträger für das Jahr 1920 vorgeschlagen hatte.[98] Haber, zutiefst deprimiert über die politische und ökonomische Situation in Deutschland, die Wissenschaft und Kultur mit sich in den Abgrund reiße, ließ in einem Brief an den Freund seine Forschungen Revue passieren. Er habe auf vielen Gebieten gearbeitet und auch Nützliches geleistet, sei aber stets hin und her gesprungen. Überhaupt fand er es «öde und unerheblich», sich mit dem Wert seiner Forschungen auseinanderzusetzen, denn «ich hege gar keinen Zweifel, daß der politische Gesichtspunkt es ganz außer Frage stellt, Deutsche auf Empfehlung von Deutschen in Stockholm zu berücksichtigen.»[99] Haber sollte sich täuschen. Als er kaum zehn Monate später die Nachricht erhielt, er habe rückwirkend den Preis für 1918 bekommen – der Chemienobelpreis für 1919 wurde nicht vergeben –, ging es ihm tatsächlich weniger um die wissenschaftliche Seite der Ehrung. Er veranschlagte seine Verdienste um den Fortschritt der Wissenschaften in Anbetracht der starken Anwendungsorientierung seiner Forschungen stets geringer als z. B. Willstätter und betonte auch immer den großen Anteil seiner Mitarbeiter. Als springenden Punkt faßte Haber vielmehr die «große Tat» der schwedischen Akademie auf, «in diesem Augenblicke drei Deutsche und nur Deutsche zu ihren Preisträgern zu wählen», womit er die Hoffnung auf erneute internationale Verständigung verband.[100]

Der Nobelpreis galt schon vor dem Krieg weltweit als größte Ehrung, die einem Wissenschaftler zuteil werden konnte. Die Höhe des Preises, etwa das Vierfache eines jährlichen Professorengehalts vor 1914, war für seine internationale Wertschätzung sicher ein wichtiger Faktor, der im inflationsgeschüttelten Nachkriegsdeutschland noch an Bedeutung gewann. Prestigesteigernd wirkten ferner die pompöse Verleihungszeremonie im Beisein des Königs, das hohe wissenschaftliche Ansehen der ersten Preisträger sowie vor allem der Eindruck völliger Neutralität der verleihenden Instanzen.[101] Dieser Preis wurde nun, wie in Deutschland mit Genugtuung vermerkt wurde[102], einige Monate nach der Demütigung von Versailles und der anlaufenden Boykottmaßnahmen gegen deutsche Wissenschaftler eben an drei Forscher des geächteten Kriegsverlierers verliehen: neben Haber, den Chemiepreisträger für 1918, noch an Max Planck und Johannes Stark, die den Physikpreis für 1918 bzw. 1919 erhielten. Die ganze deutsche Nation fühle sich durch diese Ehre berührt, schrieb Haber an Svante Arrhenius.[103]

Aber damit nicht genug: Mit Haber erhielt ein Mann die begehrte Ehrung, dessen Forschungen und Aktivitäten im Rahmen der deutschen Kriegführung, ob er nun auf der ominösen Auslieferungsliste der Alliierten stand oder eher nicht, ein besonderes Gewicht zukam. Vor allem in Frankreich und Belgien waren die Reaktionen in Presse und Gelehrtenwelt äußerst heftig. Die Tageszeitungen attackierten die Preisverleihung an den ‹Erfinder des Gaskriegs› als Skandal[104] und weiteten die Kritik auf die schwedische Akademie, ja ganz Schweden aus, weil dort während des Krieges Gasmasken für die deutsche Armee hergestellt worden seien.[105] Noch vor der öffentlichen Bekanntgabe lehnten die beiden französischen Wissenschaftler, an die die Nobelpreise für Medizin und Wirtschaft gehen sollten, die Ehrung mit Hinweis auf Haber ab.[106] Die Presse aus den anderen alliierten Staaten folgte, mehr oder weniger abgeschwächt, dem in Frankreich angeschlagenen Tenor. Nachdem beispielsweise die New York Times zunächst berichtet und die französischen Reaktionen dargestellt hatte, kommentierte sie am Folgetag polemisch, man frage sich in der Tat, «why the Nobel prize for idealistic and imaginative literature was not given to the man who wrote General Ludendorff's daily communiqués to the German people on the absorbing subject of strategic retirements.»[107] Da außerdem die Presseberichte ausgesprochen fehlerhaft waren, wurden sogar die schwedischen Auslandsvertretungen angewiesen, offizielle Erklärungen in ausgewählten Organen abzugeben, die die Preisbegründung der Stockholmer Akademie wiederholten, die Entscheidung verteidigten und allzu abenteuerliche Falschmeldungen korrigierten.[108] Haber selbst hielt es just zur selben Zeit, wenn zwar nicht für wahrscheinlich, so doch immerhin noch für möglich, daß er wegen der «Gassachen» zur Verantwortung gezogen werden könnte.[109] In seinem Gratulationsschreiben bewunderte Carl Heinrich Becker, damals Staatssekretär im preußischen Kultusministerium, denn auch ausdrücklich «den Mut und die Großzügigkeit des Komitees, ausgerechnet Ihnen in diesem Moment den Preis zu verleihen.»[110]

Die Ehrung Habers wurde nicht zuletzt in der Tagespresse des neutralen Stifterlandes heftig diskutiert. Die Angriffe gingen zunächst davon aus, der schwedischen Wissenschaftskultur eine einseitige Orientierung an Deutschland vorzuwerfen. Die Kritik richtete sich interessanterweise, im Gegensatz zu unserem heutigen Bild, weniger gegen Habers Aktivitäten für die chemische Kriegführung. Glaubt man dem eingehenden Bericht des deutschen Gesandten in Stockholm, wurde dies in der Presse eher am Rande erwähnt. Die Kritik entzündete sich hingegen vor allem an seiner preisgekrönten Entdeckung, der Ammoniaksynthese, und ihrem ambivalenten Nutzen für die Landwirtschaft wie auch für die Sprengstoffherstellung: Nur durch Habers Entdeckung habe Deutschland den zurückliegenden Weltkrieg so lange führen können. In der Folge bedeutete dies, daß jene Blätter, welche die Preisverleihung befürworteten, die Ambivalenz der Ammoniaksynthese zugunsten des designierten Preisträgers auflösten: Es gebe außer dem Haber-Verfahren noch andere Wege zur Ammoniakdarstellung, die weltweit zur Verfügung stünden; Ammoniak sei nur ein Vorprodukt der Sprengstoffabrikation, die von Salpetersäure ausgehe usw. Schließlich wurde, nicht uninteressant, auch auf die höchst ambivalente Erfindung des Preisstifters Alfred Nobel selbst hingewiesen.[111]

In der internationalen Kritik an der Preisverleihung an deutsche Wissenschaftler spielte ferner das auch von Haber und Planck mitunterzeichnete Manifest der 93 «An die Kulturwelt» von 1914 eine überragende Rolle. Dieser Punkt trat in der schwedischen Presse kaum hervor, wie überhaupt Schweden eines der wenigen Länder gewesen war, wo es positive Reaktionen auf die deutschen Gelehrtenaufrufe aus der Anfangszeit des Krieges gegeben hatte.[112] Um so wichtiger war das Manifest für die Haltung vieler Wissenschaftler aus den alliierten und assoziierten Staaten. So sagte beispielsweise der amerikanische Atomgewichtsexperte T. W. Richards, der den Nobelpreis für Chemie 1914 erhalten hatte, seine Teilnahme an den für Anfang Juni 1920 anberaumten Preisverleihungsfeierlichkeiten mit der Begründung ab, der Kontakt mit deutschen Wissenschaftlern könne erst nach einem öffentlichen Widerruf der Unterzeichner des Aufrufs wiederhergestellt werden.[113]

Trotz solcher Töne ist die Isolierung der deutschen Wissenschaft durch die internationale Scientific Community gerade in Hinblick auf die Nobelpreisverleihung an Haber differenziert zu betrachten. Die ältere historische Forschung konzentrierte ihren Fokus bei der Analyse der internationalen Wissenschaftsbeziehungen nach dem Ersten Weltkrieg auf den 1919 errichteten International Research Council, der die frühere Internationale Assoziation der Akademien ersetzte. Seine Politik, die Naturwissenschaftler aus den ehemaligen Mittelmächten vom internationalen Wissenschaftsbetrieb auszuschließen, verlor erst in der zweiten Hälfte der 1920er Jahre an Durchschlagskraft. Damit erschließt sich jedoch nur eine, wenngleich sehr öffentlichkeitswirksame Handlungsebene. Demgegenüber mahnte die jüngere Forschung zu Recht an, drei weitere Ebenen internationaler Wissenschaftsbeziehungen zu analysieren: erstens die Praxis wissenschaftlicher Kongresse und Tagungen, zweitens die privaten, grenzüberschreitenden Kontakte einzelner Wissenschaftler (Briefwechsel, gegenseitige Laborbesuche, Schüler) sowie drittens «the exchange of honors through Nobel nominations».[114] Letzteres wurde nach der Lockerung der Statuten der Nobelstiftung im Jahr 1974 möglich, die es erlaubte, die Nobelarchive der preisverleihenden Institutionen unter Wahrung einer 50jährigen Sperrfrist für wissenschaftliche Zwecke zu öffnen.[115] Die aus diesen Archivstudien hervorgegangenen Untersuchungen und Folgeprojekte sind vor allem mit dem Namen von Elisabeth Crawford[116] und auch mit dem Schwerpunkt Wissenschaftsforschung der Universität Bielefeld[117] verbunden. Ihre Ergebnisse, die sich ausdrücklich als Beiträge zu einer Sozialgeschichte der Wissenschaften verstanden, ermöglichten erstmals einen quellenfundierten Einblick in die Preisgeschichte für Physik und Chemie.

Die statistische, historische und soziologische Untersuchung der «Nobel population» in Physik und Chemie des Zeitraums 1901–1939, d. h. also der rund 1000 Nominatoren, Kandidaten und Preisträger, ergab, daß trotz Krieg und anschließendem Boykott und Gegenboykott das Nobelgeschehen nach eigenen Regeln vor sich ging. So fiel auf, daß auch während der Kriegsjahre die Wissenschaftler aller kriegführenden Staaten deutlich bemüht waren, im Gegensatz zu anderen wissenschaftlichen Ehrungen den Nobelpreis aus ihrem Propagandakrieg herauszuhalten, die überlieferten Umgangsformen zu wahren und das Ansehen des Preises nicht zu beschädigen.[118] Das Vorschlagsverhalten der Nominatoren wies zwar durchaus nationale Muster auf, indem beispielsweise nach 1915 der Anteil, Wissenschaftler des eigenen Landes aufzustellen, schlagartig steil nach oben ging. Andererseits war die Durchschlagskraft derartiger Muster auf das Nominierungsgeschehen keineswegs eindeutig. Im Untersuchungszeitraum 1910–1924 lag die niedrigste Rate der zum Nobelpreis vorgeschlagenen deutschen Wissenschaftler zwar in Physik mit 26,7 % im Jahr 1915, in Chemie mit 22,6 % im Jahr 1919. Umgekehrt lag jedoch die höchste Nominierungsrate deutscher Physiker mit 50 % im Jahr 1921, die der deutschen Chemiker mit 61,1 % im Jahr 1916, also ebenfalls im betreffenden Zeitraum.[119]

Freilich war es nicht unerheblich, daß deutsche Wissenschaftler im Gesamtzeitraum 1901–1929 mit 36 % in der Chemie die stärkste Nominatorengruppe bildeten (in Physik: 26 %)[120], doch liegen die den komplizierten und langwierigen Nominierungs- und Auswahlprozeß bestimmenden Regeln im wesentlichen jenseits der reinen Statistik. So erwies sich für den Erfolg einer Nominierung eine Kombination der Kriterien aus der wissenschaftlichen Bedeutung einer Entdeckung, ihrem Zeitpunkt (in der jüngeren Vergangenheit) und ihrer sozialen Relevanz als entscheidend. Die Vorliebe der Nominatoren konzentrierte sich auf experimentelle Forschungen, während sie bei theoretischen Arbeiten eine gewisse konservative Skepsis an den Tag legten. Der Entdeckung neuer Effekte gaben sie mehr Gewicht als z. B. Präzisionsmessungen oder der Entwicklung eines Instruments. Insgesamt hatten die Vorschläge ehemaliger Nobelpreisträger bei der Preisträgernominierung signifikant größere Bedeutung als die von Nichtlaureaten. Ferner war die wiederholte Nominierung eines Kandidaten für die Preisvergabe von Wichtigkeit: Mit den Jahren wurde eine Kandidatur allmählich «entscheidungsreif»; die durchschnittliche Wartezeit betrug sechs Jahre (im Falle Einsteins und Nernsts sogar elf bzw. 15 Jahre), dies nicht zuletzt, um vor allem im Falle theoretischer Leistungen Irrtümer zu minimieren.[121]

Damit wird die «Nominierungsgeschichte» eines Nobelkandidaten zum ausschlaggebenden, weithin politikresistenten Faktor. Haber wurde erstmals 1911 durch Carl Blacher aus Riga nominiert, doch traf die Nominierung erst nach dem Stichtag 1. Februar ein und wurde daher nicht zugelassen. Blacher wiederholte seine diesmal zugelassene Nominierung für 1912; Habers Leistung wurde durch Otto Pettersson, Professor für Chemie an der Stockholmer Högskola und von 1900 bis 1912 Mitglied des Nobelkomitees für Chemie, begutachtet. Im Komiteebericht an die Akademie wurde er allerdings noch nicht als preiswürdig beurteilt. In den Folgejahren wurde Haber regelmäßig nominiert: 1913 von Hans Stobbe/Leipzig; 1915 von Frederick P. Treadwell/Zürich; 1916 von Adolf von Baeyer/München, Preisträger des Jahres 1905, bzw. von David Holde/Charlottenburg und H. Pauly/Würzburg, die für eine Aufteilung des Preises zwischen Haber und Willstätter bzw. Bosch votierten; 1917 wegen Terminüberschreitung unzulässig durch Fritz Dolezalek/Charlottenburg; 1918 durch Wilhelm Prandtl/München; 1919 durch Ake Gerhard Ekstrand und Peter Klason, beide Mitglieder des Nobelkomitees, bzw. erneut durch Wilhelm Prandtl. 1916 erkannte das Nobelkomitee Haber gemeinsam mit Nernst erstmals als grundsätzlich preiswürdig an. Zwei Jahre später wurde er im Auftrag des Komitees durch Peter Klason und Olaf Hammarsten ausführlich begutachtet, als grundsätzlich preiswürdig beurteilt und als Preisträger empfohlen. Der für 1918 reservierte Preis wurde ihm im Folgejahr zuerkannt. Haber war niemals Spitzenkandidat eines Jahres gewesen in dem Sinne, daß er die höchste Vorschlagsquote der Nominatoren auf sich vereinigt hätte. Der Konsens war stets vergleichsweise sehr gering, auch wenn man in Betracht zieht, daß der in der Anfangszeit des Nobelpreises signifikant hohe Konsens der Nominatoren generell abnahm.[122] Er hätte den Preis so unmittelbar nach dem Krieg wahrscheinlich auch nicht bekommen, wenn ein anderer Kandidat ‹entscheidungsreif› gewesen wäre bzw. beträchtliche internationale Unterstützung genossen hätte. Das war aber nicht der Fall.[123]

Die Zeremonie der Nobelpreisverleihung am 1./2.6. 1920, die ausnahmsweise an Nobels Geburtstag und nicht, wie sonst üblich, an seinem Todestag am 10. Dezember abgehalten wurde, war nicht nur die erste Nobelpreisfeier nach dem Krieg, sondern wahrscheinlich auch eine der ersten offiziellen Möglichkeiten für ein Zusammentreffen deutscher und ausländischer Wissenschaftler. Der Zeremonie kam um so größere Bedeutung zu, als in der von Inflation, Visabeschränkungen, Transport- und Lebensmittelproblemen gekennzeichneten Nachkriegszeit in Europa kaum internationale Tagungen abgehalten wurden, so daß auch schon von dieser rein organisatorischen Seite her die Wiederherstellung der abgerissenen Wissenschaftsbeziehungen erschwert war.[124] Die drei Preisträger Haber, Planck und Stark reisten gemeinsam mit Laue und Willstätter über Rügen nach Stockholm. Letztere waren 1914 bzw. 1915 ausgezeichnet worden, doch stand ihr Nobel-Vortrag noch aus. Die deutsche Reisegruppe wurde

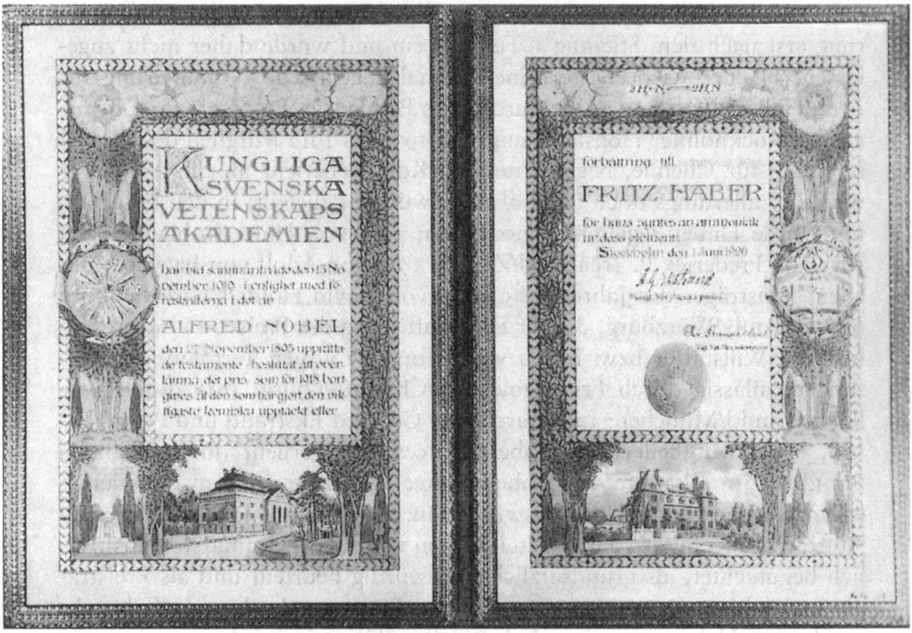

Abb. 15 Nobelpreisurkunde für Fritz Haber, 1. 6. 1920

von Habers Lebhaftigkeit und Eloquenz, man kann auch sagen: Selbstdarstellung, «nahezu beherrscht», während Planck und von Laue kaum etwas sprachen und nicht hervortraten.[125]

Der Aufenthalt in Schweden, die Feierlichkeiten wie das sie umgebende Programm fanden in den Lebenserinnerungen Willstätters, Starks und Charlotte Habers beredten Niederschlag. Demnach genossen die Preisträger, aus den kargen deutschen Verhältnissen kommend, durchgängig vor allem die üppige Verpflegung, das ungezwungene Stockholmer Leben und die überwältigende schwedische Gastfreundschaft.[126] Am 1. Juni wurde Haber der Nobelpreis für 1918 durch den Präsidenten der schwedischen Akademie der Wissenschaften, Oberingenieur Ake Gerhard Ekstrand, für seine Verdienste um die Ammoniaksynthese aus den Elementen verliehen. Die Akademie erkannte darin «ein überaus wichtiges Mittel zur Hebung der Landwirtschaft und des Wohlstandes der Menschheit». Ekstrand beglückwünschte Haber «zu diesem Triumph im Dienste Ihres Landes und der ganzen Menschheit».[127] Die Diskussion der Vormonate um den Problemkomplex Wissenschaft und Wissenschaftler im Krieg fand darin keinen Niederschlag. Haber selbst ging in seinem Nobel-Vortrag am Folgetag, der wegen der schlechten Akustik der großen Aula der Akademie nur schwer zu verstehen war[128], ebenfalls mit keinem Wort darauf ein, sondern stellte den langen Weg zur erfolgreichen Ammoniaksynthese allgemeinverständlich dar und hob ausschließlich ihren Nutzen für die Stickstoffdüngung hervor. Die Rede gipfelte im Bild der Allianz von chemischer Industrie und Landwirtschaft, die «Steine in Brot» verwandele. Abgesehen von dem Quellenwert des Vortrags ist bemerkenswert, daß Haber seine rein chemische Lösung des Problems nicht als endgültig sah, sondern für die Zukunft das biologische Verfahren der Stickstoffbindung über Bodenbakterien andeutete.[129]

Abgesehen von den schwedischen Gastgebern wurde die deutsche Dominanz nur durch den ungarischen Mediziner Robert Bárány (Nobelpreis 1914) und den englischen Physiker Charles Glover Barkla durchbrochen, der für seine Forschungen über die Natur der Röntgenstrahlen den Nobelpreis für 1917 erhielt. Der deutsche Gesandte von Nadolny interpretierte die ganzen Feierlichkeiten als «Huldigung für die deutsche Wissenschaft», doch entbehrte die Huldigung weitgehend der internationalen Bühne: Preisträger aus den alliierten Staaten fehlten; der Bruch, der auch durch die «Nobel population» ging, war tief. Barkla hielt beim Festessen eine sogar nach Ansicht des deutschen Gesandten von Nadolny aufsehenerregende, weil deutschfreundliche Rede, in der er seine tiefe Verbundenheit mit Planck und Stark betonte. «Konvenierenderweise», so Nadolny, waren bei der Preisverleihung der englische und französische Gesandte nicht anwesend; das diplomatische Corps der anderen Staaten war allerdings sehr stark vertreten.[130]

Haber nutzte seinen Aufenthalt in Stockholm dazu, um auf informeller Ebene wissenschaftliche Kontakte zum Ausland, die durch die Kriegsfolgen gefährdet waren, wiederaufzunehmen. Er reiste zunächst nach Kristiania/Oslo, wo er mit Vertretern der Norsk Hydro, dann mit Albert Einstein und dem in Norwegen lebenden Mineralogen Victor Moritz Goldschmidt (27. 1. 1888–20. 3. 1947), dem Begründer der modernen Geochemie und Kristallchemie, zusammentraf. Goldschmidts bahnbrechende Arbeiten zur Umwandlung der Mineralien durch Druck und Temperatur und zur Verteilung der Elemente im Erdkörper kennzeichneten sich durch die enge, disziplinenüberschreitende Verknüpfung von geologischer Feldarbeit, chemischer Analyse und physikochemischer Herangehensweise, was ihn für Haber interessant machte.[131] Auf der Rückfahrt über Kopenhagen vertiefte der KWI-Direktor den Kontakt zu Niels Bohr (Nobelpreis 1922), den er privat besuchte und dessen später weltberühmtes Laboratorium er besichtigte. Bohr hatte bereits kurz nach dem Krieg das KWI mit seinem Mitarbeiter Georg von Hevesy (Nobelpreis 1943) besucht, wo dieser später auch arbeiten sollte. Durch die Initiative Bohrs sollten schon früh inoffizielle, grenzüberschreitende Kontakte zwischen deutschen und dänischen Physikern und über diese dann mit Wissenschaftlern anderer Staaten geknüpft werden. Diese informellen Verbindungen durchbrachen die Isolierung der deutschen Wissenschaft, sind aber für den Historiker nur schwer systematisch zu erfassen.[132]

Inwieweit Haber Freude an der finanziellen Seite des Nobelpreises haben sollte, ist nicht ganz klar. Mit dem Reichsfinanzminister führte er einen längeren, letztlich für ihn günstig verlaufenen Briefwechsel, der die Freistellung des Preisgeldes von der Erbschafts-, Schenkungs- und Einkommenssteuer sowie vom sog. «Reichsnotopfer» bestätigte bzw. verfügte.[133] Was das Preisgeld selbst anging, so ließ er den Erinnerungen seiner Frau zufolge das auf eine Stockholmer Bank angewiesene Geld nach Berlin transferieren und dort allen Beschwörungen zum Trotz mitten in der Inflationszeit in Papiermark umtauschen: «Was de facto den Wert von 150000 Goldmark besaß, zerrann in Nichts.»[134] Welche Motive Haber dazu bewogen hatten, bleibt dunkel, auch die Frage, ob die Geschichte wirklich stimmt. Er wirtschaftete wohl keinesfalls geschickt, doch gab es zwei Jahre später immerhin eine Bank, «welche meine aus dem Nobelpreis verbliebenen Dollars in Händen hat».[135] Wieviele Dollars das waren, sei dahingestellt, doch war ein Dollarbesitzer im Juli 1923 bei einem Stand von 1: 353412 Papiermark, der sich fünf Monate später auf 1: 4,2 Billionen entwertete, ein gemachter Mann.[136]

3.3. Haber, Duisberg und die Nachfolge Emil Fischers

Wie sehr Habers Lebensweg und wissenschaftliche Karriere zwischen Triumph und Niederlage verlief, belegt sein Scheitern um die Nachfolge auf den renommierten Lehrstuhl Emil Fischers, das er als designierter Nobelpreisträger im Frühjahr 1920 erlebte. Nichts dokumentiert deutlicher als diese Episode, daß sich die deutsche Wissenschaftslandschaft nicht nach internationalen Ehrungen, auch nicht nach dem Willen der Fakultäten und Akademien gestaltete, sondern in der Situation ihrer katastrophalen finanziellen Lage und der Suche nach industriellen Sponsoren nicht zuletzt von den Vorstellungen Dritter abhing. Im Falle der Chemie war es Carl Duisberg, der 1919/20 «die Richtlinien der Entwicklung im Hochschul- und Forschungswesen» mit einer Selbstverständlichkeit bestimmte, die Haber «naturgemäß» sehr beunruhigte.[137] Die Konsequenzen, die er aus seinen Erfahrungen in der Fischer-Nachfolge zog, schlugen sich unmittelbar in der Notgemeinschaft der deutschen Wissenschaft nieder, deren Gründung und innere Verfassung er wenig später maßgeblich prägte.

Emil Fischer, die graue Eminenz der Chemie im wilhelminischen Kaiserreich, beging am 15. 7. 1919 Selbstmord, nachdem er der Berliner Akademie einen Großteil seines Vermögens als Stiftung für junge Chemiker vermacht hatte. Fischer war schon während der beiden letzten Kriegsjahre zutiefst pessimistisch gewesen, verstärkt durch den Soldatentod zweier seiner drei Söhne (November 1916, April 1917). Er verzweifelte am Ausgang des Krieges, an der Situation Deutschlands und auch an seiner fortgeschrittenen Krebserkrankung.[138] Damit stand einer der angesehensten Lehrstühle für Chemie in ganz Deutschland zur Wiederbesetzung an. Das preußische Kultusministerium sah in ihm den «Kern und Angelpunkt des naturwissenschaftlichen Unterrichts an der Universität Berlin».[139] Auch nach Habers Ansicht symbolisierte Fischers Professur wie keine andere den Zusammenhalt und das Gewicht des Fachs wie auch die Bedeutung Berlins als Zentrum der deutschen Wissenschaft. Er befürchtete nicht zu Unrecht, daß nun die Vertretung der Fachinteressen gegenüber Unterrichtsverwaltung und Öffentlichkeit stark geschwächt würde.[140] Gleichzeitig stieg in dem von Fischer aufgebauten ‹Netzwerk› zwischen Wissenschaft, chemischer Industrie und staatlichen Behörden durch den Wegfall seines dominierenden Akteurs automatisch das Gewicht anderer, in diesem Fall Duisbergs, der über seine führende Stellung innerhalb der chemischen Großindustrie hinaus durch seine persönliche Freundschaft mit Fischer geadelt wurde. Mit autokratischer Selbstsicherheit nahm Duisberg die Rolle eines Testamentsvollstreckers für sich in Anspruch, ja schickte sich an, Fischers Rolle innerhalb der Wissenschaft zu übernehmen. Haber war sich der Bedeutung Duisbergs voll bewußt. Er bezog selbstverständlich einen zentralen Beitrag des Leverkuseners in das Fischer-Gedenkheft der «Naturwissenschaften» ein, das er zusammen mit deren Redakteur Arnold Berliner gleich nach dem Tod des Großordinarius konzipierte. Bei der Gedächtnisfeier der DChG stand die Rede Duisbergs ebenfalls im Mittelpunkt.[141]

Die Wiederbesetzung des Lehrstuhls lief zunächst auf den Nobelpreisträger Willstätter zu, den noch Fischer selbst als seinen Nachfolger auserkoren hatte.[142] Auch Duisberg war begeistert. Der ebenso autokratische wie impulsive Wirtschaftsführer telegraphierte Willstätter als seiner Ansicht nach derzeit einzigem «Führer der wissenschaftlichen Chemie» unmittelbar nach Fischers Tod, daß «Sie, verehrter, lieber Freund, seine Nachfolge übernehmen [müssen]».[143] Hier zog er mit Haber an einem Strang, der seinen Freund nach dessen Berufung nach München sehr vermißte und gerne wieder in seiner Nähe wissen wollte. Der Physikochemiker hatte gegenüber dem Stand vor neun Jahren, als er maßgeblich daran beteiligt gewesen war, Willstätter erstmals nach Berlin zu holen, seine Position im akademisch-politischen Beziehungsgeflecht gefestigt und ausgebaut. Er stand in engem Kontakt mit dem damaligen Unterstaatssekretär im Kultusministerium, Carl Heinrich Becker, der sich nicht nur von Haber beraten ließ, sondern ihn auch aktiv in die Berufungspolitik seiner Behörde einbezog. Bestes Beispiel ist der zeitgleiche Fall des holländischen Atomphysikers Peter Debye, der das Göttinger Institut für Physik verlassen wollte, weil er dessen Leitung mit dem Kollegen Robert Pohl teilen mußte. Haber maß dem Verbleiben Debyes in Göttingen nationale wissenschaftspolitische Bedeutung bei. Mit Unterstützung durch Planck und Rubens schlug er Becker vor, durch Absprache mit seinen Länderfachkollegen Pohl das nächste gleichwertige Ordinariat für Experimentalphysik an einer deutschen Universität zuzusichern. Becker leuchtete die Lösung ein: Um Debye in Göttingen zu halten, solle alles nur irgend mögliche geschehen.[144]

Die Bedeutung, die Haber im Falle Willstätters zuwuchs, war enorm. Er wurde wegen seiner engen Freundschaft mit dem Umworbenen für alle an der Berufungsangelegenheit beteiligten Akteure zur idealen Vermittlungsinstanz, die im Vorfeld Informationen weitergab, Mißverständnisse aufklärte und Hemmnisse beseitigte. Als Hindernis entpuppte sich zunächst Walther Nernst, der aus durchsichtigen Gründen für eine Teilung von Fischers chemischem Lehrstuhl in eine organische und eine anorganische Professur eintrat, was dieser nur für den Fall einer Ablehnung durch Willstätter in Betracht[145] gezogen hatte. Willstätter bestand jedoch auf dem ungeteilten Ordinariat, und auch das Kultusministerium wollte den Lehrstuhl in seiner vollen Bandbreite erhalten wissen.[146] Anfang November erstellte die Fakultät ihre Berufungsliste mit Willstätter an der Spitze, gefolgt von Ludwig Knorr aus Jena, dessen Lebensweg eng mit Emil Fischer verflochten war, und von Carl Harries (5. 8. 1865–22. 11. 1923)[147] an dritter Stelle, ebenfalls Schüler Fischers, gegenwärtig Leiter des Siemens-Zentrallaboratoriums und Honorarprofessor an der TH Charlottenburg. Die Berufung verzögerte sich jedoch, da die Akademie noch gehört werden mußte: Ihr gehörten die Dienstwohnung wie auch das Privatlaboratorium des I. chemischen Instituts.[148]

Meinungsverschiedenheiten innerhalb der Akademiekommission, die Planck vorausschauend durch die Zuwahl von Einstein und Haber eingedämmt sehen wollte[149], kamen nicht zum Tragen. Die am 20. 11. gebildete Kommission, der ferner Haberlandt, Nernst, Beckmann, Rubens, Rubner, Emil Warburg und Th. Liebisch angehörten, pflichtete vierzehn Tage später «wärmstens», wie Haber schrieb, der Erstplazierung Willstätters bei und stimmte auch Knorr zu, nicht hingegen der Nominierung von Harries, die bei manchen «Entsetzen» hervorgerufen hatte.[150] Willstätter erhielt den Ruf nach Berlin im Dezember, zur größten Freude Duisbergs, der sofort bei Becker im Kultusministerium vorstellig wurde und ihn aufforderte, erhebliche Beträge zur Instandsetzung des Laboratoriums zur Verfügung zu stellen.[151] Willstätter jedoch zögerte, sah sich der Münchner Fakultät verpflichtet, befürchtete auch, von Unterricht, Forschung und Repräsentation des Fachs aufgefressen zu werden. Haber vermittelte ihm die Bereitschaft des Kultusministeriums, alle Bedingungen zu seiner Entlastung zu akzeptieren.[152]

Willstätters Möglichkeiten stiegen ins Unermeßliche, als «von einer recht einflußreichen Persönlichkeit» aus der chemischen Industrie die Pensionierung Beckmanns als Direktor des KWI für Chemie «nachdrücklich angeregt» wurde. Die angewandten Methoden legen nahe, daß es sich nur um Duisberg handeln konnte. Die Nachdrücklichkeit bestand u. a. darin, daß dem vor größten finanziellen Schwierigkeiten stehenden Institut industrielle Zuschüsse verweigert wurden, solange Beckmann an seiner Spitze stehe. Über Haber bot das Ministerium Willstätter nun an, das Ordinariat wie die KWI-Leitung zu übernehmen und letzteres «in Beziehung zur Universität» zu setzen. Es sollte also der Universität in irgendeiner Weise angegliedert werden, um so Mittel von seiten des Staates wie der chemischen Industrie erhalten zu können.[153] Damit war eine Idee geboren, die in der philosophischen Fakultät auf offene Ohren stoßen mußte, eröffnete sich doch damit die Möglichkeit, die nolens volens akzeptierte Konkurrenz der universitätsunabhängigen KWI auf einem bedeutenden Gebiet zu neutralisieren.

Umsonst: Willstätter lehnte ab, wollte nach so kurzer Zeit in München das Vertrauen Baeyers und der dortigen Fakultät nicht enttäuschen. Der sichtlich unter Zeitdruck stehende preußische Kultusminister forderte nun am 21. 2. 1920 die philosophische Fakultät auf, einen Neuvorschlag zu formulieren, wobei die Fachrichtung weniger wichtig sei als die «wissenschaftliche Bedeutung und internationale Anerkennung».[154] Damit wurde die bisher selbstverständliche Bindung des Fischer-Lehrstuhls an die organische Chemie überraschend zur Disposition gestellt. Der Grund lag in der nun hinfälligen starren Fixierung auf Willstätter. Das Renommee des bisher zweitplazierten Knorr war zwar unbestritten, doch bestanden nur geringe Aussichten, ihn zu gewinnen, zumal er schon 60 Jahre alt und schwer erkrankt war.[155] Harries schied de facto aus, weil er einen Nekrolog auf Emil Fischer mit einem Schnitzer versehen hatte, so daß nach Haber nun «selbst den Vertrauensvollsten himmelangst» wurde.[156]

Die Universität und nach ihr die wieder um ihre Stellungnahme gebetene Akademie schlossen sich dem ministeriellen Vorstoß an, wobei Walther Nernst, der nun die Stunde der physikalischen Chemie gekommen sah, maßgeblichen Einfluß hatte.[157] Die Fakultät begrüßte die Anregung, von der besonderen Arbeitsrichtung Fischers abzusehen, «mit aufrichtiger Sympathie». Fritz Haber sei zwar, so das von Beckmann, Haberlandt und Rubens unterzeichnete Schreiben an den Minister, Physikochemiker, allerdings nicht gelernter Physiker, sondern Chemiker, der sich mit Arbeiten sowohl auf anorganischem wie organischem Gebiet ausgewiesen habe:

«Haber scheint daher durchaus dazu berufen zu sein, den allgemeinen Unterricht auf dem Gebiete der Chemie, die wichtigste Aufgabe des bisherigen Fischerschen Instituts, in jeder Hinsicht hervorragend leiten zu können, wobei sein bekanntes, ganz außergewöhnliches Organisationstalent in hohem Grade für die Interessen der Universität als förderlich sich erweisen dürfte.»[158]

Mit der Berufung Habers als Fischer-Nachfolger versuchte die Fakultät, mehrere für sie günstige Gegebenheiten zu schaffen. Durch die Hintertür und ohne sie als solche zu benennen wurde die Teilung des Fischer-Ordinariats in zwei Professuren wieder eingeführt, indem, wie es hieß[159], Beckmann «mehr als bisher» zur besonderen Pflege der Organik, zu der die Lehrstuhltradition verpflichte, herangezogen werden sollte. Dieser Vorstoß bezog sich nicht etwa auf Beckmann in seiner Eigenschaft als Universitätsprofessor, sondern als KWI-Direktor. Der Minister hatte in seinem Schreiben zur Neubesetzung wohlweislich angeregt, auch andere Laboratorien für die Zwecke des akademischen Unterrichts heranzuziehen, was nun aufgegriffen wurde: Gegen einen staatlichen Zuschuß zum Institutsbudget sollte dem Plan der Fakultät zufolge die Ausbildung der fortgeschrittenen Studenten an das KWI für Chemie verlagert, dieses damit der Universität angegliedert und als wissenschaftliches Konkurrenzunternehmen ausgeschaltet werden. Von Habers physikalisch-chemischem KWI ging das Gerücht, daß es geschlossen werden sollte, so daß man sich möglicherweise sogar Hoffnungen darauf machte, die Mittel der Koppel-Stiftung auf die Universität umleiten zu können.[160]

Die Reaktionen auf die Berufung Habers mit allen ihren Implikationen waren diametral entgegengesetzt. Für Haber waren neben der Fakultät der Berliner Universität und dem Kultusminister, der sie angeregt hatte, vor allem Personen mit starken Eigeninteressen: in erster Linie Nernst, der, von der Beförderung seiner Disziplin abgesehen, eine Chance witterte, sein II. chemisches Institut von der erdrückenden Dominanz des Fischer-Lehrstuhls zu befreien; auch Beckmann, der gerade als KWI-Direktor auf rüde Weise abgehalftert wurde und damit eine Gelegenheit witterte, seine Stellung zu halten. Die Akademie der Wissenschaften schloß sich dem Vorhaben ausdrücklich an. Sie legte, so ihr Schreiben an den Kultusminister, größten Wert auf eine «Kraft ersten Ranges» und erkannte keine geeignetere Lösung der Nachfolgefrage als Haber.[161] Harnack stand dessen Berufung ebenfalls positiv gegenüber, vielleicht, weil er sich über eine lose Angliederung des finanziell gebeutelten KWI für Chemie an die Universität Zugang zu staatlichen Mitteln und damit die Rettung des Instituts versprach. Gegen eine Teilung der Fischer-Professur sprach er sich vehement aus. Ihm kam es nach eigenen Worten darauf an, für das Ganze der Chemie einen «Praeceptor Berolinensis» mit Tatkraft, Initiative, Mutterwitz und Organisationstalent zu gewinnen, was er durch Haber gewährleistet sah.[162] Die Phalanx der Haber-Freunde war so groß, daß die Gerüchteküche seine Berufung bereits im April 1920 für gesichert hielt.[163]

Mit Empörung reagierte Duisberg, der offenbar durch Harnack noch im Vorfeld vertraulich informiert worden war. Wenn nun Haber ungeachtet seiner Verdienste die Leitung des gesamten Universitätsinstituts übertragen werde, «so durchkreuzt das unsere Pläne», polterte er Ende Februar 1920, noch bevor sich die Fakultät offiziell mit ihrem Vorschlag an den Minister wenden konnte. Duisberg, der erklärte Feind der physikalischen Chemie, erblickte in der Berufung Habers eine Manifestation des Machtkampfes der chemischen Disziplinen, in dem die Organik zu unterliegen drohte:

«Wenn aber die erste chemische Stelle Deutschlands jetzt aus den Händen eines Organikers in die des Anorganikers oder gar des physikalischen Chemikers hinübergleitet, wie das das Bestreben dieser Richtung schon lange ist, so bedeutet das, wie ich fürchte, den schon durch den Krieg und noch mehr durch den Friedensvertrag besiegelten Untergang der großen chemischen Industrie Deutschlands.»[164]

In diesem und anderen Schreiben warf Duisberg das ganze Gewicht der Interessengemeinschaft, die «wie ein Mann» hinter ihm stehe, in die Waagschale. Er berief sich dabei auf den Geist Emil Fischers, der «sich im Grabe umdrehen» würde, und skizzierte wahre Untergangsszenarien, wonach der Fall der organischen Chemie, wie er in einer Berufung Habers zum Ausdruck komme, die ganze deutsche Teerfarben-, pharmazeutische und photographische Industrie mit sich in den Abgrund reiße. Schließlich drohte er unverblümt Konsequenzen für die Spendenfreudigkeit der chemischen Industrie an, die schließlich «in erster Linie und hauptsächlich die großen Mittel für Forschung und vor allem für die chemische Ausbildung bereit gestellt hat».[165] Mit dieser Drohung kippte natürlich zuerst Harnacks Position, der dem KWI für Chemie zusätzliche staatliche Zuschüsse erschließen wollte und keinesfalls den Rückzug der industriellen Geldgeber riskieren konnte. Aber auch alle anderen Projekte der chemischen Industrie zur Förderung des Unterrichts, der Forschung und Literaturversorgung in der Chemie, die gerade zeitgleich unter der Direktive Duisbergs entstanden[166], wurden damit in Frage gestellt, was das Kultusministerium beeindrucken mußte. Duisberg wählte seine Brief- und Gesprächspartner entsprechend aus und zog alle Register der politischen Einflußnahme: Er korrespondierte zuerst mit Harnack, ließ den Briefwechsel abschriftlich an Unterstaatssekretär Becker im Kultusministerium und Staatsminister Schmidt-Ott weiterreichen und erschien schließlich persönlich in Berlin, um den Protest der gesamten chemischen Industrie Deutschlands zu überbringen.[167]

Duisberg gewann die Auseinandersetzung, indem er zumindest Becker und den Kultusminister davon überzeugte, sie könnten den Fischer-Lehrstuhl nicht gegen den Willen der Großchemie besetzen. Quellen, die diesen hochnotpeinlichen Vorgang im einzelnen belegen, gibt es freilich nicht, doch läßt er sich durch Extrapolation in etwa rekonstruieren. Demnach legte Becker in einem persönlichen Gespräch Haber nahe, die Berufung abzulehnen[168], damit nicht der Minister seine Zustimmung verweigern mußte. Die Meinung der Fakultät und der Akademie wird nirgends dokumentiert, doch war die Sache für Haber hoffnungslos. Die Akademie mußte Mitte Juni 1920 zur Kenntnis nehmen, daß er den Ruf abgelehnt hatte und daß die philosophische Fakultät nun versuchte, den Organiker Heinrich Wieland zu gewinnen[169], der sich nach seiner Zeit an Habers KWI in Sachen Gaskrieg nun in München befand. Der zweifellos renommierte Wieland hatte schon in Emil Fischers Überlegungen um seine Nachfolge für den Fall eine Rolle gespielt, daß Willstätter absagte. Hinderlich war jedoch seine von Anfang an bekannte «süddeutsche Einstellung». Sie ließ den gleichzeitigen Ruf Wielands an die Universität Freiburg, an der bereits sein Bruder Hermann Ordinarius für Pharmakologie war, für Berlin zur gewichtigen Konkurrenz werden.[170]

Bemerkenswerterweise übernahm Haber wieder seine alte Rolle, indem er im Auftrag des Kultusministeriums mit dem ihm ja sehr gut bekannten Wieland die Vorabsprachen traf und Verhandlungspunkte wie Dienstwohnung, Bezüge, Lehrentlastung usw. vermittelte. Er tat dies angesichts der Abfuhr, die er gerade erhalten hatte, mit einer bewundernswerten Akribie und Uneigennützigkeit.[171] Dabei akzeptierte er nolens volens Duisbergs implizites Mitspracherecht, indem er ihn über den Lauf der Verhandlungen informierte. Nach der durch Haber vermittelten Absprache sollte Wieland die uneingeschränkte Direktion des I. chemischen Instituts erhalten, die organische Vorlesung regelmäßig abhalten und sich zur Entlastung in der anorganischen Vorlesung mit Haber abwechseln.[172] Wieland lehnte Ende Juli jedoch endgültig ab, für Haber und die Fakultät eine bittere Erfahrung, die nach ihrer Ansicht die Entwertung der Berliner Stelle gegenüber einem süddeutschen Ordinariat in der Nachkriegszeit dokumentierte. Duisberg vermutete in der Absage jedoch eine Rache Habers und gab ihm dies unverblümt zu verstehen: Er habe sich «aus dem Mantel Emil Fischers einen Vorzugslappen herausgeschnitten und den schlechteren Rest» Wieland angeboten, der «bei geschickter Behandlung» mit Sicherheit zur Annahme des ungeteilten Lehrstuhls zu bewegen gewesen sei.[173] In einem langen, sachlichen Schreiben rechtfertigte Haber sein Verhalten, weil «Sie nun einmal an dieser Berufungsaffaire beteiligt gewesen sind»: Nur dieser kleine Seitenhieb zeigte das wahre Maß seiner Empörung.[174]

Die Suche nach einem Nachfolger für Emil Fischer ging notgedrungen weiter. Berufen wurde 1921 schließlich Wilhelm Schlenk (22. 3. 1879–29. 4. 1943), ein Pionier der metallorganischen Chemie und seit 1916 Leiter des chemischen Instituts der Universität Wien. Duisberg hatte bei der Besetzung des Lehrstuhls weiterhin mitgemischt, bis sich schließlich Nernst ermannte. Er hielt dem Industriegewaltigen das ausschließliche Berufungsrecht der Fakultät vor, so daß dieser beleidigt eine Sitzung des Verbandes der Laboratoriumsvorstände absagte.[175] Andererseits machte Duisberg auch bei der gleichzeitigen Besetzung des Direktorenpostens am KWI für

Chemie ungehemmt seinen Einfluß geltend. Berufen wurde Alfred Stock (16. 7. 1876–12. 8. 1946), ebenfalls ein Schüler Emil Fischers, aber Anorganiker, der seit 1916 als Professor an der Universität Berlin gleichzeitig die Stelle eines Abteilungsvorstehers am chemischen KWI bekleidet hatte und nun fünf Jahre lang dessen Direktor wurde. Stock hatte sich von Anfang an Hoffnung auf ein geteiltes Fischer-Erbe gemacht und bei Duisberg heftig gegen Haber intrigiert. Seine Rechnung, im Windschatten des Stärkeren zu segeln, ging nun auf.[176] Haber schätzte Stock als Wissenschaftler nicht. Er empfand dessen Aufstieg auf der akademischen Karriereleiter als ungerechtfertigte Zurücksetzung weit qualifizierterer Chemiker wie Hahn, Neuberg, Herzog und Freundlich, machte sich aber keine Illusionen über den maßgeblichen Akteur im Hintergrund. Haber gab sich, wie er Willstätter im Mai 1921 eingestand, in Fragen der Berliner Chemie regelrecht geschlagen:

«Duisbergs Hand führt die Zügel, und die Bewunderung, mit der Herr Nernst ihm folgt, macht es für mich, der ich nicht die gleiche Lebenskraft habe, vergeblich, Erfolge auf dem abweichenden Wege anzustreben, den ich für den besseren halte.»[177]

Aus den wenigen erhaltenen Quellen wird nicht recht deutlich, wie wichtig Haber die Fischer-Nachfolge tatsächlich war, während auf der anderen Seite seine starke persönliche Identifikation mit dem Wohl und Wehe ‹seines› KWI gut dokumentiert ist. Freilich mußte er in diesen Monaten noch mit einer Schließung des Instituts auf alliierte Weisung oder aufgrund der finanziellen Folgen der Inflation rechnen, so daß es nahelag, sich beruflich wieder dem universitären Bereich zuzuwenden. Haber befaßte sich 1919/20 denn auch mit der Reform der Hochschulen und des universitären Chemieunterrichts, was für seine Bereitschaft spricht, an die Universität zurückzukehren. Seine Überlegungen standen in enger Beziehung mit den kultur- und hochschulpolitischen Reformvorstößen Carl Heinrich Beckers (1876–1933), 1916 kgl. preußischer Personalreferent der Hochschulabteilung, seit April 1919 Unterstaatssekretär im Kultusministerium.[178]

Becker hatte Haber im Juni 1919 seine «Gedanken zur Hochschulreform» übersandt, die als Kernpunkt und Ausdruck einer Wiederbelebung der akademischen Genossenschaftsidee die Gleichstellung der verschiedenen Gruppen von Hochschullehrern enthielt. Becker, der sich bei aller Skepsis in der Revolutionszeit gegenüber dem neuen Staatswesen loyal verhielt, übertrug damit die republikanische Idee auf die entsprechend zu reformierende Universität: «Auch in der Wissenschaft muß der Obrigkeitsstaat aufhören.»[179] Da oligarchische Organisationsformen und autoritärer Formalismus der Wissenschaft schadeten, wollte er vor allem eine einheitliche Professorenschaft mit voller Gleichberechtigung in den Selbstverwaltungsgremien schaffen. Dazu sollten die planmäßigen Extraordinariate in persönliche Ordinariate umgewandelt, das Kolleggeldwesen reformiert und nicht zuletzt auch die Rechtsstellung der Privatdozenten verändert werden.[180]

Haber setzte sich noch vor seiner Flucht in die Schweiz intensiv mit Beckers Überlegungen auseinander. Ihm erschien die ganze Richtung zwar «überaus sympathisch», doch argumentierte er mit anderer Stoßrichtung, die ihn nicht nur von Becker, sondern auch von seinen konservativen Kollegen unterschied. Haber ging es in der besonderen Nachkriegssituation Deutschlands primär nicht um eine Demokratisierung der Hochschule, auch nicht um eine Beibehaltung der bisherigen universitären Strukturen. Die deutsche Wirtschaft, so Haber, sei kein «dauernd sich ausdehnendes Gefäß zur Aufnahme hochgezüchteter Mittelmässigkeiten» mehr, wie sie «unser nationales Wesen» 30 Jahre lang produziert habe. Er warnte vor der Tendenz, den Extraordinarius zum Ordinarius zu machen, befürchtete er doch offensichtlich von einer quantitativen Ausweitung auch eine Verstärkung der aus dem Kaiserreich ererbten Mediokrität. Haber hob vielmehr unter Hinweis auf die Bildung eines trostlosen und sozial gefährlichen akademischen Proletariats auf die Elitenförderung auf der Ebene der Studenten wie der Hochschullehrer ab: «Weniger Schüler, kleinere Frequenz und höhere Ansprüche. Mehr Ingenium und weniger Schule.»[181]

Die Hebung des Ausbildungsniveaus lag auch Habers Überlegungen zur Reform des Chemieunterrichts zugrunde, die er 1920 mit Blick auf seine Rückkehr an die Universität anstellte. Er fragte in diesem Zusammenhang Professoren und andere Sachverständige im In- und Ausland, u. a. auch Duisberg, um ihre Meinung und stellte seine Gedanken zur Diskussion. Im Zentrum stand der gedankliche Aufbau der großen Einführungsvorlesung. Habers Zugang zum Fach war deduktiv: Er führte über die Physik, mit der er den Aufbau der Elemente, die Atomgewichte, Isotopen usw. als Grundlagen einleitete; erst danach schwenkte er zur Chemie über.[182] Diese Überlegungen setzte Haber auch Becker in einem langen persönlichen Vortrag auseinander – zu dessen Verdruß.[183]

Das Scheitern der Fischer-Nachfolge beendete sowohl Habers Engagement für die Hochschulreform als auch seinen positiven Kontakt zu Bekker. Gegen Duisbergs «autokratische Sicherheit [...], alle Dinge vom Standpunkte des absoluten Königtums aus zu beurteilen und zu leiten»[184], empfand er eine heftige Abneigung, doch machte er sich nie Illusionen darüber, daß der Industriegewaltige lebenslang «mein befreundeter Feind und Hemmschuh» sein würde: «und er muss es sein, weil ich mich nicht ihm anpasse, sondern meinen eigenen Weg gehe.»[185] Auf diese Weise trug er ihm sein Verhalten nicht nach, da ihre Beziehung offen negativ definiert war.

Anders verhielt es sich mit Becker: Hier war Haber menschlich überaus enttäuscht, und zwar nicht etwa, wie er Jahre später einräumte, weil er ihn in der Fischer-Nachfolge fallengelassen, sondern «diesem Duisberg gegenüber mich preisgegeben hat, indem er ihm erzählte, ich hätte ihm drei Stunden Zeit gekostet.»[186] Diese drei lästigen Stunden bezogen sich auf Habers persönlichen Vortrag über die Reform des Chemieunterrichts.[187] Haber war so verletzt, daß er seitdem nie wieder aus freien Stücken zu Becker ging, obwohl dieser zum langjährigen preußischen Kultusminister avancierte: zuerst im Kabinett Stegerwald (April–November 1921), danach in mehreren Kabinetten von Februar 1925 bis Januar 1930. Dem angeregten Gedankenaustausch der frühen Jahre wich ein Nichtverhältnis, in dem sich beide um die Weimarer Wissenschaft verdienten Männer nicht umeinander kümmerten: «Es besteht weder Freundschaft noch Feindschaft.» Beckers reformerischen Bemühungen gegenüber nahm er einen kritischen Standpunkt ein: Es komme nichts Positives dabei heraus, sei er doch «mehr ein Minister der schwungvollen und gehobenen Darlegungen als ein Schöpfer rühmlichen Fortschrittes». Haber selbst zog sich aus der Diskussion um die Hochschulreform ganz zurück, und Becker bat ihn auch nicht mehr um seinen Rat.[188] Was die universitäre Verankerung der physikalischen Chemie anging, so vergingen gerade fünf Jahre, bis die Großchemie, die noch «wie ein Mann» hinter Duisberg gegen Haber gestanden hatte, in einem Memorandum vehement die besondere Förderung gerade dieser Disziplin forderte und dringend riet, mit Organikern besetzte Lehrstühle in Professuren für anorganische oder physikalische Chemie umzuwandeln.[189]

4. Giftige Gase in der Weimarer Republik

Fritz Haber leugnete niemals seine Verantwortung für Einführung, Entwicklung und Einsatz von Giftgas und Gasschutz im Krieg. Auch distanzierte er sich nie von seiner Tätigkeit im Dienste der chemischen Kriegführung. Er setzte vielmehr im Gegenteil nach Ende des Krieges seine Aktivitäten für die zivile und militärische Nutzung giftiger Gase fort, wenngleich sich die Bedingungen und die Reichweite derartiger Bemühungen natürlich radikal gewandelt hatten.

4.1. Die Haber-Staudinger-Kontroverse

Habers Einstellung und Motivation werden vielleicht am besten in seinem Briefwechsel mit Hermann Staudinger (1881–1965) greifbar, der für seine Forschungen zur makromolekularen Chemie 1953 den Nobelpreis erhalten sollte. Beide Männer kannten sich aus Karlsruhe, wo Staudinger, eine

Generation jünger als Haber, 1907 ein planmäßiges Extraordinariat bei Carl Engler erhalten hatte. Im Sommer 1912 nahm er die renommierte Nachfolge von Richard Willstätter in Zürich an, beglückwünscht von zahlreichen Fachkollegen, ironisch bedauert von Haber, denn die schöne Zeit der ungestörten Arbeit sei nun vorbei. Er blieb bis 1926 in der Schweiz.[190]

Hermann Staudingers geistig-politischer Hintergrund unterschied sich erheblich von dem seines Kollegen Haber. Sein Vater Franz, ein neukantianischer Philosoph, versuchte in seinen späteren Schriften, zwischen Kant und Marx zu vermitteln. Er unterhielt enge Kontakte zu führenden Sozialdemokraten und war mit Eduard Bernstein lebenslang befreundet. Der jüngere Bruder Hans (1889–1980) war 1919 bis 1927 Vortragender Rat im Reichswirtschaftsministerium, danach bis 1932 Ministerialdirektor bzw. Staatssekretär im preußischen Handelsministerium und ein enger Vertrauter Otto Brauns, schließlich für Hamburg sozialdemokratisches Reichstagsmitglied vom November 1932 bis Juli 1933[191]. Hermanns Frau Dorothea Förster, die er 1906 heiratete, war ebenfalls eine aktive Sozialistin. Nach Beginn des Krieges schloß sich Staudinger einer pazifistischen Gruppierung in Zürich an, doch enthielt er sich zunächst öffentlicher Meinungsäußerungen.[192] Das änderte sich erst nach dem Kriegseintritt der USA, als er mehrfach öffentlich zur Beendigung des Blutvergießens aufrief.[193] In einem Artikel «Technik und Krieg», der im Juli 1917 in der pazifistischen «Friedenswarte» erschien, stellte Staudinger anhand eines wirtschaftlich-technischen Vergleichs der Kriegsparteien die Unterlegenheit der Mittelmächte fest. Er versandte Abdrucke an mehrere deutsche Wissenschaftler, so auch an Haber, erhielt jedoch keine Reaktionen – wegen der Zensur, wie er vermutete.[194] Ende des Jahres schickte er eine ähnlich argumentierende Denkschrift an Ludendorff und forderte Deutschland dringend zum Abschluß eines Verständigungsfriedens auf. Die Antwort war abschlägig, verwies vielmehr auf einen geplanten militärischen Durchbruch durch breiten Einsatz von Giftgas. Staudinger verzweifelte am Massenvernichtungspotential chemischer Waffen, besonders am Mitte 1917 eingeführten Senfgas, von dessen geheimnisvoller Vernichtungskraft er Kenntnis erhalten hatte. Er vermutete nun, daß es dieses Gas war, das den deutschen Siegfrieden herbeiführen sollte, und wandte sich Anfang 1918 über einen amerikanischen Mittelsmann an das Internationale Rote Kreuz. Einen so errungenen Sieg, der die ganze Welt mit Grauen gegen Deutschland erfüllen würde, hielt Staudinger für eine «moralische Katastrophe». Er forderte daher das Rote Kreuz auf, gemeinsam mit dem Papst, dem spanischen König und anderen diese Untat zu verhindern. In der Tat trug er durch seine Initiative dazu bei, daß das Internationale Komitee vom Roten Kreuz am 6. 2. 1918 einen Appell an die Kriegsparteien richtete, die Verwendung von Kampfgasen einzustellen.

Staudinger setzte nach Kriegsende sein Engagement fort, da es ihm nicht so sehr um einzelne benutzte Gase, deren Tödlichkeit und entsprechende Schutzmöglichkeiten ging, sondern generell um «den Einfluss der Chemie auf die Umgestaltung der modernen Kriegsführung». Als er daher Anfang Januar 1919 aufgefordert wurde, für die neue, monatlich erscheinende «Révue internationale de la Croix-Rouge» einen Beitrag zu verfassen, sagte er zu. Der Artikel erschien schließlich in französischer Sprache.[195]

Staudinger schickte nun Haber, der sich im Oktober 1919 noch in St. Moritz befand, mehrere seiner Schriften zu, darunter auch den letztgenannten Artikel. Ihm war offenbar besonders wichtig, gerade die Meinung der am Gaskrieg beteiligten Chemiker zu erfahren.[196] Vielleicht nahm er auch an, der in die Schweiz geflüchtete Kollege sei in dieser Situation besonders ansprechbar. Haber griff das Gesprächsangebot mit Hinweis auf den Artikel in der Rotkreuz-Zeitschrift zunächst nicht auf, da er die Standpunkte zu unterschiedlich fand. Staudinger bedauerte dies umgehend. Er habe gehofft, so schrieb er, bei Haber Zustimmung zu seiner Auffassung zu finden, daß gerade die Chemiker in Zukunft eine besondere Verantwortung trügen, um auf die Gefahren der modernen Technik aufmerksam zu machen. Ein nochmaliger Krieg sei in seinen Verheerungen fast unausdenkbar.[197]

Haber antwortete diesmal ausführlich, bewegte sich jedoch auf einer völlig anderen Argumentationsebene als Staudinger. Er sah in ihm einen Pazifisten, der aus Idealismus gegen den Krieg eintrat, was er zwar weltfremd fand, aber erklärtermaßen respektierte. Was ihn hingegen empörte, war der Zeitpunkt der – noch dazu französischsprachigen – Publikation des Artikels kurz vor Abschluß des Versailler Vertrags, wobei er Staudinger durchaus zugestand, daß er dies sicher nicht beabsichtigt habe: Er sei «Deutschland in der Zeit seiner größten Not und Hilflosigkeit in den Rücken gefallen», da die Gegner, um selbst glaubhaft zu bleiben, für ihren diktierten «punischen Frieden» «strafbare Gemeinheiten» brauchten, um sie Deutschland in die Schuhe zu schieben. Aufgabe eines jeden Deutschen sei in jener Situation gewesen, derartige Verleumdungen um der Heimat willen zu widerlegen, nicht etwa, dem Feind auch noch argumentative Hilfe zu leisten, indem man sie bestätigte und aus pazifistischen Werbezwecken übertriebe. Haber sah darin für Deutschland einen nicht mehr gut zu machenden Schaden, «und das ist es, was mich von Ihnen trennt!»[198]

Die von Staudinger angemahnte besondere Verantwortung des Naturwissenschaftlers und Chemikers für den Frieden reduzierte sich in Habers Sicht auf die «Konstruction» von insgesamt drei deutschen «strafbaren Gemeinheiten» durch den Feind, ersonnen, um die Härten des Friedensvertrags zu rechtfertigen. Er löste sich auch in der Folgezeit argumentativ nie aus dieser Verteidigungsposition, was er hätte tun müssen, um Staudingers Ansatz zu begreifen. Statt dessen widerlegte er die seines Erachtens unwahren «Gemeinheiten»: 1. den Beginn des Gaskriegs durch Deutschland, 2. die Verletzung des Völkerrechts durch den Einsatz der Gaswaffe, 3. die Verletzung der Humanität durch die besonders grausamen Leiden der Gasopfer.[199] Der höchst betroffene Staudinger schrieb denn auch zurück, daß er in seinem Aufsatz diese drei Punkte gar nicht angesprochen, sondern unabhängig von den Kriegsparteien auf die qualitative Veränderung der Kriegführung durch die technischen Errungenschaften des letzten Jahrzehnts und besonders der chemischen Massenvernichtungsmittel abgehoben habe. Staudinger wunderte sich,

«dass gerade Sie, ein Mann, der durch die Ammoniaksynthese und die dadurch begründete unbegrenzte Herstellungsmöglichkeit von Sprengstoffen so Wesentliches zur Veränderung des Weltbildes beigetragen hat, die fundamentale Bedeutung dieser Aenderung so wenig sehen.»[200]

Auf einen derartigen Gedankengang ließ sich Haber nicht ein. Anders als Staudinger, der die Wissenschaftler in die moralische Pflicht nehmen wollte, verlegte er die Verantwortlichkeit für derartige Fragen auf die zuständigen politischen und militärischen Instanzen und auf die Ebene des Völkerrechts, dessen lückenhafte Bestimmungen von den Gaskriegsbefürwortern beider Seiten interpretativ entsprechend genutzt wurden. Auch Habers Haltung zur internationalen Ächtung chemischer Waffen, die in den 1920er Jahren im Rahmen der Abrüstungsfrage im Völkerbund und in der pazifistischen Presse diskutiert wurde[201], zeichnete sich im Briefwechsel mit Staudinger bereits deutlich ab. Er hielt diesen Weg nicht für erfolgreich: «Die Verträglichkeit von Mann und Frau in der Ehe muß aus ihrer Gesinnung und Selbstzucht, nicht aus dem Wegsperren von Kloppstock und Schürhaken fließen.»[202] Staudinger hielt dem entgegen, daß im Zukunftskrieg die Auseinandersetzungen schließlich nicht mehr «mit diesen altfränkischen Mitteln» geführt würden, sondern angesichts des Potentials der modernen Waffen in der Vernichtung endeten.[203]

Habers Haltung zum vergangenen wie zum zukünftigen Gaskrieg sollte in der Weimarer Zeit dem argumentativen Muster seiner Kontroverse mit dem Züricher Kollegen folgen. Ohne sich freilich je offen für die Übertretung der Verbotsbestimmungen des Versailler Vertrags auszusprechen, bezog er doch in der sehr vehementen, international geführten Auseinandersetzung um die Verwendung chemischer Waffen der Folgejahre[204] Stellung auf seiten ihrer Befürworter. So müssen beispielsweise Habers Ausführungen über «Die Chemie im Kriege», die er am 11. 11. 1920 als Auftakt einer Vortragsreihe vor Offizieren des Reichswehrministeriums machte, als Antwort auf die Völkerbundresolution vom 28. des Vormonats verstanden werden. Dort war mit Hinweis auf die friedenssichernde und humanitäre Bestimmung des Völkerbundes erklärt worden, der Einsatz von Kampfgasen widerspreche der Haager Landkriegsordnung und damit dem Völkerrecht.[205] Ohne die Resolution zu erwähnen, griff Haber die Themen auf, die auch die öffentliche Diskussion bestimmten: Er bestritt entschieden, daß die Gaskampfstoffe grausamer seien als konventionelle Waffen, leitete daraus ab, daß die internationale Ächtung des Gaskriegs sachlich nicht begründet sei, und erwähnte die Fortentwicklung chemischer Waffen in anderen Ländern. Die Offiziere forderte er auf, sich über die militärisch-technischen Eigenschaften der Gaswaffen und die Voraussetzungen ihrer Herstellung «möglichst klar» zu werden. Dieser Vortrag gewann ebenso wie seine Zeugenaussage zum Gaskrieg vor dem Untersuchungsausschuß des Reichstags im Oktober 1923 ein breites Lesepublikum, als beide 1924 in der Aufsatzsammlung «Fünf Vorträge» publiziert wurden.[206]

Haber brach die Korrespondenz mit Staudinger ab. Zwei Entwicklungsstränge sind nun zu verfolgen. Der erste, kürzere, betrifft das Verhalten Habers, der trotz Vermittlungsversuchen Englers und anderer dauerhaft «sehr böse» auf den Züricher Chemiker war.[207] Während Staudinger in der Pressedebatte um die Nobelpreisverleihung an seinen Kontrahenten dessen Anteil an der deutschen Kriegführung öffentlich sehr fair behandelte[208], gibt es Stimmen, denen zufolge Haber Staudingers akademische Karriere in Deutschland erschwerte.

Staudinger, dem es nun primär um die Behauptung seiner sehr umstrittenen Theorie ging, wonach Polymere Makromoleküle und nicht Aggregate kleiner Moleküle sind, bewarb sich 1925 ausgerechnet um die Nachfolge auf den Freiburger Lehrstuhl Heinrich Wielands. Er bekam den Ruf erst, nachdem er nach einer gegen ihn gerichteten Kampagne erklärt hatte, seine früheren Schriften zum Gaskrieg seien durch Kürzungs- und Übersetzungsfehler mißverständlich entstellt worden.[209] Als öffentlicher Beleg diente nun ein neuer Artikel Staudingers in der Zeitschrift des Roten Kreuzes, der sich als neutraler Bericht gab, sich pazifistischer Untertöne enthielt und in einer Fußnote ausdrücklich erklärte, nicht zum Thema Gaskrieg Stellung nehmen zu wollen. Ein anderer Eindruck, der nach seinem Artikel von 1919 entstanden sei, sei falsch, das deutsche Wort «unheilvoll» mißverständlich mit «criminel» übersetzt worden.[210] Ob freilich der Urheber der in Freiburg losgetretenen Lawine wirklich Haber war, wie behauptet wurde[211], läßt sich bisher nicht nachweisen. Wielands Kriegstätigkeit am KWI und das politische Klima in Deutschland mögen genügt haben, heftige Emotionen gegen Staudinger zu schüren. Andererseits bot dessen Behauptung von Makromolekülen mit Molekulargewichten von mehr als 100000 auch genügend Zündstoff für einen rein fachwissenschaftlichen Eklat. Sie stieß auf überwiegende Ablehnung, so z. B. gerade bei Heinrich Wieland, der sie «gefühlsmäßig als übertrieben und unannehmbar» empfand.[212]

Freilich ist auffällig, daß Haber an Staudingers Theorie ungewöhnliches

Interesse zeigte, obwohl diese nicht zu seinem Gebiet gehörte. So war er in der Tat maßgeblich an der internen Choreographie der in der Geschichte der Polymerchemie berühmt gewordenen Sondersitzung der Abteilung Chemie bei der Versammlung Deutscher Naturforscher und Ärzte in Düsseldorf im September 1926 beteiligt, in der Staudinger relativ isoliert gegen eine prominente Phalanx der Aggregattheoretiker stand.[213] Allerdings heißt dies nicht unbedingt, daß Haber Staudinger schaden oder gar wissenschaftlich erledigen wollte. Hermann Mark, von 1922 bis 1926 Abteilungsleiter im KWI für Faserstoffchemie des engen Haber-Kollegen Reginald Oliver Herzog, erinnerte daran, daß damals nur «einige weitblickende Forscher» wie Willstätter und vor allem Haber, der «wie immer das Problem scharf erkannt und klar umrissen» habe, die Tragweite des Streits um die Makromoleküle überhaupt erfaßt hatten. Sie drängten daher auf eine grundsätzliche Klärung und veranlaßten jene Sondersitzung bei der VDNA. So war es Haber persönlich, der eigens Mark, der später selbst für seine Polymerforschungen berühmt werden sollte, zu einem Staudingers Ansatz ergänzenden Vortrag aufforderte. Zwar verhärtete die nachfolgende Diskussion wider Erwarten die Fronten erneut, doch war der Freiburger keinesfalls völlig isoliert: Seine Ausführungen fanden Zustimmung bei Hermann Mark, dem Physiker und Haber-Mitarbeiter Karl Weissenberg und nicht zuletzt auch bei Willstätter.[214]

4.2. Fritz Haber und die Institutionalisierung der Schädlingsbekämpfung

Wichtiger als Habers Einstellung zu Theorie und Person Staudingers ist in diesem Zusammenhang die Frage, was er in Sachen Giftgas wirklich tat. Sein Engagement für ein Gasinstitut wie für eine Gesellschaft für Schädlingsbekämpfung während des Krieges waren zukunftsorientiert gewesen, und er hatte finanzielle, personelle und organisatorische Vorkehrungen getroffen, um das Erreichte, wenn auch unter gewandeltem Vorzeichen, in der Nachkriegszeit fortführen zu können.

Die pharmakologisch-zoologische Abteilung des KWI

Im Mittelpunkt stand zunächst sein Kaiser-Wilhelm-Institut, das mit seinen über zweitausend Mitarbeitern bei Kriegsende nun ebenfalls den Demobilmachungsbestimmungen unterlag. Quellen, die diesen gewaltigen Umbau einer riesigen militärischen in eine kleine zivile Forschungseinrichtung belegen, fehlen gänzlich. Es war nicht die Zeit, Akten anzulegen. So ist vor allem bedauerlich, daß man nicht systematisch rekonstruieren kann, wann die Mehrzahl der Wissenschaftler ausschied und in welche Stellungen sie danach gingen. Allerdings stand das Haber-Institut nicht unmittelbar vor finanziellen Problemen, da es über sein reguläres Budget aus Mitteln der Koppel-Stiftung und des preußischen Staates hinaus noch über die sechs Millionen Mark des Kriegsministeriums verfügte, die ursprünglich für das Gasinstitut bestimmt gewesen waren und im Angesicht der Revolution zur «Aufschließung neuer Wissenschaftsgebiete» deklariert wurden. Nachdem er aus dem Demobilmachungsamt ausgeschieden war, also ab Ende Januar 1919, ging Haber daran, sein KWI wieder auf den zivilen Forschungsbetrieb umzustellen, wobei zunächst der «Jammer der Reparaturarbeiten» zu bewältigen war: Baracken waren zu räumen und abzureißen; das Institutsgebäude selbst mußte mitsamt seinen wissenschaftlich-technischen Einrichtungen instand gesetzt werden. Im einzelnen mußten in langwierigen Verhandlungen Schadenersatzansprüche geregelt oder sogar Besitzverhältnisse geklärt werden. Die Auseinandersetzungen mit dem Reichsverwertungsamt, dem Reichsvermögensamt und dem Reichsfinanzministerium zogen sich in einigen Fällen bis in die Jahresmitte 1921 hin.[215]

Aus dem Mitarbeiterkreis des KWI bildete sich im Januar 1919 ein wissenschaftlicher Nukleus heraus, «eine Art Gelehrtenkommission», wie Haber sie nannte, in die er alle Professoren mit F als Mitglieder aufgenommen habe: Friedländer, Franck, Freundlich und Flury.[216] Um diese F-Professoren herum gruppierten sich die ersten Forschungsschwerpunkte der unmittelbaren Nachkriegszeit. Dabei ging es keineswegs nur darum, die 1914 unterbrochenen Untersuchungen wiederaufzunehmen, sondern es sollten auch ausdrücklich die im Krieg gewonnenen Erfahrungen nutzbar gemacht und fortgeführt werden.[217]

Flurys toxikologische Sektion E der Kriegszeit ließ sich natürlich nicht unter dem Signet offener Kampfstofforschung fortsetzen. Sie wurde stattdessen als pharmakologisch-zoologische Abteilung mit der Aufgabe reorganisiert, unter Auswertung der Erfahrungen des Gaskriegs die wissenschaftlichen Grundlagen der modernen Schädlingsbekämpfung durch giftige Gase und Stäube zu erforschen. Die Abteilung stand unter der doppelten Leitung von Flury für die Pharmakologie und von Albrecht Hase für die Zoologie. Haber hatte den noch für die Heeresverwaltung tätigen Hase im September 1918 auf der Entomologen-Tagung in München für das KWI angeworben. Der Schädlingsforscher sagte begeistert zu und trat seine neue Stelle am 1. 2. 1919 an.[218]

Die Konzeption der pharmakologisch-zoologischen Abteilung war so modern wie die der Kriegssektion E, da sie auf der systematischen Zusammenarbeit von Wissenschaftlern verschiedener Disziplinen beruhte. Haber wollte die neue Forschungsgruppe möglichst bald voll arbeitsfähig machen.[219] Daher wies Flury als erstes die neu eingestellten Zoologen, Hase und seinen Mitarbeiter Johannes Wille, in die Handhabung der Apparate und in die praktische Arbeit mit Gasen ein. Beide hatten zudem

Wissenslücken in der nun zentralen Physiologie, die damals noch nicht regulärer Bestandteil zoologischer Curricula war. Trotz der kargen Verhältnisse der Nachkriegszeit wurden mehrere Projekte gleichzeitig in Angriff genommen. Flury experimentierte mit dem Kampfstoff Aethylenoxyd, dem wirksamen Bestandteil des sog. T-Gases. Er konnte seine Befunde allerdings wegen der alliierten Forschungsverbote erst 1930 publizieren. Im selben Jahr leitete er in Koblenz auch den ersten Durchgasungs-Großversuch mit Aethylenoxyd. Auf Habers Anordnung hin befaßte sich Wille mit der Biologie und Bekämpfung der Küchenschabe[220]. Der KWI-Direktor probierte eigenhändig die Wirkung des Lost als Kontaktgift auf Schaben aus, indem er sie mit dem flüssigen Kampfstoff bestrich. Das Ergebnis war negativ: Diese Insekten ließen sich am besten durch Blausäure vernichten. Anders verlief Willes 1920 veröffentlichte Testreihe zur chemischen Bekämpfung des Kornkäfers, der sich gegen Blausäure und alle Cyanderivate resistent zeigte. In diesem Fall erwies sich nur der Kampfstoff Chlorpikrin, von den Deutschen «Klop» genannt, als wirksam.[221] Hase stellte Versuche zur Vernichtung der Kleidermotte an. Auf eine Anregung von Reginald Oliver Herzog, der im Krieg die Gasschutz-Sektion A des KWI geleitet hatte und danach die neu geschaffene Abteilung für Faserstoffchemie übernahm, setzte Hase erfolgreich Hexachloräthan ein, das später unter der Bezeichnung «Mottenhexe» in den Handel kam, dann aber, sei es aus Sicherheitsgründen für den Anwender, sei es wegen seiner Eignung zur Kampfstoffproduktion, zurückgezogen werden mußte.

In diese Zeit fiel auch die Errichtung der ersten forstentomologischen Feldstation 1919/20 unter Hase und Wille im Forst der Stadt Guben, deren Magistrat sich aufgrund einer Kiefernspinnerplage Ende April 1919 an Haber wandte. Erster Bürgermeister der Stadt war von 1912 bis 1924 der promovierte Jurist und bekannte Kommunalpolitiker Dr. Alfred Glücksmann (*24.9. 1875)[222], der 1902 Habers Halbschwester Frieda geheiratet hatte. Es liegt also auf der Hand, welchen Kanälen die Feldstation ihre Errichtung verdankte. Die Stadt stellte 12000,– Mark an Personal- und Betriebskosten für ein Jahr sowie die Arbeitsräume zur Verfügung. Das gewählte chemische Verfahren wies jedoch eklatante Nebenwirkungen auf: Die im KWI hergestellten, mit einem Arsenpräparat gefüllten Thermitbomben bedeuteten im Wald eine zu hohe Brandgefahr. Im Falle Gubens wählte man dann den Weg der biologischen Bekämpfung des Kiefernspinners durch die massenhafte Parasitierung der Raupen durch Schlupfwespen. Habers als Alternative gedachter Plan, Arsenstäube mit dem Flugzeug abzuwerfen, war unter den damaligen Verhältnissen nicht realisierbar.[223] Es griffe zu kurz, wollte man diese Idee allein als Ausdruck seiner Faszination durch die Möglichkeiten der modernen Technik werten. Die Vision des Zukunftskriegs als aerochemischen Krieg, d. h. also des

Abwurfs giftiger Stäube oder von Gasbomben durch Flugzeuge, war während der Kriegsjahre entstanden und sollte die Diskussion um die Gaswaffe in der Weimarer Zeit beherrschen. Wie noch zu zeigen sein wird, teilte Haber diese Vorstellung. Ein aerochemischer Einsatz gegen Schädlingsinsekten lag daher auf der Hand.

Die Deutsche Gesellschaft für Schädlingsbekämpfung

Unterstützt wurde die Arbeit der pharmakologisch-zoologischen Abteilung Flury/Hase von der Degesch. Ihre Errichtung war, wie bereits ausführlich dargelegt, nach Habers grundlegenden Vorgaben in den letzten Kriegswochen in finanzieller wie rechtlicher Hinsicht beschlossene Sache, doch verzögerte sie sich wegen der unklaren Rechtslage nach der Revolution. Zunächst blieben die Struktur und Funktion des dem Kriegsministerium zugeordneten TASCH unverändert. Eine Verordnung der Reichsregierung vom 29. 1. 1919 ermächtigte zunächst das Reichswirtschaftsamt, die Verwendung hochtoxischer Substanzen zur Bekämpfung tierischer und pflanzlicher Schädlinge reichsweit zu regeln. Aufgrund dieser Ermächtigung verbot neun Tage später Staatssekretär Moellendorff den Gebrauch von Blausäure zur Schädlingsvernichtung in jeder Form, nahm jedoch ausdrücklich die Heeres- und die Marineverwaltung, die wissenschaftliche Forschung und den TASCH davon aus.[224]

Freilich war der TASCH als behördenähnliche Organisation mit kommerziellen Aufgaben unter den Bedingungen des Friedens nicht haltbar. Er wurde aufgelöst und wich, wie von Haber stets intendiert, am 1. 4. 1919 der vorbereiteten Gründung der Deutschen Gesellschaft für Schädlingsbekämpfung mbH (Degesch) in Berlin, nach Ausweis ihres Briefkopfes eine «Gemeinnützige Gesellschaft unter Reichsaufsicht»[225], die wie ihr behördlicher Vorgänger das gesetzliche Monopol der Blausäureanwendung besaß. Geprägt durch Moellendorffs gemeinwirtschaftliche Vorstellungen, wurde im Falle der Schädlingsbekämpfung eine gemeinnützige Gesellschaft unter staatlicher Kontrolle einem privatwirtschaftlichen, gewinnorientierten und kommerziell ausgerichteten Unternehmen vorgezogen: Zu groß seien die Gefahren unsachgemäßer Anwendung, so wurde argumentiert, zu eng die erforderliche Zusammenarbeit mit den Behörden. Außerdem solle nun der wirtschaftliche Profit des neuen Verfahrens, das auf Kosten des Staates eingeführt worden sei, auch an diesen zurückfließen.[226]

Haber hatte sich anfangs offenbar ähnlich wie Karl Escherich energisch für die Errichtung eines neuen Reichsministeriums für Schädlingsbekämpfung mit einer zoologischen und einer botanischen Abteilung eingesetzt, das auch als staatliche Kontrollinstanz der Degesch dienen sollte. Durchsetzbar war unter den gegebenen politischen Bedingungen nur ein Reichskommissar für Schädlingsbekämpfung, zu dem nach Auskunft der sehr fragmentarischen und teilweise auch widersprüchlichen Quellen zunächst Fritz Haber, später ein hoher Beamter des Reichswirtschaftsamts ernannt wurde. Das Reichskommissariat stellte seine Tätigkeit nachweislich am 20. 10. 1920 wieder ein. Danach übernahm zunächst ein vom Reich bestellter Ausschuß die Aufsicht über die Degesch[227], schließlich das Reichsministerium für Ernährung und Landwirtschaft.[228]

Die Degesch mußte ihre Gewinne jenseits eines gewissen Prozentsatzes an das Reich abführen, das damit weitere wissenschaftliche Arbeiten zur Schädlingsbekämpfung förderte. Ihr gemeinnütziger, öffentlich-rechtlicher Status war allerdings von Anfang an Zielpunkt scharfer Kritik. Durch die gesetzliche Lage verfügte sie über das Monopol zur Blausäurebekämpfung von Schädlingen. Sie verhindere das Aufkommen privatwirtschaftlicher Konkurrenten, so die Argumentation, sei zwar keine Behörde, beschäftige aber Beamte mit kaufmännischen Tätigkeiten.[229] 1922 wurde die Degesch schließlich in ein Privatunternehmen umgewandelt. Die Scheideanstalt als maßgebliche Cyanproduzentin, die immer noch der alleinige Hersteller des für das Bottichverfahren erforderlichen Cyannatriums war, erwarb gleichzeitig die gesamten Geschäftsanteile der Degesch. Die enge Verbindung beider Unternehmen wurde auch in örtlicher wie personeller Hinsicht sichtbar: Das Unternehmen verlegte ebenfalls 1922 seinen Firmensitz von Berlin nach Frankfurt. Langjähriger Geschäftsführer wurde der Chemiker Walter Heerdt, der 1916 in die Scheideanstalt eingetreten und im Jahr darauf die Geschäftsführung von Habers TASCH übernommen hatte.[230]

Die aus dem TASCH hervorgegangene, zunächst gemeinnützige Gesellschaft war zweifellos eine Schöpfung Fritz Habers, der damit maßgeblich zur Institutionalisierung der Schädlingsbekämpfung als eigenem Industriezweig beitrug. Das Desinfektionswesen, dessen systematische historische Erforschung noch aussteht[231], etablierte sich damit wirtschaftlich wie wissenschaftlich. Die Degesch stand im Augenblick ihrer Gründung im April 1919 im engen, für beide Seiten vorteilhaften Kontakt mit dem KWI bzw. seiner pharmakologisch-zoologischen Abteilung. Die für das Firmenpersonal erlassenen Vorschriften für Blausäuredurchgasungen vom Juli 1919 basierten auf den Bestimmungen des TASCH, bezogen aber neuere Forschungserkenntnisse aus dem Haber-Institut ein.[232] Dieses erhielt umgekehrt von dem Unternehmen Blausäure und andere erforderliche Gerätschaften für die von Flury und Hase durchgeführten Experimente. Diese wiederum eröffneten durch ihre Forschungen der Firma wissenschaftlich abgesicherte, lukrative Tätigkeitsgebiete, so beispielsweise im Nachweis der Cyanempfindlichkeit der Küchenschaben. Im Falle der forstentomologischen Feldstation in Guben 1919/20 war es ebenfalls die Degesch, die auf Habers Veranlassung aus wohlverstandenem Firmeninteresse die gesamte Laboreinrichtung sowie die erforderlichen Chemikalien spendierte.[233] Haber wiederum regte bei dem anfangs kleinen Unternehmen an, wie die chemische Großindustrie Auslandsvertretungen zu errichten. Die Degesch entsandte daraufhin Heerdt und den inzwischen bei der Biologischen Reichsanstalt beschäftigten Hase Anfang Juni 1921 auf eine dreimonatige Geschäftsreise ins Ausland, und zwar dorthin, wo man den größten einschlägigen Markt erwartete: in Ostmittel- und Südosteuropa. Tatsächlich ging die Rechnung auf: In allen acht besuchten Städten, von Wien bis Sofia, eröffnete die Degesch wenig später ihre Geschäftsstellen und expandierte in der Folgezeit außerordentlich.[234] In «weitblickender Erkenntnis der damals erst anhebenden Entwicklung» beteiligten sich 1930 die IG Farben an dem Unternehmen (42,5 %), ebenso die Th. Goldschmidt AG in Essen (15 %), die dafür ihre «T-Gas-Gesellschaft für Schädlingsvernichtung mbH», der die Patente des T-Gas-Verfahrens gehörten, in die Degesch eingliederte. 1937, als die Degesch ihr 20jähriges Bestehen feierte und damit das Datum der Einrichtung von Habers TASCH zu ihrer eigentlichen Gründung deklarierte, war ein weltweit operierendes Unternehmen entstanden mit Vertretungen in allen fünf Kontinenten.[235]

Haber, Hartley und die Biologische Reichsanstalt

Anfang März 1920 teilte Haber Hase seinen Entschluß mit, die noch nicht eineinhalb Jahre bestehende pharmakologisch-zoologische Abteilung seines Instituts aufzulösen, «aus Geldmangel», wie er sagte. Die hastige Schließung der Abteilung im Mai ist nun allerdings keineswegs auf die ökonomische Misere der beginnenden Inflation zurückzuführen, auch nicht auf die personelle Ausdünnung durch Flurys Ruf an die Universität Würzburg im selben Jahr. In seinem autobiographischen Manuskript von 1961 bestätigte Hase hingegen den «wahre[n] Grund» für die überstürzten Maßnahmen, den man ohne diese Überrestquelle eines unmittelbar beteiligten Zeitzeugen allenfalls ahnte: Man wollte durch die Auflösung der Abteilung der Interalliierten Militär-Kontroll-Kommission (IMKK) jeden Vorwand nehmen, das ganze KWI stillzulegen, das sich in der Tat im Ausland nie von dem immer wieder geäußerten Verdacht befreien konnte, geheime Kampfstofforschungen zu betreiben.[236]

Es war Carl Duisberg, der Haber seit Mitte Februar 1919 detailliert nicht nur über die wirtschaftliche Lage der großchemischen Unternehmen in den jeweiligen Besatzungszonen unterrichtete. In dieser angespannten Situation einer von den Allierten kontrollierten Großchemie und eines ungewissen Friedensvertrags reiste bereits eine interalliierte Kommission durch Deutschland, um sich über alle Einzelheiten der Spreng- und Kampfstofferzeugung, ihrer Vor- und Zwischenprodukte sowie ihrer Abwehr zu informieren. Sie begann ihre Arbeit im Februar 1919 in Leverkusen und begab sich danach zuerst nach Höchst, dann nach Ludwigshafen.

Die Kommission, die aus 30 bis 40 Chemikern aus England, Frankreich, Belgien, Italien und den USA bestand, wurde geführt «von dem englischen Haber», dem Physikochemiker Hartley, der – Duisberg konnte sich diesen Seitenhieb nicht verkneifen – «Ihnen aber insofern über ist, als er, nicht älter wie Sie, Generalsrang besitzt.» Vier Tage lang inspizierte die Kommission die Leverkusener Werke; danach suchte eine Unterkommission noch eigens nach eventuell versteckten Einrichtungen zur Herstellung von Gaskampf- und Sprengstoffen.[237]

Die Informationen Duisbergs über Vorgehen und personelle Besetzung der Kommission waren für Haber und sein KWI natürlich sehr wertvoll. Daß die ausländischen Experten versuchen würden, an deutsche Forschungsergebnisse und Verfahren zu gelangen, bestätigte der Leverkusener durch seinen geschilderten Zusammenstoß mit einem «Industriespion»: Der Leiter einer Unterkommission, der englische Chemieindustrielle Herbert Levinstein jr., nahm auffällig intensiv Einblick auch in die Friedensproduktion.[238] Aber jenseits dieser konflikthaften Situation und ungeachtet der Konfrontation von Siegern und Besiegten entwickelte sich auch ein Diskurs der internationalen Gaskriegsexperten, die nun endlich Gelegenheit fanden, innerhalb gewisser Grenzen ihre Erfahrungen und Kenntnisse wieder von Wissenschaftler zu Wissenschaftler auszutauschen.

Haber im fernen Berlin zeigte größtes Interesse an diesem ihm über Duisberg vermittelten Austausch, konkret zunächst dafür, warum die Briten am meisten den Lost, am wenigsten hingegen Blaukreuz (Clark) gefürchtet hätten, machte sich Gedanken über den Zeitpunkt der Einführung der englischen Schutzgeräte usw., kurz: Er informierte sich über den internationalen Forschungsstand.[239] Erleichtert wurde das Entstehen eines grenzüberschreitenden Kampfstoffdiskurses durch persönliche Verbindungen aus der Vorkriegszeit. So entpuppten sich in Leverkusen zwei Kommissionsmitglieder als ehemalige Schüler Habers aus Karlsruhe, und Duisberg hob ausdrücklich hervor, wie verständig sie sich im allgemeinen verhalten hätten. Als besonders unparteiisch und gerecht empfand er den Leiter der Kommission, Hartley.[240] Auch dieser verfügte über Verbindungen zu Deutschland. Der 1878 geborene englische Physikochemiker hatte in den Sommersemestern 1898 und 1899 organische Chemie bei Willstätter studiert, der in seinen Lebenserinnerungen denn auch ausdrücklich die angenehme Atmosphäre schilderte, als sein ehemaliger Schüler nach dem Krieg bei ihm in München erschien, um Aufschluß über den deutschen Gasschutz zu erhalten. Ja, man lachte freundlich und tauschte darüber Kenntnisse aus, wann die Zusammensetzung des deutschen Atemeinsatzes in England chemisch analysiert worden sei, welcher Bestandteil warum unentdeckt blieb usw.[241]

Natürlich stellte das Eintreffen der IMKK in Berlin am 15. 9. 1919 für Habers KWI eine existentielle Bedrohung dar. Sie nahm im Januar 1920 ihre Tätigkeit auf.[242] Laut Art. 172 des Versailler Vertrags war die Reichsregierung verpflichtet, binnen drei Monaten nach seinem Inkrafttreten den Alliierten die Beschaffenheit und die Herstellungsverfahren aller Spreng- und Giftstoffe und anderer kriegsrelevanter Chemikalien offenzulegen. Zum Aufgabenbereich der interalliierten Ausschüsse, die die Entwaffnung Deutschlands durchzuführen und zu kontrollieren hatten, gehörten somit auch naturwissenschaftlich-technische Einrichtungen aller Art. Tatsächlich experimentierten Flury und Hase in der pharmakologisch-zoologischen Abteilung des Haber-Instituts nicht nur mit giftigen Gasen wie Blausäure, sondern auch mit ehemaligen Kampfgasen wie T-Gas, Lost und Chlorpikrin, und wiesen ihre Wirkung auf diverse Versuchstiere nach. Dies verstieß eindeutig gegen Art. 171 des Versailler Vertrags, der ganz allgemein und unzweideutig den Gebrauch, die Herstellung oder Einfuhr von erstickenden und giftigen Gasen, Flüssigkeiten, Stoffen oder Verfahren untersagte. Verboten waren ferner auch wissenschaftliche Publikationen über die Wirkung und Verwendung bestimmter, auch zivil genutzter Präparate: Den alliierten Sachverständigen war genau wie Haber klar, daß der Schritt von der chemischen Schädlingsbekämpfung zur Entwicklung neuer Kampfstoffe kein qualitativer ist.

Haber zog in dieser Situation gegenüber den politisch-militärisch unverdächtigen Zoologen und Entomologen den kürzeren, konnte er doch nun die Aktivitäten und Erfolge seines Instituts auf dem Gebiet der Schädlingsbekämpfung nicht mehr hervorheben. Escherich war seinen disziplinfremden Konkurrenten endlich los. Flury reagiert gereizt und schlug Hase gar eine gemeinsame Publikation vor, um «die Priorität des Haberschen Instituts in die Öffentlichkeit zu bringen.» Die Entomologen «hassen und missachten» die zoologischen Forschungen am KWI, aber: «Die Kampfgase wurden doch zuerst durch die Habersche Organisation an Insekten u. dgl. geprüft.»[243] Daran war freilich in Anbetracht der anrückenden alliierten Kommission nicht zu denken.

Andererseits war Haber nicht der Mann, klein beizugeben. Priorität hatte für ihn, die Existenz des KWI zu retten, aber gleichzeitig wollte er versuchen, die pharmakologischen Forschungen in anderem Rahmen fortzuführen. So teilte er Hase Anfang März 1920 im selben Atemzug wie die Auflösung der Abteilung auch mit, er werde sich bemühen, eine Stelle zu finden, «wo sie weiter bestehen und sich auch erweitern könnte.»[244] Diese Stelle fand sich schnell in der Biologischen Reichsanstalt für Land- und Forstwirtschaft (BRA), die, nachdem ihr völliges Versagen vor den Erfordernissen des Weltkriegs nicht nur von Escherich immer wieder scharf kritisiert worden war, just im selben Jahr 1920 völlig umstrukturiert und reformiert wiedererstand.

Haber verfolgte seit Juni 1919 die Pläne zur Reorganisation der BRA von Anfang an mit brennendem Interesse. So beauftragte er im Dezember desselben Jahres Hase mit der Abfassung zweier Memoranden, in denen dieser die wirtschaftliche Bedeutung der Schädlingsbekämpfung einschließlich der Bedeutung der Degesch sowie konkrete Vorschläge zur Neugestaltung der Reichsanstalt ausarbeiten sollte.[245] Als die Reform der BRA konkrete Gestalt annahm, bot sich die ideale Gelegenheit, die pharmakologisch-zoologische Abteilung des KWI im unverdächtigen Rahmen einer staatlichen landwirtschaftlichen Forschungsanstalt gleichsam zu ‹parken›. Erleichternd wirkte sich aus, daß Haber den neuen Direktor der BRA, Otto Appel (1867–1952)[246], der im Januar 1920 seinen Posten antrat, seit dem Frühsommer 1915 kannte, als an der mittleren Ostfront Gaskampfversuche mit Chlor und schwefeliger Säure angestellt wurden. Der Botaniker und Phytopathologe Appel nahm unter Habers Leitung an den nachfolgenden Untersuchungen über die Wirkung dieser Gase auf Tiere, Pflanzen und Brunnenwasser teil.[247]

Die reformierte Biologische Reichsanstalt und ihre zunächst vier auswärtigen Dienststellen in Naumburg, Aschersleben, Stade und Trier beschäftigten in Reaktion auf die Erfahrungen des Weltkriegs erstmals eine ganze Reihe von Entomologen als Mitarbeiter, womit dieses bislang undeutliche Berufsbild praktisch staatlich anerkannt wurde. Die vor kurzem noch beargwöhnte Teilsdiziplin erfuhr damit einen weiteren, entscheidenden Institutionalisierungsschub. Die BRA intensivierte ihre Arbeiten über den praktischen Pflanzenschutz erheblich und errichtete einen regelmäßig erscheinenden Mitteilungsdienst, in dem sie alle land- und forstwirtschaftlich interessierten Kreise über Krankheiten, Schädlinge und Bekämpfungsmethoden informierte. Demselben Zweck diente auch die reformierte Binnengliederung der Anstalt. Aufgabe der Abteilung I war die Übertragung wissenschaftlicher Forschungsergebnisse in die Praxis und die Bearbeitung praktischer Fragen. Sie gliederte sich ihrerseits in 13 Unterabteilungen wie z. B. das Laboratorium für Speicher- und Vorratsschädlinge oder die Prüfstelle für Pflanzenschutzmittel. Die in fünf Laboratorien unterteilte Abteilung II war für wissenschaftliche Einzelfragen zuständig. In diesem Rahmen entstand auch ein Laboratorium für physiologische Zoologie, in dem die wissenschaftlichen Grundlagen der Schädlingsbekämpfung erforscht werden sollten. Seine Aufgaben umfaßten die Physiologie und Ökologie der für die Landwirtschaft schädlichen und nützlichen Kleintiere, besonders der Insekten, und auch die Untersuchung des Einflusses von Temperatur, Ernährung, Fortpflanzung usw. auf die Entstehung von Insektenplagen.[248]

Am 17. 3. 1920 vereinbarten Haber und Appel, Einrichtung und Personal der pharmakologischen Abteilung des KWI, nämlich Hase, Wille und eine technische Assistentin, an die Reichsanstalt zu übernehmen. Sechs Tage später wandte sich Appel in dieser Angelegenheit schriftlich an das Reichsministerium für Ernährung und Landwirtschaft, wo weitere Besprechungen folgten. Am 8. 5. schließlich erklärte sich das Ministerium mit der Angliederung einverstanden und beauftragte Appel, mit dem KWI ferner über die Übernahme des Laborinventars und der einschlägigen Fachliteratur zu verhandeln. Hase sollte die Abteilung zunächst kommissarisch leiten. Er wurde am 15. 5. mit einem Privatarbeitsvertrag eingestellt. Da die Reichsanstalt auch die Mitarbeiter Hases übernahm, aber über keine Mittel zu ihrer Besoldung verfügte, versprach Haber, die bis Ende 1920 erforderlichen Gelder zu beschaffen: Sie stammten vom Reichswirtschaftsministerium und der Degesch.[249] Die Eingliederung der KWI-Abteilung in die Reichsanstalt wurde nicht verheimlicht, sondern in ihrem Jahresbericht für 1920 veröffentlicht, allerdings ohne die Initiative Habers zu erwähnen. Hase erhielt für die Ausgestaltung seines Laboratoriums «völlig freie Hand».[250]

Als Hartley schließlich im physikalisch-chemischen KWI zur Inspektion erschien[251], wurde er, wie er sich später erinnerte, von Haber freundlich auf den Stufen des Instituts begrüßt mit der Frage, warum er erst so spät komme:

«‹I was looking forward to discussing all our records with you, but there has been a most unfortunate fire and they are all destroyed. Look at the hole in the roof.›»[252]

Hartley war über die plötzliche Feuersbrunst alles andere als überrascht und verließ sich auf Habers gutes Gedächtnis, mit Erfolg, wie er sagte, denn der deutsche wie der ‹englische› Haber verbrachten zwei Wochen zusammen «discussing various aspects of gas warfare».[253] Freilich sollte man die grenzüberschreitende Wirkung dieses und ähnlicher Expertengespräche in der frühen Nachkriegszeit nicht überschätzen, doch wurde der Gegensatz zwischen alliierten Siegern und deutschen Kriegsverlierern merklich überlagert von der neu entstehenden Konfrontation zwischen den Ächtern und den Befürwortern des Gaskriegs. In diesem Kommunikationszusammenhang standen Chemiker wie Sir William Pope, J. B. S. Haldane, Hartley und Haber mit bemerkenswert ähnlichen Argumenten auf derselben Seite.[254]

4.3. «… machen wir aus Mitteln der Vernichtung Quellen neuen Wohlstands»?

Mit diesem Argument hatte Haber im September 1917 in seiner Denkschrift für die Errichtung eines separaten Gasinstituts der KWG für die Erforschung der wissenschaftlichen Grundlagen der Schädlingsvernichtung plädiert. Und tatsächlich scheint hier ein Beispiel gegeben zu sein, wie eine zunächst rein militärische Technologie zur Vernichtung von Menschen durch eine zivile Umorientierung der Aufgabenstellung in eine nutzbringende Richtung verkehrt werden kann. Kann man in der modernen Naturwissenschaft doch trennscharf zwischen ‹gut› und ‹böse› unterscheiden? Es geht hier nicht um die erst gegen Ende unseres Jahrhunderts diskutierte Frage der Umweltverträglichkeit der chemischen Schädlingsbekämpfung, sondern um zwei Entwicklungen, die unmittelbar aus Habers Engagement für die zivile Nutzung giftiger Gase folgten und die Konvertierungsproblematik greifbar machen.

Zyklon B

Der TASCH und später die Degesch führten ihre Mühlendurchgasungen zunächst mit dem Bottichverfahren durch, das zwar eine praxisnahe Verbesserung des Generatorverfahrens darstellte, aber erhebliche Sicherheitsmängel in seiner Anwendung aufwies. Die Bottiche mit ihrem tödlichen Inhalt waren häufig undicht, schwappten über oder tropften; die Beseitigung der flüssigen Rückstände war problematisch und führte zu Verhaltensweisen des technischen Personals, die heute als Umweltkriminalität bezeichnet werden.[255] Klagen über undichte Gasmasken oder deren mangelhafte Atemeinsätze wurden laut.[256] Es kam zu einer Reihe von tödlichen Unglücksfällen durch Nachlässigkeiten und Ordnungswidrigkeiten. In einer ganzen Reihe von tragischen Fällen starben ahnungslose Einbrecher oder Landstreicher in nicht freigegebenen Räumen.[257] Das Hauptproblem war der nur sehr schwache Eigengeruch der hochgiftigen Blausäure, so daß es geboten war, Cyanderivate mit warnenden Geruchsreizstoffen zu entwickeln.

1919 war es die erste gemeinsame Aufgabe von Flury und Hase in der pharmakologisch-zoologischen Abteilung des KWI, mit Cyanderivaten zu experimentieren, die die Giftigkeit der Blausäure mit der gewünschten Reizwirkung koppelten. Als gut geeignet erwies sich ein technischer Cyankohlensäureester, der rund 30 % HCN und 10 % des stark reizenden Chlorkohlensäureesters enthielt. Die Substanz war während des Krieges im Haber-Institut als Lösungsmittel für feste Gaskampfstoffe entdeckt und verwendet worden. Als Abkürzung, aber auch Decknamen nannte man sie Zyklon, später mit dem Zusatz Zyklon A.[258] Flury und Hase griffen also auf die militärischen Forschungen der Kriegszeit zurück, erwiesen experimentell die Eignung der Substanz für die Schädlingsbekämpfung und veröffentlichten ihre Ergebnisse in einem angesehenen medizinischen Periodikum.[259] Geschützt durch die Gesetzeslage, griff nun die Degesch zu: In den einschlägigen entomologischen Publikationsorganen machte ihr Geschäftsführer Heerdt auf das neue Verfahren aufmerksam und wies darauf hin, daß seine Firma die weitere Entwicklung und technische Anwendung von Zyklon übernommen habe. Als vorteilhaft hob er dessen Eignung für die Durchgasung großer Räume wie von Schiffen und Fabrikhallen sowie für die Stadthygiene hervor. Hase und Heerdt überzeugten auf ihrer gemeinsamen Balkanreise 1921 ihre ausländischen Gesprächspartner ebenfalls von den Vorteilen des Zyklon A.[260] Wegen seiner militärischen Vergangenheit als Bestandteil von Kampfgasen durfte das Flüssigkeitsgemisch jedoch nach den Bestimmungen des Versailler Vertrags nicht mehr hergestellt werden.[261]

Es mußten folglich andere Bindungsformen gefunden und experimentell auf ihre Eignung überprüft werden. Unter widrigen äußeren Umständen setzte Hase in der BRA in Kooperation mit der Degesch seine Versuche mit Cyanderivaten fort. 1923 erhielt er für diese Experimente zusätzliche Mittel zur Einstellung von zwei technischen Assistentinnen.[262] Gefunden wurde das neue Präparat Zyklon B[263], das, in handliche Büchsen verpackt, in kristalliner Form auf einer Trägermasse aus Kieselgur geliefert wurde und erst bei Luftkontakt die tödliche Blausäure freisetzte. Organische Halogenverbindungen dienten als Reizstoffe. Durch das Büchsenverfahren war Zyklon B für den Anwender gefahrenfrei. Die Zusammenarbeit der Reichsanstalt mit der Degesch war eng und arbeitsteilig: Hase führte seine Großversuche in Frankfurt durch, wo die Firma ihm Material und Personal zur Verfügung stellte. Umgekehrt fanden in der Gaszelle der BRA Experimente statt, für die ein kleinerer Rahmen genügte, so z. B. Tests zur Überprüfung der Lagerfähigkeit der Substanz.[264] Die Degesch stellte Zyklon B in der Versuchsphase 1922–1924 unter primitivsten Bedingungen in einem alten Pferdestall her.[265] 1924 trat sie mit ihrem Präparat, das denselben gesetzlichen Bestimmungen unterlag wie Blausäure, an die Öffentlichkeit.[266]

Zyklon B, dessen Entwicklung in Habers Institut seinen Anfang nahm und maßgeblich von ihm gefördert wurde, machte bekanntlich im Dritten Reich eine todbringende Karriere. Die Degesch beschäftigte in den dreißiger Jahren ein Expertenteam, das in den einschlägigen Fachzeitschriften regelmäßig über Verfahrensfortschritte und neu entwickelte «Begasungsanlagen» wie «Gaskiste» und «Kreislaufkammer» informierte.[267] Zyklon B durfte laut Verordnung nur von der Degesch «und einigen anderen konzessionierten Firmen» angewendet werden.[268] Ehemalige Degesch-Mitarbeiter gründeten Firmen, die derartige konzessionierte Hauptvertretungen übernahmen, so die «Heerdt-Lingler GmbH» in Frankfurt und die Firma «Tesch & Stabenow. Internationale Gesellschaft für Schädlingsbekämpfung mbH» in Hamburg, abgekürzt Testa.[269] Während Heerdt-Lingler das Vertriebsmonopol von Zyklon B in West- und Süddeutschland besaß, belieferte die Testa Nord- und Ostdeutschland, d. h. im Zweiten Weltkrieg auch die deutschen Konzentrations- und Vernichtungslager im Osten, wo sie noch das SS-Personal im Umgang mit dem Präparat schulte. Nachdem Zyklon B sich erstmals in einem ‹Experiment› an 600 sowjetischen Kriegsgefangenen im Lager Birkenau als hochwirksames Massentötungsmittel erwiesen hatte, war es seitdem in allen Lagern in Gebrauch: zu 95% seiner ursprünglichen Zweckbestimmung gemäß als Schädlingsbekämpfungsmittel, zu 5% zur grauenvollen Vergasung von Menschen, wofür die SS eigens die Entfernung des reizenden Warnstoffs anordnete.[270]

Hier ist nicht der Ort, die Vernichtungsgeschichte von Zyklon B im Zweiten Weltkrieg nachzuzeichnen, auch nicht den Zyklon B-Prozeß gegen Tesch, der während des Ersten Weltkriegs Mitarbeiter an Habers KWI gewesen war, oder gegen den Degesch-Geschäftsführer Gerhard Peters.[271] Daß enge Verwandte Habers wie Millionen des jüdischen Volks, dem er angehörte, dem Zyklon zum Opfer fielen, an dessen Entwicklung er selbst und Mitarbeiter seines Instituts Anteil hatten, ist eine der tragischen Dimensionen, die die Person des Nobelpreisträgers umgeben. Der Einsatz von Zyklon in den nationalsozialistischen Vernichtungslagern lag mit Sicherheit außerhalb von Habers Vorstellungen und Intentionen, die er mit der Förderung der Schädlingsvernichtung verband, zeigt aber doch um so eindringlicher die Zweischneidigkeit moderner chemischer wie überhaupt naturwissenschaftlicher Forschung. Das Beispiel belegt, daß aus den «Quellen neuen Wohlstands» problemlos wieder ein «Mittel der Vernichtung» werden konnte.

Haber, Hase und die Reichswehr

Die qualitativen Unterschiede physikochemischer Forschung bei der Entwicklung von Kampfstoffen und Schädlingsvernichtungsmitteln sind gering bzw. existieren gar nicht, so daß «Vernichtung» und «Wohlstand» keinen polaren Gegensatz, sondern vielmehr einen reversiblen Vorgang bilden. Dieser Zusammenhang war den einschlägig befaßten Wissenschaftlern international bekannt. In den USA arbeiteten der Chemical Warfare Service und das Bureau of Entomology auch nach dem Krieg weiterhin offen zusammen: «[They] continued to borrow each other's technology and metaphors», wobei der um das Ansehen seiner Wissenschaft besorgte Bureau-Direktor L. O. Howard dazu aufrief, nach dem Kriegsende in Europa nun »the war against insects« zu forcieren.[272] Auch Haber trieb die Konversion militärischer in zivile Giftgasforschung und umgekehrt auf seine Weise weiter voran.

Die Finanzierung und Entwicklung des Laboratoriums für physiologische Zoologie an der Biologischen Reichsanstalt verrät viel über den Charakter der Forschungen, die dort betrieben wurden. Hase bezeichnete später die von Inflation, Raum- und Personalnot geprägten Anfangsjahre bis Ende Januar 1922 als wenig fruchtbar: Die für die Gasversuche notwendigen Apparate konnten in den provisorisch zugewiesenen, beengten Räumen nicht installiert, die erforderlichen Insektengroßzuchten nicht betrieben, wissenschaftliches und technisches Hilfspersonal nicht eingestellt werden. Etwas Geld für die Laboreinrichtungen beschaffte Hase durch seine 1919 von Haber vermittelte Beratertätigkeit für den «Aussiger Verein für chemische und metallurgische Produktion», der die Herstellung von Schädlingsbekämpfungsmitteln in der jungen Tschechoslowakei aufnehmen wollte. Generaldirektor des Aussiger Vereins war Habers ehemaliger Kollege aus Karlsruhe, Freund und Finanzberater Max Mayer. Mayer bezahlte Hase bis zum Ende der Inflation 1923 in Tschechenkronen.[273]

Die Zeit vom Januar 1922 bis Juni 1927 bedeutete für das Laboratorium Tiefstand und Wende. Hases Bericht zufolge stellte Haber 1922, als die Abteilung immerhin neue Räume beziehen konnte, «Mittel» zur Bezahlung von zwei zusätzlichen technischen Assistentinnen zur Verfügung. Im Folgejahr eröffnete Hase seinem Laboratorium die bescheidene Möglichkeit einer Zusatzfinanzierung, indem er im Auftrag der Berliner Handelsgesellschaft Wühlmäuse mit Zinkphosphid vergaste. Die Einnahmen reichten allerdings nur für kleinere Anschaffungen. 1924 schließlich wurden ihm «neue hochgiftige, gasförmig zu verwendende Präparate» zugeleitet, laut Hase neue Schädlingsbekämpfungsmittel der chemischen Industrie, die in der BRA getestet werden sollten. Da das Laboratorium diese toxikologischen Aufgaben ohne die qualifizierte Mitarbeit von ausgebildeten Physikochemikern nicht durchführen könne, wurden wieder über Habers Vermittlung von September 1924 an erneut anonyme «Mittel» zur Einstellung gleich zweier Wissenschaftler «verfügbar». Das nun expandierende Laboratorium geriet seit 1926 mit vier Wissenschaftlern, vier technischen Assistentinnen und den Großzuchten von Versuchstieren aller Art in akute Raumnot, die wiederum Haber beseitigte: Unter Einschaltung von Hases Bruder wurde dem Direktor der Reichsanstalt die zweckgebundene «Stiftung» eines ungenannten Ausländers zur Errichtung neuer Gebäude übergeben, insgesamt 22000,– Mark in drei Raten. Der Bezug des neuen Laboratoriums im Juni 1927 leitete eine dritte Entwicklungsphase ein, in der Hase nun endlich Habers hochfliegende Nachkriegsplanungen verwirklicht sah.[274]

Woher stammten nun diese geheimnisvollen Gelder seit 1924, die dem Laboratorium zum Aufschwung verhalfen? In den erhaltenen Haushaltsplänen der Biologischen Reichsanstalt, die nur den ordentlichen Haushalt beinhalteten, tauchten sie selbstverständlich nicht auf.[275] Einige Formulierungen Hases in seinen Erinnerungen von 1961, die der Ehrenrettung des von ihm hochgeschätzten, seiner Meinung nach von der ‹Entomologenmafia› um Escherich fälschlich um seine Verdienste in der Schädlingsbekämpfung gebrachten Haber dienen sollten, machen stutzig. Wieso erforderte die reine Überprüfung angeblich von der Industrie entwickelter «neuer Gase» zur Schädlingsbekämpfung die Einstellung von gleich zwei Physikochemikern? Warum wurde die Wirkung dieser Präparate nicht nur auf Insekten, sondern auch auf warmblütige Tiere untersucht, die Hase an anderer Stelle als Mäuse, Ratten, Kaninchen und Meerschweinchen identifiziert? Warum war bei den Neubauten 1926 insbesondere das «Tierversuchshaus» so zentral, daß der anonyme «befreundete Holländer» es eigens in seinem Stiftungsangebot erwähnen ließ? Warum schließlich «durfte Haber's Name bei keiner Besprechung und in keinem Schriftsatz erwähnt werden»?[276]

Hase enthüllte in seinem gesonderten Nachtrag zu seinem autobiographischen Manuskript den wahren Geldgeber, der sein Laboratorium in der Reichsanstalt durch Habers Vermittlung von spätestens 1924 an unter strengster Geheimhaltung finanzierte: die Reichswehr. Sie kam mit Wissen des BRA-Direktors Appel bis 1933 für die laufenden Betriebskosten, die Besoldung von zwei Physikochemikern und drei technischen Assistentinnen sowie für die Einrichtung und apparative Ausstattung des Tierversuchshauses und damit zusammenhängender Gebäude auf. Hases Begründung für diese überraschende Spendierfreudigkeit hingegen überzeugt nicht: Er erklärte sie mit Habers Kontakten zu hohen Militärs, dessen Verdiensten um «Durchgasungen aller Art» und mit seiner eigenen Mitarbeit an der neuen Entseuchungs- und Entwesungsordnung des Heeres seit 1924.[277] Ohne den detektivischen Spürsinn und die Kombinationsfähigkeit des Lesers zu strapazieren, liegt doch auf der Hand, daß im Laboratorium für physiologische Zoologie der Biologischen Reichsanstalt neben Schädlingsbekämpfungsmitteln unter größter Geheimhaltung auch militärische Kampfstoffe entwickelt und getestet worden sein müssen, denn allein für den Kampf gegen Läuse und Wanzen hätte die Reichswehr kaum jahrelang bedeutende Mittel unter erheblichem politischen Risiko aufgebracht.

Die chemische Geheimrüstung der Reichswehr in der Weimarer Republik ist naturgemäß archivalisch schlecht dokumentiert. Aus anderen Quellen ergaben sich bereits Hinweise darauf, daß von wissenschaftlicher Seite aus neben dem Reichsgesundheitsamt und etlichen Universitäts- und TH-Instituten auch die Biologische Reichsanstalt in die Gaskriegsvorbereitungen der Militärs eingebunden war.[278] Reichswehroffiziere und Wissenschaftler trafen sich jährlich zum Erfahrungsaustausch; zur Koordination der Experimente an Hochschulen und wissenschaftlichen Instituten wurde schon 1924 ein Forschungsbeirat gebildet. Die in der Sowjetunion durchgeführten deutschen Giftgastests wurden von wissenschaftlichen Instituten in Deutschland durch Versuchsreihen an Pferden, Hunden und anderen Tieren gründlich vorbereitet.[279] Im Freiburger Militärarchiv sind aus den Jahren 1925–1928 über 400 Seiten Versuchsprotokolle von derartigen Tierexperimenten überliefert. Dabei legten die Militärs größten Wert auf die Entwicklung eines kriegsentscheidenden Offensivkampfstoffs, ohne daß dies freilich in der Weimarer Zeit noch gelang. Die Versuchsreihen bewegten sich überwiegend im Rahmen der aus dem Weltkrieg bekannten Giftgase.[280]

Die Biologische Reichsanstalt bot sich allein deshalb an, weil sie über die Schädlingsforschung rechtlich befugt war, mit toxischen Gasen zu experimentieren und weil qualitativ kein Unterschied zwischen den Gasforschungen für zivile wie militärische Zwecke bestand. Unter den getesteten Substanzen befanden sich wie zuvor im Haber-Institut, so auch in Hases Laboratorium ehemalige Kampfgase. Beispielsweise experimentierten Hase und Wille seit 1920 in direktem Anschluß an ihre Arbeiten am KWI mit Chlorpikrin, und da die industrielle Herstellung dieses Giftgases wegen der Bestimmungen des Versailler Vertrags eingestellt werden mußte, produzierten sie es selbst in der Retorte.[281] Habers alte Idee der Schädlingsbekämpfung aus dem Flugzeug, von Karl Escherich seit 1924 mit Hinweis auf die USA vehement öffentlich propagiert, wurde auch ein Arbeitsgebiet der BRA, indem verschiedene Arsenstäube auf ihre Eignung getestet wurden. Der Flugzeughersteller Junkers führte ab 1925 gemeinsam mit verschiedenen Chemieunternehmen, u. a. Merck, Güttler & Co. und Schering-Kahlbaum, entsprechende «Bestäubungen» durch.[282] Es ist jedoch bekannt, daß man in Deutschland den Einsatz chemischer Kampfstoffe vom Flugzeug aus als Schädlingsbekämpfung tarnte, ehe Großversuche in die Sowjetunion verlagert wurden.[283]

Die Finanzierung von Hases Laboratorium ist also ein zusätzlicher und konkretisierender Beleg dafür, daß hinter den Mauern der BRA in Dahlem Giftgasforschungen auch für militärische Zwecke betrieben worden sind. Das Beispiel belegt die ungebrochene Kontinuität der Personen und Forschungen vom KWI zur Reichsanstalt und vor allem die zentrale Bedeutung Habers. Sie ging über eine bloß initiierende Funktion weit hinaus. Der Physikochemiker bildete nach wie vor auch in der Weimarer Zeit eine zentrale Kommunikations- und Vermittlungsinstanz zwischen Wissenschaft und Militär.

4.4. Haber, die Affäre Stoltzenberg und die geheime chemische Aufrüstung Deutschlands

Bis vor kurzem konnte man aus Quellenmangel die Art und vor allem das Ausmaß von Habers Beteiligung an den geheimen Gaskriegsvorbereitungen der Reichswehr nur ahnen. Sein Name fiel gelegentlich in Verbindung mit den Affären um Hugo Stoltzenberg, der zentralen Figur der chemischen Aufrüstung in der Weimarer Zeit. Der Chemiker Stoltzenberg hatte 1917/18 von seiten des KWI die Errichtung und Leitung des neuen Lostfüllwerks in Breloh übernommen, was mehr oder weniger belegbaren Vermutungen Nahrung gab, Haber hätte auch bei dessen unglücklichen Aktivitäten nach Kriegsende seine Hand im Spiel gehabt.

Auf Stoltzenberg stieß die historische Forschung zunächst vor allem im Zusammenhang mit der Kooperation zwischen Reichswehr und Roter

Armee[284], die, obwohl «seit langem Allgemeinbesitz des historischen Bewußtseins»[285], erst 1993 systematisch in einer detaillierten Monographie untersucht wurde.[286] Dann war es die Entdeckung des lange verschwiegenen ersten aerochemischen Krieges, den Spanien mit deutscher Hilfe 1922 bis 1927 gegen die aufständischen Rifkabylen in Marokko führte und in dem wieder Stoltzenberg eine zentrale Rolle spielte.[287] Die Ergebnisse der militärgeschichtlichen Literatur wurden schließlich ergänzt durch das im Familienbesitz befindliche Tagebuch Stoltzenbergs, das sein Sohn im Rahmen seiner 1994 publizierten Haber-Biographie auswertete und das endlich Aufschluß über Vorgänge gab, über die naturgemäß keine Akten bzw. allenfalls Geheimakten angelegt wurden.[288] Obwohl immer noch viele Fragen offenbleiben, ergibt sich jetzt ein abgerundetes Bild, das Haber bei der geheimen chemischen Aufrüstung als Berater der Reichswehr und entscheidende Vermittlungsinstanz zu Stoltzenberg zeigt.

Nach dem Waffenstillstand verfügte die deutsche Armee über beträchtliche Vorräte an fertigen und halbfertigen Gaskampfstoffen, die auf dem Gasplatz Breloh zusammengezogen wurden; einer Notiz des Truppen-Departements von Ende Januar 1919 zufolge waren es insgesamt 201 Züge mit den diversen Grün-, Gelb- und Blaukreuzkampfstoffen. Die Explosion eines beladenen Güterzuges in einer der drei Breloher Fabriken am 24. 10. 1919 vernichtete einen Großteil der Füllanlagen und der Munition. 48 Gebäude wurden zerstört, die Trümmer von mehr als einer Million Gasgranaten, von 40 gasgefüllten Kesselwagen und von zahlreichen Vorratsbehältnern im Umkreis von drei Kilometern zerstreut. Die IMKK beauftragte zunächst eine französische Einheit mit der Bergung von Phosgenzylindern und Lostgranaten. Ihr unsachgemäßer Umgang führte zu mehreren Toten und Gasverletzten, so daß die Kommission den Auftrag zurücknahm.[289]

Die Aufräumungsarbeiten blieben bis März 1920 liegen, als die Notwendigkeit, die verbliebenen Kampfstoffe an anderer Stelle zu lagern oder zu vernichten und die nicht explodierten Kesselwagen zu leeren und zu säubern, nicht weiter aufzuschieben war. Die Reichstreuhandstelle, die von der IMKK offensichtlich um Hilfe gebeten worden war[290], wandte sich an den Gasexperten Haber mit der Bitte um Beratung, der seinerseits vorschlug, Hugo Stoltzenberg mit der Leitung der Arbeiten zu beauftragen. Noch im selben Monat fand eine Besprechung in Berlin statt, an der neben Stoltzenberg u. a. Hugo Stinnes sowie Vertreter der Metallgesellschaft und der Reichstreuhandstelle teilnahmen. Nicht zuletzt auf Habers Zureden hin übernahm der zögernde Stoltzenberg, der eigentlich in die USA auswandern wollte, den gefährlichen Auftrag. Er gründete die Firma «Kampfstoffverwertung» mit Sitz in Berlin und stellte zahlreiche Mitarbeiter ein. Der Vertrag über die Vernichtungsarbeiten wurde nach langen Verhandlungen im Mai 1921 geschlossen, die Arbeiten selbst zogen sich über viele Jahre hin. Ein Teil der Kampfstoffe wurde vernichtet, d. h. entweder verbrannt oder in ungefährliche Substanzen umgewandelt, ein anderer umgefüllt und verlegt. Die Reichswehr wie vor allem Haber verfolgten die Arbeiten mit größtem Interesse, ging es doch auch diesmal darum, Kenntnisse zu bewahren und vor allem neue hinzuzugewinnen. Die Vernichtung der Giftgase und vor allem ihre Überführung in harmlose Verbindungen boten dem Chemiker in der Tat ein gewaltiges Experimentierfeld und lieferten eine Fülle neuer Forschungsergebnisse auch über ihre Herstellung und Wirkung. Die Verlegung noch verwendbarer Stoffe an andere Orte zog ebenfalls einen erheblichen Zuwachs an militärisch nutzbaren Erkenntnissen über Lagerfähigkeit, Aufbewahrungsmöglichkeiten usw. von Giftgasen nach sich.[291]

Stoltzenberg machte sich bei den Aufräumungsarbeiten unentbehrlich. Erstens war er dazu bereit, in Absprache mit dem Heereswaffenamt die angeordnete Vernichtung von Kampfgasen zu hintertreiben.[292] Zweitens erwarb er unmittelbar militärisch relevantes Wissen, wobei er offenbar in engem Austausch mit Haber stand. Mit den verdienten Geldern erwarb er schließlich die Breloher Fabrikhallen sowie ein Gelände am Hamburger Hafen, wo er seine eigene Firma gründete.[293] Seine erworbenen Kenntnisse verkaufte er nun in alle Welt, wobei nach einigen Quellen Haber die Kontakte vermittelte[294], nach anderen vor allem Oberst Max Bauer, der als Militärberater durch die Welt reiste, für die deutsche Gaskriegstechnik warb und Stoltzenberg den Weg bahnte.[295]

Erster Kunde Stoltzenbergs wurde ab Frühjahr 1921 Spanien. Trotz zahlenmäßiger und technischer Überlegenheit hatte die spanische Armee im unwegsamen Rifgebirge Niederlagen gegen die aufständischen Kabylen unter Abd el Krim im Protektorat Marokko hinnehmen müssen. Spanien wurde, nachdem sich französische Reizstoffe nicht als effizient erwiesen hatten, nun in Deutschland um Giftgas vorstellig und führte bis 1927 den ersten aerochemischen Krieg der Geschichte, der erst vor kurzem in einer Monographie detektivisch rekonstruiert werden konnte.[296] Die Spanier nahmen demnach über die deutsch-spanische Bankgruppe Kocherthaler/Ullmann/Lewin, die schon im Weltkrieg in Geheimsachen zwischen beiden Ländern vermittelt hatte, Fühlung mit deutschen Stellen auf. Julio Kocherthaler[297], der in Spanien große Zinkgruben besaß, war mit Haber entfernt verwandt und beriet ihn in Finanzfragen, so vor allem in der Abfindung der BASF-Patente. Über die Verbindung Kocherthaler – Haber wurde im März 1921 der Kontakt zu Stoltzenberg hergestellt. Die Vertragsverhandlungen zwischen Spanien und Stoltzenberg führten nach etlichen Besuchen und Gegenbesuchen im Juni 1922 zum Abschluß: Es ging um Bau und Inbetriebnahme einer Produktionsstätte für Lost, Phosgen und Dick (Ethylarsindichlorid) mit einem täglichen Ausstoß von je 1 bis 1,5 Tonnen und entsprechenden Fülleinrichtungen für Gasgranaten sowie als «Sofortmaßnahme» um Kampfstofflieferungen aus deutschen Restbeständen. Pläne, Anlagen und Personal für die Gasfabrik, die in Maranosa südöstlich von Madrid errichtet wurde, kamen ungeachtet des Versailler Vertrags und unbemerkt von alliierten Kontrolleuren aus Deutschland. Stoltzenberg entwickelte ferner als gasstrategischer Berater Madrids ein Konzept zur Niederwerfung der Kabylen, in dem er eine Kombination aus Brand- und Lostbomben zur Verseuchung der Lebensgrundlagen der Aufständischen empfahl. Zur gleichen Zeit verhandelte die Auergesellschaft in Madrid über die Errichtung einer Gasmaskenfabrik, und auch hier liegt es nahe, in Haber die vermittelnde Instanz zu vermuten.[298]

Der Vernichtungsfeldzug gegen die Rifkabylen soll hier nicht weiter verfolgt werden. Festzuhalten bleibt, daß Stoltzenberg zwar Geschäfte machte, jedoch stets ausführendes Organ war, denn hinter dem Spanienprojekt stand die Reichswehr. Hier war eine Möglichkeit gegeben, gastechnisches Know-how zu bewahren und auszubauen. Haber informierte denn auch die Militärs laufend über Stoltzenbergs Aktivitäten und Ergebnisse. So setzte dieser in Spanien seine Arbeiten zur Fortführung des am KWI entwickelten Einstufenverfahrens zur Lostherstellung weiter fort. Der Abwurf von Gasbomben wie auch das Absprühen von Kampfstoffen, das in Deutschland mit Schädlingsbekämpfungsmitteln bereits getestet worden war, brachten erstmals praktische Erfahrungen für die Kombination von Luft- und Gaskrieg. Stoltzenberg lieferte schließlich auch Oxol nach Spanien, ein ungiftiges Zwischenprolukt, das einfach zu Lost umgesetzt werden kann. Das Oxol stammte aus Deutschland, zuerst aus den vorhandenen, umgewandelten Lostbeständen der Kriegszeit, dann aus Stoltzenbergs Hamburger Fabrik, die ihr Besitzer im Januar 1923 den Militärs auch zur direkten Grün-, Gelb- und Blaukreuzproduktion angeboten hatte.[299]

Dieselbe vermittelnde Funktion übernahm Haber auch im Jahr 1924, nachdem sich die Militärs im Januar entschlossen hatten, die geheime inländische Kampfstoffproduktion an einem luftangriffssicheren Ort in Mitteldeutschland aufzunehmen. Gedacht war vor allem an den Bau einer Lostfabrik mit Füllhallen und Oxolumwandlungsanlagen. Wieder wandte sich die Reichswehr hilfesuchend an den KWI-Direktor, der sie erneut an Stoltzenberg verwies; ein beträchtlicher Teil der Verhandlungen über die Errichtung der Anlage soll über Haber gelaufen sein. Fünf Monate später wurde der Vertrag geschlossen, und Stoltzenberg begann mit dem Bau einer großen, als Chloralkalianlage getarnten Giftgasfabrik in Gräfenhainichen bei Halle. Geplant war eine Kapazität von 7000 Tonnen Lost pro Jahr, also mehr, als während des ganzen Weltkriegs in Deutschland hergestellt worden war.[300]

Der spektakulärste Fall geheimer chemischer Aufrüstung Deutschlands spielte in der noch jungen Sowjetunion, und wieder vermittelte auf deutscher Seite Haber die entscheidenden Kontakte. Bereits im Dezember 1921 hatte er ohne Berührungsängste Verbindung mit dem durch seine hochdruckkatalytischen Forschungen international bekannten russischen Physikochemiker Wladimir N. Ipatiew aufgenommen. Ipatiew (1867–1952), Schüler Adolf von Baeyers in München, war als Generalleutnant der zaristischen Armee in führender Position sowohl mit Spreng- und Gaskampfstoffen wie mit dem Gasschutz und pyrotechnischen Hilfsmitteln befaßt gewesen. Von allen Wissenschaftlern, die im Ersten Weltkrieg in die Kriegführung ihres Landes involviert waren, hatte er den breitesten Kompetenzbereich. Bevor er 1930 in die USA emigrierte und dort seine vielbeachteten Memoiren publizierte, war er wissenschaftlicher Berater der sowjetischen Regierung und mit zahlreichen Missionen ins Ausland betraut.[301] Der grenzen-, ja systemüberschreitende Diskurs der Kriegschemiker erleichterte auch hier den Kontakt, den Ipatiew zuvor bereits mit Walther Nernst und auch mit Nikodem Caro gesucht hatte, wobei letzterer an der Aufnahme wirtschaftlich-technischer Verbindungen mit Rußland besonders interessiert gewesen war. Haber und Ipatiew sprachen zwei Stunden lang freundschaftlich über den Aufbau von russischen Fabriken zur Produktion von Ammoniak und Salpetersäure, wobei es unumwunden nicht nur um die Düngemittelherstellung, sondern auch um Sprengstoffe ging. Haber stattete Ipatiew mit mehreren Empfehlungsschreiben aus, die dieser auf einer Besichtigungstour durch Ludwigshafen, Leverkusen und Höchst im Frühjahr 1922 nutzte. Der Russe gewann einen positiven Eindruck von der Kooperationsbereitschaft der deutschen chemischen Industrie.[302]

Das Jahr 1923 ist zu Recht als «Katalysator der militärischen Beziehungen»[303] zur Sowjetunion bezeichnet worden: Es galt einerseits, die Abmachungen des Rapallovertrags über die militärisch-technische Zusammenarbeit inhaltlich auszufüllen; andererseits führte die Ruhrbesetzung am 11. 1. die Möglichkeit eines Krieges wie auch Deutschlands sichere militärische Unterlegenheit greifbar vor Augen. Nach Seeckts Konzeption war die Sowjetunion der entscheidende Faktor für die Revision der europäischen Nachkriegsordnung. Zwar kam es nie zu einem Militärbündnis, wohl aber zu ausbildungstechnischen und vor allem rüstungsökonomischen Kooperationen, die auf der Verlagerung verbotener Industrien in die Sowjetunion beruhten. Freilich stellte sich das Problem, daß sich – jenseits der Versailler Verbote – die ehemalige deutsche Rüstungsindustrie nicht an den machtpolitischen Erwartungen der Reichswehr an die Sowjetunion orientierte, sondern am Rüstungsweltmarkt. Hier herrschten andere ökonomische Gesetze als in den deutsch-sowjetischen Geheimbeziehungen, die nur durch staatliche Bürgschaften und Subventionen aufrechtzuerhalten waren.[304] Hinzu kam, daß die größten deutschen Rüstungsunternehmen einschließlich der Großchemie in den von den Alliierten besetzten

Zonen lokalisiert waren und daher verschärften Kontrollmöglichkeiten unterlagen. Für die rüstungsökonomische Kooperation mit der Sowjetunion kamen daher nur kleine Firmen und Branchenaußenseiter wie eben Stoltzenberg in Frage.

Kurz nach den ersten Verhandlungen einer sowjetischen Kommission in Berlin im Januar 1923 wandte sich der Chef des Truppenamts, Otto Hasse, an Haber mit der Frage, ob man, und wenn ja: wer in Rußland eine Kampfstoffproduktion aufbauen könne. Haber erinnerte an den bereits in Spanien tätigen Stoltzenberg. Im März, als Ipatiew offiziell einen Vortrag vor der Deutschen Chemischen Gesellschaft hielt, deren Präsident Haber von Juni 1922 bis Mai 1924 war[305], besprachen beide Wissenschaftler die Angelegenheit. Ipatiew kannte Stoltzenberg nicht, doch wurde er ihm nun vorgeschlagen. Dabei spielte es eine entscheidende Rolle, daß der Hamburger Chemiker vorgab, das von ihm entwickelte neue Herstellungsverfahren für Lost, das bisher nur im Labormaßstab erprobt worden war, in Rußland großtechnisch anwenden zu wollen.[306]

Eine erste Reise führte Stoltzenberg von Ende April bis Mitte Mai 1923 zusammen mit einer deutschen Expertengruppe in die Sowjetunion. Ein erster Vertragsentwurf über die Errichtung und Finanzierung einer Gasfabrik wurde erstellt und aus verschiedenen Standorten schließlich eine Chloranlage in der Nähe von Samara an der Wolga ausgewählt, die im Krieg erbaut, aber nie in Betrieb genommen worden war. Sie sollte zu einer modernen gastechnischen Produktionsstätte zur Herstellung verschiedener Kampfstoffe, vor allem auch Lost, ausgebaut werden und zu gleichen Bedingungen an die Rote Armee wie an die Reichswehr liefern.[307] Parallel dazu liefen die Vorbereitungen, um die geheime deutsch-sowjetische Rüstungskooperation, in der das Gasprojekt ja nur einen Teil darstellte, in eine gleichermaßen juristisch abgesicherte wie getarnte und handhabbare Form zu bringen. Zu Verschleierungszwecken wurden von beiden Seiten durch Strohmänner private Firmen gegründet, so im August 1923 die Gesellschaft zur Förderung gewerblicher Unternehmungen mbH (Gefu) in Berlin, die mit allen Mitteln konspirativer Geschäftstaktiken operierte.[308]

Im selben Monat besichtigte der mißtrauische Ipatiew Breloh, wo Stoltzenberg ihm in einem Laborversuch sein neues Lostverfahren demonstrierte, auf das es in Samara vor allem ankommen sollte. Anschließend präsentierte der Chemieindustrielle die Herstellung von Chlor, Phosgen und Aluminiumchlorid in seiner neuen Fabrik in Hamburg, nicht ohne anzudeuten, daß er bald auch die Produktion von Lost aufnehmen würde.[309] Im September reiste wiederum Stoltzenberg nach Rußland, inspizierte noch einmal das Werk, erstellte eine Kostenrechnung und nahm an den abschließenden Verhandlungen teil. Sie führten zur Gründung einer paritätisch besetzten deutsch-sowjetischen Gesellschaft, welche die Gasfabrik bei Samara nach ihrer Fertigstellung in Eigenregie betreiben sollte: Am 30. 9. 1923 errichteten die Gefu und ihr sowjetischer Konterpart die Bersol AG. Neben den finanziellen Verpflichtungen hinsichtlich Kapitaleinlage und Betriebskapital, die hier nicht interessieren, oblag es dem deutschen Vertragspartner, fristgerecht die gesamte technische Einrichtung für die Gasfabrik zu liefern und betriebsfertig zu installieren, wobei die vereinbarten Termine außerordentlich knapp bemessen waren. Um den Bersol-Vertrag erfüllen zu können, nahm die Gefu formal am 18. 10. 1923 die Firma Stoltzenberg als Subunternehmer unter Vertrag. Dieser ließ sich auf riskante Verpflichtungen ein: Er garantierte für die erste Arbeitsphase, d. h. die produktionsfertige Einrichtung der Gasfabrik, die Leistungsfähigkeit der Anlage und die Einhaltung der Fristen und übernahm die Personal- und Materialkosten. Erst nach der Übernahme der Anlage sollte die Gefu für die Betriebskosten aufkommen. Stoltzenberg begann im Frühjahr 1924 mit der Arbeit.[310]

Stoltzenberg hatte, vermittelt durch Haber, einen Vertrag geschlossen, den ein seriös kalkulierendes Unternehmen nie unterzeichnet hätte. Die Geheimhaltungspflicht legte ihm Beschränkungen auf, die es ihm untersagten, bei der deutschen Botschaft in Moskau und amtlichen Wirtschaftsberatungsstellen realistische Informationen über Arbeits-, Transport- und technische Verhältnisse in der Sowjetunion einzuholen. Er durfte in Deutschland weder einen Rechtsbeistand noch eine Handelskammer von dem Geschäft informieren, war also abgeschnitten von allen Beratungsmöglichkeiten. Ferner hatte das Waffenamt zur Durchführung der Arbeiten sechs Millionen Goldmark als Festsumme eingesetzt, die Stoltzenberg nicht überschreiten durfte, ihn aber, so seine späteren Beteuerungen, nicht davon informiert. Seine Einwilligung in den Vertrag bezeichnete er später als reines «gentleman's agreement» zur «Befreiung des deutschen Landes von seinen Erbfeinden», doch hatte er seine vorgeblich uneigennützige Risikobereitschaft mit der verlockenden Gewinnspanne von 25 % kalkuliert[311], die ihn wohl alle Vorsichtsmaßnahmen vergessen ließ. Darüber hinaus war er offenbar auch fest davon überzeugt, daß die Reichswehr unter dem Druck der Geheimhaltungspflicht zu immer neuen Subventionen bereitstehen würde.[312]

Daß Haber 1923 oder danach Stoltzenberg nach Moskau begleitete und beratend an Verhandlungen mit den Sowjets teilnahm, geistert gelegentlich durch die Literatur, so beispielsweise durch die Memoiren des britischen Diplomaten Robert Vansittart, wonach «Professor Fritz Huber [sic]» nach der Konferenz von Genua, also im Mai 1922, nach Rußland gereist sei und mitgeholfen habe, das «Moscow Institute for Chemical Warfare» zu gründen.[313] Belege blieb Vansittart, der eine rigorose antideutsche Linie in der englischen Außenpolitik vertrat, schuldig, und man vermutet hinter der vagen Aussage eher Gerüchte als harte Tatsachen. Auch Stoltzenbergs

Notizen über seine Rußlandreisen ergaben keinen Hinweis auf eine Anwesenheit Habers.[314] In anderen Quellenbeständen konnte ebenfalls nichts dergleichen gefunden werden. Nachzuweisen ist jedoch, daß Stoltzenberg bei allen seinen Unternehmungen mit einigen KWI-Mitarbeitern aus der Weltkriegszeit in Verbindung stand: besonders mit dem Pharmakologen Flury an der Universität Würzburg, mit dem er über praktische Fragen der Kampfstofferzeugung kooperierte[315]; auch mit Friedrich Kerschbaum, der inzwischen bei der Scheideanstalt beschäftigt war und den Stoltzenberg voreilig schon als Direktor seiner russischen Unternehmungen sah.[316]

Seinem Tagebuch zufolge hatte Stoltzenberg während des ganzen Jahres 1923 und wohl auch danach beratenden Kontakt mit Haber. So besuchte der KWI-Direktor den Chemieindustriellen, bevor er sich am 19.7.1923 zur ersten Meergoldexpedition auf der «Hansa» der Hamburg-Amerika-Linie nach den USA einschiffte. Die Unterhaltung wurde dominiert von der Ruhrkrise, über die sich Haber sehr besorgt zeigte, vor allem aber von militär- und besonders gastechnischen Gesprächsthemen. Gesprochen wurde über Oberst Bauer, den der Physikochemiker zwar für sehr klug, aber «zu diktatorisch» und stürmisch hielt, über «künftige Kampfesweisen», den Bewegungskrieg einschließlich der Aufstellung eines Automobil- und Traktorenparks, über die «Wirkung von Gastanks, Flugzeugwirkung, Gasgeschosse, [...] genau funktionierende Zeitzünder, Gaslinienwirkung, Geschwaderflug».[317] Auch Habers Briefwechsel mit dem ihm aus dem Weltkrieg gut bekannten Hermann Geyer, seinerzeit im Rang eines Majors in Stuttgart, belegt, daß er sich intensiv mit militärtechnischen Überlegungen aller Art, darunter auch mit der Strategie und Taktik des Giftgaseinsatzes befaßte. Einen Stellungskrieg hielt er künftig für ausgeschlossen. Während die schwere Artillerie nach Habers Einschätzung zurücktrat, erlangten das Transportwesen, die Luftwaffe und gewisse Seiten des chemischen Krieges größte Bedeutung.[318] Über das deutsch-sowjetische Gasprojekt wußte er Bescheid, vielleicht nicht über alle Einzelheiten, wohl aber erstens über seine Unzulässigkeit nach dem Versailler Vertrag, zweitens über das enorme wirtschaftliche Risiko, mit dem es verbunden war, und drittens über die Bereitschaft Stoltzenbergs, ein derartiges Risiko einzugehen. Ohne den Hamburger Chemieindustriellen, so erklärte er noch Jahre später, hätte es die deutsch-sowjetische Gasfabrik nie gegeben.[319]

Habers Kontaktperson im Reichswehrministerium oder zumindest einer seiner Ansprechpartner, so läßt sich aus den fragmentarischen Quellen vorsichtig schließen, war Oberstleutnant Joachim von Stülpnagel (1880–1968), von 1923 bis 1925 Leiter der Heeresabteilung T 1 des Truppenamts. Er befaßte sich in dieser Eigenschaft mit militärpolitischen Grundsatzfragen und war einer der Protagonisten der deutschen Geheimrüstung auf sowjetischem Boden.[320] In sich verschärfendem Gegensatz zu Seeckt hatte Stülpnagel[321] erstmals Ende Januar 1923 unter dem Eindruck der Ruhrbesetzung ein Volkskriegskonzept gegen Frankreich ausgearbeitet, das in einer «Bartholomäusnacht» gipfeln sollte. Ein Jahr später erläuterte er in einem Vortrag vor Offizieren des Reichswehrministeriums seine «Gedanken über den Krieg der Zukunft», die als textueller Nukleus der internen Opposition jüngerer Offiziere des Truppenamts gegen den militärisch wie politisch konservativen Stab der Heeresleitung unter Seeckt fungierten. Gegen Seeckts Vorstellung eines instrumental eingesetzten Eliteheeres setzte Stülpnagel die Konzeption des totalen Krieges: Vorbereitet in den Jahren der Stabilisierung, sollte die Nation in einen die Franzosen verschleißenden Kampf auf deutschem Territorium geführt werden, in dem «alle Menschen und alle Dinge [...] Kriegsmaterial und Kriegsmittel» sind. Der Volkskrieg, verstanden als ziviler Aufstand und militarisierter Partisanenkampf, war Voraussetzung und Bestandteil der Kriegführung mit der Armee; die Gesamtkriegführung unter einem Generalissimus fand unter totaler Mobilisierung der Ressourcen statt. Die Rüstungspolitik hatte vor diesem Hintergrund fundamentale, langfristige Bedeutung, um nach Aufbau eines begrenzten militärischen Potentials den Befreiungskrieg zu realisieren.

Das Konzept atmete sicherlich nicht mehr den militärischen Geist des Wilhelminismus, sondern den des totalen Krieges. Stülpnagel schickte den Vortrag im Laufe der Jahre 1924 und 1925 an befreundete gleichgesinnte Offiziere, aber auch an Hindenburg und das Haus Hohenzollern. Die Reaktionen reflektierten den Antagonismus zwischen der konservativen Militärelite und den jungen Opponenten des Truppenamts, die den «militärische[n] Sockel jener ‹Clique›» bildeten, die später unter Schleichers Einfluß auch politische Bedeutung erlangen sollte.[322] Stülpnagel schickte interessanterweise auch Haber im April 1925[323] das Manuskript mit der Bitte um Geheimhaltung zu. Er muß also dem Urteil des KWI-Direktors einiges Gewicht beigemessen haben. Dieser antwortete vier Monate später mit einem ausführlichen Schreiben, das seine intensive Beschäftigung mit einem möglichen zukünftigen Krieg belegt. Er wich allerdings in einem wichtigen Punkt von Stülpnagels Konzept ab, indem er dem militarisierten Volk und seiner Erhebung nicht dieselbe Funktion zumaß wie der Oberstleutnant. Begeisterung, schrieb Haber, sei kein Ersatz für Verständnis und Schulung, auf die es seiner Ansicht nach primär ankam. Er lag damit in einem hinsichtlich seiner gesellschaftspolitischen Implikationen entscheidenden Punkt quer zum Truppenamt, nicht jedoch hinsichtlich der Bedeutung einer langfristig und planmäßig angelegten Rüstungspolitik. In Fortführung seiner im Weltkrieg vertretenen Linie sah er den Zukunftskrieg durch die «Eingliederung der technischen Fortschritte» in die Kriegführung gekennzeichnet. Haber entwickelte daraufhin ein gewissermaßen technokratisches Blitzkriegskonzept, bei dem es darauf ankam, mit dem konzentrierten Einsatz hochtechnisierter Hilfsmittel erhebliche Erfolge in den ersten Kriegsmonaten zu erreichen. Dazu zählte er wie Stülpnagel die Luftwaffe, deren Ausrüstung mit «Gasabwurfbomben» er für möglich hielt. Gertrud Wokers Horrorvision eines aerochemischen Kriegs, den die engagierte Pazifistin und ausgebildete Chemikerin ab 1925 mit ihren Publikationen über den Gaskrieg der Zukunft heraufbeschwor[324], schreckte ihn nicht, im Gegenteil: Der Einsatz der Gaswaffe, deren kriegsentscheidende Bedeutung er jedoch einschränkte, bewirke

> «Unruhe, Panik, Störung jeder Art [...] Die Panik wird größer, der Menschen- und Sachschaden kleiner sein als bei der Benutzung von Sprengbomben des gleichen Gewichtes. Mehr Schrecken und weniger Zerstörung!»

Der aerochemische Krieg, den Haber so umriß, richtete sich allerdings nicht gegen die Zivilbevölkerung: Gasbomben sollten ausdrücklich auf Häfen und «Wirtschaftszentren», also wohl kriegswichtige Industrieanlagen, abgeworfen werden. An der heftigen öffentlichen Diskussion um Gertrud Wokers Vision eines aerochemischen Krieges gegen die Bevölkerung der großen Städte nahm Haber zwar nicht teil. In einschlägigen Kreisen war jedoch bekannt, daß er eine mögliche Totalvergiftung von Berlin für kaum durchführbar hielt.[325]

Stoltzenbergs Engagement in Samara endete im Desaster, sowohl für den Chemieindustriellen wie für das Reich, um dessen Ansehen in Moskau der deutsche Botschafter Brockdorff-Rantzau bangte: «eine der größten Blamagen Deutschlands», bemerkte er vertraulich.[326] Freilich hatte sich die politische Großwetterlage 1925 mit dem Vertrag von Locarno, dem deutschen Beitritt zum Völkerbund und der Unterzeichnung des Genfer Protokolls, wonach auch Deutschland auf die Vorbereitung und Durchführung eines chemischen Krieges verzichten wollte, radikal verändert: Die Außenpolitik Stresemanns stand im Gegensatz zu den Reichswehraktivitäten in der Sowjetunion, und er war nicht gewillt, sie der ständigen Gefahr einer Desavouierung durch die Militärs auszusetzen. Unter dem Druck der politischen Führung mußte die Reichswehr ihre am meisten gefährdeten Unternehmungen liquidieren, doch nutzte sie, um kurz vorzugreifen, in der Folge den Einschnitt, um ihre abenteuerliche Geheimrüstung zu reorganisieren und zu einer systematischen, längerfristigen Planung überzuleiten.[327]

Den willkommenen Vorwand gegenüber Stoltzenberg lieferten zeitliche Verzögerungen, eine Explosion der Kosten und vor allem die technische Unzulänglichkeit des neuen Lost-Verfahrens, mit dem die Gasfabrik vier Tonnen täglich produzieren sollte. Bei einem erneuten Besuch in Hamburg Ende April 1925 gab sich Ipatiew nicht mehr mit einer Labordemonstration und vagen Auskünften zufrieden. Das Waffenamt realisierte, nachdem es gleichzeitig auch einen zwar von Nichtfachleuten formulierten, aber außerordentlich skeptischen Inspektionsbericht über die Giftgasfabrik in Spanisch-Marokko erhalten hatte[328], daß der Chemieindustrielle «sich weigerte, ausreichende Angaben über sein Verfahren zu machen.» Um an ihn heranzukommen, wandte man sich wieder an Haber, demgegenüber er in einer hochnotpeinlichen Unterredung im Heereswaffenamt im Sommer 1925 eingestand, daß sein Verfahren bisher nicht funktioniere und er es daher den Militärs nicht anbieten könne.[329] Er setzte noch alles daran, die Gasfabrik bei Samara bis Ende 1925 betriebsfertig zu machen, stellte zusätzliche Arbeitskräfte zu Spitzenlöhnen ein usw. Um weitere Mittel für die explodierenden Kosten aufzutreiben, mußte er der Gefu Hypotheken auf seine Grundstücke in Hamburg und Gräfenhainichen überschreiben. Anfang 1926 hatten sich jedoch die tatsächlichen Kosten für die Gasfabrik gegenüber der festgesetzten Obergrenze von sechs Millionen Goldmark fast verdoppelt, während auf der anderen Seite infolge der Locarno-Politik die Gelder für die geheime Aufrüstung zurückgezogen wurden. Gleichzeitig betrieben die Sowjets eine intransigente Politik, um den Privatunternehmer Stoltzenberg zu verdrängen und die Anlage selbst zu übernehmen.[330]

Der Hamburger Chemieindustrielle geriet gleichzeitig noch von einer anderen Seite unter Druck. Am 10. 3. 1925 wandte sich Geheimrat Bücher von der Firma Griesheim-Elektron, dem größten chlorproduzierenden Unternehmen in der IG, erstmals in einer Eingabe an das Reichskanzleramt. Er machte auf Stoltzenbergs entstehende Chlorfabrik in Gräfenhainichen aufmerksam und erwähnte dessen Beziehungen zu Haber und dem finanzierenden Reichswehrministerium. Durch die staatliche Subventionierung einer Großproduktion von Chlor in Gräfenhainichen, so hieß es ganz offen, würden «die wirtschaftlichen Interessen einer großen deutschen, mit der Farbenindustrie aufs engste verbundenen Chlor-Industrie in schwerster Weise in Mitleidenschaft gezogen». Darüber hinaus verwies er auf die Tatsache, daß die Chlorproduktion eine Schlüsselindustrie zur Herstellung von Kampfgasen sei. Eine Enttarnung von Gräfenhainichen durch die alliierten Kontrollkommissionen gefährde die Existenz der eigenen Werke in unverantwortlicher Weise. In einer zweiten Eingabe vom 1. 5. drohte Griesheim dem Reich sogar mit Schadenersatzansprüchen, sollten der IG aus der Entdeckung der Stoltzenbergschen Unternehmung Nachteile und Beschränkungen erwachsen. Die IG weigerte sich deshalb, weiterhin Rohstoffe und Halbprodukte an Stoltzenberg zu liefern.[331] Es ging also darum, einen Konkurrenten loszuwerden, zumal die eigenen, für den zivilen Bedarf produzierenden Chloranlagen nur zu 75 % ausgelastet waren. Darüber hinaus mußte die Großchemie daran interessiert sein, die sich nach dem Ende der Inflation und dem Abbruch des Ruhrkampfs endlich stabilisierenden Produktions- und Marktbedingungen nicht durch alliierte Sanktionen zu gefährden. Ihr Interesse war die Orientierung am und Wiedereingliederung in den Weltmarkt; die kleinen Firmen der geheimen Rüstungsindustrie gefährdeten dieses Ziel.[332]

Dem doppelten Druck der Zange von IG und zum Rückzug entschlossener Militärs hielt Stoltzenberg nicht stand. Habers Funktion in dieser für den Chemieindustriellen ausweglosen Situation wuchs nun über die Rolle des Vermittlers in die eines offiziell benannten Schiedsrichters. Gegenüber der IG versuchte Haber offenbar noch zu vermitteln und unterbreitete einen – inhaltlich nicht bekannten – Einigungsvorschlag, den diese zurückwies. Als Stoltzenberg ihn am 8. 11. 1925 nach einer Krisensitzung im Waffenamt aufsuchte, konnte man bereits nicht mehr mit einem Einlenken des Chemiegiganten rechnen. Die Interpretation, der KWI-Direktor sei mit der IG zu eng liiert gewesen, um Gräfenhainichen zu retten[333], greift jedoch nicht. Habers Beziehungen zur IG waren zu dieser Zeit bereits nach unguten Auseinandersetzungen mit der BASF um die Ammoniaktantiemen auf einen ehrenhaften, aber einflußlosen Aufsichtsratsposten verkümmert. Außerdem war Stoltzenberg erledigt, und es bestand für die IG keine Notwendigkeit, mit einem ohnehin Erledigten zu einer Einigung zu kommen, wenn man ihn ganz loswerden konnte.

Anders verhielt es sich in den Auseinandersetzungen zwischen Stoltzenberg und der Gefu bzw. dem Reichswehrministerium. An demselben 8. November, als die Einigung mit der IG bereits gescheitert war, vermittelte Haber noch einen Aufschub des Zusammenbruchs. Stoltzenberg sah den Vertrag mit der Gefu für erledigt an, wollte einen neuen schließen und erwog einen Prozeß. Ein öffentlicher Rechtsstreit war natürlich das letzte, woran die Militärs in dieser politischen Lage interessiert sein konnten. Andererseits drohte Stoltzenberg eine Anklage wegen Landesverrats, wenn er seine Geheimhaltungsverpflichtung brach. Haber verhandelte nach beiden Seiten: Er machte dem Chemieindustriellen seine rechtliche und vor allem finanzielle Lage deutlich, da dieser sein Konto bereits weit überzogen hatte, und hielt ihn von einem Prozeß ab. Auf der anderen Seite gelang es ihm, die Frist für die Inbetriebnahme der russischen Gasfabrik von Januar auf April 1926 zu verschieben und für diese Spanne die Zahlung von weiteren Gefu-Geldern durchzusetzen. Eine endgültige schiedsgerichtliche Entscheidung wurde für Mai 1926 anberaumt. Doch bereits wenig später stellte die Gefu ihre Zahlungen für die Fabriken in Samara wie in Gräfenhainichen ganz ein. Im Februar 1926 riet Haber Stoltzenberg, mit Hinblick auf den Schiedsgerichtstermin einen Dreimonatswechsel aufzunehmen, da «dabei ja mit Sicherheit etwas herauskommen müsse». Er glaubte wahrscheinlich wirklich daran, daß die Reichswehr zu weiteren Subventionen bereit sein würde. Der Rat war schlecht, wie sich Haber auch in seinen eigenen finanziellen Angelegenheiten oft genug verkalkuliert hatte. Wenig später trug er Stoltzenberg im Auftrag der Militärs an, sich gegen die Zahlung von rund 500 000 Mark, d. h. ohne weitere Verhandlungen, ganz aus den Geschäften zurückzuziehen, was dieser jedoch nicht akzeptierte.[334]

Das Schiedsgericht tagte am 14./15. Mai 1926 in Berlin unter dem Vorsitz von Fritz Haber; beteiligt waren ferner Wichard von Moellendorff und ein Oberlandesgerichtspräsident aus Hamburg. Für seine Tätigkeit als Obmann erhielt Haber 55000 Mark – sauer verdientes Geld, wie er meinte, denn er habe an den beiden Tagen 26 Stunden verhandelt und beraten.[335] Der Spruch der Schiedsrichter bedeutete das Aus: Die vertragsgemäße Errichtung der russischen Gasfabrik wurde für ungenügend erklärt, zumal besonders das zugesagte Lostverfahren nicht funktioniere. Zur gleichen Zeit verursachte eine Wolgaüberschwemmung große Schäden, so daß an eine Inbetriebnahme der Anlagen nicht zu denken war. Ab 15. Juni standen Stoltzenbergs Betriebe unter Geschäftsaufsicht. Das Waffenamt erhob nun für die Werke in Samara und Gräfenhainichen Gesamtforderungen für Darlehen, Hypotheken und Schadenersatz in Höhe von 11,8 Millionen Goldmark. Der verzweifelte Chemiker wandte sich mit Eingaben, die die unglückliche Vorgeschichte seines Ruins dokumentierten[336], an das Heereswaffenamt, Außenminister Stresemann und die Reichskanzlei, allerdings vergeblich. Am 26. 10. 1926 wurde ein außergerichtlicher Zwangsvergleich geschlossen, wonach Stoltzenbergs gesamtes Vermögen und seine Betriebe in Hamburg und Gräfenhainichen in den Besitz der Wirtschaftskontor GmbH, dem Rechtsnachfolger des aufgelösten Hauptgläubigers Gefu, übergingen. Dafür verhinderte das Reichswehrministerium seinen Konkurs, bezahlte ein Drittel seiner Schulden und beließ ihm die zuvor beschlagnahmten Patentrechte. Die Abfindung von 30000 Mark «zur Wiederaufrichtung seiner Existenz», mit der die Auflage zu strengstem Stillschweigen verbunden war, lehnte Stoltzenberg als Almosen ab. Die halbfertige Anlage bei Samara wurde den Russen überlassen, die Bersol AG nach schwierigen und für Deutschland teuren Verhandlungen Anfang April 1927 liquidiert. Die Fabrik in Gräfenhainichen wurde demontiert und an die IG Farben verkauft.[337]

Die Affäre Stoltzenberg war damit nicht zu Ende. Bekanntlich wurde die geheime deutsch-sowjetische Kooperation Ende 1926 entdeckt und führte zu einem politischen Skandal, der die Regierung Marx mit sich riß. Im Mai 1928 explodierten zwei der von Stoltzenberg nach Hamburg gebrachten und nicht entsorgten Phosgenbehälter, töteten elf Menschen und verletzten mehrere hundert.[338] Stoltzenberg arbeitete auch nach seinem Ruin einschlägig weiter; neben Verfahren zur chemischen Kriegführung befaßte er sich auch mit Frühformen biologischer Kampfstoffe.[339]

Haber war nach 1926 nicht mehr bzw. vorsichtiger gesagt: kaum noch in die geheime chemische Aufrüstung involviert. Welchen Einfluß das Stoltzenberg-Desaster, das er eingeleitet und in gewissem Maße mitzuverantworten hatte, auf seine persönliche Haltung oder auch auf das Reichswehrministerium ausübte, ist schwer zu sagen. Es gibt keine Quellen, die hier Einblick gewähren. Persönliche Differenzen mit seinen Ansprechpartnern nach der Umorientierung der Reichswehrpolitik sind nicht auszuschließen, aber auch nicht belegt. Das Ende der Ära Seeckt und die Reorganisation der Gasangelegenheiten ab 1925/26 schufen jedoch neue personelle und organisatorische Strukturen, die das alte militärische Beziehungsgeflecht überlagerten bzw. verdrängten. Stülpnagel, der den KWI-Direktor in seine Politik einbezogen hatte, wurde 1925 nach Braunschweig versetzt.[340] Haber verlor seine beratende und vermittelnde Funktion, wurde nicht mehr informiert und geriet dadurch in eine marginale Position, aus der er die Entwicklungen nicht mehr überblickte. Nur noch diejenigen, die auf dem Stand von 1918 verblieben waren, hielten ihn immer noch für den maßgebenden Kampfstoffexperten, so z. B. der ehemalige Kaiser in seinem holländischen Exil. Wilhelm forderte Haber im Juni 1927 in Erwartung eines Revanchekrieges auf, ihn über die neuesten Forschungsergebnisse auf dem Gebiet des Gaskrieges zu informieren, wobei er sich vor allem für die «Totalvergasung großer Städte» interessierte.[341]

Um Habers Mitwirken an der chemischen Geheimrüstung wurde es still, so daß er sich selbst im Juni 1929 bei der Heeresleitung beklagte, «weil er in Gassachen nicht mehr gehört würde.»[342] Zwar hatte er, wie eine interne Notiz des Heereswaffenamts belegt, auch nach der Stoltzenberg-Affäre durchaus Beziehungen zu diversen Stellen des Amtes, doch fühlte er sich offensichtlich übergangen. Wenig später wurde entschieden, daß Haber an Versuchen mit neuen Geschoßfüllungen (Spreng-, Nebel- und Brandstoffe), an Kampfstoff- und an Zivilschutzfragen beteiligt werden solle.[343] Es ging dabei offensichtlich vor allem um den zivilen Gas- und Luftschutz, der seit 1924 parallel zum Ausbau der Gaskriegsfähigkeit mit breiter behördlicher und gesellschaftlicher Unterstützung propagiert wurde und in seiner Wirkung eine erfolgreiche Gegenkampagne zur Antigaskriegsbewegung darstellte.[344] Rudolf Hanslian, 1928 zusammen mit Moellendorff deutsches Mitglied der vom Roten Kreuz einberufenen «Commission Internationale d'Experts pour la protection des populations civiles contre la guerre chimique» und Berater der Reichsregierung bei den Abrüstungsverhandlungen[345], war der Überzeugung, daß der internationale Gasschutz auf die «erste Kapazität Deutschlands» nicht verzichten könne. Er wollte Haber um seine Mitarbeit bitten.[346] Es gibt keine Quellen, ob dieses Vorhaben tatsächlich realisiert wurde, und auch die erneute Involvierung des KWI-Direktors in Versuche zu Kampfstoffen und Geschoßfüllungen ab Ende der zwanziger Jahre läßt sich aus Quellenmangel weder beweisen noch widerlegen. Es spricht einiges dafür, daß die Einbindung Habers in die Gasrüstung der späten Weimarer Republik nicht mehr gelang. Festzuhalten bleibt, daß er zumindest in der ersten Hälfte der Weimarer Jahre aktiv und passiv an der geheimen Kampfstoffrüstung beteiligt war.

VIII. «Die Unruhe verzehrt mich»: Habers Kampf gegen Geldentwertung und Reparationen

1. Das Verhältnis zur BASF

Bevor er sich Anfang August 1919 für einige Monate in die Schweiz absetzte, traf Haber Maßnahmen zum Schutz seines Vermögens. Seine Überlegungen sind in der unklaren politischen Situation jenes Jahres durchaus nachvollziehbar, doch bedeuteten sie eine Weichenstellung, die sich schon wenig später als fatal erweisen sollte. Am 30. 7. 1919 erteilte Haber seinem ehemaligen Karlsruher Kollegen und Freund Max Mayer eine Generalvollmacht, ihn in allen gerichtlichen und außergerichtlichen Angelegenheiten zu vertreten.[1] Mayer war bei der Deutschen Gasglühlicht AG beschäftigt, bevor er im Sommer 1921 stellvertretender Generaldirektor beim Verein für chemische und metallurgische Produktion in Aussig in der jungen Tschechoslowakei wurde. Vermutlich hatte ihm Haber diesen Posten vermittelt, was trotz Mayers Qualifikation nicht ganz leicht gewesen war, mußte doch ein Unternehmen gefunden werden, das auch «ohne einen christlichen Grossvater und Duisbergs Patenschaft» auskam.[2] Mayer hatte Haber schon während des Krieges in finanziellen Dingen unterstützt. Außerdem war er der Bevollmächtigte Robert Le Rossignols, der am 6. 12. 1918 nach England zurückgekehrt war.[3] Mayer wickelte die Le Rossignol zustehenden Zahlungen aus dem Ammoniakvertrag mit Haber über zwei Konten bei der Dresdener Depositenkasse und der Württembergischen Vereinsbank ab.[4] Nun brauchte der flüchtige KWI-Direktor jemanden, der ihn vor allem gegenüber dem Finanzamt und im Prozeß der Wiener Firma Margulies vertrat, die auf Herausgabe von Habers Lizenzeinnahmen aus dem Ammoniakgeschäft klagte.[5]

Ende August 1919 unterzeichnete Mayer für den abwesenden Haber einen Änderungsvertrag mit der BASF[6], dem dieser telegraphisch zustimmte. Mayer hielt es nicht für ausgeschlossen, daß die Alliierten direkt auf Habers Vermögen in Deutschland zugreifen würden[7] oder daß sie, wenn er nicht vor ihrem Gericht erschiene, gegen das Reich Regreß nehmen könnten, das sich dann seinerseits an Habers Vermögenswerte halten würde.[8] Mayer setzte nun vorsichtshalber die Abgaben herab, die Haber aus dem Ammoniakvertrag mit der BASF zustanden, damit der Entente im Zweifelsfall nur die reduzierten Beträge zuflössen. Die vereinbarte Abgabe von 1,5 Pfennig pro Kilo nach der Haber-Bosch-Synthese produzierten Ammoniaks wurde auf 0,8 Pfennig gesenkt, und zwar für die noch nicht abgerechnete Produktion seit dem 1. 1. 1918; die Abgaben aus Lizenzen reduzierten sich vom Tag der Vertragsunterzeichnung an auf die Hälfte. Dafür sollte Haber nach dem Ablauf des Zirkulations- und des Hochdruckpatents von der Badischen «für seinen Ausfall in ihr geeignet erscheinender Form (insbesondere in von ihr beliebten Werten)» entschädigt werden.[9] Mayer verkannte nicht, wie er Haber gegenüber einräumte, daß mit dem letzten Passus «ein gewisses Risiko» verbunden war, «weil ich ja der Badischen einen ziemlich weiten Spielraum einräume.» Er meinte jedoch, dieses Risiko «bei dem Anstand» des Unternehmens bedenkenlos eingehen zu können.[10]

Um die Reichweite dieser Vertragsänderung abzusehen, muß man sich vor Augen führen, um welche Beträge es sich dabei handelte. Im Jahr 1915 stellte die BASF 17515054 Kilo synthetisches Ammoniak her, wofür sie Haber bei einer Abgabe von 1,5 Pfennig pro Kilo die Summe von 262726,– Mark überwies. Die Beträge für 1916 und 1917 beliefen sich bei Mengen von 65587621 bzw. 94376188 Kilo Ammoniak auf 983814,– bzw. 1415643,– Mark, die ihm auch gutgeschrieben wurden.[11] Von den Anteilen aus Lizenzen, die Haber zustanden, machte er offenbar während des Krieges keinen Gebrauch.[12]

Während nun weder die Alliierten noch das Reich auch nur den Versuch machten, auf Habers Vermögen zuzugreifen, sollten sich die Vereinbarung reduzierter Beträge bei völlig offener Entschädigung wie überhaupt die ursprünglich so geschickte fixe Kiloabgabe unter den Bedingungen einer sich beschleunigenden Geldentwertung als verhängnisvoll erweisen. Allerdings sind Habers finanzielle Verhältnisse so wirr, daß Adolf-Henning Frucht, der in den 1980er Jahren eine Biographie des Wissenschaftlers plante, eigens eine Wirtschaftsprüfungsgesellschaft beauftragte, einen Teil der überlieferten Akten zu untersuchen.[13] Ein Ergebnis dieser Durchsicht steht aus, so daß vieles ungeklärt, ja geradezu rätselhaft bleibt. Rätselhaft ist vor allem, daß Haber trotz anziehender Inflation erst im Mai 1920 reagierte, als der Dollarstand gegenüber dem Vergleichsmonat des Vorjahres von 12,85 auf 46,5 Mark[14] gestiegen war. Nach dem reduzierten Satz von 0,8 Pfennig pro Kilo standen ihm 931070 Mark für das Jahr 1918 und 555464 Mark für 1919 zu[15], deren Entwertung voranschritt. War er durch seine zahllosen Aktivitäten überbeansprucht? Doch warum beauftragte er nicht wieder Max Mayer mit der Vertretung seiner Interessen, wickelte dieser doch auch weiterhin die Zahlungen an Le Rossignol ab?[16]

Haber wandte sich erst Anfang Mai 1920 mit zwei Bitten an die BASF: Er beantragte erstens, die ihm zustehenden Abgabezahlungen über den Ablauf des Zirkulationspatents hinaus (12. 10. 1923) um elf Monate bis zum Ablauf des Hochdruckpatents am 13. 9. 1924 zu verlängern. Zweitens kam er nun darauf zurück, wenigstens bei bar oder vorausbezahlten Auslandslizenzen statt einer Kiloabgabe von 1 Pfennig doch lieber eine Beteiligung von 7,5 % zu wählen, was ihm die BASF 1913 nach Vermittlung Englers angeboten, er jedoch zugunsten des Festbetrags abgelehnt hatte. Hinsichtlich des ersten Punktes kam die Badische Haber entgegen, nicht aus rechtlicher Verpflichtung, wie sie betonte, sondern mit Rücksicht auf seine Person und die seit langem bestehenden engen Beziehungen. Dies durfte dem Unternehmen, eine anhaltende Inflation vorausgesetzt, auch sehr leicht fallen. Es handelte sich, legte man die Produktion von 1919 zugrunde, um einen Mehrbetrag von rund 950000 Mark; auf Basis der Ziffern von 1918 erhöhte er sich auf rund 1,6 Millionen. Vehement dagegen sperrte sich die BASF gegen sein zweites Anliegen: Haber wollte sich, als er sich für die feste Abgabe entschied, von den Gewinnen der Firma unabhängig machen, notierte ihre Patentabteilung, so daß die Badische jetzt weder Verpflichtung noch Veranlassung sehe, dies zu ändern. Habers Klagen über seine hohen Steuerlasten, über die durch den Marguliesprozeß geschaffene Unsicherheit und über seine finanziellen Verpflichtungen gegenüber Le Rossignol[17] wollte das Unternehmen erklärtermaßen nicht in Betracht ziehen, da sie mit ihrem Vertragsverhältnis nichts zu tun hätten. Außerdem spielten intern die vermuteten Devisen aus dem Nobelpreis eine Rolle, so daß man sich noch weniger zu Zugeständnissen genötigt sah.[18]

Haber nahm vorerst davon Abstand, die Sache weiter zu verfolgen. «Spannung oder Entfremdung» kennzeichneten fortan sein Verhältnis zur BASF, was sich nicht zuletzt darin äußerte, daß das Unternehmen nun regelmäßig die Bewerbungen seiner Mitarbeiter und Schüler ablehnte. In seinem Vortrag vor der Versammlung Deutscher Naturforscher und Ärzte im September 1920 in Bad Nauheim gab sich Bosch nach Habers Eindruck alle Mühe, die Leistung der Badischen vor der des Physikochemikers herauszustreichen. Er erwähnte seinen Namen nur im Zusammenhang mit Unvollkommenheiten und sprach ansonsten vom «Verfahren der BASF». Demgegenüber lege er selbst Wert darauf, so Haber bei dieser Gelegenheit zu BASF-Direktor Julius, das durch die «unklare Haltung der Firma in Sachen meiner erfinderischen Mitbeteiligung» belastete gegenseitige Verhältnis «anständig & würdig auszuleben».[19]

Haber wurde, aus welchen Gründen auch immer, erst zwei Jahre später wieder bei der BASF vorstellig. Für 1920 stand ihm zum reduzierten Satz von 0,8 Pfennig pro Kilo eine Abgabe von 1,186666 Mark zu, für 1921 1,653387 Mark. Haber hatte jedoch im März 1922 noch Restforderungen an die Badische aus den Jahren 1918 bis 1921, die sich auf die Summe von 3,785763 Mark beliefen. Umgekehrt ausgedrückt: Das Unternehmen hatte bei ihm Schulden in Millionenhöhe, die sich zu Lasten des Wissenschaftlers durch die Inflation von selbst erledigten.[20] Es überrascht daher zu sehen, daß er sich erst Mitte Juli 1922 wieder an die Direktion der BASF wandte, als sich der Dollarstand auf 493 Mark erhöht hatte. Haber fragte mit Hinweis auf das mehr als Fünfzigfache des gegenwärtigen Stickstoffpreises gegenüber den Preisverhältnissen bei Vertragsabschluß höflich an, «ob es richtig ist, dass in einem solchen Fall die Geldentwertung völlig zu Lasten des Lizenzempfängers geht.»[21]

Bosch führte nun mit Haber ein mündliches Gespräch, das außer der Zusicherung, keinen Rechtsstreit führen zu wollen, in der Sache keinen Fortschritt brachte. Ende September 1922, bei einem Dollarrekordstand von 1466 Mark, sah sich Haber daher genötigt, in einem Brief an Bosch «formell meine Erklärung zu wiederholen, dass ich nicht damit einverstanden bin, dass Ihre Firma zu den alten Lizenzsätzen das Verfahren weiter benutzt [...]» Er beauftragte Max Mayer, eine neue Vereinbarung mit der BASF zu suchen. Für den Fall, daß dies mißlang, verabredeten er und Bosch die Einsetzung eines Schiedsgerichts.[22]

Die Badische schlug nun den Weg der Verzögerung ein, bedeutete doch jeder Monat, bald jede Woche eine Entwertung ihrer Schulden. In der ersten Oktoberhälfte konferierten Bosch und Julius Abel von der Patentabteilung mit Haber, bloß um obiges Vorgehen zu bestätigen. Bosch schlug nun allerdings kein Schiedsgericht, sondern ein ordentliches Gericht vor. Haber stimmte zunächst zu, war er doch mit jeder Form der Rechtsfindung einverstanden. Wenige Tage später zog er sein Einverständnis zurück, war ihm doch inzwischen klar, was die Beschreitung des ordentlichen Rechtsweges implizierte: Die drei möglichen Instanzen bedeuteten eine enorme zeitliche Verzögerung, bis er mit einem rechtsgültigen Urteil rechnen durfte, was für ihn nur heißen konnte, daß sich seine Forderungen an die Badische real weiter reduzierten. Außerdem fürchtete er, daß ihn die Prozeßkosten im Falle seines Unterliegens finanziell ruinieren könnten.[23] Selbst wenn er einen seines Erachtens zu gering bemessenen Streitwert von 4,5 Millionen Goldmark zugrunde legte, beliefen sich die Gerichts- und Anwaltskosten für die drei Instanzen auf 9 % bzw. rund 400000 Goldmark, vor denen er zurückscheute.[24]

Ende Dezember 1922 war ein Weg gefunden worden, wie der zwischen Haber und der BASF seit April 1913 bestehende Vertrag grundsätzlich abgeändert werden sollte, um ihn den Bedingungen der Inflation anzupassen: Der Wissenschaftler sollte unter Verzicht auf alle weiteren Ansprüche mit einem einmaligen Betrag in Reichswährung abgefunden werden. Die Summe war bei Vertragsabschluß fällig. Bis dahin durfte er, um sich vor weiterer Geldentwertung zu schützen, ein von der BASF vermitteltes Darlehen der Firma Ed. Greutert & Cie in Basel in Anspruch nehmen, für das die Badische die Rückzahlungsverpflichtung übernahm. Haber stimmte diesen Modalitäten ausdrücklich zu. Es ging jetzt also noch darum, die Höhe sowohl der Abfindung als auch des Darlehens auszuhandeln.[25] Wieder erteilte er Max Mayer die Vollmacht, mit der BASF in seinem Namen zu einer Einigung zu kommen. Erst jetzt, Anfang 1923, griff Haber die Annullierung der Vertragsänderung vom 28. 8. 1919 auf, nach der ihm vorbehaltlich einer späteren Entschädigung statt 1,5 nur 0,8 Pfennig pro Kilo Ammoniak seit 1918 gezahlt wurden. Die Änderung sei in einem Geist geschlossen worden, daß kein Teil auf Kosten des anderen Vorteile genießen solle, argumentierte er. Akzeptierte die Badische die Annullierung, was Haber nicht als Frage des Rechts, sondern des Vertrauens betrachtete, so ging es nun um zwei getrennte Sachverhalte: erstens um die Regelung der Haber zustehenden Abgaben, die so zu behandeln waren, als ob das Abkommen vom August 1919 nie bestanden hätte, und zweitens um die Regelung der Rückstände der BASF aus den Produktionsjahren 1918 bis 1921.[26]

Max Mayer legte der BASF Anfang Januar 1923 seine Berechnungen vor, die sich zunächst nur auf die Regelung der Abgaben aus der deutschen Produktion, nicht jedoch der Auslandslizenzen bezogen, was er sich für später vorbehielt. Er ermittelte für Haber eine ihm zustehende Gesamtsumme von 17 Millionen Mark bzw. etwas über 4 Millionen Dollar nach Friedensparität für die Jahre 1918 bis 1923 und schlug vor, in Anbetracht der Geldentwertung, die beide Seiten treffe, einen Mittelweg zwischen der Auszahlung der Summe in Papiermark und in Dollar zu suchen. Nach komplizierten Berechnungen und Argumentationen schlug er vor, Haber etwa 5 % vom erzielten Reingewinn der BASF abzutreten.[27] Auf diesen erneuten Versuch, von der Pfennigabgabe wegzukommen, wenngleich anders argumentiert wurde, ließ sich die Badische nicht ein: Sie sah keinen Anlaß, die Abgabenhöhe zu ändern und hielt Mayers Vorschläge, die nach aktuellem Stand umgerechnet einer Zahlung von 80 Milliarden Mark entsprachen, «selbstverständlich nicht [für] diskutabel».[28]

Nach schwierigen Verhandlungen schlossen Haber und die BASF am 14. 7. 1923, also kurz vor der Atlantiküberquerung des Wissenschaftlers im Zuge seines Meergoldprojekts, eine Vereinbarung, die die Zahlungen aus dem Ammoniakvertrag endgültig regelte. Unglücklicherweise sind für diesen Zeitpunkt die Akten der Patentabteilung des Unternehmens mehr als fragmentarisch, so daß bereits einige Jahre später nur noch Eingeweihte wußten, was nun eigentlich vereinbart worden war.[29] Seitdem rätseln Biographen auf den Spuren Habers oder Boschs über Einzelheiten. Bei den wenigen überlieferten Schriftstücken handelt es sich nur um interne Aktenvermerke der Patentabteilung. Ihre Auswertung ergibt, daß erstens Habers Vertrag mit der Badischen vom 5./7. 4. 1913 durch einen Nachtragsvertrag geändert und daß der Wissenschaftler zweitens mit einem einmaligen Betrag abgefunden wurde.[30]

Der Inhalt des Nachtragsvertrags vom 14. 7. 1923 ist in Grundzügen bekannt. Eine im BASF-Archiv erhaltene Abschrift vermerkt nicht, ob es sich um die Endfassung oder lediglich um einen Entwurf handelte.[31] Die drei darin festgehaltenen Punkte sind jedoch geeignet, die Richtung der

Vereinbarung erkennen zu lassen. Demnach blieb erstens die Kiloabgabe von 1,5 Pfennig grundsätzlich bestehen, war aber in Reichswährung, d. h. in Papiermark, zu zahlen. Haber verzichtete zweitens ausdrücklich auf alle Rechte, die ihm aus Leistungen von Lizenznehmern der Badischen in Vergangenheit und Zukunft nach dem alten Vertrag zustanden. Drittens verpflichtete sich die Badische, das Haber am 2. 1. 1923 gewährte Darlehen der Firma Greutert unverzüglich mit Zinsen zurückzuzahlen. Der Wissenschaftler hatte also, so ist zu folgern, das Darlehen zum Schutz gegen die fortschreitende Entwertung seiner Forderungen in Anspruch genommen, doch weiß man nichts über seine Höhe. Für die Jahre 1923 und 1924 erhielt er noch Kiloabgaben für das produzierte Ammoniak in Höhe von 4285788 und 5410989 Mark, die aber vereinbarungsgemäß in Papiermark gezahlt wurden.[32] Die Summe war also «praktisch gleich Null».[33]

Die Höhe der einmaligen Abfindung und ihre Konditionen sind dagegen völlig unbekannt. Der mit der Angelegenheit befaßte frühere BASF-Direktor Schmitz äußerte 1954 gegenüber dem Bosch-Biographen Holdermann, der Wissenschaftler sei «sehr großzügig» abgefunden worden, hatte aber keine Summe zur Hand.[34] Auch Habers Frau beurteilte die Abfindung als «ursprünglich nicht unangemessen». Der Physikochemiker beauftragte einen deutsch-spanischen Bekannten, den Bankier Julio Kocherthaler, die Gelder für ihn anzulegen. Durch dessen geschickte Investitionen verdoppelte sich ihre Summe.[35]

Haber hatte allerdings in finanziellen Dingen bemerkenswert viel Pech, auch wenig Gespür für die Risiken und Möglichkeiten finanzieller Vereinbarungen. Er war einerseits unverständlich spät aktiv geworden, um seine ausstehenden Forderungen an die BASF inflationssicher durchzusetzen. Andererseits verbaute er sich durch die einmalige Abfindung und den ausdrücklichen Verzicht auf weitere Leistungen, die er unter dem Druck der Hyperinflation abgeschlossen hatte, jede Möglichkeit, doch noch größere Summen von der Badischen aus dem laufenden Ammoniakgeschäft zu erhalten. Was er nämlich nicht wußte bzw. erst nach Rückkehr von seiner Atlantikexpedition erfuhr, war, daß ein Gesetz am 9. 7. 1923, das drei Tage später im Reichsgesetzblatt veröffentlicht wurde, die Patentdauer von 15 auf 18 Jahre heraufgesetzt hatte.[36] Haber hatte stets in der Annahme gehandelt, daß seine Patente im Oktober 1923 bzw. September 1924 erloschen und sich daher zeitlich an diesen Daten orientiert. Er hätte also bei unverändertem Vertrag nach der Währungsreform wenigstens für die Jahre 1924 bis 1926/27 noch große Summen von der BASF in stabiler Währung erhalten können. Einen Prozeß, zu dem ihm Freunde rieten, ließ seine angegriffene Gesundheit nicht mehr zu.[37]

Namentlich Carl Bosch fühlte sich jedoch offensichtlich trotz bzw. gerade wegen der für die Badische so günstigen Abfindungsregelung Haber gegenüber verpflichtet. Ohne sich vorher mit seinen Vorstandskollegen abzusprechen, teilte er ihm nach Englers Tod im Februar 1925 mit, ihn anstelle des Karlsruhers in den Aufsichtsrat wählen zu lassen. Die Direktion fühlte sich gebunden, Boschs Wort einzulösen, und schlug auf der nächsten Generalversammlung Habers sofortige Zuwahl vor.[38] Von seiten des Unternehmens schwang dabei ausdrücklich der Hintergedanke mit, etwaige moralische Ansprüche auszugleichen. Von Juni 1925 bis Mai 1932 war der KWI-Direktor nun im Aufsichtsrat der BASF bzw. der IG Farben, wo er allerdings nicht weiter hervortrat. Die Tantiemen aus seiner Aufsichtsratstätigkeit bei der IG wie auch bei den Firmen Kunheim, Horchwerke und Metallgesellschaft ließ er dem sog. «Haber-Fonds» seines Instituts überweisen, war ihm doch als preußischem Staatsbeamten eine derartige Einnahme als Person verboten.[39] Aus der Gesamtsumme von 248000 Reichsmark aus Aufsichtsratstantiemen waren bis Juni 1933 drei Fünftel für Personalbeihilfen an junge Wissenschaftler herangezogen, der Rest für künftige Institutszwecke aufgespart worden. Die Tantiemen der IG Farben schwankten dabei zwischen jährlich rund 27000 Mark (1925 und 1926) und 43000 bis 47000 Mark (1927–1931).[40] Bei Habers Ausscheiden 1932 bot ihm die Interessengemeinschaft einen neuen, völlig inhaltsleeren Beratervertrag an, damit seine etwaigen Ansprüche nicht wiederauflebten: Vom 1. Januar 1932 an erhielt Haber jährlich 25000 Reichsmark für seinen «wertvollen Rat».[41]

2. Der Weg des Haber-Instituts in die Kaiser-Wilhelm-Gesellschaft

Die tatsächliche Situation des physikalisch-chemischen KWI und insbesondere Habers Aktivitäten, die finanzielle Grundlage des Instituts zu konsolidieren bzw. schließlich dessen Existenz zu retten, sind wegen der fragmentarischen Quellenlage nur unvollständig zu rekonstruieren. Die Überlieferung innerhalb der Akten der KWG setzt im wesentlichen erst 1923 ein, als das KWI seine Selbständigkeit verloren hatte und in die Gesellschaft eingegliedert wurde. Die Tatsache, daß die Akten des Instituts selbst bzw. seines Stiftungsrats gar nicht oder nur lückenhaft erhalten sind, konnte für die Jahre bis 1918 teilweise durch die Akten des preußischen Kultusministeriums ausgeglichen werden. Diese Möglichkeit entfällt nach Kriegsende, da der die ganze Weimarer Zeit umfassende Band des Berliner Geheimen Staatsarchivs verschollen ist.[42] Eine gewisse Ersatzüberlieferung stellen dagegen die erhaltenen Bestände des Reichsinnenministeriums dar, das im Zuge der «Verreichlichungstendenz» innerhalb des Sektors Bildung und Wissenschaft nun einen wichtigen Part spielte. Quellen, die eine Binnensicht von Habers Institutspolitik erlauben, fehlen jedoch. Es ergibt sich folglich eine sehr dürftige Aktenlage. Sie ist zwar in Teilen inflationär aufgebläht, da immer neue seitenlange Defizitberechnungen und Nachtragshaushalte aufgestellt werden mußten; andererseits bleiben an vielen Stellen mehr Fragen offen als beantwortet werden. Immerhin läßt sich vor dem Hintergrund der zwar ebenfalls lückenhaften, aber doch vergleichsweise besser dokumentierten Entwicklung der KWG der Weg des Haber-Instituts in die Gesellschaft verfolgen.

Habers rechtlich selbständiges KWI verfügte nach Kriegsende zunächst über sein reguläres Budget. Das Gehalt für den verbeamteten Direktor stammte aus dem Etat des preußischen Kultusministeriums und unterlag damit als einziger Posten den staatlichen Teuerungszulagen und den Erhöhungen der Beamtenbezüge. Es betrug am 1. 10. 1919 wie vor dem Krieg 15 000 Mark jährlich plus 1680 Mark Wohnungsgeld. Ein Jahr später war es inflationsbedingt auf 25 000 Mark Grundgehalt plus 5000 Mark Ortszuschlag aufgestockt worden.[43] Für die laufenden Kosten des Instituts, d. h. Sach- wie Personalausgaben, standen dieselben Summen wie vor dem Krieg zur Verfügung, nämlich je 35 000 Mark aus dem preußischen Staatshaushalt und der Koppel-Stiftung. Allerdings war das Ende des Koppelschen Beitrags absehbar: Koppels Zuschuß war auf zehn Jahre begrenzt, lief also 1921/22 aus. Zwar hatte der Bankier im Oktober 1916 eine weitere Schenkung urkundlich festgeschrieben, die dem KWI unmittelbar im Anschluß daran erneut einen jährlichen Zuschuß von 35 000 Mark auf zehn Jahre zusagte[44], doch schmolz diese Summe unter dem fortschreitenden inflationären Prozeß dahin. Ebenso verfielen die auf der Einnahmenseite des Instituts verbuchten Zinsen des Stiftungsvermögens (1919/20: 96 100 Mark; 1920/21: 166 054 Mark).[45]

Trotz der Demobilmachung erlebte das physikalisch-chemische KWI 1919 eine kurze Zeit der Scheinblüte. Es besaß noch aus den Beständen des Kriegsinstituts einen so großen Vorrat an Chemikalien und Apparaten, daß Neuanschaffungen über Jahre hin kaum erforderlich waren.[46] Hinsichtlich seines Personalstands war es deutlich größer als vor dem Krieg: 1914 hatte es als gerade erst gegründete Forschungseinrichtung mit nur einer Abteilung fünf Assistenten, 13 unbesoldete Mitarbeiter und rund zehn sonstige Angestellte beschäftigt. Nach Kriegsende versuchte Haber, seinen Traum eines modernen Forschungsinstituts zu realisieren. Nur fünf unbesoldete Mitarbeiter, dafür rund 35 sonstige Angestellte, elf Assistenten und sechs Abteilungsleiter waren 1919 am KWI tätig.[47] Es gab eine Abteilung für Physik (James Franck), Kolloidchemie (Herbert Freundlich), Pharmakologie (Flury/Hase), für die Gewinnung pharmazeutischer Präparate (Friedländer), für Textilforschung (Herzog) und schließlich Habers eigene physikalisch-chemische Abteilung.[48] Der KWI-Direktor war bestrebt, die ihm aus der Kriegszeit besonders verbundenen Spitzenwissenschaftler zu halten und sein Institut in eine multidisziplinäre «Gelehrtenkommission» umzuwandeln.[49]

Dies gelang Haber, um kurz vorzugreifen, in bemerkenswerter Weise. Sein Institut wurde sowohl in der unmittelbaren Nachkriegszeit wie in den späteren Jahren ein Magnet für naturwissenschaftliche Spitzenforscher aller Richtungen. Es demonstrierte augenfällig die Gewichtsverlagerung der physikalischen Chemie auf die Physik, wenn James Franck seine später mit dem Nobelpreis ausgezeichneten Versuche zur experimentellen Fundierung der Bohrschen Atomtheorie während seiner kurzen Zugehörigkeit zum Haberschen Institut durchführte. Ihm folgte später der Physiker Rudolf Ladenburg, der sich mit der Dispersion elektrisch angeregter Gase und der magnetischen Drehung der Polarisationsebene befassen sollte.[50] Über James Franck kam Haber in Kontakt mit Max Born, der ihm wegen seines Engagements im Gaskrieg zunächst grundsätzlich ablehnend gegenüberstand. Born war jedoch fasziniert von der geistigen Auffassungsgabe und Konzentrationsfähigkeit des KWI-Direktors, gab seine Vorbehalte schnell auf und vertiefte sich in eine nun gemeinsam fortgeführte Arbeit an der Grenze zwischen physikalischer Chemie und Physik. Beide Wissenschaftler entwickelten eine numerische Berechnungsmethode für chemische Energien, deren graphische Darstellung heute unter dem Namen «Born-Haber-Kreis» bekannt ist.[51]

Habers disziplinenübergreifender Ansatz äußerte sich auch auf andere, informelle Weise: Zu seinem 14tägig stattfindenden Montagskolloquium, das als «Haber-Kolloquium» in zahlreiche Erinnerungen und wissenschaftshistorische Darstellungen einging, kamen Physiker, Chemiker und Biologen aller Berliner Forschungseinrichtungen zusammen. Gastredner der verschiedensten Fachgebiete hielten Vorträge, denen sich jedesmal lebhafte Diskussionen anschlossen. Habers Fähigkeit, den springenden Punkt zu erfassen, Unbekanntes zu strukturieren, Zusammenhänge herzustellen und neue Forschungen zu stimulieren, erregte die einhellige Bewunderung aller Kollegen und Schüler. Das Kolloquium bot somit eine ideale Gelegenheit für Habers erklärte Absicht, die Disziplingrenzen fließend zu machen.[52]

Zurück zum Jahr 1921: Nach Ablauf des Berichtsjahres 1920/21 (1. 4.–31. 3.) bestand das Institut nur noch aus Freundlichs kolloidchemischer und Habers physikochemischer Abteilung. Die anderen waren aufgelöst worden oder gingen an andere Geldgeber über, um das Budget des KWI zu entlasten. So wurde der Atomphysiker James Franck als ordentlicher Professor an die Universität Göttingen berufen und schied mit Ablauf des Kalenderjahres 1920 aus dem Haber-Institut aus. Seine Stelle wurde bis auf weiteres nicht besetzt; ein Assistent betreute Francks Doktoranden noch drei Monate lang.[53] Über die Hintergründe der Schließung der pharmakologisch-zoologischen Abteilung unter Flury und Hase im Mai 1920 wurde bereits ausführlich berichtet. Flury nahm im selben Jahr einen Ruf als Ordinarius an die Universität Würzburg an, Hase übersiedelte mit dem Nukleus der Abteilung an die Biologische Reichsanstalt. Herzogs 1919

Abb. 16 Abschiedsfeier für James Franck als Abteilungsleiter des KWI für physikalische Chemie und Elektrochemie anläßlich seiner Berufung als Professor für Experimentalphysik und Direktor des II. Physikalischen Instituts der Universität Göttingen, 7. 11. 1920.
1. Reihe v. l.: Hertha Sponer, Albert Einstein, Ingrid Franck, James Franck, Lise Meitner, Fritz Haber, Otto Hahn.
2. Reihe v. l.: Walter Grotrian, Wilhelm Westphal, Otto von Baeyer, Peter Pringsheim, Gustav Hertz.

errichtete Abteilung für Textilforschung verselbständigte sich zum KWI für Faserstoffchemie, das am 12. 3. 1920 in Dahlem eröffnet wurde. Die Bestrebungen zur wissenschaftlichen Förderung der Textilindustrie gingen bis 1911 zurück und hatten mit Habers Unterstützung während des Krieges Auftrieb erfahren. Das Forschungsprogramm umfaßte die physikalisch-chemische Untersuchung und Veredelung der textilen Rohstoffe, die Entwicklung synthetischer Fasern und moderner Verarbeitungstechnologien. Es finanzierte sich aus Mitteln des Reichswirtschaftsministeriums, des Reichskuratoriums zur wissenschaftlichen Förderung der deutschen Textilindustrie und des Vereins zur Förderung eines KWI für Faserstoffchemie. Da jedoch der Neubau erst Ende 1922 fertiggestellt werden konnte, war es räumlich weiterhin im Haber-Institut zur Miete untergebracht.[54]

Dieser das Budget entlastenden Schließung oder Verlegung von Abteilungen liefen Bemühungen Habers parallel, außerordentliche Mittel einzuwerben und dem Institutsetat zuzuführen, die natürlich ebenfalls dem sich beschleunigenden Wertverfall unterlagen: Kaum eingegangen, waren sie nur einen Teil des bei Vertragsabschluß vereinbarten Betrags wert. Ein Inflationsausgleich fand meist gar nicht oder nur in beschränktem Rahmen statt. Eine außerordentliche Einnahmequelle waren die Mietzahlungen des KWI für Faserstoffchemie (1920/21: 100000 Mark), doch wurde die räumliche Enge eher als Belastung empfunden.[55] Die Degesch zahlte 1919 und 1920 noch 15000 bzw. 16000 Mark für die Experimente Hases zur Schädlingsbekämpfung[56], das KWI für Physik 1920/21 10000 Mark an Paul Knipping für die Durchführung besonderer Versuchsarbeiten. Die Arbeiten von Herbert Freundlich und Alexander Nathanson, die auf ein neues Aufbereitungsverfahren für Zink und Bleierze zielten, um auch minderwertige Komplexerze nutzbar zu machen, wurden 1920/21 mit 26000 Mark von einem Konsortium führender metallurgischer Firmen unterstützt. Bis Ende 1921 kamen weitere 100000 Mark hinzu und entlasteten das Institut von allen diesbezüglichen Personal- und Sachausgaben.[57] Ferner standen dem Institutsetat von der Carbidverteilungsstelle im Rechnungsjahr 1919/20 8500 Mark, 1920/21 23500 Mark zur Verfügung.[58] Haber versuchte darüber hinaus, den Stiftungszweck der von ihm selbst vor drei Jahren initiierten KWKW in Anspruch zu nehmen. Er bat um die Rückerstattung von knapp 22300 Mark, die das Institut während des Krieges für kriegswissenschaftliche Arbeiten aufgewendet hatte, aber nun aus Friedensmitteln begleichen mußte. Haber erhielt keine Zahlung, ja nicht einmal eine Antwort auf sein wiederholtes Ersuchen, was ihn eingestandenermaßen mit «Bitterkeit» erfüllte.[59]

Die nervenzehrenden Kämpfe des KWI-Direktors gegen die Windmühlenflügel der sich beschleunigenden Inflation fruchteten natürlich nichts. Sein dem Stiftungsrat vorgelegter Rechnungsabschluß zum 1.4. 1920 wies bereits einen ungedeckten Fehlbetrag von 146280 Mark auf. Der Fehlbetrag des Folgejahres lautete trotz weiterer Einsparungen auf zusätzliche 481540 Mark.[60] Kredite aufzunehmen und dann die Entwertung der Schulden bequem abzuwarten, entsprach weder Habers Mentalität noch war dies wahrscheinlich stiftungsrechtlich zulässig. So schlug der Stiftungsrat den einzigen Weg zur Deckung des Fehlbetrags ein, der ihm vorstellbar war: Er entnahm Anfang 1921 knapp 570000 Mark der Vermögenssubstanz des Instituts.[61]

Genau in der Anlageform des Institutsvermögens lag jedoch das größte Problem, auf das Haber sehr früh aufmerksam machte. Aus der einzigen überlieferten Vermögensaufstellung ergibt sich für den Mai 1917, daß von den insgesamt knapp 102050 Mark drei Viertel, nämlich 75000 Mark, in Kriegsanleihen angelegt waren; der Rest bestand größtenteils aus Bankguthaben.[62] Das Institutsvermögen erhöhte sich im Jahr darauf scheinbar beträchtlich, als ihm die sechs Millionen Mark des Kriegsministeriums überwiesen wurden, die für die Errichtung des Gasinstituts bestimmt gewesen waren, dann aber zur «Aufschließung neuer Wissenschaftsgebiete» umgewidmet wurden. Die Summe wurde im November 1918 allerdings in 5 %iger Kriegsanleihe zur Verfügung gestellt. Die Erträge aus allen festverzinslichen Staatspapieren verloren natürlich mit der Inflation fortschreitend an Kaufkraft.

Als Koppel im Januar 1920 Haber mitteilte, daß das Bankenkonsortium die gezeichneten Kriegsanleihen nur noch kurze Zeit einwechseln würde, wandte sich der KWI-Direktor, verfolgt von der realistischen Vision des Zusammenbruchs seines Instituts, sofort an den Stiftungsrat: Er hielt es für undenkbar, daß sich nur das Geld eines Staates und nicht auch seine Anleihen entwerteten, und forderte, ihm unverzüglich «ohne Rücksichten auf herkömmliche Formalvorschriften» die freie Verfügung über den gesamten Institutsbesitz an Kriegsanleihen zu übertragen. Er wollte sie schleunigst in stabile Werte umsetzen, wobei er persönlich den Kauf von Aktien gegenüber Immobilien favorisierte.[63] Das Problem war allerdings, daß der Börsenkurs sämtlicher Staatspapiere zu diesem Zeitpunkt bereits enorm gesunken war: Im März 1920 notierten die Kriegsanleihen nur mit knapp 80 % ihres Nennwerts; die preußischen Consols, in denen beispielsweise die KWG den größten Teil ihres Vermögens vor dem Krieg angelegt hatte, brachten es gar nur noch auf 58 %.[64]

Die Politik des Stiftungsrats war in dieser Frage jedoch kurzsichtig und uneinheitlich, wenngleich die Quellenlage nur fragmentarische Einblicke erlaubt. Haber berichtete dem Schatzmeister des KWI im Juli 1921, daß er im Rechnungsjahr 1920/21 durch geschickten Kauf und Verkauf von Aktien die finanzielle Situation des Instituts verbessern konnte. Dies impliziert, daß er zumindest in gewissem Rahmen die erbetene Vollmacht erhalten haben muß, den Kursverlust in Kauf zu nehmen, die Staatspapiere, noch im Krieg die einzig mögliche Anlageform, abzustoßen und dafür Aktien zu erwerben. Als Haber jedoch im Frühjahr 1921 beantragte, die im Institutsbesitz befindlichen Reichsschatzwechsel in Valutawerte umzutauschen, stimmte zwar Schmidt-Ott vorbehaltlich der Einwilligung von Krüss zu, doch riet dieser ab, so daß das KWI auf den bald wertlosen Papieren sitzenblieb.[65]

Koppel, der als Bankier das Wesen der Inflation doch am ehesten verstanden haben müßte, hielt sich die ganze Zeit über zurück: Er wollte keinerlei Verantwortung auf sich nehmen und lehnte es daher ab, auch nur irgendeinen Ratschlag über die Anlage der Institutsmittel zu erteilen. Diese Abstinenz Koppels bewirkte auf der anderen Seite, daß an den Reichsschatzwechseln festgehalten wurde, was Haber klar als verhängnisvoll erkannte. Obwohl er es als beinahe illoyalen Akt gegenüber dem Stifter empfand, forderte er Schmidt-Ott schließlich im Juli 1921 auf, als Schatzmeister über die Anlageform des Institutsvermögens ultimativ zu bestimmen und dem Bankhaus Koppel entsprechende Anweisungen zu erteilen.[66] Koppels Verhalten lag auf derselben zögerlichen Linie wie das der Herren Krupp, Siemens, Duisberg usw. im Senat der KWG, die ebenfalls glaubten, für die Umwandlung der mündelsicheren in spekulative Anlagen keine Verantwortung übernehmen zu wollen. Generalsekretär Glum erreichte es erst in einem handstreichartigen Akt im Herbst 1922, den gesamten Effektenbesitz der Gesellschaft gegen die ausdrücklichen Bedenken des Verwaltungsausschusses in Aktien umzutauschen, womit er für die KWG noch Schlimmeres verhütete.[67] Was aus Habers sinnvollem Vorstoß wurde, läßt sich dagegen aus Quellenmangel nicht rekonstruieren.

Wege aus der Krise: Habers Initiative bei Harnack

Während Haber in seinen persönlichen Forderungen an die BASF erstaunlich spät aktiv wurde, um Maßnahmen gegen ihre rapide Entwertung zu ergreifen, war er im Januar 1920 offenbar einer der ersten, der innerhalb der Kaiser-Wilhelm-Gesellschaft den Ernst der finanziellen Lage nicht nur begriff, sondern auch Überlegungen anstellte, die über die Improvisationen auf Institutsebene hinausgingen.[68] Daß die Auswirkungen der bis Kriegsende zurückgestauten, dann aber voll auf die Kosten durchschlagenden Inflation in der KWG so lange unterschätzt worden waren, hat der historischen Forschung Rätsel aufgegeben, die aus Quellenmangel nie restlos aufgeklärt werden konnten. Man vermutete, daß bei den laufenden und vor allem bei den einmaligen Ausgaben kriegsbedingte Ersparnisse weiterbestanden und daß die ehemals kriegswichtigen Institute aus dem Fonds «Zur Abwicklung des Krieges» im Reichsetat unterstützt wurden.[69] Harnack entschuldigte auf jeden Fall noch Mitte Januar 1920 seine bisherige Inaktivität damit, er habe die Sache bisher nicht für «spruchreif» gehalten.[70] Erst ein Brief Habers veranlaßte ihn, Schritte einzuleiten, um die finanzielle Grundlage der Gesellschaft zu retten.

Unmittelbarer Anlaß Habers[71] waren die anstehende Erhöhung der Teuerungszulagen für Reichs- und preußische Staatsbeamte um 150 %, der eine allgemeine Erhöhung der Beamtengehälter zum 1. April folgen sollte, und der Abschluß eines neuen Tarifvertrags für die Arbeiter in den Reichs- und Staatsbehörden Groß-Berlins Ende 1919. Zwar galten diese Bestimmungen rein formal nicht für die KWI, doch war er sich im klaren, daß ein Zurückbleiben hinter der Besoldung der Staatsbediensteten völlig ausgeschlossen war. Er setzte daher die neuen Tarife in seinem Institut sofort in Kraft, was unmittelbar zur Folge hatte, daß der Grundlohn des jüngsten ungelernten Arbeiters höher war als das Gehalt der Assistenten mit abgeschlossener Hochschulausbildung. Daraus ergab sich der Zwang, die Bezahlung der Assistenten wenigstens der untersten Lohngruppe der Arbeiter anzugleichen, ein nach Habers Meinung unhaltbarer Zustand. Er war inzwischen der Überzeugung, daß «die Entwertung des Geldes nicht mehr als eine rasch vorübergehende Erscheinung betrachtet werden kann». Eine Zurückstellung von Anschaffungen oder eine Überschreitung des Personaletats waren seines Erachtens keine Lösungen, die den Fortbestand der Forschungstätigkeit sichern konnten. Auch eine vorübergehende Verschuldung des Instituts hielt Haber für völlig ausgeschlossen, was seine mentale Prägung durch den Beamtengeist des währungsstabilen Kaiserreichs belegt. Wie so vielen Zeitgenossen war ihm ein vertieftes Verständnis für die ökonomischen Hintergründe und die Funktionsweise einer Inflation verstellt.

Haber wandte sich an Harnack, um dessen zukünftige Schritte für die KWG zu erfahren: Als Direktor eines zwar selbständigen, aber «ideell» der Gesellschaft zugehörigen Instituts wollte er sich an diesen Maßnahmen orientieren. Es gehe darum zu verhindern, formulierte er griffig, daß sich die Forschungseinrichtungen in «venezianische Paläste» verwandelten, «in deren Dachstuben der Besitzer mit kümmerlichen Resten des Hausrates eine klägliche Existenz fristet». Haber wäre nicht Haber, wenn er nicht gleichzeitig drei Auswege vorgeschlagen und diskutiert hätte. Die erste Möglichkeit, nämlich ein Rückgriff auf das Stiftungsvermögen, war seines Erachtens auch die schlechteste. Sie verbiete sich, weil realistisch keine Hoffnung auf eine baldige Besserung der ökonomischen Situation und auf größere Spenden bestehe, um das angegriffene Vermögen wiederherzustellen.

Einen zweiten gangbaren Weg erkannte er in einer Anlehnung an die Universitäten. Interessant ist, daß Haber keine Probleme damit hatte, das tragende Prinzip der KWG aufzugeben, nämlich «unter Verzicht auf die reine Forschung daneben Unterrichtsaufgaben [zu] übernehmen». Als sich Harnack in seinem Antwortbrief in diesem Punkt reserviert zeigte, widersprach Haber höflich, aber energisch: Gerade bei den drei alten Instituten, die von der Finanzierungskrise besonders betroffen seien, könnte eine geschickt konstruierte, lose Verbindung mit dem Hochschulunterricht viel bewirken.[72] Mit der Anlehnung an die Universitäten verknüpfte Haber gleich mehrere Hoffnungen: Er sah darin natürlich vor allem eine Möglichkeit, staatliche Zuschüsse zur Finanzierung der Forschungseinrichtungen zu erhalten. Darüber hinaus versuchte er auf diesem Weg auch, die Personalkosten seines Instituts zu senken: In der gegebenen Situation, schrieb er wenig später an Schmidt-Ott, müsse man sich mit Lernenden behelfen, «weil der Lernende nichts kostet, der Assistent aber wird sehr teuer.» Schließlich erkannte Haber darin auch eine Chance, die KWI akademisch aufzuwerten. Ihre Eingliederung in den Hochschulunterricht zog automatisch nach sich, daß habilitierte Wissenschaftler seines Instituts, denen er keine Titel bieten konnte, endlich zu Extraordinarien ernannt wurden. Dabei kam es ihm ausdrücklich nicht auf das Gehalt an, sondern «auf die academische Einreihung und die damit verbundene Chance auf academische Rufe».[73]

Als dritte grundsätzliche Lösung, die Finanzierungskrise der KWG zu beheben, schlug Haber eine Anlehnung an die Wirtschaft vor. Er diagnostizierte klar, daß zumindest einige Branchen Vorteile aus der Inflation zogen, was er für die Wissenschaft nutzen wollte. Dieser Weg implizierte in Habers Augen eine Reorganisation der KWG im Sinne einer «Verteilungsstelle» von Industriegeldern. Der Einfluß Moellendorffscher Vorstellungen ist nicht zu verkennen: Mit Hilfe des Reiches sollten die Berufsvertretungen der Wirtschaftszweige, die von den Forschungen der einzelnen KWI profitierten, dazu veranlaßt werden, auch regelmäßig Beiträge zu deren Unterhalt zu leisten. Dafür sollten sie die Sitze im Senat der KWG erhalten, die gegenwärtig den reichen Einzelspendern vorbehalten waren. Haber zog damit die berufsständische Konsequenz aus der Tatsache, daß sich die KWG mit ihren neuen Instituten für Eisen-, Metall-, Leder-, Textilforschung noch stärker als zuvor auf Gebiete der angewandten Wissenschaft begeben und Einrichtungen gegründet hatte, in denen die finanzierenden Industrien ausschlaggebenden Einfluß ausübten.

Haber bewies mit der Rolle, die er dem Reich bei der künftigen Finanzierung von Forschungseinrichtungen zuschrieb, durchaus politisches Gespür, das er auch bei seinen parallelen Bemühungen um die Gründung einer Notgemeinschaft der deutschen Wissenschaft aufbrachte. Das Reich, so verdeutlichte Haber in seinem zweiten Brief an Harnack, müsse ein vitales Interesse daran haben, wissenschaftlich-technische Kompetenzen zu übernehmen, wofür eine «zweifelsfreie Friedensorganisation» wie die KWG einen bestgeeigneten Ansatzpunkt darstelle.[74] Er reagierte damit als einer der ersten innerhalb der KWG auf die Veränderungen, die die Weimarer Reichsverfassung für den Sektor Bildung und Wissenschaft mit sich brachte. Freilich kam ihm diese Erkenntnis nicht urplötzlich. In der gesellschaftlichen Ausnahmesituation des Krieges hatte er in seinem Institut die fast ausschließliche Finanzierung durch öffentliche Mittel und die vorrangige Bedeutung der politischen Zentralinstanz erfahren. Nach Kriegsende war er als ein konstitutives Element des fortbestehenden Netzwerks zwischen Wissenschaft und Wissenschaftsverwaltung auch in die Diskussion einbezogen, die Männer wie Schmidt-Ott, der preußische Kultusminister Konrad Haenisch oder Carl Heinrich Becker mit ihren Schriften über die neuen Aufgaben des Reichs in Kultur und Wissenschaft eröffneten.[75]

Die Weimarer Reichsverfassung gestand zunächst mit Artikel 10 Abs. 2 dem Reich eine Rahmengesetzgebungskompetenz gegenüber den Ländern im Bereich des Schul- und Hochschulwesens und der wissenschaftlichen

Bibliotheken zu. Chancen eröffnete vor allem, sieht man von den hier nicht interessierenden Artikeln 143 bis 150 zum Schulwesen ab, der unklar gefaßte und in der Verfassunggebenden Nationalversammlung nicht weiter diskutierte Artikel 142 Abs. 2, wonach der «Staat» an der «Pflege» von Kunst und Wissenschaft teilnehme. Zeitgenössische juristische Kommentare divergierten vor allem in der Frage, ob diese Formulierung eine aktive Wissenschaftspolitik des Reiches nur erlaube oder sogar fordere, doch waren sie sich einig, daß hier die verfassungsrechtliche Einbruchstelle der Zentralinstanz lag.[76] Der feststellbare Sog einer ‹Verreichlichung› der Forschungsförderung erfolgte vor allem über die Neuordnung der Finanzverfassung, welche die Finanzhoheit des Reichs massiv ausweitete und die bisherigen Verhältnisse zwischen Reich und Ländern geradezu umkehrte: Die Ertragshoheit über alle wichtigen Steuern lag beim Reich, das außerdem über die Reichsbank und mit ihr über die Möglichkeit zur Geldschöpfung verfügte. Der Spielraum der Länder war dagegen entsprechend eingeengt, zumal sie in der Inflationszeit zu Kostgängern des Reichs wurden.[77]

Tatsächlich sollte das Verhalten der Reichsinstanzen, vor allem des Reichsinnenministers, auf der einen und des preußischen Finanzministers auf der anderen Seite bei den anstehenden Verhandlungen um öffentliche Zuschüsse an die KWG diesen grundlegenden Strukturen folgen. Die Gesellschaft dagegen mußte erst lernen, die durch die Reichsverfassung eröffneten Chancen zu nutzen. Auch in einer anderen Hinsicht zeigte Haber, daß er die Funktionsweise des neuen politischen Systems begriffen hatte und nun für die Zwecke der Forschungsförderung zu nutzen versuchte. Während die KWG in der Folge rein interne Maßnahmen auf administrativer Ebene ergriff, tat er schon sehr früh den Schritt an die Öffentlichkeit, um diese Initiativen propagandistisch zu unterstützen. In einem Brandartikel im Berliner Tageblatt von Anfang März 1920[78] verwies er auf die unverzichtbare Rolle der Forschung für die wirtschaftliche Gesundung des Landes. Da sich aber die Kosten des Wissenschaftsbetriebes gegenüber dem Vorkriegsniveau um das 14- bis 40fache erhöht hätten, stünden vor allem die vom Stiftungskapital abhängigen und nicht öffentlich finanzierten KWI vor dem nahen Ruin. Haber schloß seiner Analyse einen Appell an die Öffentlichkeit an, die deutsche Wissenschaft schnell und dauerhaft zu unterstützen.

Im Windschatten der KWG

Habers Vorstoß bei Harnack brachte die Dinge intern in Bewegung, so daß er selbst zunächst abwarten und sich auf das Krisenmanagement in seinem Institut beschränken, vor allem aber auf die Gründung der Notgemeinschaft der deutschen Wissenschaft konzentrieren konnte, die er maßgeblich vorantrieb. Der Verwaltungsausschuß der KWG, der am 17. 2. 1920 über den Haushaltsplan für 1920/21 beriet[79], orientierte sich in seinen Beschlüssen an den von Haber aufgezeigten drei Lösungsmöglichkeiten: Erstens wurde der Rückgriff auf das Vermögen der KWG ebenfalls nur als letzter Ausweg in Betracht gezogen. Zweitens sollte die Frage überprüft werden, ob die KWI akademische Lehrverpflichtungen übernehmen könnten. Aus Habers drittem Punkt, einer verstärkten Anlehnung an die Wirtschaft durch eine berufsständische, vom Reich veranlaßte Reorganisation der KWG, eliminierte der Verwaltungsausschuß freilich sämtliche Moellendorff-ähnlichen Anklänge und gab statt dessen zwei neue Richtlinien vor: Zum einen wollte man den Verein zur Förderung der chemischen Forschung dazu überreden, das KWI für Chemie ganz zu übernehmen. Zum anderen wurde Harnack ermächtigt, mit dem Reich und mit Preußen über einen Zuschuß zur Finanzierung der KWG zu verhandeln.

Peter-Christian Witt hat jüngst Harnacks weitere Schritte detailliert rekonstruiert und sich auch einer deutlichen Bewertung nicht enthalten, als dieser in seiner Denkschrift an den preußischen Finanzminister vom 20. Mai 1920 in anmaßendem und deutlich republikfeindlichem Ton den «auf so anderer Grundlage errichteten Staat von heute» dazu aufforderte, durch Übernahme des nicht weiter begründeten und spezifizierten Fehlbetrags der KWG seine «Dankesschuld» gegenüber der Gesellschaft abzutragen, wozu er moralisch verpflichtet sei. Der Antrag scheiterte unvermeidlich schon an seiner formalen Unzulänglichkeit, vor allem am mangelnden politischen Gespür seines Verfassers, der im konservativen Politikverständnis des Kaiserreichs befangen blieb und sich später auch offen dazu bekannte: Er habe generell versucht, «so viel Güter der Vergangenheit auf den neuen Boden zu verpflanzen als irgend möglich».[80]

Die KWG-Spitze war sich andererseits der gewandelten Bedeutung des Reichs für die Wissenschaftsfinanzierung bewußt. Harnack sandte das Memorandum auf Anregung des Verwaltungsausschusses abschriftlich an den Reichsinnen- und Reichsfinanzminister mit der Bitte, «*auch von Reichs wegen* die Gesellschaft in den Stand zu setzen, ihre großen wissenschaftlichen Unternehmungen fortzusetzen.»[81] Das war die Rettung des Antrags, denn das Reich realisierte die mit der Notlage der KWG verbundene Chance, seine bislang erst auf dem Papier bestehende neue Kompetenz im Wissenschaftssektor einzulösen. Schließlich war auch die Eingabe der fünf Akademien an die Nationalversammlung vom Februar 1920, in der sie drei Millionen Mark für wissenschaftlich-kulturelle Zwecke im Etat des Reichsinnenministeriums beantragten, nur an der Formalie gescheitert, daß sie zuvor nicht im Haushaltsausschuß erörtert worden war.[82] Während sich also das preußische Finanzministerium monatelang weigerte, die Denkschrift des KWG-Präsidenten überhaupt zur Kenntnis zu nehmen, signalisierte sein Pendant auf Reichsebene nur drei Wochen nach Antragstellung Wohlwollen. Reichsfinanzminister Wirth erklärte gegenüber Harnack, er sei «grundsätzlich nicht abgeneigt», der KWG einen Zuschuß aus Reichsmitteln zu gewähren, und begründete dies mit dem Interesse, welches das Reich der ungestörten Forschungsarbeit verschiedener KWI entgegenbringe. Allerdings müsse Preußen den Antrag stellen.[83]

Zehn Tage später, am 22. 6. 1920, fand im Reichsinnenministerium eine Reich-Länder-Konferenz statt, in der die Aufgaben des Reichs zur Behebung der finanziellen Notlage der Wissenschaft verhandelt wurden. Zwar ging es vor allem um die Notgemeinschaft der deutschen Wissenschaft, doch hatte die Besprechung grundsätzliche Bedeutung auch für die Situation der KWG einschließlich des selbständigen Haber-Instituts.[84] Die Besprechung fand, was die tonangebenden Personen anging, in der gewohnten, von der Revolution und dem politischen Systemwechsel unbeeindruckten personalen Besetzung statt. Haber gehörte in seiner Funktion als KWI-Direktor zu diesem Kreis dazu und nutzte aktiv die Möglichkeiten, die sich aus der unveränderten politisch-sozialen Vernetzung von KWG und Wissenschaftsverwaltung ergaben. Er konferierte mit denselben Personen wie vor und während des Krieges: mit Theodor Lewald, Staatssekretär des Reichsinnenministeriums, der bereits im damaligen Reichsamt des Innern aktiv mit der Gründung der Gesellschaft befaßt gewesen war und der 1920 gar erwog, ein Reichskommissariat für Wissenschaft unter Schmidt-Ott zu errichten; von seiten des preußischen Kultusministeriums mit Staatssekretär Carl Heinrich Becker und mit Hugo Krüss, der hier die neue Kulturabteilung des RMI vertrat, zu der er von Ende 1919 bis einschließlich September 1920 abgeordnet war, und der danach zum Unterabteilungsleiter der Hochschulabteilung avancierte; schließlich von seiten der KWG mit ihrem alten wie neuen Präsidenten Adolf von Harnack, mit Max Planck, seit 1916 Senatsmitglied, und natürlich mit dem allgegenwärtigen Friedrich Schmidt-Ott, dem letzten preußischen Kultusminister der Kaiserzeit, inzwischen designierter Präsident der Notgemeinschaft und zweiter Vizepräsident der Gesellschaft.

Eine derartige Konstellation erleichterte die Belange der KWG enorm: Eine ‹konzertierte Aktion› setzte sich in Gang, die sich nun einerseits darum bemühte, die bislang völlig ignorierten Parlamente zu gewinnen, und die andererseits die wohlwollenden Reichsminister für ihre Interessen einspannte: Finanzminister Wirth wandte sich an seinen preußischen Kollegen und unterstrich seine grundsätzliche Bereitschaft, die KWG auch aus Reichsmitteln zu unterstützen. Reichsinnenminister Koch ließ sich sogar das schriftlich fixierte Eingeständnis entlocken, daß die Notlage der Gesellschaft «besonderer und dringlicher Maßnahmen» bedürfe.[85] Haber schlug in dieselbe Kerbe und ergriff in diesen Sommerwochen eine eigene Initiative auf höchster Ebene. Am 1. oder 2. August führte er in Begleitung von Eduard Wildhagen mit Wirth eine persönliche Unterredung. Dabei ging es vorrangig um die Höhe der Reichsmittel, die die Notgemeinschaft für ihre Zwecke erhalten würde. Haber gelang es, Wirths «vollstes Verständnis für die Not der deutschen Wissenschaft» zu erreichen, was der KWI-Direktor als positives Omen auch für die Hilfszusage gegenüber der KWG bewertete. Nach Habers Beobachtung war die Bereitwilligkeit des Reichsfinanzministers ausschließlich seinem Zutrauen in die künftigen Erfolge der Chemie zu verdanken, so daß auch die Chancen für das physikalisch-chemische Institut nicht schlecht standen.[86]

Die konzertierte KWG-Aktion scheiterte jedoch vorerst am preußischen Finanzminister, auf dessen Haltung es angesichts des Finanzierungsmodus und Sitzlandes der KWI in erster Linie ankam. Hermann Lüdemann, der nach dem Kapp-Putsch ins Amt gekommen war, stand politisch und gesellschaftlich außerhalb des alt-neuen Netzwerks. Dem linken Sozialdemokraten mußte das monarchistische Getöse der KWG mißfallen. Sachlich aber lag er mit seinen Amtsvorgängern aus der Kaiserzeit ganz auf einer Linie und fand deren schlimmste Befürchtungen nun bestätigt: Die Gesellschaft stand an, den sehr bedrängten preußischen Staatshaushalt zu belasten.[87] Die Besprechung am 7. 8. 1920[88], an der erstmals auch ein Vertreter der preußischen Finanzverwaltung teilnahm, war daher für die Promotoren der KWG-Hilfsaktion desillusionierend. Der Vorstoß des Reichsfinanzministers, ein Drittel des Fehlbetrages im Haushaltsjahr 1920/21 zu übernehmen, wenn Preußen die Begleichung der anderen zwei Drittel zusage, stieß auf taube Ohren bzw. die nicht inkonsequente Argumentation, die Gesellschaft sei ja gerade gegründet worden, um die überlastete staatliche Wissenschaftsförderung von privater Seite zu ergänzen. Lüdemann wiederholte seine Sichtweise danach in zahlreichen Konferenzen und amtlichen Schreiben. «Wozu das Preußen einer früheren, wirtschaftlich günstigen Zeit nicht für befähigt gehalten werden konnte, das kann füglich jetzt dem zusammengebrochenen und verarmten Staat nicht zugemutet werden», folgerte er schlüssig. Er verwies die KWG zum einen an das Reich, da ja die Forschungen ihrer Institute, so die gesellschaftseigene Argumentation, «dem Wiederaufbau des ganzen nationalen Wirtschaftlebens» und der «Aufrechterhaltung der wissenschaftlichen Geltung Deutschlands überhaupt in der Welt» zugute kämen. Zum anderen konnte Lüdemann nicht umhin, die KWG und besonders auch das Haber-Institut an ihre industriellen Mitglieder und Förderer zu verweisen: Schließlich befänden sich hier die «in den letzten Jahren zu großem Wohlstand gekommenen Kreise[n].»[89]

Bei dieser wie den folgenden Unterredungen ging es stets neben der KWG auch um das physikalisch-chemische Institut Habers. Staatssekretär Beckers erstmals am 7. 8. 1920 geäußerter Kompromißvorschlag, Reich und Preußen sollten sich die Mittel für die Begleichung des Defizits teilen, bezog sich ebenfalls auf beide Einrichtungen. Es ging inzwischen um einen ungedeckten Fehlbetrag von insgesamt 3,6 Millionen Mark, von denen mindestens eine halbe Million auf das Haber-Institut entfiel. Der KWI-Direktor war bei dieser wichtigen, wenngleich ergebnislosen Besprechung anwesend und beteiligte sich mit einer längeren Wortmeldung. Geschult in der Argumentation für die Notgemeinschaft, betonte er auch hier, wie sehr die wirtschaftliche und finanzielle Gesundung Deutschlands vom wissenschaftlichen Fortschritt auf allen Gebieten abhänge. Er hob dabei wie in seinen späteren Bemühungen ganz auf die signalisierte grundsätzliche Hilfsbereitschaft der Reichsministerien ab.

Das weitere Tauziehen zwischen dem preußischen Finanzministerium auf der einen, dem Kultusministerium und den befaßten Reichsministerien auf der anderen Seite braucht hier nicht weiter im einzelnen nachgezeichnet zu werden.[90] Festzuhalten bleibt zweierlei: Das Reichsinnenministerium war, unterstützt vom Finanzressort, erfolgreich bestrebt, die diversen Zuwendungen, die einzelne Reichsressorts bereits verschiedenen KWI zukommen ließen, ohne daß diese schleichende Reichsfinanzierung Thema grundsätzlicher politischer Erörterungen geworden wäre, unter seiner Federführung zu konzentrieren. Eine Aufstellung vom September 1920 ergab, daß einmalige und laufende Zahlungen vom Reichswirtschaftsministerium (an die KWI für Faserstoffchemie bzw. Metallforschung und die Aerodynamische Versuchsanstalt), vom Reichsinnenministerium (an das KWI für Arbeitsphysiologie) und vom Auswärtigen Amt (für die Zoologische Station in Rovigno) geleistet wurden.[91] Nun etablierte sich das Innenministerium auf Reichsebene als einziger Ansprechpartner in Sachen Wissenschaftsförderung, so daß Haber nach Ausweis der erhaltenen Quellensplitter seine Bemühungen um die Rettung seines Instituts konsequent auf dieses konzentrierte.

Zum zweiten war auch das grundsätzlich wohlmeinende Reichsfinanzministerium der Ansicht, daß die bislang lapidare Rechnungsführung der KWG «nicht den an eine ordnungsmässige Etataufstellung zu stellenden Anforderungen» entsprach. Es forderte daher eine vollständige Übersicht über die Einnahmen und Ausgaben sämtlicher zur Gesellschaft gehöriger Institute, um die Höhe eines potentiellen Reichszuschusses überhaupt abmessen zu können.[92] Für das physikalisch-chemische KWI hatte ein interner Vermerk des Kultusministeriums bereits für das Rechnungsjahr 1917/18 moniert, die Haushaltsaufstellung lasse nicht erkennen, «daß die Einnahmen und Ausgaben auf Grund feststehender Titel eines Voranschlags erfolgen.» Den Bearbeiter überkam der böse Verdacht, es bestehe bisher gar kein fester Etat für die Fonds des Friedensinstituts.[93] Die Rechnungsführung des Haber-Instituts war daraufhin reorganisiert worden, doch blieben Unzulänglichkeiten bestehen, die Zweifel an der korrekten Erhebung des Defizits nähren. Andererseits fällt der Nachweis eines eventuell zu generösen Umgangs mit den Einnahmen und Ausgaben angesichts der Intransparenz der Veränderungen im Institutsvermögen und der sich beschleunigenden Inflation mit immer neuen Zahlenreihen und Aufstellungen schwer. Auf jeden Fall erwies sich der mit 500 000 Mark veranschlagte Fehlbetrag für das Haushaltsjahr 1920/21, mit dem die Reichsbehörden hartnäckig rechneten, als viel zu niedrig. Er lag am 1. 8. 1921 bei 1,95 Millionen.[94]

Im März 1921 gelang der KWG nach den Aufregungen des Vorjahres «fast lautlos und ganz undramatisch»[95] der Durchbruch zu einer paritätischen Finanzierung durch Reich und Staat. Beide stellten einen Zuschuß von einer Million Mark für 1920 bindend in Aussicht. Einmal verankert, trat damit ein gewisser Bewilligungsautomatismus in Gang, der von Jahr zu Jahr fortgeschrieben wurde und die KWG zu einer überwiegend öffentlich finanzierten Gesellschaft machte, für deren Existenz Vermögenseinnahmen kaum noch Bedeutung hatten. Für das Rechnungsjahr 1921/22 etatisierten Reich und Preußen je 1,5 Millionen für die KWG und stellten Ende 1921 dieselben Summen in Aussicht.[96] Interessanterweise offenbarte das Reichsinnenministerium gegenüber dem KWG-Generalsekretär Glum auch gleich sein großes «Verständnis» dafür, die Gesellschaft «keiner zu strengen fiskalischen Kontrolle durch die beiden Finanz-Ministerien» auszusetzen, «damit sie Mittel für neue Aufgaben frei behalte.»[97] Der Preis, den die KWG dafür zu bezahlen hatte, war, daß den öffentlichen Geldgebern das ursprüngliche Recht des Protektors zufiel, die Hälfte der 32 Senatoren zu ernennen. ‹Entschärft› wurde diese Bestimmung gleich dadurch, daß fünf aus dem Kreis der KWG-Mitglieder stammen mußten.

Im Windschatten der Gesellschaft profitierte das Haber-Institut von der gefundenen Regelung. Grundsätzlich war man sich intern einig, daß es künftig ebenfalls von Reich und Preußen zu gleichen Teilen bezuschußt werden sollte.[98] Außerdem wurde es wie das KWI für Chemie in die universitäre Ausbildung fortgeschrittener Chemiestudenten einbezogen. Noch bevor Haber im Sommersemester 1921 zum Ordentlichen Professor avancierte, kündigte er erstmals im Wintersemester 1920/21 «Chemische und physikalische Untersuchungen im KWI für physikalische Chemie» an, Montag bis Freitag 9–17 Uhr, Sonntag 9–13 Uhr, die er bis ins Wintersemester 1924/25 fortführte. Das Vorlesungsverzeichnis kennzeichnete sie zumeist als «prss.», privatissime, d. h. als entgeltpflichtige Übungen, in denen sich der Student selbst betätigte.[99] Zielgruppe waren Doktoranden, die unter Anleitung ihre Dissertationen anfertigten, vielleicht auch frisch promovierte Chemiker, die sich weiter qualifizieren wollten. Damit war dem preußischen Staat ein unmittelbarer Anlaß gegeben, sich finanziell am Unterhalt des Haberschen Instituts zu beteiligen. Nach der Konsolidierung der Situation sollte die Veranstaltung ab dem Sommersemester 1925 entfallen, doch behielt Haber die Prüfungsberechtigung.

Das Reichsinnenministerium stellte dem KWI zunächst zur Deckung der Fehlbeträge 1920 und 1921 je 500000 Mark aus Mitteln der Notgemeinschaft zur Verfügung.[100] Haber hatte Bedenken, diese Summen von der Notgemeinschaft direkt zu erhalten, und wollte «Mißdeutungen» umgehen, er beschaffe sich aus seiner eigenen Gründung bevorzugt Gelder für sein Institut. Er dachte sogar daran, als stellvertretender Vorsitzender der Notgemeinschaft zurückzutreten. Auch Schmidt-Ott hatte Hemmungen und wollte jeden Anschein vermeiden, gerade Habers Institut besondere Vorteile zu sichern, zumal er besorgt war, dann exorbitanten Forderungen der Universitäten und anderer Institute ausgesetzt zu sein. Es wurde ein Ausweg gefunden, der die befürchteten Mißverständnisse durch einen einfachen Kniff umging, sich aber auch grundsätzlich als zukunftsweisend herausstellen sollte. Das Geld wurde an die KWG überwiesen, die es dann an das Haber-Institut weiterleitete.[101]

Damit war das grundlegende Finanzierungsproblem des physikalisch-chemischen KWI freilich nicht gelöst. Allerdings zeigte das Reichsinnenministerium, und hier vor allem der Leiter seiner kulturpolitischen Abteilung, Ministerialrat Max Donnevert (1872–1936), der unter 16 Innenministern in 18 Kabinetten ein unerschütterliches, KWG-freundliches Element der Stabilität verkörperte[102], schon Ende 1921 ausdrückliche Bereitschaft, auch künftig für das Habersche KWI einen besonderen Zuschuß zusätzlich zu den der KWG bewilligten Mitteln durchzusetzen. Donneverts Zuversicht gründete auf die außerordentliche Wertschätzung des Instituts durch Reichsregierung und Reichstag.[103] Für den 2. 3. 1922 wurde eine grundsätzliche Besprechung zwischen Haber und dem ihm gewogenen Ministerialrat anberaumt. Das Institut beschäftigte zu diesem Stichtag noch einen Abteilungsleiter (Freundlich), acht Assistenten (Knipping, Jaenicke, Zisch, Boehm, Matthias, Stern, Zocher, Kautsky) und 15 sonstige Angestellte (drei Laboranten, eine Hilfslaborantin, eine Telefonistin, drei Sekretärinnen, drei Spülfrauen und je einen Hausmeister, Mechaniker, Schlosser und Gärtner). Die Hälfte der Assistenten verdiente weniger als der Schlosser- und der Mechanikermeister.[104]

Haber legte Donnevert die finanzielle Situation seines immer noch selbständigen Instituts dar.[105] Er veranschlagte den Personaletat für das Rechnungsjahr 1922/23 auf 700000 Mark, was eine Verdoppelung gegenüber dem Vorjahr bedeutete; der mit 1,64 Millionen angegebene Sachetat belief sich wegen der gestiegenen Groß- und Kleinhandelspreise sogar auf das Dreifache. Diese 2,34 Millionen Papiermark entsprachen jedoch nur noch einer Goldmarksumme von 46800; der Vorkriegsetat hatte 70000 Goldmark betragen. Haber erwartete folglich für das Rechnungsjahr 1922/23 bei einer grundsätzlich unveränderten Einnahmesituation ein Defizit von über zwei Millionen Mark. Das bedeutete zum einen, daß, griffe man zur Begleichung des Fehlbetrags auf das Institutsvermögen von seinerzeit vier bis fünf Millionen Mark zurück, der Bestand des KWI nur noch zwei Jahre gesichert war, ein Innehalten des Inflationsprozesses vorausgesetzt. Das bedeutete aber zum anderen auch, daß die bisherige Praxis, die Defizite durch die Notgemeinschaft zu decken, nicht mehr gangbar war.

Donnevert sagte Haber umgehend «ein großes Interesse» der Reichsregierung an der Erhaltung seines Instituts zu. Die bei der KWG gefundene Lösung diente nun als Modell: Es sollte unbedingt versucht werden, auch Preußen zur Deckung des Defizits heranzuziehen. Der Ministerialrat zeigte drei Wege auf, um dies zu erreichen. Dabei kam es Donnevert nicht zuletzt auch darauf an, den Einfluß des Reichs in den Gremien des physikalisch-chemischen Instituts zu etablieren. Er verlangte daher unumwunden eine angemessene Vertretung im Kuratorium. Die drei benannten Möglichkeiten waren:

erstens der Anschluß des Haberschen Instituts an die KWG unter Verlust seiner Selbständigkeit, um so an den Zuschüssen des Reichs und Preußens an die Gesellschaft zu partizipieren;

zweitens die Erfassung des KWI unter einem eigenen Etattitel im Reichshaushalt unter der Voraussetzung, daß sich Preußen dazu verpflichte, die andere Hälfte aufzubringen;

drittens und bevorzugt die Verpflichtung der Notgemeinschaft, aus den ihr vom Reich bewilligten Mitteln das Defizit des Haber-Instituts zu decken.

Haber erklärte sich nolens volens mit allen drei Möglichkeiten einverstanden, schien aber die erste zu bevorzugen. Er erklärte, zwar ungern die Selbständigkeit des Instituts zu verlieren, aber durchaus zum Beitritt in die KWG bereit zu sein. Eine wichtige Weichenstellung erfolgte dann nicht einmal drei Wochen später, als Haber und Donnevert anläßlich der Hauptausschußsitzung der Notgemeinschaft übereinkamen, die noch nicht gedeckten Fehlbeträge der Jahre 1920 und 1921 dem Institutsvermögen zu entnehmen. Die anteilige Bezuschussung des KWI durch Reich und Preußens sollte erst von 1922 an realisiert werden.[106]

Obwohl Haber den Weg 1, das Reichsinnenministerium den Weg 3 bevorzugten, verlief die weitere Entwicklung zunächst nach dem in Lösung 2 vorgegebenen Muster: Der Fehlbetrag des rechtlich selbständigen KWI sollte paritätisch von Reich und Preußen aufgebracht, das KWI dafür als eigener Titel im Etat des Reichsinnenministeriums erfaßt werden. Warum dieser Weg eingeschlagen wurde, wird aus den Quellen nicht deutlich: Vielleicht war es der Wunsch des preußischen Finanzministers. Möglicherweise bot sich diese Lösung auch als verwaltungstechnisch schnellstes Vorgehen an, da sich gerade im Sommer 1922 das Inflationstempo sprunghaft beschleunigte (Dollarstand im Juli: 493 Mark, im August: 1135 Mark). Auf jeden Fall wandte sich Haber Anfang August mit der Bitte an das preußische Kultusministerium, seinen beabsichtigten Zuschuß für das Institut doch gleich auf drei Millionen Mark Augenblickswert zu erhöhen und sich dafür einzusetzen, daß vom Reich ebenfalls drei Millionen zugewendet würden. Seinen Berechnungen zufolge war inzwischen das Institutsvermögen in Papiermark bis Jahresende mit Sicherheit entwertet, die Auflösung des KWI dann zwingend.[107]

Von preußischer Seite verlief alles reibungslos. Nur zwei Wochen nach Habers Brief beantragte Becker drei Millionen als preußischen Staatszuschuß.[108] Unter der Voraussetzung einer Beteiligung des Reichs in gleicher Höhe wurden sie Anfang Oktober zur Deckung der Fehlbeträge des Haberschen Instituts im Jahr 1922 sofort außerplanmäßig überwiesen (der KWG 11,2 Millionen). Die gleichen Summen waren für das Extraordinarium des Staatshaushalts 1923 vorgesehen.[109] Schwierigkeiten traten hingegen ausgerechnet von seiten des Reichs auf. Das Reichsinnenministerium hatte Ende August 1922 ebenfalls drei Millionen als Zuschuß zur Deckung des Defizits des KWI unter seinem Etat angefordert.[110] Hinzu kam jedoch gleichzeitig eine Erhöhung der Zuwendungen für die Notgemeinschaft, die in kürzester Zeit von den vorgesehenen 100 Millionen auf 150 bzw. 200 Millionen heraufgesetzt wurden, sowie weitere Zuschüsse an die Reichszentrale für naturwissenschaftliche Berichterstattung und das Institut für Weltwirtschaft in Kiel. Diese vier Einzelposten wurden nun vom Reichsfinanzminister beanstandet, genauer gesagt: die Anforderungen für die Notgemeinschaft und die Reichszentrale wurden «bemängelt», die für das KWI und das Kieler Institut «grundsätzlich bestritten». Sie sollten neu überprüft werden.[111]

Hinter dieser plötzlichen Verkehrung der bisherigen Fronten steckten offenbar vor allem die finanzpolitischen Verpflichtungen, welche die Alliierten der Reichsregierung mit Hinblick auf die Reparationszahlungen auferlegt hatten. Er könne, wie Reichsfinanzminister Andreas Hermes gegenüber Schmidt-Ott erklärte, «mit Rücksicht auf die Entente [...] in S[achen] Bewilligungen nicht weiter gehen.» Dies hieß im Klartext, er war daran gehindert, immer neue, kostenaufwendige Titel in den Etat des Reichsinnenministeriums aufzunehmen. Der Ausweg aus dieser Klemme lag auf der Hand: Nichts sprach gegen eine Erhöhung der bestehenden Titel, und Hermes sagte auch gleich zu, in diesem Fall «keinerlei Schwierigkeiten» zu machen.[112] Die Zeit drängte: Der KWI-Direktor drohte für den Fall der Nichtbewilligung der Reichsmittel mit seinem Rücktritt. Reichsinnenminister Adolf Köster führte gar, allerdings ohne es direkt zu benennen, Habers Meergoldprojekt ins Feld. Er machte Hermes darauf aufmerksam, daß die Öffentlichkeit die Haltung des Reichs nicht verstehen würde, wenn es «in einem Augenblick, in dem Forschungen wichtiger Art allem Anschein nach vor dem Abschluß stehen, die im Verhältnis zum Nutzen dieser Forschungsergebnisse bescheidenen Mittel versagen wolle.»[113]

Da eine paritätische Bezuschussung des Haber-Instituts durch Reich und Preußen wie im Modellfall KWG inzwischen beschlossene Sache war, stand damit de facto nur noch die von Donnevert im März benannte Möglichkeit 1 zur Verfügung: die Angliederung von Habers KWI an die Gesellschaft unter Verlust seiner Selbständigkeit. Dieser Schritt ist merkwürdigerweise archivalisch nicht belegt bzw. nur indirekt zu ermitteln. Man weiß, daß noch 1922 im Einvernehmen mit der Koppel-Stiftung eine neue Institutssatzung in Auftrag gegeben wurde. Ob sie je fertiggestellt wurde, ist zweifelhaft. Eine Aufstellung des Reichsinnenministeriums von Anfang 1927, die alle KWI verzeichnete, fügte hinter dem Haberschen Institut eigens den Zusatz an: «besitzt keine Satzung». In den Archiven ist auch nie ein derartiges Statut gefunden worden. Vielleicht verfuhr man nach dem Gewohnheitsrecht weiter wie zuvor.[114]

Unbekannt ist sogar das genaue Datum der Übernahme des Haberschen KWI in die Gesellschaft. Das Reich und Preußen überwiesen zwar schon im Dezember 1922 ihre je drei Millionen Mark für das physikalisch-chemische Institut an die KWG, doch war die Übernahme formal mit ziemlicher Sicherheit noch nicht vollzogen.[115] Ab Januar 1923 wandte sich Haber in allen finanziellen Angelegenheiten direkt an Generalsekretär Glum.[116] Mit guten Gründen könnte man auch annehmen, daß die Übernahme zum Beginn des neuen Haushaltsjahrs, also zum 1.4. 1923 erfolgte.[117] Mitte Mai 1923 fand jedenfalls die Bildung eines neuen Kuratoriums statt, das den Eintritt in die KWG reflektierte. Es hatte von nun an sieben Mitglieder: fünf Repräsentanten des Senats der KWG und je einen Vertreter des preußischen Kultusministeriums bzw. des Reichsinnenministeriums. Der Senat wählte als seine Vertreter Glum, Harnack, Koppel, Schmidt-Ott und Willstätter. Das Kultusministerium entsandte Krüss, das Reichsinnenministerium schickte Donnevert.[118] Das alte politisch-wissenschaftliche Netzwerk bestand also unverändert fort.

Durch seine Aufnahme in den Verband der KWG befand sich das physikalisch-chemische Institut in einer ganz anderen Lage als beispielsweise das von der Industrie mitfinanzierte Schwesterinstitut für Chemie. Duisberg hielt in diesen Wochen Forschungsinstitute für «mehr Ehrensache als zwingendes Bedürfnis», eine Luxusangelegenheit, deren Gründung und Erhaltung in guten Tagen legitim, in schlechten aber nicht gerechtfertigt sei.[119] Während die Schließung des chemischen KWI ernsthaft erörtert wurde, stand die Fortexistenz des physikochemischen Instituts im Windschatten der KWG praktisch nicht in Frage. Das hieß nun nicht, daß die Bewältigung des inflationären Alltags reibungslos verlief. So bewirkte die mit dem Ruhrkampf einsetzende Hyperinflation, daß das Institut bereits im Februar 1923 wieder ohne Betriebsmittel dastand.[120] Immer wieder kam es vor, daß Haber die Wochengehälter seiner Mitarbeiter nicht bezahlen konnte, so daß er im Oktober 1923 seine zweite Atlantikexpedition mit dem Stoßseufzer antrat: «Guter Glum, gib Geld.»[121] Andererseits schaffte er es auch, in letzter Sekunde private Spenden aufzutreiben und damit sogar eine zeitweilige Schließung des Institutsbetriebs durch Zwangsferien für alle Mitarbeiter zu verhindern.[122]

Generell griff dagegen auch für das Habersche Institut der von Witt festgestellte Bewilligungsautomatismus, sobald die KWG einmal im Reichshaushalt verankert war. Der preußische Finanzminister mochte gelegentlich versuchen, eine transparentere Geldwirtschaft bei der KWG dadurch zu erzwingen, daß er eine weitere Erhöhung der Zuschüsse vorerst verweigerte. Seinen Vorstößen fehlte allein dadurch der nötige Nachdruck, als während der Inflationszeit auch die Länderausgaben überwiegend durch Reichsmittel finanziert wurden. Außerdem veranlaßten die öffentlichen Geldgeber die KWG immer wieder dazu, weitere Verpflichtungen zu übernehmen. Als daher nach Einführung der Rentenmark auch der Reichsfinanzminister damit drohte, die Zuwendungen an die Gesellschaft ganz einzustellen, stellten zwar Harnack, Glum und Mendelssohn «Richtlinien für einen Liquidationsplan» auf, schrieben aber offen im Vorspann, daß «kaum daran gezweifelt werden kann, dass Reich und Staat auch in Zukunft die Kaiser-Wilhelm-Gesellschaft und ihre Institute in ausreichendem Masse unterstützen werden». Sie hatten, bei allem erbitterten Kampf in der Stabilisierungsphase im einzelnen, mit ihrer kühlen Einschätzung der Lage völlig recht.[123]

Freilich ging das Haber-Institut in personeller wie sachlicher Hinsicht nicht unbeschadet durch die Inflationszeit. Im März 1923 stellte es mit 330 Millionen Mark den größten Ausgabenposten innerhalb der KWG dar, von denen 88,5 Millionen auf den Personal-, 241,5 Millionen auf den Sachmitteletat entfielen.[124] Für denselben Monat existiert ein von Herbert Freundlich erstellter Vergleich der jährlichen Institutsausgaben mit Stand März 1919 und März 1923 auf Goldmarkbasis, der die wahre Situation widerspiegelt.[125] Unter den Sachmitteln waren demnach nur die Ausgaben für Kohle, Gas und Wasser gleichgeblieben (rund 24000,–), sonst aber drastisch gesenkt worden: die Ausgaben für die Werkstätten von 8500,– auf 1600,–; für die Bibliothek von 7300,– auf 3000,–; für neue Apparate gar von 55000,– auf 3100,–. Die Ausgaben für Chemikalien fielen von knapp 27000 auf 14000 Goldmark, entsprechend einem Pro-Kopf-Verbrauch von ursprünglich 2000,– (1914) auf 1400,– (1919) und 310,– (1923). Allerdings sind sowohl für Apparate wie für Chemikalien die enormen Vorräte aus den Beständen des Kriegsinstituts in Rechnung zu stellen, die erst 1923 ganz verbraucht waren und durch Neuanschaffungen ergänzt werden mußten.

Die Ausgaben für Gehälter zeigen mit fast 99000 Goldmark deutlich die Scheinblüte des Jahres 1919, hatten sie fünf Jahre zuvor doch nur 23500,– betragen. Im März 1923 sank die Summe dagegen auf 17700,–. Das Institut umfaßte allerdings bereits wieder drei Abteilungen mit je einem Leiter, hatte also seinen Tiefpunkt vom Vorjahr mit nur zwei Abteilungen (Haber, Freundlich) bereits überschritten. Die Zahl der Assistenten betrug 1923 allerdings nur sieben, die der sonstigen Angestellten 18. Vier Jahre zuvor hatten noch sechs Abteilungsleiter, elf Assistenten und 35 sonstige Angestellte im KWI gearbeitet. Auf der anderen Seite stieg im selben Zeitraum die Zahl der unbesoldeten Mitarbeiter, die zum Teil sogar noch die Kosten für ihren Bedarf an Chemikalien und Apparaten selbst trugen, von fünf nach Kriegsende auf 35. In Hinblick auf die finanzielle Gesamtsituation war die Zahl der Festangestellten mit 28 im Jahr 1923 im Grunde erstaunlich hoch. Betrachtet man allein die Mitarbeiter mit wissenschaftlicher Qualifikation, so ergibt sich, daß 1923 sogar mehr Wissenschaftler am KWI arbeiteten als 1919, nämlich 45 gegenüber 23 vor vier Jahren. Auf diese Weise konnten freilich Forschungen fortgeführt werden, die sonst als nicht finanzierbar hätten eingestellt werden müssen. Andererseits gingen Erhalt bzw. Ausbau des wissenschaftlichen Potentials des Haber-Instituts eindeutig auf Kosten vor allem zweier Gruppen: junger Nachwuchswissenschaftler, die als schwächste Glieder der Kette an jede Möglichkeit zur Weiterqualifizierung gebunden waren; zweitens auch ausländischer Wissenschaftler. Ein maßgeblich von Haber inspirierter Beschluß der KWG vom März 1922 schrieb vor, daß Ausländer in Devisen zu entrichtende Gebühren für ihre Arbeit an einem ihrer Institute zahlen mußten. Die KWI erwiesen sich in der Folge konsequent ‹ausländerfreundlich›: Bis zu 50 % ihrer Wissenschaftler waren keine deutschen Staatsbürger.[126] Zu den offiziell unbesoldeten Mitarbeitern zählten allerdings wohl auch Wissenschaftler, für die, wie etwa im Falle des noch darzulegenden Meergoldprojekts, industrielle Sponsoren ganz oder teilweise aufkamen.

Im Fazit überstand das physikalisch-chemische KWI die Inflationszeit bei allen Einbußen im einzelnen dank des nicht ungeschickten Taktierens seines Direktors und der insgesamt KWG-günstigen Konstellation in den befaßten Behörden relativ glimpflich. Auch die anschließende Stabilisierungskrise war letztlich wenig dramatisch, war doch nun die Finanzierung über den Etat der KWG gesichert, während bei der Gesamtgesellschaft die öffentlichen Hände die vorrangige Trägerschaft übernahmen. Daneben stand es jedem Institutsdirektor offen, sich bei privaten Geldgebern um weitere Zuschüsse zu bemühen. Haber gelang es hier, an alte Bande anzuknüpfen: Er erinnerte sich an Koppels Schenkung von 1916, dem Institut ab 1921 zehn Jahre lang 35 000 Mark zu zahlen, die dem Inflationsprozeß zum Opfer gefallen und seit 1923 nicht mehr gezahlt worden waren. Der KWI-Direktor konnte seinen traditionellen Förderer, dessen Vermögenslage während und nach der Inflation aus Quellenmangel völlig unbekannt ist, dazu überreden, seine Zusage aufzuwerten. Koppel stellte dem Institut, beginnend mit dem 1. 10. 1925, zehn Jahre lang einen Zuschuß von 15 000

Reichsmark «zur Abgeltung aller noch bestehenden Verpflichtungen» zur Verfügung. Die KWG sprach ihrem Senatsmitglied Koppel ihren «wärmsten Dank» aus.[127] Damit waren die alten Zeiten fast wiederhergestellt.

3. Das Meergoldprojekt

«Das Gold ist ein herzlich wenig verwendbares Metall. Es eignet sich zu Schmuck und zu Zahnplomben [...]»[128] Mit diesen dürren Worten charakterisierte Fritz Haber den Wert des Goldes aus der Sicht der Chemikers: Gold ist für den Wissenschaftler vergleichsweise uninteressant, da es als Edelmetall nur wenige Reaktionen eingeht. Und doch sollte dieses Element sechs Jahre lang den geheimen Mittelpunkt von Habers Forschungen bilden, dem sich alle anderen Vorhaben unterordneten. Im Frühjahr 1920 überraschte er einen Kreis jüngerer Mitarbeiter mit dem Vorhaben, das Goldvorkommen im Meerwasser eingehend zu untersuchen. Sie bildeten die geheime Abteilung M des KWI.[129]

Der Hintergrund für Habers plötzliches Interesse am Gold glich den Motiven, die sein Engagement für die deutsche Kriegführung bestimmt hatten. Er stellte seine Fähigkeiten als Wissenschaftler bedingungslos dem Staat zur Verfügung, um Deutschland aus einer existentiellen Notlage zu verhelfen. Diesmal waren es die alliierten Reparationsforderungen, die ihn zu seiner Initiative veranlaßten. Der Versailler Vertrag, der die weitreichenden Wiedergutmachungsansprüche der Sieger festgelegt und mit der deutschen Alleinschuld am Kriegsausbruch begründet hatte, ließ den Gesamtbetrag der Verpflichtungen noch offen. Bis zum 1. Mai 1921 mußte Deutschland erst einmal Reparationen in Devisen und Sachwerten in Höhe von 20 Milliarden Goldmark erbringen. Auf der Tagung von Boulogne (21./22. 6. 1920), die der Konferenz von Spa voranging, vereinbarten die Alliierten dann die berüchtigte Pauschalsumme von 269 Milliarden Goldmark, zahlbar in 42 Annuitäten. Nach heftigen französisch-britischen Kontroversen konkretisierte die interalliierte Konferenz in Paris Ende Januar 1921 die Summe auf 226 Milliarden Goldmark, zahlbar in 42, von zwei auf sechs Milliarden ansteigenden Annuitäten zuzüglich einer 12 %igen Exporttaxe. Diese immer noch stark überhöhte Summe, die in Deutschland die politischen Emotionen hochgehen ließ, zumal nun die Alliierten mit Besetzung und anderen Sanktionen drohten, wurde Anfang Mai desselben Jahres im Londoner Ultimatium reduziert: Der Gesamtbetrag lautete nun auf 132 Milliarden Goldmark, immer noch eine gewaltige Summe, die über Schuldverschreibungen getilgt werden sollte. Diese liefen auf unbestimmte Zeit je nach Höhe der geleisteten Tilgungsraten, doch erhöhte der jährliche Zinsendienst wiederum die Gesamtsumme.[130] Diese Summen zwischen 269 und 132 Milliarden Goldmark forderten die wissenschaftliche Kreativität des Nobelpreisträgers heraus. «Die Unruhe verzehrt mich»[131], gestand Haber, fühlte er sich doch vom tatsächlichen Lauf der Ereignisse unter enormen Erfolgsdruck gesetzt: vom Anziehen der Inflation bis zur Hyperinflation des Jahres 1923, die den Bestand seines Instituts gefährdete; von der Radikalisierung am extremen rechten und linken Rand des politischen Spektrums und den diversen Putsch- und Aufstandsversuchen; vom Beinahe-Krieg der Ruhrbesetzung, die ihn zutiefst beunruhigte.

Habers Ansatzpunkt war denkbar einfach. Er rechnete die 132 Milliarden Goldmark in Feingold um und erhielt eine Menge von 50 000 Tonnen.[132] Das entsprach zwei Dritteln der auf der ganzen Welt vorhandenen Gesamtmenge an Goldbarren, -münzen und -schmuck, und es war typisch für Habers Denken, daß er in dieser fast ausweglosen Lage der Ansicht war, die Wissenschaft müsse eine Lösung für das Problem finden.[133] Man wußte, daß im Wasser der Weltmeere in kleinsten Mengen Gold enthalten war, doch lagen die Angaben, die die Wissenschaftler seitdem bei ihren Messungen gemacht hatten, weit auseinander. Der Mitbegründer der physikalischen Chemie und Nobelpreisträger Svante Arrhenius hatte 1903 einen Gehalt von 6 mg Gold pro Tonne Meerwasser ermittelt und daraus errechnet, daß die Ozeane folglich den praktisch unerschöpflichen Goldvorrat von acht Milliarden Tonnen bargen. Als Haber im Juni 1920 in Stockholm den Nobelpreis entgegennahm, bestätigte ihm Arrhenius seine Berechnungen. Es kam also ‹nur› noch darauf an, ein rentables Verfahren zu entwickeln, um das im Meerwasser gelöste Gold zu gewinnen. Vorteilhaft schien zu sein, daß die Natur hier bereits die Aufschlußarbeiten geleistet hatte, auf die im Falle der Verhüttung goldhaltiger Erze der größte Kostenanteil entfiel, so daß auf der Basis von Arrhenius' Zahlen sogar ein erheblicher wirtschaftlicher Gewinn möglich war.[134]

Unter solchen Annahmen schien es ein Kinderspiel, die alliierten Reparationsforderungen zu begleichen. Zum rein ökonomischen Aspekt kam jedoch noch ein zweiter hinzu: «Die Eröffnung eines neuen Goldvorrates liegt immer im Interesse dessen, der nichts hat als seine Arbeitskraft und der in Gold zahlen soll», formulierte Haber 1928.[135] Wie das Leitmotiv der Reparationspolitik weniger der Schadenersatz als das machtpolitische Element war, das sich eignete, «um die Allmacht der Alliierten und die Ohnmacht Deutschlands zu demonstrieren»[136], so zielte Habers Projekt darauf ab, dieses Verhältnis mit Hilfe der Wissenschaft umzukehren. Den Urhebern des Versailler Vertrags sollte durch einen «doppelten Triumph» das «Konzept verdorben» werden,

«wenn der dem deutschen Volke zugedachte Frondienst sich in seinen Auswirkungen gegen den Unverstand der vermeintlichen Nutznießer kehrte und wenn die Erfüllungspolitik gerade durch strikte und buchstabengetreue Erfüllung sich selbst ad absurdum führte.»[137]

Den Alliierten das Konzept zu verderben, war zweifellos in jener Zeit ein allen Deutschen gemeinsames Verlangen, und die Idee, dies über die Gewinnung von Gold auf welchem Weg auch immer zu tun, war kulturell weit verbreitet. So spielte das Thema in der populären Belletristik eine bemerkenswerte Rolle. Der 1924 in Berlin erschienene Roman «Gold – Politischer Roman aus der Gegenwart» von K. A. von Laffert stellte beispielsweise dar, wie in geheimen unterirdischen Fabriken, verborgen vor dem Zugriff der alliierten Kontrollkommission, das Gold des Meeres auf elektrochemischem Weg gewonnen wurde. Alchimistische Prozesse wie die Transmutation von Blei in Gold und die Herstellung künstlicher Diamanten spielten auch in der Science-fiction-Literatur eines Hans Dominik in den dreißiger Jahren eine Rolle.[138]

Die uralte Alchimie erlebte in der Weimarer Zeit eine unverhoffte Blüte: Eine ganze Reihe von Goldmachern tat den Schritt von der Phantasie in die Wirklichkeit, ein Symptom der Zeit. Der spektakulärste Fall war der des Gilchinger Spenglers und Geigenbauers Franz Tausend. Er hatte eine eigene, durch ein inneres Harmoniegesetz miteinander verbundene Elementelehre veröffentlicht und später die «Gesellschaft 164» gegründet; die Zahl stand in seinem Elementesystem für Gold. Im Juli 1925 gelang ihm durch die Vermittlung des Präsidialchefs des Reichspräsidenten Hindenburg, Staatssekretär Otto Meißner, der Zugang zu Ludendorff und seinen politischen Freunden. Tausend lockte mit der Versprechung, mit dem von ihm erzeugten künstlichen Gold die deutschen Reparationsverpflichtungen zu begleichen, aber auch die goldproduzierenden Länder der Welt wirtschaftlich zu vernichten. Ludendorff entsandte prompt seinen Stiefsohn in die Gesellschaft, der auch Industrielle wie Mannesmann, die Prinzen Schönburg-Waldenburg und etliche Anwälte angehörten. Von den 1,5 Millionen Mark Gesellschaftskapital legte Tausend mehr als ein Drittel in persönlichen Grund- und Schloßbesitz an. Seine Goldgewinnungsversuche unter Kontrolle des Münchener Münzamts, die er 1929 nach Einleitung eines Verfahrens anstellte, erwiesen sich jedoch als Betrug. Der Prozeß gegen Tausend ließ vieles im Dunkeln, vor allem seine Hintermänner aus dem Umfeld der NSDAP, die der öffentlichen Blamage entgehen und vor allem ihre Geldquellen verschleiern wollten, so daß den verschobenen Geldern nicht nachgegangen wurde.[139]

Lagen diese Versuche zur Goldgewinnung entweder im Reich der Phantasie oder in dem der Betrüger, so befaßte sich zeitgleich auch die Wissenschaft mit derselben Aufgabe, die heute mit dem Geruch der Alchimie behaftet ist, es zu ihrer Zeit aber nicht war bzw. sich von dem Odium mangelnder Seriosität befreien konnte. Die Wissenschaftler nahmen ihr Ziel auf zwei Wegen in Angriff: Die einen gingen von der Entdeckung der Radioaktivität um die Jahrhundertwende aus, um die Umwandlung chemischer Elemente in andere experimentell zu verfolgen. Der Beschuß von

Elementen mit Alphateilchen ergab, wie Rutherford oder das Wiener Radium-Institut nachwiesen, daß, wenn der Kern getroffen wurde, Teile des Atoms absplitterten. Bis 1926 hatten sich 27 Elemente als «absplitterungsfähig» herausgestellt, so daß es nach damaligem Kenntnisstand theoretisch nahe lag, ein im Periodensystem höherwertiges Element als Gold (Ordnungszahl: 79, Massenzahl des natürlichen Goldes: 197) zu spalten, um danach Gold zu erhalten. Ernsthafte Versuche konzentrierten sich vor allem auf das Quecksilber (Ordnungszahl: 80), von dem man damals noch nicht wußte, daß es in sieben zwar benachbarten, aber voneinander verschiedenen Isotopen (Massenzahlen: 196, 198, 200, 201, 202, 204) vorkam.[140] Auf die Umwandlung von Quecksilber in Gold, wie sie Adolf Miethe von der TH Charlottenburg 1924 bis 1926 mit großem Aufsehen in der naturwissenschaftlichen Fachpresse präsentierte, wird noch einzugehen sein.

Die andere Gruppe von Wissenschaftlern, die sich der Goldgewinnung verschrieben hatten und an die Haber nun anknüpfte, ging dem Gold im Meerwasser nach. Daß überhaupt Gold im Wasser der Ozeane vorhanden war, hatte wahrscheinlich schon J. L. Proust (1754–1826) nachgewiesen. Zunächst mußte es darum gehen, den Goldgehalt überhaupt erst zu bestimmen. Der erste in einer ganzen, bis in die Gegenwart reichenden Reihe war der englische Amateurchemiker, Patentanwalt und Journalist Edward Sonstadt (1829–1908), der sich mit dem Aufgreifen vernachlässigter chemischer Fragestellungen einen Namen gemacht hatte und 1872 im Meerwasser nahe der Insel Man den enormen Goldgehalt von 65 mg pro m^3 maß. Zwanzig Jahre später bestimmte Chr. A. Münster, Professor für Metallurgie in Kristiania, die Konzentration von Gold im Wasser der Ostsee allerdings nur auf 6 mg pro m^3, was zu der Schlußfolgerung führte, daß der Goldgehalt je nach Meer, geographischem Ort, Tiefe der Entnahme usw. variierte. Der als Vater der australischen Geochemie bekannte Archibald Liversidge (1846–1927) erzielte bei seinen Untersuchungen entlang der Küste von Neusüdwales ab Mitte der 1890er Jahre Ergebnisse von 30–65 mg pro m^3 und schien damit Sonstadts Messungen zu bestätigen. Die chemische Fachpresse hielt sich allerdings bei diesen Meldungen erkennbar zurück: die Angst, die eigene wissenschaftliche Reputation zu verlieren, war zu groß. Das änderte sich, als Svante Arrhenius 1903 die Frage aufgriff und mit der Seriosität des Nobelpreisträgers umgab. Seine Messung von 6 mg pro m^3 unterstützten Münsters Zahlenwerte.[141]

Der Beginn der Forschungen und die Kooperation mit der Industrie

Als Haber sich 1920 dem Meergoldprojekt zuwandte, lagen ihm insgesamt neun in der chemischen Fachpresse publizierte Zahlenwerte vor, von denen die Arbeiten des Australiers Liversidge am vielversprechendsten waren. Das Spektrum der gemessenen Werte war breit, schien sich aber um den Bereich zwischen 5 bis 10 mg pro m^3 zu gruppieren, was für eine technisch-ökonomische Verwertung ausreichen würde.[142] Habers Kalkulationen gingen später nach Rücksprache mit Experten des Schiffbaus und des Seeverkehrs, nämlich der Bremer Vulkanwerft und der Hamburg-Amerika-Linie, davon aus, daß schon wenige Milligramm die Betriebskosten eines eigenen Schiffs zur Goldgewinnung auf See decken, ein oder zwei Milligramm Gold darüber hinaus bereits reichen Ertrag bedeuten würden.[143]

Die Arbeitsgruppe M wurde geleitet von Johannes Jaenicke (1888–1984), der seit der zweiten Kriegshälfte am KWI beschäftigt war. Er sollte später, nach der Einstellung des Meergoldprojekts, der Metallgesellschaft beitreten, wo er zum Leiter des Technischen Sekretariats aufstieg. Er verstarb in hohem Alter über den jahrelangen Sammelarbeiten für eine Biographie Habers.[144] Das persönliche Verhältnis zwischen dem KWI-Direktor und seinem Arbeitsgruppenleiter war so vertraut, daß Haber diesem in Zeiten längerer Abwesenheit anbot, in seiner Direktorenvilla zu wohnen.[145] Auch die Namen der anderen beteiligten Wissenschaftler sind trotz Geheimhaltung des Projekts bekannt. Am 29. 1. 1935 – also unausgesprochen zu Habers erstem Todestag – veröffentlichte Jaenicke in den «Naturwissenschaften» eine kurze Zusammenschau der Goldforschungen, die auch die Namen der anderen M-Mitarbeiter enthielt: Es handelte sich um F. Berndt, J. Boehm, H. Ehlermann, Hans Eisner, H. Engelhard, Friedrich Epstein, Hans Lehrecke, Friedrich Matthias, Kurt Quasebarth, I. Rabinowitsch, F. Schmid, den Ingenieur W. Wolff und W. Zisch.[146] Epstein, Jaenicke und Quasebarth waren bereits während des Krieges an Habers KWI beschäftigt. Wie seinerzeit in Karlsruhe, als der Physikochemiker Doktoranden auf Teilaspekte seiner Forschungen zur Stickoxidbildung im Hochspannungsbogen und zur Ammoniaksynthese angesetzt hatte, ließ Haber auch jetzt Dissertationen aus dem Goldbereich anfertigen, so beispielsweise im Falle von Lehrecke, Matthias oder Berndt.[147] Er versprach sich von ihnen wohl am ehesten die Bereitschaft, sich für ein wissenschaftlich vergleichsweise schlecht beleumundetes Gebiet zu begeistern. Hinzu kam, und das mochte für Doktoranden und Nachwuchswissenschaftler in der schwierigen ökonomischen Lage der frühen 1920er Jahre ausschlaggebend gewesen sein, ihre Finanzierung durch die Metallgesellschaft und die Scheideanstalt, auf die noch einzugehen sein wird. Von Fotos kennt man auch die Nachnamen einiger Laborantinnen, die bei Jaenicke, da keine Wissenschaftler, auch nicht erwähnt wurden: Gross, Gericke und Bahr.[148] Die Arbeitsgruppe umfaßte also mindestens 17 Personen.

Am Anfang des Projekts standen nach umfangreichen Literaturstudien kleinere, den KWI-Direktor aber bereits ungemein anstrengende Laboratoriumsarbeiten, die ungefähr bis August 1921 dauerten und danach von größeren technischen Versuchen abgelöst wurden.[149] Haber und seine Mitarbeiter konzentrierten ihre Forschungen zunächst auf zwei Schwerpunkte: die Erarbeitung zuverlässiger Analyse- und Meßmethoden und vor allem die Entwicklung eines technologischen Verfahrens zur Entgoldung des Meerwassers. Die zeitgenössische Patentliteratur enthielt rund 30 verschiedene Vorschläge zur Goldgewinnung aus Meerwasser, die sich fast alle als ungeeignet erwiesen. Übrig blieb eine Gruppe von Verfahren, bei denen anorganische Verbindungen im Seewasser, die das Gold in sich einschließen, filtrierbar ausgefällt werden, d. h., es kam darauf an, das Fällungsmittel richtig zu wählen und ein funktionsfähiges Filter zu finden. Beide Aufgaben konnten bis 1922 nach dem damaligen Kenntnisstand zufriedenstellend gelöst werden.[150]

Die Abteilung M führte diese Arbeiten im wesentlichen mit künstlichen, dem Seewasser nachgestellten Standardlösungen durch. Der Zugang zu den Ozeanen war durch die Auslieferung der deutschen Handelsflotte so gut wie ausgeschlossen. Zudem sollten die alliierten Kontrolleure durch den eventuellen Eingang größerer Mengen von Schöpfproben nicht aufmerksam gemacht werden.[151] Nur unter großen Schwierigkeiten gelang es, natürliches Meerwasser zu erhalten. Unauffällig wurden einige Wasserproben aus der Nord- und Ostsee gezogen. Habers ehemaliger Schüler und Neffe seiner ersten Frau, Paul Krassa, der auf seine Empfehlung hin Anfang 1921 Professor für physikalische und Elektrochemie in Santiago de Chile geworden war, vermittelte heimlich eine größere Zahl von Schöpfproben aus dem Südatlantik. Das Berliner Institut für Meereskunde steuerte aus seinen Beständen einige Muster aus anderen Teilen der Hochsee bei. Bis zum Sommer 1923 bestätigten die Proben in etwa den angenommenen Mittelwert von 5 mg Gold pro Tonne Meerwasser im offenen Weltmeer.[152]

Seitdem das Projekt in die Phase größerer technischer Laboratoriumsversuche eingetreten war, also seit Herbst 1921, kooperierte Haber mit der einschlägig interessierten Frankfurter Metallgesellschaft, die 1881 durch den jüdischen Industriellen und Sozialreformer Wilhelm Merton (14. 5. 1848–15. 12. 1916) gegründet worden war. Das international verflochtene, weiträumige Unternehmen, das in der Metallgewinnung und -verarbeitung tätig war, ist unternehmensgeschichtlich weitgehend unerforscht. Charakteristisch war der Einsatz wissenschaftlicher Methoden, um neue rationelle Arbeitstechniken und effektivere Organisationsformen zu entwickeln. Der Konzern bemühte sich in den zwanziger Jahren, seine alte internationale Position wiederzugewinnen und neue Unternehmensbereiche zu erschließen. Mit der 1906 als Berg- und Metallbank AG errichteten, vier Jahre später umgegründeten Metallbank und Metallurgische Gesellschaft AG besaß er ein eigenes Bankunternehmen, das den Kapitalmarkt erschloß.[153]

Haber stand in Verbindung zu beiden, den Konzern arbeitsteilig leitenden Söhnen des 1916 verstorbenen Firmengründers, der die Frankfurter Universität mitbegründet und über sein Institut für Gemeinwohl auch große Summen für die KWG gestiftet hatte. Alfred Merton (1878–1954) war seit 1917 Aufsichtsratsvorsitzender der Metallgesellschaft und Vorstandsvorsitzender der Metallbank. Er trug die Hauptlast beim Wiederaufbau des Unternehmens nach dem Krieg. Das KWI für Metallforschung ging maßgeblich auf Alfred Mertons Initiative zurück. Er wurde 1922 gemeinsam mit Haber in den Senat der KWG ernannt: Alfred Merton von seiten des preußischen Kultusministers, Haber von seiten des Reichsinnenministers.[154]

Mit Richard Merton (1. 12. 1881–6. 1. 1960), dem Vorstandsvorsitzenden der Metallgesellschaft und Aufsichtsratsvorsitzenden der Metallbank, pflegte Haber eine aus den Kriegsjahren rührende gute Bekanntschaft. Richard war 1916/17 im Kriegsamt mit sozialpolitischen Fragen befaßt gewesen, wo er sich als Verfasser zweier Memoranden den Ruf eines Linken erworben hatte, «sehr zu Unrecht», wie er selbst fand: im Oktober 1916 mit einer Abhandlung «Über die kritische Ernährungslage», vor allem aber mit der Denkschrift «Über die Notwendigkeit eines staatlichen Eingriffs zur Regelung der Unternehmergewinne und Arbeiterlöhne» vom 12. 7. 1917, die wesentlich zu Groeners Sturz beigetragen hatte. Richard Merton kannte Haber und schätzte ihn sehr. Der Kontakt war immerhin so gut, daß Oberst Bauer versuchte, ihn für seine Zwecke zu instrumentalisieren: Nach der gescheiterten Frühjahrsoffensive 1918 ließ er über Haber bei Merton anfragen, ob er sich in seinen engeren Stab ins Hauptquartier versetzen lassen wollte. Merton lehnte damals ab.[155] Die persönliche Verbindung mit dem KWI-Direktor blieb bestehen.

Das Habersche Netzwerk erstreckte sich noch auf weiteren Wegen in die Metallgesellschaft. Sein enger Mitarbeiter aus dem Weltkrieg und Leiter der KWI-Abteilung für die Kampfstoffentwicklung, Friedrich Kerschbaum, der Ende 1918 für seine Verdienste den Professorentitel verliehen bekommen hatte, war nach dem Krieg in führender Position in das Unternehmen eingetreten, bevor er später zur Scheideanstalt wechselte. Er stand mit Haber im Vorfeld der Vertragsverhandlungen nachweislich in Kontakt, doch läßt sich seine Rolle aus Mangel an Quellen nicht näher umreißen.[156] Ebenfalls in den Akten nicht dokumentiert, aber keineswegs auszuschließen ist ein möglicher Anteil Moellendorffs, der sich während des Krieges nicht nur mit Haber, sondern auch mit Richard Merton angefreundet hatte. Merton ernannte den gelernten Maschinenbauingenieur, der bereits im Kabelwerk Oberspree der AEG ein Metall-Laboratorium (Chemie, Mechanik, Mikroskopie) gegründet und geleitet hatte, im Juli 1918 zum wissenschaftlichen Beirat der Metallbank. Nach Ende seiner Tätigkeit als Staatssekretär im Reichswirtschaftsministerium gehörte

Moellendorff von 1920 bis 1923 dem Aufsichtsrat der Metallbank an. Es gilt als sehr wahrscheinlich, daß er das Unternehmen anregte, seinerseits in der zweiten Jahreshälfte 1918 ein Metall-Laboratorium zu gründen, in dem sich die Forschungskapazitäten der Gesellschaft konzentrierten.[157] Denkbar ist also durchaus, daß die Verbindung zwischen Haber und der Metallgesellschaft auch über Moellendorff zustande kam oder unterstützt wurde.

Seit August 1921 führte Haber Vorverhandlungen mit der Metallbank und Metallurgischen Gesellschaft AG in Frankfurt[158], zwei Monate später wurde ein Kooperationsvertrag geschlossen. Der KWI-Direktor war zu dieser Zeit durch keine anderweitigen Verpflichtungen mit der chemischen Industrie gebunden, da er im September 1916 als Mitglied einer Beschaffungsbehörde seine Bindungen an die BASF gelöst und nicht wiederhergestellt hatte.[159] Der Zweck der Zusammenarbeit lautete pauschal, «sich gegenseitig auf dem Gebiet technisch verwertbarer Erfindungen zu unterstützen». Die Metallbank stellte Haber kostenfrei die Kapazitäten des Unternehmens zur Verfügung, um Erfindungen auf ihre Patentfähigkeit, technische Durchführbarkeit und wirtschaftliche Verwertbarkeit zu überprüfen. Umgekehrt verpflichtete sich der Physikochemiker, die Gesellschaft ebenfalls ohne Vergütung fachlich zu beraten und auf deren Wunsch Versuche durchzuführen. Um seine Ausgaben in dieser Tätigkeit zu decken, erhielt er jährlich ohne besonderen Nachweis 60000 Mark.[160] Die Summe erhöhte sich inflationsbedingt zuerst auf 100000 und später auf 300000 Mark.[161] Die Vertragsdauer erstreckte sich zunächst über drei Jahre und wurde danach bis 1933 jährlich verlängert.[162]

Die Metallgesellschaft war also von einem sehr frühen Zeitpunkt an in das Meergoldprojekt finanziell eingebunden. Hauptansprechpartner Habers war Alfred Petersen, seit 1917 im Vorstand der Metallbank, der früh die Bedeutung der Forschung für die Entwicklung des Unternehmens erkannt hatte.[163] Man versprach sich offenbar von den Forschungen des KWI-Direktors technisch verwertbare Erkenntnisse und hielt die Entwicklung eines ökonomisch rentablen, großtechnischen Verfahrens zur Meergoldgewinnung zumindest nicht für ausgeschlossen. Es mag die unternehmerische Hemmschwelle der Metallgesellschaft gesenkt haben, daß die gemeinhin für unmöglich gehaltene Synthese des Ammoniaks aus den Elementen in kürzester Zeit durch die Kooperation Habers mit der BASF technisch-wissenschaftlich gelöst und in den großtechnischen Maßstab umgesetzt worden war. Wenn jemand aus Luft Brot machen konnte, wie es zeitgenössisch immer wieder hieß, dann bestanden auch Aussichten, daß es ihm gelang, Gold aus Wasser zu gewinnen. Andererseits faßten offensichtlich beide Vertragspartner ihre Zusammenarbeit in einem weiteren Sinn auf, der über das Goldprojekt hinausging. Haber nutzte den Kontakt nicht zuletzt dazu, Richard Merton um finanzielle Unterstützung ihm wichtiger wissenschaftlicher Ereignisse zu bitten. So wandte er sich im Mai 1922 mit der Bitte an Merton, Gelder dafür aufzubringen bzw. zu vermitteln, daß der bekannte Entwicklungsphysiologe Jacques Loeb (1859–1924) aus New York an der Hundertjahrfeier der Gesellschaft Deutscher Naturforscher und Ärzte teilnehmen konnte.[164] Die Metallbank unterstützte im selben Jahr finanziell die Forschungen des Physikers Ladenburg, wissenschaftlicher Gast an Habers KWI, über die elektrische Gasreinigung. Als Haber umgekehrt erfuhr, daß der ihm wegen seiner antisemitischen Einstellung und Einstein-feindlichen Haltung nicht sympathische Johannes Stark über dasselbe Thema arbeitete, trat er an diesen heran und versuchte, ihn für eine Kooperation mit der Metallgesellschaft zu gewinnen.[165]

Daß die Metallbank zu größerem Engagement bereit war, weil sie dem Projekt offenbar Zukunftschancen einräumte, sollte sich schon ein Jahr später, 1922, bewahrheiten. Die dürftige Gesamtzahl der Meerwasserproben stellte in der Tat eine «unbehaglich schmale Grundlage» für weiterreichende Schlußfolgerungen dar.[166] Hinzu kam, daß die Aussagefähigkeit der mit künstlichem Seewasser oder Ersatzlösungen gewonnenen Ergebnisse beschränkt war. Serienversuche mit echtem Meerwasser waren unumgänglich. Daß die Aufgabe damit schwieriger wurde, lag auf der Hand: Man wußte, daß Meerwasser nicht einfach eine Lösung anorganischer Salze darstellte, sondern zahlreiche anorganische und organische Schwebestoffe (Gesteinstrübe, Plankton) enthielt, was die Goldextraktion mit großer Wahrscheinlichkeit technologisch verkomplizierte.[167] Auf der anderen Seite hatten aus der Nordsee entnommene Proben ergeben, daß der Goldgehalt mit der Entfernung von den Mündungsgebieten der Flüsse proportional zum Salzgehalt zunahm. Haber und seine Mitarbeiter folgerten daraus, daß im offenen Meer mit seinem einheitlichen Salzgehalt auch das Gold in gleicher Konzentration und Verbreitung vorhanden sein würde.[168] Die nächste Phase des Projekts mußte also zwingend darin bestehen, systematisch Wasserproben aus den Weltmeeren zu entnehmen und zu analysieren, ein Unternehmen, das die Möglichkeiten des von der Inflation gebeutelten KWI bei weitem überstieg. Auf öffentliche Mittel war kaum zu rechnen. Es blieb nur der Ausweg über eine industrielle Finanzierung.

Seit August 1922 nahm Haber erneut Verhandlungen mit der Metallbank auf, in deren Verlauf er den Vertretern des Unternehmens in seinem Institut auch sein Entgoldungsverfahren präsentierte.[169] Diesmal wurde, um die Kostenlast zu reduzieren, die ebenfalls in Frankfurt ansässige Deutsche Gold- und Silber-Scheideanstalt als zweiter Finanzier hinzugewonnen, deren Direktor DuBois Haber seit der Errichtung des TASCH in Sachen Schädlingsbekämpfung gut kannte. Der Schritt war um so leichter, als die Scheideanstalt Anfang 1922 mit der Metallgesellschaft und der Metallbank eine Interessengemeinschaft eingegangen war, die ein Gewinnteilungs-Verhältnis von 35:35:30 vorsah.[170] Am 14. 11. 1922 schlossen nun Haber, die Scheideanstalt und die Metallbank einen Vertrag über die Gründung eines Konsortiums. Haber sei, so hieß es in der Präambel, im Besitze von Erfahrungen und Erfindungen, die es möglich scheinen ließen, «aus Meerwasser mit technischem und wirtschaftlichem Erfolg bestimmte wertvolle Stoffe zu gewinnen.» In einem Konsortium, das den Decknamen Seejod erhielt, sollten diese Ergebnisse ausgebaut und gemeinschaftlich verwertet werden, wobei eine Klausel den Vertrag vollinhaltlich auch auf die mögliche Gewinnung anderer Stoffe aus Meerwasser sowie auf die Gewinnung der bestimmten wertvollen Stoffe aus anderen Quellen ausdehnte. In einem eigenen Zusatzschreiben bestätigten sich die Unterzeichneten gegenseitig, daß es sich bei den zu gewinnenden Stoffen um Edelmetalle handelte.[171]

Der Vertrag unterschied zwei Versuchsstadien und ein Verwertungsstadium. Nach Abschluß der reinen Laboratoriumsphase sollten im ersten Versuchsstadium die entwickelten Verfahren auf dem offenen Meer erprobt und dafür ein fremdes Schiff mit entsprechenden Experimentiereinrichtungen ausgerüstet werden. Alle Erfahrungen und Erfindungen standen dem Konsortium, in dem Haber über zwei Stimmen, die Firmen über je eine verfügten, zur ausschließlichen Verwertung zu. Die erforderlichen Geldmittel für die Forschungsarbeiten wurden von den Firmen je zur Hälfte aufgebracht, wobei es ihnen freigestellt war, jederzeit nach Abgeltung der laufenden Verpflichtungen die Aufbringung weiterer Mittel abzulehnen. In diesem Fall erlosch das Vertragsverhältnis. Haber leitete die Versuchsarbeiten und stellte das erforderliche wissenschaftlich-technische Personal beim Konsortium an; die Firmen bezahlten also seine Mitarbeiter, die unbedingter Geheimhaltungspflicht unterstanden. Im zweiten Versuchstadium, das bis zur technischen Reife des Verfahrens führte, sah der Vertrag die Anschaffung eines eigenen, entsprechend ausgerüsteten Spezialschiffes vor, das von den Firmen je zur Hälfte bezahlt werden sollte. Für die Verwertungsphase schließlich galt, daß Haber die eine Hälfte, die beteiligten Firmen die andere Hälfte der erzielten Gewinne erhielten.

Der Vertrag hielt sich einerseits alle Möglichkeiten zum jederzeitigen Abbruch des Projekts offen, traf aber andererseits auch weitreichende Verfügungen für die Zukunft, die ahnen lassen, daß sich die beteiligten Firmen durchaus Erfolgschancen ausrechneten. Das Konsortium leitete sofort nach seiner Gründung, also in der zweiten Novemberhälfte 1922, Schritte ein, um das erste Versuchsstadium zu realisieren. Es wandte sich an die Hamburg-Amerika-Linie, um auf einem ihrer Schiffe ein schwimmendes Laboratorium einzurichten; Haber selbst sprach mehrfach persönlich in Hamburg vor, bis Mitte Dezember die Abmachungen unterschriftsreif waren.[172]

Welche Regierungsstellen seit wann in das Meergoldprojekt eingeweiht waren, ist aus Quellenmangel nicht zu rekonstruieren. Geheimnisvolle Hinweise auf «Forschungen wichtiger Art» mit immensem Nutzen geisterten gelegentlich durch die Korrespondenz der preußischen und Reichsministerien, als es um die umstrittene Begleichung des Defizits von Habers KWI durch öffentliche Mittel ging.[173] Spätestens durch die Kooperation des Konsortiums mit der Hamburg-Amerika-Linie gewann «Seejod» jedoch eine direkt zum Reichskanzler führende politische Dimension, die zwar ebenfalls keinen Niederschlag in schriftlichen Quellen findet, aber unmittelbar auf der Hand liegt. Nach dem Sturz des Kabinetts Wirth ernannte Ebert am 22. 11. 1922 den parteilosen, der DVP nahestehenden Wilhelm Cuno (1876–1933)[174] zum Reichskanzler. Der promovierte Jurist hatte seine Karriere als Beamter im Reichsschatzamt begonnen und wurde im Weltkrieg Leiter der Reichsgetreidestelle, eine Position, in der er Haber in Sachen Mehlmottenbekämpfung kennengelernt haben muß. Ende 1917 gewann Albert Ballin ihn als Direktor der Hamburg-Amerika-Linie, deren Generaldirektor er nach Ballins Selbstmord im November 1918 wurde. Cuno, gebürtiger Thüringer katholischer Konfession, integrierte sich schnell in die Hamburger Kaufmannschaft und erwarb wegen seines Verhandlungsgeschicks und seiner angloamerikanischen Kontakte hohes Renommee sowohl in Wirtschafts- wie auch in politischen Kreisen. Er wurde als Experte zu den Waffenstillstands- und Reparationsverhandlungen herangezogen, war in Versailles und auf der Konferenz von Genua anwesend und mehrfach als Reichsminister im Gespräch. Cunos Minderheitenkabinett aus Zentrum, BVP, DVP und DDP, hafteten durch vier parteilose Ressortminister starke Züge eines Fachkabinetts an. Der neue Reichskanzler erklärte die ökonomische Grenze der Erfüllungspolitik für erreicht und trat in den offenen Reparationskonflikt mit den Alliierten ein. In der sich zuspitzenden Situation um die deutsche Zahlungsunfähigkeit, als die Inflation mit einem Dollarstand[175] von 1: 7,2 Millionen im Monat des Amtsantritts Cunos einen ersten Höhepunkt erreichte, gewann Habers Meergoldprojekt erheblich an politischer Brisanz.

Die Atlantiküberquerungen und das Scheitern des Projekts

Der KWI-Direktor verabredete am 11. 12. 1922 mit der Direktion der Hamburg-Amerika-Linie, daß ihm und seinen Mitarbeitern zwei große Kabinen, die 14 Betten dritter Klasse entsprachen, auf dem Doppelschraubendampfer «Hansa» für mehrere Rundreisen zur Verfügung gestellt wurden. Die erste dieser Passagen sollte am 1. 2. oder 15. 3. des nächsten Jahres angetreten werden. Die Preise für die beiden Kabinen bewegten sich saisonabhängig zwischen 1500 und 2300 Dollar und enthielten die volle Verpflegung für zwei Personen sowie die Kosten für die Herstellung der Seewasserleitungen, Elektrizität usw. Die Vergütung der Schiffahrtsgesellschaft erfolgte nicht in bar, sondern über die ihren Aufwendungen entsprechende Beteiligung an dem bereits gebildeten Konsortium.[176]

Die Besetzung des Ruhrgebiets durch französische und belgische Truppen am 11. 1. 1923 und der anschließende Ruhrkampf machten die vorgesehenen Abfahrtstermine zunächst hinfällig. Habers ohnehin ausgesprochen negative Beurteilung der politischen und ökonomischen Lage Deutschlands hatte sich seit dem Sommer 1922 noch verschlechtert. Er diagnostizierte eine Sackgasse, die früher oder später im nächsten Krieg enden würde:

«Ein Land, welches nach einem verlorenen Kriege 40 % seiner Ernährung aus dem Auslande zieht, ein Land, welches in unserer Lage für dutzende Goldmark-Millionen monatlich Kohle aus dem Auslande kauft und für die Arbeitsleistung von 1 Amerikaner 2 Deutsche verwendet u. bezahlt, ruiniert sich, auch ohne dass es Reparationen bezahlt.»[177]

Haber wartete dann allerdings unter dem Druck der sich zuspitzenden Krise nicht länger ab. Die «verkappte Rechtsregierung des Herrn Cuno» sah er inzwischen überaus kritisch, da sie «zu starke Kräfte» verbrauche und Industrie wie Landwirtschaft vor den existentiellen Abgrund führe.[178] Zwar erkannte er die Chance, die sich für Deutschland daraus ergab, daß die Ruhrbesetzung zu einer «Wegteilung» zwischen England und Frankreich geführt hatte, doch erhöhte sich damit in seiner Sicht die mittelfristige Kriegsgefahr: Er erwartete, daß in drei bis vier Jahren «die Führung der Geschäfte wieder von der Feder an den Degen übergeht.»[179] Haber entschloß sich Mitte Juni 1923[180], sich mit vier Mitarbeitern (Eisner, Lehrecke, Matthias, Zisch)[181] am 19. Juli auf der «Hansa» auf eine zehntägige Passage mit Bestimmungsort New York einzuschiffen. Nach einem Aufenthalt von neun Tagen sollte das Schiff am 18. August wieder in Hamburg eintreffen. Haber faßte dabei ins Auge, gleich eine zweite Seerundreise anzuschließen und Ende August mit der «Hansa» erneut auszulaufen.[182]

Die Fahrt des schwimmenden Laboratoriums nach New York verlief nicht ohne Schwierigkeiten, die einerseits auf mangelnde Erfahrung mit einem derartigen Vorhaben zurückzuführen waren, andererseits in der Sache selbst begründet lagen. Die wildesten Gerüchte umgab die unter den 923 Passagieren (davon 522 Auswanderer) auffallenden Wissenschaftler, die offiziell als Besatzungsmitglieder mit der Funktion von Zahlmeisterassistenten angemustert worden waren. Sie erhielten, wie eine New Yorker Zeitung für ihre Leser verwundert ermittelte, einen Lohn von monatlich 100000 Mark, damals umgerechnet acht Cent. Haber, von einem amerikanischen Journalisten gefragt, warum die «Hansa» so viele Zahlmeister hätte, antwortete inflationsbedingt: «Der vielen Nullen wegen.»

Abb. 17 Das «schwimmende Laboratorium» auf der «Hansa»

Als Ziel seiner Forschungen nannte er offiziell Experimente über die Einwirkung von Seewasser auf Metall, ohne Details zu verraten. Daraus zog die Presse Schlußfolgerungen, er suche nach einer neuen Substanz zur Verhinderung der millionenteuren Korrosionsschäden im Seeverkehr. Passagiere, denen die heimlichen Wasserentnahmen nicht verborgen blieben, vermeinten hinterher rätselhafte blaue Streifen im Kielwasser des Schiffs wahrgenommen zu haben.[183]

Die Wirklichkeit war natürlich viel banaler. Ein «Sauberkeitsapostel» scheuerte noch vor dem Auslaufen der «Hansa» mit der Hälfte des mitgebrachten Sandes das Schiffsdeck, so daß das grobe Vorfilter nicht gefüllt werden konnte. Rohre und Ventile waren nicht mit Rostschutz versehen, die Pumpen lieferten Luft mit, Rost und Plankton verursachten schwere Störungen des experimentellen Betriebs, der gerade im Falle der Mikroanalysen mit dem Problem des auch bei ruhiger See ständig schwankenden Schiffs zu kämpfen hatte. Bei allen Rückschlägen glaubte Haber aber noch vor der Ankunft in New York an eine «große Entdeckung»: Während in der Regel die Wasserproben einen Goldgehalt von nur 1–2 mg enthielten, wies «ein zufällig entdecktes Gebiet» Werte auf, die die alten australischen Angaben von Liversidge bestätigten.[184] «Diese Dezimalstelle», bekannte er voller Hoffnung gegenüber dem eingeweihten Willstätter, «verändert [...] meine Lebenseinrichtung. Sie bedeutet ein Forschungsschiff und ozeankundliche Studienfahrten über die Erde, eine schwimmende Werkstatt und zugleich ein schwimmendes Laboratorium.»[185] Nach Abschluß dieser ersten Seereise, die Aufschluß über den nördlichen Zweig des Golfstroms gab, faßte Haber die gewonnenen Erkenntnisse zusammen. Demnach waren die flachen Gewässer über den Festlandssockeln wegen ihres hohen Sedimentanteils unbrauchbar; aus der Tiefe genommene Proben wiesen einen geringeren Goldgehalt auf als Proben aus den Oberflächengewässern. Das erwähnte ‹zufällig entdeckte Gebiet› mit den vermeintlichen Höchstwerten entschlüsselte Haber als Stellen, wo sehr kalte auf warme Wasserströme stießen, in diesem Fall die Neufundlandbank, wo sich Labrador- und Golfstrom berührten.[186]

Die Ergebnisse[187] waren jedoch generell so ungünstig, daß sich Haber nicht, wie ursprünglich geplant, gleich wieder auf eine Nordatlantikfahrt begab, sondern nun mit denselben vier Assistenten die wärmeren Gewässer des Südatlantiks erkunden wollte. Am 17. 10. 1923 verließ er an Bord der «Württemberg», die mit einem verbesserten Laboratorium ausgerüstet worden war, Hamburg in Richtung Buenos Aires. Für diese Fahrt waren zusätzlich Mittel der Notgemeinschaft und der Reichsmarine eingeworben worden.[188] Haber war beunruhigt wegen der politischen Lage in Deutschland, das nach dem Rücktritt des Kabinetts Cuno vor zwei Monaten nun unter Stresemann der von Umsturzversuchen geprägten Herbstkrise 1923 zutaumelte. Die von der Südmeerfahrt einschließlich der Äquatortaufe erhaltenen Photos und Berichte zeigen zwar entspannte Gesichter bei humorigen Anlässen in der Freizeit[189], doch stand Haber psychisch unter enormem Druck: «O daß Kosten und Kraft nicht verschwendet sein möchten!», schickte er als Stoßseufzer seiner Abreise voraus. Hoffnung wich schon bald einem resignierten Realismus:

> «Die Versuche gehen, wie zu erwarten, und nicht, wie zu hoffen. Denn näher betrachtet ist alles so miserabel, wie vorauszusehen, nicht schlechter, aber auch nicht besser [...]»[190]

Der Aufenthalt in Argentinien wurde für den KWI-Direktor wegen diverser repräsentativer Verpflichtungen zur Strapaze.[191] Da er auch mit Mitteln der Notgemeinschaft reiste, sollte er beispielsweise bei den Deutschen in Südamerika um Unterstützung werben, was er mit einem später abgedruckten Vortrag über «Die Deutsche Chemie in den letzten 10 Jahren» Anfang Dezember 1923 auch tat.[192] Haber kehrte erschöpft von der Südatlantikfahrt zurück und litt wochenlang an den von Depressionen begleiteten Folgen der Überbeanspruchung.[193] Er glaubte sich den durch seine Position bedingten Anforderungen, die Schwächen der Mitmenschen geduldig, taktvoll und freundlich zu ertragen, nicht mehr gewachsen.[194]

Die Erreichung des Projektziels rückte nach den beiden Atlantikfahrten in weite Ferne. Habers Berichte aus dem Südatlantik erschienen seinem Arbeitsgruppenleiter Jaenicke so ungünstig, daß das Projekt seines Erachtens im besten Falle von vorn anfangen müßte. Jaenicke konstatierte zunächst einen weniger gravierenden technologischen Mißerfolg, da «unser Pseudoverfahren» der Meergoldgewinnung noch nicht praxisreif sei. Er konnte weiter keine Systematik hinter dem stark schwankenden Edelmetallgehalt der Wasserproben erkennen und kam zu der Überzeugung, daß es sich bei «Seejod» um ein Langzeitunternehmen der Grundlagenforschung handelte, das «Kaufleute wenig fesseln» würde und damit «aus dem Arbeitsbereich der Technologie in das [sic] der praktischen Geologie und der Lagerstättenlehre» gehörte.[195] Schlimmer aber war drittens, daß «die Analysen nur einen verschwindenden Bruchteil des greifbar nahe geglaubten Goldreichtums erkennen ließen [...]». Entweder befand sich also das Meergold in einem anderen chemisch-physikalischen Zustand, als bisher angenommen, so daß die bisherigen Meßmethoden versagten, oder die verhältnismäßig wenigen Dahlemer Analysen waren durch einen verborgenen methodischen Fehler verzerrt gewesen, was wahrscheinlicher war.[196] Auch Haber selbst verglich das Ergebnis der beiden Atlantiküberquerungen mit der Situation der deutschen Truppen nach der Marneschlacht: Er gewinne gegen das Seewasser viele Einzelgefechte, aber bisher zumindest nicht den Krieg.[197]

Das im Konsortialvertrag festgelegte erste Versuchsstadium des Projekts mußte abgeändert werden. Haber gab die Idee des aufwendigen schwimmenden Hochseelaboratoriums und die Fortentwicklung des technologischen Verfahrens auf, um sich 1924 und 1925 ganz auf die Verfeinerung der analytischen Methoden zu konzentrieren. Zu diesem Zweck ließ er Wasserproben aus vielen Meeren beschaffen, die im Institut nach ständig verbesserten Methoden untersucht wurden.[198] So nahm sein Mitarbeiter Zisch nur noch allein an der Terminfahrt des primitiv ausgerüsteten Dampfers «Poseidon» vom 8.–22. 5. 1924 teil, um Proben aus der offenen Nordsee zu entnehmen, welche die bisherigen küstennahen Untersuchungen ergänzen und korrigieren sollten.[199] Durch die Vermittlung des Kopenhagener Professors und Rektors der Universität, Martin Knudsen, lieferten die dänischen Forschungsschiffe «Dana» (5. 6.–13. 8. 1924) und «Godthaab» (7.–23. 7. 1924) Schöpfproben aus den polaren Gewässern vor Island und Grönland, die insgesamt einen relativ höheren Edelmetallgehalt aufwiesen als die südlichen Meere.[200] Haber selbst nahm im September/Oktober 1924, als ihn eine Reise durch die USA auch nach San Francisco führte, Kontakt mit Professor Kofoid von der Universität Berkeley auf. Kofoid besorgte ihm im Januar und Februar 1925 Wasserproben aus mehreren Stellen der Bucht von San Francisco und schickte sie nach Dahlem. Da hier zwei Flüsse mit stark goldhaltigem Geschiebe mündeten, lag die Annahme nahe, der Edelmetallgehalt des kalifornischen Seewassers müsse besonders hoch sein – ein niederschmetternder Irrtum.[201] Analysen des Goldgehalts des Rheinwassers, das Haber und Jaenicke Anfang Mai

1925 in Karlsruhe und Leverkusen zu Kontrollzwecken untersuchten, ergaben zwar durchschnittlich höhere, wenngleich noch stärker schwankende Werte als die des Hochseewassers, doch waren auch sie wirtschaftlich uninteressant.[202] Schließlich überzeugte Haber noch die Notgemeinschaft, auf der Atlantikexpedition des Forschungsschiffes «Meteor» ab 1925 in regelmäßigen Abständen Wasserproben zu entnehmen und an das KWI zu senden. 1927 durfte sein letzter M-Mitarbeiter Kurt Quasebarth noch das Profil 14 der «Meteor» mitfahren, ein Nachzügler des inzwischen im wesentlichen eingestellten Meergoldprojekts. Während der Meteor-Expedition allein wurden auf zehn Profilen an 186 Stationen 1635 Proben zur Golduntersuchung entnommen.[203] Insgesamt wurden über 5000 Schöpfproben gesammelt und nach ständig verfeinerten Methoden analysiert.[204]

Haber glaubte anfänglich daran, durch die Anwendung mehrerer, voneinander unabhängiger Analysemethoden zuverlässigere Werte zu erhalten. Ein eigens konstruiertes Mikrokolorimeter ermittelte relativ genau Goldmengen von 10^{-6} g; Haber selbst entwickelte ein originelles photometrisches Nachweisverfahren. Es setzte sich schließlich die sogenannte Dokimastik durch, die im Laufe des Projekts so verfeinert wurde, daß schließlich Goldmengen von 10^{-8} g exakt bestimmt werden konnten und die Fehlerquote bei Mengen von 10^{-10} g immer noch im handhabbaren Bereich blieb.[205] Mit der Verbesserung der analytischen Methoden einher ging die Erkenntnis eines grundlegenden methodischen Fehlers, den Habers Projekt anfangs mit seinen Vorgängern in der Meergoldsuche teilte. Alle gingen von der – vorwissenschaftlichen, kulturell bedingten – Annahme aus, daß Edelmetall selten sei, woraus die Gefahr abgeleitet wurde, daß beim Analyseprozeß kleinste Goldmengen verloren gehen könnten. Nicht bewußt war ihnen hingegen, und hier brachte das Haber-Projekt einen echten Erkenntnisfortschritt, daß genau das bisher völlig unbeachtete Gegenteil der Fall war, nämlich die Omnipräsenz des Elements: Über Reagenzien und Utensilien wurden beträchtliche Mengen Gold in die Analyse eingeschleppt, die dann den vermeintlichen Meergoldgehalt in respektable Höhen schraubten.

Das Problem begann bei den Flaschen, in die die Schöpfproben eingefüllt wurden und deren Innenwand man chemisch behandelt hatte, damit sich kein Meergold an ihnen absetzte. Die verwendeten chemischen Substanzen entzogen jedoch dem Glas die eingeschmolzenen Edelmetallbestandteile und gaben sie an das Wasser ab. Das Problem setzte sich im Laboratorium fort: Tische und Geräte, Chemikalien, destilliertes Wasser, der Luftstaub – praktisch alles enthielt Gold in Quantitäten, die die Analysewerte beträchtlich nach oben verfälschten.[206] Der Grund, warum die Bestimmungen eines M-Mitarbeiters stets besonders hohe Gehaltswerte ergeben hatten, wurde schließlich in der Goldbrille des jungen Mannes gefunden, die er beim Arbeiten gewohnheitsmäßig auf- und absetzte und so über die Hände Edelmetalle in seine Analysen einschleppte.[207] War man sich der Gefahr der Goldeinschleppung erst einmal bewußt, befand man sich in einem schwer zu durchbrechenden circulus vitiosus, denn die Reinheit der Reagenzien ließ sich erst dann feststellen, wenn man über edelmetallfreie Geräte verfügte und umgekehrt. Jaenicke, auf dem die mikroanalytische Hauptlast ruhte, kam zu dem Schluß, daß unter Bedingungen gearbeitet werden mußte, die denen der Asepsis ähnelten.[208] Die konsequent verhinderte Einschleppung von Gold bedeutete eine enorme Erschwernis und Verteuerung: Die Versuche mußten in Räumen ausgeführt werden, in denen entweder noch nie chemisch gearbeitet worden war oder die vor Beginn der Experimente frisch gestrichen werden mußten. In Nachbarräumen durften Gold oder Silber nicht erhitzt, Edelmetallösungen unter Gasentwicklung nicht bereitet werden, da sonst die Zugluft Goldpartikel übertrug, usw. Außerhalb der Kompetenz der Physikochemiker lag schließlich die Wirkung des Planktons, das abgestorben war, bis die Flaschenproben in Dahlem eintrafen. Man wußte also nicht, in welcher Weise seine organischen Zerfallsprodukte die Goldbestimmung beeinflußten, bzw. umgekehrt, welche Wirkung lebende Mikroorganismen ausübten.[209]

Mit jedem Schritt vorwärts, den das Projekt auf seinem Weg zur Optimierung der Analysemethoden tat, entfernte es sich von seinem erklärten Ziel: «[...] im Laufe der Jahre wurden die Mikrogramme je Liter Meerwasser zu Zehntel- und Hundertstelmikrogrammen, um schließlich bei Millimikrogrammen zu enden.» Das hieß im Klartext, daß sich der Goldgehalt des Meerwassers nicht einmal auf den tausendsten Teil der ursprünglich angenommenen Konzentration belief. An eine wirtschaftliche Ausbeutung war nicht mehr zu denken.[210] Im Mai 1926 bekannte Haber in einem später publizierten Vortrag, daß er es nun aufgegeben habe, «nach dieser zweifelhaften Stecknadel in einem Heuhaufen zu suchen.» Aus dem Versuch, der deutschen Wirtschaft zu nutzen, indem man eine Technologie zur Meerwasserentgoldung entwickelte, war ein Langzeitprojekt der ozeanographischen Grundlagenforschung geworden, das die unterschiedliche Verteilung von Edelmetallen in den Weltmeeren untersuchte.[211]

Damit war «Seejod» gerade den umgekehrten Weg gegangen wie die Ammoniaksynthese, die der Physikochemiker mit der theoretischen Bestimmung des Ammoniakgleichgewichts angefangen hatte, die aber innerhalb von zehn Jahren großtechnisch umgesetzt werden konnte. Obendrein verschob sich die Aufgabenstellung aus der physikalischen Chemie über die Disziplingrenze der Chemie hinweg in die noch junge Wissenschaft der Ozeanographie. Nicht umsonst war Haber zum Eröffnungsvortrag über «Das Gold im Meere» eingeladen worden, als im Mai 1928 eine ozeanographische Konferenz anläßlich der Hundertjahrfeier der Gesellschaft für Erdkunde zu Berlin stattfand.[212] Im Februar 1930 setzte die

Berliner Akademie der Wissenschaften dann eine ständige sechsköpfige Kommission für ozeanographische Forschung ein, der auch Haber angehörte.[213] Ozeanographische Gesichtspunkte wie beispielsweise der Verlauf der Meeresströmungen ergänzten sich schließlich um geologisch-lebenswissenschaftliche Fragestellungen. Diese Ausweitung ließen bereits die Befunde Quasebarths von der «Meteor»-Expedition deutlich erkennen. Nach den «Meteor»-Proben betrug der Goldgehalt im Ozean nur mehr den 1500. Teil des ursprünglich angenommenen Wertes. Es gelang Quasebarth jedoch, präzise Aussagen über die Tiefenschichtung des Goldes und über den Zusammenhang zwischen Gold- und Planktonverteilung zu machen.[214]

Haber litt mehr unter seinem Scheitern, als er zugeben konnte, hatte allerdings das persönliche Profil, seine Niederlage nicht geheimzuhalten, was aufgrund der geschlossenen Verträge durchaus möglich gewesen wäre, sondern in zwei später abgedruckten Vorträgen zu veröffentlichen.[215] Seinen ursprünglichen Plan, die in zahllosen Berichten, Dissertationen und Protokollen festgehaltenen Forschungsergebnisse in einer Monographie zusammenzufassen, gab er im Oktober 1932 auf und übertrug die Aufgabe Jaenicke, dem der sehr umfassende Aktenbestand der Abteilung M nach Frankfurt geschickt wurde. Bis auf seine bereits erwähnte Zusammenschau 1935 ging Jaenicke die Arbeit nicht an, die Akten tauchten nicht mehr auf.[216] Die leer ausgegangene Metallgesellschaft ernannte Haber immerhin 1929 zum Mitglied ihres Aufsichtsrats, dem er bis Ende 1933 angehörte.[217] Trotzdem wäre es gerade aus der Sicht ex post verfehlt, das ganze Projekt als einzigen Mißerfolg abzutun und zu belächeln. Habers Vorstoß in die Bestimmung kleinster Gehalte bewirkte einen erheblichen Fortschritt der Mikrochemie, von dem die Forschungen anderer, so beispielsweise die Arbeiten von Herbert Freundlich oder Victor Moritz Goldschmidt, profitierten.[218] Die bis in die Gegenwart reichende Geschichte der Meergoldbestimmung unterteilte Garth L. Putnam von der Universität Washington 1953 daher in die drei Abschnitte der Sonstadt-Arrhenius-Phase 1872–1903, Habers Projekt und die «Post-Haber Period».[219] Moderne, von methodischen Fehlerquellen freie Messungen mit Hilfe der Gammaspektroskopie bestätigten bemerkenswerterweise Habers Werte.[220]

Bildung von Gold aus Quecksilber?

Bereits zeitgenössisch erwies sich, daß im zunächst wenig beachteten Nebenaspekt der Mikrochemie der eigentliche wissenschaftliche Fortschritt des Meergoldprojekts lag. Haber und seine Mitarbeiter wandten in den Jahren 1925 und 1926 ihre verbesserten analytischen Methoden auf die bereits erwähnten Versuche von Wissenschaftlern an, Quecksilber in Gold umzuwandeln.[221] Ausgangspunkt dieser Untersuchungen waren Quecksilberproben, die Adolf Miethe vom photochemischen Laboratorium der TH Berlin-Charlottenburg Anfang 1924 an Haber mit der Bitte sandte, sie im KWI auf ihren Goldgehalt zu untersuchen. Ohne zu wissen, woher die Proben stammten oder worauf die Analysen abzielten, fand die Abteilung M bei ihren Gehaltsbestimmungen mehr oder weniger große Mengen Gold, die fast alle von größeren Mengen Silber begleitet waren. Bei den Proben handelte es sich um den Destillationsrückstand ausgebrannter Quecksilberlampen, den Miethe zusammen mit seinem Privatassistenten H. Stammreich untersuchte. Noch im selben Jahr veröffentlichte Miethe den von ihm vermeintlich entdeckten «Zerfall des Quecksilberatoms»[222] zu Gold in analytisch nachweisbarer Menge in einem von der Fachpresse heiß diskutierten Aufsatz und meldete ein Patent an, das alsbald von Siemens & Halske erworben wurde. Bis 1926 folgten weitere Arbeiten[223] von Miethe und Stammreich, in denen sie ihre Ergebnisse erhärten wollten; auch andere Universitäts- und Industrielaboratorien im In- und Ausland griffen das Thema auf und stellten eigene Versuche an.[224]

Haber, der sich Ende 1924/Anfang 1925 gerade auf seiner Japanreise befand, zweifelte zu diesem Zeitpunkt kaum daran, daß man Gold aus Quecksilber künstlich herstellen konnte, und vermutete darüber hinaus, daß auch Blei und Wolfram in das ersehnte Edelmetall umzuwandeln seien.[225] Zugrunde lag die Annahme, daß es möglich sei, den Atomkern des Quecksilbers, das die Ordnungszahl 80 hatte und daher nur wenig von radioaktiven Elementen entfernt war, «durch irgendeine elektrische Einwirkung» zu zerstören und die Abspaltung von Gold zu erhalten.[226] In Tokio lernte Haber im Dezember 1924 den Physiker H. Nagaoka, einen Schüler Max Plancks, kennen, der nach einem Überschlag elektrischer Funken zwischen einer Quecksilber- und einer Wolframelektrode Goldspuren nachweisen konnte und ihm entsprechende Versuche vorführte. Nagaoka vermutete die Instabilität aller Elemente mit höherem Atomgewicht als Gold, wobei Feldstärken von einer Million Volt den Kern zerschlagen konnten. Haber war begeistert, hielt die Wahrscheinlichkeit einer tatsächlichen Umwandlung der Elemente für «mehr als 90 %» und erkannte hier ein Feld, auf dem seine Abteilung M ihre Qualität beweisen konnte. Er wies Jaenicke noch vor seiner Rückkehr von seiner Asienreise an, «ohne Ansehung der Kosten» Anschaffungen zu machen und Versuche einzuleiten.[227] Nagaoka ermunterte er zu einer Veröffentlichung in den «Naturwissenschaften».[228]

Die von Haber zugrundegelegte Arbeitshypothese stieß schon für das ebenfalls gefundene, stets überwiegende Silber in Miethes und Nagaokas Proben auf Probleme, denn dafür hätte der Quecksilberkern in zwei Hälften zerfallen müssen, was unmöglich war. Näher lag, das Silber als zufällige Verunreinigung anzusehen. Nach den Erfahrungen des Meergoldprojekts war diese Annahme nun für das Gold um so wahrscheinlicher. Haber fiel es schwer, sich von seinen Illusionen zu trennen, während Jaenicke von Anbeginn mißtrauisch war und alles daran setzte, um seinen Chef, wie dieser einräumte, von seinem voreiligen «Leichtsinn» zu kurieren und wieder in die Bahnen der Wissenschaft zu lenken.[229]

Gemeinsam mit seinen M-Mitarbeitern Jaenicke und Matthias wies Haber 1926 mit den verbesserten Analysemethoden nach, daß sämtliche Spuren von Gold und Silber durch methodische Fehler ungewollt eingeschleppt worden waren, und publizierte dieses Resultat in einem Vortrag vor der KWG und Aufsätzen. Haber bestätigte damit die Ergebnisse anderer Laboratorien des In- und Auslandes, deren Nachprüfungen ebenfalls negative Ergebnisse erbracht hatten, konnte jedoch über diese hinausführen, indem seine Bestimmungen eine Genauigkeitsgrenze von hundertmillionstel Gramm aufwiesen.[230] Miethe und Stammreich versuchten zwar noch, die Kontrollexperimente der anderen Forscher, neben Haber beispielsweise auch Ernst Riesenfeld, kritisch zu diskutieren und wissenschaftlich zu entkräften[231], doch konnten sie ihre Resultate nicht retten. Das Jahr 1926 bedeutete das Ende der wissenschaftlichen Goldsuche sowohl im Meer als auch im Quecksilber, und Haber, der beide Projekte mit großen Hoffnungen verfolgt hatte, mußte selbst das vernichtende Fazit ziehen.

IX. Habers Einsatz für die Forschungsförderung

In der Weimarer Zeit setzten sich zwei Strukturumbrüche durch, die das deutsche Wissenschaftssystem bis heute maßgeblich prägen: die Verlagerung der Forschungsförderung von den Ländern auf das Reich sowie die Verschiebung der Verteilung staatlicher Mittel von den kultusministeriellen Bürokratien auf die Selbstverwaltungsorganisationen der Wissenschaft.[1] Freilich gilt es, die Relationen zu wahren: Bei allen «Verreichlichungstendenzen» im einzelnen blieben die Länder und hier vor allem Preußen für den Gesamtbereich von Forschung und Wissenschaft von entscheidender Bedeutung, wie allein ein Vergleich des finanziellen Volumens der Zuschüsse von Reich und Ländern für wissenschaftliche Einrichtungen belegt.[2] Trotzdem sind es die oben genannten länderübergreifenden Strukturveränderungen auf Reichsebene, die wissenschaftshistorisch bedeutsame Marksteine setzten. Beide Prozesse sind mit der Gründung und Entwicklung von zwei Institutionen verbunden: mit der Kaiser-Wilhelm- bzw. heute Max-Planck-Gesellschaft sowie mit der Notgemeinschaft der Deutschen Wissenschaft (NG), die schon Ende der zwanziger Jahre den Namenszusatz Deutsche Forschungsgemeinschaft (DFG) erhielt[3], der ihr schließlich blieb. Beide Strukturveränderungen der Weimarer Zeit sind vor allem auch mit dem Namen Fritz Habers verbunden. Für die KWG bzw. das physikalisch-chemische KWI wurde dies bereits am Beispiel der Behebung ihrer inflationsbedingten finanziellen Notlage belegt. Die Geschichte der Notgemeinschaft zeigt darüber hinaus, daß sich Habers Problembewußtsein und Engagement aus dem – ja durchaus nicht engen – Rahmen der KWG und ihrer Institute lösten. Er «glaube an die Wichtigkeit der produktiven Ideen»[4], bekannte er gegenüber Schmidt-Ott und nahm sich nun der Situation der gesamten Wissenschaft, unabhängig von Disziplinen, Institutionen und Sitzländern, an. Willstätter schrieb die psychische Veränderung, die der vor 1914 noch so ichbezogene und auf die eigene Forschungsarbeit fixierte Physikochemiker erlebte, sehr plausibel auf die Folgen von Kriegsarbeit und Friedensdiktat zurück:

«Haber war [...] für die Kleinarbeit eines experimentierenden Gelehrten verdorben. Er war mit der Größe der Aufgaben und Leistungen, der Verantwortungen und Erschütterungen, der Erfolge und Fehlschläge gewachsen [...]»[5]

1. Die Notgemeinschaft der Deutschen Wissenschaft

Die historische Bedeutung der Notgemeinschaft war bereits den Zeitgenossen unmittelbar einsichtig und führte nur wenige Jahre nach ihrer Gründung zu einer ersten umfassenden Darstellung im weiteren Kontext der Wissenschaftspflege.[6] Während die fünfziger Jahre den Erinnerungen der Beteiligten vorbehalten blieben[7], wurde die Geschichte der Notgemeinschaft ab Ende der 1960er Jahre historisch erforscht und rekonstruiert.[8] Es folgten in der Bundesrepublik wie in der DDR gleichermaßen Studien über Einzelaspekte ihrer Tätigkeit.[9] Das geschichtswissenschaftliche Interesse hält weiterhin an[10], zumal sich die Quellensituation inzwischen durch die Zugänglichkeit der Bestände in den ehemaligen DDR-Archiven erheblich verbessert hat. Der im Bundesarchiv Koblenz aufbewahrte Bestand zur DFG ergänzt sich damit um die Akten des Reichsinnenministeriums und den im Geheimen Staatsarchiv endlich zusammengeführten Nachlaß Schmidt-Ott, um nur die größeren Bestände zu nennen. Die industrielle Seite der NG-Medaille, die Gründung und Entwicklung des Stifterverbandes, wurde schließlich erst jüngst anläßlich seines 75jährigen Bestehens dem Dunkel fragmentarisierter Archivbestände entrissen.[11]

Die älteren Darstellungen standen deutlich im Banne der Person Schmidt-Otts, so daß Eduard Wildhagen, Zeitzeuge aus den frühesten Tagen der Notgemeinschaft, Ende der fünfziger Jahre kritisierte, Habers Anteil an der Entstehung des Selbstverwaltungskörpers sei nie voll gewürdigt worden. Wildhagen schrieb dies Schmidt-Ott selbst zu, «dessen Freundschaft sich in Kühle wandelte, je mehr er an dem Grundsätzlichen – das Haber ihm mit großer Offenheit entgegenhielt – vorbei den kleinen Weg ging, statt die große Lösung zu versuchen, die Haber anstrebte.»[12] Freilich ist, um diese Aussage richtig zu gewichten, in Rechnung zu stellen, daß Wildhagen seinem Chef skeptisch gegenüberstand und dem so viel Älteren generell mangelnden Mut und übervorsichtiges Taktieren vorwarf. Andererseits wich dieser in der Tat in grundsätzlichen Fragen schnell zurück und verließ sich dafür auf seine guten persönlichen Beziehungen, um seine Vorstellungen doch noch durchzusetzen – oft mit Erfolg. Haber dagegen war bekannt und bei manchen wenig beliebt dafür, daß er gerne grundsätzliche Erklärungen abgab. Er war es, der die weittragenden Konzeptionen entwarf, nach außen vertrat und durchsetzte. Sein Anteil an der erfolgreichen Gründung der Notgemeinschaft wird daher in der neueren Literatur zu Recht sehr hoch veranschlagt. Er stellt, gerade was die konzeptionelle Leistung angeht, den zuvor allgegenwärtigen Schmidt-Ott zunehmend in den Schatten.[13]

Als der Heidelberger Nationalökonom und Soziologe Alfred Weber 1922 vor dem Verein für Socialpolitik einen stark rezipierten Vortrag über die

«Not der geistigen Arbeiter» hielt[14], war das Thema bereits zum weithin akzeptierten Topos geworden, der angesichts der jedermann einsichtigen Inflationsfolgen schließlich keiner näheren Begründung mehr bedurfte. Webers Vortrag ragte intellektuell hinsichtlich der Schärfe der Analyse und ihres Materialreichtums unter einer Vielzahl ähnlicher Publikationen hervor. Ein Jahr darauf verfaßte der Zentrumspolitiker Georg Schreiber mit seiner vielgelesenen, ähnlich betitelten Schrift eine Synthese der bisherigen öffentlichen Diskussion und führte im Anhang bereits über 150 einschlägige Veröffentlichungen der Jahre 1918 bis 1923 auf.[15] Geistiger Fluchtpunkt der Analysen und Argumentationen war die bereits im Zusammenhang mit dem physikalisch-chemischen KWI erwähnte verbreitete Forderung nach einer Intervention des Reiches in den traditionell einzelstaatlichen Bildungssektor. Dahinter standen Denkfiguren, wonach die Wissenschaft als der einzige verbliebene «Aktivposten» Deutschlands nach der verlorenen politischen und wirtschaftlichen Machtposition unbedingt zu fördern sei, nicht zuletzt auch, um diese wiederherzustellen; Metaphern wie die von der deutschen «Großmacht des Geistes» sprechen da eine deutliche Sprache. Das bereits die KWG-Gründung prägende deutsche Rückstandssyndrom erfuhr damit in der demütigenden Versailler Situation enormen Auftrieb.[16] Es verfestigte sich schließlich zum festen Bestandteil des zeitgenössischen kulturellen Wissens, wie es etwa in Nachschlagewerken Niederschlag fand. Die Forschung sei, so das Staatslexikon 1927, ein Pfeiler der Größe und Zukunft Deutschlands. Hier gelte es «wettzumachen», was Deutschland durch den Krieg an anderen «Machtpositionen eingebüßt» habe.[17]

Der Verbreitung und Akzeptanz der Notlage der Wissenschaft in der Publizistik entsprach von Anfang an ein breiter, parteienübergreifender Konsens in den Parlamenten, der allen ‹Weimarer Verhältnissen› zum Trotz bis Ende der zwanziger Jahre ein erstaunlich stabiles Fundament für die Wissenschaftspolitik abgab. Forschung über die bestehenden Institutionen hinaus mit öffentlichen Geldern zu fördern war eines der wenigen konsensfähigen, ja konsensstiftenden Anliegen der Republik, das vielleicht gerade dadurch besonderen Zuspruch fand, als sich eine Möglichkeit bot, die politischen Gegensätze aufzuheben. Diese breite publizistische und parlamentarische Akzeptanz wurde zwar nicht von Haber geschaffen, wohl aber, wie noch zu zeigen sein wird, durch glänzend formulierte Artikel und Vorträge befördert, um inhaltliche Argumente ergänzt und mit dem Renommee des Nobelpreisträgers umgeben. Die dadurch erzeugte politische Sogwirkung verhalf wiederum der Notgemeinschaft zu einem überraschend glatten Durchbruch.

Die kritische Situation der Wissenschaft und die große Bedeutung finanzieller Fördermaßnahmen für die Nachkriegszeit waren Haber sehr früh nicht nur theoretisch bewußt. Er konnte vielmehr, bevor er selbst die

Initiative ergriff, praktische Erfahrungen sowohl mit einer industriellen wie auch mit einer rein akademischen Unternehmung zur Förderung der chemischen Wissenschaft sammeln. Beide wurden vom Geist Carl Duisbergs und Emil Fischers geprägt.

Am 24. 10. 1918 wurde die Deutsche Gesellschaft zur Förderung des chemischen Unterrichts, abgekürzt Degun, errichtet, die aus der Sorge des Verbands der Laboratoriumsvorstände um die Studenten an den «völlig heruntergekommenen Hochschulinstitute[n]» hervorgegangen war. Die Gründung wurde von Emil Fischer und Carl Duisberg durchgesetzt; das Bündnis von chemischer Wissenschaft und Industrie, sinnfällig zum Ausdruck gebracht durch ihre führenden Repräsentanten und die 15 Millionen Mark, die bereits am Gründungstag gezeichnet wurden, fand nicht zuletzt die Unterstützung des Kultusministers Schmidt-Ott.[18] An der Ausarbeitung ihrer Satzung, die sich stark am Verein Chemische Reichsanstalt orientierte, hatte Haber regen Anteil. Er interessierte sich sehr für die Gesellschaft, diskutierte ihre Konzeption mit Duisberg und prüfte den ihm übersandten Satzungsentwurf intensiv und mit großem Sachverstand.[19]

Auch an einer anderen Initiative zur Förderung der chemischen Wissenschaft war Haber früh beteiligt. Emil Fischer vermachte testamentarisch einen Großteil seines Vermögens der Berliner Akademie als Kapital für eine Stiftung zur Förderung junger Chemiker. Es handelte sich um 750000 Mark in Wertpapieren. In einem Brief vom 14. 7. 1919, am Tag vor seinem Tod, beschwor er die Begünstigten, «dem armen, schwer geschlagenen und niedergetretenen Deutschland» treu zu bleiben und durch ihre Wissenschaft zu helfen.[20] Die Akademie setzte im November 1919 eine Kommission zur Ausarbeitung der Satzung ein, der neben Planck, Beckmann und Nernst auch Haber angehörte. Als die Satzung ein Jahr darauf vom Ministerium genehmigt worden war, wählte die physikalisch-mathematische Klasse ein Kuratorium dieser Emil-Fischer- Stiftung, dem unter dem Vorsitz von Beckmann Nernst und Haber angehörten. Haber wurde die nächsten Jahre stets wiedergewählt.[21]

Beide Gründungen, an denen Haber, um ein militärisches Bild zu bemühen, zwar nicht in vorderster Front, wohl aber in der Etappe teil hatte und damit Argumente wie Erfahrungen sammelte, bildeten gleichsam den materiellen Nährboden, auf dem die Idee der Notgemeinschaft gedeihen konnte. Sie wären durch weitere Initiativen zu ergänzen, die ohne die Beteiligung des KWI-Direktors abliefen, aber ebenfalls zum forschungsfreundlichen Klima beitrugen. Auf sie wird noch näher einzugehen sein. Allerdings standen alle diese Fördergesellschaften in mehrfacher Hinsicht in der Tradition des Kaiserreichs. Die Duisbergschen Gründungen folgten dem am Verein Chemische Reichsanstalt orientierten Organisationsmuster, wonach sie von den Mitgliedern durch Spenden und Beiträge finanziert wurden und unter dem maßgeblichen Einfluß der Industrie standen.

Das unterschied sie zwar von der Emil-Fischer-Stiftung der Berliner Akademie, doch hatten sie mit dieser zwei wichtige Merkmale gemein: Sie konzentrierten sich auf die Unterstützung nur einer Disziplin bzw. eines Universitätsinstituts, und sie finanzierten sich aus den Zinsen, die das thesaurierte Vermögen jährlich abwarf, nicht etwa aus den eingegangenen Beträgen selbst. Damit waren sie mit dem Problem der fortschreitenden Geldentwertung genauso konfrontiert wie die KWG, allerdings mit dem Unterschied, daß öffentliche Zuschüsse ausschieden.

Schließlich ist noch eine letzte frühe Initiative zu erwähnen, an der Haber teil hatte, um die gewonnenen Erfahrungen später in die Notgemeinschaft einzubringen. Die Preußische Akademie der Wissenschaften, die in der Nachkriegszeit mehrfach aktiv wurde, um die Notlage der Wissenschaft zu beheben, setzte Anfang Dezember 1919 eine Kommission ein, die sich mit der problematischen Literaturversorgung der Wissenschaftler befaßte. Diskutiert wurde vor allem die Beschaffung ausländischer Druckerzeugnisse, doch wurden auch Anträge um Druckkostenzuschüsse behandelt. Der Kommission gehörte neben Planck und Rubens auch Haber an.[22] Die Buchdruckerpreise waren seit Kriegsbeginn zuerst langsam, seit der Niederlage aber sprunghaft ins Unermeßliche gestiegen. Sie lagen am 1. 12. 1918 140 %, sieben Monate später bereits 230 % über dem Vorkriegsniveau. Das Börsenblatt des deutschen Buchhandels verzeichnete mit 900 % am 1. 6. 1920 den ersten Höhepunkt einer früher unvorstellbaren Kostenexplosion.[23] Wenngleich über die Arbeit der Akademiekommission nichts bekannt ist, so liegt auf der Hand, daß das Problem nicht nur statistisch erfaßt wurde, sondern daß die Ausschußmitglieder auch nach Lösungsmöglichkeiten suchten. Haber hatte schon bei der Gründung seines KWI Ende 1911 den Gedanken entwickelt, die Bibliothek seines Instituts dadurch kostengünstig zu bereichern, daß wichtige Zeitschriften «im Tauschverkehr» gegen die Publikationsreihe des KWI erworben würden.[24] Einer der größten Erfolge der frühen Notgemeinschaft sollte später der Zeitschriftentausch mit ausländischen Gelehrten werden, bei dem sich bis März 1923 rund 200 feste Tauschverbindungen knüpften. Die Idee wurde bisher gemeinhin Schmidt-Ott zugeschrieben, doch ist seine Unterschrift unter einem entsprechenden Rundschreiben natürlich kein Beleg für die Urheberschaft.[25] Sehr wohl denkbar, wenngleich nicht zu belegen ist auch hier Habers Initialzündung. Doch zunächst zurück in das Jahr 1920.

1.1. Gründung und innere Struktur der Notgemeinschaft und die Rolle Habers

Im Rahmen einer Biographie kann nicht, noch dazu zum wiederholten Mal, eine Geschichte der NG geschrieben werden. Vielmehr geht es darum, den Anteil herauszuarbeiten und zu gewichten, den Haber besonders an ihrer

Gründung hatte. Wie in den wissenschaftlichen Arbeiten des KWI-Direktors fällt auch hier eine Eigenart auf, die Willstätter als seinen wesentlichen Charakterzug bezeichnete: «Die Anregung, der Plan, der Weg sind ihm wichtiger als die Vollendung. Schöpferisches Schaffen freut ihn mehr als die Ausbeute, als das fertige Stück.»[26] Haber hätte allerdings wohl gerne die fertige Notgemeinschaft genossen, wie er sie sich vorstellte, doch sollte er an den internen Machtverhältnissen scheitern, die seinen hochfliegenden Plänen enge Grenzen setzten. Sein angegriffener Gesundheitszustand erlaubte ihm allenfalls, diese Grenzen noch punktuell zu verrücken.

Die zündende Idee, «die gesamte Wissenschaft, auch die technische Wissenschaft, zu einem Bunde zu vereinigen», entstand nach Schmidt-Otts Erinnerung am Tag des Kapp-Putsches, dem 13. 3. 1920, als er und Haber unter dem Eindruck des Putsches auf den Beginn einer Konferenz über die Notlage der Forschungsinstitute warteten, zu der der «Reichsbund deutscher Technik» eingeladen hatte.[27] Liest man allerdings das Protokoll dieser Besprechung[28], so kann man sich des Eindrucks nicht erwehren, daß die ganze Sitzung nur veranstaltet wurde, damit eine Art Plenum Beschlüsse legitimieren konnte, die zuvor von einem engeren Kreis längst vorentschieden worden waren.

Der «Reichsbund deutscher Technik» war 1918 aus einer Abspaltung politisch aktiver Ingenieure aus dem VDI hervorgegangen und definierte seine Hauptaufgabe darin, technisches Denken in der Öffentlichkeit zu propagieren und die beruflich-sozialen Belange seiner Vertreter zu fördern.[29] Er sah vor allem in den Fraktionen interessante Ansprechpartner für seine Verbandsarbeit und rühmte sich enger Beziehungen zu Regierung und Parlamenten. Und genau darum ging es jetzt offensichtlich. In seinen einführenden Worten verwies der Reichsbund-Vorsitzende Dahl – kein Zufall – auf Habers Artikel über «Die Not der deutschen Wissenschaft» im Berliner Tageblatt am 7. 3. und mahnte umgehend energische Schritte an. Als Zweck des Treffens betonte er, sein Verband wolle nur die «von einem Arbeitsausschuß beschlossenen Maßnahmen» politisch umsetzen. Diese Formulierung impliziert, daß die Bildung einer Kommission im Laufe der Sitzung bereits vorentschieden war. Vor diesem Hintergrund erklärt sich auch die auf den ersten Blick sehr willkürlich anmutende Teilnehmerliste. Anwesend waren nämlich acht Vertreter technischer Vereine[30], ein Professor der Universität Berlin, zwei von der TH Berlin, der Direktor der Berliner Staatsbibliothek sowie «Kultusminister a. D.» Schmidt-Ott und vor allem Fritz Haber in seiner Eigenschaft als Direktor des KWI für physikalische Chemie. Anders ausgedrückt: Es handelte sich um die beiden Promotoren des Vorhabens, um ausgewählte Vertreter der ‹Notleidenden›, also vor allem Bibliotheken und Universitäts-/TH-Institute, sowie um eine Gruppe potentieller Retter aus der Notlage, nämlich die technischen Verbände mit ihren engen Verbindungen zu den jeweiligen Industrien, die trotz des verlorenen Krieges aus ihren Kriegsgewinnen ein sattes finanzielles Polster angelegt hatten.

Haber war es, der die Sitzung tonangebend prägte und ihren Verlauf durch seine Wortmeldungen in die gewünschte Richtung lenkte. Zunächst analysierte er gleich nach den einführenden Worten des Vorsitzenden die Situation «in ausführlicher treffsicherer Weise», wie das Protokoll eigens vermerkte. Er belegte die 10- bis 15fache Preissteigerung bei den Personal- und Sachmitteln und die besondere Notlage der von Stiftungsmitteln bzw. ihren Zinserträgen abhängigen Einrichtungen, um daraus abzuleiten, daß die Teuerung den «Lebensnerv» der wirtschaftlichen Prosperität Deutschlands, nämlich die Wissenschaftspflege, getroffen habe. Von den anschließenden Erfahrungsberichten der anwesenden Verbandsvertreter und Professoren maß das Protokoll nur dem Bericht des Direktors der Staatsbibliothek besonderes Gewicht bei, indem es seine Ausführungen zur Not der Staats- und Universitätsbibliotheken als einzige inhaltlich wiedergab. Danach sprach fast nur noch Haber, der flugs vorschlug, «dem geplanten Vorgehen eine möglichst breite Grundlage zu schaffen». Bislang kamen alle Teilnehmer aus Berlin.

Aber was war denn überhaupt geplant? Haber skizzierte umgehend ein Vorhaben, dessen Umrisse bei Beginn der Besprechung längst festgestanden haben müssen und die der Reichsbund-Vorsitzende gelegentlich mit konkreten Vorschlägen ergänzte, die ebenfalls abgesprochen anmuten. Es ging darum, dem Arbeitsausschuß «gewissermaßen ein Mandat aller Beteiligten» zu erteilen und eine Initiative zu starten, die nicht nur die Berliner Institute, sondern die des gesamten Reichs umfassen sollte. Als Leiter des Ausschusses empfahl Haber Schmidt-Ott, den er selbst seit langem kannte und schätzte: als Ministerialdirektor und späteren Kultusminister; als Schatzmeister seines Instituts; auch als tatkräftigen Partner bei der Gründung der KWKW, einer frühen, wenngleich sehr spezifisch ausgerichteten Maßnahme zur Forschungsförderung, die, wie noch zu zeigen sein wird, einige Züge der Notgemeinschaft vorweggenommen hatte. Habers Vorschlag erfolgte mit Sicherheit nicht spontan, und ebensowenig spontan erklärte sich Schmidt-Ott auch sofort «in liebenswürdigster Weise» dazu bereit. Diese personelle Entscheidung konnte aufgrund der langjährigen Verbindung des ehemaligen Ministers zu Politik, Kultusverwaltungen, Wissenschaft und Industrie gar nicht geschickter getroffen werden: Er allein konnte kompetent die Belange der im Ausschuß vertretenen Mitglieder bündeln, als die je ein Vertreter der KWI, der Technischen Hochschulen, der Universitäten, der Bibliotheken, des Deutschen Verbandes technisch-wissenschaftlicher Vereine, des Reichsausschusses der akademischen Berufsstände und des Reichsbunds deutscher Technik bestimmt wurden. Die Akademien fehlten in dieser Aufzählung, vielleicht wegen des technisch-wissenschaftlichen Hintergrunds der Sitzung, vielleicht wegen ihrer eigenen

Eingabe an die Nationalversammlung vom Februar. Auf der anderen Seite war Schmidt-Ott bestens geeignet, die Aufgaben des Arbeitsausschusses durchzusetzen: Er sollte Material zur Notlage der Wissenschaft sammeln und verarbeiten, um damit Selbsthilfe zu organisieren, die Unterstützung der Industrie zu gewinnen und schließlich das Ausland aufmerksam zu machen. Vor allem aber sollte der Ausschuß «Denkschriften und Anträge» an Parlamente und Regierungen leiten, «um die Bereitstellung der unbedingt erforderlichen Mittel seitens des Staates durchzusetzen.» Dabei ging es ausdrücklich, wie der Reichsbund-Vorsitzende abschließend hervorhob, um Haushaltsmittel der Einzelstaaten wie auch des Reichs, eine «Kleinigkeit», legitimiert durch die «Pflicht der Selbsterhaltung der Volkswirtschaft».

Der Reichsbund deutscher Technik spielte nach diesem energischen Auftakt in der weiteren Geschichte der NG nicht die geringste Rolle mehr, ein zusätzliches Indiz dafür, daß er als Staffage diente, die sich Haber und Schmidt-Ott gesucht hatten, um ihrer Idee ein mehrheitsfähiges Gewicht zu verschaffen und sie in den wissenschaftlich-politischen Kreislauf einzuspeisen. Als treibende Kraft erwies sich vielmehr Haber, der bereits kurz nach der Sitzung die nächsten richtungweisenden Schritte einschlug. Zunächst warb er umgehend beim badischen Kultusminister Hummel um die Notgemeinschaft der deutschen Wissenschaft, wie er sie erstmals nannte. Er tat damit den ersten organisatorischen Schritt weg von der Preußenlastigkeit der Initiative, deren Erfolg er von zwei Faktoren abhängig sah: Hilfe sei realistisch nur vom Reich und/oder der Industrie zu erwarten; ausschlaggebend dafür sei die öffentliche Meinung, die man selber mitformulieren müsse.[31]

Auch die nächsten Schritte unternahm Haber, indem er nun geschickt die noch außenstehenden Akademien in die Maßnahmen des Reichsbunds einbezog. Er koppelte damit die beiden bislang separaten Vorstöße um eine Unterstützung der notleidenden Wissenschaft, der eine von seiten der Wissenschaft selbst, der andere von seiten der Technik, zu einer wissenschaftlich-technischen Gesamtinitiative. Haber tat dies, wohlgemerkt noch bevor die Nationalversammlung die Eingabe der Akademien Ende April ablehnte. Bereits am 25. 3. unterrichtete er die preußische Akademie, d. h. damit auch die gewichtigen Ordinarien der Universität, von seiner Idee und stimmte offenbar das weitere Vorgehen ab.[32]

Wieder war es Haber, der nur vier Tage darauf absprachegemäß zwei zeitgleiche Anträge stellte: den einen an die Akademie zu Händen Max Plancks, den anderen an den Rektor der Universität Berlin, Eduard Meyer. Er forderte beide Institutionen auf, sich einer Notgemeinschaft der Wissenschaft unter Vorsitz Schmidt-Otts anzuschließen und selbst an alle deutschen Akademien bzw. Universitäten mit dem Vorschlag heranzutreten, sich an der Initiative zu beteiligen. Damit versuchte er, seiner Idee eine reichsweite, durch die ehrwürdigen Akademien gleichsam ‹geadelte›, breite Basis zu verschaffen, die alle betroffenen Institutionen einbezog.[33] Die Rechnung ging auf: Am 15. 4. wiederholte Haber sein Anliegen nunmehr offiziell auf der Sitzung der Gesamtakademie. Der Antrag wurde einstimmig angenommen. Als ihre Vertreter im Gründungsausschuß wählte die Akademie Diels, Planck und natürlich Haber.[34] Diese drei formulierten wenig später einen von Planck unterzeichneten Brief an Schmidt-Ott: Die Akademie erklärte darin die Notgemeinschaft quasi zu ihrer eigenen Idee und forderte ihr Ehrenmitglied Schmidt-Ott auf, seine kostbare Arbeitskraft an die Spitze der Initiative zu stellen. Sie benannte gleich ein mögliches Tätigkeitsfeld der neuen Einrichtung, nämlich die Förderung der neuen Reichszentralstelle für naturwissenschaftliche Berichterstattung. Zeitgleich wurden die anderen deutschen Akademien aufgefordert, sich ebenfalls zu beteiligen.[35]

Ende des Monats April fand eine erste Besprechung über die Notlage der Wissenschaft und Kunst auf gouvernementaler Ebene statt.[36] Vier Vertreter des Reichsinnenministeriums, einer des Auswärtigen Amts und vier Repräsentanten des preußischen Kultusministeriums konferierten nur mit Haber und Schmidt-Ott. Anlaß der Beratung war ursprünglich ein Antrag gewesen, den der hessische Kultusminister Strecker seinen Kollegen vorgetragen hatte, nämlich in einem gemeinsamen Aufruf der Kultusministerien kapitalkräftige deutsche und deutschfreundliche Kreise des Auslands um Spenden zu bitten. Dies wurde zwar als unvereinbar mit der nationalen Würde abgelehnt, doch suchte man nun eine politisch unverfängliche Alternative, um im Ausland werben zu können. Haber und Schmidt-Ott waren vermutlich über das preußische Kultusministerium zu der Besprechung gebeten worden und nutzten die Gelegenheit, ihre Initiative vor den offiziell noch gar nicht unterrichteten Vertretern der Reichs- und preußischen Ministerien vorzutragen.

In mehreren ausführlichen, taktisch wohldurchdachten Wortmeldungen bewies Haber sein inzwischen erstaunliches Verhandlungsgeschick und politisches Gespür. Er verwies zunächst vehement auf die Abhängigkeit der deutschen Wirtschaft vom «Einstrom der technischen Wissenschaft», enthielt sich also bewußt jeder Erwähnung von «Philologie und Zubehör», wie er es später flapsig ausdrückte, obwohl er die Geisteswissenschaften immer einbezog.[37] Ferner suggerierte er durch die gewählten Formulierungen, als existiere die Notgemeinschaft bereits: Der gegenwärtige unhaltbare Zustand, «wo jeder Forscher für seine Zwecke Geld zu erbetteln suche», habe zur Gründung der Notgemeinschaft geführt, die «im Einvernehmen mit Reich und Ländern, aber nicht durch diese» arbeiten wolle. Haber ließ den Begriff eines alle wissenschaftlich-technische Organisationen umfassenden «Selbstverwaltungskörpers» einfließen, der sich damit auch als idealer Ausweg in der prekären Frage der Auslandswerbung anbot, denn, so der KWI-Direktor, man könne auf keinen Fall im Ausland «mit einer lärmenden Werbetrommel» vorgehen. Haber verhalf damit der Notgemeinschaft zu einem wichtigen Schritt hin zu ihrer Konstituierung, denn bislang handelte es sich ja strenggenommen nur um eine im einzelnen nicht spezifizierte Idee mit einem in Aussicht genommenen Vorsitzenden. Wie tragfähig die Idee überhaupt war, war keineswegs erwiesen. Hatte aber Krüss als vom Kultusministerium abgeordneter Vertreter des Reichsinnenministeriums noch in der Mitte der Sitzung die Frage aufgeworfen, ob zur Förderung der Wissenschaftspflege das Reich den Ländern Zuschüsse gewähren oder ob vielmehr die Wissenschaft einen eigenen Zweckverband gründen solle, der die Mittel dann verteilte, so war diese Frage am Ende bereits stillschweigend und ohne weitere Diskussion zugunsten der zweitgenannten Option entschieden. Es wurde sogar in Aussicht genommen, eine Notgemeinschaft für die Kunst nach ähnlichen Grundsätzen zu bilden.

Damit waren Vorentscheidungen über die innere Struktur und Funktionsweise der Notgemeinschaft gefallen und amtlich durch Reich und Preußen sanktioniert worden, bevor überhaupt die betroffenen wissenschaftlichen Einrichtungen ihren Beitritt erklärt hatten, geschweige denn die NG überhaupt gegründet worden war. Die deutschen Akademien stimmten erst in der ersten Maihälfte ihrem Beitritt zu, die Technischen Hochschulen und Universitäten folgten sogar erst über vier Wochen später.[38] Noch Ende Juni lagen von vielen Einrichtungen nur mündliche, d. h. vorläufige Beitrittserklärungen vor.[39] Durch Haber und Schmidt-Ott hatte der Plan jedoch bereits ein Eigenleben auf politischer Ebene entfaltet, wobei die Ende April abgelehnte Eingabe der Akademien um Reichsmittel als Zugpferd diente. Reichsfinanz- und Reichsinnenminister nahmen Kontakt mit den Ländern auf, um zu prüfen, ob die von den Akademien vertretenen wissenschaftlichen Zwecke von Reichs wegen gefördert werden könnten. Gleichzeitig wurden die im Kartell vereinigten deutschen Akademien gebeten, ihre Forderung von drei Millionen Mark zu begründen und zu spezifizieren.[40] Diese beriefen sich auf eine von Schmidt-Ott und seinem ersten Mitarbeiter für die Notgemeinschaft, Eduard Wildhagen, verfaßte, später überarbeitete und veröffentlichte Denkschrift über «Die Not der deutschen Wissenschaft», nach deren Berechnungen inzwischen eigentlich 80 Millionen, allermindestens jedoch 20 Millionen erforderlich waren, um die krassesten Mißstände zu beseitigen. Einen augenfälligen Schwerpunkt legten die Ausführungen dabei auf die katastrophale Situation der Bibliotheken, die sich ausländische Zeitschriften und Werke nicht mehr leisten konnten, so daß der durch Krieg und Boykott verpaßte Anschluß deutscher Wissenschaftler an den internationalen Forschungsstand kaum noch auszugleichen war. In der Tat sollte die Notgemeinschaft gerade in ihren frühen Jahren hauptsächlich in der Literaturversorgung aktiv werden. Schmidt-Ott übergab die Denkschrift, die in enger Fühlung mit Lewald und Krüss vom Reichsinnenministerium formuliert worden war,

Mitte Juni an die Akademien, die sie wiederum offiziell dem Reichsinnenminister zuleiteten.[41]

Einbezogen in diese Summe war über die Belange der Akademien hinaus gemäß dem Notgemeinschaftsgedanken inzwischen auch der Bedarf aller wissenschaftlichen Einrichtungen: 4 Millionen Zuschüsse für den Druck von Monographien und Zeitschriften sowie für Unternehmungen der Akademie; 4 Millionen für die Bibliotheken; 6 Millionen für die Beschaffung von Instrumenten und Apparaten; 2,5 Millionen für biologische Zwecke einschließlich eines Tierparks; 1,5 Millionen für Institute, je eine Million für die Technischen Hochschulen und für die Unterstützung von Privatdozenten. Die Verteilung dieser Summen auf die einzelnen Posten hatte offenbar Schmidt-Ott selbst vorgenommen. Sie wurde von den Repräsentanten der deutschen Akademien akzeptiert, die, ohne daß dies diskutiert wurde, in Ermangelung eines entsprechenden NG-Gremiums im Vorgriff stellvertretend dessen Funktionen wahrnahmen. Haber war bei diesen entscheidenden Vorberatungen stets aktiv anwesend und wurde von seiten der Berliner Akademie neben Diels, Planck und Harnack zu den für den 22. 6. anberaumten Reich-Länder-Beratungen im Reichsinnenministerium benannt.[42]

Über diese wichtige Sitzung, die in der historischen Literatur auch entsprechend gewürdigt wird, wurde bereits im Zusammenhang mit der Förderung der KWG aus Reichsmitteln berichtet.[43] Es genügt hier festzuhalten, daß in Fortführung der Reich-Preußen-Beratung von Ende April die Existenz der Notgemeinschaft stillschweigend vorausgesetzt und ihre Denkschrift der Besprechung zugrunde gelegt wurde. Die Sitzung geriet zum Triumph der geplanten Fördereinrichtung, wurde ihr doch von seiten des preußischen Kultusministeriums und der anwesenden Akademievertreter, wie diese es zuvor in einer «orientierenden Besprechung» beschlossen hatten[44], unisono das Vertrauen als Selbstverwaltungskörperschaft der gesamten deutschen Wissenschaft ausgesprochen, die am besten die Verteilung der zugesagten Reichsmittel vornehmen könne. Haber war zwar anwesend, meldete sich auch zu Wort und versah seine Ausführungen mit dem Ansehen des frisch gekürten Nobelpreisträgers, doch bedurfte es keiner besonderen Intervention mehr, um die Angelegenheit zu befördern. Sie lief in den vorgezeichneten Bahnen. Andere wie Harnack, Diels und vor allem Schmidt-Ott bzw. von seiten der Behörden Krüss, Lewald und Bekker traten in den Vordergrund.

Konzeptionelle Überlegungen

Hinter den Kulissen blieb Haber einer der entscheidenden Akteure. Kurz nach der erfolgreichen Reich-Länder-Besprechung konstituierte sich die Notgemeinschaft vorläufig, indem ein erweiterter Gründungsausschuß gebildet wurde[45], dem auch Haber angehörte. Die Fördereinrichtung mußte nun schleunigst auch formell errichtet werden, denn der Reichsfinanzminister stellte noch im September 1920 die erbetenen 20 Millionen für die von der NG verfolgten Zwecke bereit; einen Monat später tauchte dieselbe Summe bereits im Voranschlag des RMI für das Haushaltsjahr 1921 auf.[46]

Haber beteiligte sich aktiv an den Überlegungen zu einer zweckmäßigen und günstigen inneren Struktur der Notgemeinschaft, wobei es ihm vor allem darauf ankam, eine Organisationsform zu finden, die das Prinzip der wissenschaftlichen Selbstverwaltung arbeitsfähig und glaubwürdig zum Ausdruck bringen würde. Er sah in der Selbstverwaltung die einzige Möglichkeit, die deutsche Wissenschaft in ihrer Gesamtheit aus ihrer finanziellen wie wissenschaftlichen Notlage, die er nicht zuletzt auch als vielfache «Selbstblockade»[47] kritisierte, herauszuführen. Die Selbstblockade diagnostizierte Haber fachlich wie letztlich auch politisch in der abwartenden Defensivstellung der Mehrzahl seiner Kollegen gegenüber dem demokratischen Staatswesen:

«Gegenüber der ganzen Entwicklung unserer Zeit sehe ich die Mehrzahl der Kollegen eingestellt auf den unfruchtbaren Standpunkt mürrischen Mißvergnügens und auf den Gedanken, daß auf irgend eine geheimnisvolle Weise ihnen in ihrem engsten Kreise Hilfe werden könnte, obwohl es insgesamt dauernd schlechter geht. Demgegenüber hege ich die Hoffnung, daß der Gedanke der Selbstverwaltung sich allmählich Bahn brechen [...] wird».[48]

Bezogen auf die Satzung der Notgemeinschaft, für die Haber einen eigenen Entwurf verfaßte, hieß dies aber auch, daß es darauf ankommen mußte, autoritäre Hierarchiebildung möglichst zu verhindern und das Prinzip der Wahl breit zu verankern. Der Selbstverwaltungsgedanke implizierte also in Habers Sicht eine Öffnung der «deutschen Mandarine», um Fritz K. Ringers einprägsamen Terminus zu gebrauchen, für die Funktionsweise der Weimarer Republik.

Bereits ziemlich früh war der KWI-Direktor in Kollegenkreisen dadurch aufgefallen, daß er durch die Betonung der Wahl relevanter Verbandsgremien den politischen Systemwechsel gleichsam auf die Welt der Wissenschaft übertrug. Auf der ersten Nachkriegssitzung des Ständigen Ausschusses der Bunsen-Gesellschaft im April 1920 stellte er beispielsweise den Antrag, die gewohnheitsmäßige Bestätigung der Mitglieder dieses Vorstandsgremiums abzuschaffen, seine Amtszeit zu verkürzen und nur eine einmalige Wiederwahl zuzulassen. Ihm kam es darauf an, einen weiten, sich ständig erneuernden Kreis von Fachleuten maßgeblich in die Verbandsarbeit einzubinden. Mit der Annahme dieses Antrags katapultierte er sich selbst aus dem Vorstand der Bunsen-Gesellschaft. Andererseits machten die autokratiegewohnten Mitglieder der Vereinigung trotz Habers vehementem Auftritt auf der Mitgliederversammlung keinen Gebrauch von der Satzungsänderung: Sie wählten en bloc die vom alten Vorstand ausgesuchten neuen Kandidaten. In der ganzen Weimarer Zeit scheint trotz Habers Appell nie ein Vorstandsmitglied der Bunsen-Gesellschaft aus dem Plenum heraus vorgeschlagen worden zu sein.[49]

Vor diesem Hintergrund kam in Habers Sicht vor allem der rechtlichen Stellung zweier NG-Organe besondere Bedeutung zu: dem Präsidenten und den Fachausschüssen. Sein Satzungsentwurf[50] sah die Errichtung einer Stiftung Notgemeinschaft zur Verteilung öffentlicher wie privater Gelder vor, eine Rechtsform, deren interne Machtverteilung auf die einzelnen Gremien er aus seinem KWI genau kannte. Diese Rechtsform schrieb neben dem Präsidenten zwingend ein Kuratorium der Stifter und der Aufsichtsbehörde als den eigentlichen Repräsentanten der Stiftung vor. Haber entwarf folglich ein sechsköpfiges Kuratorium, in dem hier die vier Stifter der Notgemeinschaft (also Hochschulen, Akademien, KWG, Verband technisch-wissenschaftlicher Vereine) sowie je ein Repräsentant der Hochschulkonferenz und des Reichsinnenministeriums, das ja Aufsichtsbehörde und wichtigster Geldgeber zugleich war, vertreten sein sollten. Aufgabe des Kuratoriums war, das geschäftsführende Präsidium (einen Präsidenten und zwei Stellvertreter) wie auch den noch zu beschreibenden Hauptausschuß zu ernennen, jährlich die Ausgaben des Präsidiums zu kontrollieren wie auch vor allem zu überprüfen, ob die Abwicklung der laufenden Geschäfte dem Stiftungszweck dienlich sei. Der neunköpfige Hauptausschuß sollte in einer gemeinsamen Sitzung mit dem Präsidium die Geldbewilligungen vornehmen; bei Stimmengleichheit entschied das Votum des Präsidenten. Der Hauptausschuß war ferner befugt, die Verwendung der Bewilligungen zu prüfen und das Präsidium zu entlasten.

Ulrich Marsch hat zu Recht die beiden Stoßrichtungen von Habers Satzungsentwurf betont, der vor dem Hintergrund der politischen Krise um die Notgemeinschaft Ende der zwanziger Jahre das vorausschauende Gespür seines Verfassers belegt: Kuratorium wie Hauptausschuß begrenzten die Machtbefugnisse des Präsidenten, also Schmidt-Otts, in den wichtigen Tätigkeitsfeldern der Bewilligungs- und Ausgabenpolitik zugunsten heterogen zusammengesetzter Gremien. In diesen dominierten zwar die Vertreter der Wissenschaft, doch war demnach auch das Reich als größter Geldgeber direkt und dauerhaft in die Entscheidungen der Notgemeinschaft eingebunden.[51]

Es lohnt sich, jetzt schon innezuhalten und Habers Entwurf mit der endgültigen Satzung der Notgemeinschaft zu vergleichen, die in drei Entwürfen mit nicht ganz geklärter Urheberschaft vorbereitet und schließlich auf der Gründungsversammlung am 30. 10. 1920 verabschiedet wurde. Sie stammte aus dem Kreis des erweiterten Gründungsausschusses, doch dominierte deutlich die Handschrift Schmidt-Otts; in die Formulierung der abschließenden Fassung wurde Harnack miteinbezogen.[52] Für die Notgemeinschaft wurde hier die Rechtsform eines eingetragenen Vereins gewählt. Die Gremien waren fast dieselben wie in Habers Stiftungsvorschlag; nur das Kuratorium entfiel bzw. die Mitgliederversammlung trat hinzu. Aber schon auf dem Papier waren die Vereinsorgane eindeutig auf den Präsidenten zugeschnitten, so daß die Satzung dem machtbewußten Schmidt-Ott alle Möglichkeiten ließ, die Geschicke der Gemeinschaft autoritativ zu bestimmen. Der Präsident galt allein, ohne neben- oder gar übergeordnete Organe, als Vorstand des Vereins und erhielt größtmögliche Kompetenzen. So mußte der Hauptausschuß bei der Mittelbewilligung nur noch gehört werden, seine Zustimmung war entbehrlich. Der Präsident sollte dabei zwar «tunlichst» die Vorschläge der Fachausschüsse und den Vereinszweck berücksichtigen, war dazu allerdings rechtlich nicht verpflichtet. Er verfügte de facto also allein über die Vergabe der Mittel und konnte ohne Mitsprache anderer Forschungsschwerpunkte setzen oder Projekte ablehnen. Er war ferner befugt, ohne Zustimmung anderer Organe Mitarbeiter für die Geschäftsführung einzustellen, d. h. sich einen eigenen Verwaltungsapparat aufzubauen. Die Mitgliederversammlung wählte das Präsidium wie auch die Mitglieder des Hauptausschusses, sofern sie sich nicht durch Zuwahl selbst ergänzten. Die Möglichkeit der Wiederwahl war nicht eingeschränkt. Insbesondere fehlte gegenüber dem Haberschen Entwurf jede Vertretung des öffentlichen Geldgebers, des Reichs. Erst ein Jahr später reklamierte und erhielt der Reichsinnenminister ein Vetorecht, das sich nicht nur auf Bewilligungen beschränkte und in der Satzung gar nicht vorgesehen war.[53]

Über interne Machtkämpfe hinter den Kulissen ist nichts bekannt. Man weiß also nicht, ob eventuell erbitterte Diskussionen stattfanden und warum Habers erkennbar demokratischerer Entwurf gegenüber der autoritären Fassung Schmidt-Otts den kürzeren zog. Vielleicht genau darum: weil die deutschen Wissenschaftler, die sich im Vorfeld an der Gründung der NG wie auch an der konstituierenden Mitgliederversammlung beteiligten, eben mit Demokratie nichts anfangen wollten und sich lieber selbst durch eine autoritäre Führung die Zügel aus der Hand nehmen ließen? Aber warum widersetzte sich der mächtige KWI-Direktor nicht, kannte er doch die Stärken und Schwächen Schmidt-Otts wie kaum ein anderer? Vielleicht kippte Habers Entwurf an der vorgesehenen Beteiligung des Reichs in einem Führungsgremium, konnte man doch argumentieren, daß damit die wissenschaftliche Selbstverwaltung eingeschränkt sei? Aber die wurde durch einen allmächtigen Präsidenten de facto noch viel weiter begrenzt.

Tatsache bleibt, daß, um kurz vorzugreifen, unter Schmidt-Ott die Mitgliederversammlung, satzungsmäßig das wichtigste Organ der NG, zu einer, wie Nipperdey/Schmugge es beißend ausdrückten, «public-relations-Veranstaltung» des Präsidenten degenerierte, die ohne Diskussion die Jahresberichte entgegennahm, das Präsidium entlastete und aufs neue bestätigte. Auch die Mitwirkung des Hauptausschusses ging bis Ende der zwanziger Jahre ständig zurück. Er hielt 1921 noch sechs Sitzungen ab, auf denen er sich mit dem Haushaltsplan und der Mittelverteilung auf die verschiedenen Disziplinen befaßte; 1922 bis 1928 fanden dagegen insgesamt nur noch zwölf Sitzungen statt. Anstelle des Hauptausschußvorsitzenden Harnack leitete Schmidt-Ott dessen Sitzungen selbst, beschnitt dessen Kompetenzen und übertrug sie auf seine Geschäftsstelle, ein Lehrstück stiller Machtübernahme durch eine autoritäre Führung und ihre Bürokratie. Der Hauptausschuß erhielt keinen Einblick mehr in die Haushaltspläne, auch nicht in die Begründung von Anträgen und in die Fachgutachten.[54] Die Notgemeinschaft war Schmidt-Ott.

Nur in einem Punkt steckte Haber gegenüber Schmidt-Ott nicht zurück, sondern kämpfte, als er auf Widerstand stieß: das war die Einrichtung gewählter Fachausschüsse. Die Organisationsform der Fachausschüsse, die man sich ja gewählt oder ernannt vorstellen kann, wurde von Haber und Schmidt-Ott unvermittelt in einer Sitzung des vorläufigen erweiterten Vorstands am 12. 10. 1920 eingeführt, ohne daß sie vorher je diskutiert oder nachher grundsätzlich in Frage gestellt worden wäre.[55] Damit hielt ein Organisationsprinzip Einzug, das sich deutlich von der Gliederung der Akademien in zwei Klassen oder der KWG nach drei Sektionen unterschied und das bei der DFG bis heute seine Zweckmäßigkeit unter Beweis stellt. An welchem Vorbild sich Haber und Schmidt-Ott vorrangig orientierten, ist nicht überliefert. Die Unterteilung nach Fachausschüssen wurde bereits vom VDI und dem VDEh seit Jahren praktiziert; auch die 1902 gegründete amerikanische Carnegie Institution, die im Vorfeld der Gründung der KWG so eingehend studiert worden war, arbeitete mit 18 Fachausschüssen. Schließlich hatten Haber und Schmidt-Ott persönliche Erfahrungen mit den sechs Fachausschüssen der von ihnen gegründeten KWKW gesammelt, die jedoch, wie oben dargelegt, im Rahmen dieser Stiftung anders funktionierten als bei der NG.[56]

Über die Funktion der Fachausschüsse dachte Haber sehr viel nach, waren sie doch seiner Meinung nach der Dreh- und Angelpunkt der wissenschaftlichen Selbstverwaltung. Ein Fachausschuß, so erklärte er dem Göttinger Mathematiker und erfahrenen Wissenschaftsorganisator Felix Klein in einem Schreiben von Anfang Dezember 1920, gewinne an Bedeutung, je umfassender das von ihm vertretene Wissenschaftsgebiet sei. Anzustreben sei daher eine möglichst geringe Zahl von Ausschüssen, doch finde dieses Ideal seine praktische Grenze in dem Gebot, daß sich die in einem Fachausschuß vertretenen Disziplinen bzw. Teildisziplinen «noch gegenseitig kennen und über ihre Bedürfnisse wechselseitig mitreden können.»[57] Die mit Fachvertretern besetzten Ausschüsse waren nach Habers Konzept am besten befähigt, die Bedürfnisse und Ansprüche der von ihnen repräsentierten Wissenschaften zu übersehen und qualifizierte Bewertungen über die zu fördernden Vorhaben abzugeben. Hierin steckte eine erste demokratische Grundannahme, die die Selbst- gegen die Fremdverwaltung der Wissenschaft abgrenzte:

«Es ist nicht möglich vom Standpunkt der Notgemeinschaft aus, Mittel für die Bedürfnisse der Fächer vorzusehen. Wir müssen umgekehrt von den Fächern lernen, was wir wohl in sie hineinstecken müssen.»[58]

Wegen der grundsätzlichen Bedeutung der Fachausschüsse für den Zweck der NG zerbrach sich Haber lange den Kopf darüber, welche «Fachzweige», wie er sich ausdrückte, am besten zusammengefaßt würden, damit der Ausschuß ihr volles Vertrauen genießen könne.[59] Sein Satzungsentwurf war ursprünglich von 17 ausgegangen. Der Anspruch, den sie erfüllen sollten, war sehr hoch:

«Der Fachausschuß in sich muß die Selbstzucht des vertretenen Gebietes verkörpern, das allgemeinere Bedürfnis von dem spezielleren unterscheiden und eine Reihenfolge der Wichtigkeit wie einen Verteilungsplan aufzustellen wissen. Der ganze Gedanke einer Selbstverwaltung der Wissenschaft hängt daran, daß in den Fachausschüssen Vertreter der einzelnen Gebiete zu Wort kommen, die gerecht und verständig sind.»[60]

Um diesem Ideal nahezukommen, bestand Haber darauf, daß die Mitglieder der Fachausschüsse von der Gesamtheit der Wissenschaftler der in der NG vereinten Einrichtungen gewählt würden. Nur für die unmittelbare Gründungsphase schlug er selbst vor, provisorische Ausschußmitglieder durch gemeinsamen Beschluß von Präsidium und Hauptausschuß zu ernennen, um unter dem Druck fortlaufender Geldentwertung keine Zeit mit einem langwierigen Wahlverfahren zu verlieren. Hierin unterschied er sich von Schmidt-Ott, dessen frühe Satzungsentwürfe nur eine Ernennung, keinesfalls eine Wahl vorsahen, wollte er sich doch den bestimmenden Einfluß auf ihre personelle Zusammensetzung vorbehalten. Bereits auf jener Sitzung des erweiterten Vorstands am 12. 10. legte Schmidt-Ott Listen vor, in denen er nach eigenem Gusto Bezeichnung, Zahl und Mitglieder der künftigen Fachausschüsse zusammengestellt hatte. Sein Vorschlag wurde jedoch abgelehnt.[61]

Man verfuhr vielmehr in der Gründungssituation nach der von Haber vorgeschlagenen Weise. Die konstituierende Mitgliederversammlung der NG beschloß, für ein Jahr provisorische Fachausschüsse gemeinsam durch Präsidium und Hauptausschuß zu benennen, die sich um Vorschläge an anerkannte Mitgliedseinrichtungen wandten. So sollte z. B. die Göttinger Gesellschaft der Wissenschaften und hier besonders Felix Klein die Fachausschüsse für Mathematik und Physik bestellen, denen auch kleinere Disziplinen wie Astronomie und Geodäsie auf der einen, Geophysik und Meteorologie auf der anderen Seite angehörten.[62] Hinsichtlich der Zukunft vertagte die Gründungsversammlung den Konflikt auf später: Die Satzung hielt fest, daß Präsidium und Hauptausschuß das «zweckmäßigste Wahlverfahren» prüfen und ihre Entscheidung der Mitgliederversammlung zur Abstimmung vorlegen würden.[63]

Auch an dieser Stelle ist es sinnvoll vorzugreifen. Gegen den Widerstand Schmidt-Otts, der die Auswahl der Fachausschüsse nicht aus der Hand geben wollte, erarbeitete Haber die bis heute in der DFG gültigen Grundsätze einer Wahlordnung für die Fachausschüsse und trug sie der nächstjährigen Mitgliederversammlung am 12. 10. 1921 vor. Die Stimmabgabe sollte auf breitester Grundlage an den Hochschulen, Akademien und der KWG erfolgen. Wahlberechtigt, aktiv wie passiv, waren alle Professoren, Emeriti und Privatdozenten der angeschlossenen Hochschulen, die Mitglieder der Akademien, die Direktoren und wissenschaftlichen Mitglieder der KWI sowie, falls von diesen Kategorien nicht erfaßt, anerkannte Wissenschaftler, denen die Notgemeinschaft das Wahlrecht erteilte. Die Mitgliederversammlung stimmte Habers Vorstellungen zu und ermächtigte dann eine Kommission, der auch Haber selbst angehörte, nach seinen Leitsätzen eine Wahlordnung auszuarbeiten. Schmidt-Ott gab nur mit Bedenken nach und offenbarte damit geringes Verständnis für die selbstverwalterischen Fähigkeiten deutscher Wissenschaftler. Die erste Wahl nach der neuen Ordnung wurde dann am 19. 2. 1922 durchgeführt, schriftlich und geheim, mit einer Beteiligung von über 50 % der meist habilitierten Wissenschaftler.[64]

Glanzvoller Auftakt

Nach der Gründungsversammlung der Notgemeinschaft, die am 30. Oktober 1920 im Sitzungssaal der Preußischen Staatsbibliothek stattfand, trat Haber nur noch einmal kurzzeitig in den Vordergrund und spielte eine öffentlichkeitswirksame Rolle. Freilich war er seit Jahresbeginn einer der aktivsten und prägendsten Promotoren der neuen Fördereinrichtung gewesen. Darüber hinaus kam es nun auch darauf an, sich nach außen zu präsentieren, die Belange der NG bekannt zu machen und ihre Zukunft zu sichern, so daß es nahelag, für diese Aufgabe einen Nobelpreisträger zu verpflichten.

Auf der konstituierenden Sitzung selbst, deren Verlauf hier nicht weiter interessiert[65], nahm sich Haber in einer längeren Wortmeldung des für ihn wichtigsten Themas an: der Fachausschüsse. Er erläuterte ihre Aufgaben im Gefüge der Fördereinrichtung und rechtfertigte es, daß neben den inzwischen 20 Fachausschüssen, die alle geistes-, natur- und technikwissenschaftlichen Disziplinen umfaßten, auch einige besondere Ausschüsse gebildet wurden. Diese beschäftigten sich mit Fragen nicht ausschließlich wissenschaftlicher Natur oder mit Querschnittsfragen, die mehrere Fachgebiete betrafen und sinnvollerweise gemeinsam gelöst werden sollten. Haber begründete dies mit guten Argumenten am Zeitschriften- und Bibliothekswesen wie auch am Beispiel des Verkehrs mit dem Ausland.

Erwartungsgemäß wurde Schmidt-Ott als Präsident der Notgemeinschaft gewählt. Sein erster Stellvertreter wurde der bisher nicht in der NG hervorgetretene Mathematiker und Rektor der TH München, Walther von Dyck (6. 12. 1856–5. 11. 1934), der sich seinerzeit Verdienste um die Gleichstellung der Technischen Hochschulen mit den Universitäten erworben hatte.[66] Als zweiter Stellvertreter folgte Haber, nicht in seiner Eigenschaft als KWI-Direktor, sondern als Repräsentant der Berliner Akademie. Der unausgesprochene Grund für dieses Zurücktreten ins zweite Glied lag offenkundig in der Überlegung, an führender Stelle einen süddeutschen Wissenschaftler einzubinden, um die nicht zu verhehlende preußische Vorgeschichte und Dominanz im Präsidium – als viertes Mitglied gehörte ihm der Hauptausschußvorsitzende Harnack an – aufzubrechen.

In den unmittelbar folgenden Wochen war das Präsidiumsmitglied Haber unermüdlich für die public relations der Fördereinrichtung tätig. Er war es, der am Tag nach der konstituierenden Sitzung die Meldung über die Gründung der Notgemeinschaft formulierte, die Wolffs Telegraphen-Büro über Deutschland und die Welt verbreitete.[67] Drei Wochen später verfaßte er, um den Boden für den geplanten parlamentarischen Abend der NG vorzubereiten, einen langen Artikel für die Allgemeine Zeitung, in dem er der Öffentlichkeit den Zweck, vor allem aber auch die innere Struktur und Arbeitsweise der Neugründung vorstellte.[68] Er fokussierte seine Ausführungen auf den zentralen Gedanken der wissenschaftlichen Selbstverwaltung und hob die «große moralische Kraft» und die «[unüberwindliche] innere Stärke» hervor, die von ihm ausgingen. Die politische Großmacht Deutschland sei zusammengebrochen, doch «unsere Existenz als Volk», so Haber, den von ihm mitgeprägten Topos aufgreifend, hänge ab von der «geistigen Großmachtstellung», diese wiederum von der Aufrechterhaltung des Wissenschaftsbetriebes und dem Funktionieren der Selbstverwaltung. Er formulierte prägnant und vorausschauend die nationale Bedeutung der Notgemeinschaft in wissenschaftspolitischer und -historischer Hinsicht:

«Der Vorgang, der sich hier in der bescheidenen Form einer Vereinsgründung äußerlich darstellt, ist in der Geschichte der deutschen Wissenschaftspflege ohne Beispiel. In der Hut und Fürsorge der Landesregierungen nebeneinander emporgediehen, auf jedem einzelnen Wissenschaftsgebiete in engem Zusammenhang miteinander, aber in den wirtschaftlichen Fragen bisher fast ohne alle Verbindung, empfinden die Pflegestätten der Wissenschaft im ganzen Reiche jetzt zum ersten Male die Notwendigkeit, sich zu einem arbeitsfähigen Selbstverwaltungskörper zusammenzuschließen, der für den Fortbestand der wissenschaftlichen Forschung Sorge tragen soll.»

Ein besonderer Erfolg, zu dem Habers Auftritt maßgeblich beitrug, wurde der sog. Parlamentarische Abend, der unter dem Titel «Kundgebung für die Notgemeinschaft der Deutschen Wissenschaft» im Reichstag abgehalten wurde, um sich führenden Vertretern aus Politik, Wirtschaft und Finanzen zu präsentieren.[69] Das Erscheinen des Reichspräsidenten, des Reichskanzlers, des Reichsinnen- und -finanzministers manifestierte höchstes Wohlwollen des Reichs. Das sachlich wichtigste Ereignis des Abends war die öffentlich geäußerte «begründete Hoffnung» des Innenministers, die seinem Etat bisher einmalig zur Verfügung gestellten Mittel zugunsten der Notgemeinschaft könnten zur dauerhaften Ausgabe werden. Das größte geistige Ereignis des Abends, das unter den Eingeladenen und in der Presse ein sehr positives Echo auslöste[70], war Habers verhältnismäßig kurzer Vortrag über Wissenschaft und Wirtschaft, der auch dem heutigen kritischen Wissenschaftshistoriker Bewunderung abnötigt, nahm er doch «eine epochale Deutung der technisch-wissenschaftlichen Entwicklung» im Übergang vom Agrar- zum Industriestaat und «zugleich eine bestechend klare Ortsbestimmung der Wissenschaft» vor.[71]

Der Vortrag Habers enthielt manche ungewöhnlichen Gedanken, die man bei einem Chemiker seiner Generation nicht unbedingt vermuten würde. Er war eben kein bloßer fortschrittsgläubiger Optimist, dessen Gedankenwelt im ‹Jahrhundert der Chemie› der Vorkriegszeit steckenblieb, sondern seine Deutung war erkennbar gebrochen durch die Erfahrung des Krieges. Ausgangspunkt seiner Überlegungen war das wachsende Bedürfnis der Wirtschaft nach Rohstoffen bei gleichzeitigem Schwinden der Rohstoffbasis, wie es im Krieg offenbar geworden war. Aus diesem Dilemma des Industriezeitalters führten seines Erachtens nur zwei Auswege: erstens die Einführung von Kreisprozessen, d. h., was an einer Stelle der natürlichen Rohstoffbasis durch die Technik entnommen würde, müsse nach seiner wirtschaftlichen Nutzung wieder zur Quelle zurückkehren, damit es «in neue Formen gebracht aufs neue uns nutzbar wird». Das ist fraglos das Recycling-Prinzip, das heute die Diskussion um die Umweltverträglichkeit der industriellen Produktion anführt. Freilich war Haber ein Kind seiner (und auch noch unserer) Zeit, indem er den Verantwortlichen den zweiten Ausweg aus dem Dilemma nahelegte: die Umstellung der Produktion von seltenen auf häufige Rohmaterialien, wobei der Wissenschaft und namentlich der Chemie eine vitale Bedeutung zukam. Beispiele konnte er viele anführen: seine eigene Ammoniaksynthese, die den in ungeheuren Mengen vorhandenen Luftstickstoff nützte; die Verwendung des Siliciums; die Umstellung der Schwer- auf Leichtmetalle; schließlich die Veredelung der reichlich vorhandenen Kohle. Allerdings bestritt er abschließend vehement, die Wissenschaften auf das Kriterium ihrer technisch-ökonomischen Nützlichkeit reduzieren zu dürfen. Es entstünde in diesem Fall «ein Spezialistentum, eng in seinen Zielen, arm an Idealismus, brauchbar für tausend Geschäfte, aber unbrauchbar für das, was wir fordern müssen, unbrauchbar für die führende Tätigkeit.» Diese Verödung zu vermeiden definierte Haber als Sinn einer breiten Förderung der Kulturwissenschaften.

In mehreren, inhaltlich ähnlichen Artikeln kam Haber immer wieder auf die Alternative: Recycling seltener, teurer Rohstoffe oder ihre Ersetzung durch billige, häufig vorkommende Materialien zurück.[72] Er steht damit in einer Denktradition, wonach Technologie angewandte Wissenschaft ist, anders ausgedrückt: Aus der Idee im Kopf eines Grundlagenforschers entwickelt sich ein Prozeß, an dessen Ende die technische Innovation steht. Allerdings ist diese sehr weit verbreitete Vorstellung erst in unserer Gegenwart bezweifelt worden, ohne daß die Diskussion schon beendet wäre. Vor allem amerikanische Autoren wie Derek de Solla Price behaupteten die autonome Entwicklung der Technologie, «[that] did not arise from the cognitive core of science, but from other technologies devised for quite different purposes.» In der Tat sind derartige Überlegungen wichtig, will ein öffentlicher Geldgeber entscheiden, ob er zur Förderung technologischer Innovationen Mittel in die Wissenschaft oder in die Technologie investiert, wenn sich herausstellen sollte, daß diese sich selbst vorantreibt.[73] Haber jedenfalls wollte öffentliche wie private Mittel in großem Maße in die Notgemeinschaft lenken, so daß es allein schon aus diesem Grund in der Logik der Sache lag, der Wissenschaft die für die Industriegesellschaft überlebenswichtige Funktion zuzuschreiben.

1.2. «Duisberg mein befreundeter Feind» – Widerstände aus Industrie und NG-Präsidium

Daß Habers Denken weit davon entfernt war, den Sinn von Wissenschaft auf ihre Bedeutung für die Wirtschaft zu reduzieren, mag nicht zuletzt auf die Gründung weiterer wissenschaftlicher Fördergesellschaften durch die Industrie zurückzuführen sein[74], die 1918 mit der bereits erwähnten Deutschen Gesellschaft zur Förderung des chemischen Unterrichts begonnen, nun aber dank Duisbergs vehementem Einsatz fortgeführt wurde. Da die Notgemeinschaft nach ihrem Konzept darauf ausgerichtet war, gleichermaßen öffentliche wie private Gelder für ihren Zweck einzuwerben und zu verteilen, mußte sie in den Duisbergschen Gründungen eine unerwünschte Konkurrenz erblicken, die ihr dringend benötigte Gelder entzog, vor allem aber ihren tragenden Anspruch erschütterte, als Selbstverwaltungskörper die notleidende Wissenschaft in ihrer Gesamtheit zu vertreten. Gerade Haber, dem ja dieser letzte Gedanke so besonders wichtig war, mußten Duisbergs Unternehmungen ein Dorn im Auge sein. Freilich litt das gegenseitige Verhältnis nicht zuletzt an den starken Spannungen, die aus den beinahe zeitgleichen Auseinandersetzungen beider Männer in der Frage der Nachfolge Emil Fischers herrührten.

Im Juni 1920, als sich die Gründung der Notgemeinschaft abzeichnete, kulminierten Duisbergs zahlreiche Unternehmungen in einer wahren Welle einander letztlich konterkarierender industrieller Förderinitiativen und -gründungen, und man fragt sich, ob dahinter tatsächlich das wohldurchdachte, interessengeleitete Kalkül des Großindustriellen steckte oder nicht vielmehr schon eine Art Hyperaktivismus des umtriebigen Leverkuseners. Anfang Juni 1920 informierte der vor einem guten Jahr gegründete Reichsverband der deutschen Industrie Harnack[75], die Industrie habe die Bedeutung der Forschungsinstitute erkannt und sei sich der Notlage der Wissenschaft bewußt. Der Reichsverband kündigte die Gründung eines Stifterverbandes an, in dem spendende Personen, Firmen oder Verbände Mitglied werden konnten, der aber zusammen mit der Notgemeinschaft über die Verwendung der von ihm bereitgestellten Mittel entscheiden würde. In der Tat waren in der Notgemeinschaft nur die Empfänger der Fördermittel vereinigt, also die diversen wissenschaftlichen Einrichtungen, die sich in einem Selbstverwaltungskörper zusammenschlossen. Hier fand die Industrie keinen Platz. Nun sollte also eine Institution geschaffen werden, zu der sich die privaten Geldgeber vereinigten, um in die Bewilligungsentscheidungen der Notgemeinschaft einbezogen werden zu können, eben der Stifterverband.

Bei den anschließenden Vorbereitungen zur Gründung des Stifterverbands, die endlich am 14. 12. 1920 in der Rechtsform eines e. V. erfolgte[76], übernahm Duisberg die tragende und treibende Rolle. Er stand in dauerndem Kontakt mit Harnack und mit Schmidt-Ott, schrieb eigenhändig Verbände und Persönlichkeiten an, deren Mitgliedschaft ihm wichtig schien, und bemühte sich persönlich um einen geeigneten, wohl auch ihm genehmen Vorsitzenden. Der zuerst angefragte Hugo Stinnes akzeptierte nur den Posten des Stellvertreters; ausgesuchter und von der Gründungsversammlung auch gewählter Vorsitzender wurde schließlich Carl Friedrich von Siemens.

Ebenfalls im Juni 1920 entstanden aus Duisbergs Initiative zwei weitere chemische Fördereinrichtungen, deren Satzungen analog der Deutschen Gesellschaft zur Förderung des chemischen Unterrichts von 1918 konstruiert waren. Am 15. 6. 1920 wurde in Berlin die Emil-Fischer-Gesellschaft zur Förderung der chemischen Forschung errichtet, am Tag darauf die Adolf-Baeyer-Gesellschaft zur Förderung der chemischen Literatur.[77] Beide Einrichtungen orientierten sich am Modell industrieller Fördergesellschaften der Kaiserzeit: Sie wollten ein Kapital von je mindestens 20 Millionen Mark sammeln, mit dessen Zinsen das Vereinsziel verfolgt werden sollte. Deutlich Duisbergs Handschrift trug die Satzungsvorschrift, die ein je nach Beitrag gestaffeltes Stimmrecht der Vereinsmitglieder vorsah. Finanzielle Richtschnur war ein einmaliger Beitrag von 3 % des Kapitals einer Aktiengesellschaft.

Die Emil-Fischer-Gesellschaft motivierte sich aus der Erkenntnis, daß mit der Bedrohung der wissenschaftlichen Forschung durch die Inflation auch der Fortbestand der chemischen Industrie gefährdet sei. Aufgabe war allgemein die Förderung der chemischen Forschung, doch definierte schon der Gründungsaufruf vorrangige Ziele, nämlich vor allem die Unterstützung des KWI für Chemie, dann des physikalisch-chemischen KWI, grundsätzlich auch der Hochschulforschung. Die rapide Geldentwertung beschränkte dann den tatsächlichen Einsatz der Gesellschaft auf die Förderung des chemischen KWI, wie es aus ihrer Vereinstradition auch nahelag, war sie doch aus dem Verein zur Förderung der chemischen Forschung entstanden, der 1913 die Nachfolge des Vereins Chemische Reichsanstalt angetreten hatte. Der wichtige Verwaltungsrat der Emil-Fischer-Gesellschaft bestand aus drei Vertretern des Verbands der Laboratoriumsvorstände und neun von der Hauptversammlung gewählten Vereinsmitgliedern. Er wurde bis 1936 von Arthur von Weinberg von den Farbwerken Leopold Cassella geleitet; sein Stellvertreter war Walther Nernst, der Schatzmeister Agfa-Chef Franz Oppenheim. Die Dominanz der chemischen Industrie war klar ersichtlich.

Der Anlaß zur Gründung der Adolf-Baeyer-Gesellschaft war konkret die Finanzkrise der Deutschen Chemischen Gesellschaft, Eigentümerin zahlreicher, für die Chemie als Disziplin zentraler Zeitschriften und Publikationen. Anläßlich des Gründungsjubiläums der DChG 1918 waren ihr von der Industrie 2,5 Millionen Mark zur Fortführung ihrer literarischen Unternehmungen gestiftet worden, die als «Lebensbedingung für den Fortbestand der deutschen Chemie» galten, aber durch die Inflation bereits erschöpft waren. Es handelte sich konkret um die Zeitschrift «Berichte der Deutschen Chemischen Gesellschaft», das «Chemische Zentralblatt», in dem die wichtigsten Veröffentlichungen von 500 Zeitschriften referiert wurden, sowie um das Generalregister beider Organe; weiter um die 4. Auflage plus Ergänzungsbände von Beilsteins Handbuch der organischen Chemie, von dessen geplanten 15 Bänden erst zwei erschienen waren; schließlich um die Ergänzungsbände des Lexikons der Anorganischen Verbindungen. Die zentrale Funktion dieser Publikationen brachte es mit sich, daß alle großen Verbände der chemischen Wissenschaft den Gründungsaufruf unterzeichneten: die Deutsche Chemische Gesellschaft, der Verein Deutscher Chemiker, die Deutsche Bunsen-Gesellschaft und der Verein zur Wahrung der Interessen der chemischen Industrie Deutschlands.[78] Die Satzung der Adolf-Baeyer-Gesellschaft sah einen Verwaltungsrat aus drei Vertretern des Vorstands der DChG, je einem Repräsentanten der drei weiteren Gründungsverbände sowie sechs von der Hauptversammlung gewählten Vereinsmitgliedern vor. Er stand unter dem Vorsitz von Carl Bosch, mit Carl Harries als Stellvertreter und, wie bei der Emil-Fischer-Gesellschaft, Franz Oppenheim als Schatzmeister.[79] Obwohl Duisberg im Vorstand beider Gesellschaften nicht vertreten war, waren es doch zweifellos ‹seine› Gründungen.

Haber erhielt im Juli 1920 über Duisberg eine Aufforderung, beiden Fördereinrichtungen beizutreten, und wurde auch zur Gründungsversammlung der bereits absehbaren dritten chemischen Fördervereinigung eingeladen: Die Justus-Liebig-Gesellschaft zur Förderung des chemischen Unterrichts sollte am 27. 9. 1920 errichtet werden, als auch die Notgemeinschaft kurz vor ihrer Gründung stand.[80] Die Justus-Liebig-Gesellschaft entstand ebenfalls aus Duisbergs Initiative, der erstmals offen den Vorsitz übernahm. Sie war das Ergebnis einer inflationsbedingten Fusion der Duisbergschen Deutschen Gesellschaft vom Oktober 1918 und des bereits Ende 1916 gegründeten Liebig-Stipendien-Vereins. Dieser Verein hatte sich ebenfalls unter dem Vorsitz Duisbergs bemüht, promovierten Chemikern durch Stipendien zu ermöglichen, sich als Assistenten weiterzuqualifizieren. Die Liebig-Gesellschaft verfolgte mit einem Stiftungskapital von 14 Millionen Mark nun den doppelten Zweck, durch einjährige Stipendien sowohl begabte Doktoranden wie auch promovierte Chemiker zu unterstützen.[81]

Damit aber immer noch nicht genug: Genau einen Monat nach der Liebig-Gesellschaft und wenige Tage vor der Notgemeinschaft wurde am 27. 10. 1920 in München auf Duisbergs Betreiben hin die Helmholtz-Gesellschaft zur Förderung der physikalisch-technischen Forschung gegründet. Konnte man im Falle der chemischen Fördergesellschaften noch argumentieren, daß ihre Errichtung schon beschlossene Sache war, bevor sich die Gründung von Notgemeinschaft und Stifterverband abzeichnete, so war dies für die Helmholtz-Gesellschaft nicht der Fall, so daß Zierold von einer bewußten «Gegengründung»[82] spricht. Was genau Duisberg bewog, parallel zu den von ihm persönlich engagiert betriebenen Vorbereitungen für den Stifterverband noch eine Fördergesellschaft zu gründen, die obendrein durch den technikorientierten Vereinszweck eine besonders breite Ausrichtung hatte, wird aus den Quellen nicht ganz klar. Ein Brief Albert Vöglers erläuterte den Grund damit, Duisberg und er hätten befürchtet, «unsere technischen Institute» würden bei der Sammlung der Notgemeinschaft zu kurz kommen. Aus der Profession von Harnack und Schmidt-Ott leiteten sie kurzerhand ein starkes «Überwiegen der altwissenschaftlichen Disziplinen» in der NG ab.[83] Das war natürlich ein etwas gesuchter Vorwand, der einerseits die Person Habers völlig ignorierte, andererseits auch bewußt nicht zur Kenntnis nehmen wollte, daß Harnack der Präsident einer fast ausschließlich naturwissenschaftlichen Forschungsgesellschaft war, an deren Gründung Schmidt-Ott hervorragenden Anteil hatte. Offensichtlich war Duisberg der doch nur begrenzte industrielle Einfluß des geplanten Stifterverbands in der Selbstverwaltungsorganisation Notgemeinschaft nicht sympathisch, so daß er in Analogie zu den chemischen Fördergesellschaften auch eine gesonderte Einrichtung für die Physik und technischen Wissenschaften errichten wollte. Duisberg argumentierte selbst damit, daß es viel leichter sei, bei der Industrie Geld für einen Spezialzweck zu sammeln als für die Wissenschaft im allgemeinen. Manche Stifter seien eben nur dann zu großen Beträgen bereit, wenn sie Sitz und Stimme im Vorstand der Organisation hätten.[84] Dies war nun wieder für die Notgemeinschaft unannehmbar, befürchtete man doch, andernfalls für den Reichstag und das Ausland weniger «unterstützungswürdig» zu erscheinen.[85]

Willkommener Anlaß für Duisberg war eine nur mittelbar überlieferte Anregung Felix Kleins, für die Physik zu sorgen und eine «Gauss-Weber-Gesellschaft» zu begründen.[86] Im Juli bzw. Anfang August 1920 informierte der Leverkusener sowohl Harnack wie auch Haber von seinem Vorhaben, bis zur Naturforscher-Versammlung, die traditionell im September stattfand, eine auch die technischen Wissenschaften umfassende Einrichtung zu schaffen und dafür Albert Vögler, den Generaldirektor der Deutsch-Luxemburgischen Bergwerks- und Hüttenunion, zu gewinnen. Er lockte damit, die physikalische Forschung auch an den Kaiser-Wilhelm-Instituten fördern zu wollen. Harnacks abwehrenden Vorschlag, doch lieber koordiniert vorzugehen, schlug er aus und trieb die Errichtung der Helmholtz-Gesellschaft voran.[87]

Ihre Satzung entsprach ganz dem Duisbergschen Muster der chemischen Fördereinrichtungen und sah ebenfalls ein nach der Beitragshöhe gestaffeltes Stimmrecht vor. Der Verwaltungsrat sollte aus zwei Gruppen bestehen, sechs Vertretern des Verbandes der Instituts- und Laboratoriumsvorstände der reinen oder angewandten Physik an den Hochschulen sowie zwölf von der Hauptversammlung gewählten Vereinsmitgliedern, von denen jährlich ein Drittel ausscheiden und neu bestimmt werden sollte. Der Vereinszweck sah die Förderung physikalisch-technischer Forschung nur mehr an den deutschen Hochschulen vor, die KWI wurden nicht berücksichtigt.[88] Den Vorstand der Helmholtz-Gesellschaft übernahm erwartungsgemäß Albert Vögler, sein Stellvertreter wurde der Münchner Physiker Wilhelm Wien, Schatzmeister Felix Deutsch. Der Verwaltungsrat wurde im Verhältnis 2:1 von den Industriellen dominiert, gab es doch unter den zwölf von der Hauptversammlung gewählten Mitgliedern nur Industrielle (z. B. Duisberg, Kirdorf, Siemens, Silverberg, Stinnes) und keinen einzigen Wissenschaftler. Unter den sechs Institutsvorständen im Verwaltungsrat überwogen die Physiker vor den Technikwissenschaftlern, wie sich überhaupt die Gesellschaft bemerkenswerterweise zu einer Fördereinrichtung für die physikalische Forschung entwickeln sollte.[89]

Wie stand Haber zu den konkurrierenden Aktivitäten seines ‹befreundeten Feindes› Duisberg, wie er ihn Jahre später nannte?[90] Verhindern konnte er sie nicht, so daß er anfangs gute Miene zum bösen Spiel machte. Nach außen sollte zunächst ein wohlmeinendes Nebeneinander demonstriert werden, als wäre all das ganz normal und üblich. Haber war nicht nur aufgefordert worden, der Emil-Fischer- und der Adolf-Baeyer-Gesellschaft beizutreten, sondern er wurde sogar von deren Schatzmeister Franz Oppenheim gebeten, bei der anstehenden Gründungsversammlung der Liebig-Gesellschaft einen Vortrag zu halten. Haber tendierte dazu, die Einladung anzunehmen. Mit seiner Rede über das Verhältnis von Industrie und Hochschulunterricht wollte er allerdings erklärtermaßen seinem wenig geschätzten Dahlemer Nachbarn, dem Duisberg-Adlatus Alfred Stock, entgegentreten, dessen Ausführungen zur Chemikerausbildung seines Erachtens nicht geeignet waren, auch nur «irgendwie das Wesen der Sache zu treffen.»[91] Haber sagte allerdings später ab, ohne diesen Stich gegen Duisberg auszuführen.

Über die Ziele, die Duisberg hinter den Kulissen mit Stinnes und Vögler verfolgte, wußte er zunächst nichts Genaues. Er hörte nur wilde und unzutreffende Gerüchte, daß der Osramkonzern mit einer halben Million Mark an die Spitze einer Sammlung zur Förderung der Physik treten wollte.[92] Als er dann von Duisberg brieflich über seine Pläne mit der Helmholtz-Gesellschaft informiert wurde, reagierte er im höchsten Maße alarmiert. Er befürchtete spontan über den Schaden für die Notgemeinschaft hinaus einen Schaden für die ganze Wissenschaft: «Die Aufstellung einer Industrie-Autokratie im Wissenschaftsbetriebe, die mit ihrem Geld bestimmt, ist eine trostlose Zukunftsaussicht.» Haber bat Schmidt-Ott daher inständig, Kontakt mit Vögler aufzunehmen und die Sache abzuwenden.[93]

In Duisbergs Initiativen manifestierte sich für Haber das typische, von ihm abgelehnte Verhalten der Industrie in der Forschungsförderung, nämlich die enge Ausrichtung auf die Wahrung der eigenen Interessen und des eigenen Prestiges auf Kosten der Gesamtheit. Dabei spielten mit Sicherheit seine Erfahrungen aus dem Weltkrieg eine große Rolle, als er nach ganz anders gearteten Anfängen zunehmend unter den Einfluß gemeinwirtschaftlicher Konzepte geraten war. Grundsätzlich hielt er das Prinzip der industriellen Fördergesellschaften für verfehlt, nur die Zinsen des gesammelten Kapitals für ihre Zwecke heranzuziehen. Völlig unabhängig von der aktuellen inflationären Entwertung dieser Gelder interpretierte Haber dies als eine Auffassung, «die mit dem einmal gegebenen Betrage die Wissenschaft abfinden will».[94]

Als bestes Beispiel gegen Duisberg diente ihm nun die Emil-Fischer-Gesellschaft, die entgegen den Beteuerungen bei ihrer Gründung doch nur das chemische KWI förderte und Habers Institut wie auch die Hochschulen ignorierte. Hinter der Helmholtz-Gesellschaft konnte er daher nur einen Versuch sehen, mit den Mitteln der Schwerindustrie eine dem Muster der Fischer-Gesellschaft nachgebildete Einrichtung zu sehen, die «die Aufgaben der Notgemeinschaft [...] unter Duisbergscher Führung erfüllt.» Zu den Indikatoren einer bewußten Gegengründung zur NG zählte er auch, daß hier eine Gesellschaft entstand, die «von dem Duft der mißbilligten Hauptstadt Berlin frei ist».[95] Die Helmholtz-Gesellschaft war deutlich rheinisch-süddeutsch geprägt, doch drückte sich in der Herkunft ihrer Gründer und später ihres Vorstands sowie im Vereinssitz München[96] viel mehr aus als ein bloßer geographischer Unterschied: Sie war, wie Haber nicht entgehen konnte, gegen Berlin gerichtet, und dies in wissenschaftlicher wie in politischer Hinsicht: Wissenschaftlich gesehen war sie die Fördervereinigung der Experimentalphysiker, antitheoretisch, empirisch, gegen die «Berliner» Physik gerichtet, auch in geringerem Maße antisemitisch; politisch drückten sich im Vereinssitz München nicht zuletzt die Vorbehalte der Beteiligten gegen die Weimarer Republik aus.[97]

Im Herbst hatte sich Habers Aversion gegen Duisberg bereits derart gesteigert, daß er bekannte: «Die Selbstverständlichkeit, mit der er uns kreuzt, kränkt mich so, daß ich es gar nicht sagen kann.»[98] Nun war auch Harnack wenig später, als ihm der erste Entwurf der Stifterverbandssatzung vorlag, ebenfalls «mit schweren Sorgen» um die Notgemeinschaft erfüllt, befürchtete er doch erklärtermaßen, daß Deutschland auf diesem Weg «in amerikanische Zustände der Rockefeller usw.» hineingerate, welche «die Wissenschaft an die Plutokratie» auslieferten.[99] Auch ohne Harnacks von konservativen Ressentiments gespeiste Wendungen mitzuvollziehen, so hatte er doch in einem vollkommen recht: In der Praxis sollten sich die Beziehung der Notgemeinschaft zum Stifterverband und vor allem dessen «offene Flanke» zu den chemischen und physikalisch-technischen Fördergesellschaften außerordentlich kompliziert gestalten, die erst 1921/22 endgültig geregelt werden konnten.[100]

Habers Argumentation ging jedoch über die Kritik an der in Duisberg gleichsam personifizierten Industrie-Autokratie in der Wissenschaft hinaus. In den industriellen Fördergesellschaften erkannte er eine nicht wegzudiskutierende moralische Schwächung der Notgemeinschaft, vor allem aber auch einen Ausdruck der Führungsschwäche und Ideenarmut der eigenen Mannschaft:

«Eins aber bedrückt mich. Ich glaube an die Wichtigkeit der produktiven Ideen. Unser Verhalten ist zentralistisch organisierend und hinsichtlich der Ideen rein abwartend. Ich fürchte, daß unsere Werbekraft darunter leidet.»[101]

Ein fast gleichzeitiges vertrauliches Schreiben an Krüss zeigt, daß sich Haber von der Notgemeinschaft weit mehr erwartet hatte als eine Zentralstelle zur Verteilung von staatlichen und privaten Geldern an wissenschaftliche Einrichtungen. Seine Kritik richtete sich gegen zwei eng miteinander zusammenhängende Mißstände, die sich nach seiner Sicht überdeutlich abzeichneten: Zunächst kritisierte er schon zu einem sehr frühen Zeitpunkt Schmidt-Otts Führungsstil, der sich um alles persönlich kümmerte, alles persönlich entschied: Der Präsident erschöpfe sich darin, daß er «die Arbeit des Chefs und des Referenten vereinigt und alles leistet, was ein Einzelner dort leisten kann, wo eine ganze Organisation allein durch ihre Arbeit erfolgreich sein kann.»[102] Freilich war genau dies ein wichtiger Bestandteil von Schmidt-Otts Strategie, der sich auf diese Weise erfolgreich darum bemühte, die Zügel der jungen, noch formbaren Einrichtung in seiner Hand zu halten. Es ging ihm bei allem Einsatz zur Behebung der akuten Notlage der Wissenschaften durch die Mittel der Notgemeinschaft auch darum, seine eigene Machtposition auf- und auszubauen. Anders Haber: Er fand Schmidt-Otts scheinbar nur bürokratischen Zugriff völlig verfehlt, ging dies doch auf Kosten inhaltlicher Konzeptionen. Ausdruck dieser Konzeptionslosigkeit war in seiner Sicht, daß es dem Hauptausschußvorsitzenden Harnack mühelos und erfolgreich gelang, «von der Notgemeinschaft für seine K. W. G. wie für seinen Bibliotheksausschuß große Beträge» wegzuziehen.[103]

Der KWI-Direktor bemühte sich um die Jahreswende 1920/21 erkennbar, «eine Gefechtsposition»[104] gegen diese rein abwartende, sich in der Administration erschöpfende Haltung des NG-Präsidiums aufzubauen. Einen wichtigen Schritt in diese Richtung sah er im Aufbau einer umfangreichen Geschäftsstelle: Alle Mitglieder des Präsidiums sollten dadurch einerseits von Routinearbeiten entlastet, andererseits aber auch über sämtliche Vorgänge «in der kürzesten – ich möchte sagen: generalstabsmässigen – Form» unterrichtet werden. Haber wollte zu diesem Zweck vier Referenten mit der Funktion von Vortragenden Räten einstellen, davon zwei für die fachlichen Angelegenheiten der 20 Fachausschüsse, einen für das Verlags- und Bibliothekswesen und einen für den Verkehr mit Behörden, Presse und dem Ausland. Die inhaltliche Arbeit dieser Referenten im höheren Dienst sollte durch drei mittlere und drei einfache Verwaltungsangestellte unterstützt werden. Dieser interne Verwaltungsapparat sollte nach Habers Plan allen Präsidialmitgliedern gleichermaßen zuarbeiten, um deren «unabsichtliches Auseinanderweichen» zu verhindern.[105]

Haber wollte ganz offensichtlich das NG-Präsidium zu einem kollegialen Führungsgremium machen, in dem inhaltlich geführt, nicht nur gehört, erörtert und «Gewehr bei Fuß» abgewartet wurde, bis die Fachausschüsse Forderungen stellten. In Hinblick auf die Gelder, die der Notgemeinschaft durch die Sammelaufrufe der Helmholtz-Gesellschaft und die chemischen Fördereinrichtungen verlorengingen, stellte er die Frage:

> «Was wollen wir denn mit den Millionen thun, wenn wir sie haben? Warten, was die Fachausschüsse verlangen und dann ratierliche Abschlagszahlungen nach Maßgabe unserer Mittel leisten? Ist das alles?»[106]

Was Haber genau vorschwebte, wird aus den überlieferten Quellensplittern nicht mit letzter Sicherheit klar. Der Nachwelt sind nur die wenigen Briefe erhalten, die in dieser Angelegenheit geschrieben wurden, wenn einer der Protagonisten wegen Urlaubs oder einer Dienstreise abwesend war. Im Normalfall traf man sich natürlich in Berlin und verhandelte mündlich, was dann keinen schriftlichen Niederschlag fand. Es deutet jedoch alles darauf hin, daß es Haber über die Behebung der akuten Notlage der Wissenschaft hinaus darauf ankam, aus dem Selbstverwaltungskörper der Notgemeinschaft heraus Schwerpunktprogramme mit längerer Laufzeit zu initiieren. «Es kann nichts glücken, wenn man nicht den Forderungen zuvor kommt», formulierte er in dem bereits erwähnten Schreiben an Krüss, den er zu überreden versuchte, auf Schmidt-Ott in seinem Sinne Einfluß zu nehmen.[107] Krüss war freilich der falsche Mann, wie Haber Jahre später in aller Schärfe erkannte, war dieser doch auch «nur stark in der Handhabung der Routine», was ihn von grundsätzlichen Veränderungen fernhielt.[108]

Habers Konzeption lief offenbar darauf hinaus, daß das administrativ durch eine große Geschäftsstelle unterstützte Präsidium in gemeinsamer Arbeit Marksteine für die weitere wissenschaftliche Entwicklung in Deutschland setzte. Aus der Notgemeinschaft sollte eine Selbstverwaltungsorganisation «mit allmächtiger Initiative» werden, wie sich Eduard Wildhagen Jahre später ausdrückte. Wildhagen, der erste und engste Mitarbeiter des Präsidenten, wußte, wovon er sprach. Auch in der deutschen Wissenschaft, so bedauerte er gegenüber Haber, sei eben «die Zeit für eine edle Demokratie noch nicht gekommen [...], in der man über jeden persönlichen Ehrgeiz hinaus an der allgemeinen Sache arbeitet.»[109]

Damit liegen Indizien dafür vor, daß die «Gemeinschaftsaufgaben», die fünf Jahre später einen neuen Abschnitt in der Geschichte der Notgemeinschaft markieren sollten[110], wesentlich auf Haber zurückgingen. Schmidt-Ott hatte sich stets selbst als Urheber der Idee bezeichnet[111], nicht nur punktuell auf akute Notlagen zu reagieren, sondern langfristige, institutionen-, auch disziplinübergreifende Forschungsschwerpunkte zu setzen und durch die Notgemeinschaft zu fördern. Freilich geschah dies dann zu seinen, auf den Präsidenten zugeschnittenen Bedingungen. Das Präsidium hatte sich nicht zu einer mitgestaltenden Kraft entwickelt, sondern trat hinter dem übermächtigen Präsidenten in die Bedeutungslosigkeit zurück. Auch der hochrangig besetzte Hauptausschuß, dem laut Satzung der Ausgleich der Ansprüche der verschiedenen Wissenschaftszweige zustand[112], ergriff keine Initiativen, sondern verlor im Gegenteil zunehmend alle Kompetenzen, die ihm eigentlich satzungsgemäß zustanden. Die Starre beider Gremien kam nicht zuletzt in der auffälligen personellen Kontinuität ihrer Mitglieder zum Ausdruck, die, von geringen Veränderungen abgesehen, praktisch bis zum Ende der Republik stets die gleichen waren.[113]

Die Protokolle der Präsidiumssitzungen verzeichnen nur wenige Wortmeldungen Habers.[114] Im allgemeinen trat er hinter Schmidt-Ott zurück, enthielt sich konzeptioneller Neuerungen und spielte die ihm vorgezeichnete Rolle, da er bei den Kollegen Harnack und Dyck keine Unterstützung für weiterreichende Pläne fand. Die internen Machtverhältnisse isolierten ihn. In einem deprimierten Brief an Willstätter Mitte der zwanziger Jahre fand er scharfe, verzweifelte Worte für seine vereinsamte Situation, die er allerdings nicht nur für die Notgemeinschaft diagnostizierte. Am KWG-Präsidenten verehrte er dessen besondere «geistige Cultur», kritisierte jedoch seine Taten als «Ausfluss altersschwacher Tradition und langsamen Hinsterbens in einer Routine», von der nichts Neues zu erwarten war. Mit «dem hochmögenden Herrn von Dyck» vermied er bewußt jeden Zusammenstoß, war er sich doch sicher, daß der Hauptausschuß im Konfliktfall unbesehen diesem Manne zustimmen würde.[115] Die Spannungen zwischen beiden wurzelten nicht nur in Temperamentsunterschieden, sondern offenbar auch in antisemitischen Vorbehalten des Münchner Mathematikers.[116] Er sollte 1933 das «Verschwinden» Habers und des regimekritischen Konen aus dem Präsidium der Notgemeinschaft begrüßen, da er besonders die Wahl Habers nie für gut gehalten habe.[117]

Das Verhältnis mit Duisberg blieb gespannt, da dieser, so schrieb Haber, immer sein «befreundeter Feind» sein werde, solange er mehr anstrebe als eine Aufsichtsratstantieme.[118] Sticheleien zwischen beiden Männern waren die Regel, etwa wenn der Leverkusener dem KWI-Direktor zur Wiederaufnahme seiner wissenschaftlichen Arbeiten gratulierte, da seine Stärke doch nun einmal im Laboratorium liege.[119] Umgekehrt und entgegen Duisbergs Informationen brachte es Haber nicht über sich, im Juni 1921 den Antrag auf Aufnahme des Bayer-Vorstandschefs zum korrespondierenden Mitglied der Preußischen Akademie der Wissenschaften zu unterstützen, was dieser sich seit langem innig gewünscht hatte.[120] Trotz aller Spannungen riß der Kontakt jedoch nicht ab, sondern verdichtete sich zeitweilig noch einmal kurzfristig, um die Aufgabenbereiche von Notgemeinschaft, Stifterverband und Helmholtz-Gesellschaft zu präzisieren. Haber machte notgedrungen seinen Frieden mit der Existenz der Spezialgesellschaften, indem er ihren Sinn zwar nicht einsehen wollte, ihnen aber eine Entlastungsfunktion für die Notgemeinschaft zubilligte.[121] Tatsächlich entwickelte sich zwischen der Notgemeinschaft und der Helmholtz-Gesellschaft sehr schnell eine funktionierende Arbeitsteilung. Die Aufwendungen der NG für die Physik, die bereits im ersten Berichtsjahr weit höher waren als für andere Fächer, flossen schwerpunkthaft vor allem in die Atomphysik, während die Helmholtz-Gesellschaft Projekte förderte, die sich um die Physik der Materialeigenschaften gruppierten. Freilich blieb die finanzielle Leistungsfähigkeit der Gesellschaft deutlich hinter Duisbergs Erwartungen zurück; nach heutigen Maßstäben liegt die Bedeutung dieser Fördereinrichtung vielmehr darin, daß sie den deutschen Physikern erstmals eine institutionalisierte Möglichkeit bot, überhaupt mit der Industrie in Kontakt zu kommen.[122]

Blieb noch Schmidt-Ott selber, der immerhin Wert auf die Meinung seines zweiten Stellvertreters lege, wie Haber ihm verbittert zubilligte: Er gestatte ihm in der Notgemeinschaft «eine gewisse Mitwirkung», die über eine bloße «Zimmervasenfunction» hinausgehe.[123] Erste Zeichen dafür, daß Schmidt-Ott die Idee aufgriff, Großprojekte zu fördern und damit auch eine aktive, gestaltende Forschungspolitik zu betreiben, finden sich bereits im Jahr 1922, als er die Mitglieder der Fachausschüsse und andere namhafte Wissenschaftler darum bat, ihm richtungweisende Forschungsvorhaben zu benennen.[124] Erst nach dem Ende der Inflation konnte er diesen Plan umsetzen, indem er in einer zu Recht bekannt gewordenen Denkschrift darum ersuchte, der Notgemeinschaft aus dem Etat des Reichsinnenministeriums einen Sonderfonds in Höhe von fünf Millionen Reichsmark für Forschungsaufgaben «im Bereich der nationalen Wirtschaft, der Volksgesundheit und des Volkswohles» zur Verfügung zu stellen.[125] Um das durch den Krieg geschwächte Deutschland für den gesteigerten Wettbewerb auf dem Weltmarkt zu stärken, sollten zukunftsweisende Forschungsaufgaben auf Gebieten, auf denen mit verhältnismäßig geringem Einsatz größtmögliche Erfolge erzielt werden konnten, vorausschauend gefördert werden, allerdings ohne neue Institute zu gründen. Vielmehr ging es darum, ausgewiesene Wissenschaftler reichsweit in Forschungsschwerpunkte einzubinden, welche die Arbeiten unter Wahrung der Eigeninitiative des einzelnen locker koordinierten und auf das gemeinsame Ziel ausrichteten. Ferner sollte die Nachwuchsförderung im Rahmen dieser Gemeinschaftsaufgaben ausgeweitet werden. Schmidt-Ott nannte die Gebiete Metallforschung, Geologie und Geophysik, Wärmekrafterzeugung und -ersparnis, Aero- und Hydrodynamik, Ernährungs- und Arbeitsphysiologie, medizinische Forschung (vor allem Bekämpfung von Syphilis, Tuberkulose, Krebs) und angewandte Entomologie. War die Einbindung dieses letztgenannten Bereichs ein Zugeständnis an Habers altes Steckenpferd, für das auch gleich 250000 Mark eingesetzt wurden, 50000 mehr als für die Physiologie?

Die Frage läßt sich mangels Quellen nicht beantworten. Auffällig ist jedoch, daß sich Schmidt-Ott bei seinem Vorstoß für die Gemeinschaftsaufgaben mehrfach bemühte, seinen zweiten Stellvertreter direkt oder indirekt einzubinden bzw. gar zu Wort kommen zu lassen. Es ist denkbar, daß dies nicht nur geschah, um die Erfolgsaussichten der Initiative durch das Prestige des Nobelpreisträgers zu verbessern, sondern vielleicht auch, um Haber einen gewissen Anteil an seiner nunmehr enteigneten Idee aus den Gründungstagen der Notgemeinschaft haben zu lassen. In seiner Denkschrift verwies Schmidt-Ott an argumentativ zentraler Stelle, als er die Bedeutung der Wissenschaft für die nationale Wirtschaft und das Volkswohl begründete, gleich als erstes auf Habers «epochemachende» Stickstoffgewinnung aus der Luft. Wichtiger noch war, daß er Haber die Möglichkeit gab, unter seinem Namen eine separate «Anlage» zu verfassen, die, kaum kürzer als die eigentliche Denkschrift, dem Antrag auf Bewilligung des Sonderfonds beigefügt wurde[126], ein eher ungewöhnliches Vorgehen, das Schmidt-Otts Geltungsdrang nicht unbedingt ähnlich sah. Haber veröffentlichte seine Anlage zum Memorandum wenig später in den «Naturwissenschaften».[127]

Haber ergänzte die Denkschrift seines Präsidenten durch grundsätzliche Betrachtungen zur Wissenschaftspflege, die in einem Appell an die Reichs- und Länderregierungen gipfelten: «Regieren heißt voraussehen.» Er diskutierte zunächst die drei Möglichkeiten, den wirtschaftlichen Wohlstand Deutschlands unter den Bedingungen des internationalen Wettbewerbs wiederherzustellen. Die Steigerung der deutschen Exportrate und die Erhöhung der landwirtschaftlichen Produktion griffen seines Erachtens zu kurz. Haber begründete dann ausführlich den dritten Weg, nämlich: den Reichtum «aus dem menschlichen Verstande» zu holen, wobei er vor allem auf die Nachwuchsförderung abhob. Argumentative Munition lieferte ihm dabei seine gerade beendete Weltreise, die ihn in die USA und nach Japan geführt hatte. Nach bewährtem Denkmuster dienten beide Staaten als Vorbild wie auch als Gefahr, wobei insbesondere Japan eine wichtige Rolle zukam, setzte Haber doch das kürzliche verheerende Erdbeben dort mit der Situation nach einem verlorenen Krieg gleich. Schließlich verglich er innerhalb des Etats des preußischen Kultusministeriums, der zwischen den Jahren 1913 und 1925 eine beträchtliche Steigerungsrate aufwies, die Posten Kunst und Wissenschaft, Schule sowie Kirche. Er errechnete (in derselben Reihenfolge) Raten in Höhe von 45, 88 und 71 %, um dem die rhetorische Frage anzuschließen, ob es für das wirtschaftliche Wohlergehen Deutschlands denn mehr auf Schule und Kirche ankomme als auf die Wissenschaft. Die Reichsmittel für wissenschaftliche Zwecke seien im Vergleich mit allen Ausgaben des Reichs ohnehin so klein, «daß man eine Lupe nötig hat», um sie auszumachen.

Obwohl in manchen Projekten de facto nicht miteinander, sondern allenfalls nebeneinander gearbeitet wurde[128], wurde die Gemeinschaftsforschung als Übergang von einer nur auf Anträge reagierenden zur vorausschauend planenden Forschungsförderung ein unmittelbarer Erfolg. Anfang 1926 präzisierten eine Reihe von Einzeldenkschriften, die von Kommissionen unter namhaften Fachvertretern verfaßt wurden, die zu fördernden Sondergebiete. Im Februar 1926 wurden erstmals neben dem regulären Etat der Notgemeinschaft in Höhe von fünf Millionen Reichsmark zwar nicht die beantragten fünf, wohl aber immerhin drei Millionen für diese Zwecke bewilligt. Noch vor Bereitstellung der Sondermittel trat Schmidt-Ott mit Erfolg an die Reichsmarine heran, eine Atlantik-Expedition (Fahrten des Forschungsschiffes «Meteor» 1925 bis 1927) zur ersten systematischen Erforschung eines Ozeans auszurüsten. Schmidt-Ott richtete insgesamt 33 Sonderkommissionen «für große Forschungsaufgaben und Gemeinschaftsarbeiten» ein, deren Tätigkeiten noch längst nicht historisch erforscht sind.[129] Sie standen erklärtermaßen Pate für die Schwerpunktprogramme und Sonderforschungsbereiche, welche die Förderungspolitik der DFG in der Bundesrepublik auszeichnen.

Habers hochfliegende Pläne einer aktiven, gestaltenden Forschungspolitik der Notgemeinschaft wurden also letztlich doch realisiert, wenngleich nicht unter seinem Namen und nicht unter der Ägide eines kollegialen Führungsgremiums, sondern im Rahmen eines von seinem Präsidenten beherrschten Selbstverwaltungskörpers. Habers Gefühl angesichts dieser Entwicklung war und blieb das der Resignation. Er fügte sich in die bestehenden Machtverhältnisse, die zu ändern seine Kraft nicht ausreichte, unterließ es jedoch nicht, im Zusammenhang mit einer sinnvollen Forschungsförderung immer wieder «eine Gemeinsamkeit des Geistes und eine Änderung der Tradition» anzumahnen.[130] Haber gab seine Hoffnung nicht auf, daß sowohl bei der Notgemeinschaft wie auch bei der KWG vielleicht doch noch eine von der Übermacht einzelner Persönlichkeiten befreite Selbstverwaltungsorganisation entstehen könnte. Er setzte daher auf das Ende des «heroischen Zeitalters» beider Institutionen, also – bei aller Anerkennung ihrer Leistungen – auf das Abtreten der Gründungsväter Harnack und Schmidt-Ott, damit «aus der Notgemeinschaft und der Kaiser Wilhelm-Gesellschaft ein gemeinsamer Selbstverwaltungskörper entsteht, der sich ähnlich wie eine Stadtverwaltung selber trägt und beim Wechsel der Personen fortsetzt».[131] Wichtig war Haber dabei vor allem der Aspekt der Selbstverwaltung freier Wissenschaftler. Als ihm Moellendorff, Direktor des Materialprüfungsamts, eine gemeinsame Dachorganisation von Notgemeinschaft, KWG und Reichsanstalten vorschlug, um so die Schwächen letzterer auszugleichen, winkte Haber mit Hinweis auf deren Behördencharakter ab.[132] Freilich entfernte sich Haber mit derartigen Plänen nicht nur vom politisch Machbaren, sondern auch vom politisch Klugen. Georg Schreiber erhob sofort «die allerschwersten Bedenken», da die Etattitel von NG und KWG von ihm im Reichstag «als eine Art kulturpolitisches Dogma» behandelt würden. Im Augenblick ihrer «Konfundierung» seien dagegen beide Fonds bedroht.[133] Haber mußte sich damit abfinden, daß im Rahmen der Notgemeinschaft keine Neuerungen durchsetzbar waren. Er mußte seine Initiativkraft auf andere Gebiete lenken.

2. «Der erwachende Osten»: Haber und die deutsch-japanischen Wissenschaftsbeziehungen

Nachdem Haber in der Notgemeinschaft relativ schnell an die Grenzen des Durchsetzbaren gestoßen war und mit seinen hochfliegenden Konzeptionen zurückstecken mußte, verlegte er seine Initiativkraft auf ein ganz neues Gebiet der Forschungsförderung: den Aufbau und die Pflege der deutsch-japanischen Wissenschaftsbeziehungen. Erste Äußerungen, die sein grundsätzliches Interesse an Japan erkennen lassen, datieren bereits von Anfang 1920. Haber ging von einem rein ökonomischen Gesichtspunkt aus, nämlich der Beobachtung, daß das Inselreich nach dem beherrschenden Einfluß auf dem ostasiatischen Markt strebe. Daraus leitete er einen «gemeinsamen Vorteil» der Volkswirtschaften Deutschlands und Japans ab, da sich das Nachkriegseuropa insgesamt «im Abgleiten» und nur Rußland «in ernsthaftem Aufbau» befinde.[134]

Der Hintergrund für diese Äußerungen ist bemerkenswert und belegt, wie sehr sich Haber von Vorurteilen frei halten und über momentane politische Befangenheiten hinaus Konstellationen ausmachen konnte, die Zukunftschancen in sich bargen. Die außenpolitischen Beziehungen zwischen Japan und Deutschland waren zunächst die zwischen Sieger und Verlierer, nachdem das ostasiatische Kaiserreich am 23. 8. 1914 an der Seite der Alliierten in den Krieg eingetreten war und die deutschen Besitzungen in China erobert hatte. In Versailles saß das Land auf der Siegerseite.[135] Zu den politischen Belastungen hinzu kamen wirtschaftliche Konfliktpunkte, die den unmittelbaren Anlaß für Habers Äußerungen bildeten: Bereits im Juli 1917 hatte Japan den Schutz deutscher Patente durch ein Gesetz aufgehoben. Nach Versailles konnte es die Patente des Verliererstaates durch Versteigerung erwerben. In diesem Zusammenhang besonders wichtig war das Haber-Bosch-Patent zur Ammoniaksynthese, da Japan auf den Import großer Mengen von Stickstoffdüngern angewiesen war. Allerdings gelang es ihm nicht, das Verfahren auch in die Praxis umzusetzen.[136] Da sich nicht zuletzt der japanische Generalstab sehr für die Hochdrucksynthese interessierte, lautete die Alternative, sich entweder mit der BASF zu einigen oder selbst Versuche durchzuführen. Die Badische reagierte höchst verärgert, als ein Japaner erschien und über die Erteilung einer Lizenz verhandeln wollte, aber den Eindruck hinterließ, «möglichst viel auszuspionieren», um die Sache dann doch allein zu machen.[137] In seinem Schreiben an die Unternehmensleitung der BASF sah Haber von dieser äußerst gespannten Situation ab, die ihn auch persönlich durch die entgangenen Lizenzeinnahmen betraf. Er machte die Badische vielmehr auf die große strategische Bedeutung Japans auf dem ostasiatischen Markt aufmerksam.

Haber bewies hier ein erstaunliches Gespür für künftige Entwicklungen, denn sowohl wirtschaftlich wie politisch war bald eine Annäherung der Interessen beider Staaten zu verzeichnen. Die weitere Geschichte des Haber-Bosch-Verfahrens in Japan schien allerdings erst einmal alle in Deutschland verbreiteten Vorurteile zu bestätigen, die Japaner seien selbst unschöpferisch und allenfalls zum Nachahmen fähig.[138] Zunächst übernahm ein Stickstoff-Forschungsinstitut die weitere Arbeit an dem Patent, das schließlich 1921 an ein Konsortium führender Chemieunternehmen verkauft wurde. Dieses jedoch scheiterte bei der industriellen Verwertung des Patents, so daß Japan zu guter Letzt wieder Kontakt mit dem Stickstoffsyndikat aufnahm, um Importe aus Deutschland zu beziehen. 1925 wurde ein entsprechender Vertrag geschlossen.[139]

In außenpolitischer Hinsicht isolierte sich Japan zunehmend von den angelsächsischen Mächten, als sich die Konkurrenz in der Flottenfrage und das japanische Ausgreifen in China als langfristige Konfliktpunkte abzeichneten. Umgekehrt eröffnete sich dadurch die Möglichkeit einer Wiederannäherung an Deutschland, das, inzwischen unbelastet durch koloniale Besitzungen in Fernost, an positiven Kontakten zu einem Siegerstaat interessiert sein mußte. Beide Länder nahmen 1920 wieder diplomatische Beziehungen auf; im Februar 1921 überreichte Wilhelm Solf, der erste deutsche Botschafter nach dem Krieg, in Tokio sein Beglaubigungsschreiben. Die Ernennung Solfs sollte entscheidend zur raschen Wiederbelebung der freundschaftlichen Kontakte zwischen Deutschland und Japan beitragen.

Bei der politischen und wirtschaftlichen Annäherung beider Länder spielten Technologie, Wissenschaft und Kultur eine wesentliche Rolle. Schon vor dem Ersten Weltkrieg hatte es hier besonders von japanischer Seite Anknüpfungspunkte gegeben, wobei die Kontakte in der Medizin besonders dicht waren.[140] Die japanische Delegation bei den Pariser Friedensverhandlungen zeigte ausdrückliches Interesse daran, deutsche Technologien für militärische wie zivile Zwecke zu importieren und entsprechende Handelsbeziehungen zu knüpfen. Vor allem die Marineleitung des Inselreichs war von den Leistungen deutscher Wissenschaftler während des Krieges beeindruckt. Aber auch der erste japanische Geschäftsträger in Berlin, dessen Amtsantritt im März 1920 Ausdruck der sich normalisierenden Beziehungen war, setzte auf den Ausbau wissenschaftlicher und technologischer Transferbeziehungen. Er erkannte hierin das wichtigste Betätigungsfeld japanischer Außenpolitik in Deutschland, das zwei Vorteile vereinte: Es war Bestandteil einer großangelegten Industriepolitik im eigenen Land, und es umging den potentiellen Konfliktpunkt China.[141]

Von deutscher Seite war es umgekehrt ein besonderer Glücksfall, daß Reichspräsident Ebert Wilhelm Solf (1868–1936) zum ersten deutschen Botschafter in Tokio berief, der dieses Amt bis 1928 bekleidete. Der gelernte Indologe und Jurist Solf war von 1900 bis 1911 Gouverneur von Deutsch-Samoa und danach Staatssekretär des Kolonialamts gewesen, bis ihn kurz vor der Revolution Prinz Max von Baden zusätzlich zum Leiter des Auswärtigen Amts ernannte. Auch die neue Reichsregierung brachte ihm Vertrauen entgegen, war er doch stets als verständigungsbereiter, liberal gesinnter Politiker hervorgetreten, der nicht umsonst bis 1919 Präsident der «Deutschen Gesellschaft 1914» war, über die schon berichtet wurde.[142] Solf hatte bereits in den wenigen Wochen seiner Zeit als Außenminister einen selbstkritischen Wandel der deutschen Beziehungen zu Japan eingeleitet. Er ließ eine Denkschrift ausarbeiten, die darauf abzielte, alle deutschen Kolonialträume in Ostasien endgültig aufzugeben und vielmehr die sich deutlich abzeichnende politische Vormachtstellung Japans in diesem Raum anzuerkennen. Freilich stand diese Haltung quer zu den immer noch sehr starken, vor allem wirtschaftlichen Interessen Deutschlands in China. Ebensowenig wurde seine Meinung in Japan geteilt, das Inselreich solle seine aggressive Politik gegenüber China unterlassen. Trotzdem gelang es Solf, zunächst die beeinträchtigten bilateralen Beziehungen zwischen Japan und Deutschland wiederherzustellen und in der deutschen Außenpolitik das Gewicht Japans als eines außenpolitischen Faktors in Ostasien zu stärken.[143] Solfs Selbstverständnis als Botschafter ging ausdrücklich davon aus, als Mittelsmann zwischen zwei hochstehenden Kulturen zu fungieren, wobei er über die bisherige Art von Kulturvermittlung weit hinausging. Sein diplomatischer Stil, der bei den Japanern großen Anklang fand, setzte vor allem auf die Verbesserung der gegenseitigen kulturellen und wissenschaftlichen Beziehungen, die zum Hauptinstrument deutscher Außenpolitik in Tokio wurden. Ansatzpunkt war die Gleichberechtigung beider Partner, wonach Japan nicht nur von Deutschland lernen, sondern diesem auch sehr viel geben könne. Damit unterschied sich, wie Friese zu Recht hervorhebt, Solfs Kulturarbeit grundsätzlich vom Kulturimperialismus vor 1914 und auch von der stark ideologisierten nationalsozialistischen Japanpolitik.[144]

Habers Einstellung zu Japan sollte sich gut in diese neuen Konstellationen einfügen. Vielleicht hatte schon die Ermordung seines Onkels Ludwig Haber 1874 in Hakodate, wo er dem Attentat eines Samurais zum Opfer gefallen war, die Phantasie des Knaben Fritz gefesselt und ein besonderes Interesse für das ostasiatische Inselreich erweckt. Vielleicht war er auch durch seinen engen Mitarbeiter Tamaru Setsurō (1879–1944) – hier und im folgenden steht, dem Japanischen gemäß, der Familienname vor dem persönlichen Namen – veranlaßt worden, sich mehr als seinerzeit üblich über das wissenschaftliche und ökonomische Potential Japans zu informieren. Tamaru folgte Haber von Karlsruhe nach Berlin und führte dort die Ammoniakforschungen zum Abschluß, bevor sie in wissenschaftlich gültiger Form 1915 in der Zeitschrift für Elektrochemie publiziert wurden. Nach seiner Rückkehr nach Japan trat Tamaru in leitender Stellung bei der Firma Mitsubishi ein, die sich nach der Aufhebung des Patentschutzes für die Auswertung des Haber-Bosch-Verfahrens interessierte, aber zusammen mit den anderen Firmen des Konsortiums an der großtechnischen Umsetzung scheiterte.[145]

Hoshi und der Japanausschuß der Notgemeinschaft

Nach dem Krieg war es dann die Notgemeinschaft, über die Haber jenseits rein persönlicher Beziehungen mit dem ostasiatischen Land in Kontakt kam. Ihr sog. Japanausschuß verteilte die Gelder, die der Großindustrielle Hoshi Hajime (25. 12. 1873–19. 1. 1951) gespendet hatte, um der deutschen Wissenschaft zu helfen. Hoshi, der an der Columbia-Universität in New York Wirtschaft studiert hatte und in mancher Beziehung von amerikanischer Dynamik geprägt war, hatte in weniger als zwei Jahrzehnten einen mächtigen Pharmakonzern errichtet, der in den Kriegsjahren besonders profitierte, als Japan von den deutschen Pharmaimporten abgeschnitten war. Hoshi entfaltete zahlreiche Aktivitäten, gründete eine Universität, war literarisch, sozial und auch politisch tätig: U. a. wurde er zwischen 1908 und 1948 viermal zum Parlamentsabgeordneten gewählt.[146] Politisch war Hoshi dem (wegen seiner Verdienste geadelten) Grafen Gotō Shimpei (1857–1929) verpflichtet, einem der einflußreichsten Politiker Japans, der stets eine bekannt deutschfreundliche Linie verfolgte. Der gelernte Mediziner hatte in Wien, Berlin und München studiert und dort bei Max Pettenkofer promoviert. Seine politische Karriere führte ihn zunächst in das Gesundheitswesen, dann als Gouverneur nach Taiwan, in die Leitung der Südmandschurischen Eisenbahn, in das Parlament und schließlich an die Spitze mehrerer Ministerien, u. a. auch des Außenministeriums. 1920 wurde er Oberbürgermeister von Tokio.[147]

Hoshi war Gotō seit dessen Zeit auf Taiwan verbunden, der ihm das Monopol für den Opiumanbau übertragen hatte und den Pharmaindustriellen damit zu einem der reichsten Männer Japans machte.[148] Gotō wies Hoshi nach Gesprächen mit dem deutschen Botschafter Solf auf die Notlage der Wissenschaften in Deutschland hin, wonach dieser insgesamt dreimal in begehrter Goldwährung spendete: zunächst 1920 oder 1921 die Summe vom 80000 Yen, was ungefähr dem Doppelten in Vorkriegs-Goldmark entsprach. Das Geld wurde von Solf über das Auswärtige Amt an die Notgemeinschaft weitergeleitet, wo es im Frühjahr 1922 einging und von einem ad hoc gebildeten Vergabeausschuß sofort verteilt wurde. Im Herbst 1922 spendete Hoshi noch einmal 10000 Yen «für allgemeine wissenschaftliche Zwecke», als er auf einer Weltreise in Berlin haltmachte. Schließlich sagte er drittens bei dieser Gelegenheit zu, zur Förderung von Experimentaluntersuchungen in der Chemie und der Atomphysik drei

Jahre lang monatlich eine Summe von 2000 Yen zu überweisen. Zur Vergabe dieser zweiten und dritten Hoshi-Spende bildete die Notgemeinschaft einen eigenen Japanausschuß.[149]

Der Japanausschuß erließ überaus unbürokratische und großzügige Vergaberichtlinien, die von jeder Detailkontrolle absahen. Der Ausschuß war von wissenschaftlicher Seite her mit mehreren Nobelpreisträgern hochkarätig besetzt: Den Vorsitz führte Fritz Haber, vertreten durch Richard Willstätter. Der Präsident der Notgemeinschaft ernannte ferner Max Planck und Rudolf Schenck zu Mitgliedern sowie Wilhelm Schlenk und Otto Hahn zu satzungsgemäßen Vertretern.[150] Dem Ausschuß gehörten weiter von seiten der Behörden Vertreter des Reichsinnenministeriums, des Auswärtigen Amts und des preußischen Kultusministeriums an.[151]

Nach der bisherigen Quellenlage gingen mindestens 97 Mittelbewilligungen und neun Förderungen graduierter Chemiker für die Dauer von zwei Jahren auf Hoshis Gelder zurück. Unter den aus diesen Mitteln geförderten Wissenschaftlern befanden sich 1922 u. a. Carl Neuberg vom KWI für experimentelle Therapie und Biochemie für seine Untersuchungen zur Gärung des Zuckers sowie Margarethe von Wrangell, seinerzeit wissenschaftlicher Gast an Habers Institut, für ihre Forschungen zur Phosphatdüngung. Auch Haber selbst erhielt offenbar Gelder für Forschungen seines Instituts. 1923 lag der Schwerpunkt der Förderungen auf der Atomphysik: Hoshi-Mittel erhielten u. a. Otto Hahn und Lise Meitner, James Franck/Universität Göttingen, Kasimir Fajans/Universität München und Walther Gerlach/Universität Frankfurt.[152] Durch die Einrichtung des Elektro-Physik-Ausschusses der Notgemeinschaft verlagerte sich danach der Förderschwerpunkt der Hoshi-Mittel wieder auf die Chemie.[153] Ab 1924 ging der Ausschuß verstärkt zur gezielten Förderung des wissenschaftlichen Nachwuchses über: Er stellte die Hälfte der Mittel für jährlich zwölf Stipendien zur Verfügung, während die andere Hälfte durch Notgemeinschaft bzw. Stifterverband beglichen wurde.[154]

Es gibt nur wenige Quellen, die Habers Rolle am Beginn der sich verdichtenden deutsch-japanischen Wissenschaftsbeziehungen ahnen lassen. Sicher ist nur, daß sein Engagement überdurchschnittlich war. So gehörte er beispielsweise nicht nur dem Japanausschuß der Notgemeinschaft, sondern zeitgleich auch dem Stiftungsrat der Mochizuki-Stiftung als Mitglied an, die seit März 1922 im Rahmen der KWG durch Stipendien ebenfalls naturwissenschaftliche, vor allem biologische und atomphysikalische Forschungen förderte.[155] Ferner spricht einiges dafür, daß Hoshis dritte Spendenzusage über 2000 Yen monatlich auf den KWI-Direktor zurückging, als ihn der japanische Industrielle im Herbst 1922 in Berlin besuchte.[156] Die Bekanntschaft der beiden Männer führte bei dieser Gelegenheit so weit, daß Hoshi eine Einladung nach Japan aussprach. Die Reise, die von

Botschafter Solf wärmstens befürwortet wurde, erschien Haber «sehr verlockend», doch zögerte er zunächst, sie anzunehmen.[157]

Habers Reise nach Japan

Über die Gegengründe, die Haber davon abhielten, sofort zuzusagen, kann man nur spekulieren. Anzunehmen ist, daß in der Situation des Ruhrkampfs und der Hyperinflation die Verpflichtungen im Rahmen des Meergoldprojekts Vorrang hatten, die Haber 1923/24 auf seine viele Wochen dauernden Atlantiküberquerungen führten. Unter diesen Umständen traten auch die Berichte Albert Einsteins zunächst zurück, der im Oktober 1922 auf Einladung der avantgardistischen japanischen Zeitschrift «Kaizō» eine Reise durch Japan angetreten hatte. Die monatlich in Tokio erscheinende Zeitschrift, die im Dezember 1922 eine Sondernummer «Einstein» herausgab, zielte mit ihrer Einladung nicht nur auf die Popularisierung der Relativitätstheorie ab, sondern auch auf eine vom Humanismus getragene Weltkultur. Dazu zählte nicht zuletzt die Wiederherstellung der wissenschaftlichen Kontakte mit dem ehemaligen Kriegsgegner. Der Aufenthalt des Physikers, der von Solf begleitet wurde, erzielte eine außergewöhnliche Publizität und bahnte den Weg für ‹typischere› Repräsentanten der deutschen Wissenschaft, als er es war. Einstein weckte in Japan das Interesse breiter Kreise aus Wirtschaft, Kultur und Wissenschaft an Deutschland.[158] Umgekehrt gelang es ihm, nach seiner Rückkehr Ende Januar 1923 den zögernden Haber, vor allem aber seine unternehmungslustige Frau zugunsten einer Japanreise zu beeinflussen. Charlotte Haber war hingerissen von den «unvorstellbaren Eindrücken» Einsteins, welche angeblich die Geschichten aus 1001 Nacht weit in den Schatten stellten.[159]

Erst die Stabilisierung der politischen und wirtschaftlichen Lage und das Scheitern des Meergoldprojekts, das statt weiterer Seereisen Anfang 1924 die Rückkehr zu mühsamen, langwierigen Laborarbeiten bedeutete, setzten bei Haber Zeit und Kräfte frei, an eine Japanreise überhaupt nur zu denken. Inzwischen wurde auch ein angesehener Repräsentant der deutschen Wissenschaft gesucht, der nach Japan reiste, um Hoshi offiziell den Dank des Reichspräsidenten und der Notgemeinschaft zu übermitteln. Er sollte ferner der Universität Tokio, die wie die Stadt selbst durch das große Kanto-Erdbeben im September des Vorjahres starke Schäden erlitten hatte, eine ansehnliche Bücherspende überbringen und Hoshi den ihm gewidmeten Festband der Notgemeinschaft überreichen, der auch allen japanischen Bibliotheken und Hochschulen zukommen sollte.[160] Außerdem gibt es Indizien dafür, daß die deutsche und die japanische Chemieindustrie Fühler ausstreckten, um über Haber ihre Beziehungen zu intensivieren.[161] Schließlich eröffneten sich 1924 über eine Japanreise hinaus die verlockenden Aussichten auf eine ganze Weltreise. Haber war eingeladen worden, als Vertreter der Preußischen Akademie der Wissenschaften und der Berliner Universität auf der Hundertjahrfeier des Franklin-Institute in Philadelphia am 18. September 1924 einen Vortrag zu halten. Diese Einladung konnte er angesichts der fortdauernden Isolierung der deutschen Wissenschaft gar nicht ablehnen, bot sich hier doch eine Gelegenheit, den Boykott zu durchbrechen. Schließlich sprach offenbar auch noch ein Maharadscha eine Einladung nach Indien aus.[162]

Charlotte Haber führte auf der Weltreise, zu der sich das Ehepaar am 2. 9. 1924 auf dem Passagierdampfer «Reliance» der Hamburg-Amerika-Linie nach New York einschiffte, ein Tagebuch. Die Aufzeichnungen gingen in ihre Erinnerungen ein, die daher einen ausführlichen, freilich sehr subjektiven Reisebericht enthalten.[163] Andererseits sind aus diesen Monaten kaum authentische Quellen überliefert, so daß die Memoiren die einzige Möglichkeit darstellen, die Stationen und den Verlauf der Reise zu rekonstruieren. Leider überwiegen Schilderungen von touristischen Unternehmungen, Sehenswürdigkeiten und persönlichen Erlebnissen, während der Leser auf der anderen Seite nur wenig über Fritz Habers Tätigkeiten erfährt. Gleich in New York, wo das Ehepaar am 12. 9. eintraf, hatte er mehrere «Besprechungen», aber mit wem? Viele Indizien sprechen dafür, daß Haber in den USA wie auch in Japan wissenschaftlich wie wirtschaftlich hochrelevante Gespräche führte, Kontakte knüpfte und vertiefte, die keinen schriftlichen Niederschlag gefunden haben und daher nicht mehr rekonstruierbar sind, die aber deshalb nicht minder wichtig waren. Der Nobelpreisträger befand sich als offizieller Vertreter der deutschen Wissenschaft fast schon in amtlicher Mission in Übersee, deren Ziel nicht zuletzt die Wiedereingliederung Deutschlands in die internationale Scientific Community war.

Im folgenden wird Habers Rundreise durch die USA, die vom 12. 9. bis 14. 10. 1924 dauerte und wissenschaftliche, aber auch touristische Zwecke verfolgte, übersprungen. Ihre ausführliche Erörterung erfolgt im Kontext der Bemühungen Habers, die wissenschaftliche Isolation Deutschlands im internationalen Rahmen zu durchbrechen. Von San Francisco aus reisten die Eheleute nach einem Zwischenstopp in Honolulu nach Japan, wo sie Ende des Monats Oktober in Yokohama eintrafen und bis zum 21. 12. bleiben sollten, fast ständig begleitet von Gastgeber Hoshi und dem deutschen Botschafter Solf. Sie seien empfangen worden wie ein Fürstenpaar, bemerkte Charlotte Haber später[164], und in der Erinnerung ihres Mannes glich die Japanreise «zeitweise einem römischen Triumphzuge, zeitweise einem Wanderpredigertum und dazwischen einem Kunststudium».[165] Bei dem Begrüßungsbankett, das Hoshi am 3. November für Haber im Tokioter Imperial Hotel gab, waren 700 Gäste aus Politik und Verwaltung, Industrie und Finanzwelt sowie aus der Wissenschaft geladen. Graf Gotō sprach erstmals öffentlich von der Notwendigkeit einer kulturellen Zusammenarbeit beider Länder, lebhaft unterstützt von Solf, der die Bedeutung der Wissenschaft für eine erfolgreiche Industriepolitik hervorhob.[166] Auch Haber betonte in seiner Rede ganz die Notwendigkeit internationaler wissenschaftlicher Kooperation. Er dankte Hoshi für seine uneigennützige Hilfe und sah darin einen ersten Schritt, die durch den Krieg zerstörten geistigen Verbindungen zwischen Japan und Deutschland auf dem Gebiet der Naturwissenschaften und der Medizin wiederherzustellen.[167]

Habers ‹römischer Triumphzug› durch Japan bedeutete für ihn eine fortwährende Vortragsreise, bei der er auch zahlreiche chemische Unternehmen besichtigte und als technischer Berater in Anspruch genommen wurde. Stationen waren u. a. die Städte Nikkō, Hakodate (wo Haber einen Gedenkstein für seinen ermordeten Onkel enthüllte), Sendai, Sapporo, Kamakura, Kyōtō, Ōsaka, Kōbe.[168] Freilich gab es auch kritische Stimmen, die Haber als Wissenschaftler attackierten, der den verheerenden Krieg für Deutschland überhaupt führbar gemacht hatte[169], doch überwogen die positiven Reaktionen. Vorträge, Empfänge, Bankette, Besichtigungen lösten einander ab, so daß sogar Charlotte Haber Ermüdungserscheinungen zeigte und ihr Mann sich schließlich völlig erschöpft, wenngleich in hohem Maße bereichert fühlte.[170] Zu diesen bleibenden, positiven Erfahrungen der Reise zählte nicht zuletzt die Freundschaft zu Botschafter Solf. Haber und Solf kannten und schätzten sich seit ihrer gemeinsamen Zeit in der Deutschen Gesellschaft 1914 während des Weltkriegs. In Japan vertiefte sich ihre Beziehung zur jahrelangen Freundschaft, die von gegenseitigem Vertrauen, auch sehr ähnlichen politischen Ansichten getragen war und sich in einer umfangreichen Korrespondenz niederschlug. Das harmonische Verhältnis beider Männer blieb dabei nicht etwa im privaten Rahmen befangen, sondern ging in die Ausgestaltung der wirtschaftlichen wie kulturellen Beziehungen zwischen Deutschland und Japan ein. Es überrascht daher nicht, daß Solf Hoshi in einem Schreiben zum Jahreswechsel 1924/25 besonders dankte: «Ihre Haber-Politik […] war die der offenen Tür!»[171]

Die Folgen von Habers Japan-Reise

Nach Ausweis der überlieferten Quellen prägten Kultur und Wissenschaft die Japan-Reise des deutschen Nobelpreisträgers. Ihre ökonomische Seite fand dagegen kaum archivalischen Niederschlag. Haber selbst nannte allerdings in den wenigen erhaltenen Zeugnissen von seiner Hand stets «Kultur und Wirtschaft» als Zweck seines Aufenthalts.[172]

Generell war das ökonomische Verhältnis zwischen beiden Ländern von einem beträchtlichen Ungleichgewicht gekennzeichnet. Die japanische Seite war lebhaft an der Einführung deutscher Technologien interessiert, am Import deutscher Produkte dann, wenn die heimischen Industrien zu ihrer

Herstellung oder zur Deckung des erforderlichen Bedarfs noch nicht in der Lage waren. Die Regierung verfolgte diesbezüglich das Ziel einer selektiven Zollpolitik, die die eigenen, sich entwickelnden Industriezweige schützen, die notwendigen Einfuhren aus dem Ausland aber nicht abhalten sollte. So hatte beispielsweise die expandierende japanische Textilindustrie einen rasch steigenden Bedarf an synthetischen Farbstoffen, den die erst schwach entwickelte chemische Industrie Japans nicht decken konnte. Ebenso war der Agrarsektor mit seinen intensiven Bebauungsmethoden auf Importe von Stickstoffdüngern angewiesen. Auf deutscher Seite überwog in allen Branchen das Mißtrauen gegenüber dem spürbaren japanischen Interesse an deutschen Technologien. Hinter derartigen Bemühungen vermutete man stets ein perfides System japanischer Industriespionage. In der Folge blieben Joint Venture-Unternehmungen in Japan wie die 1923 von Siemens und Furukawa gegründete Fuji Electric die Ausnahme. Deutsche Firmen aller Branchen zielten vielmehr darauf ab, in Japan ein engmaschiges Netz gut funktionierender Agenturen oder Gesellschaften für den Verkauf ihrer Produkte zu errichten. Beispiele sind für die Metallindustrie Krupp, Mannesmann, Vereinigte Stahlwerke und Rheinmetall, die AEG für die Elektrobranche oder Zeiss für die optische Industrie. Die Japan-Strategie der IG Farben war durch besonderen Argwohn gekennzeichnet. Lizensierungen und technologische Kooperationen wurden sowohl im Farben- wie im Düngersektor peinlichst umgangen. Statt dessen reorganisierte die Interessengemeinschaft ihren Vertrieb und investierte in die Gründung eigener Tochterunternehmungen für den Verkauf ihrer chemischen Produkte. Diese deutschen Verkaufsgesellschaften konkurrierten mit den japanischen Handelsunternehmungen, die seit Beginn der zwanziger Jahre von Firmen wie Mitsubishi, Mitsui oder Ōkura mit dem Ziel errichtet worden waren, Maschinen und chemische Produkte aus Deutschland einzuführen.[173]

Vor diesem Hintergrund gewinnen Habers Initiativen während und nach seiner Japan-Reise ihr besonderes Gewicht. In einem Brief an Schmidt-Ott hob Hoshi eigens dessen «ununterbrochene Fuehlungsnahme mit industriellen Kreisen» hervor, die wertvolle Ansatzpunkte für eine wirtschaftlich-technische Zusammenarbeit ergeben habe.[174] Nach Habers Rückkehr nach Deutschland am 19. März 1925 – das Ehepaar hatte nach der Abreise aus Tokio noch Korea, die Mandschurei (Mukden), Shanghai, Hongkong, Singapur, Niederländisch-Indien (Indonesien), Ceylon und Ägypten besucht und war dann von Genua aus über das Tessin nach Berlin gereist[175] – lassen sich zwei Spuren verfolgen, die die wirtschaftlichen Dimensionen seines Japan-Aufenthalts ahnen lassen.

Sehr konkret läßt sich die ‹katalytische› Funktion von Habers Reise für die deutsch-japanischen Wirtschaftsbeziehungen am Beispiel der Kooperation der Metallbank und der Deutschen Gold- und Silber-Scheideanstalt

Abb. 18 Fritz Haber und Shimazu Genzō, Erfinder des Shimazu-Prozesses und Präsident der Batterie-Aktiengesellschaft Japans, in Kyōtō, 2. 12. 1924

mit Mitsubishi nachvollziehen. Kontakte bestanden schon vorher, doch zögerten die deutschen Unternehmen.[176] Mitsubishi hatte bereits 1919 eine Filiale in Berlin eröffnet und interessierte sich lebhaft für deutsche Technologien im metallurgischen Bereich, so unter anderem für das Know-how der Metallgesellschaft auf dem Gebiet der Chloratsprengstoffe. Umgekehrt verfügte auch das japanische Unternehmen über Technologien, die in Frankfurt auf Interesse stießen: bei der Metallgesellschaft ein Verfahren zur Gewinnung des seltenen Metalls Wolfram, das nicht zuletzt in der Rüstungsindustrie zur Waffenproduktion angewandt wurde; bei der Scheideanstalt der Shimazu-Prozeß, ein Verfahren zur Herstellung von Bleistaub, das für Batteriezellen benötigt wurde.[177] Haber hatte seit der Zeit des Seejod-Konsortiums enge Beziehungen zu beiden Frankfurter Unternehmen, als deren Vertreter er noch in Japan die Gespräche mit Mitsubishi aufnahm. Der Kontakt stellte sich leicht über seinen früheren Schüler und Mitarbeiter Tamaru her. Über ihn lernte Haber einen sehr einflußreichen Verwandten von Mitsubishi-Chef Iwasaki Yatarō, den Baron Matsuoka Kinpei, kennen, auf den die Idee einer Kooperation mit der Metallbank und der Scheideanstalt zurückging. Matsuoka ergriff während Habers Japanaufenthalt die Initiative und forcierte, abweichend von den vorher üblichen «Erörterungen über die korrekte Stellung von i-Punkten, Interpunktionszeichen und ähnlichen Wichtigkeiten», den Abschluß eines Vorvertrags.[178]

Haber selbst unterzeichnete den Vorvertrag im Namen der Metallgesellschaft kurz vor seiner Abreise aus Japan am 20. 12. 1924. Es ging konkret um zwei vorläufige Vereinbarungen: Mitsubishi verpflichtete sich erstens, das Marktpotential des gesamten Fernen Ostens für die Chloratsprengstoff-Technologien der Metallgesellschaft zu erkunden. Im positiven Fall sollte in Japan ein Joint-Venture-Unternehmen unter 20 %iger Beteiligung von Mitsubishi gegründet werden. Zweitens übernahm umgekehrt die Frankfurter Firma die Aufgabe, die Möglichkeiten der japanischen Wolfram-Technologie auf dem deutschen Markt auszuloten. Auch hier war daran gedacht, bei positivem Ausgang ein Joint Venture-Unternehmen in Deutschland zu errichten, diesmal unter 20 %iger Beteiligung der Metallgesellschaft. Bei aller ökonomischen Vorsicht, die aus den Formulierungen des Vorvertrags spricht, war das eigentlich Bemerkenswerte, daß es tatsächlich um den wechselseitigen Transfer von Technologien auf der Basis grundsätzlicher Gleichberechtigung der Kooperationspartner ging, eine Ausnahmeerscheinung, die die japanische Wirtschaftsgeschichte bis heute auf Habers «pro-Japanese bias» zurückführt.[179]

Nach seiner Rückkehr nach Deutschland war Haber eng in die Aushandlung des endgültigen Vertrags involviert. Besonders im Juni und Juli 1925 korrespondierte er mehrfach mit der Metallgesellschaft, um ein Schreiben an Matsuoka, bei dem «jedes Wort» passen mußte, wie auch einzelne Passagen des Kooperationsvertrags abzustimmen. Ende Juni suchte Alfred Merton den KWI-Direktor sogar in Berlin auf, um Einzelheiten zu besprechen.[180] Der endgültige Vertrag wurde am 16. 12. 1925 in Frankfurt unterzeichnet. Er schloß nun auch die Scheideanstalt ein, mit der die Metallgesellschaft seit drei Jahren eine Interessengemeinschaft bildete. Der Gegenstand der technologischen Kooperation wurde auf den Austausch von Erfindungen und Ideen von gegenseitigem Interesse ausgedehnt. Ferner sollten innerhalb eines Jahres die von Haber anvisierten parallelen Joint Venture-Unternehmen in Deutschland bzw. Japan errichtet werden, an denen Mitsubishi mit 50 % und die deutschen Partner mit je 25 % beteiligt waren. In Tokio wurden daraufhin die Ryōyō Kōgyō, in Berlin am 10. 3. 1926 die Ostasiatische Lurgi, abgekürzt Ost Lurgi, als

GmbHs gegründet. Nicht drei Monate später erwarb die Ost Lurgi die Option für das Bleistaubverfahren, für das sich die Scheideanstalt interessierte. Haber war in alle Vertragsabschlüsse eng involviert.[181]

Es ist in diesem Zusammenhang weniger von Interesse, daß zuerst die Degussa, dann aber auch die Metallgesellschaft und Mitsubishi wachsende Zweifel an der Form, aber auch am Sinn ihrer technologischen Kooperation hegten. Nach mehreren Zusatzabkommen, die Teilbestimmungen veränderten, wurde das Vertragswerk von 1925 schließlich am 16. 12. 1931 aufgelöst, die Ost Lurgi gemeinsam mit der Tokioter Parallelgesellschaft liquidiert. Die wirtschaftliche Praxis hatte erwiesen, daß die Idee eines reziproken Technologietransfers in beide Richtungen verfrüht gewesen war; noch dominierte der »one way transfer« von Deutschland nach Japan.[182] Wichtiger ist, daß Haber das Muster reziproker Austauschbeziehungen, das in der parallelen Gründung zweier gleich strukturierter Gesellschaften in Japan und Deutschland seinen organisatorisch greifbaren Austausch fand, erfolgreich vom ökonomischen auf den Kulturbereich übertragen sollte, wo die Idee der Doppelinstitute in einer eigenen Tradition stand. Doch davon später.

Sehr viel schwerer greifbar, wohl aber auch viel geringer war Habers Rolle bei der Ausgestaltung der Beziehungen der chemischen Industrien beider Länder. Gerade zur Zeit seines Ostasienaufenthalts trat Japan mit dem Wunsch an Deutschland heran, über einen neuen Handelsvertrag zu verhandeln. Die Interessenlage divergierte außerordentlich: Während Deutschland alle Einfuhrverbote beseitigt sehen wollte, versuchte Japan, seine im Krieg groß gewordene Farbenindustrie gegen deutsche Importe zu schützen, gleichzeitig aber auch möglichst viel technisches Know-how zu erwerben. Vor dem Handelsvertrag mußte also eine Einigung zwischen der japanischen Farbenindustrie und der BASF bzw. IG Farben als deutschem Hauptexporteur gefunden werden.[183]

Haber selbst hegte nach seiner Rückkehr von der Japanreise Hoffnung auf eine konziliantere Haltung der Badischen.[184] Worauf sich diese Hoffnung genau gründete, geben die Quellen nicht preis. Hinreichend deutlich ist jedoch Habers Einsatz, in der einschlägigen Öffentlichkeit auf das ökonomische Potential des «erwachenden Ostens» aufmerksam zu machen[185] und besonders die chemische Industrie vom Nutzen einer wirtschaftlichen Kooperation zu überzeugen. Am 11.6. 1925 hielt er nicht zufällig vor dem Gesamtausschuß des Vereins zur Wahrung der Interessen der chemischen Industrie Deutschlands in Frankfurt einen Vortrag, der ihm so wichtig war, daß er ihn zwei Jahre später in seine Aufsatzsammlung aufnahm.[186] Er widerlegte zunächst stringent die deutschen Geschäftsleute und Politiker, die aus verschiedenen Gründen Japan im Vergleich mit China für unwichtig hielten. Haber benutzte dabei einen überraschend politischen argumentativen Hebel: Dem größeren Reichtum

Chinas an Fläche, Bevölkerung und Bodenschätzen sowie den viel niedrigeren Löhnen hielt er den Niedergang der öffentlichen Ordnung entgegen, die marodierenden Militärs, Korruption und Gewalt, denen deutsche Investoren zumal nach Versailles schutzlos ausgeliefert seien. Dem kontrastierte er das moderne japanische Staatswesen mit seinem funktionierenden Verkehrs- und Erziehungssystem. Vor allem aber verwies er auf die angloamerikanischen Präferenzen für China bzw. Konfliktherde mit Japan, worin er die Chancen Deutschlands witterte:

«[Wir tun besser], inzwischen auf die Zusammenarbeit mit Japan einzugehen, die uns von diesem Lande entgegengetragen wird, weil Japan in seinem gegenwärtigen Zustande gewisse Dinge notwendig braucht, die wir geben können mit Vorteil für uns selbst, aber die auch die Amerikaner geben können, mit Vorteil für sich, und die die Japaner lieber von uns nehmen als von den Amerikanern, weil ein Gegensatz zwischen Japan und Amerika, aber kein Gegensatz zwischen Japan und uns ist.»[187]

Haber erkannte richtig, daß dieser Gegensatz auch für die Zukunft entscheidend sein sollte, da seines Erachtens der japanische Wille zur Expansion und Vormachtstellung in Ostasien gar nicht überschätzt werden könne. Zudem war er sich ziemlich sicher, daß Japan dabei erfolgreich sein würde. Haber griff an dieser Stelle das verbreitete deutsche Stereotyp auf, das in den Japanern die Preußen Asiens[188] sah und in der Folge eine gewisse Wesensverwandtschaft ableitete. Die deutsche Industrie und hier namentlich die Großchemie forderte er auf, wirtschaftlich-technisch mit Japan zusammenzuarbeiten, denn dies

«wird der einzelnen Firma nützlich sein und der Gesamtheit wertvoll und wird mitzählen im Rahmen der Weltgestaltung, wenn wieder andere Tage kommen und mehr Sonne auf uns scheint als im Augenblick und in der nächsten Zukunft.»[189]

Formulierungen wie diese, die eine Art Achse Berlin – Tokio, freilich ohne nationalsozialistische Vorzeichen, antizipieren, die das weltpolitische Kräfteverhältnis grundsätzlich verändern würde, finden sich andeutungsweise auch in anderen Haber-Reden zu Japan. So definierte er bei der Eröffnung des Berliner Japan-Instituts Ende 1926 Japan unumwunden als «die Vormacht der gelben Rasse», die neu ins Weltgetriebe eingetreten sei. Deutschland wies er die Aufgabe zu, diese neue «geistige Macht» zu beachten, denn: «Nur der bleibt Führer, der fremde Führerschaft früh erkennt und dafür sorgt, daß seine und ihre Auswirkung sich nicht kreuzen, sondern stützen.» Freilich war der Führerbegriff zu jener Zeit noch nicht diskreditiert; es ging ihm auch erklärtermaßen darum, mit dem Institut den beidseitigen kulturellen Verbindungen einen «Mittelpunkt» zu schaffen.[190] Dennoch wäre es verfehlt, die machtpolitische Komponente von Habers Engagement für Wirtschaft und Kulturaustausch zu verkennen.

Es ist nicht klar, ob Haber über die oben erwähnte Werbekampagne hinaus eine Rolle für die Klärung des Verhältnisses zwischen der deutschen und japanischen Chemieindustrie übernahm. Die Hauptlast der Verhandlungen im Vorfeld des Handelsvertrags ruhte auf Solf, der sich in der Frage des Farbenabkommens in einen Zweifrontenkrieg gegen «die bodenlose Unsachlichkeit» der japanischen Seite und die mangelnde Konzessionbereitschaft der deutschen Farbenmagnaten verstrickt sah, während es ihm selbst darauf ankam, Deutschland aus dem vertragslosen Zustand herauszuführen.[191] Haber beriet ihn, so gut es ging, aus der Ferne und mit dem Manko monatelanger Verspätung. Solf solle versuchen, die japanische Maximalforderung nach einer technischen Kooperation von der Farben- auf die anorganisch-chemische Industrie abzulenken, was die Voraussetzung jeder erfolgreichen Farbenproduktion sei und auch im militärischen Interesse Japans liege.[192]

Seine Möglichkeit, auf die geschäftlichen Entschließungen der IG Farben Einfluß zu nehmen, schätzte der KWI-Direktor zu Recht sehr gering ein.[193] Er traf mit seinem Vorschlag einer Kooperation auf anorganischem Gebiet vor allem auf die heftige Opposition Carl Boschs, der genau das fürchtete, was Haber befürwortete, nämlich daß, wie Bosch sich ausdrückte, «der fast krankhafte Ehrgeiz der Japaner» sich dann als nächstes darauf verlegen würde, eine eigene Farbenindustrie aufzubauen. Ziel müsse vielmehr sein, den Japanern keinerlei Hilfe anzubieten, die sie in die Lage versetzen könnte, eine rentable chemische und besonders Farbstoffindustrie zu errichten. Man solle im Gegenteil versuchen, ihre Fortschritte nach Möglichkeit zu verlangsamen, am besten sogar zum Scheitern zu bringen.[194] Um diese Strategie als Ganze weitgehend zu sichern, traf die IG eine Reihe bilateraler Vereinbarungen, in denen sie begrenzte Konzessionen machen mußte. Dazu zählte schließlich auch das Gentlemen's Agreement vom August 1926, das den Regierungen beider Staaten endlich den Weg zum Abschluß des Handelsvertrages frei machen sollte. Für die Zusage Japans, die noch bestehenden Importschranken aufzuheben, erklärte sich die IG bereit, freiwillig auf den Export solcher Produkte zu verzichten, die die japanische Farbenindustrie selbst herstellen konnte. Das Abkommen besiegelte also eine Art bilateraler Arbeitsteilung der chemischen Industrien beider Länder. Ein Jahr später, im Juli 1927, konnte dann der Handelsvertrag unterzeichnet werden. Allerdings blieben die Schwierigkeiten im beiderseitigen Handelsverkehr nach wie vor beträchtlich.[195]

Die Gründung des Japan-Instituts

Sehr viel greifbarer als Habers Rolle für die deutsch-japanischen Wirtschaftsbeziehungen ist sein Einsatz für die Gründung des Berliner Japan-Instituts und seiner Paralleleinrichtung in Tokio. Bereits in seinem Brief zum Jahreswechsel 1924/25 hatte Haber an Willstätter geschrieben: «Ich zähle auf die Begründung eines Instituts für die Pflege der geistigen Beziehungen und der wirtschaftlichen Zusammenarbeit zwischen Japan und Deutschland, das mich entlastet.»[196] Er zog in dieser hochpolitischen Angelegenheit an einem Strang mit Solf, Hoshi und Gotō. Der prodeutsche Politiker Gotō wollte ein sichtbares Zeichen gegen den noch immer starken angloamerikanischen Einfluß in Japan setzen.[197] Hoshi war seinem Gönner politisch verpflichtet und nahm hinter den Kulissen eine enorm wichtige vermittelnde Rolle ein. Ihm galt Solfs ausdrücklicher Dank «für vieles, was andere nicht wissen und nach Ihrem Wunsche nicht wissen sollen».[198]

Woher die Idee genau stammte, die beiden Länder durch zwei parallel organisierte und miteinander verknüpfte Kulturinstitute einander näherzubringen, ist nicht belegt. Haber verwies selbst auf die als »Doppelgebilde« konstruierten Botschaften und Auslandshandelskammern, betonte jedoch stets den Neuigkeitswert einer derartigen Schöpfung im Kulturbereich.[199] Jedenfalls entsprach diese Idee nicht nur seinen, sondern auch Solfs Vorstellungen eines reziproken Austauschs grundsätzlich gleichberechtigter Partner. Tatsache ist auch, daß dasselbe Muster einer symmetrischen Doppelkonstruktion die oben erwähnten zeitgleichen Gründungen der Ost Lurgi und der Ryōyō Kōgyō in Berlin und Tokio prägte, die der technologischen Kooperation zwischen Mitsubishi und der Metallgesellschaft/Degussa als Joint Ventures institutionalisierten Ausdruck verliehen. Wurde hier ein aus der Wirtschaft stammendes Muster auf den Kulturbereich übertragen? Oder war es vielmehr umgekehrt, daß sich ein aus der Tradition auswärtiger deutscher Kulturpolitik stammendes Muster als geeignet erwies, auch die bilateralen Wirtschaftsbeziehungen sinnvoll zu regeln? Es war Friedrich Althoffs Idee gewesen, die auswärtige Kulturpolitik Deutschlands maßgeblich durch ein dichtes Netz von Kulturinstituten in allen wichtigeren Staaten zu befördern. Diese Institute sollten parallel und nach gleicher Organisation eingerichtet werden. Das einzige Relikt dieser Konzeption war das seit 1910 in Berlin bestehende Amerika-Institut, während der Plan eines deutsch-britischen Institutspaars dem Kriegsausbruch zum Opfer gefallen war.[200] In den zeitgenössischen Quellen zur Gründung der deutsch-japanischen Institute wird allerdings nirgendwo der Name Althoffs erwähnt, was nun auch nicht unbedingt politisch opportun gewesen wäre.

Haber ging trotz seiner körperlichen Erschöpfung mit der ihm eigenen Dynamik an die Realisierung des Instituts in Berlin. «Handeln, thun, nützen ist alles, was in meinen Jahren und bei meiner Sinnesart lohnt», erklärte er seinen rastlosen Einsatz.[201] Ende Mai 1925 meldete er Solf nach Tokio, voreilig, wie sich herausstellen sollte, das Institut könne schon nächsten Monat gegründet werden.[202] Solf berichtete schon bald über

Schwierigkeiten in Tokio und bat seinen Freund, unabhängig von den japanischen Verhältnissen voranzuschreiten. Er beklagte, daß sich zum einen die finanzstarken Kreise in Japan immer noch mehr an den Ententemächten als an Deutschland orientierten; zum anderen war er machtlos gegen die innerjapanische «Atmosphaere von Verleumdung, Misstrauen, Hetzerei und Pressegeschrei»: «Alles wuselt und intrigiert und kombiniert und kritisiert gegen Kato und sein Kabinet [sic].» Solf fand Unterstützung vor allem bei Gotō und Hoshi, doch war der politische Einfluß dieses Gespanns durch Ermittlungen gegen den Pharmaindustriellen wegen Opiumschmuggels eingeschränkt. Die Affäre drohte Gotō mitzureißen.[203]

Das Stocken der Vorbereitungen in Tokio verhinderte auch, daß sich Habers Vorstöße bei den deutschen Stellen umgehend realisierten. Allerdings gelang es ihm tatsächlich, die Voraussetzungen der Institutsgründung in Berlin in wenigen Wochen grundsätzlich zu klären. Seine Erfahrungen verwiesen ihn an die KWG als potentiell günstigste Möglichkeit, eine derartige Gründung institutionell zu verankern, und Adolf von Harnack griff den Gedanken bereitwillig auf. Anfang Mai 1925 bat Haber in gleichlautenden Schreiben die Außen- und Innenminister des Reichs sowie den preußischen Kultusminister um ihre Unterstützung, d. h. auch ihre finanzielle Beteiligung.[204] Mitte Juni fand in den Räumen der Kaiser-Wilhelm-Gesellschaft die entscheidende Planungskonferenz unter Beteiligung der in diesem Fall besonders wichtigen Vertreter des Auswärtigen Amts statt.

Haber begründete hier die Notwendigkeit von Parallelinstituten, wo sich Deutsche und Japaner «über das geistige Leben, die öffentlichen Einrichtungen und die wirtschaftlichen Verhältnisse des anderen Landes» informieren könnten. Es kam ihm entscheidend darauf an, die Industriellen an der Gründung zu interessieren, gleichzeitig aber den Eindruck zu verhindern, daß das Institut wirtschaftlichem Profitstreben diene. Es sollte daher öffentlich finanziert und die KWG im geplanten Kuratorium maßgeblich beteiligt werden. Damit gab er eine Linie vor, der die anwesenden Regierungsvertreter folgten: Keinesfalls, auch nicht in Japan, wollte man ein durch die großen Konzerne finanziertes Institut, ebensowenig aber auch ein normales KWI: Es ging eben nicht um ein Institut, das Forschungen in einer wissenschaftlichen (Teil-) Disziplin betreiben sollte, sondern das die potentielle Vielzahl der deutsch-japanischen Beziehungen in Wissenschaft, Kultur und Wirtschaft bündelte und förderte. Sowohl das Auswärtige Amt wie das Reichsinnenministerium sagten ihre Unterstützung und finanzielle Beteiligung in Höhe von je 25 000 Mark jährlich zu. Damit waren die organisatorischen und finanziellen Grundlagen der Gründung erstaunlich schnell und reibungslos geklärt. Die Konferenz nahm allerdings auch eine politische Weichenstellung vor, indem alle Beteiligten, vor allem aber die Vertreter des Auswärtigen Amts, die Gründung des Instituts in Berlin von der Schwestereinrichtung in Tokio abhängig machten.[205]

An dieser Koppelung drohte Habers Vorstoß fast zu scheitern, denn die Verhältnisse in Japan gestalteten sich so unerfreulich, daß er sich Vorwürfe machte, seinerzeit den Gedanken einer Doppelgründung nicht sofort unterdrückt zu haben. Der japanische Botschafter in Berlin Honda wurde vorstellig und legte nahe, lieber dem hiesigen Institut Regierungsmittel seines Landes zuzuführen, dafür aber auf die Paralleleinrichtung in Tokio zu verzichten, da es dort bisher weder ein amerikanisches noch ein englisches Institut dieser Art gebe. Dies wurde von den befaßten deutschen Stellen, allen voran von Solf, abgelehnt.[206] Solf drängte vielmehr das Auswärtige Amt, einseitig vorzugehen, damit das Berliner Institut als Zugpferd diene, um die Gründung in Tokio voranzutreiben.[207] Probleme tauchten aber auch hinsichtlich der Institutsleitung auf. Die Doppeldimensionalität des Vorhabens sollte sich nach außen auch dadurch mitteilen, daß in Berlin dem deutschen Direktor ein Japaner, in Tokio dem japanischen Direktor ein Deutscher zur Seite gestellt wurde. Als personelle Ideallösung für das Institut in Berlin schwebte Haber das ihm wohlvertraute Gespann Wildhagen-Tamaru vor.[208]

Eduard Wildhagen, der studierte Philosoph, war Schmidt-Otts erster Mitarbeiter in der Notgemeinschaft gewesen, doch gab es von Anfang an Spannungen. Wildhagen schied 1923 aus und ging drei Jahre lang nach Japan. Haber hatte bereits früher über seinen Onkel Julius Haber Wildhagens Vater kennengelernt, der Richter am Leipziger Reichsgericht gewesen war. In Japan trafen sich beide Ehepaare zu mehreren gemeinsamen Unternehmungen und entwickelten ein vertrauensvolles Verhältnis. Aber auch Schmidt-Ott wollte seinen ehemaligen Mitarbeiter, dessen Arbeitskraft und Intelligenz er schätzte, wieder für die Notgemeinschaft gewinnen und setzte sich schließlich durch.[209] Ausschlaggebend für Wildhagens gescheiterte Berufung an die Spitze des Berliner Instituts war allerdings, daß er keine japanischen Sprachkenntnisse besaß.[210] Für Tamaru, Habers ehemaligen Schüler und Mitarbeiter, sprach seines Erachtens vor allem, daß er reiche Erfahrungen mit der Anbahnung deutsch-japanischer Wirtschaftsbeziehungen gesammelt und maßgeblich die Zusammenarbeit zwischen Mitsubishi, Metallbank und Scheideanstalt erwirkt hatte.[211] An Tamarus Person entzündete sich allerdings ein von Haber nicht vorhergesehener Sturm der Empörung von seiten der deutschen Industrie, die spätestens von da an das geplante Japan-Institut in Berlin als Zentrum der japanischen Industriespionage bekämpfte. Der in der Kunst des Machbaren erfahrenere Solf drängte daraufhin seinen in diesem Punkt naiven Freund sofort, bei seinem weiteren Vorgehen die Wirtschaft ganz zurück und die Wissenschaft in den Vordergrund zu stellen.[212] Der Widerstand der deutschen Industrie sollte in der Tat erst dadurch ausgeräumt werden, daß die Satzung des Berliner Japan-Instituts ausdrücklich jede wirtschaftliche Tätigkeit untersagte.[213] Habers ursprünglicher Plan einer Einrichtung zur «Pflege der geistigen Beziehungen und der wirtschaftlichen Zusammenarbeit» verkümmerte damit zu einem Institut «zur Förderung der wechselseitigen Kenntnis des geistigen Lebens und der öffentlichen Einrichtungen in Deutschland und Japan».[214]

Vorerst jedoch stagnierte die Angelegenheit in beiden Ländern. Eine äußerst schwierige Sitzung am 22. 1. 1926 in den Räumen der KWG brachte immerhin den Beschluß, das Institut als Dauereinrichtung zu gründen. Ferner diskutierte man einen von Glum verfaßten Satzungsentwurf, der dann an die Ministerien weitergeleitet wurde, und tauschte sich über die Mitglieder des geplanten Kuratoriums aus, unter ihnen Schmidt-Ott und natürlich Haber. Mühsam verdeckte Uneinigkeit herrschte allerdings darüber, wie man mit dem Junktim der parallelen Gründung des Berliner und des Tokioter Instituts umgehen solle.[215] Die Mehrheit, unter ihnen Haber und die Vertreter des Reichsinnen- und des preußischen Kultusministeriums, favorisierten eine Eröffnung des deutschen Instituts am 1. April 1926, ungeachtet der problematischen Verhältnisse in Tokio, um so die japanische Seite unter Zugzwang zu setzen und nicht das ganze Projekt zu gefährden. Diese Position wurde auch von Solf sowie von Botschaftsrat Trautmann vom Auswärtigen Amt unterstützt. Dagegen beharrte der zweite und hierarchisch übergeordnete Repräsentant des Auswärtigen Amts, Ministerialdirektor Heilbron, auf einem zeitgleichen Parallelismus beider Gründungen.[216] Daran war allerdings nicht zu denken, gerieten doch gerade die deutsch-japanischen Verhandlungen um das Farbenabkommen durch das ungeschickte Auftreten des IG-Farben-Repräsentanten in Tokio in eine Sackgasse, was die beiderseitigen Beziehungen insgesamt belastete. Haber klagte nur noch über die «Qual mit den deutsch-japanischen Dingen»[217], und auch seinem Freund Solf lief schließlich die Galle über:

> «So etwas von Pedanterie, wie sie in den inneren Behörden Japans herrscht, findet in den dunkelsten Schichten der preussischen Bürokratie kein Gleichnis. Dazu lauter Kompetenzkonflikte.»[218]

In Deutschland war es schließlich Haber, der die Phase der Stagnation und dauernden Vertagung durch einen verbalen Faustschlag beendete. Mitte Februar teilte er dem Reichsinnenministerium und dem Auswärtigen Amt mit, er lege die Geschäftsführung nieder, weil das Vorhaben, die seit einem Jahr schwebenden Verhandlungen mit der Eröffnung des Instituts am 1. April zu beenden, nicht die Unterstützung des Auswärtigen Amts finde. Ein weiterer Aufschub verbiete sich, da sonst die zugesagten Räume im Berliner Schloß nicht mehr verfügbar seien.[219] Nun ging alles ganz schnell. Mitte März bekundeten die Beteiligten aus Ministerien und Wissenschaft einträchtig ihren Willen, das Berliner Institut umgehend zu errichten; zwei Monate später, am 18. 5. 1926, wurde es in einer internen Veranstaltung in der Rechtsform eines e. V. gegründet.[220] Da Solf die Gewißheit gewann, daß auch das Tokioter Institut trotz aller Schwierigkeiten bis zum April des Folgejahres errichtet werden könnte[221], wurde die Einweihung der Berliner Dependance bis zum 4. 12. 1926 verzögert, als Haber es in einer feierlichen Zeremonie[222] im Festsaal der KWG der Öffentlichkeit vorstellte. Allerdings nahm es seine Arbeit schon vor seiner offiziellen Eröffnung auf. Hoshi, der inzwischen selbst vor dem wirtschaftlichen Zusammenbruch stand, spendete noch zweimal beträchtliche Summen für die Ausstattung der Räume und den Grundstock einer Japanbibliothek (48 000 Reichsmark). Sie wurde nicht als Konkurrenz, sondern als Ergänzung bestehender Bibliotheken wie der Bestände der Staatsbibliothek, des Ostasiatischen Museums und des Ostasiatischen Seminars konzipiert[223] und entwickelte sich bald zu einer der bedeutendsten außerhalb Japans. Die japanische Seite geriet durch das fait accompli in Berlin tatsächlich unter Zugzwang, so daß das Parallelinstitut, wenn auch nicht mehr im April, so aber doch am 18. Juni 1927 eröffnet werden konnte.

Das Japan-Institut e. V. war rechtlich eine selbständige Einrichtung, der die KWG in vielerlei Hinsicht ihren Stempel aufdrückte: Untergebracht war es in Räumen, die der Gesellschaft im Berliner Stadtschloß zur Verfügung standen. Es wurde von der KWG gemeinsam mit dem Auswärtigen Amt, dem Reichsinnen- und dem preußischen Kultusministerium dauerhaft finanziert. Im Auflösungsfall war die KWG die Vermögensbegünstigte. Das beratende Kuratorium, das anfangs 18 Mitglieder umfaßte, unterschied zwischen Offizialvertretern und Wahlmitgliedern. Die Wahlmitglieder wurden satzungsgemäß vom Senat der KWG auf fünf Jahre gewählt, Wiederwahl war zulässig. Sie sollten aus Persönlichkeiten bestehen, die für die bilateralen kulturellen Beziehungen besonders wichtig waren. Zu den Offizialmitgliedern gehörten die Vertreter der finanzierenden Reichs- und Staatsministerien und der «öffentlichen wissenschaftlichen Körperschaften», wie es hieß: Gemeint waren KWG, Akademie, Notgemeinschaft und das Institut für ausländisches öffentliches Recht und Völkerrecht in Berlin. Auch personell kam das Gewicht der KWG zum Ausdruck: Zum Präsidenten und Vorsitzenden des Kuratoriums wurde Fritz Haber gewählt; Richard Goldschmidt, zweiter Direktor des KWI für Biologie, und Friedrich Glum, Generaldirektor der KWG, wurden Wahlmitglieder. Über weitere Kuratoriumsmitglieder wie Schmidt-Ott, Donnevert und Richter war das Institut nicht nur mit der Notgemeinschaft, dem Reichsinnen- und dem Kultusministerium vernetzt, sondern über diese wiederum auch mit Senat und Verwaltungsausschuß der KWG. Es war nicht zuletzt Habers Engagement zu verdanken, daß das Berliner Japan-Institut, anders als sein Gegenstück in Tokio, voll in die deutsche Wissenschaftslandschaft der Weimarer Zeit integriert werden konnte. Die Verbindung mit dem japanischen Schwesterinstitut versuchte man durch wechselseitige Ehrenmitgliedschaften zu manifestieren: Haber wurde Ehrenmitglied in Tokio, dessen Präsident Gotō (gemeinsam mit Solf und dem früheren Botschafter in Berlin Honda Kumatarō) Ehrenmitglied in Berlin.[224]

Die alltägliche Arbeit des Berliner Japan-Instituts und vor allem seines Pendants in Tokio bildet einen sehr eigenen Problemzusammenhang, dessen Analyse zu weit von der Person Habers wegführt.[225] Die Japaner sahen das Parallel-Institut in Tokio von Anfang an als rein japanische Organisation an und reagierten «missvergnügt» auf versuchte Einflußnahmen von deutscher Seite. Sogar Solfs «hier in Superlative gesteigerte Geduld» fand ihre Grenze.[226] Der Arbeitsalltag in Berlin bestand vor allem in der Beantwortung von Anfragen aller Art. Die mangelnde Harmonie des deutsch-japanischen Leitungsduos wirkte sich allerdings negativ auf die Arbeit des Instituts aus, so daß sich Haber in zahlreichen Briefen bitter bei Solf über die andauernden Querelen beklagte.[227] Die symbolhafte Doppelung der Geschäftsführung, die aber keine paritätische Gleichstellung bedeuten sollte, führte in der Praxis zu Mißverständnissen und Reibungsverlusten. Haber dachte kurzfristig daran, alle seine Kräfte dafür einzusetzen, Tamaru als japanischen Leiter nach Berlin zu holen, doch war dies nicht durchsetzbar: weder bei der Industrie und den Deutschen in Japan, wo er als der Industriespionage verdächtiger Exponent von Mitsubishi galt, noch beim Kuratorium des Instituts, wo eine «philologisch-philosophische Überheblichkeit» gegenüber den technischen Wissenschaften herrschte.[228] Nachdem schon in der Satzung der ganze wirtschaftliche Bereich ausgeklammert worden war, erlitt Habers ursprüngliche Konzeption des Instituts damit eine weitere Einbuße, indem sich seine Tätigkeit in der Praxis weitgehend auf die Pflege der kulturellen Beziehungen reduzierte, während Naturwissenschaften und Technik zurücktraten.

Haber hatte nicht mehr die Kraft, wohl auch nicht die Kompetenz, hier korrigierend einzugreifen. Er akzeptierte die eher konservative, wissenschaftshistorisch ausgerichtete Linie des deutschen Institutsleiters Friedrich Max Trautz, der seine Forschungen auf Werk und Person des 1866 verstorbenen Japanforschers Philipp Franz von Siebold ausrichtete.[229] Nach knapp drei Jahren äußerte schließlich auch Solf vernehmliche Zweifel, ob der Betrieb des Japan-Instituts tatsächlich dem entspreche, was geplant und erhofft gewesen sei.[230]

Es lag nahe, daß Solf, der Ende 1928 in den Ruhestand trat und nach Berlin zurückkehrte, den Gründungspräsidenten Haber ablöste, der zum Mai 1929 die Geschäfte niederlegen wollte und seinen Freund damit lockte, daß sich durch die bevorstehende Ablösung beider Institutsleiter neue Spielräume und Möglichkeiten eröffneten.[231] Solf zögerte, fand «im Japaninstitut eine arge Konfusion und ein Gegeneinander mehr oder weniger aller Beteiligten» vor[232], nahm aber die Nachfolge Habers an. Er bestimmte mit mehr Sachkenntnis die kulturpolitische Linie des Instituts neu: Buddhismusforschung und -vermittlung, die japanische Geschichte und die moderne japanische Literatur bildeten ihre Eckpfeiler.[233] Was war von Habers Plänen geblieben? Wie im Falle der Notgemeinschaft mußte er viele Abstriche von seinen umfassenden Vorstellungen hinnehmen, die sich aus verschiedenen Gründen nicht realisieren oder durchsetzen ließen. Auch zog er sich, wie es seine Art war, sehr schnell von der inhaltlichen Ausgestaltung seiner Schöpfung zurück, nachdem er alle Kraft in die Initiative, in die Konzipierung gesteckt hatte. Auf der anderen Seite erbrachte das Gespann Haber-Solf mit dem Japan-Institut trotz schwieriger Verhältnisse und vieler Rückschläge einen eigenständigen Beitrag der friedensorientierten auswärtigen Kulturpolitik der Weimarer Republik, der vom Nationalsozialismus konsequent verschwiegen und erst in den 1980er Jahren wiederentdeckt wurde.[234]

Die Person Habers erlangte jedenfalls noch zu Lebzeiten eine ungeahnte Popularität unter japanischen Naturwissenschaftlern, die sein Institut zu einem der beliebtesten Ziele in Deutschland werden ließ – auch dies ein selten gewürdigtes, nicht aber minder wichtiges Element internationaler Wissenschaftsbeziehungen. Haber bekannte schon Mitte 1927,

> «[...] dass ich anfange, ein wenig unter der japanischen Beliebtheit zu stöhnen. Die Leute wollen alle in meinem Institute arbeiten [...] Die meisten aber sind wenig dazu qualifiziert, Forschungsarbeiten zu machen, und eine stärkere Verdünnung der Bewerber wäre mir lieber. Wie ich persönlich durch Zunahme des Körpergewichtes und Leibesumfanges allmählich aus dem Leim gehe, so fürchte ich dasselbe hinsichtlich meines Institutes, welches nachgerade zum Platzen voll ist.»[235]

3. Haber und die internationalen Wissenschaftsbeziehungen

Habers Einsatz und maßgebliche Initiative für die Förderung der Forschung sollte sich nicht auf den nationalen und bilateralen Rahmen beschränken. Auch bei der durch Boykott und Gegen-Boykott blockierten Wiedereingliederung der deutschen in die internationale Wissenschaftlergemeinschaft spielte er eine bahnbrechende Pionierrolle, der von der jüngeren historischen Forschung herausragende Bedeutung beigemessen wird.[236] Bereits im Zusammenhang mit der Nobelpreisverleihung zeigte sich, daß sich internationale wissenschaftliche Beziehungen auf mehreren Ebenen und in ganz unterschiedlichen Formen herstellen, die für die historische Analyse oft schwer zu erfassen sind. Im folgenden soll es vor allem um den noch am ehesten greifbaren und daher auch vergleichsweise am besten untersuchten Fall gehen, nämlich den institutionell verankerten Boykott der deutschen Wissenschaft durch den Internationalen Forschungsrat und die ihm angeschlossenen internationalen Fachunionen.[237]

Über diesen engeren Fokus hinaus werden internationale Auftritte Habers nachgezeichnet, wenn er als offizieller Vertreter einer deutschen wissenschaftlichen Organisation ins Ausland entsandt wurde, gewannen derartige Missionen doch vor dem Hintergrund der Isolation Deutschlands politische Bedeutung.

Boykott, Gegen-Boykott und die Aufweichung der Fronten

Auf dem Gebiet des Boykotts und Gegen-Boykotts der deutschen Wissenschaft gewannen die wissenschaftlichen Akademien der einzelnen Staaten eine geschichtsmächtige Rolle zurück, die sie ansonsten längst verloren hatten. Die Befürworter eines Boykotts hatten am Ende des Ersten Weltkriegs die Unklarheit über den Fortbestand der Internationalen Vereinigung der Akademien[238] genutzt, um sie als aufgelöst zu erklären. Statt dessen gründeten sie zwei neue Organisationen, den Internationalen Forschungsrat für die Naturwissenschaften[239] und die Internationale Akademie-Union für die Geisteswissenschaften, deren Satzung die Mittelmächte für mindestens zwölf Jahre von der Mitgliedschaft ausschloß. Sie dienten einerseits als internationaler Verband der nationalen Akademien der Wissenschaften oder vergleichbarer Einrichtungen, andererseits – und für die einzelnen Wissenschaften viel wichtiger – auch als Dachorganisation neuer internationaler Fachgesellschaften, Unionen genannt. Der Internationale Forschungsrat war im Juli 1919 in Brüssel offiziell mit dem Anspruch gegründet worden, die innere Organisation und die Arbeitsweise dieser Fachunionen zu bestimmen. So konnte kein Land Mitglied einer Union sein, ohne auch dem Forschungsrat anzugehören. Auf diesem Weg wurden Wissenschaftler der ehemaligen Mittelmächte bzw. die Vertreter ihrer wissenschaftlichen Vereinigungen von den internationalen Unternehmungen der Unionen ausgeschlossen, die für ihr Fach tatsächlich von Wichtigkeit waren: zunächst von den durch die Unionen organisierten internationalen Kongressen, dann aber auch von der Mitarbeit in den Kommissionen und Zentralbüros, die den Unionen angeschlossen waren und sich um international abstimmungsbedürftige Fragen der Nomenklatur, Standardisierung usw. oder ähnlicher internationaler Unternehmungen kümmerten. Die in den ehemaligen Mittelmächten angesiedelten Zentralbüros und Kommissionen wurden neu in den alliierten Staaten eröffnet.[240]

Die jüngere Forschung hat zu Recht darauf verwiesen, daß bisher lediglich die Haltung des Exekutivkomitees und der Generalversammlung des Internationalen Forschungsrats wahrgenommen wurde, um den Wissenschaftsboykott gegen Deutschland zu erfassen. Schon auf der Ebene der vielfach historisch noch nicht untersuchten Fachgesellschaften – acht bis 1926[241] – erweist sich, daß nicht in allen Disziplinen Einigkeit über den Sinn der Blockade herrschte. Keineswegs traten die nationalen wissenschaftlichen Fachverbände geschlossen den internationalen Unionen bei, auch wenn ihre Akademie dem Forschungsrat angehörte. Manche Unionen wie etwa in Biologie und Mathematik standen nur auf dem Papier oder verschwanden bald wieder, da sie von maßgeblichen Wissenschaftlern nicht unterstützt wurden.[242] Die Opposition gegen die Politik des Forschungsrats in den eigenen Reihen war offenbar größer, als man lange meinte. Auch ist angemerkt worden, daß die tatsächlichen Auswirkungen des Boykotts vielleicht gar nicht so substantiell waren, verhinderte doch schon die katastrophale Wirtschaftslage intensive internationale Unternehmungen. Schließlich wurde die Blockade auch auf individueller Ebene vielfach unterlaufen.[243]

Allerdings diente der Boykott der deutschen Wissenschaft nicht einfach nur der Behinderung von Forschungsarbeiten, sondern vor allem als Ausdruck der Bestrafung und Demütigung, als welcher er in Deutschland auch empfunden wurde. Er war ein Nebenschauplatz der Kriegsschulddebatte, den auch die Gegenboykotteure unter den deutschen Wissenschaftlern nutzten, um durch eine Politik des «leeren Sessels» den Kampf weiterzuführen, als sich längst eine internationale Boykottmüdigkeit abzeichnete. Die unversöhnlichsten Gegenboykotteure fanden sich in der Reichszentrale für naturwissenschaftliche Berichterstattung[244], im Auslandsausschuß des Verbandes der Deutschen Hochschulen und nicht zuletzt auch in den Akademien der Wissenschaften, unter denen wiederum die Akademien in München und Leipzig eine besonders harte Linie vertraten.[245]

Diese doppelte Frontstellung gilt es zu beachten, will man Habers Bemühungen um die Wiederherstellung der internationalen wissenschaftlichen Zusammenarbeit rekonstruieren und würdigen. Er war von deutscher Seite aus wie kaum ein anderer geeignet, eine Pionierrolle zu übernehmen: Haber verband das Prestige des Nobelpreisträgers mit einer «von einem leichten Schatten Außenseitertums temperierten Repräsentativität», wie Schroeder-Gudehus es trefflich formulierte. Er war als einer der wenigen führenden Wissenschaftler frei von antirepublikanischen Ressentiments, so daß das Auswärtige Amt, das seit Anfang 1921 betont für eine Normalisierung der internationalen Gelehrtenbeziehungen eintrat, keine Schwierigkeiten hatte, ihn in seine Bemühungen einzubeziehen. Gleichzeitig schützte ihn sein Engagement im Krieg vor dem nur allzu beliebten Vorwurf mangelnder nationaler Einstellung.[246] Umgekehrt waren Habers Auftritte im Ausland gerade wegen seiner exponierten Stellung in der deutschen Kriegführung ein sehr strenger Gradmesser für den bereits erreichten Stand der Entspannung in den internationalen Wissenschaftsbeziehungen. Albert Einstein reiste zwar häufiger ins Ausland, so auf Bemühen Paul Langevins bereits 1922 nach Paris[247], dem ersten und darum um so spektakuläreren Besuch eines deutschen Wissenschaftlers nach dem

Krieg. Andererseits galt er im Ausland völlig zu Recht als untypischer Vertreter der deutschen Wissenschaft und ist daher nur sehr bedingt als Indikator ihrer Reintegration in die internationale Gemeinschaft heranzuziehen.

Habers Auslandskontakte waren nie ganz abgebrochen und reaktivierten sich nach der Verleihung des Nobelpreises. Zwar überwogen anfangs sicher Verbindungen mit Wissenschaftlern aus neutralen Staaten, doch beschränkten sich seine Initiativen keineswegs auf diese. Über seine Rolle für die deutsch-japanischen Wissenschaftsbeziehungen hinaus ist seine frühe Mitarbeit im Rockefeller-Hilfsausschuß 1923 erwähnenswert. Die Rokkefeller Foundation bzw. ihre Division of Medical Education, die bereits in den Vorjahren medizinische Literatur aus den USA zur Verfügung gestellt hatte, wollte ab 1923 durch Stipendien auch den deutschen wissenschaftlichen Nachwuchs in der Medizin und ihren Grenzgebieten (unter Ausschluß der klinischen Fächer) fördern. Sie trat daher, da sie grundsätzlich nicht mit Regierungsstellen zusammenarbeitete, an die Notgemeinschaft heran.[248] Es war Haber, der Schmidt-Ott über die Beweggründe und die Arbeitsweise der Foundation unterrichtete und auch das weitere Procedere in einer vielstündigen Unterredung mit zwei Rockefeller-Vertretern klärte: Um die Stipendien zu verteilen, wurde eine gemeinsame Kommission unter amerikanischem Vorsitz gebildet.[249] Aus dieser Vorgeschichte ergab sich, daß Haber als Vertreter der Notgemeinschaft in den Rockefeller-Hilfsausschuß delegiert wurde, dem auch sein Freund Willstätter angehörte.[250] Daß Haber bereits drei Monate später wieder zurücktrat, hatte rein persönliche Gründe. Er hielt den Schriftführer des Ausschusses, der die Arbeit vor Ort in Vertretung des in Paris residierenden amerikanischen Vorsitzenden leitete, für völlig ungeeignet, «um 50000 amerikanische Dollar gut und segensreich zu verteilen.»[251] Haber wurde in der Folge durch Friedrich von Müller ersetzt. Die Rockefeller Foundation stellte 1923 bis 1926 je 20000 Dollar, 1927 30000 Dollar, danach 15000 Dollar für Stipendien zur Verfügung.[252]

Noch im Jahr 1923 wurde Haber vom Reichsinnenministerium gebeten, sich an der Organisation der Ersten Weltkonferenz für mechanische Kraft (World Power Conference) in London zu beteiligen.[253] Frankreich und Belgien hatten eine Beteiligung Deutschlands aufs schärfste abgelehnt, doch sprach England im Einverständnis mit den USA eine Einladung aus.[254] Die technischen Aspekte der Energieerzeugung und -verwertung wie etwa die Elektrizitätsgewinnung durch Wasserkraft oder die Elektrifizierung der Eisenbahn waren für den KWI-Direktor inhaltlich nicht interessant. Wohl aber war es sein ausdrücklicher Wunsch, «bei der Herstellung einer internationalen Gemeinschaft behilflich zu sein», so daß er zusagte.[255]

Ende Juni 1924 fuhr Haber als offizieller deutscher Delegierter mit seiner Frau zur Konferenz, die am 30. des Monats eröffnet wurde. Er hielt sich zwei Wochen in London auf. Die anwesenden Deutschen und Österreicher wurden auf der Tagung allerdings «neutralisiert», indem man sie bei den gesellschaftlichen Veranstaltungen zwischen die Teilnehmer aus den neutralen Staaten plazierte. Die meisten Wissenschaftler aus den ehemaligen alliierten Ländern zeigten spürbare Zurückhaltung bis Ablehnung, so Sir Ernest Rutherford, Präsident der Royal Society, der nach Charlotte Habers Beobachtung ihrem Mann weder die Hand gab noch mit ihm sprach.[256] Nur wenige bemühten sich, die früheren Beziehungen wiederherzustellen, so der Physikochemiker Frederic G. Donnan vom Londoner University College und Habers enger Ammoniakmitarbeiter Robert Le Rossignol.[257] Als zum Schluß der Konferenz doch noch ein Vertreter der neuen französischen Regierung Herriot erschien, wurde dies auf deutscher Seite als besonderer Erfolg vermerkt. Hier bot sich in der Tat für Deutschland eine wichtige Plattform zu internationaler Gemeinschaftsarbeit, und es setzte alles daran, die Ansätze fortzuführen.[258]

Als eineinhalb Jahre später, um kurz vorzugreifen, an die Durchführung einer zweiten Weltkraftkonferenz gedacht wurde, bildeten sich vorbereitende Komitees auf nationaler Ebene, dem in Deutschland Vertreter der befaßten Reichsministerien und -behörden, der großen Industrieverbände sowie der technisch-wissenschaftlichen Vereine angehörten.[259] Auch die KWG wurde gebeten, einen Vertreter zu benennen. Sie wandte sich an Haber, der Anfang Oktober 1925 zusagte. Die Weltkraftkonferenz, so teilte er Glum später mit, decke ein großes Gebiet angewandter Wissenschaft ab, bei dem erfreulicherweise eine vollständige Integration und Gleichberechtigung Deutschlands erreicht sei, ohne den Internationalen Forschungsrat und seine Fachunionen zu berühren.[260] Allerdings sah Haber ein Jahr später die deutsche Stellung so gefestigt an, daß er als Vertreter der KWG zurücktrat. Er wollte einem echten Fachvertreter Platz machen, als den er sich Oskar von Miller, auch Albert Vögler oder Franz Fischer vorstellen konnte. Harnack wandte sich an Franz Fischer, der auch annahm. Nach Teilsitzungen der Weltkraftkonferenz 1926 in Basel und 1928 in London sollte die zweite Vollkonferenz dann 1930 in Berlin stattfinden.[261]

Zurück in das Jahr 1924, als Haber Anfang September seine Weltreise mit Station in den USA beginnen ließ. Er sollte als Delegierter der Preußischen Akademie der Wissenschaften und der Berliner Universität an der Hundertjahrfeier des Benjamin-Franklin-Institutes in Philadelphia teilnehmen, die am 17. 9. prunkvoll eröffnet wurde.[262] Die Bedeutung der Feierlichkeiten für die deutsche Wissenschaft lag zweifellos im offiziellen Auftritt Habers vor einem hochkarätig besetzten, internationalen Publikum von Physikern und Physikochemikern. Teilnehmer waren unter anderem Sir Ernest Rutherford, Charles Fabry/Paris, Pieter Zeeman/Amsterdam und Frederic G. Donnan/London. Haber hielt am Folgetag einen später veröffentlichten Vortrag über den theoretischen Fortschritt in der Chemie und seine Folgen für die Praxis. Er nutzte die Gunst der Stunde, indem er seine rein chemischen bzw. physikalischen Ausführungen mit einem Appell zur internationalen Zusammenarbeit schloß:

«Discontent with economic conditions arouses a strife amongst men, and only the progress of natural science offers the certain prospect of a greater contentment than prevails in the present world. This progress of natural science, however, can only follow from research work in the institutions of all civilized countries and from the cooperation of the politically distinct nations in this field of common interests.»[263]

Glaubt man Charlotte Haber, so erzielte Haber einen Durchbruch auf internationalem Parkett, auch wenn er, wie sie vermerkte, weder die Ehrendoktorwürde der Universität Philadelphia noch die Franklin-Medaille erhielt. Dafür reichte ihm Rutherford die Hand, die er ihm im Vorjahr noch verweigert hatte, und die Sitzordnung bei Tisch plazierte Deutsche und Österreicher nicht mehr ausschließlich zwischen Teilnehmer aus neutralen Ländern.[264]

Nach den Feierlichkeiten des Franklin-Institute begab sich das Ehepaar auf eine Rundreise durch die USA mit Abstecher nach Kanada: zuerst nach Washington, von wo aus Haber und sein – nicht genannter – Assistent nach Edgewood reisten, um «auf besondere Einladung» die auf dem dortigen Militärgelände befindliche größte amerikanische Giftgasfabrik zu besichtigen. Dieser Besuch ist nur in Charlotte Habers Erinnerungen dokumentiert.[265] Erst im Dezember 1917 hatte die amerikanische Militärführung beschlossen, in Edgewood eine große Giftgasfabrik mit angeschlossener Abfüllanlage zu bauen. Im August 1918 nahmen die ersten Fabriken zur Herstellung von Phosgen, Chlorpikrin und Senfgas den Betrieb auf, wenig später waren über 7000 Mann in der Produktion beschäftigt.[266] Es ist in der Tat bemerkenswert, daß dem Gaskampfchef des ehemaligen Kriegsgegners sechs Jahre nach Ende des Weltkriegs derartige produzierende Anlagen gezeigt wurden. Habers Renommee als Giftgasexperte senkte offenbar die Barrieren der Geheimhaltung und überwand alle Grenzen und Feindseligkeiten. Die ‹wissenschaftliche Internationale der Gaskriegsexperten› funktionierte erstaunlich gut.

Nach der Besichtigung einer chemischen Fabrik in Buffalo und der Ford-Werke in Detroit folgte ein rein touristisches Programm: die Großen Seen, der Grand Canyon, der Yosemite-Nationalpark, Los Angeles, San Francisco. Von hier aus führte Haber erneut wichtige Gespräche mit amerikanischen Wissenschaftlern, u. a. an den Universitäten Stanford und Berkeley sowie am «Caltech» in Pasadena. Leider sind weder der Inhalt noch die Teilnehmer dieser Besprechungen überliefert. Nur im Falle des Caltech kennt man Habers Gesprächspartner und liebenswürdigen Gastgeber: Es war der Physiker Robert A. Millikan, der amtierende Präsident des Instituts.[267] Möglicherweise ging es bereits um die Streichung des Ausschlußparagraphen in der Satzung des Internationalen Forschungsrats, denn Millikan gehörte zu denen, die einen deutschen Beitritt besonders befürworteten.[268]

Habers Bemühungen um eine Annäherung Deutschlands an den Internationalen Forschungsrat

Habers internationale Aktivitäten beschränkten sich allerdings nicht darauf, den Boykott der deutschen Wissenschaft gewissermaßen indirekt zu unterlaufen, indem er an Veranstaltungen im Ausland teilnahm, die vom Bannspruch des Internationalen Forschungsrats unabhängig waren. Er bildete vielmehr die Speerspitze der Bemühungen, durch direkte Verhandlungen den Boykott im Ausland wie in Deutschland selbst beizulegen. Es mußte also darum gehen, gegen Widerstände von außen und innen das Problem des in der Satzung festgeschriebenen Ausschlusses der deutschen Akademien aus dem Internationalen Forschungsrat zu lösen und, bezogen auf das Fach Chemie, eine deutsche Mitgliedschaft in der entsprechenden Fachunion, der Union internationale de chimie pure et appliquée/International Union of Pure and Applied Chemistry (IUPAC) zu ermöglichen. Haber stand für diese Aufgabe, wie Schroeder-Gudehus analysierte, in enger Fühlungnahme mit dem Auswärtigen Amt, die weit über die üblichen Kontakte von Regierungsbeamten mit Wissenschaftlern oder Vertretern von Wissenschaftsorganisationen hinausging.[269] Für seine Sondierungen bediente sich Haber seiner Kontakte mit führenden niederländischen Wissenschaftlern in Utrecht, die sich sehr für eine Reintegration Deutschlands engagierten: vor allem mit Friedrich Went, dem Präsidenten der niederländischen Akademie der Wissenschaften; mit Hugo Rudolph Kruyt, dem Vorsitzenden des Chemischen Rats der Niederlande; schließlich mit dem befreundeten Ernst Cohen, dem Direktor des 1904 eingeweihten van't Hoff-Laboratoriums der Universität.

Über Went stand Haber mit dem französischen Mathematiker und Académicien Paul Painlevé in Verbindung, der mit kurzer Unterbrechung auch von 1925 bis 1929 Kriegsminister war. Painlevé war der Überzeugung, daß sich zu beiden Seiten des Rheins «manche Chauvinisten» unter den Naturforschern befänden, die «der Zukunft der Zivilisation Schaden zutragen können». Er war, wie er Went bei einem Treffen in Paris im Dezember 1924 mitteilte, sehr daran interessiert, «dass alles sich in der guten Richtung bewegt». Went konnte ihm seinerseits die feste Zusicherung Habers übermitteln, daß auch ohne offizielle Regierungskontakte sowohl der Reichskanzler als auch der preußische Kultusminister der Sache sehr gewogen seien. Habers Aufgabe bestand nun vor allem darin, «etwaige Hitzköpfe in Deutschland so lange wie möglich ruhig zu halten.»[270]

Haber unterrichtete Kultusminister Becker und Reichskanzler Luther von diesen Besprechungen. An sich wollten sowohl die holländischen Kollegen wie auch Painlevé grundsätzlich die Regierungen aus den Kulturdingen fernhalten. Andererseits zeichnete sich bereits der Eintritt Deutschlands in den Völkerbund und damit auch eine deutsche Beteiligung an der Internationalen Kommission für geistige Zusammenarbeit in Genf[271] ab. Haber überzeugte seine ausländischen Kollegen davon, daß die Völkerbundkommission, der Internationale Forschungsrat und die Internationale Akademie-Union «einen einzigen Fragencomplex» darstellten, der nur durch Beratungen unter der Ägide Preußens und des Reichs gelöst werden konnte. Das größere Problem stellte sich Haber in der Tat mit den deutschen ‹Hitzköpfen›. Das Kartell der Akademien wollte sich aller Voraussicht nach dem Plan der Petersburger Akademie anschließen, die alte Internationale Vereinigung der Akademien wiederzubeleben.[272]

Haber erkannte und kritisierte sehr klar die antirepublikanische Stoßrichtung, die hinter derartigen Tendenzen stand. Die deutschen Gegenboykotteure versuchten auf diese Weise, Stresemanns Bemühungen um eine Annäherung an den Westen und eine Einbindung Deutschlands in die internationalen Organisationen zu hintertreiben. Statt dessen setzten sie auf eine Forcierung der Kontakte nach Osten, denn nach Habers richtiger Beobachtung würden sich der wiederbelebten Assoziation der Akademien nur die deutschen, ungarischen und russischen Akademien anschließen, die alle nicht dem Forschungsrat angehörten: So ein «Gebilde», befand Haber, sei aber nur für die Russen nützlich, für Deutschland hingegen schädlich. Er setzte ohne Wenn und Aber auf den Stresemannschen Weg Deutschlands in die Völkerbundkommission und den Internationalen Forschungsrat. Zwar diagnostizierte er für beide Gremien, diplomatisch ausgedrückt, einen «Überschuss des guten Willens über das organisatorische Geschick», doch waren sie seiner Ansicht nach unentbehrlich für eine erfolgreiche auswärtige Kulturpolitik Deutschlands: Der Forschungsrat habe Chancen, zum internationalen Mittelpunkt der naturwissenschaftlichen Körperschaften zu werden, die Kommission für geistige Zusammenarbeit hingegen zum Zentrum der inter- oder übernationalen Interessen der Kultusministerien. Eine versuchte Wiederbelebung der alten, nun ostwärts ausgerichteten Akademienvereinigung hielt Haber dagegen für eine «völlig totgeborene[n] Idee». Dem Kartell der deutschen Akademien machte er den Vorwurf, «eine fatale Neigung [zu] haben, mit der Macht des Wortes gegen die Vernunft der Thatsachen aufzutreten».[273]

Vorläufig blieben die Hardliner auf beiden Seiten nach außen tonangebend, doch war das Ende des Boykotts absehbar. Zwar scheiterte noch auf der Zweiten Generalversammlung des Internationalen Forschungsrats im Juli 1925 der Antrag der neutralen Akademien, den Ausschlußparagraphen zu streichen, doch lag dies nur mehr an der ungünstigen Stimmengewichtung. Die gelehrten Gesellschaften und Akademien der ehemaligen Alliierten, allen voran die Amerikaner, auch die Briten, waren des Boykotts zunehmend müde; die Neutralen drohten mit Austritt. Die Regierungen drängten auf die Wiederherstellung internationaler wissenschaftlicher Zusammenarbeit. Opposition gegen die harte Linie des Exekutivkommitees kam auch aus den Reihen der angeschlossenen internationalen Fachunionen, die starke Verselbständigungstendenzen gegenüber dem Forschungsrat zeigten. Unter diesem Druck entschloß sich das Exekutivkomitee im Dezember 1925, für den 29. Juni des nächsten Jahres eine außerordentliche Versammlung des Rats nach Brüssel einzuberufen, dessen Ergebnis, den Ausschlußparagraphen zu streichen, allen Beobachtern schon im voraus klar war. Es kam nun aber nicht zuletzt darauf an, wie die entsprechende Resolution formuliert sein würde.[274]

Das größte Problem blieben jetzt die Verfechter eines harten Kurses in Deutschland, allen voran der Auslandsausschuß des Hochschulverbandes und die Reichszentrale für naturwissenschaftliche Berichterstattung, mit deren Vorsitzenden Haber Anfang Oktober 1925 eine Besprechung im Reichsinnenministerium führte. Alle drei Gesprächspartner waren sich einig, daß im Falle einer Streichung des Ausschlußparagraphen der Beitritt der deutschen Akademien nur unter gewissen Bedingungen möglich sei. Doch während Haber und mit ihm die KWG Bedingungen formulieren wollten, um wirklich international mitarbeiten zu können, setzten die Gegenboykotteure alles daran, durch ihre Bedingungen den Eintritt oder gar die Einladung in den Forschungsrat zu erschweren.[275]

Es kam nun alles auf die Haltung der deutschen Akademien an, an die sich die erwartete Einladung richten würde. Haber übernahm in der Folge eine wichtige Sondierungs- und Vermittlungsfunktion: Immer noch setzte das Kartell vorrangig auf eine Wiederbelebung der alten Internationalen Vereinigung der Akademien, während Went für die niederländische, aber stellvertretend auch für die neutralen Akademien signalisierte, daß sie sich diesem Vorhaben in keinem Fall anschließen würden.[276] Umgekehrt trafen Went und Kruyt Ende März 1926 mit drei Sekretaren der Berliner Akademie, unter ihnen Planck und Rubner, zusammen. Die Niederländer nahmen eine Denkschrift entgegen, die vier Bedingungen eines deutschen Beitritts zum Forschungsrat lancierte: Erstens sollte eine positive Einladung ausgesprochen werden, die aber zweitens durch die gewählten Formulierungen erkennen lasse, daß keine der Begründungen, die seinerzeit zum Boykott der deutschen Wissenschaft geführt hätten, gerechtfertigt gewesen sei. Weiter ging es drittens um eine angemessene Beteiligung der deutschen Akademien an allen Gremien des Forschungsrats und seinen Fachunionen und viertens um die Aufnahme des Deutschen als offizielle Verhandlungssprache. Über die niederländischen Vermittler gingen die Bedingungen weiter an Painlevé und den Sekretär der Royal Society. Trotz enger Fühlungnahme Habers mit den holländischen Kollegen, dem preußischen Kultusministerium und dem Auswärtigen Amt kam ein weitergehendes Vorbereitungstreffen zwischen deutschen, französischen und britischen Akademievertretern nicht zustande; Anfang Mai 1926 formulierte dagegen das deutsche Akademienkartell seine Bedingungen in einer Denkschrift an das Auswärtige Amt. Haber verhandelte monatelang mit beiden Seiten, doch erzielte er keinen Durchbruch: weder bei den deutschen Akademievertretern, mit denen auch die Kulturabteilung des Auswärtigen Amts ergebnislose Besprechungen führte, noch beim Forschungsrat. Dessen außerordentliche Sitzung am 29. Juni sprach zwar eine Einladung aus und strich den Ausschlußparagraphen, dies allerdings ohne weiteren Kommentar. De facto war damit nur der ersten der vier deutschen Bedingungen entsprochen worden.[277]

In der Einladung war auch die Frage nicht berührt worden, Deutschland vom üblichen Aufnahmeverfahren, d. h. einer Abstimmung über den Antrag mit Dreiviertelmehrheit, auszunehmen. So kritisierte auch Haber, daß die Einladung nicht der wissenschaftlichen Bedeutung Deutschlands entspreche, sondern sich in nichts von Einladungen an Länder wie beispielsweise Siam unterscheide. Trotzdem blieb er weiter informell in die Verhandlungen involviert, wie auch die niederländischen Kollegen unermüdlich aktiv blieben. Offiziell wurden die Verhandlungen nun allerdings über das deutsche und britische Außenamt und ihre jeweiligen diplomatischen Vertretungen fortgeführt: Die Wissenschaft gab ihre Initiative an die Diplomatie ab.[278] Es ist Cock zuzustimmen, daß sich die deutschen Akademien in einem bemerkenswerten Ausmaß allen Bemühungen verschiedener Regierungsstellen widersetzten, die ihnen einen Beitritt zum Forschungsrat aus Gründen außenpolitischer Räson nahelegten. Folglich erübrigt es sich auch, darüber zu grübeln, ob, wie Went 1927 meinte, die Mehrheit des deutschen Kartells dem Rat eigentlich längst beitreten wollte und nur vor der scharfen Opposition aus München und Leipzig zurückwich, oder ob eine nahezu monolithische Ablehnung einer Mitgliedschaft bestand, wie Paul Formans Untersuchung über die Physiker der Weimarer Zeit ergab.[279] Tatsache ist vielmehr, daß die kartellierten Akademien im Mai 1927 eine 15seitige Denkschrift verfaßten, in der sie ihre «schwersten sachlichen Bedenken» gegen den Forschungsrat und die ihm angeschlossenen Unionen ausführlich darstellten.[280] Tatsache ist weiter, daß auch der Vierten Generalversammlung des Forschungsrats im Juli 1928 noch keine Antwort auf die Einladung vorlag, die vor zwei Jahren ausgesprochen worden war. Das Kartell beschloß vielmehr trotz weiterer Vermittlungsversuche Habers im Mai 1929, die Angelegenheit auf sich beruhen zu lassen. Haber resignierte: Die Zeit für einen deutschen Beitritt sei noch nicht reif, führte er Ende Juni 1929 im Auswärtigen Amt aus, vielmehr müsse die Opposition des rechten Flügels der deutschen Professorenschaft berücksichtigt werden. Die innere Einigkeit der deutschen Wissenschaftlergemeinschaft wollte er erklärtermaßen nicht für die demonstrative Wiedereingliederung Deutschlands in die internationalen Organisationen aufs Spiel setzen.[281]

Haber und der deutsche Beitritt zur Internationalen Chemie-Union

Haber kam um so leichter zu dieser Sicht der Dinge, als der deutsche Beitritt in den Internationalen Forschungsrat inzwischen fast nur noch demonstrative Bedeutung gehabt hätte. Schon vor 1925/26 hatten die internationalen Kontakte auf der Ebene der einzelnen wissenschaftlichen Disziplinen zugenommen, und die Boykottgegner gewannen auch in den ehemals alliierten Staaten unter den meinungsbildenden «rank-and-file scientists», wie Cock sie nennt, die Mehrheit. Mit der Streichung des Ausschlußparagraphen entfiel jedoch, auch wenn die deutschen Akademien nicht beitraten, die politisch-moralische Kraft der Sperrfunktion des Forschungsrats, die eine Mitgliedschaft in den Fachunionen an die Zugehörigkeit zur Dachorganisation band. Diese verkümmerte zusehends zu einem reinen Repräsentationsorgan, das auch wegen seines exzessiven Bürokratismus an Wirksamkeit einbüßte. Hinzu kamen die sich verstärkenden Emanzipationsbestrebungen der Fachunionen, die sich dem Monopolanspruch des Forschungsrats widersetzten. Sie pochten auf größere Autonomie in der Regelung ihrer eigenen Angelegenheiten und drängten auf eine föderalistisch orientierte Reform[282] der inneren Verfassung der Dachorganisation. Hatten einzelne Unionen ohnehin nur eine Papierexistenz geführt, so stand schon 1924 zu befürchten, daß andere aus dem Forschungsrat austreten oder sich auflösen würden.[283] Es war daher nur konsequent, wenn Haber nach 1926 das Schwergewicht seiner Bemühungen auf die deutsche Mitgliedschaft in den Fachunionen bzw. im Fall der Chemie in der IUPAC konzentrierte, zumal hier die Wissenschaft die Initiative nicht an die Diplomatie verlor, sondern den Anspruch, die eigenen Angelegenheiten selbstverantwortlich zu regeln, wahren konnte.

Internationale Tendenzen in der Chemie hatte es bereits in der zweiten Hälfte des 19. Jahrhunderts gegeben. Erwähnenswert sind zunächst die Internationalen Kongresse für angewandte Chemie, deren achter und letzter im Jahr 1912 stattfand, vor allem aber die Gründung der Association Internationale des Sociétés Chimiques. Sie erfolgte auf französische Anregung im April 1911 in Paris als Zusammenschluß der Société Chimique, der Chemical Society und der Deutschen Chemischen Gesellschaft (DChG), dem danach die chemischen Gesellschaften der anderen Kulturnationen beitraten. Auf der ersten Tagung der Association 1912 in Berlin wurden erste internationale Kommissionen errichtet, so für die Nomenklatur in der organischen und anorganischen Chemie sowie für die einheitliche Bezeichnung physikalischer Konstanten.[284] Der internationalen Chemikervereinigung erging es am Ende des Weltkriegs wie der Akademienassoziation. Die Präsidenten der britischen Society of Chemical Industries und der französischen Société de Chimie Industrielle, William Pope und Paul Kestner, ergriffen im November 1918 eine Initiative, die auf Konferenzen in Paris und London im April bzw. Juli 1919 zur Gründung der Union Internationale de Chimie führte, die sich allerdings erst im Juni des Folgejahres in Rom formell konstituierte. Die Union folgte ihrem Vorbild aus der Vorkriegszeit und errichtete zahlreiche, für das Fach Chemie zentrale internationale Kommissionen: für die Nomenklatur der organischen, anorganischen und Biochemie, für chemische Literatur, für Analyse, thermochemische Konstanten, physikochemische Symbole und, besonders wichtig, die Kommission für «chemische Elemente», wie die offizielle Bezeichnung lautete, hinter der sich die hochrelevante Atomgewichtskommission verbarg. Diese Kommissionen arbeiteten je nach personeller Besetzung und Komplexität ihrer Aufgabe mit unterschiedlichem Erfolg: mit mäßigem Ergebnis in der Nomenklatur, ohne Erfolg dagegen in der Kommission für chemische Elemente, welche die angemahnte international abgestimmte Atomgewichtstabelle nicht zustande brachte.[285]

Für Deutschlands Beitritt in die IUPAC galt es zunächst, vor allem französische Widerstände zu überwinden, nachdem die Mitgliedsgesellschaften aus den ehemaligen neutralen Staaten im allgemeinen keine Einwände hatten.[286] Wieder mußte der Kampf auch an der inneren Front gegen die Bedenken der politisch rechtsorientierten Wissenschaftler in Deutschland geführt werden. Und wieder war es Haber, der trotz seines inzwischen fortgeschrittenen Alters und sehr schlechten Gesundheitszustands maßgebliche Initiativen ergriff und diesmal die Sache auch zum Erfolg führte.

Einen großen Schritt vorwärts zur Annäherung an die chemische Wissenschaft in Frankreich bedeutete die Jahrhundertfeier für den bedeutenden französischen Chemiker Marcelin Berthelot, die vom 23. bis 26. Oktober 1927 in Paris stattfinden sollte. Zur Organisation der Feierlichkeiten bildete sich in der französischen Hauptstadt ein Festausschuß. Ihm schloß sich ein Ehrenkomitee des dort akkreditierten diplomatischen Corps an, dem auch der deutsche Botschafter in Paris beitrat. Zu dieser Feierlichkeit sollten auch die deutschen Akademien, Hochschulen und chemischen Fachgesellschaften eingeladen werden.[287] Der Generalsekretär des Pariser Festausschusses, Jean Gérard, wandte sich noch im Vorfeld an Fritz Haber, um mit ihm das heikle Procedere abzustimmen. Die Versöhnung zwischen den Chemikern beider Länder war das ausdrückliche Ziel.[288] Nach Habers Vorschlag wurde ein deutsches wissenschaftliches Ehrenkomitee gebildet, das unter der Leitung seines Berliner Kollegen und damaligen Präsidenten der DChG, Wilhelm Schlenk, stand. Schlenk wurde gleichzeitig vom Auswärtigen Amt mit der Vertretung des Reichs betraut. Zuvor waren zwei Punkte klargestellt worden: erstens, daß die deutsche Delegation mit den anderen völlig gleich behandelt werden sollte, und zweitens, daß in Paris keine Institution als Veranstalterin beteiligt war, mit der ein Zusammentreffen aus deutscher Sicht noch «nicht opportun» schien, wie z. B. die französische Akademie der Wissenschaften und auch die IUPAC.[289]

Nervenaufreibender als die Schwierigkeiten mit den Franzosen waren Habers Konfrontationen nach innen. Er hielt die deutsche Teilnahme an der Berthelot-Feier für einen politisch klugen ersten Schritt zur Verständigung und hoffte nicht grundlos, daß das Jubiläum das internationale Eis brechen könnte. Seine Verhandlungstaktik, schrittweise vorzugehen und Geduld zu haben, traf allerdings auf den heftigen Widerstand der rechtsgerichteten Kollegen.[290] Haber wußte sich zwar im Einklang mit der Mehrheit der Wissenschaftler, die jedoch vor der lautstarken Minderheit der «rabiaten deutschvölkischen Gelehrtenkreise in München» zurückwich. Die überwältigende Zahl der «Schüchternen und Bescheidenen» befürchte, so diagnostizierte der KWI-Direktor, sich gegenüber den «Hitlerleuten» zu exponieren.[291] Die Angelegenheit wurde von Stresemann aufgegriffen, der zusammen mit weiteren Reichsministern und den bundesstaatlichen Kultusministern an die Spitze des deutschen Ehrenkomitees trat und die Feier damit zu einem Akt von außenpolitischer Wichtigkeit machte. Haber klagte zwar, er werde vom Auswärtigen Amt in Anspruch genommen «wie ein Fussball von einer Uebungsmannschaft», doch war es ihm im Interesse der internationalen Verständigung die Anstrengung wert.[292]

Haber meisterte die schwierige Aufgabe, die notwendige Annäherung zwischen der deutschen und französischen chemischen Wissenschaft anzubahnen, dabei aber «die Würde der eigenen Nation voll zu wahren.»[293] Neun hochkarätige Wissenschaftler begaben sich unter der Leitung Schlenks als Vertreter der DChG, des Vereins Deutscher Chemiker (VDCh), der Bunsen-Gesellschaft und der KWG nach Paris: unter ihnen mit Haber, Nernst, Wieland (für 1927) und Willstätter vier Nobelpreisträger, aber auch so profilierte Erscheinungen wie Max Bodenstein, der 1923 Nernsts Lehrstuhl für physikalische Chemie in Berlin übernommen hatte. Mit Ausnahme des Festessens im Schloß von Versailles nahm die deutsche Delegation an allen Programmpunkten teil und wurde, wie Haber bemerkte, mit ungewöhnlicher Aufmerksamkeit bedacht. So wurde sie als einzige Delegation vollzählig zu einem inoffiziellen Diner der Société chimique de France eingeladen, bei dem Haber in französischer Sprache seine Hoffnung auf eine Wiederaufnahme der deutsch-französischen Wissenschaftsbeziehungen ausdrückte und danach einen Kranz am Grabe Louis Pasteurs niederlegte. Aus zahlreichen Gesprächen gewann er den Eindruck, daß die französischen Gelehrten jeder politischen Couleur eine Kooperation mit Deutschland wünschten:

«Der Unterschied von links und rechts besteht nur darin, dass man auf der linken Seite dieses Zusammenarbeiten mit Wärme begrüsst, während man es auf der rechten Seite als eine sachliche Notwendigkeit ansieht, der man sich unter Zurückstellung widerstrebender Empfindungen unterzieht.»[294]

Auch im Falle der Wiederherstellung der internationalen Wissenschaftsbeziehungen in der Chemie übernahmen die Niederlande die Schnittstelle zwischen den deutschen und den ehemals alliierten Organisationen. In diesem Fall wurde der Chemische Rat der Niederlande unter seinem Vorsitzenden Kruyt aktiv. Habers Freund Ernst Cohen vom van't Hoff-Laboratorium der Universität Utrecht gehörte dem Chemischen Rat ebenfalls in führender Position an. Vor allem den holländischen Chemikern war es zu verdanken, daß Vertreter aus den bisher ausgeschlossenen Staaten Deutschland, Österreich, Ungarn und Sowjetunion als Gäste an der 9. IUPAC-Konferenz teilnehmen konnten, die im Juli 1928 auf neutralem Boden in Den Haag stattfand. Für die deutschen chemischen Gesellschaften reisten Bodenstein, Haber, Marckwald und Stock nach Holland. Hauptergebnisse der Tagung waren eine einstimmige Einladung, der Union beizutreten, sowie eine Änderung der Satzung, in der nun der Internationale Forschungsrat nicht mehr erwähnt und Deutsch als Konferenzsprache zugelassen wurden. Da die Union nach dem Länderprinzip aufgebaut war, hieß dies aber auch, daß sich zunächst die drei chemischen Gesellschaften in Deutschland selbst organisieren mußten, um den Beitritt vollziehen zu können.[295]

Diese organisatorische Form wurde in der Errichtung des Verbands Deutscher Chemischer Vereine (VDCV) gefunden, bei der sich Alfred Stock für den VDCh besonders engagierte. Aufgabe des neuen Verbands war die Vertretung gemeinsamer, vor allem internationaler Belange der drei großen chemischen Vereinigungen Deutschlands. Seine Gründung trat mit der Annahme seiner Satzung durch die Mitgliedsgesellschaften in Kraft, also mit dem positiven Votum des zuletzt tagenden VDCh am 2. 12. 1928. Der siebenköpfige Vorstand setzte sich aus den Vorsitzenden der drei Mitgliedsgesellschaften, je einem von der DChG und dem VDCh ernannten Vertreter sowie zwei von diesen fünf Vorstandsmitgliedern gewählten Wissenschaftlern zusammen. Diese zwei Wissenschaftler waren Haber und Willstätter, die auch gleich zum Vorsitzenden und seinem Stellvertreter gewählt wurden. Die anderen Vorstandsmitglieder waren Max Bodenstein für die Bunsen-Gesellschaft, Paul Duden und Alfred Stock für den VDCh sowie Wilhelm Schlenk und Heinrich Wieland für die DChG.[296]

Mit seiner Gründung wurde der Verband ermächtigt, unter zwei Voraussetzungen über den Beitritt Deutschlands in die Internationale Union zu verhandeln: Erstens sollte ihre Satzung geändert werden, und zweitens mußte ihre Beziehung zum Internationalen Forschungsrat soweit gelockert sein, daß, wie es hieß, «keine deutsche Abhängigkeit» zu diesem bestehe.[297] Dies hieß, daß die ohnehin bestehenden Autonomiebestrebungen der Fachunionen notwendigerweise von Deutschland aufgegriffen und verstärkt werden mußten, da der deutsche Beitritt zum Forschungsrat gar nicht absehbar und sogar immer unwahrscheinlicher war. Freilich stand Haber intern zunächst vor dem viel größeren Problem, seine Vorstandsmitglieder auf eine einheitliche Linie einzuschwören. Obwohl man sich über das gemeinsame Ziel einer Reintegration der deutschen in die internationale Chemie einig war, waren die Divergenzen über die Form doch erheblich. Die erhaltenen Quellen geben oft nur indirekt Auskunft. Der Hauptopponent gegen eine zu weitgehende Annäherung war jedoch mit Sicherheit Heinrich Wieland, in dessen Haltung nicht zuletzt auch die scharfe Ablehnung der Bayerischen Akademie der Wissenschaften gegen den Forschungsrat zum Ausdruck kam. Haber hatte große Schwierigkeiten, Kruyt mit den richtigen Worten vom Ziel des neugegründeten deutschen Zentralverbands zu unterrichten. Einen ersten sechsseitigen Versuch schickte er nicht ab, bestand doch der bisherige Konsens lediglich darin, daß man nur an den internationalen Kongressen teilnehmen und in den ständigen Kommissionen mitarbeiten wolle. Darüber hinaus aber überwiege die Fremdheit, so daß man sich bis auf weiteres nicht entschließen könne, der Union beizutreten.[298]

Haber verfuhr in der Folge doppelgleisig. Nach außen meldete er höflichst die Bildung des Zentralverbands, deutete auch die deutsche Zurückhaltung an, setzte aber alles daran, weitere Fragen nicht mehr schriftlich, sondern im Sommer 1929 bei einer mündlichen Aussprache in einer holländischen Stadt zu verhandeln, wohin er mit möglichst allen Vorstandskollegen reisen wolle.[299] Nach innen hielt er den bisher gefundenen kleinsten gemeinsamen Nenner als gemeinsame Verhandlungslinie fest[300], doch setzte er erkennbar darauf, Spielräume zu einer weitergehenden Annäherung, die sich in einer mündlichen Erörterung in angenehmer Atmosphäre ergeben würden, auch entsprechend zu nutzen. Als daher Nachrichten an sein Ohr drangen, daß der bevorstehende Kartelltag der deutschen Akademien in Heidelberg das Verhalten der Chemiker in der Frage ihrer Verständigung mit der IUPAC verhandeln wollte, schritt er höflich, aber energisch ein. In einem Brief an Max Planck machte er unmißverständlich klar, daß zwar der deutsche Beitritt in den Internationalen Forschungsrat in die Kompetenz der Akademien falle, nicht aber die Mitgliedschaft in den Fachunionen. Für die Chemie reklamierte er die Zuständigkeit des Zentralverbands und verwies auf die «etwa 10 000 Chemiker», die er vertrat:

«[...] und wenn diese Mitglieder uns sicherlich nicht hindern werden, die grösste Rücksicht auf die Auffassungen der Akademien zu nehmen, so werden sie doch sicherlich nicht damit einverstanden sein, dass die Akademien die Führung in einer Frage der Chemie beanspruchen.»[301]

Die mündlichen Verhandlungen zwischen dem Verband Deutscher Chemischer Vereine und der IUPAC wurden für den 29. und 30. Juni 1929 in Scheveningen anberaumt und sollten unter dem Vorsitz von Kruyt und Cohen vom Chemischen Rat der Niederlande stehen. Offizielle Ausgangsbasis der Erörterungen war, zunächst Einigkeit über den Inhalt und Zweck internationaler Zusammenarbeit herzustellen, um dann sinnvolle Formen dieser Kooperation zu besprechen. Hier ging der deutsche Verhandlungsvorschlag dahin, internationale Kongresse unter der Leitung des jeweiligen Fachverbandes des gastgebenden Landes abzuhalten, wie es bisher schon gemacht wurde, um den Internationalen Forschungsrat zu umgehen und den Deutschen die Teilnahme an der Tagung zu ermöglichen. Den ständigen internationalen Kommissionen sollte autonomer, d. h. vom Forschungsrat unabhängiger Charakter zugebilligt werden. Damit rückte der tatsächliche Beitritt der Deutschen in die Union in das zweite Glied. Haber kam nicht umhin, dem offiziellen deutschen Verhandlungsvorschlag die Bitte beizufügen, diese Frage zunächst zu vertagen, herrsche doch auf deutscher Seite ein Gefühl der Entfremdung und Unsicherheit.[302] Der Grund war die heftige Opposition, die Heinrich Wieland, Präsident der DChG von Juni 1928 bis Mai 1930, gegen den deutschen Beitritt in die Union vorbrachte. Da er befürchtete, daß die Scheveninger Besprechung genau mit einer solchen Entschließung enden würde, wollte er gar nicht nach Holland reisen. Haber konnte ihn umstimmen, indem er zusicherte, daß man nicht mit einem Mehrheitsbeschluß über eine beachtliche Minderheit im eigenen Lande hinweggehen würde.[303]

Es kam allerdings genau so, wie Wieland es befürchtet und worauf Haber stillschweigend gesetzt hatte. Die vorab getroffene Vereinbarung eines einstimmigen deutschen Votums war, wie sich herausstellen sollte, in der Verhandlungspraxis nicht ungeschickt, übte sie doch nach innen wie außen wirksamen Druck aus. Haber stöhnte zwar, daß es schwerer sei, mit Professoren zu verhandeln als mit Geschäftsleuten.[304] Am Ende der Scheveninger Besprechung stand jedoch ein von allen Anwesenden[305] unterzeichnetes Protokoll, wonach der Verband Deutscher Chemischer Vereine willens sei, den Eintritt Deutschlands in die Internationale Union sogleich zu erklären. Allerdings mußten die bisherigen Mitglieder der Union gewisse Voraussetzungen für diesen Eintritt erfüllen, u. a. die Umbenennung in «Union Internationale de Chimie» und die Zusicherung, nur dann im Internationalen Forschungsrat verbleiben zu wollen, wenn dessen revidierte Satzung ihre Autonomie und freie Entwicklung nicht beeinträchtige.[306] Neun Zehntel der Verhandlungszeit in Scheveningen waren auf diesen letzten Punkt entfallen, um das zukünftige Verhältnis zwischen Forschungsrat und Union zu klären.[307]

Mit den Scheveninger Beschlüssen war ein Durchbruch erzielt worden, der zwar immer noch eine schier endlose Korrespondenz Habers in Einzelfragen erforderlich machte, der aber auf der anderen Seite einen gangbaren Weg wies, die deutschen Wissenschaften in die internationalen Fachunionen einzugliedern, ohne daß der ausstehende Beitritt des Akademiekartells in den Forschungsrat berührt wurde. Haber machte nach innen wie außen hinreichend klar, daß es sich «um zwei völlig verschiedene Dinge» handele, ob die Autonomie und freie Entwicklung der Fachunion gewährleistet sei und wie sich die deutschen Akademien auch zu einem reformierten und reorganisierten Forschungsrat stellen würden.[308] Die Vereinbarungen in der Chemie dienten nun sogar als Zugpferd für die anderen Disziplinen. Nicht einmal drei Wochen vergingen, bis Ludwig Bieberbach Haber «wegen analoger Verhandlungen der Mathematiker» im September um eine Abschrift der Scheveninger Abmachungen bat; auch die Geographen bekundeten ihr lebhaftes Interesse.[309] Bereits im August 1929 ging man von seiten der Union daran, die Deutschen in die bedeutendsten ständigen Kommissionen, nämlich für die chemische Nomenklatur und die Atomgewichte, einzuladen, noch bevor sie offiziell dem Unionsverbund beigetreten waren.[310]

Habers Problem nach innen blieben Heinrich Wieland und die Haltung der Deutschen Chemischen Gesellschaft. Wieland empfand die Scheveninger Tagung als «sommerlichen Gang nach Golgatha», obwohl er die Beschlüsse mitunterzeichnet hatte.[311] In langen Briefen versuchte Haber ihn davon zu überzeugen, daß die sich abzeichnende Reform des Forschungsrats in die von den Deutschen gewünschte Richtung lief, vor allem aber, daß die Mitgliedschaft in der Fachunion unerläßlich für den Fortschritt der Disziplin und völlig unabhängig vom Beitritt in den Forschungsrat sei.[312] Mißverständnisse, Indiskretionen, zufällige Unterlassungen türmten immer wieder neue Schwierigkeiten auf, die, obwohl sie unerhebliche Punkte betrafen, Wasser auf die Mühlen der Gegner eines deutschen Beitritts waren und von Haber in einer sehr aufwendigen Korrespondenz beseitigt werden mußten.[313] Eines der größeren Hindernisse war, um ein Beispiel herauszugreifen, die praktische Eingliederung der deutschen in die internationale Atomgewichtskommission, deren Begleitumstände Wielands «von jeher stark gedämpfte Freude am Beitritt zur ‹Union› [...] in ein kaum mehr hörbares pianissimo umschlagen» ließ. Das Problem war, daß die deutsche Kommission eine Atomgewichtstabelle erarbeitet hatte, die bereits publiziert worden war und auch fortgeschrieben wurde, während die internationale Kommission keine Tabelle zustande brachte. Haber mußte nun in einem langen Brief Befürchtungen entschärfen, daß der Vorsitzende der deutschen Kommission, Otto Hönigschmidt in München, nicht in das internationale Gremium gewählt und die bisherige Arbeit der deutschen Kommission gegenstandslos werden würde.[314] Wieland kapitulierte schließlich vor Habers Dauerbeschuß, zog seine Unterschrift unter den Scheveninger Beschlüssen auch nicht zurück: Sein «letztes Stammeln der Opposition» sei nur dem «harmlosen Flügelschlagen [...] des glücklich im Käfig untergebrachten Vogel[s]» vergleichbar. Er lehnte es allerdings ab, als deutsches Mitglied dem neuen Vorstand der Chemieunion anzugehören.[315]

Der Verband Deutscher Chemischer Vereine trat zum 1. Januar 1930 mit allen Rechten und Pflichten in die Union ein, weiterhin mit dem Vorbehalt, daß die immer noch nicht erfolgte Satzungsreform des Forschungsrats die Autonomie und freie Entwicklung der Union nicht beeinträchtige.[316] Diese Reform, die ganz den deutschen Vorstellungen entsprach, erfolgte erst im Juli 1931, als der Forschungsrat in den International Council of Scientific Unions umgewandelt wurde. Statt des französischen Mathematikers Emile Picard, der einer der profiliertesten Vertreter des Boykotts gegen Deutschland gewesen war, trat nun der amerikanische Astrophysiker George Ellery Hale an seine Spitze, der allerdings ebenfalls führend an der Errichtung des Forschungsrats beteiligt gewesen war. Die Ressentiments von seiten der deutschen Akademien blieben bestehen und sollten sich in der kurzen Zeit auch nicht mehr legen, die noch blieb, bevor die Nationalsozialisten die internationalen Beziehungen ohnehin ganz neu gestalteten.[317] Haber lag immer noch sehr an einem deutschen Beitritt zum reformierten Internationalen Forschungsrat, allerdings nur aus einem Grund: Die Fachunionen und internationalen wissenschaftlichen Verbände bedürften, wie er Einstein schrieb, eines natürlichen Mittelpunkts. Löse sich der Internationale Rat auf, und dies hielt Haber ohne deutsche Teilnahme für gewiß, dann suchten sich die Unionen eine neue Zentralstelle. Dafür kamen seines Erachtens nur die Völkerbundkommission für geistige Zusammenarbeit und ihr Pariser Institut in Frage, womit einerseits die Franzosen, andererseits auch eine politische Instanz, nämlich der Völkerbundsrat, in der Gestaltung der internationalen Wissenschaftsbeziehungen erneut tonangebend würden. Beides hielt Haber für wenig erstrebenswert.[318]

Es war nach der Reform des Forschungsrats dann nur noch eine Formalie, daß der Präsident der Chemie-Union, Einar Biilmann aus Kopenhagen, dem VDCV am 3. September 1931 die definitive Mitgliedschaft bestätigte.[319] Damit trat Haber auch als deutscher Vertreter in das Präsidium der Union ein. Ein Jahr später stand seine Wahl zum Präsidenten in Aussicht, «eine unserem Lande zugedachte internationale Ehre», wie er befand, die er wegen seiner starken Angina pectoris nicht mehr annehmen, aber auch keinem anderen Land zuteil werden lassen wollte.[320] Aber seine Bemühungen, im Vorfeld die Wahl auf einen Deutschen zu lenken, scheiterten ebenso an den Zeitumständen wie das erste große internationale Unternehmen der Chemieunion: Der für den April 1932 vorgesehene 9. Internationale Kongreß für reine und angewandte Chemie in Spanien, der erste dieser Art nach 1912, mußte wegen der Weltwirtschaftskrise abgesagt werden.[321] Im folgenden Jahr wurde auf der Unionstagung in Paris nicht nur kein Deutscher zum neuen Präsidenten gewählt, sondern Haber nahm bereits nicht mehr teil: Er sagte seine Teilnahme ab, weil er befürchtete, durch seine jüdische Abstammung Deutschlands weitere Mitgliedschaft in der Union zu gefährden. Er wollte sein Amt allerdings erst niederlegen, wenn seine Nachfolge im Präsidium gesichert war, «um die Verbindung Deutschlands mit der Union nicht abreissen zu lassen». Am 27. April 1933 trat Haber gemeinsam mit Willstätter vom Vorstand des Verbands Deutscher Chemischer Vereine zurück.[322]

X. Erschöpfung und Resignation

«Bleiben will ich nicht. Ich fühle mich schon jetzt rastlos, und das zweite ich [sic], das die Aegypter ‹Ka› nennen und von dem sie meinen, dass es dem Menschen Lebensfreude giebt, flattert täglich auf ein paar Stunden von mir fort nach meinem Hause und meinem Institut. Ich werde bis zum Schlusse der Reise so müde sein, dass ich mich davor fürchte.»[1]

Diese Zeilen schrieb Haber seinem Freund Willstätter Ende 1928 von einer Schiffsreise auf dem Nil, wohin er sich geflüchtet hatte, um den Feierlichkeiten zu seinem 60. Geburtstag zu entgehen. Es war kein glücklicher Mann, der diese Sätze verfaßte, obwohl er wie kaum ein anderer gerade gefeiert worden war: von seinen Kollegen mit Sondernummern in den führenden naturwissenschaftlichen Zeitschriften[2], von hochrangigen Gelehrten mit Briefen und Telegrammen, von den ihm Nahestehenden mit warmen Worten, von Willstätter gar mit einem biographisch-wissenschaftlichen Aufsatz, der von der liebevollen Zuneigung seines Verfassers spür-

Abb. 19 Haber an seinem Schreibtisch im KWI für physikalische Chemie und Elektrochemie anläßlich seines 60. Geburtstages, 1928/29

bar durchdrungen war.[3] Habers Zeilen fangen das Lebensgefühl ein, das die letzten Jahre des alternden Mannes überschattete, ja das eigentlich bei allen Erfolgen die gesamte Weimarer Zeit bestimmte: Erschöpfung, verzweifelte Suche nach Ruhe, grenzenlose Müdigkeit – aber jedes Innehalten, jede Erholung, auch jeder Erfolg zunichte gemacht durch innere Rastlosigkeit; das Institut als fester Punkt, als einziger lebenswerter Ort mit lebenserhaltender Kraft.

1. Gesundheit, Familie, Finanzen

Krankheit und Depression überlagerten Habers Leben seit Kriegsende. J. E. Coates charakterisierte den Physikochemiker zu Beginn der Weimarer Zeit als «a completely disillusioned and broken man», der in den Kriegsjahren seine Gesundheit durch die Überbeanspruchung ruiniert und nun unter dem Schock der Niederlage einen tiefgreifenden, irreversiblen Persönlichkeitswandel erlitten hatte.[4] Willstätter bestritt dagegen entschieden, daß die schweren gesundheitlichen Probleme seines Freundes auf seine jahre-, ja lebenslange Überarbeitung zurückzuführen waren. Verbraucht hätten ihn vielmehr die «Gifte: Sorge, Schmerz und Leid», zuerst die furchtbare Enttäuschung über den Kriegsausgang, dann über die Friedensbedingungen, schließlich über seine Verfemung durch die Alliierten.[5] Dies hieße, übersetzt in die Sprache unserer Gegenwart, psychosomatische Leiden, die darum ja nicht weniger qualvoll sind. Für diese letzte Ursache spricht auch die Vielzahl diffuser Symptome, die nacheinander oder gleichzeitig auftraten, die es aber nie eindeutig zu diagnostizieren, geschweige denn zu heilen gelang. Kuraufenthalte in immer kürzeren Abständen brachten immer weniger Erholung, die Phasen depressiver Niedergeschlagenheit wurden länger.

Als Rudolf Stern Haber im Januar 1921 in einem Sanatorium im schlesischen Schreiberhau wiedertraf, befand dieser sich in tiefster Depression, die dem frisch examinierten jungen Arzt einem Nervenzusammenbruch ähnlich schien.[6] Darüber hinaus klagte er über häufige Gallenbeschwerden[7] und war von ständigem Durst geplagt, so daß er das Leben, wie er schrieb, nur noch «in Begleitung von Selterswasser» ertrug.[8] Eine organische Krankheitsursache war nicht zu finden. Hilflos anmutende Diagnosen konstruierten eine nervöse Störung der Zirbeldrüse, wirkten sich doch Einspritzungen von Zirbeldrüsenextrakt vorübergehend lindernd auf die Durstgefühle und die seelische Niedergeschlagenheit aus.[9] Im Frühjahr 1921 war Haber so krank und erschöpft, daß er einen geplanten Festbeitrag zu Harnacks 70. Geburtstag nicht mehr schreiben konnte und mit einer dauerhaften Lebenseinschränkung rechnete.[10] Er empfand sein Leben wie unter einem drückenden Stein, den eine «fremde Gewalt» hier und da lüftete, um vorübergehend Luft und Sonne heranzulassen. Ständige Verdauungsbeschwerden und Schlaflosigkeit traten hinzu, die «Medizinmänner» waren ratlos.[11] Sie konnten ihm nicht helfen, eher umgekehrt: Habers wochenlange, von Depressionen begleitete Erschöpfungszustände lieferten ihnen interessante Studienmöglichkeiten.[12] Im Grunde wußte er selbst, daß die eigentliche Ursache seiner Leiden nicht organischer Art war. In Gesprächen mit Rudolf Stern erwähnte er im Januar 1921 seine drükkenden Sorgen über Deutschlands Niederlage, und sieben Monate später schrieb er seiner Frau aus der Sommerfrische in Pontresina, als ihm alle seine gute Erholung bestätigten:

«Die Freunde sehen die ungute Stelle im Apfel nicht, weil sie blos [sic] die Schale vor sich haben. Die ist ganz in Ordnung. Im Innern aber fehlt es noch [...]»[13]

Zwei Ärzte standen Haber persönlich nahe: zunächst Theodor Freyhan, Sanitätsrat in Berlin und Ehemann seiner Halbschwester Else; dann vor allem Rudolf A. Stern (1895–1962)[14], Sohn des bekannten jüdischen Mediziners und Universitätsprofessors in Breslau, Richard Stern (1863–1911) und seiner Frau Toni, geb. Asch (1866–1913). Rudolf Stern, Freiwilliger während der gesamten Kriegsjahre, zum Offizier befördert und mit dem EK zweiter und erster Klasse dekoriert, kehrte als überzeugter Antimilitarist mit sozialdemokratischen Idealen aus dem Krieg zurück und legte 1920 sein medizinisches Examen ab. Haber war dem beinahe dreißig Jahre Jüngeren seit den gemeinsam in Schreiberhau verbrachten drei Wochen im Winter 1921 freundschaftlich zugetan. Er vermittelte dem ambitionierten Mediziner zunächst eine unbezahlte Assistentenstelle bei Carl Neuberg im KWI für experimentelle Therapie, weil er von der großen zukünftigen Bedeutung der Biochemie für die Medizin überzeugt war. Da der bereits verheiratete Stern von seinem durch die Inflation verzehrten Kapital nicht leben konnte, nahm Haber ihn wenig später, im Mai 1921, als Assistent in sein eigenes Institut auf, wo er bis Oktober 1923 in Herbert Freundlichs kolloidchemischer Abteilung Forschungen durchführte. Haber ernannte ihn zu seinem «Hausarzt», spaßeshalber zuerst, doch wuchs Stern tatsächlich in die Funktion eines ärztlichen Beraters hinein. Ab November 1923 wurde er Assistenzarzt in Oskar Minkowskis bekannter Breslauer Klinik, zwei Jahre später Privatdozent für Innere Medizin, 1930 außerordentlicher Professor.

Haber fühlte sich Stern freundschaftlich verbunden, ein Gefühl, das dieser erwiderte und den so viel Älteren 1925 zum Patenonkel seines Sohnes Fritz Stern machte. Das Unglück wollte es, daß sich zumindest die ihrem Patienten mitgeteilten Diagnosen und ärztlichen Anweisungen von Freyhan und Stern meist widersprachen. Freyhan hielt Habers permanenten Durst für ein Symptom von Diabetes insipidus, Stern für eine schlechte

Angewohnheit; die Atembeschwerden waren nach Ansicht von Stern auf eine «Zwerchfellverlagerung» zurückzuführen, während Freyhan Angina pectoris diagnostizierte.[15] Stern war sich der psychosomatischen Ursachen von Habers Leiden bewußt und richtete sich im Umgang mit dem tief deprimierten Mann daran aus. Als sich die politische und wirtschaftliche Lage Deutschlands 1924 spürbar entspannte, beobachtete er mit Erstaunen, wie sich auch der gesundheitliche Zustand Habers entspannte. Im April 1926, als der Physikochemiker das Scheitern des Meergoldprojekts öffentlich zugeben mußte, ging es wieder steil bergab: Gicht und Depressionen waren nur der Anfang.[16] Theodor Freyhan sollte allerdings mit seiner Diagnose für die Ursache von Habers Atembeschwerden recht behalten.

Ab 1926 verspürte Haber zunächst gelegentlich schwache Herzkrämpfe, die ab Sommer 1927 stark und regelmäßig auftraten und mit steigenden Dosen Nitroglyzerin bekämpft wurden.[17] Daß er Tagungen vorzeitig abbrechen mußte, Reisen scheute und sich überhaupt am liebsten lang andauernden Unternehmungen entzog[18], war nur die äußere, vergleichsweise leicht handhabbare Folge der Erkrankung. Dagegen wurden vor allem die Nächte zur Qual, denn der in all den Jahren so ersehnte Schlaf wurde zur Falle. Es dauerte qualvolle, lange Minuten, bis der von den Schmerzen erwachte Haber die Flasche mit der Nitroglyzerinlösung ergreifen, die Tropfen auf die Zunge bringen konnte und Erleichterung verspürte.[19] Phasenweise Besserung der Herzbeschwerden bedeutete allerdings kaum Hebung der Lebensfreude, denn gegen die nun einsetzende Schlaflosigkeit halfen keine Schlafmittel.[20] Schmerzen, Schlafmangel, Krämpfe mit Todesahnungen, Depressionen schränkten Habers Lebenszuversicht so weit ein, daß er schließlich Menschen beneidete, die gesund und in jungen Jahren durch einen Unfall sterben durften. Arbeit bekam unter diesen Umständen einen sehr hohen Stellenwert, da sie «uns festhält, sodaß [sic] wir über das wegleben, was wir leiden müssen.»[21]

Die Weimarer Jahre waren für Haber privat in vieler Hinsicht Jahre fortgesetzten Verlustes. Dem Verlust der Gesundheit parallel lief der Verlust der Familie durch Tod und Trennung. Am Anfang der familiären Verlustkette standen im Dezember 1920 der Tod seines Onkels Julius in Leipzig, den er stets sehr verehrt hatte, und der Tod seines Vaters Siegfried Haber in Breslau. Hatte der junge Mann unter dem harschen Wesen des Vaters gelitten, so kamen sich beide mit den Jahren wieder näher. Kein Briefwechsel ist erhalten, der Einblick in das Verhältnis zwischen Vater und Sohn gestattete. Nur zwei Briefe Fritz Habers, geschrieben neben dem Sterbebett des Vaters, dokumentieren, daß die ursprüngliche Ablehnung der Anerkennung, ja Bewunderung gewichen war. Nachdem Siegfried Haber im Frühjahr 1919 seine Ämter im Breslauer Magistrat niedergelegt hatte, war er von dem Gefühl durchdrungen, es sei nun «genug der Lebenszeit». Nicht weil er litt, sondern weil er das «Gefühl des ausgelebten Lebens» hatte, wollte er «mit ganzem Willen sterben.»[22] Das bewußte Sterben des Vaters beeindruckte den Sohn, der selbst von jedem Gefühl der Ruhe und Erfüllung weit entfernt war. Als wegweisend für sein eigenes Leben empfand er, wieviel Glück und Befriedigung Siegfried Haber aus dem verantwortlichen Wirken für seine Stadt geschöpft, dabei aber stets das Maß gewahrt hatte, «die sichere Selbstbeschränkung», die seine Kräfte nicht überstieg. Besonders diese letzte Gabe besaß der Sohn nicht, ersehnte sie aber zutiefst:

«Nicht für sich leben, sondern für größere Aufgaben, und unpersönliche Aufgaben lösen, weil sie den eigenen Kräften angemessen gewählt sind! Wie stark empfinde ich sein Wesen, jetzt, wo er uns verläßt.»[23]

Sein eigener, 1902 geborener Sohn Hermann war Haber Anlaß zu beständiger, fast schon übertriebener Fürsorge, hervorgerufen vielleicht durch das Gefühl, nach dem unglücklichen Tod der Mutter und dem belasteten Verhältnis zur Stiefmutter Schaden wiedergutmachen, Verpaßtes nachholen zu müssen. Charlotte Haber notierte, daß Hermann eigentlich gerne Jura studiert hätte, von seinem Vater aber durch «Überredung und sanften Zwang» zur Chemie umdirigiert wurde. Anders als dieser gegenüber seinem eigenen Vater hatte «H. zwei» nicht die Kraft zu widerstehen.[24] Hermann Haber[25] studierte an den Universitäten Freiburg und Berlin und legte im Sommer 1925 mit einer kolloidchemischen, von Herbert Freundlich betreuten Dissertation das Doktorexamen ab.

Nur in einem Fall widersetzte sich Hermann. Er lernte im Jahr seines Studienabschlusses über Habers ärztlichen Berater Stern dessen Schwester Margarethe, genannt Marga, kennen und lieben. Gegen den Widerstand seines Vaters wie offenbar auch ihres Bruders setzte Hermann zuerst die Verlobung, dann am 14. 1. 1926 die Hochzeit in Breslau durch.[26] Beruflich folgte er den Vorgaben und Ratschlägen seines Vaters, der ihm mit großem persönlichen Einsatz den Weg ebnete, ja Hermann trat in der äußeren Gestaltung seines Lebenswegs genau in die Fußstapfen, die Fritz Haber vor vierzig Jahren hinterlassen hatte: Er begann seine berufliche Laufbahn mit Industrievolontariaten im Ausland.

Noch vor seiner Hochzeit reiste er, vermittelt durch den Generaldirektor Max Mayer, in die Tschechoslowakei, um dort in mehreren Betrieben des Vereins für chemische und metallurgische Produktion zu praktizieren. Danach ging Hermann Haber mit seiner Frau nach Amerika, wo er von Februar bis Oktober 1926 als Chemiker in einer Zinkhütte der American Metal Co. in Langeloth/Pennsylvania volontierte. Von November 1926 bis April 1927 arbeitete er als Assistent in einer Patentanwaltskanzlei in Washington. Sein Vater bemühte sich mit allen Kräften und persönlichen Verbindungen, dem jungen Paar weiterzuhelfen. Seitenlange Briefe voller

Sorge und Ratschläge schickte er nach Übersee, begleitet von häufigen Geldüberweisungen. Dabei war er rastlos, wenngleich mit begrenztem Erfolg, bemüht, Hermann weitere Anstellungen zu verschaffen.[27] Die Berufsaussichten für Chemiker waren nicht ideal, und Hermann hatte wenig Glück, vielleicht auch nicht die Motivation und die Begabung, sich in dem offenbar wenig geliebten Fach auf eigene Füße zu stellen. Fritz Haber hing sehr an seinem Sohn, schätzte «seine geistigen Gaben nicht gering» und vermißte seine Gegenwart, hielt ihn aber letztlich für labil:

«Aber er läßt leicht nach im Streben, klügelt und räsoniert, wo es nur einen einzigen, freilich unbequemen, offen daliegenden Weg gibt, und ist unausgeglichener, als ein Familienoberhaupt sein sollte.»[28]

So schrieb Haber seiner künftigen Schwiegertochter noch vor der Hochzeit, und er erkannte in ihr dankbar den stabilen Part der Beziehung. Im März 1927 kehrte das Paar nach Europa zurück und ging nach Frankreich, wo mehrere Versuche des Vaters, seinem Sohn eine «entwicklungsfähige», d. h. bezahlte Anstellung zu verschaffen, allen Kontakten und Verbindungen zum Trotz fehlschlugen.[29] Von Juni 1927 bis Juli 1928 war Hermann in drei französischen Chemiebetrieben beschäftigt (Société de charbons actifs Ed. Urbain; Société d'Electrochimie; Fabriques de Produits chimiques de Thann et de Mulhouse) und assistierte in den Patentabteilungen bzw. Betriebsleitungen.

Über Vermittlung von Max Mayer kehrte Hermann Haber mit seiner Familie[30] Ende Juli 1928 in die Tschechoslowakei zum Verein für chemische und metallurgische Produktion zurück, wo er zwei Jahre bleiben sollte und zunächst in Karlsbad, danach in Aussig beschäftigt war. Er arbeitete erst als Assistent, dann als Betriebsleiter in der Produktion von Schwefelsäure, Pigmenten und Fluorverbindungen, das letzte halbe Jahr assistierte er in der Rationalisierungsabteilung, die sich u. a. mit den Rationalisierungsmethoden der IG Farben in Leverkusen befaßte.[31] Die inzwischen einsetzende Massenarbeitslosigkeit infolge der Weltwirtschaftskrise machte die Situation für Hermann Haber prekär, und zwar sowohl im Ausland, wo die Betriebe Chemiker mit fremder Staatsangehörigkeit entließen, wie auch im Inland, wo die Vorstöße seines Vaters bei der IG Farben, beim Stickstoffsyndikat und bei der Metallbank ins Leere liefen. Keiner wollte einen Chemiker mit höherem Gehalt einstellen.[32]

Ab Oktober 1931 war Hermann Haber wieder in Frankreich, diesmal als Assistent von Josef Blumenfeld, einem Geschäftsfreund Max Mayers und Schwager Chaim Weizmanns[33], der Sohn und Vater später in Kontakt mit der zionistischen Bewegung bringen sollte. Blumenfeld stand an der Spitze der Fabriques de Produits Chimiques de Thann et de Mulhouse, bei der Hermann schon 1928 gearbeitet hatte, sowie der Société de Produits Chimiques des Terres Rares in Paris. Hermann Haber war hier vor allem mit Patent- und Vertragsangelegenheiten befaßt.[34] Es gelang seinem Vater, ihm mit Hilfe des früheren Reichsfinanzministers Rudolf Hilferding, mit dem ihn eine mehrjährige freundschaftliche Beziehung verband, eine Arbeitserlaubnis in Frankreich zu erwirken[35], unter den Bedingungen der Weltwirtschaftskrise eine fast unmögliche Angelegenheit. Hermann empfand seine Beschäftigung als unbefriedigend und nicht entwicklungsfähig, wurde er doch als Ausländer «in einer Art Reservestellung» gehalten, aus der kein Aufstieg möglich schien.[36] Mit der Machtübernahme der Nationalsozialisten erübrigten sich alle Überlegungen, nach Deutschland zurückzukehren.[37]

So sehr sich Fritz Haber bemühte, seinem Sohn beruflich weiterzuhelfen, so sehr litt er unter seiner Abwesenheit, die seit 1926 nur mehr besuchsweise unterbrochen wurde. Der alternde, von Schmerz und Depression gequälte Wissenschaftler verspürte in wachsendem Maß das Bedürfnis familiärer Nähe: «Denn in meinen Jahren wird das tägliche Zusammensein mit den nächsten Menschen ein besonderer Wert», schrieb er Max Mayer im September 1931.[38] Sein Sinnspruch jener Jahre, «Alleinsein, ohne sich einsam zu fühlen, ist das Glück des Alters»[39], drückte eine Hoffnung aus, die sich für ihn nie erfüllte: Haber war einsam.

Was ihm die Geburt zweier Kinder aus zweiter Ehe, Eva-Charlotte (21. 7. 1918) und Ludwig-Fritz (21. 7. 1921), bedeutet hatte, ist schwer zu sagen. In keinem Schriftstück von Habers Hand vor 1928 findet man ein persönliches Wort, das die Liebe des Vaters, Zuneigung, Freude oder Sorge belegen würde, freilich auch nicht das Gegenteil. Gelegentlich als «die beiden kleinen Kinder» erwähnt, sind sie zehn Jahre lang in den Überrestquellen jener Zeit praktisch inexistent. «Die Kinder liebt der Vater nicht», soll Hermann Haber über seine Stiefgeschwister gesagt haben.[40] Nach der Trennung von seiner zweiten Frau korrespondierte der Vater, erfüllt vom Bedürfnis nach familiärer Nähe, mit seinen Kindern[41], für die er sich immer verantwortlich zeigte.

Bereits nach wenigen Ehejahren hatte sich Haber von seiner zweiten Frau Charlotte, die er 1917 geheiratet hatte, entfremdet. Freilich erlaubt auch hier die Quellenlage dem Historiker kaum Einblicke, doch scheint sicher, daß beide Eheleute zu unterschiedlich waren, als daß sie, nachdem die erste stürmische Verliebtheit abgeklungen war, eine tragfähige Basis ihrer Beziehung hätten finden können. Schon früh kam es zu ernsten Auseinandersetzungen, die, sofern sie schriftlichen Niederschlag fanden, vom Wortfeld «unverständlich» durchdrungen waren. Beide quälten sich und verletzten den anderen, doch letztlich waren sie sich fremd, konnten die Bedürfnisse des anderen nicht wahrnehmen, geschweige denn erfüllen.[42]

Charlotte Nathan beherrschte zweifelsohne das, was Clara Immerwahr nicht gegeben war: Sie konnte disponieren, den Haushalt führen, repräsentieren. In der Dahlemer Villa fühlte sie sich nach eigenen Worten jedoch nie wohl, empfand das Haus als düster und unfroh. Allerdings ging es dabei weniger um das Gebäude als um die Persönlichkeit ihres Mannes, die es erfüllte. Ortsbeschreibungen aus Charlottes Feder gingen stets nahtlos in Kritik an der Wesensart des Hausherrn über:

«In diesem Haus hängen dunkle Schatten. Harmloser Scherz und Spaß haben hier keinen Platz. Alle Heiterkeit darf sich nicht ursprünglich geben, sondern muß durchdacht und logisch sein. Fortwährendes Erziehen in Denken und Handeln wird als Druck empfunden. [...] Nicht fortwährend Geistesblitze schleudern. Mehr Heiterkeit, mehr harmloser Scherz, das mangelt unserem Hauswesen.»[43]

Ehemalige Mitarbeiter und Freunde belegen in ihren Erinnerungen, daß Haber zwar oft nervös, auch ungeduldig war, aber durchaus viel Humor besaß. Humor hatte offenbar Platz im Institut, nicht aber zu Hause. Es ist vorstellbar, daß Haber bewußt oder unbewußt anfing, seine Frau zu erziehen und fortwährend zu belehren. Das Dozieren war zweifellos ein Persönlichkeitsmerkmal, hier vielleicht verstärkt durch den geringen Bildungsstand Charlottes, über deren gelegentliche leichte Vulgarität Professorenkollegen die Nase rümpften. Sie wußte selbst, daß sie «an seinem geistigen Schaffen, seinen Mühen und Kämpfen, Erfolgen und Fehlschlägen, Hoffnungen und Entwürfen» nicht teil hatte.[44] In allem, was ihm wirklich wichtig war, stand Fritz Haber also allein. Umgekehrt war es freilich genauso: Vom 19. 12. 1926 bis 15. 1. 1927 reiste Haber mit Rudolf Stern nach Monte Carlo, um sich im warmen Klima von Erschöpfung und Herzbeschwerden zu erholen. Daß für Frau und Kinder die Anwesenheit des Mannes bzw. Vaters am Heiligabend große Bedeutung hatte, nahm er durchaus wahr, denn er formulierte das familiäre Problem in seiner Anfrage an Rudolf Stern.[45] Wie Familie Stern reagierte, ist nicht überliefert, doch sagte Rudolf zu. Nicht einverstanden war Charlotte Haber, die sich nach ihren Worten vor vollendete Tatsachen gestellt sah. Sie hatte mit den acht und fünf Jahre alten Kindern einen festlichen Heiligabend geplant und war nun «als Frau und Mutter aufs tiefste gekränkt». Noch dazu erkrankten die Kinder, davon das Söhnchen schwer, so daß Charlotte Haber den Weihnachtsabend allein, weinend und voller Sorgen zubrachte.[46] Haber selbst erholte sich nicht einmal an der Riviera. Er ärgerte sich über die dort versammelten amerikanischen Parvenüs und litt an fortgesetzten Verdauungsbeschwerden.[47]

Charlotte Habers Erinnerungen sind eine sehr subjektiv gefärbte Traditionsquelle, geschrieben Jahrzehnte später und erkennbar vom Wunsch nach Rechtfertigung bestimmt, wenngleich sie zugab, gewußt zu haben, welches «Tun, Reden und Treiben [...] notwendig zu Reibungen» führte, daß sie also auch bewußt ihren Mann reizte und Streit provozierte.[48] Und dennoch: Auch wenn man diese Faktoren in Betracht zieht, bleibt genug, um zu erkennen, daß Haber kein Gespür für Frau und Kinder und ihre Bedürfnisse hatte, obwohl er grundsätzlich die Bedeutung von Familie sehr hoch einschätzte. Willstätter fürchtete schon früh um den Bestand der Ehe, vertrat aber die Sichtweise seines Freundes.[49]

Der Sommer 1927 brachte die endgültige Trennung, nachdem die gemeinsamen Lebensphasen des Paares immer seltener und angespannter geworden waren. Pflichtgefühl hielt bis dahin die Ehe zusammen, obwohl schon früher im Streit die Rede von Scheidung gewesen war.[50] Haber kurte im August in Bad Kissingen, seelisch und körperlich am Ende, hielt es aber nach eigenen Worten nicht mehr aus und entließ sich selbst: «Nitroglycerin und warme Bäder kann ich auch in Witzmanns nehmen», wie er schrieb.[51] Witzmanns war das kleine Gut von 170 württembergischen Morgen Grund bei Wurzach im südlichen Württemberg, das er sich 1920 mit Max Mayer als inflationssichere Kapitalanlage und Refugium gekauft hatte.[52] Haber wollte seine Frau, seine Schwester Else und vor allem Sohn und Schwiegertochter um sich haben, die gerade Deutschlandurlaub machten. Er war andererseits krank, nervös und gereizt und frönte seinen Leidenschaften: Kriminalromane lesen und Zigarren rauchen. In diesen Tagen, Ende August oder Anfang September 1927, kam es zum letzten großen Streit, der Habers Hoffnungen, doch noch so etwas wie ein Familienleben führen zu können, als Illusion enthüllte. Charlotte Haber hielt den Verlauf der Auseinandersetzung in ihren Erinnerungen fest[53], der erhaltene Abschiedsbrief ihres Mannes reflektierte die Bedeutung, die der Streit für ihn gewann. Er zog einen selbstkritischen Schlußstrich unter die zehnjährige Ehe, die er in einem Augenblick beendete, als seine Krankheit eigentlich beständige Pflege erfordert hätte:

«Die Illusion, die mein Liebstes war [ein Familienleben], ist damit zerstört. [...] Ich habe damals die Ehe mit dir gefürchtet, weil unser Wesen ganz verschieden ist und wir nicht so mit einander verwachsen konnten, um ein glückliches Leben zusammen zu verbringen. [...] Deine Freunde sind nicht meine Freunde, Deine Neigungen sind nicht meine Neigungen. Wir leben, auch wenn wir zusammen sind, jeder für sich, und Deine Versuche, Dich zu ändern, sind so vergeblich wie die meinen. So laß diese zehn Jahre genug sein. Ich kann nicht mehr.»[54]

Freilich kam dem vom altpreußischen Beamtengeist durchdrungenen Haber die Scheidung hart an[55], die offiziell am 6. 12. 1927 stattfand. Es war aber mehr als das. Er stellte sich selbstkritisch die Frage, wie er sein Leben früher geführt haben mochte, daß jetzt mit knapp 60 Jahren eine Scheidung notwendig werden konnte. Er empfand die Trennung von der Frau und auch den Kindern als persönliches Scheitern und Demütigung vor sich selber, die monatelang in ihm fraß und ihn veranlaßte, sich selbst vor Freunden wie Albert Einstein zurückzuziehen.[56]

Haber unterzeichnete den Abschiedsbrief an seine Frau wie auch die nächsten Briefe mit «Dein Freund Fritz Haber», und es war ihm wichtig, Freundschaft zu bewahren, wo Lebensgemeinschaft nicht mehr möglich war. Er fühlte sich gegenüber Frau und Kindern in der Pflicht, wollte die finanziellen und sonstigen Ansprüche möglichst im gegenseitigen Einvernehmen lösen und beauftragte Max Mayer und seine Schwester Else Freyhan, ihn bei den nun folgenden Verhandlungen mit Charlotte zu vertreten.[57] Nach dem Tod ihres Mannes sollte seine Schwester dann im September 1930 zu ihm ziehen, den Haushalt führen und ihn bis zu seinem Lebensende pflegen.[58] Sein Wunsch, die Dinge in Ruhe zu klären, erfüllte sich allerdings nicht. Eine endlose Korrespondenz mit Mayer, dem Sohn Hermann und auch Charlotte Haber zog sich durch die letzten Lebensjahre des Wissenschaftlers. Als Vorauszahlung auf ihr Erbe überschrieb er seinen drei Kindern gleich im Oktober 1927 je 200 000 Reichsmark, die er ausländischem Aktienbesitz entnahm.[59] Charlotte Haber, die nicht ohne Grund wenig Vertrauen in die Geschicklichkeit ihres Mannes bei finanziellen Transaktionen hatte, setzte alles daran, Sicherheiten einzubauen, die ihr unabhängig vom tatsächlichen Stand seines Einkommens und Vermögens eine sehr hohe Rente gewährleisteten.[60] Diese betrug 1930 80 000 Mark jährlich aus dem unversteuerten plus 20 000 Mark Kinderbeihilfe aus dem versteuerten Einkommen Habers. In jenem Jahr belief sich das Bruttoeinkommen des Wissenschaftlers (Gehalt, Einkünfte aus Zinsen, Wertpapieren usw.), wie er seinem Sohn vertraulich schrieb, auf rund 110 000 Mark. Das Einkommen reichte also rein rechnerisch knapp aus, um Unterhalt für Frau und Kinder zu zahlen; den eigenen Lebensunterhalt mußte er bereits aus dem Vermögen bestreiten. Nicht berücksichtigt waren dabei noch die zu zahlenden Steuern. Der KWI-Direktor stellte sich daher ernsthaft die Frage, ob er es sich unter diesen Bedingungen überhaupt leisten konnte, im Amt zu bleiben, das ihm ja untersagte, seine Aufsichtsratstantiemen in Höhe von rund 50 000 Mark auch selbst zu vereinnahmen. Andererseits änderte sich unter dem Eindruck der voll durchbrechenden Weltwirtschaftskrise gerade das Pensionsgesetz, und Haber mußte befürchten, daß ihm seine Pension in Anbetracht der Höhe seiner sonstigen Einkünfte stark gekürzt, wenn nicht gar entzogen würde.[61]

Haber blieb also notgedrungen im Amt und führte seine Tantiemen weiterhin dem Stipendienfonds seines Instituts zu. Er war damit, wie Glum dankend vermerkte, neben Reich und Staat zum einzigen finanziellen Förderer seines KWI geworden.[62] Infolge der Kürzungen der Beamtengehälter im Zuge der Notverordnungen bezog er allerdings ein immer geringeres Einkommen aus dieser Tätigkeit. Peter-Christian Witt konnte in seiner grundlegenden Untersuchung des Finanzgebarens der KWG das sorgfältig gehütete Geheimnis ihres Generaldirektors Glum lüften, wonach die Gehälter fast aller leitenden Beamten der Gesellschaft durch diverse, teilweise beträchtliche Sonderzulagen aufgebessert wurden, über deren Höhe nur noch Glum selbst den Überblick bewahrte. Und dies aus gutem Grund, bezog er doch selbst ein Spitzengehalt (vor den Kürzungen, Stand 1930: 52 540 RM), das deutlich über dem des Reichskanzlers (48 870 RM) und erst recht des preußischen Ministerpräsidenten (43 720 RM) lag. Seit Herbst 1929 verwandte der Generaldirektor einen beträchtlichen Teil seiner Zeit darauf, eine Prüfung der Gesellschaft durch den Reichsrechnungshof zu verhindern und in einer aufwendigen Korrespondenz nachzuweisen, daß die Zulagen nicht unter die Bestimmungen der Kürzungsverordnungen fielen. Haber profitierte nicht von den Manövern Glums, die sehr eigennützig der persönlichen Wohlfahrt einer kleinen Gruppe von Spitzenverdienern in der KWG zugute kamen, denn seit der Gründung seines Instituts hatte sich an seinen Einstellungsvoraussetzungen nichts geändert. Das heißt mit anderen Worten: Er bezog keinerlei Berufungs- oder sonstige Zulagen, sondern das und nur das, was die preußische Besoldungsordnung nach B 8 für die Direktoren der Kaiser-Wilhelm-Institute auch vorsah, nämlich Grundgehalt, Wohnungsgeld und örtlichen Sonderzuschlag. Er war damit der einzige der KWI-Direktoren, dessen Bezüge auch der Summe entsprachen, welche die Besoldungsordnung vorsah, und die von den Kürzungsverordnungen im öffentlichen Dienst voll erfaßt wurden, nämlich vor den Kürzungen 17 466 RM jährlich, danach nur noch 13 833 RM.[63]

Haber blieb unter diesen Umständen zur Deckung seines Lebensunterhalts und der Ansprüche seiner Frau nur der Rückgriff auf die Substanz, also auf sein Vermögen, das jedoch durch hohe Besteuerung, ungünstige Anlagen und die Weltwirtschaftskrise gewaltig unter Druck geriet. «Beträge, um die ich früher kein Aufhebens gemacht hätte, muß ich jetzt beachten», klagte er seiner geschiedenen Frau 1930; der Wert des bestehenden Vermögens reduziere sich fortlaufend, neues zu erwerben besitze er nicht mehr die Kraft.[64] Zwar ist es kaum möglich, Habers überaus verworrene finanzielle Verhältnisse, die auch das Finanzamt jahrelang beschäftigten, aus den überlieferten Quellen zu rekonstruieren. Die Korrespondenz mit seinem Sohn erlaubt jedoch gelegentliche Einblicke.

Was die Besteuerung anging, so ergaben nachträgliche Berechnungen, die Haber selbst anstellen ließ, daß er zwischen August 1928 und August 1931 allein 85 % seines jährlichen Einkommens zur Begleichung der Einkommens- und Vermögenssteuer aufbringen mußte. «Ehrlich währt nicht mehr am längsten», war sein verbittertes Fazit.[65] Die Anlageform seines Vermögens sollte sich nachträglich als verhängnisvoll erweisen. Haber hatte noch vor 1927 seine IG Farben-Aktien verkauft, weil er überzeugt gewesen war, sie später zu einem billigeren Kurs zurückerwerben zu können. Statt dessen hatte er «auf befreundeten Rat» südamerikanische und belgische Papiere gekauft, von denen er sich immense Wertsteigerungen erhoffte. Damit besaß er bis auf 120000 Mark Aktien der Automobilfirma Horch keine inländischen Werte mehr. Haber wartete nun darauf, daß seine Spekulation aufging, nämlich daß «in bescheidener Frist die deutschen Papiere in den Orkus hinabfallen», damit er sie günstig zurückkaufen konnte. Anfang 1927 wurde er allerdings «ein wenig unruhig», da der Kurs der IG bereits um mehr als das Doppelte, die südamerikanischen Werte allerdings nur mäßig gestiegen waren.[66]

Haber sollte sich gründlich verrechnet haben. Zu seinen Fehlinvestitionen kam die Weltwirtschaftskrise, die international die Kurse verfallen ließ. Bereits im August 1929, also noch vor dem Schwarzen Donnerstag, hatte der KWI-Direktor bei dem Baseler Bankhaus Ed. Greutert & Cie., das zum Konzern der Metallgesellschaft gehörte[67], Schulden in Höhe von knapp 1,6 Millionen Mark. Seine dort deponierten Wertpapiere mit einem Nominalwert von knapp 6,2 Millionen Mark lagen nach dem aktuellen Börsenkurs allerdings nur bei nicht einmal 5 Millionen.[68] Das Verhältnis zwischen Schulden und Börsenwert des Aktienvermögens betrug 1:3,1. Der rapide Kursverfall brachte es mit sich, daß sich diese Relation bereits im November 1930 auf 1:2 verschlechtert hatte. Greutert würde ihn zwar nicht exekutieren, aber: «Was geschieht, wenn die Papiere sehr erheblich weiter fallen, kann ich heute nicht absehen.»[69] Die Kurse jedoch stürzten nach dem Zusammenbruch des internationalen Finanzsystems im nächsten Jahr ins Bodenlose.

Bereits im Juli 1930 waren Habers ausländische Aktien durch krisenbedingte Kurseinbrüche nur noch die Hälfte des Vorjahrsstandes wert, während Charlotte Haber ohne Angabe von Gründen in eine «beengte» finanzielle Lage geraten war und Vorschuß haben wollte.[70] Ende Dezember desselben Jahres mußte Haber ihr bekennen, daß die Zinserträge aus dem Aktiendepot bei einer Schweizer Bank, das er nach der Scheidung in Höhe des Börsengegenwertes von zwei Millionen Schweizer Franken zur sicheren Ableistung ihrer jährlichen Rente hatte anlegen müssen, schon seit drei Jahren nicht mehr ausreichten, seine Verpflichtungen zu decken. Verpflichtungen und Vermögensverhältnisse befanden sich, wie er schrieb, in ärgster Mißrelation.[71] Im Januar 1931 machte Haber, beraten durch einen besonders steuerkundigen Notar, sein Testament. Er könne nicht einmal in Ruhe sterben wie andere Leute, befand er, denn er sei finanziell «in eine völlig unmögliche Lage geraten».[72]

Es ist nicht so, wie Charlotte Haber schrieb, daß sie selbstverständlich und sofort auf die volle Zahlung der vereinbarten Unterhaltsleistungen verzichtete, sobald sie von den finanziellen Schwierigkeiten ihres geschiedenen Mannes erfuhr.[73] Sie setzte im Gegenteil alles daran, bei dem anhaltenden Vermögensverfall zusätzliche Sicherheiten zu bekommen. Im November 1931 konnte Haber ihr für die nächsten eineinhalb Jahre nur 16000 Mark plus 10000 Mark für die Kinder zahlen. Er befand sich in der verzweifelten Lage, daß «ich nur noch stark beliehene Wertpapiere und sonst nichts habe ausser Herzkrämpfen, die ihr uninteressant sind [...]».[74] Die Verhandlungen mit Charlotte Haber waren schwierig, führten immerhin Ende des Jahres 1931 zu einem zweijährigen Stillhalteabkommen. Ob er überhaupt noch etwas würde vererben können, schien Haber mehr als zweifelhaft, sah er doch voraus, daß die Wirtschaftskrise sich noch verschärfen sollte. Mit zwei bis drei ernsten Herzkrämpfen täglich waren seine Todesahnungen inzwischen in Gewißheit umgeschlagen.[75]

2. Antisemitismus

In der zweiten Hälfte des Weltkriegs und den Nachkriegsjahren brandete in Deutschland eine antisemitische Welle empor, die Haber nicht verborgen geblieben sein kann. War sie im Krieg eng mit der katastrophalen Ernährungslage und der verstärkten Zuwanderung von Ostjuden verbunden gewesen, so bestand ein enger Zusammenhang zwischen Antisemitismus, bedrückten wirtschaftlichen Verhältnissen, sozialem und politischem Protest auch in den ersten Jahren der Republik sowie später in der Stabilisierungskrise nach Einführung der Rentenmark. Eine systematisch betriebene Propaganda entsprechender Gruppierungen, die jüdische ‹Kriegsgewinnler› und Revolutionäre verantwortlich machten für das Desaster von Niederlage, Hunger und sozialer Entwurzelung, fand ein aufnahmebereites Publikum. Der Begriff des ‹Volksschädlings› als Bezeichnung für Juden bürgerte sich bis 1920 in weiten Kreisen ein. Was den Nachkriegsantisemitismus allerdings von früheren Jahren unterschied, war fraglos der Schritt zu offener Gewaltanwendung, die sich 1919/20 und 1923 in örtlichen Plünderungen und Ausschreitungen gegen jüdische ‹Profiteure›, Schwarzhändler usw. entlud.[76]

Diese Vorgänge fanden in den uns von Haber überlieferten Quellen keinen Niederschlag. Freilich war er von diesen primitiven Formen des Antisemitismus kaum persönlich betroffen, wohl aber von dem zuerst subtilen, ab 1919/20 durchaus manifesten Antisemitismus unter Professoren und Wissenschaftlern. Er wich der Konfrontation aus, wenn seine Person betroffen war, äußerte sich weder öffentlich noch anscheinend auch privat. Erstmals Ende 1926, erinnerte sich Rudolf Stern später, sollte Haber das Problem des Antisemitismus bzw. des Verhältnisses zwischen Juden und Deutschen, bezogen auf seine Person, mit ihm erörtern. Er war damals noch völlig überzeugt davon, daß seine Entscheidung zu konvertieren die letzte Barriere einer Integration beseitigt habe.[77] Anders verhielt er sich, als sein Freund Einstein von antisemitischen Ausfällen betroffen war. Er bezog unmißverständlich Stellung, allerdings nicht in der ersten Reihe der Verteidiger, sondern im Hintergrund, offenkundig bemüht, nicht durch öffentliche Auftritte seinerseits noch Öl in das antisemitische Feuer der Provokateure zu gießen.

Seit dem Streit um den Darwinismus hatte keine wissenschaftliche Theorie zu solchen Auseinandersetzungen geführt wie die Relativitätstheorie. Sie wurden in den politisch angespannten frühen Jahren der Weimarer Republik durch Einsteins öffentlich bekundeten Pazifismus, Antimilitarismus und Internationalismus zusätzlich angestachelt. Bereits während einer Vorlesung Einsteins an der Berliner Universität war es am 5. und 12. 2. 1920 zu «Vorgängen» gekommen, die den Rektor Eduard Meyer zu einem Bericht an das Kultusministerium nötigten.[78] Am 24. August des Jahres veranstaltete die «Arbeitsgemeinschaft deutscher Naturforscher zur Erhaltung reiner Wissenschaft» unter dem wissenschaftlich völlig unbekannten Paul Weyland in der Berliner Philharmonie eine Kundgebung gegen die Relativitätstheorie. Die Versammlung war Teil einer ganzen Reihe von Artikeln und Veranstaltungen, die Weyland selbst knapp drei Wochen zuvor mit einem Artikel in der Täglichen Rundschau eingeleitet hatte, Titel: «Einsteins Relativitätstheorie – eine wissenschaftliche Massensuggestion». Auf entsprechendem Niveau stand auch die Kundgebung in der Philharmonie, bei der die eigentliche, politische Stoßrichtung durch Verteilung antisemitischer Hetzblätter im Vorraum des Saales offenbar wurde. «Es ist eine Schande, daß so etwas vorkommen kann», schrieb Max von Laue an Arnold Sommerfeld und gab gemeinsam mit Heinrich Rubens und Walther Nernst wenige Tage danach eine öffentliche Stellungnahme ab. Auch Einstein selbst meldete sich zu Wort und polemisierte gegen die «anti-relativitätstheoretische GmbH»; eine Flut von Presseberichten, Attacken und Sympathieerklärungen folgte. Bald kursierten Gerüchte, Einstein werde Berlin und damit Deutschland verlassen.[79]

Haber war in höchstem Maße alarmiert, weniger über die «Entente der Minderwertigkeiten», wie er die Teilnehmer an der Kampagne bezeichnete, als darüber, daß Einstein Berlin den Rücken kehren könnte. Er glaubte auch nicht daran, daß tatsächlich die antisemitische Hetze die Ursache für einen derartigen Schritt sei, sondern eher der Mangel an intellektueller und wissenschaftlicher Anregung:

«[...] die Verärgerung durch dumme Kerle kann einen reizbaren Nervenkrüppel wie mich al irato handeln lassen, aber nicht Sie, dessen olympische Ruhe selbst durch ein Wilamovitzsches [sic] Temperament nicht gestört werden konnte. [...] Nicht der Andrang der Dummen, aber der Mangel an Anregung durch die anderen kann sie forttreiben. Jeder verbraucht Menschen zu seiner geistigen Nahrung, und ich verstehe, dass Berlin für Sie zu einem abgegessenen Teller geworden ist.»[80]

Einstein konnte Haber beruhigen, denn er dachte nicht daran, aus Berlin fortzugehen. Nur wenig später mußte der KWI-Direktor allerdings erfahren, daß die «dummen Kerle» nun sogar den Ablauf der ehrwürdigen 86. Versammlung der Gesellschaft deutscher Naturforscher und Ärzte bestimmen sollten, die vom 19. bis 25. 9. 1920 in Bad Nauheim stattfand. Die Atmosphäre der ganzen Tagung schlug dem ebenfalls teilnehmenden Schmidt-Ott mit dem Verdacht entgegen, die geplante Notgemeinschaft sei eine «prosemitische Gründung».[81]

Haber war über den Ablauf der Naturforscherversammlung so erregt, daß er umgehend Willstätter berichten mußte. Die der Versammlung vorangehende Sitzung des Vorstands der Deutschen Physikalischen Gesellschaft, dem Haber angehörte, hatte die Richtung vorgegeben: Im «deutschnationalen und antisemitischen Sinne» attackierte eine Gruppe älterer Ordinarien unter Führung von Wilhelm Wien den Berliner Vorstand, dessen Haltung Nernst und Haber verteidigten. Die anschließende Hauptversammlung der Physikalischen Gesellschaft, an der zahlreiche Mitglieder aus Langeweile nicht teilnahmen, brachte eine kleine Mehrheit für Wien. Dem schloß sich in der Diskussion der Naturforscherversammlung ein ausfallender Schlagabtausch zwischen Einstein und Philipp Lenard über die Relativitätstheorie an. Haber war anwesend, meldete sich aber nicht zu Wort.[82] Der KWI-Direktor fand Lenards Position wissenschaftlich auf dem Niveau wie im 19. Jahrhundert Bunsen, der sich weigerte, die Formel HO für Wasser gegen H_2O auszutauschen. Wien dagegen, darin war Haber sich mit Planck einig, ging es nicht um die Sache, sondern nur um die Durchsetzung seiner antisemitisch-deutschnationalen Einstellung. Für das weitere Vorgehen verabredete Haber mit Planck und Arnold Sommerfeld, «die beide in wirklich guter Gesinnung zu mir stehen», sich selbst fortan im Hintergrund zu halten.[83]

Und so geschah es: Der sich formierenden Deutschen Physik traten vor allem Laue, Planck, Sommerfeld und andere entgegen. Haber nahm an der Auseinandersetzung in der wissenschaftlichen und allgemeinen Öffentlichkeit nicht teil. Er hielt sich öffentlich auch zurück, als im Sommer 1924 Willstätter sein Münchner Ordinariat aus Protest niederlegte, weil die Fakultät aufgrund ihrer von Wilhelm Wien geschürten antisemitischen Vorbehalte den hochqualifizierten Victor Moritz Goldschmidt nicht berufen wollte.[84] Haber kannte seinen Freund zu gut, als daß er nicht wußte und respektierte, wie er ihm schrieb, «daß Du in der Frage Victor Goldschmidt mehr Hitlertum begegnet bist, als Du verträgst.» Daß Willstätter dies zum Anlaß nehmen würde, sich ganz aus dem Universitätsleben zurückzuziehen, kam ihm allerdings nicht in den Sinn. Haber wollte seinen Freund wieder in seiner Nähe haben und glaubte, ihn mit dem Vorsitz im Kuratorium des KWI für Chemie, einem Privatlaboratorium und einer Akademiestelle nach Berlin locken zu können.[85] Haber wußte sich im Einklang mit dem preußischen Kultusminister Boelitz, der Willstätter umgehend in einem Staatstelegramm eine Berufung «auf eine nach Ihren

Wünschen zu gestaltende Forschungsstelle» anbot.[86] Als Willstätter die Berliner wie alle anderen renommierten und lukrativen Stellen ablehnte, unternahm Haber allerdings keine weiteren Vorstöße, ihn umzustimmen.

Der Grund für Habers offensichtliche Zurückhaltung, sich in Konfrontationen zu begeben, die sich direkt oder indirekt am Antisemitismus entzündeten, liegt nahe. Als Einstein sich im Frühjahr 1921 anschickte, nach Amerika zu reisen, um mit Chaim Weizmann Geld für die Hebräische Universität in Jerusalem einzuwerben, bat Haber ihn inständig, dies in diesem politischen Augenblick nicht zu tun. Ähnlich wie gegenüber Hermann Staudinger zwei Jahre zuvor beschwor er den Physiker, der Weltöffentlichkeit gerade jetzt, wo «die Zugehörigkeit zu Deutschland ein Stück Martyrium ist», nicht seine «innere Fremdheit» zu demonstrieren und damit Tendenzen zu bestätigen, die «den Namen Albert Einstein des deutschen Zuges entkleiden» wollten. Er fügte dem ein zweites Argument hinzu: Gelänge dies, «so werden die deutschen Juden davon zu leiden haben.» Mit Hinweis auf den Tod so vieler jüdischer Soldaten im Weltkrieg führte er aus:

«Ihr Leben und Sterben hat den Antisemitismus nicht aus der Welt geschafft, aber ihn zur Gehässigkeit und Unwürdigkeit in den Augen derer erniedrigt, die die Würde und Grösse unseres Landes ausmachen. Wollen Sie den Gewinn von soviel Blut und Leiden der deutschen Juden durch Ihr Verhalten wegwischen? [...] Sie opfern mit Sicherheit den schmalen Boden, auf dem die Existenz der akademischen Lehrer und Schüler jüdischen Glaubens an deutschen Hochschulen beruht.»[87]

Haber war sich also bewußt, daß die deutsch-jüdische Koexistenz erst eine schmale Basis hatte, wobei er offenbar, dies wenig zeitgemäß, vor allem den jüdischen Glauben als problematischen Faktor begriff. Nicht Distanz, sondern Identifikation mit Deutschland sollte aber helfen, die noch immer gefährdete deutsch-jüdische Gemeinsamkeit im Interesse der deutschen Juden zu erhalten. Ganz anders dagegen Einstein, der aus den zahllosen Beispielen der letzten Zeit, «wie perfid und lieblos man hier mit prächtigen jungen Juden umgeht und ihnen die Bildungsmöglichkeiten abzuschneiden sucht», die moralische Verpflichtung ableitete, durch Unterstützung der zionistischen Bewegung für seine verfolgten Stammesgenossen einzutreten. Nicht zuletzt «die famose Nauheimer Garde» ließ es in seinen Augen geraten scheinen, die jüdische Solidarität ernster zu nehmen, als es früher notwendig war.[88]

Wer so dachte wie Haber, hielt sich als Jude auch aus der Kontroverse um die Relativitätstheorie zurück. Er ließ sie von anderen führen, um nicht weitere antisemitische Ausfälle zu provozieren, sondern die Debatte auf ihren wissenschaftlichen Kern zu reduzieren. Er hatte damit kein Glück, denn die Verunglimpfung der Person Einsteins und seiner Theorie ging weiter, entzündete sich im September 1922 von neuem, als die Gesellschaft deutscher Naturforscher und Ärzte ihre Hundertjahrfeier in Leipzig der Relativitätstheorie widmete, bis sie 1933 ihren staatlich sanktionierten Abschluß fand.[89] Haber meldete sich bis dahin nicht öffentlich zu Wort. Er wurde nur gelegentlich im Hintergrund tätig, beispielsweise 1924, als er gemeinsam mit Planck, Laue und anderen einen Bericht der Berliner Fakultät unterzeichnete, in dem festgestellt wurde, daß weder Philipp Lenard noch Johannes Stark als Nachfolger für Heinrich Rubens in Frage kämen: Ihre «leidenschaftliche Opposition gegen neue Entwicklungen der theoretischen Physik» gefährde die Zusammenarbeit zwischen den Berliner Physikern.[90]

Trotz dieser Zurückhaltung wußten alle, wo Haber stand. Er entging auch nicht den mehr oder weniger unterschwelligen Diffamierungen der Deutschen Physiker, wie ein bisher nicht bekannter Patentrechtsstreit 1923/24 belegt, in dem die Siemens-Schuckertwerke und die Metallbank über ein Verfahren zur elektrischen Reinigung von Gasen stritten. Haber fertigte im Auftrag seines Meergold-Partners ein Gutachten an[91], auf dessen Grundlage das Urteil gefällt wurde – ein Fehlurteil, wie der unterlegene Streitgegner offensichtlich meinte. Die Elektrische Gasreinigungs-Gesellschaft mbH in Gelsenkirchen ließ nun die gutachtlichen Grundlagen des Urteils überprüfen und wandte sich, wohl kaum zufällig, an Stark und danach Lenard. Es kann nun nicht darum gehen zu überprüfen, ob Haber recht hatte oder nicht. Stark fällte ein «vernichtendes Urteil» über das Gutachten des Berliner Physikochemikers, dem er die Kenntnisse absprach, sich kompetent über die physikalischen Vorgänge der Gasreinigung zu äußern.[92] Lenard kam in der Sache ebenfalls zu «vollständiger Ablehnung» des Haberschen Gutachtens und kritisierte es als inkompetent und willkürlich. Während Starks Antisemitismus sich aber lediglich an der Formulierung ablesen ließ, Haber habe seine Stellungnahme «in glänzendem Stil und mit advokatorischer Dialektik» verfaßt, was ja angeblich eine jüdische Rasseneigenschaft darstellt, ging Lenard weit darüber hinaus. Er fügte seiner Stellungnahme eine «Seelenkundliche Bemerkung» mit der Frage hinzu, wie es überhaupt möglich sei, Gutachten wie das Habersche zu erhalten. Die Antwort war prompt «der entsittlichende Einfluss neuerer Strebungen in der Physik», der es der Allgemeinheit zumute, wissenschaftlich beliebige Gedankengebäude für wahr zu nehmen. So ein Gedankengebäude erkannte er sowohl in der Relativitätstheorie wie auch in Habers Gutachten.[93] Ein sachlicher Zusammenhang zwischen beiden existierte freilich nicht, wohl aber das – nicht explizite – Tertium comparationis: Theorie wie Gutachten stammten von einem Juden.

3. Habers Kampf gegen autoritäre Strukturen in der Wissenschaft

3.1. Der Wissenschaftliche Rat der KWG 1928

Habers Position innerhalb der KWG war eigentümlich. Als Direktor eines erst ab 1923 auch rechtlich der Gesellschaft zugehörigen Instituts war er von 1922 bis 1933 nichts weiter als Mitglied des Senats. Allerdings galt er stets als einer der mächtigsten Institutsdirektoren und übte hinter den Kulissen wichtige Funktionen aus. So spielte er bei der Errichtung der KWI für Metallforschung, Faserstoffchemie und Lederforschung eine zentrale, teilweise entscheidende Rolle.[94] Im Jahr 1928 war Haber Mitglied im Kuratorium bzw. Verwaltungsrat von sieben KWI. Er war folglich der einzige Wissenschaftler, der einen detaillierten, über sein eigenes Institut hinausgehenden Überblick über die Belange und Probleme anderer KWI und die Entwicklung der Gesamtgesellschaft hatte. Insgesamt war die Gruppe der Wissenschaftler, nimmt man ihre Beteiligung in Aufsichtsgremien als Gradmesser, gegenüber Staatsvertretern, Präsidium und Generalverwaltung sowie Wirtschaftsführern im Hintertreffen: Donnevert und Richter vertraten ihre Ministerien in 28 bzw. 25 Aufsichtsgremien der insgesamt 31 KWI, Glum in 28, Schmidt-Ott in 22 und Harnack in 19. Erst danach folgten Krupp mit neun, Duisberg mit sieben Mitgliedschaften. Sieht man von Harnack ab, gab es außer Haber nur noch einen Wissenschaftler mit Aufsichtsfunktionen, nämlich Max Planck, der drei Gremien angehörte.[95]

Die Linie, die Haber in diesen Gremien und darüber hinaus verfolgte, bestand in dem deutlichen Bemühen, die Beteiligung der Wissenschaftler in den sie betreffenden Angelegenheiten zu sichern und sachfremde Einflüsse gering zu halten. In dieser Hinsicht herrschte von Anfang an ein gewisses Spannungsverhältnis zu Harnack, Schmidt-Ott und später Glum. Ganz deutlich wird dies am Beispiel des KWI für Lederforschung im Sommer 1921, dessen Kuratorium Haber angehörte, als es um die Wahl eines geeigneten Direktors ging. Nachdem sich die Berufung des renommierten Gerbereichemikers Edmund Stiasny zerschlagen hatte, bevorzugte Harnack im Verbund mit dem Centralverein der Lederindustrie einen präparativen Organiker, während Haber sich für einen Biochemiker aussprach. Als Haber merkte, daß er von Harnack sowohl aus den Verhandlungen mit Stiasny als auch aus der Suche nach einem Ersatzmann ausgeschaltet worden war, bat er «in den Formen des größten Respektes um Streichung aus der Liste der Kuratoren», da seines Erachtens die fachkundigen Vertrauensmänner des zuständigen Wahlgremiums, nicht aber Präsident und Sekretär des Ledervereins einen Nachfolger suchen sollten.[96]

Habers Motivation für diesen Schritt ist deutlich. Er habe, so schrieb er Willstätter, «ein dringendes Interesse» an Geltung und Ansehen der KWI. Dieses Ziel sei gefährdet, wenn die fachkundigen Wissenschaftler in den Kuratorien durch den Präsidenten ausgeschaltet und Industrievertreter in Berufungsfragen ausschlaggebend würden. Interessant ist, welche Gründe Haber hinter Harnacks spürbar abweisender Haltung ihm gegenüber vermutete: Der Präsident fürchte «nach Information vertraulicher Art irgendwie Machtminderung durch Entstehung einer Art Fakultät bei seinen Direktoren.»[97] Damit war in der Tat ein wunder Punkt der inneren Verfassung der KWG berührt, denn obwohl der Anteil von Wissenschaftlern im Senat auf gut 26 % gegenüber früher 20 % gestiegen war[98], fehlte ein der universitären Fakultät vergleichbares Organ, über das die wissenschaftlichen Mitglieder, deren professorenähnlichen Rang man heftig reklamierte, in die Entscheidungen der Gesellschaft eingebunden waren. Ein derartiges Begehren, als dessen Speerspitze Harnack schon sehr früh Haber vermutete, entsprach offensichtlich nicht den Wünschen des Präsidenten. «[…] ich glaube, dass er mich lieber aus der Ferne lobt als aus der Nähe mit mir zusammen wirkt», charakterisierte der Physikochemiker das gegenseitige Verhältnis.[99]

Haber wuchs innerhalb der KWG allein deshalb schon eine besondere Rolle zu, weil nach dem Tod Emil Fischers in der ersten Hälfte der zwanziger Jahre überhaupt kein Naturwissenschaftler im Präsidium und Verwaltungsausschuß der Gesellschaft vertreten war.[100] Er übe inoffiziell das Amt eines stellvertretenden Präsidenten aus, klagte Haber seinem Freund Willstätter.[101] Gegenüber Max Planck schilderte er die informelle Rolle, die er wahrnahm, so:

«Bald kommt der eine, und bald kommt der andere der Kollegen und bald jemand aus dem Verwaltungskreise, um Einzelwünsche mit mir zu besprechen, die von dem mikroskopischen Umfange bis zum Ausmass grosser Verantwortlichkeit reichen, gleich als ob ich etwas von der Art wäre, wie an der Universiät der Dekan ist.»[102]

Das war Haber nicht nur aus gesundheitlichen Gründen zu viel Belastung, sondern er fürchtete zu Recht, sich, noch dazu ohne Legitimation, in Angelegenheiten einzumischen und Entscheidungen zu präjudizieren, über die er nicht ausreichend informiert war. Er folgte deshalb Willstätters Rat und übertrug, als Max Planck als zweiter Schriftführer in den Verwaltungsausschuß gewählt wurde, diesem Ende September 1926 seine inoffizielle Funktion als Vermittlungsstelle zwischen Naturwissenschaften und Leitungsgremium. Immerhin war seine Rolle schon so offiziell geworden, daß er wenig später Donnevert/RMI und Harnack schriftlich, Richter/Kultusministerium und Schmidt-Ott mündlich von dieser Änderung unterrichtete.[103] Die Lockerung seiner Beziehungen zur KWG hatte freilich

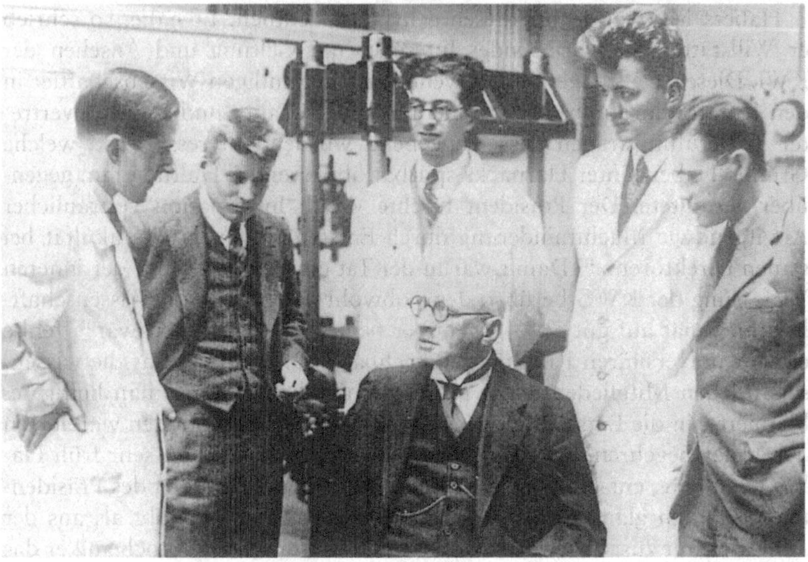

Abb. 20 Haber im Kreis seiner Mitarbeiter, ca. 1930
v. l.: Eric Flint, Graf v. Schweinitz, Paul Goldfinger, Paul Harteck, Ladislaus Farkas

noch andere Gründe. Zum einen stieß er sich am Übergewicht von Großindustrie und Hochfinanz in den Entscheidungsgremien der Gesellschaft. Er sei, bekannte Haber seinem Freund Willstätter, «zu hochmütig, um unter diesen Großindustriellen und Großbankiers zu arbeiten, mögen sie nun Krupp v. Bohlen, Duisberg, Voegeler [sic], v. Mendelssohn oder wie sonst heißen.»[104] Zum anderen, so schrieb er Einstein aus demselben Anlaß, habe er es satt, «wie man sagt, Einfluß zu haben»:

«Ich will es entweder leiten oder lassen. Die Sachen sind immer so, daß ich in einzelnen Augenblicken gebraucht werde, wenn Schwierigkeiten sind, und dann kommen wieder die Traditionsträger und machen weiter, was vielen Zeitaufwand für mich und ziemlich kleinen Nutzeffect ergiebt.»[105]

Aus diesen Formulierungen wird deutlich, daß Haber innerhalb der KWG strukturelle Verhärtungen und Ungleichgewichte diagnostizierte, deren grundsätzliche Behebung er durch die Unbeweglichkeit und Unwilligkeit der «Traditionsträger», denen er sich selbst nicht zuordnete, blockiert sah. Er benannte gegenüber Planck noch einmal ausdrücklich die seiner Ansicht nach größten Schwachstellen der KWG: das Fehlen eines Naturwissenschaftlers im Präsidium; zweitens die allein mit Planck viel zu geringe Vertretung der Naturwissenschaftler im neunköpfigen Verwaltungsausschuß; drittens und vor allem aber die fehlende Verbindung der an den

Instituten beschäftigten Wissenschaftler untereinander. Die bisherige Gepflogenheit, einen Zusammenhang einfach zu dekretieren und dabei auf das Präsidium zu verweisen, hielt Haber allenfalls in administrativer Hinsicht für gerechtfertigt, keinesfalls jedoch in Fragen, die die Entwicklung der einzelnen Institute angingen. Dabei mißtraute er vor allem, wie der Brief unterschwellig erkennen ließ, dem Auf- und Ausbau der Generalverwaltung (Glum ein Jurist, von Cranach ein früherer Offizier), deren Nutzen für die stark gewachsene Gesellschaft er zwar grundsätzlich anerkannte, die aber die Verdrängung bzw. Ausschaltung der Wissenschaftler aus der Mitbeteiligung an den sie betreffenden Angelegenheiten noch verstärkte.[106]

Friedrich Glum sollte später Habers Bemühungen um eine institutionalisierte Vertretung der wissenschaftlichen Mitglieder als Versuch denunzieren, ein «Gremium von Professoren» mit sich als Dekan zu schaffen, um über diesen Umweg selbst Präsident zu werden. Die Idee des «Wissenschaftlichen Rats» nahm Glum dagegen für sich in Anspruch.[107] Die Ambitionen Habers auf das Präsidentenamt sind, soweit bekannt, in keinen zeitgenössischen Quellen von eigener Hand dokumentiert, wohl aber seine Bestrebungen um eine korporative Vertretung der Direktoren und wissenschaftlichen Mitglieder, die er 1926/27 auch mit James Franck und Max Hartmann vom KWI für Biologie erörterte.[108] Der zeitliche Vorlauf seiner Bemühungen war jedenfalls beträchtlich, denn erst am 4. Juni 1928 trat Haber mit einer Eingabe an den Präsidenten heran[109], die er im Auftrag von 23 der insgesamt 70 wissenschaftlichen Mitglieder unterzeichnete.[110] Unter ihnen befanden sich 13 der 30 KWI-Direktoren; das Gewicht der Initiative war beträchtlich.

In seiner Eingabe führte Haber das «Emporblühen» der KWG einerseits auf ihre Führungsspitze zurück, andererseits – und vor allem, wie man der Formulierung entnehmen kann – auf die Forschungsleistung ihrer wissenschaftlichen Mitglieder. Diese sollten nun durch die Errichtung eines neuen Organs die Gelegenheit haben, nicht nur als einzelne, sondern «als Gesamtheit an dem Gedeihen der Gesellschaft mitzuwirken, die wir als unsere eigene Sache betrachten.» Als Argumente dienten ihm erstens die nunmehr erreichte Größe der KWG, die das bisher übliche «patriarchalische[s] Verhältnis» nicht mehr gestatte, sowie zweitens die Tradition der deutschen Gelehrten, sich wie an Akademien und Hochschulen in einer wissenschaftlichen Körperschaft zusammenzuschließen. Ähnlich wie die Professoren einen Stand darstellten, seien auch die wissenschaftlichen Mitglieder der KWG ein Stand, und es diene dem Ansehen der Gesellschaft, wenn dieser Stand auf seine Geltung achte. Das zu errichtende Organ sollte denn auch gutachtlich zu solchen Fragen gehört werden, in denen Akademien, Hochschulsenate und Fakultäten um ihre Stellungnahme gefragt würden. Haber nannte als Beispiele die Äußerung zu Berufungen, aber auch – auf Anfrage wie auf eigene Initiative – den Hinweis auf wissenschaftliche Gebiete, «deren Pflege innerhalb der Gesellschaft dem Bedürfnisse der Disziplinen entspricht, die durch die Mitglieder vertreten werden.» Hinter dieser etwas verklausulierten Formulierung verbarg sich ein um so wichtigerer Sachverhalt, nämlich die Möglichkeit, die Errichtung neuer Institute zu beantragen.

Haber überreichte die Eingabe am 7.6. 1928 dem Präsidenten, der ihn bei dieser Gelegenheit aufforderte, auch die Meinung der noch nicht gefragten wissenschaftlichen Mitglieder einzuholen. Harnack wollte danach darüber entscheiden, ob er eine Kommission zur Bearbeitung des Gegenstandes einsetzen wollte – ein Indikator dafür, daß er selbst eine möglichst dilatorische Behandlung anstrebte. Haber jedoch kannte die Wege, die Anträge verzögern, aber auch beschleunigen konnten, und er drängte jetzt. Bereits drei Tage nach der persönlichen Überreichung der Eingabe fand in München eine Sitzung der wissenschaftlichen Mitglieder der KWG statt, auf der Haber den Anwesenden eingehend den Sinn seines Vorstoßes erläuterte. Nach weiteren fünf Tagen lag der Text der Eingabe auch den zuvor verhinderten wissenschaftlichen Mitgliedern zur Abstimmung vor. Am selben Tag schickte Haber sie klugerweise auch an Donnevert und Richter.[111] Er setzte damit die KWG-Spitze unter Zugzwang: Richter war der Antrag von Anfang an «sympathisch», und auch Donnevert schien es «auf die Dauer unabweisbar, daß auf dem von den Antragstellern gewiesenen Wege etwas geschieht.»[112] Am 30.7. 1928 konnte Haber das Endergebnis der Umfrage mitteilen: Von den insgesamt 70 wissenschaftlichen Mitgliedern hatten 62 zugestimmt; unentschieden waren drei, verhindert (offenbar durch Auslandsaufenthalte) zwei, darunter Glum. Mit «nein» gestimmt hatten nur drei Wissenschaftler.[113]

Am 3.11. 1928 beschloß der Verwaltungsausschuß, den Haberschen Vorschlag anzunehmen, einen Wissenschaftlichen Rat der Mitglieder zu bilden und die Satzung der Gesellschaft entsprechend zu ändern. Der Rat stand unter dem Vorsitz des KWG-Präsidenten und gliederte sich gemäß dem neuen § 17a in drei Sektionen: eine biologisch-medizinische, eine chemisch-physikalisch-technische und eine geisteswissenschaftliche Sektion. Die für drei Jahre gewählten Sektionsvorsitzenden gehörten zugleich dem Senat an, dessen Mitgliederzahl deshalb entsprechend erhöht wurde. Er umfaßte nun 20 von der Hauptversammlung gewählte, 20 vom preußischen Kultusminister bzw. vom Reichsinnenminister ernannte Senatoren, die Sektionsvorsitzenden des Wissenschaftlichen Rats plus den Generalsekretär als geschäftsführendes Mitglied des Verwaltungsausschusses. Einen Monat später, am 10.12., machte sich der Senat die Meinung des Verwaltungsausschusses zu eigen und folgte bei der konkreten Umsetzung dem Antrag Schmidt-Otts, die Mitgliedschaft im Rat auf die ordentlichen wissenschaftlichen Mitglieder zu beschränken, d.h. die mittlerweile zwölf auswärtigen Mitglieder nicht einzubeziehen. Am 8. Mai 1929 wurde die Satzungsänderung von der Hauptversammlung genehmigt.[114]

Die wissenschaftlichen Mitglieder der KWG honorierten Habers Einsatz, indem sie ihn zum Vorsitzenden der chemisch-physikalisch-technischen Sektion wählten.[115] Wenngleich der Rat zu Lebzeiten Harnacks kaum eigenes Profil gewann und auch Haber dem greisen Präsidenten «um alles in der Welt nicht in seinen hohen Jahren die Freude an seiner K. W. Gesellschaft verleiden» wollte[116], schuf er damit doch für die wissenschaftlichen Mitglieder ein Organ demokratischer Mitverantwortung, das bis heute fest im Selbstverständnis der Gesellschaft verankert ist. Rudolf Vierhaus schreibt Haber eine modernere Auffassung vom inneren Leben der KWG zu, als sie deren Gründungsväter vertraten, denn Harnack stand der Neuerung ohne Enthusiasmus gegenüber, widersetzte sich allerdings auch nicht.[117] Es ging Haber in der Tat darum, die Wissenschaftler verantwortlich an der Führung der Gesellschaft zu beteiligen, was freilich die freie Verfügungsgewalt des Präsidenten einschränkte bzw. ein institutionelles Gegengewicht schaffte, das kontrollierende und initiatorische, jedenfalls von den anderen Führungsgremien unabhängige Akzente setzte. Haber wollte bewußt mitberatende Befugnisse auf der Ebene der Wissenschaftler fixieren, sah er doch mit wachsendem Unbehagen weniger die Befugnisse des Präsidenten als eine schleichende Machterweiterung der Generalverwaltung, die stillschweigend Kompetenzen an sich zog, während die Direktoren der KWI ins Hintertreffen gerieten.

Kurz nach der endgültigen Verankerung des Wissenschaftlichen Rats erfolgte denn auch Ende Mai und Anfang Juni 1929 beinahe programmgemäß Habers Zusammenstoß mit KWG-Generaldirektor Glum in mehreren Briefen und Krisensitzungen.[118] Anlaß war das Harnack-Haus, das zur selben Zeit, nämlich am 7. Mai, dem 78. Geburtstag des Präsidenten, eingeweiht worden war. Glum verstand die Errichtung dieses maßgeblich von ihm initiierten Gäste- und Vortragshauses der KWG, das der Förderung der internationalen Wissenschaftsbeziehungen dienen sollte, als Möglichkeit für die Gesellschaft, in den «Mittelpunkt der wissenschaftlichen Repräsentation des Reiches» zu treten, wie er sich ausdrückte. Es ist jedoch Brigitte Schroeder-Gudehus zuzustimmen, daß ein wesentlicher Hintergedanke der auswärtigen Kulturpolitik der Generalverwaltung die institutionelle Behauptung nach innen war:

> «die Repräsentation des Reiches nach außen gab dem Generaldirektor einen Zuwachs an Boden, auf dem er sich gegenüber der Phalanx der wissenschaftlichen Institute in eigener Sache behaupten konnte.»

Genau dieser Impetus war Haber offenbar nur zu bewußt. Er erkannte die Gefahr, daß die Generalverwaltung ohne vorherige Beteiligung der Institutsdirektoren, also über deren Köpfe hinweg, Gelehrte nach Berlin einlud, die zwar im Harnack-Haus wohnen konnten, dort aber keine Arbeitsräume vorfanden und im Falle von experimentell arbeitenden Wissenschaftlern auf die baulichen, apparativen und personellen Möglichkeiten der Institute angewiesen waren. Er befürchtete weiter, daß zwischen den von der Generalverwaltung eingeladenen Gastforschern mit Wohnung im Harnack-Haus und den an den einzelnen Instituten arbeitenden Gastforschern ohne diese Möglichkeit eine Zwei-Klassen-Gesellschaft ausländischer Wissenschaftler entstehen könnte, was nur die Empfindlichkeiten, nicht aber die internationalen Beziehungen fördern würde. Über das Harnack-Haus hinausgehend, kritisierte Haber aber aus denselben Gründen auch die internationalen Projekte der KWG wie die Forschungsstelle auf dem Jungfrau-Joch und die Tropen-Station. Er wollte diese Mittel lieber in die bestehenden Institute investiert sehen. All diese Fragen gewannen vor dem Hintergrund der Auseinandersetzungen, in denen die KWG mit dem Kultusministerium über ihr Finanzgebaren und mögliche Budgetkürzungen stritt, eine weitere Dimension. Wie Haber auf internationaler Ebene der Reintegration der deutschen Wissenschaft in die einzelnen Fachunionen mehr Gewicht beimaß als ihrem Eintritt in die Dachorganisation des Forschungsrats, so wollte er auch innerhalb der KWG den wissenschaftlichen Mitgliedern möglichst viele Mitspracherechte und Kompetenzen sichern, diese aber keinesfalls an die Generalverwaltung abtreten.

Mit der Institutionalisierung des Wissenschaftlichen Rats erzielte Haber zweifellos einen wichtigen, über die momentane Situation weit hinausreichenden Erfolg, wenngleich er Glums Bodengewinne nicht verhindern konnte. Er machte sich damit im Verwaltungsausschuß keine Freunde, und insbesondere der Generaldirektor verhehlte seine Abneigung nicht. Vorbehalte von allen Seiten wurden laut, als über die absehbare Nachfolge des Präsidenten Harnack nachgedacht werden mußte. Als sich noch im Dezember 1929 Krüss, Krupp, Mendelssohn, Vögler und Glum deshalb trafen, lehnten alle Anwesenden sowohl Carl Heinrich Becker ab, der wegen seines Vorstoßes, staatlichen Einfluß auf die Geschäftsführung der KWG zu gewinnen, unmöglich geworden war, als auch Fritz Haber. Auf der anderen Seite brachte man bevorzugt Friedrich Schmidt-Ott trotz der gleichzeitigen Skandale um seine Person in der Notgemeinschaft ins Spiel.[119] Daß nach Harnacks Tod am 10. 6. 1930 die Rede noch einmal auch auf Haber kommen mußte, liegt bei seiner Stellung nahe. Ob der KWI-Direktor diese Wahl tatsächlich selbst betrieb, wie manche vermuteten[120], sei dahingestellt. Quellen von eigener Hand liegen dazu nicht vor, und in Anbetracht seines Gesundheitszustands ist der Gedanke beinahe abwegig. Daß ihn andere – aber wer? – fragten, ob er eine Wahl annehmen würde, ist möglich. Charlotte Habers Erinnerungen verzeichneten jedenfalls ein solches ‹Angebot›, wie sie es fälschlich nannte. Fritz Haber lehnte demnach mit der Begründung ab, er sei als Sohn eines jüdischen Kaufmanns nicht der richtige Mann.[121]

3.2. Die Krise der Notgemeinschaft 1928/29

Die Mitsprache der betroffenen Wissenschaftler in ihren eigenen Angelegenheiten war auch in der Notgemeinschaft (NG) stets Habers Grundsatz gewesen. Während der Gründungszeit kam dies in seinem vehementen Eintreten für die Wahl der Fachausschüsse durch die Wissenschaftler der Mitgliedseinrichtungen zum Ausdruck, auch in seinem gescheiterten Vorstoß, das Präsidium zu einem kollegialen Führungsgremium auszubauen. In der «Krise» der Notgemeinschaft im Jahr 1929, als die die Ereignisse in die Literatur eingehen sollten[122], stand Haber wieder fraglos auf seiten derer, die autoritäre Strukturen abbauen, Machtbefugnisse einzelner einschränken und die Mitbestimmung der Betroffenen stärken wollten. Schmidt-Otts Verhältnis zu seinem zweiten Stellvertreter war zu diesem Zeitpunkt bereits so kühl geworden, daß er ihm zum 60. Geburtstag im Dezember 1928 keine Zeile widmete, worauf er sich, so Haber, mit einem besonders langen, freundlichen Neujahrsbrief aus Ägypten «gerächt» habe.[123]

Der freundliche Neujahrsbrief traf in einer Situation ein, als sich über dem autokratischen Notgemeinschafts-Präsidenten bereits das Verhängnis in Gestalt des Kultusministers Becker und seines Ministerialdirektors Richter zusammengebraut hatte. Aber schon Jahre zuvor war Haber Schmidt-Ott kritisch und in aller Entschiedenheit gegenübergetreten. Anlaß war damals der fünfte Bericht der Notgemeinschaft gewesen, den Haber erst nach seiner Fertigstellung im März 1927 zu Gesicht bekam, wobei er, wie er maliziös formulierte, mit Dank empfinde, daß Schmidt-Ott ihm eine anstrengende Arbeit habe ersparen wollen.[124]

Habers Kritik war grundsätzlich und nahm vieles vorweg, was knapp zwei Jahre später, dann aber im heftigen Konflikt, moniert werden sollte. Sein erster Kritikpunkt war die fehlende Jahresrechnung. Der Bericht erwähnte an einer Stelle die überwiesenen öffentlichen Mittel von 8 Millionen Mark, über deren Verwendung nur für 3,31 Millionen, noch dazu unsystematisch und an ganz verschiedenen Stellen, Rechenschaft gegeben wurde. Voranschläge wurden nur in Einzelfällen angeführt, kurz: Beim Leser, so Haber, entstehe der Eindruck, «dass seitens des Präsidiums die Absicht obgewaltet hat, gewisse Dinge offen zu legen und andere im Dunkel zu halten.» Damit erfaßte Haber den springenden Punkt, besaß doch das Prinzip der Selbstverwaltung nach Schmidt-Ottscher Manier einen antigouvernementalen Akzent mit un-, sogar antidemokratischer Stoßrichtung, der die NG der Kontrolle des demokratischen Staates entzog und sogar den Einblick in die Vergabepraxis der staatlichen Mittel verwehrte.[125] Der zweite Kritikpunkt des KWI-Direktors entzündete sich an den 1,24 Millionen Mark, welche die Notgemeinschaft für Druckkostenzuschüsse zu wissenschaftlichen Zeitschriften und Büchern ausgegeben hatte. Haber vermißte hier eine Begründung, warum es dieser Subventionierung durch öffentliche Gelder bedürfe, wenn auf der anderen Seite eine jährliche Zunahme der Buchproduktion um fast 50 % aus eigener Kraft der Verlage zu verzeichnen sei. Haber gab drittens seiner Verwunderung kritischen Ausdruck, daß das Verhältnis zwischen Geistes- und Naturwissenschaften bei den Forschungsstipendien 2:1 betrug.[126] Viertens und letztens beklagte er, daß der Anteil, den die Notgemeinschaft an der Entwicklung der einzelnen Disziplinen gehabt hätte, so unsystematisch und vage dargestellt worden sei, daß sich keinerlei Gesamtbild ergebe.

Wie Habers Vorstoß aufgenommen wurde und was Schmidt-Ott daraufhin veranlaßte, verliert sich im Dunkel der Archive. Ob überhaupt etwas geschah, läßt sich mit guten Gründen bezweifeln. Erste öffentliche Kritik an der bislang unangefochtenen Position der NG wurde im Juni 1928 von seiten der linken Presse laut, als in der «Weltbühne» ein Beitrag unter dem Titel «I. G. Wissenschaft» erschien. Die Notgemeinschaft habe sich auf wissenschaftlichem Gebiet zu einem Machtfaktor entwickelt wie die «große industrielle Schwester», die IG Farben, in der Wirtschaft. Der Artikel war polemisch, attackierte mit offensichtlich einseitig gewählten Beispielen die NG als «Tummelstätte übeln Cliquengeistes», enthielt aber als rationalen Kern seiner Angriffe die vagen Auskünfte, die der Jahresbericht über die Finanzen erteilte.[127] Im selben Monat ermannte sich der Hauptausschuß zu bislang unerhörter Kritik von innen. Er monierte seine ungenügende Beteiligung, ja Ausschaltung aus den ihm zustehenden Kompetenzen und beschloß, die Fachausschüsse im Folgejahr neu wählen zu lassen, obwohl die Wahlperiode bis 1930 lief. In früheren Jahren waren die Amtszeiten der Mitglieder von Präsidium, Hauptausschuß und Fachausschüssen immer wieder verlängert worden, wobei sich Schmidt-Ott in Fortsetzung seiner früheren Linie vor allem gegen die ‹Umständlichkeit› der Fachausschußwahlen, wie es hieß, sträubte. Der Altersdurchschnitt in allen Gremien war dadurch derart angestiegen, daß Georg Schreiber von der «Hindenburgfront des Alters» in der NG sprach, was Schmidt-Ott ins Positive wendete, indem er das höhere Alter als Garant von Überparteilichkeit, Objektivität und Weisheit interpretierte.[128]

Gerade daran konnte man noch im selben Jahr aus guten Gründen zweifeln. Der Mathematiker Theodor Vahlen, ein überzeugter Nationalsozialist, hatte als Prorektor der Universität Greifswald im August 1924 die preußische und die schwarz-rot-goldene Reichsflagge vom Universitätsgebäude niederholen lassen und war mit sofortiger Wirkung beurlaubt worden. Im März 1927 wurde er in letzter Instanz zur Dienstentlassung ohne Ruhegeld verurteilt. Dieser beispiellose Fall löste Unruhe und Unterstützungsaktionen von seiten der Professorenschaft aus, befürchtete man doch einen statusmindernden Präzedenzfall. So sagte beispielsweise der erste Vizepräsident der Notgemeinschaft, der Mathematiker von Dyck, Ende 1927 seine Hilfe zu. Im März 1928 genehmigte Schmidt-Ott schließlich die Verlängerung und Erhöhung eines Stipendiums, das Vahlen seit 1922 für Arbeiten für die Kriegsmarine bezogen hatte. Der Akt wurde in der politischen Öffentlichkeit als eine Art Rehabilitierung verstanden und weitete sich zum Skandal aus, der zusammen mit den anderen Mißständen in der Krise der Notgemeinschaft von 1929 kulminierte. Reichsinnenminister Severing und der preußische Ministerpräsident Otto Braun drohten mit der Einstellung der öffentlichen Zuschüsse und bestanden gegenüber dem sich sträubenden Schmidt-Ott darauf, daß das Stipendium der Notgemeinschaft für Vahlen wieder zurückgezogen wurde.[129]

In der Krise von 1929 sollten sich in der Tat die Strukturprobleme der deutschen Wissenschaftspolitik mit den politischen Problemen der Weimarer Republik und mit den besonderen, aus Schmidt-Otts autoritärem Führungsstil herrührenden Problemen der Notgemeinschaft verbinden.[130] Haber stand hier nicht in der ersten Reihe der Streitgegner, erfüllte aber hinter den Kulissen eine um so wichtigere Rolle. Nicht die detaillierte Rekonstruktion der Krise soll im folgenden im Vordergrund stehen, sondern der Versuch, die Position Habers deutlich zu machen.

Als am 29. 11. 1928 der Präsident der Disconto-Gesellschaft Salomonsohn, Schatzmeister des Stifterverbands und de facto auch der Notgemeinschaft, zu jener berühmten Krisensitzung ins Kultusministerium geladen wurde, brachten Becker und Richter Gravamina vor, die auch Habers Kritikpunkte von 1927 enthielten, aber inzwischen weit darüber hinausgingen. Die Besprechung ist über eine umgehend angefertigte, elfseitige Aktennotiz überliefert, die Salomonsohn wenig später Schmidt-Ott zur Kenntnisnahme mit der Bemerkung übersandte, «damit Sie erkennen, aus welcher Richtung der Wind geweht hat.»[131] Beckers Darlegungen, die er im Einvernehmen mit Reichsinnenminister Severing machte, ließen an Deutlichkeit nichts zu wünschen übrig. Er habe nichts gegen Selbstverwaltung, führte er aus, die im Falle der NG aber gar nicht bestehe,

> «sondern eine Autokratie von Exzellenz Schmidt-Ott, der als gelehriger Schüler von Althoff es verstanden habe, alles so aufzuziehen, daß niemand einen Einblick habe und daß eine Clique von alten Herren, die ein Durchschnittsalter von 68 1/2 Jahren hätten, ihn umgebe und eifersüchtig darüber wache, daß keine jüngeren Kräfte aufkommen könnten.»

Obwohl Reich und Staat erhebliche Mittel bereitstellten, so Becker, erhielten sie keinerlei Einblick in das Finanzgebaren der Notgemeinschaft, auch nicht in die Richtlinien, nach denen sie ihre Unterstützungen vergebe. Wie Haber vor knapp zwei Jahren monierte auch der Kultusminister namentlich die Tätigkeit des Verlagsausschusses, der den Verlegern so weit entgegenkomme, daß inzwischen kein wissenschaftliches Werk ohne Zuschüsse der NG verlegt werde. Wie Haber kritisierte er weiter, daß weder die Grundzüge, nach denen die Stipendien vergeben würden, noch die Empfänger und die Höhe der Unterstützungen offengelegt und nachvollziehbar seien. Wie Haber attackierte Becker die inhaltsleeren Jahresberichte, denen keine Angaben über die für die einzelnen Disziplinen aufgewendeten Mittel entnommen werden könnten. Der Kultusminister bemängelte ferner die «gefährliche Abhängigkeit» der Notgemeinschaft von «einflußreichen Parteipolitikern», was auf Schmidt-Otts inniges Verhältnis zum Zentrumspolitiker Prälat Georg Schreiber anspielte. Schreiber nahm seit Anfang 1921 als Parlamentarischer Vertreter regelmäßig an den Hauptausschußsitzungen teil, vertrat aber umgekehrt auch die Bedürfnisse der NG im Reichstag sehr engagiert. Schmidt-Ott reagierte gegenüber den Förderungswünschen der katholischen Görres-Gesellschaft mit erkennbarem Wohlwollen, was nicht nur in der preußischen Kultusverwaltung, sondern auch innerhalb der Notgemeinschaft Widerspruch provozierte. Hier war die «Unterwerfung» Schmidt-Otts unter den Willen Schreibers vor allem Haber ein Dorn im Auge.[132] Schließlich kritisierte Becker, daß die stellvertretenden Präsidenten Dyck und Haber niemals zur Vertretung herangezogen würden, und daß der Hauptausschuß «unabänderlich mit alten Bonzen besetzt» sei. Diesen letzten Punkt ergänzte Richter mit dem Hinweis, daß die Tagesordnungen der Ausschußsitzungen «stets sehr klug so ausgestaltet würden», daß eingehende Diskussionen über bedeutungslose Fragen «inszeniert», die eigentlich wichtigen Fragen dagegen gar nicht oder nebenbei erörtert würden. Die «Macht der alten Bonzen» verhindere jede freie Meinungsäußerung.

Becker faßte seine Kritik in drei Forderungen zusammen: erstens nach einer Mitwirkung von Reich und Ländern bei der Festlegung der generellen Richtlinien, die den Unterstützungen zugrunde gelegt werden sollten; zweitens nach der Offenlegung von Richtung und Höhe der bewilligten Stipendien gegenüber den öffentlichen Geldgebern; drittens nach einer Verjüngung und personellen Veränderung von Haupt- und Fachausschüssen. Damit brachte der Kultusminister eine Dimension der Auseinandersetzung zum Ausdruck, welche die Krise um Schmidt-Ott außerordentlich verkomplizierte, nämlich das Bemühen Preußens, einer weiteren Ausweitung der Reichskompetenzen auf dem Kultursektor entgegenzutreten. Da die Notgemeinschaft spätestens seit 1924 fast ausschließlich aus Reichsmitteln finanziert wurde[133], bedurfte eine gleichberechtigte Einbeziehung Preußens bzw. der Länder einer Begründung, die nicht auf den Geldgeber abhob. Becker gab diese mit dem lapidaren Hinweis auf die reiche Erfahrung und Tradition des preußischen Kultusministeriums, über die das Reichsinnenministerium eben nicht verfüge.

Es handelte sich also aus Sicht des preußischen Kultusministeriums im Fall der Notgemeinschaft wie zeitgleich auch der KWG um die doppelte Problematik des Verhältnisses zwischen Reich und Ländern und der staatlichen Kontrolle eines Selbstverwaltungskörpers. Beckers Attacken stimmten zwar in weiten Teilen mit Habers Kritik von 1927 überein, gingen aber in dieser grundsätzlichen Stoßrichtung über ihn hinaus. Die prinzipielle Dimension der Auseinandersetzung nahm seit Ende 1928 klare, scharfe Konturen an: Während der Hauptausschuß, dem die kultusministeriellen Vorwürfe nicht bekannt waren, auf seiner Sitzung am 30. 11. 1928 in Dresden nur Ansätze zu einer Reform von innen erkennen ließ, die mit wenig praktikablen Maßnahmen auf seine Verjüngung und verstärkte Beteiligung an der Leitung der NG zielten, machten am Tag darauf Becker und Richter in einer Besprechung mit Vertretern des Reichsinnenministeriums, der Hochschulverwaltungen der Länder und der Notgemeinschaft die bislang noch interne Angelegenheit zu einem offiziellen politischen Tagesordnungspunkt. Richter wiederholte abgemildert die gegenüber Salomonsohn geäußerten Vorwürfe gegen die NG und schlug dann die Bildung eines Gremiums aus drei bis vier Ländervertretern vor, dem gewisse, nicht näher definierte Leitungsbefugnisse gegenüber der Notgemeinschaft zukommen sollten. Allerdings erhoben sowohl die Vertreter des Reichs wie der Länder Bayern und Sachsen Bedenken, so daß der Vorschlag fallengelassen wurde.[134]

Becker zog nach. Im März 1929 erschien sein Vortrag über «Probleme der Wissenschaftspflege», den er im Vorjahr vor der Deutschen Vereinigung für Staatswissenschaftliche Fortbildung gehalten hatte, in einem repräsentativen Sammelwerk.[135] Er tat damit den Schritt in die weitere politische Öffentlichkeit. Er stellte darin die Frage, was es für Preußen bedeute, wenn sich die Forschung aus den Hochschulen, deren Autonomie der Staat respektiere, in außeruniversitäre Institute wie die der KWG verlagere. Diese Einrichtungen, so Becker, unterlägen, seitdem das Reich kulturpolitische Kompetenzen beanspruche, einem Prozeß «der kalten Verreichlichung», konkret formuliert: Die Selbstverwaltungskörperschaften wie KWG und Notgemeinschaft bildeten aufgrund des Umfangs ihrer Reichszuschüsse den verwaltungsmäßigen Unterbau des Reichs in der Kultur- und Wissenschaftspolitik, für den es früher auf die Länder angewiesen gewesen sei. Die NG habe sich gar de facto zu einer «Abteilung des Reichsinnenministeriums» entwickelt. Tatsächlich sollte Innenminister Severing am 14. Mai vor dem Haushaltsausschuß des Reichstags, der den um eine Million gekürzten Etat der NG diskutierte, die Notgemeinschaft unverhohlen als «die beste Basis einer aktiven Reichskulturpolitik» bezeichnen, von der aus alle Kulturbestrebungen viel besser gefördert werden könnten als durch die Länder.[136] Becker jedenfalls hielt sowohl bei der KWG wie der NG aufgrund des starken Rückgangs der finanziellen Unterstützung durch die Privatwirtschaft den Selbstverwaltungsstatus nicht mehr für gerechtfertigt und pochte auf das Gebot der Staatsautorität, staatliche Gelder neutral und sachverständig selbst zu verwalten, denn:

«Verwaltungsmäßig ist demnach die Hauptfunktion der Kaiser-Wilhelm-Gesellschaft, preußische Gelder und Reichsgelder in freier Verwaltung zu vereinigen bei gleichzeitiger Minderung des Einflusses der staatlichen Stellen auf die doch im wesentlichen von ihnen alimentierte Wissenschaftspflege.»

Dasselbe galt in verstärktem Maße für die Notgemeinschaft. Damit ergab sich für Haber eine doppelte Frontstellung: nach außen gegenüber Becker, der im aufbrechenden Reich-Länder-Konflikt um die Wissenschaftspflege den von Haber sehr hoch bewerteten Selbstverwaltungsgedanken in Frage stellte, sowie nach innen gegenüber Schmidt-Ott. Auch wenn Haber sich stets loyal verhalten und sich nicht an dem seit Jahren andauernden Kleinkrieg des Ministerialdirektors Richter gegen Schmidt-Ott beteiligt hatte[137], wußte dieser natürlich, daß er in seinem zweiten Stellvertreter einen Feind in den eigenen Reihen besaß. Aus diesen Gründen hatte er sich bereits zu Habers 60. Geburtstag so demonstrativ zurückgehalten. Er konnte nicht vergessen, wem er die ungeliebte Wahl der Fachausschüsse verdankte und wer in der Frühzeit der NG versucht hatte, das Präsidium als kollegiales Gremium verantwortlich an der Lenkung der Geschicke zu beteiligen. Vielleicht erinnerte sich Schmidt-Ott auch an Habers Satzungsentwurf, der über die Rechtsform der Stiftung die ‹monarchische› Verfügungsgewalt des Präsidenten hatte einschränken, das Reich als Hauptgeldgeber im Kuratorium in die NG-Führung hatte einbinden wollen.

Schmidt-Ott stellte in den Fachausschußwahlen Ende Februar 1929 noch einmal seine autoritäre Auffassung von Selbstverwaltung mit geradezu entwaffnender Offenheit unter Beweis. In diesen zweiten Fachausschußwahlen, die nun nach siebenjähriger Pause stattfanden, wurde nämlich die Mehrzahl der alten Fachgutachter wiedergewählt, weil keine Wahlvorschläge der wissenschaftlichen Fachverbände bekanntgegeben, sondern nur die Namen der alten Gutachter aufgeführt worden waren.[138] Nur wenig später erschien im sozialdemokratischen «Vorwärts» ein Artikel des Reichstagsabgeordneten Julius Moses unter dem Titel: «Wirtschaft, Horatio …! – Von einer Notgemeinschaft und dem Irrgarten deutscher Gelehrsamkeit». Moses, der wie Schreiber Mitglied im Haushaltsausschuß war, kritisierte anhand der Jahresberichte ironisch das undurchsichtige Förderverhalten der NG, vor allem die aufwendigen Auslandsreisen und jene Forschungsthemen, welche «die Herren von der katholischen Fakultät in Münster» besonders freuten, während auf der anderen Seite (universitär noch nicht etablierte) Fachgebiete wie Soziologie und Arbeitsrecht fehlten. Moses forderte daraufhin in seinem Artikel eine verstärkte Einflußnahme des Reichstags auf die Bewilligungspolitik der Notgemeinschaft sowie die ständige Mitgliedschaft von Vertretern aus Regierung und Parlament in den einzelnen Ausschüssen. Schreiber und der Bonner Physiker Heinrich Konen antworteten in den katholischen Presseorganen erbost auf diese Vorwürfe.[139] Die NG stand schließlich im Rampenlicht der Reichstagsverhandlungen, die am 14. 5. im Haushaltsausschuß, am 8. und 10. 6. 1929 im Plenum stattfanden.[140] Die Verhältnisse in der Notgemeinschaft waren damit zu einem reichsweiten Politikum von grundsätzlicher verfassungs- und parteipolitischer Bedeutung geworden.

Haber überwand zunächst in Anbetracht der politischen Dringlichkeit der Angelegenheit seine gedämpfte Einstellung zu Carl Heinrich Becker und nahm zu dessen «Problemen der Wissenschaftspflege» ebenso grundsätzlich Stellung, wie dieser es getan hatte.[141] Dies war um so wichtiger, als Schmidt-Ott selbst sich in diesen Monaten wachsender Kritik von innen und außen merkwürdig irrational verhielt, sich in der Haltung des beleidigten Alleinherrschers vergrub und den etatistischen Angriffen aus dem Kultusministerium gegen den Selbstverwaltungscharakter der NG nicht energisch und grundsätzlich entgegentrat, einfach wohl deshalb, weil er selbst damit nicht viel anfangen konnte.[142] Habers Ausführungen jedenfalls bewiesen eine große argumentative Geschlossenheit und standen im Einklang mit seinem Eintreten für die Bildung des Wissenschaftlichen Rats in der KWG wie auch zuvor für die Ausgestaltung der Notgemeinschaft. Das hieß aber auch, daß er keineswegs den gegenwärtigen Zustand beider Einrichtungen verteidigte, sondern Beckers Aufsatz mit seinen eigenen Vorstellungen wahrer Selbstverwaltungskörper konfrontierte. «Mein Idealismus scheint mir ein anderer wie der Ihrige», bemerkte er gleich eingangs, denn in der Schrift des Kultusministers sei die Stellung der Wissenschaftler gegenüber Staat bzw. Reich als Trägern des Forschungswesens «eine untergeordnete». Genau diese Unterordnung des Wissenschaftlers konnte Haber bei seiner Denkart nicht akzeptieren. Er wolle sich, formulierte er, die Hoffnung nicht nehmen lassen, «dass die Menschenformung auch vor den Professoren nicht halt zu machen braucht.» Er entwarf nun gegenüber Becker sein Verständnis von Selbstverwaltung, das er bereits vor drei Jahren, deprimiert über die Verkrustungserscheinungen in KWG und Notgemeinschaft, intern vorgebracht hatte, ohne auf Gegenliebe zu stoßen. Er hoffe, führte er aus, daß sich die schon 1920 von ihm benannten Feinde der Selbstverwaltung, nämlich Vorurteil, Selbstsucht und Verwaltungsunverstand, im Selbstverwaltungsbetrieb abschliffen,

«wenn die beamteten Träger der Wissenschaftspflege ständig mit den Gelehrten zusammenwirken, nicht in der Form, wie es heute zwischen Regierungen und Fakultäten üblich ist, sondern eher so wie in den Städten die besoldeten und unbesoldeten Stadträte unter dem besoldeten Bürgermeister.»

Hatte Haber schon 1926 gehofft, Notgemeinschaft und KWG nach dem Abtreten ihrer dominanten Gründungsväter so reformieren zu können, daß sie der kommunalen Selbstverwaltung ähnelten[143], so nahm er jetzt diesen Gedanken wieder auf. Er sehe in beiden Einrichtungen, setzte er Becker mit freundlichem Hinweis auf den Wandel vom Obrigkeits- zum parlamentarischen Staat entgegen, Gebilde, «an denen Gelehrte in der Art unbesoldeter Stadtväter verantwortlich mitwirken.» Haber löste dabei analytisch und politisch geschickt die Idee der wissenschaftlichen Selbstverwaltung aus ihrer Verquickung mit den Reich-Länder-Kompetenzen in der Wissenschafts- und Kulturpolitik, die bei Becker einen einzigen Problemkomplex bildeten. Er stimmte der Diagnose des Kultusministers im Punkt der Verwirrung zwischen Reich und Ländern sogar ausdrücklich zu, verwies ihn hier aber auf die Reichsreformbemühungen, die das politische Verhältnis zwischen Reich und Staat grundsätzlich lösen müßten. Damit gab er freilich indirekt zu verstehen, daß es nicht Sache des preußischen Kultusministers sei, im Alleingang das Problem des Föderalismus in der Weimarer Republik ausgerechnet bei KWG und Notgemeinschaft anzugehen.

NG-intern bildete Haber im Verein mit Adolf von Harnack, dem Hauptausschußvorsitzenden und in dieser Eigenschaft ebenfalls Mitglied des Präsidiums, die Speerspitze der Reformbemühungen von innen und zog sich prompt weiteren Unwillen Schmidt-Otts zu. Habers Rolle ist aufgrund fehlender Protokolle oder Vermerke der zahlreichen vertraulichen Krisensitzungen mit wechselnder Teilnehmerzahl schwer nachvollziehbar. Sie wäre der Nachwelt vollkommen verloren, wenn der KWI-Direktor nicht durch seine anstehende Reise nach Scheveningen Ende Juni 1929, wo er um die Aufnahme der Deutschen in die internationale Chemie-Union verhandelte, gezwungen gewesen wäre, seine Kritik in einem siebenseitigen Brief an Schmidt-Ott zu fixieren, den er abschriftlich Adolf von Harnack zur Kenntnisnahme übersandte.[144] Vorangegangen waren Vorwürfe Schmidt-Otts gegen Haber über dessen Verhalten auf einer Besprechung zwischen Präsidium, Hauptausschußmitgliedern und Ländervertretern, so daß sich dieser zu Klarstellungen veranlaßt sah.

Analog der Lage des Kaiserreichs und seines Monarchen im letzten Kriegsjahr interpretierte Haber die Situation der Notgemeinschaft und ihres Präsidenten, denen er einen «9. November 1918» prophezeite, wenn keine Änderungen einträten. Er stellte dabei klar, daß ihm weder die Erschütterung der persönlichen Stellung Schmidt-Otts willkommen noch personelle Veränderungen im Präsidium sympathisch seien. Damit wollte er mit Sicherheit dem Eindruck vorbeugen, er selbst strebe nach dem Präsidentenamt, und es finden sich in der Tat nicht die geringsten Hinweise, daß sich Haber als Königsmörder betätigte. Ihm ging es um die Sache selbst, und die sah er um so mehr gefährdet, als er eine jahrelange

Fortdauer der «wirtschaftlichen Kalamitäten» im Reichstag vorhersagte, denen die NG zum Opfer zu fallen drohe. Den einzigen Ausweg erkannte er in der Reform der Notgemeinschaft zu einer funktionierenden Selbstverwaltungskörperschaft, in welcher der Präsident die Exekutive, der Hauptausschuß aber eine funktionierende Legislative darstellten, damit «ernsthafte und verantwortliche Mitwirkung erfolgt».

Sicherlich war es die bei allem Respekt und aller Diplomatie teilweise doch beißende Ironie, mit der Haber seine Kritik formulierte, daß Schmidt-Otts Verhältnis zu seinem zweiten Stellvertreter nur noch auf dem Papier bestand. Vielleicht vermutete er ihn sogar unter einer Decke mit Becker und seinem Intimfeind Richter aus dem Kultusministerium, da Haber ähnliche Argumente und teilweise sogar dieselben Formulierungen benutzte wie diese in ihrem Gespräch mit Salomonsohn Ende November 1928, dessen Gesprächsnotiz er aber eigentlich gar nicht kennen konnte. Umgekehrt ist aus Habers Wendungen der Zorn über seinen Präsidenten ablesbar, der sich immer weiter in seine Uneinsichtigkeit verbohrte und auch nicht ansatzweise Reformwillen zeigte. Nur so werden Attacken wie jene ganz verständlich, wonach sich ein Selbstverwaltungskörper von der «wohlmeinenden Autokratie» dadurch unterscheide, daß der Verteilungsschlüssel für die einzelnen Aufwendungen vom zuständigen Gremium aufgrund einer Vorlage diskutiert und beschlossen, nicht etwa, wie geschehen, vom Präsidenten bestimmt würde. Treffsicher, aber auch verletzend war der Vergleich des Ablaufs gegenwärtiger Hauptausschußsitzungen mit Aussprachen, «die der Präsident durch eine vorsichtig gefasste und im Hauptpunkt, nämlich der Disposition über die Gelder, völlig zurückhaltende Thronrede einleitet» und die für die Ausschußmitglieder ohne Klärung und ohne Abstimmung endeten, wenn nicht die «Gewaltsamkeit eines Anwesenden» wie seine, Habers, in der letzten Beratung wenigstens ein «halbes Resultat», aber immer noch ohne abschließende Sicherheit erzielte.

Habers Ansatzpunkt für eine Reform der Notgemeinschaft war also die Stärkung der Selbstverwaltung über den Ausbau des Hauptausschusses zu einer funktionierenden, arbeitsfähigen Legislative, die regelmäßig über die dispositive Verteilung der Gelder auf Sachgebiete und Disziplinen Beschluß faßte. Um die Bedeutung des Hauptausschusses zu stärken, schlug er später sogar vor, das Präsidium komplett umzustrukturieren. Nach dem Muster parlamentarischer Regierungsbildung wollte er die fünfköpfige ‹Exekutive› mit vier Vertretern der ‹Legislative› plus dem Präsidenten besetzen: Das Präsidium sollte seines Erachtens aus dem Präsidenten, dem Vorsitzenden des Hauptausschusses und seinem Stellvertreter sowie zwei aus dem Hauptausschuß von Jahr zu Jahr bestellten Mitgliedern bestehen. Diese Überlegung Habers stieß jedoch auf keine Resonanz, so daß sich am Präsidium grundsätzlich nichts änderte.[145]

Bezeichnend für Habers Vorgehen bei der Bewältigung der Krise ist aber auch, wozu er nicht kritisch Stellung nahm. Er schwieg zum Fall Theodor Vahlen, der so viel Staub aufgewirbelt hatte, und erwähnte ihn in allen vorliegenden Schriftstücken mit keinem Wort. Er rührte nicht an die parteipolitische Dimension des Vorfalls und vermied jede Anspielung auf das zweifelhafte Verhältnis Schmidt-Otts zur Weimarer Demokratie, das ihm nicht entgangen sein konnte. Auch als der «Fall Ludwig Schemann» im Dezember 1929 beinahe die erzielte Reform der Notgemeinschaft wieder in Frage stellen sollte, hielt sich Haber zurück. Der 1852 geborene Schemann war im völkischen Lager als Übersetzer der Werke Gobineaus bekannt und legte nun einen Teilband seines Gesamtwerkes über «Die Rasse in den Geisteswissenschaften» vor, der primitive antisemitische Ausfälle aufwies. Seit 1926 erhielt Schemann von der NG ein mehrfach verlängertes Forschungsstipendium, das ihn, wie er im Vorwort des erschienenen Bandes schrieb, in die Lage versetze, auch in Zukunft seine «Kräfte verhältnismäßig sorgenfrei in den Dienst meiner Sache» zu stellen. Der politische Skandal führte diesmal umgehend zur Entziehung des Stipendiums.[146] Wieder schwieg Haber. Er wich vor der politischen Dimension der Vorfälle zurück, enthielt sich einer Äußerung und konzentrierte sich auf die ‹Sachebene›. Wahrscheinlich war der Beweggrund derselbe wie im Falle der Attacken auf die Relativitätstheorie: Haber überließ es anderen, die politische Speerspitze zu bilden, zog sich zurück, um nicht durch seine Person weitere Ausfälle zu provozieren.

Die Bewältigung der Krise der Notgemeinschaft sollte in der Tat, wie von Haber vorgeschlagen, über die Reform der Zusammensetzung und der Kompetenzen des Hauptausschusses erfolgen. Auch jene aus der Kulturabteilung des Reichsinnenministeriums stammende Denkschrift, die die Lösung des Konflikts einleitete, erkannte im Hauptausschuß den Dreh- und Angelpunkt. Das Memorandum vom 19. 6. 1929 schlug unter anderem vor, der Notgemeinschaft endlich eine schriftliche Geschäftsordnung zu geben und in Zukunft ein Drittel der 15 Mitglieder des Hauptausschusses durch den Reichsinnenminister berufen zu lassen.[147]

Er habe geholfen, in der Notgemeinschaft «die Deichsel umzusteuern», informierte Haber seinen Freund Max Mayer Mitte Juli[148], doch war die Erfolgsmeldung noch voreilig. Tatsächlich zeigen die aus den Folgemonaten überlieferten Quellensplitter, daß die notwendigen Reformmaßnahmen, über die das NG-Präsidium auf mehreren Sitzungen beriet, dem weiterhin völlig uneinsichtigen Schmidt-Ott unter Anwendung äußersten Drucks abgetrotzt werden mußten. In den Sommer- und Herbstmonaten 1929 arbeiteten Fritz Haber und Adolf von Harnack einander zu, um Reformen durchzusetzen, wobei sie auf den teilweise offenbar erbitterten Widerstand von Schmidt-Ott und Walter von Dyck trafen, bei denen, wie Haber es formulierte, «die leidenschaftliche Liebe zu Vorstandsstellen die

Fähigkeit zur Beurteilung der damit verbundenen Aufgaben überwiegt.»[149] Dabei erboste ihn vor allem die Nachgiebigkeit des Präsidenten gegenüber allen Wünschen Georg Schreibers und des Zentrumsmanns im Reichsinnenministerium, Ministerialdirektor Ludwig Pellengahr. Diese steuerten einen eigenen Kurs, der sich von der Harnack-Haberschen Linie unterschied, ohne daß man aus den wenigen Quellen die strittigen Positionen erkennen könnte. Haber jedenfalls war über das Verhalten Schmidt-Otts schlicht «entsetzt», wie er Harnack schrieb:

«Was für ein schrecklicher Zustand ist es für diese grosse unentbehrliche Organisation, dass der Präsident, der auf meinen am Vortage mit ihm besprochenen Einwand einen eignen [sic] Vorschlag, dann zu Beginn der Sitzung einen zweiten, weniger entgegenkommenden vorbringt, Euer Exzellenz' und – wenn ich das zufügen darf – meine Worte gänzlich in den Wind schlägt, sobald Herr Schreiber und Herr Pellingahr [sic] nicht ganz befriedigt sind und gegen seine eigenen Vorschläge sich stellt, damit Herr Schreiber sich in einer Nuance des Prestiges völlig befriedigt fühlt!»

Anfang Oktober hatten sich die Fronten im Präsidium so verhärtet, daß Harnack sie nur mit einem Gewaltakt wieder aufbrechen konnte: Er drohte mit dem Austritt der KWG aus der Notgemeinschaft. Dieser Schritt hätte zweifellos ihr Ende bedeutet, so daß die Gegner einlenkten. Haber, der ja den KWG-Präsidenten eigentlich unter die von ihm nicht geschätzten ‹Traditionsträger› einreihte, war in diesem Fall von Harnacks Überlegenheit und Kraft aufrichtig beeindruckt. Erst jetzt war der Weg frei für die Hauptausschußsitzung vom 19. Oktober in Dresden. Dort diskutierte und billigte man die Reformvorschläge, die dann die Mitgliederversammlung in Form einer Satzungsänderung und Geschäftsordnung einen Monat später in Hamburg beschloß. Demnach mußten mindestens drei der zehn von der Mitgliederversammlung zu wählenden Hauptausschußmitglieder nach Ablauf der dreijährigen Wahlperiode im Interesse einer personellen Erneuerung ausscheiden. Der Ausschuß selbst, zu dessen Aufgaben nun auch die Beratung und Genehmigung des jährlichen Haushaltsentwurfs gehörten, mußte mindestens zweimal im Jahr zusammentreten. Das Präsidium schließlich sollte seine Entscheidungen kollegial fällen. Sechs Punkte umfassende «Richtlinien» fixierten das Verhältnis zwischen Notgemeinschaft und Reichsinnenministerium endlich schriftlich. Im Dezember schließlich ernannte Severing die fünf von seinem Ministerium zu bestimmenden Mitglieder des Hauptausschusses.[150]

Hatte Haber also gesiegt? In mancher Hinsicht ja: Das oberste Ziel, die NG funktionsfähig zu erhalten, war zweifellos erreicht worden. Obwohl mit der Weltwirtschaftskrise schlechteste Zeiten anbrechen sollten, stand die Fortexistenz der Notgemeinschaft als Institution außer Frage. Kultusminister Becker hatte sich ganz aus der Diskussion zurückgezogen; mit dem Abschluß des preußischen Konkordats im Herbst 1929 war das Ende seiner

Ministerschaft absehbar, seine Initiative einer verstärkten staatlichen Kontrolle der Selbstverwaltungskörperschaften, die Haber nicht sympathisch gewesen war, verlief im Sande. Damit war freilich auch der politische Impetus von Beckers Vorstoß verloren, hatte er doch mit der Reorganisation der Notgemeinschaft auch antirepublikanischen Tendenzen entgegentreten wollen. Die Satzungsänderung hatte de jure die Machtbefugnisse des Präsidenten tatsächlich eingeschränkt und die Mitspracherechte des Hauptausschusses ausgebaut und gestärkt. Haber selbst wurde in die finanziellen Belange der NG wie beispielsweise die Aufstellung des Haushaltsentwurfs demonstrativ einbezogen, und Schmidt-Ott und sein Stab holten seinen Rat ein, als sich Fragen aus der Umsetzung der Satzungsänderungen ergaben.[151]

Also noch einmal: Hatte Haber gesiegt? Der Erneuerungsdrang der selbstverwalteten Wissenschaft war denkbar gering. Die erwähnte Mitgliederversammlung vom November 1929 bestätigte das alte Präsidium, nur kam der katholische Physiker Heinrich Konen als dritter Stellvertreter hinzu. Von den zehn Mitgliedern des neuen Hauptausschusses, die von der Mitgliederversammlung gewählt wurden, waren nur zwei eigentlich neu, alle anderen hatten bereits zuvor dem alten Hauptausschuß als Mitglieder oder Stellvertreter angehört. Durch die «Richtlinien» zur Regelung der Beziehungen zwischen Reich und Notgemeinschaft änderte sich praktisch nichts; ausschlaggebend war das langjährige Einvernehmen zwischen Schmidt-Ott und Donnevert, ob dieser nun wie früher als «Referent» oder wie jetzt als «Kommissar» des Reichsministers des Innern fungierte. Mit dem Sozialdemokraten Severing und dem Übergang zu Brünings Präsidialregierung verschwand auf Ministerebene auch der politische Veränderungswille. Der deutschnationale Innenminister der Regierung Papen, Wilhelm Frh. v. Gayl, verzichtete 1932 wieder auf sein Recht, ein Drittel der Hauptausschußmitglieder zu ernennen, so daß die Satzung diesbezüglich erneut geändert wurde.[152]

Und Schmidt-Ott? Haber resignierte schon im Folgejahr der Reform. Sein Stoßseufzer an Richard Willstätter spricht für sich:

> «Lieber guter Richard! Wie sollen wir vorgehen? Sollen wir diesen begeisterten, wohlangesehenen Thoren Schmidt-Ott stürtzen [sic], ohne abzusehen, ob die Notgemeinschaft dabei mit umfällt? Oder sollen wir seine Thorheit in Weisheit zu verwandeln suchen? Ich bin hilflos und Deines Rates bedürftig. Er kann es nicht besser machen, als er es thut. Er versteht es nicht!»[153]

4. Politische Einstellung und Krisenbewußtsein

Unter dem Eindruck seiner exponierten Rolle für die deutsche Kriegführung wird Haber oft zu einem konservativen Nationalisten gemacht, sein wissenschaftlicher Stil gar als «an outstanding example of the Führerprinzip» begriffen und aus beidem abgeleitet, er habe, abgesehen vom vulgären Antisemitismus, mancherlei Affinitäten zum Nationalsozialismus besessen.[154] Derartige Urteile greifen jedoch zu kurz. Freilich identifizierte sich Haber mit dem Schicksal des geschlagenen Deutschlands; den Versailler Vertrag empfand er wie Millionen andere als demütigenden Schandvertrag. Der Wiederaufstieg Deutschlands zu nationaler Stärke und Macht, wozu auch die Verfügung über die Gaswaffe gehörte, mußte seines Erachtens fraglos das letzte Ziel aller politischen Bemühungen sein. Im Gegensatz aber zu so vielen seiner Professorenkollegen nahm Haber schon sehr bald nach der Revolution eine das Weimarer Staatswesen unterstützende Haltung ein. Vielleicht war er anfangs nur ein Vernunftrepublikaner, doch hatte ihm, dem vom nationalen Liberalismus geprägten Juden, bereits im Kaiserreich der monarchische Konservativismus stets ferngestanden, und gegenüber der Sozialdemokratie verspürte er keine Berührungsängste. Auf jeden Fall war die Vernunft so groß, daß sie zur Überzeugung wurde. Haber verhielt sich zur Weimarer Republik stets loyal, setzte auf ihre friedliche Entwicklung und hielt es für seine Pflicht, ohne Wenn und Aber die bestehende Ordnung zu stützen.[155]

Seine Nähe zu den Militärs brachte Haber in den ersten Nachkriegsjahren in Kontakt mit rechtsgerichteten Kreisen. Auch scheint sein Sohn Hermann, so jedenfalls die Erinnerungen Charlotte Habers, mit einem der Rathenau-Mörder, Ernst Werner Techow, befreundet gewesen zu sein.[156] Der im November 1919 aus der Marine entlassene Techow war daraufhin in die Brigade Erhardt eingetreten. Er hatte an einigen Freikorpseinsätzen sowie am Kapp-Putsch teilgenommen. Als Mitglied der Organisation Consul war Techow in die Planung und Durchführung des tödlichen Attentats auf Rathenau als einer der Haupttäter involviert; er war zudem der Fahrer des Mordautos.[157] In Anbetracht der antisemitischen Vorbehalte Techows, aber auch der ganz anders gerichteten politischen Einstellung Hermann Habers sind Zweifel an der von der Stiefmutter behaupteten Freundschaft angebracht, was nicht ausschließt, daß sie sich kannten. Doch in keinem Fall ist es nachweisbar oder auch nur wahrscheinlich, daß Haber diesen Kräften politisch zuarbeitete oder ihre Ziele teilte, ganz im Gegenteil. Im August 1921 versicherte er Rathenau, den er nicht einmal besonders mochte, seiner Zustimmung für dessen politische Arbeit.[158] Er korrespondierte mit dem Major Hermann Geyer, der ihm aus dem Weltkrieg vertraut war, ließ aber in seinen politischen Lagebeurteilungen, die ein starkes Krisenbewußtsein widerspiegeln, nie einen Zweifel aufkommen, daß er allen rechtsgerichteten Putschversuchen und Umsturzüberlegungen eine Absage erteilte. Der Haltung von Reichswehr und Polizei maß er in der politischen Krise größte Bedeutung zu. «Es kann zweifelhaft sein», schrieb er nach dem Scheitern des Hitlerputsches und der Einstellung des passiven Widerstandes im Ruhrkampf, «ob der derzeitige Kurs zu etwas Gutem führt, aber es ist meines Erachtens sicher, dass ein Erfolg in München mit den anschliessenden Erfolgen in Mecklenburg und Ostpreussen etc. zu sicherem Unglück geführt hätte, weil eine Rechtsregierung gegenüber dem Auslande im jetzigen Zeitpunkte hoffnungslos ist.»[159]

Haber räumte einer Rechtsregierung erst nach einer Verständigung mit Frankreich und wirtschaftlichen Gesundung des Landes politische Chancen ein.[160] Aber war dies auch sein Wunsch? Besser als langatmige Erklärungen beantworten Habers intensive Zusammenarbeit mit dem Auswärtigen Amt, sein unermüdlicher Einsatz für die Reintegration der deutschen in die internationale Wissenschaft, sein Kampf gegen die rechtsgerichtete Fronde innerhalb der eigenen Reihen die Frage mit nein. Der aktive Wissenschaftler und Wissenschaftsorganisator, der er vor allem war, war jedoch nicht nur ein Mann der Tat. Seine ausgedehnte publizistische Tätigkeit, deren wichtigste Produkte in die beiden Aufsatzsammlungen «Fünf Vorträge» und «Aus Leben und Beruf» eingingen, belegt, daß Haber die veränderte Bedeutung der politischen Öffentlichkeit in der Demokratie begriffen hatte. Er behandelte vorzugsweise Themen aus dem Grenzgebiet zwischen Politik, Wirtschaft und Wissenschaft, enthielt sich der Tagespolitik, schreckte jedoch vor grundsätzlichen politischen Stellungnahmen nicht zurück.

Haber hatte ein erstaunlich historisches Verständnis der Weimarer Demokratie, das ihm den Blick für ihre Schwachstellen schärfte. In einem Vortrag vor amerikanischen Ärzten im Juni 1926[161] warb er um Verständnis für die gerade überwundenen Turbulenzen in Deutschland, indem er die politische Tradition der USA, in der seit Anbeginn die individuelle Freiheit das höchste Gut gewesen sei, mit dem deutschen, auf den Erhalt der bürgerlichen Ordnung gerichteten Herkommen kontrastierte: «[...] und unser Staat diente nicht seinen Bürgern, sondern die Bürger dem Staat. Darum ist unsere Republik anders wie die Ihrige.» In der Republik erkannte er eine den Deutschen im Grunde «traditionsfremde Staatsform», die zu Beginn durch drei belastende Faktoren gefährdet gewesen sei: einen dreißigjährigen «Klassenkampf» zwischen Industriearbeiterschaft und Bürgertum, die fremden Besatzungstruppen im eigenen Land und die Zerstörung der Vermögen durch die Inflation. Andererseits war er davon überzeugt, daß mit der wirtschaftlichen auch eine politische Stabilisierung einhergegangen sei, so daß nun weder die Gefahr eines Umsturzes noch eines Krieges bestehe. In «Frieden, Gesetzlichkeit und Arbeit» erkannte Haber den Willen der überwältigenden Mehrheit des Volkes, und dies entsprach zweifelsohne auch seinem Wunsch.

Der intensive Briefwechsel Habers mit Wilhelm Solf[162], der die Zeitspanne vom Mai 1925 bis zum Februar 1929 abdeckte und keineswegs nur die Errichtung der deutsch-japanischen Parallelinstitute betraf, belegt, daß der

KWI-Direktor die politische und wirtschaftliche Entwicklung sehr realistisch, mit großem Gespür für die außen- wie innenpolitischen Gefährdungen der Republik und mit grundsätzlicher Sympathie für die Mittelparteien verfolgte. Außenpolitisch unterstützte er Stresemanns Kurs und maß einer Verständigung mit Frankreich vorrangige Bedeutung bei. So beobachtete er im Mai 1925 mit Interesse das mögliche «Wunder» einer Annäherung der deutsch-französischen Schwerindustriellen, erteilte drei Monate später laut gewordenen Forderungen nach einer Politik der demonstrativen Stärke gegenüber Frankreich eine Absage.[163] Dabei ist die Intensität und politische Bedeutung von Habers Kontakt mit dem französischen Mathematiker und langjährigen Kriegsminister Paul Painlevé aus den bisher bekannten Quellen nicht abzusehen. Beide Wissenschaftler konsultierten sich jahrelang mit dem ausdrücklichen Ziel einer deutsch-französischen Annäherung, suchten sich gegenseitig in Berlin und Paris auf, luden zu Diners oder in die Oper ein.[164] In Absprache mit dem deutschen Botschafter diskutierte Haber dabei auch kontroverse Fragen militärpolitischen Inhalts, beispielsweise im Mai 1927 den Ausbau der französischen Befestigungslinien an der Ostgrenze bzw. der deutschen bei Königsberg sowie die Erhöhung der Zahl aktiver Militärs in der französischen Armee. Der KWI-Direktor versuchte, einerseits seinem Gesprächspartner den deutschen Standpunkt nahezubringen, andererseits den militärischen Kreisen in Deutschland die grundsätzlich defensive Absicht der französischen Maßnahmen zu vermitteln. Er hielt sich eng an die Vorgaben, die ihm der deutsche Botschafter in Kenntnis der «militärischen Psyche» der Franzosen machte. Haber führte keine private Außenpolitik, sondern setzte die offizielle deutsche Politik auf einer anderen Ebene fort.[165]

Als ausschlaggebend für die Stabilität der politischen Lage Deutschlands beurteilte Haber die wirtschaftliche Entwicklung. Er zeigte sich schon Anfang 1926 beunruhigt über die steigende Verschuldung des Landes und prophezeite, daß es wegen zu vieler kurzfristiger Darlehen schon in zwei Jahren wieder zu Problemen kommen würde.[166] Kaum eineinhalb Jahre später diagnostizierte er im Sommer 1927 europaweit Rückschläge bei der wirtschaftlichen Verständigung und deutlich zu Tage tretende politische Divergenzen; trotz Friedensbeteuerungen rüsteten die Staaten auf, weil sie kein Zutrauen in den Völkerbund hätten, dessen friedenserhaltende Kraft Haber ebenfalls gering einschätzte. Nur die Kulturpolitik erlaube seines Erachtens noch Schritte gegenseitiger Annäherung:

«Alles in allem genommen machen wir bei weitem grössere Schritte auf dem Wege des Unsinns und des Gegensatzes als auf dem des Sinnes und der Verständigung.»[167]

So sprach in den Weimarer Jahren kein rechter Nationalist, und kein Konservativer beurteilte im selben Jahr den politischen Versuch des Zentrums, im Reich mit der Rechten, im wichtigen Preußen aber mit der Linken zu regieren, als eine Situation, die zwar mühselig, aber ziemlich sicher einen mittleren Kurs gewährleiste.[168] Als Haber, der sich angeblich darum bemüht hatte, «to be more German than the Kaiser»[169], diesen Ende 1928 in seinem holländischen Exil besuchte, war er entsetzt über dessen politische Uneinsichtigkeit und mangelnde Reife. Er habe, wie er schrieb, alles Verständnis für die Bitterkeit eines Herrschers im Exil, sei auch von dem Gedanken erfüllt, daß die KWG, sein Institut und er selbst nur Gutes von ihm empfangen habe, und doch: Die gemeinsamen Stunden in Doorn

«waren so quälend, dass meine Feder nicht folgt, wenn ich zu schreiben versuche. Immer wieder höre ich seine Rede, ohne Ablenkung und Wechsel die einzige Frage ventiliert, warum unsere Niedertracht soviel Zeit vergehen lässt, ehe sie ihn zurückruft [...] so kann ich nicht über die Trostlosigkeit hinweg, dass sein gewaltiges Schicksal ihn nicht erhoben hat, indem es ihn zermalmte.»[170]

Den Notizen Rudolf Sterns zufolge stammten die politischen Freunde des KWI-Direktors, darunter viele Reichstagsabgeordnete, aus einem Spektrum, das vom linken Flügel der DVP bis zum rechten Rand der SPD reichte. Haber selbst, der seit seiner Mitgliedschaft in der Deutschen Gesellschaft während des Krieges Kontakte mit Linksliberalen gepflegt hatte, stand politisch der DDP nahe, war der Partei 1927 oder Anfang 1928 vielleicht auch beigetreten.[171] Als Ende März 1928 der Reichstag vorzeitig aufgelöst und Neuwahlen für den 20. Mai angesetzt wurden, bot ihm die Parteiführung «das zweite Berliner Mandat» an. Haber empfand dies als große Ehre, lehnte aber wegen seines angeschlagenen Gesundheitszustandes ab: Er sollte 62 Wahlreden, danach als Abgeordneter pro Jahr zehn Reden halten.[172] Natürlich wird sich die DDP vom werbewirksamen Renommee des Nobelpreisträgers einiges versprochen haben, doch heißt dieses Angebot auch, daß man allgemein wußte, wo Haber politisch stand. Er spendete dem Wahlfonds der DDP eine beträchtliche Summe.[173]

Über das Wahlergebnis, welches das Ende der bisherigen Mitte-Rechts-Koalition und die Bildung der Großen Koalition unter Hermann Müller brachte, war er alles andere als glücklich. Er war schockiert, daß «die Mittelparteien bei der Stärkung der Linken erschreckend verdünnt worden sind», hatten doch DVP, BVP, Zentrum, vor allem aber die DDP beträchtlich verloren, während die SPD und auch die KPD erheblich zulegten. Haber befürchtete nun, daß die SPD wegen des Drucks von linksaußen «auf dem Wege der Verbürgerung ängstlich werden und haltmachen» könnte.[174] Über den sozialdemokratischen Kurs tauschte er offensichtlich mit dem befreundeten Rudolf Hilferding Briefe aus[175], doch sind diese bisher in keinem Archiv aufgetaucht.

Zwei Jahre später war Haber von ganz anderen Sorgen bedrückt. Das Scheitern der Großen Koalition, die Bildung des Präsidialkabinetts Brüning und dessen Notverordnungspolitik auf der einen Seite, der schon so lange befürchtete Ausbruch der wirtschaftlichen Krise auf der anderen Seite ängstigten den nun selbst vom finanziellen Ruin bedrohten KWI-Direktor in einem Ausmaß, daß sich sein gesundheitlicher Zustand sofort verschlechterte.[176] Er machte sich nun grundlegende Gedanken über die politische Zukunft des Gemeinwesens. Dabei spielte auch die nationalsozialistische Gefahr eine Rolle, die er keineswegs unterschätzte, sondern, wie sich Lise Meitner später erinnerte, viel früher als sie selbst, Otto Hahn oder andere als Bedrohung erkannte.[177] Als sich, um die weitere Erosion des Linksliberalismus in den anstehenden Reichstagswahlen aufzufangen, die DDP im Juli 1930 mit der aus dem Jungdeutschen Orden hervorgegangenen Volksnationalen Reichsvereinigung zusammentat und die Deutsche Staatspartei gründete, stand auch Habers Name mit unter dem Gründungsaufruf. Unter den 50 Unterzeichnern befanden sich liberale Politiker wie Erich Koch-Weser, Gertrud Bäumer, Hermann Dietrich, Theodor Heuss, Theodor Eschenburg; von seiten der Wissenschaft hatten außer Haber der Agrarwissenschaftler Friedrich Aereboe und der Erfinder der Kohlehydrierung, Friedrich Bergius, unterschrieben, der 1931 gemeinsam mit Carl Bosch den Nobelpreis für Chemie erhalten sollte.[178]

Nach Rudolf Stern war Haber über dieses Zusammengehen der DDP mit den Jungdeutschen «very unhappy», erkannte jedoch keine andere Möglichkeit verantwortlicher Parteipolitik.[179] Das ist nicht ausgeschlossen, doch heißt dies auch nicht, daß Habers politisches Denken unverändert an der bisherigen deutschdemokratischen Linie festgehalten hätte. Der Gründungsaufruf der Staatspartei sprach sich eindeutig gegen jede Form gesetzloser Gewalt, gegen die Diktatur des Proletariats, der Wirtschaftsmächte und nationalsozialistischer Verworrenheit aus. Damit verbunden war auch eine Absage an die Parteipolitik in ihrer bisherigen Form, die nicht imstande sei, die zur Überwindung der Krise erforderliche «volksnationale Geschlossenheit» zu schaffen. Dagegen verstand sich die Staatspartei, die sich ausdrücklich auf den Boden der Reichsverfassung stellte, als Sammlung der Kräfte, die zum «volksstaatlichen Ausbau der Republik» beitragen wollten.[180]

Diese deutliche Dominanz des rechten Gedankenguts der Volksnationalen rief im linksliberalen Lager Widerstand hervor; Deutschdemokraten wie Ludwig Bergsträsser verließen die Partei. Nicht so Haber: Noch am Tag des Gründungsaufrufs dankte er dem Parteivorsitzenden Koch-Weser, daß er seinen Namen unter «eine so gute Sache» gesetzt hatte, und bedauerte nur, nicht zehn Jahre jünger zu sein, um «nützlich mitzuwirken». Der KWI-Direktor begründete auch, warum er die Staatspartei begrüßte:

«Ich beglückwünsche Sie, dass Sie den volksstaatlichen Ausbau der Republik an die Spitze stellen, die Entfaltung der Wirtschaft auf privatwirtschaftlicher Grundlage in dem gleichen Satze wie das thatkräftige Eintreten für den sozialen Schutz der Bevölkerung gegen Übergriffe der grossen Wirtschaftsmächte fordern, die Wahlreform, Reichsreform und die Kulturpolitik in den Vordergrund schieben.»[181]

Aber welche politischen Überlegungen steckten hinter den volksstaatlichen Begriffswolken, von denen sich Haber einen politischen Ausweg aus der Krise versprach? 1930 lag er voll auf der Linie Koch-Wesers und teilte die Hoffnungen, die dieser mit der Staatspartei verband. Als das Bündnis aus Deutschdemokraten und Volksnationalen schon drei Wochen nach den Septemberwahlen auseinanderbrach, legte Koch-Weser sein Parteiamt und sein Reichstagsmandat aus Protest nieder, weil er seine linksliberalen Parteifreunde für den Bruch verantwortlich machte. Haber sprach ihm für diesen Schritt seinen Respekt aus und stellte sich ausdrücklich hinter Kochs politischen Erneuerungsgedanken.[182]

Wie in Millionen Deutschen seiner Zeit reifte auch in Haber mit der Verschärfung der Krise und der negativen Mehrheit aus Nationalsozialisten und Kommunisten die Überzeugung, daß es politisch so nicht weitergehen könne und daß etwas geschehen müsse. «Dies Land wird langsam närrisch», schrieb er seiner Schwiegertochter 1932 und verglich das Krisenmanagement der Regierung Brüning mit der Mandschurei, wo China mit Worten gegen Soldaten kämpfe.[183] Und wie Millionen andere maß auch Haber die Kraft zur Krisenbewältigung nicht der Parteiendemokratie bei, sondern einem autoritären Regierungssystem. In einem sehr ausführlichen Schreiben wandte sich der KWI-Direktor im Mai 1931 an Reichsfinanzminister Hermann Dietrich, bei dem er Anfang des Jahres zu Gast gewesen war, um seine politischen Überlegungen an höchster Stelle vorzubringen.[184] Der Weg in die Diktatur schien ihm klar vorgezeichnet. Für die Reichsregierung komme es nun darauf an, das, was sie in absehbarer Zeit überstürzt tun müsse, schon zum jetzigen Zeitpunkt überlegt und aus eigenem Entschluß umzusetzen.

Was Haber vorschlagen wollte, empfand er selbst als Bruch mit seinen bisherigen Auffassungen, gehe er doch als alter Mann eigentlich schwer von der «Tradition und Auffassungsweise seines Lebens» ab. Freilich waren es weder der Kommunismus noch der Faschismus oder Nationalsozialismus, von denen er sich die politische Rettung erhoffte. Andererseits erkannte er in den Massen, die diese Bewegungen mobilisierten, ein ‹neues Geschlecht›, das eine neue politische Regierungsform verlange:

«Das neue Geschlecht ist da! Es füllt die Strassen und verdrängt die alten Parteien und Anschauungen. Es sucht eine deutsche Form für das, was in verschiedener Gestalt in Russland und in Italien schon verwirklicht ist. Es glaubt nicht mehr an den grossväterlichen Liberalismus und an den langsamen Entwicklungsweg der gewerkschaftlichen Sozialdemokratie.»

Haber meinte, in Moellendorffs «deutscher Planwirtschaft», für die er in und nach dem Krieg die Zeit für zu früh gehalten hatte, den für sein Land jetzt gangbaren Ausweg aus der Krise zu erblicken, nämlich: «die Staatsgewalt vom parlamentarischen System und die Wirtschaftsgewalt von der privatwirtschaftlichen Führung lösen und die Diktatur und die Planwirtschaft zum eigenen Programm machen.»

Es ist interessant, in welchem Maß die Erfahrungen des Ersten Weltkriegs und der Niederlage Habers politisches Denken im Augenblick der Krise prägten. Er verglich die Preisabbaupolitik Brünings, der er durchaus Einsicht und Kraft bescheinigte, mit den Ludendorffschen Siegen: rühmlich nach Planung und Durchführung, ehrenvoll für Führer und Truppe, aber ohne Bedeutung für den erhofften Sieg. Im Ablauf der gegenwärtigen Krise erkannte er den sich vorbereitenden Zusammenbruch von 1918 wieder, obwohl er überzeugt war, daß es jetzt noch schlimmer würde. Der Mentalität der Generäle von damals entsprach in Habers Augen das Denken der auf das kapitalistische System pochenden Wirtschaftsführer von heute, und die im Weltkrieg begründete Vaterlandspartei gab seines Erachtens «in ihrer Hilflosigkeit gegen die seelischen Kräfte im Volke das klassische Vorbild» für die Staatspartei ab. Diese Fixierung auf den Krieg wies die für Haber einzig denkbare positive Lösungsmöglichkeit: Moellendorffs «deutschen Sozialismus» unter autoritärer Führung und unter Ausschaltung der kapitalistischen Marktmechanismen, d. h. die Einführung einer staatlichen Planwirtschaft.

Der Zusammenbruch der Österreichischen Kreditanstalt in Wien im Mai 1931, der den Kollaps des internationalen Finanzsystems einleitete, war für Haber gewissermaßen der letzte Beleg für das Versagen des Kapitalismus und der Großindustriellen, die das Land in die Krise hineingeführt hätten, ohne es wieder hinausgeleiten zu können. Ordnung und Regierungsgewalt wichen Unordnung und Anarchie; der «statistisch ausgestattete Pessimismus» der Industriellen, der ihm von Bosch, Duisberg usw. entgegenschlug, ließ keinerlei konstruktive Ideen ahnen.[185] Haber glaubte im Gegenteil nur primitiven Egoismus zu erkennen, der das Verhalten der einzelnen Unternehmer wie das der Nationen untereinander bestimme. Diesem Egoismus schrieb er größte destruktive Kraft zu: Der Eigennutz habe die Zerstörung der menschlichen Gesellschaft, der internationalen und der innernationalen politischen Ordnung zu verantworten.[186] Haber zog daraus den Schluß, den Egoismus aus Politik und Ökonomie autoritativ auszuschalten, wie es Moellendorff, ausgehend vom System der Kriegswirtschaft, skizziert hatte.

Mit dieser Fixierung auf die im Krieg gesammelten Erfahrungen hatten Habers politische Wahrnehmung wie auch seine Alternative blinde Flekken. Es entgingen ihm entscheidende Faktoren wie das Verhalten der Reichswehr, das politische Taktieren von Teilen der Großindustrie oder

der Konservativen, ein Wissen, das freilich den Zeitgenossen auch nicht offen zugänglich war. Bis auf das Postulat, daß wirtschaftliches Handeln gemeinwohlorientiert sein müßte, blieb das planwirtschaftliche System vage und unkonturiert, verließ sich also voll auf Moellendorffs Qualitäten als Ökonom. Es fehlte Haber das Gespür für die Bedeutung politisch mobilisierter Massen, ja überhaupt für politische Macht. Zwar machte er sich keine Illusionen über die von den Nationalsozialisten ausgehende Gefahr. Andererseits sind keine Äußerungen Habers dokumentiert, in denen er sich wirklich mit ihnen auseinandersetzte. Er verschätzte sich nicht zuletzt in den Möglichkeiten, aber auch im politischen Willen seines Ansprechpartners Hermann Dietrich, von dem er sich offensichtlich erhoffte, daß er seine Überlegungen an entschlußfreudige Politiker weiterleitete, damit «ein führender Wille» die Initiative ergriff – aber wer? Es war ein politisches Konzept ohne Adressat und ohne Träger, das in etatistischer Überschätzung ‹des Staates› und seiner gestaltenden Kraft wurzelte. Haber verkörperte in erstaunlicher Weise das Dilemma des deutschen Liberalismus.

XI. Das Ende

Haber verbrachte den Dezember 1932 und den Januar 1933 zur Erholung in Cap Ferrat bei Nizza und kehrte erst nach Berlin zurück, nachdem Hitler zum Reichskanzler ernannt worden war. Hatte Rudolf Stern nach den Novemberwahlen 1932, die gegenüber den Wahlen vom Juli ein erkennbares Abbröckeln des Stimmenanteils der NSDAP ergeben hatten, noch eine gewisse Besserung von Habers Befinden festgestellt, so verzeichnete er nach der nationalsozialistischen Machtübernahme eine nun nicht mehr unterbrochene, kontinuierliche Verschlechterung seiner körperlichen Verfassung, begleitet von tiefster Depression.[1] Willstätter erhielt noch im Februar beunruhigende Nachrichten aus Berlin. Haber fühlte sich demnach in jeder Beziehung am Ende, körperlich, finanziell und politisch, überlagert von dem Eingeständnis, persönlich in entscheidenden Lebenssituationen versagt zu haben:

«Ich kämpfe mit sinkender Kraft gegen meine vier Feinde, die Schlaflosigkeit, die wirtschaftlichen Ansprüche der geschiedenen Frau, die mangelnde Ruhe gegenüber der Zukunft und das Gefühl der schweren Fehler in meinem Leben.»[2]

Der Nazi-Terror im Vorfeld der auf den 5. März 1933 angesetzten Reichstagswahlen prägte Habers Korrespondenz jener Tage. Sowohl die DNVP als auch die Staatspartei baten ihn um seine finanzielle Unterstützung: erstere, um die deutschnationalen Kräfte im Kabinett zu stärken, letztere, um in einer Listenverbindung mit der SPD die demokratischen Kräfte wiederzubeleben. Beiden Parteien sagte Haber mit Hinweis auf sein durch die Krise zerstörtes Vermögen ab, der Staatspartei mit dem Zusatz, er achte ihren Einsatz für eine «zur Zeit hoffnungslose[n] Aufgabe».[3] Illusionslose Resignation kennzeichnete seine Haltung: Er verspürte weder die Kraft noch sah er die Möglichkeit, einer sich durchsetzenden «Welt- und Lebensanschauung» entgegenzutreten, «die von der Denkweise völlig abweicht, in der ich alt geworden bin.»[4] Daß es dafür Hitler um so besser gelang, von der Großindustrie «einige Millionen» für seine Partei zu erhalten, verzeichnete er mit Bitterkeit. Der KWI-Direktor war überzeugt, daß es zwar nicht in nächster Zeit, wohl aber in Zukunft zum Krieg kommen würde.[5] Den Sozialdemokraten Stern warnte er eindringlich vor der Illusion, in der SPD «einen sicheren Hemmschuh» gegen diese Entwicklung zu sehen.[6]

Rätselhaft war Haber der Reichstagsbrand vom 27. Februar. Er konnte sich «dieses vereinzelte herostratische Vorgehen» nicht erklären, insbesondere nicht, warum es vereinzelt blieb, wenn die Urheberschaft tatsächlich bei den Kommunisten liegen sollte. Um so deutlicher erkannte er die Stoßrichtung der am Abend des nächsten Tages erlassenen Notverordnung des Reichspräsidenten «zum Schutz vom Volk und Staat». Er bemerkte, daß über die KPD hinaus auch die Sozialdemokraten betroffen waren, daß also unter dem Vorwand, Straftaten zu bekämpfen, ganze politische Gruppierungen ausgeschaltet und die Signaturen des Rechtsstaats beseitigt wurden. Unter den aufgehobenen Verfassungsbestimmungen erwähnte er eigens Pressefreiheit und Briefgeheimnis als die Grundrechte, die ihn unmittelbar tangierten. Auch war ihm nicht entgangen, daß sich unter den bereits vor dem Brand aufgestellten Hilfspolizisten, die die ordentlichen Kräfte unterstützen sollten, vor allem SA- und SS-Leute befanden:

«Die Folge ist jedenfalls, daß die ganze Staatsmacht und die Macht der Rechtsradikalen gegen diese Leute in Gang gebracht ist, und jeder Mensch schaut mit schwerer Sorge auf Haus und Wirkungskreis, weil Niemand ahnt, was ab nächster Woche bei uns vorgehen wird.»[7]

Bereits zu diesem frühen Zeitpunkt, also noch bevor sich die politischen Maßnahmen der Nationalsozialisten unmittelbar gegen die Juden richteten, spielte Haber mit dem Gedanken, Deutschland zu verlassen. Daß er zu alt war, eine Professur im Ausland zu erhalten und auszufüllen, war ihm nur allzu klar, doch hoffte er, «irgendwo anders» eine wissenschaftliche Ehrenstellung zu finden, wo er seine letzten Arbeitsjahre verbringen konnte. Willstätter sondierte bereits bei seinem Freund Robinson in England, ob Haber eine Fellowship angeboten werden könnte, und der KWI-Direktor selbst wandte sich, einen Tag nach dem Ermächtigungsgesetz, in dieser Angelegenheit an den ihm freundschaftlich verbundenen Physikochemiker Frederic G. Donnan in London. Er, der, wie er schrieb, sich noch nie in seinem Leben um eine Ehre bemüht hatte, empfand es «auf das tiefste beschämend», dies jetzt zu tun. Er fühle aber deutlich, «dass ihm die Heimat verloren gegangen ist, der seine Vorfahren und er selber nach ihren besten Kräften gedient haben.»[8]

1. Die Demontage des KWI für physikalische Chemie und Habers Rücktritt

Die Kommunistenverfolgung sollte schon bald indirekt auch Haber betreffen. Sein Neffe Diether Freyhan war zwar kein Parteimitglied, doch machte sich die Familie größte Sorgen über seine zunehmend engeren Beziehungen zur KPD. Haber befürchtete «die schreckliche Zwangslage», ihn vielleicht in Kürze aus seinem Haus weisen zu müssen.[9] Er hatte allen Grund zur Wachsamkeit, denn wenig später wurde in seinem Institut die Sekretärin Irene Sackur, Tochter des 1914 im KWI tödlich verunglückten jüdischen Wissenschaftlers, wegen angeblich kommunistischer Denkweise denunziert. Haber mußte in seiner Funktion als Direktor der Anschuldigung dienstlich nachgehen, die Beschuldigte in Gegenwart von Zeugen befragen und ihre Aussage in einem offiziellen Protokoll festhalten.[10] Die Denunziation ging vielleicht auf die NS-Betriebszelle zurück. Solche betrieblichen Organisationseinheiten hatten sich auch an anderen KWI gebildet und verunglimpften nun die Dahlemer Einrichtungen bei der Gauleitung der NSDAP als «Brutstätte jüdischer Ausbeuter, Bedrücker und Marxisten!».[11] Die NS-Betriebszelle an Habers Institut stand unter der Führung des Mechanikergehilfen Ulfert, der vielleicht im Falle von Irene Sackur erste Schritte einer nationalsozialistischen Personalpolitik von unten einleitete. Weitere Maßnahmen folgten umgehend: Nach der Erinnerung Charlotte Habers hinderte der Betriebszellenleiter am 1. April, dem Tag des Judenboykotts, den KWI-Direktor am Betreten seines Instituts.[12]

Haber selbst erwähnte den Vorgang nicht, als er noch am selben Tag Willstätter schrieb, und ging auch nicht auf den reichsweiten Judenboykott ein. Seinem etatistischen Denken gemäß widmete er der sog. Machtergreifung von unten zweifellos weniger Beachtung als der von oben. Aufgeschreckt hatte ihn dagegen, als er in der Zeitung über den vortägigen Erlaß des preußischen Justizministers Hanns Kerrl las. Kerrl wies darin die nachgeordneten Justizbehörden an, alle jüdischen Richter aufzufordern, ihre Gesuche auf Versetzung in den Ruhestand einzureichen, denen dann sofort stattzugeben sei. Im Falle einer Weigerung sollte den Richtern das Betreten des Gerichtsgebäudes untersagt werden. Der ebenfalls abgedruckten Ausführungsverordnung des Landgerichts Berlin-Moabit entnahm er, daß es um Personen «kommunistischer oder marxistischer Richtung oder jüdischer Abstammung» ging. Haber zog daraus die Schlußfolgerung, daß sich erstens ein Jude nicht nach seiner Konfession, sondern nach seiner Abstammung definierte, daß dies zweitens mit der «Zugehörigkeit zu den staatsfeindlichen Richtungen» gleichgestellt wurde und daß es drittens wahrscheinlich war, daß die Regelung in kurzer Zeit auch auf andere Bereiche der preußischen Staatsverwaltung übertragen wurde. Er schlug daher Willstätter vor, sich mit ihm über eventuelle persönliche Konsequenzen abzustimmen, und lancierte den Gedanken, aus Protest gemeinsam aus allen Funktionen auszuscheiden. Allerdings hielt er es im Interesse der «von uns abhängigen, weniger widerstandsfähigen Menschen» für klüger, noch abzuwarten, bis unmittelbare Maßnahmen eine Entscheidung erzwängen.[13]

Die ließen nicht lange auf sich warten. Das Gesetz zur Wiederherstellung des Berufsbeamtentums vom 7. April 1933[14] legalisierte ex post die vorangegangenen widerrechtlichen Entlassungen und schuf die gesetzliche

Grundlage, reichsweit jüdische und politisch mißliebige Staatsdiener entgegen dem bisher geltenden Recht aus dem Amt in den Ruhestand zu versetzen bzw. zu entlassen. Nach dem § 3 des Gesetzes sollten Beamte «nicht arischer Abstammung» sofort pensioniert werden, sofern sie nicht seit dem 1. 8. 1914 Beamte oder Frontkämpfer des Weltkrieges gewesen oder ihre Söhne/Väter gefallen waren.

Das Gesetz betraf alle unmittelbaren und mittelbaren Beamten des Reichs, der Länder und der Kommunen, der Körperschaften des öffentlichen Rechts und diesen gleichgestellter Einrichtungen. Letztere definierten sich nach der 3. Notverordnung des Reichspräsidenten «zur Sicherung von Wirtschaft und Finanzen und zur Bekämpfung politischer Ausschreitungen» vom 6. 10. 1931 u. a. als Einrichtungen, die zu mehr als 50 % mit öffentlichen Geldern finanziert wurden.[15] Die KWG und ihre Institute fielen also, mit Ausnahme der überwiegend von der Industrie erhaltenen KWI, trotz ihrer privaten Rechtsform fraglos in den Geltungsbereich des Beamtengesetzes. Dieses verfügte in seinem § 15 außerdem lapidar, daß die Vorschriften für Beamte sinngemäß auch für Angestellte und Arbeiter gälten. Bezogen auf das Habersche Institut, das fast vollständig öffentlich finanziert wurde, hieß das, daß nicht nur sein Direktor als preußischer Staatsbeamter, sondern alle Abteilungsleiter, Assistenten sowie das technische und Verwaltungspersonal von den Maßnahmen betroffen waren. Haber selbst war in seinen Funktionen als KWI-Direktor im Hauptamt wie als Ordinarius der Berliner Universität im Nebenamt betroffen, seine Person jedoch sowohl aufgrund seines langjährigen Beamtenstatus als auch aufgrund seiner militärischen Stellung im Krieg von der Bestimmung ausgenommen.

Noch am 10. April war Haber entschlossen, in seinen Funktionen zu verbleiben. Er begründete dies im wesentlichen wie schon Anfang des Monats damit, er glaube, in seinen Ämtern noch für andere «nützlich, ja notwendig zu sein». Außerdem scheue er davor zurück, durch die Aufgabe seiner Stellungen einen nachteiligen Eindruck zu erwecken.[16] Haber hing an seinen Mitarbeitern und seinem Institut, das er seit seiner Gründung nun 22 Jahre lang geleitet hatte. Ein Ausscheiden bedeutete, dieses Lebenswerk aufzugeben und einem ungewissen Schicksal zu überlassen, zumal die Nachfolgefrage unter den gegenwärtigen Umständen unberechenbar war. Habers Freundeskreis ging denn auch wie selbstverständlich davon aus, daß er im Amt bleiben würde. So sah sich der Nobelpreisträger James Franck, Professor an der Universität Göttingen, der bereits am 15. April vom Kultusminister seinen Abschied wegen der «Einstellung der Regierung dem deutschen Judentum gegenüber» erbat, veranlaßt, Haber noch am selben Tag seine persönlichen Beweggründe zu erläutern, ja sich geradezu zu rechtfertigen:

«Ich kann einfach nicht bei Semesterbeginn mich vor die Studenten, deren Vertretung die Dir bekannten Leitsätze aufgestellt hat, stellen und so thun, als ob mich das Alles [sic] nichts anginge. Ich kann auch nicht den Gnadenbrokken benagen, den die Regierung den Kriegsteilnehmern jüdischer Rasse vorhält. Ich würdige und verstehe auch den Standpunkt derer, die heute im Amt ausharren wollen, aber es muss auch Menschen meiner Art geben. In einem K. W. I. liegt m. E. die Sache anders. Schilt nicht auf Deinen Dich liebenden J. Franck.»[17]

Franck irrte sich, wenn er annahm, daß Haber die Frage, wie er sich verhalten sollte, bereits zweifelsfrei beantwortet hatte. Außerdem schätzte der KWI-Direktor seinen Freund und ehemaligen Kriegskameraden sehr, so daß dessen Entscheidung für seine eigene Situation fraglos von Bedeutung war. Anders als Willstätter, der ja schon seit Jahren aus dem Staatsdienst ausgeschieden war, befand sich Franck in derselben rechtlichen Lage wie Haber: Er war als verbeamteter Universitätsprofessor vom Gesetz betroffen, aber als dekorierter Frontkämpfer, noch dazu bei den Gaspionieren, von den Bestimmungen ausgenommen.

Entgegen Francks Annahme entwickelte sich auch die Situation am physikalisch-chemischen KWI, das ja einer privatrechtlich verfaßten Gesellschaft angehörte, nicht entscheidend anders als an den Hochschulen, die reine Staatsanstalten waren. Gleichwohl wurde im Falle Habers zuerst die Berliner Universität aktiv, indem sie ihm zur Durchführung des Beamtengesetzes umgehend den Fragebogen über seine Abstammung und Laufbahn zuschickte, den dieser ebenso umgehend ausfüllte.[18] Dieser Fragebogen ist in mehrfacher Hinsicht interessant. Die gewählten Formulierungen lassen bei aller Kürze erkennen, daß der deutsche Patriot Haber mit Selbstbewußtsein und innerer Würde dazu stand, kein Arier im Sinne der Nationalsozialisten zu sein. Der Begriff «nicht arisch» war erstmals in der Ersten Durchführungsverordnung zum Beamtengesetz vom 11. 4.[19] amtlich definiert worden: Danach «genügte» es, wenn ein Elternteil oder Großelternteil nicht arisch war, was insbesondere dann anzunehmen sei, wenn dieser der jüdischen Religion angehört hatte. «Ich bin *Nichtarier*», füllte Haber die entsprechende Rubrik aus; er verweigerte jedoch die geforderten näheren Angaben zu Eltern und Großeltern und trug quergeschrieben ein: «Meine Eltern und Großeltern und die beiden Frauen, mit denen ich verheiratet war sowie deren Vorfahren sind sämmtlich [sic] im Sinne des Gesetzes nicht arisch gewesen.» Damit war der Bogen einerseits verkürzt ausgefüllt, andererseits ging die Antwort bekenntnishaft weit über das Gefragte hinaus, nicht ohne gleichzeitig noch die Distanz des Schreibers zum Sinn des Gesetzes auszudrücken. Unter Punkt 7 zur Teilnahme am Weltkrieg skizzierte er kurz die militärische Karriere des «Hauptmann Fritz Haber beim AOK 4» und führte der Reihe nach seine preußischen Kriegsauszeichnungen einschließlich des eigenhändig unterschriebenen Kaiserbildes auf.

Haber unterschrieb den Fragebogen mit Datum vom 19. April 1933. Kann man annehmen, daß er zu diesem Zeitpunkt noch entschlossen war, im Interesse seines Instituts als jüdischer Kriegsteilnehmer den «Gnadenbrocken» zu schlucken? Zumindest zögerte er und ließ den Fragebogen liegen; er sandte ihn erst Monate später nach nochmaliger Aufforderung zurück. Andererseits ist für die Interpretation des Fragebogens wichtig, daß der korrekte Beamte Haber den absichtlich verkürzt ausgefüllten Passagen eine politische Bedeutung beigemessen hatte. Den Bogen vollständig auszufüllen komme wohl nur in Fällen in Frage, schrieb er in seinem späteren Begleitbrief,

«wo der Ausfüllende seine arische Beschaffenheit oder sein Frontkämpfertum beweisen und die Angaben irgendwie zum Zwecke des Verbleibens im Amte benutzt wissen will. Ich will in keiner Weise eine arische Beschaffenheit in Anspruch nehmen, und ich will weder auf Grund meiner langen Dienstzeit vor dem Kriege, noch auf Grund meiner Frontkämpfer-Eigenschaft im Dienste bleiben.»[20]

Es spricht also einiges dafür, daß der KWI-Direktor sich mit dem Gedanken, eventuell aus dem Amt auszuscheiden, schon frühzeitig vertraut gemacht hatte, und zwar aus grundsätzlichen Erwägungen und noch bevor sein Institut konkret von Maßnahmen betroffen wurde, die über die unmittelbaren Bestimmungen des Beamtengesetzes hinausgingen.

«... aus dem Gegensatze der Tradition»

Die neuere wissenschaftshistorische Forschung sowohl in Deutschland wie in den USA erhärtete durch vielfache Belege die These, daß Wissenschaft im Nationalsozialismus keineswegs generell zur Pseudowissenschaft verkümmerte. Trotz der erzwungenen Massenemigration jüdischer Wissenschaftler aus Deutschland, unter ihnen die Koryphäen ihres Fachs, trotz der Gleichschaltung der Universitäten und trotz des deformierenden und destruktiven Einbruchs der nationalsozialistischen Ideologie in verschiedene Disziplinen, der in wissenschaftlichen Sackgassen wie der Deutschen Physik und Deutschen Mathematik endete oder todbringende Monstrositäten wie Rassenkunde und NS-Eugenik hervorbrachte, überlebte die ‹normale› Wissenschaft, ja profitierte sogar vielfach. Forschungsbudgets expandierten, Wissenschaftler gingen ihren selbstgewählten Interessen nach und brachten zwischen 1933 und 1945 anerkannte Spitzenleistungen hervor. Namen wie Max von Laue, Otto Hahn, Werner Heisenberg, Carl-Friedrich von Weizsäcker, Adolf Butenandt, Karl Wirtz, Max Hartmann und Fritz von Wettstein müssen hier genügen. Wie Mitchell Ash zu Recht hervorhob, besteht eben kein simples Junktim zwischen ‹schlechter› Wissenschaft und diktatorischen Regimen.[21]

Mit Hilfe mehrerer theoretisch fundierter Ansätze wurde versucht, das ambivalente, gleichwohl bemerkenswerte Verhältnis von Wissenschaft und Nationalsozialismus zu erfassen. Dazu zählen ein revidiertes, den Bedingungen des Dritten Reichs angepaßtes Konzept von Technokratie ebenso wie die Einsicht in seinen polykratischen Charakter, der lähmende Machtkämpfe hervorrief, aber auch Spielräume eröffnete. Vereinfachende Betrachtungsweisen, die Wissenschafler entweder als Akteure auf die Seite der Täter stellten oder als passive Werkzeuge in den Händen eines verbrecherischen Staates betrachteten, wurden von einem an Luhmann orientierten Verständnis von Wissenschaft abgelöst. Demnach stellt sich Wissenschaft als soziales System dar, das sich selbst organisiert und mit den anderen Systemen vielfältige, interdependente, Veränderungen aktiv aufnehmende Beziehungen eingeht. Übertragen auf die Wissenschaftler und auch Ingenieure im Dritten Reich heißt das, daß «they were both users of and used by the Nazi state».[22] Vor diesem Hintergrund kommt der KWG und ihren Instituten besondere Bedeutung zu. Sie haben deshalb in jüngster Zeit jenseits etwa der Legenden um die deutsche Atombombe[23] Beachtung gefunden. Anders als den Universitäten, die durch die wissenschaftliche Lehre staatlichen Eingriffen ein breites Einfallstor öffneten, sollte es der Gesellschaft gelingen, wie Albrecht/Hermann und Macrakis zeigen konnten, der vollständigen Gleichschaltung von außen zu entgehen, ein nicht unbeträchtliches Maß an finanzieller und institutioneller Unabhängigkeit zu bewahren und in vielfacher Hinsicht einen ‹normalen›, oftmals florierenden Forschungsbetrieb aufrechtzuerhalten.[24] Eine ins Auge stechende Ausnahme stellte jedoch das Habersche KWI für physikalische Chemie dar, an dem von seiten der neuen Machthaber ein Modellfall nationalsozialistischer Wissenschaftspolitik vorexerziert wurde.

Das preußische Kultusministerium unter seinem neuen Minister Bernhard Rust war bislang noch nicht Gegenstand einer größeren wissenschaftlichen Untersuchung. Die Forschung ist sich allerdings darin einig, daß Rust auch als Reichsminister, der er im Folgejahr wurde, ein ‹schwacher› Nationalsozialist ohne Rückhalt und Hausmacht in der Partei war und deshalb im polykratischen Machtkampf stets Federn lassen mußte.[25] Glum zeichnete gar das pathologische Bild eines Mannes, der an Nervenzusammenbrüchen litt, über nur geringe Kenntnisse verfügte, daher aber um so leichter von seinen führenden Beamten, «der Gruppe Mentzel, Vahlen, Achelis, Gerullis», regiert werden konnte.[26] Eine derartige Konstellation erwies sich unter den Bedingungen des Dritten Reichs als besonders unberechenbar und gefährlich: Auf der einen Seite stand Rust unter dem Druck, nationalsozialistische Führungsqualitäten und politische Stärke beweisen zu müssen. Auf der anderen Seite eröffneten sich gerade unter dem schwachen Minister ambitionierten Mitarbeitern genügend Freiräume, in die sie vorpreschen konnten, um im Konkurrenzkampf eigenes

Profil zu gewinnen. Rusts Ministerium wurde zu einem «verwirrende[n] Schlachtfeld rivalisierender Fraktionen der Nazis».[27]

In einer Situation wie zu Beginn der nationalsozialistischen Machtübernahme, als im Wissenschaftsbereich zahlreiche Posten und Ehrenämter neu verteilt wurden, war es überaus lohnend, das nationalsozialistische Soll übereifrig zu erfüllen. Es ist auffällig, daß es gerade in das Ministerium übergetretene Wissenschaftler waren, die besonders aktiv wurden. Die bekanntesten Beispiele aus dem Kultus- bzw. späteren Reichserziehungsministerium sind Theodor Vahlen und später Rudolf Mentzel. Der Mathematiker Vahlen, der nach dem Flaggenskandal an der Universität Greifswald entlassen worden war, trat Mitte März 1933 in die Hochschulabteilung des Kultusministeriums ein, deren Leitung er im Folgejahr übernahm. Er spielte in der Politik des Ministeriums gegenüber KWG, Akademie und Forschungsgemeinschaft eine maßgebliche Rolle, bevor er 1936 selbst Opfer des Intrigenspiels wurde.[28] Erfolgreicher war später der Chemiker Mentzel, der schon als Student in die NSDAP, SA und später SS eingetreten war und sich 1933 mit einer wehrchemischen Arbeit habilitiert hatte. Nach einem Intermezzo am Haberschen KWI brachte er es nach seiner Berufung in die Hochschulabteilung 1934 bis zum Amtschef im Range eines Ministerialdirektors, 1937 dann zum Präsidenten der Forschungsgemeinschaft und Vizepräsidenten der KWG.[29]

Weniger ist über die Professoren Achelis und Gerullis bekannt, die für Habers Institut entscheidend werden sollten. Der Physiologe Johann Daniel Achelis, geb. am 7. 6. 1898 in Göttingen, hatte sich 1926 in Leipzig habilitiert und wurde dort fünf Jahre später außerordentlicher Professor. Das Fach von Georg Gerullis, geb. am 13. 8. 1888 in Jogauden/Kreis Tilsit, war die baltische Philologie. Gerullis hatte sich 1919 in Königsberg habilitiert und war drei Jahre später ebenfalls in Leipzig planmäßiger außerordentlicher Professor geworden. Beiden Männern war über ihren Status als Extraordinarien und den Hochschulort Leipzig hinaus gemeinsam, daß sie nach der nationalsozialistischen Machtergreifung aus der Universität in das preußische Kultusministerium kamen, allerdings auch ebenso plötzlich, wie sie gekommen waren, nach kurzer Zeit wieder verschwanden: Gerullis war als Ministerialdirektor in der Hochschulabteilung (U I) Nachfolger von Hugo Krüss und Werner Richter; er schied bereits im Oktober 1933 aus dem Ministerium aus. Achelis war seit März 1933 als Ministerialrat und Personalreferent ebenfalls in der Hochschulabteilung tätig, wo er bis September 1934 blieb. In beiden Fällen sollte dem Intermezzo im Kultusministerium die Berufung zum Ordinarius folgen: Achelis in Heidelberg, Gerullis in Königsberg.[30] Beide Extraordinarien nutzten offenbar die Machtergreifung, sich im Ministerium im Sinne der neuen Machthaber zu ‹bewähren› und damit endlich die ersehnte ordentliche Professur zu erhalten. Sie verkörperten den Typus jener «sitzengebliebene[n] und mißvergnügte[n] Privatdozenten», wie Glum sie nannte, die dann als Ordinarien des neuen Regimes an die Hochschulen gingen.[31] So sollte z. B. Achelis, der erst seit dem 1. 5. 1933 NSDAP-Mitglied war, später in der Heidelberger Akademie eine steile Karriere machen. Gerullis, Parteimitglied seit 1931, wurde schließlich Rektor der Universität Königsberg.[32]

Zunächst ergriff Personalreferent Achelis, der als «Architekt der ‹Säuberung›» der deutschen Hochschullandschaft gilt[33], Maßnahmen gegenüber dem Haberschen Institut, die über die Bestimmungen des Beamtengesetzes vom April hinausgingen. Die Quellen schweigen darüber, ob er aus eigener Initiative handelte oder aber im Auftrag. Während jedenfalls das Gesetz eine Durchführungsfrist bis zum 30. September 1933 gesetzt[34] und die KWG selbst noch gar keine eigenen Durchführungsvorschriften erlassen hatte, drohte Achelis am 21. April dem 1. Geschäftsführer der KWG, Lukas von Cranach, anstelle des Präsidenten der Gesellschaft einen Staatskommissar einzusetzen, wenn am KWI für physikalische Chemie nicht Konsequenzen aus der neuen Lage gezogen würden. Nur so seien «führende Juden» zu halten.[35] Diese Äußerung wurde dem KWI-Direktor nachrichtlich durch Cranach, in aller Form noch am selben Tag durch Schmidt-Ott mitgeteilt, der in seiner Eigenschaft als 2. Vizepräsident der KWG den bis Monatsende in Sizilien urlaubenden Planck vertrat. Demnach hielt es der Personalreferent für «untragbar», wenn das physikalisch-chemische Institut nach den Osterferien in der gegenwärtigen Zusammensetzung wiedereröffnet werde.[36] Wegen der Übergriffe gegen jüdische Mitarbeiter am KWI für medizinische Forschung am 7. 4. waren die Ferien auf Anordnung der Generalverwaltung vorverlegt worden, und Haber hatte sie in Reaktion auf die unklare beamtenrechtliche Situation bis zum 30. April verlängert.[37] Da erstmals der 1. Mai als «Feiertag der nationalen Arbeit» arbeitsfrei war, hieß das, daß das physikalisch-chemische KWI am 2. Mai den Forschungsbetrieb nicht wiederaufnehmen konnte, wenn nicht schon zuvor damit begonnen wurde, jüdische Mitarbeiter zu entlassen.

Diese Anordnung galt nicht, wie Haber mit Bitterkeit vermerkte, für die Gesamtheit der KWI, sondern das seine Aufgabe übererfüllende Kultusministerium nahm das Habersche Institut als Sonderfall aus dem Verband der KWG heraus.[38] Zwar war es hier zu keinen gewaltsamen Übergriffen und tumultuarischen Zuständen wie an einigen anderen KWI gekommen, doch war bekannt, daß Haber eine verhältnismäßig große Anzahl jüdischer Mitarbeiter beschäftigte. Nach einer später im Zuge der Durchführung des Beamtengesetzes zusammengestellten Liste der Generalverwaltung waren von seinen 49 etatisierten Mitarbeitern 12, also ein Viertel, nicht arisch im Sinne des Gesetzes, darunter der Direktor, die beiden Abteilungsleiter, ein auswärtiges wissenschaftliches Mitglied, fünf Assistenten und drei nichtwissenschaftliche Angestellte.[39] In diesen Zahlen nicht enthalten sind die nichtetatisierten Mitarbeiter und Doktoranden, die entweder unbesoldet waren oder aus Drittmitteln der Industrie bzw. der Rockefeller Foundation finanziert wurden, denn mit ihnen zusammen hatte das Institut 74 wissenschaftliche und technische Angehörige.[40] Denunziationen[41] mögen das Kultusministerium darin bestärkt haben, das Habersche Institut auszuwählen, um einen Modellfall nationalsozialistischer Wissenschaftspolitik vorzuführen.

Vielleicht ging es auch primär gar nicht um den relativ hohen Anteil jüdischer Mitarbeiter am Haberschen Institut, wie die historische Forschungsliteratur im allgemeinen annimmt, sondern das Ministerium nutzte geschickt diese Tatsache aus, um ein ganz anderes Ziel zu befördern. Glum erinnerte in seinen Memoiren daran, daß Rust «außerordentlich militärfromm» war und sich bemühte, den Interessen des Reichswehrministeriums nachzukommen, nicht zuletzt auch, um sich dort politischen Rückhalt zu verschaffen. Deshalb «poussierte» er auch mit dem nationalsozialistischen General Karl Becker.[42] Wie die wenigen erhaltenen Quellen in der Tat dokumentieren, stand Theodor Vahlen seit Anfang April in Kontakt mit Becker vom Heereswaffenamt, um eine stets geheimnisvoll umschriebene «zur Behandlung stehende Angelegenheit» nach Kräften zu fördern. Es handelte sich dabei um das besondere Arbeitsgebiet des außerordentlichen Professors für anorganische Chemie in Göttingen, August Gerhart Jander. Das aktive NSDAP-Mitglied führte dort seit 1926 mit zwei weiteren Mitarbeitern geheime militärchemische Arbeiten im Auftrag des Reichswehrministeriums durch. Zur Tarnung veröffentlichten sie gelegentlich rein wissenschaftliche Abhandlungen auf ganz anderen Gebieten. 1931 wurde Hitler im Braunen Haus ausführlich über die «Themen der bewussten Richtung» Janders informiert, und er sagte für den Fall der nationalsozialistischen Machtübernahme seine wohlwollende Förderung zu. Rust, Mentzel wie auch das Reichswehrministerium waren nun damit befaßt, Jander eine geeignetere Forschungsstätte zu verschaffen als das Göttinger Laboratorium.[43]

Es gibt mehrere Indizien dafür, daß sie bei ihrer Suche schon vor dem April 1933 ein Auge auf das Habersche KWI geworfen hatten.[44] Haber selbst hatte «in den vergangenen Jahren gelegentlich und in letzter Zeit öfters» die indirekte oder direkte Anregung aus Militärkreisen erhalten, sein Institut wieder in den Dienst von Gaskampf und -schutz zu stellen wie im Ersten Weltkrieg. Er war stets «ausgewichen», verwies darauf, daß ein Villenvorort wie Dahlem für ein Gasinstitut denkbar ungeeignet, die Geheimhaltungspflicht in einer Einrichtung bei gleichzeitiger Fortsetzung wissenschaftlicher Friedensarbeit kaum zu wahren sei, und schlug statt dessen den Gasplatz Breloh vor.[45] Die Zukunft sollte zeigen, daß es aber durchaus das Habersche KWI in Dahlem sein mußte. Vor diesem Hintergrund bot es sich geradezu an, das bisherige Institutspersonal mit Hilfe des Arierparagraphen vergleichsweise leicht loszuwerden, danach Jander und seine Mitarbeiter einzustellen und über diesen ‹personellen Umweg› den Forschungsschwerpunkt des Instituts relativ unauffällig auf militärchemische Arbeiten auszurichten.

Während über die Beweggründe des Ministeriums keine restlose Klarheit zu erhalten ist, lassen sich die Auswirkungen von Achelis' Initiative vergleichsweise gut nachzeichnen. Der KWI-Direktor führte mit Schmidt-Ott mehrere Gespräche: zwei persönliche am 21. und 22. April sowie ein telefonisches am folgenden Nachmittag. Ferner verhandelte er in diesen Tagen nachweislich auch mehrfach persönlich und telefonisch mit dem aus dem Urlaub herbeizitierten Glum, persönlich z. B. am 24. April. Es ist also nicht zutreffend, wenn der Generaldirektor in seinen Erinnerungen behauptete, er sei in dieser Angelegenheit von beiden Seiten übergangen worden, andernfalls hätte er versucht, sie über das Reichsinnenministerium in Ordnung zu bringen.[46] Der Inhalt der Unterredungen, vor allem die Haltung Habers, läßt sich aus zwei ausführlichen Briefen an Schmidt-Ott und einem zehnseitigen Schreiben an Glum erschließen.[47] Die Linie der KWG-Spitze war, wie der Generaldirektor es später treffend bezeichnete, die der «Selbstgleichschaltung»: Man versuchte, durch freiwillige übergenaue Erfüllung der Vorschriften die Einsetzung eines Staatskommissars zu vermeiden, Planck als Präsidenten zu halten und als Gesellschaft handlungsfähig zu bleiben. Bezogen auf das Beamtengesetz bedeutete dies, daß die angeordneten Maßnahmen auf der unteren und mittleren Personalebene konsequent durchgesetzt wurden, um auf der anderen Seite Spitzenwissenschaftler wie Haber nicht zu verlieren.[48] Schmidt-Ott wie Glum drängten nun den KWI-Direktor in diesem Zusammenhang, der Aufforderung aus dem Ministerium umgehend nachzukommen und die «Zusammensetzung» seines Instituts noch vor dessen Wiedereröffnung zu ändern, selbst aber im Amt zu bleiben.

Genau das machte Haber nicht. Eine große Rolle für seine Haltung spielte dabei die Tatsache, daß, wie er seinem Sohn wenig später schrieb, es ihm als einzigem KWI-Direktor «in aller Form zugemutet» wurde, sein Institut nicht ohne sofortige Entlassungen zu eröffnen.[49] Diese Wendung implizierte auch Kritik am Vorgehen Schmidt-Otts und Glums, die das KWG-Präsidium zum Handlanger der ‹förmlichen Zumutung› von seiten des Ministeriums gemacht hatten. Ihre Unterredungen mit Haber liefen entsprechend kontrovers ab, wie die erhaltenen Briefe trotz gewahrter Höflichkeit ahnen lassen. In eben der Zusammensetzung seines KWI nämlich sah Haber den wichtigsten Ausdruck seiner persönlichen Verantwortung als Direktor. Er bestand daher gleich zu Anfang der Affäre auf seiner «Pflicht», die verlangten personellen Veränderungen selbst vorzunehmen, weil er «die im wissenschaftlichen und menschlichen Interesse wichtigen Gesichtspunkte am besten kenne»; danach jedoch habe er «das unabänderliche Bedürfnis», aus dem Amt zu scheiden. Schmidt-Ott konnte trotz heftiger Bemühungen Haber nicht davon abbringen, um seinen Rücktritt zu ersuchen, überredete ihn aber immerhin dazu, sein förmliches Abschiedsgesuch nicht sofort einzureichen. Haber versuchte also anfänglich genau das Gegenteil dessen, was die KWG-Spitze anstrebte. Während diese alles daran setzte, jüdische Mitarbeiter auf unterer und mittlerer Ebene zu entlassen, um Spitzenforscher zu halten, ging er den umgekehrten Weg. Er überreichte die vom 21. und 22. April 1933 datierten Schreiben seiner Abteilungsleiter, der wissenschaftlichen Mitglieder Herbert Freundlich und Michael Polanyi, die um die Versetzung in den Ruhestand zum 30. September d. J. baten, und stellte sein eigenes Abschiedsgesuch in naher Zukunft in Aussicht. Durch das Abtreten der Institutsspitze, so argumentierte er, erledigten sich weitere Schritte «nahezu selbsttätig».[50]

Die durch «die Gewalt der Zeitumstände» erpreßten Rücktrittsgesuche der drei führenden Wissenschaftler des Instituts hatten einen anderen rechtlichen Charakter als eine Kündigung, und zwar unabhängig davon, ob die Dienststelle oder sie selbst kündigten. Während Gekündigte nach Ablauf der Kündigungsfrist ohne Ansprüche aus dem Dienst schieden, schloß die Versetzung in den Ruhestand Bezüge aus der vorangegangenen Tätigkeit ein. Das Gesetz zur Wiederherstellung des Berufsbeamtentums verfügte zwar einschneidende Eingriffe beim Ruhegeld, doch fanden sie auf die drei Wissenschaftler keine Anwendung. Freilich waren sie realistisch genug, damit zu rechnen, daß ihnen durch eine weitere Gesetzesänderung die Bezüge aberkannt werden könnten. Auch war im Falle der beiden Abteilungsleiter denkbar, daß die KWG den Ruhestand verweigern und sie zwingen könnte, eine Kündigung einzureichen.[51] Unter diesen Umständen hatte die auf den ersten Blick absurde Tatsache durchaus ihren Sinn, daß der Fragebogen, den Haber für die Durchführung des Beamtengesetzes ausgefüllt hatte, trotz seines Rücktritts im Kultusministerium auf dem normalen Dienstweg bearbeitet wurde. Obwohl «100 % nichtarisch» war er demnach «Geschützt als Vorkriegsbeamter» und daher «Nicht zu entlassen». «Nichts zu veranlassen» entschied schließlich der Minister mit Blick auf die Berechnung des Ruhegelds.[52]

Die Abschiedsgesuche hatten jedoch vor allem Signalcharakter als Ausdruck des Protests gegen die verfügten Maßnahmen. Freundlichs und Polanyis Einsatz im Weltkrieg nahm sie von den Bestimmungen des Beamtengesetzes eigentlich aus; zum mindesten hätte, wenn sie es darauf angelegt hätten zu bleiben, überprüft werden müssen, ob ihre Kriegstätigkeit dem Frontdienst gleichzusetzen war. Freundlich hatte im Krieg an der Seite Habers die Abteilung F des KWI zur Überwachung der Fabrikation von Atemfiltern geleitet, der gelernte Mediziner Polanyi war Sanitätsoffizier der österreichisch-ungarischen Armee gewesen. Letzterer, von Geburt Ungar, hatte im Krieg die österreichische Staatsangehörigkeit erworben, zählte also obendrein als Ausländer, auf den die Bestimmungen nicht anzuwenden waren.[53] Aber wie Haber wollten auch seine Abteilungsleiter keine Vergünstigungen vom nationalsozialistischen Regime. Polanyi hatte bereits 1932 äußerst sensibel reagiert, als im Zuge einer Art ideologischer Selbstgleichschaltung noch vor Hitlers Ernennung zum Reichskanzler Hochschullehrer aus rassischen und/oder politischen Gründen entlassen worden waren.[54] Er hatte daraufhin im November 1932 zehn führende Wissenschaftler, unter ihnen Max Planck und Erwin Schrödinger, zu einer privaten Besprechung eingeladen, um einen gemeinsamen Protest gegen die Entlassungen zu organisieren. Zwar stimmten damals alle Polanyis grundsätzlicher Beurteilung zu, doch führte seine Initiative zu nichts. Trotzdem zögerte Polanyi, als er noch im selben Jahr einen Ruf an die Universität Manchester erhielt. Er war unglücklich, aus Berlin wegzugehen, wollte sich Rückkehrmöglichkeiten nach Deutschland offenhalten, während Haber ihn angesichts der politischen Entwicklung drängte anzunehmen. Polanyi sagte offenbar noch im Januar 1933 in Manchester ab, revidierte die Absage jedoch in der Situation des Aprils 1933 und folgte dem Ruf.[55]

Mit dem Rücktritt der renommierten Spitzenwissenschaftler seines Instituts versuchte Haber nicht zuletzt, Zeit zu gewinnen, um auf diese Weise die weniger oder gar nicht bekannten Wissenschaftler möglichst lange halten zu können. Er wußte nur zu gut, wie schwierig und langwierig es werden würde, ihnen in der fortdauernden Weltwirtschaftskrise Arbeitsmöglichkeiten im Ausland zu verschaffen. Weder zuvor noch danach waren die Chancen ausländischer Universitäten, hervorragende Wissenschaftler quasi zu «Discountpreisen» zu verpflichten, so günstig wie 1933.[56] Nur international bekannte Gelehrte wie Freundlich oder Polanyi hatten es vergleichsweise leicht. Polanyi hatte den Ruf nach Manchester ja bereits in der Tasche. Im Falle des Kolloidchemikers Herbert Freundlich vermittelte Habers guter Bekannter Donnan umgehend eine Einladung des University College in London; die Imperial Chemical Industries sagten zu, Freundlichs dortige Tätigkeit als Honorary Research Associate fünf Jahre lang zu finanzieren.[57] Freundlich verließ Deutschland bereits vorzeitig Ende Juli 1933.[58]

Das unvermittelte Abtreten der gesamten Institutsspitze war nun allerdings das Gegenteil dessen, was Schmidt-Ott und Glum wollten. Glum wurde im Kultusministerium vorstellig, um herauszufinden, ob der Referent vielleicht nur eine persönliche Bemerkung gemacht hatte, ob also ein Mißverständnis vorlag. Dem stand entgegen, daß sich die Nachricht, welche Aufforderung an Haber ergangen war, in Windeseile bereits an der Universität herumgesprochen hatte. Haber selbst versteifte sich nun darauf, strikt als preußischer Staatsbeamter zu handeln: Er könne der ihm förmlich mitgeteilten Weisung seiner Dienstaufsichtsbehörde nicht zuwider handeln, es sei denn, Präsident oder Vizepräsident der KWG erteilten ihm eine andere Aufforderung.[59] Doch das konnten und wollten diese nicht tun, im Gegenteil: Unter dem Hinweis, daß Kündigungen und Beurlaubungen sofort ausgesprochen werden könnten, forderte die Generalverwaltung am 27. 4. die Institute der KWG zur Überprüfung ihrer Mitarbeiter auf.[60] Von Haber verlangten Glum und Schmidt-Ott sofortige Maßnahmen, die über den Rücktritt der Institutsspitze hinausgingen. Der KWI-Direktor kündigte daraufhin zwei Tage später den beiden etatmäßig angestellten Assistenten Ladislaus Farkas und Leopold Frommer.[61] Das Schreiben ließ durch seine Formulierungen keinen Zweifel daran, daß die Kündigung im Gegensatz zu den wissenschaftlichen Verdiensten der Betroffenen stand und nur unter Zwang erfolgte.[62]

Haber selbst bat mit Datum vom 30. April 1933 Kultusminister Rust, ihn zum 1. Oktober d. J. als Direktor des KWI wie als Ordinarius der Berliner Universität in den Ruhestand zu versetzen. Das Datum, zu dem er ausscheiden wollte, ergab sich aus dem Termin, den das Beamtengesetz zur Durchführung der Maßnahmen vorschrieb. Nach dem Zeugnis seines Assistenten Hartmut Kallmann war Haber noch am Vorabend zu einer Unterredung ins Ministerium zitiert worden, in deren Verlauf er gewarnt wurde, vorsichtig zu sein, denn man könne auch anders mit ihm verfahren.[63] Am 30. April vormittags hatte er noch eine mündliche Besprechung mit dem endlich aus dem Urlaub zurückgekehrten Max Planck. Planck versuchte, ihn umzustimmen, doch ohne Erfolg: Haber schickte mittags sein Gesuch per Einschreiben ab.[64] Mit Verweis auf die inhaltlich dekkungsgleichen Gesuche Freundlichs und Polanyis begründete er seinen Entschluß

«[...] aus dem Gegensatze der Tradition hinsichtlich der Forschung, in der ich bisher gelebt habe, zu den veränderten Anschauungen, welche Sie, Herr Minister, und Ihr Ministerium als Träger der grossen derzeitigen nationalen Bewegung vertreten. Meine Tradition verlangt von mir in einem wissenschaftlichen Amte, dass ich bei der Auswahl von Mitarbeitern nur die fachlichen und charakterlichen Eigenschaften der Bewerber berücksichtige, ohne nach ihrer rassenmässigen Beschaffenheit zu fragen. Sie werden von einem Manne, der im 65. Lebensjahre steht, keine Änderung der Denkweise erwarten, die ihn in den vergangenen 39 Jahren seines Hochschullebens geleitet hat, und Sie werden verstehen, dass ihm der Stolz, mit dem er seinem deutschen Heimatlande sein Leben lang gedient hat, jetzt diese Bitte um Versetzung in den Ruhestand vorschreibt.»[65]

Habers Rücktrittsgesuch wurde nach dem Zweiten Weltkrieg vielfach abgedruckt[66] und gilt zu Recht als eines der wenigen Zeugnisse aufrechter Haltung deutscher Wissenschaftler zu Beginn der NS-Diktatur. Wiewohl das Schreiben zeitgenössisch natürlich nicht publiziert wurde und Haber die Presse bewußt nicht über seinen Inhalt unterrichtet hatte, wurde es doch schnell publik. Die Zeitungen begründeten den Rücktritt vielfach mit gesundheitlichen Gründen, einem Gerücht, dem Haber stets energisch entgegentrat.[67]

Glum und Schmidt-Ott wollten unter dem Eindruck der Folgewirkungen ihrer Forderung nach Sofortmaßnahmen auf einmal nur noch ein Mißverständnis sehen, das unter dem Druck der Äußerungen von Achelis entstanden sei, und der resignierte Haber ließ sie bei ihrer Meinung.[68] Umgehend reagierten 39 nicht vom Beamtengesetz betroffene wissenschaftliche und technische Mitarbeiter des KWI: Sie bekundeten am 4. Mai in einem gemeinsamen Schreiben an Planck ihr tiefstes Bedauern über die Abschiedsgesuche ihres Direktors und der beiden Abteilungsleiter. Ferner erklärten sie ihre Bereitschaft, ihrerseits alles zu tun, um die drei mindestens noch für eine gewisse Zeit dem Institut zu erhalten. Für die gekündigten Kollegen erbaten sie die Vermeidung von Härten und die Möglichkeit, wenigstens ihre laufenden wissenschaftlichen Arbeiten noch zu Ende bringen zu können.[69] Dies war nun zwar keine grundsätzliche Opposition gegen die gesetzlich verfügte Entlassung jüdischer Mitarbeiter; wohl aber verweigerten die 39 ihre Zustimmung zu den Maßnahmen, drückten ihr Bedauern aus und gaben ihre Haltung der vorgesetzten Dienststelle bekannt. Die von den Nationalsozialisten häufig inszenierte Mobilisierung des Volkszorns von unten, mit dem sie ihr Vorgehen gegen die Juden dann legitimierten, gelang im Haberschen Institut nicht.

Aber auch über das KWI hinaus wurde Habers Abschiedsgesuch schnell bekannt. Er selbst ließ Abschriften seines Gesuchs dem Rektor der Berliner Universität und auch dem Dekan der philosophischen Fakultät zukommen, der es dann am 4. Mai in der Fakultätssitzung verlas.[70] Später versandte er vertraulich weitere Abschriften an Bekannte und Verwandte, um seine Haltung zu dokumentieren. Er machte dabei die Erfahrung, daß gerade seine ‹arischen› Kollegen den Rücktritt als «würdigen Widerstand» gegen die Maßnahmen betrachteten.[71]

Die Bemühungen Max Plancks

Gelegentlich sind in der Literatur Zweifel geäußert worden, ob der KWI-Direktor es mit seinem Gesuch wirklich ernst gemeint hatte. Er habe vielmehr darauf spekuliert, heißt es, daß die Nazis es ablehnen und sich konzessionsbereit zeigen, ja sogar das Institut von den Bestimmungen des Gesetzes ausnehmen würden.[72] Haber war in der Tat hin und hergerissen: Seine Selbstachtung ließ nicht zu, von den Ausnahmeregelungen für seine Person Gebrauch zu machen, aber anderen, die wegen ihres geringeren Alters oder aus sonstigen Gründen keinen Militärdienst geleistet hatten, zu kündigen; eine «gehorsame Hinnahme der Versetzung in das Ghetto», wie er es ausdrückte, kam nicht in Frage.[73] Trotz verstärkter Herzkrämpfe empfand er seinen Entschluß daher anfänglich als eine Art Befreiung.[74] James Franck wußte allerdings nur zu gut, wie schwer es seinem Freund werden würde, sein Lebenswerk mit seinem Institut demontiert zu sehen.[75] Er sollte recht behalten. Bereits nach kurzem gestand Haber Willstätter seine täglich wachsende Verbitterung ein, die ihm körperliche wie seelische Qualen bereite.[76] Max Planck machte ihm deutlich, daß der eingeschlagene Weg nicht seinen Beifall fand[77], und Haber wurde schwankend. Freilich bestand die Möglichkeit, daß der Minister dem Gesuch nicht stattgab, wozu er nach geltendem Beamtenrecht nicht verpflichtet war. Er konnte Haber vielmehr anweisen, im Amt zu bleiben.

Das war die Stelle, an der Max Planck ansetzte. Er bemühte sich, was Haber auch wußte und persönlich hoch schätzte, vehement darum, das Ministerium dazu zu bewegen, den KWI-Direktor nicht aus dem Amt zu entlassen.[78] Er begab sich gleich Anfang Mai persönlich zu Ministerialdirektor Gerullis und zum Staatssekretär und kehrte mit dem Eindruck zurück, man wolle Haber «goldene Brücken» bauen, damit er im Amt bleibe. Planck teilte ihm diesen Eindruck umgehend mit und gab ihm den Rat, keinesfalls «durch widerstrebende eigene Erklärungen» diese Bereitwilligkeit zu konterkarieren.[79] Haber gab nach: Am 4. Mai erklärte er Planck, er sei bereit, mit dem Ministerium einen «Ausgleich» einzugehen. Worin dieser Ausgleich bestand, ist unbekannt. Haber formulierte offenbar Bedingungen, die er Planck vorlegte und die dieser «für das Ministerium als annehmbar» bezeichnete.[80] Was Planck allerdings nicht wissen konnte, war, daß Habers Abschiedsgesuch zu diesem Zeitpunkt weder dem erkrankten Minister noch seinen Beamten bekannt war. Nachdem Rust das Schreiben gelesen hatte, waren jedenfalls alle ‹goldenen Brücken› abgerissen, wenn sie denn je bestanden hatten. Der Minister stieß sich vehement an Habers Begründung, seine wissenschaftliche Tradition gebiete ihm die Auswahl seiner Mitarbeiter nach fachlicher und charakterlicher Eignung, nicht aber nach der Rasse. Er war darüber so erbost, daß er an die Öffentlichkeit trat und zweimal gegen Haber Stellung nahm. Er verbaute damit jede Möglichkeit einer Verständigung.[81]

Am 6. Mai hielt Rust aus Anlaß des neuen Studentenrechts eine in der Presse publizierte Rede in der Berliner Universität, in der er das Schreiben eines ‹bekannten Professors des Kaiser-Wilhelm-Instituts› erwähnte, der sich hinsichtlich der Zusammensetzung seiner Mitarbeiter keine Vorschriften machen lassen wollte. Rust beteuerte mit infamer Scheinheiligkeit, er empfinde «persönlich tief die Tragik von Menschen, die innerlich zur deutschen Volksgemeinschaft sich rechnen wollen und an ihr mitgearbeitet haben». Nichts sei ihm «saurer», als Männer beurlauben zu müssen, die ihm als Einzelpersönlichkeiten keinen Anlaß dazu gegeben hätten. Er sei jedoch «nicht berechtigt», die verordneten Maßnahmen nicht auszuführen, müsse die Gesetze des deutschen Volkes aus prinzipiellen Gründen durchsetzen, um das Verhältnis von Nichtariern zu Ariern an den deutschen Hochschulen sowohl unter den «Führern», sprich: Professoren, wie unter den «Geführten», sprich: Studenten, wiederherzustellen. In einer weiteren, etwas freundlicheren Äußerung vor der Presse nannte er Haber sogar beim Namen, nahm aber ebenfalls gegen ihn Stellung.[82] Die wiederholt verwendeten Passivkonstruktionen der Rede in der Universität sind gelegentlich so interpretiert worden, als habe Rust die Verantwortung für die Entlassungspolitik nur widerstrebend übernommen.[83] Ob nun unter Zugzwang oder nicht: Der Minister verbaute durch sein öffentliches Vorpreschen jeden internen Verhandlungsspielraum. Umgekehrt bestand nun aber auch für Haber keine Möglichkeit mehr, seine Bitte um Versetzung in den Ruhestand zu modifizieren, «denn jetzt würde ich davon Unehre haben.»[84] Unter diesen Umständen konnte das von Planck eingefädelte Gespräch Habers mit Gerullis am 8. Mai auch keine Änderungen mehr ergeben, obwohl dieser im Ersten Weltkrieg Gasoffizier gewesen war und auch an einem Kurs an der von Haber eingerichteten und unter seiner Dienstaufsicht arbeitenden Heeresgasschule teilgenommen hatte. Er war also über die Verdienste des KWI-Direktors und die Rolle seines Instituts im Weltkrieg unterrichtet und persönlich geneigt, eine gütliche Einigung zu finden, was nun durch Rusts Schritt an die Öffentlichkeit unmöglich geworden war, im Gegenteil: Der erboste Minister drohte sogar damit, den KWI-Direktor noch vor dem 1. Oktober zu beurlauben.[85]

Demgegenüber machte sich Planck doch noch Hoffnungen, etwas ändern zu können. Offenbar sprach er zunächst mit Rust selber, der ihm jedoch zur Antwort gab, der Jude Haber sei für ihn erledigt.[86] Jetzt konnte sich Planck nur noch nach ganz oben wenden: an den Reichskanzler persönlich, denn nur dieser konnte jetzt den Minister anweisen, Habers vorzeitige Versetzung in den Ruhestand nicht zu genehmigen. Der Besuch des KWG-Präsidenten bei Adolf Hitler, der am 16. Mai 1933 stattfand, war bereits in den dreißiger und vierziger Jahren durch vielfältige Gerüchte und Erzählungen einem breiteren Publikum bekannt, bevor Max Planck selbst die Audienz im Mai 1947 in den Physikalischen Blättern schilderte.[87] Der Planck-Bericht ist die einzige Quelle, die den Verlauf der Unterredung schildert. Demnach nutzte der KWG-Präsident, der dem Reichskanzler seine «Aufwartung zu machen» hatte, die Gelegenheit, «um ein Wort zu Gunsten meines jüdischen Kollegen Fritz Haber einzulegen». Auf Hitlers Entgegnung, alle Juden seien Kommunisten und diesen gelte sein Kampf, wandte Planck nach eigenen Worten ein, man müsse doch zwischen «für die Menschheit wertvolle[n] und wertlose[n]» Juden unterscheiden, «unter ersteren alte Familien mit bester deutscher Kultur». Es käme einer «Selbstverstümmelung» gleich, «wenn man wertvolle Juden nötigen würde auszuwandern, weil wir ihre wissenschaftliche Arbeit nötig brauchen und diese sonst in erster Linie dem Ausland zugute komme.» Hitler dagegen ließ sich demnach nicht auf Plancks Argumentation ein, sondern beharrte darauf, ausnahmslos gegen alle Juden vorzugehen. Schließlich habe er sich in eine solche Wut hineingesteigert, daß sich der KWG-Präsident verabschieden mußte.

Plancks Bericht weist, quellenkritisch betrachtet, dieselbe Stärke wie Schwäche auf: Er wurde durch einen der beiden einzigen Gesprächspartner verfaßt. Er fand seitdem Eingang in zahlreiche wissenschaftshistorische Arbeiten und Biographien jener Zeit und galt stets als Dokument der Opposition eines deutschen Wissenschaftlers gegen das NS-Regime. Der Bericht beeinflußte in diesem Sinne das heroisierte Bild, das sich die Nachwelt von der Rolle Plancks im Nationalsozialismus machte. Schon die vorgenommene Unterscheidung zwischen wertvollen und wertlosen Juden und die daraus abgeleitete Schlußfolgerung lassen Zweifel an der moralischen Unanfechtbarkeit von Plancks Position aufkommen, wenngleich man einräumen könnte, daß er sich aus gesprächstaktischen Gründen auf das argumentative Niveau Hitlers einließ, um sein Ziel zu erreichen. Trotzdem wurde erst in jüngster Zeit von Herbert Mehrtens ein Perspektivenwechsel angeregt, den Planck-Bericht eher als Dokument für das Jahr 1947 als für 1933 zu lesen. Helmuth Albrecht stellte sich dieser Aufgabe in einer gründlichen quellenkritischen Studie, die nicht nur Entstehungs- und Wirkungsgeschichte des Berichts mustergültig analysierte, sondern auch das Planck-Hitler-Treffen vom Mai 1933 kritisch rekonstruierte.[88]

Albrecht konnte nachweisen, daß die Authentizität der im Bericht wörtlich wiedergegebenen Zitate sehr zweifelhaft ist, ja sogar die Verfasserschaft Plancks nur mit Einschränkungen feststeht. Nach Ausweis der Akten der Reichskanzlei hatte der 75jährige KWG-Präsident am 2. Mai in einem Schreiben, in dem er sich für die Geburtstagswünsche Hitlers bedankte, um eine Unterredung «über die augenblickliche Lage und die weiteren Pläne der Gesellschaft» gebeten, also zu einem Zeitpunkt, als er im Falle Habers noch ‹goldene Brücken› zu erkennen glaubte. Nach einer kurzen Korrespondenz zwischen Glum und dem zuständigen Staatssekretär Lammers wurde der Termin dann auf den 16. Mai festgelegt. Entgegen seinem eigenen Bericht, der nur auf das Scheitern in der Frage der Entlassung jüdischer Wissenschaftler abhob, ging es Planck also in erster Linie um die Absicherung der künftigen Entwicklung der Gesellschaft. Und in diesem Fall hörte der KWG-Präsident offenbar durchaus Erfreuliches: Hitler sagte ihm zu, so das früheste überlieferte Zeugnis des Treffens, nämlich ein Brief Werner Heisenbergs an Max Born vom 2. 6. 1933, über das Beamtengesetz hinaus nichts zu unternehmen, was «unsere Wissenschaft» erschweren würde.[89] Das hieß aber auch, daß die größte Gefahr, die die KWG-Spitze für die Gesellschaft befürchtete, nämlich die Einsetzung eines staatlichen Kommissars, gebannt war und die Gesellschaft ihre Eigenständigkeit bewahren konnte.

Heisenbergs Darstellung genießt den Vorteil einer Überrestquelle aus unmittelbarer zeitlicher Nähe und erscheint durchaus plausibel. Sie widerspricht auch nicht Plancks zweifellos vorhandener Intention, Hitler auf die Probleme der Entlassungspolitik hinzuweisen und besonders den Fall Haber zu besprechen. Allerdings war es das vorrangige Ziel des Präsidenten, in der Unterredung Garantien zu erwirken, um die Eigenständigkeit der KWG zu bewahren und, als dies durch Hitlers positive Reaktion gewährleistet schien, nicht etwa durch das Insistieren auf dem Verbleib Habers wieder zu gefährden. Diese Linie entsprach auch Plancks konservativem Politikverständnis, das von einer strikten Trennung der Sphären von Staat und Wissenschaft ausging. Wie das Manifest der 93 im Weltkrieg gezeigt habe, so äußerte sich Planck einmal, sei gerade die deutsche Wissenschaft nicht fähig und daher auch nicht berufen, in die Politik einzugreifen und sie zu gestalten. Sie könne nur auf ihrem Gebiet wirken; politisch dagegen versage sie.[90] Daraus leitete sich eine grundsätzlich staatsloyale Haltung ab, der Widerstand gegen die Obrigkeit fremd war, zumal die Regierung, was nicht vergessen werden sollte, zu jener Zeit noch von einer Parteienkoalition getragen wurde. Entsprechend empfand Planck nach eigenen Worten den Nationalsozialismus als einen Sturm, demgegenüber man nichts anderes tun könne als «uns beugen wie die Bäume im Wind».[91] Ein Denken, das die Sphären der einzelnen gesellschaftlichen Teilsysteme strikt trennte, gebot einerseits, die Forderungen der Politik loyal zu erfüllen, allerdings auch, die Eigenständigkeit der Wissenschaft zu bewahren, im Falle der KWG also die Einsetzung eines staatlichen Kommissars zu vermeiden und die Organe der Gesellschaft funktionsfähig zu erhalten. Im Interesse dieses Zieles setzte Planck die Linie fort, welche die Generalverwaltung (unter ihnen die «Märzgefallenen» Telschow und Cranach) in seiner Abwesenheit vertreten hatte und die Glum später so trefflich als die der «Selbstgleichschaltung» bezeichnete. Über verbale Loyalitätsbekundungen hinaus akzeptierte Planck bereits am 5. Mai die NS-Betriebszellen als «rechtliche Vertretung der Institute», und eine Woche später begann die Gesellschaft mit der Durchführung der Bestimmungen zur Wiederherstellung des Berufsbeamtentums. Sie säuberte noch bis zum Ende desselben Monats ihre Leitungsgremien von politisch und rassisch ‹unerwünschten› Mitgliedern und entließ bis Jahresende die Hälfte ihrer jüdischen Mitarbeiter.[92] Auf dieser Linie lag es wohl auch, daß der KWG-Präsident nicht den politisch gangbaren und zu jener Zeit noch erfolgversprechenden Vorschlag Arnold Berliners aufgriff, sich an den Reichspräsidenten zu wenden, um Habers Verabschiedung zu verhindern. Der Redakteur der «Naturwissenschaften» argumentierte, daß nur Hindenburg «Haber vom Kriege her [kennt], unter dessen [sic] Augen hat Haber einen grossen Teil seiner Wirksamkeit entfaltet.»[93] Haber selbst wußte, daß es in seinem Falle Planck nur darum gehen konnte, Hitler dazu zu bewegen, seiner Versetzung in den Ruhestand nicht zuzustimmen und begrenzte Änderungen der verfügten Maßnahmen vorzunehmen, um ihn im Amt zu halten.[94] Auch in diesem begrenzten Bemühen scheiterte Planck, da Hitler sich auf eine eingehende Diskussion des Falls Haber gar nicht einließ. Außerdem war es zum Zeitpunkt der Audienz auch schon zu spät, denn bereits am Vortag, also am 15. Mai, hatte Rust telefonisch die Pensionierung des KWI-Direktors bewilligt.[95] Die schriftliche Zustimmung des Ministers ging dann am 8. Juni bei Haber ein und enthielt nur die Weisung, das Institut bis zum 1. Oktober weiter zu leiten und ordnungsgemäß dem Nachfolger zu übergeben.[96]

Weitere Rücktritte

Noch bevor Planck seinen Mißerfolg eingestehen mußte, hatte Haber weitere Konsequenzen gezogen, indem er zeitgleich aus allen Ämtern und Funktionen ausschied, die er bekleidete. Er begründete dies später gegenüber dem selber noch zögernden Georg Bredig, der durch einen freiwilligen Rücktritt den Machthabern nicht die Verantwortung für einen Hinauswurf abnehmen wollte, mit seiner Selbstachtung: Sie verbiete es einem Manne, dessen Kindern die vollen bürgerlichen Rechte wegen ihrer Abstammung aberkannt worden seien, an Ehrenrechten und -ämtern in diesem Lande festzuhalten.[97] Schon am 27. April war Haber verabredungsgemäß Richard Willstätter gefolgt, gab den Vorsitz im Vorstand des Verbands Deutscher Chemischer Vereine auf und empfahl Wilhelm Schlenk als seinen Nachfolger.[98] Am 2. Mai bat er Max von Laue, «in Rücksicht auf die Zeitumstände» seine Funktion als stellvertretender Leiter der chemisch-physikalisch-technischen Sektion des Wissenschaftlichen Rats der KWG zu übernehmen, bis Otto Hahn, seit 1932 Sektionsleiter, aus den USA zurückgekehrt wäre.[99] Eine Woche danach, am 9. Mai, erklärte Haber seinen Rücktritt aus dem Präsidium der Notgemeinschaft, um ihr durch sein Verbleiben nicht zu schaden. Er ging bei diesem Schritt noch davon aus, daß Schmidt-Ott Präsident war und blieb.[100] Als ihm kurz darauf mitgeteilt wurde, daß das Präsidium beabsichtige, in corpore zurückzutreten, nachdem Reichsinnenminister Frick Schmidt-Ott Anfang Mai aufgefordert hatte, «aus Altersgründen» seinen Platz zu räumen, schloß er sich dem gemeinsamen Schritt an. Sein Ausscheiden wurde daher in der Öffentlichkeit auch nicht als Einzelvorgehen bekannt. Haber konnte allerdings nicht umhin, Schmidt-Ott, der alles getan hatte und noch tat, um sich den neuen Machthabern zu empfehlen, auf die Ironie der Geschichte aufmerksam zu machen, die er in dessen Verdrängung erkannte:

«In der demokratischen Zeit […] habe ich Sie gelegentlich erzürnt, weil ich das Kollegialprinzip vor dem Führerprinzip bevorzugte, das Sie vertraten. Ihr Gedanke hat in der Notgemeinschaft in dieser vergangenen Zeit gesiegt und jetzt, wo er zum leitenden Staatsprinzip geworden ist, wendet sich die öffentliche Welt gegen Sie und schaltet Euer Exzellenz und mich, die wir nach Ihrem Willen gemeinsam begonnen haben, gleichzeitig aus.»[101]

Ebenfalls am 9. Mai gab Haber Planck seine Absicht bekannt, bei der anstehenden Neuordnung des KWG-Senats selbstverständlich auszuscheiden, und bat darum, ihn in diesem Zusammenhang auch aus den Kuratorien und Aufsichtsgremien zu streichen, in denen er bei einzelnen KWI und beim Harnack-Haus noch saß.[102] Kurz darauf nahm er seinen Abschied aus den Kuratorien der Physikalisch-Technischen und der Chemisch-Technischen Reichsanstalt.[103] Auch im Falle des Senats ging der individuelle Schritt Habers also im kollektiven Rücktritt des gesamten Gremiums am 18. Mai unter, der den Weg für die zwischen Generalverwaltung und Reichsinnenministerium vereinbarte personelle Reorganisation frei machte. Die Säuberung von rassisch oder politisch unerwünschten Senatoren ging auf der Ebene dieses Leitungsgremiums nicht durch äußere Eingriffe vor sich, sondern geschah gewissermaßen auf die ‹weiche› Tour, indem das Gremium von 40 auf 28 Mitglieder (plus die drei Sektionsleiter des Wissenschaftlichen Rats und der Generaldirektor) verkleinert und entsprechende personelle Umgestaltungen mit Hinweis auf die nun geringere Zahl der Senatoren begründet werden konnten. Auf diese Weise wurde auch Leopold Koppel verabschiedet, dem das Habersche Institut seine Existenz verdankte.[104]

Kopfzerbrechen bereitete Haber seine Mitgliedschaft in der Preußischen Akademie der Wissenschaften. Gerade erst hatte der Fall Albert Einsteins Aufsehen im In- und Ausland erregt. Einstein hatte bei seiner Rückkehr aus den USA Ende März seinen deutschen Reisepaß in Brüssel zurückgegeben und auch seine Stellung bei der Akademie niedergelegt. Unter Umgehung der mathematisch-physikalischen Klasse und ihrer Sekretare formulierte daraufhin der amtierende Klassensekretar, der Jurist Ernst Heymann, unter dem Druck des Kultusministeriums in einem nächtlichen Coup eine Erklärung gegen Einstein, die am 1. April als offizielle Stellungnahme der Akademie veröffentlicht wurde. Auf einer außerordentlichen Plenarsitzung, die fünf Tage später auf Betreiben Max von Laues einberufen wurde, konnte dieser jedoch mit seinem Protest nicht durchdringen. Nicht eine Stimme schloß sich seinem Antrag an, sondern das Plenum billigte nachträglich die Erklärung gegen Einstein.[105]

Haber hatte ebenfalls an jener Akademiesitzung teilgenommen, die Laue später als einen «der entsetzlichsten Eindrücke meines Lebens» bezeichnete.[106] Wie die anderen folgte auch der KWI-Direktor Laues Antrag nicht, mit dem die Akademie ihren eigenen Sekretar desavouiert hätte. Damals noch erlitt er «alle Qualen widerstreitender Pflichten», wie er Einstein schrieb; er gehorchte der Akademieräson, aber «unsere Ehre ist fleckig geworden», wie er nur zu genau wußte. Einstein, der sich weniger über den «Mangel an moralischem Format» als über das unkluge Verhalten der Akademie wunderte, reagierte, was Habers innere Konflikte anging, ausgesprochen verständnisvoll: «Es ist so ähnlich, wie wenn man eine Theorie aufgeben muß, an der man sein ganzes Leben gearbeitet hat», schrieb er ihm zurück.[107] Doch inzwischen hatte auch Haber die Konsequenz gezogen.

Die Akademie war nach der Affäre Einstein in ihrer Mehrheit offensichtlich zu keinen weiteren Aktionen dieser Art bereit. Haber hatte keinen Zweifel, daß sie den Fortbestand seiner Mitgliedschaft auch nach seinem Ausscheiden aus dem Staatsdienst wünschte und in seinem Fall zu verteidigen bereit war. Er hatte jedoch größte Bedenken dagegen, daß ein Akademiemitglied, wie manche argumentierten, durch eben diese Mitgliedschaft ipso facto die Eigenschaft eines preußischen Beamten besaß. Der pflichtbewußte Haber wollte ausdrücklich die Pflichten eines Beamten nicht weiter tragen, fürchtete er doch, in Widerspruch mit ihnen zu geraten, wenn er «irgendwann und -wie die Verteidigung der derzeitigen Reichsregierung» nicht übernehmen wolle.[108] Habers Bedenken reflektieren sein Bemühen, alle Bindungen an das Regime zu lösen, doch traten seine Befürchtungen nicht ein. Er blieb bis zu seinem Tod ordentliches Akademiemitglied.[109]

2. Entlassene, Nutznießer und der Kampf um Habers Nachfolge

Die Wochen nach seinem Abschiedsgesuch widmete Haber weniger seiner eigenen Zukunft als der seiner jüdischen Mitarbeiter. Da er weiter als Direktor amtierte, mußte er sie selbst entlassen, konnte aber andererseits versuchen, alle sich bietenden Freiräume zum Vorteil seiner Angestellten zu nutzen. Außerdem konnte er aus dieser Position heraus nach beruflichen Alternativen im Ausland suchen. Haber setzte sich in der Tat für seine Leute mit einem Engagement ein, an das sich alle Betroffenen lebenslang dankbar erinnerten. Hervorzuheben ist, daß er keineswegs nur für die Wissenschaftler, sondern gleichermaßen für die technischen Angestellten und die Sekretärinnen eintrat, also seiner Fürsorgepflicht als Direktor unterschiedslos gegenüber allen Institutsmitarbeitern nachkam.

Habers Engagement für seine Mitarbeiter

Eine Möglichkeit zu helfen bot sich Haber darin, die Ausnahmeregelungen des Berufsbeamtengesetzes oder aber die Unklarheiten seiner Durchführungsbestimmungen voll zum Vorteil der Betroffenen auszunutzen. Am leichtesten schien dies für die ehemaligen Frontkämpfer jüdischer Abstammung und deren Angehörigen. So war der Privatdozent und wissenschaftliche Assistent Georg Ettisch (geb. 1890), der zahlreiche Kriegsauszeichnungen und das Verwundetenabzeichen besaß, zunächst vom Gesetz ausgenommen. Er emigrierte allerdings noch im selben Jahr nach Portugal.[110] Schwieriger, weil uneindeutiger war die Lage für die, die als Angehörige jüdischer Frontkämpfer die Ausnahmeregelung in Anspruch nehmen wollten. Der Tochter von Habers inzwischen verstorbenem Mitarbeiter Paul Friedländer, der am militarisierten KWI im Weltkrieg die Kampfgasprüfstelle geleitet hatte, bescheinigte er die Kriegstätigkeit und militärischen Auszeichnungen ihres Vaters (Verdienstkreuz für Kriegshilfe 1917; Eisernes Kreuz II. Klasse am weiß-schwarzen Bande 1918). Über Marianne Friedländers Tätigkeit und Schicksal ist allerdings nichts bekannt.[111] Auf dieselbe Ausnahmebestimmung berief er sich im Falle des Laboranten Martin Schmalz (geb. 1908), dessen Vater zweimal im Krieg verwundet worden war[112], und der beiden Institutssekretärinnen Rita Cracauer und Irene Sackur. Rita Cracauer war ihm im April 1917 in der Abteilung A 10 des Kriegsministeriums zugeteilt worden. Seit Februar 1920 war sie am KWI tätig, «das lebendige Gedächtnis der letzten 13 Jahre», wie Haber schrieb. Sie hatte 1914 ihre beiden Brüder an der Front verloren. Irene Sackur war die Tochter des im Dezember 1914 im KWI tödlich verunglückten Wissenschaftlers Otto Sackur. Sein Unfalltod wurde damals auf Betreiben Habers dem Soldatentod auf dem Schlachtfeld gleichgesetzt und der Witwe eine Kriegshinterbliebenenrente zugebilligt. Haber setzte sich für beide Frauen besonders ein.[113] Bei seiner Unterredung mit Gerullis am 8. Mai, auf der es eigentlich um seine eigene Zukunft ging, sprach er beide Fälle ausdrücklich an und erreichte die Zusage, daß den Sekretärinnen unter keinen Umständen gekündigt werden dürfe.[114] Trotzdem wurde Haber aufgrund einer Entscheidung des Reichsinnenministers vom 15. Juli angewiesen, beide Frauen und auch den Laboranten zu entlassen.[115] Rita Cracauer sollte sich noch bis zu Habers Tod für ihren alten Chef unentbehrlich machen, indem sie seine finanziellen und persönlichen Angelegenheiten wie die Bezahlung der Steuern, die Räumung der Dienstvilla oder die Weiterleitung von Briefen für ihn erledigte.[116]

In anderen Fällen versuchte Haber, die Unklarheiten auszunutzen, welche die diversen Definitionen der arischen und nichtarischen Abstammung hervorriefen. Die praktische Unterscheidung, so schrieb er seinem Sohn, bestehe darin, «dass die Arier, welche vornehme Leute sind, sich beschämt fühlen und eine baldige Aenderung prophezeien, während die Nichtarier pessimistische Meinungen von der Zukunft hegen.»[117] In rechtlicher Hinsicht standen die Durchführungsverordnung des Reichsbeamtengesetzes und das preußische Schul- und Hochschulgesetz miteinander im Widerspruch, von denen ersteres vier, letzteres hingegen nur zwei ‹arische› Großelternteile verlangte. Der KWI-Direktor argumentierte nun, daß die Assistenten seines Instituts rechtlich stets den Hochschulassistenten gleichgestellt waren, so daß die beiden Zweifelsfälle, die Privatdozenten und Assistenten Hartmut Kallmann und Karl Söllner, von der Entlassung ausgenommen werden sollten. Außerdem war Söllner österreichischer Staatsbürger; im Falle Kallmanns wies Haber noch auf besondere persönliche Umstände hin.[118] Er machte ferner direkt im Ministerium auf die widersprüchliche Gesetzeslage und die Situation der Betroffenen aufmerksam.[119] Trotz Habers Einsatz gehörten beide Wissenschaftler wie die Sekretärinnen Cracauer und Sackur, die Assistenten Farkas und Frommer sowie der Laborant Schmalz zu den Mitarbeitern, die als erste noch im Juli entlassen wurden.[120]

In den von der Entlassung besonders hart betroffenen Fällen half Haber auch finanziell, indem es ihm gelang, wenigstens einen Teil des sog. Haber-Stipendienfonds, in den seine Aufsichtsratstantiemen vor allem der IG Farben eingegangen waren, zur freien Verfügung zu erhalten. Ursprünglich hatte er beabsichtigt, die noch nicht ausgegebenen Gelder des Fonds, der bisher für Beihilfen und Zuschüsse an junge Nachwuchswissenschaftler verwendet worden war, heranzuziehen, um in Kooperation mit der spanischen Regierung eine Forschungsstelle für die Chemie des Weltmeeres zu begründen, welche die KWG ohne eigene laufende Kosten betreiben sollte. Planck hatte jedoch abgewinkt: Der Senat würde Habers Weiterwirken im Rahmen der Gesellschaft nicht zustimmen. Schmidt-Ott lancierte daraufhin auf der Juli-Sitzung des KWI-Kuratoriums den Gedanken, daß Haber über die Mittel verfügen sollte, die schließlich durch seine Person dem Institut nutzbringend zugeflossen seien. Die Argumentation lag moralisch nahe. Da jedoch der Haber-Fonds rein formal ebenso ein Institutsfonds war wie der normale Etat, opponierten im Senat die beiden Physiker Stark und Lenard. Als «besondere Vertrauensmänner und alte Förderer des Kanzlers» hatten sie, wie Haber nur zu gut wußte, besonderes Gewicht.[121] In der angespannten Lage machte daraufhin Otto Hahn im Oktober in enger Absprache mit Haber den Vorschlag, diesem 10% des Fonds zur Verfügung zu stellen, um finanzielle Hilfen in Härtefällen zu gewähren, ein Kompromiß, den der Verwaltungsausschuß der KWG einstimmig billigte.[122] Die verbliebene Summe betrug am 1.10.1933 immerhin noch knapp 101400 Reichsmark. Vom Haberschen Zehntel erhielten daraufhin Rita Cracauer und Hartmut Kallmann 3600 bzw. 2500 Mark; kleinere Beträge gingen an Irene Sackur, Joseph Weiss, Karl Hermann Geib und andere.[123]

Ohne auf die zweifelhaften Ergebnisse der staatlichen Prüf- und Ausnahmeverfahren zu warten, die ohnehin sämtlich negativ beschieden wurden, begann Haber umgehend, den gekündigten Mitarbeitern mit Hilfe seiner Verbindungen neue Stellungen zu beschaffen. Nur im besonders schwierigen Falle Kallmanns trat er auch an die IG Farben heran und empfahl ihn als exzellenten Forscher und Unternehmensleiter.[124] Wahrscheinlich war ihm grundsätzlich nur allzu klar, daß auch die Privatindustrie jüdischen Mitarbeitern nur noch kurze Zeit Möglichkeiten bieten konnte. Er versuchte daher vor allem, Stellen im Ausland zu vermitteln.[125]

Habers Ansprechpartner waren zahlreich, die Kontakte weltumspannend: Im Falle des deutsch-japanischen Wissenschaftlers Dr. Otto Urhan von der Biologischen Reichsanstalt, der ebenfalls unter den Arierparagraphen fiel, wandte er sich erfolgreich an Wilhelm Solf.[126] Solf wurde in diesen Monaten zur Vermittlungsstelle für Bemühungen, entlassene deutsche Gelehrte in Japan unterzubringen, und stand zu diesem Zweck auch in Kontakt mit F. Demuth, der für die «Notgemeinschaft deutscher Wissenschaftler im Ausland» nach Anstellungsmöglichkeiten suchte.[127] Mit Hilfe von Victor Henri gelang es Haber, drei seiner Mitarbeiter an die Universität Lüttich in Belgien zu vermitteln, nämlich den Assistenten Paul Goldfinger (geb. 1905) sowie Wladimir Lazareff (geb. 1904) und Boris Rosen (geb. 1900), die Forschungsstellen innehatten.[128] Bei seinem alten Freund Ernst Cohen in Utrecht verwandte er sich für seine begabtesten Assistenten, Ladislaus Farkas (1904–1948) und Hartmut Kallmann[129], allerdings ohne etwas in Holland zu erreichen. Seinem Kollegen Matignon vom Collège de France empfahl er seine Assistenten Farkas, Joseph Weiss (geb. 1905) und Erich Friedlaender (geb. 1901), im Falle des letzteren mit Erfolg, denn dieser fand schnell eine Stelle in Paris am Laboratoire Perin. Weiss emigrierte noch im selben Jahr nach England.[130] Der Londoner Physikochemiker Frederic G. Donnan, den die Vorgänge in Deutschland lebhaft an das Mittelalter erinnerten, spielte in diesen Monaten für zahlreiche entlassene Wissenschaftler eine wichtige Rolle «in making a number of arrangements in England», u. a. für Edward Teller und Max Born. Donnan, unmittelbar nach dem Ersten Weltkrieg einer der wenigen englischen Wissenschaftler, der nicht von Haber abgerückt war, verwandte sich jetzt besonders engagiert für dessen Leute. Es ging dabei konkret um die Vermittlung fremdfinanzierter Arbeitsmöglichkeiten, Stipendien oder befristeter Stellen an den Universitäten: In England herrschte bei grundsätzlicher Hilfsbereitschaft große Zurückhaltung bei der Vergabe von Dauerstellen, die erst nach gründlicher Prüfung vor allem der sozialen Anpassungsfähigkeit vergeben wurden. Donnan sondierte in zahlreichen Fällen; Herbert Freundlich, seine Assistenten Karl Söllner und Walter Beck[131] wie auch die Brüder Farkas verdankten ihm die Chance, ihre Forschungen an englischen Universitäten fortsetzen zu können.[132] Ohne Ergebnis blieb hingegen Ende Juli Habers Besuch beim amerikanischen Botschafter in Berlin, William Dodd, der ihm lediglich eröffnete, daß die Einwanderungsquote für Deutsche auf viele Jahre durch Vormerkungen erfüllt sei.[133]

Besonders engagierte sich Haber für Ladislaus Farkas und Hartmut Kallmann, die er persönlich wie wissenschaftlich hoch schätzte. Im schwierigen Fall Kallmanns trat er nicht nur an Donnan in London oder an seinen Sohn Hermann in Paris heran, der eine wichtige Vermittlungsfunktion bei der Stellensuche im Ausland spielte, sondern auch an die Koryphäen der modernen Physik, Paul Langevin, Albert Einstein und Ernest Rutherford. Der seit 13 Jahren am KWI beschäftigte Physiker hatte sich 1927 habilitiert. 1929 veröffentlichte er zusammen mit Fritz London die quantenmechanische Beschreibung der Energieübertragung zwischen atomaren Systemen. Die Rockefeller Foundation stellte ihm danach für seine Forschungen Apparaturen zur Erzeugung von Ionenstrahlen höchster Energie zur Verfügung, mit denen er gerade 1933 das Funktionsprinzip eines Schwerionen-Linearbeschleunigers erarbeitete.[134] Die Schwierigkeit bestand nun darin, daß er nicht einfach nur ein Stipendium oder einen Arbeitsplatz im Ausland brauchte, sondern eine ganze Laboratoriumsabteilung mit technischen Hilfskräften. Die Atomzertrümmerung, die Kallmann mit Hilfe von Ionenstrahlen von 1,7 Millionen Volt Energie gelang, stelle, so Haber an seinen Sohn, einen gewaltigen wissenschaftlichen Fortschritt dar, der es verbiete, seine Aufnahme einfach einer «mildtätigen Unterstützung» gleichzusetzen.[135] Chancen Kallmanns in Oxford, London und Pittsburgh zerschlugen sich jedoch, und auch sein Widerspruch gegen die Kündigung, der von Hahn und Planck unterstützt wurde, führte zu nichts: Im Januar 1934[136] wurde er endgültig abgewiesen. Kallmann erhielt noch mehrere Angebote aus dem Ausland, hatte aber offenbar noch bis 1939 eine Stellung in einem Forschungslabor der AEG. Danach verlieren sich seine Spuren. Nach dem Zweiten Weltkrieg tauchte er wieder in Berlin auf: Er hielt 1946 die Festansprache zum 12. Todestag Habers und blieb bis 1948 als Abteilungsleiter am KWI, bevor er einen Ruf an die New York University annahm.[137]

Eine sehr erfolgreiche wissenschaftliche Karriere machte schließlich Ladislaus (László) Farkas, der als erster von Haber gekündigt worden war. Der gebürtige Ungar[138] war 1924 in das KWI eingetreten, wo er mit Karl Friedrich Bonhoeffer zusammenarbeitete, der später auch die Dissertation seines jüngeren Bruders Adalbert (Béla) betreute. 1928 machte Haber den überaus begabten Physikochemiker zu seinem persönlichen Assistenten. Farkas hatte sich zunächst mit dem Reaktionsmechanismus des photochemischen Jodwasserstoffzerfalls befaßt, danach mit der Kinetik der Phasenbildung in übersättigten Dämpfen und der Deutung diffuser Molekülspektren. Ab 1929 leisteten beide Brüder Pionierarbeit auf einem neuen Gebiet: Zwei Jahre zuvor hatten Werner Heisenberg und Friedrich Hund die Existenz verschiedener Formen molekularen Wasserstoffs abgeleitet, die Bonhoeffer und Paul Harteck 1929 tatsächlich isolieren konnten. Der Ortho- und Para-Wasserstoff und seine Umwandlung wurden zum zentralen Forschungsgebiet der Farkas-Brüder; Ladislaus' von Haber in die Wege geleitete Habilitation an der Berliner Universität zerschlug sich allerdings 1933 mit der nationalsozialistischen Machtergreifung.

Bereits Anfang April, als es an seinem Institut noch ruhig war, hatte sich Haber wegen Farkas an Abraham Flexner in den USA gewandt, doch realisierten sich diese Hoffnungen nicht. Ferner arrangierte er mit Hilfe seines Sohnes Sondierungsgespräche in Paris, Brüssel und London, wohin Farkas im Mai und Juni reiste. Schließlich gingen beide Brüder Ende September 1933 an die Universität Cambridge, finanziell unterstützt von den Imperial Chemical Industries und dem Central British Fund for German Jewry. In Cambridge wendeten sie ihre am Wasserstoff erprobten Techniken und Ergebnisse erfolgreich auf Deuterium an, woran Ernest Rutherford gerade arbeitete.[139] Habers Anteil an dieser Vermittlung ist im einzelnen nicht auszumachen, doch wandte sich Ladislaus gleich nach seiner Ankunft in England an den «Hochverehrten Herrn Geheimrat», um seine tief empfundene Dankbarkeit auszudrücken.[140] Auch an Farkas' weiterer Karriere hatte Haber Anteil: Im September 1933 empfahl er ihn in den höchsten Tönen an Chaim Weizmann, der für die Hebrew University in Jerusalem einen fähigen Physikochemiker suchte.[141] Weizmann machte gerade die Erfahrung, daß nur wenige jüdische Wissenschaftler trotz ihrer ungesicherten Lage bewogen werden konnten, nach Palästina zu gehen. Farkas jedoch, ohne weitere Aussichten in England oder USA, sagte zu, wobei der Zionismus offenbar keine Rolle für seine Entscheidung spielte. Er etablierte dort die physikalische Chemie auf hohem wissenschaftlichen Niveau und machte sich insgesamt um die Förderung des Wissenschaftsstandortes Palästina verdient. Ferner engagierte er sich für den Aufbau einer anorganisch-chemischen und einer pharmazeutischen Industrie. Während des Zweiten Weltkrieges spielte Farkas eine wichtige Rolle an der Schnittstelle zwischen Universität und Kriegsproduktion. Am 31. 12. 1948 kam er bei einem Flugzeugabsturz ums Leben.[142]

Die Rockefeller-Affäre

Habers Sorge um die Zukunft seiner entlassenen Mitarbeiter ging über die bloße Stellensuche hinaus. Wichtiger noch war ihm, daß sie im Ausland ihre Forschungen und damit auch ihre unterbrochene akademische Karriere fortsetzen konnten. Vor diesem Hintergrund bildeten die Wissenschaftler, die mit Geldern und Apparaten der Rockefeller Foundation forschten, ein gesondertes Problem, war doch die Rechtslage bei ihrem Ausscheiden unklar. Haber führte daher noch im Mai mehrere Gespräche mit Lauder C. Jones und anderen Vertretern der Stiftung. Während nicht verausgabte Personalmittel an die Foundation zurückfielen, also weder den ausscheidenden Wissenschaftler in seine neue Tätigkeit begleiteten noch dem Institut verblieben, war die Situation im Falle der Apparate und Instrumente, die mit Rockefeller-Geldern angeschafft worden waren, anders. Sie blieben grundsätzlich an der bisherigen Forschungseinrichtung mit der Maßgabe, daß nicht die Stiftung, sondern das Institut die Freiheit habe, sie dem scheidenden Gelehrten zu überlassen und an seine neue Arbeitsstätte mitzugeben. Entscheidungsbedarf bestand zunächst für Herbert Freundlich, der bereits Ende Juli nach London ging, wo er seine Untersuchungen zum Verhalten kolloidaler Gebilde unter der Wirkung von Ultraschallwellen fortsetzen wollte. Die Apparate zur Erzeugung des Ultraschalls sowie andere Maschinen und Gerätschaften (Meßgeräte, Zentrifugen etc.) hatte Freundlich mit Rockefeller-Mitteln beschafft. Haber wandte sich nun Ende Mai an Planck und bat darum, Freundlich die Ultraschallapparatur und einige andere Instrumente mitzugeben. Er rechnete ihm vor, daß dem Institut auf der anderen Seite Apparate und Maschinen im Wert von rund 23 000,– RM verblieben, an denen der ausscheidende Gelehrte kein Interesse hatte. Die Argumentation leuchtete Planck ein, so daß er Ende Juni dem Antrag entsprach.[143]

Was nun folgte, waren allerdings keineswegs «einige kuriose Vorgänge»[144], sondern üble Denunziationen, die nur deswegen Haber nicht direkt betrafen, weil er gerade nach Spanien abgereist war. Auf «geheimem Wege», so teilte Telschow dem urlaubenden Glum Anfang August mit, sei der Inhalt der Korrespondenz zwischen Haber und Planck zur Kenntnis des Kultusministeriums gelangt, das mit der getroffenen Entscheidung hinsichtlich der Rockefeller-Apparate «nicht konform gehe».[145] Hahn stoppte daraufhin notgedrungen am 9. August den Abtransport von vier großen Kisten und einem Lattenverschlag, die gerade für Freundlich nach England versandt werden sollten. Doch dabei blieb es nicht: Knapp drei Wochen später mußte Telschow im Auftrag der Generalverwaltung das Habersche KWI vom Keller bis zum Boden inspizieren und die anwesenden Angestellten (mindestens sieben Personen) verhören.[146]

Urheber, Inhalt, Weg und Auswirkungen der Denunziation[147] konnten rekonstruiert werden. Sie ging zurück auf den damals 23jährigen Doktoranden der Chemie Robert Havemann, der 1932 und 1933 als unbesoldeter wissenschaftlicher Mitarbeiter am Haberschen Institut Forschungen für seine Dissertation durchführte. Er befaßte sich mit kolloidchemischen Vorgängen in biologischen Systemen und promovierte bei Herbert Freundlich, direkt betreut von Georg Ettisch.[148] Eine im September 1934 angelegte Akte der Notgemeinschaft der deutschen Wissenschaft, als er sich um ein Forschungsstipendium bewarb[149], enthält schwerwiegende Dokumente. Dem Antrag zufolge beabsichtigte Havemann, «Physikalisch-chemische Untersuchungen über Hämoglobin, insbesondere Carbhämoglobin, Dissoziationskonstanten, Alterung, Vergiftung usw.» in der IV. Universitätsklinik für Innere Medizin, Krankenhaus Moabit anzustellen. Konkret durchführen wollte er seine Arbeiten bei dem Hämatologen Professor Victor Schilling, der Havemanns Stipendiengesuch befürwortete, und seinem Freund, dem Internisten Dr. Georg Groscurth[150], der wie er selbst noch im Vorjahr Mitarbeiter am Haber-Institut gewesen war. Die Wahl Schillings als Betreuer war fachlich bedingt, doch politisch unter den gegebenen Umständen keinesfalls von Nachteil: Der Hämatologe hatte sich bereits in den 1920er Jahren an der Charité mit antisemitischen Ausfällen profiliert und galt als überzeugter Nationalsozialist.[151]

Das in der DFG-Akte Havemann enthaltene Gutachten eines Professor Dr. Stahl stellte dem Bewerber nicht nur wissenschaftlich und charakterlich «das beste Zeugnis» aus, sondern äußerte sich auch zu seiner politischen Zuverlässigkeit. Stahl bezog sich auf die Auskunft Schillings, wonach Havemann politisch nicht aktiv tätig sei, wohl aber «seine vaterländische Gesinnung wiederholt bewiesen» habe: Er solle «z. B. in Dahlem verhütet haben, dass nichtarische Gelehrte dem Institute gehörige Apparate ins Ausland schafften, in dem [sic] er dem Ministerium Mitteilung von der Verpackung machte.»[152] Diesem Gutachten allein wohnt keine endgültige Beweiskraft inne, was offenbar auch die Notgemeinschaft fand, denn Havemann wurde zu einem persönlichen Gespräch gebeten. Von diesem Besuch existiert ein interner handschriftlicher Vermerk.[153] Demnach bestätigte Havemann Stahls Ausführungen und ergänzte sie mit Einzelheiten, die in der Tat nur der Täter kennen konnte. Dem Vermerk zufolge «fand» er im KWI einen Brief, der «die Vorbereitungen echt jüdischer Klügellei [sic] [verriet], Sitte und Gesetz zu umgehen und Tausch bzw. Besitzwechsel von Aparaten [sic] zu sanktionieren.» Neben Haber seien «Mehrere» beteiligt. Er, Havemann, habe sich daraufhin an den «Ob. R. R. F.» gewandt, der die Sache beim Kultusministerium telefonisch, vielleicht auch schriftlich weiterverfolgte.

Letzteres war der Fall, denn ein im Bestand Kultusministerium des Geheimen Staatsarchivs Preußischer Kulturbesitz aufbewahrtes Schreiben bringt endgültig Klarheit. Hinter dem Kürzel verbarg sich der Jurist und Oberregierungsrat Dr. Hans Fabricius (6. 4. 1891–28. 4. 1945), ein überzeugter Nationalsozialist, der im Oktober 1929 deswegen vom Beamtendienst suspendiert worden war. Fabricius wurde im September 1930 für die NSDAP in den Reichstag gewählt (Wahlkreis Potsdam, später Berlin), ab November 1932 war er Geschäftsführer ihrer Fraktion. Der Gefolgsmann Wilhelm Fricks wurde im Juli 1933 Oberregierungsrat im Reichsinnenministerium und persönlicher Referent des Ministers.[154] Fabricius setzte sich umgehend mit Gerullis vom Kultusministerium ins Benehmen. Der Bericht des Informanten Havemann handelte nun offenbar nicht nur von der Versendung der Apparate für Freundlich: Fabricius' Brief an Gerullis zufolge wies er vielmehr auch darauf hin, daß «die eigentlich treibende Kraft» hinter Freundlich dessen Assistent Söllner sei und daß Polanyi,

Kallmann und Haber ebenfalls Geräte mitnehmen wollten. Ferner gab er Fabricius den Hinweis, «dass bei den abgehenden Herren eine genaue Prüfung der Abrechnungen am Platze sein würde», da sie die Etatmittel am 1. April – dem Beginn des Haushaltsjahrs – für ein Jahr im voraus erhalten hätten.[155]

Soll man es dabei bewenden lassen, Jugendsünden nicht überzubewerten? Tatsache ist, daß Havemann während des Dritten Reichs Verfolgten half und aktiv Widerstand leistete, 1943 vom Volksgerichtshof zum Tode verurteilt und im Zuchthaus Brandenburg inhaftiert wurde. Tatsache ist aber auch, daß sich sein Eifer im Sommer 1933 für ihn wissenschaftlich auszahlen sollte: Er erhielt das Stipendium, experimentierte mit Groscurth in einem improvisierten Laboratorium des Krankenhauses Moabit und machte sich einen Namen über Fragen der Zellatmung, des Stoffwechsels der roten Blutkörper und andere Bereiche der physiologischen Chemie. Er entwickelte erfolgreich neue analytische Methoden und konstruierte entsprechende Meßgeräte. Im April 1937 wurde er Assistent am Pharmakologischen Institut der Berliner Universität und habilitierte sich im März 1943 mit einer knapp zwei Jahre zuvor eingereichten Schrift über «Methämoglobinverbindungen».[156]

Tatsache ist ferner, daß Havemann in späteren autobiographischen Publikationen nicht nur seine Bemühungen verschwieg, mit den neuen Machthabern freundliche Beziehungen zu unterhalten, sondern auch behauptete, er sei als Kommunist «aus politischen Gründen» gemeinsam mit Groscurth, Haber und «der überwiegenden Mehrheit» der Mitarbeiter aus dem Institut geflogen. Da er seine Experimente noch nicht abgeschlossen hatte, sei ihm jedoch mit einer Sondergenehmigung gestattet worden, trotz seiner Entlassung seine Forschungen noch einige Monate im KWI fortzusetzen.[157] Diese Formulierung suggeriert, Havemann sei wie Haber und die jüdischen Wissenschaftler Opfer des Gesetzes zur Wiederherstellung des Berufsbeamtentums geworden: diese wegen ihrer nichtarischen Abstammung, er wegen seiner kommunistischen Einstellung.[158] Davon weiß die DFG-Akte aus dem Jahr 1934 nichts, ja sie kann davon nichts wissen, denn eine Aufstellung des KWI für physikalische Chemie vom Oktober 1933, die das am 1. des Monats noch vorhandene Institutspersonal namentlich erfaßte, führte Groscurth und Havemann weiterhin unter den unbesoldeten wissenschaftlichen Mitarbeitern auf, während alle entlassenen oder zurückgetretenen jüdischen Wissenschaftler nicht mehr erwähnt sind.[159] Noch im November 1933 zählten beide zu den Institutsangehörigen.[160] Es waren vermutlich, wie gleich zu zeigen sein wird, ganz anders geartete ‹politische Gründe›, denen Havemanns Arbeitsmöglichkeit im KWI zum Opfer fallen sollte: Im Zuge der Umwandlung des Instituts in eine Giftgasforschungsanstalt wurden nach dem Dienstantritt des neuen kommissarischen Direktors Jander alle noch verbliebenen ‹arischen› wie politisch unbelasteten Mitarbeiter entlassen. Es ist eine gewisse Ironie der Geschichte, daß Havemann dann im Juli 1945 vom Magistrat der Stadt Berlin mit der Verwaltung der Kaiser-Wilhelm-Institute betraut werden und in dieser Funktion eines einstweiligen Berliner ‹KWG-Präsidenten› Habers ehemalige Direktorenvilla beziehen sollte.[161] Die Entscheidung der Ernennung Havemanns trieb in der Folge die Ost-West-Teilung der Gesellschaft massiv voran. Sein unmittelbarer Vorgänger, der Physikochemiker Peter Adolf Thiessen, ging gerade für zehn Jahre in die Sowjetunion. Er hatte ebenfalls 1933 eine Rolle bei der Demontage des Haberschen Instituts gespielt.[162]

Es bleibt die Frage nach den Auswirkungen der Denunziation Havemanns: Trugen andere einen Schaden davon und, wenn ja, in welchem Ausmaß? Freundlich sollte schließlich seine Apparate doch noch bekommen: Der Verwaltungsausschuß der KWG billigte am 19. Oktober Plancks frühere Entscheidung einstimmig, also auch mit den Vertretern des Reichsinnen- und des Kultusministeriums. Ausschlaggebend war das Argument gewesen, daß man unmöglich die am Institut geplanten militärchemischen Arbeiten mit Rockefeller-Mitteln durchführen könne, die für ganz andere Zwecke bewilligt worden waren. Hahn wurde angewiesen, die verpackten Apparate unverzüglich nach England abzusenden.[163] Über besondere Schikanen gegenüber den namentlich benannten Wissenschaftlern, beispielsweise eine übergenaue Prüfung ihrer Abrechnungen, ist nichts bekannt, doch ist dies auch nicht auszuschließen. Mit Sicherheit jedoch erschwerte die Denunziation die Position Max Plancks wie überhaupt der KWG gegenüber dem Kultusministerium beträchtlich: Sie belastete nämlich Planck ausdrücklich und namentlich, der nun erneut verdächtig war, ‹jüdischer Klügelei› Vorschub geleistet zu haben[164], und dies ausgerechnet in einer überaus heiklen Situation des Haberschen Instituts. Die Aufdeckung der vermeintlichen Apparateverschiebung fiel nämlich zeitlich mit dem Überraschungscoup des Ministeriums zusammen, das dem KWI anstelle Otto Hahns den Giftgaschemiker Gerhart Jander als kommissarischen Institutsleiter und Vertreter Habers aufoktroyierte.

Der Kampf um Habers Nachfolge

Das freiwillige Ausscheiden Habers und seiner Abteilungsleiter machte mit einem Schlag die komplette Reorganisation des physikalisch-chemischen KWI nicht nur möglich, sondern auch nötig. Die absehbaren Vakanzen in der Institutsleitung eröffneten vorzeitig Interventionsmöglichkeiten von außen. Dies war zweifellos die Hauptsorge Plancks gewesen, die ihn bewogen hatte, Haber von seinem Vorhaben abbringen zu wollen. Und auch Haber selbst war von größter Unruhe erfüllt, war ihm doch der Fortbestand seines Instituts und die Fortführung der Forschungstätigkeit unter der Leitung eines hochkarätigen Wissenschaftlers auch nach dem erzwungenen Ausscheiden der jüdischen Mitarbeiter Herzensangelegenheit. Daher war für ihn das wichtigste, daß an die Spitze des KWI Männer gelangten, die nicht der NSDAP angehörten.[165]

Habers Wunschkandidat für seine Nachfolge[166] war schon seit langem James Franck gewesen. Hierin war er sich mit Max Planck einig, der noch bis in den Mai hinein Hoffnungen hatte, diese Besetzung beim Kultusministerium durchsetzen zu können, während Haber nach allem, was vorgefallen war, diese Hoffnung nicht teilte.[167] Er wandte sich daher umgehend an Karl Friedrich Bonhoeffer, von Oktober 1922 bis März 1930 Assistent am physikalisch-chemischen KWI und seitdem auswärtiges wissenschaftliches Mitglied[168]. Der Frankfurter, später Leipziger Physikochemiker galt ihm neben Franck als die «vorgezeichnete Persönlichkeit», um die qualitativ hochrangige Forschungstätigkeit des Instituts aufrechtzuerhalten, befürchtete er doch für Ende September wissenschaftlich einen «vollkommenen Stillstand». Haber lud daher Bonhoeffer noch im Mai ein, nach Berlin zu kommen, um die Sache mit ihm und Planck zu besprechen.[169] Der Besuch wurde allerdings mehrfach auf Wunsch Habers verschoben[170] und fand erst Anfang Juni statt. Bis dahin entwickelte Haber den Plan, sein KWI in ein Doppelinstitut für Physik und physikalische Chemie zu verwandeln und Max von Laue als ersten, Bonhoeffer als zweiten Direktor einzusetzen. Dieses Institut, in dem das Schwergewicht, den Gang der wissenschaftlichen Entwicklung widerspiegelnd, klar auf der Physik liegen sollte, sollte ferner dem aus der Universität ausgeschiedenen, aber von den Bestimmungen des Beamtengesetzes ausgenommenen James Franck Gelegenheit geben, sein Lebenswerk fortzusetzen. Der Nobelpreisträger sei, so Habers Vorstellung, aus den Mitteln der KWG, vielleicht auch der Rockefeller Foundation zu besolden.[171] Bonhoeffer erklärte bei aller Skepsis, Habers Rolle ausfüllen zu können, seine grundsätzliche Bereitschaft, die Institutsleitung in dieser Konstellation zu übernehmen.[172] Allerdings war ihm wie auch Haber klar, daß die Zustimmung des KWG-Senats zu einem solchen Institut wegen des sicheren Einspruchs von Lenard und Stark fraglich war.[173]

Von seiten des Kultusministeriums liefen in diesen Juni-Wochen bereits alle Vorbereitungen, durch einen Überraschungscoup Jander an die Spitze des physikalisch-chemischen KWI zu setzen. Durch voreilige Auskünfte des als Leiter einer pharmakologischen Abteilung vorgesehenen Dr. Seel war der Schleier der völligen Geheimhaltung gelüftet worden, so daß der Direktor des Göttinger chemischen Instituts, Adolf Windaus, von Janders Arbeiten für die Reichswehr erfahren hatte. Jander befürchtete nun, daß die «Kenntnis aller Zusammenhänge» vorzeitig nach Berlin und zu den «Herren des K. W. I.» gelangte und dort «Quertreibereien» bewirkte.[174] Es ist nicht ausgeschlossen, daß tatsächlich Gerüchte nach Dahlem durchsickerten, aber auch ohne sie war die Zukunft des Haberschen Instituts so ungewiß und unberechenbar, daß Planck sich zu Vorsichtsmaßnahmen entschloß. Am 16. Juli teilte er Haber seinen Plan mit, den vorzeitig aus den USA heimgekehrten Otto Hahn ab 1. Oktober als kommissarischen Leiter des KWI einzusetzen, bis die Direktorenstelle endgültig neu besetzt werden konnte. Haber nahm diesen Vorschlag «mit einer gewissen Erleichterung» auf, hatte er doch offenbar Schlimmeres befürchtet. Noch am selben Tag sprach er persönlich mit Hahn und redete ihm sehr zu, seine Vertretung anzunehmen, was dieser auch sofort tat.[175] Die Wahl war auf Hahn gefallen, weil ein kommissarischer Leiter gesucht wurde, der zwar ein hervorragender und integrer Wissenschaftler war, der aber selbst nicht als Haber-Nachfolger in Frage kam. Inzwischen waren sowohl James Franck, der im Herbst emigrieren wollte, als auch Max von Laue als potentielle Nachfolger ausgeschieden, so daß sich die Frage von seiten Habers und der KWG auf Bonhoeffer zuspitzte.[176]

Hahn übernahm bereits Anfang August seine neue Funktion, als Haber Berlin für eine Tagung in Spanien verließ und bei Planck seine Vertretung durch den Kollegen vom Nachbarinstitut erbat.[177] Er amtierte nur wenige Tage ungestört. Wieder war das Habersche Institut ein Sonderfall im Verband der KWG, da sich hier einer der wenigen schwerwiegenden Eingriffe in die Autonomie der Gesellschaft abspielte. Am 4. August wurde in Abwesenheit von Planck und Glum der 1. Geschäftsführer Telschow in das Ministerium beordert, wo Vahlen ihm in Vertretung von Gerullis mitteilte, man wolle Habers Stelle ab sofort mit Jander kommissarisch zunächst für ein Jahr besetzen. Auf Telschows Protest beharrte Vahlen autoritativ auf der Forderung des Ministeriums, machte aber die Zusage, «dass nichts Ungesetzliches geschieht: d. h. nichts ohne Innenministerium und Senat.» Bereits am Folgetag besichtigte Jander das Institut, während Planck wie Glum aus dem Urlaub telefonisch bei Telschow ihren Protest ausdrückten.[178]

Tatsächlich wandte sich Vahlen erst am 7. August an das bisher noch gar nicht befaßte Reichsinnenministerium. Er dachte jedoch nicht daran, die Mitspracherechte des zweiten öffentlichen Geldgebers zu respektieren. Auf Befürwortung des Reichswehrministers, so teilte er lapidar mit, habe der preußische Kultusminister ab 1. Oktober August Gerhart Jander (1892–1961) als Direktor des physikalisch-chemischen KWI in Aussicht genommen, der bis dahin auch die Vertretung Habers übernehmen könne. Im Hinblick auf die Eilbedürftigkeit der Angelegenheit werde er die beabsichtigte Ernennung beim preußischen Ministerpräsidenten, also Hermann Göring, «alsbald in Vorschlag bringen». Der Abschrift an den KWG-Präsidenten Planck fügte Vahlen ebenso lapidar hinzu, er werde ihn über die endgültige Ernennung Janders informieren. Kein Wunder, daß im Reichsinnenministerium der immer noch mit der KWG befaßte Donnevert diese letzten Textstellen rot anstrich und mit Fragezeichen versah.[179] Das

KWG-Präsidium fand im Frickschen Ministerium seinen natürlichen Verbündeten, wo man äußerst pikiert darauf reagierte, daß die Reichskompetenzen einfach ignoriert wurden. Telschow versicherte sich noch am 11. August des zugesagten innenministeriellen Protests[180], bevor am selben Tag Planck aus seinem Urlaubsort Tegernsee Vahlen sein «Befremden» über die Bestellung Janders ausdrückte und ihn über den Modus der Ernennung eines KWI-Direktors aufklärte. Er deutete ferner an, daß gerade das KWI wegen der weltweiten Aufmerksamkeit für Haber wenig geeignet sei, «die bekannten Pläne eines anderen Ministeriums» durchzuführen.[181]

Am Folgetag protestierte Staatssekretär Pfundtner vom Reichsinnenministerium nach einer Vorlage von Donnevert mit einem Schnellbrief bei Rust. Er bat, von der Ernennung Janders zum Direktor wie zum kommissarischen Leiter Abstand zu nehmen. Unter Verweis auf die überwiegende Finanzierung des KWI durch sein Ministerium sollte statt dessen die Nachfolge Habers auf einer vom RMI herbeigeführten Besprechung der beteiligten Ressorts und der KWG erörtert und einvernehmlich beschlossen werden.[182] Ob dieser Vorschlag des Staatssekretärs als ‹demokratische› Regelung der Nachfolgefrage bezeichnet werden sollte, wie Macrakis dies tut[183], sei dahingestellt, spielte doch in Pfundtners Argumentation die maßgebliche Bedeutung des Reichsinnenministeriums eine weitaus größere Rolle als die satzungsgemäß ausschlaggebenden, aber gar nicht eigens erwähnten Gremien der Forschungseinrichtung, angefangen vom Kuratorium des KWI bis zum Wissenschaftlichen Rat und Senat der Gesamtgesellschaft. Auf jeden Fall verpuffte der Protest des Reichsinnenministeriums auf merkwürdige Weise im Leeren, ohne daß die Hintergründe ganz klar würden. Geschah dies unter dem Druck Görings oder des Reichswehrministeriums? Vielleicht war es auch bereits die geplante Errichtung des Reichserziehungsministeriums, die ihre Schatten voraus warf. Es sollte die Kulturabteilung des RMI aufnehmen, d. h., es war abgemachte Sache, daß das Innenministerium Kompetenzen abgeben und sich aus dem Sektor Wissenschaft und Kultur zurückziehen mußte. Pfundtner gab sich jedenfalls damit zufrieden, daß Gerullis persönlich ihn über die Verhandlungen mit Jander informierte.[184] Und während Donnevert im September noch ohnmächtige Aktenvermerke verfaßte, in denen er seine erheblichen Bedenken sowohl gegen den Modus der Ernennung wie auch gegen die Umwandlung des KWI in ein Forschungsinstitut «für Gaskampf» formulierte[185], wies Gerullis Vahlen bereits an, die Verhandlungen mit Jander abzuschließen: Er sollte «nicht jedoch beamteter Professor», sondern nur kommissarischer Leiter werden.[186] Damit war zwar ein Vertreter oktroyiert, über die endgültige Nachfolge Habers aber nicht entschieden worden, was Planck in einem für seine Verhältnisse scharfen Schreiben sofort aufgriff: Er nahm Janders oktroyierte Ernennung zur Kenntnis, verwies auf die offensichtlich ausschlaggebende «Rücksichtnahme auf die Bedürfnisse des Reichswehrministeriums» auf Kosten der wissenschaftlichen Eignung und hob eigens hervor, daß dies «selbstverständlich [...] nur ein Provisorium» sein könne.[187]

Jander selbst war enttäuscht. Gerullis hatte ihm im Frühjahr die Haber-Nachfolge zugesagt, und auch General Becker vom Heereswaffenamt ging von einer festen Bestallung aus. Nun war er auf einmal nur mehr als kommissarischer Direktor im Gespräch, sollte weder verbeamtet noch zum Ordinarius ernannt werden. Obendrein lag das neue Gehalt (7500 RM plus 1050 RM Wohnungsgeld) erheblich unter seinem gegenwärtigen Verdienst als Oberassistent und Leiter der anorganischen Abteilung in Göttingen, wo er, Gehalt, Kolleg- und Prüfungsgelder zusammengenommen, auf rund 11 000 Reichsmark pro Jahr kam. Trotzdem war er bereit, die Stelle anzunehmen und geheime militärchemische Untersuchungen am Institut durchzuführen. Zur Tarnung sollte eine gewisse Anzahl von Mitarbeitern mit unverdächtigen Themen befaßt oder, um diese «wertvollen Kräfte» nicht zu binden, Doktoranden und Lehramtskandidaten aufgenommen werden, deren Arbeiten veröffentlicht werden konnten.[188]

Als Jander Mitte Oktober seinen Dienst antrat, war allerdings von der für einen kommissarischen Leiter gebotenen Zurückhaltung nichts zu spüren, im Gegenteil: Mit Rückendeckung aus dem Reichswehrministerium ging er daran, das Habersche Institut komplett umzugestalten. Er kündigte sämtlichen Angestellten, plante erhebliche bauliche Veränderungen und gab dem Institut eine neue Zweckbestimmung als militärchemische Forschungseinrichtung.[189] Aus diesem Grund richtete er, wie er Planck lapidar mitteilte, drei Abteilungen ein:

– eine physikochemische und kolloidchemische Abteilung unter Peter Adolf Thiessen (geb. 6. 4. 1899), Schüler und Assistent des Göttinger Chemikers Richard Zsigmondy und nach dessen Erkrankung und Tod auch dessen Vertreter. Thiessen hatte sich 1926 für anorganische Chemie habilitiert;
– eine Abteilung für angewandte Chemie und Chemie des Luftschutzes unter Rudolf Mentzel (geb. 28. 4. 1900), der sich gerade erst in Greifswald für das Fach angewandte Chemie mit besonderer Berücksichtigung der Chemie des Luftschutzes habilitiert hatte. Die Habilitationskommission hatte ihm empirisch-praktisches Geschick mit lediglich «verhältnismässig primitiven» wissenschaftlichen Fähigkeiten bescheinigt;
– eine physiologische und pharmakologische Abteilung, für die Jander wenig später den Privatdozenten H. Seel einsetzte, der ihm «von massgeblichen Herren» des Kultusministeriums empfohlen worden war.[190]

Sowohl Planck wie auch das Reichsinnenministerium waren von diesen Schritten, die eine vollständige militärische Zweckentfremdung des Haberschen KWI präjudizierten, weder informiert noch in die Entscheidung einbezogen worden. Sie reagierten alarmiert, aber ohnmächtig.[191] Es stellte sich heraus, daß die Tatsache der Umgestaltung des Instituts einschließlich ihrer wissenschaftlichen, personellen und finanziellen Aspekte in einer Unterredung Ende September besprochen worden war, an der außer Jander und Mentzel General Becker und andere Vertreter des Reichswehrministeriums, von seiten der KWG aber Glum, Cranach und Telschow teilgenommen hatten.[192] Obwohl über Inhalt und Verlauf dieser Unterredung nichts bekannt ist, so ist doch mit guten Gründen anzunehmen, daß die Generalverwaltung der Gesellschaft in dieser Frage ein gewisses Eigenleben entfaltet und ihren eigenen Präsidenten im unklaren gelassen hatte. Planck suchte nun Verbündete in den großindustriellen Senatsmitgliedern Krupp und Vögler, mit denen er sich am 27. November hilfesuchend an das Reichsinnenministerium wandte. Dort hatten jedoch bereits sechs Tage zuvor Vertreter des Reichswehrministeriums massiv interveniert und auch erreicht, daß das ehemals Habersche KWI dauerhaft militärchemisch ausgerichtet wurde. Wenn er auch Vorbehalte und Proteste insbesondere gegen die geringe wissenschaftliche Qualifikation Janders anmeldete, blieb Planck in dieser Kräftekonstellation nichts anderes übrig als zu akzeptieren, daß unter dem Dach der KWG eine militärische Forschungseinrichtung mit geheimer Aufgabenstellung installiert worden war, an der auch nicht ein einziger Mitarbeiter aus der Zeit vor 1933 mehr beschäftigt war.[193]

Das war das Ende des Haberschen Instituts. Zwar blieb es nicht bei Jander, da bereits im Dezember 1933 Reichswehrminister Blomberg verlauten ließ, er halte diese personelle Lösung «nicht für übermäßig glücklich». Er deutete vielmehr an, daß er sich gegenüber «den preussischen Wünschen» und auch nachgeordneten Stellen seines eigenen Ministeriums habe zurückhalten müssen.[194] Die Gründe für diese Zurückhaltung waren später entweder nicht mehr gegeben, oder Jander versagte zu offensichtlich: Jedenfalls übernahm zum 1. Mai 1935 der bisherige Abteilungsleiter Peter Adolf Thiessen die Leitung des KWI, erneut auf Druck des Reichswehrministeriums und gegen den ausdrücklichen Willen des ohnmächtigen Präsidenten. Das Institut wurde 1939 als «nationalsozialistischer Musterbetrieb» gerühmt, doch gelang es Thiessen gleichwohl, die von Jander aufgegebene wissenschaftliche Bandbreite des KWI teilweise wiederherzustellen.[195] Freilich war das physikalisch-chemische KWI bereits im Ersten Weltkrieg ein militärisches, seiner eigentlichen Zweckbestimmung entfremdetes und von externen Zielvorgaben gesteuertes Gasforschungsinstitut mit militärischer Kommandostruktur gewesen. Dennoch war die Situation gegenüber 1933 grundlegend anders: Das Institut wurde damals erst während des Krieges und mit ausdrücklicher Billigung der zuständigen Gremien in den Dienst der deutschen Kriegführung gestellt und stand weiterhin unter der wissenschaftlichen Leitung des satzungsgemäß ernannten Direktors. Sofort nach Kriegsende wurde es demobilisiert und wieder seiner ursprünglichen Bestimmung übergeben. Die Nationalsozialisten jedoch bezogen das KWI nach einem kompletten personellen Kahlschlag und gegen den ausdrücklichen Willen der KWG noch in Friedenszeiten in ihre langfristigen Kriegsvorbereitungen ein. Die Wiederherstellung seiner wissenschaftlichen Bestimmung erfolgte erst nach dem Zweiten Weltkrieg.

3. Letzte Lebensmonate und Tod

«Der alte Mann ist völlig kaputt»[196], schrieb Farkas Anfang August über Haber, der inzwischen alles verloren hatte, was ihm etwas bedeutete: seine Mitarbeiter, sein Institut und auch seine Wissenschaft, denn an Arbeit war in den vergangenen Monaten nicht mehr zu denken gewesen. Aber genau das war es, was er sich ersehnte, um innerlich zur Ruhe zu kommen: eine Möglichkeit zu wissenschaftlicher Forschung im Ausland. In Deutschland bleiben, wo ohne Rücksicht auf Verdienst und Leistung seine Kinder und Enkel zu Bürgern zweiter Klasse gemacht würden, wollte er nicht.[197]

Habers Herzleiden hatte sich verschlechtert, so daß er selbst nur noch mit wenigen Lebensjahren rechnete. Sein Traum war eine Stelle an einer ausländischen Akademie, wie sie seinerzeit van't Hoff in Berlin bekleidet hatte, doch es häuften sich Probleme über Probleme, noch bevor konkrete Sondierungen unternommen werden konnten: Wissenschaftlich am liebsten war ihm die Royal Society; Schweden schied aus klimatischen, Frankreich zunächst noch aus politischen Gründen aus; eine Berufung in das klimatisch günstige, ihm aber kulturell fremde Italien war extrem unwahrscheinlich, da er von dort nie eine wissenschaftliche Ehrung empfangen hatte.[198]

Als größte Schwierigkeit für eine Emigration Habers stellten sich die deutschen Auswanderungsvorschriften heraus, die eine Vermögensabgabe vorschrieben. Die sog. «Reichsfluchtsteuer» war bereits im Dezember 1931 im Zusammenhang mit der Vierten Notverordnung zur Sicherung von Wirtschaft und Finanzen und zum Schutze des inneren Friedens eingeführt worden. Ihr Zweck war ursprünglich gewesen, die massive Kapital- und Steuerflucht aus Deutschland nach der Bankenkrise zu verhindern bzw. besser: dem Reich einen finanziellen Ausgleich für die entgangenen Steuereinnahmen zu sichern. Die Reichsfluchtsteuer in Höhe von 25% des gesamten steuerpflichtigen Vermögens betraf rückwirkend alle deutschen Staatsbürger, die nach dem 31. 3. 1931 ihren inländischen Wohnsitz aufgegeben hatten oder noch aufgeben würden. Die ursprünglich bis zum 1. 1. 1933 begrenzte Maßnahme wurde von den Nationalsozialisten immer wieder verschärft und dazu benutzt, auswanderungswilligen Juden ihr Vermögen abzupressen.[199]

Im Falle Habers wirkte sich zweierlei fatal aus: daß er allgemein als schwerreicher Mann galt, der «Millionen» besaß[200], und daß das Vermögen, nach dem die Steuer berechnet wurde, nach dem Stand von 1930 eingeschätzt wurde. Der Wert seiner Papiere hatte sich zwar schon in jenem Jahr erheblich gegenüber dem Anschaffungswert reduziert, betrug aber jetzt lediglich noch ein Viertel von 1930; die Zahlung der vorgeschriebenen Reichsfluchtsteuer entsprach seinem ganzen Besitz.[201] Haber versuchte, Wertpapiere zu verkaufen, um aus dem Erlös seinen laufenden steuerlichen Verpflichtungen nachzukommen, doch gelang dies nur zum Teil.[202]

Der kranke Physikochemiker stand also vor der zweifachen Schwierigkeit, eine aufnahmebereite wissenschaftliche Einrichtung im Ausland zu finden und der Reichsfluchtsteuer zu entgehen. Um das zweite Problem zu lösen, beauftragte er eine angesehene Berliner Rechtsanwaltskanzlei mit der Sondierung der Lage bei den Behörden[203], suchte jedoch auch nach einflußreichen Helfern, die aufgrund ihrer Stellung zu seinen Gunsten intervenieren konnten. Einer dieser Helfer war Carl Bosch, der Haber als einziger aus dem Kreis der IG Farben und des Stickstoffsyndikats seine Hilfe angeboten hatte.[204] Bosch konnte im Oktober inoffiziell eruieren, daß die Reichsfluchtsteuer künftig zwar weiterhin ein Viertel betragen, aber nach dem augenblicklichen Vermögensstand berechnet werden sollte. Dies machte zwar einen erheblichen Unterschied aus, doch erkannte Haber darin immer noch keinen Ausweg. Er sah sich den Zahlungsverpflichtungen für seine geschiedene Frau und die beiden Kinder, außerdem steigenden Ausgaben für seine Gesundheit gegenüber. Dahinter steckte jedoch auch der Wunsch des alten Mannes, den Kindern unbedingt etwas zu «bieten» und ihnen und seiner Schwester Else, die ihm den Haushalt führte, ein Viertel seines Vermögens zu vererben. Er gab sich sogar der Illusion hin, vielleicht noch etwas verdienen zu können. Der Gedanke, ohne Genehmigung aus Deutschland auszuwandern und so seinen unbeweglichen Besitz und den Hausrat an die braunen Machthaber zu verlieren, war ihm vollends unerträglich.[205]

Von Anfang bis Mitte Juli reiste Haber nach Utrecht, Paris und London, um vor Ort Erkundigungen einzuziehen, an welcher wissenschaftlichen Einrichtung er Aufnahme finden könnte. In Holland fand er viel guten Willen, aber keinerlei Möglichkeiten; in England schienen sich die früher vermuteten Chancen völlig zerschlagen zu haben, obwohl sich Donnan und auch Hartley sehr um eine Fellowship bemühten. Über seine früheren «Gemütswiderstände», die Frankreich betrafen, war Haber zwar längst hinaus, aber konkrete Möglichkeiten bestanden ebenfalls nicht.[206]

Nach Berlin zurückgekehrt, fand Haber Verhältnisse vor, die sich gegenüber seiner Abreise noch verschlechtert hatten. Johannes Stark, der neue Präsident der PTR, nahm im Senat der KWG Anstoß an Habers

Verweilen im Institut wie in seiner Dienstvilla und setzte Planck entsprechend unter Druck, den dieser, abgemildert zwar, aber doch weitergab: Am 20. Juli teilte er Haber mit, daß er seine Wohnung, wo er seit 1912 lebte, bis zum Winter aufgeben müsse. Damit stand für Haber fest, Berlin sofort zu verlassen: Spontan dachte er daran, die Sommermonate auf dem Gut Witzmanns und bei seinem Sohn in Paris, den Winter aber in klimatisch milden Gegenden zu verbringen.[207] Nur wenig später jedoch ließ ihn eine weitere Denunziation um seinen Paß bangen. Der Weimarische Geheime Kommerzienrat Pochwadt beanspruchte die Erfindung des Phosgens im Ersten Weltkrieg für sich und behauptete nun, Haber habe ihn damals um seine Entdeckung und das Eiserne Kreuz gebracht. Haber hatte die an sich lächerliche Angelegenheit im Mai der Reichswehr mit allen Unterlagen übergeben, doch drohte der Querulant jetzt damit, eine vorbereitete Schmähschrift in 200000 Exemplaren zu verbreiten und sich an die Gestapo zu wenden, damit Haber der Paß entzogen werde. Nur eine massive Intervention General Hermann Geyers, inzwischen Stabschef beim Reichswehrgruppenkommando II in Kassel, konnte weitere Verwicklungen unterbinden.[208]

In dieser Situation, mit dem Gefühl, aus dem bisherigen Arbeits- und Lebenskreis ausgestoßen und gerade noch im Besitz des Passes zu sein, bat Haber Planck um Urlaub, um in Santander vom 8. bis 18. August an einer Tagung der internationalen Chemie-Union teilzunehmen, auf der er selbst einen Vortrag zu halten hatte. Außerdem wollte er die Gelegenheit nutzen, um erneut zu versuchen, Kontakte mit aufnahmebereiten Universitäten zu knüpfen.[209] Die Reise stellte die letzten Weichen in Habers Leben: Geplant hatte er eine Abwesenheit bis zum 23. August, doch wurde die Fahrt ungewollt ein Abschied für immer; Haber sollte Berlin und Deutschland nicht mehr wiedersehen. Außerdem erhielt er in Paris, wo er einen Zwischenstopp bei seinem Sohn einlegte, und in Santander zwei Einladungen an wissenschaftliche Einrichtungen, die ihn wirklich interessierten, ohne daß ihm mehr die Zeit vergönnt war, endgültige Entscheidungen zu treffen.

Zunächst erreichte ihn die Nachricht, daß Hartleys Bemühungen in England erfolgreich gewesen waren. Hartley hatte noch im Juli den Chemiker Sir William Pope (31. 3. 1870–17. 10. 1939)[210] in Cambridge angesprochen, um Habers Chancen an dessen Universität zu sondieren. Pope hatte im Ersten Weltkrieg für den Chemical Warfare Service gearbeitet, ein neues Senfgasverfahren entwickelt und war für seine Verdienste um die chemische Kriegführung nobilitiert worden. Die ‹Internationale› der Gaskriegsveteranen funktionierte, eines der wenigen sozialen Netzwerke Habers, das 1933 nicht riß: Die Universität Cambridge lud ihn nun ein, im Wintersemester in Absprache mit Pope in ihrer Abteilung Chemie zu arbeiten. Sie bot dem schwerkranken Physikochemiker einen Laborraum an und hieß auch begleitende Angehörige bzw. einen Assistenten willkommen.[211] Die Aussicht, wieder im Rahmen seiner Kräfte wissenschaftlich arbeiten zu können, beflügelte ihn, und er sagte zu.

Die zweite Einladung, die Haber erhielt, betraf Palästina.

Fernziel Palästina? Haber und Chaim Weizmann

Ebenfalls noch in Paris traf Haber im Beisein Willstätters mit Chaim Weizmann zusammen, und spätestens mit dieser Begegnung stand die Entscheidung an, eventuell nach Palästina zu gehen. Beide Männer hatten sich erst vor ungefähr einem Jahr kennengelernt, als Weizmanns Schwager Josef Blumenfeld, bei dessen französischer Firma Hermann Haber seit Oktober 1931 beschäftigt war, Vater und Sohn Haber zu einem Besuch nach London mitgenommen hatte. Seinen Memoiren zufolge fand Weizmann den KWI-Direktor wider Erwarten sehr umgänglich, so daß er seine eigenen Vorbehalte ablegte. Diese gingen auf das Jahr 1921 zurück, als Haber Einstein bedrängt hatte, nicht in den USA für die Universität Jerusalem zu werben. Auf Einladung des KWI-Direktors besuchte Weizmann das Dahlemer Forschungsinstitut noch Ende 1932 und fand nun einen Haber vor, der an seinen wissenschaftlich-technischen Projekten in Palästina reges Interesse zeigte.[212]

Auf den ersten Blick konnte der Hintergrund der beiden Männer nicht unterschiedlicher sein, traf doch der überzeugte und aktive Zionist auf einen konvertierten Juden, der sein Leben ebenso überzeugt und aktiv darauf ausgerichtet hatte, sich vollständig in die deutsche Gesellschaft zu integrieren und durch seine wissenschaftliche Arbeit seinem Land in Krieg und Frieden zu nützen. Bei allem, was sie trennte, hatten beide Männer jedoch mehr gemeinsam als ihre starke Persönlichkeit, die sie jeweils am anderen bewunderten: Auch Weizmann war ein gelernter Chemiker, der nach dem Studium in Deutschland und der Schweiz nach England an die Universität Manchester gegangen war. Dort stellte er sich während des Weltkriegs der Regierung als Wissenschaftler zur Verfügung. Seine Forschungen spielten für die Großproduktion von Aceton, das für die Sprengstoffherstellung benötigt wurde, eine entscheidende Rolle. Aus Weizmanns Arbeiten für das Ministry of Munitions und die Admiralität erwuchsen seine engen persönlichen Beziehungen zur britischen Regierung, die er für die zionistische Bewegung hervorragend zu nutzen verstand.[213]

Hatte die politische Entwicklung in Deutschland Habers Einstellung zum Zionismus geändert? Fraglos war nun eine Situation eingetreten, die ihm zuvor unvorstellbar gewesen war und die er nun selbst schmerzlich erlebte: Die deutschen Juden wurden zu Bürgern zweiter Klasse degradiert und aus ihrer Heimat verdrängt. Die Suche nach einer neuen Heimat für seine Mitarbeiter und für sich selbst war die größte Sorge Habers in seinen letzten Lebensmonaten, so daß das zentrale Anliegen des Zionismus, den Juden eine Heimat in Palästina zu erstreiten, zweifellos eine mögliche ernstzunehmende Antwort war. Andererseits sind Weizmanns Memoiren doch nur mit einer gewissen Vorsicht als Quelle heranzuziehen. Haber diente ihnen erkennbar als Paradebeispiel eines Antizionisten, der nun vom Saulus zum Paulus wurde und an dessen Schicksal sich die politische und moralische Berechtigung des Zionismus unwiderlegbar beweisen ließ. Entgegen der Darstellung Weizmanns hatte Haber jedoch 1921 Einstein nicht deshalb von der Amerikareise mit Weizmann abgeraten, weil er ein überzeugter Antizionist war, sondern er hatte dies vor allem mit der außenpolitischen Situation Deutschlands begründet. Er war auch nie aktiv gegen den Zionismus eingestellt gewesen oder gar aufgetreten. Der Zionismus hatte für ihn keine Rolle gespielt, war er doch noch Ende der zwanziger Jahre überzeugt, mit seinem Übertritt zum Christentum die letzte Schranke einer vollständigen Integration in die deutsche Gesellschaft beseitigt zu haben.[214]

1933 merkte er schmerzhaft, daß dies eine Illusion gewesen war, doch heißt dies nicht, daß er für seine Person nun zum bewußten Juden oder gar überzeugten Zionisten wurde. Eine Zeitzeugin, die Haber in seinen letzten Lebensmonaten mehrfach im Haus gemeinsamer Freunde in Basel getroffen hatte, erinnerte sich später, daß er sogar große Zweifel an der Zukunft eines jüdischen Staates äußerte.[215] Nach Habers Tod warnte Else Freyhan ausdrücklich vor einem Bild ihres Bruders, wie es anläßlich der Eröffnung der Haber-Bibliothek im Sieff-Institut in Rehovoth gezeichnet worden war, dem Hermann Haber[216] die private Bibliothek seines Vaters gestiftet hatte. Hermann Haber, so Else Freyhan, sei «much more of a Jew» gewesen als sein Vater, und es sei vor allem der Wunsch des Sohnes gewesen, Fritz Haber in Palästina zu sehen, hierin einig mit Weizmann, der ihn ebenfalls bedrängte.[217] Zwar schrieb Haber im August 1933 im Zusammenhang mit der Jerusalemer Universität an Einstein, er habe sich in seinem Leben «nie so jüdisch wie jetzt» gefühlt[218], doch lautete sein persönliches Fazit zwei Wochen vor seinem Tod immer noch: «Im Krieg und Frieden, solange es ihm vergönnt war, ein Diener seiner Heimat.»[219] Haber kam von Deutschland nicht los. Es war, wie Albert Einstein später formulierte, «die Tragik des deutschen Juden, die Tragik der verschmähten Liebe»[220], die seine letzten Lebensmonate prägte.

Bereits unmittelbar nach seinem Abschiedsgesuch scheint Weizmann Haber über seinen Sohn vorgeschlagen zu haben, nach Palästina überzusiedeln. Offenbar versuchte man ihn damit zu locken, daß auch Willstätter, Einstein und Franck dorthin gehen würden. Haber wollte sich ihnen für diesen Fall anschließen, doch wollte er ebenso bestimmt «nicht nach Palästina [gehen], wenn es keiner der anderen tut.»[221] Dafür sagte er zu, seinen Einfluß für die Universität in Jerusalem und den Aufbau des Daniel-Sieff-Instituts für landwirtschaftliche und angewandte Chemie einzusetzen, was er nicht zuletzt dadurch tat, daß er Weizmann den Chemiker Ernst Bergmann, der im Universitätslabor seines Berliner Kollegen Schlenk gearbeitet hatte, und später Ladislaus Farkas vermittelte.[222] Andererseits geriet er durch seine Zusage ahnungslos in die Strudel der zerstrittenen Zionistenbewegung, deren interne Frontverläufe er nicht durchschaute. Die Auseinandersetzungen über die Universität Jerusalem entzweiten auch Weizmann und Einstein, der bei aller grundsätzlichen Sympathie die dortigen Zustände als «eine richtige Schweinerei» und «Charlatanerie» kritisiert hatte.[223] Haber erhielt einen ersten Vorgeschmack der Streitigkeiten Mitte Juli in London, als er von einem erklärten Weizmann-Gegner aufgesucht wurde.[224] Er reagierte verunsichert, war aber überzeugt von der Aufrichtigkeit Weizmanns und wandte sich an Einstein, um zwischen beiden im gemeinsamen Interesse der Jerusalemer Universität zu vermitteln.[225]

Einsteins Antwort traf prompt Mitte August in Santander ein. Weizmann hatte seinen Rat an Haber, nach Palästina auszuwandern, vor wenigen Tagen in Paris im Beisein Willstätters erneuert und konkretisiert. Er versprach, seinen Einfluß im Foreign Office dazu zu nutzen, Haber auf diplomatischem Weg aus Deutschland ohne Zahlung der Reichsfluchtsteuer freizubekommen, ein für diesen wahrhaft lockendes Angebot. Während Willstätter es jedoch so verstanden hatte, daß sein Freund dafür nur einmalig im nächsten Winter drei Monate in Tel Aviv verbringen sollte, um beim Aufbau des Sieff-Laboratoriums beratend tätig zu sein, hatte Haber den bestimmten Eindruck, daß Weizmanns Hilfsbereitschaft nur für den Fall gelte, daß er von nun an regelmäßig in jedem Winter eine gewisse Anzahl von Monaten in Palästina zubringen müsse. Und hier zögerte Haber, wollte sich vor einer solchen Entscheidung erst Land und Leute anschauen und vor allen Dingen Einsteins Meinung abwarten.[226] Er sagte Weizmann daher zunächst nur zu, ihn nach Neujahr in Palästina zu besuchen, und bat, erforderlichenfalls auf sein Hilfsangebot zurückkommen zu dürfen.[227]

Von Einstein erreichte ihn in Santander jedoch ein «fürchterliche[r] Brief», der Haber unter dem Eindruck zurückließ, «daß die Apokalypse mit Mißtrauen, übler Nachrede und Gehässigkeit anfängt [... und] daß sie für die Juden nicht nur begonnen hat, sondern weit fortgeschritten ist.»[228] Zwar freute sich Einstein, daß Habers «frühere Liebe zur blonden Bestie ein bißchen abgekühlt» war, fand auch, daß «der alte Fuchs W.» sich keinen Schlechten als Anwalt ausgesucht hatte, zeichnete aber ein verheerendes Bild über die von Intrigen zerrissenen Angelegenheiten der Jerusalemer Universität. Einstein fühlte seinen «ehrlichen Namen» von Weizmann mißbraucht, «um für diese Saubude Reklame zu machen» und Geld einzuwerben, und riet Haber dringend, die Hände davon zu lassen, bevor nicht dieser «Stall ausgeräumt» worden sei. Besonders erschüttert haben muß Haber das negative Bild, das Einstein von Weizmann hatte, kennzeichnete er ihn doch als intelligenten und charmanten, aber verlogenen «Alcibiades auf jüdisch», der sein besseres Wissen gegenüber politischen und persönlichen Rücksichten zurückstelle.[229]

Die Tagung in Santander war das vorletzte Mal, daß Haber mit seinem Freund Willstätter zusammentraf, dem die ganze Konferenz in der Erinnerung «wie ein grausiger Totentanz» vorkam. Der Pariser Chemiker Matignon erlitt während seines Vortrags einen Herzanfall. Der schwerkranke Haber nahm seinen Auftritt überaus ernst, arbeitete bis spät in die Nacht und trug dann in einem heißen Hörsaal vor, wo nur wenige Kollegen aus reiner Höflichkeit anwesend waren; die meisten von ihnen verstanden nicht einmal Deutsch. Trotz vorher eingenommener Medikamente erlitt auch Haber einen Herzkrampf. Mit Hilfe des bereitliegenden Nitroglycerins brachte er seinen Vortrag zitternd und keuchend «zu einer Art Ende».[230] Zu seinem schlechten körperlichen Zustand mag Einsteins negative, drastisch formulierte Meinungsäußerung das ihre beigetragen haben.

Odyssee durch Europa

Einstein hatte dringend geraten, nicht «nach Teutonien» zurückzukehren, wo die Intelligenzschicht vor gemeinen Verbrechern auf dem Bauch liege.[231] Tatsächlich war Haber von den Anstrengungen des Aufenthalts in Spanien so erschöpft, daß er nicht, wie eigentlich geplant, nach Berlin zurückfahren konnte, sondern seine Rückreise über Paris in Basel unterbrechen mußte, um sich in der Schweiz im oberen Rhônetal zu erholen. Den Kontakt mit Weizmann hielt Haber trotz Einsteins Philippika aufrecht, in seiner Meinung bestätigt durch James Franck, der sich ausdrücklich als Verehrer Weizmanns bezeichnete.[232] Die Anziehungskraft des Zionistenführers war schließlich so groß, daß Haber, kaum daß er sich gesundheitlich etwas gefangen hatte, den in den vergangenen Jahren eisern befolgten ärztlichen Ratschlag, große Höhen zu meiden, in den Wind schlug und Weizmann in seinem Urlaubsort Zermatt aufsuchte, wo dieser seine Einladung in das klimatisch günstige Palästina erneuerte.

Weizmanns Erinnerungen zufolge versuchte Haber, ihn mit einem mitreißenden Plädoyer im Interesse des Zionismus zu überreden, trotz interner Streitigkeiten zum 18. Zionistenkongreß nach Prag zu fahren, ein «leuchtendes Wahrzeichen in der langen Geschichte unseres Volkes».[233] Ob man den wörtlich wiedergegebenen Textpassagen in den Memoiren trauen sollte, sei dahingestellt. Aber der sich intensivierende Briefwechsel zwischen beiden Wissenschaftlern, die mit Abstand dichteste Quelle für Habers letzte Lebensmonate, belegt, daß die Spannungen und Defizite innerhalb der zionistischen Bewegung den schwerkranken Physikochemiker beunruhigten. Er war zutiefst enttäuscht, daß die Kongreßteilnehmer in der politischen Lage des Jahres 1933 nicht imstande waren, ihre Differenzen zurückzustellen und geschlossen Weizmann zu unterstützen.[234] Dessen Persönlichkeit und Ziele faszinierten ihn immer mehr, so daß er schließlich den Palästinaroman von Stefan Zweig las, um dem «Lebenskreis» des Zionistenführers näher zu treten.[235] Er empfinde täglich stärker, sollte er Weizmann kurz vor seinem Tod schreiben, «dass im Leben nur die Dinge lohnen, die wir aus einem grossen Gesichtspunkte wagen.» Um dieser großen Aufgabe willen bewunderte er Weizmann, war aber, was seinen Erfolg anging, skeptisch: Trotz Hitler stünden die Juden seiner Heimat dem Staatsbürgertum in Deutschland näher als dem Zionismus:

«Seit vollends die Hitlerrichtung im wirtschaftlichen [sic] ein[ig]es Entgegenkommen zeigt, weichen die Tage des jüdischen Prophetentums in den Nebel vergessner Ferne, und alle Überschätzung physisch erträglicher Existenz tritt wieder in den Vordergrund der Interessen.»[236]

Haber mußte für seinen Verstoß gegen die ärztlichen Vorschriften im August in Zermatt schwer büßen. Auf der Rückreise ins Rhônetal erlitt er in Brig einen Zusammenbruch, den er selbst für einen Schlaganfall, Rudolf Stern später jedoch eher für einen Herzinfarkt hielt. Nachdem er sich einigermaßen erholt hatte, fuhr er in ein Sanatorium in Mammern im Thurgau, dessen Chefarzt eine schwere Sklerose der Herzkranzgefäße bestätigte. Hier verbrachte Haber, meistens in Begleitung seiner Schwester, den ganzen September und halben Oktober. Doch obwohl er nun fast täglich heftige und schmerzhafte Anfälle von Angina pectoris erlitt, wollte er nur noch eines: auswandern und wissenschaftlich arbeiten.[237]

Mit der Begründung eines ärztlich verordneten Kuraufenthalts verlängerte Planck Habers Urlaub, so daß die Tatsache, daß er nicht nach Berlin zurückkehrte, nicht als ‹Reichsflucht› ausgelegt werden konnte.[238] Dennoch fielen im September die letzten Bindungen an Dahlem: Else Freyhan löste im Auftrag ihres Bruders den Haushalt in der Villa am Faradayweg auf und stellte Möbel und Bücher unter. Die Originalapparatur der Ammoniaksynthese wurde dem Deutschen Museum angeboten, das dankend dieses technikhistorisch besonders wertvolle Exponat aufstellte.[239] Schließlich verfaßte Haber seinen Abschiedsbrief als Direktor des KWI für physikalische Chemie und übersandte ihn Otto Hahn, der ihn dann am 1. Oktober am schwarzen Brett des Instituts anbringen ließ. Das Schreiben ging über eine bloße Verabschiedung hinaus, versuchte vielmehr, unter indirekter Betonung des jüdischen Anteils ein Fazit der Institutstätigkeit zu ziehen und dieses dem gewaltsamen nationalsozialistischen Zugriff auf das KWI entgegenzuhalten:

«Mit diesen Worten nehme ich Abschied von dem Kaiser Wilhelm Institut, das von der Leopold Koppel Stiftung nach meinen Vorschlägen durch den verstorbenen Oberbaurat Ihne errichtet und unter meiner Leitung 22 Jahre bemüht gewesen ist, im Frieden der Menschheit und im Kriege dem Vaterlande zu dienen. Soweit ich das Ergebnis beurteilen kann, ist es günstig gewesen und hat dem Fache wie der Landesverteidigung Nutzen gebracht. Der Erfolg ist der glücklichen Auswahl und der schöpferischen Kraft meiner Mitarbeiter zu danken. Ich danke Ihnen allen und wünsche dem Institut, dass es unter neuer Leitung gleich wertvolle Menschen zu Mitarbeitern finden und in der Achtung der Fachwelt bewahren und erhöhen möge.»[240]

Habers Situation sollte sich im September und Oktober weiter verkomplizieren, so daß er vollends glaubte, ohne Hilfe von außen nicht mehr von Deutschland loszukommen. Ihm war ein monatliches Ruhegehalt von 900 Mark zugesprochen worden, doch fürchtete er nun, daß ihm dieses Geld wie in den meisten ihm bekannten Fällen in dem Augenblick entzogen würde, in dem er seinen Wohnsitz ins Ausland verlegte.[241] Erschwerend kam hinzu, daß ihn just in diesen Tagen die Folgen einer weiteren Denunziation einholten, die auf seinen London-Aufenthalt im Juli zurückging. Am 12. 7. hatte der Schriftführer der Londoner Ortsgruppe des außenpolitischen Amts der NSDAP nach Berlin gemeldet, Haber sei dabei belauscht worden, wie er im Beisein und unter der Zustimmung der Professoren Donnan, Baly und Walker schlecht von Hitler gesprochen und angekündigt habe, sich im deutschfeindlichen Sinne betätigen zu wollen. Die Denunziation durchlief auf dem Dienstweg die obersten Reichsbehörden und lag nun, nach einer Aufforderung des Reichsinnenministers an Planck vom 23. 9., zur Stellungnahme vor. Haber war schockiert, hatte er doch mit der Möglichkeit «Hitlersche[r] Spione in vertrauten englischen Kreisen» nicht gerechnet. Am schlimmsten aber war, daß er für seine Auswanderung von der Zustimmung genau der Reichsstellen abhing, die nun durch die Denunziation aus England mißtrauisch oder unwillig geworden sein mochten.[242] Haber gab nun eine Erklärung ab, in der er einräumte, «ein liberaler Mann» zu sein, jedoch die Absicht politischer Betätigung weit von sich wies: Derartiges englischen Kollegen auch noch mitzuteilen widerspreche sowohl seiner Tradition als auch dem gesunden Menschenverstand.[243]

Die Denunziation ließ Haber nicht nur um seine Auswanderung bangen, sondern er hatte nun Angst, nach Deutschland zurückzufahren, auch nur um seine persönlichen Angelegenheiten zu erledigen. Eine erneute Ausreiseerlaubnis erschien ihm mehr als zweifelhaft.[244] In dieser Situation kam er auf Weizmanns Hilfsangebot zurück und bat ihn, über das Foreign Office den britischen Botschafter in Berlin in seiner Sache zu aktivieren. Dieser sollte im Auswärtigen Amt und beim Staatssekretär des Reichsfinanzministeriums offiziell vorstellig werden, die ehrenvolle Einladung Habers nach Cambridge mitteilen und versuchen, ihn von der Zahlung der Reichsfluchtsteuer auszunehmen.[245] Freilich fühlte er sich Weizmann dafür verpflichtet und stellte seinen Besuch in Palästina noch für das letzte Quartal 1933 in Aussicht. Er wollte bei der Organisation des physikalisch-chemischen Unterrichts an der Universität und an der Einrichtung des Sieff-Instituts beratend mitwirken.[246] Gleichzeitig vermittelte er seinen begabtesten Schüler Ladislaus Farkas nicht zuletzt mit dem Hintergedanken, diesen als seinen Vertreter und Nachfolger einsetzen zu können.[247] Grundsätzlich wollte er die Einladung nach Cambridge annehmen, verband sich doch mit der Hoffnung, wissenschaftlich arbeiten zu können, auch die Möglichkeit, auf diplomatischem Wege eine Befreiung von der Reichsfluchtsteuer zu erreichen. Kemal Atatürk, der die Universität Istanbul gerade mit Hilfe entlassener jüdischer Wissenschaftler aus Deutschland zu einem «Licht im Osten» machte, wie Haber ihm bescheinigte[248], hatte bei den Behörden durchgesetzt, daß diese keine Steuer entrichten mußten. Haber war nun überzeugt, daß England für ihn und Cambridge dasselbe erreichen könnte.[249] Er setzte in der Folge, sehr zum Verdruß seines Sohnes, abwechselnd einmal auf Weizmann, einmal eher auf Cambridge.[250]

Der schwerkranke Mann beschäftigte sich in den letzten Wochen seines Lebens rastlos mit Reiseplänen, die er mit Rücksicht auf seinen Gesundheitszustand unaufhörlich abänderte, aufgab, verschob und daher einen Gutteil seiner verbliebenen Kraft darauf verwenden mußte, seine Gastgeber und Gesprächspartner entsprechend zu informieren. Wunschdenken und Überschätzung der eigenen Kräfte standen im Gegensatz zum engen Rahmen, den ihm die Beschwernisse der Angina pectoris setzten. Hatte er Mitte Oktober im Sanatorium in Mammern noch ein enormes Reiseprogramm über Zürich nach Budapest (Tungsram), Orsellina/Schweiz, Genua und dann per Schiff nach Haifa aufgestellt, so ließ er kurz darauf ein Reiseziel nach dem anderen fallen, um sich ebenso überhastet neue Ziele zu setzen: von Zürich nach Paris, wo er sogar noch ein langes Gespräch mit dem französischen Erziehungsminister Anatole de Monzie führte, um Anstellungsmöglichkeiten für Rudolf Stern zu erkunden; von Paris am 4.11. nach London, von dort nach Cambridge.[251] Der Heimatlose hetzte ruhelos durch Europa – ein jüdisches Schicksal. Sein Entschluß, nach Palästina zu reisen, schwankte von Woche zu Woche, abhängig vielleicht von seinem Gesundheitszustand, vielleich aber auch von Weizmanns Überredungskünsten und mitreißendem Idealismus. Mitte Oktober war sich Haber in Zürich sicher, daß die Schiffsfahrt nach Haifa seine Kräfte übersteigen würde und daß er überhaupt außerstande war, den Winter in einem außereuropäischen Land unter spartanischen Umständen zu verbringen. Anfang November dagegen hatte Weizmann den bestimmten Eindruck, daß Haber noch Ende des Jahres für zwei Monate nach Palästina kommen würde, und er gab seinen Mitarbeitern entsprechende telegrafische Anwesungen zu seiner Unterbringung.[252]

«Hier sitze ich nun auf meinen Wanderschaften, der Dinge gewärtig, die kommen», schrieb Haber seinem Freund Willstätter aus Cambridge. Erstmals nach Monaten hatte er durch die Freundlichkeit Sir William Popes die Möglichkeit, wieder ein chemisches Laboratorium betreten und arbeiten zu dürfen. Seine wissenschaftliche Leistung beurteilte er zwar selbstkritisch als «vorerst armselig».[253] Er investierte, alle Schmerzen ignorierend, seine verbliebenen Kräfte in diese letzte Forschungsarbeit über die katalytische Zersetzung von Hydroperoxid, die er zusammen mit seinem Assistenten Joseph Weiss, den er in Dahlem hatte entlassen müssen, durchführte. Haber blühte kurzzeitig wieder auf, als ihn viele frühere Mitarbeiter und Freunde, die nach England gegangen waren, in Cambridge besuchten: Freundlich, Polanyi, Farkas, Paul Harteck, auch Max Born. Hartmut Kallmann erinnerte sich später an unvergeßliche Stunden wissenschaftlichen Diskutierens, die für kurze Zeit den Dahlemer Kreis im englischen Exil wiedererstehen ließen.[254] Pope erreichte jedoch noch mehr für seinen heimatlosen Kollegen aus Deutschland. Der Vizekanzler der Universität Cambridge lud ihn ein, seine Forschungen bis zu seinem 70. Lebensjahr auf einer unbesoldeten Ehrenstelle in Cambridge fortzusetzen.[255] Haber wußte die zuvorkommende englische Rücksichtnahme auf seine Befindlichkeit sehr zu schätzen. Wie er Willstätter schrieb, ließ ihn die Universität berufen, «ohne zu sagen wozu. Sie redet mich dabei mit ‹lieber Professor› an und nennt ihr Schriftstück selber ‹a call›.» Er stellte jedoch seine Zusage vorerst zurück, damit die Bedingungen seiner Übersiedlung geklärt werden könnten, denn nun wandte sich die Universität über das Foreign Office an den britischen Botschafter in Berlin. Dieser wurde beauftragt, die Zustimmung der Reichsregierung zur Annahme des Rufs und die Freistellung Habers von der Reichsfluchtsteuer zu erwirken.[256]

Haber verbrachte nur gute zwei Monate in Cambridge, leidend am englischen Klima, vor dem Rudolf Stern ihn immer gewarnt hatte, zermürbt von Schlaflosigkeit, die er erfolglos mit immer höheren Dosen an Schlafmitteln zu bekämpfen suchte. Er hatte längst zu Morphium gegriffen und brauchte schließlich im Monatsdurchschnitt etwa 20 Milligramm. Stern stellte ihm auf seine Bitte kein Rezept aus, was Haber als unfreundlichen Akt empfand, doch er beschaffte sich das Mittel auf anderen Wegen. Die «Schlafmittelvergiftung», die er einmal Weizmann eingestand, war vermutlich auf Morphiummißbrauch zurückzuführen.[257] Die englischen Kollegen erwiesen ihrem Gast alle Freundlichkeit, überhörten sein schlechtes Englisch, waren rücksichtsvoll. Haber meinte sogar, zum erstenmal in seinem Leben wirkliche Professoren kennenzulernen, denn die deutschen habe er im Grunde nicht gekannt.[258] Trotzdem war er unglücklich, machte er doch die Erfahrung so vieler Exilanten: Er entbehre, wie er Weizmann eingestand, «alle die natürlichen Führerfunktionen», die er sich «in 40 Jahren zu Hause aufgebaut» hatte.[259]

Unerträglich war Haber vor allem aber die Unsicherheit über die Behandlung seines Antrags in Deutschland. Gerüchte über einen bevorstehenden deutsch-englischen Krieg, in dem er sich dem Ministry of Munitions anbieten würde, ängstigten ihn, schienen sie doch eine Auswanderung grundsätzlich zu gefährden. Die Intervention des britischen Botschafters in Berlin, auf die er, wie er sich ausdrückte, einen «skyscraper» von Hoffnungen gebaut hatte, versandete in einem Austausch von «Höflichkeit und Wohlmeinen» bei den falschen Regierungsstellen: Der Botschafter war nur im Auswärtigen Amt und im preußischen Kultusministerium, nicht aber beim ausschlaggebenden Reichsfinanzministerium vorstellig geworden. Inzwischen hatten Habers Freunde in Deutschland zwar Stellungnahmen des Reichswehr- und des Reichsinnenministers erwirkt, daß beide keine Bedenken gegen die Annahme des Rufs nach Cambridge bzw. die Auswanderung hatten, doch war damit hinsichtlich der Reichsfluchtsteuer noch nichts gewonnen.[260] In diese verzweifelte Situation hinein überbrachte ihm ein Vertreter seines Berliner Rechtsanwalts die Nachricht, die IG Farben habe erklärt, alle Beziehungen zu Haber lösen zu wollen, wenn er an eine Hochschule eines ehemaligen Feindstaates übersiedelte.[261] Zwar fragt man sich, welche Beziehungen noch zu lösen waren. Eine Drohung blieb diese Erklärung allemal, ihre Auswirkungen auf die Behandlung des Auswanderungsgesuchs waren nicht abschätzbar. Haber, überzeugt davon, daß die Erklärung der IG ohne Willen und Wissen Boschs erfolgt war, war so verzweifelt, daß er sich beinahe beschwörend an den Vorstandsvorsitzenden um Hilfe wandte:

> «Ich habe keinen Schritt gethan und kein Wort gesprochen, das mich zu einem Feinde der Männer stempelte, die Deutschland regieren. Das einzige, was ich will, ist, dass sie mich in Ehren aus einer Situation entlassen, in der ich ohne Schande nicht verharren kann. [...] Hier bin ich für den Rest meines Lebens ein willkommner [sic] Gast. Wollen Sie mir nicht ermöglichen, hier in Frieden die Reste meiner im letzten halben Jahre jämmerlich geminderten Gesundheit und wissenschaftlichen Arbeitskraft mit Anstand zu verbringen?»[262]

Habers Gesundheitszustand, der im November eine kurze Scheinblüte erlebt hatte, geriet danach «in eine Art Verfall»[263], den er sich selbst viel zu spät eingestand. Getrieben von innerer Unruhe plante der Heimatlose bereits im Dezember seine nächsten Reisen, zuerst einen Kuraufenthalt auf der Insel Madeira, den er jedoch auf den dringenden Einspruch seines Sohnes und Rudolf Sterns wieder aufgab. Damit war auch die Schiffsreise nach Haifa vollends illusorisch geworden, doch schob Haber die Absage an Weizmann bis Mitte Januar hinaus. Andererseits waren die Alternativüberlegungen, die er selbst oder sein Sohn anstellten, in seiner körperlichen Verfassung kaum weniger erschöpfend: Er sollte im Januar zur Erholung entweder mit Sterns nach Tunis oder über Paris nach Orsellina am

Luganer See fahren.[264] Tunis erledigte sich von selbst, da sich dort für den Mediziner keine beruflichen Perspektiven boten. Hermann Haber bestand schließlich darauf, auch den Besuch in Paris fallen zu lassen und statt dessen mit ihm, seiner Frau und dem Ehepaar Stern in Basel im Hotel Euler zusammenzutreffen, um von dort an den Luganer See weiterzureisen.[265]

Am 23. Januar noch hielt Haber in Cambridge einen Vortrag. Um seinen Zustand zu beschreiben, benutzte er eine ursprünglich von Weizmann geprägte Wendung: Er ‹verblute in der Anstrengung›.[266] Sein Lebenswille war beinahe erloschen: Er wünschte sich nur noch «ein baldiges, anständiges und leichtes Ende.»[267] Drei Tage später reiste er nach London, wo er noch einmal mit Weizmann zusammenkam; am Folgetag brachen er und seine Schwester nach Basel auf.[268] Als Haber am 29. Januar dort eintraf, war er körperlich am Ende: Er konnte kaum mehr einige Minuten sprechen, ohne starke Herzkrämpfe zu erleiden. Er erholte sich zwar auf Sterns beruhigendes Zureden und diskutierte mit bemerkenswerter Munterkeit Zukunftspläne. Aber noch am Abend erlitt er einen Herzschlag, verlor das Bewußtsein und starb wenige Stunden später noch am selben Tag.[269]

XII. Epilog

Ein Jahr nach Habers Tod fand am 29. Januar 1935 im Saal des Harnack-Hauses eine bemerkenswerte Veranstaltung statt: Das Programm der Gedächtnisfeier[1], welche die Kaiser-Wilhelm-Gesellschaft in Gemeinschaft mit der Deutschen Chemischen und der Deutschen Physikalischen Gesellschaft für den verstorbenen Nobelpreisträger abhielt, entsprach ganz dem Anlaß und wies keine Besonderheiten auf: Umrahmt von den musikalischen Darbietungen[2] eines Streichquartetts aus Mitgliedern des Berliner Philharmonischen Orchesters, waren nach den einleitenden Worten des Präsidenten Planck drei Gedächtnisreden geplant: von Otto Hahn, Joseph Koeth und Karl-Friedrich Bonhoeffer. Daß der große Saal des Harnack-Hauses, der 500 Sitzplätze bot[3], voll besetzt war, überrascht in Anbetracht der Persönlichkeit, der gedacht wurde, ebenfalls nicht. Bemerkenswert war vielmehr etwas ganz anderes: Der größte Teil der Teilnehmer an der Feier waren Frauen. Nur wenige Männer waren anwesend, unter ihnen überwiegend Repräsentanten zweier Großunternehmen: von seiten der IG Farben Carl Bosch, Arthur von Weinberg, Hans Kühne und andere Direktoren; von der Metallgesellschaft Alfred Petersen und Johannes Jaenicke. Friedrich Schmidt-Ott und Richard Willstätter zählten zum engsten Kreis der Freunde und Verwandten Habers, von denen nur wenige erschienen waren. Der Sohn Hermann Haber fehlte. Er hatte Anfang Januar mit der Begründung abgesagt, im Sinne seines Vaters zu handeln. Fritz Haber, der «mit allen Fasern an Deutschland und an der engeren Heimat in Dahlem gehangen» habe, hatte in seinem letzten Willen verfügt, neben seiner ersten Frau bestattet zu werden, aber nur dann, «wenn er als guter Deutscher in Dahlem ruhen und seine Kinder und Verwandten als freie Deutsche an sein Grab treten können.» Da dies nicht der Fall war, wollte sich der Sohn auch an der Gedächtnisfeier nicht beteiligen.[4]

Und die Wissenschaftler, die unmittelbaren Kollegen Habers? Otto Hahn entdeckte nur vier: auf den hinteren Bänken des Saales Fritz Strassmann, Max Delbrück und Lise Meitner vom KWI für Chemie, schließlich noch die Pflanzengenetikerin und außerordentliche Professorin Elisabeth Schiemann, die früher an Erwin Baurs KWI für Züchtungsforschung gearbeitet hatte. Willstätter bemerkte gar nur seinen früheren Schüler Wolfgang Heubner, den Direktor des Pharmakologischen Instituts der Universität Berlin. Aus anderen Quellen ist ferner die Teilnahme von Georg Melchers, Assistent am KWI für Biologie, von Hermann Mark, seit 1932 ordentlicher Professor an der Universität Wien, der erst 1938 wegen eines nichtarischen Elternteils entlassen werden sollte, und des bereits entlassenen Professors Friedrich Franz Nord aus Berlin überliefert.[5] Das KWI für physikalische Chemie, Habers Institut, war demonstrativ nicht vertreten. Wer waren nun die Frauen, die das Publikum der Gedächtnisfeier bildeten? Es handelte sich um die Ehefrauen von Professoren und Wissenschaftlern der KWG, auch von persönlichen Freunden Fritz Habers. Sie erlebten eine schöne, würdevolle Feier, die freilich von einer weiteren Anomalie gekennzeichnet war: Otto Hahn verlas die Gedächtnisrede Bonhoeffers, der selbst nicht anwesend war.

Die der Feier vorangegangenen Ereignisse waren so denkwürdig gewesen, daß Max Planck sie wenige Tage später in einem streng vertraulichen zwölfseitigen Bericht aufzeichnete. Der Bericht diente ihm nicht nur als Gedächtnisstütze, sondern war vornehmlich dazu gedacht, den Vizepräsidenten der KWG, Gustav Krupp von Bohlen und Halbach, zu informieren.[6] Das in quellenkritischer Hinsicht ausgesprochen wertvolle und wichtige Dokument wurde der historischen Forschung erst vor kurzem bekannt.[7] Es ergänzt vortrefflich die Erinnerungen Willstätters[8] und Hahns, die bis vor kurzem die Hauptquellen zur Rekonstruktion der Gedächtnisfeier bildeten, mit dem Hintergrundwissen Plancks.

Habers Tod in Basel war im Vorjahr von der deutschen Presse nicht, wie häufig kolportiert[9], völlig ignoriert worden. Vielmehr erschienen in vielen Tageszeitungen Notizen und kurze Artikel[10], und auch die Fachzeitschriften reagierten mit Nekrologen, die keineswegs dem gleichgeschalteten NS-Tenor entsprachen: Wilhelm Schlenks Nachruf in den «Berichten der Deutschen Chemischen Gesellschaft» zeichnete Habers wissenschaftliche Entwicklung und Verdienste nach, ging auf seine Leistung im Ersten Weltkrieg ein und betonte, wie er international stets die Interessen, vor allem aber die Würde Deutschlands «unbedingt und unbeugsam» vertreten habe.[11] Alwin Mittasch rekonstruierte in seinem historischen Abriß in der Werkszeitung der IG Farben die schöpferische Leistung der Ammoniaksynthese und charakterisierte ihren Erfinder als anregende, willensstarke, vielseitige und «vornehm gütige[n]» Persönlichkeit. Er endete mit dem Aufruf, jeder Werksangehörige der IG Farben, vor allem aber der auf Habers Ideen aufgebauten Werke Oppau und Leuna, möge ihm ein treues Andenken bewahren.[12] Max Bodensteins Würdigung in der «Zeitschrift für Elektrochemie» bezeichnete Haber als einen der «Besten» der Bunsen-Gesellschaft, der für die wissenschaftliche Forschung und ihre technische Anwendung, vor allem aber für Deutschland «Gewaltiges» geleistet habe.[13] In seiner Gedächtnisrede vor der Preußischen Akademie der Wissenschaften am 28. 6. 1934 ging Bodenstein noch weiter, indem er ziemlich unverblümt auf die Zerschlagung der Arbeitsgemeinschaft in Habers KWI einging und «die Tragik dieses Schicksals» teilnehmend mitempfand.[14] Bonhoeffers Würdigung in der Chemiker-Zeitung mußte zwar auf Wunsch der Redaktion in Hinblick auf «überempfindliche Kreise» abgeändert werden, doch ließ auch er es sich nicht nehmen, das Ende Habers in seinem politischen Zusammenhang aufzuzeigen.[15] Am weitesten ging der Nachruf des unerschrockenen Max von Laue in den «Naturwissenschaften». Er setzte Haber in Analogie zu Themistokles, der auch «nicht als der Verbannte am Hof des Perserkönigs, sondern als der Sieger von Salamis» in die Geschichte eingegangen sei; genau so werde Haber als der «geniale Erfinder» der Ammoniaksynthese erinnert werden.[16]

Nach Habers Tod hatten sich mehrere Schüler und Freunde des Verstorbenen an Planck gewandt mit der Bitte, eine Trauerfeier zu veranstalten, so wie bisher stets Gedächtnisfeiern für die gestorbenen KWI-Direktoren abgehalten worden waren. Planck wollte zunächst abwarten, um Zeit zwischen der Entlassung Habers und der Feier verstreichen zu lassen, ein Beleg dafür, daß ihm die politische Dimension des Gedächtnisses durchaus bewußt war, auch wenn die Feier nicht als Protestveranstaltung, sondern als Akt der gebotenen Pietät gedacht war.[17] Auf Vorschlag Glums und mit Blick auf das Ausland setzte er dann den Termin auf den ersten Todestag fest, die letzte Gelegenheit, «der Pflicht der Pietät zu genügen.» Nach Weihnachten wurden die Einladungen mit dem geplanten Programm verschickt.[18] Die Resonanz auf die Einladung war lebhaft, nicht zuletzt in Regierungskreisen: Zugesagt hatten Reichswehrminister Werner von Blomberg und der Oberpräsident von Brandenburg-Berlin und Posen-Westpreußen, Wilhelm Kube, die sich durch einen hohen Militär bzw. Beamten vertreten lassen wollten.[19] Die Vorbereitungen zur Feier wurden jedoch jäh durch den Reichserziehungsminister unterbrochen. Am 15. Januar untersagte ein an die Rektoren der Universitäten und Hochschulen gerichteter Erlaß allen Beamten und Angestellten im Geschäftsbereich des Ministeriums die Teilnahme. Zur Begründung wurde auf Habers Entlassungsgesuch verwiesen, das dessen Ablehnung des heutigen Staates verrate und von der «gesamte[n] Öffentlichkeit» als Kritik an den nationalsozialistischen Maßnahmen verstanden worden sei. Bedrohlich war vor allem der Zusatz, die Gedächtnisfeier müsse um so mehr als Provokation aufgefaßt werden, als nur bei den größten Deutschen des ersten Todestags gedacht werde.[20]

Beyerchen verwies auf den unausgesprochenen Einwand, daß am Tag nach der geplanten Gedächtnisveranstaltung für Haber der zweite Jahrestag der nationalsozialistischen Machtergreifung gefeiert werden sollte, was in der Tat einen provokativen Zusammenhang herstellen konnte.[21] Andererseits war, wie Planck richtig bemerkte, nicht die Feier an sich verboten worden, sondern nur die Beteiligung der Beamten und Angestellten. Er hatte den Erlaß folglich auch nicht in seiner Eigenschaft als Präsident der KWG, sondern als Professor emeritus durch den Rektor zur Kenntnisnahme erhalten. Planck hätte die Veranstaltung persönlich «um des lieben Friedens willen» am liebsten abgesagt, doch war für ihn, wie er Krupp mit der Bitte um Rat und Hilfe schrieb, die Angelegenheit inzwischen «eine ernste Prestigefrage» geworden.[22] Obwohl Planck vornehmlich die Ausladung der erwarteten Gäste als «in hohem Grade blamabel» empfand[23], ging es ihm doch letztlich darum kundzutun, daß die Gesellschaft zur Durchführung ihrer Festveranstaltungen nicht von der ministeriellen Erlaubnis abhing. Dies war kein Akt des offenen Widerstands gegen die Maßnahmen des nationalsozialistischen Staates[24], wohl aber doch das ernsthafte Bemühen, die ohnehin eingeengten Freiräume der KWG vor dem völligen Zugriff der Machthaber zu bewahren, ein Akt demonstrativer Resistenz also, der durchaus eine beachtliche politische Dimension beinhaltete. Dem Vizepräsidenten der KWG Gustav Krupp war denn auch diese Dimension nur allzu bewußt: Planck könne seines Erachtens «angesichts der gegebenen Verhältnisse» nichts anderes tun als die Feier abzusagen, ließ er durch Eilboten in Berlin bestellen.[25]

Planck ging einen anderen Weg: In einem Schreiben an Rust vom 18. Januar setzte er unter Hinweis auf die vorjährige Festsitzung der Akademie der Wissenschaften der Auffassung, die geplante Feier stelle eine Herausforderung an den nationalsozialistischen Staat dar, «den schärfsten Widerspruch» entgegen. Eine derartige Interpretation lasse sich aus Sinn und Wortlaut von Habers Entlassungsgesuch nicht ableiten. Die Gedächtnisfeier sei vielmehr

«ein durch alte Sitte vorgeschriebener Brauch selbstverständlicher Pietät gegen ein verstorbenes Mitglied, welches sich, ohne jemals politisch irgendwie hervorgetreten zu sein, unvergängliche Verdienste um die deutsche Wissenschaft, Wirtschaft und Kriegstechnik erworben hat.»[26]

Planck erbat in seinem Schreiben einen Ministerbescheid in einer Form, die er nach außen vertreten könne. Als Indiz dafür, daß er ernsthaft gewillt war, die Veranstaltung auch ohne Einigung mit Rust durchzuführen, mag gelten, daß er Bonhoeffer bat, ihm vorsichtshalber eine Abschrift seiner Rede, die das wissenschaftliche Lebenswerk Habers würdigen sollte, zuzusenden. Bonhoeffer war als Professor in Leipzig der einzige der Festredner, der unter die Wirkung des Erlasses fiel. Nicht betroffen waren dagegen Koeth als pensionierter Oberst und ebensowenig Hahn: Obwohl ihm Rektor Eugen Fischer die geplante Rede untersagen wollte, konnte dieser darauf verweisen, daß er 1934 aus der philosophischen Fakultät der Universität ausgetreten war und am KWI aus den privaten Mitteln der chemischen Industrie bezahlt wurde.[27]

Wie noch zu Habers Lebzeiten war die politische Linie Rusts und seines Ministeriums uneinheitlich und schwankend. Am 20. Januar erschien ein Beamter in Plancks Privatwohnung, um, wie er sagte, im Auftrag des Ministers die peinliche Angelegenheit zu bereinigen. Man einigte sich auf die Kompromißformel, daß, nachdem die Gedächtnisfeier für Haber im privaten Kreis und rein wissenschaftlichen Rahmen stattfinde, der Ministerialerlaß zurückgezogen werde. Doch die Zustimmung Rusts blieb aus. Planck schöpfte Hoffnung, als der Minister, den er schon vor einiger Zeit gemeinsam mit Blomberg am 22. Januar zu einem Essen im Harnack-Haus eingeladen hatte, zwar kurzfristig absagte, aber eigens darum bat, aus der Absage keine besonderen Folgerungen zu ziehen. Ein freundliches Grußtelegramm Rusts zum Abend selbst sowie der Zuspruch Blombergs bestärkten ihn in diesem Glauben.[28]

Inzwischen hatte der ministerielle Erlaß weitere Kreise gezogen. Mit Datum vom 22. Januar wurde den Angehörigen des Hauptamts für Technik der NSDAP in München, des Nationalsozialistischen Bundes Deutscher Technik sowie der in der Reichsgemeinschaft der technisch-wissenschaftlichen Arbeit zusammengeschlossenen Vereine verboten, an der Feier für den «Juden Fritz Haber» teilzunehmen. Absender war der Führer dieser drei Organisationen, Fritz Todt, Beauftragter für Technik im Stab des Stellvertreters des Führers und mit Sondervollmachten ausgestatteter «Generalinspekteur für das deutsche Straßenwesen», der auf die «Taktlosigkeit» einer derartigen Veranstaltung verwies. Die angesprochenen Verbände gaben Todts Verbot an ihre Mitglieder weiter, so beispielsweise an den Verein Deutscher Chemiker und den Verein deutscher Eisenhüttenleute, die beide der Reichsgemeinschaft angehörten.[29] Der VDCh hatte 1933 das Führerprinzip eingeführt; zum Führer ernannt wurde der bisherige Vorsitzende des Vereins, Professor Paul Duden (1868–1954), IG-Vorstandsmitglied bei Hoechst. Am 25. Januar erhielten alle Vereinsmitglieder Karten zugeschickt, die ihnen mit Hinweis auf Todts Verfügung eine Teilnahme untersagten.[30] Auch das Reichsarbeitsministerium wies seine Beamten, Angestellten und Arbeiter an, nicht an der Haber-Gedächtnisfeier teilzunehmen[31], und man kann annehmen, daß andere Ministerien und Behörden sich dem anschlossen. Durch die nationalsozialistische Verbotslawine erreichte nun die Haber-Feier eine Publizität und damit eine politische Bedeutung, die sie zuvor nie erreicht hätte.

Rusts Antwort auf Plancks Schreiben vom 18. Januar war dagegen wieder ein unentschiedenes «Sowohl – als auch»: Das Argument der unbeanstandeten Festrede zum Gedächtnis Habers in der Akademie der Wissenschaften wischte er mit dem Hinweis weg, daß in einer Akademie eben bedeutende Gelehrte des In- und Auslandes ohne Rücksicht auf Nationalität und Rasse zusammengefaßt seien, während die KWG eines der vornehmsten Institute deutscher Forschung darstelle. Er beharrte darauf, es den Beamten des nationalsozialistischen Staates und den Parteigenossen der NSDAP nicht zumuten zu können, an der Feier teilzunehmen, so daß der Erlaß in Kraft bleibe. Andererseits gestattete er mit Hinblick auf die erwarteten ausländischen Gäste, auf die bereits aufmerksam gewordene

Presse des In- und Auslands und die privaten Mitglieder der KWG, daß die Veranstaltung als «rein interne und private Feier» der KWG stattfinden könne. Er stellte ferner den Professoren, die bereits zugesagt hatten, die Möglichkeit eines Dispenses in Aussicht, was freilich implizierte, daß sie ihm zuvor auch benannt wurden. Schließlich lud Rust Planck freundlich zu einem persönlichen Besuch ein, was dieser gerne annahm. Eine Liste mit den Namen der erwarteten Professoren zu erstellen, lehnte er jedoch aus pragmatischen Gründen ab.[32]

Am 26. Januar besuchte Planck den Minister in seiner Dahlemer Villa. Er kam ihm argumentativ weit entgegen, äußerte Verständnis für seinen Standpunkt, sei es doch «nun einmal Tatsache», daß ein jüdischer Institutsdirektor in Kürze weitere Juden nach sich ziehe, «und das ist unerfreulich und unleidlich früher wie heute.» Er unterstrich jedoch die besondere Bedeutung Habers für die KWG, die Wissenschaft und die Industrie Deutschlands, wobei er die «Millionenbeträge» der Leuna-Werke besonders hervorhob. Rust unterbrach ihn daraufhin mit dem in seiner Logik wahrlich entwaffnenden Argument, er erkenne die Leistungen Habers an, aber die NSDAP habe für Deutschland noch mehr getan. Dem sich anschließenden unsachlichen Wortwechsel wich Planck schließlich mit der Frage aus, ob Bonhoeffer denn nun die Teilnahme gestattet sei, um seine Rede halten zu können. Rust sagte dies zu und wollte dem Gelehrten entsprechend telegraphieren. Er bestätigte ferner, Mitglieder der veranstaltenden Gesellschaften vom Erlaß dispensieren zu wollen, sagte zu, den Rektor der Universität in diesem Sinne zu informieren, und er ermächtigte sogar Planck, in Anbetracht der Kürze der Zeit einen derartigen Dispens selbst zu erteilen: «Vertrauen gegen Vertrauen.»[33]

Das Telegramm an Bonhoeffer wurde nie geschrieben, auch nicht der Brief an den Rektor. Das Gesuch des Nobelpreisträgers für Chemie von 1928, Adolf Windaus, der offenbar als einziger von der Möglichkeit des Dispenses Gebrauch machen wollte[34], wurde abgelehnt. Der Entwurf des Telegramms an Bonhoeffer wurde zuletzt auf dem Schreibtisch Theodor Vahlens gesehen, der inzwischen im Rang eines Ministerialdirektors das Amt für Wissenschaft und die Hochschulabteilung W 1 leitete. Vahlen hatte den Entwurf, wie Planck vertraulich erfuhr, auch abgezeichnet. Seine Versendung scheiterte schließlich an Staatssekretär Siegmund Kunisch. War Rust extrem wankelmütig, entschied aus Stimmungslagen heraus einmal so, das nächste Mal anders? Oder stand er selbst unter dem Druck seines Staatssekretärs? Für letzteres spricht, daß im Ministerium augenscheinlich «dicke Luft» herrschte, als Planck sich nach dem Verbleib des zugesagten Telegramms erkundigte. Es ist durchaus möglich, daß Kunisch eine vergleichsweise schärfere Linie verfolgte als Rust, der in diesen Tagen wiederholt unpäßlich war und sich von seinem Staatssekretär vertreten lassen mußte. Kunisch, geb. am 2.6. 1900 und gelernter Jurist, war bis

1920 Freikorpskämpfer in München und Thüringen gewesen und später wegen nationalsozialistischer Betätigung von der Beamtenlaufbahn ausgeschlossen worden. Im April 1933 wurde er persönlicher Referent des preußischen Justizministers, eineinhalb Jahre später Leiter des Zentralamts und kommissarischer Staatssekretär im Rustschen Ministerium.[35] Den Verbotserlaß vom 15. Januar hatte ebenfalls Kunisch unterzeichnet. Gab er, und wenn ja, in wessen Auftrag, die restriktiven Maßnahmen vor, denen Rust dann mehr oder weniger willig folgte? Auf jeden Fall führten, wie man schlußfolgern kann, die Fäden der Affäre aus dem Reichserziehungsministerium heraus, denn nun, am Vortag der geplanten Feier, sagte auch plötzlich Blomberg unter Bedauern die Teilnahme seines Reichswehrministeriums an der Feier ab, und das Reichsinnenministerium interessierte sich auffällig für Maßnahmen gegen die drei veranstaltenden Gesellschaften. Gerüchte über eine bevorstehende Auflösung der KWG liefen in Berlin um, und Wilhelm Schlenk wurde «in höherem Auftrag» von einem SA-Mann mit seiner Verhaftung bedroht, falls er der Feier beiwohne.[36]

Bonhoeffer, der am 28. 1. nachmittags in Berlin eintraf und sich sofort ins Ministerium begab, verhandelte zwar lange, ohne aber mehr zu erfahren, als daß er den Dispens schriftlich beantragen müsse, der Antrag aber mit Sicherheit abgelehnt würde. Allerdings wurde ihm ausdrücklich gestattet, seine Rede von Hahn verlesen zu lassen, da man der Feier an sich nichts in den Weg legen wolle – eine «grosse Erleichterung» für Planck, der jetzt nur noch befürchtete, die Haber-Feier könnte durch brutale Gewalt oder heimtückisch durch eine Stinkbombe verhindert werden. Er nahm daher am Folgetag auf dem Weg zur Feier eigens den Pg Telschow in seinem Dienstwagen mit, um bei einer etwaigen Absperrung des Harnack-Hauses größere Chancen zu haben, durchgelassen zu werden. Er holte dann Hahn aus dem KWI für Chemie ab, wo am Schwarzen Brett der Ministererlaß hing, der allen Angehörigen der Kaiser-Wilhelm-Institute die Teilnahme an der Feier untersagte. Doch es ereigneten sich keine Störungen: Das Haber-Gedächtnis wurde, wie Planck hinterher von vielen Seiten versichert wurde, «eine der stimmungsvollsten Feiern, die je gehalten worden sind.»[37]

Alle Teilnehmer an der Veranstaltung mußten sich ausweisen und in eine Liste eintragen. Planck eröffnete die Feier mit dem Hitlergruß und einleitenden Worten.[38] Es folgte die Ansprache Hahns, die den Menschen und Institutsdirektor Haber thematisierte, danach die nach Jaenickes Erinnerung «mannhafte Rede Koeths», der sich mit den Verdiensten des Physikochemikers im Weltkrieg befaßte. Abschließend verlas Hahn das Manuskript Bonhoeffers, der Habers wissenschaftliches Lebenswerk würdigte. Keiner der Redetexte ist erhalten, hatte doch die letzte Anweisung des Ministeriums gelautet, daß die Vorträge nicht publiziert werden durften.[39] In Anbetracht der Vorgeschichte der Feier erschien es wahrscheinlich ratsam, die Redemanuskripte verschwinden zu lassen. Nur Max Plancks einleitende Worte blieben aus seiner Korrespondenz mit Krupp erhalten. Sie bestätigen Jaenickes Eindruck von den «gedämpften, aber dem Wissenden vernehmbaren Untertönen der Nachrufe».[40] Planck verfolgte in seiner kurzen Einführung deutlich das Ziel, Habers vaterländische Verdienste um Deutschland im Weltkrieg und in der Weimarer Republik zu betonen. Er erwähnte auch die Hintergründe für Habers Rücktritt, wenngleich vernebelt als «Pflicht zur Darbringung schwerer [...] Opfer», um dann gleich anzufügen, er habe auch in der Fremde «in keinem Augenblick aufgehört, seinem Vaterlande Ehre zu machen.» Er verwies in diesem Zusammenhang auf Habers Plan, in Spanien eine Forschungsstelle zur Chemie des Weltmeeres im Rahmen der KWG zu gründen – ein Vorhaben, von dem Planck selbst in Hinblick auf den erwarteten Einspruch Lenards und Starks abgeraten hatte. Abschließend weihte er die Feierstunde «dem grossen Gelehrten, dem lauteren Menschen und dem deutschen Kämpfer».[41]

Die Haber-Gedächtnisfeier wurde seit jeher in der Forschung kontrovers beurteilt. Während Alan D. Beyerchen sie als die einzige öffentliche Protestkundgebung deutscher Wissenschaftler im Dritten Reich würdigte, demonstrierte sie nach Meinung des Politologen Joseph Haberer eher das Fehlen jeglichen Widerstands in den Reihen der Gelehrten: «The Haber meeting was essentially just that: a memorial meeting and nothing more.»[42] Macrakis charakterisierte die Haber-Feier als zunächst völlig unpolitische Geste der Pietät, die sich unter den Maßnahmen des Regimes in «passive opposition» wandelte.[43] In der Tat ist der Widerstandsbegriff fehl am Platz, doch bietet die historische Forschung inzwischen ein breites begriffliches und analytisches Spektrum an, um die oszillierenden Formen der Nichtanpassung und Verweigerung bei im übrigen loyaler Grundhaltung zu erfassen. Ohne darauf im einzelnen einzugehen, ist doch eines sicher: Das Regime rasselte mit dem Säbel, drohte vernehmlich, beließ es aber dabei: Keinem der Teilnehmer an der Feier geschah etwas, was man jedoch zuvor nicht unbedingt annehmen konnte. Berühmtheiten wie Planck waren freilich durch ihren Namen geschützt, noch mehr Bosch, war das Regime doch auf die Kooperation der Wirtschaftsführer angewiesen. Doch es ging um mehr: Es ging der KWG bei aller Loyalitätsbekundung um die Demonstration eines Freiraums für die Wissenschaft, die ihr auch gelang, indem sie einen ihrer großen Gelehrten und frühesten Direktoren ehrte, obwohl ihn die braunen Machthaber als persona non grata stigmatisiert hatten, ja sich erkennbar durch das personifizierte Gegenbeispiel zu ihren diffamierenden antisemitischen Stereotypen provoziert fühlten. Die Durchführung der Feier war ein Akt demonstrativer Nichtanpassung und wurde in diesem Sinne beispielsweise von Carl Bosch verstanden, der die ihn begleitenden

Manager der IG Farben sogar telegraphisch nach Berlin zitiert hatte, damit sie unbedingt teilnahmen.[44] In dieses Bild paßt, daß die Mitarbeiter Otto Hahns vom KWI für Chemie, das durch seine private Finanzierung geschützt war, im Saal anwesend waren, und auch Elisabeth Schiemann, offene Gegnerin des Nationalsozialismus und aktives Mitglied der Bekennenden Kirche[45], nutzte die Gelegenheit, ihre ablehnende Haltung kundzutun. Der einzige anwesende Ordinarius, der Pharmakologe Wolfgang Heubner, hatte während des Weltkriegs an der von Haber eingerichteten Heeresgasschule Berlin gelehrt.[46] Er war ebenfalls für seine antinationalsozialistische Haltung bekannt und widersetzte sich dem Erlaß offen. Die abwesende Mehrheit der Professoren und anderen Wissenschaftler wandte immerhin einen ungefährlichen Kunstgriff an, um augenfällig zu demonstrieren, daß sie nicht aus freien Stücken fehlte: Sie blieben nicht einfach weg, sondern schickten ihre Frauen als ihre Vertreter, so daß die Ehrung Habers nicht, wie intendiert, vor leeren Reihen stattfand. Hinter den Kulissen schließlich sorgten die Umstände der Gedächtnisfeier für beträchtliche Unruhe. Eine Vielzahl von Protestschreiben und sogar Austritten verwickelte beispielsweise den systemkonformen Vorstand des VDCh in eine monatelange Auseinandersetzung mit renitenten Mitgliedern. Sie beharrten darauf, in Haber einen der bedeutendsten Chemiker Deutschlands zu sehen, und stellten das Recht des Vorstands in Frage, ihnen eine Teilnahme zu verbieten. Der Vereinsspitze gelang es nur mühsam, diese Wogen zu glätten, indem sie die Gründe für das Verbot nicht wiederholte und dazu aufforderte, die Sache nicht weiter zu verfolgen: Der Stand der Chemiker sei ohnehin schon genügend belastet. Aber auch danach schwiegen nicht alle kritischen Stimmen still.[47]

«Ich habe zu lange gelebt.» Mit diesem pathetischen Satz endete Habers letzter Brief, den er Rudolf Stern aus Dahlem geschrieben hatte.[48] Aus ihm spricht die ganze Bitterkeit des Wissenschaftlers, der nun, als er aus seinem Institut und seinem Lebenskreis vertrieben wurde, die Einsicht gewann, «in einem Maße deutsch gewesen [zu sein], das ich erst jetzt voll empfinde».[49] Wäre er nur ein Jahr früher gestorben, hätte er diese letzte bittere Erfahrung, sein Lebenswerk demontiert zu sehen, dabei sogar noch selbst Hand anzulegen, ausgestoßen zu werden und rastlos, ruhelos und krank durch Europa zu irren, nicht machen müssen. Er hätte nicht erleben müssen, daß die Wertvorstellungen, die ihm wichtig waren, entweder ignoriert und bekämpft oder mißbraucht und pervertiert wurden. In der Tat – aus der Sicht des Betroffenen hatte er zu lange gelebt.

Die Schlußbemerkungen dieser Biographie Habers geben nicht die einzelnen Kapitel und Abschnitte zusammenfassend wieder: Zu vielfältig sind die Ergebnisse, als daß sie sich auf einen kleinsten gemeinsamen Nenner bringen ließen. Vielmehr soll das Diktum, er habe zu lange gelebt, aufgegriffen, der Gedanke weitergesponnen werden: War es nicht ein Glück, daß er nicht noch länger lebte? Aber hatten er bzw. sein Selbstverständnis als Wissenschaftler sich wirklich überlebt? Sollte ‹seine Zeit› vielleicht nicht sogar erst noch kommen?

Zunächst: Zum Glück hatte Haber nicht noch länger gelebt. Seine Erfahrungen und Erlebnisse wären schwerlich weniger bitter, weniger verheerend, weniger tragisch gewesen, im Gegenteil. Sein früher Tod verhinderte, erleben zu müssen, wie seine wissenschaftliche Arbeit gemindert, ignoriert, schließlich ganz aus der deutschen Chemiegeschichte gestrichen wurde. Rassenkundliche Analysen der bisherigen Nobelpreisträger bezifferten Habers Anteil an der Lösung der Stickstoffsynthese mit höchstens 25 bis 30 %, während der entscheidende Rest den «gut nordischen» Männern Ostwald und Bosch zugeschrieben wurde.[50] Sein Name verschwand aus der Lehrbuchliteratur; im Chemieunterricht wurde nur mehr das «Bosch-Verfahren» behandelt. Sogar der militärchemischen Literatur gelang es mit einiger zeitlicher Verzögerung, zunehmend ohne seine Erwähnung auszukommen.[51] Während des Zweiten Weltkriegs wurde die Abfassung einer Chemiegeschichte ohne Haber abgeschlossen: Die wissenschaftliche Entwicklung der Ammoniaksynthese schrieb man kurzerhand der TH Karlsruhe zu und betonte um so mehr den Anteil Carl Boschs und der BASF an der technischen Umsetzung. Die Erfolge um die Salpeter- und die Ammoniakfertigung im Ersten Weltkrieg sowie die Rolle der chemischen Abteilung des Kriegsministeriums verbuchte man unter dem Namen Emil Fischers. Nicht einmal im Zusammenhang des Gaskriegs wurde Haber genannt; hier stieg sein ehemaliger Mitarbeiter, der Lost-Miterfinder Wilhelm Steinkopf, zu zweifelhaften Ehren auf.[52]

Vor allem verhinderte Habers früher Tod Anfang 1934, daß er miterleben mußte, wie sich die Diktatur vollends etablierte und Deutschland in den Zweiten Weltkrieg jagte; wie die deutschen Juden nicht einmal mehr Bürger zweiter Klasse, sondern überhaupt keine Bürger mehr waren und aufs grausamste verfolgt wurden; wie der Krieg millionenfachen Tod und Zerstörung über die Welt brachte; wie die Juden Europas, unter ihnen auch Familienangehörige Habers, in die Gaskammern geschickt wurden, die mit einer chemischen Substanz arbeiteten, an deren Entwicklung er Anteil gehabt hatte. Vor diesem Furor der Vernichtung und Zerstörung treten andere Aspekte zurück.

Und doch: In mancher Hinsicht hat Haber nicht lange genug gelebt. Das zielt weniger auf die Rehabilitierung seines Namens und seines Rufs als Wissenschaftler nach dem Ende des Dritten Reichs oder auf die Umbenennung seines früheren KWI in «Fritz-Haber-Institut der Max-Planck-Gesellschaft» am 1. Juli 1953. Es gilt vielmehr zu bedenken, daß Haber manches vorwegnahm, erdachte oder praktizierte, was erst mit oder nach dem Zweiten Weltkrieg zum Durchbruch kam. So setzte sich international erst jetzt die Großforschung als neuartiger Typ organisierter Forschung durch. Big Science fand im Manhattan-Project der amerikanischen Atombombe oder in der Gründungswelle deutscher Kernforschungseinrichtungen in den späten 1950er Jahren einen militärischen und einen zivilen Markstein. Doch nur die institutionalisierten Vollformen dieses Organisationstyps von Forschung zur Kenntnis zu nehmen hieße, zu kurz zu greifen.

Auf der Suche nach den Wurzeln, nach der ‹Inkubationszeit› von Großforschung entdeckt der Historiker in Habers KWI im Ersten Weltkrieg ein besonders frühes Beispiel, das alle konstituierenden Merkmale aufwies: die Einbindung vieler Disziplinen und Forschergruppen in ein gemeinsames Projekt; die Ausrichtung des Projekts auf ein politisch vorgegebenes Ziel; die Einbindung der Großindustrie; die öffentliche Finanzierung; den Dualismus von politischer Zielvorgabe und gleichzeitiger relativer Autonomie des Wissenschaftlers in seiner konkreten Arbeit. Das Dahlemer Institut arbeitete ungemein modern, und Haber führte wesentliche Ansätze dieses Organisationstyps von Forschung in der Nachkriegszeit fort, wenngleich hier die politischen und gesellschaftlichen Bedingungen freilich einen ganz anderen, engeren Rahmen setzten. Das gescheiterte Meergoldprojekt beispielsweise erforderte zwar einen sehr viel geringeren personellen Aufwand, dafür kamen andere charakteristische Züge von Big Science zum Tragen: vor allem das Großgerät, als das man die geplanten Forschungsschiffe sehen muß, oder die enge Zusammenarbeit mit der Großindustrie, die sich vom politisch definierten Ziel des Projekts ökonomische Gewinne versprach. Interdisziplinär zusammengesetzte Forschergruppen unter Einbeziehung der Techniker waren am Haberschen Institut auch über die genannten Projekte hinaus längst gängige Praxis. Schließlich kennzeichnete es Habers Führungsstil, daß er seinen Abteilungsleitern völlige und auch den Assistenten und Mitarbeitern weitgehende wissenschaftliche Freiheit in der Wahl und Bearbeitung ihrer Forschungsthemen zugestand.

Aber noch in anderer Hinsicht war Haber ausgesprochen modern. Es ist ein Kennzeichen von Modernität, daß sich, systemtheoretisch gesprochen, nicht nur die einzelnen gesellschaftlichen Teilsysteme wie Staat, Wirtschaft, Wissenschaft usw. zunehmend ausdifferenzieren und überaus komplexe Gebilde darstellen, die sich systemintern durch eine Vielzahl interdependenter Beziehungen auszeichnen. Konstitutiv ist vielmehr vor allem, daß sich die einzelnen Teilsysteme untereinander in wachsendem Maße vernetzen. In modernen Gesellschaften kommt den Schnittstellen zwischen den Teilsystemen, die zwischen beiden oder mehreren vermitteln, ja überhaupt erst die Kommunikation herstellen, indem sie die Sprache und die Bedürfnisse des einen Systems kennen und in die des anderen übersetzen können, enorme Bedeutung zu. Diese Schnittstellen sind in entwickelten modernen Gesellschaften zumeist institutioneller Natur, doch üben in frühen Phasen häufig Personen die systemvermittelnden Funktionen aus. Wieder ist es Habers Tätigkeit im Ersten Weltkrieg, die hier beispielhaft ansetzte. Der Physikochemiker, der sich zuvor mit seinen Forschungen mit wachsendem Geschick an der Schnittstelle zwischen Wissenschaft und Wirtschaft angesiedelt hatte, erfüllte nun als technischer Berater des Kriegsministeriums eine überaus wichtige kommunikative Funktion zwischen Staat/Militär, Wirtschaft und Wissenschaft. Die Bedeutung einer derartigen personalen Vermittlungsinstanz zeigte sich exemplarisch an der vollständigen Umstrukturierung der Stickstoffindustrie und ihrer Einbeziehung in die deutsche Kriegswirtschaft. Ebenso bezeichnend war das Zurücktreten der Person Habers in der zweiten Kriegshälfte, als die Vermittlungsfunktionen zwischen den gesellschaftlichen Teilbereichen zunehmend von Personen auf Institutionen übergingen.

Vor diesem Hintergrund können die Kriegserfahrungen Habers gar nicht überschätzt werden. Sie führten nicht zuletzt zu seiner Einsicht in die große Bedeutung der institutionalisierten Forschungsförderung in modernen Gesellschaften, ebenfalls ein prekärer Balanceakt zwischen Staat, Wirtschaft und Wissenschaft. Dabei ging es Haber bezeichnenderweise von Anfang an nicht einfach um die Behebung der durch die Niederlage bedingten Not der Wissenschaft, sondern vielmehr um ihre selbsttätige Ausrichtung auf Forschungsschwerpunkte und ihre Koordination zu gesellschaftlich relevanten ‹Gemeinschaftsaufgaben›. Entscheidend dabei war, daß er sich diese Schwerpunktbildung nicht als extern vorgegeben, sondern sinnvoll nur durch Selbstmobilisierung der Wissenschaftler in einem Selbstverwaltungskörper vorstellen konnte, der seinerseits interne Beteiligungs- und Gestaltungsfreiräume aufweisen mußte. Haber konnte sein Konzept selbstverwalteter Wissenschaft nur teilweise in der Notgemeinschaft und der KWG durchsetzen. Mit der Einführung des Führerprinzips in der Wissenschaft im Dritten Reich schien es sich gar in sein diametrales Gegenteil zu verkehren. Andererseits erwies sich schon nach kurzem die Unfähigkeit des Regimes zu sinnvoller Ressourcenlenkung und Projektsteuerung, so daß man stillschweigend wieder der Selbstmobilisierung der Wissenschaftler Freiräume einbaute. In der frühen Bundesrepublik schließlich belebten sowohl die Max-Planck-Gesellschaft wie die Deutsche Forschungsgemeinschaft das Habersche Konzept neu.

Habers Einsicht in die wachsende Bedeutung der Vernetzung des Subsystems Wissenschaft blieb nicht im nationalen Rahmen stecken. Mit seinem entschiedenen Engagement für die Teilhabe Deutschlands am sich verdichtenden internationalen Geflecht der Wissenschaftsbeziehungen überschritt er sehr früh die nationalen Grenzen. Handelte es sich bei seinen Verhandlungen um eine deutsche Mitgliedschaft im Forschungsrat und in der Chemie-Union um die Reintegration des geächteten Kriegsverlierers in die internationalen Wissenschaftsbeziehungen, ging es Haber im Falle der parallel konstruierten Japan-Institute darum, bilaterale kulturelle und wissenschaftliche Beziehungen erstmals systematisch herzustellen und zu institutionalisieren. Sei es bilateral, sei es multilateral – Haber war sich stets auch der politischen Dimension eines Ausbaus der Wissenschaftsbeziehungen bewußt. Er verstand seine Tätigkeit ausdrücklich als Bestandteil und Beitrag zu Stresemanns Außenpolitik.

Grenzen zu überschreiten scheint, will man das bisher Gesagte mit anderen Worten zusammenfassen, ein Konstituens moderner Wissenschaft zu sein: Überschritten werden die traditionellen Disziplingrenzen, die Grenzen zwischen Wissenschaft und Technik, zwischen den althergebrachten akademischen Institutionen. Überschritten werden die Grenzen des Subsystems Wissenschaft zugunsten eines sich verdichtenden interdependenten Beziehungsgefüges mit den benachbarten gesellschaftlichen Teilsystemen. Überschritten werden auch die nationalen Grenzen zugunsten eines internationalen Netzwerks wissenschaftlicher, politischer und wirtschaftlicher Beziehungen. Haber überschritt, wie gezeigt wurde, alle diese Grenzen sehr bewußt und engagiert und nahm diesbezüglich unter den zeitgenössischen Wissenschaftlern eine exponierte Position ein. Er war, pointiert ausgedrückt, ein höchst aktiver Grenzgänger.

Haber überschritt jedoch noch eine andere Grenze. Er setzte im Gaskrieg seine Kenntnisse und Fähigkeiten als Wissenschaftler bewußt und systematisch für die Entwicklung und militärische Anwendung des ersten Massenvernichtungsmittels der Weltgeschichte ein. Er überschritt damit eine moralische Grenze, die bereits in den zwanziger Jahren und erst recht nach dem Abwurf der amerikanischen Atombomben 1945 Gegenstand heftiger öffentlicher Diskussionen wurde. Dabei geht es nicht allein darum, daß Wissenschaft und Technik für militärische Zwecke herangezogen werden, was bekanntlich bereits in der Antike der Fall war, sondern um die besondere ethische Dimension der Entwicklung einer Massenvernichtungswaffe. Die Frage nach der Verantwortung der modernen Naturwissenschaften wird seitdem in verschiedenen Kontexten immer wieder gestellt und kontrovers beantwortet. Doch gegenüber dem Stand der 1950er Jahre ist inzwischen eine Einsicht gewachsen, die Haber ebenfalls durch sein Denken und Handeln vorwegnahm: Zwischen ‹guter›, weil zivil ausgerichteter, und ‹böser›, weil militärisch, direkt oder indirekt zum Töten bestimmter Wissenschaft zu unterscheiden, ist nicht so einfach möglich. Diese Problematik, die heute einer breiteren Öffentlichkeit erst am Beispiel der Kernspaltung bewußt wurde, kennzeichnete bereits Habers preisgekrönte Erfindung der Ammoniaksynthese, einem Verfahren, das in der Kunstdüngerherstellung lebenserhaltenden, in der Munitionsproduktion lebensvernichtenden Zwecken diente. Deutlicher wird diese Ambivalenz noch beim Giftgas. Haber dachte bei der zivilen Anwendung giftiger Gase in der Schädlingsbekämpfung einen möglichen militärischen Nutzen stets mit und umgekehrt: Der «dual use» moderner Naturwissenschaft war ihm grundsätzlich bewußt, doch verdeutlicht der menschenvernichtende Einsatz des unter seiner Regie entwickelten Zyklon B im Holocaust, der ihm mit Sicherheit unvorstellbar war, das Problem in seiner ganzen Tragweite.

Fritz Haber war in jeder Beziehung ein sehr moderner Wissenschaftler.

Anhang

Anmerkungen

Einleitung

1 Raulff, Ulrich, Der große Lebenshunger. Erlösende Literatur: Das biographische Verlangen wächst, in: FAZ Nr. 53, 4. 3. 1997, S. 33.

2 Vgl. zum Folgenden ausführlich: Engelberg, Ernst/Schleier, Hans, Zur Geschichte und Theorie der historischen Biographie, in: ZfG 38 (1990), S. 195–217, hier bes. S. 195, 200.

3 Beispielsweise die eingangs zitierte Virginia Woolf, die in mehreren Essays über die ‹Kunst› der literarischen Biographie reflektierte, vgl. Collected Essays, Bd. 4, London 1967: The Art of Biography, S. 221–228; The New Biography, S. 229–235.

4 Trischler, Helmuth, Im Spannungsfeld von Individuum und Gesellschaft. Aufgaben, Themenfelder und Probleme technikbiographischer Forschung, in: Füssl, Wilhelm/Ittner, Stefan (Hg.), Biographie und Technikgeschichte (= BIOS-Sonderheft), Leverkusen 1998, Ms. S. 3.

5 Vgl. dazu, um nur einen einführenden Sammelband zu erwähnen, Voges, Wolfgang (Hg.), Methoden der Biographie- und Lebenslaufforschung, Opladen 1987.

6 Beispielsweise Gestrich, Andreas, Einleitung: Sozialhistorische Biographieforschung, in: ders./Knoch, Peter/Merkel, Helga (Hg.), Biographie – sozialgeschichtlich. Sieben Beiträge, Göttingen 1988, S. 5–28.

7 Röckelein, Hedwig, Der Beitrag der psychohistorischen Methoden zur «neuen historischen Biographie», in: dies. (Hg.), Biographie als Geschichte (= Forum Psychohistorie 1), Tübingen 1993, S. 17–38, bes. S. 24 f.

8 Oelkers, Jürgen, Biographik – Überlegungen zu einer unschuldigen Gattung, in: NPL 19 (1974), S. 296–317.

9 Dazu ebenda, S. 300 ff.; Trischler, Spannungsfeld, Ms. S. 4, Anm. 12; ausführlich Schieder, Theodor, Strukturen und Persönlichkeiten in der Geschichte, in: ders., Geschichte als Wissenschaft. Eine Einführung, 2. Aufl., München–Wien 1965, S. 157–194.

10 So, um nur einige zu erwähnen, Gestrich, Einleitung, S. 6 f.; Röckelein, Beitrag, S. 19; Trischler, Spannungsfeld, S. 7 f.; Niethammer, Lutz, Kommentar zu Pierre Bourdieu: Die biographische Illusion, in: BIOS 3 (1990), S. 91–93, hier S. 92.

11 Berlepsch, Hans-Jörg von, Die Wiederentdeckung des «wirklichen Menschen» in der Geschichte. Neue biographische Literatur, in: AfS 29 (1989), S. 488–510.

12 LeGoff, Jacques, Wie schreibt man eine Biographie?, in: Braudel, Fernand u. a., Der Historiker als Menschenfresser. Über den Beruf des Geschichtsschreibers, Berlin 1990, S. 103–112, hier S. 103 f.

13 Trischler, Spannungsfeld, nimmt auf die amerikanische, Röckelein, Beitrag, auf die französische Forschung Bezug.

14 Schulze, Hagen, Die Biographie in der «Krise der Geschichtswissenschaft», in: GWU 29 (1978), S. 508–518, hier S. 513.

15 Der häufig benutzte Terminus erstmals bei Meier, Christian, Von der Schwierigkeit, ein Leben zu erzählen. Zum Projekt einer Caesar-Biographie, in: Kocka, Jür-

gen/Nipperdey, Thomas (Hg.), Theorie und Erzählung in der Geschichte, München 1979, S. 229–258, hier S. 230f.

16 Bourdieu, Pierre, Die biographische Illusion, in: BIOS 3 (1990), S. 75–81.

17 So auch Röckelein, Beitrag, S. 28.

18 Trischler, Spannungsfeld, Ms. S. 5.

19 H. Schulze, Biographie, S. 516.

20 Engelberg/Schleier, Geschichte, S. 207.

21 Willstätter, Richard, Aus meinem Leben. Von Arbeit, Muße und Freunden, Weinheim 1949 (2. Nachdruck der 2. Aufl. Weinheim 1973), S. 259.

22 Hankins, Thomas L., In Defence of Biography: The Use of Biography in the History of Science, in: History of Science 17 (1979), S. 1–16, hier S. 13 mit weiterführenden Literaturhinweisen.

23 Laitko, Hubert, Wissenschaft als allgemeine Arbeit: Zur begrifflichen Grundlegung der Wissenschaftswissenschaft (= Wissenschaft und Gesellschaft 17), Berlin (Ost) 1977, S. 9.

24 Willstätter, Leben, S. 241–277, kompiliert aus: Fritz Haber zum 60. Geburtstag, in: Die Naturwissenschaften 16 (1928), Heft 50; Nekrolog, in: Jahrbuch der Bayerischen Akademie der Wissenschaften 1935; Nachruf: Von Habers Weg und Werk; Epilog.

25 Coates, J. E., The Haber Memorial Lecture: Delivered Before the Chemical Society on April 29th, 1937, in: Memorial Lectures Delivered Before the Chemical Society 1933–1942, Bd. IV, London 1951, S. 127–157.

26 Goran, Morris, The Story of Fritz Haber, Norman 1967.

27 HS 1347: Coates an Berl, 1. 5. 1940; Berl an Coates, 4. 6. 1940.

28 Beike, Heinz, unter Mitarbeit von Hans Hirsch und Alois Tröber, Zur Rolle von Fritz Haber und Carl Bosch in Politik und Gesellschaft, in: Wiss. Zschr. der Technischen Hochschule für Chemie Leuna-Merseburg 3 (1960/61), H. 1, S. 55–72.

29 Wendel, Günter, Zur Würdigung unseres nationalen wissenschaftlichen Erbes. Dargestellt am Leben und Wirken des Physikochemikers Fritz Haber (1868–1934) (= Informations- und Studienmaterial der Zentralen Forschungsstelle «Der Kampf der deutschen Chemiearbeiter ...», Reihe A, Folge 8), Leuna–Merseburg 1962.

30 Wille, Hermann Heinz, Der Januskopf. Leben und Wirken des Physikochemikers und Nobelpreisträgers Fritz Haber, Berlin (Ost) 1969.

31 Haber, Charlotte, Mein Leben mit Fritz Haber. Spiegelungen der Vergangenheit, Düsseldorf–Wien 1970.

32 Vgl. z. B. Becker, Anne/Becker, Kurt A./Block, Jochen H., Fritz Haber, in: Berlinische Lebensbilder, hg. von Wolfgang Ribbe (= Einzelveröffentlichungen der Historischen Kommission zu Berlin 60), Bd. 1: Naturwissenschaftler, Berlin 1987, S. 168–181; Harris, Henry, To Serve Mankind in Peace and the Fatherland in War. The Case of Fritz Haber, in: German History 10 (1992), S. 24–38.

33 So z. B. Nachmansohn, David, Die große Ära der Wissenschaft in Deutschland 1900 bis 1933. Jüdische und nichtjüdische Pioniere in der Atomphysik, Chemie und Biochemie, Stuttgart 1988 (= überarb. und erw. Fassung von: German-Jewish Pioneers in Science, 1900–1933. Highlights in Atomic Physics, Chemistry, and Biochemistry, 1979), S. 176–200, Zitat S. 176.

34 Beispielsweise Smandek, Bernhard, Fritz Haber – Wissenschaft zwischen Sprengstoff, Kunstdünger und Giftgas, in: Tschirner, Martina/Göbel, Heinz-Werner (Hg.), Wissenschaft im Krieg – Krieg in der Wissenschaft, Marburg 1990, S. 241–247.

35 Stern, Rudolf A., Fritz Haber: Personal Recollections, in: Leo Baeck Institute, Year Book 8 (1963), S. 70–102.

36 Stern, Fritz, Fritz Haber. Politik und Wissenschaft, in: ders., Der Traum vom Frie-

den und die Versuchung der Macht. Deutsche Geschichte im 20. Jahrhundert, Berlin 1988, S. 62–89; ders., Freunde im Widerspruch. Haber und Einstein, in: Vierhaus/vom Brocke, Forschung, S. 516–551; Wiederabdruck in: Karlauf, Thomas (Hg.), Deutsche Freunde. 12 Doppelporträts, Berlin 1995, S. 222–253.

37 BASF, W 1 Haber: Aktenvermerk Frosch, Dezember 1968; auch: Günther, Paul, Fritz Haber – ein Mann der Jahrhundertwende, in: Abhandlungen und Berichte des Deutschen Museums 37/Heft 2 (1969), S. 26.

38 Vgl. Henning, Eckart, Die «Haber-Sammlung» im Archiv zur Geschichte der Max-Planck-Gesellschaft in Berlin, in: Ber. Wiss. gesch. 13 (1990), S. 34–37, hier S. 34.

39 Frucht, Adolf-Henning/Zepelin, Joachim, «Die Tragik der verschmähten Liebe». Die Geschichte des deutsch-jüdischen Physikochemikers und preußischen Patrioten Fritz Haber, in: Mannheimer Forum 94/95. Ein Panorama der Naturwissenschaften, hg. von Ernst Peter Fischer, München–Zürich 1994, S. 63–111, hier S. 65.

40 Jaenicke, Johannes (gemeinsam mit Erna Jaenicke), Art. Haber, Fritz Jacob, in: NDB 7, Berlin 1966, S. 386–389; ders., Lebensabriß Fritz Habers, in: Berichte der Bunsengesellschaft für physikalische Chemie 73 (1969), S. 126–131.

41 Vgl. Henning, Haber-Sammlung, S. 35 f.

42 Leitner, Gerit von, Der Fall Clara Immerwahr. Leben für eine humane Wissenschaft, München 1993.

43 Stoltzenberg, Dietrich J., Fritz Haber. Chemiker, Nobelpreisträger, Deutscher, Jude, Weinheim u. a. 1994.

44 Vgl. Löbel, Uwe, Neue Forschungsmöglichkeiten zur preußisch-deutschen Heeresgeschichte. Zur Rückgabe von Akten des Potsdamer Heeresarchivs durch die Sowjetunion, in: MGM 51 (1992), S. 143–149; Otto, Helmut, Der Bestand Kriegsgeschichtliche Forschungsanstalt des Heeres im Bundesarchiv, Militärisches Zwischenarchiv Potsdam, in: ebenda, S. 429–441, mit ausführlichen Literaturhinweisen.

45 HS 984: Haber an Hans Eisner, o. D. [Anfang 1925].

46 BAP, 15.01: RMI, Nr. 26790, Bl. 26: Sitzungsprotokoll des KWI am 17. 3. 1933.

47 GStA, I. HA, Rep. 76, Vc, Sekt. 2, Tit. 23, Litt. A, Nr. 108, Bd. III.

48 Trischler, Spannungsfeld, Ms. S. 15 f. über David E. Nye, The Invented Self. An Anti-Biography from Documents of Thomas A. Edison, Odense 1983.

49 Hentschel, Volker, Rezension zu Friedrich Lenger, Werner Sombart 1863–1941. Eine Biographie, München 1993, in: HPB 42 (1994), S. 387 f.

I. Kindheit und Jugend

1 Ausführlich Glücksmann, Alfred, Breslau, in: Verfassung und Verwaltungsorganisation der Städte, 1. Bd.: Königreich Preußen, Bd. 1, hg. i. A. des Vereins für Socialpolitik (= Schriften des Vereins für Socialpolitik 117/1), Leipzig 1906, S. 189–239, hier S. 220–239; Enderwitz, Fritz, Das Werden und Wachstum Breslaus, in: Beiträge zur schlesischen Landeskunde. Dem XXI. Deutschen Geographentage dargeboten vom Geographischen Institut der Universität Breslau, hg. von Max Friederichsen, Breslau 1925, S. 1–27.

2 Silbergleit, Heinrich, Preußens Städte. Denkschrift zum 100jährigen Jubiläum der Städteordnung vom 19. November 1808, hg. im Auftrage des Vorstandes des Preußischen Städtetages, Berlin 1908, S. 2 f., 4 f.; Markgraf, Hermann, Geschichte Breslaus in kurzer Übersicht, 2. verm. Aufl. bearb. von Otfried Schwarzer, Breslau 1913, S. 118. Es gibt keine wissenschaftlichen Ansprüchen genügende Stadtgeschichte

Breslaus im 19. und frühen 20. Jahrhundert. Stein, Julius, Geschichte der Stadt Breslau im neunzehnten Jahrhundert, Breslau 1884 geht nur bis zur Reichsgründung.

3 Glücksmann, Breslau, S. 189 ff.; vgl. auch die sehr ausführlichen Artikel «Breslau» in: Meyers Lexikon, 7. neubearb. Aufl., Bd. 2, Leipzig 1925, Sp. 855–861; Der große Brockhaus. Handbuch des Wissens in 20 Bänden, 15. neubearb. Aufl., Bd. 3, Leipzig 1929, S. 314–317.

4 Böck, Adolf, Die Berufsgliederung der Reichstagswahlkreise. Eine politisch-statistische Studie, Memmingen 1911, S. 11; absolute Zahlen für die Berufs- und Gewerbezählung 1895 bei Glücksmann, Breslau, S. 193 f. Eine detaillierte Analyse der Berufs- und Betriebsstruktur Breslaus liegt nur für das Jahr 1925 vor, vgl. Rose, Heinrich, Die Gliederung der Bevölkerung Breslaus nach der Berufs- und Betriebszählung vom 16. Juni 1925 (= Beiträge zur Breslauer Statistik 2), Breslau 1929.

5 Vgl. Markgraf, Geschichte, S. 116 f. Über die Vertreter Breslaus im Reichstag und ihre Wahl vgl. Neubach, Helmut, Parteien und Politiker in Schlesien (= Veröffentlichungen der Forschungsstelle Ostmitteleuropa an der Universität Dortmund B 34), Dortmund 1988, S. 85–117. Über die Sozialdemokratie in Breslau bis 1890 ausführlich Müller, Theodor, Die Geschichte der Breslauer Sozialdemokratie. Teil 1: Bis zum Erlaß des Sozialistengesetzes, 2. verm. Aufl., Breslau 1925; Teil 2: Das Sozialistengesetz, Breslau 1925, hier S. 400 f.

6 Breslauer Juden 1850–1945. Katalog zur Ausstellung, im Auftrage der Historischen Kommission für Schlesien und des Ludwig-Petry-Instituts für ostdeutsche Landes- und Volksforschung Mainz hg. von Josef Joachim Menzel, St. Augustin 1990, S. 14, 16, 28; Silbergleit, Preußens Städte, S. 56, 58, 64, 66. Vgl. auch Wenzel, Stefi, Jüdische Bürger und kommunale Selbstverwaltung in preußischen Städten 1808–1848 (= Veröffentlichungen der Historischen Kommission zu Berlin 21), Berlin 1967, S. 73 ff.; Lagiewski, Maciej, Die Juden in Breslau 1850–1945, in: Kühnel, Horst (Hg.), Juden in Breslau 1850–1945. Beiträge zu einer Ausstellung (= Veröffentlichungen des Hauses des Deutschen Ostens 6), München 1993, S. 27–42.

7 Vgl. Segall, Jakob, Die beruflichen und sozialen Verhältnisse der Juden in Deutschland, Berlin 1912, S. 63 f.

8 Breslauer Juden, S. 18 f., 44 f. sowie Lagiewski, Juden, S. 32 f. mit vielen Beispielen.

9 Vgl. dazu Mosse, Werner E., Jews in the German Economy. The German-Jewish Economic Elite 1820–1935, Oxford 1987, S. 380 ff., vor allem S. 394 f.

10 Breslauer Juden, S. 21, 28; Lagiewski, Juden, S. 31 f.

11 So beispielsweise HS 1018, Bl. 6: Haber an Sohn Hermann Haber, o. D. [Herbst 1927]. Im folgenden, wenn nicht anders angegeben, nach HS 484: Elisabeth Freund, Zum Stammbaum der Familie Haber sowie Erläuterungen, 30. 9. 1957; auch Stoltzenberg, Haber, S. 5–13, dessen Quellengrundlage nicht immer deutlich wird.

12 HS 486: Zum Tod von Stadtrat Siegfried Haber, Breslauer Zeitung vom 22. 12. 1920.

13 Vgl. Wenzel, Georg, Deutsche Wirtschaftsführer. Lebensgänge deutscher Wirtschaftspersönlichkeiten. Ein Nachschlagebuch über 13 000 Wirtschaftspersönlichkeiten unserer Zeit, Hamburg 1929, S. 822.

14 Vgl. dazu HS 484: E. Freund, Stammbaum, S. 2; R. Stern, Personal Recollections, S. 72; Ch. Haber, Leben, S. 97 f.; ebenda, S. 94–97 über das Schicksal der drei Schwestern Haber.

15 Silbergleit, Preußens Städte, S. 56, 64; Mazura, Paul, Die Entwicklung des politischen Katholizismus in Schlesien. Von seinen Anfängen bis zum Jahre 1880, Breslau 1925.

16 Hettling, Manfred, Von der Hochburg zur Wagenburg. Liberalismus in Breslau von

den 1860er Jahren bis 1918, in: Gall, Lothar/Langewiesche, Dieter (Hg.), Liberalismus und Region (= HZ-Beiheft 19), München 1995, S. 253–276, hier S. 262, 266; HS 337: Hans Schäffer an Jaenicke, 16. 9. 1957; HS 1485: Fritz Milch an Jaenicke, 28. 3. 1958; HS 485: Alfred Glücksmann, Fritz Habers Elternhaus, abgedruckt in: Stoltzenberg, Haber, S. 12.

17 HS 486: Zum Tod von Stadtrat Siegfried Haber, in: Breslauer Zeitung vom 22. 12. 1920; zur Breslauer Handelskammer, in der zahlreiche jüdische Unternehmer eine bedeutende Rolle spielten, vgl. Breslauer Juden, S. 114 f.

18 Wenzel, Jüdische Bürger, S. 88 ff.

19 HS 486: Zum Tod von Stadtrat Siegfried Haber, Breslauer Zeitung vom 22. 12. 1920; HS 337: Hans Schäffer an Jaenicke, 16. 9. 1957; Silbergleit, Preußens Städte, S. 180; auch HS 485: Alfred Glücksmann, Fritz Habers Elternhaus, abgedruckt in: Stoltzenberg, Haber, S. 11 f.; ausführlich über die städtischen Ehrenbeamten Glücksmann, Breslau, S. 196, 215–220; vgl. auch Webersinn, Gerhard, Dr. Hans Herschel, Bürgermeister von Breslau, in: Jahrbuch der Schlesischen Friedrich-Wilhelms-Universität 12 (1967), S. 246–306, hier S. 267 mit weiterer Literatur.

20 Vgl. Hofmann, Wolfgang, Aufgaben und Struktur der kommunalen Selbstverwaltung in der Zeit der Hochindustrialisierung, in: Deutsche Verwaltungsgeschichte, hg. von Kurt G. A. Jeserich u. a., Bd. 3, Stuttgart 1984, S. 578–644, hier 607 ff.; Markgraf, Geschichte, S. 98.; ausführlich Sheehan, James, Liberalism and the City in Nineteenth-Century Germany, in: Past and Present 51 (1971), S. 116–137. Über die durch wahlkreisinterne Teilungsbündnisse gekennzeichnete wahlpolitische Entwicklung Breslaus bei den preußischen Landtagswahlen (Wahlkreis mit drei Abgeordneten) informieren ausführlich Hettling, Hochburg, S. 256–260, 264 f.; Kühne, Thomas, Handbuch der Wahlen zum preußischen Abgeordnetenhaus 1867–1918. Wahlergebnisse, Wahlbündnisse und Wahlkandidaten (= Handbücher zur Geschichte des Parlamentarismus und der politischen Parteien 6), Düsseldorf 1994, S. 318–324; ders., Dreiklassenwahlrecht und Wahlkultur in Preußen 1867–1914. Landtagswahlen zwischen korporativer Tradition und politischem Massenmarkt (= Beiträge zur Geschichte des Parlamentarismus und der politischen Parteien 99), Düsseldorf 1994, S. 236–242. Interdependenzen zwischen der kommunalen und der preußischen Ebene in Breslau sind noch nicht erforscht.

21 Dazu Glücksmann, Breslau, S. 201 ff.

22 Zur Aufstellung der Wählerlisten mit absoluten Zahlen für 1900, 1901 und 1904 vgl. ebenda, S. 199 ff.; Silbergleit, Preußens Städte, S. 184; [Breslau], in: Kommunale Praxis 5 (1905), Sp. 407–410, und 7 (1907), Sp. 529–532; Hettling, Hochburg, S. 256 f.

23 Dazu Wenzel, Jüdische Bürger, S. 90 ff.

24 Hettling, Hochburg, S. 266, 269–271. Der Anteil jüdischer Wahlmänner bei den preußischen Landtagswahlen betrug in Breslau 1903 bei den Liberalen fast 40 %.

25 HS 485: Rabbiner Bernhard Brilling an Jaenicke, 12. 8. 1957; Artikel «Gesellschaft der Brüder», in: Scheuermann, Gerhard, Das Breslau-Lexikon, 2 Bde, Dülmen 1994, Bd. 1, S. 407 f.

26 Vgl. R. Stern, Personal Recollections, S. 72.

27 Neubach, Parteien, S. 95 f.; Heppner, Aron, Jüdische Persönlichkeiten in und aus Breslau, Breslau 1931, S. 12 f.

28 Angaben zu Julius Haber in: Juristische Wochenschrift 43 (1914), S. 441 und 50 (1921), S. 3 f.; Lobe, Adolf (Hg.), Fünfzig Jahre Reichsgericht am 1. Oktober 1929, Berlin–Leipzig 1929, Anl. 5 und 8, S. 413, 433; auch Axhausen, Paul, Die Rechtsanwaltschaft am Reichsgericht, in: ebenda, S. 206–219, hier S. 216 f. Bei Stoltzen-

berg, Haber, S. 8 ohne Quellenbelege teilweise falsche Angaben, die auf ungeprüften Aussagen von Familienmitgliedern beruhen.

29 HS 484: E. Freund, Stammbaum, S. 2 f.; Stoltzenberg, Haber, S. 9; Heppner, Persönlichkeiten, S. 17 f.

30 Günther, Haber, S. 14.

31 Vgl. dazu HS 337: Jaenicke an Hans Schäffer, 3. 9. 1957.

32 Willstätter, Richard, Fritz Haber zum sechzigsten Geburtstag, in: Die Naturwissenschaften 16 (1928), Heft 50: Haber-Festschrift, S. 1053–1060; abgedruckt in: ders., Leben, S. 241–255. Ein fragmentarischer Lebenslauf, den Haber Willstätter 1928 zur Verfügung stellte und der erkennbar die Vorlage für dessen Aufsatz bildete, befindet sich in HS 1197, Bl. 7–11.

33 Vgl. HS 2305/1–15: Korrespondenz Habers mit Max Hamburger, 1885–1920. Stoltzenberg, Haber, S. 19 ff. zitiert Hamburger irrtümlich als Max Warburg.

34 Vgl. dazu auch ebenda, S. 16 ff.

35 Vgl. dazu die sehr informative und umfangreiche Festschrift zur Feier des 100jähr. Bestehens des Gymnasiums und Realgymnasiums am Zwinger zu Breslau, o. O., o. J. [Breslau 1936]. Zum höheren Schulwesen vgl. Albisetti, James C./Lundgreen, Peter, Höhere Knabenschulen, in: Handbuch der deutschen Bildungsgeschichte, Bd. IV: 1870–1918, hg. von Christa Berg, München 1991, S. 228–278, hier bes. S. 248 f.

36 Ebenda, S. 244, 274; Nipperdey, Thomas, Deutsche Geschichte 1800–1866. Bürgerwelt und starker Staat, 2. Aufl., München 1984, S. 454–462.

37 Das König-Wilhelms-Gymnasium wurde erst 1885 als neues paritätisches Gymnasium eröffnet. Zu den Breslauer Gymnasien kurz unter ihrem Namen Scheuermann, Breslau-Lexikon, S. 264–266, 354, 690, 997–999, 1019 f., 2026.

38 Vgl. Unser Weg durch die Jahrhunderte. Festschrift zur 350-Jahrfeier der Gründung des St. Matthiasgymnasiums zu Breslau, hg. vom Matthesianer-Verband (= Res Matthesiana 5), Landshut 1988.

39 Vgl. Markgraf, Geschichte, S. 37.

40 Stein, Breslau, S. 613, 638 f.; Seng, Ulrich, Die Schulpolitik des Bistums Breslau im 19. Jahrhundert (= Studien der Forschungsstelle Ostmitteleuropa an der Universität Dortmund 4), Wiesbaden 1989, S. 233 f.

41 HS 491 (auch GLA, Abt. 235, Nr. 2049): Lebenslauf, März 1896, anläßlich der Habilitation; Standesliste Habers an der TH Karlsruhe.

42 HS 337: Hans Schäffer an Jaenicke, 16. 9. 1957; Stoltzenberg, Haber, S. 17. Eine Eingabe von 775 Geistlichen des Bistums Breslau an den preußischen Kultusminister im Jahr 1876 beklagte, daß die Katholiken schlechter gestellt seien als die Juden, vgl. Seng, Schulpolitik, S. 256.

43 HS 491 (auch GLA, Abt. 235, Nr. 2049): Lebenslauf, März 1896, anläßlich der Habilitation; Standesliste Habers an der TH Karlsruhe.

44 Fuchs, Emil, Das städtische evangelische Gymnasium zu St. Elisabet in Breslau 1293–1945, Enger/Westf. o. J. [1967]; Thiel, Helmut, Einige Bemerkungen und Quellen zur Geschichte des städtischen evangelischen Gymnasiums zu St. Elisabet in Breslau 1293–1945, o. O., o. J. [1971].

45 HS 485: Rudolf Freund an Jaenicke, 22. 7. 1957; Doe Freund an Jaenicke, o. J.; HS 1429: Eduard Köbner an J. E. Coates, Dez. 1934; Alfred Kerr, Lebenslauf, in: Chapiro, Joseph, Für Alfred Kerr. Ein Buch der Freundschaft, Berlin 1928, S. 168–170.

46 Albisetti/Lundgreen, Knabenschulen, S. 276: Lehrpläne höherer Knabenschulen für Preußen, 1882.

47 Ebenda, S. 253–266; Zur Realschulfrage, in: Chemiker-Zeitung 6 (1882), S. 654 f.
48 HS 1429: Köbner an Coates, Dez. 1934; HS 485: Rudolf Freund an Jaenicke, 28. 7. 1948.
49 Zum Breslauer Vereinswesen vgl. ausführlich Wendt, H., Die wissenschaftlichen Vereine Breslaus, in: Zschr. des Vereins für Geschichte und Alterthum Schlesiens 38 (1904), S. 71–109, hier S. 98. Die Gründung philologischer Fachvereine fand in den 1870er Jahren einen gewissen Höhepunkt. Neben dem ALV sind zu nennen der Akademisch-Philologische Verein (gegr. 1871), der Akademisch-Germanistische Verein (1877) und der Akademisch-Neuphilologische Verein (1880). Das Schlußlicht bildete der Akademisch-Orientalistische Verein (1891), vgl. ebenda.
50 HS 301: Gesprächsprotokoll Adelheid Noack, 19. 11. 1959, S. 3; HS 1485: Fritz Milch an Jaenicke, 28. 3. 1958; HS 1491: Hertha Pick an Jaenicke, 14. 7. 1956.
51 HS 2305/2, Bl. 1: Haber an Max Hamburger, «4. Osterfeiertag» 1886; ebenda, Bl. 23, 25 f.: Brief vom 3. 10. 1886.
52 Ebenda, Bl. 2: Haber an Hamburger, «4. Osterfeiertag» 1886; ebenda, Bl. 6–9: Brief vom 1. 5. 1886.
53 HS 2305/1, Bl. 2, HS 2305/2, Bl. 3 f.: Haber an Hamburger, 25. 5. 1885. Ausführlich mit Quellen und weiterführender Literatur vgl. Daum, Andreas, Wissenschaftspopularisierung im 19. Jahrhundert. Bürgerliche Kultur, naturwissenschaftliche Bildung und die deutsche Öffentlichkeit 1848–1914, München 1998, Kap. II, 3.
54 HS 1197, Bl. 7: Fragmentarischer Lebenslauf Habers an Willstätter, 1928.
55 HS 2305/1, Bl. 1 f.: Haber an Hamburger, 23. 5. 1885.
56 HS 2305/2, Bl. 11: Haber an Hamburger, 2. 5. 1886.
57 Ebenda, Bl. 12 f., 14 f.: Briefe vom 23. und 28. 6. 1886.
58 Ebenda, Bl. 16, 18, 20: Briefe vom 28. 7., 6. 8. und 8. 9. 1886.
59 Ebenda, Bl. 21–23: Brief vom 3. 10. 1886; vgl. auch Stoltzenberg, Haber, S. 20 f.
60 HS 2305/2, Bl. 23 f.: Haber an Hamburger, 3. 10. 1886.
61 R. Stern, Recollections, S. 72.
62 J. Jaenicke, Lebensabriß, S. 127.
63 Ch. Haber, Leben, S. 82.
64 HS 484: Elisabeth Freund, Zum Stammbaum der Familie Haber, 30. 9. 1957, S. 3; HS 485: Elisabeth Freund, Bericht, o. D. Fritz Haber erzählte 1917 dieser seiner Nichte 2. Grades und Enkelin von Hermann Haber viel von ihrem Großvater, da sie diesen von ihm sehr verehrten Mann nicht mehr persönlich gekannt hatte.
65 So Stoltzenberg, Haber, S. 22, ohne Angabe von Quellen. Ein Hinweis in diese Richtung findet sich nur in dem Bericht von Elisabeth Freund, o. D., in HS 485. Dort heißt es, Haber habe es in Hamburg nicht ausgehalten.
66 Dazu zusammmenfassend Manegold, Karl Heinz, Technische Forschung und Promotionsrecht. Zur Geschichte des «Dr.-Ing.» und des Promotionsrechtes der Technischen Hochschulen in Deutschland, in: Technikgeschichte 36 (1969), S. 291–300.
67 Schütt, Hans-Werner, Zum Berufsbild des Chemikers im Wilhelminischen Zeitalter, in: Der Chemiker im Wandel der Zeiten, hg. von Eberhard Schmauderer, Weinheim 1973, S. 285–309, hier S. 288 ff. Naturwissenschaftliche Fakultäten, die zum Dr. rer. nat. promovierten, gab es nur an den Universitäten Tübingen (seit 1863), Straßburg (1872/73), Heidelberg (1890) und Freiburg (1910).
68 HS 2305/2, Bl. 23 f.: Haber an Hamburger, 3. 10. 1886.
69 Vgl. dazu ausführlich Burchardt, Lothar, Die Ausbildung des Chemikers im Kaiserreich, in: Zschr. für Unternehmensgeschichte 23 (1978), S. 31–53, hier S. 35 f.
70 Stoltzenberg, Haber, S. 22, 25.
71 Schütt, Berufsbild, S. 287.

72 Witt, Peter-Christian, Monarchen und Bürger. Über Untertanen und Untertänigkeit im wilhelminischen Deutschland (1890–1914), in: Freiheitsstreben, Demokratie, Emanzipation. Aufsätze zur politischen Kultur in Deutschland und den Niederlanden, hg. von Horst Lademacher/Walter Mühlhausen (= Niederlande-Studien 5), Münster 1993, S. 139–187, hier S. 155, Anm. 35.

73 Die Zahlen aus: Conrad, Johannes, Einige Ergebnisse der deutschen Universitätsstatistik, in: Jahrbücher für Nationalökonomie und Statistik, 3. Folge, 32 (1906), S. 433–492, hier Tab. 1, S. 471; Burchardt, Ausbildung, S. 34 f. Die Zahlen für die preußischen Universitäten vgl. bei Lundgreen, Peter, Natur- und Technikwissenschaften an deutschen Hochschulen, 1870–1970: Einige quantitative Entwicklungen, in: Rürup, Wissenschaft, Bd. 1, S. 209–230, hier S. 214, Tab. 2. Vgl. auch Boschan, Bärbel, Zur Entwicklung der philosophischen Fakultät der Berliner Universität im Zeitraum 1870–1900, Diss. Berlin 1990.

74 Jarausch, Konrad H., Universität und Hochschule, in: Handbuch der deutschen Bildungsgeschichte, Bd. IV, S. 313–345, bes. S. 315 ff., 325. Sehr ausführlich und quantitativ fundiert, aber beschränkt auf die Studiengänge mit Staatsexamen: Titze, Hartmut, Der Akademikerzyklus. Historische Untersuchungen über die Wiederkehr von Überfüllung und Mangel in akademischen Karrieren, Göttingen 1990. Zum Zusammenhang zwischen Überfüllungskrise und Antisemitismus vgl. Kampe, Norbert, Studenten und «Judenfrage» im Deutschen Kaiserreich. Die Entstehung einer akademischen Trägerschicht des Antisemitismus (= Kritische Studien zur Geschichtswissenschaft 76), Göttingen 1988, hier S. 52 ff.

75 Schütt, Berufsbild, S. 291.

76 HUA: Kontrollbuch 1886/87. Zu Bezold vgl. NDB, Bd. 2. S. 211 f. (Richard Scherhag).

77 HS 1197, Bl. 7: Lebenslauf Habers an Willstätter, 1928.

78 Vgl. NDB, Bd. 9, S. 446–450 (Grete Ronge); vor allem Meinel, Christoph/Scholz, Hartmut (Hg.), Die Allianz von Wissenschaft und Industrie. August Wilhelm Hofmann (1818–1892). Zeit, Werk, Wirkung, Weinheim 1992.

79 Ostwald, Wilhelm, Lebenslinien. Eine Selbstbiographie, 3 Teile, Berlin 1926/27, T. 1, S. 185.

80 Volhard, Jacob/Fischer, Emil, August Wilhelm von Hofmann. Ein Lebensbild, im Auftrage der Deutschen chemischen Gesellschaft (= Berichte der Deutschen chemischen Gesellschaft 35 [1902], Sonderheft), Berlin 1902, S. 280; auch Heinig, Karl, Das Chemische Institut der Berliner Universität unter der Leitung von August Wilhelm von Hofmann und Emil Fischer, in: Forschen und Wirken. Festschrift zur 150-Jahr-Feier der Humboldt-Universität zu Berlin 1810–1960. Bd. 1: Beiträge zur wissenschaftlichen und politischen Entwicklung der Universität, Berlin (Ost) 1960, S. 339–357, hier S. 347 f.

81 Ebenda, S. 347.

82 Willstätter, Leben, S. 242.

83 Emil Fischer schilderte in seinen Erinnerungen die vorgefundenen Verhältnisse in den luft- und lichtlosen Räumlichkeiten sehr plastisch, vgl. Fischer, Emil, Aus meinem Leben (= Emil Fischer, Gesammelte Werke 1, hg. von Max Bergmann), Berlin 1922, S. 146; Schütt, Berufsbild, S. 295.

84 NDB, Bd. 8, S. 498–501 (Walther Gerlach), Zitat S. 499. Mehrere neuere Veröffentlichungen beschäftigen sich mit Helmholtz, so vor allem: Krüger, Lorenz (Hg.), Universalgenie Helmholtz. Rückblick nach 100 Jahren, Berlin 1994; Rechenberg, Helmut, Hermann von Helmholtz. Bilder seines Lebens und Wirkens, Weinheim 1994.

85 Koenigsberger, Leo, Mein Leben, Heidelberg 1919, S. 88.

86 Willstätter, Leben, S. 242; Haber, Fritz, Zum sechzigsten Geburtstage von Richard Willstätter, in: Die Naturwissenschaften 20 (1932), S. 601 f., hier S. 602.
87 HS 1197, Bl. 7: Lebenslauf Habers an Willstätter, 1928.
88 HUA: Kontrollbuch 1886/87. Zu Zeller vgl. Brockhaus, Bd. 24, S. 491. Bei Wilhelm Dilthey, wie Stoltzenberg, Haber, S. 24 f. behauptet, studierte Haber nachweislich niemals. Dilthey prüfte ihn lediglich im Doktorexamen, vgl. HUA, Philosoph. Facultät, Litt. P., Nr. 4, Bd. 92, Bl. 247–295: Acta der Kgl. Friedrich-Wilhelms-Universität, Promotionen 29. 4.–22. 6. 1891: Dissertation und Prüfungsprotokoll.
89 HS 2305/3, Bl. 1: Haber an Hamburger, 23. 1. 1887.
90 HS 2305/7, Bl. 1 f.: Haber an Hamburger, 14. 2. 1887. Das Datum des Briefes ist verwischt, so daß er irrtümlich in die Korrespondenz des Jahres 1891 eingeordnet wurde. Es besteht jedoch kein Zweifel, daß er 1887 in Berlin geschrieben wurde.
91 Haber, Fritz, Festrede zum 50jährigen Stiftungsfest des Akademisch-Literarischen Vereins in Breslau (1924), in: ders., Aus Leben und Beruf. Aufsätze, Reden, Vorträge, Berlin 1927, S. 25–36, hier S. 28 f.
92 Vgl. dazu Stürmer, Michael, Militärkonflikt und Bismarckstaat. Zur Bedeutung der Reichsmilitärgesetze 1874–1890, in: Ritter, Gerhard A. (Hg.), Gesellschaft, Parlament und Regierung. Zur Geschichte des Parlamentarismus in Deutschland, Düsseldorf 1974, S. 225–248, hier bes. S. 240 ff.
93 Ebenda, S. 227.
94 HS 2305/3, Bl. 2: Haber an Hamburger, 23. 1. 1887.
95 Schütt, Berufsbild, S. 291; Burchardt, Ausbildung, S. 36.
96 NDB, Bd. 3, S. 18–20 (Georg Lockemann).
97 HS 1197, Bl. 7 f.: Lebenslauf Habers an Willstätter, 1928.
98 Willstätter, Leben, S. 260.
99 Ebenda, S. 392.
100 Ostwald, Wilhelm, Gedenkrede auf Robert Bunsen, gehalten am 18. 4. 1901, in: Z. Elektrochem. 7 (1900/01), S. 608–618; ausführlich, mit weiteren Beispielen Stoltzenberg, Haber, S. 25 f.
101 Goldschmidt, Hans, Erinnerungen an Robert Wilhelm Bunsen, in: Z. angew. Chem. 24 (1911), S. 2137–2140, hier S. 2137, 2139.
102 Stoltzenberg, Haber, S. 27; Lexikon bedeutender Chemiker, S. 73 f.
103 Burchardt, Ausbildung, S. 36.
104 Goldschmidt, Erinnerungen, S. 2140.
105 HS 1197, Bl. 8: Lebenslauf an Willstätter, 1928; zu Koenigsberger vgl. NDB, Bd. 12, S. 355 f. (Eberhard Knobloch).
106 Vgl. Haber, Fritz, Über einige Derivate des Piperonals, phil. Diss. Berlin 1891: Vita des Kandidaten im Anhang.
107 NDB, Bd. 5, S. 199 (Edith Selow).
108 HS 2305/3, Bl. 7: Haber an Hamburger, 21. 12. 1887.
109 Vgl. ebenda, Bl. 3: Brief vom 25. 7. 1887; HS 2305/4, Bl. 5: Karte vom 18. 2. 1888; HS 2305/13, Bl. 5: Karte, o. D. [1888].
110 Berding, Helmut, Moderner Antisemitismus in Deutschland, Frankfurt 1988, S. 116 ff.; Jarausch, Universität, S. 333 ff.; ausführlich Kampe, Studenten.
111 HS 1485: Fritz Milch an Jaenicke, 28. 3. 1958; HS 1425: Interview J. E. Coates mit Hermann Haber und Friedrich Epstein, Paris, Dezember 1934. Zu Habers vermeintlichem Ehrenhandel vgl. Goran, Story, S. 8; Stoltzenberg, Haber, S. 28.
112 HS 2305/4, Bl. 1–4: Haber an Hamburger, 19. 1. 1888.
113 HS 2305/3, Bl. 7: Haber an Hamburger, 21. 12. 1887.
114 Burchardt, Ausbildung, S. 36 f.; Johnson, Jeffrey A., Hofmann's Role in Reshaping

the Academic-Industrial Alliance in German Chemistry, in: Meinel/Scholz, Allianz, S. 168–182, hier S. 178.

115 HS 2305/4, Bl. 6: Karte von Haber und Leonhard an Hamburger, Poststempel Gérardmer, 25. ?.1888.

116 HS 1515 (auch GLA, Abt. 235, Nr. 2049): Standesliste Habers; Markgraf, Geschichte, S. 111. Stoltzenberg, Haber, S. 28 ff. datiert das Militärjahr fälschlich auf 1889/90; die Daten der dort zitierten Belegstellen sind fehlerhaft.

117 Vgl. dazu Stübig, Heinz, Der Einfluß des Militärs auf Schule und Lehrerschaft, in: Handbuch der deutschen Bildungsgeschichte, Bd. IV: 1870–1918, hg. von Christa Berg, München 1991, S. 515–523, hier 519 f.; Witt, Monarchen, S. 154 f.; ausführlich John, Hartmut, Das Reserveoffizierskorps im Deutschen Kaiserreich 1890–1914. Ein sozialgeschichtlicher Beitrag zur Untersuchung der gesellschaftlichen Militarisierung im Wilhelminischen Deutschland (= Campus Forschung 224), Frankfurt – New York 1981, hier S. 54 ff.

118 Als ein Beleg unter vielen: Stübig, Einfluß, S. 520.

119 HS 2305/5, Bl. 8 f.: Karten Habers an Hamburger, 28.6. bzw. 8. 7. 1889.

120 HS 2307/7, Bl. 5 f.: Haber an Hamburger, Szczakowa, 25. 9. 1891. Max Hamburger trat soeben seinen Dienst beim Peuckerschen Regiment an.

121 Handbuch für Heer und Flotte. Enzyklopädie der Kriegswissenschaften und verwandter Gebiete, hg. von Georg von Alten, Bd. 3, Berlin u. a. 1911, S. 302 f.

122 Witt, Monarchen, S. 155 f.

123 Ebenda, S. 158.

124 HS 1515 (auch GLA, Abt. 235, Nr. 2049): Standesliste Habers; Witt, Monarchen, S. 157.

125 Ebenda, S. 156–159, mit zahlreichen Belegen und Berechnungen.

126 HS 484: Elisabeth Freund, Zum Stammbaum der Familie Haber, 30. 9. 1957, S. 3.

127 HS 2305/5, Bl. 1–4: Haber an Hamburger, 21. 3. 1889.

128 Ebenda.

129 HS 1197, Bl. 8: Lebenslauf Habers an Willstätter, 1928.

130 HS 2305/7, Bl. 5 f.: Haber an Hamburger, Szczakowa, 25. 9. 1891.

131 Heppner, Persönlichkeiten, S. 12.

132 NDB, Bd. 4, S. 570 f.

133 HS 1197, Bl. 8: Lebenslauf Habers an Willstätter, 1928; das Datum der Immatrikulation bei Goran, Story, S. 9.

134 Dazu Peschken, Goerd, Zur Baugeschichte der Technischen Universität Berlin: Repräsentation und Funktion, in: Rürup, Wissenschaft, S. 171–186, hier S. 176 f.

135 Die Zahlen, zusammengestellt von Otto Warschauer, aus Lexis, Wilhelm (Hg.), Das Unterrichtswesen im Deutschen Reich, Bd. IV/1: Die Technischen Hochschulen, Berlin 1904, S. 188. Die Studentenstatistik der TH Charlottenburg 1879 ff. vgl. ausführlich im Anhang von Rürup, Wissenschaft, S. 570 f.; im Überblick Jarausch, Universität, S. 329.

136 HS 2305/5, Bl. 5 f.: Haber an Hamburger, 4.11.(?)1889.

137 HS 2305/6, Bl. 1 f.: Haber an Hamburger, 14. 2. 1890.

138 HS 1197, Bl. 8: Lebenslauf Habers an Willstätter, 1928.

139 Burchardt, Ausbildung, S. 33.

140 Johnson, Jeffrey A., Hierarchy and Creativity in Chemistry, 1871–1914, in: Osiris, 2. Folge, 5 (1989), S. 214–240, hier S. 216, Tab. 1. Der Anteil sollte zwanzig Jahre später auf 57 % sinken.

141 Lexis, Unterrichtswesen IV/1, S. 190 enthält eine aufschlußreiche Übersicht der ordentlichen und außerordentlichen Ausgaben der Institute 1879/80, 1889/90 und 1902/03.

142 Zu Liebermann vgl. NDB, Bd. 14, S. 481 f. (Claus Priesner); Lexikon bedeutender Chemiker, verf. von Winfried Pötsch u. a., Thun – Frankfurt 1989, S. 271 f.; Schuster, Curt, Wissenschaft und Technik. Ihre Begegnung in der BASF während der ersten Jahrzehnte der Unternehmensgeschichte (= BASF-Schriftenreihe 14), Ludwigshafen 1976, S. 43 f.; Stoltzenberg, Haber, S. 30 f.; Goran, Story, S. 10, 15. Einen Stammbaum der Familie Liebermann, erarbeitet von Ernst Schulin, vgl. in: Liebermann von Wahlendorf, Willy Ritter, Erinnerungen eines deutschen Juden 1863–1936, hg. von Ernst Reinhard Piper, München 1988, Anhang.

143 HS 1197, Bl. 8: Lebenslauf Habers an Willstätter, 1928.

144 Lexikon bedeutender Chemiker, S. 459.

145 Vgl. dazu ausführlich Krug, Klaus, Die preußischen Reformen und die Emanzipation chemisch-technologischer Disziplinen, in: Schubring, Einsamkeit, S. 171–182, hier S. 176 ff.

146 HS 1197, Bl. 9: Lebenslauf Habers an Willstätter, 1928.

147 Vgl. ausführlich König, Wolfgang, Spezialisierung und Bildungsanspruch. Zur Geschichte der Technischen Hochschulen im 19. und 20. Jahrhundert, in: Ber. Wiss. gesch. 11 (1988), S. 219–225, Zitat S. 219.

148 Witt, Otto N., Chemie, in: Lexis, Unterrichtswesen IV/1, S. 165–175, hier S. 166 f.; Burchardt, Ausbildung, S. 37 f.

149 Dazu ausführlich Boschan, Entwicklung, S. 140 ff.

150 Liebermann, Carl/Haber Fritz, Über Bidioxymethylenindigo, in: Ber. Dt. Chem. Ges. 23 (1890 II), S. 1566 f.; Haber, Fritz, Über einige Derivate des Piperonals, phil. Diss. Berlin 1891; zusammengefaßt in: Ber. Dtsch. Chem. Ges. 24 (1891 I), S. 617–626. Vgl. dazu auch Stoltzenberg, Haber, S. 31.

151 HS 2305/6, Bl. 3 f.: Haber an Hamburger, 14. 2. 1891. Haber datierte seinen Brief irrtümlich auf 1890, doch macht sein Inhalt deutlich, daß die Dissertation kurz vor der Abgabe war.

152 HS 487: Liste persönlicher Urkunden Habers; Promotionsurkunde. HUA, Acta der Kgl. Friedrich-Wilhelms-Universität Promotionen 29.4.–22. 6. 1891 (Phil. Fak., Littr. P., No. 4, Bd. 92, Bl. 247–295): Dissertation Habers und Prüfungsprotokoll.

153 Dazu ausführlich Boschan, Entwicklung, S. 147 ff. Ab 1894 waren zwei naturwissenschaftliche Nebenfächer plus Philosophie vorgeschrieben; das Hauptfach wurde nur noch von einem Examinator geprüft.

154 Zu Kundt vgl. NDB, Bd. 13, S. 291 (Andreas Kleinert).

155 HS 1197, Bl. 9: Lebenslauf Habers an Willstätter, 1928.

156 Ebenda.

157 Willstätter, Leben, S. 242.

158 Lexikon bedeutender Chemiker, S. 7; NDB, Bd. 1, S. 7 (Herbert Rister); Arrhenius, Svante, Richard Abegg, in: Z. Elektrochem. 16 (1910), S. 554–557.

159 Martin, Rudolf, Jahrbuch des Vermögens und Einkommens der Millionäre in Berlin, Berlin 1913, S. 43.

160 HS 1197, Bl. 8: Lebenslauf Habers an Willstätter, 1928.

161 Abegg an Ostwald, 20. 7. 1891, zit. nach Stoltzenberg, Haber, S. 39. Abegg erkundigte sich in seinem Brief auch nach einer Stelle für Haber, der sich mit dem gleichen Anliegen an Ostwald gewandt habe. Habers Anfrage in Leipzig ist nicht erhalten; sie datiert vermutlich auch vom Juli 1891.

162 HS, Dep. L. Haber, Nr. 61: Hans Pick/Aussig an J. E. Coates, 21. 2. 1935, S. 6.

163 HS 2305/7, Bl. 3 f.: Haber an Hamburger, Altofen, 29. 7. 1891; HS 1197, Bl. 9: Lebenslauf Habers an Willstätter, 1928; Stoltzenberg, Haber, S. 40. Den Beginn des Budapester Volontariats setzte Willstätter, Leben, S. 242 und in seinem Gefolge

Stoltzenberg irrtümlich mit Frühjahr 1891 an, obwohl Habers Vorlage an Willstätter ausdrücklich den Sommer 1891 nannte. Da er jedoch erst im Mai promoviert und den im Juni oder Juli geschriebenen Brief an Ostwald wohl kaum aus Budapest abgesandt hatte, darf man realistisch den Beginn des Ungarnaufenthalts auf Juli datieren. Nach Goran, Story, S. 12 hieß die ungarische Spiritusbrennerei Leipziger, doch ist der Name Grunwald & Co durch Habers oben genanntes Schreiben zuverlässig dokumentiert.

164 HS 1492: F. Plenz an Jaenicke, 5. 4. 1955.

165 Ch. Haber, Leben, S. 83.

166 Special-Orts-Repertorium von Galizien, hg. von der k. k. Statistischen Central-Commission (= Special-Orts-Repertorien der im Oesterreichischen Reichsrathe vertretenen Königreiche und Länder, Bd. 12), Wien 1886, S. 74, 76. Durch die falsche Schreibung des Ortsnamens war die Lokalisierung lange unmöglich und bot Anlaß zu Spekulationen, z. B. bei Stoltzenberg, Haber, S. 40.

167 HS 2305/7, Bl. 5 f.: Haber an Hamburger, Szczakowa, 25. 9. 1891; HS 1197, Bl. 9: Lebenslauf Habers an Willstätter, 1928; Willstätter, Leben, S. 242.

168 Haber, L. F., The Chemical Industry During the Nineteenth Century. A Study of the Economic Aspect of Applied Chemistry in Europe and North America, Oxford, 2. Aufl. 1969, S. 137. Für das Deutsche Reich vgl. mit weiterführender Literatur neuerdings Schallermair, Christian, Die deutsche Sodaindustrie und die Entwicklung des deutschen Sodaaußenhandels 1872–1913, in: VSWG 84 (1997), S. 33–67.

169 HS 2305/7, Bl. 5 f.: Haber an Hamburger, Szczakowa, 25. 9. 1891. Nach HS 485: Rudolf Freund an Jaenicke, 28. 7. 1948, wurde die Fabrik in Szczakowa von dem angesehenen jüdischen Breslauer Chemiker und Geschäftsmann Dr. Siegmund Pick geleitet.

170 HS 2305/7, Bl. 5 f.: Haber an Hamburger, Szczakowa, 25. 9. 1891.

171 HS 1197, Bl. 9: Lebenslauf Habers an Willstätter, 1928.

172 Meyers Großes Taschenlexikon in 24 Bänden, Mannheim u. a. 1981, Bd. 7, S. 19, Bd. 24, S. 265 f.

173 HS 1197, Bl. 9: Lebenslauf Habers an Willstätter, 1928.

174 Willstätter, Leben, S. 260.

175 HS 1197, Bl. 9: Lebenslauf Habers an Willstätter, 1928.

176 Zur Geschichte des Eidgenössischen Polytechnikums/ETH vgl. Guggenbühl, Gottfried, Geschichte der Eidgenössischen Technischen Hochschule in Zürich, in: Eidgenössische Technische Hochschule 1855–1955. Ecole politechnique fédérale, Zürich 1955, S. 2–257 (Frequenzstatistik S. 256); zur dortigen Abteilung für Chemie ebenda, S. 443 ff. (August Guyer/Anton Bieler); zu den chemischen Laboratorien ebenda, S. 598 ff. (Leopold Ruzicka/Emil Hardegger).

177 NDB, Bd. 15, S. 522 f. (Claus Priesner); Lexikon bedeutender Chemiker, S. 284 f.; Stoltzenberg, Haber, S. 41 f. Lunge war allerdings nicht mit den Habers verwandt, sondern mit den Immerwahrs, der Familie von Habers erster Frau Clara, vgl. HS 485: Rudolf Freund an Jaenicke, 22. 7. 1957.

178 Willstätter, Leben, S. 165.

179 NDB, Bd. 15, S. 523.

180 Ebenda; vgl. Haber, Fritz, Vorsitzender der Sitzung vom 15. Januar 1923, in: Ber. Dtsch. Chem. Ges. 56 (1923 I), S. A 31-A 34.

181 HS 1429: Eduard Köbner an J. E. Coates, Dezember 1934; Willstätter, Leben, S. 260.

182 Die Zeitangabe eines halben Jahres ist überliefert bei Coates, Memorial Lecture, S. 127; Goran, Story, S. 15; R. Stern, Recollections, S. 72.

183 Ch. Haber, Leben, S. 83 f.

184 Coates, Memorial Lecture, S. 127; Goran, Story, S. 14; NDB, Bd. 7, S. 386–389, hier S. 386 (Erna und Johannes Jaenicke); Jaenicke, Lebensabriß, S. 127.

185 Goran, Story, S. 13 f.; übernommen von Stoltzenberg, Haber, S. 42 f.

186 HS 1492: F. Plenz an Jaenicke, 5. 4. 1955.

187 Coates, Memorial Lecture, S. 127.

188 R. Stern, Recollections, S. 72.

189 Stoltzenberg, Haber, S. 46, datiert auf Basis des Taufbuchs. Die Taufpaten Schiedel und Schillbach sind in Habers Leben nicht weiter belegt. Die bislang in der Literatur kolportierten Datierungen sind damit zweifelsfrei widerlegt: genannt wurden u. a. 1893 (Ch. Haber, Leben, S. 84), zwischen 1903 und 1906 (Harris, To Serve, S. 27 f.) sowie der Anfang der zwanziger Jahre (Nachmansohn, Ära, S. 196.)

190 Ch. Haber, Leben, S. 84.

191 Dazu z. B. auch Nachmansohn, Ära, S. 197.

192 R. Stern, Recollections, S. 88; auch bei Nachmansohn, Ära, S. 196 f.; F. Stern, Freunde, S. 523 f.

193 Volkov, Shulamit, Jüdische Assimilation und jüdische Eigenart im deutschen Kaiserreich. Ein Versuch, in: GG 9 (1983), S. 331–348, hier S. 333 (auch in: dies., Leben, S. 131–145).

194 Vgl. dazu den Literaturbericht von Maurer, Trude, Die Entwicklung der jüdischen Minderheit in Deutschland (1780–1933). Neuere Forschungen und offene Fragen (= Internationales Archiv für Sozialgeschichte der deutschen Literatur, Sonderheft 4), Tübingen 1992, hier S. 171 f., im weiteren S. 28–59, 157–179.

195 Abgedruckt in: Boehlich, Walter (Hg.), Der Berliner Antisemitismusstreit, Frankfurt 1965, S. 212–227.

196 Nipperdey, Arbeitswelt, S. 640.

197 Im Überblick Berding, Antisemitismus, S. 113 ff.; dazu die Textsammlung von Boehlich, Antisemitismusstreit.

198 Vgl. Müller, Leonhard, Der Kampf zwischen politischem Katholizismus und Bismarcks Politik im Spiegel der Schlesischen Volkszeitung. Ein Beitrag zur schlesischen Kirchen-, Parteien- und Zeitungsgeschichte (= Breslauer Studien zur historischen Theologie 14), Breslau 1929, S. 128–139.

199 Die Zitate aus ebenda, S. 225 f.; vgl. dazu auch Schorsch, Ismar, Jewish Reactions to German Anti-Semitism, 1870–1914, New York–London 1972, hier S. 99.

200 Dazu Nipperdey, Thomas, Deutsche Geschichte 1866–1918, Bd. 2: Machtstaat vor der Demokratie, München 1992, S. 298 ff.; Berding, Antisemitismus, S. 100 ff., 126 ff., 160 ff.

201 Zit. nach ebenda, S. 155 f.; ausführlich Schorsch, Reactions, S. 80 ff.

202 Volkov, Shulamit, «Ich bin ein Deutscher jüdischen Stammes.» Walther Rathenau als Jude, in: Wilderotter, Rathenau, S. 129–138, hier S. 131; vgl. auch ausführlich Honigmann, Peter, Die Austritte aus der Jüdischen Gemeinde Berlin 1873–1941. Statistische Auswertung und historische Interpretation, Frankfurt u. a. 1988, S. 55 ff.; ders., Jewish Conversion – A measure of Assimilation? A Discussion of the Berlin Secession Statistics of 1770–1941, in: LBI, Year Book 34 (1989), S. 3–39; Nipperdey, Arbeitswelt, S. 396; Maurer, Entwicklung, S. 176 f.

203 Willstätter, Leben, S. 79.

204 Volkov, Jüdische Assimilation, S. 331.

205 Ch. Haber, Leben, S. 84.

206 So z. B. Jaenicke, Lebensabriß, S. 127; Harris, To Serve, S. 28; F. Stern, Freunde, S. 523 f.; Stoltzenberg, Haber, S. 46; Frucht/Zepelin, Tragik, S. 71 f.

207 So z. B. Nachmansohn, Ära, S. 197; R. Stern, Recollections, S. 88. Die Schwäche ihrer Argumentation liegt darin, daß beide aufgrund einer falschen Datierung der Taufe behaupten, Haber habe zu dieser Zeit nicht an eine Rückkehr an die Universität gedacht, was nicht zutrifft.
208 Willstätter, Leben, S. 79.
209 Zu seiner Gründung und Entwicklung vgl. ausführlich Schorsch, Reactions, S. 149–177.
210 Im folgenden nach Breslauer, Bernhard, Die Zurücksetzung der Juden an den Universitäten Deutschlands. Denkschrift im Auftrage des Verbandes der Deutschen Juden, Berlin 1911 (auch in: HS 1716); neu aufbereitet und ausgewertet bei: Kampe, Norbert, Jüdische Professoren im deutschen Kaiserreich. Zu einer vergessenen Enquete Bernhard Breslauers, in: Erb, Rainer/Schmidt, Michael (Hg.), Antisemitismus und jüdische Geschichte. Studien zu Ehren von Herbert A. Strauss, Berlin 1987, S. 185–211. Breslauers Denkschrift wird unter anderer Fragestellung auch ausgewertet von Preston, David Lawrence, Science, Society, and the German Jews: 1870–1933, Diss. Univ. of Illinois 1971, Ann Arbor 1972, S. 109ff.
211 Zitiert werden im folgenden Breslauers auf jeweils 0,5 auf- bzw. abgerundete Prozentangaben. Kampes exakt auf eine Dezimalstelle berechneten Daten suggerieren eine Genauigkeit, die es aufgrund der von Breslauer selbst eingestandenen Erhebungsfehler nicht geben kann.
212 Kampe, Jüdische Professoren, S. 193.
213 Dazu Preston, Science, S. 110.
214 Vgl. dazu Maurer, Entwicklung, S. 150ff., 164f.
215 HS 1197, Bl. 9: Lebenslauf Habers an Willstätter, 1928; HS 2297: Lebenslauf Habers an die Leopoldina, 6. 7. 1927.
216 Schütt, Berufsbild, S. 299.
217 HS 1197, Bl. 9: Lebenslauf Habers an Willstätter, 1928. Ch. Haber, Leben, S. 84 machte aus Czapski gleich eine Freundschaft des jungen Haber mit Ernst Abbe.
218 HS 1440: Hans Czapski an Jaenicke, 28. 2. 1958; Wandersleb, Ernst, Fritz HABER – seine Beziehungen zu Jena und zum Zeiss-Werk, in: Jenaer Rundschau 5 (1960), S. 109–113, hier S. 112.
219 Zu Czapski vgl. NDB, Bd. 3, S. 456f. (Friedrich Stier); Handwörterbuch der Naturwissenschaften, hg. von E. Korschelt u. a., Bde 1–3, Jena 1912/13, hier Bd. 3, S. 819 (E. Drude); Die Naturwissenschaften 13 (1925), S. 193–195 (Arnold Berliner). Nach Abbes Tod 1905 trat Czapski auch in die Leitung des Glaswerks Schott und Söhne sowie in die Carl-Zeiss-Stiftung ein.
220 Schmidt, Siegfried (Hg.), Alma mater Jenensis. Geschichte der Universität Jena, Weimar 1983, S. 212–247, bes. S. 214ff.; Steinmetz, Max (Hg.), Geschichte der Universität Jena 1548/58–1958. Festgabe zum vierhundertjährigen Universitätsjubiläum, 2 Bde, Jena 1958/62, hier Bd. 1, bes. S. 463ff., 498ff. Zur Zeiss-Stiftung vgl. auch ausführlich die Dokumentation: Schomerus, Friedrich, Werden und Wesen der Carl-Zeiss-Stiftung an der Hand von Briefen und Dokumenten aus der Gründungszeit (1886–1896), 2. erg. Aufl., Stuttgart 1955 (1. Aufl. 1940).
221 HS 1440: Hans Czapski an Jaenicke, 28. 2. 1958; Stoltzenberg, Haber, S. 44.
222 1891 war zusätzlich ein Extraordinariat für anorganische Chemie neu geschaffen worden, vgl. S. Schmidt, Alma, S. 237.
223 Wandersleb, Haber, S. 112; HS 426: Hugo Schrade an Jaenicke, Jena, 21. 3. 1958. Trotzdem führen universitätsgeschichtliche Arbeiten auch jüngeren Datums Haber oft fälschlich als Assistenten von Knorr auf, was über die eigentliche Bedeutung seiner Tätigkeit hinwegtäuscht, so z. B. Chymia Jenensis. Chymisten, Chemisten

und Chemiker in Jena, bearb. von Rüdiger Stolz (= Alma Mater Jenensis. Studien zur Hochschul- und Wissenschaftsgeschichte 6), Jena 1989, S. 101.

224 Vgl. zum Folgenden ebenda, S. 88–93; NDB, Bd. 12, S. 218–220 (Grete Ronge); Lexikon bedeutender Chemiker, S. 242; S. Schmidt, Alma, S. 215; Stoltzenberg, Haber, S. 44 f.

225 Knorr, Ludwig/Haber, Fritz, Über die Constitution des Diacetbernsteinsäureesters, in: Ber. Dtsch. Chem. Ges. 27 (1894 I), S. 1151–1167; Willstätter, Leben, S. 260.

226 HS 2305/8, Bl. 1 f.: Haber an Hamburger, 14. 2. 1893.

227 HS 1186: Haber an Willstätter, Januar 1911; Willstätter, Leben, S. 243; auch Stoltzenberg, Haber, S. 45.

228 Willstätter, Leben, S. 260.

229 Wandersleb, Haber, S. 112.

230 Ebenda; auch Stoltzenberg, Haber, S. 45.

231 Willstätter, Leben, S. 260.

232 HS 1145, 1146 (auch AAW, NL Ostwald, Nr. 1037, 1 und 2): Haber an Ostwald, Jena, 21. 11. 1893; Ostwald an Haber, 22. 11. 1893; Haber an Ostwald, Jena, 23. 11. 1893 und Leipzig, 25. 11. 1893.

233 HS 1149: Haber an Ostwald, o. D. [1929].

II. Die physikalische Chemie: Herausbildung einer wissenschaftlichen Disziplin

1 HS 2297: Haber an Leopoldina, 6. 7. 1927: Lebenslauf.

2 «Chemische Technologie», in: Der große Brockhaus. Handbuch des Wissens in 20 Bänden, 15. neubearb. Aufl. Leipzig 1929, Bd. 3, S. 764 f.

3 HS 2296: Haber an Rektor der TH Karlsruhe, 8. 11. 1915.

4 Überarbeitete Übersetzung von: Lomonossow, Michail W., Physikalisch-chemische Abhandlungen, Ostw. Kl. 178, Leizig 1910, S. 40, zit. nach Wintermeyer, Ursula, Zur Geschichte der Entwicklung der physikalischen Chemie, Diss. rer. nat. Frankfurt 1974, S. 3 f.

5 Ebenda, S. 4.

6 Girnus, Wolfgang, Grundzüge der Herausbildung der physikalischen Chemie als Wissenschaftsdisziplin. Eine wissenschaftshistorische Fallstudie zur Disziplingenese in der Wissenschaft, Diss. phil., Akademie der Wissenschaften der DDR, Berlin 1982, S. 17, 19.

7 So z. B. Bernal, John Desmond, Die Wissenschaft in der Geschichte, 3. bearb. Aufl., Berlin 1967, S. 411.

8 Vgl. Robertson, A. J. B., Physical Chemistry, in: Russell, C. A (Hg.), Recent Developments in the History of Chemistry, London 1985, S. 153–176, hier S. 153.

9 Vgl. zu Deutschland Jost, Wilhelm, The First 45 Years of Physical Chemistry in Germany, in: Annual Review of Physical Chemistry 17 (1966), S. 1–14.

10 Ostwald, Wilhelm, Die chemische Literatur und die Organisation der Wissenschaft (= Handbuch der allgemeinen Chemie 1), Leipzig 1919, S. 6.

11 Vgl. z. B. die Proceedings of the Symposium of the XVIIIth International Congress of History of Science at Hamburg-Munich, 1–9 August 1989, bei: Schubring, Gert (Hg.), «Einsamkeit und Freiheit» neu besichtigt. Universitätsreformen und Disziplinenbildung in Preußen als Modell für Wissenschaftspolitik im Europa des 19. Jahrhunderts (= Boethius 24), Stuttgart 1991.

12 Vgl. die Ergebnisse in: Lemaine, Gérard u. a. (Hg.), Perspectives on the Emergence

of Scientific Disciplines (= Maison des Sciences de l'Homme, Paris. Publications 4), Mouton u. a. 1976.
13 Vgl. Ber. Wiss.gesch. 1 (1978), S. 5–200 und 4 (1981), S. 1–126.
14 Girnus, Grundzüge (Diss.), passim.
15 Vgl. dazu Rostocker Wissenschaftshistorische Manuskripte; Hefte 1 ff., Rostock 1978 ff.; vor allem Guntau, Martin/Laitko, Hubert (Hg.), Der Ursprung der modernen Wissenschaften. Studien zur Entstehung wissenschaftlicher Disziplinen, Berlin (Ost) 1987.
16 Vgl. z. B. Lemaine u. a., Perspectives, S. X; bezogen auf die Elektrotechnik König, Wolfgang, Elektrotechnik – Entstehung einer wissenschaftlichen Disziplin, in: Ber. Wiss.gesch. 10 (1987), S. 83–93, hier S. 90 f.
17 Vgl. Guntau, Martin, Der Herausbildungsprozeß moderner wissenschaftlicher Disziplinen und ihre stadiale Entwicklung in der Geschichte, in: Ber. Wiss. gesch. 10 (1987), S. 1–13; ders./Laitko, Hubert, Entstehung und Wesen wissenschaftlicher Disziplinen, in: dies., Ursprung, S. 17–89.
18 Girnus, Wolfgang, Zu einigen Grundzügen der Herausbildung der physikalischen Chemie als Wissenschaftsdisziplin, in: Guntau/Laitko, Ursprung, S. 168–185.
19 Hapke, Thomas, Die Zeitschrift für physikalische Chemie. Hundert Jahre Wechselwirkung zwischen Fachwissenschaft, Kommunikationsmedium und Gesellschaft (= Bibliothemata 2), Herzberg 1990.
20 Jaenicke, Walther, 100 Jahre Bunsen-Gesellschaft 1894–1994, Darmstadt 1994.
21 Guntau, Herausbildungsprozeß, S. 4; Guntau/Laitko, Entstehung, S. 50 ff. Die Phasengliederungen und -bezeichnungen beider Aufsätze weichen geringfügig voneinander ab, ohne daß sich inhaltliche Änderungen ergeben.
22 Im folgenden, wenn nicht anders angegeben, nach Girnus, Zu einigen Grundzügen, S. 172 f.
23 W. Jaenicke, Bunsen-Gesellschaft, S. 36.
24 Beispiele bei Girnus, Grundzüge (Diss.), S. 162 f.
25 Im Überblick Dunsch, Lothar, Geschichte der Elektrochemie. Ein Abriß, Leipzig 1985.
26 Vgl. Ostwald, Lebenslinien, Teil 1, S. 252; übernommen z. B. bei: Lexikon bedeutender Chemiker, S. 330 f.
27 Girnus, Grundzüge (Diss.), S. 188.
28 Guntau, Herausbildungsprozeß, S. 4 f.; Guntau/Laitko, Entstehung, S. 58.
29 Im folgenden, wenn nicht anders angegeben, nach Girnus, Zu einigen Grundzügen, S. 173 ff.
30 Dolby, Robert G. A., The Case of Physical Chemistry, in: Lemaine u. a., Perspectives, S. 63–73, hier S. 64 f.
31 Küster, Friedrich Wilhelm/Thiel, A., Lehrbuch der allgemeinen, physikalischen und theoretischen Chemie, Bd. 2, Heidelberg 1923, S. 1393, zit. nach Wintermeyer, Geschichte, S. 48.
32 Vgl. dazu ausführlich Wintermeyer, S. 9, 12 ff., 36 ff.
33 Ausführlich Girnus, Grundzüge (Diss.), S. 103 ff.
34 Ebenda, S. 118 ff.; ders., Zu einigen Grundzügen, S. 178 f.; auch Jost, 45 Years, S. 12.
35 Vgl. Guntau/Laitko, Entstehung, S. 59–66, Zitat S. 66.
36 Ebenda, S. 26 ff., 39 ff., 75 ff.
37 Bauer, Hugo, Geschichte der Chemie, Bd. 2, 2. Aufl. Berlin-Leipzig 1915, S. 119, zit. nach Hapke, Zeitschrift, S. 16; vgl. z. B. Walden, Paul, Physikalische bzw. allgemeine oder theoretische Chemie, in: Handwörterbuch der Naturwissenschaften, Bd. 2, 2. Aufl., Jena 1933, S. 359–363, hier S. 360.

38 Arrhenius, Svante, Ostwalds Arbeit in der chemischen Verwandtschaftslehre, in: Die Naturwissenschaften 11 (1923), S. 729–731, hier S. 730. Vgl. auch den stark Ostwald-zentrierten Überblick von Hiebert, Erwin N., Developments in Physical Chemistry at the Turn of the Century, in: Bernhard u. a., Science, S. 97–115.
39 Ostwald, Lebenslinien, T. 2, S. 20.
40 R. A. [= Richard Abegg], Das Ostwald-Jubiläum, in: Z. Elektrochem. 10 (1904), S. 1–3, hier S. 1.
41 Ostwald, Lebenslinien, T. 3, S. 435.
42 W. Jaenicke, Bunsen-Gesellschaft, S. 38.
43 Vgl. kurz: Lexikon bedeutender Chemiker, S. 330f.; Hapke, Zeitschrift, S. 32ff.; Girnus, Grundzüge (Diss.), S. 188ff. mit weiterführender Literatur. Es gibt zahlreiche, auch biographische, Arbeiten über Ostwald, die hier nicht aufzuzählen sind. Vor allem Wissenschaftshistoriker der ehemaligen DDR befaßten sich intensiv mit seiner Person und seinem Werk.
44 Hiebert, Developments, S. 98f.
45 Girnus, Grundzüge (Diss.), S. 190f.; ders., Zu einigen Grundzügen, Zitat S. 179.
46 Zit. nach W. Jaenicke, Bunsen-Gesellschaft, S. 42.
47 Ostwald, Lebenslinien, T. 1, S. 252.
48 Vgl. Girnus, Grundzüge (Diss.), S. 184.
49 Im folgenden nach Dolby, Case, S. 63–73; die nach ebenda, S. 63 zitierten Zahlen stammen von F. Szabadvary, History of Analytical Chemistry, Oxford 1966, S. 354.
50 Vgl. dazu ausführlich: Servos, John W., Physical Chemistry from Ostwald to Pauling. The Making of a Science in America, Princeton/N. J. 1990.
51 Im folgenden, wenn nicht anders angegeben, nach Girnus, Grundzüge (Diss.), S. 179ff.; Hapke, Zeitschrift, S. 19f.
52 Arrhenius, Ostwalds Arbeit, S. 730.
53 Nernst, Walther, Wilhelm Ostwald, in: Z. Elektrochem. 38 (1932), S. 337–341, Zitat S. 337.
54 Grundriß der allgemeinen Chemie, Leipzig 1889; Hand- und Hilfsbuch zur Ausführung physikochemischer Messungen, Leipzig 1893. Vgl. dazu mit weiteren Titeln Girnus, Zu einigen Grundzügen, S. 182.
55 Ausführlich zur Gründung Hapke, Zeitschrift, S. 22–28; zur weiteren Entwicklung der Zeitschrift ebenda, passim; vgl. auch Hollmann, Werner, Die Zeitschriften der exakten Naturwissenschaften in Deutschland (= Zeitung und Leben 39), München 1937, S. 45.
56 Dazu Girnus, Grundzüge (Diss.), S. 163, 167f.; zur historischen Entwicklung des chemisch-wissenschaftlichen Zeitschriftenwesens ebenda, S. 163ff.
57 Ostwald, Lebenslinien, T. 2, S. 11f.
58 Vgl. ders., Zur Geschichte der Zeitschrift für physikalische Chemie, in: Z. phys. Chem. 100 (1922), S. 1–8, hier S. 4f.
59 Hapke, Zeitschrift, S. 51f.
60 Girnus, Grundzüge (Diss.), S. 167–170; ders., Zu einigen Grundzügen, S. 180f.; dort auch eine statistische Aufstellung der Publikationen 1887–1915, aufgeschlüsselt nach den Teilgebieten chemische Thermodynamik, Gleichgewichtslehre, chemische Kinetik und Elektrochemie, deren kommunikative Entwicklung sich daran ablesen läßt. Eine solche, punktuell für einige Bände vorgenommene Aufschlüsselung bis in die dreißiger Jahre hinein vgl. bei Hapke, Zeitschrift, S. 69f.
61 Vgl. dazu die statistische Auswertung ebenda, S. 62ff., die Rückschlüsse auf die Rezeption der Disziplin außerhalb Deutschlands, aber auch auf eigene nationale Traditionen erlaubt.

62 Vgl. Girnus, Grundzüge (Diss.), S. 176 ff.
63 Im folgenden, wenn nicht anders angegeben, nach Rasch, Manfred, Zur Institutionalisierung der Elektrochemie in Deutschland, in: Ber. Wiss. gesch. 11 (1988), S. 42–44. Die historische Erforschung der Disziplingenese der Elektrotechnik befindet sich ebenfalls erst in einem Anfangsstadium, vgl. König, Elektrotechnik.
64 Borchers, Wilhelm, Wilhelm von Miller, in: Z. Elektrochem. 5 (1898/99), S. 445 f.; Elektrochemisches Laboratorium der Kgl. Bayer. Technischen Hochschule München, in: Z. Elektrochem. 4 (1897/98), S. 74–79.
65 Brief vom 18. 1. 1890, zit. nach Mader, Ursula, Emil Rathenau und die Elektrochemischen Werke (1893), in: Jahrbuch für Wirtschaftsgeschichte 1990/4, S. 191–227, hier S. 196 f.
66 Vgl. ebenda; dies., Walther Rathenau und die Elektrochemischen Werke im Wirkungsfeld der AEG. Teil I: 1893–1896 (Bitterfeld), in: Jahrbuch für Wirtschaftsgeschichte 1991/3, S. 159–213; Pistor, Gustav, Hundert Jahre Griesheim 1856–1956. Ein Beitrag zur Geschichte der chemischen Industrie, Tegernsee 1958, hier S. 45 ff.
67 Guntau, Herausbildungsprozeß, S. 5; ders./Laitko, Entstehung, S. 58 f.; Girnus, Zu einigen Grundzügen, S. 182 ff., Zitat S. 182.
68 Ebenda.
69 Walther Nernst, Theoretische Chemie vom Standpunkte der Avogadroschen Regel und der Thermodynamik, Stuttgart 1893, Vorwort, zit. nach Hapke, Zeitschrift, S. 85.
70 [Ostwald, Wilhelm], Die Deutsche Elektrochemische Gesellschaft in: Z. Elektrotech. u. Elektrochem. 1 (1894/95), S. 33–35, hier S. 35.
71 Vgl. Pistor, Hundert Jahre, S. 30 ff.; W. Jaenicke, Bunsen-Gesellschaft, S. 4 f.; Mader, Emil Rathenau, S. 194 f., 197 f.; Dunsch, Geschichte, S. 86–90; Welsch, Fritz, Geschichte der chemischen Industrie. Abriß der Entwicklung ausgewählter Zweige der chemischen Industrie von 1800 bis zur Gegenwart, Berlin (Ost) 1981, S. 84–88, 142–152 mit zahlreichen Tabellen.
72 Girnus, Zu einigen Grundzügen, S. 183.
73 Lexikon bedeutender Chemiker, S. 319; Haberditzl, Werner, Walther Nernst und die Traditionen der physikalischen Chemie an der Berliner Universität, in: Forschen und Wirken, Bd. 1, S. 401–416.
74 Vgl. dazu den facettenreichen Sammelband: vom Brocke, Bernhard (Hg.), Wissenschaftsgeschichte und Wissenschaftspolitik im Industriezeitalter. Das «System Althoff» in historischer Perspektive, Hildesheim 1991.
75 Dazu ausführlich Tobies, Renate, Wissenschaftliche Schwerpunktbildung: der Ausbau Göttingens zum Zentrum der Mathematik und Naturwissenschaften, in: ebenda, S. 87–108.
76 Nipperdey, Arbeitswelt, S. 573.
77 Tobies, Schwerpunktbildung, S. 94 f.
78 Vgl. ausführlich Scholz, Hartmut, Friedrich Althoffs Einfluß auf die Entwicklung der Chemie in Deutschland, in: vom Brocke, Wissenschaftsgeschichte, S. 337–354, hier S. 345 ff., Zitat S. 346; Ruske, Bunsen-Gesellschaft, S. 44 f.
79 Girnus, Grundzüge (Diss.), S. 191 f.
80 Lexikon bedeutender Chemiker, S. 319; Haberditzl, Nernst, bes. S. 401 ff.
81 Vgl. Rasch, Institutionalisierung, S. 42 f.
82 Vgl. ausführlich Sonnemann, Rolf u. a., Geschichte der Technischen Universität Dresden 1828–1978, Berlin (Ost) 1978, S. 77 f., 108 f.
83 Im folgenden nach: Burchardt, Lothar, Die Zusammenarbeit zwischen chemischer Industrie, Hochschulchemie und chemischen Verbänden im Wilhelminischen

Deutschland, in: Technikgeschichte 46 (1979), S. 192–212, hier S. 193–196; Johnson, Jeffrey A., Hofmann's Role in Reshaping the Academic-Industrial Alliance in German Chemistry, in: Meinel/Scholz, Allianz, S. 168–182, hier S. 173–178.

84 Dazu Ruske, Walter, 100 Jahre Deutsche Chemische Gesellschaft, verfaßt im Auftrag der Gesellschaft Deutscher Chemiker, Weinheim 1967.

85 Im Überblick dazu Wetzel, Walter, Naturwissenschaften und chemische Industrie in Deutschland. Voraussetzungen und Mechanismen ihres Aufstiegs im 19. Jahrhundert (= Frankfurter Historische Abhandlungen 32), Stuttgart 1991, S. 242–244.

86 Rassow, Berthold, Geschichte des Vereins Deutscher Chemiker in den ersten 25 Jahren seines Bestehens, verfaßt im Auftrage des Vorstandes, Leipzig 1912.

87 Vgl. Hollmann, Zeitschriften, S. 38, 46.

88 Im folgenden nach W. Jaenicke, Bunsen-Gesellschaft, S. 8–36. Ostwald, Lebenslinien, T. 2, S. 233–257 widmete der Gründung und Tätigkeit der Elektrochemischen Gesellschaft eine ausführliche Darstellung aus seiner Sicht.

89 Exposé Wilkes vom 12. 4. 1894, zit. nach W. Jaenicke, Bunsen-Gesellschaft, S. 12.

90 Ebenda, S. 11 f.

91 Zur Entwicklung der Zeitschrift vgl. ebenda, S. 31–36.

92 Dazu ausführlich ebenda, S. 46 ff., 53 ff.

93 Ostwald, Wilhelm, Wortmeldung auf der 8. Hauptversammlung der DEG, in: Z. Elektrochem. 7 (1900/01), S. 666–668, hier S. 667.

94 Diskussionen wie Beschlußfassung vgl. Z. Elektrochem. 8 (1901/02), z. B. S. 154 f., 221 f., 270–272, 452 f., 461–473.

95 Quincke an Farbenfabriken, zit. nach W. Jaenicke, Bunsen-Gesellschaft, S. 50 f.

96 Vgl. Ostwald, Wilhelm, Rede am Grabe Bunsens, in: Z. Elektrochem. 7 (1900/01), S. 687 f.; vgl. auch seine Gedenkrede auf Robert Bunsen, ebenda, S. 608–618. Beide Reden standen in Zusammenhang mit den Bemühungen Ostwalds um die Namensänderung und Aufgabenerweiterung der DEG.

97 Curtius an Böttinger, 11. 3. 1905, zit. nach W. Jaenicke, Bunsen-Gesellschaft, S. 52.

98 Vgl. z. B. Borchers, Wilhelm, Die Elektrochemie und ihre weitere Interessensphäre auf der Pariser Weltausstellung 1900, in: Z. Elektrochem. 7 (1900/01), S. 37–40, 45–52, 69–75, 77–82, 85–92, 93–98, 101–114, 125–130, 149–157, 189–196, 229–251.

99 Themen und Verlauf der Hauptversammlungen ab 1903 vgl. W. Jaenicke, Bunsen-Gesellschaft, S. 59 ff.; eine schematische Zusammenstellung der Daten, Orte, Teilnehmerzahlen und Themenschwerpunkte der Jahrestagungen 1894–1944 vgl. ebenda, S. 278–281.

100 Z. Elektrochem. 10 (1904), S. 296.

101 W. Jaenicke, Bunsen-Gesellschaft, S. 61 f., 65.

102 Dazu Hapke, Zeitschrift, S. 77; W. Jaenicke, Bunsen-Gesellschaft, S. 58.

103 Ebenda, S. 19, 58 f., 64 f.

104 Vgl. Hapke, Zeitschrift, S. 54 f.

105 Beispielsweise die Feierstunde zum 25. Jahrestag der Promotion Ostwalds im großen Hörsaal des physikalisch-chemischen Instituts in Leipzig am 19. 12. 1903, vgl. R. A. [= Richard Abegg], Das Ostwald-Jubiläum, in: Z. Elektrochem. 10 (1904), S. 1–3.

106 Vgl. W. Jaenicke, Bunsen-Gesellschaft, S. 39.

107 Ostwald, Lebenslinien, T. 1, S. 187; T. 2, S. 111 f.

108 HS 1185: Haber an Willstätter, 10. 4. 1910, abgedruckt in: Werner, Petra/Irmscher, Angelika (Hg.), Fritz Haber. Briefe an Richard Willstätter 1910–1934 (= Studien und Quellen zur Geschichte der Chemie 6), Berlin 1995, Nr. 1, S. 39.

109 Zit. nach Flechtner, Hans-Joachim, Carl Duisberg. Vom Chemiker zum Wirtschaftsführer, 2. Aufl. Düsseldorf 1960 (1. Aufl. 1959), S. 256 f.; so auch in einem Brief an Fritz Foerster vom 6. 1. 1908, zit. nach W. Jaenicke, Bunsen-Gesellschaft, S. 54.
110 Ebenda, S. 44.
111 Fischer, Leben, S. 165.
112 Ostwald, Lebenslinien, T. 2, S. 112.
113 W. Jaenicke, Bunsen-Gesellschaft, S. 37.
114 Zit. nach ebenda, S. 53 f.
115 Kein Wunder, daß Wilhelm Ostwald diese Passagen beziehungsreich in das Geleitwort der ersten Nummer der Zeitschrift für physikalische Chemie 1887 übernahm. Vgl. dazu W. Jaenicke, Bunsen-Gesellschaft, S. 38.
116 So z. B. rückblickend Willstätter, Leben, S. 291.
117 Girnus, Grundzüge (Diss.), S. 193.
118 Johnson, Jeffrey Allan, The Kaiser's Chemists. Science and Modernization in Imperial Germany, Chapel Hill–London 1990, S. 42; vgl. auch ders., Academic Chemistry in Imperial Germany, in: Isis 76 (1985), S. 500–524, bes. S. 513 f.; 520.
119 Girnus, Grundzüge (Diss.), S. 236.
120 Ebenda, S. 182 f.
121 Ostwald an Arrhenius, 11. 1. 1902, zit. nach W. Jaenicke, Bunsen-Gesellschaft, S. 40.

III. «. . . die 17 besten Arbeitsjahre meines Lebens»: Haber an der Technischen Hochschule Karlsruhe 1894–1911

1 HS 1197: Lebenslauf Habers an Willstätter (1928), Bl. 10; HS 491 (auch GLA, Abt. 235, Nr. 2049): Lebenslauf Habers anläßlich der Habilitation, März 1896; HS 1563 (GLA, 235/2049): Ministerium an Großherzog, 7. 8. 1907, S. 2.
2 Willstätter, Leben, S. 243, 261. Allerdings gab Haber selbst in seiner Vorlage für Willstätters Ausführungen keine Begründung für seinen Schritt, vgl. HS 1197: Lebenslauf, Bl. 10.
3 Coates, Memorial Lecture, S. 127.
4 So z. B. Goran, Story, S. 17; Willstätter, Leben, S. 261.
5 Jaenicke, Lebensabriß, S. 127; als rhetorische Frage bei Stoltzenberg, Haber, S. 47.
6 Dazu ausführlich Smith, Helmut Walser, Religion and Conflict: Protestants, Catholics, and Anti-Semitism in the State of Baden in the Era of Wilhelm II, in: CEH 27 (1994), S. 283–314, bes. S. 298 ff.
7 Vgl. Haber, Fritz, Über Staat und Wissenschaft. Vortrag bei einer Veranstaltung der Notgemeinschaft der deutschen Wissenschaft in Karlsruhe, 20. 1. 1927, abgedruckt in: ders., Leben, S. 158–166, Zitat S. 158.
8 Smith, Religion, S. 285 ff., bes. S. 296 f.
9 Borscheid, Peter, Naturwissenschaft, Staat und Industrie in Baden (1848–1914) (= Industrielle Welt 17), Stuttgart 1976.
10 Nicht zufällig widmete bereits Franz Schnabel Liebig einen langen Abschnitt in seiner Geschichte des 19. Jahrhunderts, sah er doch mit dessen Wendung zur angewandten Wissenschaft «den Geist des emporkommenden technischen Zeitalters vorweggenommen», vgl. Schnabel, Franz, Deutsche Geschichte im neunzehnten Jahrhundert, Bd. 3: Erfahrungswissenschaften und Technik, Freiburg 1934, Nachdr. München 1987, S. 297–216, Zitat S. 213.
11 Tuchman, Arleen Marcia, Science, Medicine, and the State of Germany. The Case

of Baden, 1815–1971, New York–Oxford 1993; eine explizite Auseinandersetzung mit Borscheid vgl. ebenda, S. 102 ff.

12 Im folgenden, wenn nicht anders angegeben, nach Borscheid, Naturwissenschaft, S. 54 ff.; Tuchman, Science, S. 97 ff.

13 Die katholische Universität Freiburg litt dagegen in dieser Zeit unter den finanziellen Pressionen des von seinem protestantischen Norden geprägten badischen Staates, vgl. Borscheid, Naturwissenschaft, S. 70 f.

14 Ebenda, S. 60.

15 Vgl. ausführlich Riese, Reinhard, Die Hochschule auf dem Wege zum wissenschaftlichen Großbetrieb. Die Universität Heidelberg und das badische Hochschulwesen 1860–1914 (= Industrielle Welt 19), Stuttgart 1977; zur Situation der Chemie ebenda, S. 216 ff. sowie Borscheid, Naturwissenschaft, S. 60 ff.

16 Vgl. König, Wolfgang, Stand und Aufgaben der Forschung zur Geschichte der deutschen Polytechnischen Schulen und Technischen Hochschulen im 19. Jahrhundert, in: Technikgeschichte 48 (1981), S. 47–67, hier S. 55 f.; Treue, Wilhelm, Rezension in: Technikgeschichte 49 (1982), S. 71–78, hier S. 71 f.

17 Dem Jubiläum galten die Hefte 15–17 der «Fridericiana. Zeitschrift der Universität Karlsruhe» 1974/75 sowie Hotz, Joachim, Kleine Geschichte der Universität Fridericiana Karlsruhe (Technische Hochschule), Karlsruhe 1975.

18 Vor allem Schnabel, Franz, Die Anfänge des technischen Hochschulwesens, in: Festschrift anläßlich des 100jährigen Bestehens der Technischen Hochschule Fridericiana zu Karlsruhe, Karlsruhe 1925, S. 1–44; ders., Geschichte 3, S. 305–330.

19 [Technische Hochschule Karlsruhe], Festgabe zum Jubiläum der vierzigjährigen Regierung seiner Königlichen Hoheit des Großherzogs Friedrich von Baden, in Ehrfurcht dargebracht von der Technischen Hochschule in Karlsruhe, Karlsruhe 1892; [Technische Hochschule Karlsruhe], Die Grossherzogliche Technische Hochschule Karlsruhe. Festschrift zur Einweihung der Neubauten im Mai 1899, Karlsruhe 1899; [Technische Hochschule Karlsruhe], Die Technische Hochschule Fridericiana Karlsruhe. Festschrift zur 125-Jahrfeier, hg. unter dem Rektorat von Ernst Terres, Karlsruhe 1950. Zwar keine eigentliche Festschrift, aber aus Anlaß der Weltausstellung in St. Louis erstellt: Zwiedineck-Südenhorst, Otto von, Die Großherzoglich Badische Technische Hochschule zu Karlsruhe, in: Lexis, Unterrichtswesen IV/1, S. 265–275. Vgl. auch den Überblick in: Paulcke, W., Die Großherzogliche Technische Hochschule Karlsruhe, in: Karlsruhe 1911. Festschrift der 83. Versammlung Deutscher Naturforscher und Ärzte, gewidmet von dem Stadtrat der Haupt- und Residenzstadt Karlsruhe, Karlsruhe 1911, S. 421–453.

20 Vgl. vor allem Riese, Hochschule, S. 294–308; Hotz, Kleine Geschichte, S. 32 f.; zusammenfassend auch Wetzel, Naturwissenschaften, S. 276–279.

21 Schnabel, Anfänge, S. 19; König, Stand, S. 48.

22 Zwiedineck-Südenhorst, TH Karlsruhe, S. 266 ff.; [Technische Hochschule Karlsruhe], Festschrift Neubauten 1899, S. 57–60 (mit Studienprogrammen für 1833/34 und 1854/55); Scholder, Rudolf, Die Lehrstühle für Anorganische, Organische und Analytische Chemie sowie die zugehörigen Institute, in: [Technische Hochschule Karlsruhe], Festschrift 125 Jahre, S. 143–148, hier S. 143; Borscheid, Naturwissenschaft, S. 50–56, 232 (Tab.); Hotz, Kleine Geschichte, S. 31 ff.

23 Ebenda, S. 33.

24 König, Spezialisierung, S. 219 f.

25 Ausführlich Riese, Hochschule, S. 294–301, Zitat S. 300.

26 HS 1563 (GLA, 235/2049): Ministerium an Großherzog, 7. 8. 1907, S. 2; HS 1492: F. Plenz an Jaenicke, 5. 4. 1955; Plenz referiert in seinem Schreiben autobiographische

Anmerkungen Habers anläßlich einer ‹Nachsitzung› der Chemischen Gesellschaft in Karlsruhe 1909. Paul Eitner leitete später die dem chemisch-technischen Institut angegliederte staatliche Chemisch-Technische Prüfungs- und Versuchsanstalt.

27 Willstätter, Leben, S. 261.

28 Die institutionelle Entwicklung der chemischen Technologie in Karlsruhe wird in der Literatur zumeist nur gestreift, nicht aber präzise nachgezeichnet; hier, wenn nicht anders angegeben, nach Schuster, Wissenschaft, S. 108 f. sowie Henglein, Friedrich August, Der Lehrstuhl und das Institut für Chemische Technik, in: [Technische Hochschule Karlsruhe], Festschrift 125 Jahre, S. 139–142; zur Baugeschichte vgl. [Technische Hochschule Karlsruhe], Festschrift Neubauten 1899, S. 61–64.

29 Pfeiffer, Karl, Carl Engler, in: ebenda, S. 40–45; NDB, Bd. 4, S. 533 (Berthold Peter Anft); Lexikon bedeutender Chemiker, S. 137; auch Stoltzenberg, Haber, S. 50–53. Eine wissenschaftlichen Ansprüchen genügende Biographie Englers fehlt.

30 [Technische Hochschule Karlsruhe], Festschrift Neubauten 1899, S. 61.

31 Ausführlich Holluta, Josef, Das Lehrgebiet Chemische Technologie und die Staatliche Chemisch-Technische Prüfungs- und Versuchsanstalt, in: [Technische Hochschule Karlsruhe], Festschrift 125 Jahre, S. 161–163.

32 Vgl. dazu ausführlich Schuster, Wissenschaft, S. 108–127.

33 HS 1512: Erna Wöhler an Jaenicke, Mai 1958.

34 Vgl. dazu im einzelnen Riese, Hochschule, S. 302–308.

35 Im folgenden nach NDB, Bd. 3, S. 20 (Friedrich Klemm); Lexikon bedeutender Chemiker, S. 74; [Technische Hochschule Karlsruhe], Festschrift 125 Jahre, S. 29–34 (o. V.); Stoltzenberg, Haber, S. 53 f. Auch zu Bunte gibt es keine wissenschaftliche Biographie.

36 Vgl. zum späteren Engler-Bunte-Institut für Mineralöl- und Kohleforschung ausführlich [Technische Hochschule Karlsruhe], Festschrift 125 Jahre, S. 135–137.

37 Vgl. zum Folgenden auch Stoltzenberg, Haber, S. 55 ff.; generell zur akademischen Laufbahn von Naturwissenschaftlern Burchardt, Lothar, Naturwissenschaftliche Universitätslehrer im Kaiserreich, in: Schwabe, Klaus (Hg.), Deutsche Hochschullehrer als Elite 1815–1945 (= Deutsche Führungsschichten in der Neuzeit 17), Boppard 1988, S. 151–214, hier S. 155–179.

38 Vgl. Johnson, Academic Chemistry, S. 513 f., 520.

39 HS 1492: F. Plenz an Jaenicke, 5. 4. 1955.

40 Vgl. Fischer, Ferdinand, Das Studium der technischen Chemie an den Universitäten und Technischen Hochschulen Deutschlands und das Chemikerexamen, Braunschweig 1897, S. 23.

41 GLA, 235/4169 (auch HS 1516): Direktion TH an Ministerium, 21. 11. 1894 und Antwortschreiben, 15. 12. 1894; ebenda, Schleiermacher an Direktion TH, 29. 4. 1895 (mit Liste der für den Unterricht in physikalischer Chemie erforderlichen Anschaffungen); ebenda, 235/4117: Otto Lehmann (o. Prof. für Physik), Referat, die Einrichtung einer ordentlichen Professur für theoretische Physik und physikalische Chemie an der Technischen Hochschule betreffend, 25. 4. 1895 (unterzeichnet mit «Einverstanden» von Engelbert Arnold, o. Prof. für Elektrotechnik).

42 GLA, 235/4112 (auch HS 1529): Bunte, Engler/Abt. für Chemie an Senat, 31. 5. 1899.

43 Willstätter, Leben, S. 261 f.

44 Vgl. das Werkverzeichnis Fritz Habers im Anhang.

45 Journ. Gasbel. 39 (1896), S. 49; Z. Ver. Dt. Ing. 40 (1896), S. 680.

46 Coates, Memorial Lecture, S. 127 f.; auch Stoltzenberg, Haber, S. 55 f. in wörtlicher Übersetzung von Coates.

47 Am 20. 4. 1881 hatte das badische Justizministerium die Kultus- und Unterrichtsan-

gelegenheiten vom bis dahin zuständigen Innenministerium erhalten. Ein selbständiges «Ministerium des Kultus und Unterrichts» wurde erst am 19.5.1911 errichtet.

48 Vgl. GLA, 235/2049 (auch HS 1518): Rektor und Senat der TH an Ministerium, 16.3.1896, mit Anlagen; Ministerium an TH, 21.3.1896.

49 Die Titel im einzelnen vgl. im Werkverzeichnis.

50 HS 1146: Haber an Ostwald, 22.4.1896.

51 Coates, Memorial Lecture, S. 128; Stoltzenberg, Haber, S. 56.

52 Haber sollte Friedländer im Ersten Weltkrieg im Zusammenhang mit den Forschungen zum Gaskrieg an sein KWI nach Berlin holen.

53 GLA, 235/4112 (HS 1521): Rektor TH (Bunte) an Ministerium, 12.3.1897.

54 Vgl. [Technische Hochschule Karlsruhe], Festschrift 125 Jahre, S. 99f.: Die Rektoren der Fridericiana; Bunte, Hans, Wissenschaftliche Forschung und chemische Technik. Rektoratsrede TH Karlsruhe vom 31.10.1896, Karlsruhe 1896.

55 GLA, 235/2049: Aktennotiz des Ministeriums, o.D. (24.7.1896); Haber an Ministerium, 4.9.1896; ministerielles Empfehlungsschreiben, 7.9.1896.

56 GLA, 235/4112 (HS 1521): Rektor TH (Bunte) an Ministerium, 12.3.1897.

57 Vgl. HS 1494: Franz Richardt, Notizen über meine Arbeiten unter Haber im Frieden und im Krieg 1914–1918, S. 1f.

58 GLA, 235/4112 (HS 1521): Rektor TH (Bunte) an Ministerium, 12.3.1897.

59 GLA, 235/2049: Haber an Ministerium, 16.3.1897, Breslau. Haber hatte die Reise bereits angetreten.

60 Willstätter, Leben, S. 261.

61 Arrhenius, Svante, Dr. Hans Luggin, in: Z. Elektrochem. 6 (1899/1900), Nr. 28; GLA, 76/9993, Personalakte Hans Luggin: Rektor an Ministerium, 5.11.1897, mit dem Antrag auf die Erteilung der venia legendi. Luggins Schrift erschien 1897 in Leipzig bei Wilhelm Engelmann.

62 Zum 60. Geburtstag von Georg Bredig, in: Z. Elektrochem. 34 (1928), S. 677–679, hier S. 677.

63 Coates, Memorial Lecture, S. 128; Willstätter, Leben, S. 262.

64 GLA, 235/4101: Schreiben Buntes vom 14.7.1898.

65 Habers Arbeiten werden inhaltlich ausgeführt bei Coates, Memorial Lecture, S. 128–131; in streckenweise wörtlicher Übersetzung Stoltzenberg, Haber, S. 59–63.

66 HS 1494: Richardt, Notiz, S. 2.

67 HS 921: Haber an Abegg, 10.6.1898.

68 Stoltzenberg, Haber, S. 59.

69 Über eine von H. Luggin angegebene Anordnung des Gefällsdrahtes für Polarisationsmessungen, in: Z. Elektrochem. 7 (1900/01), S. 13–15; Graphische Thermodynamik elektrochemischer Prozesse (Zur Erinnerung an Hanns Luggin), in: Physik. Zschr. 1 (1901), S. 361–371. Haber schreibt in Abweichung von der sonst vorgefundenen Schreibung den Vornamen Luggins stets mit zwei «n».

70 HS 921, Bl. 13: Haber an Abegg, 14.12.1899.

71 Über stufenweise Reduktion des Nitrobenzols mit begrenztem Kathodenpotential, in: Z. Elektrochem. 4 (1897/98), S. 506–514.

72 Ostwald, Lebenslinien, T. 2, S. 252f.; vgl. auch W. Jaenicke, Bunsen-Gesellschaft, S. 29; Stoltzenberg, Haber, S. 62.

73 Z. Elektrochem. 4 (1897/98), S. 537–539; Ostwald, Lebenslinien, T. 2, S. 253.

74 Vgl. z.B. HS 922, Bl. 3f.: Haber an Abegg, 20.1.[?] und 21.2.1900.

75 Vgl. dazu Lexikon bedeutender Chemiker, S. 65; Koenig, Adolf, Georg Bredig, in: [Technische Hochschule Karlsruhe], Festschrift 125 Jahre, S. 27f.; Haber, 60. Geburtstag Bredig, S. 677–679.

76 (mit Georg Bredig) Über Zerstäubung von Metallkathoden bei der Elektrolyse mit Gleichstrom, in: Ber. Dtsch. Chem. Ges. 31 (1898 III), S. 2741–2752.
77 HS 1145: Haber an Ostwald, 3. 6. 1898; Ostwald an Haber, 6. 6. 1898.
78 Ebenda, Ostwald an einen Kollegen, 21. 12. 1898.
79 HS 1492: F. Plenz an Jaenicke, 5. 4. 1955.
80 So die Erinnerungen etlicher Zeitzeugen, z. B.: HS 412: Rudolf Witzeck an Jaenicke, 7. 10. 1960, Anlage; HS 1483: Notiz Janeicke über Interview mit Max Mayer, 9. 11. 1958, S. 2.
81 HS 921, Bl. 9 f.: Haber an Abegg, 10. 6. und 10. 8. 1898.
82 Vgl. W. Jaenicke, Bunsen-Gesellschaft, S. 195 f., Tab. 2.6.
83 GLA, 235/2049 (auch HS 1526): Bunte/Abt. für Chemie an Rektor und Senat, 9. 11. 1898.
84 Ebenda, Engler/Rektor TH an Ministerium, 12. 11. 1898.
85 Ebenda, 235/4169 (auch HS 1525): Hart/Rektor TH an Ministerium, 16. 2. 1898.
86 Technische Elektrochemie befaßte sich laut Definition «mit der Erzeugung der Elektrizität mit Hilfe chemischer Vorgänge, mit der Aufspeicherung der Elektrizität durch chemische Verfahren und mit der Vernutzung der Elektrizität zu chemischen Zwecken», vgl. Haber, Fritz, Die Rolle der Elektrochemie in der modernen Technik, in: Z. Elektrochem. 11 (1905), S. 264–271, hier S. 264.
87 Vgl. GLA, 235/4169 (auch HS 1522): Schleiermacher an Rektor, 22. 5. 1897 mit Antrag auf 6500 Mark; in der Anlage eine umfangreiche Bedarfsliste; ebenda, Ministerium an Senat, 20. 12. 1897: gewährt weiteren Zuschuß in Höhe von 3000 Mark für die physikalischen Übungen der Studenten der Chemie und der Elektrotechnik. Die Beispiele ließen sich fortsetzen.
88 Ebenda, 235/2049 (auch HS 1526): Engler/Rektor TH an Ministerium, 12. 11. 1898.
89 GLA, 235/4112 und 4099 (auch HS 1526): Ministerium an Senat der TH, 30. 11. 1989; 235/26760: Justizminister an Großherzog, 30. 11. 1989; 235/33157: Staatsministerium an Großherzog, 6. 12. 1898; 235/2049 (auch HS 493, 1528): Ernennungsurkunde, 6. 12. 1898.
90 HS 921, Bl. 9: Haber an Abegg, 10. 6. 1898.
91 HS 1197, Bl. 10 f.: Lebenslauf Habers an Willstätter, 1928.
92 HS 1145: Haber an Ostwald, 29. 10. 1900, S. 11 f.
93 GLA, 235/4112 (auch HS 1534): Referat, die Besetzung des neubegründeten Lehrstuhls für physikalische und Elektrochemie betreffend, 4. 7. 1900. Ein Entwurf vom selben Tag befindet sich in THK, 0/1/52.
94 Im folgenden nach ebenda, S. 3–5 sowie Lexikon bedeutender Chemiker, S. 263.
95 GLA, 235/4112 (auch HS 1529): Bunte, Engler/Abt. für Chemie an Senat, 31. 5. 1899.
96 Le Blanc, Max, Das Institut für physikalische Chemie und Elektrochemie der Technischen Hochschule Karlsruhe, in: Z. Elektrochem. 10 (1904), S. 238–242, Zitat S. 242; Günther, Paul, Der Lehrstuhl für Physikalische Chemie und das Physikalisch-Chemische Institut, in: [THK], Festschrift 125 Jahre, S. 149–152.
97 GLA, 235/4112 (auch HS 1534): Rektor an Ministerium, 16. 7. 1900, nebst Anlage: Referat, die Besetzung des neubegründeten Lehrstuhls für physikalische und Elektrochemie betreffend, 4. 7. 1900; ebenda, 235/33157: Ministerium an Großherzog, 3. 10. 1900; ebenda, 235/4112 (auch HS 1537): Staatsministerium an Ministerium, 13. 10. 1900.
98 Stoltzenberg, Haber, S. 72.
99 Vgl. z. B. Z. Elektrochem. 4 (1897/98), S. 556 f.: Rezension B.
100 GLA, 235/4112: Bunte/Abt. für Chemie an Rektor und Senat, 4. 6. 1899.
101 Ebenda.

102 Ebenda (auch HS 1534): Referat, 4. 7. 1900.
103 Haber, Fritz, Die elektrochemischen Einrichtungen des Chemisch-Technischen Instituts der Technischen Hochschule Karlsruhe i. B., in: Z. angew. Chem. 13 (1900), S. 755–759.
104 HS 1197, Bl. 10 f.: Lebenslauf Habers an Willstätter, 1928.
105 HS 924, Bl. 1: Haber an Abegg, 11. 1. 1902.
106 HS 1145: Haber an Ostwald, 29. 10. 1900, S. 11 f.
107 Ebenda, Haber an Ostwald, 8. 11. und 12. 11. 1900.
108 Ebenda, Ostwald an Haber, 14. 11. 1900.
109 HS 1515 (auch GLA, 235/2049): Standesliste Habers. Vgl. dazu auch Burchardt, Universitätslehrer, S. 161.
110 Nachricht Klaus-Peter Hoepcke, Universität Karlsruhe, Universitätsarchiv, 14. 3. 1996.
111 GLA, 235/30571: Ministerium an Rektor und Senat, 18. 7. 1901.
112 Schütt, Berufsbild, S. 295, 302, 304.
113 Stoltzenberg, Haber, S. 66.
114 GLA, 235/2049 (HS 1526): Bunte an Rektor und Senat, 9. 11. 1898.
115 Nachricht Hoepcke, 14. 3. 1996.
116 Die sich von Semester zu Semester wiederholende Korrespondenz zwischen Ministerium und TH über die Vergütung von Habers Lehraufträgen 1896/97 bis 1906 vgl. in GLA, 235/4101.
117 Nachricht Hoepcke, 14. 3. 1996. Die Vergütungssätze betrugen für Privatdozenten und Assistenten 150 Mark für Vorlesungen und 75 Mark für Übungen.
118 Burchardt, Universitätslehrer, S. 183–189; Nipperdey, Arbeitswelt, S. 576. Die lukrativen Kolleggeldeinnahmen in Massenfächern bewirkten um die Jahrhundertwende bei den Ordinarien eine Einkommensspanne zwischen 6000 und 40000 Mark.
119 Nachricht Hoepcke, 14. 3. 1996.
120 [Einstein, Albert] The Collected Papers of Albert Einstein, Bd. 5: The Swiss Years: Correspondence, 1902–1914, hg. von Martin J. Klein u. a., Princeton 1993, S. 324, Anm. 3.
121 Vgl. dazu Willstätter, Leben, S. 246; Coates, Memorial Lecture, S. 130; Goran, Story, S. 21 f., 41; Stoltzenberg, Haber, S. 68 f.; HS 1481: Lore Marx an Jaenicke, 2. 9. 1957. Die Angaben bei Willstätter sind, da sie von Haber selbst stammten, am zuverlässigsten. Die kursierenden Anekdoten haben offenbar eine gewisse Tendenz, sich zu vermehren, je länger Haber tot ist.
122 Wetzel, Naturwissenschaften, S. 245.
123 Henglein, Friedrich August, Die Karlsruher Chemische Gesellschaft, in: [THK], Festschrift 125 Jahre, S. 166.
124 HS 2253: X Jahre Karlsruher Chemische Gesellschaft, 1909. Die Vorsitzenden waren: 1898–1900: Roland Scholl, 1896 außerordentlicher, 1906 etatisierter außerordentlicher Professor für organische Chemie, später Ordinarius in Graz und Dresden; 1900–02: Hans Bunte; 1902–04: Max Le Blanc; 1904–05: Carl Engler; 1905–07: Fritz Haber; 1907–1909: Lothar Wöhler, 1903 Privatdozent, 1907 außerordentlicher Professor für anorganische Chemie.
125 HS 2257: Sitzungsprotokolle der Karlsruher Chemischen Gesellschaft, Winter 1908-Sommer 1909.
126 So referierte Haber beispielsweise am 28. 1. 1909 in der Karlsruher Chemischen Gesellschaft über elektrische Phasengrenzkräfte, bevor er den Vortrag in der Z. phys. Chem. 67 (1909), S. 385–431 publizierte.
127 HS 2305/11: Haber an Hamburger, 1. 7. 1901.

128 Haber, Fritz, Über ein neues Zeugdruckverfahren. – Der textile Flachdruck, in: Zschr. f. Farben- und Textilchemie 1 (1902), S. 10–22, hier S. 10 f.; Über den textilen Flachdruck, in: Z. angew. Chem. 15 (1902), S. 1177–1183.
129 Vgl. GLA, 235/30756: Verein «Volksbildung», Karlsruhe.
130 HS 1484: Interviewnotiz Jaenicke mit Max Mayer, 9. 11. 1958, S. 5.
131 HS 1493: Notiz Erika Rasch, geb. Balser, Jena, 1. 2. 1955. Die Tochter des damaligen Besitzers erinnerte sich gut an den besonders kinderlieben Haber.
132 HS 921, Bl. 10: Haber an Abegg, 10. 8. 1898.
133 HS 922, Bl. 4, 6: Haber an Abegg, 21. 2. [?] und 2. 4. 1900.
134 HS 923, Bl. 2: Haber an Abegg, 7. 2. 1901.
135 Ebenda, Bl. 1: Haber an Abegg, 12. 2. 1901.
136 Vgl. zum Folgenden Radkau, Joachim, Die wilhelminische Ära als nervöses Zeitalter, oder: Die Nerven zwischen Tempo- und Körpergeschichte, in: GG 20 (1994), S. 211–241.
137 Pelman, Carl, Über die Errichtung von Sanatorien für Nervenkranke, in: Centralblatt für allgemeine Gesundheitspflege. Organ des niederrheinischen Vereins für öffentliche Gesundheitspflege 19 (1900), S. 441–448, hier S. 442, 444.
138 Leitner, Fall. Die quellenkritische Problematik dieses Buchs wird unten im Zusammenhang mit Clara Immerwahrs Selbstmord ausführlich dargelegt und diskutiert.
139 HS 485: Rudolf Freund an Jaenicke, 22. 7. 1957; Scheuermann, Breslau-Lexikon, Bd. 2, S. 1295 f.; Doeberl, Michael u. a. (Hg.), Das akademische Deutschland, Bd. 2, Berlin 1931, S. 693.
140 HS 506, Bl. 1: Käte Kueter an Jaenicke, 21. 2. 1958. Es handelt sich um die Tochter von Clara Immerwahrs älterer Schwester Elli, verh. Sachs.
141 Ebenda, Bl. 3, Brief vom 3. 3. 1958.
142 Vgl. Leitner, Fall, S. 14 ff.
143 Die Jahreszahl nach Stoltzenberg, Haber, S. 66.
144 Ch. Haber, Leben, S. 82 f.; Leitner, Fall, S. 24.
145 Goran, Story, S. 28 f.
146 Stoltzenberg, Haber, S. 66. Die Quellen dieses Jahres belegen allerdings nur Habers Anbandelungsversuch mit Julie Hamburger.
147 Der bei Leitner, Fall, S. 26 zitierte Brief Habers war nicht, wie behauptet, an Clara Immerwahr, sondern an Max Hamburger gerichtet.
148 HS 1874: Haber an Professor [?], 18. 4. 1901. Der nicht genannte Adressat war ein Onkel von Clara Immerwahr, doch muß, wie einige Wendungen des Briefes verraten, auch Haber ihn seit langem gekannt haben. Wahrscheinlich handelte es sich um Georg Lunge. Stoltzenberg, Haber, S. 67 schreibt von einem Professor Georg Immerwahr.
149 Es handelte sich dabei, da früher nur selten Portraitaufnahmen beim Photographen in Auftrag gegeben wurden, mit großer Wahrscheinlichkeit um das häufig reproduzierte Bild Habers als Doktorand 1891, vgl. Leitner, Fall, S. 32; Stoltzenberg, Haber, S. 38.
150 HS 2305/15: Clara Immerwahr an Max Hamburger, 29. 4. 1891. Bei Leitner, Fall, S. 31 f. werden aus diesem Brief nur die Passagen zitiert, die die Freundschaft mit Julie und Max betreffen.
151 Nach Leitner, Fall, S. 36 ff.
152 Im folgenden nach Volkov, Jüdische Assimilation, S. 344 ff.
153 So Goran, Story, S. 29.
154 Zum Folgenden NDB 1, S. 6 f. (Herbert Rister); Lexikon bedeutender Chemiker, S. 7.

155 HS, Dep. L. Haber, Nr. 61: Hans Pick an Coates, 21. 2. 1935, S. 6.
156 Vgl. Abegg, Richard/Immerwahr, Clara, Notiz über das elektrochemische Verhalten des Fluorsilbers und des Fluors, in: Z. phys. Chem. 32 (1900), S. 142–144.
157 Immerwahr, Clara, Potentiale von Kupferelektroden in Lösungen analytisch wichtiger Kupferniederschläge (Mai 1900), in: Z. anorg. Chem. 24 (1900), S. 269–278.
158 Nach Leitner, Fall, S. 44–68; HS 505: Promotionsurkunde, 22. 12. 1900. Die gekürzte Fassung der Dissertation vgl. Immerwahr, Clara, Beiträge zur Kenntnis der Löslichkeit von Schwermetallniederschlägen auf elektrochemischem Wege, in: Z. Elektrochem. 7 (1900/01), S. 477–483, Berichtigung S. 625.
159 HS 812, Bl. 10: Clara Immerwahr an Abegg, Clausthal, 31. 3. 1900. Die gesamte Korrespondenz befindet sich in HS 812–814.
160 HS 812, Bl. 14: Immerwahr an Abegg, 23. 4. 1900.
161 Ebenda, Bl. 15, Brief vom 29. 4. 1900.
162 Ebenda, Bl. 16 f., Brief vom 2. 5. 1900.
163 Vgl. die Teilnehmerliste in: Z. Elektrochem. 7 (1900/01), S. 605; W. Jaenicke, Bunsen-Gesellschaft, S. 49.
164 Vgl. HS 812: Haber an Abegg, 17. und 29. 3. 1901; abgedruckt bei Leitner, Fall, S. 72 f.
165 HS 1874: Haber an Professor [? wahrscheinlich Georg Lunge], 18.(?)4 1901. Der Brief ist mit Sicherheit falsch datiert, da die Tagung bis zum 20. 4. dauerte und das Paar danach gemeinsam nach Breslau reiste, wovon Haber bereits berichtete. Wahrscheinlich wurde er Ende April geschrieben.
166 Ch. Haber, Leben, S. 86 f.; stillschweigend übernommen, aber sehr ausgeschmückt bei Leitner, Fall, S. 74 f.
167 HS 813, Bl. 17: Clara Immerwahr an Abegg, 23. 4. 1909; abgedruckt bei Stoltzenberg, Haber, S. 352 f., indirekt bei Leitner, Fall, S. 75. Kursive Passagen hier wie in anderen wörtlichen Zitaten im Original unterstrichen.
168 HS 1874: Haber an Professor [?], 18.[?]4 1901, abgedruckt bei Stoltzenberg, Haber, S. 67 f. sowie, leicht fehlerhaft, bei Leitner, Fall, S. 75.
169 Über den Vorfall berichtete Haber in HS 1874, Brief an Professor?, 18.(?)4 1901. Vgl. dazu die Interpretationen bei Ch. Haber, Leben, S. 87, die den tödlichen Schlaganfall allerdings fälschlich auf die Hochzeit datiert; Leitner, Fall, S. 75 f.
170 HS 2305/11, Bl. 1: Haber an Max Hamburger, 1. 7. 1901; Ch. Haber, Leben, S. 87.
171 Leitner, Fall, S. 76.
172 HS 812, Bl. 22: Clara Immerwahr an Abegg, 15. 8. 1901; abgedruckt bei Leitner, Fall, S. 78 f.
173 Ebenda, Bl. 23, Brief vom 15. 10. 1901.
174 Ebenda, Bl. 24, Brief vom 18. 10. 1901.
175 Vgl. z. B. den von Haber teilweise auf Diktat seiner Frau verfaßten, gemeinsamen Brief an Abegg vom 29. 10. 1901, in: HS 923.
176 HS 813, Bl. 1: Brief vom 13. 2. 1902.
177 HS 924: Haber an Abegg, 14. 2. 1902. Haber sprach sich für die Errichtung von separaten Lehrstühlen beider Richtungen aus.
178 Ebenda, Nachschrift Clara Immerwahrs, o. D.
179 HS 813, Bl. 2: Clara Immerwahr an Abegg, 25. 2. 1902; HS 924, Bl. 8: Haber an Abegg, 3. 3. 1902; ausführlich dargestellt auch bei Leitner, Fall, S. 85–87.
180 HS 923, Bl. 10: Haber an Abegg, 26. 11. 1901.
181 HS 813, Bl. 1: Clara Immerwahr an Abegg, 13. 2. 1902.
182 HS 924, Bl. 9: Haber an Abegg, 7. 6. 1902. Vgl. den inkriminierten Bericht Danneels in: Z. angew. Chem. 15 (1902), S. 537–543, bes. S. 542, sowie Danneels Rückzugsge-

fecht ebenda, S. 657. Entgegen früheren Überlegungen meldete sich Haber nicht selbst zu Wort, sondern überließ dies seinem Mitarbeiter R. Geipert, vgl. ebenda, S. 657 f.

183 HS 924, Bl. 10, Brief vom 26. 6. 1902; die bei Leitner, Fall, S. 91 abgedruckte Passage beruht auf einem Lesefehler.

184 AAW, NL Ostwald, 1037: Haber an Ostwald, 20. 6. 1902.

185 Ebenda (auch HS 1147): Haber an Ostwald, 18. 7. und 26. 11. 1902, S. 10.

186 Ebensowenig zu belegen sind die in der Literatur kolportierten zärtlichen Briefe Habers voller Besorgnis um Weib und Kind, vgl. Ch. Haber, Leben, S. 88; Stoltzenberg, Haber, S. 76.

187 Die Entscheidung muß bereits im März definitiv gefallen sein, vgl. AAW, NL Ostwald, 1037: Haber an Ostwald, 24. 3. 1902; Z. Elektrochem. 8 (1902), S. 453, 475.

188 Jaenicke, Lebensabriß, S. 128.

189 Haber, Fritz, Die Elektrochemie auf der Pariser Weltausstellung, in: Z. angew. Chem. 14 (1901), S. 184–192, 215–226. HS 2297: Haber an Leopoldina, 6. 7. 1927, Anlage: Autobiographie, S. 1 f.; HS 1535 (auch GLA, 235/2049): Engler/Rektor TH an Ministerium, 6. 8. 1900.

190 Düwell, Kurt, Deutschlands auswärtige Kulturpolitik 1918–1932. Grundlinien und Dokumente, Köln – Wien 1976.

191 Um nur einige Beispiele zu nennen: Ritter, Gerhard A., Motive und Organisationsformen der internationalen Wissenschaftsbeziehungen und die Anfänge einer auswärtigen Kulturpolitik vor dem Ersten Weltkrieg, in: Studien zur Geschichte Englands und der deutsch-britischen Beziehungen. Festschrift für Paul Kluke, hg. von Lothar Kettenacker u. a., München 1981, S. 153–200; Tobies, Renate, Zur internationalen wissenschaftsorganisatorischen Tätigkeit von Felix Klein (1849–1925) auf dem Gebiet des mathematischen Unterrichts, in: NTM 16 (1979), S. 12–29.

192 Vgl. dazu vor allem Brocke, Bernhard vom, Der deutsch-amerikanische Professorenaustausch. Preußische Wissenschaftspolitik, internationale Wissenschaftsbeziehungen und die Anfänge einer deutschen auswärtigen Kulturpolitik vor dem Ersten Weltkrieg, in: Zschr. für Kulturaustausch 31 (1981), S. 128–182; ders., Internationale Wissenschaftsbeziehungen und die Anfänge einer deutschen auswärtigen Kulturpolitik: Der Professorenaustausch mit Nordamerika, in: ders., Wissenschaftsgeschichte, S. 185–242.

193 Vgl. Braun, Hans-Joachim, Franz Reuleaux und der Technologietransfer zwischen Deutschland und Nordamerika am Ausgang des 19. Jahrhunderts, in: Technikgeschichte 48 (1981), S. 112–130.

194 Vgl. dazu wegweisend: Schroeder-Gudehus, Brigitte/Rasmussen, Anne, Les fastes du progrès: Le guide des Expositions universelles 1851–1992, Paris 1992.

195 Vgl. als sinnfälligsten Ausdruck die von Wilhelm Lexis herausgegebenen vielbändigen Darstellungen des deutschen Unterrichtswesens: Die Deutschen Universitäten. Für die Universitätsausstellung in Chicago 1893. Unter Mitwirkung zahlreicher Universitätslehrer, 2 Bde, Berlin 1893; Das Unterrichtswesen im Deutschen Reich. Aus Anlaß der Weltausstellung in St. Louis unter Mitwirkung zahlreicher Fachmänner, 4 Bde in 6, Berlin 1904.

196 Vgl. als Beispiele z. B. Dolby, Robert G. A., The Transmission of Two New Scientific Disciplines from Europe to North America in the Late Nineteenth Century, in: Annals of Science 34 (1977), S. 287–310; Servos, John W., Physical Chemistry from Ostwald to Pauling. The Making of a Science in America, Princeton/N. J. 1990; Woodward, William R./Cohen, Robert S. (Hg.), World Views and Scientific Discipline Formation (= Boston Studies in the Philosophy of Science 134), Dordrecht u. a. 1991.

197 Mit einem Forschungsüberblick und Literaturhinweisen auch zu anderen Disziplinen: Harwood, Jonathan, National Styles in Science: Genetics in Germany and the United States Between the World Wars, in: Isis 78 (1987), S. 390–414; ders., Styles of Scientific Thought: The German Genetics Community 1900–1933, Chicago 1993.

198 U. a. Ash, Mitchell, Gestalt Psychology: Origins in Germany and Reception in the United States, in: Buxton, C. O.(Hg.), Points of View in the Modern History of Psychology, Orlando u. a. 1985, S. 295–344.

199 Kohler, Robert, From Medical Chemistry to Biochemistry: The Making of a Biomedical Discipline, Cambridge 1982.

200 Dienel, Hans-Liudger, Ingenieure zwischen Hochschule und Industrie. Kältetechnik in Deutschland und Amerika, 1870–1930 (= Schriftenreihe der Historischen Kommission der Bayerischen Akademie der Wissenschaften 54), Göttingen 1995.

201 Siegmund-Schultze, Reinhard, Probleme interkulturellen Vergleichs deutscher und US-amerikanischer Wissenschaft am Beispiel der Mathematik zwischen 1876 und 1945, Vortragsmanuskript, Berlin 6. 6. 1995.

202 Zit. nach Tobies, Renate, Zum Verhältnis von Felix Klein und Friedrich Althoff, in: Friedrich Althoff 1839–1908 (= ITW-Kolloquium 74), Berlin 1990, S. 35–56, hier S. 38 f.

203 Vgl. vom Brocke, Internationale Wissenschaftsbeziehungen, S. 196. Bei der Reform gingen die amerikanischen Universitätspräsidenten allerdings sehr selektiv vor: Die Staatsnähe der deutschen Wissenschaft und der deutsche Privatdozent paßten nicht in die USA. Vgl. dazu Siegmund-Schultze, Probleme. Zu den amerikanischen Studenten im Kaiserreich zusammenfassend Jarausch, Konrad, The Universities: an American View, in: Dukes/Remak, Germany, S. 181–206.

204 Dolby, Transmission, S. 296.

205 Reuleaux, Franz, Briefe aus Philadelphia, Braunschweig 1877, Zitate S. 5, 94 f.; sehr differenziert Braun, Reuleaux, bes. S. 114 f., 118 f., 121 ff.

206 Zit. nach Siegmund-Schultze, Reinhard, Felix Kleins Beziehungen zu den Vereinigten Staaten, die Anfänge deutscher auswärtiger Wissenschaftspolitik und die Reform um 1900, in: Sudhoffs Archiv 81 (1997), S. 21–38, Zitate S. 26 f.

207 Riedler, Alois, Amerikanische technische Lehranstalten. Bericht im Auftrage des Herrn Kultus-Ministers erstattet, in: Verhandlungen des Vereins zur Beförderung des Gewerbefleißes 72 (1893), S. 381–459; um «kritische Betrachtungen» erweitert in: Z. Ver. Dt. Ing. 38 (1894), S. 405–409, 507–514, 608–615, 629–636, Zitat S. 635; vgl. auch ders., Ein Rückblick auf die Weltausstellung in Chicago, Berlin 1894.

208 Braun, Reuleaux, S. 116 ff.

209 Witt, Otto N., Die Chemische Industrie auf der Columbischen Weltausstellung zu Chicago und in den Vereinigten Staaten von Nord-Amerika im Jahre 1893. Bericht, dem Kgl. Preuß. Staatsminister und Minister der geistlichen, Unterricht- und Medicinalangelegenheiten erstattet, Berlin 1894.

210 Ebenda, S. 9.

211 Eine Ausnahme bildet Servos, Physical Chemistry.

212 In die USA fuhren, um Beispiele zu nennen, Otto N. Witt 1893, Carl Duisberg 1896 und 1903, Hans Bunte 1901, Hans Goldschmidt 1903, Wilhelm Ostwald 1903, 1904 und 1905. Vgl. Goran, Story, S. 31; Teltschik, Geschichte, S. 25 ff.; Z. angew. Chem. 17 (1904), S. 1911; Girnus, Grundzüge (Diss.), S. 183.; Ostwald, Lebenslinien, T. 2., S. 320–364, 390–430; T. 3, S. 31–92.

213 Pfeiffer, Engler, S. 43.

214 Vgl. Schwarzmann, Max, Naturwissenschaftliche Vereine, in: Karlsruhe 1911. Fest-

schrift, der 83. VDNA gewidmet von dem Stadtrat der Haupt- und Residenzstadt Karlsruhe, Karlsruhe 1911, S. 468–471.

215 GLA, 235/2049: Engler an Ministerium, 20. 5. 1902; Haber an Ministerium, 27. 5. 1902; Bad. Ministerium d. ausw. Angelegenheiten an Ministerium der Justiz u. des Kultus, 5. 6. 1902; Zahlungsanweisung, 29. 7. 1902; Engler an TH-Senat, 7. 8. 1902; Bewilligung, 18. 11. 1902; Zahlungsanweisung, 12. 2. 1903.

216 Z. Elektrochem. 9 (1903), S. 291, 294, 347.

217 GStA, I. HA, Rep. 76, Vc, Sekt. 1, Tit. 11, Teil I, Nr. 42, Bl. 16–17Rs.

218 Haber, Fritz, Über Hochschulunterricht und elektrochemische Technik in den Vereinigten Staaten, in: Z. Elektrochem. 9 (1903), S. 291–303, 347–370, 379–406.

219 So die Herausgeber der Zeitschrift «Electrochemical Industry», zit. nach Goran, Story, S. 33.

220 So Coates, Memorial Lecture, S. 130; Stoltzenberg, Haber, S. 77.

221 Ders., Technische Bilder aus den Vereinigten Staaten und Deutschlands Stellung zur Weltausstellung in St. Louis, in: Z. Elektrochem. 9 (1903), S. 893–898.

222 Die Route nach Haber, Hochschulunterricht, S. 348 ff.: New York – Philadelphia – Niagara Falls – Sault St. Marie/Michigan – Chicago – Anaconda/Montana – Trail/British Columbia – San Francisco – Denver – Neuenglandstaaten – New York – West Virginia – Baltimore – Philadelphia – New York.

223 Ebenda, S. 347; ausführlich zum Aufstieg von Niagara Falls vgl. Trescott, Martha Moore, The Rise of the American Electrochemicals Industry, 1880–1910. Studies in the American Technological Environment (= Contributions in Economics and Economic History 38), Westport 1981, S. 34 ff.; eine Liste der elektrochemischen Firmen in Niagara Falls 1895–1910 vgl. ebenda, S. 64.

224 Goran, Story, S. 33; Stoltzenberg, Haber, S. 74; zur AES ausführlich die Monographie ihres Präsidenten von 1943–1944: Burns, Robert M., A History of the Electrochemical Society, 1902–1976, Princeton 1977.

225 Vgl. dazu im Kontext: Thackray, Arnold u. a., Chemistry in America, 1876–1976. Historical Indicators, Dordrecht u. a. 1985, S. 181–183.

226 Ebenda, S. 178, besonders Anm. 22.

227 Vgl. Trescott, Rise, S. 289 f., 302 f.

228 Ebenda, S. 239. Als ersten, vor allem quantitativ ausgerichteten Überblick vgl. dazu Jones, Paul R., The Training in Germany of English-Speaking Chemists in the Nineteenth Century and its Profound Influence in America and Britain, in: Woodward/Cohen, World Views, S. 299–308.

229 Servos, Physical Chemistry, S. 53 f., 69.

230 Dolby, Transmission, S. 299.

231 Haber, Hochschulunterricht, S. 291; Trescott, Rise, S. 303.

232 AAW, NL Ostwald, 1037 (HS 1147): Haber an Ostwald, 18. 7., 24. 7., 5. 12. 1902; Servos, Physical Chemistry, S. 54.

233 Haber hatte erst auf der Überfahrt begonnen, die Sprache zu lernen, vgl. HS 1389: R. S. Hutton an Coates, 8. 12. 1934.

234 Vgl. bes. Haber, Technische Bilder, S. 894. Unter Rückgriff auf Hugo Münsterberg beschrieb Haber das Bild des Deutschen in den USA so: «Wir sind angesehen für ein Volk von Leuten, die guten Parademarsch und schlechte lyrische Gedichte machen, sich nach oben bücken und schroff nach unten sind, die Orden und Beamtenstellen für ein Ziel aufs innigste zu wünschen ansehen, sich in freiwilliger politischer Unselbständigkeit wohl fühlen und den Druck, den sie von den Behörden gern auf sich nehmen, an ihre Frauen und Töchter weitergeben, die sie in der Ehe wie im Leben um Freiheit und Bildungsrechte verkürzen.»

235 Ders., Hochschulunterricht, S. 292 ff. und Technische Bilder, S. 894.
236 Ders., Hochschulunterricht, S. 302.
237 HS 1147: Haber an Ostwald, 26. 11. 1902, S. 2.
238 Vgl. zum Folgenden, wenn nicht anders angegeben, Haber, Hochschulunterricht, S. 296–303.
239 Smith, Alexander, Praktische Übungen zur Einführung in die Chemie, ins Deutsche übertragen von Fritz Haber und M. Stoecker, Karlsruhe 1904 (2. Aufl. 1910, nach der 4. amerikanischen Aufl. übersetzt von F. Haber und F. Hiller). Vgl. auch HS 1506: M. Stoecker, Erinnerungen an Fritz Haber aus den Jahren 1901–1904, 2. 4. 1955.
240 Vgl. dazu HS 924, Bl. 6, 8: Haber an Abegg, 14. 2. und 3. 3. 1902.
241 Vgl. AAW, NL Ostwald, 1037: Haber an Ostwald, 18. 2., 12. 3. und 24. 3. 1902.
242 HS 1147: Haber an Ostwald, 26. 11. 1902. Ostwald griff die Angelegenheit zunächst sehr positiv auf, vgl. AAW, NL Ostwald, 1037: Ostwald an Haber, 19. 12. 1902. Aus welchen Gründen die Pläne dann versickerten, ist unklar.
243 Im folgenden, wenn nicht anders angegeben, nach Haber, Hochschulunterricht, S. 347–370, 379–406.
244 Vgl. die Erinnerungen von R. S. Hutton, zit. nach Stoltzenberg, Haber, S. 75.
245 Vgl. z. B.: Prof. F. Haber on Electrochemistry in the United States, in: Electrochemical Industry 1 (1903), S. 349–351, 379–385.
246 Vgl. dazu ausführlich Trescott, Rise, S. 72; mit einer genauen Beschreibung des Verfahrens Bernthsen, August, Über Luftsalpetersäure, in: Z. angew. Chem. 22 (1909), S. 1167–1178, hier S. 1173. Wilhelm Ostwald konnte bei seinem Besuch in Niagara Falls 1903 die Anlage bereits nicht mehr besichtigen, vgl. Ostwald, Lebenslinien, T. 2, S. 328 f.
247 Witt, Chemische Industrie, S. 10 f.
248 Haber, Hochschulunterricht, S. 402.
249 Vgl. Trescott, Rise, beispielsweise S. XXXIV, 39, 56, 69, 117–119, 135 f., 184.
250 Ebenda, S. 284; vgl. auch S. 289–294, 298 über das anwendungsorientierte, empirische Wissenschaftsverständnis der amerikanischen Elektrochemiker.
251 HS 1506: Stoecker, Erinnerungen, S. 2.
252 Vgl. als Zeitzeugenerinnerungen z. B. HS 421: Rudolf Witzeck an Jaenicke, 7. 10. 1960, Anlage; HS 1483: Interviewnotiz Jaenickes mit Max Mayer, 9. 11. 1958.
253 Im folgenden nach Stoltzenberg, Haber, S. 83 ff., 101 ff., 108 ff., dieser in enger Anlehnung an Coates, Memorial Lecture, S. 131 ff., 153 ff. Vgl. auch Habers Werkverzeichnis im Anhang.
254 Vgl. HS 1494: Franz Richardt, Notizen, S. 3; HS 846: Haber an unbekannten Kollegen, 1. 4. 1905.
255 Haber, Fritz, Thermodynamik technischer Gasreaktionen. Sieben Vorlesungen, München-Berlin 1905.
256 Vgl. dazu Coates, Memorial Lecture, S. 135; Jaenicke, Lebensabriß, S. 128.
257 Vgl. z. B. Journ. Gasbel. 48 (1905), S. 904.
258 Eine ausführliche Auflistung vgl. bei Wandersleb, Haber, S. 113.
259 Vgl. dazu Nebe, Wolfgang, 50 Jahre LÖWE-Interferometer, in: Jenaer Rundschau 5 (1960), S. 103–109, hier S. 103 f. Haber machte Löwe detaillierte Angaben, welche Ziele er mit Hilfe der optischen Gasanalyse verfolgte. Eine entsprechende Liste vgl. bei Wandersleb, Haber, S. 113; vgl. auch Stoltzenberg, Haber, S. 112 f.
260 HS 2239: Vertrag vom 20. 7. 1904.
261 DRP 173957, 9. 8. 1904.
262 Haber, Fritz, Optische Analyse der Industriegase. Vortrag auf der Hauptversamm-

lung des Vereins deutscher Chemiker, Nürnberg, in: Z. angew. Chem. 19 (1906), S. 1418–1422; ders., Das Gasrefraktometer. Vortrag auf der Hauptversammlung der Deutschen Bunsen-Gesellschaft, Hamburg, in: Z. Elektrochem. 13 (1907), S. 460–463. Vgl. auch Nebe, 50 Jahre, S. 104; Lucas, H., Fritz Löwe zum Gedächtnis, in: Jenaer Jahrbuch 1955. Wissenschaftliche Veröffentlichungen II, 1956, S. 149ff., hier S. 155f.

263 Vgl. die Patenterteilungen DRP 230748, 28. 9. 1909; DRP 239120, 17. 4. 1910; DRP 239121, 10. 8. 1910.

264 Nach Lucas, Löwe, S. 157f.; Wandersleb, Haber, S. 113 sowie Nebe, 50 Jahre, S. 105f., 108 mit einer kompletten Aufführung der entsprechenden Fachpublikationen von Löwe und anderen.

265 HS 2291, Bl. 4: Haber an Martin Freund, 11. 6. 1905.

266 Ebenda.

267 HS 925: Haber an Abegg, 12. 6. 1906.

268 HS 2291, Bl. 3: Haber an Martin Freund, 11. 6. 1905.

269 Breslauer, Zurücksetzung, S. 12f., 18, Tab. 1a, 1b, 3c. Zur Habilitations- und Berufungspraxis vgl. auch Hammerstein, Notker, Antisemitismus und deutsche Universitäten 1871–1933, Frankfurt – New York 1995, S. 68–75.

270 Preston, Science, S. 112. Zu reflektieren bleibt allerdings die oft übersehene Tatsache, daß in den USA Juden von den Ordinariaten an den angesehenen Universitäten der Ostküste weit wirksamer ausgeschlossen waren als im wilhelminischen Deutschland; vgl. dazu mit Quellen- und Literaturbelegen Brocke, Bernhard vom, Wissenschaft und Militarismus. Der Aufruf der 93 «An die Kulturwelt» und der Zusammenbruch der internationalen Gelehrtenrepublik im Ersten Weltkrieg, in: Calder III, William M./Flashar, Hellmut/Lindken, Theodor (Hg.), Wilamowitz nach 50 Jahren, Darmstadt 1985, S. 649–719, hier S. 680f.

271 Breslauer, Zurücksetzung, S. 13, Tab. 1b.

272 Vgl. dazu ausführlich Bruch, Rüdiger vom, Universitätsreform als soziale Bewegung. Zur Nicht-Ordinarienfrage im späten deutschen Kaiserreich, in: GG 10 (1984), S. 72–91; im breiten Kontext ders., Wissenschaft, Politik und öffentliche Meinung. Gelehrtenpolitik im Wilhelminischen Deutschland (1890–1914) (= Historische Studien 435), Husum 1980, bes. S. 112–128.

273 Eulenburg, Franz, Der «akademische Nachwuchs». Eine Untersuchung über die Lage und die Aufgaben der Extraordinarien und Privatdozenten, Leipzig–Berlin 1908, S. 7.

274 Busch, Geschichte, S. 77; dazu auch im chronologischen Längsschnitt Ferber, Christian von, Die Entwicklung des Lehrkörpers der deutschen Universitäten und Hochschulen, 1868–1954, Göttingen 1956.

275 Eulenburg, Nachwuchs, S. 3; auch vom Bruch, Universitätsreform, S. 75; Burchardt, Universitätslehrer, S. 172f.

276 Eulenburg, Nachwuchs, S. 8, 13, 110f.

277 Zit. nach vom Bruch, Universitätsreform, S. 80.

278 Vgl. dazu mit demselben Ergebnis für die Genetik Harwood, National Styles, S. 407ff., bes. S. 411.

279 Preston, Science, S. 185ff., Zitate S. 187, 189.

280 Volkov, Shulamit, Soziale Ursachen des Erfolgs in der Wissenschaft. Juden im Kaiserreich, in: HZ 245 (1987), S. 315–342 (auch in: dies., Leben, S. 146–165).

281 Dies., Juden als wissenschaftliche ‹Mandarine› im Kaiserreich und in der Weimarer Republik. Neue Überlegungen zu sozialen Ursachen des Erfolgs jüdischer Naturwissenschaftler, in: AfS 37 (1997), S. 1–8. Deutliche Unterschiede zeigten beide Ver-

gleichsgruppen hinsichtlich ihrer sozialen Herkunft und ihrer «Denkstile». Andererseits ist die Frage, inwieweit sehr kleine Gruppen von Nobelpreisträgern, deren wissenschaftliche und menschliche Individualität außer Frage steht, überhaupt die Feststellung ‹typischer› Erscheinungsformen erlauben.

282 Vgl. HS 1552 (auch GLA, 235/4112): Bunte an Rektor und Senat, 20. 1. 1906; diese übermittelten das Gesuch sechs Tage später zustimmend dem Ministerium, das ihm am 29.3. in einem Schreiben an den TH-Senat stattgab, vgl. ebenda.

283 Vgl. dazu Ostwald, Lebenslinien, T. 2., S. 441 ff.; Stoltzenberg, Haber, S. 106.

284 GLA, 235/4112: Ministerium an TH-Senat, 16. 7. 1906.

285 HS 1555 (auch GLA, 235/4112): Auszug aus dem Protokoll der Sitzung der Berufungskommission am 30. 7. 1906.

286 Im folgenden nach ebenda: Bunte/Engler, Referat, die Wiederbesetzung des Lehrstuhles für physikalische und Elektrochemie an der Technischen Hochschule betr., 31. 7. 1906.

287 Vgl. Lexikon bedeutender Chemiker, S. 150.

288 HS 1555 (auch GLA, 235/4112): Auszug aus dem Protokoll der Sitzung der Berufungskommission am 30. 7. 1906.

289 HS 1556 (GLA, 235/4112): Rektor an Ministerium, 1. 8. 1906. Der Rektor wurde hier ausgerechnet durch Bunte vertreten.

290 GLA, 233/4112 und 33158: Ministerium an Großherzog, 6. 8. 1906.

291 Stoltzenberg, Haber, S. 108 behauptet ohne Quellennachweis, Foerster habe erheblich höhere Forderungen gestellt. In den Akten des GLA konnten keine Quellen ermittelt werden, die dies stützen.

292 Brocke, Bernhard vom, Von der Wissenschaftsverwaltung zur Wissenschaftspolitik. Friedrich Althoff (19. 2. 1839–20. 10. 1908), in: Ber. Wiss. gesch. 11 (1988), S. 1–26, hier S. 11.

293 GLA, Abt. 52 (NL Böhm), Film II A 7776: Haber an Böhm, 28. 10. 1913.

294 HS 1557 (GLA, 235/2049): Bestallungsurkunde, 10. 8. 1906.

295 HS 1559 (GLA 235/4169): Rektor an Ministerium, 3. 11. 1906.

296 Beispielsweise HS 2291: Haber an Martin Freund, 12. 8. 1906.

297 HS 1563 (GLA, 235/2049): Ministerium an Großherzog, 7. 8. 1907.

298 So z. B. Harris, To Serve, S. 27; Volkov, Soziale Ursachen, S. 330 f.; ganz falsch Haberer, Joseph, Politics and the Community of Science, New York 1969, S. 106.

299 Vgl. Eulenburg, Nachwuchs, S. 82, 88, 105, 127. Zu berücksichtigen ist, daß sich diese Zahlen auf die Universitäten beziehen, doch dürfte die Lage an den THs nicht grundsätzlich anders gewesen sein. Vgl. dazu auch Burchardt, Universitätslehrer, S. 179 f.

300 HS 1145: Abschrift aus Ostwalds Tagebuch, 5. 8. 1908, S. 256. Ostwald traf Haber und Bredig in Heidelberg auf einer Bunsen-Feier. Er vermerkte weiter, der Karlsruher habe «mehr von mir behalten als ich.»

301 HS 2291: Haber an Martin Freund, 12. 8. 1906.

302 HS 1561 (GLA, 235/4170): Haber an Rektor und Senat, 23. 2. 1907.

IV. Brot aus Luft: Fritz Haber, die BASF und die Fixierung des Stickstoffs

1 Daum, Wissenschaftspopularisierung, Kap. VII. 5.

2 Vgl. Osteroth, Dieter, Soda, Teer und Schwefelsäure. Der Weg zur Großchemie (= Kulturgeschichte der Naturwissenschaften und Technik 20), Reinbek 1985, S. 133 f.; L. F. Haber, 1900–1930, S. 104–107. Vgl. auch die zeitgenössische, interessante

statistische Daten enthaltende Untersuchung von Schultze, Hermann, Die Entwicklung der chemischen Industrie in Deutschland seit dem Jahre 1875. Eine volkswirtschaftliche Studie mit besonderer Berücksichtigung der Unternehmerverbände und der Rentabilität der Aktiengesellschaften, Halle 1908, hier bes. S. 243–265.

3 Albert Schultz, 1875, zit. nach Nagel, Alfred von, Stickstoff. Die technische Chemie stellt die Ernährung sicher (= Schriftenreihe des Firmenarchivs der BASF 3), Ludwigshafen 1969, S. 9. Etwas anders wiedergegeben wird das Zitat bei Bernthsen, August, Über Luftsalpetersäure, in: Z. angew. Chem. 22 (1909), S. 1167–1178, hier S. 1167. Bernthsens Vortrag vor dem Wissenschaftlichen Verein zu Berlin belegt sehr gut den ständigen argumentativen Bezug auf Liebig als der ausschlaggebenden Autorität für die Begründung ganzer Wissenschafts- und Wirtschaftszweige.

4 Vgl. ebenda, S. 1168; Stoltzenberg, Haber, S. 133.

5 Vgl. dazu den zeitgenössisch umfassendsten Überblick bei Lunge, Georg, Handbuch der Schwefelsäurefabrikation und ihrer Nebenzweige (= Neues Handbuch der chemischen Technologie XI und XII, hg. von Carl Engler), Braunschweig 1916, Bd. 1, S. 138–158, Bd. 2, S. 1508–1510, Zahlen Bd. 1, S. 141 sowie Bd. 2, S. 1508.

6 Ebenda, Bd. 1, S. 146; Bernthsen, Luftsalpetersäure, S. 1169.

7 Ebenda, S. 1169; Lexikon bedeutender Chemiker, S. 42.

8 Ebenda, S. 101.

9 Nach Wendel, Würdigung, S. 24.

10 Crookes, Sir William, The Wheat Problem. Based on Remarks Made in the Presidential Address to the British Association at Bristol in 1898, 3. erw. Auflage, London u. a. 1917, Zitat S. 3.

11 Unzweideutig z. B. ebenda, S. 38: «[...] the great Caucasian race will cease to be foremost in the world, and will be squeezed out of existence by races to whom wheaten bread is not the staff of life.»

12 Ebenda, S. 36f.

13 Lunge, Handbuch, Bd. 1, S. 145; GStA, I. HA, Rep. 87 ZB, Nr. 314, Bl. 369–389, hier Bl. 369: Bezugsvereinigung der deutschen Landwirte, Denkschrift über den Ankauf von Salpeterwerken in Chile, Darmstadt 1902.

14 Ebenda.

15 Vgl. hierzu Eucken, Walter, Die Stickstoffversorgung der Welt. Eine volkswirtschaftliche Untersuchung, Stuttgart – Berlin 1921, S. 90, 100ff.; Stoltzenberg, Haber, S. 137f.; BASF, B 4/457: BASF, Zum Stickstoff-Handelsmonopol, April 1915, S. 3.

16 Vgl. z. B. Bernthsen, Luftsalpetersäure, S. 1170; auch Nagel, Stickstoff, S. 10; Holdermann, Karl, Im Banne der Chemie. Carl Bosch – Leben und Werk, bearb. von Walter Greiling, Düsseldorf 1953, S. 47f.; Flechtner, Duisberg, S. 224.

17 Im folgenden stark zusammengefaßt nach: Stoltzenberg, Haber, S. 135–140; Bernthsen, Luftsalpetersäure, S. 1170–1173; Lunge, Handbuch, Bd. 1, S. 231ff.; Nagel, Stickstoff, S. 11–18.

18 Einen Überblick über die diversen Lichtbogenverfahren vor dem Ersten Weltkrieg gibt Lunge, Handbuch, Bd. 1, S. 231ff., davon zu Birkeland-Eyde S. 257–263, zu Schönberger S. 263–269; auch bei L. F. Haber, 1900–1930, S. 85–88.

19 Vgl. dazu auch Trescott, Rise, S. 72.

20 L. F. Haber, 1900–1930, S. 88ff.

21 Huber, Zur Stickstofffrage, Bern 1908, zit. nach Wendel, Würdigung, S. 29.

22 So z. B. in der autobiographischen Darstellung des beteiligten Katalysefachmanns der BASF, Mittasch, die auf überarbeiteten Niederschriften der Jahre 1914–1920

beruht: Mittasch, Alwin, Geschichte der Ammoniaksynthese, Weinheim 1951, bes. S. 63–86; auch Nagel, Stickstoff, S. 20–40; Coates, Memorial Lecture, S. 135–139.

23 Die mehrere hundert, teilweise allerdings nur als Abschriften erhaltene Briefe umfassende Korrespondenz zwischen Haber und der Badischen sowie die geschlossenen Verträge befinden sich im Unternehmensarchiv der BASF, Ludwigshafen bzw. in Kopie im Archiv zur Geschichte der MPG, Berlin.

24 Unabhängig voneinander: Stoltzenberg, Haber, S. 144ff.; konzentriert, aber systematischer: Reinhardt, Carsten, Über Wissenschaft und Wirtschaft. Fritz Habers Zusammenarbeit mit der BASF 1908 bis 1911, in: Albrecht, Helmuth (Hg.), Naturwissenschaft und Technik in der Geschichte. 25 Jahre Lehrstuhl für Geschichte der Naturwissenschaft und Technik am Historischen Institut der Universität Stuttgart, Stuttgart 1993, S. 287–315.

25 Grundlegend für die Frühphase der BASF beispielsweise: Caro, Heinrich, Über die Entwicklung der chemischen Industrie von Mannheim-Ludwigshafen a./Rh., in: Z. angew. Chem. 17 (1904 II), S. 1343–1362.

26 So z. B. Nagel, Stickstoff; Witschakowski, Walter, Hochdrucktechnik (= Schriftenreihe des Unternehmensarchivs der BASF 12), Ludwigshafen 1974; Mach, Erich, Entwerfen und Bauen. Von der Zusammenarbeit der Architekten und Ingenieure mit Chemikern und Physikern in einem chemischen Großbetrieb (= Schriftenreihe des Unternehmensarchivs der BASF 13), Ludwigshafen 1975; Schuster, Curt, Wissenschaft und Technik. Ihre Begegnung in der BASF während der ersten Jahrzehnte der Unternehmensgeschichte (= Schriftenreihe des Unternehmensarchivs der BASF 14), Ludwigshafen 1976; BASF, 125 Jahre BASF. Stationen ihrer Geschichte. Ausstellung im Rathaus-Center Ludwigshafen 28. 4.–29. 6. 1990, Ludwigshafen 1990.

27 Immer noch grundlegend: Haber, L. F., The Chemical Industry During the Nineteenth Century. A Study of the Economic Aspect of Applied Chemistry in Europe and North America, Oxford, 2. Aufl. 1969 (1. Aufl. 1958); ders., The Chemical Industry 1900 – 1930. International Growth and Technological Change, Oxford 1971. Für die Zeit bis 1880: Travis, Anthony S., The Rainbow Makers. The Origins of the Synthetic Dyestuffs Industry in Western Europe, Bethlehem/Pa. 1993. Vgl. auch die an einem Phasenmodell orientierte Zusammenschau bei Wetzel, Naturwissenschaften.

28 Dazu Beer, John J., Coal Tar Dye Manufacture and the Origins of the Modern Industrial Research Laboratory, in: Isis 49 (1958), S. 123–131; ders., The Emergence of the German Dye Industry (= Illinois Studies in the Social Sciences 44), Urbana 1959; für Bayer: Meyer-Thurow, Georg, The Industrialization of Invention: A Case Study from the German Chemical Industry, in: Isis 73 (1982), S. 363–381; Homburg, Ernst, The Emergence of Research Laboratories in the Dyestuffs Industry, 1870–1900, in: British Journal for the History of Science 25 (1992), S. 91–111; neuerdings Marsch, Ulrich, Strategies for Success: Research Organization in German Chemical Companies and IG Farben until 1936, in: History and Technology 12 (1994), S. 23–77 (mit weiterführender Literatur).

29 Reinhardt, Carsten, Forschung in der chemischen Industrie. Die Entwicklung synthetischer Farbstoffe bei BASF und Hoechst, 1863–1914, TU Berlin, Phil. Diss. masch., Dezember 1995.

30 Vgl. dazu die vergleichende Graphik zwischen Hoechst, BASF, Bayer und terMeer in: ebenda, S. 26; teilweise leicht abweichende Zahlen bei Schütt, Berufsbild, S. 302.

31 Zusammenfassend Wetzel, Naturwissenschaften, S. 64f.

32 Vgl. dazu mit weiteren Literaturangaben Marsch, Research, S. 29f.
33 L. F. Haber, 1900–1930, S. 29–33; ders., Nineteenth Century, S. 130.
34 Reinhardt, Forschung, S. 187f., 193, 195–197.
35 L. F. Haber, Nineteenth Century, S. 130f.
36 Eine Kurzbiographie vgl. Lexikon bedeutender Chemiker, S. 70; Großmann, Hermann, Brunck, in: Günther Bugge (Hg.), Das Buch der großen Chemiker, 2 Bde., 1929, unveränd. Nachdruck Weinheim 1974, Bd. 2, S. 360–373.
37 Witt auf dem internationalen Kongreß für angewandte Chemie in Berlin 1904, zit. nach ebenda, S. 360. Bruncks Bedeutung für die Entwicklung der BASF ist kaum zu überschätzen, vgl. z. B. auch Caro, Entwicklung, S. 1357; L. F. Haber, Nineteenth Century, S. 187f.
38 Ausdrücklich z. B. bei Mach, Entwerfen, S. 23ff., 34ff.; vgl. auch im Überblick BASF, 125 Jahre, S. 11, 18, 22.; Schuster, Wissenschaft, S. 122.
39 Großmann, Brunck, S. 371.
40 Ebenda, S. 371f.; Nagel, Stickstoff, S. 12f.; Bernthsen, Luftsalpetersäure, S. 1173f.; L. F. Haber, 1900–1930, S. 86f.
41 HS 2291: Haber an Martin Freund, 12. 2. 1913.
42 Im folgenden, wenn nicht anders angegeben, nach: Stoltzenberg, Haber, S. 140ff.; Nagel, Stickstoff, S. 17f. Die Quellen zu dieser hochinteressanten Episode, vor allem die Korrespondenz Ostwald – BASF bzw. Farbwerke, sind abgedruckt bei: Farbwerke Hoechst AG (Hg.), Wilhelm Ostwald und die Stickstoffgewinnung aus der Luft (= Dokumente aus Hoechster Archiven 5), Frankfurt 1964.
43 Ostwald, Lebenslinien, T. 2, S. 285.
44 Ebenda, S. 286.
45 Im Original vgl. BASF, G 6101/1.
46 Ohne Quellenverweis wörtlich zit. bei Holdermann, Im Banne, S. 41; die ganze Episode ebenda, S. 40–42. Das Zitat taucht seitdem häufig in der Literatur auf, z. B. bei Nagel, Stickstoff, S. 18.
47 Abgedruckt bei Ostwald, Lebenslinien, T. 2, S. 284f.
48 So z. B. bei Witschakowski, Hochdrucktechnik, S. 10; Stoltzenberg, Haber, S. 141f.
49 Ostwald, Lebenslinien, T. 2, S. 285, 287.
50 Eine Kurzbiographie vgl. Lexikon bedeutender Chemiker, S. 309.
51 Im folgenden nach Mittasch, Geschichte, S. 89; Holdermann, Im Banne, S. 49, 53ff., 62ff.; übernommen bei Nagel, Stickstoff, S. 15f. und Stoltzenberg, Haber, S. 138f.
52 Zur enormen Bedeutung Heinrich Caros für den Erfolgskurs der BASF vgl. ausführlich Reinhardt, Forschung, S. 89–200.
53 Vgl. im einzelnen ebenda, S. 136–182; Wetzel, Naturwissenschaften, S. 151–164, 180f.; Schuster, Wissenschaft, passim. Emil Fischers Absage ist abgedruckt ebenda, S. 100–103. Fischer begründete seine Verweigerung damit, die Freiheit der Person und der Forschung seien ihm wichtiger als «alle Glücksgüter, Geld und Macht», eine Argumentation, die stets als typisches Beispiel für den Idealismus des deutschen Universitätsprofessors gilt. Allerdings weist Wetzel zu Recht darauf hin, daß der daraufhin angebotene Beratervertrag ebenfalls sehr lukrativ war, so daß es in summa viel vorteilhafter war, hohe Beträge aus Nebeneinkünften zu beziehen und sich gleichzeitig das Ansehen und die Freiheiten des Professors zu erhalten.
54 Vgl. für Bayer, aber mit Relevanz über das Einzelbeispiel hinaus Meyer-Thurow, Industrialization, bes. S. 367ff.; dazu auch Beyerchen, Alan, On the Stimulation of Excellence in Wilhelmian Science, in: Dukes/Remak, Germany, S. 139–168, hier S. 151ff.
55 Reinhardt, Forschung, S. 108–135.

56 Die folgenden Zahlen, die teilweise von den bisher publizierten Angaben abweichen, nach ebenda, S. 473, sowie nach Marsch, Strategies, S. 24, 26, 30 f.

57 Im weiteren Kontext Marsch, Ulrich, Industrieforschung in Deutschland und Großbritannien. Betriebsinterne und Gemeinschaftsforschungen bis 1936, Diss. phil. masch. München, April 1996, bes. S. 66–77.

58 Reinhardt, Forschung, S. 384, 420.

59 Reinhardt, Wissenschaft, S. 296 f.

60 Reinhardt, Forschung, S. 194–200. Beste Beispiele sind die vergeblichen Bemühungen der BASF um Eduard von Gerichten 1882, um Emil Fischer 1883, seinen Vetter Otto Fischer 1884 sowie um Victor Meyers Bruder Richard, Carl Engler und Peter Griess im selben Jahr.

61 Meyer-Thurow, Industrialization, S. 380 f., Zitat S. 381; zu demselben Ergebnis kam bereits Beer, Emergence, S. 72; auch bei Wetzel, Naturwissenschaften, S. 142 f.

62 Vgl. zur Familie Margolis, deren Name in zwölf Schreibarten vorkommt, NDB, Bd. 16, S. 168–171. (Franz Menges).

63 Mittasch, Geschichte, S. 64.

64 Margulies sollte später Prioritätsrechte gegenüber Haber geltend machen: Zwar war von höherem Druck nicht die Rede gewesen, wohl aber von einem katalytischen Prozeß unter Überleitung von Stick- und Wasserstoff z. B. über Eisen, vgl. ebenda, S. 83, Anm. 2.

65 HS 1147: Haber an Ostwald, 29. 7. 1903.

66 Zum Folgenden vgl. Reinhardt, Wissenschaft, S. 292 f.; Coates, Memorial Lecture, S. 135 f.; sehr ausführlich Stoltzenberg, Haber, S. 154.

67 BASF, W 1 Haber, Briefe 1908: Haber an BASF, 19. 2. 1908.

68 Über die Bildung von Ammoniak aus den Elementen, in: Z. anorg. Chem. 43 (1905), S. 111–115, 44 (1905), S. 341–378, 47 (1905), S. 42–44.

69 Vgl. Habers Nobel-Vortrag vom 2. 6. 1920, in: Les Prix Nobel en 1919–1920, Stockholm 1922, S. 11; vgl. auch Stoltzenberg, Haber, S. 153.

70 BASF, W 1 Haber, Briefe 1908: Haber an BASF, 19. 2. 1908.

71 Zum Folgenden Reinhardt, Wissenschaft, S. 293 f.; Haberditzl, Nernst, S. 410; auch Suhling, Lothar, Walther Nernst und die Ammoniaksynthese nach Haber und Bosch, in: Albrecht, Naturwissenschaft, S. 343–356, hier S. 347 ff.; Nernst, Walther, Über das Ammoniakgleichgewicht, in: Z. Elektrochem. 13 (1907), S. 521–524, hier S. 521.

72 Diese Übereinstimmung stellte sich später als zufällig heraus, vgl. Wendel, Würdigung, S. 27.

73 Den Text des am 29. 9. 1906 geschlossenen Vertrags vgl. Farbwerke Hoechst AG (Hg.), Griesheimer Versuche zur Stickstoffgewinnung aus der Luft (= Dokumente aus Hoechster Archiven 18), Frankfurt 1966, S. 19–21.

74 Über das Ammoniak-Gleichgewicht, in: Ber. Dtsch. Chem. Ges. 40 (1907 II), S. 2144–2154; vgl. auch Habers Nobelvortrag, in: Les Prix, S. 12 f.

75 Nernst, Ammoniakgleichgewicht (Diskussion), S. 523 f.

76 Ebenda, S. 524.

77 Ebenda; dazu W. Jaenicke, Bunsen-Gesellschaft, S. 63 f.

78 Coates, Memorial Lecture, S. 137; Willstätter, Leben, S. 266.

79 HS 1449: Interview Jaenicke mit James Franck, 16./17. 4. 1958, S. 9. Daß Haber das Scheitern am 3. Hauptsatz wurmte, wird auch von anderen bestätigt, vgl. HS 1425: Interview J. E. Coates mit Hermann Haber und Friedrich Epstein, Paris, Dezember 1934.

80 Vgl. dazu Reinhardt, Wissenschaft, S. 294, Anm. 29; Suhling, Nernst, S. 351 f., Zitat S. 352; Haberditzl, Nernst, S. 410.

81 HS 926: Haber an Abegg, 1. 12. 1907; publiziert als: Bestimmung des Ammoniakgleichgewichts unter Druck, in: Z. Elektrochem. 14 (1908), S. 181–196.
82 Ausführlich Coates, Memorial Lecture, S. 137; übersetzt bei Stoltzenberg, Haber, S. 156; vgl. auch Wendel, Würdigung, S. 28.
83 BASF, W 1 Haber, Verträge (auch HS 2069): Haber an Engler, 18. 1. 1908.
84 Im folgenden nach Reinhardt, Wissenschaft, S. 295 f.; Koenig, Adolf, Fritz Haber, in: [Technische Hochschule Karlsruhe], Festschrift 125 Jahre, S. 63–66, hier S. 64; Wendel, Würdigung, S. 28 f.; Stoltzenberg, Haber, S. 144 f.
85 Über die Stickoxydbildung im Hochspannungsbogen, in: Z. Elektrochem. 13 (1907), S. 725–743 und 14 (1908), S. 689–695.
86 Vgl. Wetzel, Naturwissenschaften, S. 201 f.; Reinhardt, Forschung, S. 200–209.
87 Engler an Brunck, 10. 4. 1907, zit. nach Reinhardt, Wissenschaft, S. 298.
88 HS 2055: Auszug aus dem Brief Duisbergs an Brunck, 29. 2. 1908.
89 HS 2069 (BASF, W 1 Haber, Verträge): Haber an Engler, 18. 1. 1908; Engler an BASF, 19. 1. 1908; auch bei Reinhardt, Wissenschaft, S. 298 f.; Stoltzenberg, Haber, S. 147.
90 HS 2069 (BASF, W 1 Haber, Verträge): Haber an BASF, 15. 2. 1908 (1).
91 Reinhardt, Forschung, S. 200–209, 440 f.
92 HS 2069 (BASF, W 1 Haber, Verträge): Haber an BASF, 15. 2. 1908 (1).
93 Zum Folgenden Reinhardt, Wissenschaft, S. 300; auch Habers Nobel-Vortrag, in: Les Prix, S. 13.
94 HS 2069 (BASF, W 1 Haber, Verträge): Haber an BASF, 15. 2. 1908 (2).
95 Ebenda, Haber an BASF, 27. 2. 1908, S. 2 f.; HS 1568 (GLA, 235/4168): Haber an Rektor und Senat der TH, 16. 3. 1908; Haber, Fünf Vorträge, S. 13.
96 HS 2115 (BASF, W 1 Haber, V): Haber an BASF, 13. 6. 1914.
97 HS 2069 (BASF, W 1 Haber, Verträge): Haber an BASF, 15. 2. 1908 (1); auch Engler an BASF, 19. 1. 1908.
98 Ebenda.
99 Ebenda, Engler an BASF, 16. 2. 1908; Stoltzenberg, Haber, S. 148.
100 Habers etwas voreiliges Ausgabeverhalten trug ihm am 31. 12. 1908 einen strengen Tadel wegen eigenmächtigen Vorgehens ein, gegen den er sich unter exakter Darlegung des Vorgangs verwahrte, vgl. HS 1574 (GLA, 235/4170): Haber an Rektor und Senat, 13. 1. 1909; vgl. auch HS 1564 f., 1573 (GLA, 235/4112 und 4170), ohne den Vorgang im einzelnen darzulegen.
101 GLA, 235/4112: Haber an Rektor und Senat, 18. 12. 1907.
102 HS 2069 (BASF, W 1 Haber, Briefe 1908): Engler an BASF, 19. 1. 1908; Haber an BASF, 15. 2. 1908 (2); Haber an BASF, 27. 2. 1908.
103 Vgl. Reinhardt, Wissenschaft, S. 314 f.
104 HS 2069; Original in: BASF, W 1 Haber, Verträge.
105 HS 2069 (BASF, W 1 Haber, Verträge; Briefe 1908): Haber an BASF, 15. 2. 1908 (1) und 27. 2. 1908.
106 BASF, W 1 Haber, Vertrag Haber-Koenig: BASF an Haber, 7. 5. 1909.
107 HS 2069 (BASF, W 1 Haber, Verträge): Haber an BASF, 15. 2. 1908 (1).
108 HS 2055; Original in: BASF, W 1 Haber, Verträge; vgl. auch bei Reinhardt, Wissenschaft, S. 299 f.; Stoltzenberg, Haber, S. 148.
109 Vgl. HS 2069 (BASF, W 1 Haber, Briefe 1908): Haber an BASF, 27.2. und 29. 2. 1908; BASF an Haber, 3. 3. 1908.
110 Reinhardt, Wissenschaft, S. 299 f., Anm. 58, S. 301.
111 HS 2071 (BASF, W 1 Haber, I): Haber an BASF, 3. 4. 1908.
112 Vgl. HS 2067 (BASF, W 1 Haber, Verträge ab 1920): Aktennotiz Holdermann betr. Zahlungen der BASF an Haber, 25. 2. 1953.

113 Im folgenden nach Reinhardt, Wissenschaft, S. 308–310.
114 Vgl. z. B. BASF, W 1 Haber, II: Haber an BASF, 18. 1. 1910. Haber trat hier für Holwech, Platou und Beutner ein.
115 HS 2071 (BASF, W 1 Haber, I): Haber an BASF, 28. 3. 1908, Zitat S. 4; BASF an Haber, 1. 4. 1908; dort auch der Schriftwechsel mit weiteren Geldforderungen Habers und dem Inventarverzeichnis seines Instituts.
116 HS 2072 (BASF, W 1 Haber, I): Haber an BASF, 20. 5. 1908.
117 Vgl. dazu Reinhardt, Wissenschaft, S. 301.
118 Vgl. Habers Berichte z. B. in: HS 2073 (BASF, W 1 Haber, Briefe 1908): Haber an BASF, 15. 6. und 7. 8. 1908.
119 Das Zirkulationspatent wurde als DRP 235421 erteilt und durch ein am 30. 7. 1909 eingereichtes Zusatzpatent (DRP 252275) ergänzt. Das Hochdruckpatent wurde als DRP 238450 erteilt, vgl. HS 2141: Liste der in den Besitz der BASF übergegangenen Patente Habers, 23. 3. 1956.
120 HS 2073 (BASF, W 1 Haber, Briefe 1908): Haber an BASF, 7. 8. 1908; Reinhardt, Wissenschaft, S. 302; Stoltzenberg, Haber, S. 158.
121 Bernthsen, August, Die synthetische Gewinnung des Ammoniaks. Vortrag auf dem 8. Internationalen Kongreß für angewandte Chemie am 11. 8. 1912 in New York, in: Z. angew. Chem. 26 (1913), S. 10–16, hier S. 13.
122 Zusammengestellt aus: Matrikel- und Vorlesungsverzeichnisse der TH Karlsruhe. Ich danke Herrn PD Dr. Klaus-Peter Hoepcke für seine Recherche. Ferner: Coates, Memorial Lecture, S. 137; Goran, Story, S. 50; Stoltzenberg, Haber, S. 115; Reinhardt, Wissenschaft, S. 306, Anm. 93; HS 2308: Notiz, o. J.
123 Ch. Haber, Leben, S. 157.
124 BASF, W 1 Haber, Verträge ab 1920: Der Deutsche Staatsvertreter am Deutsch-Englischen Gemischten Schiedsgerichtshof/Geschäftsstelle Berlin an BASF, 1. 3. 1924.
125 Vgl. die biographische Skizze von Szöllösi-Janze, Margit, Friedrich Kirchenbauer, Diener. Die berufliche Karriere von Fritz Habers Mechaniker an der Technischen Hochschule Karlsruhe, in: Jahrbuch für Universitätsgeschichte 1 (1998).
126 Holdermann, Im Banne, S. 68.
127 Osteroth, Soda, S. 20 f., 69 f.; Martin, Jahrbuch Berlin, S. 146 f.
128 Vgl. HS 2072 (auch BASF, W 1 Haber, I): Nathan/Auergesellschaft an Haber, 9. 5. 1908, auszugsweise Anlage zu: Haber an BASF, 11. 5. 1908; BASF an Haber, 13. 5. 1908; Haber an BASF, 20. 5. 1908.
129 HS 1505: Gesprächsnotiz Jaenickes mit Staudinger und Hevesy, 27. 7. 1958.
130 HS 2079 (BASF, W 1 Haber, Briefe 1908/09): Haber an BASF, 23. 3. 1909 (Zitate); BASF, W 1 Haber, II: Haber an BASF, 11. 5. 1909; Mittasch, Geschichte, S. 75 f.; Stoltzenberg, Haber, S. 159 f.; Reinhardt, Wissenschaft, S. 305.
131 Für Osmium DRP 332408, eingereicht am 2. 4. 1909, für Uran DRP 229126, eingereicht am 15. 6. 1909, vgl. HS 2141: Liste der in den Besitz der BASF übergegangenen Patente Habers, 23. 3. 1956.
132 Reinhardt, Wissenschaft, S. 305, Anm. 84.
133 Holdermann, Im Banne, S. 68 f.; übernommen von Nagel, Stickstoff, S. 21; Stoltzenberg, Haber, S. 160; Le Rossignol, Robert, Zur Geschichte der Herstellung des synthetischen Ammoniaks, in: Die Naturwissenschaften 16 (1928), S. 1070 f., hier S. 1071.
134 Reinhardt, Wissenschaft, S. 305.
135 Nach einer Quelle war noch für die Patentabteilung in Vertretung August Bernthsens Julius Abel anwesend, vgl. Linde-Archiv: Georg Stern, Die Geburt der technischen Drucksynthesen. I. Ammoniak (Auszüge), Ms. 1949. Ich danke Hans-Liudger

Dienel für die Überlassung des Dokuments. Georg Stern war Mittaschs Mitarbeiter in der BASF.

136 Mittasch, Geschichte, S. 77f.; Holdermann, Im Banne, S. 70; Nagel, Stickstoff, S. 21f.; Stoltzenberg, Haber, S. 162f.

137 BASF, W 1 Haber, Briefe 1908/09: Haber an BASF, 3. 7. 1909.

138 Ebenda, W 1 Haber, II: Haber an BASF, 16. 7. 1909; BASF an Haber, 20. 7. 1909; Haber an BASF, 6. 8. 1909.

139 Vgl. z. B. Mittasch, Geschichte, S. 90–134; Holdermann, Im Banne, S. 71–119; Nagel, Stickstoff, S. 22–35; Stoltzenberg, Haber, S. 165, 180–186; L. F. Haber, 1900–1930, S. 93ff.

140 Mittasch, Geschichte, S. 93.

141 BASF: Voigtländer-Tetzner, Walter, Chronik der BASF 1865–1939/40, Ms. o. J. [1940], S. 495; zur Tätigkeit des Ammoniaklaboratoriums ebenda, S. 625f.

142 Ausführlich ebenda, S. 497ff.; Mittasch, Geschichte, S. 136–140.

143 Flechtner, Duisberg, S. 226f.

144 L. F. Haber, 1900–1930, S. 91.

145 Vgl. dazu immer noch den argumentativ bestechenden Aufsatz von Hughes, Thomas P., Technological Momentum in History: Hydrogenation in Germany 1898–1933, in: Past and Present 44 (1969), S. 106–132 (dt: Das «technologische Momentum» in der Geschichte. Zur Entwicklung der Hydrierverfahren in Deutschland 1898–1933, in: Hausen/Rürup, Technikgeschichte, S. 358–383.)

146 Haber, Fritz/Le Rossignol, Robert, Über die technische Darstellung von Ammoniak aus den Elementen, in: Z. Elektrochem. 19 (1913), S. 53–72, hier S. 72.

147 HS 850: Haber an Krassa, 20. 12. 1909.

148 BASF, W 1 Haber, II: Haber an BASF, 17. 1. 1910.

149 Ebenda, Haber an BASF, 18. 1. 1910.

150 Ebenda, BASF an Haber, 7. 2. 1910.

151 Vgl. dazu Stoltzenberg, Haber, S. 166f.

152 BASF, W 1 Haber, III: Haber an BASF, 20. 3. 1910; BASF an Haber, 23. 3. 1910; Haber an BASF, 25. 4. 1910. Vgl. die Kurzfassung in: Z. Elektrochem. 16 (1910), S. 244–246; Chemiker-Zeitung 34 (1910), S. 345f. uvm.

153 Vgl. Beispiele bei Stoltzenberg, Haber, S. 168f.; Habers diesbezüglichen Briefverkehr vgl. in BASF, W 1 Haber, III bzw. ebenda, Verträge/Briefwechsel.

154 BASF, W 1 Haber, III: BASF an Haber, 19. 10. 1910.

155 Ebenda, Haber an BASF, 1. 6. 1911.

156 Vgl. z. B. ebenda, IV: BASF an Haber, 23. 10. 1912; Haber an BASF, 26. 10. 1912 wegen der Dissertation von Ernst Unger: Beiträge zur Ammoniakbildung durch Katalyse; einen weiteren Fall bei Stoltzenberg, Haber, S. 169f.

157 Vgl. HS 2141: HS 2141: Liste der in den Besitz der BASF übergegangenen Patente Habers, 23. 3. 1956; Suhling, Nernst, S. 352.

158 Im folgenden nach ebenda, S. 353ff., basierend auf der Korrespondenz der Badischen mit Nernst, Unternehmensarchiv der BASF.

159 Den Rechtsstreit mit längeren Zitaten aus den Gutachten Ostwalds und Nernsts vgl. bei Nagel, Stickstoff, S. 35–40, Zitat S. 39. Auch das Zirkulationspatent wurde mit Nichtigkeitsklagen bekämpft und erst im September 1917 durch Beschluß des Leipziger Reichsgerichts endgültig bestätigt, vgl. Mittasch, Geschichte, S. 85, Anm. 28.

160 BASF, W 1 Haber, IV: Duisberg an Haber, 6. 4. 1912; Haber an Duisberg, 13. 4. 1912; BASF an Haber, 16. 4. 1912.

161 Ebenda, BASF an Haber, 19. 6. 1912.

162 Vgl. Bernthsen, Gewinnung, S. 10–16, Zitat S. 16.
163 Habers Vorträge 1913 und 1914 abgedruckt in: Chemiker-Zeitung 37 (1913), S. 584 f., 635, 711, 769; Z. angew. Chem. 27 (1914 I), S. 473–477.
164 Die Mitteilungen in der Zeitschrift für Elektrochemie basierten teilweise auf den Untersuchungen seiner Dahlemer Mitarbeiter, v. a. des Japaners Tamaru, vgl. Werkverzeichnis.
165 Dies wird aus der späteren Absage Habers deutlich, als er der Auergesellschaft eigens mitteilen ließ, er wolle sich auf dem Stickstoffgebiet nicht von der BASF trennen, vgl. BASF, W 1 Haber, Vertragsbriefe 1909–1918: Haber an Engler, 5. 11. 1909 sowie Haber an BASF, 15. 11. 1909.
166 Vgl. vom Brocke, KWG im Kaiserreich, S. 101.
167 BASF, W 1 Haber, Vertragsbriefe 1909–1918: Haber an BASF, 1. 10. 1909; das genaue Angebot der Auergesellschaft vgl. als Anlage eines Briefs von Engler an die BASF, 24. 10. 1909, ebenda; vgl. auch Stoltzenberg, Haber, S. 149.
168 Max Mayer, der bis 1921 bei der Auergesellschaft und danach beim Aussiger Verein beschäftigt war, war Haber lebenslang als Freund verbunden. Vgl. HS 1483: Interviewnotiz mit Max Mayer, 9. 11. 1958, S. 7; HS 2308: Handschriftliche Notiz, o. V. [L. F. Haber?], o. D. [1989].
169 Habers Bedingungen wurden bereits am 23. 10. 1909 nach Englers Vorsprache im Ministerium gebilligt, vgl. BASF, W 1 Haber, Vertragsbriefe 1909–1918: Engler an BASF, 24. 10. 1909.
170 HS 1579 (auch GLA, 235/4112): Denkschrift, unterzeichnet von Haber, Bunte, Engler und Klein, 13. 11. 1909; vgl. auch Reinhardt, Wissenschaft, S. 311, Anm. 123. De facto wurde Engler erst 1919 emeritiert, vgl. Lexikon bedeutender Chemiker, S. 137.
171 BASF, W 1 Haber, Vertragsbriefe 1909–1918: Haber an BASF, 21. 10. 1909.
172 Ebenda.
173 Ebenda, Haber an BASF, 28. 10. 1909.
174 Ebenda.
175 Ebenda, Haber an Engler, 30. 10. 1909.
176 Ebenda, Engler an BASF, 30. 10. 1909.
177 Ebenda, Haber an Engler, 5. 11. 1909.
178 Ebenda, BASF an Engler, 3. 11. 1909.
179 HS 855 (auch HS 1138): Haber an Mittasch, 13. 6. 1914.
180 Mittasch, Geschichte, S. 80. Am KWI arbeitete der Japaner Tamaru Setsurō weiter an einer verfeinerten Bestimmung des Gleichgewichts, der Bildungs- und der spezifischen Wärme.
181 Dieser Brief Habers ist nicht überliefert, doch ergibt sich seine Existenz zweifelsfrei aus der zweiten Änderung des Vertrags zwischen Haber und der BASF vom 1. 7. 1911, vgl. BASF, W 1 Haber, Vertragsbriefe 1909–1918: Anlage zum Vertrag vom 15. 11. 1909.
182 Ebenda.
183 Eine erste schriftliche Absage Habers erfolgte spätestens am 5. 11.; in einer mehrtägigen mündlichen Besprechung in Berlin erläuterte er seinen Standpunkt, um dann noch einmal schriftlich abzusagen. Vgl. ebenda, Haber an Engler, 5. 11. 1909; Haber an BASF, 15. 11. 1909.
184 Ebenda, Vertrag zwischen Haber und der BASF, 15. 11. 1909.
185 Ebenda, Haber an BASF, 27.11. und 6. 12. 1909.
186 Vgl. BASF, W 1 Haber, IV: Haber an BASF, 19. 6. 1911.
187 BASF, W 1 Haber, Vertragsbriefe 1909–1918: Anlage zum Vertrag vom 15. 11. 1909, 1. 7. 1911.

188 HS 2055: Vertrag vom 6. 3. 1908, § 3.
189 Ebenda, Kurzprotokoll von BASF-Direktor Müller über Habers Besuch am 13. 1. 1913.
190 Ebenda, Kurzprotokoll des mündlichen Berichts Müllers über seinen Besuch bei Engler, 22. 1. 1913.
191 HS 1483: Interviewnotiz mit Max Mayer, 9. 11. 1958, S. 6.
192 Ebenda; BASF, W 1 Haber, Engler betr. Vertrag 1913: Engler an Haber, 22. 1. 1913.
193 Ebenda.
194 Ebenda, Haber an Engler, o. D. [27. 1. 1913]. Das Datum des Briefes ergibt sich eindeutig aus Englers Antwortschreiben vom 3. 2. 1913, ebenda.
195 Ebenda, Haber an Engler, 15. 3. 1913.
196 Vgl. z. B. ebenda, Engler an Müller, 11. 2. 1913; Müller an Engler, 13. 2. 1913.
197 HS 2055: Undatierte Gesprächsnotiz, [17. 2. 1913].
198 Vgl. den Text in: BASF, W 1 Haber, Verträge ab 1920. Als Habers Vertrauensmann wurde Amtsrichter a. D. Frech, als dessen Stellverteter Gerichtsassessor Dr. Schlesier, beide in Düsseldorf, bestimmt.
199 HS 813, Bl. 13–15: Clara Immerwahr an Abegg, 23. 4. 1909. Im folgenden wird, obwohl Clara den Ehenamen Haber führte, der Mädchenname Immerwahr beibehalten, unter dem sie wissenschaftlich publiziert hatte.
200 Ebenda.
201 Ebenda.
202 HS 1470: Paul Krassa an Jaenicke, 2. 11. 1957. Krassa war ein Vetter zweiten Grades von Clara Immerwahr.
203 Ch. Haber, Leben, S. 88.
204 HS 813, Bl. 9 f.: Clara Immerwahr an Abegg, 23. und 26. 9. 1907.
205 HS 301 (auch 1439, 1490): Adelheid Noack an Jaenicke, 19. 11. 1959, S. 2. Adelheid Noack war die Nichte von Habers Schwager Fritz Meffert.
206 HS 814, Bl. 1 f.: Clara Immerwahr an Paul Krassa, 21. 3. 1910.
207 Haber an Riesenfeld, 1906, zit. nach Leitner, Fall, S. 111. Ernst Riesenfeld, Assistent am Chemischen Institut in Freiburg, hatte mit Clara Immerwahr zusammen in Breslau studiert, vgl. ebenda, S. 94.
208 HS 813, Bl. 3: Clara Immerwahr an Abegg, 25. 7. 1907.
209 GLA, 235/30756: Vorsitzender des Volksbildungsvereins an Ministerium, 19. 5. 1906, betr. die Bildungskurse des Wintersemesters 1905/06.
210 Vgl. das Faksimile der Zeitungsannonce bei Leitner, Fall, S. 71.
211 HS 926: Nachschrift zum Brief Habers an Abegg, o. D. [1906].
212 Vgl. das Faksimile des Programms bei Leitner, Fall, S. 150.
213 Lassar-Cohn, Die Chemie im täglichen Leben. Gemeinverständliche Vorträge, 12. neubearb. Aufl. von Max Mechling, Leipzig 1930. 1920 war das Buch bereits in 14 Fremdsprachen übersetzt.
214 HS 813, Bl. 13–15: Clara Immerwahr an Abegg, 23. 4. 1909.
215 Als ein Beleg unter vielen: HS 428: Johanna Löwe an Jaenicke, 7. 3. 1958. Johanna Löwe war die Frau des Jenaer Physikers Franz Löwe, der bei Zeiss mit Haber an der Interferometerentwicklung kooperierte.
216 HS 1470: Paul Krassa an Jaenicke, 2. 11. 1957.
217 Ch. Haber, Leben, S. 88, aber auch HS 301 (1439, 1490): Adelheid Noack an Jaenicke, 19. 11. 1959; HS 506, Bl. 2 f.: Käte Kueter an Jaenicke, 21. 2. und 3. 3. 1958.
218 HS 1449: Notiz Jaenickes über Gespräch mit James Franck, 16./17. 4. 1958, S. 2.
219 HS 1512: Erna Wöhler an Jaenicke, April 1958, S. 1 f. Erna Wöhler war die Frau von Habers Kollegen Lothar Wöhler, der, seit 1907 als außerordentlicher Professor,

unter Engler die anorganische Abteilung des chemischen Instituts leitete, vgl. [Technische Hochschule Karlsruhe], Festschrift 125 Jahre, S. 144.

220 Ch. Haber, Leben, S. 89.

221 Vgl. z. B. HS 1470: Paul Krassa an Jaenicke, 2. 11. 1957; HS 215: Charlotte Jahncke an Jaenicke, 15. 1. 1958; HS 1481: Lore Marx an Jaenicke, 2. 9. 1957. Lore Marx war die Tochter von Habers erstem Karlsruher Freund, dem Gymnasiallehrer August Marx.

222 HS 506, Bl. 2: Käte Kueter an Jaenicke, 21. 2. 1958; HS 301 (1439, 1490): Adelheid Noack an Jaenicke, 19. 11. 1959.

223 HS 260: Hermann Lütge an Jaenicke, 9. 1. 1958, S. 2.

224 HS 1512: Erna Wöhler an Jaenicke, April 1958.

225 Vgl. z. B. HS 123: Gorton R. Fonda/New York an Jaenicke, 30. 10. 1957; HS 1438: Interview Jaenickes mit Coates, 26.–28. 9. 1959, S. 3.

V. Die Gründung des Kaiser-Wilhelm-Instituts für physikalische Chemie und Elektrochemie

1 GLA, 235/2049 (auch HS 1585): Haber an Kultusministerium, 17. 6. 1911; Kultusministerium an Großherzog über Staatsministerium, 22. 6. 1911; Kultusministerium an Haber, 1. 7. 1911.

2 HS 858, Bl. 8: Haber an Prof. Hummel, 3. 12. 1917.

3 [Kaiser-Wilhelm-Gesellschaft], 25 Jahre Kaiser-Wilhelm-Gesellschaft zur Förderung der Wissenschaften, 3 Bde., hg. vom Präsidenten Max Planck. Bd. 1: Handbuch, Bd. 2: Die Naturwissenschaften, Bd. 3: Die Geisteswissenschaften, Berlin 1936; [Max-Planck-Gesellschaft], 50 Jahre Kaiser-Wilhelm-Gesellschaft und Max-Planck-Gesellschaft zur Förderung der Wissenschaften 1911–1961. Beiträge und Dokumente, Göttingen 1961.

4 Wendel, Günter, Die Kaiser-Wilhelm-Gesellschaft 1911–1914. Zur Anatomie einer imperialistischen Forschungsgesellschaft, Berlin (Ost) 1975. Wendels Publikation basiert auf seiner unveröffentlichten Dissertation A von 1964 unter dem Titel: Zur gesellschaftlichen Stellung und Funktion der Kaiser-Wilhelm-Gesellschaft zur Förderung der Wissenschaften e. V.: dargestellt anhand ihrer Gründungsgeschichte und Entwicklung bis zum 1. Weltkrieg (1911–1914). Burchardt, Lothar, Wissenschaftspolitik im Wilhelminischen Deutschland. Vorgeschichte, Gründung und Aufbau der Kaiser-Wilhelm-Gesellschaft zur Förderung der Wissenschaften (= Studien zu Naturwissenschaft, Technik und Wirtschaft im Neunzehnten Jahrhundert 1), Göttingen 1975.

5 Rasch, Manfred, Vorgeschichte und Gründung des Kaiser-Wilhelm-Instituts für Kohlenforschung in Mülheim a. d. Ruhr (= Zeitschrift des Geschichtsvereins Mülheim 60), Hagen 1987; ders., Geschichte des Kaiser-Wilhelm-Instituts für Kohlenforschung 1913–1943, Weinheim 1989; Sucker, Ulrich, Das Kaiser-Wilhelm-Institut für Biologie – seine Gründungsgeschichte, seine problemgeschichtlichen und wissenschaftstheoretischen Voraussetzungen (1911–1916), masch. Diss. B, HU Berlin 1987.

6 Vierhaus,Rudolf/Brocke, Bernhard vom (Hg.), Forschung im Spannungsfeld von Politik und Gesellschaft. Geschichte und Struktur der Kaiser-Wilhelm-/Max-Planck-Gesellschaft aus Anlaß ihres 75jährigen Bestehens, Stuttgart 1990; zur Gründung dort vor allem: Brocke, Bernhard vom, Die Kaiser-Wilhelm-Gesellschaft im Kaiserreich. Vorgeschichte, Gründung und Entwicklung bis zum Ausbruch des Ersten Weltkriegs, S. 17–162.

7 Johnson, Jeffrey Allan, The Kaiser's Chemists. Science and Modernization in Imperial Germany, Chapel Hill–London 1990 (Druckfassung von: The Chemical Reichsanstalt Association: Big Science in Imperial Germany, Diss. Princeton, Ann Arbor 1980); ders., Vom Plan einer Chemischen Reichsanstalt zum ersten Kaiser-Wilhelm-Institut: Emil Fischer, in: Vierhaus/vom Brocke, Forschung, S.486–515.

8 Brocke, Bernhard vom/Laitko, Hubert (Hg.), Die Kaiser-Wilhelm-/Max-Planck-Gesellschaft und ihre Institute. Studien zu ihrer Geschichte: Das Harnack-Prinzip, Berlin–New York 1996.

9 Rasch, Manfred, Thesen zur Preußischen Wissenschaftspolitik gegen Ende des Wilhelminischen Zeitalters, in: Ber. Wiss. gesch. 12 (1989), S. 240–252; ders., Kommunalisierung, Regionalisierung und Konzentrierung: Aspekte preußischer Wissenschaftspolitik unter Friedrich Althoff und seinen Nachfolgern, in: vom Brocke, Wissenschaftsgeschichte, S. 109–122.

10 Johnson, Kaiser, bes. S. 46f., 200ff.

11 Das KWI für physikalische Chemie beansprucht innerhalb des Bestands des preußischen Kultusministeriums im Geheimen Staatsarchiv in Dahlem vier Aktenbände: GStA, I. HA, Vc, Sekt. 2, Tit. 23, Litt. A, Nr. 108, Bd. I: 1910–1912; Bd. II: 1912–1918; Bd. III: 1919–1932; Bd. IV: 1933/34. Der die interessante Weimarer Zeit betreffende Aktenband ist allerdings nicht auffindbar.

12 Das Institut wurde am 1.7.1953 der Max-Planck-Gesellschaft eingegliedert und in «Fritz-Haber-Institut der MPG» umbenannt.

13 Im folgenden, wenn nicht anders angegeben, nach Johnson, Kaiser, S. 33ff.

14 Schulze, Winfried, unter Mitarbeit von Sven Bergmann und Gerd Helm, Der Stifterverband für die Deutsche Wissenschaft 1920–1995, Berlin 1995, S. 43.

15 Sitzungsberichte der Preußischen Akademie der Wissenschaften 1890, S. 792.

16 Harnack, Adolf, Vom Großbetrieb der Wissenschaft, in: Preußische Jahrbücher 119 (1905), S. 193–201, hier S. 193f.

17 Johnson, Kaiser, S. 22f.; dazu auch pointiert ders., Academic Chemistry.

18 NL Emil Fischer: Fischer an Baeyer, 13.6.1898, zit. nach Johnson, Plan, S. 490.

19 Johnson, Kaiser, S. 36f., 43.

20 Vgl. dazu im ausführlichen Überblick: Lundgreen, Peter, u. a., Staatliche Forschung in Deutschland 1870–1980, Frankfurt u. a. 1986; Bruch, Rüdiger vom/Müller, Rainer A. (Hg.), Formen außerstaatlicher Wissenschaftsförderung im 19. und 20. Jahrhundert. Deutschland im europäischen Vergleich (= VSWG-Beihefte 88), Stuttgart 1990; Szöllösi-Janze, Margit, Geschichte der außeruniversitären Forschung in Deutschland, in: Flämig, Christian u. a. (Hg.), Handbuch des Wissenschaftsrechts, 2. völlig überarb. u. erw. Aufl., Berlin u. a. 1996, Bd. 2, S. 1187–1218.

21 Vgl. zusammenfassend: vom Brocke, KWG im Kaiserreich, S. 90ff.; Pfetsch, Frank R., Zur Entwicklung der Wissenschaftspolitik in Deutschland 1750–1914, Berlin 1974, S. 109–128; ausführlich: Cahan, David Lee, An Institute for an Empire: the Physikalisch-Technische Reichsanstalt, 1871–1918, Cambridge 1989 (Druckfassung von: The Physikalisch-Technische Reichsanstalt, Diss. Johns Hopkins 1980); überarb. und ins Dt. übertrag. Fassung: Meister der Messung. Die Physikalisch-Technische Reichsanstalt im Deutschen Kaiserreich, Weinheim u. a. 1992.

22 Johnson, Plan, S. 490f., Zitat S. 490; Scholz, Althoffs Einfluß, S. 338, 340.

23 Johnson, Plan, S. 491f.

24 Ostwald, Lebenslinien, T. 3, S. 265.

25 Ausführlich Johnson, Kaiser, S. 48ff.; ders., Plan, S. 491ff.

26 Ebenda, S. 504.

27 Im folgenden nach: Ostwald, Wilhelm, Die chemische Reichsanstalt, Leipzig 1906; direkte Zitate: S. 14, 20 ff., 27 f.

28 Johnson, Kaiser, S. 75 f.

29 Burchardt, Wissenschaftspolitik, S. 24 ff.; Wendel, KWG, S. 57 ff.; Johnson, Kaiser, S. 68–106; im Überblick ders., Plan, S. 490–501.

30 Reichstagsprotokoll vom 13. 4. 1907, zit. nach vom Brocke, KWG im Kaiserreich, S. 125.

31 Vgl. die Mitgliederliste des Hauptkomitees bei Johnson, Kaiser, S. 55–58, Tab. 3.2.; die Mitglieder des engeren Komitees ebenda, S. 53 f., Tab. 3.1.

32 Ebenda, S. 51 f.; ders., Plan, S. 492 f., 504; Lexikon bedeutender Chemiker, S. 34 f.

33 Duisberg an Fischer, 21. 12. 1907, zit. nach ebenda, S. 497.

34 Ostwald, Lebenslinien, T. 3, S. 271.

35 Die Mitgliederliste des Vereins Chemische Reichsanstalt 1908–1913 vgl. Johnson, Kaiser, S. 99 ff., Tab. 5.2.; auch ders., Plan, S. 498–500, Tab. 1.

36 Nernst, Walther, Die Begründung einer Chemischen Reichsanstalt, 28. 3. 1908, in: Wendel, KWG, S. 65 sowie Nr. 25, S. 266 f.

37 Vgl. ebenda, S. 66–70, 159; Nr. 26, S. 267–277: Eingabe des Vereins Chemische Reichsanstalt, 22. 12. 1908, plus Anlage: Ernst Beckmann, Zur Begründung einer Chemischen Reichsanstalt, bes. S. 273 f.

38 Im folgenden, wenn nicht anders angegeben, nach vom Brocke, KWG im Kaiserreich, S. 120 ff., bes. S. 121 f., 130–132.

39 Zum Nobelinstitut vgl. Crawford, Elisabeth/Heilbron, John L., Die Kaiser-Wilhelm-Institute für Grundlagenforschung und die Nobelinstitution, in: Vierhaus/vom Brocke, Forschung, S. 835–857, hier S. 837–841.

40 Vgl. dazu vom Brocke, KWG im Kaiserreich, S. 135 f.; Burchardt, Wissenschaftspolitik, S. 27.

41 Abgedruckt in: Weischedel, Wilhelm (Hg.), Idee und Wirklichkeit einer Universität. Dokumente zur Geschichte der Friedrich-Wilhelms-Universität zu Berlin (= Gedenkschrift der FU Berlin zur 150. Wiederkehr des Gründungsjahres der Friedrich-Wilhelms-Universität zu Berlin 1), Berlin 1960, S. 487–503, hier S. 494; stark gekürzt in: [MPG], 50 Jahre, S. 64–68.

42 Im folgenden: Memorandum von Schmidt-Otts Mitarbeiter Hugo Krüss, Kaiser Wilhelm-Institut für Naturforschung (Naturwissenschaftliche Forschungsinstitute), am 8. 8. 1909 von Schmidt-Ott an den Leiter des Zivilkabinetts Valentini übergeben. Abgedruckt in: [KWG], 25 Jahre, Bd. 1, S. 22–30, hier bes. S. 25 ff., 29. Zur Datierung vom Brocke, KWG im Kaiserreich, S. 139.

43 Valentini an Harnack, 10. 12. 1909, in: [KWG], 25 Jahre, Bd. 1, S. 44 f.

44 Harnacks Denkschrift vom 21. 11. 1909 ist abgedruckt in: [KWG], 25 Jahre, Bd. 1, S. 30–44, Zitat S. 32 f.; [MPG], 50 Jahre, S. 80–94; Jahrbuch der Max-Planck-Gesellschaft 1951, S. 120–138; gekürzt in: Weischedel, Idee, S. 446–456. Vgl. auch Burchardt, Wissenschaftspolitik, S. 32 ff.

45 [KWG], 25 Jahre, Bd. 1, S. 34.

46 Crawford/Heilbron, Die KWI, S. 840.

47 [KWG], 25 Jahre, Bd. 1, S. 40 f.

48 Vgl. z. B. Johnson, Kaiser, S. 112 ff.; Burchardt, Wissenschaftspolitik, S. 53–94; Wendel, KWG, bes. S. 90 ff.; vom Brocke, KWG im Kaiserreich, S. 140 ff.

49 Ebenda, S. 140 f.; Johnson, Plan, S. 501.

50 Eine Typologie der einzelnen frühen KWI nach Gründungsmodalitäten, Finanzierung und Status bei Burchardt, Wissenschaftspolitik, S. 122–129; einen Überblick über die ersten Institutsgründungen ebenda, S. 95–121, in tabellarischer Form bei vom Brocke, KWG im Kaiserreich, S. 145–148.

51 Ebenda, S. 119 f. (Zitat S. 119), 134.
52 Johnson, Kaiser, S. 109.
53 Ebenda, S. 33.
54 Aufzeichnung über eine Besprechung [...] am 6. 5. 1910 im Kaiserlichen Automobil-Club, in: [MPG], 50 Jahre, S. 106–109. Das (sehr kurze) Protokoll der Besprechung am 13. 5. und die Liste der tatsächlich Anwesenden vgl. in: Wendel, KWG, Nr. 45, S. 296 f.
55 Max-Planck-Gesellschaft (Hg.), Dahlem – Domäne der Wissenschaft. Ein Spaziergang zu den Berliner Instituten der Kaiser-Wilhelm-/Max-Planck-Gesellschaft im «deutschen Oxford» (= MPG, Berichte und Mitteilungen 3/93), München 1993, S. 11, Abb. 5.
56 Mosse, Werner E., Jews in the German Economy. The German-Jewish Economic Elite 1820–1935, Oxford 1987, S. 193, 214.
57 HS 1596: Bericht des Kultusministers an den Kaiser, 31. 7. 1905; zitiert auch bei vom Brocke, KWG im Kaiserreich, S. 98 f.
58 Martin, Jahrbuch Berlin, S. 146 f.
59 Ebenda.
60 BAP, G 1 Re 1: Reichslandbund. Pressearchiv, Bd. 251, Bl. 2.: Deutsche Tageszeitung, 2. 7. 1912.
61 Martin, Jahrbuch Berlin, S. 146 f.; HS 1596: Bericht ..., 31. 7. 1905.
62 Wrangell, Margarethe von, Das Leben einer Frau 1876–1932. Aus Tagebüchern, Briefen und Erinnerungen dargest. von Wladimir Andronikow, München 1935, S. 274.
63 HS 1596: Bericht ..., 31. 7. 1905; vom Brocke, KWG im Kaiserreich, S. 99 f.; Wendel, KWG, Nr. 15, S. 256–258.
64 HS 1597: Koppel-Stiftung an Wilhelm II., 12. 4. 1907; HS 1596: Staatsministerium an Wilhelm II., 9. 12. 1905; vom Brocke, KWG im Kaiserreich, S. 98, 100.
65 Vgl. ausführlich: vom Brocke, Der deutsch-amerikanische Professorenaustausch sowie ders., Internationale Wissenschaftsbeziehungen.
66 HS 1599: Koppel-Stiftung an Wilhelm II., 8. 2. 1911; vom Brocke, KWG im Kaiserreich, S. 100; auch Wendel, KWG, S. 51–54.
67 Burchardt, Wissenschaftspolitik, S. 98 f.; Martin, Jahrbuch Berlin, S. 146. Die Ordensverleihung fand demnach (Stand: 1911) vor «einigen Jahren» statt.
68 MPG, X/12, NL Fischer, Film 6: Haber an Fischer, 29. 6. 1910 (Original: University of California, Berkeley, Bancroft Library)
69 Vgl. BASF, W 1 Haber, Vertragsbriefe 1909–1918: Haber an Bernthsen, 28. 9. 1910, S. 4.
70 Schmidt-Ott, Dietrich, Fritz-Haber-Institut der Max-Planck-Gesellschaft in Berlin-Dahlem, in: Jahrbuch 1961 der MPG, Teil 2, S. 369–404, hier S. 371.
71 MPG, X/12, NL Fischer, Film 6: Haber an Fischer, 29. 6. 1910.
72 Johnson, Plan, S. 505.
73 Anlage zu: MPG, X/12, NL Fischer, Film 6: Haber an Fischer, 29. 6. 1910.
74 Harnack an Kultusminister von Trott zu Solz, 22. 1. 1910, in: [MPG], 50 Jahre, S. 95; dazu Burchardt, Wissenschaftspolitik, S. 35 f.
75 GStA, I. HA, Rep. 76, Vc, Sekt. 2, Tit. 23, Litt. A, Nr. 108, Bd. I, Bl. 1–5: Kultus- an Finanzminister, 27. 8. 1910: Etatanmeldung für das Ordinarium 1911, Kap. 122 (neuer Titel): Forschungsinstitute, hier Bl. 2 f.
76 Vgl. dazu Jansen, Christian, Professoren und Politik. Politisches Denken und Handeln der Heidelberger Hochschullehrer 1914–1933 (= Kritische Studien zur Geschichtswissenschaft 99), Göttingen 1992, S. 18. Der Titel wurde sonst emeritierten

ordentlichen Professoren oder Extraordinarien verliehen, die man aufwerten, aber nicht ins Beamtenverhältnis übernehmen wollte.

77 GStA, I. HA, Rep. 76, Vc, Sekt. 2, Tit. 23, Litt. A, Nr. 108, Bd. I, Bl. 1–5: Kultus- an Finanzminister, 27. 8. 1910: Etatanmeldung für das Ordinarium 1911, Kap. 122 (neuer Titel): Forschungsinstitute, hier Bl. 3 f.

78 Wendel, KWG, S. 154; vom Brocke, KWG im Kaiserreich, S. 94.

79 HS 1660 (auch GStA, I. HA, Rep. 76, Vc, Sekt. 2, Tit. 23, Litt. A, Nr. 108, Bd. I, Bl. 281): Immediateingabe Koppels an den Kaiser, 3. 10. 1910; kaiserliches Handschreiben, 7. 10. 1910.

80 BASF, W 1 Haber, Vertragsbriefe 1909–1918: Haber an Bernthsen, 28. 9. 1910.

81 Dazu z. B. Wendel, KWG, S. 156 f.

82 Vgl. HS 1803: Haber an Krüss, 4. 1. 1913, S. 11; abgedruckt in: Arbeitsstelle Albert Einstein/MPI für Bildungsforschung (Hg.), Wissenschaft zwischen Grundlagenkrise und Politik. Einstein in Berlin. Arbeitsbericht der Arbeitsstelle Albert Einstein 1991 bis 1993, Berlin 1994, Anhang B, S. 86–98, hier S. 97.

83 HS 1668 (auch GStA, I. HA, Rep. 76, Vc, Sekt. 2, Tit. 23, Litt. A, Nr. 108, Bd. II, Bl. 145–148): Haber an Kultusministerium, 7. 2. und 16. 4. 1914.

84 HS 1515–2 (auch GLA, 235/2149): Standesliste Justs an der TH; GStA, I. HA, Rep. 76, Vc, Sekt. 2, Tit. 23, Litt. A, Nr. 108, Bd. II, Bl. 396 f.: Kultus- an Kriegsministerium, 7. 8. 1918.

85 MPG, X/12, NL Fischer, Film 6: Haber an Fischer, 4. 7. 1910; Stoltzenberg, Haber, S. 204 f.

86 Ostwald, Lebenslinien, T. 3, S. 271.

87 Nernst an Fischer, 8. 1. 1910, zit. nach Johnson, Plan, S. 503.

88 Schmidt-Ott, Friedrich, Erlebtes und Erstrebtes, 1860–1950, Wiesbaden 1952, S. 122; Dokumente zur Gründung der Kaiser-Wilhelm-Gesellschaft und der Max-Planck-Gesellschaft zur Förderung der Wissenschaften. Ausstellung in der Staatsbibliothek Preußischer Kulturbesitz, Berlin, vom 21. Mai bis 19. Juni 1981 (Katalog), S. 65.

89 HS 1166: Haber an Ernst Riesenfeld, 4. 10. 1927, anläßlich von Arrhenius' Tod. Frau Riesenfeld war eine Schwester des schwedischen Nobelpreisträgers.

90 Vgl. Crawford, Elisabeth, The Beginnings of the Nobel Institution. The Science Prizes, 1901–1915, Cambridge u. a. 1984, S. 126–128.

91 Ebenda, S. 109–149. Vgl. auch dies./Friedman, Robert Marc, The Prizes in Physics and Chemistry in the Context of Swedish Science: A Working Paper, in: Bernhard u. a., Science, S. 311–332. Demnach war Arrhenius nicht zuletzt für die Nobelpreisverleihung an Ostwald ausschlaggebend.

92 Vgl. ausführlich ebenda, S. 180 ff.

93 Crawford/Heilbron, Die KWI, S. 844.

94 Johnson, Plan, S. 502. Es ist bekannt, daß Harnack Anfang 1913 anbot, zugunsten Fischers als KWG-Präsident zurückzutreten, was «Jedermann als verständlich und wohlgetan ansehen» würde, doch hielt der Kaiser an ihm fest, und auch Fischer blieb offenbar lieber die graue Eminenz im Hintergrund, vgl. ebenda.

95 GLA, Abt. 52 (NL Böhm), Film II A, 7776: Haber an Böhm, 19. 9. 1910; vgl. abgedruckte lange Passagen bei: Stoltzenberg, Haber, S. 205 f.

96 BASF, W 1 Haber, Vertragsbriefe 1909–1918: Haber an Bernthsen, 28. 9. 1910.

97 GLA, Abt. 52 (NL Böhm), Film II A, 7776: Haber an Böhm, 19. 9. 1910.

98 Ebenda; auch BASF, W 1 Haber, Vertragsbriefe 1909–1918: Haber an Bernthsen, 28. 9. 1910.

99 GStA, I. HA, Rep. 76, Vc, Sekt. 2, Tit. 23, Litt. A, Nr. 108, Bd. I, Bl. 15–21: Kultusminister Trott zu Solz an Finanzminister, 19. 9. 1910.

100 Das Argument tauchte in den schwierigen Verhandlungen immer wieder auf, vgl. z. B. ebenda, Bl. 6–14, hier Bl. 11 f.: Trott an Bethmann Hollweg, 9. 9. 1910; Bl. 24–33, hier Bl. 26 f.: Trott an Finanzminister, 14. 11. 1910.

101 Auch die Geschichtswissenschaft unterzog sich erst vor kurzem der Mühe, die von Anfang an problematische Finanzierungsgrundlage der Gesellschaft im Detail zu ermitteln. Vgl. dazu ausführlich Witt, Peter-Christian, Wissenschaftsfinanzierung zwischen Inflation und Deflation: Die Kaiser-Wilhelm-Gesellschaft 1918/19 bis 1934/35, in: Vierhaus/vom Brocke, Forschung, S. 579–656, hier S. 583 ff.

102 GStA, I. HA, Rep. 76, Vc, Sekt. 2, Tit. 23, Litt. A, Nr. 108, Bd. I, Bl. 24–33, hier Bl. 24, 32: Trott an Finanzminister, 14. 11. 1910; ebenda, Bl. 37–40, hier Bl. 37: Finanz- an Kultusminister, 22. 11. 1910.

103 Ebenda, Bl. 22 f. (auch HS 1660): Valentini an Kultusminister, 7. 10. 1910; abschriftliche Anlagen: Immediateingabe Koppels, 3. 10. 1910 und Handschreiben Wilhelms II, 7. 10. 1910; auszugsweise abgedruckt bei: Wendel, KWG, Nr. 50, S. 298 f.

104 Eine ausführliche Darstellung des Festakts unter Angabe aller Quellen und Presse-reaktionen vgl. bei: vom Brocke, KWG im Kaiserreich, S. 26–33, Zitat S. 27.

105 Ebenda, Tab. 2, S. 45 f.: Aufstellung der Senatsmitglieder der KWG, Januar 1911.

106 Fischer, Emil, Neuere Erfolge und Probleme der Chemie. Experimentalvortrag, gehalten in Anwesenheit S. M. des Kaisers aus Anlaß der Konstituierung der KWG am 11. Januar 1911 im Kultusministerium zu Berlin, Berlin 1911. Zu Habers Ammoniaksynthese ebenda, S. 13.

107 vom Brocke, KWG im Kaiserreich, S. 38 f.; Johnson, Kaiser, S. 125–127, hier bes. S. 126.

108 GLA, Abt. 52 (NL Böhm), Film II A 7776: Haber an Kultusminister Böhm, 28. 10. 1913.

109 GLA, 235/4169 (auch HS 1583, 1585): Haber an Rektor, 15. 10. 1910; Rektor an Kultusministerium, 19. 6. 1911; BASF, W 1 Haber, IV: Haber an BASF, 19. 6. 1911.

110 Ebenda.

111 GLA, 235/4169 (auch HS 1588–1590): Haber an Rektor, 8. 9. 1911; Bredig an Rektor, 14. 10. 1911, einschließlich Liste der von der BASF leihweise überlassenen Gegenstände; Kultusminister an Haber, 3. 11. 1911; Rektor an Kultusministerium, 27. 1. 1912.

112 HS 1592, 1882: Haber an Rektor, 4. 9. 1916.

113 Ebenda, vor allem: Satzung der Fritz Haber-Stiftung, 13. 2. 1917; Verfügung des Kultusministeriums, 16. 1. 1929, mit Anlage; Rektor an Kultusministerium, 18. 6. 1936; vgl. auch ausführlicher: Stoltzenberg, Haber, S. 209 f.

114 Vgl. GStA, I. HA, Rep. 76, Vc, Sekt. 2, Tit. 23, Litt. A, Nr. 108, Bd. I, Bl. 321–329 (auch HS 1662): Reisekostenaufstellung Habers. Demnach war Haber in Berlin: 3.–5. 12. 1910; 2.–8. 1., 4.–8. 2., 11.–25. 3., 28.–29. 4., 13.–15. 5., 26.–30. 5., 11.–12. 6., 24.–27. 6. 1911.

115 HS 2291: Haber an Martin Freund, 19. 12. 1910, anläßlich seiner Ernennung zum Ehrenmitglied des Physikalischen Vereins der Stadt Frankfurt.

116 HS 852, 1164: Haber an Ernst Riesenfeld, 27. 3. 1911.

117 Vgl. dazu Johnson, Kaiser, S. 136–139.

118 BASF, W 1 Haber, III: Haber an BASF, «Vorschläge betreffend den Bau des Forschungsinstitutes für physikalische Chemie und Elektrochemie», 23 S., o. D.; BASF an Haber, 2. 12. 1910.

119 HS 1599: Kuratorium der Koppel-Stiftung an Wilhelm II, 8. 2. 1911.

120 GStA, I. HA, Rep. 76, Vc, Sekt. 2, Tit. 23, Litt. A, Nr. 108, Bd. I, Bl. 57 f.: Auszüge aus dem Protokoll der 49. Sitzung des Abgeordnetenhauses am 15. 3. 1911, Sp.

4100f.; Bl. 50–53: Kultus- an Landwirtschaftsminister, 6. 4. 1911; Stoltzenberg, Haber, S. 211.

121 HS 1164: Haber an Ernst Riesenfeld, 27. 3. 1911; Riesenfeld an Haber, 31. 3. und 3. 4. 1911.

122 GStA, I. HA, Rep. 76, Vc, Sekt. 2, Tit. 23, Litt. A, Nr. 108, Bd. I, Bl. 61 f.: Kultus- an Finanzminister, 3. 6. 1911 mit 3 Anlagen: Entwurf des Schenkungsversprechens, Bl. 80 f.: Entwurf des Stiftungsgeschäfts, Bl. 82–84; Entwurf der Satzung, Bl. 85–89; ebenda, Bl. 76 f.: Haber an Krüss/Kultusministerium, 7. 3. 1911.

123 HS 1584 (auch GLA, 235/4112): Referat zur Berufung eines Nachfolgers für Haber, 26. 5. 1911, o. V.

124 HS 1585 (auch GLA, 235/4112): Haber an Schmidt-Ott, 8. 6. 1911; Haber an Böhm, 8. 6. 1911.

125 Ebenda, Rektor und Senat an badischen Kultusminister, 12. und 13. 6. 1911; GStA, I. HA, Rep. 76, Vc, Sekt. 2, Tit. 23, Litt. A, Nr. 108, Bd. I, Bl. 61 f.: Kultus- an Finanzminister, 3. 6. 1911 («Sofort! Noch heute!»); Bl. 72: Staatstelegramm Kultusminister an Haber, 9. 6. 1911; Bl. 101 ff.: Schmidt-Ott an Haber, inkl. unterschriebenem handschriftlichem Vertrag und Protokollnotiz, 12. 6. 1911; Bl. 106: Schmidt-Ott an Haber, 16. 6. 1911.

126 Ebenda (auch HS 1660), Bl. 220: Entwurf der Bestallungsurkunde, 23. 9. 1911; Ernennung, 28. 9. 1911.

127 Ebenda, Bl. 130 ff., 144, 152–163, 200–213.

128 BASF, W 1 Haber, IV: Haber an BASF, 19. 6. 1911.

129 GStA, I. HA, Rep. 89, 2.2.1., Nr. 21295, Bl. 5–13 (auch HS 1618): Protokoll der Sitzung des Kuratoriums der Koppel-Stiftung, 28. 10. 1911; Stiftungsgeschäft betr. die Gründung des KWI, 28. 10. 1911. Die 26 Paragraphen umfassende Satzung des KWI war als Art. 8 Bestandteil des Stiftungsgeschäfts; im folgenden, wenn nicht anders angegeben, nach der Satzung.

130 HS 1186, Bl. 4 f., hier Bl 5: Haber an Willstätter, 23. 6. 1911 (Werner/Irmscher, Haber, Nr. 5, S. 43).

131 GStA, I. HA, Rep. 76, Vc, Sekt. 2, Tit. 23, Litt. A, Nr. 108, Bd. I, Bl. 454–458 (auch HS 1664): Protokoll der konstituierenden Sitzung des Stiftungsrats, 19. 9. 1912. Koppel und Valentini waren schon am 28. 10. 1911 vom Kuratorium der Koppel-Stiftung ernannt worden; Schmidt-Ott und Klotz wurden durch kultusministeriellen Erlaß vom 17. 9. 1912 bestimmt.

132 Johnson, Kaiser, Tab. 7.2., S. 149.

133 vom Brocke, KWG im Kaiserreich, S. 148.

134 HS 1186, Bl. 4 f.: Haber an Willstätter, 23. 6. 1911 (Werner/Irmscher, Haber, Nr. 5, S. 43).

135 Wallach an Duisberg, 5. 10. 1926, zit. nach Johnson, Kaiser, S. 148.

136 Vgl. dazu ausführlich ebenda, S. 148 ff.; auch vom Brocke, KWG im Kaiserreich, S. 148 f.

137 GStA, I. HA, Rep. 89, 2.2.1., Nr. 21295, Bl. 43 ff. (auch HS 1622): Emil Fischer an Beirat, 10. 11. und 4. 12. 1917; Liste der Beiratsmitglieder 1917.

138 HS 1186, Bl. 10–12, hier Bl. 12: Haber an Willstätter, 31. 7. 1911 (Werner/Irmscher, Haber, Nr. 7, S. 47).

139 Friedrich Meinecke beschrieb das Regiment der «Göttinger» in Fakultät und Akademie ironisch-kritisch in: Autobiographische Schriften, hg. von Eberhard Kessel (= Friedrich Meinecke, Werke, Bd. 8), Stuttgart 1969, S. 248–252, Zitat S. 249.

140 vom Brocke, KWG im Kaiserreich, S. 65; Johnson, Kaiser, S. 159 f., 163.

141 GStA, I. HA, Rep. 76, Vc, Sekt. 2, Tit. 23, Litt. A, Nr. 108, Bd. I, Bl. 102: vertragliche

Abmachung vom 12. 6. 1911, unterschrieben von Schmidt-Ott, Haber und Rudorff; ebenda, Rep. 89, 2.2.1., Nr. 21295, Bl. 28 (auch HS 1618): Vermerk Valentinis, o. D. Demnach datierte der kaiserliche Erlaß vom 27. 12. 1911.

142 Ebenda: Protokoll des KWG-Verwaltungsausschusses vom 16. 1. 1918, Anlage: Übersicht über die den KWI gemachten Zuwendungen; vgl. auch: Handbuch über den Königlich Preußischen Hof und Staat für das Jahr 1914, S. 105, und 1918, S. 105, 120; Handbuch über den Preußischen Staat, hg. vom Preußischen Staatsministerium für das Jahr 1922, 128. Jg., Berlin o. J. [1922], S. 100.

143 GStA, I. HA, Rep. 89, 2.2.1. Nr. 21295, Bl. 35 (auch HS 1620): Vermerk Valentinis, o. D.; HS 1660: Urkunde.

144 Witt, Monarchen, S. 163 ff., bes. S. 168 f.; Burchardt, Universitätslehrer, S. 181 f.

145 Paulsen, Friedrich, Die deutschen Universitäten und das Universitätsstudium, Berlin 1902, S. 126.

146 Witt, Monarchen, S. 169, vor allem Anm. 70.

147 Meinecke, Autobiographische Schriften, S. 256.

148 vom Brocke, KWG im Kaiserreich, S. 66.

149 GStA, I. HA, Rep. 76, Vc, Sekt. 2, Tit. 23, Litt. A, Nr. 108, Bd. I, Bl. 15–21, hier Bl. 18: Kultus- an Finanzminister, 19. 9. 1910; Bl. 24–33, hier Bl. 29: dies., 14. 11. 1910.

150 Vgl. dazu ausführlich und mit Abdruck der einschlägigen Archivalien: Wendel, KWG, S. 125–134, Nr. 70, 72–79, S. 311–321, Zitate S. 128, 315.

151 Ebenda, Nr. 79, S. 318–21: Besprechung über das Verhältnis zwischen der Akademie der Wissenschaften und der KWG bzw. deren Instituten, 25. 11. 1911, Zitate S. 319.

152 vom Brocke, KWG im Kaiserreich, S. 66, Anm. 73.

153 Johnson, Kaiser, S. 166.

154 ZA Akad. Wiss., II–III, 36: Personalia Mitglieder 1912–1916, S. 127 ff.

155 Willstätter, Leben, S. 230.

156 BASF, W 1 Haber, IV: Haber an Bernthsen, 28. 9. 1912.

157 Stoltzenberg, Haber, S. 211; vgl. auch: Das Kaiser Wilhelm-Institut für physikalische Chemie und Elektrochemie in Berlin-Dahlem, in: [KWG], 25 Jahre, Bd. 1, S. 67–69, hier S. 68.

158 GStA, I. HA, Rep. 76, Vc, Sekt. 2, Tit. 23, Litt. A, Nr. 108, Bd. II, Bl. 51 f.: Protokoll der Sitzung des Stiftungsrats des KWI, 14. 10. 1912; dort Zusammenfassung seines Schreibens an Koppel vom 26. 9. d. J., das Haber vor den anwesenden Koppel, Schmidt-Ott, Krüss und Klotz verlas.

159 Ebenda, Rep. 89, 2.2.1. Nr. 21295, Bl. 34 (auch HS 1620): Valentini an Koppel, 7. 10. 1912.

160 Dieser ‹Deal› enthüllt sich erst im Rückblick in ganzer Deutlichkeit aus den Akten, als der Stiftungsrat des KWI im März 1913 um die Rückerstattung der Schenkungssteuer für die erste Koppel-Spende und gleichzeitig um die Steuerbefreiung der zweiten Spende bat, vgl. GStA, I. HA, Rep. 76, Vc, Sekt. 2, Tit. 23, Litt. A, Nr. 108, Bd. II, Bl. 20–23: Immediateingabe des Stiftungsrats an Wilhelm II., 8. 3. 1913. Vgl. dazu auch Burchardt, Wissenschaftspolitik, S. 87 f.

161 GStA, I. HA, Rep. 76, Vc, Sekt. 2, Tit. 23, Litt. A, Nr. 108, Bd. II, Bl. 1–4 (auch HS 1666): Schenkungsurkunde Koppels, 14. 10. 1912; Stiftungsrat an Kultusminister, 22. 10. 1912; Bl. 7 f.: Landesherrliche Genehmigung, Bl. 7 f.

162 Vgl. die Akten zu dieser Angelegenheit in: ebenda, Bl. 20–26, 76 f., 81 f., 191–198, 253.

163 GStA, I. HA, Rep. 89, 2.2.1. Nr. 21295, Bl. 34 (auch HS 1620): Valentini an Koppel, 7. 10. 1912.

164 Hahn, Leben, S. 100.
165 Willstätter, Leben, S. 203 f.
166 GStA, I. HA, Rep. 89, 2.2.1. Nr. 21295, Bl. 36 f. (HS 1620): Anordnungen, betr. die Teilnahme S. M. des Kaisers ... am 23. 10. 1912, o. D.
167 Haber an F. Linde, 26. 8. 1912; F. Linde an Haber, 5. 9. 1912; Haber an F. Linde, 18. 7. 1914. Ich danke Hans-Liudger Dienel für die Überlassung dieser Archivalien aus dem Linde-Archiv.
168 HS 1808: Haber an Koppel, 6. 3. 1913.
169 BASF, W 1 Haber, IV: Haber an Bernthsen, 28. 9. 1912.
170 Dazu ausführlich: [MPG], 50 Jahre, Nr. 27, S. 150–155; Stoltzenberg, Haber, S. 212–215; vom Brocke, KWG im Kaiserreich, S. 59–63.
171 HS 1620: Anordnungen, betr. die Teilnahme S. M. des Kaisers ... am 23. 10. 1912, o. D.
172 [MPG], 50 Jahre, Nr. 27, S. 153 f.
173 Ebenda, S. 154; GStA, I. HA, Rep. 76, Vc, Sekt. 2, Tit. 23, Litt. A, Nr. 108, Bd. II, Bl. 86–88: Bericht des Handels- und des Kultusministers an den Kaiser, 23. 10. 1913. Demnach datierte das kaiserliche Telegramm an die TH Charlottenburg vom 11. 8. 1912. Vgl. zum folgenden auch Stoltzenberg, Haber, S. 217–220.
174 ZA Akad. Wiss., NL Miethe, Nr. 45: Haber an Miethe, 14. 5. 1913.
175 Wendel, KWG, S. 161.
176 HS 1803: Haber an Krüss, 4. 1. 1913, S. 11 f.; abgedruckt in: Arbeitsstelle Einstein, Wissenschaft, S. 97 f.
177 HS 854, 1874: Haber an «Lieber Freund» (= Martin Freund), 11. 8. 1913; GStA, I. HA, Rep. 76, Vc, Sekt. 2, Tit. 23, Litt. A, Nr. 108, Bd. II, Bl. 70 f.: Urlaubsantrag Habers, 14. 7. 1913.
178 HS 1808: Haber an Krüss, Karlsbad, 10. 8. 1913.
179 GStA, I. HA, Rep. 76, Vc, Sekt. 2, Tit. 23, Litt. A, Nr. 108, Bd. II, Bl. 121–127 (auch HS 1666): Über Schlagwetteranzeige. Vortrag Habers vor dem Kaiser am 28. 10. 1913 im KWI für physikalische Chemie am 28. 10. 1913; publiziert in: Chemiker-Zeitung 37 (1913), S. 1329 f.; Die Naturwissenschaften 1 (1913), S. 1049–1051.
180 Vgl. BASF, W 1 Haber, Verträge, Briefwechsel: Briefwechsel zwischen Haber und Müller, 30. 10.–21. 11. 1913.
181 Vgl. Haber, Schlagwetteranzeige; GStA, I. HA, Rep. 76, Vc, Sekt. 2, Tit. 23, Litt. A, Nr. 108, Bd. II, Bl. 86–88: Bericht des Handels- und des Kultusministers an den Kaiser, 23. 10. 1913.
182 Ebenda, Bl. 120: Handelsminister von Sydow an Haber, 29. 10. 1913; GLA, Abt. 52 (NL Böhm), Film II A 7776: Haber an Böhm, 28. 10. 1913.
183 GStA, I. HA, Rep. 76, Vc, Sekt. 2, Tit. 23, Litt. A, Nr. 108, Bd. II, Bl. 141, 143: Deutsches Konsulat Johannesburg an Bethmann Hollweg, 18. 12. 13; Haber an Konsulat, 14. 2. 1914; Bl. 155: Polizeipräsident von Berlin an Kultusministerium, 15. 2. 1914.
184 HS 1808: Haber an Krüss, 27. 3. 1913.
185 GStA, I. HA, Rep. 76, Vc, Sekt. 2, Tit. 23, Litt. A, Nr. 108, Bd. II, Bl. 128: hschr. Vermerk über laufende Vertragsverhandlungen, Anf. Novemer 1913.
186 Ebenda, Bl. 159–164 (auch HS 1668): Vertrag Haber-Auergesellschaft, 22. 12. 1913;
187 Ebenda, Bl. 169–172 (HS 1668): Haber an Schmidt-Ott, 22. 12. 1913.
188 Ebenda, Bl. 177 f.; abgedruckt bei: Wendel, KWG, Nr. 95, S. 328 f.
189 Ebenda, Bl. 179: Vermerk, o. V. [Krüss], o. D. [Anf. Januar 1914].
190 Ebenda, Bl. 158 (HS 1668): Kultusministerium an Haber, 7. 4. 1914; Bl. 183 a: Haber an Kultusministerium, 17. 4. 1914.

191 MPG, I1A, Nr. 1166: Beyling an Funcke/Gelsenkirchener Bergwerks-AG, 25. 3. 1925; Funcke an KWG, 27. 3. 1925; HS 1920: Haber an KWG, 23. 12. 1925.
192 Beyerchen, Stimulation, Zitate S. 143, 161; ähnlich Johnson, Kaiser, S. 27.
193 HS 1808: Haber an Koppel, 6. 3. 1913.
194 Ebenda: Haber an Krüss, 2. 5. 1913; Haber an Schmidt-Ott, 10. 6. 1913; Prof. A. Raps/Siemens & Halske an Schmidt-Ott, 18. 7. 1913.
195 GStA, I. HA, Rep. 76, Vc, Sekt. 2, Tit. 23, Litt. A, Nr. 108, Bd. II, Bl. 93–94i: Haber an Koppel und Kultusministerium: Jahres- und Geschäftsbericht 1912/13, 3. 5. 1913. Ramsay vermittelte seinen Sohn schon 1911 an Haber, vgl. ebenda, Bl. I, Bl. 114 f.: Haber an Schmidt-Ott, 13. 6. 1911.
196 Max-Planck-Gesellschaft (Hg.), Fritz-Haber-Institut (= MPG, Berichte und Mitteilungen 7/86), München 1986, S. 10.
197 GStA, I. HA, Rep. 76, Vc, Sekt. 2, Tit. 23, Litt. A, Nr. 108, Bd. II, Bl. 93–94i: Haber an Koppel und Kultusministerium: Jahres- und Geschäftsbericht 1912/13, 3. 5. 1913.
198 Ebenda, Bl. 182 (auch HS 1668): Haber an Kultusministerium, 16. 4. 1914; HS 1808: Haber an Krüss, 10. 8. 1913; Heppner, Persönlichkeiten, S. 40.
199 Einstein an Heinrich Zangger, nach 5. 6. 1912, in: [Einstein] The Collected Papers of Albert Einstein, Bd. 5: The Swiss Years: Correspondence, 1902–1914, hg. von Martin J. Klein u. a., Princeton 1993, Nr. 406, S. 480–482.
200 GStA, I. HA, Rep. 76, Vc, Sekt. 2, Tit. 23, Litt. A, Nr. 108, Bd. II, Bl. 182 (auch HS 1668): Haber an Kultusministerium, 16. 4. 1914; HS 1808: Haber an Krüss, 10. 8. 1913; Heppner, Persönlichkeiten, S. 40.
201 Vgl. Girnus, Zu einigen Grundzügen, S. 178, 184; HS 1453: o. V., o. T., o. D. [Geschichte des KWI bis 1933], S. 1 f.; dazu auch Stoltzenberg, Haber, S. 216.
202 Haber, Fritz, Über den festen Körper sowie über den Zusammenhang ultravioletter und ultraroter Eigenwellenlängen im Absorptionsspektrum fester Stoffe und seine Benutzung zur Verknüpfung der Bildungswärme mit der Quantentheorie, in: Verh. Dt. Phys. Ges. 13 (1911), S. 1117–1136.
203 Arbeitsstelle Einstein, Wissenschaft, S. 76.
204 Einstein, Collected Papers, Bd. 5, S. 324, Anm. 2, 378, Anm. 5; HS 977: Haber an Einstein, o. D. [1920].
205 Ebenda, Nr. 308, S. 352 f. und Nr. 330, S. 378 f.: Einstein an Heinrich Zangger, 20.11. und 25. 12. 1911.
206 Ebenda, Nr. 364, S. 418 f.: Einstein an Ludwig Hopf, [nach dem 20. 2. 1912].
207 Ebenda, Nr. 329: Haber an Einstein, 19. 12. 1911.
208 DM, Handschriften, 1977–28/A 126,1: Haber an Sommerfeld, 4. 10. 1911.
209 Ebenda.
210 Ebenda, 126,2: Haber an Sommerfeld, 29. 12. 1911.
211 Willstätter, Leben, S. 204.
212 Lexikon bedeutender Chemiker, S. 456; Stoltzenberg, Haber, S. 402 f.
213 Johnson, Plan, S. 505.
214 Stoltzenberg, Haber, S. 403, ohne Quellenangaben.
215 Vgl. HS 1185–1207; auch: Leo-Baeck-Institute, New York: AR-C. A. 79 182, Nr. 15; abgedruckt in: Werner/Irmscher, Haber; mit langen Textauszügen Stoltzenberg, Haber, S. 226–229, 402–421. Briefe Willstätters sind leider nur vereinzelt erhalten.
216 HS 1186, Bl. 14–16: Haber an Willstätter, [Januar] 1911 (Werner/Irmscher, Haber, Nr. 9, S. 49 f.).
217 Ebenda, Bl. 3: Haber an Willstätter, 20. 6. 1911 (Nr. 4, S. 42).
218 Ebenda, Bl. 4: Haber an Willstätter, 23. 6. 1911 (Nr. 5, S. 42 f.).

219 Ebenda, Bl. 6–12: Haber an Willstätter, 26. 7. und 31. 7. 1911 (Nr. 6 und 7, S. 43–47); MPG, X/12 NL Fischer, Film 6: Haber an Fischer, 25. 7., 26. 7. und 31. 7. 1911.

220 Johnson, Kaiser, S. 165; ders., Plan, S. 505.

221 Willstätter, Leben, S. 202.

222 Johnson, Kaiser, S. 165.

223 Ebenda, S. 166 ff., mit ausführlicher Darstellung von Beckmanns Demontage; Willstätter, Leben, S. 204, 210.

224 F. Stern, Freunde, S. 516–551. Das Doppelportrait beruht auf den 1988 veröffentlichten, ebenfalls polar angeordneten Einzelportraits beider Wissenschaftler: ders., Einsteins Deutschland, in: ders., Der Traum vom Frieden und die Versuchung der Macht. Deutsche Geschichte im 20. Jahrhundert, Berlin 1988, S. 30–61; ders., Fritz Haber. Politik und Wissenschaft, in: ebenda, S. 62–89.

225 Zitate F. Stern, Freunde, S. 518.

226 In HS 976–983 befinden sich rund 20 Briefe aus dem Zeitraum 1918–1933. Weitere Einzelbriefe sind abgedruckt bei: Einstein, Collected Papers, Bd. 5.

227 HS 977: Haber an Einstein, o. D. (1920).

228 Einstein an Elsa Löwenthal, [nach 2. 12. 1913], in: Einstein, Collected Papers, Bd. 5, Nr. 489, S. 573–575, hier S. 574.

229 F. Stern, Freunde, S. 520.

230 Ebenda, S. 518, Anm. 4.

231 Im folgenden, wenn nicht anders angegeben, nach HS 1803: Haber an Krüss, Pontresina, 4. 1. 1913; abgedruckt in: Einstein, Collected Papers, Bd. 5, Nr. 428, S. 510–516; im Faksimile: Arbeitsstelle Einstein, Wissenschaft, Anhang B, S. 87–98, hier S. 87; längere wörtliche Auszüge auch bei Stoltzenberg, Haber, S. 224 f.

232 Zum Folgenden Arbeitsstelle Einstein, Wissenschaft, S. 71–80; im Überblick: Hermann, Armin, Einstein in Berlin, in: Jahrbuch Preußischer Kulturbesitz 8 (1970), S. 90–114, hier S. 91 f.

233 Einstein an Heinrich Zangger, 20. 5. 1912, in: Einstein, Collected Papers, Bd. 5, Nr. 398, S. 467–469, hier S. 467.

234 HS 1803: Haber an Krüss, Pontresina, 4. 1. 1913.

235 Wahlvorschlag von Planck, Nernst u. a. zur Wahl Einsteins als Akademiemitglied, 12. 6. 1913, in: Einstein, Collected Papers, Bd. 5, Nr. 445, S. 526–529, vor allem S. 529, Anm. 2.

236 Einstein an Erwin Freundlich, 7. 12. 1913, in: ebenda, Nr. 492, S. 581. Es ging in dem Schreiben um die Finanzierung von Freundlichs Krimexpedition zur Beobachtung der Sonnenfinsternis im August 1914, bei der Einstein an der beantragten Finanzierung durch die Akademie zweifelte.

237 Einstein an Elsa Löwenthal [nach 11. 8. 1913], in: ebenda, Nr. 466, S. 545 f.

238 Einstein an Elsa Löwenthal, 14. (?) 7. 1913 und vor 2. 12. 1913, in: ebenda, Nr. 451, S. 534, Nr. 488, S. 572 f. Die einzelnen Schritte der Berufungsangelegenheit zogen sich bis November 1913 hin, vgl. ebenda, Nr. 485, S. 569 f.

239 Haber an Einstein, Karlsbad, o. J. [22. 7. 1913], in: ebenda, Nr. 456, S. 539 f. (auch HS 976). Vgl. auch Fölsing, Albrecht, Albert Einstein. Eine Biographie, Frankfurt 1993, S. 371–376.

240 Vgl. Einstein an Elsa Löwenthal, [nach 2. 12. 1913] und [nach 21. 12. 1913], in: Einstein, Collected Papers, Bd. 5, Nr. 489, S. 573–575, Nr. 497, S. 585 f.

241 Einstein an Michele Besso, [10. 3. 1914], in: ebenda, Nr. 514, S. 603 f.

242 Dazu Wendel, KWG, S. 197.

243 Ebenda, S. 198 f. Vgl. den Antrag in HS 1659 sowie abgedruckt in: [Einstein] Albert Einstein in Berlin 1913–1933, 2 Bde. (= Studien zur Geschichte der Akademie der

Wissenschaften in der DDR 6 und 7), Berlin (Ost) 1979, hier Bd. 1, Nr. 69, S. 146–148.

244 vom Brocke, KWG im Kaiserreich, S. 101.

245 HS 1601: Bericht des Kuratoriums der Koppel-Stiftung an den Kaiser, 6. 6. 1914; zit. auch bei Wendel, KWG,S. 199.

246 Vgl. ausführlich ebenda, S. 199–201.

247 Im Überblick: MPG, Dahlem, S. 126.

248 Vgl. HS 977: Haber an Einstein, o. J. [1920].

VI. Der Erste Weltkrieg

1 GStA, I, Rep. 76, Vc, Sekt. 2, Tit. 23, Litt. A. Nr. 108, Bd. II, Bl. 199: Haber an Kultusministerium, 28. 7. 1914, mit handschriftlicher Randnotiz von K(rüss), 6. 8. 1914: «ist nicht gefahren.»

2 MPG, I1A, Nr. 639: Haber an Harnack, 8. 8. 1914.

3 Vgl. Willstätter, Leben, S. 250.

4 MPG, I1A, Nr. 639, Bl. 20 ff.: Protokoll der Sitzung vom 12. 8. 1914.

5 Vgl. z. B. Feldman, Gerald D., A German Scientist between Illusion and Reality: Emil Fischer, 1909–1919, in: Geiss, Imanuel/Wendt, Bernd Jürgen (Hg.), Deutschland in der Weltpolitik des 19. und 20. Jahrhunderts. Fritz Fischer zum 65. Geburtstag, Düsseldorf 1973, 341–362, hier S. 351.

6 Vgl. dazu Whittemore Jr., Gilbert F., World War I, Poison Gas Research and the Ideals of American Chemists, in: Social Studies of Science 5 (1975), S. 135–163; auch Jones, Daniel P., Chemical Warfare Research during World War I: A Model of Cooperative Research, in: Parascondola, John/Whorton, James C. (Hg.), Chemistry and Modern Society. Historical Essays in Honor of Aaron J. Ihde (= ACS Symposium Series 228), Washington 1983, S. 165–185, hier bes. S. 168 f.

7 Beispielsweise Haber, L. F., The Poisonous Cloud. Chemical Warfare in the First World War, Oxford 1986, S. 2.

8 Den Text vgl. z. B. bei: Kellermann, Hermann (Hg.), Der Krieg der Geister. Eine Auslese deutscher und ausländischer Stimmen zum Weltkriege 1914, Weimar o. J. [1915], S. 64–68.

9 Ausführlich zu Hintergründen und Auswirkungen: vom Brocke, Militarismus; mit Dokumentenanhang neuerdings Ungern-Sternberg, Jürgen und Wolfgang von, Der Aufruf «An die Kulturwelt!» Das Manifest der 93 und die Anfänge der Kriegspropaganda im Ersten Weltkrieg (= Historische Mitteilungen, Beiheft 18), Stuttgart 1996; unter der älteren Literatur grundlegend: Schwabe, Klaus, Wissenschaft und Kriegsmoral. Die deutschen Hochschullehrer und die politischen Grundfragen des Ersten Weltkrieges, Göttingen u. a. 1969, bes. S. 23 ff. Zur Reaktion des angelsächsischen Auslands vgl. Badash, Lawrence, British and American Views of the German Menace in World War I, in: Notes and Records of the Royal Society of London 34 (1979), S. 91–121, hier S. 102 ff.

10 vom Brocke, Militarismus, S. 658.

11 Einstein an Hendrik Antoon Lorentz, 2. 8. 1915, zit. nach ebenda, S. 689.

12 Fischer an Fulda, 15. 10. 1914, zit. nach W. Jaenicke, Bunsen-Gesellschaft, S. 72, Anm. 57.

13 Tagebucheintrag von Sudermann, 24. 9. 1914, in: Ungern-Sternberg, Aufruf, Nr. 8, S. 168–175, hier S. 170.

14 Nachmansohn, Ära, S. 184.

15 BAK, NL 22: Bauer, Nr. 11, Fiche 1 (auch ebenda, NL 158: Moellendorff, Nr. 36 neu): Dr. H. Schweitzer an Haber, New York, 23. 10. 1914.

16 R. Stern, Recollections, S. 76.

17 Burchardt, Universitätslehrer, S. 212. Vgl. ausführlich Mommsen, Wolfgang J. (Hg.), Kultur und Krieg: Die Rolle der Intellektuellen, Künstler und Schriftsteller im Ersten Weltkrieg (= Schriften des Historischen Kollegs 34), München 1996.

18 Einstein an Lorentz, 2. 8. 1915, zit. nach vom Brocke, Militarismus, S. 689.

19 AAW, II–V, 133: Sitzungsprotokolle 1915–17; II–III, 36: Pers. Mitgl. 1912–16, S. 183 f. Haber nahm demnach nur an den Sitzungen vom 26. 10. und 21. 12. 1916 sowie 22. 2. und 26. 4. 1917 teil.

20 MPG, X/12, NL Fischer, Film 6: Haber an Fischer, 12. 7. 1915.

21 Zusammenfassend vom Brocke, Militarismus, S. 674; Heilbron, John L., Max Planck. Ein Leben für die Wissenschaft 1858–1947. Mit einer Auswahl der allgemeinverständlichen Schriften von Max Planck, Stuttgart 1988, S. 84–86.

22 L. F. Haber, Poisonous Cloud, S. 2.

23 Stern, Haber, S. 73.

24 Ch. Haber, Leben, S. 158.

25 Haber an Arrhenius, 23. 9. 1914, zit. nach Martinetz, Dieter, Der Gaskrieg 1914/18. Entwicklung, Herstellung und Einsatz chemischer Kampfstoffe. Das Zusammenwirken von militärischer Führung, Wissenschaft und Industrie, Bonn 1996, S. I.

26 Haber, Fritz, Die chemische Industrie und der Krieg, in: Die chemische Industrie 43 (1920), S. 350–352, hier S. 352.

27 HS 1449: Gesprächsnotiz James Franck, 16./17. 4. 1958, S. 1.

28 Coates, Memorial Lecture, S. 146.

29 Vgl. z. B. BAK, NL 22, Bl. 15: Bauer, Nr. 11, Fiche 1: Haber an Bauer, 4. 7. 1916.

30 R. Stern, Recollections, S. 77.

31 Ch. Haber, Leben, S. 79 f., 157.

32 Goran, Story, S. 76.

33 Willstätter, Leben, S. 265; Stern, Haber, S. 79.

34 HS 1480: Otto Lummitzsch, Meine Erinnerungen an Geheimrat Professor Dr. Haber, Juli/August 1955, S. 6.

35 Coates, Memorial Lecture, S. 146.

36 [Max-Planck-Gesellschaft], Fritz-Haber-Institut der Max-Planck-Gesellschaft (= MPG, Berichte und Mitteilungen 7/86), München 1986, S. 10; HS 1904: Fritz Haber, Denkschrift über Aufgaben und Einrichtungen eines KWI für angewandte physikalische und Biochemie, 18. 9. 1917, S. 2 sowie Anlage (im folgenden abgekürzt: Haber, Denkschrift, 18. 9. 1917).

37 Haber, Fritz, Das Verhältnis zwischen Heereswesen und exakten Naturwissenschaften, in: Chemiker-Zeitung 42, Nr. 49 (24. 4. 1918), S. 197.

38 Vgl. dazu bes. die Einleitung in: Mendelsohn, Everett/Smith, Merritt Roe/Weingart, Peter (Hg.), Science, Technology and the Military (= Sociology of the Sciences. A Yearbook 12), 2 Bde., Dordrecht u. a. 1988, Bd. 1, bes. S. XIIIf., XX. Noch immer beginnen Bestandsaufnahmen mit Bonmots wie: «The bad news is that military history has been studied often but not well; the history of science has been studied well but not often», vgl. Roland, Alex, Science and War, in: Kohlstedt, Sally G./Rossiter, Margaret W. (Hg.), Historical Writing on American Science. Perspectives and Prospects, Baltimore u. a. 1986, S. 247–272, hier S. 247.

39 Vgl. dazu Titel wie: Yerkes, Robert M. (Hg.), The New World of Science: Its Development During the War, New York 1920.

40 Duisberg, Carl. Meine Lebenserinnerungen, hg. auf Grund von Aufzeichnungen, Briefen und Dokumenten von Jesco v. Puttkamer, Leipzig 1933, S. 98.
41 Beide Zitate aus Nature 95 (1915), S. 521 bzw. 96 (1915/16), S. 195, zit. nach Alter, Peter, Wissenschaft, Staat, Mäzene. Anfänge moderner Wissenschaftspolitik in Großbritannien 1850–1920 (= Veröffentlichungen des Deutschen Historischen Instituts London 12), Stuttgart 1982, S. 218 (mit weiteren Beispielen).
42 Poulton, E. B., Science and the Great War (= The Romanes Lecture 1915), Oxford 1915, Zitat S. 4.
43 Vgl. dazu ausführlich: Terraine, John, White Heat. The New Warfare 1914–18, London 1982, bes. S. 21.
44 Vgl. z. B. Withrow, James R., The American Chemist and the War's Problems, in: Science 43 (1916), S. 835–842, hier S. 834; Fleming, J. A., The Organisation of Scientific Research, in: Nature 96 (1915/16), S. 692–696, hier S. 692.
45 Kevles, Daniel, The Physicists: The History of a Scientific Community in Modern America, New York 1979, Kap. 8 und 9.
46 Koistinen, Paul A. C., The Military-Industrial Complex: A Historical Perspective, New York 1980, Kap. 2.
47 Roland, Science, Zitat S. 270. Potentielle Ausnahme sei allenfalls Vietnam, als man sich zu sehr auf eine inadäquate Technologie verlassen habe.
48 Dazu z. B. Zuckerman, Solly, Nuclear Illusion and Reality, London 1982, S. 103.
49 Dazu auch Mendelsohn u. a., Science, Bd. 1, S. XVIff.
50 HS 1904: Haber, Denkschrift, 18. 9. 1917, S. 13.
51 Mai, Gunther, Das Ende des Kaiserreichs. Politik und Kriegführung im Ersten Weltkrieg, München 1987, S. 88.
52 Dazu zusammenfassend Rasch, Manfred, Wissenschaft und Militär: Die Kaiser Wilhelm Stiftung für kriegstechnische Wissenschaft, in: MGM 50 (1991), S. 73–120, hier S. 74.
53 Nach Burchardt, Lothar, Walther Rathenau und die Anfänge der deutschen Rohstoffbewirtschaftung im Ersten Weltkrieg, in: Tradition 15 (1970), S. 169–196 (mit Dokumentenanhang), hier S. 169–173; Mai, Ende, S. 88–91. Vgl. ausführlich Burchardt, Lothar, Friedenswirtschaft und Kriegsvorsorge. Deutschlands wirtschaftliche Rüstungsbestrebungen vor 1914 (= Schriften des Militärgeschichtlichen Forschungsamtes 6), Boppard 1968.
54 Den neuesten Forschungsstand fassen zusammen: Kruse, Wolfgang, Kriegswirtschaft und Gesellschaftsvision. Walther Rathenau und die Organisierung des Kapitalismus, in: Wilderotter, Hans (Hg.), Walther Rathenau 1867–1922. Die Extreme berühren sich. Eine Ausstellung des Deutschen Historischen Museums in Zusammenarbeit mit dem Leo Baeck Institute, New York, Berlin 1993, S. 151–168, bes. S. 152ff.; Wilderotter, Hans, «Das Weltgericht tagt.» Rohstoffversorgung und Kriegszieldiskussion, in: ebenda, S. 362–386, bes. S. 370ff. Grundlegend immer noch: Burchardt, Rathenau; ders., Eine neue Quelle zu den Anfängen der Kriegswirtschaft in Deutschland 1914. Das Tagebuch Wichard von Moellendorffs vom 13. August bis zum 14. Oktober 1914, in: Tradition 16 (1971), S. 72–92; zusammenfassend Williamson, David Graham, Walther Rathenau and the K. R. A., August 1914 – March 1915, in: Zeitschrift für Unternehmensgeschichte 23 (1978), S. 118–136; Michalka, Wolfgang, Kriegsrohstoffbewirtschaftung, Walther Rathenau und die kommende Wirtschaft, in: ders. (Hg.), Der Erste Weltkrieg. Wirkung, Wahrnehmung, Analyse, München–Zürich 1994, S. 485–505.
55 HS 1904: Haber, Denkschrift, 18. 9. 1917, S. 1.
56 HS 1479: Hermann Lütge, Erinnerung an Haber, 3. 3. 1958, S. 9f. Der Institutsme-

chaniker Lütge datierte die Errichtung der Tagesstätte nicht, doch kann dies nur zu Kriegsbeginn gewesen sein, als das KWI leer stand und Haber noch keine kriegswichtigen Forschungen im Institut durchführen ließ. Leitner, Fall, S. 191 schreibt Clara Immerwahr die Gründungsinitiative zu, doch ist diese Deutung nicht durch Lütges Erinnerungen gedeckt, die ihr als Quelle dienen. Auch ist der wiedergegebene Ausspruch Clara Immerwahrs über den Bluff der Wissenschaften hier nicht zu finden.

57 Willstätter, Leben, S. 230.

58 So z. B. bei: Schmidt-Ott, Erlebtes, S. 124; Flechtner, Duisberg, S. 275; Stern, Haber, S. 74; ders., Freunde, S. 529; Goran, Story, S. 75 f.

59 Einen Überblick über die verwirrende behördliche Organisation vgl. bei Dieckmann, Walther, Die Behördenorganisation in der deutschen Kriegswirtschaft 1914–1918, Hamburg 1937.

60 Teltschik, Geschichte, S. 43.

61 Handbuch über den Königlich Preußischen Hof und Staat für das Jahr 1914, Berlin 1913, S. 171, 1011.

62 Vgl. Burchardt, Quelle, S. 82.

63 Zentralarchiv Moskau/Sonderarchiv: NL Rathenau, 634–1–67: Rathenau an Haber, 31. 8. 1914. Ich danke Professor Dr. Ernst Schulin, daß er mir dieses Dokument zur Verfügung stellte.

64 Burchardt, Quelle, S. 85.

65 HS 2196, auch BASF, T 14/1: Haber an BASF-Direktion, 2. 10. 1914.

66 Burchardt, Quelle, S. 91: Eintrag Moellendorffs vom 2.–4. 10. 1914.

67 BAK, NL 158: Moellendorff, Nr. 103 (auch 105): Tätigkeitsbericht über Kriegschemikalien. Ergänzungen zu dem am 26. 1. 1916 in der KRA vorgetragenen Referat, o. D. (nach März 1917), S. 7 f. (im folgenden abgekürzt: Tätigkeitsbericht); Handbuch über den Königlich Preußischen Hof und Staat für das Jahr 1914, Berlin 1913, S. 144.

68 Rathenaus Tagebuch verzeichnete für den 31. 3. 1911, er sei von dem Höchster Chemieindustriellen Gustav von Brüning «über Fortschritte N-Verfahren» informiert worden. Zwei Tage später, am 2. 4., war Haber bei Rathenau zu Gast, vgl. Rathenau, Walther, Tagebuch 1907–1922, hg. von Hartmut Pogge von Strandmann, Düsseldorf 1967, S. 135.

69 HS 2115 (auch BASF, W 1 Haber, V): Haber an BASF-Direktion, 16. 7. 1914.

70 Vgl. Braun, Klaus, Konservatismus und Gemeinwirtschaft. Eine Studie über Wichard von Moellendorff (= Duisburger Hochschulbeiträge 11), Duisburg 1978; Schmid, Dieter, Wichard von Moellendorff. Ein Beitrag zur Idee der wirtschaftlichen Selbstverwaltung, Berlin, soz. wiss. Diss. 1970.

71 Eine wissenschaftliche Biographie Emil Fischers, die systematisch seinen in der Bancroft Library der University of California in Berkeley aufbewahrten Nachlaß auswertet, steht noch aus. Vgl. zusammenfassend Feldman, German Scientist, S. 351 ff.; einen guten Überblick gewährt Weinberg, Arthur von, Emil Fischers Tätigkeit während des Krieges, in: Die Naturwissenschaften 7 (1919), S. 868–873.

72 Vgl. z. B. Teltschik, Geschichte, S. 43; Borkin, Joseph, Die unheilige Allianz der I. G. Farben. Eine Interessengemeinschaft im Dritten Reich, 3. Aufl. Frankfurt–New York 1981, S. 19 (amerik: The Crime and Punishment of I. G. Farben, New York 1978); Stoltzenberg, Haber, S. 232; Feldman, Gerald D., Army, Industry and Labor in Germany 1914–1918, Princeton 1966, S. 55 (deutsch: Armee, Industrie und Arbeiterschaft in Deutschland 1914–1918, Berlin u. a. 1985).

73 Stoltzenberg, Haber, S. 242.

74 HS 2297: Haber an die Leopoldina, Halle, 6. 7. 1927: Lebenslauf anläßlich der Akademiemitgliedschaft, S. 3.

75 L. F. Haber, Poisonous Cloud, S. 139.

76 MPG, X/12: NL Fischer, Film 6: Haber an Fischer, 14. 12. 1914; Fischers Antwortschreiben vom 17. 12. ist nicht erhalten.

77 Ch. Haber, Leben, S. 65.

78 So die Selbstbezeichnung Habers im Januar 1915, vgl. GStA, I, Rep. 76, Vc, Sekt. 2, Tit. 23, Litt. A, Nr. 108, Bd. II, S. 215: Bericht Habers über Explosion im KWI, 3. 1. 1915.

79 Die exakte Datierung und inneradministrative Rekonstruktion erstmals bei Frucht/Zepelin, Tragik, S. 85.

80 Zitiert nach Hermann, Armin, Einstein. Der Weltweise und sein Jahrhundert. Eine Biographie, München-Zürich 1994, S. 32.

81 BAK, NL 158: Moellendorff, Nr. 111: Vortrag vor der Wissenschaftskommission der KRA, 26. 1. 1916.

82 Vgl. den Bericht über die Jahresversammlung der Bunsen-Gesellschaft in Berlin am 8./9. 4. 1918 in: Z. Elektochem. 24 (1918), S. 119ff.

83 HS 1904: Haber, Denkschrift, 18. 9. 1917, S. 1.

84 GStA, I, Rep. 76, Vc, Sekt. 2, Tit. 23, Litt. A, Nr. 108, Bd. II, Bl. 291: Haber an Kultusministerium, 31. 1. 1916.

85 HS 1668: Bericht Habers, 3. 1. 1915, S. 2; Coates, Memorial Lecture, S. 143; dazu auch Haber, Fritz, Die Chemie im Kriege. Vortrag vor Offizieren des Reichswehrministeriums am 11. 11. 1920, in: ders., Fünf Vorträge aus den Jahren 1920–1923, Berlin 1924, S. 25–41, hier S. 29ff.; ders., Die chemische Industrie, S. 352; R. Stern, Recollections, S. 76; Stoltzenberg, Haber, S. 232; Seel, Wolfgang, Preußisch-deutsche Pulvergeschichte, Folge 2: Rauchloses Pulver, Teil 8, in: Deutsches Waffen-Journal 9/1984, S. 1135.

86 Burchardt, Quelle, S. 88: Eintrag in Moellendorffs Kriegstagebuch am 17. 9. 1914 anläßlich einer vorbereitenden Sitzung zur Gründung der Kriegschemikalien AG.

87 BAP, 15.01: RMI, Nr. 226790, Bl. 53: Abschrift einer Aufzeichnung von Min. Dirigent Dr. Doehle/Büro des Reichspräsidenten, 10. 8. 1933.

88 GStA, I, Rep. 76, Vc, Sekt. 2, Tit. 23, Litt. A, Nr. 108, Bd. II, Bl. 212f. (auch HS 1668): Haber an Kultusministerium, 17. 12. 1914.

89 HS 1904: Haber, Denkschrift, 18. 9. 1917, S. 1f.

90 Coates, Memorial Lecture, S. 143. Coates' Ausführungen zu Habers kriegswichtigen Arbeiten beruhen im wesentlichen auf einer sechsseitigen Niederschrift des britischen Gaskampfbevollmächtigten Sir Harold Hartley, 21. 1. 1935 (HS 1379).

91 MPG, X/12, NL Fischer, Film 6: Haber an Fischer, 17. und 19. 12. 1914; HS 2115: BASF an Haber, 18. 12. 1914; HS 1668: Haber an Kultusministerium, 16. 4. 1914; GStA, I, Rep. 76, Vc, Sekt. 2, Tit. 23, Litt. A, Nr. 108, Bd. II, Bl. 212f., 223f.: Haber an Kultusministerium, 17. 12. 1914; ebenda, Bl. 214–217 (auch HS 1668): Bericht Habers, 3. 1. 1915. Eine ausführliche Schilderung der Explosion durch den anwesenden Institutsmechaniker vgl. in HS 1479: Lütge an Jaenicke, 6. 1. 1958, S. 2–4.

92 HS 1668: Bericht Habers, 3. 1. 1915. So auch an Arnold Sommerfeld, 19. 1. 1915, zit. nach F. Stern, Freunde, S. 531.

93 So z. B. bei Leitner, Fall, S. 194f.

94 BAP, 15.01: RMI, Nr. 26790, Bl. 53: Abschrift einer Aufzeichnung von Min. Dir. Doehle/Büro des Reichspräsidenten, 10. 8. 1933.

95 GStA, I, Rep. 76, Vc, Sekt. 2, Tit. 23, Litt. A, Nr. 108, Bd. II, Bl. 396f.: Kultus- an Kriegsministerium, 7. 8. 1918; ebenda, Bl. 415: Kriegs- an Kultusministerium, 1. 10. 1918; ebenda, I, Rep. 90, Nr. 904: Kriegs- an Staatsministerium, 17. 8. 1918.

96 Vgl. Burchardt, Quelle, S. 82, 85 usw.; HS 2115, 2196 (BASF, T 14): Haber an BASF, 18. 10. 1914.

97 General Berthold von Deimling mokierte sich über diesen «Befehl vom grünen Tisch» Falkenhayns und schlug vor, die «Herren der Obersten Heeresleitung» sollten dies nur einmal vormachen, die Truppen würden es dann schon nachahmen, vgl. Deimling, Berthold von, Aus der alten in die neue Zeit. Lebenserinnerungen, Berlin 1930, S. 189.

98 Burchardt, Quelle, S. 82; Kruse, Kriegswirtschaft, S. 153 f. Durch die Literatur geistern weit auseinanderliegende Angaben über die Menge und damit die Bedeutung des in Antwerpen beschlagnahmten Salpeters, z. B. 100 000 t bei Borkin, Unheilige Allianz, S. 21. Es handelte sich nachweislich aber nur um 20 000 t, vgl. L. F. Haber, 1900–1930, S. 199, besonders Anm. 4.

99 BAK, NL 158, Moellendorff: Nr. 103 (auch 105): Moellendorff, Tätigkeitsbericht, S. 4 ff. Zahlenangaben nach Moellendorffs Kriegstagebuch, Eintragung 7.–14. 10. 1914, in: Burchardt, Quelle, S. 92; auch Plumpe, Gottfried, Die I. G. Farbenindustrie AG. Wirtschaft, Technik und Politik 1904–1945 (= Schriften zur Wirtschafts- und Sozialgeschichte 37), Berlin 1990, S. 65.

100 Vgl dazu Eucken, Walter, Die Stickstoffversorgung der Welt. Eine volkswirtschaftliche Untersuchung, Stuttgart–Berlin 1921, S. 87 f., 105.

101 BAK, NL 158, Moellendorff: Nr. 103 (auch 105): Tätigkeitsbericht, S. 5 f.; Moellendorff, Kriegstagebuch, in: Burchardt, Quelle, S. 82; Plumpe, I. G. Farbenindustrie, S. 65.

102 Im folgenden, wenn nicht zusätzliche Literatur eigens vermerkt ist, nach: MPG, X/12: NL Fischer, Film 2: Fischer an Kriegsministerium, Künstliche Erzeugung von Salpetersäure und salpetersauren Salzen, 1. 10. 1914, 10 S., sowie Nachtrag vom 10. 10. 1914, 4 S. (im folgenden: Fischer-Denkschrift). Dazu auch Eucken, Stickstoffversorgung, S. 94 ff.; L. F. Haber, 1900–1930, S. 198–204.

103 Ausführlich Borkin, Unheilige Allianz, S. 21 f.

104 Einen zeitgenössischen wissenschaftlich-technischen Überblick vgl. bei Lunge, Handbuch, Bd. 1, S. 158–295; einen technisch-wirtschaftlichen Überblick bei Waeser, Bruno, Stickstoffindustrie (= Technische Fortschrittsberichte 5), Dresden–Leipzig 1924.

105 Dazu Plumpe, I. G. Farbenindustrie, S. 93.

106 Hierzu auch: Nagel, Stickstoff, S. 11 ff.; Angaben nach: BASF, B 4/457: BASF, Zum Stickstoff-Handelsmonopol, April 1915, S. 3; auch Stoltzenberg, Haber, S. 135 f., 233.

107 Eucken, Stickstoffversorgung, S. 95 f.

108 Ebenda, S. 96.

109 BAK, NL 158, Moellendorff: Nr. 103 (auch 105): Tätigkeitsbericht, S. 7.

110 Vgl. zur Entwicklung und Verwertung des Verfahrens ausführlich Ostwald, Lebenslinien, Bd. 2, S. 282, 287 ff.; auch Nagel, Stickstoff, S. 56 f.; L. F. Haber, 1900–1930, S. 97; Stoltzenberg, Haber, S. 233 f. 1918 wurde die selbständige Firma Chemische Werke Lothringen GmbH gegründet, die 1922 in eine Interessengemeinschaft mit der BASF trat.

111 Vgl. dazu Nagel, Stickstoff, S. 55 ff.

112 Dazu Plumpe, I. G. Farbenindustrie, S. 68 f.

113 Angaben nach: BASF, B 4/457: BASF, Zum Stickstoff-Handelsmonopol, April 1915, S. 3; BAK, Findbuch zu R 10/IX: Stickstoffsyndikat, Vermerk vom 10. 12. 1968; Stoltzenberg, Haber, S. 137 f.

114 Weinberg, Fischer, S. 868 f.; Feldman, Fischer, S. 352 f.; Eucken, Stickstoffversorgung, S. 90, 100 ff.

115 MPG, X/12, NL Fischer, Film 2: Fischer-Denkschrift, 1. 10. 1914, S. 7f.
116 Ebenda, Film 6: Franz Fischer, Kurzer vorläufiger Bericht über die Tätigkeit des KWI für Kohlenforschung vom 1. 8. 1914 bis 1. 8. 1915, 23. 8. 1915.
117 Ebenda, Film 2: Fischer-Denkschrift, 1. 10. 1914, S. 5f.
118 Stoltzenberg, Haber, S. 187; Eucken, Stickstoffversorgung, S. 102.
119 L. F. Haber, 1900–1930, S. 88f.; ausführlich zur Erfindung und Entwicklung des Kalkstickstoffverfahrens Janke, F., Technik und Wirtschaft des Kalkstickstoffs, in: Franck, H. Heinrich u. a., Der Kalkstickstoff in Wissenschaft, Technik und Wirtschaft (= Sammlung chemischer und chemisch-technischer Vorträge, Neue Folge 6), Stuttgart 1931, S. 1–134.
120 Bernthsen, Luftsalpetersäure, S. 1171, 1177f.
121 L. F. Haber, 1900–1930, S. 89, 201; Janke, Geschichte, S. 51f., 70f., 73ff.; vgl. auch Niebelschütz, Wolf von, Knapsack. Zum 50jährigen Bestehen der Knapsack-Griesheim Aktiengesellschaft im September 1957, o. O., o. J., bes. S. 17–22, 44f., 55–57, 66f.
122 Eucken, Stickstoffversorgung, S. 89, 201.
123 Janke, Geschichte, S. 5. Die Patente Franks und Caros lieferten rationelle Verfahren zur industriellen Herstellung von Cyankali, was sowohl die Scheideanstalt wie auch Siemens & Halske interessierte. Letztere hatten in Südafrika ein Goldextraktionsverfahren eingeführt, das auf der Anwendung von Cyankali basierte.
124 Ebenda, S. 50f., 67f., 72f.
125 L. F. Haber, 1900–1930, S. 201.
126 Vgl. dazu Kruse, Kriegswirtschaft, S. 154f., 163ff., Zitat S. 154; Feldman, Gerald D., The Great Disorder. Politics, Economics and Society in the German Inflation, 1914–1924, New York – Oxford 1993, S. 56, Zitat S. 79; ausführlich auch Pogge von Strandmann, Hartmut, Hochmeister des Kapitalismus. Walther Rathenau als Industrieorganisator, Politiker und Schriftsteller, in: Wilderotter, Rathenau, S. 33–44, bes. S. 40, 43f. Zu den Defiziten der Kriegsgesellschaften vgl. zusammenfassend Williamson, Rathenau, S. 125ff.
127 Vgl. dazu Moellendorffs Kriegstagebuch bei Burchardt, Quelle, S. 84, 88, 91; Plumpe, I. G. Farbenindustrie, S. 67; Schmid, Moellendorff, S. 59ff.; aus orthodox-marxistischer Sicht Müller, Alfred, Die Kriegsrohstoffbewirtschaftung 1914–1918 im Dienste des deutschen Monopolkapitals, Berlin (Ost) 1955, S. 75–85, 135: Liste der Aktionäre der Kriegschemikalien AG.
128 Vgl. den informativen Überblick von Moy, Thimothy D., Emil Fischer as «Chemical Mediator»: Science, Industry, and Government in World War One, in: Ambix 36 (1989), S. 109–120.
129 Weinberg, Fischer, S. 869ff., dort auch eine Übersicht zu Fischers Forschungen über verschiedenste Ersatzstoffe; Rasch, Wissenschaft, S. 75; auch MPG, X/12, NL Fischer, Film 2 mit diversen Sitzungsprotokollen.
130 Vgl. dazu ebenda; Weinberg, Fischer, S. 870f. Ferner gehörte Haber ab 1917 auch dem prominent besetzten Nährstoffausschuß an, der sich bis zum November 1918 mit dem vitalen Problem der Ernährung von Mensch und Tier befaßte; da Ernährung unter den Bedingungen des Krieges inzwischen ein Problem der Forschung geworden war, die auf die Entwicklung von Ersatzstoffen abzielen mußte, dominierten hier die Wissenschaftler, neben Fischer und Haber Nernst, Rubner, Haberlandt und Correns, um nur die bekanntesten zu nennen.
131 Vgl. dazu Kruse, Kriegswirtschaft, S. 154.
132 Plumpe, I. G. Farbenindustrie, S. 98; vgl. auch Duisberg, Carl, Die Vereinigung der deutschen Farbenfabriken. Denkschrift aus dem Jahre 1915 (Vorbemerkung von Wilhelm Treue), in: Tradition 8 (1963), S. 193–227.

133 BASF, W 1 Haber, Engler betr. Vertrag 1913: Haber an Müller/BASF, 13. 12. 1913; vgl. Nagel, Stickstoff, S. 55 f.

134 Die Datierung ergibt sich aus einem Schreiben Habers an die BASF vom 2. 10. 1914, in dem er um Abschriften des «früheren Briefwechsels seit 1. August 1914» bat, vgl. HS 2196 (BASF, T 14/1).

135 HS 2115 (BASF, W 1 Haber, V): BASF an Haber, 28. 8. 1914.

136 Holdermann, Bosch, S. 139 f.

137 Duisberg, Lebenserinnerungen, S. 99.

138 Die Datierung und das Kompetenzgerangel innerhalb des Kriegsministeriums erschließen sich aus HS 2196: Haber an BASF, 2. 10. 1914, und der dort wiedergegebenen Depesche der BASF an Haber vom selben Tag, sowie Moellendorffs Kriegstagebuch bei Burchardt, Quelle, S. 88, 91. Vgl. auch die Rekonstruktion der Vorgänge in: BASF, Hugo Frohnheiser, Reichsstickstoffmonopol. Eine Großkampfperiode der BASF, Manuskript o. J. (1940), Vorbemerkung. Dazu auch Nagel, Stickstoff, S. 55 ff.

139 HS 2196 (BASF, T 14/1): Bosch an Fischer, 5. 10. 1914, mit Anlage: «Salpeterbeschaffung».

140 Nach diesem Verfahren wurde Koksofengas zur Explosion gebracht. Über das sich bei den hohen Temperaturen bildende Stickoxid gelangte man zur Salpetersäure. Eine seit 1913 arbeitende Versuchsanlage bei Hamm enttäuschte jedoch. Vgl. dazu Eucken, Stickstoffversorgung, S. 95.

141 MPG, X/12, NL Fischer, Film 2: Fischer-Denkschrift, 1. 10. 1914, S. 4 f., 9 f.

142 HS 2196 (BASF, T 14/1): Fischer an Bosch, 15. 10. 1914.

143 Rathenau an den Gesandten von Mutius, 10. 10. 1914, zit. nach Wilderotter, Weltgericht, S. 372.

144 HS 2196, Fischer an Aufschläger/Kriegschemikalien AG, 11. 10. 1914; Fischer an Bosch, 15. 10. 1914; Bosch an Fischer, 20. 10. 1914.

145 Vgl. Moellendorffs Kriegstagebuch, Eintragungen 2.–14. 10. 1914, bei Burchardt, Quelle, S. 91 f.

146 HS 2196 (auch 2115): Haber an BASF, 18. 10. 1914; weitere Beispiele ebenda.

147 Vgl. z. B. HS 2196: BASF an Haber, 21. 10. 1914, mit der wörtlichen Wiedergabe zweier Depeschen (KRA an BASF, BASF an Haber) vom selben Tag.

148 Vgl. z. B. HS 855 (auch 515): Haber an Justizrat Haeuser, Höchst, 23. 11. 1914, Bl. 6.

149 HS 2196: BASF an Haber, 26. 10. 1914.

150 Ebenda; HS 2198: Haber an Hüttenmüller/BASF, mit beiliegendem Vertrag, 13. 11. 1914 (beide auch BASF, T 14/1); HS 2204: BASF an Bayerisches Staatsministerium, 9. 12. 1914. Die erste Rate des verlorenen Zuschusses in Höhe von drei Millionen Mark wurde Anfang Januar 1915 ausgezahlt, vgl. HS 2206: BASF an KRA, 8. 1. 1915. Mit der Ausfertigung der beiden, von der BASF am 14. 1. 1915 unterzeichneten Salpeterverträge ließ sich die KRA ungebührlich lange Zeit, bis sich die BASF an Emil Fischer wandte, vgl. BASF, T 14/1: BASF an Fischer, 24. 2. 1915.

151 HS 2196, BASF an Haber, 26. 10. 1914; Notiz von Hüttenmüller/BASF über Besprechung mit Fischer in Berlin, 29. 10. 1914; HS 2198: Haber an BASF, 1. 11. 1914.; BASF an Haber, 3. 11. 1914.

152 Nagel, Stickstoff, S. 59 f.; Mach, Entwerfen, S. 59 f.; BASF, Voigtländer-Tetzner, Chronik der BASF 1865–1939/40, Ms. o. J. [1940], S. 651 f.

153 HS 2198 (BASF, T 14/1): Haber an BASF, 1. 11. 1914; Fischer an BASF, 1. 11. 1914.

154 HS 960: Haber an Duisberg, 14. 11. 1914; Duisberg an Haber, 16. 11. 1914; HS 2208: BASF an Reichsleitung, 27. 1. 1915.

155 HS 2206: BASF an Farbenfabriken Bayer, 8. 1. 1915.

156 Ebenda, BASF an Haber, 14. 1. 1915; BASF an Agfa, 14. 1. 1914.
157 Archiv der Agfa-Filmfabrik Wolfen: Agfa-Jahresbericht 1915, S. 72 f. 1917 befanden sich zwei weitere Salpeterfabriken der Agfa, die Anlagen III und IV, im Bau; sie sollten Anfang 1918 den Betrieb aufnehmen, vgl. ebenda, Agfa-Jahresbericht 1917, S. 13.
158 MPG, X/12, NL Fischer, Film 2: Sitzungsprotokoll der Salpeterkommission, 20. 9. 1915, S. 5 f.
159 Plumpe, I. G. Farbenindustrie, S. 69.
160 Vgl. exemplarisch MPG, X/12, NL Fischer, Film 2: Sitzungsprotokolle der Salpeterkommission, 19. 8. und 20. 9. 1915.
161 Plumpe, I. G. Farbenindustrie, S. 64.
162 BAK, NL 22: Bauer, Nr. 11, Fiche 1: Duisberg an Bauer, 24. 7. 1915, S. 2.
163 Plumpe, I. G. Farbenindustrie, S. 83 f.; Teltschik, Geschichte, S. 47.
164 HS 1623: Haber an Valentini, 5. 12. 1916. Einen korrigierten Entwurf vgl. in BAK, NL 15: Schwertfeger, Nr. 209.
165 BASF, W 1 Haber, Verträge ab 1920: Aktenvermerk betr. Mitarbeitervertrag Habers, 3. 6. 1920.
166 Moy, Fischer, S. 118.
167 Weizmann, Chaim, Memoiren. Das Werden des Staates Israel, Zürich 1953, S. 517 (Orig.: Trial and Error. The Autobiography of Chaim Weizmann, 4. Aufl. London 1950, S. 435); zitiert auch bei Stoltzenberg, Haber, S. 620.
168 BASF, B 4/457: BASF, Zum Stickstoff-Handelsmonopol, April 1915, S. 3; Plumpe, I. G. Farbenindustrie, S. 70.
169 MPG, X/12, NL Fischer, Film 2: Protokoll der Sitzung der Kommission zur Vorbereitung der Verträge zwecks Steigerung der Stickstoffproduktion am 30. 11. 1914, S. 1 f. (im folgenden abgekürzt: Stickstoffkommission); ausführlich ebenda, Sitzungsprotokoll der Salpeterkommission, 20. 9. 1915, Anlage 4.
170 HS 2196 (auch BASF, T 14/1): Fischer an Aufschläger, 11. 10. 1914.
171 Ebenda, Haber an BASF, 16. 10. 1914.
172 Ebenda, Vermerk Hüttenmüllers vom 29. 10. 1914; BASF, T 14/1: Vermerk Büro Dr. Michel, Abkommen mit der DAVV, 12. 11. 1914; Voigtländer-Tetzner, Chronik, S. 665 f.
173 HS 2198 (auch BASF, T 14/1): Haber an BASF, 1. 11. 1914.
174 BASF, T 14/1: Büro Dr. Michel, Entwurf einer Eingabe, 4. 11. 1914.
175 HS 2200: BASF an Haber, 17. 11. 1914.
176 HS 2202: BASF an Agfa und Bayer, 1. 12. 1914.
177 Vgl. dazu im einzelnen Besprechungsvermerke und Korrespondenzen in HS 2200 und 2202. So stellte sich z. B. Bayern zunächst hinter Caros Angebot.
178 HS 2200, BASF an Landwirtschaftsminister von Schorlemer, 26. 11. 1914.
179 BASF, T 14/1: BASF an Haber, 2. 12. 1914, mit Zitat von Habers Telegramm vom 28.11., dem am Tag darauf ein – nicht erhaltenes – längeres Schreiben gefolgt sein muß. MPG, X/12: NL Fischer, Film 2: Protokoll der Stickstoffkommission am 30. 11. 1914, Teilnehmerliste.
180 Ebenda, Zitat S. 4.
181 Ebenda, Protokoll vom 1. 12. 1914, Zitat S. 2; vgl. auch Helfferich, Karl, Der Weltkrieg, Bd. 2: Vom Kriegsausbruch bis zum uneingeschränkten U-Bootkrieg, Berlin 1919, S. 119.
182 Vgl. BASF, T 14/1: BASF an Haber, 2. 12. 1914; HS 2208: BASF an Haber, 20. 1. 1915; MPG, X/12, NL Fischer, Film 2: Protokoll der Verhandlungen im Finanzministerium vom 5. 12. 1914. Es ist vielleicht bezeichnend, daß die voranstehende Anwesen-

heitsliste Haber zuerst irrtümlich den Vertretern der BASF zuordnete. Den die BASF betreffenden Gang der Verhandlungen im einzelnen vgl. ebenda, Protokolle der Stickstoffkommission, o. D. (= 11. 12. 1914) und 16. 12. 1914; BASF, T 14/1: BASF an Fischer, 15. 12. und 21. 12. 1914; BASF an Agfa und Bayer, 17. und 21. 12. 1914. Die letzten «Mißverständnisse» mit Ramm wurden gar erst nach Vertragsunterzeichnung beseitigt, vgl. ebenda, BASF an Fischer, 28. 12. 1914, Ramm an BASF, 29. 12. 1915.

183 MPG, X/12, NL Fischer, Film 2: Protokoll der Stickstoffkommission am 1. 12. 1914, S. 8. Den Vertragstext vgl. HS 2204 (BASF C 10); vgl. zusammenfassend auch Plumpe, I. G. Farbenindustrie, S. 71.

184 Dazu Eucken, Stickstoffversorgung, S. 90, 97. Zur zunehmend engeren Verflechtung mit Hoechst nach Ende des Weltkriegs vgl. auch Niebelschütz, Knapsack, S. 68 f.

185 HS 2204: BASF-interner Vermerk, 8. 12. 1914; MPG, X/12, NL Fischer, Film 2: Protokoll der Stickstoffkommission, o. D. (= 11. 12. 1914), S. 2 f., 7; HS 2206: BASF an Haber, 14. 1. 1915; BASF an Fischer, 16. 1. 1915; HS 2208: Haber an BASF, 19. 1. 1915; Rathenau/KRA an BASF, 20. 1. 1915: Bestätigung der mit Haber mündlich getroffenen Vereinbarungen.

186 MPG, X/12, NL Fischer, Film 2: Protokoll der Stickstoffkomission, 12. 12. 1914, S. 5 ff., Zitate S. 7, 10.

187 Den Wortlaut der Depesche vgl. in HS 2208: BASF an Reichsleitung und preußisches Staatsministerium, 27. 1. 1915.

188 Vgl. dazu Feldman, Gerald D., Die Deutsche Bank vom Ersten Weltkrieg bis zur Weltwirtschaftskrise 1914–1933, in: Gall, Lothar u. a., Die Deutsche Bank 1870–1995, München 1995, S. 138–314, hier S. 157.

189 MPG, X/12, NL Fischer, Film 2: Sitzungsprotokoll der Salpeterkommission, 20. 9. 1915, Anlage 4, S. 10.

190 BAK, NL 158 Moellendorff, Nr. 140: Moellendorff an v. Flügge/Kriegsernährungsamt, 14. 6. 1917.

191 HS 2208, BASF an Meydenbauer und Haber, 20. 1. 1915; BASF an Haber, 20. 1. 1915 (2x); Haber an BASF, 20. 1. 1915; BASF an Haber, 21. 1. 1915.

192 HS 2208: BASF an Engler, Reichsschatzamt und Staatssekretär Delbrück, 25. 1. 1915; BASF an Delbrück u. a. 27. 1. 1915, S. 6 f.

193 Ebenda, S. 7 f.; BASF an Haber und Fischer, 27. 1. 1915; BASF an Haber, 28. 1. 1915.

194 Ebenda, Telefonnachricht Hüttenmüller/BASF an Haeuser/Hoechst, 27. 1. 1915.

195 Das Folgende, wenn nicht anders vermerkt, nach: Helfferich, Weltkrieg, Bd. 2, S. 111 ff., Zitate S. 111, 114, 119; Schmid, Moellendorff, S. 63 f., 182.; HS 2208: Haeuser an Hüttenmüller, 30. 1. 1915; HS 2212: Auszug aus dem Protokoll einer Sitzung im Landwirtschaftsministerium vom 12. 3. 1915; BASF, Voigtländer-Tetzner, Luftstickstoff, S. 323 ff.; Plumpe, I. G. Farbenindustrie, S. 72 f.; Eucken, Stickstoffversorgung, S. 104 f., 155.

196 Dazu Janke, Geschichte, S. 5.

197 Zur Lonza AG vgl. Eucken, Stickstoffversorgung, S. 103.

198 Der Briefkopf der Reichswerke in Piesteritz lautete: «Bayerische Stickstoff-Werke A. G., Abteilung Reichswerke, Betriebsleitung Piesteritz», vgl. BAK, NL 158: Moellendorff, Nr. 131.

199 Helfferich, Weltkrieg, Bd. 2, S. 126 f., 120.

200 HS 2210: BASF an Engler, 1. 2. 1915.

201 Eucken, Stickstoffversorgung, S. 155.

202 HS 2210: Haber an Engler, 30. 1. 1915; Haber an BASF, 2. 2. 1915; Engler an BASF, 2. 2. 1915.

203 RT-Drucksache Nr. 47 vom 8. 3. 1915, 13. Legislaturperiode, II. Session 1914/15: Gesetzesvorlage und Begründung.
204 Zu Wurm ausführlich Hamburger, Ernest, Juden im öffentlichen Leben Deutschlands. Regierungsmitglieder, Beamte und Parlamentarier in der monarchischen Zeit 1848–1918 (= Schriftenreihe wissenschaftlicher Abhandlungen des Leo Baeck Instituts 19), Tübingen 1968, S. 483–485.
205 Eucken, Stickstoffversorgung, S. 156f.
206 Diese standen vermutlich hinter der Schrift von Hartwig, Alfredo, Die Bedeutung eines Stickstoffmonopols für Deutschland, Berlin 1915.
207 Eucken, Stickstoffversorgung, S. 157f.
208 Vgl. dazu im einzelnen die Akten in HS 2210ff. sowie BASF, T 14/1. Hervorzuheben sind u.a. das eindringliche, 13 Seiten umfassende Schreiben des BASF-Vorstands an Helfferich vom 12. 4. 1915 (HS 2212), die an weite Kreise versandte Denkschrift «Zum Stickstoff-Handelsmonopol» vom selben Monat, die Protokolle der Verhandlungen der befaßten 7. RT-Kommission mit Vertretern der chemischen Industrie, der Düngerhersteller und -händler am 17. und 18. 5. 1915 (alle BASF, B 4/457) sowie die am 24. 7. 1915 versandte BASF-Denkschrift an einflußreiche Abgeordnete (BASF, B 4/455).
209 RT-Drucksache Nr. 47/4, 13. Legislaturperiode, II. Session 1914/15, 7. Kommission: Gutachten Emil Fischers, 5. 5. 1915.
210 BASF, T 14/2: BASF an Engler, 20. 7. und 30. 7. 1915.
211 BAK, NL 158: Moellendorff, Nr. 124: Moellendorff, 2. Bericht. Stickstoff als Beispiel grundsätzlich veränderter Friedenswirtschaft, 3. 2. 1917.
212 Vgl. dazu Hartwig, Bedeutung, S. 34ff.
213 RT-Drucksache Nr. 47/8 vom 21. 8. 1915. Der Verkaufspreis der Monopolverwaltung durfte demnach für das Kiloprozent Stickstoff in schwefelsaurem Ammoniak 1,20 Mark und in Kalkstickstoff 1 Mark nicht überschreiten.
214 BASF, T 14/2: Oppenheim an Müller, 12. 6. 1915.
215 Helfferich, Weltkrieg, Bd. 2, S. 124f.
216 HS 2210: Engler an BASF, 2. 2. 1915.
217 BASF, T 14/2: Oppenheim an Müller, 12. 6. 1915.
218 HS 515: Haber an Höchster Farbwerke, 5. 10. 1915, Bl. 8f. (auch HS 856, Bl. 3).
219 BASF, W 1 Haber/Merseburg: Haber an BASF, 6. 9. 1915.
220 Ebenda, BASF an Haber, 10. 9. 1915 sowie 30. 10. 1915.
221 Unterredung Bosch mit Leutnant Schmitz/KRA am 4. 2. 1916, zitiert nach Plumpe, I. G. Farbenindustrie, S. 74.
222 BASF, W 1 Haber/Merseburg: Haber an BASF, 8. 2. 1916.
223 Helfferich, Weltkrieg, Bd. 2, S. 127.
224 BASF, W 1 Haber/Merseburg: Haber an BASF, 8. 3. 1916.
225 Ebenda, BASF an Haber, 9. 3. 1916 (Telegramm und Brief).
226 Ebenda, Haber an BASF, 11. 3. 1916.
227 Ebenda, BASF an Haber, 13. 3. 1916; Plumpe, I. G. Farbenindustrie, S. 74f.
228 BASF, W 1 Haber/Merseburg: Telegramm Haber an BASF, 15. 3. 1916; Telegramm BASF an Haber, 16. 3. 1916.
229 Ebenda, Haber an BASF, 16. 3. 1916; BASF an Haber, 28. 3. 1916.
230 Ebenda, Haber an BASF, 11. 3. 1916; BASF an Haber, 28. 3. 1916; Plumpe, I. G. Farbenindustrie, S. 75.
231 Ebenda, S. 76; BASF, W 1 Haber/Merseburg: BASF an Haber, 11. 4. 1916.
232 Ebenda, Haber an BASF, 14. 4. 1916.
233 Nagel, Stickstoff, S. 43f.; Mach, Entwerfen, S. 43ff.; Plumpe, I. G. Farbenindustrie, S. 76.

234 Ebenda, S. 76 f.
235 HS 2119 (auch BASF, W1 Haber, V): Haber an BASF, eingeg. 12. 12. 1916.
236 Der Inhalt der Besprechung findet sich auch in Hindenburgs Schreiben an den Reichskanzler vom 20. 9. 1916 wieder, in dem er auf einen beschleunigten Ausbau der Stickstoffproduktion drängte, vgl. Ludendorff, Erich (Hg.), Urkunden der Obersten Heeresleitung über ihre Tätigkeit 1916/18, Berlin 1920, S. 204. Vgl. auch Eucken, Stickstoffversorgung, S. 108 f.
237 Vgl. dazu im einzelnen Plumpe, I. G. Farbenindustrie, S. 78 ff.; Eucken, Stickstoffversorgung, S. 109 f.
238 Gründungsaufruf und Satzung der DG vgl. in: MPG, I1A, Nr. 897.
239 Solf, Wilhelm, Rede zur Gründung der Deutschen Gesellschaft 1914, Berlin 1915, Zitate S. 8 f.; Deutsche Gesellschaft 1914, Mitgliederverzeichnis, Oktober 1919, S. 32. Im Gegensatz zu den früheren gedruckten Verzeichnissen gibt dieses auch die Mitgliedsnummern an, woraus sich Rückschlüsse auf den Zeitpunkt des Beitritts ergeben. Die Mitgliederverzeichnisse der DG führen auch die personelle Besetzung ihrer Führungsgremien auf (Präsidium, Vorstand, Gesellschaftsrat und mehrere Ausschüsse). Zu Solf als DG-Vorsitzendem vgl. auch Vietsch, Eberhard von, Wilhelm Solf. Botschafter zwischen den Zeiten, Tübingen 1961, S. 142 ff., 162, 190 ff., 372 f.
240 Nach Theodor Heuss bezweckte Bosch mit seiner «Morgengabe» an das politische und geistige Berlin, «halbmorsche Zäune zwischen den Gruppen des öffentlichen und geistigen Lebens zu zerbrechen», vgl. Heuss, Theodor, Robert Bosch. Leben und Leistung, Stuttgart–Tübingen 1946, S. 305 f.
241 Sösemann, Bernd, Jenseits von Partei und Parlament. Walther Rathenaus «aufbauende Ideenpolitik» in der Deutschen Gesellschaft 1914, in: Wilderotter, Rathenau, S. 169–178, bes. S. 171 f.
242 Dazu ausführlich Sösemann, Bernd, Politische Kommunikation im «Reichsbelagerungszustand» – Programm, Struktur und Wirkungen des Klubs «Deutsche Gesellschaft 1914», in: Bobrowsky, Manfred/Langenbucher, Wolfgang R. (Hg.), Wege zur Kommunikationsgeschichte, München 1987, S. 630–649.
243 Ausführlich dazu Sösemann, Jenseits, S. 174 ff. Die große Rolle der DG für die Meinungsbildung dieser Gruppe belegen eindrucksvoll Wolffs Tagebucheintragungen, die von zahlreichen wichtigen Gesprächen im «Klub» zeugen, vgl. Wolff, Theodor, Tagebücher 1914–1919. Der Erste Weltkrieg und die Entstehung der Weimarer Republik in Tagebüchern, Leitartikeln und Briefen des Chefredakteurs am «Berliner Tageblatt» und Mitbegründers der «Deutschen Demokratischen Partei», eingel. und hg. von Bernd Sösemann (= Deutsche Geschichtsquellen des 19. und 20. Jahrhunderts 54), 2 Bde., Boppard 1984.
244 Sösemann, Jenseits, S. 174 f.; DG, Mitgliederverzeichnis 1919.
245 Ch. Haber, Leben, S. 77; zur DG ebenda, S. 56 ff.
246 HS 534, 1480: Otto Lummitzsch, Meine Erinnerungen an Geheimrat Professor Dr. Haber, Juli/August 1955, S. 11. Lummitzsch bezog seine Aussage auf die Etatverhandlungen für die Technische Nothilfe, auf die später einzugehen sein wird.
247 HS 1623: Haber an Valentini, 2. 1. 1916, Bl. 4; eine Abschrift in BAK, NL 15: Schwertfeger, Nr. 209, Bl. 37; in Auszügen zit. bei F. Stern, Haber, S. 78; ders., Freunde, S. 531 f.
248 Zit. nach Braun, Konservatismus, S. 42.
249 Ebenda, S. 181 f.
250 Vgl. Harnack, Adolf von, An der Schwelle des dritten Kriegsjahrs. Rede am 1. August 1916 in Berlin gehalten, in: ders., Aus der Friedens- und Kriegsarbeit, Gießen 1916, S. 331–348, Zitate S. 341 f.; vgl. dazu auch Schwabe, Wissenschaft, S. 116 ff.

251 Haber an Finanzminister Dietrich, 18. 5. 1931, zit. nach R. Stern, Haber, S. 97.
252 BAK, NL 158, Moellendorff, Nr. 36 neu: Moellendorff an Haber, 11. 5. 1916.
253 Diesen Prozeß der Machtverschiebung von den zivilen Instanzen auf die Militärs vgl. zusammenfassend bei Kitchen, Martin, Civil-Military Relations in Germany During the First World War, in: Adams, Great War, S. 39–68.
254 Das in Kontakt mit der Stahlindustrie entwickelte Rüstungsprogramm der dritten OHL forderte bis Frühjahr 1917 eine Verdoppelung der Produktion von Munition und Minenwerfern und eine Verdreifachung der Herstellung von Geschützen, Maschinengewehren und Flugzeugen, vgl. Schreiben der OHL an den preußischen Kriegsminister, 31. 8. 1916, abgedruckt in: Ludendorff, Urkunden, S. 63 ff.; Schmid, Moellendorff, S. 66 f.
255 Nach Feldman, Army, S. 170 trat Haber an Moellendorff mit der Bitte heran, ein Organisationsprogramm zu entwerfen, das die Anforderungen des Hindenburg-Programms umsetzte. Auch F. Stern, Haber, S. 78 und ders., Freunde, S. 531 suggeriert, daß Haber seine Vorstellungen einer zentral gelenkten Wirtschaft mit Moellendorff diskutierte. Für diese Version gibt es keine Quellenbelege. Feldman, Disorder, S. 67 revidiert implizit seine frühere Interpretation.
256 BAK, NL 158: Moellendorff, Nr. 36 neu: Moellendorff an Haber, 5. 9. 1916; mit geringfügigen Ungenauigkeiten abgedruckt bei Braun, Konservatismus, S. 187 f.
257 Feldman, Army, S. 172, bes. Anm. 33. Demnach entwarf Bauer alle wichtigen Memoranden der OHL, Ludendorff versah sie mit seinen Initialen und Hindenburg unterzeichnete. Hindenburgs Schreiben vgl. abgedruckt in: Ludendorff, Urkunden, S. 68 f. Vgl. auch Feldman, Disorder, S. 67 f.; Braun, Konservatismus, S. 69.
258 Bauer, Max, Der große Krieg in Feld und Heimat. Erinnerungen und Betrachtungen, 2. Aufl. Tübingen 1921, S. 122 f.
259 Zu Verabschiedung und Inhalt des Hilfsdienstgesetzes und seinen weitreichenden sozialpolitischen Konsequenzen vgl. Huber, Ernst Rudolph, Deutsche Verfassungsgeschichte seit 1789, Bd. V: Weltkrieg, Revolution und Reichserneuerung 1914–1919, Stuttgart u. a. 1978, S. 101–111; Kocka, Jürgen, Klassengesellschaft im Krieg. Deutsche Sozialgeschichte 1914–1918, Frankfurt 1988 (Erstausgabe 1973), S. 152 ff.
260 Zum Kriegsamt vgl. Huber, Verfassungsgeschichte V, S. 88–91; Feldman, Armee, S. 164 ff.
261 HS 1623: Haber an Valentini, 5. 12. 1916.
262 Bueb trat am 1. 11. 1918 in die BASF als Vorstandsmitglied für den Stickstoffbereich ein; 1926–1929 war er ordentliches Vorstandsmitglied der IG Farben, vgl. Heine, Verstand, S. 75 f.; Plumpe, I. G. Farbenindustrie, S. 80 f
263 BAK, NL 158: Moellendorff, Nr. 124: Protokoll der Besprechung über eine einheitliche Stickstoffbewirtschaftung, 2. 12. 1916.
264 Im folgenden nach BAK, NL Moellendorff, Nr. 103: Protokoll der 1. TAN-Sitzung, 7. 12. 1916; Nr. 124: Moellendorff, 2. Bericht, 3. 2. 1917; ebenda, Nr. 125: Protokoll der Besprechung der Stickstofffrage am 30. 11. 1917; Plumpe, I. G. Farbenindustrie, S. 80 ff.
265 Ebenda, S. 91 f.
266 HS 1623: Haber an Valentini, 5. 12. 1916; einen nicht datierten, gleichwohl unterzeichneten Entwurf des Schreibens in: BAK, NL 15, Nr. 209, Bl. 40 f.
267 Dazu Eucken, Stickstoffversorgung, S. 111 f.
268 BAK, NL Moellendorff, Nr. 124: Moellendorff, 2. Bericht. Stickstoff als Beispiel grundsätzlich veränderter Friedenswirtschaft, 3. 2. 1917. Vgl. auch Schmid, Moellendorff, S. 65 f.
269 Vgl. die Schreiben Ludendorffs an das Reichsschatzamt bzw. Staatssekretär von

Roedern, 14. 4 bzw. 22. 5. 1918, in: Ludendorff, Urkunden, S. 205, 207f., Zitat S. 208. Der Generalquartiermeister führte die sich dahinschleppenden Verhandlungen über den weiteren Ausbau von Merseburg auf die Reichsinteressen zurück, die, um die Kalkstickstoffproduktion rentabel zu halten, den «Ammoniakstickstoff» ‹niederhalten› müßten, ebenda, S. 208.

270 Im folgenden nach Eucken, Stickstoffversorgung, S. 112–119.

271 Die Zahlen für 1913 bis 1930 bei Janke, Geschichte, S. 78, Tabelle.

272 Eucken, Stickstoffversorgung, S. 119.

273 Welsch, Geschichte, S. 133ff.; L. F. Haber, 1900–1930, S. 202, Anm. 3.

274 Zum Folgenden Eucken, Stickstoffversorgung, S. 177f.; Janke, Geschichte, S. 57–64.

275 1920 übernahm die Stickstofftreuhand GmbH, die von den Bayerischen Stickstoffwerken und der Deutschen Petroleum AG in Berlin gegründet worden war, die Reichsstickstoffwerke in Piesteritz und Chorzow als Treuhänderin des Reiches. Im Folgejahr verkaufte sie diese an die ebenfalls 1920 eigens zu diesem Zweck gebildete Mitteldeutsche bzw. Oberschlesische Stickstoffwerke AG. Letztere fielen dann an den polnischen Staat.

276 Vgl. den Artikel ‹Kampfstoffe› in: Römpps Chemie-Lexikon, 6 Bde, 8. neubearb. u. erw. Aufl., hg. von Otto-Albrecht Neumüller, Stuttgart 1979–1988, hier: Bd. 3, 1983, S. 2036f.

277 Spiers, Edward M., Chemical Warfare, Urbana–Chicago 1986, S. 13.

278 Sehr pointiert z. B. bei der Biochemikerin Woker, Gertrud, Der kommende Giftgaskrieg. Im Auftrage der Internationalen Frauenliga für Frieden und Freiheit (= Kultur- und Zeitfragen 18), Leipzig 1925, die Haber direkt angreift.

279 Beispiele bei Spiers, Chemical Warfare, S. 17ff.

280 Vgl. z. B. die Streitschrift eines Autorenkollektivs anläßlich der 75jährigen Gründungsfeier des Instituts bei Chmiel, Gerd u. a., Im Frieden der Menschheit, im Kriege dem Vaterland. 75 Jahre Fritz-Haber-Institut der Max-Planck-Gesellschaft. Bemerkungen zur Geschichte und Gegenwart, Berlin 1986.

281 Typisch dafür z. B. der Leserbrief von Müller, Joachim, Nicht Professor Haber begann den Gaskrieg, in: FAZ Nr. 224, 26. 9. 1994, S. 15.

282 So z. B. bei Goran, Morris, The Present-Day Significance of Fritz Haber, in: American Scientist 35 (1947), S. 306, 400–403, hier S. 402; auch in ders., Story, S. 85. Der Fairness halber sei hinzugefügt, daß Goran in diesem Kontext auch die Atomwissenschaftler erwähnt.

283 Martinetz, Dieter, Chemischer Krieg seit dem Altertum? Frühe «militärtoxikologische» Probleme, in: Zeitschrift für ärztliche Fortbildung 88 (1994), S. 607–617; ausführlich ders., Vom Giftpfeil zum Chemiewaffenverbot. Zur Geschichte der chemischen Kampfmittel, Frankfurt 1996, S. 7–49.

284 Trumpener, Ulrich, The Road to Ypres: The Beginnings of Gas Warfare in World War I, in: JMH 47 (1975), S. 460–480, hier S. 462f.; Groehler, Olaf, Der lautlose Tod. Einsatz und Entwicklung deutscher Giftgase von 1914 bis 1945, Reinbek 1989 (1. Aufl. Berlin Ost 1978), S. 22f.; Harris, Henry, To Serve Mankind in Peace and the Fatherland in War. The Case of Fritz Haber, in: German History 10 (1992), S. 24–38, hier S. 30; Jones, Daniel P., From Military to Civilian Technology: The Introduction of Tear Gas for Civil Riot Control, in: Technology and Culture 19 (1978), S. 151–168, hier S. 152.

285 Völkerrecht im Weltkrieg. Dritte Reihe im Werk des Untersuchungsausschusses, Bd. 4: Der Gaskrieg, hg. von Johannes Bell (= Das Werk des Untersuchungsausschusses der Verfassungsgebenden Deutschen Nationalversammlung und des Deutschen Reichstages 1919–1928. Verhandlungen, Gutachten, Urkunden, hg. im Auf-

trage des Reichstages), Berlin 1927, S. 14, 21 (im folgenden abgekürzt: VW III/4); auch abgedruckt in: Haber, Fünf Vorträge, S. 77 f., 88.

286 Vgl. Trumpener, Road, S. 460, Anm. 1; Groehler, Lautloser Tod, S. 39 f.; Adams, Valerie, Chemical Warfare, Chemical Disarmament, Bloomington–Indianapolis 1990, S. 30; Spiers, Chemical Warfare, S. 32.

287 L. F. Haber, Poisonous Cloud, S. 239–258, bes. S. 242 f., 248 f.; auch Harris, To Serve, S. 32 f.; Spiers, Chemical Warfare, S. 32 f.; V. Adams, Chemical Warfare, S. 43; Lohs, Karlheinz, Fritz Haber und der chemische Krieg, in: Zeitschrift für Militärgeschichte 10 (1971), S. 432–445, hier S. 438 f. Die Dimensionen der Gasangriffe gegen russische Truppen läßt ahnen: Adelheim, Roman, Beiträge zur Pathologischen Anatomie und Pathogenese der Kampfgasvergiftung, in: Virchows Archiv für pathologische Anatomie und Physiologie und für klinische Medizin 236 (1922), S. 309–360 sowie 240 (1923), S. 417–440. Demnach erlitt das 171. Kremenetzsche Infanterie-Regiment 60 % Verluste beim deutschen Gasangriff bei Uexküll am 8. 10. 1916, ebenda, S. 309 f.

288 Dazu ausführlich Kästner, Ingrid, Die medizinische Diskussion über die Gaskriegsfolgen des Ersten Weltkrieges, in: Winau, Rolf/Müller Dietz, Heinz (Hg.), «Medizin für den Staat – Medizin für den Krieg». Aspekte zwischen 1914 und 1945. Gesammelte Aufsätze, Husum 1994, S. 45–53, bes. S. 48 ff.; für England vgl. Spiers, Chemical Warfare, S. 32.

289 Müller, Rolf-Dieter, Die deutschen Gaskriegsvorbereitungen 1919–1945. Mit Giftgas zur Weltmacht?, in: MGM 27 (1980), S. 25–54, hier S. 25.

290 Messerschmidt, Manfred, Kriegstechnologie und humanitäres Völkerrecht in der Zeit der Weltkriege, in: MGM 34 (1987), S. 63–110, hier S. 75 f., mit zeitgenössischen Quellen.

291 Vgl. dazu Gradmann, Christoph, ‹Vornehmlich beängstigend› – Medizin, Gesundheit und chemische Kriegführung im deutschen Heer 1914–1918, in: Eckart, Wolfgang U./Gradmann, Christoph (Hg.), Die Medizin und der Erste Weltkrieg (= Neuere Medizin- und Wissenschaftsgeschichte. Quellen und Studien 3), Pfaffenweiler 1996, S. 131–154, hier S. 154.

292 Vgl. z. B. in: VW III/4, S. 14 f., 35.

293 T. A. Elliott an Harold Hartley, zit. nach Harris, To Serve, S. 32.

294 Einen Überblick vgl. bei Prentiss, Augustin M., Chemicals in War, New York 1937, S. 703–729 (Chemical Warfare Bibliography). Um nur einige zu nennen: Geyer, Hermann, Wie sich der Gaskrieg entwickelte, in: Jost, Walter/Felger, Friedrich (Hg.), Was wir vom Weltkrieg nicht wissen, Leipzig 1936, S. 281–299; Hanslian, Rudolf (Hg.), Der chemische Krieg, 3. völlig neubearb. Aufl. Berlin 1937 (1. Aufl. 1925, 2. verm. Aufl. 1927); von den zwei Bänden der 3. Auflage wurde nur der erste (militärische) Teil publiziert; ders., Der deutsche Gasangriff bei Ypern am 22. April 1915. Eine kriegsgeschichtliche Studie, Berlin 1934; Meyer, Julius, Der Gaskampf und die chemischen Kampfstoffe (= Chemie und Technik der Gegenwart 4), 3. Aufl. Leipzig 1938; Müller-Kiel, Ulrich, Die chemische Waffe im Weltkrieg und – jetzt, 3. Aufl. Berlin 1932; Richter, Wilhelm, Kampfstoffwirkung und Heilung (= Wehr und Wissenschaft 26), Leipzig 1939; Schwarte, Max (Hg.), Die Technik im Weltkriege, unter Mitwirkung von 45 technischen und militärischen fachwissenschaftlichen Mitarbeitern, Berlin 1920.

295 Dazu auch L. F. Haber, Poisonous Cloud, S. 5.

296 Auch hier kann es nur um eine repräsentative Auswahl aus der jüngsten Zeit gehen: V. Adams, Chemical Warfare; Angerer, Jo, Chemische Waffen in Deutschland: Mißbrauch einer Wissenschaft, Darmstadt u. a. 1985; Brauch, Hans Günter, Der che-

mische Alptraum oder gibt es einen C-Waffen-Krieg in Europa?, Berlin–Bonn 1982; ders./Müller, Rolf-Dieter (Hg.), Chemische Kriegführung – Chemische Abrüstung. Dokumente und Kommentare (= Militärpolitik und Rüstungsbegrenzung 1), Berlin 1985; Groehler, Lautloser Tod; L. F. Haber, Poisonous Cloud; Harris, Robert/Paxman, Jeremy, Eine höhere Form des Tötens. Die geheime Geschichte der B- und C-Waffen, Düsseldorf 1983 (engl.: A Higher Form of Killing. The Secret Story of Gas and Germ Warfare, London 1982); Spiers, Chemical Warfare.

297 Vgl. besonders die Arbeiten von Jones, Daniel P., The Role of Chemists in Research on War Gases in the United States during World War I (PhD Thesis 1969), Ann Arbor 1971 (= University Microfilms 69–22406); ders., American Chemists and the Geneva Protocol, in: Isis 71 (1980), S. 426–440; ders., Chemical Warfare Research, S. 165–185; Slotten, Hugh R., Humane Chemistry or Scientific Barbarism? American Responses to World War I Poison Gas, 1915–1930, in: The Journal of American History 77 (1990), S. 476–498; Whittemore, World War I, S. 135–163.

298 So auch Schumacher, Christopher, Der deutsche Giftgaseinsatz im Ersten Weltkrieg und sein militärischer Sinn, in: Historische Mitteilungen der Ranke-Gesellschaft 9 (1996), S. 1–65.

299 L. F. Haber, Poisonous Cloud, S. 3.

300 Martinetz, Gaskrieg.

301 L. F. Haber, Poisonous Cloud, S. 131 weist nach, daß die von den englischen wie deutschen Gaskriegsverantwortlichen herausgegebenen Bulletins («Gas Warfare» bzw. «Mitteilungen der Chemischen Abteilung des Kriegsministeriums») in weiten Kreisen zirkulierten und auch in Feindeshand fielen, worauf sie eingestellt wurden. Die Lösung des Problems fand Haber in unaufhörlichen, erschöpfenden Reisen.

302 BAP, 15. 01: RMI, Nr. 26790, Bl. 26: Sitzungsprotokoll des KWI am 17. 3. 1933.

303 Auch in dem 1988 aus der Sowjetunion an die DDR zurückgegebenen «Trophäenbestand» aus dem Heeresarchiv finden sich keine einschlägigen Akten, vgl. Löbel, Forschungsmöglichkeiten, S. 143–149.

304 Mitteilung des Kriegsarchivs/Bayerisches Hauptstaatsarchiv vom 19. 10. 1994.

305 Herbert Freundlich an Rudolf Stern, 14. 12. 1940, zit. nach F. Stern, Haber, S. 63.

306 Zur Gesamtproblematik vgl. Messerschmidt, Kriegstechnologie, S. 63–110; auch L. F. Haber, Poisonous Cloud, S. 18 f., 290 f.

307 Als offizielle Dokumentation beider Haager Friedenskonferenzen von 1899 und 1907 vgl. The Reports of the Hague Conferences of 1899 and 1907, hg. von James Brown Scott (= Carnegie Endowment for International Peace. Division of International Law 11), Oxford u. a. 1917; zeitgenössisch aus deutscher Sicht vgl. Lammasch, Heinrich, Art. Die Haager Friedenskonferenzen von 1899 und 1907, in: Wörterbuch des Völkerrechts und der Diplomatie, hg. von Karl Strupp, Bd. 1, Berlin–Leipzig 1924, S. 449–453.

308 Den Wortlaut der Erklärung vom 29. 7. 1899 vgl. in: Reports, S. 170.

309 Vgl. Kruse, Hans, Art. Gaskrieg, in: Wörterbuch des Völkerrechts, hg. von Hans-Jürgen Schlochauer, Bd. 1, Berlin 1960, S. 615 f.; auch Messerschmidt, Kriegstechnologie, S. 73.

310 Im folgenden nach: Reports, S. 509 ff., hier S. 515 f.; Kruse, Gaskrieg, S. 615 f.; Messerschmidt, Kriegstechnologie, S. 72 f. mit zeitgenössischen Quellen.

311 BAMA, N221: NL Geyer, Nr. 32: Haber an Geyer, 1. 8. 1933. In diesem Schreiben referierte Haber die Geschichte der Phosgenverwendung, da er von einem eingebildeten ‹Phosgen-Erfinder› öffentlich denunziert worden war.

312 Duisberg, Lebenserinnerungen, S. 98 f.

313 Vgl. die Biographie von Vogt, Adolf, Oberst Max Bauer. Generalstabsoffizier im

Zwielicht 1869–1929 (= Studien zur Militärgeschichte, Militärwissenschaft und Konfliktforschung 6), Osnabrück 1974, die allerdings zum Beginn des Gaskriegs keine Ausführungen macht.

314 Vgl. die wegen der inzwischen vernichteten Quellen immer noch relevante ältere Biographie von Zwehl, Hans von, Falkenhayn, Berlin 1926 sowie vor allem jüngst Afflerbach, Holger, Falkenhayn. Politisches Denken und Handeln im Kaiserreich (= Beiträge zur Militärgeschichte 42), München 1994, der allerdings zum Beginn des Gaskriegs wenig ergiebig ist.

315 Emil Fischer an Duisberg, 20. 12. 1914, zit. nach W. Jaenicke, Bunsen-Gesellschaft, S. 71.

316 Vgl. Plumpe, I. G. Farbenindustrie, S. 86, bes. Anm. 84; Trumpener, Road, S. 464 f.; L. F. Haber, Poisonous Cloud, S. 24 f.; BAK, NL 22: Bauer, Nr. 1e, Fiche 2, Bl. 95 ff.: Denkschrift betr. den Gaskampf und Gasschutz, o. D. (1919), abgedruckt in: Brauch/Müller, Kriegführung, Nr. 1, S. 69–82, hier S. 69. Bauers Denkschrift sollte der deutschen Friedensdelegation Argumentationshilfe geben. Vgl. dazu auch Habers Zeugenaussage vor dem Reichstagsuntersuchungsausschuß am 4. 10. 1923, in: VW III/4, S. 19 f.

317 Einen kurzen biographischen Abriß vgl. HS 1507: Interviewprotokoll mit Hans Tappen, 31. 5. 1958, S. 8 f.

318 Biographische Daten bei Huber, Verfassungsgeschichte 5, S. 205, Anm. 53.

319 Vgl. HS 1507, Tappen-Interview, S. 1 f.; verkürzt in der Bauer-Denkschrift, in: Brauch/Müller, Kriegführung, S. 70; auf breiter Quellenbasis Trumpener, Road, S. 465 f., 469 f.; L. F. Haber, Poisonous Cloud, S. 25; auch Habers Aussage vor dem Reichstagsuntersuchungsausschuß am 4. 10. 1923, in: VW III/4, S. 20 f. (Haber, Fünf Vorträge, S. 86 f.); vgl. auch Wild von Hohenborn, Adolf, Briefe und Tagebuchaufzeichnungen des preußischen Generals als Kriegsminister und Truppenführer im ersten Weltkrieg, hg. von Helmut Reichold (= Schriften des Bundesarchivs 34), Boppard 1986, Nr. 30, S. 51: Wild an seine Frau, 8. 1. 1915.

320 L. F. Haber, Poisonous Cloud, S. 25 f.; Martinetz, Gaskrieg, S. 16–18.

321 Eine Kurzbiographie Albrecht Schmidts (3. 7. 1864–27. 5. 1945), der 1910 Prokurist, 1916 stellvertretendes Vorstandsmitglied der Farbwerke und 1925 ordentliches Vorstandsmitglied der IG Farben wurde, vgl. bei Rasch, Wissenschaft, S. 109, Anm. 12.

322 Vgl. dazu HS 515: A. Schmidt an Schmidt-Ott (Entwurf), 23. 11. 1914; Farbwerke an Kriegsministerium, 10. 11. 1915; HS 516 (auch 2223): A. Schmidt an Schmidt-Ott, 1. 7. 1917; A. Schmidt an Nernst, 24. 9. 1917. Zu Nernsts Arbeiten an Gasminen mit B- und C-Stoff vgl. auch L. F. Haber, Poisonous Cloud, S. 34, 38, 326, Anm. 69.

323 HS 1507, Interviewprotokoll, S. 1, 3; auch Stoltzenberg, Haber, S. 243.

324 HS 1494: Notiz Hartley; L. F. Haber, Poisonous Cloud, S. 27; Stoltzenberg, Haber, S. 243. Damit nahm Haber, wie Hartley anerkennend vermerkte, die 1916/17 von den Briten realisierte Idee des sog. Livens-Projektors vorweg. Livens war anfangs ebenfalls vom War Office abgewiesen worden, hatte seine Idee aber weiterverfolgt.

325 BAK, NL 22: Bauer, Nr. 1e, Fiche 2: Bauer-Denkschrift, Bl. 119, auch in: Brauch/Müller, Kriegführung, S. 76.

326 HS 1507, Tappen-Interview, S. 2 f.; vgl. auch Bauer, Krieg, S. 67 f.

327 Tagebucheintrag 3. 12. 1914 des Generals Max von Gallwitz, zit. nach Afflerbach, Falkenhayn, S. 260.

328 Fischer antwortete ausweichend. Er kannte zwar einen Stoff, wagte aber nicht, ihn zu empfehlen, damit, falls der Feind Kenntnis erhielt, Deutschland sich nicht ins eigene Fleisch schneide, vgl. Fischer an Duisberg, 20. 12. 1914, zit. nach W. Jaenicke, Bunsen-Gesellschaft, S. 71 f., und Martinetz, Gaskrieg, S. 18. Nach den vorliegen-

den Quellen stand er mit Haber in der Gassache nur in losem Kontakt, indem er für diesen beispielsweise den Inhalt feindlicher Gasgranaten chemisch bestimmen ließ, vgl. MPG; X/12: NL Fischer, Film 6: Haber an Fischer, 13. 3. 1915.

329 Vgl. z. B. LBI, New York: AR 7176, Adolf Frank coll., box 6, folder 1: Adolf Frank, Denkschrift: Verwendung von Brom und Chlor für Stinkbomben, 23. 12. 1914; übersandt am selben Tag an Haber und das Allgemeine Kriegsdepartement.

330 Duisberg an Hempel, 25. 1. 1915, zit. nach Plumpe, I. G. Farbenindustrie, S. 87; vgl. auch Hanslian, Ypern, S. 77.

331 Hoffmann, Max, Der Krieg der versäumten Gelegenheiten (1923), in: Die Aufzeichnungen des Generalmajors Max Hoffmann, hg. von Karl Friedrich Nowak, Berlin 1929, Bd. 2, S. 5–228, hier S. 107f.

332 Vgl. Trumpener, Road, S. 467f., 470, der sich vor allem auf den Nachlaß Gerhard Tappen (Kriegstagebuch, Korrespondenz) im Bundesarchiv/Militärarchiv in Freiburg stützt und damit eine breite, zuverlässige Quellengrundlage für die Anfänge des Gaskriegs besitzt.

333 Geyer, Gaskrieg, S. 299. Geyers positive Äußerung über Haber ist insofern bemerkenswert, als dieser zum Veröffentlichungszeitpunkt 1936 längst zur Unperson der Nazis geworden war.

334 Trumpener, Road, S. 470ff.; vgl. auch die Stellungnahme von Peterson in Hanslian, Ypern, S. 95ff. Spiers, Chemical Warfare, S. 16f. verweist darauf, daß zwar die deutschen Gasangriffe im Frühjahr 1915 in der Tat nur minimale taktische Erfolge darstellten, andererseits aber die alliierten Pläne einer Frühjahrsoffensive zerstört hätten.

335 Rupprecht, Kronprinz von Bayern, Mein Kriegstagebuch, hg. von Eugen von Frauenholz, 3 Bde., Berlin 1929, hier Bd. 1: 1. 3. 1915, S. 305.

336 HS 1507: Interviewprotokoll, S. 2.

337 Carl von Einem an seine Frau, 1. 2. 1917, in: Wild von Hohenborn, Briefe, S. 167, Anm. 2; zu Einems Bedenken vgl. auch Trumpener, Road, S. 473.

338 Brodie, Bernard, Defense and Technology, in: Technological Review 43 (1941), S. 109, zit. nach Roland, Science, S. 272.

339 Vgl. z. B. die Aussage des Generalstabsoffiziers Tattenbach; in: Hanslian, Ypern, S. 109; Bauer, Krieg, S. 70; Afflerbach, Falkenhayn, S. 213.

340 Zur Kritik an Falkenhayn ausführlich ebenda, S. 211ff.

341 Trumpener, Road, S. 470f., bes. Anm. 37; L. F. Haber, Poisonous Cloud, S. 28.

342 HS 1113: Haber an Max Mayer, 9. 10. 1919; HS 1220: Ilse an Else Freyhan, 16. 2. 1934.

343 Deimling, Zeit, S. 201.

344 VW III/4, S. 13. Die Ausnahme waren die seit 1916 verwendeten reinen Gasgeschosse.

345 HS 856 (auch 985): Haber an Engler, 12. 6. 1915; ausführlich Hahn, Otto, Mein Leben, München 1968, S. 117, wo er seine Erlebnisse als Gaspionier ausführlich schildert.

346 Vgl. dazu die späteren Aussagen zweier Mitglieder der Gastruppen, Franz Richardt und Otto Lummitzsch, in HS 1494 bzw. 1480 (auch 534); auch Stoltzenberg, Haber, S. 245; L. F. Haber, Poisonous Cloud, S. 30; ausführlich Peterson, Generalmajor a. D., Die Pioniergaswaffe und der Gaskampf im Abblase- und Werferverfahren, in: Das Ehrenbuch der deutschen Pioniere, Berlin o. J. [1931], S. 563–565.

347 Vgl. z. B. Hahn, Leben, S. 117f.

348 Vgl. Habers Aussage vor dem Untersuchungsausschuß am 4. 10. 1923, in: VW III/4, S. 15 (auch in: Haber, Fünf Vorträge, S. 78f.) oder seinen Vortrag «Die Chemie im

Kriege» vor Offizieren des Reichswehrministeriums am 11. 11. 1920, in: ders., Fünf Vorträge, S. 34f.; so auch die Bauer-Denkschrift in: Brauch/Müller, Kriegführung, S. 71. Als Beispiele aus den dreißiger Jahren: J. Meyer, Gaskampf, S. 226ff.; mit identischer Argumentation auch der Toxikologe und Stabsarzt Otto Muntsch 1932, zit. nach Kästner, Diskussion, S. 51. Muntsch zog seine Schlußfolgerung aus der geringen Zahl von Rentenempfängern infolge Kampfstoffvergiftung, deren Anerkennung allerdings in Deutschland sehr restriktiv gehandhabt wurde, vgl. ebenda, S. 49. Zu Muntsch ausführlich dies./Hahn, Susanne, Der Toxikologe Otto Muntsch (1890–1945) und die deutsche Kampfstofforschung, in: «1999» 9/Heft 3 (1994), S. 42–50.

349 HS 860: Haber an Duisberg, 26. 2. 1919; Haber, Die Chemie im Kriege, in: ders., Fünf Vorträge, S. 28. Die Analogsetzung von konventioneller und chemischer Kriegführung mit dem Dame- und Schachspiel scheint ein Topos der Gaskriegsprotagonisten zu sein. Sie findet sich auch in der Bauer-Denkschrift, in: Brauch/Müller, Kriegführung, S. 82.

350 Über den Vornamen von Peterson besteht Unsicherheit: Max nach HS 2311: Mitgliederverzeichnis des Offiziersvereins der ehemaligen Gastruppen e. V., o. D. [aus NL Hahn]; dagegen Otto nach L. F. Haber, Poisonous Cloud. In den Akten und zeitgenössischen Publikationen wird kein Vorname erwähnt.

351 HS 1480: Lummitzsch, Erinnerungen, S. 1 f. Der Chemiker Ludwig Hermann (1882–1938) war 1911 in die Höchster Farbwerke eingetreten, wo er mehrere leitende Positionen innehatte. 1933 wurde er als Nachfolger von Paul Duden Vorstandsmitglied der IG Farben, vgl. Heine, Verstand, S. 89f.

352 Peterson, Pioniergaswaffe, S. 563; HS 1480: Lummitzsch, Erinnerungen, S. 1f.; HS 1494: Franz Richardt, Notizen über meine Arbeiten unter Haber im Frieden und im Krieg 1914–1918, o. J., S. 5; HS 1469: A. Kopff an Jaenicke, 9. 1. 1955; Hanslian, Ypern, S. 13; L. F. Haber, Poisonous Cloud, S. 30; Stoltzenberg, Haber, S. 244ff. Zur englischen «Special Brigade» vgl. Richter, Donald, Chemical Soldiers. British Gas Warfare in World War I, Kansas 1992. Eine vergleichbare Untersuchung der deutschen Gaspioniere fehlt.

353 HS 1452: Leonard Grebe an Jaenicke, 17. 10. 1955; HS 1453: Gesprächsnotiz Otto Hahn, 12. 1. 1955, S. 2f.

354 HS 2311: Mitgliederverzeichnis des Offiziersvereins der ehemaligen Gastruppen e. V., o. D. [NL Hahn]. Die Liste enthält 147 Namen. Abgedruckt in Martinetz, Gaskrieg, S. 167–171.

355 Hahn, Leben, S. 118; HS 1453: Gesprächsnotiz Otto Hahn, 12. 1. 1955, S. 2. Weitere Namen auch weniger bekannter Wissenschaftler vgl. bei Stoltzenberg, Haber, S. 245f. und Martinetz, Gaskrieg, S. 22 aufgrund der Erinnerungen von Richardt und Westphal. Stoltzenbergs Angaben zu Madelung und Westphal beziehen sich irrtümlich auf Namensvettern.

356 Groehler, Tod, S. 27.

357 HS 1494: Richardt, Notizen; Stoltzenberg, Haber, S. 244; Hahn, Leben, S. 118.

358 HS 1449: Notiz über Interview mit Franck, 16./17. 4. 1958, S. 3f.

359 Born, Max, Mein Leben. Die Erinnerungen des Nobelpreisträgers, München 1975, S. 235, 261. Der erste Teil der Autobiographie wurde 1944/48, der zweite 1961/63 verfaßt.

360 Westphal, Wilhelm Heinrich, 68 Jahre als Physiker in Berlin, in: Phys. Blätter 28 (1972), S. 258–265, hier S. 261.

361 HS 1480: Lummitzsch, Erinnerungen, S. 5; Hahn, Leben, S. 117f., 124; F. Stern, Haber, S. 77, Anm.

362 Hahn, Leben, S. 130. Hahn war durch den Anblick sterbender gasvergifteter russischer Soldaten später allerdings nach eigenen Worten «tief beschämt und innerlich sehr erregt», vgl. ebenda, S. 132. Vgl. auch Westphal, 68 Jahre, S. 261–263.

363 Vgl. die Erinnerung des Generalstabsoffiziers Graf von Tattenbach, in: Hanslian, Ypern, S. 99, 108; auch Bauer, Krieg, S. 69.

364 Vgl. dazu die bei Stoltzenberg, Haber, S. 244 ff. wiedergegebenen Zeitzeugenaussagen.

365 So Tattenbach, in: Hanslian, Ypern, S. 106.

366 Vorbereitungen und Durchführung des Gasangriffs bei Ypern sind oft beschrieben worden, so daß hier einige Titel (dort Verweise auf weitere Literatur) in Auswahl genügen: Hanslian, Ypern; Peterson, Pioniergaswaffe, S. 563 f.; Stoltzenberg, Haber, S. 248 ff.; Groehler, Tod, S. 29 ff.; L. F. Haber, Poisonous Cloud, S. 30 ff.; Martinetz, Gaskrieg, S. 23–26.

367 HS 1480: Lummitzsch, Erinnerungen, S. 6.

368 L. F. Haber, Poisonous Cloud, S. 273.

369 Bauer, Krieg, S. 70.

370 Vgl. HS 1515 (auch GLA, 235/2049): Standesliste Habers.

371 HS 1480: Lummitzsch, Erinnerungen, S. 6. Der frühere Rang Habers ist hier fälschlich mit Vizefeldwebel d. R. angegeben. Vgl. auch Stoltzenberg, Haber, S. 251; Schmidt-Ott, Erlebtes, S. 124; Frucht/Zepelin, Tragik, S. 91.

372 R. Stern, Recollections, S. 76.

373 Goran, Story, S. 75.

374 Ebenda; Frucht/Zepelin, Tragik, S. 91.

375 Willstätter, Leben, S. 230; Schmidt-Ott, Erlebtes, S. 124.

376 Stern, Haber, S. 74; ders., Freunde, S. 529.

377 Es soll sich um Habers Schwager und Freund, Hauptmann Fritz Meffert, den Mann von Clara Immerwahrs Schwester Lotte, gehandelt haben, vgl. HS 301, 1439, 1490: Notiz über ein Interview mit Adelheid Noack, der Nichte Mefferts, am 19. 11. 1959, S. 1.

378 HS 1453: Notiz Otto Hahn, 12. 1. 1955, S. 3.

379 HS 1623: Haber an Valentini, 2. 1. 1916, Bl. 1, 5; Abschrift in BAK, NL 15: Schwertfeger, Nr. 209, Bl. 37.

380 Der Rang eines Rates 5. Klasse bzw. Hauptmanns kam den außerordentlichen Professoren zu, vgl. Busch, Alexander, Die Geschichte des Privatdozenten. Eine soziologische Studie zur großbetrieblichen Entwicklung der deutschen Universitäten (= Göttinger Abhandlungen zur Soziologie 5), Stuttgart 1959, S. 100, 143; Bornhak, Conrad, Die Rechtsverhältnisse der Hochschullehrer in Preußen. Zum praktischen Gebrauche, Berlin 1901, S. 49 f.

381 Vgl. HS 648: Liste der Ehrungen; HS 1689: interne Akte des Kultusministeriums [1918]; HS 2296: Bredig/Abt. für Chemie an Rektor und Senat, 13. 10. 1915; HS 2297: Haber an Leopoldina, 6. 7. 1927, mit einer Aufzählung der Doktorwürden; HS 996: Haber an Marianne Friedländer, 15. 4. 1933.

382 HS 1623: Haber an Valentini, 2. 1. 1916, Bl. 2, 4; Haber an Valentini, 15. 1. 1916; Abschriften in BAK, NL 15: Schwertfeger, Nr. 209, Bl. 37, 39.

383 Vgl. dazu Kitchen, Relations, S. 40 ff.

384 Aussage von Prof. Woltersdorf, in: Hanslian, Ypern, S. 113.

385 M. Hoffmann, Krieg, S. 173. Auf diese Quelle gehen zurück: Coates, Haber, S. 145; Goran, Significance, S. 402; ders., Story, S. 70. Zuverlässig überliefert wird diese Episode von Westphal, 68 Jahre, S. 261 f., der in seiner Eigenschaft als Adjutant der Heeresgasschule in Berlin Haber in die Sitzung begleitete. Vgl. auch Hanslian,

Ypern, S. 117f. Hanslian warf Haber Versagen vor, da er aus seiner richtigen Erkenntnis heraus den vorzeitigen Einsatz der Gaswaffe hätte verhindern und mit seiner Autorität als Fachmann den Militärs gegenüber «ultimative Forderungen» hätte stellen müssen.

386 L. F. Haber, Poisonous Cloud, S. 133f.; Stoltzenberg, Haber, S. 257.

387 Vgl. Frucht/Zepelin, Tragik, S. 85. Die Datierung ist unklar. Noch L. F. Haber, Poisonous Cloud, S. 139 mußte sich mit Angaben wie «some time in 1916» begnügen.

388 Handbuch über den Kgl. Preußischen Hof und Staat für das Jahr 1918 (Stand: 31. 3. 1918), S. 142.

389 Vgl. als Beispiel MPG, X/12: NL Fischer, Film 6: Haber/Zentralstelle an Deutsche Chemische Gesellschaft, 1. 7. 1916. Haber erhob «keine Bedenken» gegen die Versendung des Chemischen Zentralblattes I, 26, Jg. 1916, wohl aber gegen die Verschickung der Berichte der Deutschen Chemischen Gesellschaft 49, Nr. 10 wegen eines Absatzes.

390 Vgl. HS 1594, 1595: Mitteilungen der Chemischen Abteilung des Kriegsministeriums, Nr. XIII, April 1917 (Sonderheft) und Nr. XXIII, Februar 1918 (Sonderheft).

391 Vgl. dazu die in BASF, P 71/1 abgelegten Schreiben, Verträge und Kalkulationen aus der zweiten Jahreshälfte 1918.

392 Vgl. dazu BASF, P 71/2: Haber/A 10 an BASF, 3. 10. 1918, und weitere Korrespondenz.

393 Spiers, Chemical Warfare, S. 27; eine vergleichende Tabelle der Kampfgasproduktion von Deutschland, Frankreich, England und den USA 1915–1918 vgl. bei Groehler, Tod, S. 60 und L. F. Haber, Poisonous Cloud, S. 170.

394 HS 516: Haber/Zentralstelle an Farbwerke, 30. 5. 1916.

395 Ausführlich über den Anteil der einzelnen Chemieunternehmen an der Kampfstoffproduktion L. F. Haber, Poisonous Cloud, S. 156ff.; für England und Frankreich ebenda, S. 149ff.

396 Ebenda, S. 139f., Zitat S. 139; HS 535: L. F. Haber an Jaenicke, 31. 8. 1972, Anlage.

397 L. F. Haber, Poisonous Cloud, S. 309; ausführlich GStA, I. HA, Rep. 76, Vc, Sekt. 2, Tit. 23, Litt. A, Nr. 108, Bd. II, Bl. 386f.: Haber an Kultusminister Schmidt-Ott, 25. 12. 1917 sowie Anlage: Lebenslauf Epsteins; ebenda, Bl. 440 (auch HS 1680): Kultusminister Haenisch an Haber, 16. 12. 1918.

398 L. F. Haber, Poisonous Cloud, S. 128, 140f.; dazu auch Stoltzenberg, Haber, S. 256f.

399 Vgl. L. F. Haber, Poisonous Cloud, S. 140, Diagramm 7.1. Gaskurse für Ärzte, Offiziere und Gasoffiziere wurden zuerst bei den Chemiefirmen, später bei der Heeresgasschule in Berlin abgehalten, vgl. Koetzle, Hermann, Das Sanitätswesen im Weltkrieg 1914–1918 (= Württembergs Heer im Weltkrieg 18), Stuttgart 1924, S. 68.

400 Szöllösi-Janze, Margit/Trischler, Helmuth (Hg.), Großforschung in Deutschland (= Studien zur Geschichte der deutschen Großforschungseinrichtungen 1), Frankfurt–New York 1990, S. 14; Sitzungsberichte der Preußischen Akademie der Wissenschaften 1890, S. 792.

401 Vgl. dazu auch Smandek, Bernhard, Fritz Haber – Wissenschaft zwischen Sprengstoff, Kunstdünger und Giftgas, in: Tschirner, Martina/Göbel, Heinz-Werner (Hg.), Wissenschaft im Krieg – Krieg in der Wissenschaft, Marburg 1990, S. 241–247, hier S. 244, 246.

402 L. F. Haber, Poisonous Cloud, S. 128; das Zitat aus HS 543: Wille an Hase, 12. 10. 1956; HS 1478: Lommel an Jaenicke, 18. 3. 1955.

403 Vgl. dazu die zahlreichen Schreiben des Allgm. Kriegsdepartements an die Militär-

kasse in: GStA, I. HA, Rep. 76, Vc, Sekt. 2, Tit. 23, Litt. A, Nr. 108, Bd. II, Bl. 295, 299, 307, 309, 311.

404 Ebenda, Bl. 327–329 (auch HS 1678): Allgm. Kriegsdepartement/Haber an Kriegsminister, 9. 10. 1916 (in Abschrift des Kultusministeriums).

405 Ebenda, Bl. 319–324 (auch HS 1671): Kriegsminister an Kultusminister, 27. 10. 1916, mit Anlage; Kurzprotokoll des Stiftungsrats, 7. 11. 1916, weitere Korrespondenz dazu ebenda, Bl. 325 f., 330 f. Dazu auch Stoltzenberg, Haber, S. 252.

406 Vgl. HS 1633: Abkommen mit dem KWI für Chemie, 30. 11. 1916 und 27. 2. 1917; HS 1680: KWI an Kultusministerium, 15. 10. 1918.

407 Meffert gehörte im Ersten Weltkrieg ebenfalls dem Gaspionierregiment 35 an, ohne daß dies genauer datierbar wäre, vgl. HS 2311: Mitgliederverzeichnis des Offiziers-Vereins der ehem. Gastruppen e. V., o. J. (aus NL Hahn); HS 1507: Tappen-Interview, 31. 5. 1958, S. 3. Tappen war seit 1. 4. 1916 in Habers Zentralstelle im Kriegsministerium beschäftigt. Er arbeitete später nebenbei auch in der Abteilung G des KWI zur Überwachung der Produktion von Gasgranaten.

408 Dazu ausfürlich Burchardt, Lothar, Die Kaiser-Wilhelm-Gesellschaft im Ersten Weltkrieg (1914–1918), in: Vierhaus/vom Brocke, Forschung, S. 163–196, hier S. 176–191, 193 f.; zur Luftfahrtforschung vgl. u. a. Trischler, Helmuth, Luft- und Raumfahrtforschung in Deutschland 1900–1970. Politische Geschichte einer Wissenschaft, Frankfurt–New York 1992, S. 89 ff.

409 HS 1904: Haber, Denkschrift über Aufgaben und Einrichtungen eines KWI für angewandte physikalische und Biochemie, 18. 9. 1917 (im folgenden: Denkschrift Gasinstitut), S. 2.

410 L. F. Haber, Poisonous Cloud, S. 127 f.

411 HS 860: Haber an Duisberg, 26. 2. 1919.

412 Haber, Fünf Vorträge, S. 36, 39.

413 Denkschrift Max Bauer, in: Brauch/Müller, Kriegführung, S. 81; J. Meyer, Gaskampf, S. 205 f.

414 Dräger-Geräte an die Front!, in: Draeger-Hefte. Periodische Mitteilungen des Draegerwerkes Lübeck, 2. Aufl. April 1922 (1. Aufl. Febr. 1919), S. 4; HS 515, 856: Haber an Drägerwerke, Köln, 25. 3. 1915; HS 534: Lummitzsch, Erinnerungen, S. 2 sowie Stellungnahme von Dr. Heinrich Dräger, 19. 9. 1955; ausführlich Stoltzenberg, Haber, S. 283 f.

415 Sauerstoffgeräte blieben jedoch weiter im Einsatz, v. a. bei Kohlenoxyd- und Minengasgefahr und starker Verqualmung. Vorzugsweise wurde Sanitäts- und Rettungsmannschaften mit den Apparaten des fortentwickelten Dräger-Typs ausgestattet, vgl. dazu ausführlich: HS 526, KWIphCh, Abt. C und F: Gasschutz, Bd. VII: Sauerstoffgerät. Vgl. auch Koetzle, Sanitätswesen, S. 41 f., 68 sowie Gradmann, Vornehmlich, S. 141.

416 HS 961: Haber an Duisberg, 14. 8. 1915.

417 HS 1478: W. Lommel an Jaenicke, 18. 3. 1955; BAK, NL 22: Bauer, Nr. 11, Fiche 1: Duisberg an Bauer, 24. 7. 1917, S. 4 f.; L. F. Haber, Poisonous Cloud, S. 67, vor allem aufgrund des Hartley-Reports, der die wichtige Chronologie der Entwicklungsgeschichte rekonstruiert.

418 HS 1445: Stellungnahme Heinrich Dräger, 19. 9. 1955.

419 L. F. Haber, Poisonous Cloud, S. 67, 160, 352, Anm. 36; auf derselben Basis auch Stoltzenberg, Haber, S. 258 f., 284; GStA, I. HA, Rep. 76, Vc, Sekt. 2, Tit. 23, Litt. A, Nr. 108, Bd. II, Bl. 316–318: Koppel an Kultusministerium, 12. 10. 1916; Genehmigung des Staatsministeriums (Entwurf), 30. 10. 1916; HS 856, 961: Haber an Medizinalabteilung, 28. 9. 1915, mit Kopie an Duisberg «privatim».

420 HS 1478: W. Lommel an Jaenicke, 18. 3. 1955; BAK, NL 22: Bauer, Nr. 11, Fiche 1: Duisberg an Bauer, 24. 7. 1917, S. 4f. Duisberg berichtete über Fehlversuche mit Natronkalk-Kohle-Filtern und über technische Probleme der Ausatmungsventile. Über die chemisch-technische Seite Stoltzenberg, Haber, S. 285f. Die Entscheidungen im Einzelfall kamen, wie so oft in der Wissenschaft, auch auf wenig ‹wissenschaftliche› Weise zustande. Wie Lommel ausführte, war das zum Aufsaugen der chemischen Lösung am besten geeignete Material umstritten, für das Pick Torf vorschlug, Voltz aber Diatomit. Die Entscheidung fiel im Vorgarten des KWI nach einem 15minütigen Ballspiel mit einem Paket aus je drei Diatomit- bzw. Torfeinsätzen, bei dem sich erstere als stabiler erwiesen.

421 Willstätter, Leben, S. 237f., dort auch wörtliche Wiedergabe des Schreibens von Kriegsminister v. Stein, 13. 2. 1917; BAK, NL 22: Bauer, Nr. 11, Fiche 1: Duisberg an Bauer, 24. 7. 1917, S. 4f.; dazu auch Haber, Fritz, Zum sechzigsten Geburtstage von Richard Willstätter, in: Die Naturwissenschaften 20 (1932), S. 601f.; L. F. Haber, Poisonous Cloud, S. 70; Stoltzenberg, Haber, S. 286f.

422 Willstätter, Leben, S. 239.

423 HS 1478: Lommel an Jaenicke, 18. 3. 1955; HS 856, 961: Haber an Medizinalabteilung, 28. 9. 1915; dort auch weitere Korrespondenz mit Duisberg, die die großen administrativen Probleme widerspiegelt.

424 Vgl. HS 1671 (auch GStA, I. HA, Rep. 76, Vc, Sekt. 2, Tit. 23, Litt. A, Nr. 108, Bd. II, Bl. 320–323): Aufstellung der Mitarbeiter und Abteilungen des KWI, o. D., als Anlage zu ebenda, Bl. 319: Kriegsminister an Kultusminister, 27. 10. 1916 (im folgenden: KWI-Aufstellung).

425 L. F. Haber, Poisonous Cloud, S. 127, Diagramm 6.3.

426 HS, Dep. L. Haber, Nr. 61: Pick an Coates, 21. 2. 1935; Z. anorg. Chem. 51 (1906), S. 1; L. F. Haber, Poisonous Cloud, S. 128, 309. Ort und Datum von Picks Tod sind ungeklärt. Nach ebenda, S. 309 starb er im KZ Theresienstadt. In Theresienstadt starb 1943 (?) der Mathematiker Georg Alexander Pick (geb. 10. 8. 1859 in Wien), was natürlich nicht ausschließt, daß auch Hans Pick dort umkam.

427 HS 1671: KWI-Aufstellung, Bl. 321.

428 HS 1814: Vertragsentwurf des KWIphCh für Herzog, 31. 12. 1918; Herzfeld, K. F., Reginald Oliver Herzog, in: Science, New Series 81 (1935), S. 607f.; NDB 8, 1969, S. 740f. (Hermann Mark); L. F. Haber, Poisonous Cloud, S. 309.

429 Einen kurzen, sehr verständlich verfaßten Abriß zu Freundlich vgl. bei Engel, Michael, Geschichte Dahlems, Berlin 1984, S. 219f.; NDB 5, 1961, S. 413f.; L. F. Haber, Poisonous Cloud, S. 127, Diagramm 6.3. Ausführlich zu Freundlich vgl. Donnan, F. G., Herbert Freundlich, 1880–1941, in: Journal of the Chemical Society 1942, Part II, Reprint London – New York 1959, S. 646–654, hier S. 647.

430 Zu Kerschbaum vgl. GStA, I. HA, Rep. 76, Vc, Sekt. 2, Tit. 23, Litt. A, Nr. 108, Bd. II, Bl. 386: Haber an Kultusministerium, 25. 12. 1917; ebenda, Bl. 388: Lebenslauf, 12. 1. 1918; ebenda, Bd. 443 (auch HS 1678): Kultusministerium an Kerschbaum, 20. 12. 1918; Ch. Haber, Leben, S. 126; HS 316: Quasebarth an Jaenicke, 1955.

431 L. F. Haber, Poisonous Cloud, S. 108f.

432 Günther, Haber, S. 23.

433 Tätigkeitsbericht der Abt. D/KWI, 1. 10. 1917–9. 11. 1918, Einleitung, zit. nach Stoltzenberg, Haber, S. 261.

434 Vgl. J. Meyer, Gaskampf, S. 83f.; Flury, Ferdinand, Über Kampfgasvergiftungen. I. Über Reizgase, in: Zeitschrift für die gesamte experimentelle Medizin 13 (1921), S. 1–15, hier S. 9ff.; Peters, Gerhard, Chemie und Toxikologie der Schädlingsbekämpfung (= Sammlung chemischer und chemisch-technischer Vorträge, N. F. 31),

Stuttgart 1936, S. 56ff. Die Formel lautet c x t = Z x G/A, wobei c den Kampfstoff im Kubikmeter eingeatmeter Luft (in mg), t die Zeit (in min), Z den Zahlenwert, bei dem die tödliche Erkrankung beobachtet wird, G das Gewicht des Individuums (in kg) und A die eingeatmete Luft pro Minute (in m^3) angeben. Eine Liste mit den Haberschen Tödlichkeitsprodukten der im Ersten Weltkrieg verwendeten Kampfstoffe vgl. bei Martinetz, Gaskrieg, S. 176f.

435 Eine Anforderungsliste vgl. bei Stoltzenberg, Haber, S. 240f.; auch Spiers, Chemical Warfare, S. 4f.; V. Adams, Chemical Warfare, S. 7ff.

436 Z. Elektrochem. 17 (1911), S. 592.

437 BAMA, N 221: NL Geyer, Nr. 32: Haber an Geyer, 1. 8. 1933.

438 BAK, NL 22, Bauer: Nr. 11, Fiche 1: Duisberg an Bauer, 3. 3. 1915; Hahn, Leben, 6. Aufl., S. 131f.; Stoltzenberg, Haber, S. 259f.; Spiers, Chemical Warfare, S. 21f.; V. Adams, Chemical Warfare, S. 33f.

439 Kurz vor Kriegsschluß sollte das Blasverfahren in abgewandelter Form als Reaktion auf das Ende des Stellungskriegs und die Auflösung der erstarrten Fronten wieder aufgenommen werden: Auf Raupenschleppern als «Kampfwagen» montierte Gasflaschen sollten in möglichster Nähe zu den feindlichen Linien, unterstützt von Scheinangriffen mit Nebel an anderen Stellen, überraschend abgeblasen werden. Haber erarbeitete dafür eine besondere Dienstvorschrift, «Gas und Nebel in der Angriffsschlacht». Der Waffenstillstand verhinderte einen Fronteinsatz, vgl. HS 534, 1480: Lummitzsch, Erinnerungen, S. 8.

440 Der ‹erfolgreichste› Blasangriff bei Bolimow am 31. 5. 1915, als auf 12 km Front 12000 Chlorgasflaschen abgeblasen wurden, forderte nach den zugänglichen Zahlen zwischen 3000 bis 9000 Gasverletzte und zwischen 1000 bis 6000 Tote, vgl. Martinetz, Gaskrieg, S. 26f. Im Dritten Reich vermerkte J. Meyer, Gaskampf, S. 212f. dazu lakonisch «0,76 vernichtete Gegner» pro Gasflasche.

441 V. Adams, Chemical Warfare, S. 34f.; Spiers, Chemical Warfare, S. 23f.; Stoltzenberg, Haber, S. 260f.; ausführlich Groehler, Tod, S. 42ff. mit eindringlichen Schilderungen des deutschen Grünkreuzangriffs vor Verdun.

442 Wild von Hohenborn, Briefe, Nr. 105, S. 167: Tagebucheintrag vom 22. 6. 1916.

443 Im folgenden, wenn nicht anders vermerkt, nach HS 1904: Haber, Denkschrift Gasinstitut, 18. 9. 1917, bes. S. 2 sowie Anhang; vgl. auch HS 535: L. F. Haber an Jaenicke, 31. 8. 1972, Anlage; Stoltzenberg, Haber, S. 253f.

444 Diese Zahlen aus einem Lebenslauf, den Haber am 6. 7. 1927 an die Leopoldina nach Halle schickte, vgl. HS 2297.

445 Martinetz, Gaskrieg, S. 30, nach Roy Macleod.

446 L. F. Haber, Poisonous Cloud, S. 205.

447 Ebenda, S. 127 datiert aufgrund des Hartley-Reports die Gründung der Abteilung D auf Frühjahr 1916; da jedoch die oben ausgewertete KWI-Aufstellung, die sie nicht erwähnt, zwar kein Datum hat, aber die Anlage zu einem Schreiben von Ende Oktober 1916 bildet, wird hier der unmittelbaren Überrestquelle gefolgt, zumal auch der Eintritt Wielands in das KWI bei Hartley falsch datiert wird.

448 Vgl. Degeners Wer ist's, X. Ausg., S. 1546.

449 Vgl. dazu Martinetz, Dieter, Zur Entwicklung und zum Einsatz von Schwefel-Lost (Gelbkreuz) als bedeutendstem chemischen Kampfstoff im Ersten Weltkrieg, in: MGM 55 (1996), S. 355–379.

450 Eine ausführliche Darstellung vgl. bei Groehler, Tod, S. 56ff.

451 Den zeitgenössischen Wissensstand zum Lost vgl. in dem den Kampfgasvergiftungen gewidmeten 13. bzw. 14. Jg. der Zeitschrift für die gesamte experimentelle Medizin (1921): Flury, Ferdinand/Wieland, Hermann: Über Kampfgasvergiftungen.

VII. Die pharmakologische Wirkung des Dichloräthylsulfids, S. 367–483; Heitzmann, Otto, Über Kampfgasvergiftungen. VIII. Die pathologisch-anatomischen Veränderungen nach Vergiftung mit Dichloräthylsulfid unter Berücksichtigung der Tierversuche, S. 484–522; Velden, Reinhard von den, Klinik der Erkrankungen nach Dichloräthylsulfidvergiftung, Jg. 14, S. 1–27.

452 Vgl. Kästner, Diskussion, S. 48.

453 HS 1478: Lommel an Jaenicke, 18. 3. 1955; Stoltzenberg, Haber, S. 266 ff. mit ausführlicher Darstellung der Herstellungswege.

454 Günther, Haber, S. 24.

455 HS 484: Elisabeth Freund, Zum Stammbaum der Familie Haber, 30. 9. 1957, S. 4.

456 HS 522 (auch BASF, P 71, Kampfstoffe, 1/1): Besprechungsprotokoll mit Vertretern der Industrie über den Stand der Gaskampfstoffe (im folgenden: Protokoll Kampfstoffe), 15. 5. 1918, Bl. 6 f., 11.

457 Spiers, Chemical Warfare, S. 25; Groehler, Tod, S. 58 f.; Stoltzenberg, Haber, S. 297.

458 Vgl. HS 1671: KWI-Aufstellung, (27. 10. 1916).

459 MPG, I 1 A, Nr. 1971: Fischer und Haber an Harnack, 12. 2. 1917; das Zitat aus Dorsch, Peter, Heinrich Wieland und das Chemische Institut der Universität München in der Zeit des Nationalsozialismus, masch. Mag. München 1994, hier S. 14.

460 Vgl. HS 522: Protokoll Kampfstoffe, 15. 5. 1918, Teilnehmerliste; Heine, Verstand, S. 110 f.

461 Eine Aufstellung von 30 Lost-Verbindungen in: HS 522, Protokoll Kampfstoffe, 15. 5. 1918, Anlage 6 abgedruckt in: Martinetz, Gaskrieg, S. 85.

462 Tätigkeitsbericht der Abt. D/KWI, 1. 10. 1917–9. 11. 1918, zit. nach Stoltzenberg, Haber, S. 268 f.

463 L. F. Haber, Poisonous Cloud, S. 114 f.; Groehler, Tod, S. 56; Stoltzenberg, Haber, S. 269 f.

464 Ebenda, S. 270. Eine Aufstellung der hergestellten Clarkverbindungen vgl. in: HS 522: Protokoll Kampfstoffe, 15. 5. 1918, Anlage 5. Aufgeführt werden 31 Verbindungen, doch wurden von den rund 45 Stoffen der sog. «Pfiffikus»-Gruppe nur einige aufgenommen, vgl. ebenda, Bl. 14 abgedruckt in: Martinetz, Gaskrieg, S. 39 f.; ausführlich zu den Blaukreuzsubstanzen ebenda, S. 76–78.

465 L. F. Haber, Poisonous Cloud, S. 114 f., 127, Diagramm 6.3.

466 Bothe, Walther, Erich Regener 70 Jahre, in: Zeitschrift für Naturforschung 6 a (1951), S. 565–567; Hahn, Otto, Erich Regener und die Max-Planck-Gesellschaft, in: ebenda, S. 568 f.; Vierhaus/vom Brocke, Forschung, S. 467.

467 L. F. Haber, Poisonous Cloud, S. 114. Stoltzenberg, Haber, S. 270 erwähnt die Gasbüchse kurz in Zusammenhang mit der Abteilung D; Regeners Abteilung K kommt bei ihm nicht vor. Vgl. auch HS 1904: Haber, Denkschrift, 18. 9. 1917, S. 11; HS 522: Protokoll Kampfstoffe, 15. 5. 1918, Teilnehmerliste.

468 HS, Dep. L. Haber, Nr. 61: Pick an J. E. Coates, 21. 2. 1935. In Zusammenarbeit mit dem Haber-Institut leitete Neuberg im ersten Halbjahr 1917 auch die Entwicklung eines Gasschutzgerätes für Pferde, vgl. HS 1695; Tätigkeitsbericht Neubergs 1. 4. 1916–1. 9. 1917, S. 3. Neubergs Berichte fassen sämtliche für die Heeresverwaltung geleisteten Forschungsarbeiten der chemischen Abteilung zusammen, darunter u. a. Arbeiten zum Ersatz von Seife und Glyzerin; vgl. dazu auch Burchardt, KWG im Weltkrieg, S. 167.

469 Zur Datierung der Gründung der Abteilung E gilt dasselbe wie oben; die KWI-Aufstellung vom Oktober 1916 führt Flury noch als Mitarbeiter Kerschbaums auf. Zu Flurys Biographie vgl. NDB 5, 1961, S. 264 f. (Wilhelm Neumann); Groehler, Tod, S. 286; Reichshandbuch der deutschen Gesellschaft. Das Handbuch der Per-

sönlichkeiten in Wort und Bild, 2 Bde, Berlin 1930/31, hier Bd. 1, S. 460; Henschler, Dietrich, Zur Entwicklung von Pharmakologie und Toxikologie, in: Vierhundert Jahre Universität Würzburg. Eine Festschrift, hg. von Peter Baumgart (= Quellen und Beiträge zur Geschichte der Universität Würzburg 6), Neustadt an der Aisch 1982, S. 1031–1046, hier S. 1037–1041.

470 HS 522: Protokoll Kampfstoffe, 15. 5. 1918, Bl. 3: Teilnehmerliste; Henschler, Entwicklung, S. 1037. Als Beispiele für Publikationen: Flury/Wieland, Kampfgasvergiftungen VII; Flury, Ferdinand/Zernik, Franz, Schädliche Gase, Dämpfe, Nebel, Rauch- und Staubarten, Berlin 1931.

471 BAP (Dahlwitz/Hoppegarten), R 8729, Kriegschemikalien AG, Nr. 29, Bl. 7–15, 23–40: Assistenzarzt d. R. Wachtel/KWI, Abt. E, Bericht über die Beobachtungen zur Pathologie der Gasvergiftung nach den in der Abt. E untersuchten Kampfstoffen, Stand: 1. 6. 1917; ebenda, Bl. 2–6: Werner Ext, Bericht über einen Lost-Selbstversuch, April 1918; ebenda, Bl. 16–22: KWI, Verzeichnis der Sammlungen der Abt. E, 1. 11. 1918.

472 Zeitschrift für die gesamte experimentelle Medizin 13 (1921): Über Kampfgasvergiftungen. Versuche am Menschen belegen ebenda, Flury/Wieland, Kampfgasvergiftungen VII, S. 412 ff., 419 f. sowie Flury, Ferdinand, Über Kampfgasvergiftungen. IX. Lokal reizende Arsenverbindungen, S. 523–578, hier S. 524 ff., 557, 563 ff.

473 Diesen Fehlschluß zieht Henschler, Entwicklung, S. 1038 f. Auch seine Schlußfolgerung, alle im Band über Kampfgasvergiftungen publizierenden Wissenschaftler seien auch Mitarbeiter Flurys am KWI gewesen, ist nicht zulässig.

474 Vgl. Handbuch über den Königlich Preußischen Hof und Staat für das Jahr 1918, S. 142.

475 HS 522: Protokoll Kampfstoffe, 15. 5. 1915, Bl. 5 f. Der Teilnehmerliste des Protokolls zufolge war Poppenberg zu diesem Zeitpunkt in Habers A 10 im Kriegsministerium beschäftigt. Vgl. auch L. F. Haber, Poisonous Cloud, S. 127, Diagramm 6.3., 128.

476 HS 534, 1480: Lummitzsch, Erinnerungen, 1955, S. 7.

477 L. F. Haber, Poisonous Cloud, S. 127; Reinhardt, Forschung, S. 448; HS 1197, Bl. 11: Fragmentarische Autobiographie Habers, 1928.

478 MPG, X/12, NL Fischer, Film 6: Haber an Fischer, 3.6.[1916]; I1A, Nr. 642: Haber/Z. Ch. an Trendelenburg/KWG, 9. 9. 1916; Fischer an Trendelenburg, 13. 9. 1916; Sitzungsprotokoll vom 14. 9. 1916; vgl. dazu auch Burchardt, KWG im Weltkrieg, S. 171; Stoltzenberg, Haber, S. 254 f.

479 HS 1633: Abkommen zwischen KWICh und KWIphCh vom 30. 11. 1916 bzw. 27. 2. 1917; Vorstöße von Beckmann (6. 2. 1918) und Correns (22. 2. 1918) vgl. beispielsweise in: MPG, I1A, Nr. 643, Bl. 134 ff.

480 HS 1678: Tätigkeitsbericht KWICh Dezember 1916 bis Oktober 1917, S. 1.

481 Zit. nach Stoltzenberg, Haber, S. 255.

482 MPG, I1A, Nr. 643: Correns an Harnack, 22. 2. 1918; Burchardt, KWG im Weltkrieg, S. 170.

483 GStA, I. HA, Rep. 76, Vc, Sekt. 2, Tit. 23, Litt. A, Nr. 108, Bd. II, Bl. 333: Kultusministerium an Pharm. Universitätsinstitut, 11. 12. 1916.

484 MPG, I1A, Nr. 1158: Aufzeichnung Rudolf Hammann, Personalstand und Außenstellen der Abt. A/KWIphCh bei Kriegsende, 21. 8. 1976.

485 L. F. Haber, Poisonous Cloud, S. 140 f.

486 Ebenda, S. 140, 190, 251; Stoltzenberg, Haber, S. 258, 289 f.

487 Vgl. ebenda, S. 291 f.; zum Gasplatz Breloh vgl. auch Müller, Giftgasvorbereitungen, S. 25.

488 L. F. Haber, Poisonous Cloud, S. 190, 251; vor allem auch Stoltzenberg, Haber, S. 290 f., aufgrund der Wochenberichte von Hugo Stoltzenberg, Inspizient des KWI in Adlershof; dort auch eine Beschreibung des komplizierten und sehr gefährlichen Füllvorgangs.

489 Ausführlich ebenda, S. 292 ff.; L. F. Haber, Poisonous Cloud, S. 190, 141, der allerdings in seiner Kritik an der administrativen Schwäche des Haberschen Systems das Gewicht der Material-, Transport- und Versorgungsprobleme und der kriegsmüden Stimmung in den letzten beiden Kriegsjahren zu gering einschätzt.

490 Haber, Die Chemie im Kriege, in: Fünf Vorträge, S. 28 f.

491 Im folgenden, wenn nicht anders angegeben, nach Rasch, Wissenschaft, S. 75 ff.

492 Rasch, Wissenschaft, Nr. 2, S. 90 f.: Haber an Schmidt-Ott, 2. 4. 1916.

493 Handel und Industrie. Zschr. für die Interessen des gesamten Wirtschaftslebens 24 (13. 11. 1915), S. 729.

494 Rasch, Wissenschaft, Nr. 3, S. 91 f., besonders auch 116 f., Anm. 77: Koppel an Valentini, 16. 6. 1916.

495 GStA, I. HA, Rep. 76, Vc, Sekt. 1, Tit. 8, Nr. 17, Bl. 2–6: Koppel an Kriegsminister, 4. 7. 1916 mit Anlagen: Satzungsentwurf und Begründung; die undatierte «Begründung» auch in MPG, I1A, Nr. 1789, abgedruckt bei Rasch, Wissenschaft, Nr. 4, S. 92 f.

496 GStA, I. HA, Rep. 76, Vc, Sekt. 1, Tit. 8, Nr. 17, Bl. 7: Wild an Koppel, 24. 7. 1916; ebenda, Bl. 14: Kultusministerium an Kriegsministerium, 17. 8. 1916; ebenda, Bl. 22 f.: Haber an Schmidt-Ott, 21. 8. 1916; Rasch, Wissenschaft, S. 81.

497 GStA, I. HA, Rep. 76, Vc, Sekt. 1, Tit. 8, Nr. 17, Bl. 15: Kriegsministerium an Kultusministerium, 24. 10. 1916: neuer Satzungsentwurf; ebenda, Bl. 24: Trendelenburg an Schmidt-Ott, Staatstelegramm, 23. 10. 1916; ebenda, Bl. 26–30: Kriegsministerium an Kultusministerium, 27. 10. 1916: neuer Satzungsentwurf gemäß Besprechung vom 26.10.; ebenda, Bl. 27, 45 f.: Akademie an Kultusministerium, 27.10., 21.12., 22. 12. 1916; AAW, Histor. Abt., II–V, 133, Bl. 75: Sitzungsprotokoll der phys.-math. Klasse, 26. 10. 1916; Rasch, Wissenschaft, S. 82, 111, Anm. 24.

498 BAK, NL 15: Schwertfeger, Nr. 209, Bl. 42: Haber an Valentini, 24. 12. 1916.

499 GStA, I. HA, Rep. 76, Vc, Sekt. 1, Tit. 8, Nr. 17, Bl. 39–44 (auch MPG, I1 A, Nr. 1789, Bl. 17–20): Gesuch und Begründung Koppels, 13. 11. 1916; ebenda, Bl. 49–62: Kaiserliche Kabinettsordre, 17. 12. 1916 (auch MPG, I1A, Nr. 1789); ebenda, Bl. 67–70: Kriegsministerium an Universitäten und Hochschulen im Reich, 22. 1. 1917. Die Endfassung der Satzung vgl. abgedruckt bei Rasch, Wissenschaft, Nr. 5, S. 94–96; eine Liste der Mitglieder von Verwaltung und Kuratorium ebenda, Nr. 6, S. 97–99. Die landesherrliche Genehmigung wurde im Januar 1917 vom Kriegs- und Kultusministerium, im Spätsommer dann vordatiert vom Reichsamt des Innern und vom Justizministerium gegengezeichnet, vgl. ebenda, S. 82.

500 Ausführlich ebenda, S. 82 ff., Zitat S. 84, Nr. 8, S. 103–105, 114, Anm. 55.

501 Zu Thiele vgl. Federlin, Paul, La chimie. Une passion des scientifiques strasbourgeois et alsaciens, in: Les sciences en Alsace 1538–1988, Strasbourg 1989, S. 99–132, hier S. 117 f.

502 Vgl. dazu Ruske, Walter, Außeruniversitäre technisch-naturwissenschaftliche Forschungsanstalten in Berlin bis 1945, in: Rürup, Wissenschaft, Bd. 1., S. 231–263, hier S. 245.

503 GStA, I. HA, Rep. 76, Vc, Sekt. 1, Tit. 8, Nr. 17, Bl. 75 f.: hschr. Zusammenstellung der von den FA-Vorsitzenden vorgeschlagenen FA-Mitglieder, o. V., o. D. (Eingangsstempel: 2. 3. 1917); ebenda, Bl. 81, 99, 104, 107, 210: Vorschlagsformulare von Haber, 10. 3. bzw. 30. 8. 1917. Ein komplettes Verzeichnis der für die sechs FAe der KWKW vorgeschlagenen Mitglieder vgl. bei Rasch, Wissenschaft, Nr. 7, S. 99–102.

504 Der Fachausschuß 1 unter Emil Fischer, dem Adolf Miethe, Ludwig Knorr, Franz Fischer, Alfred Stock und Carl Engler angehörten, tagte 1917 zweimal, am 16. 6. und 1. 11., was vielleicht einen Anhaltspunkt gibt, vgl. GStA, I. HA, Rep. 76, Vc, Sekt. 1, Tit. 8, Nr. 17, Bl. 189–202, 247–264.

505 Ebenda, Bl. 290: Riedler an Schmidt-Ott, 5. 3. 1918; der FA-Vorsitzende Riedler hatte bei seinem bei der KWKW eingereichten Projekt über Verbrennungsturbinen eindeutige wirtschaftliche Interessen, was Haber kritisierte.

506 Ebenda, Bl. 218 f.: Kriegsminister an Kultusminister, 1. 12. 1917, mit Entwurf der Erfindungsregelung; Bl. 220 f.: Aktennotiz Haber, 20. 12. 1917, und Krüss, 15. 12. 1917; Bl. 222 f.: Aktennotiz Krüss, 8. 1. 1918; Bl. 226–228: Sitzungsprotokoll vom 7. 1. 1918 und neugefaßte Bestimmungen; Bl. 280 f. (auch MPG, I1A, 1789, Bl. 37 f.): Bestimmungen betreffend die Erfindungen der Mitglieder der KWKW, 13. 2. 1918.

507 Burchardt, KWG, S. 189. Zum Folgenden vgl. auch ebenda, S. 189 f.; Stoltzenberg, Haber, S. 303 ff.; ders., Zur Geschichte des Kaiser-Wilhelm-Instituts für physikalische Chemie und Elektrochemie. Zur geplanten Veränderung des Instituts in eine Forschungs- und Entwicklungsstätte des Heeres für den Gaskampf und Gasschutz auch in Friedenszeiten 1916 und nach 1933, in: Ber. Wiss. gesch. 14 (1991), S. 15–23.

508 Vgl. MPG, I1A, 1971, Bl. 2–4 (auch: GStA, I. HA, Rep. 76, Vc, Sekt. 2, Tit. 23, Litt. A, Nr. 121, Bl. 1–3): Wrisberg/Kriegsministerium an Kultusministerium, 13. 2. 1917; abgedruckt in: Rasch, Wissenschaft, Nr. 9, S. 105 f.

509 MPG, I1A, 1971, Bl. 1 a: Auszug aus dem Senatsprotokoll vom 13. 2. 1917; ebenda, Bl. 7: Harnack an Kultusministerium, 3. 3. 1917.

510 Burchardt, KWG, S. 190.

511 Ebenda, S. 1889 f.; MPG, I1A, 1971, Bl. 13 a: Krehl an Harnack (Auszug), 17. 3. 1917; ebenda, Bl. 20: Krehl an Harnack (Auszug), 4. 5. 1917.

512 Ebenda, Bl. 22: Senatsprotokoll vom 11. 5. 1917 (Auszug).

513 GStA, I. HA, Rep. 76, Vc, Sekt. 2, Tit. 23, Litt. A, Nr. 121, Bl. 23: Reichsmarineamt an Kultusministerium, 17. 7. 1917.

514 Ebenda, Bl. 28 f., 88 f. (auch in: MPG, I1A, 1971): Kriegs- an Landwirtschaftsministerium, 14. 7. 1917; Landwirtschafts- an Kriegsministerium, 31. 8. bzw. 14. 9. 1917. Nachdem Grundstücke in Neubabelsberg und Dahlem u. a. aus Sicherheitsgründen nicht in Frage kamen, konzentrierte sich die Suche auf ein Gelände bei Adlershof.

515 Ebenda, Bl. 25 f. (MPG, I1A, 1971, Bl. 48 f.): Kurzprotokoll Richter/Kultusministerium über Besprechung am 30. 7. 1917.

516 Ebenda, Bl. 79–85; auch HS 1904.

517 Haber brachte in seiner Denkschrift die Buchstabenbezeichnungen der KWI-Abteilungen durcheinander. Sie wurden hier sinngemäß stillschweigend korrigiert.

518 HS 516: Senatsprotokoll der KWG (Auszug), 19. 10. 1917. Starken Widerstand der KWG behauptet Stoltzenberg, Haber, S. 306, doch kann von der Einzelmeinung Krehls nicht auf die Senatsmehrheit geschlossen werden. In diesem Sinn auch Burchardt, KWG, S. 190.

519 GStA, I. HA, Rep. 76, Vc, Sekt. 2, Tit. 23, Litt. A, Nr. 121, Bl. 90: Aktenvermerk Krüss über Besprechung mit Haber, 15. 10. 1917.

520 MPG, I1A, 1971, Bl. 99: Krehl an Harnack (Auszug), 20. 2. 1918; abgedruckt auch bei Stoltzenberg, Haber, S. 306 sowie teilweise bei Burchardt, KWG, S. 190.

521 GStA, I. HA, Rep. 76, Vc, Sekt. 2, Tit. 23, Litt. A, Nr. 108, Bd. II, Bl. 401 (auch HS 1680): Wrisberg an Kultusministerium, 10. 7. 1918.

522 HS 1812: Haber, Ergänzung zu dem Stiftungsgeschäft betr. die Gründung des KWI für physikalische Chemie & Elektrochemie (Entwurf.), 10. 9. 1918.

523 GStA, I. HA, Rep. 76, Vc, Sekt. 2, Tit. 23, Litt. A, Nr. 108, Bd. II, Bl. 408–410, 412:

Kriegs- an Kultusministerium, 3. 10. 1918; Deutsche Gasglühlicht an Kultusministerium, 3. 10. 1918; Koppel & Co an Kultusministerium, 3. 10. 1918; Kultusministerium an Deutsche Gasglühlicht und Bankhaus Koppel, 6. 10. 1918.

524 Ebenda, Bl. 403 (auch HS 1680, 1812): Krüss, Protokoll der Stiftungsratssitzung vom 21.9., 23.9. 1918; ebenda, Bl. 404–406: Schmidt-Ott an Kriegsminister, 24. 9. 1917, abschriftlich an Koppel und Harnack; letzteres in MPG, I1A, 1971, Bl. 102f. Damit sah der KWG-Senat die Errichtung des Gasinstituts im Rahmen der Gesellschaft für erledigt an, vgl. ebenda, Bl. 105f.: Protokoll der Sitzungen von Verwaltungsausschuß und Senat der KWG (Auszug), 24. 10. 1918.

525 GStA, I. HA, Rep. 76, Vc, Sekt. 2, Tit. 23, Litt. A, Nr. 108, Bd. II, Bl. 411 (auch HS 1680): Haber an Schmidt-Ott, 7. 10. 1918.

526 Im folgenden nach ebenda, Bl. 431 (auch HS 1680): Kriegs- an Kultusminister, 4. 11. 1918. Das Aktenzeichen ... A 10 belegt eindeutig Habers Verfasserschaft, was Stoltzenberg, Haber, S. 307 übersieht, wenn er aufgrund der Annahme verschiedener Verfasser Haber im Gegensatz zum Kriegsministerium größere politische Weitsichtigkeit und Distanz zu getarnten Gasforschungen attestiert.

527 HS 1812: Haber an Schmidt-Ott, 7. 11. 1918.

528 GStA, I. HA, Rep. 76, Vc, Sekt. 2, Tit. 23, Litt. A, Nr. 108, Bd. II, Bl. 432–436 (auch HS 1680): Schmidt-Ott an Koppel, 11. 11. 1918; Koppel an Kultusminister, 19. 11. 1918; Haenisch an Preußische Staatsbank bzw. Koppel, 27. 11. 1918; KWI-Satzung; Haenisch an Koppel, 28. 11. 1918.

529 HS 1116: Haber an Max Meyer, 8. 8. 1921.

530 Vgl. dazu Szöllösi-Janze, Margit, Von der Mehlmotte zum Holocaust. Fritz Haber und die chemische Schädlingsbekämpfung während und nach dem Ersten Weltkrieg, in: Von der Arbeiterbewegung zum modernen Sozialstaat. Festschrift für Gerhard A. Ritter zum 65. Geburtstag, hg. von Jürgen Kocka u. a., München u. a. 1994, S. 658–682; Stoltzenberg, Haber, S. 454–468; Frucht/Zepelin, Tragik, S. 96–100. Vgl. auch den an entlegener Stelle publizierten frühen Aufsatz von Rasch, Walter, 80 Jahre Mehlmotten – 40 Jahre Mehlmottenbekämpfung. Ein geschichtlicher Überblick, in: Die Mühle 93 (1956), Heft 24 (Sonderdruck in HS 545) sowie den kurzen Überblick von Gassner, L./Rasch, Walter, 25 Jahre Blausäure, in: Zschr. f. hygienische Zoologie und Schädlingsbekämpfung 33 (1941), S. 162–169.

531 Burkhardt, Franz, Zur Biologie der Mehlmotte (Ephestia Kuehniella Zeller), in: Zschr. angew. Ent. 6 (1919/20), S. 25–60, hier S. 25ff.; Heymons, Richard, Die Bekämpfung der Mühlenschädlinge, in: Verhandlungen der Deutschen Gesellschaft für angewandte Entomologie auf der zweiten Mitgliederversammlung zu München vom 24. bis 26. September 1918 (im folgenden: Verhandlungen 1918), Berlin 1919, S. 34–51, hier S. 34ff.

532 Ebenda, S. 49; Andres, Adolf, Starke Beschädigungen an gelagertem Reis durch die Mehlmotte (Ephestia Kuehniella Zell.), in: Zschr. angew. Ent. 4 (1917–1919), S. 150f. Eine Übersicht der 1918 existierenden Mühlenkonzerne vgl. bei Bechtolsheim, Ernst von, Eine staatliche Mühlenorganisation. Ein Weg zur Steigerung der Wirtschaftlichkeit, München 1918, S. 25f., der in Konsequenz der Organisation und Rationalisierung der Mühlenwirtschaft ihre Sozialisierung fordert.

533 Burkhardt, Biologie, S. 53ff.; Heymons, Bekämpfung, S. 38f.; Berliner, Ernst, Über die Schlaffsucht der Mehlmottenraupe, in: Zschr. für das gesamte Getreidewesen 3 (1911), S. 63ff.; ders., Über die Schlaffsucht der Mehlmottenraupe und ihren Erreger, in: Zschr. angew. Ent. 2 (1915), S. 29–56.

534 Vgl. ausführlich Hase, Albrecht, Die Zoologie und ihre Leistungen im Kriege 1914/1918. Zugleich ein Beitrag zur Frage der angewandten Zoologie in Deutsch-

land, in: Die Naturwissenschaften 7 (1919), S. 105–112, Zitat S. 107; ders., Ungeziefer, in: Handbuch der Ärztlichen Erfahrungen im Weltkriege 1914/1918, hg. von Otto von Schjerning, Bd. VII: Hygiene, hg. von Wilhelm Hoffmann, Leipzig 1922, S. 306–327, Zitat S. 311; ders., Feldzug gegen Insekten, in: Degesch, 20 Jahre Schädlingsbekämpfung 1917–1937, Frankfurt 1937, S. 21–33, hier S. 23 f.; Frickhinger, Hans Walter, Rezension zu Hase, Bettwanze, in: Die Naturwissenschaften 6 (1918), S. 45.

535 Ausführlich mit zahlreichen Statistiken: Otto, Richard, Fleckfieber, in: ebenda, S. 403–460, Zitat und Zahlen S. 404 f.; auch Bail, Oskar, Ungeziefervertilgung mittels Blausäuregas, in: Der Gesundheits-Ingenieur 42 (18. 1. 1919), S. 33–51, hier S. 33. Zum Schritt der Seuchenhygieniker vom verbalen zum praktizierten Rassismus vor allem gegen die als »Hauptherd« identifizierte jüdische Bevölkerungsgruppe im Osten vgl. ausführlich Eckart, Wolfgang U., «Der größte Versuch, den die Einbildungskraft ersinnen kann» – Der Krieg als hygienisch-bakteriologisches Laboratorium und Erfahrungsfeld, in: Eckart/Gradmann, Medizin, S. 301–319, bes. S. 305 f.

536 Hase, Albrecht, Die Bekämpfung der Läuse, Wanzen und anderen Parasiten; insbesondere die Bekämpfung mittels Blausäure, in: Verhandlungen 1918, S. 88–105, hier S. 89 f., 102; ders., Zoologie, S. 107. Bei den genannten Summen ist allerdings wegen der inflationären Geldentwertung Vorsicht geboten, da nicht deutlich wird, ob sie den Stand 1918 oder 1919 wiedergeben.

537 Bail, Ungeziefervertilgung, S. 33 f.; Hase, Ungeziefer, S. 312–318.

538 Ausführlich Hetsch, Heinrich, Sanierungsanstalten an der Reichsgrenze, in: Handbuch der Ärztlichen Erfahrungen im Weltkriege 1914/1918, hg. von Otto von Schjerning, Bd. VII: Hygiene, hg. von Wilhelm Hoffmann, Leipzig 1922, S. 266–280, Zitat S. 266.

539 Vgl. Escherich, Karl, Die angewandte Entomologie in den Vereinigten Staaten. Eine Einführung in die biologische Bekämpfungsmethode. Zugleich mit Vorschlägen zu einer Reform der Entomologie in Deutschland, Berlin 1913, S. 150 ff., Zitat S. 169.

540 Ders., Eröffnungsansprache, in: Verhandlungen der Deutschen Gesellschaft für angewandte Entomologie auf der ersten Jahresversammlung zu Würzburg vom 21. bis 24. Oktober 1913 (im folgenden: Verhandlungen 1913), Berlin 1914, S. 18; ähnlich Hase, Zoologie, S. 106 f.

541 NDB 4, S. 649; Zschr. angew. Ent. 8 (1921/22), S. I–IV; Reichshandbuch, Bd. 1, S. 402 f.; Degeners Wer ist's? Eine Sammlung von rund 18 000 Biographien mit Angaben über Herkunft, Familie, Lebenslauf, 10. neu bearb. Aufl., Berlin 1935, S. 373. Karl Escherichs Bruder, der Forstrat Georg Escherich (1870–1941), machte sich nach der Revolution 1918/19 einen Namen als Organisator der bayerischen Wehrverbände («Orgesch»). Nicht persönlich, wohl aber politisch standen sich die Brüder nahe: Karl Escherich war 1921–1923 eifriges Mitglied der noch kleinen NSDAP, der alle Versammlungen Hitlers mit seinem ganzen Institut besuchte. 1933 war er zwei Jahre lang der erste nicht mehr gewählte Rektor der Universität München. Vgl. ausführlich Böhm, Helmut, Von der Selbstverwaltung zum Führerprinzip. Die Universität München in den ersten Jahren des Dritten Reiches (1933–1936) (= Münchener Universitätsschriften 15), Berlin 1995, S. 154 f., 532–535, 605.

542 Escherich, Entomologie, S. 159 ff.

543 Vgl. Verhandlungen 1913, bes. S. 8, 15, 232–235; das Mitgliederverzeichnis ebenda, S. 236–240.

544 Die chemischen und physiologischen Eigenschaften der Blausäure und ihre Darstellung vgl. in: Römpps Chemie-Lexikon, Bd. 1, S. 460 f.

545 Degussa (Hg.), Aller Anfang ist schwer. Bilder zur hundertjährigen Geschichte der

Degussa 1873–1973, Frankfurt 1973, S. 39ff. Die heute gebräuchliche Abkürzung «Degussa» wurde erst seit 1928 benutzt. Vgl. auch Escherich, Entomologie, S. 137; Heymons, Richard, Blausäuredämpfe als Bekämpfungsmittel gegen Mehlmotten, in: Zschr. für das gesamte Getreidewesen 9 (1917), S. 98–106, hier S. 98f.

546 Vgl. als Beispiel Andres, Adolf/Müller, Adolf (beide biologisches Labor der Scheideanstalt), Ein einfaches Verfahren der Blausäureentwicklung aus Cyannatriumlösungen und seine Verwendung zur Bekämpfung schädlicher Insekten, in: Zschr. angew. Ent. 6 (1919/20), S. 372–389.

547 Vgl. das 1919 veröffentlichte Mitgliederverzeichnis der Gesellschaft in: Verhandlungen 1918, S. 201–206.

548 BAK, NL 158: NL Moellendorff, Nr. 106: Bueb an Haber, 28. 10. 1915, mit Anlage: Mitteilung der Scheideanstalt über kriegswichtige Arbeiten, 19. 10. 1915.

549 Vgl. dazu Teichmann, Ernst, Entlausung durch Zyanwasserstoff, in: Deutsche Medizinische Wochenschrift 43 (1917), S. 303f.; ders., Zyanwasserstoff als Mittel zur Entlausung, in: Zschr. für Hygiene und Infektionskrankheiten 83 (1917), S. 449–466; Frickhinger, Hans Walter, Blausäure im Kampf gegen die Mehlmotte (Ephestia Kuehniella Zeller), in: Zschr. angew. Ent. 4 (1917–1919), S. 129–140, hier S. 129; Escherich, Karl, Blausäure als Entlausungsmittel, in: ebenda, Jg. 3 (1916), S. 426–428.

550 Frickhinger, Blausäure, S. 137; Zschr. angew. Ent. 2 (1915), S. 469; Heymons, Blausäuredämpfe, S. 98–106; ders., Bekämpfung, S. 38ff.

551 Dazu ausführlich Frickhinger, Blausäure, S. 132ff.; ders., Die Mehlmotte. Schilderung ihrer Lebensweise und ihrer Bekämpfung mit besonderer Berücksichtigung der Cyanwasserstoffdurchgasung, München 1918, bes. S. 30–35; vgl. dazu die Rezension von Heymons' Assistenten, Hans Soldanski, in: Die Naturwissenschaften 6 (1918), S. 590.

552 Zu Hases Biographie vgl. NDB 8, S. 20f. (Gerhard Piekarski); Degeners, S. 603; Reichshandbuch, Bd. 1, S. 669. Vgl. auch BAK, R 168: Biologische Reichsanstalt (= BRA), Nr. 293: Personalakte Hase: Lebenslauf vom 16. 8. 1920; Prüfungszeugnisse; Ernennung zum ao. Prof., Universität Jena, 2. 9. 1914.

553 Zit. nach Escherich, Karl, Läuse, in: Zschr. angew. Ent. 2 (1915), S. 262f. BAK, R 168, Nr. 293: Vertrag Hases mit Kgl. Sanitätsamt des Gardekorps, 24. 2. 1915; Nachtrag vom 14. 6. 1916; Auflösung des Vertrags zum 31. 12. 1918.

554 Hase, Feldzug, S. 22 mit Abbildungen des Lagers Hammerstein; auch Frickhinger, Rezension zu Hase, Bettwanze, S. 45; HS 546, Manuskript Hase: Warum und wie ich an das Institut von Haber kam, S. 1f.

555 Ebenda, S. 3f.; auch ders., Feldzug, S. 28–30.

556 Weindling, Paul, The First World War and the Campaigns against Lice: Comparing British and German Sanitary Measures, in: Eckart/Gradmann, Medizin, S. 227–239, Zitat S. 227.

557 MPG, I1A, 1971, Bl. 3: Wrisberg an Kultusministerium, 13. 2. 1917; ebenda, Bl. 21: Protokoll der Sitzung des KWG-Verwaltungsausschusses (Auszug), 11. 5. 1917; HS 1904: Haber, Denkschrift, 18. 9. 1917, S. 9f.

558 Escherich, Blausäure, S. 426.

559 MPG, I1A, 1971, Bl. 34: Rede Buhls in der bayerischen Reichsrätekammer, 25. Sitzung, 27. 3. 1917 (Auszug).

560 Im folgenden nach ebenda, Bl. 10–13: Protokoll der Besprechung vom 15. 2. 1917 (auch in: GStA, I. HA, Rep. 76, Vc, Sekt. 2, Tit. 23, Litt. A, Nr. 121, Bl. 8–10).

561 Vgl. BAK, R 168, Nr. 172: Anwendung Cyanoprodukte 1899–1918: J. Moritz, Vergleichende Versuche über die Wirkung von Blausäure und Schwefelkohlenstoff auf

Schildläuse (Aspidiotus), Ms. 1899; o. V., Versuche, betr. die Wirkung von gasförmiger Blausäure auf Schildläuse, insbes. die San José-Schildlaus, Ms. März 1902; R. Scherpe, Einfache Vorrichtung zur Vertilgung tierischer Schädlinge an Feld- und Gartengewächsen mittels gasförmiger Stoffe (insbes. Blausäure), in: Arbeiten aus der Ksl. Biologischen Anstalt 5 (1907), S. 351–353.

562 Vgl. MPG, X/12, NL Fischer, Film 2: Protokoll der 1. Sitzung des Nährstoffausschusses, 10. 2. 1917. Der Nährstoffausschuß war von seiten der Wissenschaft hochkarätig besetzt: Emil Fischer (Vorsitz), Beckmann, Haber, Haberlandt, Nernst, Rubner.

563 GStA, I. HA, Rep. 76, Vc, Sekt. 2, Tit. 23, Litt. A, Nr. 121, Bl. 14–19: Helfferich an Kriegsminister, 9.3. bzw. 1. 3. 1917; Groener an Helfferich, 27. 3. 1917.

564 Im folgenden nach: Protokolle der Sitzungen des TASCH sowie des Arbeitsausschusses vom 12. 4. 1917 vgl. in: MPG, I1A, 1971, Bl. 27–32; GStA, I. HA, Rep. 76, Vc, Sekt. 2, Tit. 23, Litt. A, Nr. 121, Bl. 32–46; BAK, R 168: BRA, Nr. 172; BAK, NL 158: Moellendorff, Nr. 104.

565 So z. B. die ersten wissenschaftlichen Kontakte von Just, Gagezow und Kerschbaum mit der Ksl. Biologischen Anstalt, vgl. BAK, R 168, Nr. 172: hschr. Vermerke vom 24. und 26. 4. 1917.

566 Vgl. z. B. das Protokoll der TASCH-Sitzung vom 9. 7. 1917, in: MPG, I1A, 1971, Bl. 52–72 (auch: GStA, I. HA, Rep. 76, Vc, Sekt. 2, Tit. 23, Litt. A, Nr. 121, Bl. 49–75; BAK, R 168, Nr. 172).

567 Ebenda, Bl. 62; HS 546, Ms. Hase, S. 4 ff.; Hase, Feldzug, S. 30–32.

568 Das Protokoll der Mühlenräucherung in Meisdorf am 23. 6. 1917 sowie der Hansamühle in Bremen am 6. 2. 1918 vgl. in: BAK, R 168, Nr. 172.

569 Vgl. das Protokoll der TASCH-Sitzung vom 17. 11. 1917, bes. S. 3, 5 f., Zitat S. 7, in: GStA, I. HA, Rep. 76, Vc, Sekt. 2, Tit. 23, Litt. A, Nr. 121, Bl. 98–115; (auch: BAK, R 168, Nr. 172; BAK, NL 158: Moellendorff, Nr. 125). Ebenda, Bl. 130–140 (auch: BAK, R 168, Nr. 172): Vorläufige Dienstvorschrift für die Schädlingsbekämpfung mittels Durchgasung, 16. 10. 1917; ebenda, Bl. 142–146: Merkblatt, o. D. Dazu auch Burkhardt, Biologie, S. 57; Frickhinger, Mehlmotte, S. 53 ff.; Heymons, Bekämpfung, S. 41 f.

570 BAK, R 168, Nr. 172: Erlaß des Kriegsministeriums vom 14. 2. 1918 (auch: GStA, I. HA, Rep. 76, Vc, Sekt. 2, Tit. 23, Litt. A, Nr. 121, Bl. 147 f.); ebenda, Bericht über die Sitzung am 5. 10. 1918 betr. Gründung der Degesch, S. 2 f.; vgl. auch Heymons, Bekämpfung, S. 42.

571 Vgl. das Protokoll der TASCH-Sitzung vom 9. 7. 1917, in: MPG, I1A, 1971, Bl. 52–72, bes. Bl. 58, 64 f., sowie die ausführliche Anlage 2 über erste Versuche. Weitere Berichte in BAK, R 168, Nr. 172.

572 Heymons, Bekämpfung, S. 47 ff.; Diskussionsbeitrag Haber, in: Verhandlungen 1918, S. 23. Haber nennt hier die Gesamtzahl von 2 Millionen cbm durchgaster ziviler Gebäude. Die Statistik des TASCH vom 1. 4. 1917–31. 3. 1919 betrug laut Hase 1,32 Millionen cbm durchgaster Mühlen und 1,65 Millionen cbm durchgaster Fabrikgebäude, vgl. HS 547: Ms. Hase: Die Bedeutung von Fritz Haber als Förderer der angewandten Zoologie, S. 7. Exakt aufgeschlüsselte Zahlen bis Ende 1917 bei Frickhinger, Mehlmotte, S. 52.

573 Frickhinger, Hans Walter, Blausäureräucherung im Dienste der Mehlschädlingsbekämpfung. Bericht über eine vereinfachte Methode der Mühlenräucherung, in: Zschr. angew. Ent. 4 (1917–1919), S. 310–324; vgl. auch W. Rasch, 80 Jahre, S. 5. Ausführlich über die technischen Aspekte und die verwendeten Geräte des Bottich- und Generatorverfahrens Bail, Ungeziefervertilgung, S. 35 ff.

574 HS 564, Ms. Hase, S. 5 ff. Die Namen der mit der Schädlingsbekämpfung unmittelbar befaßten Wissenschaftler und Techniker des KWI lassen sich über die Präsenzliste der 2. Mitgliederversammlung der Deutschen Gesellschaft für angewandte Entomologie annähernd ermitteln, vgl. Verhandlungen 1918, S. 1; auch Flury, Ferdinand, Die Tätigkeit des Kaiser-Wilhelm-Instituts für physikalische Chemie und Elektrochemie in Berlin-Dahlem im Dienste der Schädlingsbekämpfung, in: ebenda, S. 61–75, hier S. 65 f., 70 f.

575 Ebenda, S. 64 f.; vgl. ausführlich Sieverts, Adolf/Hermsdorf, A. Der Nachweis gasförmiger Blausäure in Luft, in: Zschr. angew. Chemie 34 (1921), S. 3–5. Sieverts war 1920 an der Universität Greifswald tätig. Vgl. auch Peters, Gerhard, Blausäure zur Schädlingsbekämpfung (= Sammlung chemischer und chemisch-technischer Vorträge, N. F. 20), Stuttgart 1933, S. 73.

576 Heymons, Bekämpfung, S. 47; Müller-Kiel, Chemische Waffe, S. 68–72; HS 546, Ms. Hase, S. 5; Flury, Tätigkeit, S. 66.

577 Ebenda, S. 69 f.

578 Vgl. das Protokoll der TASCH-Sitzung vom 17. 11. 1917, S. 4, in: GStA, I. HA, Rep. 76, Vc, Sekt. 2, Tit. 23, Litt. A, Nr. 121, Bl. 98–115.

579 Ausführlich Frickhinger, Mehlmotte, S. 56 ff. sowie ders., Organisation der Bekämpfung der Mühlenschädlinge, in: Verhandlungen 1918, S. 52–61, hier S. 55 ff.

580 GStA, I. HA, Rep. 76, Vc, Sekt. 2, Tit. 23, Litt. A, Nr. 121, Bl. 187: Haber an Kultusministerium, 13. 10. 1920.

581 Neben den bereits zitierten Titeln seien herausgegriffen: Teichmann, Ernst, Blausäure-Verfahren und Winterbekämpfung der Stechmücken, in: Zschr. angew. Ent. 5 (1919), S. 118–125; ders., Die Bekämpfung der Wachsmotte (Galleria melonella) durch Blausäure, in: ebenda 4 (1917–1919), S. 287–289; Stellwaag, F., Cyanwasserstoff gegen Traubenwickler, in: ebenda, S. 278–286.

582 GStA, I. HA, Rep. 89, Sign. 2.2.1., Nr. 21291, Bl. 45: Heymons an Harnack, 14. 2. 1918; ebenda, Bl. 46–50: Heymons, Denkschrift über die Errichtung einer entomologischen Forschungsstation (Station für Schädlingsforschung), 15. 2. 1918.

583 Ebenda, Bl. 45: Correns an Harnack, 22. 2. 1918; ebenda, Bl. 64: Sitzungsprotokoll des KWG-Senats, 6. 3. 1918.

584 Vgl. dazu: Verhandlungen 1918, S. 4.

585 Die Naturwissenschaften 6 (1918), S. 702–708 (B. Harms); HS 547: Ms. Hase, S. 6.

586 Vgl. Verhandlungen 1918, bes. S. 13–23, 61–75.

587 MPG, I1A, 1971, Bl. 27–40: Protokoll der TASCH- Sitzung vom 12. 4. 1917, bes. S. 2 ff., 6.

588 BAK, R 168, Nr. 172: Protokoll der TASCH-Sitzung vom 17. 11. 1917, bes. S. 3 f., 8.

589 GStA, I. HA, Rep. 76, Vc, Sekt. 2, Tit. 23, Litt. A, Nr. 121, Bl. 117–129 (auch BAK, R 168, Nr. 172): Haber an Reichswirtschaftsamt, Denkschrift, 16. 2. 1918; ebenda, Bl. 149–156: Satzungsentwurf.

590 BAK, R 168, Nr. 172: Reichswirtschaftsamt an Haber, 30. 4. 1918 (Abschrift an Ksl. Biologische Anstalt).

591 Ebenda, Sitzungsprotokoll betr. Gründung der Degesch, 5. 10. 1918, S. 6 f.

592 Ebenda: Entwurf des Gründungsprotokolls der Degesch, 5. 10. 1918. Der Beitrag von Weiler terMeer erhöhte sich geringfügig auf 10 000,– Mark.

593 HS 964: Duisberg an Haber, 9. 10. 1918.

594 BAK, R 168, Nr. 172: Sitzungsprotokoll betr. Gründung der Degesch, 5. 10. 1918.

595 Vgl. dazu: Die Deutsche Gesellschaft für Schädlingsbekämpfung, in: Zschr. angew. Ent. 6 (1919/20), S. 413 f.; HS 540: Hase an Heerdt, 1. 4. 1956; Degesch, 20 Jahre, S. 8.

596 Leitner, Fall; dies., Hälfte des Lebens. Femina doctissima Clara Immerwahr. Hörfunkdokumentation, Erstsendung 18. 10. 1990, SFB 3 (Mitschnitt in: MPG, VII. Abt., T 230); dies., Gegen die Perversion. Vom verlorenen Kampf der Chemikerin Clara Immerwahr, in: Der Tagesspiegel Nr. 14067, 29. 12. 1991, S. IV.
597 Ebenda.
598 Zitat aus dem Verlagsprospekt C. H. Beck, München 1993, S. 27.
599 Vgl. vor allem: Fischer, Ernst Peter, Frau Professor Dr. Fritz. Eine Biografie der Chemikerin Clara Haber verfehlt leider Leben und Werk, in: die tageszeitung, 21. 6. 1993; Ebbinghaus, Angelika, Rezension zu Leitner, Fall, in: 1999, Heft 4 (1993), S. 125–131.
600 So Häntzschel, Hiltrud, Kapitulation der Wissenschaft. Der exemplarische Fall der Chemikerin Clara Immerwahr, in: Süddeutsche Zeitung, 30. 7. 1993.
601 HS 814, Bl. 15 f.: Clara Haber an Zinaide Krassa, 15. 2. 1915; abgedruckt bei Leitner, Fall, S. 206.
602 BAK, R 73: Notgemeinschaft, Nr. 74: Jaenicke an Zierold, 16. 3. 1966.
603 Leitner, Fall, 2. Aufl., S. 222, Anm. 36; Goran, Story, S. 71 f.
604 F. Stern, Haber, S. 62 f.; Coates, Memorial Lecture.
605 Goran, Present-day Significance, S. 400–403, 306.
606 HS 1480: Lummitzsch, Erinnerungen, 1955, S. 2; dieselbe Episode bei Leitner, Fall, S. 200–202.
607 Vgl. HS 1470: Krassa an Jaenicke, Meine Erinnerungen an Fritz Haber, Juni 1955; HS 215: Jaenicke an Charlotte Jahncke, 21. 10. 1957.
608 HS 1470: Krassa an Jaenicke, 2. 11. 1957; dazu ausmalend Leitner, Fall, S. 197 sowie 2. Aufl. S. 223, Anm. 37.
609 Dazu HS 1479: Lütge an Jaenicke, 6. 1. 1958, S. 2–4; von dieser Quelle sowie von Habers amtlichem Unfallbericht ausgehend sehr suggestiv Leitner, Fall, S. 192–195
610 BAK, R 73: Notgemeinschaft, Nr. 74: Jaenicke an Zierold, 16. 3. 1966.
611 HS 1449: Gesprächsnotiz Jaenickes mit James Franck, 16./17. 4. 1958, S. 2; Leitner, Fall, 2. Aufl., S. 224, Anm. 42.
612 HS 301 (auch 1439, 1490): Erinnerung von Adelheid Noack (Nichte von Habers Schwager Fritz Meffert), 19. 11. 1959, S. 2: «Über ihren Freitod gibt es verschiedene mehr oder weniger pathetische Lesarten, z. B. sie hätte ihn beschworen, vom Gaskrieg abzusehen. Diese Lesart stimmt nicht. Die Zermürbungen und Schwierigkeiten zwischen den Eheleuten waren nicht kleinlicher Art, sie waren grundsätzlich.»
613 HS 1222, Bl. 33 f.: Dr. Kremmer (Oberstudiendirektor a. D.) an Hermann Haber, 2. 2. 1934.
614 HS 260: Lütge an Jaenicke, 17. 1. 1958.
615 Ebenda: Lütge an Jaenicke, 9. 1. 1958 und 17. 1. 1958; Leitner, Fall, S. 214 f. verzichtet bei der Schilderung des letzten Abends allerdings auf alle Quellenbelege. Vgl. auch Stoltzenberg, Haber, S. 355; Goran, Story, S. 72 vermerkt nur die Tatsache des Selbstmordes.
616 Ebbinghaus, Rezension, S. 131; Fischer, Frau Professor.
617 Ch. Haber, Leben, S. 79 f.
618 HS 260: Jaenicke an Lütge, 13. 1. 1958.
619 Leitner, Fall, S. 215, allerdings ohne Quellenbeleg, den sie jedoch in ihrer Radiosendung vom 18. 10. 1990 machte. Vgl. dazu Ebbinghaus, Rezension, S. 131.
620 Schmidt-Ott, Erlebtes, S. 124.
621 Ch. Haber, Leben, S. 83, 89 f.
622 Ebenda, S. 87, 89; Ebbinghaus, Rezension, S. 127 f.
623 HS 301 (auch 1439, 1490): Erinnerung von Adelheid Noack, 19. 11. 1959, S. 2.

624 HS 260: Lütge an Jaenicke, 9. 1. 1958.

625 Im folgenden HS 856 (auch 985): Haber an Engler, 12. 6. 1915; fast vollständig mit kleineren Ungenauigkeiten abgedruckt bei Stoltzenberg, Haber, S. 356; auch Leitner, Fall, S. 11 f. Der bei Frucht/Zepelin, Tragik, S. 86 wiedergegebene Auszug ist stark verzerrend.

626 Vgl. HS, Dep. L. Haber, Nr. 2–73.

627 Im folgenden nach Ch. Haber, Leben, S. 9 ff.; präzise Informationen und Daten fehlen in den Memoiren oft, so z. B. Charlottes Geburtsdatum, die Vornamen der Eltern, der soziale Hintergrund der Familie mütterlicherseits. Vgl. auch Stoltzenberg, Haber, S. 366 f.

628 Nach Ch. Haber, Leben, S. 16–56.

629 Zu Gründung und Wirksamkeit des Lette-Vereins vgl. mit weiterführender Literatur Kaiser, Annette, «Frauenemancipation» wider Willen. Die pragmatische Politik des Lette-Vereins 1866–1876, in: Kuhn, Annette/Rüsen, Jörn (Hg.), Frauen in der Geschichte III. Fachwissenschaftliche und fachdidaktische Beiträge zur Geschichte der Weiblichkeit vom frühen Mittelalter bis zur Gegenwart mit geeigneten Materialien für den Unterricht (= Geschichtsdidaktik 13), Düsseldorf 1983, S. 167–194; Hauff, Lilly, Der Lette-Verein in der Geschichte der Frauenbewegung, Berlin 1928, bes. S. 73–231; Obschernitzki, Doris, «Der Frau ihre Arbeit!» Lette-Verein. Zur Geschichte einer Berliner Institution 1866–1986 (= Stätten der Geschichte Berlins 16), Berlin 1987.

630 Vgl. zu Bernhard auch vom Bruch, Wissenschaft, S. 337, Anm. 172.

631 Vgl. Ch. Haber, Leben, S. 56–73, Zitat S. 58, mit sehr anschaulicher Schilderung des Binnenlebens der DG und ihrer Mitglieder.

632 Vgl. im folgenden ebenda, S. 79 ff.

633 Vgl. z. B. HS 301 (1439, 1490): Erinnerung Adelheid Noack, 19. 11. 1959, S. 5; HS 1481: Erinnerung Lore Marx, 7. 9. 1957, S. 3; HS 1507: Interview Jaenicke mit Hans Tappen, 31. 5. 1958, S. 6 f.

634 Vgl. Ch. Haber, Leben, S. 82 ff., Zitat S. 90. Es geht nicht an, aus dieser Memoirenfassung feste Heiratsabsichten Habers seit dem ersten Zusammentreffen abzuleiten, wie dies Stoltzenberg, Haber, S. 367 tut.

635 Vgl. HS, Dep. L. Haber, z. B. Nr. 23, 26.

636 Ch. Haber, Leben, S. 100.

637 Vgl. z. B. HS 1507: Interview Jaenicke mit Hans Tappen, 31. 5. 1958, S. 6 f.; HS 1512: Erna Wöhler an Jaenicke, April 1958.

638 Ch. Haber, Leben, S. 101.

639 HS, Dep. L. Haber: Charlotte Nathan an Haber, 6. 8. 1917.

640 Ch. Haber, Leben, S. 101, 113.

641 HS, Dep. L. Haber, Nr. 23: Haber an Charlotte Nathan, undatiert (nach Ostern 1917).

642 Ebenda, Charlotte Nathan an Haber, 31. 8. 1917, zit. nach Stoltzenberg, Haber, S. 368.

643 Ebenda, Nr. 26: Haber an Charlotte Nathan, Poststempel 5. 9. 1917, dritter Brief vom selben Tag.

644 Ch. Haber, Leben, S. 113.

645 HS, Dep. L. Haber, Nr. 26, Bl. 4 f.: Haber an Charlotte Nathan, Poststempel 5. 9. 1917, erster oder zweiter Brief vom selben Tag.

646 Ebenda, Charlotte Nathan an Haber, 7. 9. 1917, zit. nach Stoltzenberg, Haber, S. 369.

647 Ebenda, Haber an Charlotte Nathan, undatiert, zit. nach Stoltzenberg, Haber, S. 368.

648 Ch. Haber, Leben, S. 113 f. Zwar ist zu bedenken, daß die Erinnerungen nach den Erfahrungen des Dritten Reichs und der erzwungenen Emigration geschrieben wurden, was den Übertritt zum christlichen Glauben in noch schärferem Licht erscheinen lassen mochte. Andererseits ist nicht zu bezweifeln, daß Charlotte den «Stich» bereits 1917 empfand.

649 Vgl. dazu Honigmann, Peter, Die Austritte aus der Jüdischen Gemeinde Berlin 1873–1941. Statistische Auswertung und historische Interpretation, Frankfurt u. a. 1988, S. 59 f., 65 f.; Volkov, Shulamit, «Ich bin ein Deutscher jüdischen Stammes.» Walther Rathenau als Jude, in: Wilderotter, Rathenau, S. 129–138, hier S. 131.

650 Ch. Haber, Leben, S. 115.

651 Vgl. als Beispiele HS, Dep. L. Haber, Nr. 36, Bl. 3: Ch. Haber an F. Haber, 29. 10. 1917; ebenda, Nr. 27, Bl. 5: F. Haber an Ch. Haber, 31. 10. 1917. Demnach fühlte sich Haber schon «ganz abhängig von Deinem Schürzenband».

652 Ebenda, Ch. Haber an F. Haber, o. D. [Ende Juli 1917], zit. nach Stoltzenberg, Haber, S. 370; Ch. Haber, Leben, S. 124.

653 HS, Dep. L. Haber, Nr. 18, Bl. 3 f.: Ch. Haber an Siegfried Haber, 24. 5. 1918.

654 Ebenda, Nr. 38, Bl. 3–6: Ch. Haber an F. Haber, 5.3.[1918].

655 Ebenda, F. Haber an Ch. Haber, 9. 8. 1918, zit. nach Stoltzenberg, Haber, S. 371.

656 HS 1483: Interview Jaenickes mit Mayer, 9. 11. 1958, S. 4.

657 Ch. Haber, Leben, S. 124.

658 HS, Dep. L. Haber, Nr. 18: Ch. Haber an Siegfried Haber, 24. 5. 1918. Es ist unwahrscheinlich, daß Charlotte ihren im Streit geschriebenen Brief je abschickte. Er ist nicht unterschrieben und enthält z. T. nicht zuzuordnende Blätter, die mehrere Briefentwürfe vermuten lassen.

659 Ebenda, Nr. 26, Bl. 4 f.: Haber an Charlotte Nathan, Poststempel 5. 9. 1917, erster oder zweiter Brief vom selben Tag.

660 Ebenda, Nr. 27: F. Haber an Ch. Nathan, Kortrijk/Courtrai, 16. 10. 1917.

661 HS 859 (auch 964): Haber an Duisberg, 11. 2. 1918.

662 HS, Dep. L. Haber, Nr. 27, Bl. 1: F. Haber an Ch. Nathan, 16. 10. 1917.

663 Ebenda, Bl. 5: F. Haber an Ch. Haber, 31. 10. 1917.

664 HS 859 (auch 964): Haber an Duisberg, 31. 5. 1918; ein längeres Textzitat abgedruckt bei: W. Jaenicke, Bunsen-Gesellschaft, S. 70 f.

665 HS 859, Bl. 1 f.: Haber an Hummel, 1. 1. 1918.

666 Ebenda, Bl. 3 f.: Haber an Hummel, 6. 2. 1918.

667 Willstätter, Leben, S. 296. Auch nach L. F. Haber, Poisonous Cloud, S. 2 war sich Haber «early aware of the turning tide and the implications of defeat.»

668 Coates, Memorial Lecture, S. 146.

669 HS, Dep. L. Haber, Nr. 27, Bl. 1: Haber an Charlotte Nathan, 16. 10. 1917.

670 Ch. Haber, Leben, S. 127 f.

671 HS 1480: Erinnerungen Otto Lummitzsch, August 1955, S. 9. Lummitzsch war Augenzeuge der Unterredung, an der außerdem noch Peterson teilnahm.

672 Hahn, Leben, S. 127 f.; Meinel, Christoph, August Wilhelm Hofmann – «Regierender Oberchemiker», in: Meinel/Scholz, Allianz, S. 27–64, hier S. 58.

673 HS 522: Protokoll der Besprechung mit den Vertretern der Industrie über den Stand der Gaskampfstoffe, 15. 5. 1918, Bl. 7, 10 f.

674 HS 1453: Erinnerung Otto Hahn, 12. 1. 1955, S. 3.

675 Goran, Significance, S. 462; ders., Story, S. 80.

676 Willstätter, Leben, S. 265 f.

677 R. Stern, Haber, S. 75.

678 Ch. Haber, Leben, S. 138. Auch Max Born, Leben, S. 260 f. und Friedrich Meinecke,

Autobiographische Schriften, S. 230 beschreiben die ruhige Situation in den Stadtvierteln im Grunewald.

679 Haber, Die deutsche Chemie in den letzten 10 Jahren. Vortrag vor dem Deutschen Klub in Buenos Aires am 4. 12. 1923, in: ders., Aus Leben und Beruf. Aufsätze, Reden, Vorträge, Berlin 1927, S. 20.

VII. Kriegsverbrecher und Nobelpreisträger: Fritz Haber in den frühen Weimarer Jahren

1 HS 1189: Haber an Willstätter, 29. 1. 1919 (Werner/Irmscher, Haber, Nr. 15, S. 54). Der Malstrom (auch Mahlstrom, Malström) ist eine sagenumwobene, durch die Gezeiten entstehende wirbelartige Meeresströmung bei den Lofoten/Norwegen. Haber bezieht sich auf Poes 1841 erschienene Novelle «A Descent into the Maelstrom».

2 Vgl. vor allem Feldman, Gerald D., The Great Disorder. Politics, Economics and Society in the German Inflation, 1914–1924, New York und Oxford 1993, S. 93 ff.; Preller, Ludwig: Sozialpolitik in der Weimarer Republik, Kronberg 1978 (unveränd. Nachdruck von 1949), S. 229; als Quelle aufschlußreich die Erinnerung Hans von Raumers, in: Ritter, Gerhard A./Miller, Susanne (Hg.), Die deutsche Revolution 1918–1919. Dokumente, 2. überarb. und erw. Auflage, Hamburg 1981, S. 234 f.

3 Zitate nach: Schmidt, Günter, Zur Staats- und Machtfrage in der Novemberrevolution. (Wirtschaftsexperimente des Demobilmachungsamtes), in: Jahrbuch für Geschichte 2 (1967), S. 249–282, hier S. 260, 265.

4 Dazu Feldman, Disorder, S. 93.

5 Zit. nach Ritter/Miller, Revolution, S. 217–221: Koeth über Aufgaben und Organisation des Demobilmachungsamts, 1921.

6 Dazu Feldman, Disorder, S. 128 f.; G. Schmidt, Machtfrage, S. 264 ff., 270.

7 Ritter/Miller, Revolution, S. 217–221: Koeth über Aufgaben und Organisation des Demobilmachungsamts, 1921.

8 Vgl. ausführlich Feldman, Disorder, S. 109 ff., Zitat S. 109 f.

9 Der bei der BASF beschäftigte Chemiker Schwarz, Jahrgang 1884, war während des Krieges u. a. als Sachverständiger für chemische Fragen beim Generalkommando Magdeburg tätig. Nach seiner Tätigkeit im Demobilmachungsamt kehrte er zur BASF zurück, vgl. Holdermann, Im Banne, S. 145, 219.

10 BAP, Außenstelle Dahlwitz-Hoppegarten: R 8729 (Kriegschemikalien AG), Nr. 58, Bl. 1 f.: Geschäftsverteilungsplan des Reichsamts für wirtschaftliche Demobilmachung/Gruppe Chemie, 30. 11. 1918.

11 Ebenda, Nr. 46, Bl. 57: Haber/Demobilmachungsamt an Wumba, 27. 12. 1918; Beispiele Bl. 66 f., 145 f., 150 f.; ebenda, Nr. 58, Bl. 14: Haber an Kriegschemikalien AG, 30. 12. 1918.

12 HS 964: Duisberg an Haber, 27. 11. 1918.

13 Ebenda, Haber an Duisberg, 30. 11. 1918.

14 Vgl. dazu die abgedruckten Dokumente bei Ritter/Miller, Revolution, S. 422 ff.

15 HS 964: Duisberg an Haber, 9. 12. 1918.

16 Ebenda, Duisberg an Haber, 27. 11., Haber an Duisberg, 30. 11. 1918.

17 BA, NL 158 (Moellendorff), Nr. 36 neu: Haber an Moellendorff, 9. 12. 1918; teilweise abgedruckt bei F. Stern, Freunde, S. 533.

18 HS 2305/12: Haber an Max Hamburger, 27. 11. 1920.

19 HS 964: Haber an Duisberg, 30. 11. 1918.

20 Preller, Sozialpolitik, S. 229.
21 BASF, W 1 Haber, V: Verfügung Koeths vom 1. 2. 1919, abgedruckt in: Mitteilungen des Vereins zur Wahrung der Interessen der chemischen Industrie, Nr. 4, 7. 2. 1919.
22 HS 1189: Haber an Willstätter, 29. 1. 1919 (Werner/Irmscher, Haber, Nr. 15, S. 54).
23 Bericht von Ernst Schwarz, 1948 sowie Brief W. Jacobis an Jaenicke, 26. 6. 1957, zit. nach Stoltzenberg, Haber, S. 329 f.
24 Dazu ausführlich Feldman, Disorder, S. 120 ff.
25 HS 965: Duisberg an Haber, 12. 2. 1919.
26 HS 1189: Haber an Willstätter, 29. 1. 1919 (Werner/Irmscher, Haber, Nr. 15, S. 56).
27 Ebenda (Werner/Irmscher, Haber, Nr. 15, S. 55).
28 HS 965: Haber an Duisberg, 6. 2. 1919.
29 Ebenda.
30 HS 1189: Haber an Willstätter, 29. 1. 1919 (Werner/Irmscher, Haber, Nr. 15, S. 55).
31 Vgl. die ausführliche Analyse von Kater, Michael H., Die «Technische Nothilfe» im Spannungsfeld von Arbeiterunruhen, Unternehmerinteressen und Parteipolitik, in: VfZ 27 (1979), S. 30–78, hier S. 31.
32 Vgl. Vorwärts vom 10. 11. 1918, abgedruckt in: Overmann, Herbert, Die Elektrizitäts-, Gas- und Wasserwerke als lebenswichtige Betriebe im Arbeitskampf, Borna-Leipzig 1926, S. 74 f.
33 HS 2304: Ms. Hase, X. 4.: Die Technische Nothilfe und die Notgemeinschaft der deutschen Wissenschaft, S. 20 f.; HS 1480: Erinnerungen Lummitzsch, August 1955, S. 11.
34 Zur Rolle der Studenten vgl. ausführlich Kater, Nothilfe, S. 49 f.
35 Ebenda, S. 52 ff., 57, 61 f.
36 BAK, R 73, Nr. 75: Haber an Georg Schreiber, 8. 7. 1926.
37 Habers Rede ist nicht dokumentiert, ihr Anlaß und Rahmen nicht rekonstruierbar. Auszüge wurden in der Zeitschrift der Technischen Nothilfe, «Die Räder», Jg. 1920, Nr. 11, S. 14 und Nr. 15/16, S. 9 abgedruckt. Sie liegen als Abschrift den Erinnerungen Lummitzschs vom August 1955 bei, vgl. HS 1480.
38 HS 977: Haber an Einstein, 7. 10. 1920.
39 Im folgenden, wenn nicht anders angegeben, nach: BAMA, N 221, Nr. 32: Haber an Geyer, 26. 7. 1919.
40 HS 1480: Erinnerungen Lummitzsch, August 1955, S. 12.
41 BAP, 15.01 RMI, Nr. 5549/2, Bl. 4–13: Bergmann/Lenze, Denkschrift, 14. 1. 1919.
42 Ebenda, Bl. 2: Bergmann an Unterstaatssekretär Lewald/RMI, 3. 6. 1919.
43 Ebenda, Bl. 15: Kriegsministerium an RMI, 4. 7. 1919.
44 Ebenda, Bl. 18: Warburg an RMI, 16. 7. 1919.
45 Ebenda, Bl. 163 f.: Protokoll der Besprechung im RMI am 5. 12. 1919 betr. Übernahme des Militärversuchsamts.
46 Ebenda.
47 Ebenda, Nr. 5555, Bl. 23–25, hier Bl. 24: Bergmann/Lenze, Protokoll der Sitzung im RMI am 11. 12. 1920, 19. 12. 1920.
48 Ruske, Walter, 100 Jahre Materialprüfung in Berlin. Ein Beitrag zur Technikgeschichte, Berlin 1971, S. 293 ff.
49 Reishaus, Heike, Der Einfluß der Chemiemonopole auf die Aufgabenstellung der Chemisch-Technischen Reichsanstalt während der Weimarer Republik, in: NTM 9 (1972), H. 2, S. 34–48; vgl. die Akten in: BAP, 15.01 RMI, Nr. 5549/2–7, 5555. Den Arbeitsplan der CTR vgl. bei Ruske, Materialprüfung, S. 294 f. sowie Reishaus, Einfluß, S. 37.
50 Reichsgesetzblatt Nr. 62, 22. 6. 1921, S. 751 f.: Erlaß betr. Bildung eines Kuratoriums für die CTR beim RMI, 9. 6. 1921.

51 BAP, 15.01 RMI, Nr. 5555, Bl. 50, 54: RMFi an RMI, 7. 5. 1921; Lewald/RMI an RMFi, 12. 5. 1921.
52 Vgl. dazu ausführlicher das Kapitel über die Notgemeinschaft der Deutschen Wissenschaft, S. 529 ff.
53 BAP, 15.01 RMI, Nr. 5555, Bl. 29 f.: Bergmann, Lenze/CTR an Duisberg, 13. 11. 1920; Duisberg an CTR, 20. 11. 1920.
54 Ruske, Materialprüfung, S. 297.
55 BAP, 15.01 RMI, Nr. 5555, Bl. 134: Protokoll der 1. Kuratoriumssitzung, 14. 10. 1921.
56 Ebenda, Nr. 5549/2, Bl. 21: Vorschlagsliste, 19. 7. 1919; Nr. 5555, Bl. 21: CTR an RMI, 18. 10. 1920.
57 Ebenda, Bl. 40–42: Vorschlagsliste des RMI, 24. 2. 1921; Bl. 74: Liste der berufenen Kuratoriumsmitglieder, 27. 6. 1921; Bl. 112: Absage Willstätters an RMI, 17. 3. 1921.
58 Ebenda, Protokolle der Kuratoriumssitzungen: Bl. 132–138: 1. Sitzung, 14. 10. 1921; Bl. 222–227: 2. Sitzung, 24. 2. 1923; Bl. 269–275: 3. Sitzung, 2. 12. 1924; Bl. 305–309: 4. Sitzung, 18. 6. 1926. Als Hindenburg am 20. 6. 1927 das Kuratorium neu berief, waren seine Mitglieder im wesentlichen dieselben wie vorher, vgl. ebenda, Bl. 319.
59 Im folgenden nach Reishaus, Einfluß, S. 44–48.
60 BAP, 15.01 RMI, Nr. 5555, Bl. 395: Protokoll der 4. Sitzung des CTR-Kuratoriums, 18. 6. 1926.
61 Vgl. dazu Holdermann, Im Banne, S. 178–186, in starker Identifikation mit Carl Bosch.
62 New York Times vom 25. 9. und 31. 10. 1921, zit. nach Borkin, Allianz, S. 40.
63 BAP, 15.01 RMI, Nr. 5549/2, Bl. 233–235: CTR, Vorläufiger Bericht, 4. 10. 1921; CTR, Gutachten über die Ursache der Explosion in Oppau, 30. 11. 1921, in: RT-Drucksache Nr. 14, 1. Wahlperiode 1920/21, 34. Ausschuß.
64 Im folgenden, wenn nicht anders angegeben, nach Rasch, Wissenschaft, S. 85 f.
65 Koppel an Reichswehrminister, in: ebenda, Nr. 10, S. 107.
66 GStA, I. HA, Rep. 76, Vc, Sekt. 1, Tit. 8, Nr. 17, Bl. 331–334: Entwurf einer Satzungsänderung; Bl. 346–350: Satzungsänderung, beschlossen am 9. 3. 1920; Bl. 383 f.: gedruckte Fassung; Bl. 335: Einverständnis des Reichswehrministers, 26. 4. 1920.
67 Ebenda, Bl. 360: Haber an Sieverts, o. J. (Eine Abschrift dieses privaten Briefs wurde undatiert am 19. 9. 1921 aufgefunden.)
68 Ebenda, Bl. 354: RMI an Kultusministerium, 4. 2. 1921; Bl. 359: Kultusministerium an Haber, 8. 9. 1921; Bl. 363: Kultusministerium an RMI, 15. 10. 1921; Bl. 373: RMI an Kultusministerium, 17. 5. 1922.
69 Ebenda, Bl. 387 f.: Protokoll der Kuratoriumssitzung vom 25. 10. 1922 im RMI.
70 Ausführlich Trischler, Luftfahrtforschung, S. 134–141.
71 GStA, I. HA, Rep. 76, Vc, Sekt. 1, Titl. 8, Nr. 17, Bl. 389–402: von Nottenburg, Denkschrift über das Segelflugwesen und die Möglichkeiten zu dessen Förderung, 21. 11. 1922.
72 Vgl. auch Rasch, Wissenschaft, S. 86.
73 Mit mehr oder weniger Einzelheiten: Goran, Story, S. 82; Borkin, Allianz, S. 39; Jaenicke, Lebensabriß, S. 129; F. Stern, Freunde, S. 533; Stoltzenberg, Haber, S. 427 f., 440; Ch. Haber, Leben, S. 139.
74 Beispielsweise bei Harris, To Serve, S. 33.
75 Vgl. dazu Huber, Verfassungsgeschichte, Bd. 5, S. 1155 ff., bes. 1173, 1177.
76 Vgl. HS 964: Auszug aus: Tancrède Martel, Comment finiront Guillaume II et ses complices. Die Publikation erschien 1917 in Paris bereits in 5. Auflage.
77 Ohne Quellenangabe: Mendelssohn, Kurt, Walther Nernst und seine Zeit. Aufstieg

und Niedergang der deutschen Naturwissenschaften, Weinheim 1976 (engl. Original: The World of Walther Nernst), S. 143.

78 Huber, Verfassungsgeschichte, Bd. 7, S. 23.

79 HS, Dep. L. Haber, Nr. 30: Haber an seine Frau, 26. und 27. 7. 1919.

80 HS 1189, Bl. 11–13, hier Bl. 13: Haber an Willstätter, Sankt Moritz, 11. 8. 1919. Dieser Brief ist bei Werner/Irmscher, Haber, nicht abgedruckt.

81 Universität Hamburg/Institut für Geschichte der Naturwissenschaften, Nachlaß Hans Schimank: Tesch an Schimank, 18. 6. 1919; Kriegsministerium an Schimank, 20. 6. 1919.

82 AAW, II–III, 38: Personalia Mitgl. 1920, S. 76 f.; zu Datierung und Verfasserschaft vgl. Schroeder-Gudehus, Brigitte, Internationale Wissenschaftsbeziehungen und auswärtige Kulturpolitik 1919–1933. Vom Boykott und Gegen-Boykott zu ihrer Wiederaufnahme, in: Vierhaus/vom Brocke, Forschung, S. 858–885, hier S. 859, Anm. 3.

83 Vgl. Lohs, Haber, S. 440.

84 HS 1189, Bl. 13: Haber an Willstätter, St. Moritz, 11. 8. 1919.

85 Ch. Haber, Leben, S. 139, 141.

86 HS 1189, Bl. 15: Haber an Willstätter, 4. 10. 1919 (Werner/Irmscher, Haber, Nr. 17, S. 59).

87 Ch. Haber, Leben, S. 141.

88 HS 1189, Bl. 18: Haber an Willstätter, Berlin, 4. 11. 1919 (Werner/Irmscher, Haber, Nr. 18, S. 61 f.).

89 Ch. Haber, Leben, S. 141.

90 HS 2292: Haber an Wrisberg, 15. 11. 1919.

91 Vgl. zur Abfolge und Datierung der Ereignisse Huber, Verfassungsgeschichte, Bd. 7, S. 22 ff.

92 Dazu wie zu den Leipziger Prozessen von Mai bis Juli 1921, die in neun Verfahren zwölf militärische Angeklagte betraf, vgl. ebenda, S. 24 ff.

93 Schroeder-Gudehus, Wissenschaftsbeziehungen, S. 859, Anm. 3.

94 MPG, II1A, PA Haber: Institut für Zeitgeschichte an Fenske, 17. 8. 1983; J. Straub, Nachtrag zum Aufsatz über Hermann Staudinger, in: Humanitas, 1981, S. 25.

95 Willstätter gratulierte Haber mit einem Schreiben vom 15. 11. 1919, vgl. HS 1189, Bl. 20: Haber an Willstätter, 18. 11. 1919 (Werner/Irmscher, Haber, Nr. 19, S. 62).

96 Stark, Johannes, Erinnerungen eines deutschen Naturforschers, hg. von Andreas Kleinert, Mannheim 1987, S. 54.

97 Vgl. das Photo der Preisträger in Vierhaus/vom Brocke, Forschung, S. 847.

98 Die Nominierung wurde nicht zugelassen, da, was Willstätter nicht wußte, Haber bereits der Preis für 1918 zuerkannt worden war, vgl. dazu Heilbron, John L./Ullrich, Rebecca, The Nobel Population, 1901–1937. A Census of the Nominators and Nominees for the Prizes in Physics and Chemistry (= Berkeley Papers in History of Science 11), Berkeley–Uppsala 1987, S. 216.

99 HS 1189, Bl. 1–6, hier 5: Haber an Willstätter, 29. 1. 1919 (Werner/Irmscher, Haber, Nr. 15, S. 55 f.).

100 Ebenda, Bl. 20: Haber an Willstätter, 18. 11. 1919 (Werner/Irmscher, Haber, Nr. 19, S. 62).

101 Crawford/Heilbron, KWI, S. 836.

102 Beispiele aus der deutschen Presse bei Metzler, Gabriele, «Welch ein deutscher Sieg!» Die Nobelpreise von 1919 im Spannungsfeld von Wissenschaft, Politik und Gesellschaft, in: VfZ 44 (1996), S. 173–200, hier S. 185 ff.

103 Haber an Arrhenius, 5. 12. 1919, zit. nach Crawford, Elisabeth, Nationalism and

Internationalism in Science, 1880–1939. Four Studies of the Nobel Population, Cambridge 1992, S. 76, Anm. 50.
104 Beispiele bei Metzler, Nobelpreise, S. 187f.
105 New York Times, 26. 1. 1920, S. 12.
106 Ebenda, 27. 1. 1920, S. 14.
107 Ebenda.
108 Ebenda, 28. 1. 1920, S. 10; Science 51 (1920), S. 208f.
109 HS 2292: Haber an Wrisberg, 15. 11. 1919.
110 GStA, I. HA, Rep. 92, NL Becker, Nr. 778: Becker an Haber, 14. 12. 1919.
111 BAP, 15.01 RMI, Nr. 8970, Bl. 113–116: Deutsche Gesandtschaft Stockholm an Auswärtiges Amt, 20. 11. 1919.
112 vom Brocke, Wissenschaft, S. 675.
113 In einem Schreiben an Svante Arrhenius formulierte er dies so: «Apology to the civilized world is necessary, for their extraordinary manifesto was addressed to the civilized world», zit. bei Crawford, Nationalism, S. 67.
114 Ebenda, S. 50f., 54f., Zitat S. 55.
115 Dazu ebenda, S. 3f.
116 Crawford, Elisabeth, The Beginnings of the Nobel Institution: The Science Prizes, 1901–1915, Cambridge–Paris 1984; dies., Nationalism; dies./Bernhard, Carl Gustaf/Sörbom, Per (Hg.), Science, Technology and Society in the Time of Alfred Nobel, Oxford u. a. 1982; dies. u. a., Census; dies./Shinn, Terry/Sörlin, Sverker (Hg.), Denationalizing Science. The Contexts of International Scientific Practice (= Sociology of the Sciences, Yearbook 16), Dordrecht u. a. 1993.
117 Küppers, Günter/Weingart, Peter/Ulitzka, Norbert, Die Nobelpreise in Physik und Chemie 1901–1929. Materialien zum Nominierungsprozeß, Bielefeld 1982; dies., Factors Determining the Award of Nobel Prizes in Physics and Chemistry 1901–1929, in: Endeavour 7 (1983), Nr. 4, S. 203–206; dies., The Awarding of the Nobel Prize Decisions about Significance in Science, in: Bernhard, Science, S. 332–351.
118 Crawford, Nationalism, S. 3, 66f.
119 Küppers u. a., Nobelpreise, S. 98ff., 132f.; vgl. auch für die Chemie die Graphik 6, S. 135; dies., Awarding, S. 338, 340f. Ausführlich, mit teilweise anderen Gewichtungen auch Crawford, Nationalism, vor allem S. 59ff. Siehe auch das Fazit ebenda, S. 78: «The chauvinism of nominators from major powers during and immediately after the war was in many ways pathological, although it had only limited consequences for the Nobel institution.»
120 Küppers u. a., Nobelpreise, S. 99.
121 Ebenda, S. 1–10, 156ff.; dies., Factors.
122 Dies., Nobelpreise, S. 63f, 66–71, 89f., 153; dies., Awarding, S. 342f., bes. Graphik 6; Crawford u. a., Census, S. 186, 188, 192, 200, 204, 208, 210, 212.
123 Crawford, Nationalism, S. 78.
124 Ebenda, S. 67.
125 Stark, Erinnerungen, S. 54.
126 Willstätter, Leben, S. 316f.; Ch. Haber, Leben, S. 141–149; Stark, Erinnerungen, S. 54–57. Stark widmete der «Katastrophe meines Magens» einen ausführlichen Abschnitt, vgl. ebenda, S. 55f.
127 Im Wortlaut: [Nobelstiftung] Les Prix Nobel en 1919, S. 34–38; den deutschen Gästen gegenüber ebenfalls sehr zuvorkommend Ekstrands Ansprache beim Nobelbankett, vgl. ebenda, S. 39–45.
128 Willstätter, Leben, S. 317.
129 Vgl. den abgedruckten Nobel-Vortrag Habers u. a. in: [Nobelstiftung] Les Prix

Nobel en 1919, S. 1–16; Naturwissenschaften 10 (1922), S. 1041–1049; Fünf Vorträge, S. 1–24.

130 BAP, 15.01 RMI, Nr. 8970, Bl. 120f.: Deutsche Gesandtschaft an Auswärtiges Amt, 8.6. 1920.

131 NDB, Bd. 6, S. 618f. (Wolf Frhr. v. Engelhardt).

132 Meyenn, Karl von, Ist die Quantentheorie milieubedingt?, in: ders. (Hg.), Quantenmechanik und Weimarer Republik, Braunschweig – Wiesbaden 1994, S. 4–58, hier S. 33. Die Reise im einzelnen bei Ch. Haber, Leben, S. 144ff.

133 Der Briefwechsel ist in Abschrift überliefert in: Staatsbibliothek Berlin, Handschriften, Haus 2, NL Johannes Stark: Korrespondenz Haber-Stark, Oktober/November 1920, Bl. 2–10.

134 Ebenda, S. 144.

135 HS 1118: Haber an Max Mayer, 14. 7. 1923.

136 Eine monatliche Umrechnungstabelle Dollar zu Papiermark von Januar 1914 bis Dezember 1923 vgl. in Feldman, Disorder, S. 5.

137 GStA, I. HA, Rep. 92, NL Schmidt-Ott (D), Nr. 2: Haber an Schmidt-Ott, 7. 8. 1920.

138 Vgl. W. Jaenicke, Bunsen-Gesellschaft, S. 80f.; Feldman, German Scientist, S. 357, 359.

139 DM, NL 57 Wieland, 2.02: Haber an Wieland, 13. 7. 1920.

140 HS 965: Haber an Duisberg, 18. 7. 1919.

141 Ebenda; auch Duisbergs Antwortschreiben vom 28. 7. 1919, ebenda.

142 HS 966: Haber an Duisberg, 16. 7. 1920.

143 Flechtner, Duisberg, S. 318f.

144 Vgl. GStA, I. HA, Rep. 92, NL Becker, Nr. 778: Haber an Becker, 4. 12. 1919; Becker an Haber, 14. 12. 1919.

145 Vgl. HS 966: Haber an Duisberg, 16. 7. 1920.

146 HS 1189, Bl. 15–17: Haber an Willstätter, St. Moritz, 4. 10. 1919; HS 1204, Bl. 2: Haber an Willstätter, o. D. [Nov. oder Dez. 1919] (Werner/Irmscher, Haber, Nr. 20, S. 63).

147 Ruske, DChG, S. 235.

148 HS 1189, Bl. 21: Haber an Willstätter, 5. 12. 1919 (= Werner/Irmscher, Haber, Nr. 21, S. 64).

149 Planck an Rubner, 19. 11. 1919, in: Einstein in Berlin, Bd. 2, S. 38.

150 Vgl. ebenda, S. 235f.; AAW, II–III, 38, Bl. 98: Bitte des Kultusministers um Gutachten, 8. 11. 1919; Bl. 100: Protokoll der Sitzung der phys.-math. Klasse, 20. 11. 1919; Bl. 107–110: Entwurf Haberlandts, 26. 11. 1919; Bl. 111f.: Akademie an Kultusminister, 4. 12. 1919; HS 1189, Bl. 20f.: Haber an Willstätter, 18.11. und 5. 12. 1919 (Werner/Irmscher, Haber, Nr. 19, S. 63, Nr. 21, S. 64).

151 Flechtner, Duisberg, S. 319.

152 HS 1189, Bl. 22f.: Haber an Willstätter, 19. 12. 1919 (Werner/Irmscher, Haber, Nr. 22, S. 64f.).

153 HS 1190, Bl. 1: Haber an Willstätter, 13. 1. 1920 (Werner/Irmscher, Haber, Nr. 24, S. 66f.).

154 AAW, II–III, 38, Bl. 113f.

155 Ebenda, Bl. 116: Akademie an Kultusministerium, 23. 3. 1920.

156 HS 1204, Bl. 2: Haber an Willstätter, o. D. [Nov./Dez. 1919] (Werner/Irmscher, Haber, Nr. 20, S. 63).

157 W. Jaenicke, Bunsen-Gesellschaft, S. 81.

158 Beckmann, Haberlandt, Rubner an Kultusministerium, 1. 3. 1920, zit. nach Stoltzenberg, Haber, S. 432f.

159 Ebenda.
160 Vgl. dazu W. Jaenicke, Bunsen-Gesellschaft, S. 81.
161 AAW, II–III, 38, Bl. 115 f.: Protokoll der Sitzung der Gesamtakademie, 11. 3. 1920 sowie Schreiben an den Kultusminister, 23. 3. 1920.
162 Harnack an Duisberg, [nach 26. 2. 1920], zit. nach Flechtner, Duisberg, S. 321.
163 HS 966: Haber an Duisberg, 16. 4. 1920.
164 Duisberg an Harnack, 26. 2. 1920, zit. nach Flechtner, Duisberg, S. 320.
165 Ebenda, S. 320 f.: Duisberg an Harnack, 26. 2. 1920 und o. D.; W. Jaenicke, Bunsen-Gesellschaft, S. 81 ff.: Briefwechsel zwischen Alfred Stock und Duisberg, 27. 3., 29. 3., 25. 4. 1920.
166 Vgl. dazu die noch folgenden Ausführungen über die Entstehung der Notgemeinschaft; im Überblick Brocke, Bernhard vom, Die Kaiser-Wilhelm-Gesellschaft in der Weimarer Republik, in: Vierhaus/vom Brocke, Forschung, S. 197–355, hier S. 230 f.
167 W. Jaenicke, Bunsen-Gesellschaft, S. 82; Willstätter, Leben, S. 272 f.
168 HS 1195–1, Bl. 1–4, hier Bl. 2: Haber an Willstätter, 7. 1. 1926 (Werner/Irmscher, Haber, Nr. 48, S. 101). Demzufolge nahm Becker «nach Duisbergs Einspruch gegen mich Stellung». So auch Willstätter, Leben, S. 272, wonach Willstätter bei diesem Gespräch zwischen Becker und Haber anwesend war.
169 AAW, II–III, 38, Bl. 119–122: Protokolle der Sitzungen der phys.-math. Klasse bzw. der Gesamtakademie vom 17. und 24. 6. 1920; Schreiben an den Kultusminister, 8. 7. 1920. Die Akademie beschwerte sich darüber, daß sie trotz ihres Eigentumsrechts an Wohnung und Privatlabor des Ordinarius für Chemie übergangen worden war, verzichtete aber auf Einspruch.
170 HS 966: Haber an Duisberg, 16. 7. 1920.
171 DM, NL 57 Heinrich Wieland, Nr. 2.02: Haber an Wieland, 13. 7. 1920. In seinem 7seitigen maschinengeschriebenen Brief erläuterte Haber bis ins Detail Wohnungslagen, Verkehrsanbindungen, Fahrpläne usw. und machte klar, daß die Regierung keine Ausgaben scheuen würde, um ihn zu gewinnen.
172 HS 966: Haber an Duisberg, 16. 7. 1920.
173 DM, NL 57 Heinrich Wieland, Nr. 2.02: Haber an Wieland, 2. 8. 1920. In entschärfter Form: GStA, I. HA, Rep. 92, NL Becker, Nr. 778: Haber an Becker, 2. 8. 1920.
174 HS 966: Haber an Duisberg, 2. 8. 1920.
175 Flechtner, Duisberg, S. 322; Ruske, DChG, S. 131, 242.
176 Ebenda, S. 242. Zu Stocks Engagement gegen Haber vgl. ausführlich W. Jaenicke, Bunsen-Gesellschaft, S. 81–83.
177 HS 1191: Haber an Willstätter, 7. 5. 1921 (Werner/Irmscher, Haber, Nr. 27, S. 73).
178 Vgl. zu Becker u. a.: Wende, Erich, C. H. Becker – Mensch und Politiker, Stuttgart 1959; Düwell, Kurt, Staat und Wissenschaft in der Weimarer Epoche. Zur Kulturpolitik des Ministers C. H. Becker, in: HZ, Beiheft 1, 1971, S. 31–74; Wittwer, Wolfgang W., Carl Heinrich Becker, in: Berlinische Lebensbilder 3: Wissenschaftspolitik in Berlin, hg. von Wolfgang Treue und Karlfried Gründer, Berlin 1987, S. 251–267. Jüngst auf breiter Quellen- und Literaturbasis: Müller, Guido, Weltpolitische Bildung und akademische Reform. Carl Heinrich Beckers Wissenschafts- und Hochschulpolitik 1908–1930 (= Beiträge zur Geschichte der Kulturpolitik 2), Köln u. a. 1991.
179 Becker, Carl Heinrich, Gedanken zur Hochschulreform, Leipzig 1919, Zitat S. 34.
180 Dazu im Überblick: Wittwer, Becker, S. 259 ff.; Düwell, Staat, v. a. S. 43 ff.
181 GStA, I. HA, Rep. 92, NL Becker, Nr. 778: Haber an Becker, 18. 7. 1919.

182 HS 966: Haber an Duisberg, 16. 7. und 2. 8. 1920; in langen Passagen abgedruckt bei W. Jaenicke, Bunsen-Gesellschaft, S. 84.

183 Willstätter, Leben, S. 272.

184 DM, NL 57 Heinrich Wieland, Nr. 2.02: Haber an Wieland, 2. 8. 1920.

185 HS 1195–1, Bl. 1–4, hier Bl. 4: Haber an Willstätter, 7. 1. 1926 (Werner/Irmscher, Haber, Nr. 48, S. 102).

186 Ebenda, Bl. 2 (S. 101).

187 Willstätter, Leben, S. 272.

188 HS 1195–1, Bl. 2 f.: Haber an Willstätter, 7. 1. 1926 (Werner/Irmscher, Haber, Nr. 48, S. 101 f.).

189 Dazu ausführlich W. Jaenicke, Bunsen-Gesellschaft, S. 85 f.; Willstätter, Leben, S. 272 f.

190 Staudinger, Hermann, Arbeitserinnerungen, Heidelberg 1961, S. 4.

191 Staudinger, Hans, Wirtschaftspolitik im Weimarer Staat. Lebenserinnerungen eines politischen Beamten im Reich und in Preußen 1889 bis 1934, hg. von Hagen Schulze (= AfS, Beiheft 10), Bonn 1982, bes. S. V, XIf., 1 f.

192 Furukawa, Yasu, Staudinger, Polymers, and Political Struggles, in: Chemical Heritage 11, Nr. 1 (1993/94), S. 4–6, hier S. 4 f.

193 Im folgenden, wenn nicht anders angegeben, nach: ebenda; Stoltzenberg, Haber, S. 314 ff., mit ausführlichen Textzitaten. Quellenbasis für die internen Vorgänge sind die Kriegstagebücher des pazifistischen französischen Schriftstellers Romain Rolland.

194 DM, NL 88 Staudinger, D II. 11.4 b: Staudinger an Haber, 19. 10. 1919.

195 Ebenda, 11.1 a–1 c: Clouzot/IRK an Staudinger, 6. 1. 1919; Staudinger an Clouzot, 11. 1. 1919; Redaktion an Staudinger, 28. 1. 1919. Der Artikel erschien unter dem Titel «La technique moderne et la guerre», in: Révue internationale de la Croix-Rouge 1 (1919), S. 508–515; abgedruckt in: [Staudinger, Hermann], Das Wissenschaftliche Werk von Hermann Staudinger. Gesammelte Arbeiten nach Sachgebieten geordnet, Bd. 5: Arbeiten allgemeiner Richtung, hg. von Magda Staudinger, Basel – Heidelberg 1975, S. 378–385.

196 Ein halbes Jahr später korrespondierte er durchaus freundlich mit dem Lost-Miterfinder Wilhelm Steinkopf, den er noch aus Karlsruhe kannte, vgl. DM, NL 88 Staudinger, D II., 11.10: Steinkopf an Staudinger, 25. 6. 1920; Staudinger an Steinkopf, 16. 7. 1920.

197 Ebenda, 11.4 a, 4 b: Haber an Staudinger, 18. 10. 1919; Staudinger an Haber, 19. 10. 1919.

198 Ebenda, 11.4 c: Haber an Staudinger, 23. 10. 1919.

199 Ebenda.

200 Ebenda, 11.4 d: Staudinger an Haber, 17. 11. 1919.

201 Vgl. Riesenberger, Dieter, Der Kampf gegen den Gaskrieg. Öffentlichkeit und Völkerbund gegen chemische Waffen, in: Steinweg, Reiner (Red.), Lehren aus der Geschichte? Historische Friedensforschung (= Friedensanalysen 23), Frankfurt 1990, S. 250–275.

202 DM, NL 88 Staudinger, D II. 11.4 c: Haber an Staudinger, 23. 10. 1919.

203 Ebenda, 11.4 d: Staudinger an Haber, 17. 11. 1919.

204 Die öffentliche Debatte um den Gaskrieg, die seit Kriegsende von den Kontrahenten vehement geführt wurde, wurde bisher nur in Teilaspekten, nicht jedoch in voller Breite erforscht. Dazu im Überblick: Riesenberger, Kampf, S. 258–263.

205 Ebenda, S. 250.

206 Vgl. Haber, Fritz, Die Chemie im Kriege, in: Fünf Vorträge, S. 25–41; Zur Geschichte des Gaskrieges, in: ebenda, S. 75–92; letzterer auch in: VW III/4, S. 13–25.

207 DM, NL 88 Staudinger, D II. 11.22: Staudinger an Volkmar Kohlschütter, 24. 1. 1922.
208 Vgl. ebenda, 11.5: Staudinger an die «Neue Schweizer Zeitung», 5. 12. 1919.
209 Ebenda, 11.27–11.30: Staudinger an Wieland, 14. 9. 1925; Wieland an Staudinger, 24. 9. 1925; Staudinger an Kohlschütter, 25. 9. 1925.
210 Staudinger, Hermann, Rapport technique sur la guerre chimique, in: Revue internationale de la Croix-Rouge 7 (1925), S. 17–45, bes. S. 19, Anm. 1, auch in: [Staudinger], Werk, Bd. 5, S. 386–414.
211 Furukawa, Staudinger, S. 5.
212 Mark, Herman F., Aus den frühen Tagen der Makromolekularen Chemie, in: Die Naturwissenschaften 67 (1980), S. 477–483, hier S. 481.
213 Furukawa, Staudinger, S. 5 f., auch zu Staudingers Problemen im Dritten Reich.
214 Mark, Aus den frühen Tagen, S. 482.
215 Zitat aus HS 1189, Bl. 3: Haber an Willstätter, 29. 1. 1919; HS 1912 (auch MPG, I1A, 1162–1): Haber, Jahresbericht des KWI vom 1. 4. 1920–1. 4. 1921, 30. 7. 1921, S. 2 f.
216 HS 965: Haber an Duisberg, 6. 2. 1919.
217 BAP, 15.01 RMI, Nr. 8972, Bl. 23–26, hier Bl. 24: Freundlich an Donnevert, 16. 6. 1922: Entwurf des KWI-Arbeitsberichts aus den letzten zehn Jahren.
218 Hase, Albrecht, Prof. Dr. Wille zum Gedächtnis, in: Zschr. angew. Ent. 46 (1960), S. 338; HS 2304, Kap. III, S. 8 f. (auch HS 546): Ms. Hase, Warum und wie ich in das Institut von Haber kam. Vgl. zum Folgenden auch Szöllösi-Janze, Mehlmotte, S. 669 ff.
219 Im folgenden nach: HS 2304, Ms. Hase, Kap. X. 1.: Dahlem. In Habers Institut 1919–1920 – die pharmakologisch-zoologische Abteilung.
220 Vgl. Wille, Johannes, Biologie und Bekämpfung der deutschen Küchenschaben, Berlin 1920.
221 Ders., Chlorpikrin in der Schädlingsbekämpfung, insbesondere im Kampf gegen den Kornkäfer (Calandra granaria L.), in: Zschr. angew. Ent. 7 (1920), S. 296–310.
222 Degeners Wer ist's?, IX. Ausg., Berlin 1928, S. 495.
223 HS 2304, Kap. V (auch HS 549): Die erste deutsche forstentomologische Feldstation 1919–1920 im Forst der Stadt Guben; Hase, Albrecht, Über die erste deutsche Forstentomologische Feldstation, in: Zschr. angew. Ent. 6 (1919/20), S. 390–400.
224 Reichsgesetzblatt 1919, Nr. 31, S. 165 f.: Verordnungen vom 29.1. und 7. 2. 1919.
225 Vgl. BAK, R 168, Nr. 266, Anwendung Cyanoprodukte 1919–1934: Briefkopf der Degesch, 18. 8. 1919.
226 Ebenda, Nr. 93, S. 439: Verordnung vom 2. 5. 1919; [Degesch] Die Deutsche Gesellschaft für Schädlingsbekämpfung, in: Zschr. angew. Ent. 6 (1919/20), S. 413 f.; W. Rasch, 80 Jahre, S. 6; Degesch, 20 Jahre, S. 9.
227 HS 2304, Ms. Hase, Kap. IX. D. (auch HS 550): Ein deutscher Reichskommissar für Schädlingsbekämpfung mit Anlage: Reichskommissariat an Prof. A. Voigt, 20. 10. 1920; Rasch, 80 Jahre, S. 6; Zschr. angew. Ent. 6 (1919/20), S. 413, 7 (1920/21), S. 188 f.
228 Vgl. z. B. die einschlägigen Verordnungen in: Reichsgesetzblatt I, 1920, S. 1441 f. und 1922, S. 630 f.
229 Vgl. Zschr. angew. Ent. 6 (1919/20), S. 413; Degussa, Anfang, S. 78; Degussa (Hg.), Von Frankfurt in die Welt. Aus der Geschichte der Degussa AG, Frankfurt 1988, S. 84.
230 Vgl. Degesch, 20 Jahre, S. 9 f.; auch HS 2304: Ms. Hase, Einleitung, Bl. B.
231 Einen Anhaltspunkt bietet die einschlägige Zeitschrift, erschienen unter den Titeln: Der Desinfektor/Zschr. für Desinfektion, Bd. 1–23, 1908–1931; Zschr. f. Gesundheitstechnik und Städtehygiene, Bd. 24–27, 1932–1935; Zschr. f. hygienische Zoolo-

gie und Schädlingsbekämpfung, Bd. 28–40, 1936–1953; Zschr. f. angewandte Zoologie, ab Bd. 41, 1954 ff.

232 BAK, R 168, Nr. 266, Anwendung Cyanoprodukte 1919–1934: Vorschriften für Blausäuredurchgasungen mit 4 Anlagen, ausschließlich für das Personal der D. G. Sch., 2. veränd. und vermehrte Aufl., Berlin, Juli 1919.

233 Hase, Feldstation, S. 390–440; HS 2304, Ms. Hase, Kap. V und X. 1.

234 Ebenda, Kap. VII, Die Balkanreise 1921.

235 Degesch, 20 Jahre, S. 10 f., 129 f.; Teltschik, Geschichte, S. 164.

236 HS 2304, Ms. Hase, Kap. XII. 1.: Nachtrag. Die letzten finanziellen Hilfen durch Habers Bemühungen von 1924, 1926 bis 1933; zu den Verdächtigungen aus dem Ausland vgl. z. B. Die Naturwissenschaften 13 (1925), S. 10 f.

237 HS 965: Duisberg an Haber, 12. 2. 1919.

238 Ebenda.

239 HS 860, 965: Haber an Duisberg, 26. 2. 1919.

240 Ebenda, Duisberg an Haber, 12. 2. 1919.

241 Willstätter, Leben, S. 239; vgl. auch [Hartley, Harold], The Royal Society Club Dinner on 14 November 1968 in Celebration of the 90th Birthday of Sir Harold Hartley, F. R. S., in: Notes and Records of the Royal Society of London 24 (1969), S. 146–155, hier S. 146.

242 Ausführlich zur IMKK: Salewski, Michael, Entwaffnung und Militärkontrolle in Deutschland 1919–1927, München 1966. Daß die Kommission erst drei Monate nach ihrem Eintreffen ihre Tätigkeit offiziell aufnahm, lag vermutlich daran, daß sie die Ratifikation des Versailler Vertrags durch die wichtigsten Vertragsstaaten abwarten mußte.

243 HS 536: Flury an Hase, 28. 7. 1920.

244 HS 2304, Kap. XII. 1.

245 Ebenda, Kap. X. 3.: Ereignisse verschiedener Art.

246 Vgl. NDB, Bd. 1, S. 329 f. (Bruno Huber).

247 HS 2304, Kap. XI. A., Anm. 1.

248 Vgl. Appel, Otto, Zur Geschichte der Anstalt, in: Bericht über die Tätigkeit der Biologischen Reichsanstalt für Land- und Forstwirtschaft im Jahre 1920. 16. Jahresbericht, erstattet vom Direktor (= Mitteilungen aus der BRA 21), Berlin 1921, S. 10–17, auch S. 151–153; Hase, Albrecht, Laboratorium für physiologische Zoologie, in: ebenda, S. 151–153; ders., Aufgaben und Einrichtung des Laboratoriums für physiologische Zoologie für Land- und Forstwirtschaft zu Berlin-Dahlem nebst Beschreibung einiger neuer daselbst gebauter Apparate, in: Zoologischer Anzeiger 73 (1927), S. 151–183; Escherich, Karl, Die Biologische Reichsanstalt, in: Zschr. angew. Ent. 8 (1921/22), S. 168 f.

249 BAK, R 168, Nr. 293 Personalakte Hase: RM Ernährung und Landwirtschaft an Appel, 8. 5. 1920; Einstellungsunterlagen Hases, 14. 5., 22. 5. 1920 usw.; HS 2304, Kap. XI. A. sowie Anlage mit Originalbelegen.

250 Appel, Geschichte, S. 11; Hase, Aufgaben, S. 152.

251 Stoltzenberg, Haber, S. 332 datiert Hartleys ersten Besuch auf den Juni 1921, allerdings ohne seine Quelle zu nennen. Dabei handelte es sich jedoch mit Sicherheit um eine der späteren Visiten des Briten, vielleicht sogar die letzte. Habers Jahresbericht verzeichnete für das abgelaufene Rechnungsjahr 1920/21 mehrere, jedoch nicht datierte längere Besuche von Hartley sowie seines französischen Kollegen General Vinet. Die Befragungen wurden vermutlich noch 1921 abgeschlossen. Vgl. HS 1912: Haber, Jahresbericht des KWI 1920/21, 30. 7. 1921, S. 2.

252 Hartley, 90th Birthday, S. 151.

253 Ebenda.
254 Vgl. dazu z. B. Harris/Paxman, Höhere Form, S. 50 f.; L. F. Haber, Poisonous Cloud, S. 293 f.
255 Vgl. Degesch, 20 Jahre, S. 15.
256 Vgl. Hasselmann, C. M., Zwei Jahre Zyklon B – die Entwesungsmethode der Wahl, in: Münchener Medizinische Wochenschrift 72 (1925), S. 96–99, hier S. 99.
257 Lehmann, K. B., Bestehen gerechtfertigte hygienische Bedenken gegen die Verwendung von Blausäure und blausäurehaltigen Mitteln (Zyklon) als Vernichtungsmittel für Ungeziefer im grossen (Entwesung), in: Münchener Medizinische Wochenschrift 67, Nr. 53 (31. 12. 1920), S. 1517–1520, bes. die Tab. 1 mit der Aufführung der Fälle auf S. 1518.
258 Degesch, 20 Jahre, S. 18; Hasselmann, Zwei Jahre, S. 97; vgl. auch HS 2304, Kap. X. 1.
259 Flury, Ferdinand/Hase, Albrecht, Blausäurederivate zur Schädlingsbekämpfung, in: Münchener Medizinische Wochenschrift 67 (1920), S. 779 f.
260 Heerdt, Walter, Die neuen Verfahren und Vorrichtungen zur Sanierung von ungezieferverseuchten Wohnstätten, in: Zschr. angew. Ent. 7 (1920/21), S. 201–205; ders., Die Anwendung von Cyanderivaten in der Schädlingsbekämpfung, in: Verhandlungen 1921, S. 35–37; HS 540: Hase an Heerdt, 1. 4. 1956; HS 2304, Kap. VII.
261 Hasselmann, Zwei Jahre, S. 98; Degesch, 20 Jahre, S. 18.
262 HS 2304, Kap. XI. E.
263 Vgl. Römpps Chemie-Lexikon, Bd. 6, S. 4746.
264 Vgl. BAK, R 168, Nr. 268, Zyklon B: Hase an BRA, 17. 1. 1923, mit Anlage: Protokolle von Zyklon B-Versuchen in Frankfurt, 15.–19. 11. 1922; Versuchsprotokolle in der BRA, 22./23. 1. und 13./14. 2. 1925.
265 Degesch, 20 Jahre, S. 18 f.
266 Heerdt, Walter, Zyklon B, ein verbessertes Blausäureverfahren, in: Verhandlungen 1924, S. 81–83.
267 Vgl. neben den bereits erwähnten Büchern des Degesch-Geschäftsführers Gerhard Peters, Blausäure, und ders., Chemie, vor allem seine zahlreichen Aufsätze, z. B: Ein neues Verfahren zur Kammerdurchgasung, in: Zschr. f. hygienische Zoologie und Schädlingsbekämpfung 28 (1936), S. 106–112; Begasungsanlagen. Von der Gaskiste zur Kreislauf-Kammer, in: ebenda, 30 (1938), S. 178–187, uvm.; schließlich während des Zweiten Weltkriegs: ders./Rasch, Walter, Die Einsätzfähigkeit der Blausäure-Durchgasung bei tiefen Temperaturen. (Praktische Erfahrungen des Kriegswinters 1940/41 und ihre exakte Nachprüfung.), in: ebenda, 33 (1941), S. 133–137.
268 BAK, R 168, Nr. 268, Zyklon B: BRA an Loibl, 21. 4. 1926.
269 Vgl. ebenda die fragmentarische Korrespondenz beider Firmen an die BRA; Wolf, Mechthild, Im Zeichen von Sonne und Mond. Von der Frankfurter Münzscheiderei zum Weltunternehmen Degussa AG, Frankfurt 1993, S. 145–149.
270 Gutman, Israel, Zyklon B, in: ders. (Hg.), Encyclopedia of the Holocaust, Bd. 4, New York 1990, S. 1749 f.; Pressac, Jean-Claude, Auschwitz: Technique and Operation of the Gas Chambers, New York 1989, S. 15 ff.; Kogon, Eugen u. a. (Hg.), Nationalsozialistische Massentötungen durch Giftgas. Eine Dokumentation, Frankfurt 1983, S. 281–287.
271 Vgl. Mushkat, Marion, Zyklon B Trial, in: Encyclopedia of the Holocaust, Bd. 4, S. 1500 f.; United Nations War Crimes Commission, Law Reports of Trials of War Criminals, Bd. 1, London 1947, S. 93–103; auch Stoltzenberg, Haber, S. 467 f.
272 Russell III, Edmund P., «Speaking of Annihilation»: Mobilizing for War against Human and Insect Enemies, 1914–1945, in: The Journal of American History 82 (1996), S. 1505–1529, Zitate S. 1513.

273 HS 2304, Ms. Hase, Kap. VI: Aussig 1919–1923; Kap. XI. E.: Das Laboratorium für physiologische Zoologie in der Biologischen Reichsanstalt.

274 Ebenda, Kap. XI. E. sowie Anlage mit Originalbelegen; Kap. VIII: Zinkphosphid. Eine Episode 1923. Das Angebot der Stiftung in einem Schreiben vom 22. 7. 1926 sowie die drei Quittungen über die eingegangenen Ratenzahlungen sind archivalisch erhalten.

275 Vgl. dazu BAK, R 168, Nr. 186: Haushalt 1925 und Nr. 54: Haushalt 1926.

276 HS 2304, Kap. XI. E.

277 Ebenda, Kap. XII. 1.: Nachtrag. Die letzten finanziellen Hilfen durch Habers Bemühungen von 1924, 1926 bis 1933.

278 Das Protokoll der Jahresbesprechung der Mitarbeiter der Kampfstofforschung vom 25. 4. 1931 nennt Vertreter von BRA (Hase), Reichsgesundheitsamt, den Universitäten Leipzig, Würzburg (Flury, Zernik) und Göttingen sowie den THs Charlottenburg und Dresden (Steinkopf), vgl. Brauch/Müller, Kriegführung, Nr. 21, S. 119 f.

279 R. D. Müller, Gaskriegsvorbereitungen, S. 30 f.; demnach finden sich Hinweise auf beteiligte wissenschaftliche Institute in den Akten des BAMA, RH 12–4/v. 36, 37. Vgl. auch Müller, Rolf-Dieter, Die chemische Geheimrüstung in der Weimarer Republik, in: Steinweg, Lehren, S. 232–249, hier S. 241 f.

280 Kästner, Diskussion, S. 47; BAMA H 20/2150.

281 BAK, R 168, Nr. 79, Chlorpikrin: BRA an RM Ernährung, 25. 9. und 15. 11. 1920; Hase an BRA/Zweigstelle Naumburg, 23. 5. 1921.

282 Vgl. dazu zeitgenössisch Escherich, Karl, Die Flugzeugbestäubung gegen Forstschädlinge (= Flugschriften der Deutschen Gesellschaft für angewandte Entomologie 12), Berlin 1929, bes. S. 45 ff.: Übersicht über die bis 1928 ausgeführten Flugzeugbestäubungen; BAK, R 168, Nr. 403: Tätigkeitsberichte des Laboratoriums f. phys. Zoologie an das RM Ernährung; Stoltzenberg, Haber, S. 465.

283 R. D. Müller, Geheimrüstung, S. 241.

284 Vgl. dazu Geyer, Michael, Aufrüstung oder Sicherheit. Die Reichswehr in der Krise der Machtpolitik 1924–1936 (= Veröffentlichungen des Instituts für europäische Geschichte Mainz 91), Wiesbaden 1980, S. 149 ff.; vor allem die Arbeiten von Rolf-Dieter Müller, Gaskriegsvorbereitungen, S. 27 ff.; ders., Geheimrüstung, S. 238 ff.; ders., Das Tor zur Weltmacht. Die Bedeutung der Sowjetunion für die deutsche Wirtschafts- und Rüstungspolitik zwischen den Weltkriegen (= Militärgeschichtliche Studien 32), Boppard 1984, S. 96 ff.

285 Rezension von Johannes Hürter, in: MGM 53 (1994), S. 184–186, hier S. 185.

286 Zeidler, Manfred, Reichswehr und Rote Armee 1920–1933. Wege und Stationen einer ungewöhnlichen Zusammenarbeit (= Beiträge zur Militärgeschichte 36), München 1993.

287 Kunz, Rudibert/Müller, Rolf-Dieter, Giftgas gegen Abd el Krim. Deutschland, Spanien und der Gaskrieg in Spanisch-Marokko 1922–1927 (= Einzelschriften zur Militärgeschichte 34), Freiburg 1990.

288 Stoltzenberg, Haber, S. 333 ff. Die Literaturbelege in den Anmerkungen 27–29 sind falsch.

289 R. D. Müller, Gaskriegsvorbereitungen, S. 26 und Geheimrüstung, S. 234 f.; Brauch/Müller, Kriegführung, S. 94; L. F. Haber, Poisonous Cloud, S. 287.

290 Laut ebenda, S. 287 wandte sich die IMKK direkt an Stoltzenberg, was wenig wahrscheinlich ist.

291 Stoltzenberg, Haber, S. 333 f.; Kunz/Müller, Giftgas, S. 215, Anm. 2.

292 Vgl. dazu z. B. das Protokoll einer Besprechung im Heereswaffenamt am 26./27. 1. 1923, in: Brauch/Müller, Kriegführung, Nr. 10, S. 94 f.

293 R. D. Müller, Gaskriegsvorbereitungen, S. 26.
294 Stoltzenberg, Haber, S. 334.
295 R. D. Müller, Geheimrüstung, S. 235.
296 Vgl. Kunz/Müller, Giftgas.
297 Ch. Haber, Leben, S. 153 f.
298 Stoltzenberg, Haber, S. 334 f.; Kunz/Müller, Giftgas, S. 64–66.
299 Ebenda, S. 335 f.; R. D. Müller, Geheimrüstung, S. 237 f. Belege für Stoltzenbergs Angebote und die Involvierung seiner Hamburger Fabrik bei Brauch/Müller, Kriegsführung, Nr. 10, S. 94 f. und 12, S. 97–100.
300 Stoltzenberg, Haber, S. 340, 343; R. D. Müller, Gaskriegsvorbereitungen, S. 26; ders., Tor, S. 144 f.
301 Vgl. Zeidler, Reichswehr, S. 61; Stoltzenberg, Haber, S. 337 f.; L. F. Haber, Poisonous Cloud, S. 143.
302 Ipatieff, Vladimir N., The Life of a Chemist. Memoirs (= The Hoover Library on War, Revolution, and Peace Publication 21), Stanford–London 1946, S. 327 ff., 351 f.
303 Zeidler, Reichswehr, S. 67.
304 Hierzu ausführlich Geyer, Reichswehr, S. 149 ff.
305 Ruske, DChG, S. 235.
306 Zeidler, Reichswehr, S. 80; Stoltzenberg, Haber, S. 337 f.
307 Ebenda, S. 338. Über den Zustand der Fabrik bei Samara und die sowjetische Verhandlungstaktik vgl. Ipatieff, Life, S. 383 f.
308 Vgl. dazu ausführlich Zeidler, Reichswehr, S. 78 ff.
309 Ipatieff, Life, S. 384 f.
310 Ausführlich Zeidler, Reichswehr, S. 80 ff., 97.
311 Vgl. dazu die rekapitulierenden Schreiben Stoltzenbergs an General Ludwig, Chef des Waffenamts, vom 26. und 31. 8. 1926, abgedruckt in: ADAP, Serie B, II/2, Nr. 107, S. 265 f.
312 Vgl. dazu das die Fälle Junkers und Stoltzenberg vergleichende Fazit von Zeidler, Reichswehr, S. 100.
313 [Vansittart] The Mist Procession. The Autobiography of Lord Vansittart, London 1958, S. 286. «Fritz Huber» taucht auch im Index auf.
314 Stoltzenberg, Haber, S. 345 f.
315 Vgl. z. B. Fa. Stoltzenberg an Major Auer, 10. 1. 1924, abgedruckt bei: Kunz/Müller, Giftgas, S. 188.
316 Stoltzenberg, Haber, S. 339.
317 Ebenda.
318 BAMA, N 221, Nr. 32: Haber an Geyer, 15. 7. 1923.
319 Ipatieff, Life, S. 428.
320 Vgl. Brauch/Müller, Kriegführung, S. 101; R. D. Müller, Geheimrüstung, S. 246.
321 Im folgenden nach Geyer, Aufrüstung, S. 28, 70 f., 82, 85 ff. Geyer schreibt Stülpnagel zentrale Bedeutung für diese Übergangsphase der Reichswehrpolitik zu, vgl. ebenda, S. 42, Anm. 91.
322 Ebenda, S. 81 f., 88.
323 Das Exemplar an Hermann Geyer datierte ebenfalls erst vom April 1925, vgl. ebenda, S. 61, Anm. 191.
324 Vgl. Woker, Gertrud, Der kommende Giftgaskrieg. Im Auftrage der Internationalen Frauenliga für Frieden und Freiheit (= Kultur- und Zeitfragen 18), Leipzig 1925; 4. und 5. erw. Aufl. 1927; 6.–9. Aufl. 1932 unter dem Titel: Der kommende Gift- und Brandkrieg und seine Auswirkungen gegenüber der Zivilbevölkerung.
325 Militär-Wochenblatt 111 (1926/27), Sp. 1658 f.

326 Zit. nach Zeidler, Reichswehr, S. 100.
327 R. D. Müller, Geheimrüstung, S. 239; Geyer, Reichswehr, S. 157 ff.
328 Abgedruckt in: Brauch/Müller, Kriegführung, Nr. 15 a, S. 105–109; Kunz/Müller, Giftgas, S. 136 ff.
329 Zeidler, Reichswehr, S. 98.
330 Ebenda, S. 98 f.; Stoltzenberg, Haber, S. 342 f.; R. D. Müller, Tor, S. 145.
331 Eingaben Büchers an Reichskanzlei, 14.4. und 1. 5. 1925; vgl. dazu Stoltzenberg, Haber, S. 341 f.; Geyer, Reichswehr, S. 152 f.; R. D. Müller, Geheimrüstung, S. 239 f.; ders., Gaskriegsvorbereitungen, S. 28 f.
332 Vgl. dazu Geyer, Reichswehr, S. 154 ff.
333 Stoltzenberg, Haber, S. 343.
334 Ebenda.
335 HS 1008: Haber an Sohn Hermann, 23. 5. 1926.
336 Vgl. dazu die Dokumente in: ADAP, Serie B, Bd. II/2, Nr. 106 und 107, S. 262–271.
337 Zeidler, Reichswehr, S. 99 f.; R. D. Müller, Geheimrüstung, S. 240; Stoltzenberg, Haber, S. 344, allerdings mit fragmentarischen Angaben über den Inhalt des Vergleichsvertrags.
338 R. D. Müller, Gaskriegsvorbereitungen, S. 29; zum Hamburger Gasunfall vgl. die Dokumente in: Brauch/Müller, Kriegführung, S. 131–139; L. F. Haber, Poisonous Cloud, S. 306.
339 1929 wurde ihm ein Reichspatent zuerkannt für ein Verfahren zur Erzielung eines Tropfenfeldes aus großen Höhen, offiziell deklariert für die Schädlingsbekämpfung. Es handelte sich um in Glaskapseln eingeschmolzene Bakterienkulturen, vgl. Hansen, Friedrich, Zur Geschichte der deutschen biologischen Waffen, in: 1999 (1990/ H. 1), S. 53–81, hier S. 64.
340 Geyer, Aufrüstung, S. 83.
341 Wilhelm II. an Haber, 14. 6. 1927, zit. nach Gutsche, Willibald, Ein Kaiser im Exil. Der letzte deutsche Kaiser Wilhelm II. in Holland. Eine kritische Biographie, Marburg 1991, S. 92.
342 BAK, NL 158: Moellendorff, Nr. 187: Hanslian an Moellendorff, 26. 6. 1929.
343 Vgl. die entsprechenden Notizen und Schreiben des Heereswaffenamts vom 3., 18., 25. 6. und 25. 7. 1929, zit. nach Stoltzenberg, Haber, S. 346.
344 Vgl. dazu im Überblick R. D. Müller, Geheimrüstung, S. 243–246.
345 Vgl. Hanslian, Rudolf (Bearb.), Die internationale Gasschutzkonferenz in Brüssel. Dt. autor. Ausgabe, München 1928. Es handelt sich tatsächlich um den ehemaligen Gasoffizier Hanslian, der in der Zwischenkriegszeit als Publizist und Historiker des Gaskriegs und als Herausgeber bzw. Berater einschlägiger Zeitschriften hervortrat. Der eigentliche Charakter der Gasschutzbewegung kommt dadurch deutlich zum Ausdruck. Zu Hanslians Biographie vgl. Groehler, Tod, S. 287.
346 BAK, NL 158: Moellendorff, Nr. 187: Hanslian an Moellendorff, 26. 6. 1929.

VIII. «Die Unruhe verzehrt mich»: Habers Kampf gegen Geldentwertung und Reparationen

1 HS 1112: Generalvollmacht Habers für Mayer, 30. 7. 1919.
2 Ebenda, Haber an Mayer, 8. 8. 1921.
3 Vgl. BASF, W 1 Haber, Verträge ab 1920: Der Deutsche Staatsvertreter am Deutsch-Englischen Gemischten Schiedsgerichtshof an BASF, betr. Klagesache Le Rossignol-Haber, 1. 3. 1924.

4 HS 1111: Charlotte Haber an Mayer, 6. 3. 1919; HS 1122: Mayer an Haber, 6. 8. 1919.
5 Ebenda, Mayer an Gemeinde-Kirchenrat, 22. 9. 1919.
6 BASF, W 1 Haber, Verträge ab 1920: Änderungsvertrag, 28. 8./8. 9. 1919.
7 HS 1112: Mayer an Haber, 28. 8. 1919.
8 BASF, W 1 Haber, Vertragsexemplare: Haber an Direktor Paul Julius, St. Moritz, o. D. [1919].
9 BASF, W 1 Haber, Verträge ab 1920: Änderungsvertrag, 28. 8./8. 9. 1919.
10 HS 1112: Mayer an Haber, 28. 8. 1919.
11 BASF, W 1 Haber, Vertragsbriefe 1909–1918 (auch HS 2119, 2121, 2123): Abrechnungen der BASF an Haber, 15. 2. 1916, 8. 2. 1917, 9. 2. 1918.
12 HS 2295: Manuskript Frucht, Dez. 1985, S. 26.
13 Ebenda.
14 Feldman, Disorder, Tab. 1, S. 5.
15 BASF, W 1 Haber, Verträge ab 1920 (auch HS 2059): BASF/Patentabteilung, Erträgnisaufstellung Haber, 3. 3. 1922.
16 Vgl. z. B. HS 1115: Mayer an Haber, 16. 3. 1921.
17 Angesichts der drohenden Besetzung Ludwigshafens durch die Entente hatte Haber mit Le Rossignol einen Vertrag geschlossen, wonach er ihm 40 % seiner ihm für das Jahr 1918 von der BASF zustehenden Abgaben abtrat. Le Rossignol zog die Summe nicht ein und strengte später eine Klage vor dem Deutsch-Englischen Schiedsgericht an, die er jedoch wieder zurückzog. Vgl. dazu BASF, W 1 Haber, Verträge ab 1920: Der Deutsche Staatsvertreter am Deutsch-Englischen Gemischten Schiedsgerichtshof an BASF, betr. Klagesache Le Rossignol-Haber, 1. 3. 1924; Vermerk der Patentabteilung betr. Brief Habers an Bosch vom 15. 3., 18. 3. 1926. Die Quellenlage ist zu fragmentarisch, als daß man den Rechtsstreit rekonstruieren könnte.
18 Ebenda, Vermerk der Patentabteilung vom 21. 5. 1920 betr. Habers Brief an Bueb vom 3. 5. 1920; Julius an Bueb, 7. 6. 1920; Bueb an Julius, 2. 7. 1920.
19 HS 1204: Haber an Willstätter, o. D. [nach 20. 9. 1920] (Werner/Irmscher, Haber, Nr. 25, S. 69).
20 BASF, W 1 Haber, Verträge ab 1920 (auch HS 2059): BASF/Patentabteilung, Erträgnisaufstellung Haber, 3. 2. sowie 18. 8. 1922.
21 Ebenda, Haber an BASF, 12. 7. 1922.
22 Ebenda, Haber an Bosch/BASF, 25. 9. 1922.
23 Ebenda, Haber an BASF, 13. 10. 1922.
24 HS 1117: Haber an Mayer, 30. 10. 1922.
25 BASF, W 1 Haber, Verträge ab 1920: BASF an Haber, 30. 12. 1922 [irrtümlich 1920]; Haber an BASF, 2. 1. 1923.
26 Ebenda, Haber an BASF, 8. 1. und 1. 2. 1923.
27 Ebenda, Mayer an BASF, Karlsbad, 9. 1. 1923.
28 Ebenda, BASF an Mayer, 9. 2. 1923.
29 Vgl. entsprechende interne Vermerke z. B. ebenda, Vermerk der Patentabteilung, 24. 2. 1926 oder ebenda, W 1 Haber, Bureau Dr. Michel: Patentabt. an Ambros, 23. 5. 1932.
30 BASF, W 1 Haber, Verträge ab 1920: hschr. Vermerk Abels über eine Besprechung mit Dir. Schmitz, 30. 3. 1925.
31 Ebenda, Nachtragsvertrag, 14. 7. 1923.
32 Vgl. ebenda, Vermerk vom 5. 3. 1925 mit Anlage: Erträgnisaufstellung 1914–1922, 3. 3. 1925.

33 BASF, W 1 Haber, Verträge ab 1920: hschr. Vermerk Abels über eine Besprechung mit Dir. Schmitz, 30. 3. 1925.
34 Ebenda: hschr. Vermerk Holdermanns vom 6. 9. 1955 auf seinem Aktenvermerk vom 25. 3. 1953, S. 3.
35 Ch. Haber, Leben, S. 153 f.
36 BASF, W 1 Haber, Verträge ab 1920: BASF/Patentabteilung, Vermerk vom 24. 2. 1926.
37 Ch. Haber, Leben, S. 154, mit einigen Fehlern im Detail.
38 BASF, C 10: BASF-Direktion an Aufsichtsrat, 28. 5. 1925; Direktion an Gustav v. Müller, 28. 5. 1925.
39 Vgl. HS 1907: Haber an BASF, 1. 7. 1925. Aus diesem Grund bat er Harnack auch, die Abführung der Tantiemen an das KWI nicht vor dem Senat der KWG zu erwähnen, sei dies doch keine freiwillige Schenkung, sondern unter den gegebenen beamtenrechtlichen Umständen «das relativ Egoistischste, was ich tun kann», vgl. MPG, I 1A, Nr. 1162–1: Haber an Harnack, 3. 7. 1926.
40 Vgl. HS 1909, 1942 (auch MPG, I 1A, Nr. 1170): Haber an Planck, 1. 6. 1933, vor allem Anlage 4.
41 BASF, W 1 Haber, Bureau Dr. Michel: BASF/Patentabteilung, Vermerk an Ambros, 23. 5. 1932; BASF an Haber, 2. 6. 1932. Der Vertrag wurde zunächst für zwei Jahre geschlossen.
42 Es handelt sich um: GStA, I. HA, Rep. 76, Vc, Sekt. 2, Tit. 23, Litt. A, Nr. 108, Bd. III.
43 Ebenda, Sekt. 1, Tit. 11, Teil IX, Nr. 12, Bd. IV, Bl. 285 f.: Übersicht über die Dienstbezüge der planmäßigen Beamten, Stand: 1. 10. 1920. Dieses Gehalt erhielten demnach neben Haber auch die Direktoren der KWI für experimentelle Therapie, Biologie, Eisenforschung und Metallforschung.
44 HS 1622: Kultusminister an Zivilkabinett, 30. 10. 1916. Demnach datiert Koppels Schenkungsurkunde vom 3. d. M.
45 BAP, 15.01 RMI, Nr. 8972, Bl. 3 ff., hier Bl. 4 f. (auch HS 1792): Haber an Donnevert, 4. 3. 1922: Institutsabschlüsse zum 1. 4. 1920 und 1. 4. 1921.
46 MPG, I 1A, o. Nr.: Freundlich an Glum, 25. 4. 1923, nebst Anlage: Übersicht über die Etatjahre 1914, 1919 und 1923.
47 Ebenda; vgl. auch Stoltzenberg, Haber, S. 447.
48 Vgl. [MPG], Dahlem, S. 74; BAP, 15.01 RMI, Nr. 8972, Bl. 23–26: Freundlich an Donnevert, 16. 6. 1922, mit Anlage: Entwurf des Arbeitsberichts des KWI in den letzten zehn Jahren.
49 HS 965: Haber an Duisberg, 6. 2. 1919.
50 HS 1453: Ms., o. V., o. T., o. D., über die historische Entwicklung des KWI, S. 7 f.
51 HS 1437: Born, Erinnerungen an Fritz Haber, o. D., S. 2 f.; Born, Leben, S. 261 f.
52 Vgl. beispielsweise Nachmansohn, Ära, S. 189–191; HS 1484: Lise Meitner, Erinnerung an Fritz Haber, 4. 12. 1954, S. 2.
53 HS 1912 (auch MPG, I 1A, Nr. 1162–1): Haber, Jahresbericht des KWI 1. 4. 1920–31. 3. 1921, 30. 7. 1921, S. 1.
54 Ebenda, S. 2; vom Brocke, KWG in Weimar, S. 241 f.; Burchardt, KWG im Weltkrieg, S. 185–187. Ausführlich Löser, Bettina, Zur Gründungsgeschichte und Entwicklung des Kaiser-Wilhelm-Institutes für Faserstoffchemie in Berlin-Dahlem (1914/19–1934), in: vom Brocke/Laitko, KWG/MPG, S. 275–302.
55 HS 1912: Jahresbericht 1920/21, S. 2, 8.
56 Ebenda, S. 8; BAP, 15.01 RMI, Nr. 8972, Bl. 3 ff., hier Bl. 4 (auch HS 1792): Haber an Donnevert, 4. 3. 1922: Institutsabschlüsse zum 1. 4. 1920 und 1. 4. 1921.

57 Ebenda, Bl. 24 f.: Freundlich, Entwurf des Arbeitsberichts der letzten 10 Jahre, 16. 6. 1922; HS 1912: Jahresbericht 1920/21, S. 5, 8; HS 1816: Haber an Stiftungsrat, 1. 11. 1921.
58 HS 1912: Jahresbericht 1920/21, S. 8; BAP, 15.01 RMI, Nr. 8972, Bl. 4 (HS 1792): Haber an Donnevert, 4. 3. 1922: Institutsabschlüsse zum 1. 4. 1920 und 1. 4. 1921.
59 HS 1912: Jahresbericht 1920/21, S. 4.
60 BAP, 15.01 RMI, Nr. 8972, Bl. 4 (HS 1792): Haber an Donnevert, 4. 3. 1922: Institutsabschlüsse zum 1. 4. 1920 und 1. 4. 1921.
61 HS 1912: Jahresbericht 1920/21, S. 5, 8.
62 GStA, I. HA, Rep. 76, Vc, Sekt. 2, Tit. 23, Litt. A, Nr. 108, Bd. II, Bl. 349: Stand des Institutsfonds am 10. 5. 1917.
63 HS 1699: Haber an Stiftungsrat, 1. 2. 1920; vgl. auch Stoltzenberg, Haber, S. 446.
64 Burchardt, KWG im Weltkrieg, S. 176, bes. Anm. 48.
65 HS 1912 (auch HS 1905; MPG, I1A, Nr. 1162–1): Haber an Schmidt-Ott, 20. 7. 1921.
66 Ebenda.
67 Vgl. ausführlich vom Brocke, KWG in Weimar, S. 199 f.
68 Nur unwesentlich früher, aber weniger grundsätzlich als Haber reagierte im Oktober 1919 der Schatzmeister der KWG, Franz von Mendelssohn. Er gab vor der ersten Mitgliederversammlung nach dem Krieg bekannt, daß die geplanten Bauten wegen der gesunkenen Kaufkraft der Mark nicht mehr durchgeführt werden könnten, vgl. vom Brocke, KWG in Weimar, S. 227 f.
69 Witt, Wissenschaftsfinanzierung, S. 587.
70 HS 1905: Harnack an Haber, 14. 1. 1920.
71 Im folgenden, wenn nicht anders angegeben, nach: HS 1905 (auch MPG, I1A, Nr. 337); gekürzt auch in: Witt, Wissenschaftsfinanzierung, S. 588 und Stoltzenberg, Haber, S. 445.
72 HS 1905: Harnack an Haber, 14. 1. 1920; Haber an Harnack, 19. 1. 1920.
73 HS 1699: Haber an Schmidt-Ott, 15. 2. 1920; vgl. auch Stoltzenberg, Haber, S. 446.
74 HS 1905: Harnack an Haber, 14. 1. 1920; Haber an Harnack, 19. 1. 1920.
75 Um nur die wichtigsten Titel zu nennen: Schmidt-Ott, Friedrich, Die Kulturaufgaben und das Reich, in: Internationale Monatsschrift für Wissenschaft, Kunst und Technik 3 (1919), S. 451–464; Haenisch, Konrad, Kulturpolitische Aufgaben. Aus dem Vortrag des Preußischen Kultusministers, gehalten am 3. Februar 1919 in der Handelshochschule zu Berlin, Berlin 1919; ders., Die Not der geistigen Arbeiter. Ein Alarmruf. Gedruckte Fassung eines Vortrages, Ostern 1920, Leipzig 1920; Becker, Carl Heinrich, Kulturpolitische Aufgaben des Reiches, Leipzig 1919.
76 Eine Diskussion der verschiedenen Auslegungen vgl. bei Marsch, Ulrich, Notgemeinschaft der Deutschen Wissenschaft. Gründung und frühe Geschichte 1920–1925 (= Münchner Studien zur neueren und neuesten Geschichte 10), Frankfurt u. a. 1994, S. 30–35.
77 Vgl. Witt, Wissenschaftsfinanzierung, S. 587; vom Brocke, KWG in Weimar, S. 205 f.
78 Haber, Fritz, Die gefährdete Forschungsarbeit, in: Berliner Tageblatt, 7. 3. 1920.
79 Im folgenden, wenn nicht anders angegeben, nach Witt, Wissenschaftsfinanzierung, S. 592 ff.
80 Zahn-Harnack, Agnes von, Adolf von Harnack, 2. Aufl., Berlin 1951, S. 376 f.
81 BAP, 15.01. RMI, Nr. 8970/2, Bl. 43: Harnack an RMI Koch, mit Anlage: Denkschrift an den preußischen Finanzminister, 20. 5. 1920 (Bl. 44–58); MPG, I1A, Nr. 337, Bl. 51: Protokoll der Sitzung des Verwaltungsausschusses vom 11. 5. 1920.
82 Marsch, Notgemeinschaft, S. 59 f.

83 BAP, 15.01. RMI, Nr. 8970/2, Bl. 60: RMF Wirth an Harnack, 12. 6. 1920, abschriftlich an RMI Koch.
84 Das Protokoll der Sitzung ist vollständig abgedruckt bei Marsch, Notgemeinschaft, S. 152–164. Zum Folgenden vgl. vom Brocke, KWG in Weimar, S. 205, 213, 289; Witt, Wissenschaftsfinanzierung, S. 594, 597.
85 BAP, 15.01. RMI, Nr. 8970/2, Bl. 69 f.: RMF Wirth an preuß. Finanzminister, 29. 6. 1920; RMI Koch an Harnack, 13. 7. 1920.
86 Ebenda, Bl. 76–82, hier Bl. 80: [Krüss], Aufzeichnung über die kommissarische Besprechung der finanziellen Notlage der KWG am 7. 8. 1920; HS 1171 (GStA, I. HA, Rep. 92, Nr. 2): Haber an Schmidt-Ott, 1. sowie 2. 8. 1920. Entgegen Marsch, Notgemeinschaft, S. 72, vor allem Anm. 32, erlauben die beiden letztgenannten Briefe eine exakte Datierung: Am 1. 8. wartete Haber noch auf die Begegnung, am 2. 8. hatte sie gerade stattgefunden.
87 Vgl. vom Brocke, KWG in Weimar, S. 235.
88 Im folgenden nach BAP, 15.01. RMI, Nr. 8970/2, Bl. 76–82: [Krüss], Aufzeichnung über die kommissarische Besprechung der finanziellen Notlage der KWG am 7. 8. 1920; Bl. 75: Kultusminister an RMF, 24. 8. 1920, abschriftlich an RMI; Witt, Wissenschaftsfinanzierung, S. 595 f.
89 Die wörtlichen Zitate, beispielhaft für ähnliche Argumentationen, entnommen aus: MPG, I1A, Nr. 339, Bl. 195–197: Preußischer Finanz- an Kultusminister, 7. 10. 1920.
90 Vorbildlich Witt, Wissenschaftsfinanzierung, S. 596 ff.
91 BAP, 15.01. RMI, Nr. 8970/2, Bl. 85 f.: Verzeichnis der staatlichen Zuschüsse an KWI sowie ebenda, Bl. 83 f.: RMF an RMI, 2. 9. 1920. Auf der Ebene Preußens waren sechs Ministerien mit Zuschüssen an acht KWI beteiligt. Vgl. auch ebenda, Bl. 134 f.: RMI an RMF, 12. 11. 1920.
92 Ebenda, Bl. 83 f.: RMF an RMI, 2. 9. 1920.
93 HS 1680: Interner Vermerk an Krüss, 21(?). 12. 1917; Schmidt-Ott zur Kenntnis.
94 BAP, 15.01. RMI, Nr. 8970/2, Bl. 129 f.: Haushaltsplan des KWI für physikalische Chemie 1920/21; ebenda, Bl. 134–142, hier Bl. 140: RMI an RMF, 12. 11. 1920; Harnack an RMI. 1. 8. 1921, zit. nach Witt, Wissenschaftsfinanzierung, S. 596, Anm. 41.
95 Vgl. hierzu und zum Folgenden ebenda, S. 598 ff., Zitat S. 598; vom Brocke, KWG in Weimar, S. 216 ff., 237 f.
96 MPG I1A, Nr. 1162–1: Auszug aus dem Senatsprotokoll vom 8. 11. 1921: Bericht des Präsidenten über die Finanzlage.
97 Ebenda (auch HS 1906, 1914): Glum an Schmidt-Ott, 20. 2. 1922.
98 Ebenda (auch HS 1905, 1912): Schmidt-Ott an Glum, 24. 12. 1921.
99 Friedrich-Wilhelms-Universität zu Berlin, Verzeichnis der Vorlesungen, WS 1920/21 – WS 1929/30. Nur im Sommersemester 1924 entfiel die Veranstaltung.
100 MPG I1A, Nr. 1162–1: Auszug aus dem Senatsprotokoll vom 8. 11. 1921: Bericht des Präsidenten über die Finanzlage.
101 Ebenda: Schmidt-Ott an Glum, 24. 12. 1921; Glum an Schmidt-Ott, 20. 2. 1922.
102 vom Brocke, KWG in Weimar, S. 215.
103 MPG, I1A, Nr. 1162–1 (auch HS 1906, 1914): Glum an Schmidt-Ott, 20. 2. 1922.
104 BAP, 15.01 RMI, Nr. 8972, Bl. 13 f., 21 f. (auch HS 1792): Aufstellung Habers über die Personalausgaben seines Instituts; ebenda, Bl. 15: Gehälter 1. 4. 1921–1. 4. 1922, 15. 5. 1922.
105 Im folgenden nach ebenda, Bl. 16 f. (auch HS 1792): Aktenvermerk Donneverts über seine Besprechung mit Haber am 2. 3. 1922; ebenda, Bl. 18–20: Haber an RMI, Etataufstellung für 1922/23, 2. 3. 1922.
106 Ebenda, Bl. 2 (auch HS 1792): Aktenvermerk Donnevert, 21. 3. 1922.

107 Ebenda, Bl. 50f. (HS 1792): Haber an MinRat v. Rottenburg, Kultusministerium, 7. 8. 1922.
108 Ebenda, Bl. 52 (HS 1792): Becker an RMI, 21. 8. 1922.
109 Ebenda, Nr. 8970/3, Bl. 265: Krüss an RMI, 3. 10. 1922; mit ausführlichem Textzitat Stoltzenberg, Haber, S. 450.
110 BAP, 15.01 RMI, Nr. 8972, Bl. 52 (HS 1792): Becker an RMI, 21. 8. 1922, hschr. Vermerk.
111 Ebenda, Bl. 67 (HS 1792): Vermerk Donneverts an Staatssekretär Schulz, 6. 10. 1922; ebenda, Nr. 8970/3, Bl. 262–264: RMI Köster an RMF, 16. 10. 1922.
112 Ebenda, Nr. 8972, Bl. 67 (HS 1792): Vermerk Donneverts an Schulz, 31. 10. 1922.
113 Ebenda, Nr. 8970/3, Bl. 262–264: RMI Köster an RMF, 16. 10. 1922; mit ausführlichem Textzitat Stoltzenberg, Haber, S. 450.
114 BAP, 15.01 RMI, Nr. 22783/1, Bl. 2; Schreiben von Dr. Marion Kazemi/Archiv zur Geschichte der MPG, 5. 3. 1996.
115 BAP, 15.01 RMI, Nr. 8970/4, Bl. 54f.: Krüss an Harnack, 2. 12. 1922 und Harnack an RMI, 16. 12. 1922.
116 HS 1906 (auch HS 1916, MPG, I1A, Nr. 1162–1): Haber an Glum, 26. 1. 1923.
117 Schreiben von Dr. Marion Kazemi/Archiv zur Geschichte der MPG, 5. 3. 1996.
118 Vgl. MPG, I1A, Nr. 1161: Auszug aus dem Senatsprotokoll vom 16. 5. 1923; BAP, 15.01 RMI, Nr. 8972, Bl. 86: Harnack an Donnevert, 16. 6. 1923.
119 Vgl. ausführlich BAP, 15.01 RMI, Nr. 8972, Bl. 80–83 (HS 1793): Protokoll der 21. Sitzung des Verwaltungsrats des KWI für Chemie, 24. 3. 1923; ebenda, Bl. 74f. (HS 1793): Aktenvermerk Donneverts, 27. 3. 1923.
120 HS 1906 (auch HS 1916, MPG, I1A, Nr. 1162–1): Haber an Glum, 26. 1. 1923.
121 Ebenda, Haber an Glum, 25. 9. und 15. 10. 1923.
122 MPG, I1A, Nr. 1162–1: Freundlich an Glum, 30. 11. 1923.
123 Witt, Wissenschaftsfinanzierung, S. 599–604; die «Richtlinien für einen Liquidationsplan» vom 1. 12. 1923 vgl. in: MPG, I1A, 1162–1.
124 BAP, 15.01 RMI, Nr. 8970/4, Bl. 150ff., hier Bl. 152, 164f.: Haushaltsplan 1923/24 des KWI für physikalische Chemie, dem RMI übersandt am 9. 3. 1923.
125 Im folgenden nach MPG, I1A, o. Nr.: Freundlich an Glum, 25. 4. 1923, nebst Anlage: Übersicht über die Etatjahre 1914, 1919 und 1923; dazu auch die Tabellen und Ausführungen bei Stoltzenberg, Haber, S. 447f. Freundlichs Übersicht ging ein in die «Denkschrift über Ersparnisse in den von der KWG unterhaltenen Instituten und sonstigen Unternehmungen» vom Mai 1923, vgl. BAP, 15.01 RMI, Nr. 8970/6, Bl. 97–113, hier Bl. 111f.
126 Feldman, Disorder, S. 545, 911, Anm. 132.
127 Vgl. dazu HS 1078: Haber an Jaenicke, o. D. [Anf. 1925]; HS 1907: Haber an Glum, 6. 10. 1925; MPG, I1A, Nr. 1217: Frl. Flügge an Glum, 30. 9. 1925; Auszug aus dem Senatsprotokoll vom 7. 12. 1925; notarielle Ausfertigung der Schenkung, 21. 1. 1926.
128 Haber, Fritz, Das Gold im Meere, in: Verhandlungen der Ozeanographischen Konferenz, veranstaltet von der Gesellschaft für Erdkunde zu Berlin anläßlich ihrer Hundertjahrfeier 24.–26. Mai 1928 (= Ergänzungsheft III der Zeitschrift der Gesellschaft für Erdkunde zu Berlin), Berlin 1928, S. 3–12, hier S. 3 (im folgenden abgekürzt: Gold 1928).
129 Jaenicke, Johannes, Habers Forschungen über das Goldvorkommen im Meerwasser, in: Die Naturwissenschaften 23 (1935), S. 57–63, hier S. 57.
130 Vgl. im Überblick mit der wichtigsten Literatur: Meyer, Gerd, Die Reparationspolitik. Ihre außen- und innenpolitischen Rückwirkungen, in: Bracher, Karl Dietrich/Funke, Manfred/Jacobsen, Hans-Adolf (Hg.), Die Weimarer Republik 1918–

1933. Politik, Wirtschaft, Gesellschaft (= Studien zur Geschichte und Politik 251), 2. Aufl., Bonn 1988, S. 327–342, hier S. 330ff.

131 HS 1078: Haber an Jaenicke, 25. 8., o. J.

132 Haber, Gold (1928), S. 4; Coates, Memorial Lecture, S. 146.

133 Vgl. Harteck, Gedenkrede, S. 334f.

134 J. Jaenicke, Forschungen, S. 58; Arrhenius' Meergoldbestimmung vgl. in seinem 1903 veröffentlichtem Lehrbuch der kosmischen Physik I.

135 Haber, Gold (1928), S. 4.

136 Meyer, Reparationspolitik, S. 327.

137 J. Jaenicke, Forschungen, S. 58.

138 Schwankner, Robert, Das Meergoldprojekt: Berlin 1922–1927, in: Kultur & Technik 8 (1985), H. 2, S. 65–85, hier S. 69f.

139 Ebenda, S. 72; ausführlich zum Fall Tausend vgl. Kerschagl, Richard, Die Jagd nach dem künstlichen Gold. Der Weg der Alchimie (= Volkswirtschaftliche Schriften 202), Berlin 1973, S. 89–92.

140 Vgl. den Gedankengang der Elementeumwandlung z. B. bei Haber, Fritz, Die Versuche, chemische Elemente in andere zu verwandeln (Vortrag vor der KWG am 3. 3. 1926), in: Chemisch-Metallurgische Zschr. Die Metallbörse 16 (1926), S. 540f.; auch Kerschagl, Jagd, S. 102–104.

141 Vgl. dazu ausführlich MacLeod, Roy M., Gold from the Sea: Archibald Liversidge, F. R. S., and the ‹Chemical Prospectors›, 1870–1970, in: Ambix 35 (1988), T. 2, S. 53–64, hier S. 56ff.

142 Haber, Fritz, Das Gold im Meerwasser, in: Z. angew. Chem. 40 (1927), S. 303–314, hier S. 303, 306ff. (im folgenden abgekürzt: Gold 1927); MacLeod, Gold, S. 58; Coates, Memorial Lecture, S. 146; vgl. auch Stoltzenberg, Haber, S. 487ff.

143 Haber, Gold (1927), S. 306.

144 Vgl. L. F. Haber, Poisonous Cloud, S. 391; Ch. Haber, Leben, S. 128f; Wassermann, Günter/Wincierz, Peter (Hg.), Das Metall-Laboratorium der Metallgesellschaft AG 1918–1981. Chronik und Bibliographie, anläßlich des 100-jährigen Bestehens der Metallgesellschaft AG, Frankfurt 1981, S. XVI, 165f.

145 Vgl. HS 1074: Haber an Frau Jaenicke, o. D. [1922].

146 J. Jaenicke, Forschungen, S. 58. Jaenickes Hintergedanke bei dieser Publikation war zweifellos, Habers Verdienste um Deutschland und seinen Patriotismus in einer Zeit zu bekunden, als der verstorbene jüdische KWI-Direktor für die Nationalsozialisten längst persona non grata war.

147 Vgl. Hans Lehrecke, Über die Bestimmung des Goldes in äußerst verdünnten Lösungen, Diss. 1922; Friedrich Matthias (geb. 1896), Über die Bestimmung des Goldes im Meerwasser, Diss. 1924; F. Berndt, Über die mikrodokimastische Bestimmung von Gold und Silber, Diss. 1927.

148 Vgl. Schwankner, Meergoldprojekt, S. 78.

149 HS 1191, Bl. 16: Haber an Willstätter, 16. 8. 1921.

150 Haber, Gold (1927), S. 304–306.

151 Coates, Memorial Lecture, S. 147.

152 Jaenicke, Forschungen, S. 59; HS 1470: Krassa an Jaenicke, Juni 1955.

153 NDB, Bd. 17, S. 184–187 (Ursula Ratz); vgl. auch Däbritz, Walther, Fünfzig Jahre Metallgesellschaft. Denkschrift, Frankfurt 1931.

154 Ebenda, S. 293, 298; Heine, Verstand, S. 219–221; vom Brocke, KWG in Republik, S. 217, 219.

155 Vgl. NDB, Bd. 17, S. 187f. (Ursula Ratz); Däbritz, Fünfzig Jahre, S. 294, 297; Heine, Verstand, S. 275–278; Merton, Richard, Erinnernswertes aus meinem Leben, das

über das Persönliche hinausgeht, Frankfurt 1955, S. 45 f.; der Text beider Memoranden ist abgedruckt ebenda, S. 12–22, 29–35; Feldman, Army, S. 391 ff., 398 ff., 497; zu Merton auch Huber, Verfassungsgeschichte, Bd. 5, S. 90, Anm. 83.

156 Den Kontakt Haber-Kerschbaum belegt HS 1074: Haber an Jaenicke, 31. 8. 1922.

157 Wassermann/Wincierz, Metall-Laboratorium, S. 4; Däbritz, 50 Jahre, S. 298.

158 Vgl. Archiv der Metallgesellschaft (MG), JB 58, 2: MG an Haber, 9. 8. 1921; Haber an MG, 16. 8. 1921; Haber an A. Merton, 24. 8. 1921; A. Merton an Haber, 26. 8. 1921.

159 Ebenda: Haber an MG, 16. 8. 1921; vgl. BASF W 1 Haber, Verträge ab 1920: Aktenvermerk über Mitarbeitervertrag mit Haber, 3. 6. 1920.

160 MG, JB 58, 4: Vertrag zwischen Haber und der Metallbank/Metallgesellschaft, 5./7. 10. 1921.

161 Ebenda, Metallbank an Haber, 17. 5. und 16. 10. 1922.

162 Vgl. dazu die entsprechenden Schreiben in ebenda, JB 58, 2.

163 Wassermann/Wincierz, Metall-Laboratorium, S. 5.

164 MG, A, Privatbriefe Richard Merton A-C: Korrespondenz mit Wilhelm Cuno, Mai-August 1922.

165 SBB, Handschriften Haus 2, NL Johannes Stark: Haber an Stark, 22. 3. 1922.

166 J. Jaenicke, Forschungen, S. 59.

167 Haber, Gold (1927), S. 306.

168 J. Jaenicke, Forschungen, S. 59.

169 HS 1074: Haber an Jaenicke, 31. 8. 1922.

170 Däbritz, 50 Jahre, S. 257 f. Die Interessengemeinschaft wurde Anfang 1927 wieder gelöst.

171 MG, JB 150, 4/5, Konsortium See-Jod: Vertrag zwischen Haber, Scheideanstalt und Metallbank/Metallgesellschaft, 14. 11. 1922; Zusatzschreiben, 14. 11. 1922.

172 Vgl. ebenda: Hamburg-Amerika-Linie an Petersen/techn. Sekretariat der Metallbank, 12. 12. 1922.

173 Vgl. z. B. BAP, 15.01 RMI, Nr. 8970/3, Bl. 262: RMI Köster an RMF, 16. 10. 1922.

174 Zu Cuno vgl. Feldman, Disorder, S. 490.

175 Vgl. die Tabelle 1 ebenda, S. 5.

176 MG, JB 150, 4/5: Hamburg-Amerika-Linie an Metallbank, 12. 12. 1922; Metallbank an Hamburg-Amerika-Linie, 27. 12. 1922 mit näheren Vertragseinzelheiten.

177 BAMA, N 221 (NL Geyer) Nr. 32: Haber an Geyer, 8. 8. 1922; ähnlich ebenda, 30. 9. 1922.

178 Tagebucheintrag Stoltzenberg vom 17. oder 18. 7. 1923, zit. nach Stoltzenberg, Haber, S. 339; BAMA, N 221, Nr. 32: Haber an Geyer, 10. 3. 1924, S. 2.

179 Ebenda, Haber an Geyer, 15. 7. 1923.

180 HS 1192: Haber an Willstätter, 16. 6. 1923 (Werner/Irmscher, Haber, Nr. 37, S. 84).

181 Haber, Gold (1927), S. 306.

182 HS 1118: Haber an Max Mayer, 14. 7. 1923.

183 New Yorker Staatszeitung, 30. 7. 1923, zit. nach Schwankner, Meergoldprojekt, S. 74; HS 102: Eisner an Jaenicke, 5. 9. 1967, zit. nach Stoltzenberg, Haber, S. 492.

184 S 1075: Haber an Jaenicke und Epstein, vor Sandy Hook, 28. 7. 1923. Vgl. auch das bei Stoltzenberg, Haber, S. 493 abgedruckte launige Gedicht Habers.

185 HS 1192, Bl. 6 f., hier Bl. 7: Haber an Willstätter, 28. 7. 1923 (Werner/Irmscher, Haber, Nr. 38, S. 88).

186 HS 1204, Bl. 24 f.: Haber an Willstätter, o. D. [nach August 1923] (Werner/Irmscher, Haber, Nr. 39, S. 89 f.).

187 HS 561: Bericht über die Reise an Bord der «Hansa», 19.7.–18. 8. 1923.

188 Schwankner, Meergoldprojekt, S. 74.
189 Vgl. z. B. ebenda, S. 74–77; Stoltzenberg, Haber, S. 483 f., 494.
190 HS, Dep. L. Haber, Nr. 5: Haber an seine Frau, 17. 10. und 7. 11. 1923.
191 HS 1075: Haber an Jaenicke, 12. 11. 1923.
192 Haber, Fritz, Die Deutsche Chemie in den letzten 10 Jahren. Vortrag, gehalten im Deutschen Club in Buenos Aires am 4. Dezember 1923, in: ders., Aus Leben und Beruf, S. 7–24.
193 SBB, Handschriften, Haus 2, Autogr. I/1872: Haber an Kasimir Fajans, 11. 3. 1924.
194 HS, Dep. L. Haber, Nr. 6: Haber an seine Frau, 1924 [nach der Argentinienreise].
195 HS 1075: Jaenicke an Haber, 15. 12. 1923.
196 J. Jaenicke, Forschungen, S. 59 f.
197 BAMA, N 221, Nr. 32: Haber an Geyer, 10. 3. 1924.
198 Vgl. J. Jaenicke, Forschungen, S. 60.
199 Bericht über die Terminfahrt mit dem Reichsdampfer «Poseidon» 8. bis 22. Mai 1924, zit. nach Schwankner, Meergoldprojekt, S. 74.
200 Haber, Gold (1927), S. 312 sowie 313, Tab. VII und VIII.
201 Ebenda, S. 307 f., 310 sowie 311, Tab. IV und V.
202 Ders. (mit J. Jaenicke), Beitrag zur Kenntnis des Rheinwassers, in: Z. anorg. Chem. 147 (1925), S. 156–170, bes. S. 168 f.
203 Ders., Gold (1928), S. 4, 8.
204 Ders., Gold (1927), S. 306, 310; J. Jaenicke, Forschungen, S. 58.
205 Ebenda, S. 61 f.; Coates, Memorial Lecture, S. 147.
206 Haber, Gold (1927), S. 308 f.
207 Ders., Versuche, S. 541.
208 J. Jaenicke, Forschungen, S. 62.
209 Haber, Gold (1927), S. 309; Gold (1928), S. 10 f.
210 J. Jaenicke, Forschungen, S. 58, 62.
211 Haber, Gold (1927), S. 306, 314.
212 Abgedruckt in: ders., Gold (1928).
213 AAW, II–V, 137, Protokolle der math.-phys. Klasse 1929–1934, S. 50 (Sitzung vom 20. 2. 1930).
214 J. Jaenicke, Forschungen, S. 63; Haber, Gold (1928), S. 8 f.
215 Vgl. Haber, Gold (1927) und (1928).
216 J. Jaenicke, Forschungen, S. 59; vgl. insbesondere die Korrespondenz zwischen Haber und Jaenicke vom Oktober 1932, die auch ein Verzeichnis der abgegebenen Akten enthält, in: HS 1077.
217 MG, Personenkartei des Historischen Archivs.
218 J. Jaenicke, Forschungen, S. 63.
219 Putnam, Garth L., The Gold Content of Sea Water, in: J. Chem. Ed. 30 (1953), S. 576–579, zit. nach MacLeod, Gold, S. 60 f.
220 Dazu ebenda, S. 60; Stoltzenberg, Haber, S. 498 f.
221 Vgl. dazu ebenda, S. 500–506; im Überblick auch Kerschagl, Jagd, S. 92–96 sowie Schwankner, Robert, Verspätete Alchimie – Schauplatz Berlin: 1924–26, in: Kultur & Technik 4 (1980), H. 3, S. 22–24.
222 Miethe, Adolf, Der Zerfall des Quecksilberatoms, in: Die Naturwissenschaften 12 (1924), S. 597 f.
223 Ders., Gold aus Quecksilber, in: ebenda, 13 (1925), S. 635–637; ders./H. Stammreich, Bildung von Gold aus Quecksilber, in: Z. anorg. Chem. 158 (1926), S. 185–243.
224 Ausführlich Stoltzenberg, Haber, S. 503 f.
225 HS 984: Haber an Hans Eisner, an Bord der Insulinde, 14. 1. 1925.

226 Haber, Versuche, S. 541.
227 HS 1076: Haber an Jaenicke, Mukden, 28. 12. 1924.
228 Nagaoka, H., Die Umwandlung von Quecksilber in Gold, in: Die Naturwissenschaften 13 (1925), S. 692–684.
229 Vgl. HS 1078: Haber an Jaenicke, o. D. [wahrscheinlich Anf. 1925].
230 Aufgrund eines Vortrags vor der KWG am 3. 3. 1926: Haber, Versuche, S. 541 sowie: ders., Über den Stand der Fragen nach der Umwandelbarkeit der chemischen Elemente, in: Die Naturwissenschaften 14 (1926), S. 405–412, Wiederabdruck in: Aus Leben und Beruf, S. 105–126; vgl. auch ders. (mit J. Jaenicke und F. Matthias), Über die angebliche Darstellung «künstlichen» Goldes aus Quecksilber, in: Z. anorg. Chem. 153 (1926), S. 153–183, gekürzt in: Ber. Dtsch. Chem. Ges. 59 (1926 II), S. 1641–1648.
231 Miethe/Stammreich, Bildung, S. 223–241.

IX. Habers Einsatz für die Forschungsförderung

1 Stichweh, Rudolf, Differenzierung des Wissenschaftssystems, in: Mayntz, Renate u. a. (Hg.), Differenzierung und Verselbständigung. Zur Entwicklung gesellschaftlicher Teilsysteme, Frankfurt–New York 1988, S. 45–115, hier S. 82.
2 Vgl. die Zahlen bei Griewank, Karl, Staat und Wissenschaft im Deutschen Reich. Zur Geschichte und Organisation der Wissenschaftspflege in Deutschland, Freiburg 1927, S. 105–119; Szöllösi-Janze, Außeruniversitäre Forschung, S. 1202 f..
3 Für die diversen, jedoch geringfügigen Namensänderungen gilt Schulze, Stifterverband, S. 47, Anm. 15.
4 GStA, I. HA, Rep. 92: NL Schmidt-Ott, Nr. 3 (HS 1171): Haber an Schmidt-Ott, 26. 1. 1921.
5 Willstätter, Leben, S. 268.
6 Griewank, Staat.
7 Vgl. z. B. Schmidt-Ott, Erlebtes, S. 174 ff., 180 ff., 212 f. usw.; sehr kurz Müller, Friedrich von, Lebenserinnerungen, München 1951, S. 218–221.
8 Zierold, Kurt, Forschungsförderung in drei Epochen: Deutsche Forschungsgemeinschaft. Geschichte, Arbeitsweise, Kommentar, Wiesbaden 1968; Nipperdey, Thomas/Schmugge, Ludwig, 50 Jahre Forschungsförderung in Deutschland. Ein Abriß der Geschichte der Deutschen Forschungsgemeinschaft 1920–1970, Berlin 1970.
9 Beispielsweise Richter, Steffen, Forschungsförderung in Deutschland 1920–1936. Dargestellt am Beispiel der Notgemeinschaft der Deutschen Wissenschaft und ihrem Wirken für das Fach Physik (= Technikgeschichte in Einzeldarstellungen 23), Düsseldorf 1972; Schlicker, Wolfgang, Forschung und Gesellschaft – Vergesellschaftung der Forschung. Zur Stellung der Notgemeinschaft der deutschen Wissenschaft in der bürgerlichen Forschungspolitik der Weimarer Republik, in: NGM 12 (1975), S. 45–55; ders., Konzeptionen und Aktionen bürgerlicher deutscher Wissenschaftler. Zum gesellschaftlichen Stellenwert der Forschung nach 1918 und zur Gründung der Notgemeinschaft der Deutschen Wissenschaft, in: ZfG 27 (1979), S. 423–438.
10 Marsch, Notgemeinschaft.
11 Schulze, Stifterverband.
12 HS 415: Wildhagen an Jaenicke, 24. 10. 1957.
13 Vgl. Zierold, Forschungsförderung, S. 25, 42, 50; Schulze, Stifterverband, vor allem S. 56 ff.; auch Marsch, Notgemeinschaft, S. 61 ff.
14 Weber, Alfred, Die Not der geistigen Arbeiter, München 1923.

15 Schreiber, Georg, Die Not der Wissenschaft und der geistigen Arbeiter. Geschehnisse und Gedanken zur Kulturpolitik des Deutschen Reiches, Leipzig 1923; im Überblick Jarausch, Konrad H., Die Not der geistigen Arbeiter: Akademiker in der Berufskrise 1918–1933, in: Abelshauser, Wolfgang (Hg.), Die Weimarer Republik als Wohlfahrtsstaat. Zum Verhältnis von Wirtschafts- und Sozialpolitik, Stuttgart 1987, S. 280–299.

16 Vgl. zusammenfassend vom Brocke, KWG in Weimar, S. 203 f.; Schulze, Stifterverband, S. 49. Die Metapher vom Aktivposten tauchte erstmals in der Eingabe der Akademien vom Februar 1920 auf; die «Großmacht des Geistes» prägte Georg Schreiber.

17 Art. Forschungsinstitute (Georg Schreiber), in: Staatslexikon, i. A. der Görres-Gesellschaft hg. von Hermann Sacher, 5. neubearb. Aufl., Bd. 2, Freiburg 1927, Sp. 74–89, hier Sp. 87.

18 Ruske, DChG, S. 111 f.; Schulze, Stifterverband, S. 48; Feldman, German Scientist, S. 360.

19 HS 964: Duisberg an Haber, 9. 10. 1918.

20 Zit. nach: Chemiker über Chemiker. Wahlvorschläge zur Aufnahme von Chemikern in die Berliner Akademie 1822–1925 von Eilhard Mitscherlich bis Max Bodenstein, bearb. von Anneliese Greiner (= Studien zur Geschichte der Akademie der Wissenschaften der DDR 12), Berlin (Ost) 1986, S. 44, Anm. 123; W. Jaenicke, Bunsen-Gesellschaft, S. 81.

21 AAW, II–V, 134: Protokolle der Sitzungen der phys.-math. Klasse: 20. 11. 1919, S. 118; 2. 12. 1920, S. 182; ebenda, 135: 16. 11. 1922, S. 88; ebenda, 136: 18. 11. 1926, S. 109.

22 Ebenda, 134: Sitzung vom 4. 12. 1919, S. 119 f. und folgende.

23 Börsenblatt für den deutschen Buchhandel, 11. 10. 1922.

24 MPG, X/12, NL Emil Fischer, Film 6: Haber an Emil Fischer, 6. 12. 1911.

25 Marsch, Notgemeinschaft, S. 100 f.

26 Willstätter, Leben, S. 253.

27 So Schmidt-Ott auf der Feier zum zehnjährigen Bestehen der NG am 31. 10. 1930, zit. nach Stoltzenberg, Haber, S. 530. Nach Zierold, Forschungsförderung, S. 10 ging die Anekdote auf Haber zurück. Sie wird in der Literatur häufig wiedergegeben, z. B. auch bei: Jaenicke, Walther, Fritz Haber's spätere Jahre und die Notgemeinschaft der deutschen Wissenschaft, in: Fridericiana. Zschr. d. Universität Karlsruhe, H. 35 (1984), S. 56–63, hier S. 57.

28 Im folgenden, wenn nicht anders angegeben, nach dem vollständigen Abdruck des Protokolls bei Marsch, Notgemeinschaft, S. 142–146.

29 Zum Reichsbund vgl. Ludwig, Karl-Heinz, Technik und Ingenieure im Dritten Reich, Düsseldorf 1974, S. 35 ff.

30 Dies waren im einzelnen: drei Vertreter des Reichsbunds deutscher Technik und je einer des Vereins Deutscher Chemiker, des Deutschen Vereins von Gas- und Wasserfachmännern, des Vereins deutscher Gießerei-Fachleute, des Verband deutscher Architekten- und Ingenieur-Vereine und der Deutschen Beleuchtungstechnischen Gesellschaft.

31 HS 861: Haber an Hummel, 17. 3. 1920; Marsch, Notgemeinschaft, S. 64.

32 AAW, II–XIV, 31, Bl. 5 (auch BAK, R 73, Nr. 6, Bl. 5): Haber an Eduard Meyer, 29. 3. 1920.

33 Ebenda, Bl. 4, 5–5d: Haber an Max Planck, 29. 3. 1920; Haber an Eduard Meyer, 29. 3. 1920. Ausführlich wiedergegeben bei Zierold, Forschungsförderung, S. 10–12.

34 Ebenda, Bl. 6: Auszug aus dem Protokoll der Sitzung der Gesamtakademie am 15. 4. 1920, wiedergegeben bei Zierold, Forschungsförderung, S. 12 f.

35 BAK, R 73, Nr. 4: Planck/Preußische Akademie an Schmidt-Ott, 19. 4. 1920.
36 Im folgenden, wenn nicht anders angegeben, nach: ebenda, Nr. 6, Bl. 23–26: Aufzeichnung über die Besprechung vom 30. 4. 1920; vollständig abgedruckt bei: Marsch, Notgemeinschaft, S. 147–151.
37 HS 1171 (GStA, I. HA, Rep. 92, Nr. 2): Haber an Schmidt-Ott, 2. 8. 1920.
38 Dazu mit Quellen Marsch, Notgemeinschaft, S. 68 f.
39 AAW, II–XIV, 31: Abschrift des Protokolls der Sitzung des Sekretariats vom 21. 6. 1920.
40 Vgl. ebenda, Bl. 15: RMI an Preußische Akademie, 26. 5. 1920; BAK, R 73, Nr. 4: RMI an die Landesregierungen, 26. 5. 1920.
41 Vgl. Schmidt-Ott/Wildhagen, Eduard, Die Not der deutschen Wissenschaft. Beilage 11 zu Kap. 1, Titel 36 des Haushalts des RMI für das Rechnungsjahr 1920, in: Internationale Monatsschrift für Wissenschaft, Kunst und Technik 15 (1920), H. 1, S. 1–36, auch abgedruckt in: Zierold, Forschungsförderung, S. 561–573; vgl. dazu weiter AAW, II–XIV, 31, Bl. 44: Roethe/Preuß. Akademie an RMI, 18. 6. 1920. Zu der überarbeiteten Denkschrift steuerte später auch Haber einen Absatz bei, vgl. HS 1171 (GStA, I. HA, Rep 92, Nr. 2): Haber an Schmidt-Ott, 1. 8. 1920.
42 AAW, II–XIV, 31: Abschrift des Protokolls der Sitzung des Sekretariats vom 21. 6. 1920.
43 Das Protkoll vgl. u. a. ebenda, Bl. 48; im Wortlaut abgedruckt bei Marsch, Notgemeinschaft, S. 152–164. Dazu auch Zierold, Forschungförderung, S. 16 f.
44 AAW, II–XIV. 31: Abschrift der Sitzung des Sekretariats am 22. 6. 1920; anwesend: Schmidt-Ott, Le Blanc, Schröder, Wolters, Diels, Roethe und Haber.
45 Dieser umfaßte neben Schmidt-Ott Vertreter aller als Mitglieder vorgesehenen wissenschaftlichen Korporationen: für die Akademien Diels, Planck und Haber, der aufgrund seines frühen Engagements eine Sonderrolle spielte; Harnack für die KWG, Seeberg für den Hochschulverband, Jahnke für die THs; Hugo Hergesell, der Direktor des preußischen Aeronautischen Observatoriums, für die sonstigen Forschungsinstitute; Conrad Matschoß für den Deutschen Verband technisch-wissenschaftlicher Vereine. Das Datum der vorläufigen Konstituierung war der 24. 6. 1920, vgl. Nipperdey/Schmugge, 50 Jahre, S. 16; Zierold, Forschungsförderung, S. 17.
46 Ebenda, S. 17 f.; Marsch, Notgemeinschaft, S. 72.
47 HS 1171: Haber an Schmidt-Ott, 2. 8. 1920.
48 Niedersächs. Staats- und Universitätsbibliothek, Göttingen, Handschriftenabteilung (im folgenden: NSUB): NL Felix Klein IV, A, Bl. 25–28: Haber an Klein, 7. 12. 1920, hier Bl. 28.
49 Dazu W. Jaenicke, Bunsen-Gesellschaft, S. 89 f.
50 Im folgenden nach: SBB, Handschriftenabt., Haus 2: Generaldirektor, Handakten Krüss, Notgemeinschaft Ia: Haber, Satzungsentwurf in vorläufiger Art, o. D.; vgl. auch Marsch, Notgemeinschaft, S. 74 f.
51 Ebenda, S. 75.
52 Ebenda, S. 75–77; den Abdruck der angenommenen Satzung vgl. bei Zierold, Forschungsförderung, S. 543–547.
53 Ebenda, S. 25.
54 Die Beispiele nach Nipperdey/Schmugge, 50 Jahre, S. 20 f.; Zierold, Forschungsförderung, S. 52–57.
55 Vgl. GStA, I. HA, Rep. 92, Nr. 2: Protokoll der Sitzung vom 12. 10. 1920.
56 vom Brocke, KWG in Weimar, S. 229; Marsch, Notgemeinschaft, S. 73, Anm. 36.
57 NSUB, NL Klein IV, A, Bl. 26: Haber an Klein, 7. 12. 1920.
58 Ebenda, Bl. 52–54, hier Bl. 53: Haber an Klein, 5. 1. 1921.

59 Vgl. GStA, I. HA, Rep. 92, Nr. 2: Protokoll der Sitzung vom 12. 10. 1920.
60 NSUB, NL Klein IV, A, Bl. 26: Haber an Klein, 7. 12. 1920.
61 GStA, I. HA, Rep. 92, Nr. 2: Protokoll der Sitzung vom 12. 10. 1920.
62 NSUB, NL Klein IV, A, Bl. 27: Haber an Klein, 7. 12. 1920.
63 Vgl. § 9 Abs. 4 der Satzung, in: Zierold, Forschungsförderung, S. 547.
64 Ebenda, S. 57–61. Die am 1. 12. 1928 leicht veränderte Wahlordnung vgl. abgedruckt ebenda, S. 586–588. Nipperdey/Schmugge, 50 Jahre, S. 21 f.; Marsch, Notgemeinschaft, S. 99 f.
65 BAK, R 73, Nr. 5, auch Nr. 75: Protokoll der Gründungsversammlung der NG, 30. 10. 1920. Die Versammlung und ihre Ergebnisse ausführlich bei: Marsch, Notgemeinschaft, S. 78–82; Zierold, Forschungsförderung, S. 19 f.
66 NDB, Bd. 4, S. 210 (Georg Faber).
67 GStA, I. HA, Rep. 92, Nr. 2: Haber, Meldung über die Gründung der NG, 31. 10. 1920.
68 Haber, Fritz, Die Notgemeinschaft der deutschen Wissenschaft, in: Allgemeine Zeitung vom 21. 11. 1920 und Chemiker-Zeitung vom 8. 1. 1921, Wiederabdruck in: ders., Aus Leben und Beruf, S. 167–173; eine erweiterte Fassung des Artikels in: HS 2000.
69 Die Einladungsschreiben bzw. Listen der Eingeladenen vgl. in BAK, R 73, Nr. 7; das Protokoll der auf der Veranstaltung gehaltenen Reden vgl. ebenda, Nr. 4; im Wortlaut gedruckt in: Internationale Monatsschrift für Wissenschaft, Kunst und Technik 15 (1921), H. 2, S. 98–134; Auszüge in: Zierold, Forschungsförderung, S. 573–576.
70 Vgl. die gesammelten Reaktionen in BAK, R 73, Nr. 7.
71 So Schulze, Stifterverband, S. 58.
72 Vgl. z. B. in der Zeitung der Technischen Nothilfe: Haber, Fritz, Kopf und Hand, in: Die Räder 2 (1921), S. 1–3.
73 Vgl. zu Diskussion und Forschungsstand Wise, Science and Technology, in: Kohlstedt/Rossiter, Writing, S. 229–246, Zitat S. 229.
74 Vgl. dazu: Richter, Steffen, Wirtschaft und Forschung. Ein historischer Überblick über die Förderung der Forschung durch die Wirtschaft in Deutschland, in: Technikgeschichte 46 (1979), S. 20–44, hier S. 34 ff.; Feldman, Gerald D., Industrie und Wissenschaft in Deutschland 1918–1933, in: Vierhaus/vom Brocke, Forschung, S. 657–672; auch im Überblick: Ruske, DChG, S. 136 f.; vom Brocke, KWG im Kaiserreich, S. 231.
75 MPG, I1A, Nr. 338, Bl 95: RdI an Harnack, 5. 6. 1920; dazu auch Schulze, Stifterverband, S. 59 f.; Marsch, Notgemeinschaft, S. 86, 88.
76 Vgl. die Satzung in: BAK, R 73, Nr. 189; Internationale Monatsschrift für Wissenschaft, Kunst und Technik 15 (1921), H. 7, Sp. 610–615; Zierold, Forschungsförderung, S. 30 f.
77 Im folgenden nach: GStA, I. HA, Rep. 76, Vc, Sekt. 2, Tit. 23, Litt. A, Nr. 127, Bl.7–10: Satzungen der EFG und ABG; Bl. 11: Gemeinsamer Aufruf zum Beitritt in die Emil-Fischer- und Adolf-von-Baeyer-Gesellschaft, o. D.
78 Ebenda, Bl. 1: Einladung zur Gründungsversammlung der ABG am 16. 6. 1920 in Berlin.
79 Ebenda, Bl. 11: Gemeinsamer Aufruf …, o. D.
80 HS 966: Haber an Duisberg, 10. 7. 1920.
81 Ruske, DChG, S. 112, 136; W. Jaenicke, Bunsen-Gesellschaft, S. 75 f.; Richter, Wirtschaft, S. 34 f. Die Satzung der Justus-Liebig-Gesellschaft vgl. GStA, I. HA, Rep. 92: NL Schmidt-Ott, Nr. 50.

82 Zierold, Forschungsförderung, S. 29.

83 Vögler an Geheimrat Beukenburg, 18. 1. 1921, zit. nach Schulze, Stifterverband, S. 68.

84 HS 967: Duisberg an Haber, 14. 1. 1921; NSUB, NL Klein, IV, A, Bl. 25: Haber an Klein, 7. 12. 1920.

85 Ebenda.

86 HS 1171 (GStA, I. HA, Rep. 92, Nr. 2): Haber an Schmidt-Ott, 2. 8. 1920. Tatsächlich sollte Kleins eigene, 1898 begründete Göttinger Vereinigung für angewandte Physik und Mathematik im nächsten Jahr in der Helmholtz-Gesellschaft aufgehen, vgl. GStA, I. HA, Rep. 76, Vc, Sekt. 1, Tit. 11, Teil I, Nr. 65, Bl. 19–22: Protokoll der Sitzung der Göttinger Vereinigung vom 11. 6. 1921. Zur Göttinger Vereinigung vgl. vom Brocke, KWG im Kaiserreich, S. 95–98.

87 Vgl. HS 1171: Haber an Schmidt-Ott, 2. 8. 1920; MPG, I1A, Nr. 338, Bl. 107a–c: Duisberg an Harnack, 17. 7. 1920; Harnack an Duisberg, 4. 8. 1920; dazu Marsch, Notgemeinschaft, S. 86f.; St. Richter, Wirtschaft, S. 37–39.

88 Die Satzung der Helmholtz-Gesellschaft vgl. in: BAK, R 73, Nr. 3; GStA, I. HA, Rep. 76, Vc, Sekt. 1, Tit. 11, Teil I, Nr. 65, Bl. 2–6.

89 Ebenda, Bl. 15: Protokoll der Gründungsversammlung der Helmholtz-Gesellschaft, 28. 10. 1920. Für die Institutsvorstände saßen im Verwaltungsrat: von Bach/Stuttgart, Hallwachs/Dresden, Max Planck/Berlin, Johannes Stark/Würzburg, Teichmüller/Karlsruhe und Wilhelm Wien/München.

90 HS 1196: Haber an Willstätter, 7. 1. 1926 (Werner/Irmscher, Haber, Nr. 48, S. 102).

91 HS 966: Haber an Duisberg, 10. 7. 1920.

92 GStA, I. HA, Rep. 92, Nr. 2 (HS 1171): Haber an Schmidt-Ott, 1. 8. 1920.

93 Ebenda, Haber an Schmidt-Ott, 2. 8. 1920.

94 HS 2305/12: Haber an Max Hamburger, 27. 11. 1920.

95 GStA, I. HA, Rep. 92, Nr. 2 (HS 1171): Haber an Schmidt-Ott, 7. 8. 1920.

96 Ebenda, Rep. 76, Vc, Sekt. 1, Tit. 11, Teil I,, Nr. 65, Bl. 15: Protokoll der Gründungsversammlung der Helmholtz-Gesellschaft, 28. 10. 1920.

97 Vgl. Feldman, Industrie, S. 668f.

98 GStA, I. HA, Rep. 92, Nr. 2: Haber an Schmidt-Ott, 8. 9. 1920.

99 Ebenda, Harnack an Schmidt-Ott, 8. 12. 1920; auch Schulze, Stifterverband, S. 61f.

100 Vgl. dazu ausführlich ebenda, S. 63–82; Zierold, Forschungsförderung, S. 29f., 33f.

101 GStA, I. HA, Rep. 92, Nr. 3 (HS 1171): Haber an Schmidt-Ott, Schreiberhau, 26. 1. 1921.

102 HS 1816: Haber an Krüss, Schreiberhau, 25. 1. 1921.

103 Ebenda.

104 HStA Stuttgart, M 660, NL Reinhardt, Bü 26: Haber an Generalleutnant Reinhardt, 8. 1. 1921.

105 BAK, R 73, Nr. 4: Haber an NG-Präsidium, 25. 11. 1920.

106 Ebenda.

107 Ebenda.

108 HS 1195–1, Bl. 2: Haber an Willstätter, 7. 1. 1926 (Werner/Irmscher, Haber, Nr. 48, S. 101).

109 Ebenda, Nr. 46: Wildhagen an Haber, 14. 9. 1926.

110 Die Geschichte der Entstehung und Entwicklung der Gemeinschaftsaufgaben der NG ist noch kaum erforscht. Bisher liegt vor: Kirchhoff, Jochen, Die Entstehung der nationalen Schwerpunktforschung («Gemeinschaftsarbeiten») in der Notgemeinschaft der Deutschen Wissenschaft 1924–1926. Eine wissenschaftspolitikgeschichtliche Studie zur Weimarer Republik, masch. Mag. München 1996.

111 Schmidt-Ott, Erlebtes, S. 212.

112 Vgl. § 5 der Satzung, in: Zierold, Forschungsförderung, S. 545.

113 Nipperdey/Schmugge, 50 Jahre, S. 20. 1929 rückte der Bonner Physiker Heinrich Konen in das auf fünf Personen erweiterte Präsidium ein; Harnack machte seinen Posten dem ebenfalls bereits im Hauptausschuß vertretenen Münchener Internisten Friedrich von Müller frei.

114 Vgl. BAK, R 73, Nr. 72, 73.

115 HS 1195–1, Bl. 2 f.: Haber an Willstätter, 7. 1. 1926 (Werner/Irmscher, Haber, Nr. 48, S. 101 f.).

116 Schmidt-Ott, Erlebtes, S. 180 vermerkt in unreflektierter sprachlicher Nähe zum Dritten Reich, die Spannungen zwischen von Dyck und Haber als dem «einzige[n] Nichtarier unter uns» wären wohl auch auf «Rassenunterschiede» zurückzuführen.

117 Dyck an Schmidt-Ott, 14. 5. 1933, zit. nach Schulze, Stifterverband, S. 85.

118 HS 1195–1, Bl. 3: Haber an Willstätter, 7. 1. 1926 (Werner/Irmscher, Haber, Nr. 48, S. 102).

119 HS 967: Duisberg an Haber, 8. 7. 1921.

120 Ebenda; Chemiker über Chemiker, Nr. 71, S. 192 f. Demnach stellten nicht etwa die «Berliner Vertreter der Chemie» und vor allem Haber den Antrag, wie Duisberg meinte, sondern Nernst, Beckmann, Rubens, Müller-Breslau und Planck.

121 HS 967: Duisberg an Haber, 14. 1. 1921; Haber an Duisberg, 11. 2. 1921.

122 Feldman, Industrie, S. 670; St. Richter, Wirtschaft, S. 39; zur Förderung der Atomphysik durch die NG vgl. ders., Forschungsförderung.

123 HS 1195–1, Bl. 3: Haber an Willstätter, 7. 1. 1926 (Werner/Irmscher, Haber, Nr. 48, S. 102).

124 Vgl. zum Folgenden Treue, Wolfgang, Neue Wege der Forschung, ihrer Organisation und ihrer Förderung: Friedrich Schmidt-Ott (4. 6. 1860–24. 4. 1956), in: Ber. Wiss. gesch. 12 (1989), S. 229–238, hier S. 232.

125 Die zum 25. 5. 1925 datierte Denkschrift Schmidt-Otts, die er auch dem Reichskanzler Luther übersandte, befindet sich in: BAK, R 73, Nr. 69; abgedruckt in: Zierold, Forschungsförderung, S. 576–582; dazu auch ebenda, S. 36 f., 92 f.

126 Vgl. BAK, R 73, Nr. 69: Fritz Haber, Anlage zum Antrage der Notgemeinschaft der Deutschen Wissenschaft auf Bewilligung eines Sonderfonds von 5 Millionen Mark für 1925; abgedruckt in: Zierold, Forschungsförderung, S. 582–586.

127 Haber, Fritz, Wissenschaftspflege, in: Die Naturwissenschaften 13 (1925), S. 565–567; wiederabgedruckt in: Aus Leben und Beruf, S. 96–104. Für diese Publikation fügte Haber seiner ursprünglichen Denkschrift nur eine kurze Einleitung hinzu.

128 Zierold, Forschungsförderung, S. 93.

129 Vgl. Schlicker, Forschung, S. 50–55 (besonders für die Metallforschung); W. Treue, Neue Wege, S. 233 f.; Schmidt-Ott, Erlebtes, S. 212 f. Schmidt-Ott spricht hier von 40 Sonderkommissionen, Zierold, Forschungsförderung, S. 401 nur von 33.

130 Vgl. Habers Wortmeldung auf der Mitgliederversammlung der NG am 12. 3. 1926 in München, in: MPG, I1A, Nr. 920, Bl. 124–151, hier Bl. 146.

131 BAK, R 73, Nr. 75: Haber an Schreiber, 8. 7. 1926.

132 Ebenda, NL 158: Moellendorff, Nr. 36 neu: Haber an Moellendorff, 4. 11. 1926. Im März 1926 hatte Georg Schreiber im Reichstag «nicht mehr und nicht weniger als eine Rekonstruktion unserer gesamten wissenschaftlichen Reichsanstalten» gefordert, vgl. Griewank, Staat, S. 72 f.

133 BAK, R 73, Nr. 75: Schreiber an Siegismund, 30. 7. 1926.

134 BASF, W 1 Haber, V: Haber an BASF, 7. 2. 1920.

135 Vgl. zu den außenpolitischen Beziehungen beider Staaten: Nish, Ian, German-Ja-

panese Relations in the Taisho-Period, in: Kreiner, Josef (Hg.), Japan und die Mittelmächte im Ersten Weltkrieg und in den zwanziger Jahren (= Studium Universale 8), Bonn 1986, S. 81–96 [für die Jahre 1912–1927]; Pantzer, Peter, Deutschland und Japan vom Ersten Weltkrieg bis zum Austritt aus dem Völkerbund (1914–1933), in: Kreiner, Josef (Hg.), Deutschland – Japan. Historische Kontakte (= Studium Universale 3), Bonn 1984, S. 141–160.

136 Vgl. Pauer, Erich, Die wirtschaftlichen Beziehungen zwischen Japan und Deutschland 1900–1945, in: Kreiner, Deutschland, S. 161–210, hier S. 170.

137 BASF, W 1 Haber, V: Vermerk der Patentabteilung, 16. 2. 1920.

138 Vgl. dazu Mathias-Pauer, Regine, Deutsche Meinungen zu Japan – Von der Reichsgründung bis zum Dritten Reich, in: Kreiner, Deutschland, S. 115–140.

139 Pauer, Beziehungen, S. 170.

140 Friese, Eberhard, Kontinuität und Wandel. Deutsch-japanische Kultur- und Wissenschaftsbeziehungen nach dem Ersten Weltkrieg, in: Vierhaus/vom Brocke, Forschung, S. 801–834, hier S. 802–804; vgl. auch Kreiner, Josef, Deutschland – Japan. Die frühen Jahrhunderte, in: ders., Deutschland, S. 1–54.

141 Nish, Relations, S. 90 f.; Chapman, John W. M., Japan in German Aviation Policies of the Weimar Period, in: Kreiner, Japan, S. 155–173, hier S. 157 f.

142 Zu Solf vgl. die Biographie: Vietsch, Eberhard von, Wilhelm Solf. Botschafter zwischen den Zeiten, Tübingen 1961; im Überblick: Friese, Eberhard, Weltkultur und Widerstand. Wilhelm Solf 50 Jahre gestorben, in: Kreiner, Japan, S. 139–153; Schwalbe, Hans/Seemann, Heinrich (Hg.), Deutsche Botschafter in Japan 1860–1973 (= Mitteilungen der Deutschen Gesellschaft für Natur- und Völkerkunde Ostasiens 57), Tokio 1974, S. 83–92.

143 Vgl. Pantzer, Deutschland, S. 154, 156 f.; Schwalbe/Seemann, Botschafter, S. 87; Friese, Weltkultur, S. 143.

144 Friese, Kontinuität, S. 805 f.; vgl. auch Mathias-Pauer, Meinungen, S. 134 f.

145 Friese, Eberhard, Einstein, Haber, Berlin und Japan. Ein Kapitel deutsch-japanischer Wissenschaftsbeziehungen, in: Wissenschaften in Berlin, Teil 3: Gedanken. Begleitband zur Ausstellung «Der Kongreß denkt» vom 14. 6.–1. 11. 1987 in der wiedereröffneten Kongreßhalle Berlin, hg. von Tilmann Buddensieg u. a., Berlin 1987, S. 139–143, hier S. 141; Pauer, Beziehungen, S. 170.

146 Friese, Kontinuität, S. 812 f.

147 Ebenda, S. 806.

148 Friese, Eberhard, Japanisches Mäzenatentum nach dem Ersten Weltkrieg: Hajime Hoshi und seine Stiftung für die deutsche Wissenschaft. Ein vorläufiger Bericht, in: Park, Sung-Jo/Krempien, Rainer (Hg.), Referate des V. Deutschen Japanologentages vom 8./9. 4. 1981 in Berlin (= Berliner Beiträge zur sozial- und wirtschaftswissenschaftlichen Japan-Forschung Nr. 16), Bochum 1983, S. 102–109, hier S. 104.

149 Ebenda, S. 105 ff.; Friese, Kontinuität, S. 813; Zierold, Forschungsförderung, S. 88–90; BAK, R 73, Nr. 155: Protokoll der Sitzung des Japanausschusses im KWI für physikalische Chemie, 4. 11. 1922.

150 Ebenda (auch HS 2028): Richtlinien für die Tätigkeit des Japanausschusses der Notgemeinschaft der Deutschen Wissenschaft, 28. 11. 1922.

151 Ebenda, Protokoll Japanausschuß, 4. 11. 1922; vgl. auch Friese, Kontinuität, S. 815.

152 Ebenda, S. 813 f.; BAK, R 73, Nr. 155: Protokoll Japanausschuß, 4. 11. 1922.

153 HS 1192: Haber an Willstätter, 16. 6. 1923 (Werner/Irmscher, Haber, Nr. 37, S. 86).

154 HS 970 (auch HS 2029): Haber an Duisberg, 4. 3. 1924; Duisberg an Haber, 7. 3. 1924.

155 HS 2028: Schenkungsurkunde der Mochizuki-Stiftung, 1922; Auszug des Senatspro-

tokolls der KWG, 24. 3. 1922. Dem Stiftungsrat gehörten ferner Harnack, Glum, Goldschmidt, Planck und Abderhalden an. Vgl. auch Friese, Kontinuität, S. 814–817.

156 Hahn, Otto, Erlebnisse und Erkenntnisse, Düsseldorf-Wien 1975, S. 39 f.

157 BAK, R 73, Nr. 155: Haber an Solf, 12. 4. 1923.

158 Friese, Kontinuität, S. 810 f.; ders., Einstein, S. 140 f.; Fölsing, Einstein, S. 600–605.

159 Ch. Haber, Leben, S. 167.

160 BAK, R 73, Nr. 155: Haber an Japanausschuß, 19. 3. 1925. Bei dem Festband handelte es sich um eine Sammlung von 43 chemischen, biochemischen und physikalischen Aufsätzen über Forschungen, die mit Hoshis finanzieller Unterstützung durchgeführt werden konnten: Deutsche wissenschaftliche Untersuchungen auf dem Gebiete der Chemie. Ausgeführt mit Unterstützung von Hajime Hoshi, Leipzig-Berlin o. J. [1924].

161 Vgl. Friese, Mäzentatentum, S. 108, Anm. 10.

162 Ch. Haber, Leben, S. 166 ff. Demnach wurde die Einladung nach Indien schließlich dadurch hintertrieben, daß das Foreign Office die Visaerteilung so lange verzögerte, bis es zu spät war.

163 Ebenda, S. 169–250; für Japan S. 182–211.

164 Ebenda, S. 182.

165 HS 1193, Bl. 10: Haber an Willstätter, o. D. [Sylvester 1924] (Werner/Irmscher, Haber, Nr. 45, S. 97).

166 Vgl. den Bericht des Wochenblatts der Frankfurter Zeitung vom 13. 11. 1924, in: BAK, NL 53: Solf, Nr. 107, Bl. 3.

167 Vgl. Habers Rede in HS 2030, längere Passagen abgedruckt bei Stoltzenberg, Haber, S. 543 f.

168 Ch. Haber, Leben, S. 183.

169 Beispielsweise HS 2031: Deutsche Übersetzung der Zeitung «Osaka Mainichi Shimbun», 5. 12. 1926 (Abendausgabe).

170 HS 1193, Bl. 10: Haber an Willstätter, o. D. [Sylvester 1924] (Werner/Irmscher, Haber, Nr. 45, S. 97).

171 BAK, NL 53: Solf, Nr. 107, Bl. 4: Solf an Hoshi, 30. 12. 1924.

172 Beispielsweise in HS 1193, Bl. 10: Haber an Willstätter, o. D. [Sylvester 1924] (Werner/Irmscher, Haber, Nr. 45, S. 97 mit Transkriptionsfehler): «Der Osten wacht auf, und Japan und Deutschland sind die bereiten Thore der Kultur und Wirtschaft.»

173 Vgl. dazu ausführlich Kudo, Akira, Japanese Enterprises in Germany. Attempts at Technical-Industrial Cooperation Prior to the Second World War, in: Pohl, Hans (Hg.), Der Einfluß ausländischer Unternehmen auf die deutsche Wirtschaft vom Spätmittelalter bis zur Gegenwart (= Zschr. für Unternehmensgeschichte, Beiheft 65), Stuttgart 1992, S. 229–253, hier S. 230 f.; ders., I. G. Farben in Japan: The Transfer of Technology and Managerial Skills, in: Business History 36 (1994), S. 159–183, hier S. 160–164.

174 BAK, R 73, Nr. 155: Hoshi an Schmidt-Ott, 20. 12. 1924.

175 Vgl. ausführlich Ch. Haber, Leben, S. 212–250. Die exakte Datierung der Rückkehr nach: BAK, R 73, Nr. 155: Haber an Mitglieder des Japanausschusses, 19. 3. 1925.

176 BAK, NL 53: Solf, Nr. 107, Bl. 7: Haber an Solf, 28. 5. 1925.

177 Kudo, Enterprises, S. 236–239.

178 MG, JB 88 (1), Korrespondenz Mitsubishi: Haber an Metallbank/Technisches Sekretariat, 15. 6. 1925.

179 Kudo, Enterprises, S. 232–234, Zitat S. 233.

180 MG, JB 88 (1): Haber an Metallbank, 15. 6. 1925 (Zitat); Metallbank an Haber, 24. 6., 27. 6., 2. 7., 3. 7. 1925.

181 Kudo, Enterprises, S. 234–241.
182 Ausführlich ebenda, S. 241–245, Zitat S. 245.
183 Vgl. Pauer, Beziehungen, S. 184 f.; Kudo, I. G. Farben, S. 163 ff.
184 BAK, NL 53: Solf, Nr. 107, Bl. 6–9, hier 6 f.: Haber an Solf, 28. 5. 1925.
185 Industrie- und Handelszeitung Nr. 121, 26. 5. 1925 (auch in HS 971).
186 Haber, Fritz, Wirtschaftlicher Zusammenhang zwischen Deutschland und Japan, in: HS 2033, abgedruckt: Aus Leben und Beruf, S. 70–95.
187 Ebenda, S. 77.
188 Vgl. dazu Mathias-Pauer, Meinungen, S. 125, 134.
189 Haber, Wirtschaftlicher Zusammenhang, S. 95.
190 Ders., Ansprache bei der Eröffnung des Japan-Instituts in Berlin, 4. 12. 1926, abgedruckt in: Aus Leben und Beruf, S. 148–157, Zitate S. 154 f.
191 BAK, NL 53: Solf, Nr. 107, Bl. 35–41: Solf an Haber, 22. 12. 1925. Es bestehen Zweifel, ob dieser Brief auch abgeschickt wurde: Er blieb erstens unvollendet, zweitens liegt ebenda, Bl. 42–50 ein vom selben Tag datiertes, anderes Schreiben Solfs an Haber vor.
192 Ebenda, Bl. 53–56: Haber an Solf, 22. 1. 1926.
193 Ebenda, Bl. 67–69 a, hier 68: Haber an Solf, 8. 6. 1926.
194 Bosch an den Gemeinschaftsrat, 19. 6. 1925, zit nach Kudo, I. G. Farben, S. 164.
195 Pauer, Beziehungen, S. 185 ff.; Kudo, I. G. Farben, S. 166 ff.
196 HS 1193, Bl. 11: Haber an Willstätter, o. D. [Sylvester 1924] (Werner/Irmscher, Haber, Nr. 45, S. 97).
197 Friese, Kontinuität, S. 820 f.; ders., Einstein, S. 142.
198 BAK, NL 53: Solf, Nr. 107, Bl. 4: Solf an Hoshi, 30. 12. 1924.
199 Haber, Ansprache zur Eröffnung des Japan-Instituts, S. 149.
200 Friese, Kontinuität, S. 821, Anm. 31; ders., Einstein, S. 142.
201 HS 1193, Bl. 8: Haber an Willstätter, o. D. [Sylvester 1924] (Werner/Irmscher, Haber, Nr. 45, S. 97).
202 BAK, NL 53: Solf, Nr. 107, Bl. 6–9, hier 7: Haber an Solf, 28. 5. 1925.
203 BAK, NL 53: Solf, Nr. 107, Bl. 11–15: Solf an Haber, 2. 6. 1925.
204 Gedacht war ursprünglich an 25 000 Mark vom AA, 15 000 Mark vom RMI und 10 000 Mark plus Räumlichkeiten vom Kultusministerium, vgl. HS 2032: Haber an RMI und Kultusministerium, 2. 5. 1925.
205 HS 2032: Protokoll der Sitzung über die Errichtung des Japan-Instituts am 15. 6. 1925; dazu Friese, Kontinuität, S. 821; Stoltzenberg, Haber, S. 547.
206 HS 2032: Protokoll der 2. Besprechung zur Errichtung des Japan-Instituts am 27. 7. 1925, 8. 8. 1925; BAK, NL 53: Solf, Nr. 107, Bl. 22–24: Haber an Solf, 24. 11. 1925.
207 Ebenda, Bl. 42–50, hier 48: Solf an Haber, 22. 12. 1925.
208 Ebenda, Bl. 22–24, hier 23: Haber an Solf, 24. 11. 1925.
209 Zierold, Forschungsförderung, S. 42; Ch. Haber, Leben, S. 203.
210 BAK, NL 53: Solf, Nr. 107, Bl. 57–59, hier 58: Haber an Solf, 28. 2. 1926.
211 Ebenda, Bl. 23: Haber an Solf, 24. 11. 1925.
212 Ebenda, Bl. 42–50, hier 48, 50: Solf an Haber, 22. 12. 1925.
213 Vgl. Friese, Weltkultur, S. 148. Ein entsprechender Passus in der Satzung des Instituts in Tokio fehlte bezeichnenderweise.
214 HS 1193, Bl. 11: Haber an Willstätter, o. D. [Sylvester 1924]; HS 2033: Satzung des Japan-Instituts.
215 HS 2035: Aktennotiz Glums zur Besprechung in der KWG am 22. 1. 1926, 28. 1. 1926; dazu auch Stoltzenberg, Haber, S. 548.

216 HS 2035: Aktennotiz zum 22. 1. 1926; ebenda, Heilbron/AA an Haber, 11. 2. 1926: BAK, NL 53: Solf, Nr. 107, Bl. 57–59, hier 58: Haber an Solf, 18. 2. 1926.

217 Ebenda, Bl. 67–69 a, hier 68: Haber an Solf, 8. 6. 1926.

218 Ebenda, Bl. 90–98, hier 93: Solf an Haber, 8. 7. 1926.

219 HS 2035: Haber an Donnevert/RMI, 15. 2. 1926; Haber an Heilbron/AA, 15. 2. 1926.

220 HS 2035: Protokoll der Sitzung in der KWG am 18. 5. 1926; hierzu und zum Folgenden: Stoltzenberg, Haber, S. 549 f., 559; Friese, Weltkultur, S. 146, 148; ders., Kontinuität, S. 821 ff.

221 BAK, NL 53: Solf, Nr. 107, Bl. 90–98, hier 93: Solf an Haber, 8. 7. 1926.

222 Vgl. HS 2034: Reden gehalten bei der Eröffnung des Japaninstituts im Festsaal der KWG am 4. 12. 1926; Habers Eröffnungsansprache abgedruckt in: Aus Leben und Beruf, S. 148–157.

223 BAK, NL 53: Solf, Nr. 107, Bl. 108–120, hier 112 f.: Haber an Solf, 17. 6. 1927, mit Anlagen.

224 Ausführlich zur Zusammensetzung der Kuratorien beider Institute Friese, Kontinuität, S. 823–826.

225 Vgl. einen ersten Eindruck ebenda, S. 826 ff.

226 BAK, NL 53: Solf, Nr. 107, Bl. 136–155, hier 138, 142: Solf an Haber, 1. 8. 1927.

227 Beispiele in ebenda, Bl. 121 ff.: Haber an Solf, 8. 7., 27. 7., 31. 7., 8. 10. 1927, 31. 5. 1928, 26. 1. 1929.

228 Ebenda, Bl. 136–155, hier 148 f.: Solf an Haber, 1. 8. 1927.

229 Friese, Weltkultur, S. 148.

230 BAK, NL 53: Solf, Nr. 107, Bl. 179–183, hier 179: Solf an Haber, 5. 2. 1929.

231 Ebenda, Bl. 177 f.: Haber an Solf, 26. 1. 1929.

232 Ebenda, Nr. 144, Bl. 1 f.: Solf an Trautmann/AA, 25. 2. 1929.

233 Friese, Weltkultur, S. 148 f.

234 Zum Forschungsstand ders., Kontinuität, S. 801 f., 832 f.

235 BAK, NL 53: Solf, Nr. 107, Bl. 108–120, hier 114: Haber an Solf, 17. 6. 1927.

236 Vgl. Schroeder-Gudehus, Wissenschaftsbeziehungen, bes. S. 869–876, 883 f.; in enger Anlehnung Stoltzenberg, Haber, S. 561–568.

237 Vgl. dazu grundlegend die Arbeiten von Schroeder-Gudehus, Brigitte, Deutsche Wissenschaft und Internationale Zusammenarbeit 1914–1928. Ein Beitrag zum Studium kultureller Beziehungen in politischen Krisenzeiten, Genf 1966; dies., Les scientifiques et la paix. La communauté scientifique internationale au cours des années vingt, Montréal 1978.

238 Über die 1899 gegründete Vereinigung vgl. dies., Division of Labour and the Common Goods: The International Association of Academies, 1899–1914, in: Bernhard u. a., Science, S. 3–20.

239 Rekonstruiert von Kevles, Daniel J., «Into Hostile Political Camps»: The Reorganization of International Science in World War I, in: Isis 62 (1971), S. 47–60.

240 Zusammenfassend dazu Schroeder-Gudehus, Wissenschaftsbeziehungen, S. 860.

241 Es handelte sich um die Unionen für Astronomie, Geodäsie und Geophysik, Chemie, Mathematik, «Radio Science», Physik, Biologie und Geographie.

242 Schroeder-Gudehus, Wissenschaftsbeziehungen, S. 861; ausführlich für die Biologie, auch die Mathematik: Cock, A. G., Chauvinism and Internationalism in Science. The International Research Council, 1919–1926, in: Notes and Records of the Royal Society of London 7 (1982/83), S. 249–288.

243 Vgl. Crawford, Nationalism, S. 50 f., 54 f.

244 Vgl. dessen Denkschrift: Die deutsche Wissenschaft und das Ausland, 29. 1. 1925,

z. B. in: BAK, R 73, Nr. 3. Der Direktor der dem RMI unterstellten Reichszentrale, Karl Kerkhof, stand auf dem äußersten Flügel der Gegen-Boykotteure.

245 Cock, Chauvinism, S. 269; Schroeder-Gudehus, Wissenschaftsbeziehungen, S. 863, 867, 870.

246 Ebenda, S. 869 f.

247 Dazu Crawford, Nationalism, S. 58 f.

248 Im Überblick: Fosdick, Raymond, B., The Story of the Rockefeller Foundation (1952). With a new introduction by Steven C. Wheatley, Reprint New Brunswick – Oxford 1989, S. 105 ff. BAK, R 73, Nr. 217: George E. Vincent/Präsident der Rokkefeller Foundation an Schmidt-Ott, 2. 6. 1922 mit Brief von Richard M. Pearce/Direktor der Division of Medical Education an Schmidt-Ott, 2. 6. 1922.

249 Ebenda, Haber an Schmidt-Ott, 8. 11. 1922.

250 Ebenda, Pearce an Schmidt-Ott, 14. 12. 1922; Schmidt-Ott an Pearce, 23. 12. 1922.

251 Ebenda, Haber an Poll, 6. 3. 1923; Haber an Schmidt-Ott, 6. 3. 1923; Haber an Schmidt-Ott, Ostersonntag 1923.

252 Ebenda, Pearce an Schmidt-Ott, 6. 4. 1923; vgl. auch Zierold, Forschungsförderung, S. 103; Feldman, Disorder, S. 545.

253 HS 2049: Haber an Glum, 11. 12. 1926, im Rückblick.

254 HS 2048: Conrad Matschoß, Bericht über die Sitzung des Exekutivkomitees der Weltkraftkonferenz in London 27.–30. 7. 1925, 3. 8. 1925.

255 HS 2049: Haber an Glum, 11. 12. 1926, im Rückblick.

256 Rutherfords – verweigerter oder gegebener – Händedruck hat stark legendenhafte Züge. Er geistert in mehreren Versionen durch die Literatur, so z. B. auch in den Erinnerungen von Max Born, Physikalische Blätter 1 (1955), S. 1, der diese ablehnende Geste nach Cambridge in den Dezember 1933 verlegt. Allerdings wird dies zu Recht angezweifelt, vgl. Stoltzenberg, Haber, S. 611.

257 Ch. Haber, Leben, S. 155–157.

258 HS 2048: Matschoß, Bericht, 3. 8. 1925.

259 HS 2047: Protokoll der Sitzung betr. Fortführung der anläßlich der 1. Weltkraftkonferenz eingeleiteten internationalen Gemeinschaftsarbeit, 7. 7. 1925.

260 HS 2048: Matschoß an KWG, 29. 9. 1925; KWG an Haber, 30. 9. 1925; Haber an KWG, 2. 10. 1925; HS 2049: Haber an Glum, 3. 1. 1926.

261 Ebenda, Haber an Glum, 11. 12. 1926; HS 2050: Harnack an Fischer, 27. 7. 1927. Zur 2. Weltkraftkonferenz vgl. HS 2050 und 2051.

262 Vgl. Ch. Haber, Leben, S. 166, 173–176.

263 Haber, Fritz, Practical Results of the Theoretical Development of Chemistry, in: Journal of The Franklin Institute 199 (1925), S. 435–450, Zitat S. 450.

264 Ch. Haber, Leben, S. 176.

265 Ebenda, S. 177.

266 L. F. Haber, Poisonous Cloud, S. 167 f.

267 Ch. Haber, Leben, S. 179 f.

268 Cock, Chauvinism, S. 265.

269 Schroeder-Gudehus, Wissenschaftsbeziehungen, S. 869.

270 GStA, I. HA, Rep. 92: NL Becker, Nr. 778: Went an Haber, 28. 12. 1924.

271 Die Mitgliedschaft in der Kommission war individuell, bezog sich auf «Kulturkreise», nicht auf Staaten, und war daher eigentlich unabhängig von der Mitgliedschaft im Völkerbund. Vertreter des deutschen Kulturkreises war Albert Einstein. Henri Bergson, Präsident der Kommission, widersetzte sich der Ernennung eines weiteren deutschen Mitglieds.

272 GStA, I. HA, Rep. 92: NL Becker, Nr. 778: Haber an Becker, 1. 1. 1925.

273 Ebenda.
274 Nach Cock, Chauvinism, S. 264 f., 277 f.; Schroeder-Gudehus, Wissenschaftsbeziehungen, S. 868.
275 Ebenda, S. 870.
276 HS 1195, Bl. 5–9, hier Bl. 7: Haber an Willstätter, 29. 1. 1926 (Werner/Irmscher, Haber, Nr. 49, S. 104 f.).
277 Cock, Chauvinism, S. 266–268; Schroeder-Gudehus, Wissenschaftsbeziehungen, S. 871 f.
278 Ebenda, S. 872 f.; in enger Anlehnung Stoltzenberg, Haber, S. 564.
279 Cock, Chauvinism, S. 269, 279; Forman, Paul, Scientific Internationalism and the Weimar Physicists, in: Isis 64 (1973), S. 151–180.
280 HS 2275: Denkschrift der kartellierten Akademien über den Conseil International de Recherches, [20. 5. 1927].
281 Schroeder-Gudehus, Wissenschaftsbeziehungen, S. 874; Stoltzenberg, Haber, S. 564.
282 Diese Reform fand 1931 mit der Umwandlung des International Research Council in den International Council of Scientific Unions statt, vgl. kurz Schroeder-Gudehus, Wissenschaftsbeziehungen, S. 875 f.
283 Cock, Chauvinism, S. 251 f., 264 f., Zitat S. 264
284 Ruske, DChG, S. 120 f.
285 Ebenda, S. 135; Benson, H. K., The International Union of Chemistry, in: Industrial and Engineering Chemistry, News Edition 10 (1932), Nr. 14, S. 178 f.
286 Schroeder-Gudehus, Wissenschaftsbeziehungen, S. 874; zum Folgenden vgl. auch Stoltzenberg, Haber, S. 565 ff.
287 HS 1926: Schlenk/DChG an Harnack, 28. 5. 1927.
288 Ebenda, Gérard an Haber, 9. 5. 1927.
289 Ebenda, Schlenk/DChG an Harnack, 28. 5. 1927.
290 HS 1016: Haber an Sohn Hermann, 10. 6. 1927.
291 HS 1017: Haber an Marga Haber, 23. 7. 1927.
292 Ebenda, Haber an Sohn Hermann, 27. 7. 1927.
293 MPG, I 1 A, Nr. 1166, Bl. 44: Harnack an Haber, 5. 11. 1927.
294 Ebenda, Bl. 41–43, Zitat Bl. 42: Haber an Harnack, 31. 10. 1927; dazu auch Schroeder-Gudehus, Wissenschaftsbeziehungen, S. 875; mit längeren wörtlichen Zitaten Stoltzenberg, Haber, S. 565 f.
295 Rekonstruiert aus: HS 2273: Haber an Kruyt, 9. 2. und 9. 3. 1929; ebenda, Haber an Planck, 6. 4. 1929; HS 2279: Cohen/Kruyt an Biilmann, 28. 11. 1929.
296 Z. angew. Chem. 42 (1929), S. 297; HS 2271: Satzungsentwurf des VDCV, o. D.; HS 2272: Stock an Haber, 7. 1. 1929; HS 2227: Protokoll der Vorstandssitzung des VDCh, 2. 12. 1928. Im Oktober 1932 wurde der Verein zur Wahrung der Interessen der Chemischen Industrie Deutschlands als vierte Mitgliedsgesellschaft aufgenommen, vgl. HS 2288: Auszug aus dem Protokoll der Vorstandssitzung des VDCV am 28. 10. 1932.
297 HS 2227: Protokoll der Vorstandssitzung des VDCh, 2. 12. 1928.
298 HS 2273: Haber an Kruyt, 9. 2. 1929, mit dem hschr. Vermerk: «Nicht abgesandt!»
299 Ebenda, Haber an Kruyt, 9. 3. 1929.
300 Beispielsweise in HS 2274: Haber an die Mitglieder des Vorstands des VDCV, 24. 6. 1929.
301 HS 2273: Haber an Planck, 6. 4. 1929.
302 HS 2227, 2274: Haber an Kruyt, 21. 6. 1929.
303 HS 2274: Haber an die Vorstandsmitglieder des VDCV, 24. 6. 1929.
304 HS 1124: Haber an Max Mayer, 3. 7. 1929.

305 Für die Union: G. Bertrand, E. Biilmann, E. Cohen, F. Giordani, H. R. Kruyt, E. Mond, W. J. Pope, A. Seidell; für den VDCV: Haber, Bodenstein, Schlenk, Stock, Wieland, Willstätter; Marckwald als Schriftführer. Duden war an der Teilnahme verhindert, doch hatte er erklärt, jeder Entschließung beizutreten, die Alfred Stock gutheiße, vgl. HS 2275: Haber an Becker/Kultusministerium, 4. 7. 1929.
306 HS 2227, 2274: Internes Protokoll der Sitzung in Scheveningen am 29. und 30. 6. 1929.
307 HS 2277: Haber an Cohen, 15. 10. 1929.
308 Beispielsweise in HS 2277: Haber an Went, 15. 10. 1929.
309 HS 2275: Bieberbach an Haber, 18. 7. 1929; Haber an Cohen, 28. 7. 1929.
310 Ebenda, Einar Biilmann/Kopenhagen an Haber, 19. 8. 1929.
311 HS 2280: Wieland an Haber, 9. 12. 1929.
312 Beispielsweise HS 2277: Haber an Wieland, 15. 10. 1929 mit Anlage: Went an Haber, 4. 10. 1929: Zusammenfassung der wichtigsten beabsichtigten Änderungen in der Satzung des Internationalen Forschungsrats; ferner HS 2280: Haber an Wieland, 3. 12. 1929.
313 Beispiele in HS 2277 und folgende Nummern.
314 HS 2279: Otto Hönigschmidt an Haber, 20. 11. 1929; Wieland an Haber, 23. 11. 1929; Haber an Hönigschmidt, 25. 11. 1929.
315 HS 2280: Wieland an Haber, 9. 12. 1929.
316 Vgl. ebenda, Haber an Biilmann, 2. und 10. 12. 1929; Z. angew. Chem. 42 (1929), S. 1124; ebenda, S. 1125 ff. befindet sich eine deutsche Übersetzung der Satzung der UIC.
317 Schroeder-Gudehus, Wissenschaftsbeziehungen, S. 875 f.; zu Hale vgl. Kevles, Hostile Camps, S. 45–60.
318 HS 981: Haber an Einstein, o. D. [Juli 1931].
319 HS 2233: Haber an Vorstand des VDCV, 19. 9. 1931; Protokoll der Vorstandssitzung des VDCV am 13. 10. 1931
320 HS 2235, 2285: Haber an Vorstand des VDCV, 5. 9. 1932.
321 HS 2281: Haber an Richter/Kultusministerium, 25. 1. 1932.
322 HS 1202: Haber an Vorstand des VDCV, 27. 4. 1933; vgl. Stoltzenberg, Haber, S. 567 f. Neuer Präsident der Internationalen Union wurde der Italiener N. Paravano.

X. Erschöpfung und Resignation

1 HS 1197: Haber an Willstätter, 26. 12. 1928 (Werner/Irmscher, Haber, Nr. 53, S. 112).
2 Vgl. Z. phys. Chem., Abt. A, Bd. 139 (1928), Haber-Band: Fritz Haber zum sechzigsten Geburtstage 9. Dezember 1928, gewidmet von Schülern und Freunden; Berl, Ernst, Fritz Haber zum 60. Geburtstage, in: Z. Elektrochem. 34 (1928), S. 797–799; ebenda, Werkverzeichnis, S. 799–803; Die Naturwissenschaften 16 (1928), Heft 50: Fritz Haber zur Feier seines sechzigsten Geburtstages, S. 1053–1078.
3 Ebenda, S. 1053–1060; abgedruckt in: Willstätter, Leben, S. 241–255.
4 Coates, Memorial Lecture, S. 146.
5 Willstätter, Leben, S. 265 f.
6 R. Stern, Recollections, S. 75.
7 Beispielsweise HS 1204: Haber an Willstätter, o. D. [Dezember 1920] (Werner/Irmscher, Haber, Nr. 26, S. 70); HS Dep. L. Haber, Nr. 3: Haber an seine Frau, 31. 7. 1921.
8 HS 1189: Haber an Willstätter, 4. 11. 1919 (Werner/Irmscher, Haber, Nr. 18, S. 61).

9 HS 1191: Haber an Willstätter, 7. 5. 1921 (Werner/Irmscher, Haber, Nr. 27, S. 72 f.).
10 SBB, Haus 2, NL Harnack, Korr. Haber, Bl. 2r: Haber an Harnack, 6. 5. 1921; HS 1191: Haber an Willstätter, 13. 5. 1921.
11 Ebenda, 24. 5. 1921.
12 SBB, Haus 2, Autogr. I, Nr. 1872: Haber an Fajans, 11. 3. 1924.
13 HS, Dep. L. Haber, Nr. 3: Haber an seine Frau, 8. 8. 1921.
14 Im folgenden nach: R. Stern, Recollections, bes. S. 70 f. (Einleitung von Fritz Stern), 78–84; zu Stern vgl. auch Stoltzenberg, Haber, S. 378 ff. sowie HS 508: Lebenslauf Hermann Habers, o. D. [nach 1934], mit Angaben zu den Eltern Stern.
15 HS 1018: Haber an Hermann und Marga Haber, o. D. [August 1927].
16 R. Stern, Recollections, S. 84 f.
17 HS 1018: Haber an Hermann und Marga Haber, 19. 8. 1927.
18 Beispielsweise HS 1138 (Abschriften von Habers Briefen an Alwin Mittasch, S. 28): Haber an Mittasch, 30. 5. 1927; HS 974: Haber an Duisberg, 12. 11. 1931.
19 HS 1196: Haber an Willstätter, 21. 8. 1927 (Werner/Irmscher, Haber, Nr. 52, S. 110 f.).
20 HS 1022: Haber an Hermann und Marga Haber, o. D. [14. oder 15. 3. 1929].
21 HS 1138 (Abschriften von Habers Briefen an Alwin Mittasch, S. 30 f.): Haber an Mittasch, 22. 8. 1932.
22 HS 1204: Haber an Willstätter, o. D. [Dezember 1920] (Werner/Irmscher, Haber, Nr. 26, S. 70).
23 HS, Dep. L. Haber, Nr. 31: Haber an Charlotte und Hermann Haber, o. D. [Dezember 1920]; wörtlich abgedruckt bei: Stoltzenberg, Haber, S. 13. Der Brief trägt keine Grußformel und auch keine Unterschrift, so daß nicht sicher ist, ob er abgeschickt wurde.
24 Ch. Haber, Leben, S. 79, 251.
25 Die exakte Datierung und Abfolge von Hermann Habers beruflicher Laufbahn im folgenden nach HS 508: Lebenslauf Hermann Habers, o. D. [nach 1934]; vgl. auch Stoltzenberg, Haber, S. 357 ff.
26 Ch. Haber, Leben, S. 252. Äußerst problematisch wäre es, den von Charlotte Haber angegebenen Gründen für die Bedenken von Vater und Bruder zu folgen. Während sie Hermann stets ablehnte, war ihr Marga von Anbeginn sympathisch.
27 Vgl. die zahllosen, langen Briefe Habers an seinen Sohn in: HS 1007 ff.
28 HS 867: Haber an Marga Stern, 1. 1. 1926; lange Passagen abgedruckt bei: Stoltzenberg, Haber, S. 359.
29 Vgl. HS 1007 ff. sowie HS 1122: Max Mayer an J. Blumenfeld, 7. 6. 1927.
30 Hermann Haber wurde Vater von drei Töchtern: Clara, geb. 1927 in Berlin; Agnes, geb. 1929 in Karlsbad, und Marie-Anne, geb. 1933 in Paris.
31 HS 508: Lebenslauf Hermann Habers, o. D. [nach 1934].
32 Vgl. HS 1200: Haber an Willstätter, 9. 5. 1931 (Werner/Irmscher, Haber, Nr. 59, S. 119); HS 1029: Haber an Hermann Haber, 2. 6. 1931.
33 Weizmann, Memoiren, S. 515.
34 HS 508: Lebenslauf Hermann Habers, o. D. [nach 1934].
35 HS 1031: Haber an Hermann und Marga Haber, 29. 12. 1931; HS 1032: dies., 9. 2. 1932. Haber hatte, wie er schrieb, Hilferdings Sohn aus erster Ehe mehrfach «Interesse und Wohlwollen» erwiesen.
36 HS 1046: Hermann Haber an seinen Vater, 6. 5. 1932.
37 Hermann Haber emigrierte 1941 mit seiner Familie in die USA, wo er sich Ende 1946 das Leben nahm.
38 HS 1126: Haber an Mayer, 6. 9. 1931.

39 SBB, Handschriften, Haus 2, NL Hans Ludwig, K. 2: Sinnspruch, o. D., unterzeichnet von Haber.
40 Ch. Haber, Leben, S. 271.
41 Einige Briefe abgedruckt bei Stoltzenberg, Haber, S. 375 f.
42 Vgl. beispielsweise HS, Dep. L. Haber, Nr. 3: Haber an seine Frau, Breslau, 13. 1. 1921.
43 Ch. Haber, Leben, S. 269 f. in wörtlicher Wiedergabe ihres Briefes an ihren Mann vom 1. 7. 1922.
44 Ebenda, S. 251.
45 R. Stern, Recollections, S. 86.
46 Ch. Haber, Leben, S. 253 ff.
47 Ebenda, S. 255; R. Stern, Recollections, S. 87; HS 1122: Haber an Max Mayer, o. D. [Januar 1927].
48 Ch. Haber, Leben, S. 257.
49 Ebenda, S. 254.
50 Ebenda; HS, Dep. L. Haber, Nr. 9: Haber an seine Frau, Donnerstag, o. D. [August 1927] sowie 15. 9. 1927.
51 Ebenda, Haber an seine Frau, Bad Kissingen, 10. 8. 1927.
52 BAMA, N 221/32: Haber an Hermann Geyer, 30. 9. 1922; Ch. Haber, Leben, S. 151.
53 Ebenda, S. 266–271.
54 HS, Dep. L. Haber, Nr. 9: Haber an seine Frau, Witzmanns, Donnerstag, o. D.
55 So R. Stern, Recollections, S. 90.
56 HS 980: Haber an Einstein, 29. 12. 1928.
57 HS, Dep. L. Haber, Nr. 9: Haber an Charlotte Haber, 15. 9. 1927.
58 Ebenda, Nr. 12: Haber an Charlotte Haber, 26. 7. 1930.
59 HS 1018: Haber an Sohn Hermann, 23. 10. 1927; Haber an Fa. Ed. Greutert/Basel, 24. 10. 1927.
60 HS, Dep. L. Haber, Nr. 8: Haber an Charlotte Haber, o. D. [nach 9. 10. 1927]; HS 1122: Haber an Max Mayer, 5. 10. 1927.
61 HS 1026: Haber an Sohn Hermann, 20. 11. 1930.
62 Vgl. MPG, I 1A, Nr. 1162–2: Glum an Haber, 19. 6. 1928.
63 Ausführlich Witt, Wissenschaftsfinanzierung, S. 638–656; aufschlußreich bes. die Tabellen 8 a und 8 b auf S. 646 f., die die Gehälter der leitenden Beamten der KWG und des Reichs/Preußens vergleichend gegenüberstellen.
64 HS, Dep. L. Haber, Nr. 12: Haber an Charlotte Haber, o. D. [1930].
65 HS 1032: Haber an Schwiegertochter Marga, o. D. [März 1932].
66 HS 1014: Haber an Sohn Hermann, 15. 2. 1927.
67 Däbritz, 50 Jahre, S. 253.
68 HS 1024: Haber an Sohn Hermann, 10. 8. 1929.
69 HS 1026: Haber an Sohn Hermann, 14. 11. 1930. Habers Schulden betrugen jetzt 1,3 Millionen Schweizer Franken, der Börsenwert des Aktienvermögens 2,6 Millionen.
70 Ebenda, Haber an Charlotte Haber, 26. 7. 1930.
71 Ebenda, Haber an Charlotte Haber, 23. 12. 1930.
72 HS 620: Haber an Sohn Hermann, 15. 1. 1931; Haber an Mayer, 15. 1. 1931. Um Hermann nicht zu kurz kommen zu lassen, vermachte er ihm seinen Mitbesitz am Hofgut Witzmanns mitsamt dem Wohnhaus, das ihm ganz gehörte, vgl. ebenda, 15. 2. 1931.
73 Ch. Haber, Leben, S. 272.
74 HS 1126: Haber an Mayer, 23. 11. 1931.

75 HS 1031: Haber an Sohn Hermann, 31. 12. 1931.
76 Vgl. dazu im Überblick Feldman, Disorder, S. 61 f., 200–203, 780 f.
77 R. Stern, Recollections, S. 87 f.
78 Einstein in Berlin, Bd. 2, S. 135 f.
79 Vgl. ebenda, S. 137–141; Hermann, Berlin, S. 99 f., Zitat Laue S. 99; Fölsing, Einstein, S. 520–524. Ausführlich auch bei Heilbron, Planck, S. 121–128. Weylands Artikel erschien in der Täglichen Rundschau vom 6. 8. 1920, eine erste Stellungnahme Laues im selben Blatt am 17. 8. 1920, die gemeinsame Erklärung mit Rubens und Nernst am 26. 8. 1920. Einsteins Antwort erschien im Berliner Tageblatt am 27. 8. 1920.
80 HS 977: Haber an Einstein, Badgastein, 30. 8. 1920.
81 Schmidt-Ott, Erlebtes, S. 180.
82 Eine ‹bereinigte› Wiedergabe der Diskussion vgl. in: Phys. Z. 21 (1920), S. 649–699, hier S. 666–668; Vgl. auch Einstein in Berlin, Bd. 2, S. 142 f.; Fölsing, Einstein, S. 525–528.
83 HS 1204: Haber an Willstätter, o. D. [September 1920](Werner/Irmscher, Haber, Nr. 25, S. 68 f.).
84 Zu den Vorgängen vgl. Willstätter, Leben, S. 337.
85 HS 1193, Bl. 6 f.: Haber an Willstätter, Ende Juni 1924 (Werner/Irmscher, Haber, Nr. 44, S. 96).
86 GStA, I. HA, Rep. 76, Vc, Sekt. 1, Tit. 11, Teil IX, Nr. 12, Bd. VI, Bl. 135: Boelitz an Willstätter, 30. 6. 1924.
87 HS 978: Haber an Einstein, 9. 3. 1921; mit langen Textzitaten: F. Stern, Freunde, S. 540; Fölsing, Einstein, S. 572 f.; Stoltzenberg, Haber, S. 391 f.
88 Mit langen Textzitaten ebenda, S. 392 f.; HS 978: Einstein an Haber, 9. 3. 1921. Einstein hatte allerdings seine Beteiligung zugesagt, als die politischen Komplikationen nicht absehbar waren. Nicht aus Anhänglichkeit an das politische Gebilde Deutschland, wohl aber aus «Takt-Rücksichten» hätte er eine konfliktartige Situation vermieden.
89 Einstein in Berlin, Bd. 2, S. 146 f.; Fölsing, Einstein, S. 598 f.
90 Zit. nach Beyerchen, Alan D.,Wissenschaftler unter Hitler. Physiker im Dritten Reich, Köln 1977, S. 158 f.
91 HS 603: Fritz Haber, Gutachten, 9. 5. 1923.
92 HS 604: Johannes Stark, Gutachten über das Gutachten von Herrn Prof. Dr. Haber und das gerichtliche Urteil betr. DRP Nr. 230570 (Cottrell), Ullersricht b. Weiden/Opf., 12. 9. 1924.
93 HS 605: Philipp Lenard, Elektrische Reinigung von Gasen, o. D. [verfaßt nach der Lektüre von Starks Gutachten, also nach dem 12. 9. 1924].
94 Vgl. Marsch, Industrieforschung, S. 456, 466, 498, 501–506, 546, 549; auch Löser, Gründungsgeschichte, S. 279, 284, 287 f., 290, 293 f.; Göbel, Wolfgang, Max Bergmann und das Kaiser-Wilhelm-Institut für Lederforschung in Dresden, in: ebenda, S. 303–318, hier S. 304, 306.
95 vom Brocke, KWG in Weimar, S. 215.
96 HS 1191, Bl. 13–15: Haber an Willstätter, Pontresina, 16. 8. 1921 (Werner/Irmscher, Haber, Nr. 32, S. 78 f.).
97 Ebenda.
98 vom Brocke, KWG in Weimar, S. 216.
99 GStA, I. HA, Rep. 92, NL Schmidt-Ott, C 81: Haber an Schmidt-Ott, 2. 8. 1921.
100 Vgl. eine Aufstellung der Mitglieder des Verwaltungsausschusses 1919 bis 1933 bei vom Brocke, KWG in Weimar, S. 222. Erster Vizepräsident war 1911–1937 Gustav

Krupp von Bohlen und Halbach, zweiter Vizepräsident Friedrich Schmidt-Ott. Max Planck trat erst 1925 als zweiter Schriftführer hinzu.

101 HS 1195: Haber an Willstätter, 5. 10. 1926 (Werner/Irmscher, Haber, Nr. 50, S. 106 f.).

102 BAP, 15.01 RMI, Nr. 8970/11. Bl. 157–159, hier Bl. 158 Rs.: Haber an Planck, 29. 9. 1926.

103 Ebenda, sowie Bl. 156: Haber an Donnevert, 30. 9. 1926.

104 HS 1195: Haber an Willstätter, 5. 10. 1926 (Werner/Irmscher, Haber, Nr. 50, S. 106 f.). Im selben Schreiben bezeichnete Haber in anderem Zusammenhang Duisberg als «einfältige[n] Überhebling».

105 HS 979: Haber an Einstein, 18. 10. 1926.

106 BAP, 15.01 RMI, Nr. 8970/11. Bl. 157–159, hier Bl. 158 Vs., 159 Vs.: Haber an Planck, 29. 9. 1926.

107 HS 1450: Notiz Jaenickes über Gespräch mit Glum, 8. 5. 1958; Glum, Wissenschaft, S. 342 f.; vom Brocke, KWG in Weimar, S. 276.

108 Ebenda.

109 BAP, 15.01 RMI, Nr. 26783/1, Bl. 173–176: Haber an Harnack, 4. 6. 1928: Antrag auf Bildung des Wissenschaftlichen Rats; abgedruckt in: 50 Jahre KWG, Nr. 48, S. 184–186; vgl. auch vom Brocke, KWG in Weimar, S. 277; Vierhaus, Rudolf, Adolf von Harnack, in: ders./vom Brocke, Forschung, S. 473–485, hier 481 f.

110 Außer Haber hatten unterzeichnet: Atzler, Bauer, Bergmann, Bielschowsky, Eitel, Epstein, Eugen Fischer, Freundlich, Hahn, Herzog, Hess, Ladenburg, von Laue, Mangold, Meitner, Meyerhof, von Moellendorff, Neuberg, Polanyi, Cécile Vogt, Oskar Vogt, Warburg, Weidert.

111 BAP, 15.01 RMI, Nr. 26783/1, Bl. 172: Abschrift des Schreibens von Haber an die wissenschaftlichen Mitglieder der KWG vom 15. 6. 1928 inkl. seiner Eingabe vom 4. d. M.; übersandt an Donnevert mit hschr. Vermerk Habers.

112 Ebenda, Bl. 177: Vermerk Donneverts, 21. 6. 1928.

113 Ebenda, Bl. 260: Haber, Mitteilung des Endergebnisses, 30. 7. 1928. Verhindert: Fikker, Glum; unentschieden: Bruns, Prandtl, Rabel; abgelehnt: Correns, Spemann, Wolff.

114 Ebenda, Bl. 276–279, 327 f.: Protokolle der Sitzungen des Verwaltungsausschusses am 3. 11. und des Senats am 10. 12. 1928; vom Brocke, KWG in Weimar, S. 277; Satzung der KWG vom 8. 5. 1929.

115 Zu Vorsitzenden der biologisch-medizinischen und der geisteswissenschaftlichen Sektion wurden Max Hartmann (KWI für Biologie) und Ernst Heymann (KWI für ausländisches und internationales Privatrecht) gewählt. Habers Stellvertreter in der chemisch-physikalisch-technischen Sektion wurde Otto Hahn. Vgl. dazu vom Brokke, KWG in Weimar, S. 277, 355.

116 Haber an Glum, 2. 9. 1928, zit. nach Vierhaus, Harnack, S. 481.

117 Ebenda.

118 Im folgenden nach Schroeder-Gudehus, Wissenschaftsbeziehungen, S. 882 ff., Zitate S. 882, 884; zum Harnack-Haus selbst vgl. vom Brocke, KWG in Weimar, S. 318–330.

119 SBB, Haus 2, Acta Preuß. Staatsbibliothek, KWG, Bd. II: Notiz Krüss, 5. 12. 1929.

120 So beispielsweise GStA, I. HA, Rep. 92, NL Schmidt-Ott, C 77, Bd. IV: Friedrich von Müller an Schmidt-Ott, o. J. [1930].

121 Ch. Haber, Leben, S. 124 f.

122 Vgl. Zierold, Forschungsförderung, S. 108–137; Nipperdey/Schmugge, 50 Jahre, S. 27–37.

123 HS 1197: Haber an Willstätter, Luxor, 26. 12. 1928 (Werner/Irmscher, Haber, Nr. 53, S. 113).

124 Hier und im folgenden nach BAK, R 73, Nr. 17: Haber an Schmidt-Ott, 9. 3. 1927.
125 Vgl. dazu Feldman, Industrie, S. 670f.
126 1923 hatte es noch nahezu 1:1 betragen, vgl. Zierold, Forschungsförderung, S. 70.
127 Vgl. S. Alber, I. G. Wissenschaft, in: Die Weltbühne 24 (1928), S. 907–911, zit. nach Schulze, Stifterverband, S. 75.
128 Zierold, Forschungsförderung, S. 112f.; Nipperdey/Schmugge, 50 Jahre, S. 31.
129 Siegmund-Schultze, Reinhard, Theodor Vahlen – zum Schuldanteil eines deutschen Mathematikers am faschistischen Mißbrauch der Wissenschaft, in: NTM 21 (1984), H. 1, S. 17–32, hier S. 23f. Vgl. dazu Schmidt-Ott, Erlebtes, S. 276, wo die Affäre unter dem Stichwort «Störungen» behandelt wird. Formulierungen, Darstellungsweise und Bewertung sind in der Tat entlarvend für die politischen Präferenzen des NG-Präsidenten.
130 Nipperdey/Schmugge, 50 Jahre, S. 28.
131 Im folgenden, wenn nicht anders angegeben, nach: GStA, I. HA, Rep. 92, NL Schmidt-Ott, Nr. 5: Salomonsohn an Schmidt-Ott, 4. 12. 1928 mit Anlage: Aktennotiz; in ihren wesentlichen Teilen abgedruckt bei: Zierold, Forschungsförderung, S. 109–112.
132 Nipperdey/Schmugge, 50 Jahre, S. 26f.; zu Schreiber auch Zierold, Forschungsförderung, S. 21ff.; Marsch, Notgemeinschaft, S. 122ff.
133 Marsch, Notgemeinschaft, S. 131.
134 Zierold, Forschungsförderung, S. 113.
135 Im folgenden, wenn nicht anders angegeben: Becker, Carl Heinrich, Probleme der Wissenschaftspflege, in: Harms, Bernhard (Hg.), Recht und Staat im Neuen Deutschland. Vorlesungen, gehalten in der Deutschen Vereinigung für Staatswissenschaftliche Fortbildung, Bd. 1, Berlin 1929, S. 437–462, bes. 453ff.; vgl. dazu auch Wittwer, Becker, S. 263f.; in Auszügen wiedergegeben bei Zierold, Forschungsförderung, S. 116–118.
136 Abgedruckter Auszug aus dem Protokoll des Haushaltsausschusses ebenda, S. 121f.
137 Im Ministerium kursierende Manuskripte, die gegen die «ganz reaktionäre Gesinnung» in der NG, die «Autokratie» ihres Präsidenten und die «unverantwortlichen» Einflußnahmen Schreibers polemisierten, stammten mit einiger Sicherheit aus Richters Feder, vgl. Ms. o. D., o. V. [Richter?, 1928/29], zit. nach Wittwer, Becker, S. 264; vgl. auch Nipperdey/Schmugge, 50 Jahre, S. 27.
138 Ebenda, S. 32; Zierold, Forschungsförderung, S. 114.
139 Vgl. dazu: Vorwärts, Spätausgabe, 27. 3. 1929, Germania, 29. 4. 1929 sowie Kölnische Volkszeitung, 30. 4. 1929, zit. nach: Nemitz, Kurt, Antisemitismus in der Wissenschaftspolitik der Weimarer Republik. Der «Fall Ludwig Schemann», in: Jb. d. Inst. f. dt. Geschichte d. Univ. Tel Aviv 12 (1983), S. 377–407, hier S. 384f.
140 Vgl. Zierold, Forschungsförderung, S. 120f.
141 GStA, I. HA, Rep. 92, NL Becker, Nr. 778: Haber an Becker, 21. 3. 1929.
142 Vgl. dazu Nipperdey/Schmugge, 50 Jahre, S. 37.
143 BAK, R 73, Nr. 75: Haber an Schreiber, 8. 7. 1926; vgl. dazu das Kapitel über die Gründung der NG.
144 Im folgenden nach ebenda, Nr. 74: Haber an Schmidt-Ott, 25. 6. 1929; auch in: SBB, Haus 1, NL Harnack, Korr. Haber, Bl. 13–19; mit wenigen Auslassungen abgedruckt bei Zierold, Forschungsförderung, S. 124–126, Anm. 1. Die Bedeutung des Schreibens wird in der historischen Literatur stets hervorgehoben, z. B. bei Nemitz, Antisemitismus, S. 382f.; Nipperdey/Schmugge, 50 Jahre, S. 31f.
145 SBB, Haus 1, NL Harnack, Korr. Haber, Bl. 20f. (auch BAK, R 73, Nr. 74): Haber an Harnack, 7. 10. 1929.

146 Dazu ausführlich Nemitz, Schemann, S. 385ff. mit Quellenauszügen im Anhang, Zitat S. 386.
147 Nipperdey/Schmugge, 50 Jahre, S. 34; Zierold, Forschungsförderung, S. 123f.
148 HS 1124: Haber an Max Mayer, 15.7. 1929.
149 Im folgenden nach: SBB, Haus 1, NL Harnack, Korr. Haber, Bl. 20f. (BAK, R 73, Nr. 74): Haber an Harnack, 7. 10. 1929.
150 Vgl. dazu Zierold, Forschungsförderung, S. 128ff.; Nipperdey/Schmugge, 50 Jahre, S. 34ff. Von Severing ernannt wurden die Reichstagsabgeordneten Moses (SPD), Schreiber (Z), Prof. Hoetzsch (DNVP) und die beiden Berliner Professoren Kuske und Matschoß.
151 Vgl. dazu z. B. BAK, R 73, Nr. 72: Protokoll der Besprechung mit Geheimrat Haber am 21. 2. 1930 in Steglitz.
152 Vgl. dazu Zierold, Forschungsförderung, S. 129ff.; Nipperdey/Schmugge, 50 Jahre, S. 37.
153 HS 1199: Haber an Willstätter, o. D. [ca. 1930] (Werner/Irmscher, Haber, Nr. 58, S. 118).
154 So z. B. Harris, To Serve, S. 35.
155 Vgl. HS 1470: Paul Krassa, Meine Erinnerungen an Fritz Haber, Juni 1955, S. 4; so auch R. Stern, Recollections, S. 86f., 90.
156 Ch. Haber, Leben, S. 66. Der Name wird hier fälschlich als «Teschow» wiedergegeben.
157 Vgl. dazu ausführlich Sabrow, Martin, Der Rathenaumord. Rekonstruktion einer Verschwörung gegen die Republik von Weimar (= Schriftenreihe der VfZ 69), München 1994, S. 118, 135f., auch bes. S. 91–96, 104–114, 117–122.
158 Zentralarchiv Moskau/Sonderarchiv, NL Rathenau, 634–1–67: Rathenau an Haber, 20. 8. 1921; teilweise abgedruckt in: [Rathenau] Walther Rathenau. Ein preußischer Europäer. Briefe, hg. von Margareta von Eynern, Berlin 1955, S. 399.
159 BAMA, N 221/32: Haber an Geyer, 10. 3. 1924.
160 Ebenda.
161 Haber, Fritz, Über die Grenzgebiete der Chemie. Vortrag, gehalten auf Einladung der medizinischen Fakultät der Berliner Universität vor den amerikanischen Ärzten bei deren Besuche am 16. 6. 1926 in Berlin, in: ders., Aus Leben und Beruf, S. 127–147, hier S. 127f.
162 BAK, NL 53: Solf, Nr. 107: Briefwechsel mit Haber.
163 Ebenda, Bl. 8, 17: Haber an Solf, 28.5. und 8. 8. 1925.
164 Vgl. Ch. Haber, Leben, S. 264.
165 BAMA, N 221/32: Haber an Geyer, 23. 5. 1927.
166 BAK, NL 53: Solf, Nr. 107, Bl. 58: Haber an Solf, 18. 2. 1926.
167 Ebenda, Bl. 115f., 128: Haber an Solf, 17.6. und 27. 7. 1927, Zitat Bl. 116.
168 HS 1014: Haber an Hermann und Marga Haber, 15. 2. 1927.
169 Harris, To Serve, S. 35.
170 HS 993: Haber an Martin Freund, 20. 1. 1928.
171 Dies behauptet R. Stern, Recollections, S. 86.
172 HS 1019: Haber an Hermann und Marga Haber, Barcelona, 7. 4. 1928.
173 R. Stern, Recollections, S. 90f.
174 BAK, NL 53: Solf, Nr. 107, Bl. 176: Haber an Solf, 31. 5. 1928.
175 R. Stern, Recollections, S. 92.
176 Ebenda, S. 93.
177 HS 1484: Lise Meitner, Erinnerung an Fritz Haber, 4. 12. 1954.
178 Huber, Verfassungsgeschichte, Bd. 6, S. 222f.; vgl. ausführlich mit dem Fokus auf

Koch-Weser: Papke, Gerhard, Der liberale Politiker Erich Koch-Weser in der Weimarer Republik, Baden-Baden 1989, S. 157.

179 R. Stern, Recollections, S. 95.

180 Huber, Verfassungsgeschichte, Bd. 6, S. 223 f.; Papke, Politiker, S. 157 ff.

181 BAK, NL 12: Koch-Weser, Nr. 105, Fiche 1, Bl. 55: Haber an Koch-Weser, 28. 7. 1930.

182 Ebenda, Bl. 145: Haber an Koch-Weser, 19. 10. 1930.

183 HS 1032: Haber an Marga Haber, o. D. [März 1932].

184 Im folgenden, wenn nicht anders angegeben, nach: HS 955: Haber an Hermann Dietrich, 18. 5. 1931; abgedruckt bei: R. Stern, Recollections, S. 96 f.

185 Vgl. HS 1204: Haber an Willstätter, o. D. [Mai 1931]; HS 1200: Haber an Willstätter, 9. 5. 1931 (Werner/Irmscher, Haber, Nr. 59, S. 119).

186 HS 1084: Haber an Kerschbaum, 2. 1. 1932.

XI. Das Ende

1 R. Stern, Recollections, S. 98 f.

2 HS 1202, Bl. 1 f.: Haber an Willstätter, 24. 2. 1933 (Werner/Irmscher, Haber, Nr. 62, S. 123).

3 HS 954: DNVP/Finanzkuratorium des Verbands Groß-Berlin an Haber, 6. 2. 1933; Haber an Finanzkuratorium der DNVP, 13. 2. 1933; HS 955: Hermann Dietrich an Haber, 21. 2. 1933; Haber an Dietrich, 22. 2. 1933.

4 HS 942: Haber an K. F. Bonhoeffer, 16. 2. 1933.

5 HS 1036: Haber an Sohn Hermann, o. D. [Februar 1933].

6 R. Stern, Recollections, S. 98 f., Zitat S. 99.

7 HS 1036: Haber an Hermann und Marga Haber, o. D. [Abend des 28. 2. 1933].

8 HS 958: Haber an Donnan, 24. 3. 1933; ein ausführliches Textzitat bei Stoltzenberg, Haber, S. 604.

9 HS 1036: Haber an Hermann und Marga Haber, o. D. [Abend des 28. 2. 1933].

10 MPG, I1A, Nr. 541: Niederschrift, 31. 3. 1933, unterz. Haber und Irene Sackur, Zeugen: Haber, Arndt, Epstein, Kallmann.

11 Vgl. BAP, 15.01, Nr. 26782/2, Bl. 331–333: Obering. Ewald Recke, Berlin, an NSDAP-Gauleitung, 21. 5. 1933; Gauleitung an RMI, 24. 5. 1933. Der «Bericht» Reckes richtete sich vor allem gegen Herzogs KWI für Faserstoffchemie. Vgl. dazu auch ausführlich Glum, Wissenschaft, S. 445–447.

12 Ch. Haber, Leben, S. 277. Der Vorgang wird allerdings in keiner anderen Quelle bezeugt. Nach Charlotte Haber war der Betriebszellenleiter ein Glasbläser, doch ergeben sich seine namentliche Identität und berufliche Stellung einwandfrei aus: MPG, I1A, Nr. 541: Liste des Personalbestands des KWI am 1. 10. 1933; GStA, I. HA, Rep. 76, Vc, Sekt. 2, Tit. 23, Litt. A, Nr. 108, Bd. IV, Gl. 62 f.: Telschow an Vahlen, 29. 8. 1933.

13 HS 1202, Bl. 7–9: Haber an Willstätter, 1. 4. 1933 (Werner/Irmscher, Haber, Nr. 66, S. 127 f.).

14 RGBl. I, 1933, Nr. 34, S. 175–177.

15 Ebenda, 1931, Nr. 67, S. 548.

16 AAW, II–III, 43, S. 134: Haber an H. v. Ficker, Sekretar d. Preuß. Akad. d. Wiss., 10. 4. 1933.

17 HS 991: Franck an Haber, 15. 4. 1933.

18 Im folgenden nach: BAK, R 21: Reichsministerium für Wissenschaft, Erziehung und Volksbildung, Nr. 10045: Personalakte Haber 1933.

19 RGBl. I, 1933, Nr. 37, S. 195.
20 BAK, R 21, Nr. 10045: Haber an Büchsel, Verwaltungsdir. Univ. Berlin, 25. 7. 1933.
21 Ash, Mitchell G., Science, Technology, and Higher Education under Nazism, in: Isis 86 (1995), S. 458–462, hier S. 458.
22 Ebenda, S. 460; vgl. dazu die Beiträge des Sammelbands: Renneberg, Monika/Walker, Mark (Hg.), Science, Technology, and National Socialism, Cambridge 1994, besonders die Einleitung der Herausgeber, S. 1–29.
23 Walker, Mark, Die Uranmaschine. Mythos und Wirklichkeit der deutschen Atombombe, Berlin 1990 (am. Orig.: German National Socialism and the Quest for Nuclear Power 1939–1949, Cambridge 1989); ders., Legenden um die deutsche Atombombe, in: VfZ 38 (1990), S. 45–74.
24 Vgl. Albrecht, Helmuth/Hermann, Armin, Die Kaiser-Wilhelm-Gesellschaft im Dritten Reich (1933–1945), in: Vierhaus/vom Brocke, Forschung, S. 356–406; Macrakis, Kristie, Surviving the Swastika. Scientific Research in Nazi Germany, New York–Oxford 1993.
25 Vgl. z. B. Broszat, Martin, Der Staat Hitlers. Grundlegung und Entwicklung seiner inneren Verfassung, 8. Aufl., München 1979, S. 308.
26 HS 1450: Notiz Jaenickes über ein Gespräch mit Glum, 8. 6. 1958. Glum zufolge befand sich Rust vor allem gegenüber Mentzel in einem Zustand der Hörigkeit.
27 Beyerchen, Wissenschaftler, S. 84.
28 Siegmund-Schultze, Vahlen, S. 26; Macrakis, Surviving, S. 78 f.
29 Ebenda, S. 79 f.; Zierold, Forschungsförderung, S. 190 ff.
30 Die Personalangaben nach Degeners Wer ist's?, 1935, S. 4, 487; Kürschners Deutscher Gelehrtenkalender, 1935, Wissenschaftler, Sp. 3, 395. Gerullis' Vita ausführlich in: Heiber, Helmut, Universität unterm Hakenkreuz, Bd. II/2, München u. a. 1994, S. 327 ff. Zur Position von Gerullis vgl. Glum, Wissenschaft, S. 447 f. Vahlen war zu dieser Zeit erst Sachbearbeiter in der Hochschulabteilung, vgl. Handbuch über den preußischen Staat, 1934, S. 117.
31 Glum, Wissenschaft, S. 452.
32 Heiber, Universität, Bd. I, München u. a. 1991, S. 392, 394. Zu Achelis ausführlich Wennemuth, Udo, Wissenschaftsorganisation und Wissenschaftsförderung in Baden. Die Heidelberger Akademie der Wissenschaften 1909–1949 (= Supplemente zu den Sitzungsberichten der Heidelberger Akademie der Wissenschaften, Philosophisch-historische Klasse 8), Heidelberg 1994, bes. S. 373–376, 418, 466.
33 Heiber, Universität, Bd. I, S. 392.
34 RGBl. I, 1933, Nr. 34, ß 7, S. 176. Die Frist wurde später immer wieder verlängert.
35 MPG, I1A, Nr. 541: Aktennotiz Cranach, 21. 4. 1933; vgl. auch Albrecht/Hermann, KWG 3. Reich, S. 362.
36 MPG, I1A, Nr. 541: Haber an Schmidt-Ott, 22. 4. 1933; Haber an Glum, 29. 4. 1933, S. 7; HS 1171 (GStA, I. HA, Rep. 92: NL Schmidt-Ott, Nr. 36): Haber an Schmidt-Ott, 24. 7. 1933.
37 Ebenda (auch HS, Dep. L. Haber, Nr. 41): Haber an Schmidt-Ott, 24. 4. 1933.
38 MPG, I1A, Nr. 541 (auch HS, Dep. L. Haber, Nr. 41, Bl. 1): Haber an Schmidt-Ott, 22. 4. 1933.
39 Albrecht/Hermann, KWG 3. Reich, S. 360 f., Tab. 2.
40 HS 1171: Haber an Schmidt-Ott, 24. 4. 1933; MPG, I1A, Nr. 541: Haber an Glum, 29. 4. 1933, S. 2.
41 Beispielsweise MPG, I1A, Nr. 541: Albert Auerhahn an Kultusminister Rust, 4. 4. 1933: «Der berühmte Professor Haber am Kaiser-Wilhelms-Institut in Berlin beschäftigt 14 Assistenten, wovon 13 Juden sind. Der Vertrauensmann für die Stel-

lenbesetzung an allen Universitäten ist eine galizische Jüdin Lissy Meitner.» Rust übersandte Planck den Brief abschriftlich «zur Kenntnisnahme und weiteren Veranlassung.»

42 Glum, Wissenschaft, S. 451.

43 GStA, I. HA, Rep. 76, Vc, Sekt. 2, Tit. 23, Litt. A, Nr. 108, Bd. IV, Bl. 35 f.: Jander an Vahlen, 27. 4. 1933; ebenda, Bl. 37–39: Jander an Gerullis, 6. 6. 1933.

44 Macrakis, Surviving, S. 87.

45 Vgl. BAMA, N 221/32: Haber an Generalmajor Hermann Geyer, 15. 5. 1933.

46 Glum, Wissenschaft, S. 443.

47 MPG, I1A, Nr. 541: Haber an Schmidt-Ott, 22. 4. 1933; Haber an Glum, 29. 4. 1933; HS 1171: Haber an Schmidt-Ott, 24. 4. 1933.

48 Vgl. dazu Albrecht/Hermann, KWG 3. Reich, S. 366, 371, 375.

49 HS 1037: Haber an Sohn Hermann, 2. 5. 1933.

50 MPG I1A, Nr. 541: Haber an Schmidt-Ott, 22. 4. 1933.

51 Ebenda: Haber an Glum, 15. 5. 1933.

52 BAK, R 21, Nr. 10045. Haber hatte seinen vom 19. 4. 1933 datierten Fragebogen am 25.7. an den Verwaltungsdirektor der Universität Berlin gesandt. Die Vermerke des Referenten bzw. Generalreferenten des Kultusministeriums datieren vom 18.8., der des Ministers vom 4. 9. 1933.

53 So blieb auch Lise Meitner als Österreicherin bis 1938 unbehelligt.

54 Die bekanntesten Fälle an der Universität Heidelberg waren der Weggang Emil Lederers 1931 nach Berlin, der Fall des Theologen Dehn 1931 und die Entlassung Emil Julius Gumbels 1932, vgl. Jansen, Professoren, S. 229–233. Jansen faßt mit guten Gründen die Jahre 1930 bis 1935 als Phase der nationalsozialistischen Machteroberung an den Universitäten zusammen, die er ihrerseits in die Etappen 1930–1932 und 1933–1935 unterteilt.

55 Vgl. HS 986: Friedrich Epstein an Haber, 12. 1. 1933; HS 958: F. G. Donnan an Haber, 21. 2. 1933; HS 1484: Erinnerung von Lise Meitner an Haber, 4. 12. 1954, S. 3; MPG, II1A, PA Haber: Otto Hahn an Jaenicke, 15. 1. 1955. Vgl. auch Wigner, Eugene P./Hodgkin, R. A., Michael Polanyi, 12 March 1891 – 22 February 1976, in: Biographical Memoirs of Fellows of the Royal Society 23 (1977), S. 413–448, hier S. 416.

56 Vgl. Fischer, Klaus, Die Emigration deutschsprachiger Physiker nach 1933: Strukturen und Wirkungen, in: Strauss, Herbert A. u. a. (Hg.), Die Emigration der Wissenschaften nach 1933. Disziplingeschichtliche Studien, München u. a. 1991, S. 27–72, hier S. 29.

57 Donnan, Frederic G., Obituary Notice. Herbert Freundlich. 1880–1941, in: Journal of the Chemical Society (1942), Teil II, S. 646–654, hier S. 647; Reitstötter, J., Herbert Freundlich, in: Kolloid-Zschr. 139 (1954), S. 1–11, hier S. 9.

58 Vgl. Freundlichs Abschiedsbrief an Otto Warburg vom 28. 7. 1933, in: Werner, Petra (Hg.), Ein Genie irrt seltener ... Otto Heinrich Warburg. Ein Lebensbild in Dokumenten, Berlin 1991, Nr. 103, S. 281 f.

59 HS 1171: Haber an Schmidt-Ott, 24. 4. 1933.

60 Albrecht/Hermann, KWG 3. Reich, S. 366.

61 MPG I1A, Nr. 541: Haber an Glum, 29. 4. 1933, S. 3. Das Schreiben ließ den Zeitpunkt, zu dem die Kündigung wirksam wurde, offen.

62 Vgl. HS 988: Haber an Farkas, 29. 4. 1933.

63 HS, Dep. L. Haber, Nr. 65: Ansprache von Hartmut Kallmann zum 12. Todestag Habers im physikalisch-chemischen KWI 2. 2. 1946. Demnach berichtete Haber unmittelbar nach Rückkehr aus dem Ministerium Kallmann von dem Vorfall. Ge-

sprächspartner und Inhalt der Unterredung sind allerdings weder bekannt noch anders überliefert.

64 MPG, I1A, Nr. 541: Haber an Planck, 9. 5. 1933; HS 1037: Haber an Sohn Hermann, 2. 5. 1933.

65 MPG, I1A, Nr. 541 (auch: II1A, PA Haber; GStA, I. HA, Rep. 92, NL Schmidt-Ott, Nr. 36): Haber an Minister Rust, 30. 4. 1933.

66 So beispielsweise bei: Willstätter, Leben, S., 273 f.; Zierold, Forschungsförderung, S. 151; Nipperdey/Schmugge, 50 Jahre, S. 50 f.; R. Stern, Recollections, S. 99; Haber, Stoltzenberg, S. 581; Albrecht/Hermann, KWG 3. Reich, S. 363.

67 Vgl. z. B. BAMA, N 221/32: Haber an Generalmajor Geyer, 15. 5. 1933; HS 1137: Haber an Bosch, 22. 6. 1933.

68 HS 1171 (GStA, I. HA, Rep. 92: NL Schmidt-Ott, Nr. 36): Haber an Schmidt-Ott, 24. 7. 1933.

69 MPG, I1A, Nr. 541: 39 KWI-Mitarbeiter an Planck, 4. 5. 1933.

70 HS 903: Haber an Planck, 7. 5. 1933.

71 HS 945: Haber an Georg Bredig, 27. 6. 1933; auch HS 1137: Haber an Bosch, 22. 6. 1933.

72 So bei Goran, Story, S. 159 ff.; Harris, To Serve, S. 35 f.

73 HS 1171 (GStA, I. HA, Rep. 92: NL Schmidt-Ott, Nr. 36): Haber an Schmidt-Ott, 24. 7. 1933; das Zitat in HS 945: Haber an Georg Bredig, 27. 6. 1933.

74 HS 1037: Haber an Sohn Hermann, 2. 5. 1933.

75 HS 991: Franck an Haber, o. D. [nach 30. 4. 1933].

76 HS 1202, Bl. 15 f.: Haber an Willstätter, o. D. [nach 30. 4. 1933] (Werner/Irmscher, Haber, Nr. 70, S. 131 f.).

77 HS 903: Haber an Planck, 7. 5. 1933.

78 MPG I1A, Nr. 541: Haber an K. F. Bonhoeffer, 12. 5. 1933.

79 Ebenda, Haber an Planck, 9. 5. 1933.

80 HS 903: Haber an Planck, 7. 5. 1933.

81 MPG I1A, Nr. 541: Haber an Planck, 9. 5. 1933.

82 Ebenda. Die Rede Rusts vom 6. 5. 1933 ist wörtlich abgedruckt in: Die nationalsozialistische Revolution 1933, bearb. von Axel Friedrichs (= Dokumente der deutschen Politik 1), Berlin 1935, Nr. 85, S. 259–266, hier S. 264; Auszüge bei Willstätter, Leben, S. 274; auch bei Stoltzenberg, Haber, S. 582.

83 Beyerchen, Wissenschaftler, S. 83 f.

84 HS 903: Haber an Planck, 7. 5. 1933; ein längeres Zitat wörtlich bei Stoltzenberg, Haber, S. 582.

85 MPG I1A, Nr. 541: Haber an Planck, 9. 5. 1933.

86 R. Stern, Recollections, S. 99. Die Unterredung zwischen Planck und Rust ist an anderer Stelle nicht dokumentiert, doch liegt es nahe, daß Planck nach seinen Unterredungen mit dem Ministerialdirektor und dem Staatssekretär und vor der Audienz bei Hitler den zuständigen Minister sprach.

87 Planck, Max, Mein Besuch bei Adolf Hitler, in: Physikal. Blätter 3 (1947), S. 143.

88 Albrecht, Helmuth, «Max Planck: Mein Besuch bei Adolf Hitler» – Anmerkungen zum Wert einer historischen Quelle, in: ders., Naturwissenschaft, S. 41–63, hier S. 42 f. mit zahlreichen Literaturverweisen.

89 Albrecht, Planck, S. 45 f., Zitat S. 46.

90 Vgl. Alfred Neumeyer, Erinnerungen, Ms. 1941–1944, in: Richarz, Monika (Hg.), Jüdisches Leben in Deutschland. Selbstzeugnisse zur Sozialgeschichte, Bd. 3: 1918–1945, Stuttgart 1982, Nr. 27, S. 364.

91 Zit. nach Albrecht, Planck, S. 49.

92 Ebenda, S. 46 ff.
93 MPG, I1A, Nr. 541: Berliner an Planck, 10. 5. 1933.
94 HS 991: Haber an James Franck, 15. 5. 1933.
95 Ebenda. Haber kam damit Franck zuvor, der noch ohne Antwort auf sein zwei Wochen früher gestelltes Rücktrittsgesuch war.
96 HS 1038: Haber an Sohn Hermann, 8. 6. 1933.
97 HS 945: Bredig an Haber, 26. 6. 1933; Haber an Bredig, 27. 6. 1933.
98 HS 1202: Haber an Vorstand des VDChV, 27. 4. 1933.
99 DM, 1964–6, 30 a: Haber an Laue, 2. 5. 1933.
100 HS 1171 (auch HS 1202; BAK, R 73, Nr. 73; GStA, I. HA, Rep. 92, NL Schmidt-Ott, Nr. 36): Haber an Schmidt-Ott, 9. 5. 1933.
101 HS 1171 (auch GStA, I. HA, Rep. 92, NL Schmidt-Ott, Nr. 36): Haber an Schmidt-Ott, 12. 5. 1933.
102 MPG, I1 a, Nr. 541: Haber an Planck, 9. 5. 1933.
103 HS 1204: Haber an Willstätter, o. D. [nach 9. 5. 1933] (Werner/Irmscher, Haber, Nr. 74, S. 137); zur NG vgl. Nipperdey/Schmugge, 50 Jahre, S. 50 f.
104 Vgl. z. B. MPG, I1 a, Nr. 2997–2: Planck an Koppel, 30. 5. 1933; Albrecht/Hermann, KWG 3. Reich, S. 369 f.; Macrakis, Surviving, S. 58.
105 Vgl. dazu Hermann, Berlin, S. 101 ff.
106 Laue an Ficker, 11. 7. 1947, in: Einstein in Berlin, Bd. 1, Nr. 199.
107 HS 983: Haber an Einstein, 8. 5. 1933; Einstein an Haber, 19. 5. 1933; vgl. auch mit ausführlichen Briefzitaten Stoltzenberg, Haber, S. 398 f.
108 MPG, I1A, Nr. 541: Haber an Planck, 9. 5. 1933.
109 Einstein in Berlin, Bd. 1, S. 275, Anm. 5.
110 MPG, I1A, Nr. 541: Haber an Glum, 29. 4. 1933; Macrakis, Surviving, S. 212.
111 HS 996: Haber an Marianne Friedländer, 20.4. und 20. 7. 1933.
112 MPG, I1A, Nr. 541: Haber an Glum, 2. 5. 1933.
113 Ebenda, Haber an Glum, 29. 4. 1933.
114 Ebenda, Haber an Planck, 9. 5. 1933.
115 Ebenda, Planck an Haber, 21. 7. 1933.
116 HS 949: Rita Cracauer an Haber, September 1933 bis Januar 1934.
117 HS 1037: Haber an Sohn Hermann, 2. 5. 1933.
118 MPG, I1A, Nr. 541: Haber an Glum, 29. 4. 1933.
119 Ebenda, Haber an Planck, 9. 5. 1933.
120 Ebenda, Planck an Haber, 21. 7. 1933. Frommer wie Söllner emigrierten nach England; letzterer ging 1937 in die USA. Zu diesem wie zu anderen Mitarbeitern des KWI und ihren Schicksalen vgl. auch Deichmann, Ute, Dem Vaterlande – solange es dies wünscht, in: Chemie in unserer Zeit 30 (1996), Nr. 3, S. 141–149, hier S. 145.
121 HS 1171 (GStA, I. HA, Rep. 92, NL Schmidt-Ott, Nr. 36): Haber an Schmidt-Ott, 24. 7. 1933.
122 MPG, I1A, Nr. 1168 (HS 1989, 1990): Hahn an Planck, 16. 10. 1933; Planck an Hahn, 19. 10. 1933.
123 Vgl. HS 1909, 1942: Haber an Planck, 1. 6. 1933, betr. Vermögenssituation des KWI; MPG, I1A, Nr. 1196: Glum an IG Farben, 6. 11. 1933; Glum an Haber in Cambridge, 24. 11. 1933, einschließlich Vermögensaufstellung des Fonds; Auflistung der geleisteten Zahlungen, 27. 2. 1934.
124 BASF, W 1 Haber, Personenordner: Zeugnis Habers für Kallmann, 22. 6. 1933.
125 Den Forschungsstand zur Emigration deutscher Wissenschaftler nach 1933 vgl. mit weiterführender Literatur bei Ash, Mitchell G./Söllner, Alfons (Hg.), Forced Mi-

gration and Scientific Change. Emigré German-Speaking Scientists and Scholars after 1933, Cambridge u. a. 1996.

126 BAK, NL 53 Solf, Nr. 93: Haber an Solf, 14. 6. 1933. In dieser sog. «Arier-Akte» befinden sich weitere Hilfsgesuche von Juden und deutsch-japanischen ‹Nichtariern›.

127 Vgl. ebenda, Demuth an Solf, Zürich, 18. 10. 1933, mit weiterer Korrespondenz. Nach Ch. Haber, Leben, S. 279 gründeten Haber, Demuth und Willstätter diese «Notgemeinschaft» Ende 1933 in Zürich, doch legt die Korrespondenz Solf-Demuth nahe, daß diese schon vorher bestand. Für Habers vermeintliche Aktivitäten gibt es keine Belege.

128 HS, Dep. L. Haber, Nr. 45: Haber an Victor Henri, 6. 7. 1933; Macrakis, Surviving, S. 212.

129 Vgl. HS 948: Briefe Habers an Cohen, Mai bis Juli 1933.

130 Ebenda; HS Dep. L. Haber, Nr. 46: Haber an Matignon, 7. 7. 1933.

131 Beck ging 1934 von England offenbar nach Warschau, wo sich seine Spur verliert, vgl. Deichmann, Vaterlande, S. 145.

132 Vgl. HS 958: Donnan an Haber, 6. 7. 1933; Haber an Donnan, 19. 7. 1933; K. Fischer, Emigration, S. 30.

133 HS 957: Haber an Dodd, 29. 7. 1933; [Dodd, William E.] Diplomat auf heißem Boden. Tagebuch des USA-Botschafters William E. Dodd in Berlin 1933–1938, hg. von William E. Dodd jr. und Martha Dodd mit einer Einführung von Charles A. Beard, o. O. 1961, S. 42 (am. Orig.: Ambassador Dodd's Diary, 1933–1938, New York 1941). Habers Besuch fand am 28. Juli statt.

134 Vgl. MPG, Dahlem, S. 78.

135 HS 1038: Haber an Sohn Hermann, 3. und 8. 6. 1933; vgl. auch HS 983: Haber an Einstein, 11. 5. 1933; HS 948: Haber an Langevin, 11. 5. 1933.

136 MPG, I1A, Nr. 541: Buttmann/RMI an KWG, 19. 1. 1934. Kallmann hatte auf seine langjährige leitende Stellung verwiesen.

137 Vgl. Stoltzenberg, Haber, S. 596 f.; Deichmann, Vaterlande, S. 145; Wissenschaftlicher Rat der KWG, in: Allgemeine Zeitung, 16. 9. 1945; HS, Dep. L. Haber, Nr. 65: Festansprache Kallmanns, 2. 2. 1946.

138 Vgl. ausführlich Chayut, Michael, From Berlin to Jerusalem: Ladislaus Farkas and the Founding of Physical Chemistry in Israel, in: HSPS 24 (1994), S. 237–263, hier S. 242–246.

139 Ebenda, S. 246 f.; Stoltzenberg, Haber, S. 597 f.; HS 988: L. Farkas an Haber, London, 4. 6. 1933.

140 Ebenda, L. Farkas an Haber, Cambridge, 2. 10. 1933.

141 LBI, AR-A. 39 182: Haber an Weizmann, o. D. [September 1933]; vgl. auch Weizmann an Hermann Haber, 12. 9. 1933, zit. nach Stoltzenberg, Haber, S. 599.

142 Chayut, Farkas, S. 248 ff.

143 MPG I1A, Nr. 1168 (auch: GStA, I. HA, Rep. 76, Vc, Sekt. 2, Tit. 23, Litt. A, Nr. 108, Bd. IV, Bl. 49–56): Haber an Planck, 31. 5. 1933; Planck an Haber, 30. 6. 1933.

144 Stoltzenberg, Haber, S. 595.

145 MPG, I1A, Nr. 1169: Telschow an Glum, 4. 8. 1933.

146 Ebenda; ebenda, Nr. 1168: Aktenvermerk Telschow, 9. 8. 1933; GStA, I. HA, Rep. 76, Vc, Sekt. 2, Tit. 23, Litt. A, Nr. 108, Bd. IV, Bl. 62 f.: Telschow an Vahlen, 29. 8. 1933.

147 Die historische Forschung befaßt sich erst seit kurzem systematisch und international vergleichend mit dem Phänomen der Denunziation in verschiedenen politischen Systemen. Vgl. dazu die Beiträge in JMH 68 (1996), vor allem: Fitzpatrick, Shei-

la/Gellately, Robert, Introduction to the Practices of Denunciation in Modern European History, in: ebd., S. 747–767; Gellately, Robert, Denunciations in Twentieth-Century Germany: Aspects of Self-Policing in the Third Reich and the German Democratic Republic, in: ebd., S. 931–967.

148 Havemann, Robert, Fragen, Antworten, Fragen. Aus der Biographie eines deutschen Marxisten, München 1970, S. 126; Draheim, Dirk/Hoffmann, Dieter, Kindheit und Jugend – Student und Antifaschist (1910–1945), in: Havemann, Robert, Dokumente eines Lebens, zusammengestellt u. eingeleitet von Dirk Draheim u. a., Berlin 1991, S. 13–45, hier S. 22.

149 Hoover Institution on War, Revolution and Peace, Archives: DFG, box 2, Folder Havemann: Deckblatt der Akte Havemann, 18. 9. 1934. Ich danke Reinhard Siegmund-Schultze, daß er mich auf diese Dokumente aufmerksam machte.

150 Zu Groscurth (24. 12. 1904–8. 5. 1944), der 1943 mit Havemann zum Tode verurteilt und dann hingerichtet werden sollte, vgl. Steinbach, Peter/Tuchel, Johannes (Hg.), Lexikon des Widerstandes 1933–1945, München 1994, S. 71; Pross, Christian/Winau, Rolf (Hg.), Nicht mißhandeln. Das Krankenhaus Moabit. 1920–1933: Ein Zentrum jüdischer Ärzte in Berlin. 1933–1945: Verfolgung – Widerstand – Zerstörung, Berlin 1984, S. 227 ff.

151 Victor Schilling, geb. 28. 8. 1883, wurde 1921 Privatdozent, ein Jahr später außerordentlicher Professor an der Universität Berlin, vgl. Kürschners Deutscher Gelehrtenkalender 1935, Sp. 1194. Er trat 1923–1928 lautstark gegen den «großen jüdischen Einfluß» unter den Assistenzärzten der Charité auf. Seinen Eintritt in die NSDAP verschob er 1932 nur aus taktischen Gründen. Zum 1. 10. 1934 wurde er unter politischem Druck als Ordinarius nach Münster berufen, um die dortige Klinik dem neuen Geist anzupassen; Havemann sollte also in Berlin nichts mehr mit ihm zu tun haben. Von intrigantem Charakter, scheiterte Schilling bei dem Versuch, Rektor der Universität Münster zu werden, an zahlreichen Widerständen. Vgl. ausführlich Heiber, Universität, Bd. I, S. 430–434.

152 Hoover Archives, DFG, box 2, f. Havemann: Prof. Stahl, Gutachten über Dr. Robert Havemann, o. D. [September/Oktober 1934].

153 Ebenda, Hschr. Vermerk, gez. Me. 31. 10. 1934.

154 Degeners Wer ist's?, 1935, S. 383; Schumacher, M. d. R., Nr. 311, S. 210. Fabricius hatte eine Parteikarriere als Mitarbeiter der Propagandaabteilung (1930) sowie als Leiter der Beamtenabteilung (Dezember 1932) des Gaues Groß-Berlin hinter sich. Er verfaßte mehrere einschlägige Publikationen, so z. B. Schiller als Kampfgenosse Hitlers, 1932; Dr. Frick, der revolutionäre Staatsmann, 1933.

155 GStA, I. HA, Rep. 76, Vc, Sekt. 2, Tit. 23, Litt. A, Nr. 108, Bd. IV, Bl. 48: Fabricius an Gerullis, 3. 8. 1933.

156 Draheim/Hoffmann, Kindheit, S. 30–33.

157 Havemann, Fragen,, S. 126.

158 So z. B. bei Laitko, Hubert/Hoffmann, Dieter, Ein Aufrechter im Sturmwind der Geschichte. Anmerkungen zu einem Lebenslauf, in: Havemann, Robert, Warum ich Stalinist war und Antistalinist wurde. Texte eines Unbequemen, hg. von Dieter Hoffmann und Hubert Laitko, Berlin 1990, S. 9–77, hier S. 17.

159 MPG I1A, Nr. 541: KWI für physikalische Chemie, Liste des am 1. 10. 1933 vorhandenen Personalbestands. Nur die wenigen vom Beamtengesetz ausgenommenen Juden und die noch nicht entschiedenen Zweifelsfälle (Ettisch, Kallmann, Kerschbaum) zählten demnach noch zum Institutspersonal.

160 Vgl. den Brief von KWG-Generaldirektor Glum an Jander, 21. 11. 1933, in: Havemann, Dokumente, Dok. 1–3, S. 48.

161 Hoffmann, Dieter, Physikochemiker und Stalinist (1945–1955), in: ebenda, S. 64–97, hier S. 65–70.
162 Vgl. zu Thiessens und Havemanns Nachkriegsaktivitäten an der Spitze der Berliner KWI: Heinemann, Manfred, Der Wiederaufbau der Kaiser-Wilhelm-Gesellschaft und die Neugründungen der Max-Planck-Gesellschaft (1945–1949), in: Vierhaus/vom Brocke, Forschung, S. 407–470, hier S. 424–428.
163 MPG, I1A, Nr. 1168 (HS 1989, 1990): Hahn an Planck, 16. 10. 1933; Planck an Hahn, 19. 10. 1933.
164 Hoover Archives: DFG, box 2, f. Havemann: Hschr. Vermerk, gez. Me. 31. 10. 1934.
165 MPG, I1A, Nr. 541: Haber an Planck, 9.5. und 27. 5. 1933.
166 Vgl. zum Folgenden auch Stoltzenberg, Haber, S. 585 ff.; Macrakis, Surviving, S. 85 ff.
167 HS 991: Haber an Franck, 15. 5. 1933.
168 HS 1819: Planck an KWG-Senat, 20. 11. 1930. Sein Bruder war der später im Widerstand tätige Theologe Dietrich Bonhoeffer.
169 HS 942: Haber an Bonhoeffer, 12.5. 1933.
170 Ebenda, Briefe vom 13. und 17. 5. 1933.
171 MPG I1A, Nr. 541: Haber an Planck, 27. 5. 1933; HS 991: Haber an Franck, 3. 6. 1933.
172 HS 942: Bonhoeffer an Haber, 18. 6. 1933.
173 HS 991: Haber an Franck, 3. 6. 1933.
174 GStA, I. HA, Rep. 76, Vc, Sekt. 2, Tit. 23, Litt. A, Nr. 108, Bd. IV, Bl. 37–39: Jander an Gerullis, 6. 6. 1933.
175 HS 1953: Planck an Hahn, 16. 7. 1933; HS 1954 (auch MPG, I1A, Nr. 541): Hahn an Planck, 17. 6. 1933.
176 HS 942: Haber an Bonhoeffer, 29. 7. 1933.
177 MPG, I1A, Nr. 541: Haber an Planck, 30. 7. 1933.
178 Ebenda, Nr. 1169: Telschow an Glum, 4. 8. 1933; HS 1958: Aufzeichnungen Otto Hahns vom 5. und 7. 8. 1933; Macrakis, Surviving, S. 86.
179 BAP, 15.01 RMI, Nr. 26790, Bl. 43 (auch HS 1675): Vahlen an RMI, 7. 8. 1933.
180 HS 1961: Aufzeichnung Otto Hahns vom 11. 8. 1933.
181 GStA, I. HA, Rep. 76, Vc, Sekt. 2, Tit. 23, Litt. A, Nr. 108, Bd. IV, Bl. 58 f.: Planck an Vahlen, 11. 8. 1933.
182 Ebenda, Bl. 28: Pfundtner/RMI an Rust, 12. 8. 1933; Donneverts Vorlage vgl. BAP, 15.01 RMI, Nr. 26790, Bl. 47.
183 Macrakis, Surviving, S. 86 f., hier S. 87.
184 GStA, I. HA, Rep. 76, Vc, Sekt. 2, Tit. 23, Litt. A, Nr. 108, Bd. IV, Bl. 28: Hschr. Vermerk von Gerullis auf dem Brief Pfundtners vom 12. 8. 1933.
185 BAP, 15.01 RMI, Nr. 26790, Bl. 48: Vermerk Donnevert, 7. 9. 1933.
186 GStA, I. HA, Rep. 76, Vc, Sekt. 2, Tit. 23, Litt. A, Nr. 108, Bd. IV, Bl. 65: Vermerk Gerullis an Vahlen, 16. 9. 1933.
187 Ebenda, Bl. 76 (auch: HS 1675; MPG, I1A, Nr. 541; BAP, 15.01, Nr. 26790, Bl. 58): Planck an Kultusminister, 4. 10. 1933; Macrakis, Surviving, S. 87.
188 GStA, I. HA, Rep. 76, Vc, Sekt. 2, Tit. 23, Litt. A, Nr. 108, Bd. IV, Bl. 2–5: Jander an Vahlen, 25.9.19;3.
189 MPG, I1A, Nr. 1182, Bl. 136: Buttmann/RMI an KWG, 15. 11. 1933.
190 Ebenda, Bl. 137, 141 ff., 151 ff. (auch: GStA, I. HA, Rep. 76, Vc, Sekt. 2, Tit. 23, Litt. A, Nr. 108, Bd. IV, Bl. 111 ff.): Jander an Planck, 15. 11. 1933; ebenda, Bl. 162–164: Jander an Planck, 20. 11. 1933. Wahrscheinlich war Seel der «Bazillenmann», der sich in der Öffentlichkeit rühmte, mit Bazillen zu arbeiten, die im Falle eines

Krieges die Brunnen in Polen verseuchen sollten. Er wurde auf Betreiben des Reichswehrministeriums ersetzt, vgl. Glum, Wissenschaft, S. 449.

191 MPG, I1A, Nr. 1182, Bl. 136: Buttmann/RMI an KWG, 15. 11. 1933; ebenda, Bl. 157: Planck an Jander, 16. 11. 1933.

192 Ebenda, Bl. 162: Jander an Planck, 20. 11. 1933.

193 Ebenda, Bl. 188: Planck an RMI, 1. 12. 1933; die Namen der KWI-Mitarbeiter im November 1934 vgl. ebenda, Nr. 541, Bl. 89a. Es gab drei Abteilungsleiter, neun Assistenten, fünf Stipendiaten, sieben Doktoranden bzw. Studienreferendare und acht technische Mitarbeiter.

194 BAP, 15.01 RMI, Nr. 26790, Bl. 61: Aktenvermerk Donneverts betr. eine Mitteilung Glums über seine Besprechung mit Reichswehrminister Blomberg, 9. 12. 1933.

195 Vgl. zum Institut unter Thießen z. B. Macrakis, Surviving, S. 88 ff.; Stoltzenberg, Haber, S. 593; MPG, Dahlem, S. 78 f.

196 L. Farkas an Bonhoeffer, 4. 8. 1933, zit. nach Stoltzenberg, Haber, S. 599.

197 So z. B. in HS 1137: Haber an Bosch, 22. 6. 1933.

198 HS 1204: Haber an Willstätter, o. D. [Mai 1933] (Werner/Irmscher, Haber, Nr. 74, S. 137); HS 948: Haber an Cohen, 26.5.19;3.

199 Vgl. dazu ausführlich Mußgnug, Dorothee, Die Reichsfluchtsteuer 1931–1953 (= Schriften zur Rechtsgeschichte 60), Berlin 1993, hier vor allem S. 17, 20 f., 30 ff. Die Reichsfluchtsteuer wurde erst 1953 fallengelassen.

200 Beispielsweise HS 1040: Haber an Hermann und Marga Haber, o. D. [Anfang Oktober 1933].

201 HS 948: Haber an Cohen, 26. 5. 1933; Haber an Weizmann, 5. 10. 1933, in: LBI Year Book 8 (1963), S. 104 f.

202 HS 1038: Haber an Sohn Hermann, 28. 6. 1933.

203 Vgl. Haber an Weizmann, 5. 10. 1933, in: LBI Year Book 8 (1963), S. 104 f.

204 BASF, W 1 Bosch, Nr. 9: Bosch an Haber, 16. 6. 1933; HS 1137: Haber an Bosch, 22. 6. 1933.

205 Vgl. HS 1040: Haber an Hermann und Marga Haber, o. D. [Anfang Oktober 1933]; Haber an Weizmann, 5. 10. 1933, in: LBI Year Book 8 (1963), S. 104 f.

206 Vgl. HS 1039: Haber an Hermann und Marga Haber, 22. 7. 1933; HS 1202: Haber an Willstätter, 24. 7. 1933 (Werner/Irmscher, Haber, Nr. 73, S. 135); vgl. auch Stoltzenberg, Haber, S. 605.

207 HS 1039: Haber an Hermann und Marga Haber, 22. 7. 1933; HS 1171: Haber an Schmidt-Ott, 24. 7. 1933.

208 MPG, I1A, Nr. 541: Haber an Planck, 30. 7. 1933, Nachschrift; BAMA, N 221/32: Haber an Geyer, 1. 8. 1933.

209 MPG, I1A, Nr. 541: Haber an Planck, 30. 7. 1933; HS 1039: Haber an Hermann und Marga Haber, Santander, o. D. [vor 18. 8. 1933].

210 Lexikon bedeutender Chemiker, S. 348; L. F. Haber, Poisonous Cloud, S. 309.

211 Ausführlich mit vielen Quellenbelegen, wenngleich wenig systematisch Stoltzenberg, Haber, S. 605, 607 f.; retrospektiv GStA, I. HA, Rep. 76, Vc, Sekt. 2, Tit. 23, Litt. A, Nr. 108, Bd. IV, Bl. 90 f.: Haber an Kultusministerium, Cambridge, 6. 12. 1933; Vizekanzler der Universität Cambridge an Haber, 20. 11. 1933.

212 Weizmann, Memoiren, S. 514 f.

213 Vgl. ausführlich Reinharz, Jehuda, Science in the Service of Politics: the Case of Chaim Weizmann during the First World War, in: English Historical Review 100 (1985), S. 572–603.

214 Vgl. R. Stern, Recollections, S. 88.

215 LBI, AR-A. 79182: Mrs. Ferdinand Kaufmann an LBI, 15. 5. 1964.

216 Vgl. HS, Dep. L. Haber, Nr. 62: Walther Roth an Hermann Haber, Haifa, 18. 3. 1936.
217 HS 1369: Else Freyhan an Coates, 31. 13. 1939.
218 HS 983: Haber an Einstein, o. D. [Paris, August 1933]; ausführlich abgedruckt bei Stoltzenberg, Haber, S. 399 f.
219 HS 1375: Hermann Haber an Coates, 11. 4. 1937. So lautete die Inschrift, die Haber für seinen Grabstein formulierte.
220 HS, Dep. L. Haber, Nr. 58: Einstein an Familie Hermann Haber, o. D. [nach 29. 1. 1934; Kondolenzschreiben].
221 Hermann Haber an Weizmann, 21. 5. 1933, zit. nach Stoltzenberg, Haber, S. 618.
222 Vgl. HS 935: E. Bergmann an Haber, 11. 6. 1933; Stoltzenberg, Haber, S. 619.
223 Einstein an Born, 30. 5. 1933, zit. nach Chayut, Farkas, S. 250, Anm. 58.
224 Stoltzenberg, Haber, S. 619.
225 HS 983: Haber an Einstein, o. D. [Paris, August 1933]; ausführlich abgedruckt bei Stoltzenberg, Haber, S. 399 f.
226 HS 1039: Haber an Hermann und Marga Haber, Santander, o. D. [vor 18. 8. 1933].
227 Dies ergibt sich aus: Haber an Weizmann, Basel, 24. 8. 1933, abgedruckt in: LBI Year Book 8 (1963), S. 103.
228 HS 1039: Haber an Hermann und Marga Haber, Santander, o. D. [vor 18. 8. 1933].
229 HS 983: Einstein an Haber, Le Coq s. Mer, 9. 8. 1933.
230 Willstätter, Leben, S. 390 f.
231 HS 983: Einstein an Haber, Le Coq s. Mer, 9. 8. 1933; ein längeres Textzitat bei Stoltzenberg, Haber, S. 401.
232 Haber an Weizmann, Basel, 24. 8. 1933, abgedruckt in: LBI Year Book 8 (1963), S. 103.
233 Weizmann, Memoiren, S. 517 f.
234 Haber an Weizmann, 5. 10. 1933, abgedruckt in: LBI Year Book 8 (1963), S. 106.
235 LBI, AR-A. 79 182: Haber an Weizmann, o. D. [Ende September 1933].
236 Haber an Weizmann, 6. 1. 1934, in: LBI Year Book 8 (1963), S. 110.
237 Haber an Weizmann, 5. 10. 1933, in: ebenda, S. 105; R. Stern, Recollections, S. 100 f.
238 Vgl. retrospektiv GStA, I. HA, Rep. 76, Vc, Sekt. 2, Tit. 23, Litt. A, Nr. 108, Bd. IV, Bl. 92: Planck an Kultusministerium, 15. 12. 1933.
239 LBI, AR-A. 79182: Haber an Weizmann, Mammern, o. D. [Ende September 1933]; HS 953: Haber an Deutsches Museum, 21. 9. 1933; Deutsches Museum an Haber, 29.9. und 11. 10. 1933.
240 HS 1946: Abschiedsbrief Haber, 1. 10. 1933; abgedruckt auch in: Stoltzenberg, Haber, S. 609.
241 Haber an Weizmann, 5. 10. 1933, in: LBI Year Book 8 (1963), S. 106 f.
242 Vgl. HS 958: Haber an Donnan, 2. 10. 1933.
243 MPG I 1A, Nr. 541: Haber, Stellungnahme, Mammern, 7. 10. 1933. Haber sandte die Erklärung an Planck, der sie am 13.10. an den Reichsinnenminister weiterleitete. Die Denunziation hatte offensichtlich keine weiteren Auswirkungen.
244 Haber an Weizmann, 15. 10. 1933, in: LBI Year Book 8 (1963), S. 108.
245 Haber an Weizmann, 5. 10. 1933, in: ebenda, S. 104–107.
246 LBI, AR-A. 79 182: Haber an Weizmann, o. D. [Ende September 1933].
247 Ebenda; auch Haber an Weizmann, 5. 10. 1933, in: LBI Year Book 8 (1963), S. 106.
248 Ebenda.
249 Haber an Weizmann, 15. 10. 1933, in: ebenda, S. 108.
250 HS 1052: Hermann Haber an seinen Vater, 13. 11. 1933.
251 Vgl. die Briefe Habers an Weizmann vom 5. und 15.10., 1.11. (irrtümlich 1.10.) 1933,

in: LBI Year Book 8 (1963), S. 104–108; R. Stern, Recollections, S. 100 f., bes. Anm. 12; Stoltzenberg, Haber, S. 623 f.

252 HS 1040: Haber an Hermann und Marga Haber, o. D. [Mitte Oktober 1933]; HS 1052: Hermann Haber an seinen Vater, 13. 11. 1933; Stoltzenberg, Haber, S. 624 mit weiteren Belegen.

253 HS 1202: Haber an Willstätter, 21. 11. 1933; vgl. das lange wörtliche Zitat bei Stoltzenberg, Haber, S. 612.

254 Ebenda, S. 610 f.; R. Stern, Recollections, S. 101; HS, Dep. L. Haber, Nr. 65: Ansprache von Hartmut Kallmann zum 12. Todestag Habers im physikalisch-chemischen KWI 2. 2. 1946.

255 Vgl. GStA, I: HA, Rep. 76, Vc, Sekt. 2, Tit. 23, Litt. A, Nr. 108, Bd. IV, Bl. 90 f.: Vizekanzler an Haber, 20. 11. 1933; Haber an Kultusministerium, Cambridge, 6. 12. 1933.

256 HS 1202, Bl. 23 f.: Haber an Willstätter, 21. 11. 1933 (Werner/Irmscher, Haber, Nr. 75, S. 137 f.).

257 Ebenda; HS 1041: Haber an Hermann und Marga Haber, Cambridge, Weihnachten 1933; Haber an Weizmann, 17. 1. 1934, in: LBI Year Book 8 (1963), S. 112.

258 HS 1202, Bl. 27 f.: Haber an Willstätter, 20. 12. 1933 (Werner/Irmscher, Haber, Nr. 76, S. 139).

259 Haber an Weizmann, 15 1934, in: LBI Year Book 8 (1963), S. 111.

260 Haber an Weizmann, 6. und 15. 1. 1934, in: ebenda, S. 109, 111; HS 1137: Haber an Bosch, Cambridge, o. D. [nach dem 9. 12. 1933; vermutlich nicht abgeschickt].

261 Ebenda. Der verzweifelte Haber begann zwei Briefe an Bosch, die er abbrach und nicht abschickte; erst der dritte wurde vollendet. Stoltzenberg, Haber, S. 613 nimmt irrtümlich Planck als Adressaten an.

262 HS 1137: Haber an Bosch, 28. 12. 1933; vgl. auch Stoltzenberg, Haber, S. 613.

263 HS 1203: Haber an Willstätter, 16. 1. 1934 (Werner/Irmscher, Haber, Nr. 77, S. 140).

264 HS 1202, Bl. 23 f.: Haber an Willstätter, 21. 11. 1933 (Werner/Irmscher, Haber, Nr. 75, S. 137 f.); HS 1053: Hermann Haber an seinen Vater, 17. 12. 1933; HS 1041: Haber an Hermann und Marga Haber, o. D. [Weihnachten 1933]; Haber an Weizmann, 6. und 20. 1. 1934, in: LBI Year Book 8 (1963), S. 109, 112; R. Stern, Recollections, S. 102.

265 HS 1054: Hermann Haber an seinen Vater, 24. 1. 1934.

266 Haber an Weizmann, 20. 1. 1934, in: LBI Year Book 8 (1963), S. 112.

267 HS 1172: Haber an Geheimrat Schmitz, Cambridge, o. D. [23. 1. 1934].

268 Haber an Weizmann, 20., 24., 25. 1. 1934, in: LBI Year Book 8 (1963), S. 112 f.

269 Vgl. den ausführlichen Bericht des Augenzeugen Stern in: R. Stern, Recollections, S. 102; deutsch Stoltzenberg, Haber, S. 629 f.

XII. Epilog

1 Vgl. zum Folgenden, wenn nicht anders angegeben: Hahn, Otto, Zur Erinnerung an die Haber-Gedächtnisfeier vor 25 Jahren, am 29. Januar 1935, im Harnack-Haus in Berlin-Dahlem, in: [MPG], Mitteilungen aus der MPG, H. 1, 1960, S. 3–13, hier S. 6, 12 f.; ergänzend Willstätter, Leben, S. 276 f., der jedoch merkwürdigerweise die überwiegend weibliche Zusammensetzung des Publikums nicht erwähnt.

2 Eingangs das Andante con moto aus Franz Schuberts Quartett Nr. 14: zum Ausklang die Cavatine (adagio molto espressivo) aus Ludwig van Beethovens Quartett op. 130.

3 vom Brocke, KWG in Weimar, S. 326.
4 HS, Dep. L. Haber, Nr. 58: Hermann Haber an Max Planck, Anfang Januar 1935; fast vollständig abgedruckt bei Stoltzenberg, Haber, S. 639f.
5 Deichmann, Vaterlande, S. 147.
6 HA Krupp, FAH4E251, Bl. 34–45 (mit 6 Anlagen, Bl. 46–57): Max Planck, Persönliche Erlebnisse bei den Vorbereitungen zur Gedächtnisfeier für Fritz Haber am 19. [sic] Januar 1935, 6. 2. 1935 (im folgenden abgekürzt: Planck, Erlebnisse).
7 Macrakis, Surviving, S. 68–72, mit einigen Ungenauigkeiten.
8 Willstätter, Leben, S. 274–277.
9 Hahn, Erinnerung, S. 5; Beyerchen, Wissenschaftler, S. 100; Macrakis, Surviving, S. 68.
10 Vgl. die Aufzählung bei Stoltzenberg, Haber, S. 637.
11 Schlenk, Wilhelm, Nachruf, in: Ber. Dtsch. Chem. Ges. 67 (1934 A), S. 20ff.
12 Mittasch, Alwin, Fritz Haber zum Gedächtnis, in: Werkzeitung I. G. Farbenindustrie AG, Werk BASF 22 (1934), S. 18f.
13 Bodenstein, Max, Fritz Haber gestorben, in: Z. Elektrochem. 40 (1934), S. 113–115.
14 Bodenstein, Max, Gedächtnisrede auf Fritz Haber, in: Sitzungsberichte der Preußischen Akademie der Wissenschaften, 1934, math.-phys. Klasse, S. 120–130; ein längeres Zitat bei Stoltzenberg, Haber, S. 639.
15 Vgl. ebenda, S. 638f.; Bonhoeffer, Karl-Friedrich, Fritz Haber gestorben, in: Chem.-Ztg. 58 (1934), S. 205.
16 Laue, Max von, Fritz Haber gestorben, in: Die Naturwissenschaften 22 (1934), S. 97. Johannes Stark nahm Anstoß an der ‹tendenziösen› Analogie, ohne daß dies Laue beeindruckte, vgl. Haber, Stoltzenberg, S. 637. Allerdings sollte als direkte Reaktion auf den Artikel Philipp Lenard Laues Anstellung bei der Akademie vereiteln. Ferner richtete sich nun das Augenmerk der Nationalsozialisten auf die noch nicht gleichgeschalteten «Naturwissenschaften», vgl. Macrakis, Surviving, S. 68.
17 Ebenda, S. 69 schießt in dem Bedürfnis, die Veranstaltung ihres oft behaupteten Widerstandscharakters zu entkleiden, über das Ziel hinaus, indem sie die politischen Begleitüberlegungen Plancks unterschlägt.
18 HA Krupp, FAH4E251, Bl. 34: Planck, Erlebnisse; ebenda, Bl. 74–76, hier Bl. 74: Planck an Krupp, 17. 1. 1935.
19 Ebenda, Bl. 35 bzw. 76.
20 Ebenda, Bl. 47, 50, 77 (auch HS 1850; BASF, W 1 Haber, Personenordner): Abschriften des Erlasses vom 15. 1. 1933, gez. Kunisch; vollständig abgedruckt bei Hahn, Erinnerung, S. 7f.
21 Beyerchen, Wissenschaftler, S. 101.
22 HA Krupp, FAH4E251, Bl. 35: Planck, Erlebnisse; ebenda, Bl. 75: Planck an Krupp, 17. 1. 1935.
23 Ebenda, Bl. 35: Planck, Erlebnisse.
24 Beyerchen, Wissenschaftler, S. 100 schrieb in einer Kapitelüberschrift von ‹öffentlichem›, im Text dann zurückgenommen von ‹symbolischem› Protest.
25 HA Krupp, FAH4E251, Bl. 68f.: Krupp an Planck, 18. 1. 1935.
26 Ebenda, Bl. 48f.: Planck an Rust, 18. 1. 1935.
27 Ebenda, Bl. 35: Planck, Erlebnisse; Bl. 76: Planck an Krupp, 17. 1. 1935; Hahn, Erinnerung, S. 12.
28 HA Krupp, FAH4E251, Bl. 36f.: Planck, Erlebnisse.
29 Abgedruckt bei Hahn, Erinnerung, S. 10f.
30 Deichmann, Vaterlande, S. 144; zu Duden vgl. die Kurzbiographie bei Heine, Verstand, S. 82f.

31 BAK, R 41: Reichsarbeitsministerium, Nr. 680, Bl. 173: Anweisung vom 26. 1. 1935.

32 HA Krupp, FAH4E251, Bl. 52–54: Rust an Planck, 24. 1. 1935; Planck an Rust, 25. 1. 1935; Rusts Schreiben abgedruckt bei Hahn, Erinnerung, S. 8 f.

33 HA Krupp, FAH4E251, Bl. 38–41: Planck, Erlebnisse. Daß Planck die Vollmacht erhielt, die Dispense zuzustellen, bestätigte auch Willstätter, Leben, S. 276.

34 Windaus hatte sich 1933 geweigert, einen jüdischen Doktoranden zu entlassen, und war seitdem mit seinem Göttinger Institut Zielscheibe politischer Attacken. Am 2. 11. 1935 ersuchte er deshalb Rust um seine Entpflichtung. Das Ministerium unterband jedoch die Übergriffe der SA, so daß Windaus im Amt blieb. Vgl. Deichmann, Vaterlande, S. 148 f., Anm. 21.

35 Degeners Wer ists?, 1935, S. 916.

36 Hahn, Erinnerung, S. 12; HA Krupp, FAH4E251, Bl. 41–43: Planck, Erlebnisse.

37 Ebenda, Bl. 44 f.; Hahn, Erinnerung, S. 12 f. Den eindrucksvollen Verlauf der Feier belegt auch Willstätter, Leben, S. 277.

38 Ebenda, S. 276.

39 Hahn, Erinnerung, S. 13; das Zitat Jaenickes nach Stoltzenberg, Haber, S. 642 f., ohne Quellenbeleg.

40 Ebenda.

41 HA Krupp, FAH4E251, Bl. 55–57: Planck, Einleitende Worte, 29. 1. 1935.

42 Beyerchen, Wissenschaftler, S. 100–103, hier bes. S. 103; Haberer, Politics, S. 136–141, Zitat S. 140.

43 Macrakis, Surviving, S. 71.

44 Hahn, Erinnerung, S. 12. Im Archiv der BASF finden sich nicht nur der Ministererlaß vom 15. 1. 1935, sondern auch Abschriften des folgenden Briefwechsels zwischen Planck und Rust, vgl. BASF, W 1 Haber, Personenordner. Bosch war also über die Hintergründe gut informiert.

45 Zu Elisabeth Schiemann Macrakis, Surviving, S. 123.

46 Degeners Wer ists?, 1935, S. 668.

47 Vgl. dazu mit vielen Quellenbeispielen Deichmann, Vaterlande, S. 144, 146 f.

48 Haber an Käthe und Rudolf Stern, 9. 6. 1933, in: R. Stern, Recollections, S. 100.

49 HS 1202, Bl. 15 f.: Haber an Willstätter, o. D. [nach 30. 4. 1933]; fast vollständig abgedruckt bei: Stoltzenberg, Haber, S. 419.

50 Vgl. Tirala, Lothar Gottlieb, Rasse, Geist und Seele, München 1935, S. 205. Der aus Brünn gebürtige Gynäkologe Tirala (geb. 1886) war Direktor des Instituts für Rassenhygiene der Universität München. Er widmete sein Buch dem «großen germanischen Naturforscher» und väterlichen Freund Philipp Lenard. Seine rein politische Berufung zum Ordinarius 1933 erwies sich als so eklatante Fehlbesetzung, daß er drei Jahre später entlassen werden mußte. Vgl. ausführlich Böhm, Selbstverwaltung, S. 239–243, 506–514, 618.

51 Lohs, Haber, S. 443.

52 So z. B. bei Greiling, Walter, Chemiker kämpfen für Deutschland, Berlin 1940, zit. nach: Brämer, Rainer (Hg.), Naturwissenschaft im NS-Staat, Marburg 1983, S. 143–149.

Abkürzungen

AAW	Archiv der Berlin-Brandenburgischen Akademie der Wissenschaften
ADAP	Akten zur deutschen auswärtigen Politik
AES	American Electrochemical Society
AfS	Archiv für Sozialgeschichte
ALV	Akademisch-Literarischer Verein, Breslau
BAK	Bundesarchiv Koblenz
BAMA	Bundesarchiv, Militärarchiv Freiburg
BAP	Bundesarchiv, Abteilungen Potsdam (jetzt Berlin)
BASF	Badische Anilin- und Soda-Fabrik/Unternehmensarchiv, Ludwigshafen
Ber. Dtsch. Chem. Ges.	Berichte der Deutschen Chemischen Gesellschaft
Ber. Wiss. gesch.	Berichte zur Wissenschaftsgeschichte
Bl.	Blatt
BRA	Biologische Reichsanstalt
CEH	Central European History
Chem.-Ztg.	Chemiker-Zeitung
CTR	Chemisch-Technische Reichsanstalt
DChG	Deutsche Chemische Gesellschaft
DDP	Deutsche Demokratische Partei
DEG	Deutsche Elektrochemische Gesellschaft
Degesch	Deutsche Gesellschaft für Schädlingsbekämpfung
DFG	Deutsche Forschungsgemeinschaft
DM	Deutsches Museum, München
DNVP	Deutschnationale Volkspartei
DVP	Deutsche Volkspartei
DWJ	Deutsches Waffen-Journal, Schwäbisch Hall
GDNA	Gesellschaft Deutscher Naturforscher und Ärzte
GG	Geschichte und Gesellschaft
GLA	Generallandesarchiv, Karlsruhe
GStA	Geheimes Staatsarchiv Preußischer Kulturbesitz, Berlin
GWU	Geschichte in Wissenschaft und Unterricht
HA Krupp	Historisches Archiv Krupp, Essen
HAPAG	Hamburg-Amerikanische-Paketfahrt-Actiengesellschaft
HPB	Das Historisch-Politische Buch
HS	Archiv zur Geschichte der Max-Planck-Gesellschaft, Berlin, V 13: Haber (= Haber-Sammlung)
HSPS	Historical Studies in the Physical Sciences
HStA	Hauptstaatsarchiv
HUA	Humboldt-Universität, Berlin: Universitäts-Archiv
HZ	Historische Zeitschrift
IMKK	Interalliierte Militär-Kontroll-Kommission
IUPAC	International Union of Pure and Applied Chemistry

JMH	The Journal of Modern History
Journ. Gasbel.	Journal für Gasbeleuchtung und Wasserversorgung
KWG	Kaiser-Wilhelm-Gesellschaft zur Förderung der Wissenschaften
KWI	Kaiser-Wilhelm-Institut
KWKW	Kaiser-Wilhelm-Stiftung für kriegstechnische Wissenschaft
KWTW	Kaiser-Wilhelm-Stiftung für technische Wissenschaft
KRA	Kriegsrohstoffabteilung
LBI	Leo Baeck Institute, New York
MG	Metallgesellschaft AG, Historisches Archiv, Frankfurt/M. (jetzt Hessisches Wirtschaftsarchiv, Darmstadt)
MGM	Militärgeschichtliche Mitteilungen
MPG	Max-Planck-Gesellschaft zur Förderung der Wissenschaften; Archiv der Max-Planck-Gesellschaft, Berlin
Ms.	Manuskript
NDB	Neue Deutsche Biographie
NG	Notgemeinschaft der Deutschen Wissenschaft
NL	Nachlaß
NPL	Neue Politische Literatur
NSUB	Niedersächsische Staats- und Universitätsbibliothek, Göttingen
NTM	Schriftenreihe für Geschichte der Naturwissenschaften, Technik und Medizin
OHL	Oberste Heeresleitung
PA	Personalakte
PTR	Physikalisch-Technische Reichsanstalt
Phys. Z.	Physikalische Zeitschrift
RM	Reichsministerium
RMF	Reichsminister(ium) der Finanzen
RMI	Reichsminister(ium) des Innern
SBB	Staatsbibliothek zu Berlin Preußischer Kulturbesitz
TAN	Technischer Ausschuß für Stickstoffwirtschaft
TASCH	Technischer Ausschuß für Schädlingsbekämpfung
TH	Technische Hochschule
VDCh	Verein Deutscher Chemiker
VDCV	Verband Deutscher Chemischer Vereine
VDEh	Verein deutscher Eisenhüttenleute
VDI	Verein Deutscher Ingenieure
VDNA	Versammlung Deutscher Naturforscher und Ärzte
Verh. Dt. Phys. Ges.	Verhandlungen der Deutschen Physikalischen Gesellschaft
VfZ	Vierteljahrshefte für Zeitgeschichte
VSWG	Vierteljahrschrift für Sozial- und Wirtschaftsgeschichte
VW	Völkerrecht im Weltkrieg. Das Werk des Untersuchungsausschusses der Verfassungsgebenden Deutschen Nationalversammlung und des Deutschen Reichstages 1919–1928. Verhandlungen, Urkunden, hg. im Auftrag des Reichstages
VWI	Verein zur Wahrung der Interessen der chemischen Industrie Deutschlands
Z. analyt. Chem.	Zeitschrift für analytische Chemie
Z. angew. Chem.	Zeitschrift für angewandte Chemie

Z. anorg. Chem.	Zeitschrift für anorganische Chemie
Z. Elektrochem.	Zeitschrift für Elektrochemie
ZfG	Zeitschrift für Geschichtswissenschaft
Z. phys. Chem.	Zeitschrift für physikalische Chemie
Z. Ver. Dt. Ing.	Zeitschrift des Vereines Deutscher Ingenieure
Zschr.	Zeitschrift
Zschr. angew. Ent.	Zeitschrift für angewandte Entomologie

Quellen und Literatur

1. Archivalien

Agfa-Filmfabrik Wolfen, Archiv

Agfa-Jahresberichte 1915 und 1917.

Archiv zur Geschichte der Max-Planck-Gesellschaft, Berlin

Abt. I, Rep. 1A: Akten der Generalverwaltung der Kaiser-Wilhelm-Gesellschaft:
- Nr. 338: Stifterverband.
- Nr. 541: KWIphCh – Wiederherstellung des Berufsbeamtentums.
- Nr. 639–644: KWG – Maßnahmen infolge 1. Weltkrieg.
- Nr. 897: Deutsche Gesellschaft 1914 (1915–1931).
- Nr. 920: Notgemeinschaft.
- Nr. 943–48: Gründung Forschungsinstitute bis 1922.
- Nr. 1194–96: KWIphCh: Bankkonten, Haber-Fonds.
- Nr. 1208–10: KWIphCh: Bauakten.
- Nr. 1217: Koppelstiftung 1925–1934.
- Nr. 1789: Kaiser-Wilhelm-Stiftung für kriegstechnische Wissenschaft.
- Nr. 1971: Institut für Gasforschung (1917–21).
- Nr. 2997–2: Leopold Koppel.

Abt. II, Rep. 1A: Personalakten: Haber, 1–12.

Abt. V, Rep. 13: Haber (Haber-Sammlung):
- Nr. 1–2311.
- Dep. Lutz Haber, Nr. 2–73.

Abt. X, Rep. 12: Filmarchiv, Nachlaß Emil Fischer (Original: Fischer Papers, Bancroft Library, University of California, Berkeley): Filme 2, 3, 6.

Badisches Generallandesarchiv, Karlsruhe

Abt. 52, Nachlaß Franz Böhm (= Film II A 7776): Korrespondenz Haber, 1907–10; 1913.

Abt. 76, «Dienerakten», Nr. 9993: PA Hans Luggin.

Abt. 233, Staatsministerium:
- Nr. 33157–58,TH, Lehrer: Personal, 1881–1903 bzw. 1903–18.
- Nr. 33174: Fritz-Haber-Stiftung.

Abt. 235, Ministerium des Kultus und Unterrichts:
- Nr. 2049, TH, Diener: Fritz Haber (ab 1896).
- Nr. 4099, TH, Dienste: Lehrstellen der Chemie und chem. Technologie, deren Besetzung, Assistenz etc., 1870–1916.
- Nr. 4101, TH, Dienste: Unterricht der Abt. Chemie: Ausweisung der Honorare für besondere Vorlesungen und Übungen.
- Nr. 4112, TH, Dienste: Lehrstühle. Prof. für phys. und Elektrochemie, 1894–1930.
- Nr. 4117, TH, Dienste: Lehrstühle. Die Professuren für Elektrotechnik, theoret. Physik und phys. Chemie, 1884–1913.
- Nr. 4147, TH, chem. techn. Institut, Bausachen: Gebäude des chem.-techn. Instituts, 1880–1925.

Nr. 4169, TH: Das physik.-chem. Institut, dessen Aversum und Lehrmittelsammlung, 1894–1923.
Nr. 4170, TH, phys.-chem. Institut: Räume, 1904–26.
Nr. 4228: Baupläne zum Stockaufbau und Erweiterungsbau des chem.-techn. Instituts der TH 1905.
Nr. 4229, TH, chem.-techn. Laboratorium: Grundrisse, Febr. 1896.
Nr. 5331: Fritz-Haber-Stiftung.
Nr. 30571: TH, Die Dienerstelle am phys.-chem. Institut, 1901–52.
Nr. 30756: Die Abhaltung volkstümlicher Vorträge im Verein «Volksbildung» durch Lehrer der TH sowie die Einrichtung von Volkshochschulkursen, 1900–1923.
Nr. 44896: TH, PA Friedrich Kirchenbauer.

BASF, Unternehmensarchiv Ludwigshafen

A 18/23: Ammoniakwerk Merseburg.
B 4/455–457: Stickstoffhandelsmonopol (ab Mai 1915).
C 10: Briefwechsel zwischen Vorstand und Aufsichtsrat, 1921–25.
G 6109: Ammoniakgeschichte I 1900–1911: Akten Bosch.
P 71, 1 und 2: Kampfstoffe und Vorprodukte im Ersten Weltkrieg.
T 14, 1 und 2: Stickstoffhandelsmonopol (1. 10. 1914–30. 4. 1915; 1. 5.–31. 7. 1915).
Personenarchiv W 1 Bosch, Nr. 9.
Personenarchiv W 1 Haber:
a) 2 Sammelordner.
b) Allgemeine Korrespondenz I–V.
Verträge, Briefwechsel.
Abhandlungen, Verträge, Bureau Dr. Michel.
c) wichtigste Briefe 1908/09.
d) Merseburg (6. 9. 1915–27. 5. 1918).
Manuskripte (Material für 75jähriges Jubiläum 1940):
Voigtländer-Tetzner, Walter, Studien zur Fabrikgeschichte 1865–1940, 1 Bd. (bis Erste IG 1904).
Ders., Geschichte der BASF 1865–1914, 3 Bde (inkl. Aktenverzeichnis).
Ders., Chronik der BASF 1865–1939/40, 5 Bde.
Ders., Die Bindung des Luftstickstoffs 1895–1940, 3 Bde.
Frohnheiser, Hugo (i. A. von Voigtländer-Tetzner), Reichsstickstoffmonopol. Eine Großkampfperiode der BASF.

Berlin-Brandenburgische Akademie der Wissenschaften, Akademiearchiv, Berlin

Historische Abteilung (II): Akten der Preuß. Akademie der Wissenschaften 1812–1945:
II–III, 36–44: Personalia Mitglieder 1912–34.
II–V, 90–93, 95: Verhandlungen der Preuß. Akademie der Wissenschaften, Gesamtakademie 1914–17, 1919.
II–V, 132–138: Verhandlungen der physikalisch-mathematischen Klasse, 1912–1935/37.
II–XIV, 22, 23: KWG 1911–31, 1932–40.
II–XIV, 31–34, 36, 37: Notgemeinschaft der deutschen Wissenschaft 1920–1938/39.
NL Wilhelm Ostwald, Nr. 1037: Korrespondenz Haber-Ostwald.
NL Adolf Miethe, Nr. 45: Korrespondenz Haber-Miethe.

Bundesarchiv Koblenz

R 21, Reichsministerium für Wissenschaft, Erziehung und Volksbildung: Nr. 10045.

R 73, Notgemeinschaft der Deutschen Wissenschaft: Nr. 3–7, 17, 46, 69, 72–75, 155, 189, 217, 292.
R 168, Biologische Reichsanstalt: Nr. 43, 54, 79, 80, 100, 143, 172, 186, 266, 268, 293, 302, 403.
NL 12, Erich Koch-Weser: Nr. 105, 110.
NL 15, Bernhard Schwertfeger: Nr. 209.
NL 22, Max Bauer: Nr. 1e, 11.
NL 53, Wilhelm Solf: Nr. 93, 107, 141, 144.
NL 158, Wichard von Moellendorff: Nr. 36 neu, 103–108, 111, 119–125, 130–133, 138, 140, 144, 187, 188.
NL 182, Eduard Spranger: Nr. 182.

Bundesarchiv, Militärarchiv, Freiburg i. Brsg.
N 5: Nachlaß Joachim von Stülpnagel, Nr. 20.
N 221: Nachlaß Hermann Geyer, Nr. 32.

Bundesarchiv, Abteilungen Potsdam (jetzt Berlin-Lichterfelde)
15.01: Reichsministerium des Innern:
Nr. 5549/2–7: Chemisch-Technische Reichsanstalt 1919–1929.
Nr. 5555: Chemisch-Technische Reichsanstalt, Kuratorium 1920–1927.
Nr. 8970: Nobelpreis 1900–1926.
Nr. 8970/1–10: Kaiser-Wilhelm-Gesellschaft 1910–1926.
Nr. 8972: KWI phys. Chemie 1922–1924.
Nr. 9003–05: Boykott der deutschen Wissenschaft, 1919–1926.
Nr. 26769: Notgemeinschaft der deutschen Wissenschaft, 1930–1934.
Nr. 26769/1–3: Notgemeinschaft 1927–1935.
Nr. 26782/1–2: KWG, Sept. 1929-Juni 1933.
Nr. 26783–26786: KWG, Etatangelegenheiten Nov. 1928–1934.
Nr. 26790: KWI phys. Chemie 1927–1935.
25.01 Deutsche Reichsbank:
Nr. 3565: Presseausschnittsammlung.
61. Re 1. Reichslandbund. Pressearchiv, Bd. 251 (Kop-Kor).
87.29 Kriegschemikalien AG (in Dahlwitz-Hoppegarten):
Nr. 58: Reichsamt für wirtschaftliche Demobilmachung – Gruppe Chemie Nov. 1918–März 1919.
Nr. 29: Bericht des KWIphCh über Beobachtungen zur Pathologie der Kampfgasvergiftung Juni 1917, April 1918.

Deutsches Museum, München
Nachlaß 57: Theodor und Heinrich Wieland: 2.02 Korrespondenz.
Nachlaß 88: Hermann Staudinger, D II. 11. 1–34; B II. 10.
1977–28 (A 126, 1–3: Haber an Arnold Sommerfeld, 1911.
1974–11: Haber an Arnold Sommerfeld, 1. 7. 1920.
1964/6 (30–34: Haber an Max von Laue, 1927–33.

Geheimes Staatsarchiv Preußischer Kulturbesitz, Berlin
I. Hauptabteilung:
Rep. 76: Preußisches Kultusministerium:
Vc, Sekt. 1, Tit. 8, Nr. 17: KWKW, 1916–1924.
Vc, Sekt. 1, Tit. 11, Teil I:

Nr. 42: Deutsche Bunsengesellschaft 1896–1932.
Nr. 65: Helmholtz-Gesellschaft 1920–1931.
Vc, Sekt. 1, Tit. 11, Teil IX:
Nr. 12: KWG allgm., Bd. IV (1918–22), VI (1924–26), VIII (1929–33).
Vc, Sekt. 2, Titel 23, Litt. A:
Nr. 108, Bde I, II, IV: KWIphCh, 1910–12, 1912–18, 1933/34.
Nr. 121: Gasinstitut, 1917–1920.
Nr. 127: Adolf-Baeyer- und Emil-Fischer-Gesellschaft 1920–32.
Rep. 84a: Preußisches Justizministerium:
Nr. 5283: Die KWG und ihre Institute, 1910–1934.
Rep. 87: Preußisches Ministerium für Landwirtschaft, Domänen und Forsten:
Rep. 87 ZB: Zentralbüro.
Nr. 313, 314: Erwerb von Chilesalpeterfeldern 1901/02.
Nr. 320: Verträge und Instruktionen der Chile-Kommission 1901.
Rep. 87 B: Landwirtschaftsabteilung:
Nr. 19126: Reichskommissar für die Schädlingsbekämpfung 1920.
Rep. 89: Geheimes Zivilkabinett:
Nr. 21288–21291: KWG, Protokolle und wiss. Angelegenheiten 1911–18.
Nr. 21295: KWIphCh 1911–1918.
Nr. 21313: KWI für Gasforschung 1917–18.
Rep. 90: Preußisches Staatsministerium:
Nr. 904: Höhere Beamte des Kriegsministeriums 1909–1930.
Nr. 907: Höhere Beamte des Kultusministeriums 1906–1919.
Nr. 978: Direktoren der KWIe, 1918–1944.
Nr. 1786: KWG, 1909–1936.
Rep. 92: Nachlässe:
Nachlaß C. H. Becker: Nr. 778: Korrespondenz mit Haber.
Nachlaß Friedrich Schmidt-Ott:
Nr. 2: Konstituierung und Organisation der NG 1920.
Nr. 3: Verwaltungsarbeit und Werbung für die NG, 1921–1933.
Nr. 5: Kritik an Arbeit und Organisation der NG, 1928.
Nr. 12: Gründung und Organisation der KWG, 1910–1939.
Nr. 13: Material zur Geschichte der KWG.
Nr. 15: Senatoren der KWG, 1910.
Nr. 36: Korrespondenz Haber-Schmidt-Ott, 1933.
Nr. 50: Verschiedenes.

Hauptstaatsarchiv Stuttgart, Abt. Militärarchiv

M 660: Nachlaß General der Infanterie Walter Reinhardt, Bü. 26.

Historisches Archiv Krupp, Essen

FAH4E251: Vorbereitung der Haber-Gedächtnisfeier der KWG, Jan./Febr. 1935.

Hoover Institution on War, Revolution and Peace, Archives, Stanford

DFG, box 2, folder Robert Havemann

Humboldt-Universität, Berlin, Universitäts-Archiv

Kontrollbuch 1886/87.
Philosoph. Facultät, Litt. P., Nr. 4, Bd. 92, Bl. 247–295: Acta der Kgl. Friedrich-Wilhelms-Universität zu Berlin, Promotionen 29. 4.–22. 6. 1891.

Leo Baeck Institute, New York
Fritz Haber Collection: AR-A. 79182.
Adolf Frank Collection: AR 7176.

Metallgesellschaft AG, Historisches Archiv, Frankfurt
(jetzt Hessisches Wirtschaftsarchiv, Darmstadt)

A:	Richard Merton, Privatbriefe A-C, 1919–1938.
JB 150 (4/5):	«Konsortium See-Jod».
JB 88 (1):	Mitsubishi Goshi Kaisha – Korrespondenz.
JB 58 (2):	Prof. Haber, Berlin – Korrespondenz.
JB 58 (4):	Prof. Haber, Berlin – Originalvertrag.

Niedersächsische Staats- und Universitätsbibliothek, Göttingen
Handschriftenabt.: Nachlaß Felix Klein, IV, A.

Staatsbibliothek zu Berlin Preußischer Kulturbesitz, Handschriftenabteilung
Haus 1:
Festschrift für Friedrich Schmidt-Ott.
Nachlaß Adolf von Harnack: Korrespondenz mit Haber.
Haus 2:
Nachlaß Max Born, 1230.
Nachlaß Johannes Stark.
Sammlung Darmstädter G2 1898 (14).
Autogr. I/1748/35, I/1727, I/1437, I/1872.
Nachlaß 141: Sammlung Adam, K. 42.
Nachlaß 262: Hans Ludwig, K. 2.

Universität Hamburg/Institut für Geschichte der Naturwissenschaften
Nachlaß Hans Schimank.

Universität Karlsruhe (TH), Universitätsarchiv
0/1/52 Rektorat: Unterricht Chemie: Die Besetzung des Lehrstuhls für physik. und Elektrochemie, 1900–1949.
Biographische Sammlung: Fritz Haber, 2 Mappen.

2. Publikationsverzeichnis Fritz Haber

(Das Verzeichnis erhebt keinen Anspruch auf Vollständigkeit)

1890
(mit C. Liebermann) Über Bidioxymethylenindigo, in: Ber. Dtsch. Chem. Ges. 23 (1890 II), S. 1566 f.

1891
Über einige Derivate des Piperonals, phil. Diss., Friedrich-Wilhelms-Universität, Berlin 1891.
Über einige Derivate des Piperonals, in: Ber. Dtsch. Chem. Ges. 24 (1891 I), S. 617–626.

1894
(mit L. Knorr) Über die Constitution des Diacetbernsteinsäureesters, in: Ber. Dtsch. Chem. Ges. 27 (1894 II), S. 1151–1167.

1896

Experimentelle Untersuchungen über Zersetzung und Verbrennung von Kohlenwasserstoffen, Habil., München 1896.

Notiz über Oxydation durch Hydroxylamin, in: Ber. Dtsch. Chem. Ges. 29 (1896 III), S. 2444 f.

Theorie der pyrogenen Reactionen aliphatischer Kohlenwasserstoffe (I. Mittheilung über Zersetzung und Verbrennung von Kohlenwasserstoffen), in: Ber. Dtsch. Chem. Ges. 29 (1896 III), S. 2691–2700.

(mit H. Oechelhäuser) Über die Bestimmung von Aethylen neben Benzoldampf (II. Mittheilung über Zersetzung und Verbrennung von Kohlenwasserstoffen), in: Ber. Dtsch. Chem. Ges. 29 (1896 III), S. 2700–2705.

(mit A. Weber) Über Leuchtgasverbrennung an gekühlten Flächen (III. Mittheilung über Zersetzung und Verbrennung von Kohlenwasserstoffen), in: Ber. Dtsch. Chem. Ges. 29 (1896 III), S. 3000–3006.

Bemerkungen über rationelle Verbrennung von Leuchtgas, in: Journ. Gasbel. 39 (1896), S. 49–51.

(mit A. Weber) Untersuchungen über die Verbrennung des Leuchtgases in gekühlten Flammen und in Gasmotoren, in: Journ. Gasbel. 39 (1896), S. 81–88, 99–110.

Über die Zersetzung des Hexans und Trimethyläthylens in der Hitze, in: Journ. Gasbel. 39 (1896), S. 377–382.

(mit H. Samoylowicz) Über die Zersetzung von Hexan in der Hitze, in: Journ. Gasbel. 39 (1896), S. 395–399, 435–439, 452–455.

(mit H. Oechelhäuser) Über die Zersetzung des Hexans und Trimethyläthylens in der Hitze, in: Journ. Gasbel. 39 (1896), S. 799–805, 813–818, 830–834.

Verbrennungsvorgang in der Gaskraftmaschine, in: Z. Ver. Dt. Ing. 40 (1896), S. 680 f.

1897

(mit A. Weber) Über die Verbrennung des Leuchtgases in Gasmotoren (IV. Mittheilung über Zersetzung und Verbrennung von Kohlenwasserstoffen), in: Ber. Dtsch. Chem. Ges. 30 (1897 I), S. 145–151.

Über die Berechnung von Nutzeffeckt und Heizwerthverlust, in: Journ. Gasbel. 40 (1897), S. 751–753.

Welche wichtigen chemischen Betriebscontrolen [sic!] in Gasanstalten sind von Nichtchemikern ausführbar?, in: Journ. Gasbel. 40 (1897), S. 721–723.

(mit S. Grinberg) Über Elementaranalysen von Kohlen, in: Z. analyt. Chem. 36 (1897), S. 557–567.

Über galvanisch gefälltes Eisen, in: Z. Elektrochem. 4 (1897/1898), S. 410–413.

Über stufenweise Reduktion des Nitrobenzols mit begrenztem Kathodenpotential, in: Z. Elektrochem. 4 (1897/1898), S. 506–513.

1898

Grundriß der technischen Elektrochemie auf theoretischer Grundlage, München, Leipzig 1898.

(mit G. Bredig) Über Zerstäubung von Metallkathoden bei der Elektrolyse mit Gleichstrom, in: Ber. Dtsch. Chem. Ges. 31 (1898 III), S. 2741–2752.

(mit S. Grinberg) Über die Elekrolyse der Salzsäure, in: Z. anorg. Chem. 16 (1898), S. 198–228, 329–361.

Über Elektrolyse der Salzsäure nebst Mitteilungen über kathodische Formation von Blei, in: Z. anorg. Chem. 16 (1898), S. 438–449.

(mit S. Grinberg) Über elektrolytische Wasserstoffsuperoxydbildung. Notizen zur Elektrolyse der Salzsäure, in: Z. anorg. Chem. 18 (1898), S. 37–47.
Elektrolytische Darstellung von Phenyl-ß-Hydroxylamin, in: Z. Elektrochem. 5 (1898/1899), S. 77 f.

1899
Graphische Thermodynamik elektrochemischer Prozesse (Zur Erinnerung an Hanns Luggin), in: Phys. Z. 1 (1899/1900), S. 361–371.
Über Wasserstoffsuperoxyd, Autoxydation und die Gaskette, in: Phys. Z. 1 (1899/1900), S. 419–425.
(mit. C. Schmidt) Über den Reduktionsvorgang bei der elektrolytischen Reduktion des Nitrobenzols, in: Z. phys. Chem. 32 (1899/1900), S. 271–287.

1900
Zur Bestimmung von Benzol und Äthylen im Leuchtgas, in: Journ. Gasbel. 43 (1900), S. 347–350, 511.
Nachtrag zu der Mitteilung über Wasserstoffsuperoxyd, Autoxydation und die Gaskette, in: Phys. Z. 2 (1900/1901), S. 130–132.
Über die elektrolytische Reduction der Nitrokörper, in: Z. angew. Chem. 13 (1900), S. 433–439.
Die elektrochemischen Einrichtungen des Chemisch-Technischen Instituts der Technischen Hochschule Karlsruhe i. B., in: Z. angew. Chem. 13 (1900), S. 755–759.
Über eine von H. Luggin angegebene Anordnung des Gefällsdrahtes für Polarisationsmessungen, in: Z. Elektrochem. 7 (1900/1901), S. 13–15.
Über die löslichen Alkalisalze des Eisenoxides und der Eisensäure, in: Z. Elektrochem. 7 (1900/1901), S. 215–221.
Vorführung neuer Widerstände von W. C. Heraeus, in: Z. Elektrochem. 7 (1900/1901), S. 269–270.
Über die Autoxydation und ihren Zusammenhang mit der Theorie der Ionen und der galvanischen Elemente, in: Z. Elektrochem. 7 (1900/1901), S. 441–448, Berichtigung S. 466.
Anhang: Über die Ferritlösungen, in: Z. Elektochem. 7 (1900/1901), S. 724–726.
Bemerkungen über Elektrodenpotentiale, in: Z. Elektrochem. 7 (1900/1901), S. 1043–1053.
Über die elektrische Reduktion von Nichtelektrolyten, in: Z. phys. Chem. 32 (1900), S. 193–270.
(mit C. Schmidt) Über den Reduktionsvorgang bei der elektrischen Reduktion des Nitrobenzols, in: Z. phys. Chem. 32 (1900), S. 271–287.
Über die Autoxydation. I. Mitteilung, in: Z. phys. Chem. 34 (1900), S. 513–521.
(mit F. Bran) Über die Autoxydation. II. Mitteilung, in: Z. phys. Chem. 35 (1900), S. 81–93, Nachtrag S. 608 f.

1901
Bemerkungen zur Richtigstellung der Ausführungen des Herrn Binz, in: Journal für praktische Chemie 172 (= NF 64) (1901), S. 289–293.
Die Elektrochemie auf der Pariser Weltausstellung, in: Z. angew. Chem. 14 (1901), S. 184–192, 215–226.

1902
Über den textilen Flachdruck, in: Z. angew. Chem. 15 (1902), S. 1177–1183.

Über ein neues Zeugdruckverfahren. – Der textile Flachdruck, in: Zeitschrift für Farben- und Textilchemie 1 (1902), S. 10–22.
(mit R. Geipert) Versuche über Aluminiumdarstellung, in: Z. Elektrochem. 8 (1902), S. 1–8, 26–33.
(mit M. Sack) Kathodenauflockerung und Kathodenzerstäubung als Folge der Bildung von Alkalilegierungen des Kathodenmaterials, in: Z. Elektrochem. 8 (1902), S. 245–255.
Über Legierungspotentiale und Deckschichtenbildung; zugleich ein Nachtrag zu der Mitteilung über Kathodenauflockerung und Zerstäubung, in: Z. Elektrochem. 8 (1902), S. 541–552.
Über Aluminiumdarstellung [Vortrag auf der 9. Hauptversammlung der Deutschen Elektrochemischen Gesellschaft, Würzburg], in: Z. Elektrochem. 8 (1902), S. 607–616.
Eine Bemerkung über die Amalgampotentiale und über die Einatomigkeit in Quecksilber gelöster Metalle, in: Z. phys. Chem. 41 (1902), S. 399–406.

1903
(mit G. Bredig) Herrn F. Riedels Einwand gegen die Zwischenreaktionen, in: Z. angew. Chem. 16 (1903), S. 557 f.
Über Hochschulunterricht und elektrochemische Technik in den Vereinigten Staaten. Vortrag im Hofmann-Haus zu Berlin am 18. 1. 1903, in: Z. Elektrochem. 9 (1903), S. 291–303, 347–370, 379–406.
Zur Theorie der Indigoreduktion. Entgegnung, in: Z. Elektrochem. 9 (1903), S. 607 f.
Aus dem Vortrag: «Technische Bilder aus den Vereinigten Staaten und Deutschlands Stellung zur Weltausstellung in St. Louis», in: Z. Elektrochem. 9 (1903), S. 893–898.

1904
(mit M. Stoecker ins Deutsche übertragen) Alexander Smith, Praktische Übungen zur Einführung in die Chemie, Karlsruhe 1904 [2. dt. Aufl., übersetzt von Fritz Haber und F. Hiller nach der 4. amerik. Aufl., Karlsruhe 1910].
(mit G. Bredig) Prinzipien der Gasscheidung durch Zentrifugalkraft, in: Z. angew. Chem. 17 (1904 I), S. 452–464.
(mit F. Richardt) Über das Wassergasgleichgewicht in der Bunsenflamme und die chemische Bestimmung von Flammentemperaturen, in: Z. anorg. Chem. 38 (1904), S. 5–64.
(mit G. van Oordt) Über Berylliumverbindungen, in: Z. anorg. Chem. 38 (1904), S. 377–398.
(mit G. van Oordt) Über Berylliumverbindungen. II. Mitteilung, in: Z. anorg. Chem. 40 (1904), S. 465–468.
(mit St. Tolloczko) Über die Reduktion der gebundenen, festen Kohlensäure zu Kohlenstoff und über elektrochemische Veränderungen bei festen Stoffen, in: Z. anorg. Chem. 41 (1904), S. 407–441.
(mit H. Schwenke) Über die elektrochemische Bestimmung der Angreifbarkeit des Glases. Ein Beitrag zur technischen Glasuntersuchung, in: Z. Elektrochem. 10 (1904), S. 143–156.
Anhang: Zur Theorie der Reaktionsgeschwindigkeit in heterogenen Systemen, in: Z. Elektrochem. 10 (1904), S. 156–158.
Zeitgrößen der Komplexbildung, Komplexkonstanten und atomistische Dimension, in: Z. Elektrochem. 10 (1904), S. 433–436.
(mit L. Bruner) Das Kohlenelement, eine Knallgaskette, in: Z. Elektrochem. 10 (1904), S. 697–713.

Über die kleinen Konzentrationen, in: Z. Elektrochem. 10 (1904), S. 773–776.
(mit R. Russ) Über die elektrische Reduction, in: Z. phys. Chem. 47 (1904), S. 257–335.

1905
Thermodynamik technischer Gasreaktionen. Sieben Vorlesungen, München, Berlin 1905 [= Thermodynamics of Technical Gas-Reactions. Seven Lectures, transl. by A. B. Lamb, London-New York 1908].
(mit H. Tolloczko) Electrochemical Reactions in Solid Electrolytes, in: Electrochemical and Metallurgical Industry 3 (1905), S. 99–101.
On the Fundamental Formulae of Chemical and Electrical Energy, in: Electrochemical and Metallurgical Industry 3 (1905), S. 292–294.
(mit G. van Oordt) Über Bildung von Ammoniak aus den Elementen (Vorläufige Mitteilung), in: Z. anorg. Chem. 43 (1905), S. 111–115.
(mit G. van Oordt) Über Bildung von Ammoniak aus den Elementen (Definitive Mitteilung), in: Z. anorg. Chem. 44 (1905), S. 341–378.
(mit G. van Oordt) Über Bildung von Ammoniak aus den Elementen, in: Z. anorg. Chem. 47 (1905), S. 42–44.
Die Rolle der Elektrochemie in der modernen Technik, in: Z. Elektrochem. 11 (1905), S. 264–271; auch in: Z. Ver. Dt. Ing. 49 (1905), S. 441–446.
(mit A. Moser) Das Generatorgas- und das Kohlenelement, in: Z. Elektrochem. 11 (1905), S. 593–609.
Nachweis und Fällung der Ferroionen in der wässrigen Lösung des Ferrocyankaliums [Vortrag auf der Hauptversammlung der Deutschen Bunsen-Gesellschaft, Karlsruhe], in: Z. Elektrochem. 11 (1905), S. 846–849.

1906
Optische Analyse der Industriegase [Vortrag, gehalten auf der Hauptversammlung des Vereins deutscher Chemiker, Nürnberg, am 8. 6. 1906], in: Z. angew. Chem. 19 (1906 II), S. 1418–1422.
(mit F. Fleischmann) Über die Knallgaskette. I. Mitteilung, in: Z. anorg. Chem. 51 (1906), S. 245–288.
(mit G. W. A. Foster) Über die Knallgaskette. II. Mitteilung, in: Z. anorg. Chem. 51 (1906), S. 289–314.
Über die Knallgaskette. III. Mitteilung, in: Z. anorg. Chem. 51 (1906), S. 356–368.
(mit F. Fleischmann) Über die umkehrbare Einwirkung von Sauerstoff auf Chlormagnesium, in: Z. anorg. Chem. 51 (1906), S. 336–347; Berichtigung in: Z. anorg. Chem. 52 (1907), S. 127 f.
(mit F. Goldschmidt) Der anodische Angriff des Eisens durch vagabundierende Ströme im Erdbereich und die Passivität des Eisens, in: Z. Elektrochem. 12 (1906), S. 49–74.
(mit L. Bruner) Nachtrag zu der Arbeit: Das Kohlenelement, eine Knallgaskette, in: Z. Elektrochem. 12 (1906), S. 78 f.
Über Gasketten bei hohen Temperaturen, in: Z. Elektrochem. 12 (1906), S. 415 f.
(mit K. Liese) Über die Messung der Dichtigkeit vagabundierender Ströme im Erdbereich, in: Z. Elektrochem. 12 (1906), S. 829–852.

1907
(mit R. Le Rossignol) Über das Ammoniak-Gleichgewicht, in: Ber. Dtsch. Chem. Ges. 40 (1907 II), S. 2144–2154.
Das Gasrefraktometer [Vortrag auf der XIV. Hauptversammlung der Deutschen Bun-

sen-Gesellschaft, Hamburg, 9.–12. 5. 1907], in: Journ. Gasbel. 50 (1907), S. 1068–1070; auch in: Z. Elektrochem. 13 (1907), S. 460–463.
(mit W. Maitland) Notiz über die Potentiale des Eisens und die Passivität des Metalls, in: Z. Elektrochem. 13 (1907), S. 309 f.
(mit A. Koenig) Über die Stickoxydbildung im Hochspannungsbogen, in: Z. Elektrochem. 13 (1907), S. 725–743.

1908
Über feste Elektrolyte, ihre Zersetzung durch den Strom und ihr elektromotorisches Verhalten in galvanischen Ketten, in: Annalen der Physik 331 (= IV. Folge 26) (1908), S. 927–973.
Bestätigung des Faradayschen Gesetzes beim Stromdurchgang durch heißes Porzellan (Nach Versuchen von A. Rieff und P. Vogt). IV. Mitteilung über die Knallgaskette, in: Z. anorg. Chem. 57 (1908), S. 154–173.
(mit R. Le Rossignol) Bestimmung des Ammoniakgleichgewichtes unter Druck, in: Z. Elektrochem. 14 (1908), S. 181–196.
(mit R. Le Rossignol) Die Lage des Ammoniakgleichgewichtes, in: Z. Elektrochem. 14 (1908), S. 513 f, 688.
Über die Bunsenflamme [Vortrag, gehalten auf dem Südwestdeutschen Chemikertag in Heidelberg am 3. August 1908], in: Z. Elektrochem. 14 (1908), S. 571–574; auch in: Journ. Gasbel. 52 (1909), S. 146–148.
(mit A. Koenig) Über die Stickoxydbildung im Hochspannungsbogen. II. Mitteilung, in: Z. Elektrochem. 14 (1908), S. 689–695.

1909
(mit G. Just) Austritt negativer Elektronen aus reagierenden Metallen, in: Annalen der Physik 335 (= IV. Folge 30) (1909), S. 411–415.
Zur Kenntnis des Hydroxylamins. Bemerkung zu der Abhandlung von E. Ebler und E. Schott, in: Journal für praktische Chemie 187 (= NF 79) (1909), S. 173–176.
(mit P. Krassa) Weitere Beiträge zur Kenntnis des Eisenangriffes in der Erde durch vagabundierende Gleichströme von Straßenbahnen, in: Z. Elektrochem. 15 (1909), S. 705–712.
(mit R. Le Rossignol) Über die Dissociation der Kohlensäure in der Kohlenoxydknallgasflamme, in: Z. phys. Chem. 66 (1909), S. 181–196.
(mit H. J. Hodsman) Die Zusammensetzung der Gase in sehr heißen Flammen, in: Z. phys. Chem. 67 (1909), S. 343–383.
(mit Z. A. Klemensiewicz) Über elektrische Phasengrenzkräfte, in: Z. phys. Chem. 67 (1909), S. 385–431.
Über den Innenkegel der Bunsenflamme (mit Versuchen von B. S. Lacy), in: Z. phys. Chem. 68 (1909), S. 726–752.
(mit J. E. Coates) Über die Stickoxydbildung bei der Kohlenoxydverbrennung, in: Z. phys. Chem. 69 (1909), S. 337–388.

1910
(Alexander Moser, unter Mitwirkung von F. Haber) Die elektrolytischen Prozesse der organischen Chemie (= Monographien über angewandte Elektrochemie 36), Halle 1910 [von Haber: S. 59–62, 117–139; Rest von Alexander Moser].
Über die Darstellung des Ammoniaks aus Stickstoff und Wasserstoff, in: Chem.-Ztg. 34 (1910), S. 345 f.; auch in: Z. Elektrochem. 16 (1910), S. 244–246.
Gewinnung von Salpetersäure aus Luft, in: Z. angew. Chem. 23 (1910), S. 684–689.

(mit F. Löwe) Ein Interferometer für Chemiker nach Rayleighschem Prinzip, in: Z. angew. Chem. 23 (1910 II), S. 1393–1398.
(mit A. Koenig) Oxidation des Luftstickstoffes. Zusammenfassender Bericht für die Zeit von Mitte 1907 bis Mitte 1909, in: Z. Elektrochem. 16 (1910), S. 11–25.
(mit G. Just) Über die Abgabe negativer Elektrizität bei der Reaktion von Gasen auf unedle Metalle, in: Z. Elektrochem. 16 (1910), S. 275–279.
(mit A. Koenig, E. Platou) Über die Bildung von Stickoxyd im Hochspannungsbogen, in: Z. Elektrochem. 16 (1910), S. 789–796.
(mit E. Platou) Über die Stickstoffbildung aus Luft mittels elektrischer Wechselstromladungen größerer Frequenz, in: Z. Elektrochem. 16 (1910), S. 796–803.
(mit W. Holwech) Einige Versuche über die Stickoxydbildung aus Luft im Lichtbogen unter Druck, in: Z. Elektrochem. 16 (1910), S. 810–813.

1911
(mit G. Just) Über die Aussendung von Elektronenstrahlen bei chemischen Reaktionen, in: Annalen der Physik 341 (= IV. Folge 36) (1911), S. 308–340.
Über den festen Körper sowie über den Zusammenhang ultravioletter und ultraroter Eigenwellenlängen im Absorptionsspektrum fester Stoffe und seine Benutzung zur Verknüpfung der Bildungswärme mit der Quantentheorie, in: Verhandlungen der Deutschen Physikalischen Gesellschaft 13 (1911), S. 1117–1136.
Elektronenemission bei chemischen Reaktionen, in: Verhandlungen der Gesellschaft Deutscher Naturforscher und Ärzte. 83. Versammlung zu Karlsruhe. Vom 24. bis 29. September 1911, 1. Teil, S. 215–229; auch in: Chem.-Ztg. 35 (1911), S. 1073–1076; Naturwissenschaftliche Rundschau 26 (1911), S. 545–548, 557–560; Phys. Z. 12 (1911), S. 1035–1044.
(mit J. Zawadzki) Über die Polarisierbarkeit fester Elektrolyte (Ein Beitrag zu den Grundlagen der Passivitätslehre), in: Z. phys. Chem. 78 (1911/1912), S. 228–243.

1912
Vorbemerkung zu: Fritz Hiller, Über den Innenkegel gespaltener Kohlenwasserstoffflammen, in: Z. phys. Chem. 81 (1912/1913), S. 591 f.

1913
Die Vereinigung des elementaren Stickstoffs mit Sauerstoff und Wasserstoff [Vortrag vor der Deutschen Chem. Gesellschaft, Berlin, 26. 4. 1913], in: Chem.-Ztg. 37 (1913), S. 584 f, 635, 711, 769.
Über Schlagwetteranzeige [Vortrag, gehalten am 28. Oktober 1913 im Kaiser-Wilhelm-Institut für physikal. Chemie und Elektrochemie vor S. M. dem Kaiser], in: Chem.-Ztg. 37 (1913), S. 1329 f.; auch in: Naturwissenschaften 1 (1913), S. 1049–1051.
(mit R. Le Rossignol) The Production of Synthetic Ammonia, in: The Journal of Industrial and Engineering Chemistry 5 (1913), S. 328–331.
(mit R. Le Rossignol) Über die technische Darstellung von Ammoniak aus den Elementen, in: Z. Elektrochem. 19 (1913), S. 53–72.

1914
Modern Chemical Industry [The Hurter Memorial Lecture], in: The Journal of Industrial and Engineering Chemistry 6 (1914), S. 325–331; auch in: Journal of the Society of Chemical Industry (London) 33 (1914), S. 49–54.
The Fire-Damp Whistle, in: Journal of the Society of Chemical Industry (London) 33 (1914), S. 54.

Über die synthetische Gewinnung des Ammoniaks [Vortrag, gehalten auf der Hauptversammlung des Vereins deutscher Chemiker zu Bonn], in: Z. angew. Chem. 27 (1914 I), S. 473–477.

(mit F. Kerschbaum) Messung kleiner Drucke mit einem schwingenden Quarzfaden (Bestimmung der Dampfdrucke von Quecksilber und Jod), in: Z. Elektrochem. 20 (1914), S. 296–305.

(mit G. Just) Neue Versuche über Elektronenemission bei chemischen Reaktionen, in: Z. Elektrochem. 20 (1914), S. 483–485.

(mit A. Klemenc) Elektrochemische Reaktion beim Stromdurchgang durch die Grenze des Gasraumes gegen den Elektrolyten [Vortrag auf der XXI. Hauptversammlung der Deutschen Bunsen-Gesellschaft, Leipzig 21.–24. Mai 1914], in: Z. Elektrochem. 20 (1914), S. 485–488.

Untersuchungen über Ammoniak. Sieben Mitteilungen. I. Allgemeine Übersicht des Stoffes und der Ergebnisse, in: Z. Elektrochem. 20 (1914), S. 597–604.

1915

Untersuchungen über Ammoniak. Sieben Mitteilungen. II. Neubestimmung des Ammoniakgleichgewichtes bei 30 Atm. Druck (Bearbeitet von S. Tamaru und Ch. Ponnaz), in: Z. Elektrochem. 21 (1915), S. 89–106.

Untersuchungen über Ammoniak. Sieben Mitteilungen. III. Neubestimmung des Ammoniakgleichgewichts bei gewöhnlichem Druck (Bearbeitet von A. Maschke), in: Z. Elektrochem. 21 (1915), S. 128–130.

Untersuchungen über Ammoniak. Sieben Mitteilungen. IV. Bestimmung der Bildungswärme des Ammoniaks bei hohen Temperaturen (Bearbeitet von S. Tamaru), in: Z. Elektrochem. 21 (1915), S. 191–206.

Untersuchungen über Ammoniak. Sieben Mitteilungen. V. Über die Bildungswärme des Ammoniaks bei gewöhnlicher Temperatur (Bearbeitet von S. Tamaru und L. W. Oeholm), in: Z. Elektrochem. 21 (1915), S. 206–228.

Untersuchungen über Ammoniak. Sieben Mitteilungen. VI. Über die spezifische Wärme des Ammoniaks (Bearbeitet von S. Tamaru), in: Z. Elektrochem. 21 (1915), S. 228–241.

Untersuchungen über Ammoniak. Sieben Mitteilungen. VII. Über die Wirkung des Urans als Katalysator bei der Synthese des Ammoniaks aus den Elementen (Bearbeitet von H. C. Greenwood), in: Z. Elektrochem. 21 (1915), S. 241–245.

1918

Das Verhältnis zwischen Heereswesen und exakten Naturwissenschaften, in: Chem.-Ztg. 42 (1918), S. 197.

1919

Betrachtungen zur Theorie der Wärmetönung, in: Verhandlungen der Deutschen Physikalischen Gesellschaft 21 (1919), S. 750–768.

Beitrag zur Kenntnis der Metalle, in: Sitzungsberichte der Preußischen Akademie der Wissenschaften 1919, 1. Halbband, S. 506–518.

Zweiter Beitrag zur Kenntnis der Metalle, in: Sitzungsberichte der Preußischen Akademie der Wissenschaften 1919, 2. Halbband, S. 990–1007.

1920

(mit E. Ramm, N. Caro, E. Sohn) Aus Luft durch Kohle zum Stickstoffdünger; vom Stickstoffdünger zu Brot und reichlich Nahrung, Oldenburg–Berlin 1920 [darin fünf Aufsätze; darunter von Haber: Die Gewinnung von Stickstoff aus der Luft nach dem

Verfahren von Haber und Bosch (Ammoniakherstellung durch unmittelbare Bereinigung der beiden Gase Stickstoff und Wasserstoff.), S. 21–25].
Die Chemie im Kriege. Vortrag, gehalten vor den Offizieren des Reichswehrministeriums am 11. November 1920, in: Fünf Vorträge, S. 25–41.
Die gefährdete Forschungsarbeit, in: Berliner Tagblatt, 49. Jg., Nr. 123, 7. 3. 1920.
Über Wissenschaft und Wirtschaft [Vortrag, gehalten auf dem parlamentarischen Abend im Reichstag am 23. November 1920], in: Chem.-Ztg. 44 (1920), S. 913 f.
Die chemische Industrie und der Krieg, in: Die chemische Industrie 43 (1920), S. 350–252.
Über die motorische Verbrennung des Acetylens, in: Z. Elektrochem. 26 (1920), S. 325–329.

1921
Über Wissenschaft und Wirtschaft, in: Festschrift der Kaiser Wilhelm Gesellschaft zur Förderung der Wissenschaften zu ihrem zehnjährigen Jubiläum dargebracht von ihren Instituten, Berlin 1921, S. 96–101.
Die Notgemeinschaft der Deutschen Wissenschaft, in: Chem.-Ztg. 45 (1921), S. 37 f (Wiederabdruck in: Aus Leben und Beruf, S. 167–173).
Kopf und Hand, in: Die Räder, 2. Jg., Nr. 1/2 (1921), S. 1–3.

1922
Über amorphe Niederschläge und krystallisierte Sole, in: Ber. Dtsch. Chem. Ges. 55 (1922 II), S. 1717–1733.
Zum 80. Geburtstage von Carl Engler, in: Chem.-Ztg. 46 (1922), S. 2 f. (Wiederabdruck in: Aus Leben und Beruf, S. 1–6).
Über die Darstellung des Ammoniaks aus Stickstoff und Wasserstoff [Vortrag, gehalten beim Empfang des Nobelpreises in Stockholm am 2. Juli 1920], in: Les Prix Nobel en 1919–1920, Stockholm 1922 [ohne durchgehende Paginierung]; ebenfalls in: Naturwissenschaften 10 (1922), S. 1041–1049 und in: Fünf Vorträge, S. 1–24; engl. Übersetzung in: Nobel Lectures. Including Presentation Speeches and Laureates' Biographies. Chemistry 1901–1921, Amsterdam u. a. 1966, S. 326–340.
Das Zeitalter der Chemie, seine Aufgaben und Leistungen [Vortrag, gehalten in der Akademie der Wissenschaften Berlin 1921], in: Z. angew. Chem. 35 (1922), S. 37–40 (Wiederabdruck in: Fünf Vorträge, S. 42–65).
(mit W. Zisch) Anregung von Gasspektren durch chemische Reaktionen, in: Zeitschrift für Physik 9 (1922), S. 302–326.

1923
Zur Geschichte des Gaskrieges. Vortrag, gehalten vor dem parlamentarischen Untersuchungsausschuß des Deutschen Reichstages am 1. Oktober 1923, in: Fünf Vorträge, S. 76–92.
Die Deutsche Chemie in den letzten 10 Jahren. Vortrag, gehalten im Deutschen Club in Buenois Aires am 4. Dezember 1923, in: Aus Leben und Beruf, S. 7–24.
Vorsitzender der Generalversammlung vom 16. April 1923 [Eröffnungsrede], in: Ber. Dtsch. Chem. Ges. 56 (1923 I), S. A 65–A 68.
Nachruf für Hans Goldschmidt, in: Ber. Dtsch. Chem. Ges. 56 (1923 I), S. A 77–A 79.
Vorsitzender der Sitzung vom 15. Oktober 1923 [Rede], in: Ber. Dtsch. Chem. Ges. 56 (1923 I), S. A 81–A 86.
Bemerkung zu vorstehender Notiz [= Max Trautz, Zur Geschichte des Ammoniakverfahrens. Erwiderung auf die Ausführungen Habers], in: Die Naturwissenschaften 11 (1923), S. 339 f.

Neue Arbeitsweisen. Wissenschaft und Wirtschaft nach dem Kriege. Vortrag, gehalten bei einer Veranstaltung des Reichspräsidenten am 20. März 1923, in: Die Naturwissenschaften 11 (1923), S. 753–756 (Wiederabdruck in: Fünf Vorträge, S. 66–75).

(mit H. Wolff) Über Nebelexplosionen, in: Z. angew. Chem. 36 (1923), S. 373–377.

Zum 70. Geburtstag von Wilhelm Ostwald, in: Z. angew. Chem. 36 (1923), S. 460.

1924

Fünf Vorträge aus den Jahren 1920–1923, Berlin 1924.

Festrede, gehalten beim fünzigjährigen Stiftungsfest des Akademisch-Literarischen Vereins im Festsaal der Universität Breslau am 10. Juni 1924, in: Aus Leben und Beruf, S. 25–36.

Über Wissenschaft und Leben. Vortrag, gehalten in der deutschen Gesellschaft für Natur- und Völkerkunde Ostasiens in Tokyo am 17. November 1924, in: Aus Leben und Beruf, S. 37–51.

Japanische Eindrücke. Rede, gehalten am 4. November 1924 in Osaka vor einem wirtschaftlichen Kreise, in: Aus Leben und Beruf, S. 52–66.

Ansprache an den japanischen Unterrichtsminister im Unterrichtsministerium in Tokyo bei Übergabe einer Sammlung deutscher Bücher Dezember 1924, in: Aus Leben und Beruf, S. 67–69.

Widmung, in: Deutsche wissenschaftliche Untersuchungen auf dem Gebiete der Chemie. Ausgeführt von Hajime Hoshi, Leipzig–Berlin 1924, S. V–VII.

Der Zerfall des Quecksilberatoms, in: Die Naturwissenschaften 12 (1924), S. 635.

1925

Wirtschaftlicher Zusammenhang zwischen Deutschland und Japan. Vortrag, gehalten vor dem Gesamtausschuß des Vereins zur Wahrung der Interessen der chemischen Industrie Deutschlands e. V. am Donnerstag, dem 11. Juni 1925, in Frankfurt a. M., in: Aus Leben und Beruf, S. 70–95.

Mehr Raum dem Erfindergeist. Gespräche mit Fritz Haber, in: Industrie- und Handelszeitung, 6. Jg., Nr. 118, 21. 5. 1925.

Der erwachende Osten. Gespräche mit Fritz Haber, in: Industrie- und Handelszeitung, 6. Jg., Nr. 121, 26. 5. 1925.

Practical Results of the Theoretical Development of Chemistry [Address delivered Thursday, September 18, 1924, on the occasion of the celebration of the centenary of the founding of The Franklin Institute], in: Journal of the Franklin Institute 199 (1925), S. 437–456.

Wissenschaftspflege, in: Die Naturwissenschaften 13 (1925), S. 565–567 (Wiederabdruck in: Aus Leben und Beruf, S. 96–104).

Über die Hydroxyde des Aluminiums und des dreiwertigen Eisens, in: Die Naturwissenschaften 13 (1925), S. 1007–1012.

(mit J. Jaenicke) Beitrag zur Kenntnis des Rheinwassers, in: Z. anorg. Chem. 147 (1925), S. 156–170.

1926

Ansprache bei der Eröffnung des Instituts zur Förderung der wechselseitigen Kenntnisse des geistigen Lebens und der öffentlichen Einrichtungen in Deutschland und Japan, gehalten im Festsaal der Kaiser Wilhelm-Gesellschaft zur Förderung der Wissenschaften zu Berlin am 4. Dez. 1926, in: Aus Leben und Beruf, S. 148–157.

(mit J. Jaenicke, F. Matthias) Über die angebliche Darstellung «künstlichen» Goldes aus Quecksilber, in: Ber. Dtsch. Chem. Ges. 59 (1926 II), S. 1641–1648.

Über die Grenzgebiete der Chemie [Vortrag, gehalten auf Einladung der medizinischen Fakultät der Berliner Universität vor den amerikanischen Ärzten bei deren Besuch am 16. Juni 1926 in Berlin], in: Die Naturwissenschaften 14 (1926), S. 849–855 (Wiederabdruck in: Aus Leben und Beruf, S. 126–147).

Über den Stand der Frage nach der Umwandelbarkeit der chemischen Elemente [Vortrag, gehalten bei einer Veranstaltung der Kaiser Wilhelm-Gesellschaft zur Förderung der Wissenschaften am 3. März 1926], in: Die Naturwissenschaften 14 (1926), S. 405–412 (Wiederabdruck in: Aus Leben und Beruf, S. 105–126).

Die Versuche, chemische Elemente in andere zu verwandeln [Rede, Kaiser Wilhelm-Gesellschaft zur Förderung der Wissenschaften, Berlin 3. 3. 1926], in: Z. angew. Chem. 39 (1926), S. 483 f; auch in: Chemisch-Metallurgische Zeitschrift 16 (1926), S. 540 f.

(mit J. Jaenicke, F. Matthias) Über die angebliche Darstellung «künstlichen» Goldes aus Quecksilber, in: Z. anorg. Chem. 153 (1926), S. 153–183.

1927

Aus Leben und Beruf. Aufsätze, Reden, Vorträge, Berlin 1927.

Das Gold im Meerwasser, in: Z. angew. Chem. 40 (1927), S. 303–314.

Über Staat und Wissenschaft. Vortrag, gehalten bei einer Veranstaltung der Notgemeinschaft der Deutschen Wissenschaft am 20. Januar 1927 in Karlsruhe (Baden), in: Aus Leben und Beruf, S. 158–166.

1928

(mit H.-D. Graf von Schweinitz) Über Zündung des Knallgases durch Wasserstoffatome, in: Sitzungsberichte der Preußischen Akademie der Wissenschaften 1928, phys.-math. Klasse, S. 499–506.

Gedächtnisrede auf Justus von Liebig [Vorgetragen bei der Einweihung des Liebig-Hauses in Darmstadt am 7. Juli 1928], in: Z. angew. Chem. 41 (1928), S. 891–897.

Zum 60. Geburtstage von Georg Bredig, in: Z. Elektrochem. 34 (1928), S. 677–679.

(mit K. F. Bonhoeffer) Bandenspektroskopie und Flammenvorgänge, in: Z. phys. Chem. 137 (1928), S. 263–288.

1929

Vier Bemerkungen über heterogene Katalyse [Vortrag auf der 3. Hauptversammlung der Deutschen Bunsen-Gesellschaft, Berlin 8.–12. 5. 1929], in: Z. angew. Chem. 42 (1929), S. 705 f; auch in: Z. Elektrochem. 35 (1929), S. 533–535.

Über Verbrennungs- und Explosionsvorgänge, in: Z. angew. Chem. 42 (1929), S. 745–751.

1930

Chemie, in: Abb, Gustav (Hg.), Aus 50 Jahren deutscher Wissenschaft. Die Entwicklung ihrer Fachgebiete in Einzeldarstellungen, Berlin u. a. 1930, S. 343–350.

(mit J. P. Ethier) Wasserstoffatome als Oxydations- und als Reduktionsmittel, in: Die Naturwissenschaften 18 (1930), S. 266.

(mit L. Farkas, P. Goldfinger) Zündung von Kohlenoxydknallgas durch Spaltprodukte des Wassers, in: Die Naturwissenschaften 18 (1930), S. 266.

(mit L. Farkas, P. Harteck) Photochemische Sensibilisierung der Verbrennung von Wasserstoff und Kohlenoxyd, in: Die Naturwissenschaften 18 (1930), S. 266–268.

(mit H. N. Alyea) Zündung von Knallgas bei niedrigem Druck durch warmen Quarz, in: Die Naturwissenschaften 18 (1930), S. 441–443.

Über die Zündung des Knallgases, in: Die Naturwissenschaften 18 (1930), S. 917.

Franz Oppenheim zum Gedächtnis am Jahrestag seines Todes (13. Februar 1929). Zu-

gleich ein Beitrag zur Geschichte der Aktien-Gesellschaft für Anilinfabrikation, in: Z. angew. Chem. 43 (1930), S. 141–145.
(mit L. Farkas, P. Harteck) Photochemische Sensibilisierung im Ultraviolett, in: Z. Elektrochem. 36 (1930), S. 711–714.
(mit H. N. Alyea) Über die Zündung von Knallgas durch Quarz oder Porzellan bei Minderdruck, in: Z. physik. Chem. B 10 (1930), S. 193–204

1931
(mit R. Willstätter) Unpaarigkeit und Radikalketten im Reaktionsmechanismus organischer und enzymatischer Vorgänge, in: Ber. Dtsch. Chem. Ges. 64 (1931 II), S. 2844–2856.
Über die Autoxydation [I. Mitteilung über die Autoxydation], in: Die Naturwissenschaften 9 (1931), S. 450–455.
(mit J. Franck) Zur Theorie der Katalyse durch Schwermetallionen in wäßriger Lösung und insbesondere zur Autoxydation der Sulfitlösungen [II. Mitteilung über die Autoxydation], in: Sitzungsberichte der Preußischen Akademie der Wissenschaften 1931, phys.-math. Klasse, S. 250–256.
(mit H. Sachsse) Über die Reaktion dampfförmigen Natriums mit elementarem Sauerstoff. [III. Mitteilung über die Autoxydation], in: Bodenstein-Festband, hg. v. C. Drucker, G. Joos, F. Simon (= Z. phys. Chem., Ergänzungsband), Leipzig 1931, S. 831–848.

1932
Zum sechzigsten Geburtstage von Richard Willstätter, in: Die Naturwissenschaften 20 (1932), S. 601 f.
(mit J. Weiss) Über die Katalyse des Hydroperoxydes, in: Die Naturwissenschaften 20 (1932), S. 948–950.
(mit F. Oppenheimer) Über die Zündung von Knallgas durch Wasserstoffatome, in: Z. phys. Chem. B 16 (1932), S. 443–459.
(mit O. H. Wansbrough-Jones) Über die Einwirkung des Lichtes auf sauerstofffreie und sauerstoffhaltige Sulfitlösung, in: Z. phys. Chem. B 18 (1932), S. 103–123.

1933
Zum fünfundsiebenzigsten Geburtstage des Präsidenten der Kaiser Wilhelm-Gesellschaft Max Planck, in: Die Naturwissenschaften 21 (1933), S. 293.

1934
(mit J. Weiss) The Catalytic Decomposition of Hydrogen Peroxide by Iron Salts, in: Proceedings of the Royal Society, London, Series A, Vol. 147 (1934), S. 332–351.

3. Literatur

Abegg, Richard/Immerwahr, Clara, Notiz über das elektrochemische Verhalten des Fluorsilbers und des Fluors, in: Z. phys. Chem. 32 (1900), S. 142–144.
[Abegg, Richard], Das Ostwald-Jubiläum, in: Z. Elektrochem. 10 (1904), S. 1–3.
Adams, Ralph J. Q. (Hg.), The Great War, 1914–18. Essays on the Military, Political and Social History of the First World War, o. O. 1990.
Adams, Valerie, Chemical Warfare, Chemical Disarmament, Bloomington–Indianapolis 1990.

Adelheim, Roman, Beiträge zur Pathologischen Anatomie und Pathogenese der Kampfgasvergiftung, in: Virchows Archiv für pathologische Anatomie und Physiologie und für klinische Medizin 236 (1922), S. 309–360 sowie 240 (1923), S. 417–440.

Afflerbach, Holger, Falkenhayn. Politisches Denken und Handeln im Kaiserreich (= Beiträge zur Militärgeschichte 42), München 1994.

[Akademie], Die Berliner Akademie der Wissenschaften in der Zeit des Imperialismus, Teil I: Von den neunziger Jahren des 19. Jahrhunderts bis zur Großen Sozialistischen Oktoberrevolution, verfaßt von Conrad Grau; Teil II: Von der Großen Sozialistischen Oktoberrevolution bis 1933, verfaßt von Wolfgang Schlicker, Berlin (Ost) 1975.

Akten zur deutschen auswärtigen Politik, Serie B, Bd. II/2: Deutschlands Beziehungen zur Sowjet-Union, zu Polen, Danzig und den baltischen Staaten (8. 6.–31. 12. 1926), Göttingen 1967.

Albisetti, James C./Lundgreen, Peter, Höhere Knabenschulen, in: Handbuch der deutschen Bildungsgeschichte, Bd. IV: 1870–1918, hg. von Christa Berg, München 1991, S. 228–278.

Albrecht, Helmuth/Hermann, Armin, Die Kaiser-Wilhelm-Gesellschaft im Dritten Reich (1933–1945), in: Vierhaus/vom Brocke, Forschung, S. 356–406.

Albrecht, Helmuth, «Max Planck: Mein Besuch bei Adolf Hitler» – Anmerkungen zum Wert einer historischen Quelle, in: ders., Naturwissenschaft, S. 41–63.

Albrecht, Helmuth (Hg.), Naturwissenschaft und Technik in der Geschichte. 25 Jahre Lehrstuhl für Geschichte der Naturwissenschaft und Technik am Historischen Institut der Universität Stuttgart, Stuttgart 1993.

Alter, Peter, Wissenschaft, Staat, Mäzene. Anfänge moderner Wissenschaftspolitik in Großbritannien 1850–1920 (= Veröffentlichungen des Deutschen Historischen Instituts London 12), Stuttgart 1982.

Andres, Adolf, Starke Beschädigungen an gelagertem Reis durch die Mehlmotte (Ephestia Kuehniella Zell.), in: Zschr. angew. Ent. 4 (1917–1919), S. 150f.

Andres, Adolf/Müller, Adolf, Ein einfaches Verfahren der Blausäureentwicklung aus Cyannatriumlösungen und seine Verwendung zur Bekämpfung schädlicher Insekten, in: Zschr. angew. Ent. 6 (1919/20), S. 372–389.

Angerer, Jo, Chemische Waffen in Deutschland: Mißbrauch einer Wissenschaft, Darmstadt u. a. 1985.

Appel, Otto, Zur Geschichte der Anstalt, in: [Biologische Reichsanstalt], 16. Jahresbericht, 1921, S. 10–17.

Arbeitsstelle Albert Einstein/MPI für Bildungsforschung (Hg.), Wissenschaft zwischen Grundlagenkrise und Politik. Einstein in Berlin. Arbeitsbericht der Arbeitsstelle Albert Einstein 1991 bis 1993, Berlin 1994.

Arrhenius, Svante, Dr. Hans Luggin, in: Z. Elektrochem. 6 (1899/1900).

Arrhenius, Svante, Richard Abegg, in: Z. Elektrochem. 16 (1910), S. 554–557.

Arrhenius, Svante, Ostwalds Arbeit in der chemischen Verwandtschaftslehre, in: Die Naturwissenschaften 11 (1923), S. 729–731.

Ash, Mitchell G., Gestalt Psychology: Origins in Germany and Reception in the United States, in: Buxton, C. O. (Hg.), Points of View in the Modern History of Psychology, Orlando u. a. 1985, S. 295–344.

Ash, Mitchell G., Science, Technology, and Higher Education under Nazism, in: Isis 86 (1995), S. 458–462.

Ash, Mitchell G./Söllner, Alfons (Hg.), Forced Migration and Scientific Change. Emigré German-Speaking Scientists and Scholars after 1933, Cambridge u. a. 1996.

Axhausen, Paul, Die Rechtsanwaltschaft am Reichsgericht, in: Lobe, Fünfzig Jahre, S. 206–219.

Badash, Lawrence, British and American Views of the German Menace in World War I, in: Notes and Records of the Royal Society of London 34 (1979), S. 91–121.
Bail, Oskar, Ungeziefervertilgung mittels Blausäuregas, in: Gesundheits-Ingenieur. Zschr. für die gesamte Städtehygiene 42 (1919), S. 33–51.
BASF, 125 Jahre BASF. Stationen ihrer Geschichte. Ausstellung im Rathaus-Center Ludwigshafen 28. 4.–29. 6. 1990, Ludwigshafen 1990.
Bauer, Max, Der große Krieg in Feld und Heimat. Erinnerungen und Betrachtungen, 2. Aufl. Tübingen 1921.
Bechtolsheim, Ernst von, Eine staatliche Mühlenorganisation. Ein Weg zur Steigerung der Wirtschaftlichkeit, München 1918.
Becker, Anne/Becker, Kurt A./Block, Jochen H., Fritz Haber, in: Berlinische Lebensbilder, Bd. 1, S. 168–181.
Becker, Carl Heinrich, Kulturpolitische Aufgaben des Reiches, Leipzig 1919.
Becker, Carl Heinrich, Gedanken zur Hochschulreform, Leipzig 1919.
Becker, Carl Heinrich, Probleme der Wissenschaftspflege, in: Harms, Bernhard (Hg.), Recht und Staat im Neuen Deutschland. Vorlesungen, gehalten in der Deutschen Vereinigung für Staatswissenschaftliche Fortbildung, Bd. 1, Berlin 1929, S. 437–462.
Beer, John J., Coal Tar Dye Manufacture and the Origins of the Modern Industrial Research Laboratory, in: Isis 49 (1958), S. 123–131 (deutsch: Die Teerfarbenindustrie und die Anfänge des industriellen Forschungslaboratoriums, in: Hausen/Rürup, Technikgeschichte, S. 106–118).
Beer, John J., The Emergence of the German Dye Industry (= Illinois Studies in the Social Sciences 44), Urbana 1959.
Beike, Heinz, unter Mitarbeit von Hans Hirsch und Alois Tröber, Zur Rolle von Fritz Haber und Carl Bosch in Politik und Gesellschaft, in: Wiss. Zschr. der Technischen Hochschule für Chemie Leuna-Merseburg 3 (1960/61), H. 1, S. 55–72.
Beiträge des Kolloquiums «Die Herausbildung wissenschaftlicher Disziplinen in der Geschichte» (= Rostocker Wissenschaftshistorische Manuskripte 2), Rostock 1978.
Benson, H. K., The International Union of Chemistry, in: Industrial and Engineering Chemistry, News Edition 10 (1932), Nr. 14, S. 178 f.
Berding, Helmut, Moderner Antisemitismus in Deutschland, Frankfurt 1988.
Berl, Ernst, Fritz Haber zum 60. Geburtstage, in: Z. Elektrochem. 34 (1928), S. 797–803.
Berlepsch, Hans-Jörg von, Die Wiederentdeckung des «wirklichen Menschen» in der Geschichte. Neue biographische Literatur, in: AfS 29 (1989), S. 488–510.
Berliner, Ernst, Über die Schlaffsucht der Mehlmottenraupe und ihren Erreger, in: Zschr. angew. Ent. 2 (1915), S. 29–56.
Berliner, Ernst, Über die Schlaffsucht der Mehlmottenraupe, in: Zschr. für das gesamte Getreidewesen 3 (1911), S. 63 ff.
Berlinische Lebensbilder, hg. von Wolfgang Ribbe (= Einzelveröffentlichungen der Historischen Kommission zu Berlin 60), Berlin: Bd. 1: Naturwissenschaftler, 1987; Bd. 2, Mediziner, 1987; Bd. 3: Wissenschaftspolitik in Berlin, 1987; Bd. 4: Geisteswissenschaftler, 1989.
Bernal, John Desmond, Die Wissenschaft in der Geschichte, 3. bearb. Aufl., Berlin 1967.
Bernhard, Carl Gustaf/Crawford, Elisabeth/Sörbom, Per (Hg.), Science, Technology and Society in the Time of Alfred Nobel, Oxford u. a. 1982.
Bernthsen, August, Über Luftsalpetersäure, in: Z. angew. Chem. 22 (1909), S. 1167–1178.
Bernthsen, August, Die synthetische Gewinnung des Ammoniaks. Vortrag auf dem 8. Internationalen Kongreß für angewandte Chemie am 11. 8. 1912 in New York, in: Z. angew. Chem. 26 (1913), S. 10–16.
Beyerchen, Alan D.,Wissenschaftler unter Hitler. Physiker im Dritten Reich, Köln 1977.

Beyerchen, Alan D., On the Stimulation of Excellence in Wilhelminian Science, in: Dukes/Remak, Germany, S. 139–168.

[Biologische Reichsanstalt], Bericht über die Tätigkeit der Biologischen Reichsanstalt für Land- und Forstwirtschaft im Jahre 1920. 16. Jahresbericht, erstattet vom Direktor (= Mitteilungen aus der BRA 21), Berlin 1921.

Bleker, Johanna/Schmiedebach, Heinz-Peter (Hg.), Medizin und Krieg. Vom Dilemma der Heilberufe 1865 bis 1985, Frankfurt 1987.

Bock, Klaus Dieter, Strukturgeschichte der Assistentur. Personalgefüge, Wert- und Zielvorstellungen in der deutschen Universität des 19. und 20. Jahrhunderts (= Wissenschaftstheorie, Wissenschaftspolitik, Wissenschaftsplanung 29), Düsseldorf 1972.

Bodenstein, Max, Fritz Haber gestorben, in: Z. Elektrochem. 40 (1934), S. 113–115.

Bodenstein, Max, Gedächtnisrede auf Fritz Haber, in: Sitzungsberichte der Preußischen Akademie der Wissenschaften, 1934, S. 120–130.

Böck, Adolf, Die Berufsgliederung der Reichstagswahlkreise. Eine politisch-statistische Studie, Memmingen 1911.

Boehlich, Walter (Hg.), Der Berliner Antisemitismusstreit, Frankfurt 1965.

Böhm, Helmut, Von der Selbstverwaltung zum Führerprinzip. Die Universität München in den ersten Jahren des Dritten Reiches (1933–1936) (= Münchener Universitätsschriften 15), Berlin 1995.

Bonhoeffer, Karl-Friedrich, Fritz Haber gestorben, in: Chem.-Ztg. 58 (1934), S. 205.

Borchers, Wilhelm, Wilhelm von Miller, in: Z. Elektrochem. 5 (1898/99), S. 445 f.

Borchers, Wilhelm, Die Elektrochemie und ihre weitere Interessensphäre auf der Pariser Weltausstellung 1900, in: Z. Elektrochem. 7 (1900/01), S. 37–40, 45–52, 69–75, 77–82, 85–92, 93–98, 101–114, 125–130, 149–157, 189–196, 229–251.

Borkin, Joseph, Die unheilige Allianz der I. G. Farben. Eine Interessengemeinschaft im Dritten Reich, 3. Aufl. Frankfurt – New York 1981 (amerik.: The Crime and Punishment of I. G. Farben, New York 1978).

Born, Max, Mein Leben. Die Erinnerungen des Nobelpreisträgers, München 1975.

Bornhak, Conrad, Die Rechtsverhältnisse der Hochschullehrer in Preußen. Zum praktischen Gebrauche, Berlin 1901.

Borscheid, Peter, Naturwissenschaft, Staat und Industrie in Baden (1848–1914) (= Industrielle Welt 17), Stuttgart 1976.

Boschan, Bärbel, Zur Entwicklung der philosophischen Fakultät der Berliner Universität im Zeitraum 1870–1900, phil. Diss. masch., Berlin 1990.

Bothe, Walther, Erich Regener 70 Jahre, in: Zeitschrift für Naturforschung 6a (1951), S. 565–567.

Bourdieu, Pierre, Die biographische Illusion, in: BIOS 3 (1990), S. 75–81.

Brämer, Rainer (Hg.), Naturwissenschaft im NS-Staat, Marburg 1983.

Brauch, Hans Günter, Der chemische Alptraum oder gibt es einen C-Waffen-Krieg in Europa, Berlin–Bonn 1982.

Brauch, Hans Günter/Müller, Rolf-Dieter (Hg.), Chemische Kriegführung – Chemische Abrüstung. Dokumente und Kommentare (= Militärpolitik und Rüstungsbegrenzung 1), Berlin 1985.

Braun, Hans-Joachim, Franz Reuleaux und der Technologietransfer zwischen Deutschland und Nordamerika am Ausgang des 19. Jahrhunderts, in: Technikgeschichte 48 (1981), S. 112–130.

Braun, Klaus, Konservatismus und Gemeinwirtschaft. Eine Studie über Wichard von Moellendorff (= Duisburger Hochschulbeiträge 11), Duisburg 1978.

[Breslau], Kommunale Praxis 5 (1905), Sp. 407–410 und 7 (1907), Sp. 529–532.

«Breslau», in: Meyers Lexikon, 7. neubearb. Aufl., Bd. 2, Leipzig 1925, Sp. 855–861.

«Breslau», in: Der große Brockhaus. Handbuch des Wissens in 20 Bden, 15. neubearb. Aufl., Bd. 3, Leipzig 1929, S. 314–317.
Breslauer, Bernhard, Die Zurücksetzung der Juden an den Universitäten Deutschlands. Denkschrift im Auftrage des Verbandes der Deutschen Juden, Berlin 1911.
Breslauer Juden 1850–1945. Katalog zur Ausstellung, im Auftrage der Historischen Kommission für Schlesien und des Ludwig-Petry-Instituts für ostdeutsche Landes- und Volksforschung Mainz, hg. von Josef Joachim Menzel, St. Augustin 1990.
Brocke, Bernhard vom, Der deutsch-amerikanische Professorenaustausch. Preußische Wissenschaftspolitik, internationale Wissenschaftsbeziehungen und die Anfänge einer deutschen auswärtigen Kulturpolitik vor dem Ersten Weltkrieg, in: Zschr. für Kulturaustausch 31 (1981), S. 128–182.
Brocke, Bernhard vom, Wissenschaft und Militarismus. Der Aufruf der 93 «An die Kulturwelt» und der Zusammenbruch der internationalen Gelehrtenrepublik im Ersten Weltkrieg, in: Calder III, William M./Flashar, Hellmut/Lindken, Theodor (Hg.), Wilamowitz nach 50 Jahren, Darmstadt 1985, S. 649–719.
Brocke, Bernhard vom, Von der Wissenschaftsverwaltung zur Wissenschaftspolitik. Friedrich Althoff (19. 2. 1839–20. 10. 1908), in: Ber. Wiss. gesch. 11 (1988), S. 1–26.
Brocke, Bernhard vom, Die Kaiser-Wilhelm-Gesellschaft im Kaiserreich. Vorgeschichte, Gründung und Entwicklung bis zum Ausbruch des Ersten Weltkriegs, in: Vierhaus/vom Brocke, Forschung, S. 17–162.
Brocke, Bernhard vom, Die Kaiser-Wilhelm-Gesellschaft in der Weimarer Republik, in: Vierhaus/vom Brocke, Forschung, S. 197–355.
Brocke, Bernhard vom, Internationale Wissenschaftsbeziehungen und die Anfänge einer deutschen auswärtigen Kulturpolitik: Der Professorenaustausch mit Nordamerika, in: ders., Wissenschaftsgeschichte, S. 185–242.
Brocke, Bernhard vom (Hg.), Wissenschaftsgeschichte und Wissenschaftspolitik im Industriezeitalter. Das «System Althoff» in historischer Perspektive, Hildesheim 1991.
Brocke, Bernhard vom/Laitko, Hubert (Hg.), Die Kaiser-Wilhelm-/Max-Planck-Gesellschaft und ihre Institute. Studien zu ihrer Geschichte: Das Harnack-Prinzip, Berlin – New York 1996.
Broszat, Martin, Der Staat Hitlers. Grundlegung und Entwicklung seiner inneren Verfassung, 8. Aufl., München 1979.
Bruch, Rüdiger vom, Wissenschaft, Politik und öffentliche Meinung. Gelehrtenpolitik im Wilhelminischen Deutschland (1890–1914) (= Historische Studien 435), Husum 1980.
Bruch, Rüdiger vom, Universitätsreform als soziale Bewegung. Zur Nicht-Ordinarienfrage im späten deutschen Kaiserreich, in: GG 10 (1984), S. 72–91.
Bruch, Rüdiger vom/Müller, Rainer A. (Hg.), Formen außerstaatlicher Wissenschaftsförderung im 19. und 20. Jahrhundert. Deutschland im europäischen Vergleich (= VSWG-Beihefte 88), Stuttgart 1990.
Bunte, Hans, Wissenschaftliche Forschung und chemische Technik. Rektoratsrede TH Karlsruhe vom 31. 10. 1896, Karlsruhe 1896.
Burchardt, Lothar, Friedenswirtschaft und Kriegsvorsorge. Deutschlands wirtschaftliche Rüstungsbestrebungen vor 1914 (= Schriften des Militärgeschichtlichen Forschungsamtes 6), Boppard 1968.
Burchardt, Lothar, Walther Rathenau und die Anfänge der deutschen Rohstoffbewirtschaftung im Ersten Weltkrieg, in: Tradition 15 (1970), S. 169–196.
Burchardt, Lothar, Eine neue Quelle zu den Anfängen der Kriegswirtschaft in Deutschland 1914. Das Tagebuch Wichard von Moellendorffs vom 13. August bis zum 14. Oktober 1914, in: Tradition 16 (1971), S. 72–92.

Burchardt, Lothar, Wissenschaftspolitik im Wilhelminischen Deutschland. Vorgeschichte, Gründung und Aufbau der Kaiser-Wilhelm-Gesellschaft zur Förderung der Wissenschaften (= Studien zu Naturwissenschaft, Technik und Wirtschaft im Neunzehnten Jahrhundert 1), Göttingen 1975.

Burchardt, Lothar, Die Ausbildung des Chemikers im Kaiserreich, in: Zschr. für Unternehmensgeschichte 23 (1978), S. 31–53.

Burchardt, Lothar, Die Zusammenarbeit zwischen chemischer Industrie, Hochschulchemie und chemischen Verbänden im Wilhelminischen Deutschland, in: Technikgeschichte 46 (1979), S. 192–212.

Burchardt, Lothar, Naturwissenschaftliche Universitätslehrer im Kaiserreich, in: Schwabe, Klaus (Hg.), Deutsche Hochschullehrer als Elite 1815–1945 (= Deutsche Führungsschichten in der Neuzeit 17), Boppard 1988, S. 151–214.

Burchardt, Lothar, Die Kaiser-Wilhelm-Gesellschaft im Ersten Weltkrieg (1914–1918), in: Vierhaus/vom Brocke, Forschung, S. 163–196.

Burkhardt, Franz, Zur Biologie der Mehlmotte (Ephestia Kuehniella Zeller), in: Zschr. angew. Ent. 6 (1919/20), S. 25–60.

Burns, Robert M., A History of the Electrochemical Society, 1902–1976, Princeton 1977.

Busch, Alexander, Die Geschichte des Privatdozenten. Eine soziologische Studie zur großbetrieblichen Entwicklung der deutschen Universitäten (= Göttinger Abhandlungen zur Soziologie 5), Stuttgart 1959.

Cahan, David Lee, An Institute for an Empire: the Physikalisch-Technische Reichsanstalt, 1871–1018, Cambridge 1989 (Druckfassung von: The Physikalisch-Technische Reichsanstalt, Diss. Johns Hopkins 1980); überarb. und ins Dt. übertragene Fassung: Meister der Messung. Die Physikalisch-Technische Reichsanstalt im Deutschen Kaiserreich, Weinheim u. a. 1992.

Caro, Heinrich, Über die Entwicklung der chemischen Industrie von Mannheim-Ludwigshafen a./Rh., in: Z. angew. Chem. 17 (1904 II), S. 1343–1362.

Chapiro, Joseph, Für Alfred Kerr. Ein Buch der Freundschaft, Berlin 1928.

Chapman, John W. M., Japan in German Aviation Policies of the Weimar Period, in: Kreiner, Japan, S. 155–173.

Chayut, Michael, From Berlin to Jerusalem: Ladislaus Farkas and the Founding of Physical Chemistry in Israel, in: HSPS 24 (1994), S. 237–263.

Chemiker über Chemiker. Wahlvorschläge zur Aufnahme von Chemikern in die Berliner Akademie 1822–1925 von Eilhard Mitscherlich bis Max Bodenstein, bearb. von Anneliese Greiner (= Studien zur Geschichte der Akademie der Wissenschaften der DDR 12), Berlin (Ost) 1986.

«Chemische Technologie», in: Der große Brockhaus. Handbuch des Wissens in 20 Bden, 15. neubearb. Aufl. Leipzig 1929, Bd. 3, S. 764 f.

Chymia Jenensis. Chymisten, Chemisten und Chemiker in Jena, bearb. von Rüdiger Stolz (= Alma Mater Jenensis. Studien zur Hochschul- und Wissenschaftsgeschichte 6), Jena 1989.

Chmiel, Gerd u. a., Im Frieden der Menschheit, im Kriege dem Vaterland. 75 Jahre Fritz-Haber-Institut der Max-Planck-Gesellschaft. Bemerkungen zur Geschichte und Gegenwart, Berlin 1986.

Coates, J. E., The Haber Memorial Lecture. Delivered before the Chemical Society on April 29th, 1937, in: Memorial Lectures Delivered before the Chemical Society 1933–1942, Bd. IV, London 1951, S. 127–157 (erstmals in: Journal of the Chemical Society, 1939, Part II, S. 1642–1672).

Cock, A. G., Chauvinism and Internationalism in Science. The International Research

Council, 1919–1926, in: Notes and Records of the Royal Society of London 37 (1982/83), S. 249–288.
Conrad, Johannes, Einige Ergebnisse der deutschen Universitätsstatistik, in: Jahrbücher für Nationalökonomie und Statistik, 3. Folge, 32 (1906), S. 433–492.
Crawford, Elisabeth/Friedman, Marc Robert, The Prizes in Physics and Chemistry in the Context of Swedish Science: A Working Paper, in: Bernhard u. a., Science, S. 311–331.
Crawford, Elisabeth, The Beginnings of the Nobel Institution. The Science Prizes, 1901–1915, Cambridge u. a. 1984.
Crawford, Elisabeth, Nationalism and Internationalism in Science, 1880–1939. Four Studies of the Nobel Population, Cambridge 1992.
Crawford, Elisabeth/Heilbron, John L./Ullrich, Rebecca, The Nobel Population 1901–1937. A Census of the Nominators and Nominees for the Prizes in Physics and Chemistry (= Berkeley Papers in History of Science 11), Berkeley–Uppsala 1987.
Crawford, Elisabeth/Heilbron, John L., Die Kaiser-Wilhelm-Institute für Grundlagenforschung und die Nobelinstitution, in: Vierhaus/vom Brocke, Forschung, S. 835–857.
Crawford, Elisabeth/Shinn, Terry/Sörlin, Sverker (Hg.), Denationalizing Science. The Contexts of International Scientific Practice (= Sociology of the Sciences, Yearbook 16), Dordrecht u. a. 1993.
Crookes, Sir William, The Wheat Problem. Based on Remarks Made in the Presidential Address to the British Association at Bristol in 1898, 3. erw. Auflage, London u. a. 1917.
Däbritz, Walther, Fünfzig Jahre Metallgesellschaft. Denkschrift, Frankfurt 1931.
Daum, Andreas, Wissenschaftspopularisierung im 19. Jahrhundert. Bürgerliche Kultur, naturwissenschaftliche Bildung und die deutsche Öffentlichkeit 1848–1914, München 1998.
Degeners Wer ist's? Eine Sammlung von rund 18000 Biographien mit Angaben über Herkunft, Familie, Lebenslauf, IX. Ausg., Berlin 1928; 10. neu bearb. Aufl., Berlin 1935.
[Degesch] Die Deutsche Gesellschaft für Schädlingsbekämpfung, in: Zschr. angew. Ent. 6 (1919/20), S. 413 f.
Degesch (Hg.), Degesch – 20 Jahre Schädlingsbekämpfung 1917–1937, Frankfurt 1937.
Degussa (Hg.), Aller Anfang ist schwer. Bilder zur hundertjährigen Geschichte der Degussa 1873–1973, Frankfurt 1973.
Degussa (Hg.), Von Frankfurt in die Welt. Aus der Geschichte der Degussa AG, Frankfurt 1988.
Deichmann, Ute, Dem Vaterlande – solange es dies wünscht, in: Chemie in unserer Zeit 30 (1996), Nr. 3, S. 141–149.
Deimling, Berthold von, Aus der alten in die neue Zeit. Lebenserinnerungen, Berlin 1930.
Deutsche Gesellschaft 1914, Mitgliederverzeichnis der Deutschen Gesellschaft 1914, Januar 1917 sowie Oktober 1919.
Dieckmann, Wilhelm, Die Behördenorganisation in der deutschen Kriegswirtschaft 1914–1918, Hamburg 1937.
Dienel, Hans-Liudger, Ingenieure zwischen Hochschule und Industrie. Kältetechnik in Deutschland und Amerika, 1870–1930 (= Schriftenreihe der Historischen Kommission der Bayerischen Akademie der Wissenschaften 54), Göttingen 1995.
[Dodd, William E.] Diplomat auf heißem Boden. Tagebuch des USA-Botschafters William E. Dodd in Berlin 1933–1938, hg. von William E. Dodd jr. und Martha Dodd mit einer Einführung von Charles A. Beard, o. O. 1961 (am. Orig.: Ambassador Dodd's Diary, 1933–1938, New York 1941).

Doeberl, Michael u. a. (Hg.), Das akademische Deutschland, Bd. 2, Berlin 1931.
Dokumente zur Gründung der Kaiser-Wilhelm-Gesellschaft und der Max-Planck-Gesellschaft zur Förderung der Wissenschaften. Ausstellung in der Staatsbibliothek Preußischer Kulturbesitz, Berlin, vom 21. Mai bis 19. Juni 1981 (Katalog).
Dolby, Robert G. A., The Transmission of Two New Scientific Disciplines from Europe to North America in the Late Nineteenth Century, in: Annals of Science 34 (1977), S. 287–310.
Dolby, Robert G. A., The Case of Physical Chemistry, in: Lemaine u. a., Perspectives, S. 63–73.
Donnan, Frederic G., Obituary Notice. Herbert Freundlich. 1880–1941, in: Journal of the Chemical Society (1942), Teil II, S. 646–654.
Dorsch, Peter, Heinrich Wieland und das Chemische Institut der Universität München in der Zeit des Nationalsozialismus, masch. Mag. München 1994.
Draheim, Dirk/Hoffmann, Dieter, Kindheit und Jugend – Student und Antifaschist (1910–1945), in: Havemann, Dokumente, S. 13–45.
Düwell, Kurt, Staat und Wissenschaft in der Weimarer Epoche. Zur Kulturpolitik des Ministers C. H. Becker, in: HZ, Beiheft 1, 1971, S. 31–74.
Düwell, Kurt, Deutschlands auswärtige Kulturpolitik 1918–1932. Grundlinien und Dokumente, Köln–Wien 1976.
Duisberg, Carl, Die Vereinigung der deutschen Farbenfabriken. Denkschrift aus dem Jahre 1915 (Vorbemerkung von Wilhelm Treue), in: Tradition 8 (1963), S. 193–227.
Duisberg, Carl. Meine Lebenserinnerungen, hg. auf Grund von Aufzeichnungen, Briefen und Dokumenten von Jesco v. Puttkamer, Leipzig 1933.
Dukes, Jack/Remak, J. (Hg.), Another Germany: A Reconsideration of the Imperial Era, Boulder–London 1988.
Dunsch, Lothar, Geschichte der Elektrochemie. Ein Abriß, Leipzig 1985.
Ebbinghaus, Angelika, Rezension zu Leitner, Fall, in: 1999, Heft 4 (1993), S. 125–131.
Eckart, Wolfgang U., «Der größte Versuch, den die Einbildungskraft ersinnen kann» – Der Krieg als hygienisch-bakteriologisches Laboratorium und Erfahrungsfeld, in: Eckart/Gradmann, Medizin, S. 301–319.
Eckart, Wolfgang U./Gradmann, Christoph (Hg.), Die Medizin und der Erste Weltkrieg (= Neuere Medizin- und Wissenschaftsgeschichte. Quellen und Studien 3), Pfaffenweiler 1996.
Eidgenössische Technische Hochschule 1855–1955. Ecole politechnique fédérale, Zürich 1955.
[Einstein] Albert Einstein in Berlin 1913–1933, 2 Bde. (= Studien zur Geschichte der Akademie der Wissenschaften der DDR 6 und 7), Berlin (Ost) 1979.
[Einstein] The Collected Papers of Albert Einstein, Bd. 5: The Swiss Years: Correspondence, 1902–1914, hg. von Martin J. Klein u. a., Princeton 1993.
Elektrochemisches Laboratorium der kgl. bayr. Technischen Hochschule München, in: Z. Elektrochem. 4 (1897/98), S. 74–79.
Enderwitz, Fritz, Das Werden und Wachstum Breslaus, in: Beiträge zur schlesischen Landeskunde. Dem XXI. Deutschen Geographentage dargeboten vom Geographischen Institut der Universität Breslau, hg. von Max Friederichsen, Breslau 1925, S. 1–27.
Engel, Michael, Geschichte Dahlems, Berlin 1984.
Engelberg, Ernst/Schleier, Hans, Zur Geschichte und Theorie der historischen Biographie, in: ZfG 38 (1990), S. 195–217.
Escherich, Karl, Blausäure als Entlausungsmittel, in: Zschr. angew. Ent. 3 (1916), S. 426–428.

Escherich, Karl, Die angewandte Entomologie in den Vereinigten Staaten. Eine Einführung in die biologische Bekämpfungsmethode. Zugleich mit Vorschlägen zu einer Reform der Entomologie in Deutschland, Berlin 1913.
Escherich, Karl, Eröffnungsansprache, in: Verhandlungen der Deutschen Gesellschaft für angewandte Entomologie auf der ersten Jahresversammlung zu Würzburg vom 21. bis 24. Oktober 1913, Berlin 1914.
Escherich, Karl, Läuse, in: Zschr. angew. Ent. 2 (1915), S. 262f.
Escherich, Karl, Die Biologische Reichsanstalt, in: Zschr. angew. Ent. 8 (1921/22), S. 168f.
Escherich, Karl, Die Flugzeugbestäubung gegen Forstschädlinge (= Flugschriften der Deutschen Gesellschaft für angewandte Entomologie 12), Berlin 1929.
Eucken, Walter, Die Stickstoffversorgung der Welt. Eine volkswirtschaftliche Untersuchung, Stuttgart–Berlin 1921.
Eulenburg, Franz, Der «akademische Nachwuchs». Eine Untersuchung über die Lage und die Aufgaben der Extraordinarien und Privatdozenten, Leipzig–Berlin 1908.
Farbwerke Hoechst AG (Hg.), Wilhelm Ostwald und die Stickstoffgewinnung aus der Luft (= Dokumente aus Hoechster Archiven 5), Frankfurt 1964.
Farbwerke Hoechst AG (Hg.), Griesheimer Versuche zur Stickstoffgewinnung aus der Luft (= Dokumente aus Hoechster Archiven 18), Frankfurt 1966.
Federlin, Paul, La chimie. Une passion des scientifiques strasbourgeois et alsaciens, in: Les sciences en Alsace 1538–1988, Strasbourg 1989, S. 99–132.
Feldman, Gerald D., A German Scientist between Illusion and Reality: Emil Fischer, 1909–1919, in: Geiss, Imanuel/Wendt, Bernd Jürgen (Hg.), Deutschland in der Weltpolitik des 19. und 20. Jahrhunderts. Fritz Fischer zum 65. Geburtstag, Düsseldorf 1973, S. 341–362.
Feldman, Gerald D., Army, Industry and Labor in Germany 1914–1918, Princeton 1966 (deutsch: Armee, Industrie und Arbeiterschaft in Deutschland 1914–1918, Berlin u. a. 1985).
Feldman, Gerald D., Industrie und Wissenschaft in Deutschland 1918–1933, in: Vierhaus/vom Brocke, Forschung, S. 657–672.
Feldman, Gerald D., The Great Disorder. Politics, Economics and Society in the German Inflation, 1914–1924, New York–Oxford 1993.
Feldman, Gerald D., Die Deutsche Bank vom Ersten Weltkrieg bis zur Weltwirtschaftskrise 1914–1933, in: Gall, Lothar u. a., Die Deutsche Bank 1870–1995, München 1995, S. 138–314.
Ferber, Christian von, Die Entwicklung des Lehrkörpers der deutschen Universitäten und Hochschulen, 1868–1954, Göttingen 1956.
Festschrift zur Feier des 100jähr. Bestehens des Gymnasiums und Realgymnasiums am Zwinger zu Breslau, o. O., o. J. [Breslau 1936].
Fischer, Emil, Neuere Erfolge und Probleme der Chemie. Experimentalvortrag, gehalten in Anwesenheit S. M. des Kaisers aus Anlaß der Konstituierung der KWG am 11. Januar 1911 im Kultusministerium zu Berlin, Berlin 1911.
Fischer, Emil, Aus meinem Leben (= Emil Fischer, Gesammelte Werke 1, hg. von Max Bergmann), Berlin 1922.
Fischer, Ernst Peter, Frau Professor Dr. Fritz. Eine Biografie der Chemikerin Clara Haber verfehlt leider Leben und Werk, in: die tageszeitung, 21. 6. 1993.
Fischer, Ferdinand, Das Studium der technischen Chemie an den Universitäten und Technischen Hochschulen Deutschlands und das Chemikerexamen, Braunschweig 1897.
Fischer, Klaus, Die Emigration deutschsprachiger Physiker nach 1933: Strukturen und Wirkungen, in: Strauss, Herbert A. u. a. (Hg.), Die Emigration der Wissenschaften nach 1933. Disziplingeschichtliche Studien, München u. a. 1991, S. 27–72.

Fitzpatrick, Sheila/Gellately, Robert, Introduction to the Practices of Denunciation in Modern European History, in: JMH 68 (1996), S. 747–767.

Flechtner, Hans-Joachim, Carl Duisberg. Vom Chemiker zum Wirtschaftsführer, Düsseldorf 1959.

Fleming, J. A., The Organisation of Scientific Research, in: Nature 96 (1915/16), S. 692–696.

Flury, Ferdinand, Die Tätigkeit des Kaiser-Wilhelm-Instituts für physikalische Chemie und Elektrochemie in Berlin-Dahlem im Dienste der Schädlingsbekämpfung, in: Verhandlungen der Deutschen Gesellschaft für angewandte Entomologie 1918, S. 61–75.

Flury, Ferdinand, Über Kampfgasvergiftungen. I. Über Reizgase, in: Zeitschrift für die gesamte experimentelle Medizin 13 (1921), S. 1–15.

Flury, Ferdinand, Über Kampfgasvergiftungen. IX. Lokal reizende Arsenverbindungen, in: Zeitschrift für die gesamte experimentelle Medizin 13 (1921), S. 523–578.

Flury, Ferdinand/Hase, Albrecht, Blausäurederivate zur Schädlingsbekämpfung, in: Münchener Medizinische Wochenschrift 67 (1920), S. 779 f.

Flury, Ferdinand/Wieland, Hermann: Über Kampfgasvergiftungen. VII. Die pharmakologische Wirkung des Dichloräthylsulfids, in: Zeitschrift für die gesamte experimentelle Medizin 13 (1921), S. 367–483.

Flury, Ferdinand/Zernik, Franz, Schädliche Gase, Dämpfe, Nebel, Rauch- und Staubarten, Berlin 1931.

Fölsing, Albrecht, Albert Einstein. Eine Biographie, Frankfurt 1993.

Forman, Paul, Scientific Internationalism and the Weimar Physicists, in: Isis 64 (1973), S. 151–180.

Forschen und Wirken. Festschrift zur 150-Jahr-Feier der Humboldt-Universität zu Berlin 1810–1960. Bd. 1: Beiträge zur wissenschaftlichen und politischen Entwicklung der Universität, Berlin (Ost) 1960.

Fosdick, Raymond B., The Story of the Rockefeller Foundation (1952). With a new introduction by Steven C. Wheatley, Reprint New Brunswick–Oxford 1989.

Frickhinger, Hans Walter, Blausäure im Kampf gegen die Mehlmotte (Ephestia Kuehniella Zeller), in: Zschr. angew. Ent. 4 (1917–1919), S. 129–140.

Frickhinger, Hans Walter, Blausäureräucherung im Dienste der Mehlschädlingsbekämpfung. Bericht über eine vereinfachte Methode der Mühlenräucherung, in: Zsch. angew. Ent. 4 (1917–1919), S. 310–324.

Frickhinger, Hans Walter, Die Mehlmotte. Schilderung ihrer Lebensweise und ihrer Bekämpfung mit besonderer Berücksichtigung der Cyanwasserstoffdurchgasung, München 1918.

Frickhinger, Hans Walter, Organisation der Bekämpfung der Mühlenschädlinge, in: Verhandlungen 1918, S. 52–61.

Frickhinger, Hans Walter, Rezension zu Hase, Bettwanze, in: Die Naturwissenschaften 6 (1918), S. 45.

Friedrich-Wilhelms-Universität zu Berlin, Verzeichnis der Vorlesungen, Berlin, WS 1918/19 bis WS 1929/30.

Friese, Eberhard, Japanisches Mäzenatentum nach dem Ersten Weltkrieg: Hajime Hoshi und seine Stiftung für die deutsche Wissenschaft. Ein vorläufiger Bericht, in: Park, Sung-Jo/Krempien, Rainer (Hg.), Referate des V. Deutschen Japanologentages vom 8./9. 4. 1981 in Berlin (= Berliner Beiträge zur sozial- und wirtschaftswissenschaftlichen Japan-Forschung Nr. 16), Bochum 1983, S. 102–109.

Friese, Eberhard, Weltkultur und Widerstand. Wilhelm Solf 50 Jahre gestorben, in: Kreiner, Japan, S. 139–153.

Friese, Eberhard, Kontinuität und Wandel. Deutsch-japanische Kultur- und Wissen-

schaftsbeziehungen nach dem Ersten Weltkrieg, in: Vierhaus/vom Brocke, Forschung, S. 801–834.
Frucht, Adolf-Henning/Zepelin, Joachim, «Die Tragik der verschmähten Liebe». Die Geschichte des deutsch-jüdischen Physikochemikers und preußischen Patrioten Fritz Haber, in: Mannheimer Forum 94/95. Ein Panorama der Naturwissenschaften, hg. von Ernst Peter Fischer, München–Zürich 1994, S. 63–111.
Fuchs, Emil, Das städtische evangelische Gymnasium zu St. Elisabet in Breslau 1293–1945, Enger/Westf. o. J. [1967].
Furukawa, Yasu, Staudinger, Polymers, and Political Struggles, in: Chemical Heritage 11, Nr. 1 (1993/94), S. 4–6.
Gassner, L./Rasch, Walter, 25 Jahre Blausäure, in: Zschr. f. hygienische Zoologie und Schädlingsbekämpfung 33 (1941), S. 162–169.
Gellately, Robert, Denunciations in Twentieth-Century Germany: Aspects of Self-Policing in the Third Reich and the German Democratic Republic, in: JMH 68 (1996), S. 931–967.
Gerlach, Walther/Hahn, Dietrich, Otto Hahn, 1879–1968. Ein Forscherleben unserer Zeit (= Große Naturforscher 45), Stuttgart 1984.
Gestrich, Andreas, Einleitung: Sozialhistorische Biographieforschung, in: ders./Knoch, Peter/Merkel, Helga (Hg.), Biographie – sozialgeschichtlich. Sieben Beiträge, Göttingen 1988, S. 5–28.
Geyer, Hermann, Wie sich der Gaskrieg entwickelte, in: Jost, Walter/Felger, Friedrich (Hg.), Was wir vom Weltkrieg nicht wissen, Leipzig 1936, S. 281–299.
Geyer, Michael, Aufrüstung oder Sicherheit. Die Reichswehr in der Krise der Machtpolitik 1924–1936 (= Veröffentlichungen des Instituts für europäische Geschichte Mainz 91), Wiesbaden 1980.
Girnus, Wolfgang, Grundzüge der Herausbildung der physikalischen Chemie als Wissenschaftsdisziplin. Eine wissenschaftshistorische Fallstudie zur Disziplingenese in der Wissenschaft, Diss. phil., Akademie der Wissenschaften der DDR, Berlin 1982.
Girnus, Wolfgang, Zu einigen Grundzügen der Herausbildung der physikalischen Chemie als Wissenschaftsdisziplin, in: Guntau/Laitko, Ursprung, S. 168–185.
Glücksmann, Alfred, Breslau, in: Verfassung und Verwaltungsorganisation der Städte, 1. Bd.: Königreich Preußen, Bd. 1, hg. i. A. des Vereins für Socialpolitik (= Schriften des Vereins für Socialpolitik 117/1), Leipzig 1906, S. 189–239.
Glum, Friedrich, Zwischen Wissenschaft, Wirtschaft und Politik. Erlebtes und Erdachtes in vier Reichen, Bonn 1964.
Goran, Morris, The Present-Day Significance of Fritz Haber, in: American Scientist 35 (1947), S. 306, 400–403.
Goran, Morris, The Story of Fritz Haber, Norman 1967.
Gradmann, Christoph, ‹Vornehmlich beängstigend› – Medizin, Gesundheit und chemische Kriegführung im deutschen Heer 1914–1918, in: Eckart, Wolfgang U./Gradmann, Christoph (Hg.), Die Medizin und der Erste Weltkrieg (= Neuere Medizin- und Wissenschaftsgeschichte. Quellen und Studien 3), Pfaffenweiler 1996, S. 131–154.
Griewank, Karl, Staat und Wissenschaft im Deutschen Reich. Zur Geschichte und Organisation der Wissenschaftspflege in Deutschland, Freiburg 1927.
Groehler, Olaf, Der lautlose Tod. Einsatz und Entwicklung deutscher Giftgase von 1914 bis 1945, Reinbek 1989 (1. Aufl. Berlin Ost 1978).
Großmann, Hermann, Brunck, in: Bugge, Günther (Hg.), Das Buch der großen Chemiker, 2 Bde, 1929, unveränd. Nachdruck Weinheim 1974, Bd. 2, S. 360–373.
Günther, Paul, Der Lehrstuhl für Physikalische Chemie und das Physikalisch-Chemische Institut, in: [THK], Festschrift 125 Jahre, S. 149–152.

Günther, Paul, Fritz Haber – ein Mann der Jahrhundertwende, in: Abhandlungen und Berichte des Deutschen Museums 37/Heft 2 (1969).

Guggenbühl, Gottfried, Geschichte der Eidgenössischen Technischen Hochschule in Zürich, in: Eidgenössische Technische Hochschule 1855–1955. Ecole politechnique fédérale, Zürich 1955, S. 2–257.

Guntau, Martin, Der Herausbildungsprozeß moderner wissenschaftlicher Disziplinen und ihre stadiale Entwicklung in der Geschichte, in: Ber. Wiss. gesch. 10 (1987), S. 1–13.

Guntau, Martin/Laitko, Hubert (Hg.), Der Ursprung der modernen Wissenschaften. Studien zur Entstehung wissenschaftlicher Disziplinen, Berlin (Ost) 1987.

Gutman, Israel, Zyklon B, in: ders. (Hg.), Encyclopedia of the Holocaust, Bd. 4, New York 1990, S. 1749 f.

Gutsche, Willibald, Ein Kaiser im Exil. Der letzte deutsche Kaiser Wilhelm II. in Holland. Eine kritische Biographie, Marburg 1991.

Haber, Charlotte, Mein Leben mit Fritz Haber. Spiegelungen der Vergangenheit, Düsseldorf–Wien 1970.

[Haber, Julius], Juristische Wochenschrift 43 (1914), S. 441 und 50 (1921), S. 3 f.

Haber, L. F., The Chemical Industry During the Nineteenth Century. A Study of the Economic Aspect of Applied Chemistry in Europe and North America, Oxford, 2. Aufl. 1969 (1. Aufl. 1958).

Haber, L. F., The Chemical Industry 1900–1930. International Growth and Technological Change, Oxford 1971.

Haber, L. F., The Poisonous Cloud. Chemical Warfare in the First World War, Oxford 1986.

Haberditzl, Werner, Walther Nernst und die Traditionen der physikalischen Chemie an der Berliner Universität, in: Forschen und Wirken, Bd. 1, S. 401–416.

Haberer, Joseph, Politics and the Community of Science, New York 1969.

Haenisch, Konrad, Kulturpolitische Aufgaben. Aus dem Vortrag des Preußischen Kultusministers, gehalten am 3. Februar 1919 in der Handelshochschule zu Berlin, Berlin 1919.

Haenisch, Konrad, Die Not der geistigen Arbeiter. Ein Alarmruf. Gedruckte Fassung eines Vortrages, Ostern 1920, Leipzig 1920.

Hahn, Otto, Erich Regener und die Max-Planck-Gesellschaft, in: Zeitschrift für Naturforschung 6 a (1951), S. 568 f.

Hahn, Otto, Zur Erinnerung an die Haber-Gedächtnisfeier vor 25 Jahren, am 29. Januar 1935, im Harnack-Haus in Berlin-Dahlem, in: [MPG], Mitteilungen aus der MPG, H. 1, 1960, S. 3–13.

Hahn, Otto, Vom Radiothor zur Uranspaltung. Eine wissenschaftliche Selbstbiographie, Braunschweig 1962.

Hahn, Otto, Mein Leben, München 1968 (erweiterte Neuausgabe, 6. Aufl., hg. von Dietrich Hahn, München 1986).

Hahn, Otto, Erlebnisse und Erkenntnisse, Düsseldorf–Wien 1975.

Hamburger, Ernest, Juden im öffentlichen Leben Deutschlands. Regierungsmitglieder, Beamte und Parlamentarier in der monarchischen Zeit 1848–1918 (= Schriftenreihe wissenschaftlicher Abhandlungen des Leo Baeck Instituts 19), Tübingen 1968.

Hammerstein, Notker, Antisemitismus und deutsche Universitäten 1871–1933, Frankfurt–New York 1995.

Handbuch für Heer und Flotte. Enzyklopädie der Kriegswissenschaften und verwandter Gebiete, hg. von Georg von Alten, Bd. 3, Berlin u. a. 1911.

Handbuch über den Königlich Preußischen Hof und Staat für das Jahr 1914, Berlin 1913; … für das Jahr 1918, Berlin 1918.

Handbuch über den preußischen Staat für das Jahr 1934, Jg. 138, und 1935, Jg. 139, Berlin.
Handwörterbuch der Naturwissenschaften, hg. von E. Korschelt u. a., Bde. 1–3, Jena 1912/13.
Hankins, Thomas L., In Defence of Biography: The Use of Biography in the History of Science, in: History of Science 17 (1979), S. 1–16.
Hansen, Friedrich, Zur Geschichte der deutschen biologischen Waffen, in: 1999 (1990/H. 1), S. 53–81.
Hanslian, Rudolf (Bearb.), Die internationale Gasschutzkonferenz in Brüssel, dt. autor. Ausgabe, München 1928.
Hanslian, Rudolf, Der chemische Krieg, 3. völlig neubearb. Aufl. Berlin 1937 (1. Aufl., zusammen mit Fr. Bergendorff, 1925; 2. verm. Aufl. 1927).
Hanslian, Rudolf, Der deutsche Gasangriff bei Ypern am 22. April 1915. Eine kriegsgeschichtliche Studie, Berlin 1934.
Häntzschel, Hiltrud, Kapitulation der Wissenschaft. Der exemplarische Fall der Chemikerin Clara Immerwahr, in: Süddeutsche Zeitung, 30. 7. 1993.
Hapke, Thomas, Die Zeitschrift für physikalische Chemie. Hundert Jahre Wechselwirkung zwischen Fachwissenschaft, Kommunikationsmedium und Gesellschaft (= Bibliothemata 2), Herzberg 1990.
Harnack, Adolf von, Aus der Friedens- und Kriegsarbeit, Gießen 1916.
Harris, Henry, To Serve Mankind in Peace and the Fatherland in War. The Case of Fritz Haber, in: German History 10 (1992), S. 24–38.
Harris, Robert/Paxman, Jeremy, Eine höhere Form des Tötens. Die geheime Geschichte der B- und C-Waffen, Düsseldorf 1983 (engl.: A Higher Form of Killing. The Secret Story of Gas and Germ Warfare, London 1982).
[Hartley, Harold], The Royal Society Club Dinner on 14 November 1968 in Celebration of the 90th Birthday of Sir Harold Hartley, F. R. S., in: Notes and Records of the Royal Society of London 24 (1969), S. 146–155.
Hartwig, Alfredo, Die Bedeutung eines Stickstoffmonopols für Deutschland, Berlin 1915.
Harwood, Jonathan, National Styles in Science: Genetics in Germany and the United States Between the World Wars, in: Isis 78 (1987), S. 390–414.
Harwood, Jonathan, Styles of Scientific Thought: The German Genetics Community 1900–1933, Chicago 1993.
Hase, Albrecht, Die Bekämpfung der Läuse, Wanzen und anderen Parasiten; insbesondere die Bekämpfung mittels Blausäure, in: Verhandlungen der Deutschen Gesellschaft für angewandte Entomologie 1918, S. 88–105.
Hase, Albrecht, Die Bettwanze (Cimex lectularius L.), ihr Leben und ihre Bekämpfung (= Beiheft 1 zur Zschr. angew. Ent. 4), Berlin 1917.
Hase, Albrecht, Die Zoologie und ihre Leistungen im Kriege 1914/1918. Zugleich ein Beitrag zur Frage der angewandten Zoologie in Deutschland, in: Die Naturwissenschaften 7 (1919), S. 105–112.
Hase, Albrecht, Über die erste deutsche Forstentomologische Feldstation, in: Zschr. angew. Ent. 6 (1919/20), S. 390–400.
Hase, Albrecht, Laboratorium für physiologische Zoologie, in: [Biologische Reichsanstalt], 16. Jahresbericht, 1921, S. 151–153.
Hase, Albrecht, Ungeziefer, in: Handbuch der Ärztlichen Erfahrungen im Weltkriege 1914/1918, hg. von Otto von Schjerning, Bd. VII: Hygiene, hg. von Wilhelm Hoffmann, Leipzig 1922, S. 306–327.
Hase, Albrecht, Aufgaben und Einrichtung des Laboratoriums für physiologische Zoo-

logie für Land- und Forstwirtschaft zu Berlin-Dahlem nebst Beschreibung einiger neuer daselbst gebauter Apparate, in: Zoologischer Anzeiger 73 (1927), S. 151–183.
Hase, Albrecht, Feldzug gegen Insekten. Kriegserinnerungen, in: Degesch, 20 Jahre, S. 21–33.
Hase, Albrecht, Prof. Dr. Wille zum Gedächtnis, in: Zschr. angew. Ent. 46 (1960), S. 338.
Hasselmann, C. M., Zwei Jahre Zyklon B – die Entwesungsmethode der Wahl, in: Münchener Medizinische Wochenschrift 72 (1925), S. 96–99.
Hauff, Lilly, Der Lette-Verein in der Geschichte der Frauenbewegung, Berlin 1928.
Hausen, Karin/Rürup, Reinhard (Hg.), Moderne Technikgeschichte (= Neue Wissenschaftliche Bibliothek 81), Köln 1975.
Havemann, Robert, Fragen, Antworten, Fragen. Aus der Biographie eines deutschen Marxisten, München 1970.
Havemann, Robert, Warum ich Stalinist war und Antistalinist wurde. Texte eines Unbequemen, hg. von Dieter Hoffmann und Hubert Laitko, Berlin 1990.
Havemann, Robert, Dokumente eines Lebens, zusammengestellt und eingeleitet von Dirk Draheim u. a., Berlin 1991.
Heerdt, Walter, Die neuen Verfahren und Vorrichtungen zur Sanierung von ungezieferverseuchten Wohnstätten, in: Zschr. angew. Ent. 7 (1920/21), S. 201–205.
Heerdt, Walter, Die Anwendung von Cyanderivaten in der Schädlingsbekämpfung, in: Verhandlungen der Deutschen Gesellschaft für angewandte Entomologie 1921, S. 35–37.
Heerdt, Walter, Zyklon B, ein verbessertes Blausäureverfahren, in: Verhandlungen der Deutschen Gesellschaft für angewandte Entomologie 1924, S. 81–83.
Heiber, Helmut, Universität unterm Hakenkreuz, München u. a.; Teil I: Der Professor im Dritten Reich. Bilder aus der akademischen Provinz, 1991; Teil II: Die Kapitulation der Hohen Schulen. Das Jahr 1933 und seine Themen, 2 Bde., 1992/94.
Heilbron, John L., Max Planck. Ein Leben für die Wissenschaft 1858–1947. Mit einer Auswahl der allgemeinverständlichen Schriften von Max Planck, Stuttgart 1988.
Heine, Jens Ulrich, Verstand & Schicksal. Die Männer der I. G. Farbenindustrie A.G. (1925–1945) in 161 Kurzbiographien, Weinheim 1990.
Heinemann, Manfred, Der Wiederaufbau der Kaiser-Wilhelm-Gesellschaft und die Neugründungen der Max-Planck-Gesellschaft (1945–1949), in: Vierhaus/vom Brocke, Forschung, S. 407–470.
Heinig, Karl, Das Chemische Institut der Berliner Universität unter der Leitung von August Wilhelm von Hofmann und Emil Fischer, in: Forschen und Wirken. Festschrift zur 150-Jahr-Feier der Humboldt-Universität zu Berlin 1810–1960. Bd. 1: Beiträge zur wissenschaftlichen und politischen Entwicklung der Universität, Berlin (Ost) 1960, S. 339–357.
Heitmann, Margret/Reinke, Andreas, Bibliographie zur Geschichte der Juden in Schlesien (= Bibliographien zur deutsch-jüdischen Geschichte 6), München u. a. 1995.
Heitzmann, Otto, Über Kampfgasvergiftungen. VIII. Die pathologisch-anatomischen Veränderungen nach Vergiftung mit Dichloräthylsulfid unter Berücksichtigung der Tierversuche, in: Zeitschrift für die gesamte experimentelle Medizin 13 (1921), S. 484–522.
Helfferich, Karl, Der Weltkrieg, Bd. 2: Vom Kriegsausbruch bis zum uneingeschränkten U-Bootkrieg, Berlin 1919.
Henglein, Friedrich August, Der Lehrstuhl und das Institut für Chemische Technik, in: [Technische Hochschule Karlsruhe], Festschrift 125 Jahre, S. 139–142.
Henglein, Friedrich August, Die Karlsruher Chemische Gesellschaft, in: [Technische Hochschule Karlsruhe], Festschrift 125 Jahre, S. 166.

Henning, Eckart, Die «Haber-Sammlung» im Archiv zur Geschichte der Max-Planck-Gesellschaft in Berlin, in: Ber. Wiss. gesch. 13 (1990), S. 34–37.
Henschler, Dietrich, Zur Entwicklung von Pharmakologie und Toxikologie, in: Vierhundert Jahre Universität Würzburg. Eine Festschrift, hg. von Peter Baumgart (= Quellen und Beiträge zur Geschichte der Universität Würzburg 6), Neustadt an der Aisch 1982, S. 1031–1046.
Hentschel, Volker, Rezension zu Friedrich Lenger, Werner Sombart 1863–1941. Eine Biographie, München 1993, in: HPB 42 (1994), S. 387 f.
Heppner, Aron, Jüdische Persönlichkeiten in und aus Breslau, Breslau 1931.
Hermann, Armin, Einstein in Berlin, in: Jahrbuch Preußischer Kulturbesitz 8 (1970), S. 90–114.
Hermann, Armin, Einstein. Der Weltweise und sein Jahrhundert. Eine Biographie, München–Zürich 1994.
Herzfeld, K. F., Reginald Oliver Herzog, in: Science, New Series 81 (1935), S. 607 f.
Hetsch, Heinrich, Sanierungsanstalten an der Reichsgrenze, in: Handbuch der Ärztlichen Erfahrungen im Weltkriege 1914/1918, hg. von Otto von Schjerning, Bd. VII: Hygiene, hg. von Wilhelm Hoffmann, Leipzig 1922, S. 266–280.
Hettling, Manfred, Von der Hochburg zur Wagenburg. Liberalismus in Breslau von den 1860er Jahren bis 1918, in: Gall, Lothar/Langewiesche, Dieter (Hg.), Liberalismus und Region (= HZ-Beiheft 19), München 1995, S. 253–276.
Heuss, Theodor, Robert Bosch. Leben und Leistung, Stuttgart–Tübingen 1946.
Heymons, Richard, Blausäuredämpfe als Bekämpfungsmittel gegen Mehlmotten, in: Zschr. für das gesamte Getreidewesen 9 (1917), S. 98–106.
Heymons, Richard, Die Bekämpfung der Mühlenschädlinge, in: Verhandlungen der Deutschen Gesellschaft für angewandte Entomologie 1918, S. 34–51.
Hiebert, Erwin N., Developments in Physical Chemistry at the Turn of the Century, in: Bernhard u. a., Science, S. 97–115.
Hoffmann, Dieter, Physikochemiker und Stalinist (1945–1955), in: Havemann, Dokumente, S. 64–97.
Hoffmann, Max, Der Krieg der versäumten Gelegenheiten (1923), in: Die Aufzeichnungen des Generalmajors Max Hoffmann, hg. von Karl Friedrich Nowak, Berlin 1929, Bd. 2, S. 5–228.
Hofmann, Wolfgang, Aufgaben und Struktur der kommunalen Selbstverwaltung in der Zeit der Hochindustrialisierung, in: Deutsche Verwaltungsgeschichte, hg. von Kurt G. A. Jeserich u. a., Bd. 3, Stuttgart 1984, S. 578–644.
Holdermann, Karl, Im Banne der Chemie. Carl Bosch – Leben und Werk, bearb. von Walter Greiling, Düsseldorf 1953.
Hollmann, Werner, Die Zeitschriften der exakten Naturwissenschaften in Deutschland (= Zeitung und Leben 39), München 1937.
Holluta, Josef, Das Lehrgebiet Chemische Technologie und die Staatliche Chemisch-Technische Prüfungs- und Versuchsanstalt, in: [Technische Hochschule Karlsruhe], Festschrift 125 Jahre, S. 161–163.
Homburg, Ernst, The Emergence of Research Laboratories in the Dyestuffs Industry, 1870–1900, in: British Journal for the History of Science 25 (1992), S. 91–111.
Honigmann, Peter, Die Austritte aus der Jüdischen Gemeinde Berlin 1873–1941. Statistische Auswertung und historische Interpretation, Frankfurt u. a. 1988.
Honigmann, Peter, Jewish Conversion – A measure of Assimilation? A Discussion of the Berlin Secession Statistics of 1770–1941, in: LBI Year Book 34 (1989), S. 3–39.
Hotz, Joachim, Kleine Geschichte der Universität Fridericiana Karlsruhe (Technische Hochschule), Karlsruhe 1975.

Huber, Ernst Rudolph, Deutsche Verfassungsgeschichte seit 1789, Stuttgart u. a.: Bd. V: Weltkrieg, Revolution und Reichserneuerung 1914–1919, 1978; Bd. VI: Die Weimarer Reichsverfassung, 1981: Bd. VII: Ausbau, Schutz und Untergang der Weimarer Republik, 1984.

Hughes, Thomas P., Technological Momentum in History: Hydrogenation in Germany 1898–1933, in: Past and Present 44 (1969), S. 106–132 (dt: Das «technologische Momentum» in der Geschichte. Zur Entwicklung der Hydrierverfahren in Deutschland 1898–1933, in: Hausen/Rürup, Technikgeschichte, S. 358–383).

Immerwahr, Clara, Beiträge zur Kenntnis der Löslichkeit von Schwermetallniederschlägen auf elektrochemischem Wege, in: Z. Elektrochem. 7 (1900/01), S. 477–483, Berichtigung S. 625.

Ipatieff, Vladimir N., The Life of a Chemist. Memoirs (= The Hoover Library on War, Revolution, and Peace Publication 21), Stanford–London 1946.

Jaenicke, Johannes, Habers Forschungen über das Goldvorkommen im Meerwasser, in: Die Naturwissenschaften 23 (1935), S. 57–63.

Jaenicke, Johannes (gemeinsam mit Erna Jaenicke), Art. Haber, Fritz Jacob, in: NDB 7, Berlin 1966, S. 386–389.

Jaenicke, Johannes, Lebensabriß Fritz Habers, in: Berichte der Bunsengesellschaft für physikalische Chemie 73 (1969), S. 126–131.

Jaenicke, Walther, Fritz Haber's spätere Jahre und die Notgemeinschaft der deutschen Wissenschaft, in: Fridericiana. Zschr. d. Universität Karlsruhe, H. 35 (1984), S. 56–63.

Jaenicke, Walther, 100 Jahre Bunsen-Gesellschaft 1894–1994, Darmstadt 1994.

Janke, F., Technik und Wirtschaft des Kalkstickstoffs, in: Franck, H. Heinrich u. a., Der Kalkstickstoff in Wissenschaft, Technik und Wirtschaft (= Sammlung chemischer und chemisch-technischer Vorträge, Neue Folge 6), Stuttgart 1931, S. 1–134.

Jansen, Christian, Professoren und Politik. Politisches Denken und Handeln der Heidelberger Hochschullehrer 1914–1933 (= Kritische Studien zur Geschichtswissenschaft 99), Göttingen 1992.

Jarausch, Konrad H., Die Not der geistigen Arbeiter: Akademiker in der Berufskrise 1918–1933, in: Abelshauser, Wolfgang (Hg.), Die Weimarer Republik als Wohlfahrtsstaat. Zum Verhältnis von Wirtschafts- und Sozialpolitik, Stuttgart 1987, S. 280–299.

Jarausch, Konrad H., Universität und Hochschule, in: Handbuch der deutschen Bildungsgeschichte, Bd. IV: 1870–1918, hg. von Christa Berg, München 1991, S. 313–345.

Jarausch, Konrad H., The Universities: an American View, in: Dukes/Remak, Germany, S. 181–206.

Johnson, Jeffrey A., Academic Chemistry in Imperial Germany, in: Isis 76 (1985), S. 500–524.

Johnson, Jeffrey A., Hierarchy and Creativity in Chemistry, 1871–1914, in: Osiris, 2. Folge, 5 (1989), S. 214–240.

Johnson, Jeffrey A., Vom Plan einer Chemischen Reichsanstalt zum ersten Kaiser-Wilhelm-Institut: Emil Fischer, in: Vierhaus/vom Brocke, Forschung, S. 486–515.

Johnson, Jeffrey A., The Kaiser's Chemists. Science and Modernization in Imperial Germany, Chapel Hill – London 1990 (Druckfassung von: The Chemical Reichsanstalt Association, Diss. Princeton 1980).

Johnson, Jeffrey A., Hofmann's Role in Reshaping the Academic-Industrial Alliance in German Chemistry, in: Meinel/Scholz, Allianz, S. 168–182.

Jones, Daniel P., The Role of Chemists in Research on War Gases in the United States during World War I (PhD Thesis 1969), Ann Arbor 1971 (= University Microfilms 69–22406).

Jones, Daniel P., From Military to Civilian Technology: The Introduction of Tear Gas for Civil Riot Control, in: Technology and Culture 19 (1978), S. 151–168.

Jones, Daniel P., American Chemists and the Geneva Protocol, in: Isis 71 (1980), S. 426–440.

Jones, Daniel P., Chemical Warfare Research during World War I: A Model of Cooperative Research, in: Parascondola, John/Whorton, James C. (Hg.), Chemistry and Modern Society. Historical Essays in Honor of Aaron J. Ihde (= ACS Symposium Series 228), Washington 1983, S. 165–185.

Jones, Paul R., The Training in Germany of English-Speaking Chemists in the Nineteenth Century and its Profound Influence in America and Britain, in: Woodward/Cohen, World Views, S. 299–308.

Jost, Wilhelm, The First 45 Years of Physical Chemistry in Germany, in: Annual Review of Physical Chemistry 17 (1966), S. 1–14.

Kästner, Ingrid, Die medizinische Diskussion über die Gaskriegsfolgen des Ersten Weltkrieges, in: Winau, Rolf/Müller Dietz, Heinz (Hg.), «Medizin für den Staat – Medizin für den Krieg». Aspekte zwischen 1914 und 1945. Gesammelte Aufsätze, Husum 1994, S. 45–53.

Kästner, Ingrid/Hahn, Susanne, Der Toxikologe Otto Muntsch (1890–1945) und die deutsche Kampfstofforschung, in: «1999» 9/Heft 3 (1994), S. 42–50.

Kaiser, Annette, «Frauenemancipation» wider Willen. Die pragmatische Politik des Lette-Vereins 1866–1876, in: Kuhn, Annette/Rüsen, Jörn (Hg.), Frauen in der Geschichte III. Fachwissenschaftliche und fachdidaktische Beiträge zur Geschichte der Weiblichkeit vom frühen Mittelalter bis zur Gegenwart mit geeigneten Materialien für den Unterricht (= Geschichtsdidaktik 13), Düsseldorf 1983, S. 167–194.

[Kaiser-Wilhelm-Gesellschaft], 25 Jahre Kaiser-Wilhelm-Gesellschaft zur Förderung der Wissenschaften, 3 Bde., hg. vom Präsidenten Max Planck. Bd. 1: Handbuch, Bd. 2: Die Naturwissenschaften, Bd. 3: Die Geisteswissenschaften, Berlin 1936.

Kampe, Norbert, Jüdische Professoren im deutschen Kaiserreich. Zu einer vergessenen Enquete Bernhard Breslauers, in: Erb, Rainer/Schmidt, Michael (Hg.), Antisemitismus und jüdische Geschichte. Studien zu Ehren von Herbert A. Strauss, Berlin 1987, S. 185–211.

Kampe, Norbert, Studenten und «Judenfrage» im Deutschen Kaiserreich. Die Entstehung einer akademischen Trägerschicht des Antisemitismus (= Kritische Studien zur Geschichtswissenschaft 76), Göttingen 1988.

Karlsruhe 1911. Festschrift der 83. Versammlung Deutscher Naturforscher und Ärzte, gewidmet von dem Stadtrat der Haupt- und Residenzstadt Karlsruhe, Karlsruhe 1911.

Kater, Michael H., Die «Technische Nothilfe» im Spannungsfeld von Arbeiterunruhen, Unternehmerinteressen und Parteipolitik, in: VfZ 27 (1979), S. 30–78.

Kellermann, Hermann (Hg.), Der Krieg der Geister. Eine Auslese deutscher und ausländischer Stimmen zum Weltkriege 1914, Weimar o. J. [1915].

Kerschagl, Richard, Die Jagd nach dem künstlichen Gold. Der Weg der Alchimie (= Volkswirtschaftliche Schriften 202), Berlin 1973.

Kevles, Daniel J., «Into Hostile Political Camps»: The Reorganization of International Science in World War I, in: Isis 62 (1971), S. 47–60.

Kevles, Daniel J., The Physicists: The History of a Scientific Community in Modern America, New York 1979.

Kirchhoff, Jochen, Die Entstehung der nationalen Schwerpunktforschung («Gemeinschaftsarbeiten») in der Notgemeinschaft der Deutschen Wissenschaft 1924–1926. Eine wissenschaftspolitikgeschichtliche Studie zur Weimarer Republik, masch. Mag. München 1996.

Kitchen, Martin, Civil-Military Relations in Germany During the First World War, in: R. Adams, Great War, S. 39–68.

Kocka, Jürgen, Klassengesellschaft im Krieg. Deutsche Sozialgeschichte 1914–1918, Frankfurt 1988 (Erstausgabe Göttingen 1973).

Koenig, Adolf, Georg Bredig, in: [Technische Hochschule Karlsruhe], Festschrift 125 Jahre, S. 27 f.

Koenig, Adolf, Fritz Haber, in: [Technische Hochschule Karlsruhe], Festschrift 125 Jahre, S. 63–66.

König, Wolfgang, Stand und Aufgaben der Forschung zur Geschichte der deutschen Polytechnischen Schulen und Technischen Hochschulen im 19. Jahrhundert, in: Technikgeschichte 48 (1981), S. 47–67.

König, Wolfgang, Elektrotechnik – Entstehung einer wissenschaftlichen Disziplin, in: Ber. Wiss. gesch. 10 (1987), S. 83–93.

König, Wolfgang, Spezialisierung und Bildungsanspruch. Zur Geschichte der Technischen Hochschulen im 19. und 20. Jahrhundert, in: Ber. Wiss. gesch. 11 (1988), S. 219–225.

Koenigsberger, Leo, Mein Leben, Heidelberg 1919.

Koetzle, Hermann, Das Sanitätswesen im Weltkrieg 1914–1918 (= Württembergs Heer im Weltkrieg 18), Stuttgart 1924.

Kogon, Eugen u. a. (Hg.), Nationalsozialistische Massentötungen durch Giftgas. Eine Dokumentation, Frankfurt 1983.

Kohler, Robert, From Medical Chemistry to Biochemistry: The Making of a Biomedical Discipline, Cambridge 1982.

Koistinen, Paul A. C., The Military-Industrial Complex: A Historical Perspective, New York 1980.

Kreiner, Josef (Hg.), Deutschland–Japan. Historische Kontakte (= Studium Universale 3), Bonn 1984.

Kreiner, Josef (Hg.), Japan und die Mittelmächte im Ersten Weltkrieg und in den zwanziger Jahren (= Studium Universale 8), Bonn 1986.

Krüger, Lorenz (Hg.), Universalgenie Helmholtz. Rückblick nach 100 Jahren, Berlin 1994.

Krug, Klaus, Die preußischen Reformen und die Emanzipation chemisch-technologischer Disziplinen, in: Schubring, Einsamkeit, S. 171–182.

Kruse, Hans, Art. Gaskrieg, in: Wörterbuch des Völkerrechts, hg. von Hans-Jürgen Schlochauer, Bd. 1, Berlin 1960, S. 615 f.

Kruse, Wolfgang, Kriegswirtschaft und Gesellschaftsvision. Walther Rathenau und die Organisierung des Kapitalismus, in: Wilderotter, Rathenau, S. 151–168.

Kudo, Akira, Japanese Enterprises in Germany. Attempts at Technical-Industrial Cooperation Prior to the Second World War, in: Pohl, Hans (Hg.), Der Einfluß ausländischer Unternehmen auf die deutsche Wirtschaft vom Spätmittelalter bis zur Gegenwart (= Zschr. für Unternehmensgeschichte, Beiheft 65), Stuttgart 1992, S. 229–253.

Kudo, Akira, I. G. Farben in Japan: The Transfer of Technology and Managerial Skills, in: Business History 36 (1994), S. 159–183.

Kühne, Thomas, Handbuch der Wahlen zum preußischen Abgeordnetenhaus 1867–1918. Wahlergebnisse, Wahlbündnisse und Wahlkandidaten (= Handbücher zur Geschichte des Parlamentarismus und der politischen Parteien 6), Düsseldorf 1994.

Kühne, Thomas, Dreiklassenwahlrecht und Wahlkultur in Preußen 1867–1914. Landtagswahlen zwischen korporativer Tradition und politischem Massenmarkt (= Beiträge zur Geschichte des Parlamentarismus und der politischen Parteien 99), Düsseldorf 1994.

Küppers, Günter/Weingart, Peter/Ulitzka, Norbert, Die Nobelpreise in Physik und Chemie 1901–1929. Materialien zum Nominierungsprozeß, Bielefeld 1982.

Küppers, Günter/Weingart, Peter/Ulitzka, Norbert, The Awarding of the Nobel Prize Decisions about Significance in Science, in: Bernhard, Science, S. 332–351.
Küppers, Günter/Weingart, Peter/Ulitzka, Norbert, Factors Determining the Award of Nobel Prizes in Physics and Chemistry 1901–1929, in: Endeavour 7 (1983), Nr. 4, S. 203–206.
Kürschners Deutscher Gelehrtenkalender 1935, hg. von Gerhard Lüdtke, 5. Ausgabe, Berlin und Leipzig 1935.
Kunz, Rudibert/Müller, Rolf-Dieter, Giftgas gegen Abd el Krim. Deutschland, Spanien und der Gaskrieg in Spanisch-Marokko 1922–1927 (= Einzelschriften zur Militärgeschichte 34), Freiburg 1990.
Lagiewski, Maciej, Die Juden in Breslau 1850–1945, in: Kühnel, Horst (Hg.), Juden in Breslau 1850–1945. Beiträge zu einer Ausstellung (= Veröffentlichungen des Hauses des Deutschen Ostens 6), München 1993, S. 27–42.
Laitko, Hubert, Wissenschaft als allgemeine Arbeit. Zur begrifflichen Grundlegung der Wissenschaftswissenschaft (= Wissenschaft und Gesellschaft 17), Berlin (Ost) 1979.
Laitko, Hubert/Hoffmann, Dieter, Ein Aufrechter im Sturmwind der Geschichte. Anmerkungen zu einem Lebenslauf, in: Havemann, Stalinist, S. 9–77.
Lammasch, Heinrich, Art. Die Haager Friedenskonferenzen von 1899 und 1907, in: Wörterbuch des Völkerrechts und der Diplomatie, hg. von Karl Strupp, Bd. 1, Berlin–Leipzig 1924, S. 449–453.
Lassar-Cohn, [Lassar], Die Chemie im täglichen Leben. Gemeinverständliche Vorträge, 12. neubearb. Aufl. von Max Mechling, Leipzig 1930 [1. Aufl. 1895].
Laue, Max von, Fritz Haber gestorben, in: Die Naturwissenschaften 22 (1934), S. 97.
Le Blanc, Max, Das Institut für physikalische Chemie und Elektrochemie der Technischen Hochschule Karlsruhe, in: Z. Elektrochem. 10 (1904), S. 238–242.
Lehmann, K. B., Bestehen gerechtfertigte hygienische Bedenken gegen die Verwendung von Blausäure und blausäurehaltigen Mitteln (Zyklon) als Vernichtungsmittel für Ungeziefer im grossen (Entwesung), in: Münchener Medizinische Wochenschrift 67, Nr. 53 (31. 12. 1920), S. 1517–1520.
LeGoff, Jacques, Wie schreibt man eine Biographie?, in: Braudel, Fernand u. a., Der Historiker als Menschenfresser. Über den Beruf des Geschichtsschreibers, Berlin 1990, S. 103–112.
Le Rossignol, Robert, Zur Geschichte der Herstellung des synthetischen Ammoniaks, in: Die Naturwissenschaften 16 (1928), S. 1070f.
Leitner, Gerit von (= Gerit Kokula), Hälfte des Lebens. Femina doctissima Clara Immerwahr. Hörfunkdokumentation, Erstsendung 18. 10. 1990, WDR (Mitschnitt in: MPG, VII. Abt., T 230).
Leitner, Gerit von (= Gerit Kokula), Gegen die Perversion. Vom verlorenen Kampf der Chemikerin Clara Immerwahr, in: Der Tagesspiegel Nr. 14067, 29. 12. 1991, S. IV.
Leitner, Gerit von, Der Fall Clara Immerwahr. Leben für eine humane Wissenschaft, München 1993; 2. durchges. u. verb. Aufl. München 1994.
Lemaine, Gérard u. a. (Hg.), Perspectives on the Emergence of Scientific Disciplines (= Maison des Sciences de l'Homme, Paris. Publications 4), Mouton u. a. 1976.
Lexikon bedeutender Chemiker, verf. von Winfried Pötsch u. a., Thun–Frankfurt 1989.
Lexis, Wilhelm (Hg.), Die Deutschen Universitäten. Für die Universitätsausstellung in Chicago 1893. Unter Mitwirkung zahlreicher Universitätslehrer, 2 Bde., Berlin 1893.
Lexis, Wilhelm (Hg.), Das Unterrichtswesen im Deutschen Reich. Aus Anlaß der Weltausstellung in St. Louis unter Mitwirkung zahlreicher Fachmänner, 4 Bde. in 6, Berlin 1904 (Bd. IV/1: Die Technischen Hochschulen).

Liebermann von Wahlendorf, Willy Ritter, Erinnerungen eines deutschen Juden 1863–1936, hg. von Ernst Reinhard Piper, München 1988.
Lobe, Adolf (Hg.), Fünfzig Jahre Reichsgericht am 1. Oktober 1929, Berlin–Leipzig 1929.
Löbel, Uwe, Neue Forschungsmöglichkeiten zur preußisch-deutschen Heeresgeschichte. Zur Rückgabe von Akten des Potsdamer Heeresarchivs durch die Sowjetunion, in: MGM 51 (1992), S. 143–149.
Lohs, Karlheinz, Fritz Haber und der chemische Krieg, in: Zeitschrift für Militärgeschichte 10 (1971), S. 432–445.
Lucas, H., Fritz Löwe zum Gedächtnis, in: Jenaer Jahrbuch 1955. Wissenschaftliche Veröffentlichungen II, 1956, S. 149ff.
Ludendorff, Erich (Hg.), Urkunden der Obersten Heeresleitung über ihre Tätigkeit 1916/18, Berlin 1920 (4. durchges. Aufl. 1922).
Ludwig, Karl-Heinz, Technik und Ingenieure im Dritten Reich, Düsseldorf 1974.
Lundgreen, Peter, u. a., Staatliche Forschung in Deutschland 1870–1980, Frankfurt u. a. 1986.
Lundgreen, Peter, Natur- und Technikwissenschaften an deutschen Hochschulen, 1870–1970: Einige quantitative Entwicklungen, in: Rürup, Wissenschaft, Bd. 1, S. 209–230.
Lunge, Georg, Handbuch der Schwefelsäurefabrikation und ihrer Nebenzweige (= Neues Handbuch der chemischen Technologie XI und XII, hg. von Carl Engler), 2 Bde., Braunschweig 1916.
Mach, Erich, Entwerfen und Bauen. Von der Zusammenarbeit der Architekten und Ingenieure mit Chemikern und Physikern in einem chemischen Großbetrieb (= Schriftenreihe der BASF 13), Ludwigshafen 1975.
MacLeod, Roy M., Gold from the Sea: Archibald Liversidge, F. R. S., and the ‹Chemical Prospectors›, 1870–1970, in: Ambix 35 (1988), T. 2, S. 53–64.
Macrakis, Kristie, Surviving the Swastika. Scientific Research in Nazi Germany, New York–Oxford 1993.
Mader, Ursula, Emil Rathenau und die Elektrochemischen Werke (1893), in: Jahrbuch für Wirtschaftsgeschichte 1990/4, S. 191–227.
Mader, Ursula, Walther Rathenau und die Elektrochemischen Werke im Wirkungsfeld der AEG, Teil I: 1893–1896 (Bitterfeld), in: Jahrbuch für Wirtschaftsgeschichte 1991/3, S. 159–213.
Mai, Gunther, Das Ende des Kaiserreichs. Politik und Kriegführung im Ersten Weltkrieg, München 1987.
Manegold, Karl Heinz, Technische Forschung und Promotionsrecht. Zur Geschichte des «Dr.-Ing.» und des Promotionsrechtes der Technischen Hochschulen in Deutschland, in: Technikgeschichte 36 (1969), S. 291–300.
Mark, Herman F., Aus den frühen Tagen der Makromolekularen Chemie, in: Die Naturwissenschaften 67 (1980), S. 477–483.
Markgraf, Hermann, Geschichte Breslaus in kurzer Übersicht, 2. verm. Aufl. bearb. von Otfried Schwarzer, Breslau 1913.
Marsch, Ulrich, Strategies for Success: Research Organization in German Chemical Companies and IG Farben until 1936, in: History and Technology 12 (1994), S. 23–77.
Marsch, Ulrich, Notgemeinschaft der Deutschen Wissenschaft. Gründung und frühe Geschichte 1920–1925 (= Münchner Studien zur neueren und neuesten Geschichte 10), Frankfurt u. a. 1994.
Marsch, Ulrich, Industrieforschung in Deutschland und Großbritannien. Betriebsinterne und Gemeinschaftsforschungen bis 1936, Diss. phil. masch. München, April 1996
Martin, Rudolf, Jahrbuch des Vermögens und Einkommens der Millionäre in Berlin, Berlin 1913.

Martin, Rudolf, Das Jahrbuch des Vermögens und Einkommens der Millionäre in Preußen, 2 Bde., Berlin 1913.
Martin, Rudolf, Das Jahrbuch der Millionäre Deutschlands in 20 Bänden, Berlin 1913.
Martinetz, Dieter, Chemischer Krieg seit dem Altertum? Frühe «militärtoxikologische» Probleme, in: Zeitschrift zur ärztlichen Fortbildung 88 (1994), S. 607–617.
Martinetz, Dieter, Zur Entwicklung und zum Einsatz von Schwefel-Lost (Gelbkreuz) als bedeutendstem chemischen Kampfstoff im Ersten Weltkrieg, in: MGM 55 (1996), S. 355–379.
Martinetz, Dieter, Der Gaskrieg 1914/18. Entwicklung, Herstellung und Einsatz chemischer Kampfstoffe. Das Zusammenwirken von militärischer Führung, Wissenschaft und Industrie, Bonn 1996.
Martinetz, Dieter, Vom Giftpfeil zum Chemiewaffenverbot. Zur Geschichte der chemischen Kampfmittel, Thun–Frankfurt 1996.
Mathias-Pauer, Regine, Deutsche Meinungen zu Japan – Von der Reichsgründung bis zum Dritten Reich, in: Kreiner, Deutschland, S. 115–140.
Maurer, Trude, Die Entwicklung der jüdischen Minderheit in Deutschland (1780–1933). Neuere Forschungen und offene Fragen (= Internationales Archiv für Sozialgeschichte der deutschen Literatur, Sonderheft 4), Tübingen 1992.
[Max-Planck-Gesellschaft], 50 Jahre Kaiser-Wilhelm-Gesellschaft und Max-Planck-Gesellschaft zur Förderung der Wissenschaften 1911–1961. Beiträge und Dokumente, Göttingen 1961.
Max-Planck-Gesellschaft (Hg.), Fritz-Haber-Institut der Max-Planck-Gesellschaft (= MPG, Berichte und Mitteilungen 7/86), München 1986.
Max-Planck-Gesellschaft (Hg.), Dahlem – Domäne der Wissenschaft. Ein Spaziergang zu den Berliner Instituten der Kaiser-Wilhelm-/Max-Planck-Gesellschaft im «deutschen Oxford» (= MPG, Berichte und Mitteilungen 3/93), München 1993.
Mazura, Paul, Die Entwicklung des politischen Katholizismus in Schlesien. Von seinen Anfängen bis zum Jahre 1880, Breslau 1925.
Mehrtens, Herbert/Richter, Steffen (Hg.), Naturwissenschaft, Technik und NS-Ideologie. Beiträge zur Wissenschaftsgeschichte des Dritten Reichs, Frankfurt 1980.
Meier, Christian, Von der Schwierigkeit, ein Leben zu erzählen. Zum Projekt einer Caesar-Biographie, in: Kocka, Jürgen/Nipperdey, Thomas (Hg.), Theorie und Erzählung in der Geschichte, München 1979, S. 229–258.
Meinecke, Friedrich, Autobiographische Schriften, hg. von Eberhard Kessel (= Friedrich Meinecke, Werke, Bd. 8), Stuttgart 1969.
Meinel, Christoph/Scholz, Hartmut (Hg.), Die Allianz von Wissenschaft und Industrie. August Wilhelm von Hofmann (1818–1892). Zeit, Werk, Wirkung, Weinheim u. a. 1992.
Mendelsohn, Everett/Smith, Merritt Roe/Weingart, Peter (Hg.), Science, Technology and the Military (= Sociology of the Sciences. A Yearbook 12), 2 Bde, Dordrecht u. a. 1988.
Mendelssohn, Kurt, Walther Nernst und seine Zeit. Aufstieg und Niedergang der deutschen Naturwissenschaften, Weinheim 1976 (engl. Original: The World of Walther Nernst).
Merton, Richard, Erinnernswertes aus meinem Leben, das über das Persönliche hinausgeht, Frankfurt 1955.
Messerschmidt, Manfred, Kriegstechnologie und humanitäres Völkerrecht in der Zeit der Weltkriege, in: MGM 34 (1987), S. 63–110.
Metzler, Gabriele, «Welch ein deutscher Sieg!» Die Nobelpreise von 1919 im Spannungsfeld von Wissenschaft, Politik und Gesellschaft, in: VfZ 44 (1996), S. 173–200.

Meyenn, Karl von, Ist die Quantentheorie milieubedingt?, in: ders., Quantenmechanik, S. 3–58.
Meyenn, Karl von (Hg.), Quantenmechanik und Weimarer Republik, Braunschweig–Wiesbaden 1994.
Meyer, Gerd, Die Reparationspolitik. Ihre außen- und innenpolitischen Rückwirkungen, in: Bracher, Karl Dietrich/Funke, Manfred/Jacobsen, Hans-Adolf (Hg.), Die Weimarer Republik 1918–1933. Politik, Wirtschaft, Gesellschaft (= Studien zur Geschichte und Politik 251), 2. Aufl., Bonn 1988, S. 327–342.
Meyer, Julius, Der Gaskampf und die chemischen Kampfstoffe (= Chemie und Technik der Gegenwart 4), 3. Aufl. Leipzig 1938.
Meyer-Thurow, Georg, The Industrialization of Invention: A Case Study from the German Chemical Industry, in: Isis 73 (1982), S. 363–381.
Michalka, Wolfgang, Kriegsrohstoffbewirtschaftung, Walther Rathenau und die kommende Wirtschaft, in: ders. (Hg.), Der Erste Weltkrieg. Wirkung, Wahrnehmung, Analyse, München–Zürich 1994, S. 485–505.
Miethe, Adolf, Der Zerfall des Quecksilberatoms, in: Die Naturwissenschaften 12 (1924), S. 597 f.
Miethe, Adolf, Gold aus Quecksilber, in: Die Naturwissenschaften 13 (1925), S. 635–637.
Miethe, Adolf/Stammreich, H., Bildung von Gold aus Quecksilber, in: Z. anorg. Chem. 158 (1926), S. 185–243.
Mittasch, Alwin, Fritz Haber zum Gedächtnis, in: Werkzeitung I. G. Farbenindustrie AG, Werk BASF 22 (1934), S. 18 f.
Mittasch, Alwin, Salpetersäure aus Ammoniak, Weinheim 1953.
Mommsen, Wolfgang J. (Hg.), Kultur und Krieg: Die Rolle der Intellektuellen, Künstler und Schriftsteller im Ersten Weltkrieg (= Schriften des Historischen Kollegs 34), München 1996.
Mosse, Werner E., Jews in the German Economy. The German-Jewish Economic Elite 1820–1935, Oxford 1987.
Moy, Timothy D., Emil Fischer as «Chemical Mediator»: Science, Industry, and Government in World War One, in: Ambix 36 (1989), S. 109–120.
Müller, Alfred, Die Kriegsrohstoffbewirtschaftung 1914–1918 im Dienste des deutschen Monopolkapitals, Berlin (Ost) 1955.
Müller, Friedrich von, Lebenserinnerungen, München 1951.
Müller, Guido, Weltpolitische Bildung und akademische Reform. Carl Heinrich Beckers Wissenschafts- und Hochschulpolitik 1908–1930 (= Beiträge zur Geschichte der Kulturpolitik 2), Köln u. a. 1991.
Müller, Joachim, Nicht Professor Haber begann den Gaskrieg, in: FAZ Nr. 224, 26. 9. 1994, S. 15.
Müller, Leonhard, Der Kampf zwischen politischem Katholizismus und Bismarcks Politik im Spiegel der Schlesischen Volkszeitung. Ein Beitrag zur schlesischen Kirchen-, Parteien- und Zeitungsgeschichte (= Breslauer Studien zur historischen Theologie 14), Breslau 1929.
Müller, Rolf-Dieter, Die deutschen Gaskriegsvorbereitungen 1919–1945. Mit Giftgas zur Weltmacht?, in: MGM 27 (1980), S. 25–54.
Müller, Rolf-Dieter, Das Tor zur Weltmacht. Die Bedeutung der Sowjetunion für die deutsche Wirtschafts- und Rüstungspolitik zwischen den Weltkriegen (= Militärgeschichtliche Studien 32), Boppard 1984.
Müller, Rolf-Dieter, Die chemische Geheimrüstung in der Weimarer Republik, in: Steinweg, Lehren, S. 232–249.
Müller, Theodor, Die Geschichte der Breslauer Sozialdemokratie. Teil 1: Bis zum Erlaß

des Sozialistengesetzes, 2. verm. Aufl., Breslau 1925; Teil 2: Das Sozialistengesetz, Breslau 1925.
Müller-Kiel, Ulrich, Die chemische Waffe im Weltkrieg und – jetzt, 3. Aufl. Berlin 1932.
Mushkat, Marion, Zyklon B Trial, in: Encyclopedia of the Holocaust, Bd. 4, New York 1990, S. 1500 f.
Mußgnug, Dorothee, Die Reichsfluchtsteuer 1931–1953 (= Schriften zur Rechtsgeschichte 60), Berlin 1993.
Nachmansohn, David, Die große Ära der Wissenschaft in Deutschland 1900 bis 1933. Jüdische und nichtjüdische Pioniere in der Atomphysik, Chemie und Biochemie, Stuttgart 1988 (= überarb. und erweit. Fassung von: German-Jewish Pioneers in Science, 1900–1933. Highlights in Atomic Physics, Chemistry, and Biochemistry, Berlin u. a. 1979).
Nagaoka, H., Die Umwandlung von Quecksilber in Gold, in: Die Naturwissenschaften 13 (1925), S. 692–694.
Nagel, Alfred von, Stickstoff. Die technische Chemie stellt die Ernährung sicher (= Schriftenreihe des Firmenarchivs der BASF 3), Ludwigshafen 1969.
Die nationalsozialistische Revolution 1933, bearb. von Axel Friedrichs (= Dokumente der deutschen Politik 1), Berlin 1935.
Nebe, Wolfgang, 50 Jahre LÖWE-Interferometer, in: Jenaer Rundschau 5 (1960), S. 103–109.
Nernst, Walther, Über das Ammoniakgleichgewicht, in: Z. Elektrochem. 13 (1907), S. 521–524.
Nernst, Walther, Wilhelm Ostwald, in: Z. Elektrochem. 38 (1932), S. 337–341.
Neubach, Helmut, Parteien und Politiker in Schlesien (= Veröffentlichungen der Forschungsstelle Ostmitteleuropa an der Universität Dortmund B 34), Dortmund 1988.
Neue Deutsche Biographie [NDB], hg. von der Historischen Kommission bei der Bayerischen Akademie der Wissenschaften, Bde. 1–17, Berlin 1953–1994.
Die neuen Männer. Verzeichnis der Dienststellenbesetzungen in Reich- und Länderministerien, Berlin 1933.
Niebelschütz, Wolf von, Knapsack. Zum 50jährigen Bestehen der Knapsack-Griesheim Aktiengesellschaft im September 1957, o. O., o. J.
Niethammer, Lutz, Kommentar zu Pierre Bourdieu: Die biographische Illusion, in: BIOS 3 (1990), S. 91–93.
Nipperdey, Thomas/Schmugge, Ludwig, 50 Jahre Forschungsförderung in Deutschland. Ein Abriß der Geschichte der Deutschen Forschungsgemeinschaft 1920–1970, Berlin 1970.
Nipperdey, Thomas, Deutsche Geschichte 1800–1866. Bürgerwelt und starker Staat, 2. Aufl., München 1984.
Nipperdey, Thomas, Deutsche Geschichte 1866–1918, Bd. 1: Arbeitswelt und Bürgergeist, München 1990.
Nipperdey, Thomas, Deutsche Geschichte 1866–1918, Bd. 2: Machtstaat vor der Demokratie, München 1992.
Nish, Ian, German-Japanese Relations in the Taisho-Period, in: Kreiner, Japan, S. 81–96.
[Nobelstiftung], Les Prix Nobel en 1919–1920, Stockholm 1922.
Obschernitzki, Doris, «Der Frau ihre Arbeit!» Lette-Verein. Zur Geschichte einer Berliner Institution 1866–1986 (= Stätten der Geschichte Berlins 16), Berlin 1987.
Oelkers, Jürgen, Biographik – Überlegungen zu einer unschuldigen Gattung, in: NPL 19 (1974), S. 296–317.
Osteroth, Dieter, Soda, Teer und Schwefelsäure. Der Weg zur Großchemie (= Kulturgeschichte der Naturwissenschaften und Technik 20), Reinbek 1985.

Ostwald, Wilhelm, Gedenkrede auf Robert Bunsen, in: Z. Elektrochem. 7 (1900/01), S. 608–618.
Ostwald, Wilhelm, Über die Entwicklung der Deutschen Elektrochemischen Gesellschaft, in: Z. Elektrochem. 7 (1900/01), S. 667.
Ostwald, Wilhelm, Rede am Grabe Bunsens, in: Z. Elektrochem. 7 (1900/01), S. 687f.
Ostwald, Wilhelm, Die chemische Reichsanstalt, Leipzig 1906.
Ostwald, Wilhelm, Die chemische Literatur und die Organisation der Wissenschaft (= Handbuch der allgemeinen Chemie 1), Leipzig 1919.
Ostwald, Wilhelm, Zur Geschichte der Zeitschrift für physikalische Chemie, in: Zschr. phys. Chem. 100 (1922), S. 1.
Ostwald, Wilhelm, Lebenslinien. Eine Selbstbiographie, 3 Teile, Berlin 1926/27 (Teil 1: Riga–Dorpat–Riga 1853–1887, 1926; Teil 2: Leipzig 1887–1905, 1927; Teil 3: Groß-Bothen und die Welt 1905–1927, 1927).
Otto, Helmut, Der Bestand Kriegsgeschichtliche Forschungsanstalt des Heeres im Bundesarchiv, Militärisches Zwischenarchiv Potsdam, in: MGM 51 (1992), S. 429–441.
Overmann, Herbert, Die Elektrizitäts-, Gas- und Wasserwerke als lebenswichtige Betriebe im Arbeitskampf, Borna–Leipzig 1926.
Pantzer, Peter, Deutschland und Japan vom Ersten Weltkrieg bis zum Austritt aus dem Völkerbund (1914–1933), in: Kreiner, Deutschland, S. 141–160.
Papke, Gerhard, Der liberale Politiker Erich Koch-Weser in der Weimarer Republik, Baden-Baden 1989.
Pauer, Erich, Die wirtschaftlichen Beziehungen zwischen Japan und Deutschland 1900–1945, in: Kreiner, Deutschland, S. 161–210.
Paulcke, W., Die Großherzogliche Technische Hochschule Karlsruhe, in: Karlsruhe 1911. Festschrift 83. VDNA, S. 421–453.
Paulsen, Friedrich, Die deutschen Universitäten und das Universitätsstudium, Berlin 1902.
Pelman, C[arl], Über die Errichtung von Sanatorien für Nervenkranke, in: Centralblatt für allgemeine Gesundheitspflege. Organ des niederrheinischen Vereins für öffentliche Gesundheitspflege 19 (1900), S. 441–448.
Peschken, Goerd, Zur Baugeschichte der Technischen Universität Berlin: Repräsentation und Funktion, in: Rürup, Wissenschaft, S. 171–186.
Peters, Gerhard, Blausäure zur Schädlingsbekämpfung (= Sammlung chemischer und chemisch-technischer Vorträge, N. F. 20), Stuttgart 1933.
Peters, Gerhard, Chemie und Toxikologie der Schädlingsbekämpfung (= Sammlung chemischer und chemisch-technischer Vorträge, N. F. 31), Stuttgart 1936.
Peters, Gerhard, Ein neues Verfahren zur Kammerdurchgasung, in: Zschr. f. hygienische Zoologie und Schädlingsbekämpfung 28 (1936), S. 106–112.
Peters, Gerhard, Begasungsanlagen. Von der Gaskiste zur Kreislauf-Kammer, in: Zschr. f. hygienische Zoologie und Schädlingsbekämpfung 30 (1938), S. 178–187.
Peters, Gerhard/Rasch, Walter, Die Einsatzfähigkeit der Blausäure-Durchgasung bei tiefen Temperaturen. (Praktische Erfahrungen des Kriegswinter 1940/41 und ihre exakte Nachprüfung), in: Zschr. f. hygienische Zoologie und Schädlingsbekämpfung 33 (1941), S. 133–137.
Peterson, Generalmajor a. A., Die Pioniergaswaffe und der Gaskampf im Abblase- und Werferverfahren, in: Das Ehrenbuch der deutschen Pioniere, Berlin o. J. [1931], S. 563–565.
Pfeiffer, Karl, Carl Engler, in: [Technische Hochschule Karlsruhe], Festschrift 125 Jahre, S. 40–45.
Pfetsch, Frank R., Zur Entwicklung der Wissenschaftspolitik in Deutschland 1750–1914, Berlin 1974.

Pistor, Gustav, Hundert Jahre Griesheim 1856–1956. Ein Beitrag zur Geschichte der chemischen Industrie, Tegernsee 1958.
Planck, Max, Mein Besuch bei Adolf Hitler, in: Physikal. Blätter 3 (1947), S. 143.
Plumpe, Gottfried, Die I. G. Farbenindustrie AG. Wirtschaft, Technik und Politik 1904–1945 (= Schriften zur Wirtschafts- und Sozialgeschichte 37), Berlin 1990.
Poulton, E. B., Science and the Great War (= The Romanes Lecture 1915), Oxford 1915.
Preller, Ludwig: Sozialpolitik in der Weimarer Republik, Kronberg 1978 (unveränd. Nachdruck von 1949).
Prentiss, Augustin M., Chemicals in War, New York 1937.
Pressac, Jean-Claude, Auschwitz: Technique and Operation of the Gas Chambers, New York 1989.
Preston, David Lawrence, Science, Society, and the German Jews: 1870–1933, Diss. Univ. of Illinois 1971, Ann Arbor 1972.
Pross, Christian/Winau, Rolf (Hg.), Nicht mißhandeln. Das Krankenhaus Moabit. 1920–1933: Ein Zentrum jüdischer Ärzte in Berlin. 1933–1945: Verfolgung – Widerstand – Zerstörung, Berlin 1984.
Radkau, Joachim, Die wilhelminische Ära als nervöses Zeitalter, oder: Die Nerven zwischen Tempo- und Körpergeschichte, in: GG 20 (1994), S. 211–241.
Rasch, Manfred, Vorgeschichte und Gründung des Kaiser-Wilhelm-Instituts für Kohlenforschung in Mülheim a. d. Ruhr (= Zeitschrift des Geschichtsvereins Mülheim 60), Hagen 1987.
Rasch, Manfred, Geschichte des Kaiser-Wilhelm-Instituts für Kohlenforschung 1913–1943, Weinheim 1989.
Rasch, Manfred, Zur Institutionalisierung der Elektrochemie in Deutschland, in: Ber. Wiss. gesch. 11 (1988), S. 42–44.
Rasch, Manfred, Thesen zur Preußischen Wissenschaftspolitik gegen Ende des Wilhelminischen Zeitalters, in: Ber. Wiss. gesch. 12 (1989), S. 240–252.
Rasch, Manfred, Kommunalisierung, Regionalisierung und Konzentrierung: Aspekte preußischer Wissenschaftspolitik unter Friedrich Althoff und seinen Nachfolgern, in: vom Brocke, Wissenschaftsgeschichte, S. 109–122.
Rasch, Manfred, Wissenschaft und Militär: Die Kaiser Wilhelm Stiftung für kriegstechnische Wissenschaft, in: MGM 50 (1991), S. 73–120.
Rasch, Walter, 80 Jahre Mehlmotten – 40 Jahre Mehlmottenbekämpfung. Ein geschichtlicher Überblick, in: Die Mühle 93 (1956), Heft 24.
Rassow, Berthold, Geschichte des Vereins Deutscher Chemiker in den ersten 25 Jahren seines Bestehens, verfaßt im Auftrage des Vorstandes, Leipzig 1912.
Rathenau, Walther, Gesammelte Schriften in fünf Bänden, Bd. 4, Berlin 1918.
[Rathenau] Walther Rathenau. Ein preußischer Europäer. Briefe, hg. von Margareta von Eynern, Berlin 1955.
Rathenau, Walther, Tagebuch 1907–1922, hg. von Hartmut Pogge von Strandmann, Düsseldorf 1967.
Raulff, Ulrich, Der große Lebenshunger. Erlösende Literatur: Das biographische Verlangen wächst, in: FAZ Nr. 53, 4. 3. 1997, S. 33.
Rechenberg, Helmut, Hermann von Helmholtz. Bilder seines Lebens und Wirkens, Weinheim 1994.
Renneberg, Monika/Walker, Mark (Hg.), Science, Technology, and National Socialism, Cambridge–New York 1994.
Reuleaux, Franz, Briefe aus Philadelphia, Braunschweig 1877.
Reichshandbuch der deutschen Gesellschaft. Das Handbuch der Persönlichkeiten in Wort und Bild, 2 Bde., Berlin 1930/31.

Reinhardt, Carsten, Über Wissenschaft und Wirtschaft. Fritz Habers Zusammenarbeit mit der BASF 1908 bis 1911, in: Albrecht, Naturwissenschaft, S. 287–315.

Reinhardt, Carsten, Forschung in der chemischen Industrie. Die Entwicklung synthetischer Farbstoffe bei BASF und Hoechst, 1863–1914, TU Berlin, Phil. Diss. masch., Dezember 1995.

Reinharz, Jehuda, Science in the Service of Politics: the Case of Chaim Weizmann during the First World War, in: English Historical Review 100 (1985), S. 572–603.

Reishaus, Heike, Der Einfluß der Chemiemonopole auf die Aufgabenstellung der Chemisch-Technischen Reichsanstalt während der Weimarer Republik, in: NTM 9 (1972), H. 2, S. 34–48.

Reitstötter, J., Herbert Freundlich, in: Kolloid-Zschr. 139 (1954), S. 1–11.

Renneberg, Monika/Walker, Mark (Hg.), Science, Technology and National Socialism, Cambridge 1994.

Reports [The Reports] of the Hague Conferences of 1899 and 1907, hg. von James Brown Scott (= Carnegie Endowment for International Peace. Division of International Law 11), Oxford u. a. 1917.

Richarz, Monika (Hg.), Jüdisches Leben in Deutschland. Selbstzeugnisse zur Sozialgeschichte, Stuttgart; Bd. 1: 1780–1871, 1976; Bd. 2: Kaiserreich, 1979; Bd. 3: 1918–1945, 1982.

Richter, Donald, Chemical Soldiers. British Gas Warfare in World War I, Kansas 1992.

Richter, Steffen, Forschungsförderung in Deutschland 1920–1936. Dargestellt am Beispiel der Notgemeinschaft der Deutschen Wissenschaft und ihrem Wirken für das Fach Physik (= Technikgeschichte in Einzeldarstellungen 23), Düsseldorf 1972.

Richter, Steffen, Wirtschaft und Forschung. Ein historischer Überblick über die Förderung der Forschung durch die Wirtschaft in Deutschland, in: Technikgeschichte 46 (1979), S. 20–44.

Richter, Wilhelm, Kampfstoffwirkung und Heilung (= Wehr und Wissenschaft 26), Leipzig 1939.

Riedler, Alois, Amerikanische technische Lehranstalten. Bericht im Auftrage des Herrn Kultus-Ministers erstattet, in: Verhandlungen des Vereins zur Beförderung des Gewerbefleißes 72 (1893), S. 381–459; um «kritische Betrachtungen» erweitert in: Zschr. des Vereines deutscher Ingenieure 38 (1894), S. 405–409, 507–514, 608–615, 629–636.

Riedler, Alois, Ein Rückblick auf die Weltausstellung in Chicago, Berlin 1894.

Riese, Reinhard, Die Hochschule auf dem Wege zum wissenschaftlichen Großbetrieb. Die Universität Heidelberg und das badische Hochschulwesen 1860–1914 (= Industrielle Welt 19), Stuttgart 1977.

Riesenberger, Dieter, Der Kampf gegen den Gaskrieg. Öffentlichkeit und Völkerbund gegen chemische Waffen, in: Steinweg, Lehren, S. 250–275.

Ritter, Gerhard A., Motive und Organisationsformen der internationalen Wissenschaftsbeziehungen und die Anfänge einer auswärtigen Kulturpolitik vor dem Ersten Weltkrieg, in: Studien zur Geschichte Englands und der deutsch-britischen Beziehungen. Festschrift für Paul Kluke, hg. von Lothar Kettenacker u. a., München 1981, S. 153–200.

Ritter, Gerhard A./Miller, Susanne (Hg.), Die deutsche Revolution 1918–1919. Dokumente, 2. überarb. und erw. Auflage, Hamburg 1981.

Robertson, A. J. B., Physical Chemistry, in: Russell, C. A. (Hg.), Recent Developments in the History of Chemistry, London 1985, S. 153–176.

Röckelein, Hedwig, Der Beitrag der psychohistorischen Methoden zur «neuen historischen Biographie», in: dies. (Hg.), Biographie als Geschichte (= Forum Psychohistorie 1), Tübingen 1993.

Römpps Chemie-Lexikon, 6 Bde, 8. neubearb. u. erw. Aufl., hg. von Otto-Albrecht Neumüller, Stuttgart 1979–1988.
Roland, Alex, Science and War, in: Kohlstedt, Sally G./Rossiter, Margaret W. (Hg.), Historical Writing on American Science. Perspectives and Prospects, Baltimore u. a. 1986, S. 247–272.
Rose, Heinrich, Die Gliederung der Bevölkerung Breslaus nach der Berufs- und Betriebszählung vom 16. Juni 1925 (= Beiträge zur Breslauer Statistik 2), Breslau 1929.
Rürup, Reinhard (Hg.), Wissenschaft und Gesellschaft. Beiträge zur Geschichte der Technischen Universität Berlin 1879–1979, 2 Bde., Berlin u. a. 1979.
Rupprecht, Kronprinz von Bayern, Mein Kriegstagebuch, hg. von Eugen von Frauenholz, 3 Bde., Berlin 1929.
Ruske, Walter, 100 Jahre Deutsche Chemische Gesellschaft, verfaßt im Auftrag der Gesellschaft Deutscher Chemiker, Weinheim 1967.
Ruske, Walter, 100 Jahre Materialprüfung in Berlin. Ein Beitrag zur Technikgeschichte, Berlin 1971.
Ruske, Walter, Außeruniversitäre technisch-naturwissenschaftliche Forschungsanstalten in Berlin bis 1945, in: Rürup, Wissenschaft, Bd. 1., S. 231–263.
Russell III, Edmund P., «Speaking of Annihilation»: Mobilizing for War against Human and Insect Enemies, 1914–1945, in: The Journal of American History 82 (1996), S. 1505–1529.
Sabrow, Martin, Der Rathenaumord. Rekonstruktion einer Verschwörung gegen die Republik von Weimar (= Schriftenreihe der VfZ 69), München 1994.
Salewski, Michael, Entwaffnung und Militärkontrolle in Deutschland 1919–1927, München 1966.
Schallermair, Christian, Die deutsche Sodaindustrie und die Entwicklung des deutschen Sodaaußenhandels 1872–1913, in: VSWG 84 (1997), S. 33–67.
Scheuermann, Gerhard, Das Breslau-Lexikon, 2 Bde., Dülmen 1994.
Schieder, Theodor, Strukturen und Persönlichkeiten in der Geschichte, in: ders., Geschichte als Wissenschaft. Eine Einführung, 2. Aufl., München–Wien 1965, S. 157–194.
Schlenk, Wilhelm, Nachruf, in: Ber. Dtsch. Chem. Ges. 67 (1934 A), S. 20 ff.
Schlicker, Wolfgang, Forschung und Gesellschaft – Vergesellschaftung der Forschung. Zur Stellung der Notgemeinschaft der deutschen Wissenschaft in der bürgerlichen Forschungspolitik der Weimarer Republik, in: NGM 12 (1975), S. 45–55.
Schlicker, Wolfgang, Konzeptionen und Aktionen bürgerlicher deutscher Wissenschaftler. Zum gesellschaftlichen Stellenwert der Forschung nach 1918 und zur Gründung der Notgemeinschaft der Deutschen Wissenschaft, in: ZfG 27 (1979), S. 423–438.
Schmid, Dieter, Wichard von Moellendorff. Ein Beitrag zur Idee der wirtschaftlichen Selbstverwaltung, soz. wiss. Diss. Berlin, 1970.
Schmidt, Günter, Zur Staats- und Machtfrage in der Novemberrevolution. [Wirtschaftsexperimente des Demobilmachungsamtes], in: Jb. für Geschichte 2 (1967), S. 249–282.
Schmidt, Siegfried (Hg.), Alma mater Jenensis. Geschichte der Universität Jena, Weimar 1983.
Schmidt-Ott, Dietrich, Fritz-Haber-Institut der Max-Planck-Gesellschaft in Berlin-Dahlem, in: Jahrbuch 1961 der MPG, Teil 2, S. 369–404.
Schmidt-Ott, Friedrich, Die Kulturaufgaben und das Reich, in: Internationale Monatsschrift für Wissenschaft, Kunst und Technik 13 (1919), S. 451–464.
Schmidt-Ott, Friedrich, Erlebtes und Erstrebtes, 1860–1950, Wiesbaden 1952.
Schnabel, Franz, Die Anfänge des technischen Hochschulwesens, in: Festschrift anläßlich des 100jährigen Bestehens der Technischen Hochschule Fridericiana zu Karlsruhe, Karlsruhe 1925, S. 1–44.

Schnabel, Franz, Deutsche Geschichte im neunzehnten Jahrhundert, Bd. 3: Erfahrungswissenschaften und Technik, Freiburg 1934, Nachdr. München 1987.
Scholder, Rudolf, Die Lehrstühle für Anorganische, Organische und Analytische Chemie sowie die zugehörigen Institute, in: [Technische Hochschule Karlsruhe], Festschrift 125 Jahre, S. 143–148.
Scholz, Hartmut, Friedrich Althoffs Einfluß auf die Entwicklung der Chemie in Deutschland, in: vom Brocke, Wissenschaftsgeschichte, S. 337–354.
Schomerus, Friedrich, Werden und Wesen der Carl-Zeiss-Stiftung an der Hand von Briefen und Dokumenten aus der Gründungszeit (1886–1896), 2. erg. Aufl., Stuttgart 1955.
Schorsch, Ismar, Jewish Reactions to German Anti-Semitism, 1870–1914, New York–London 1972.
Schreiber, Georg, Die Not der Wissenschaft und der geistigen Arbeiter. Geschehnisse und Gedanken zur Kulturpolitik des Deutschen Reiches, Leipzig 1923.
Schreiber, Georg, Forschungsinstitute, in: Staatslexikon, i. A. der Görres-Gesellschaft hg. von Hermann Sacher, 5. neubearb. Aufl., Bd. 2, Freiburg 1927, Sp. 74–89.
Schröder-Gudehus, Brigitte, Deutsche Wissenschaft und Internationale Zusammenarbeit 1914–1928. Ein Beitrag zum Studium kultureller Beziehungen in politischen Krisenzeiten, Genf 1966.
Schroeder-Gudehus, Brigitte, Les scientifiques et la paix. La communauté scientifique internationale au cours des années vingt, Montréal 1978.
Schroeder-Gudehus, Brigitte, Division of Labour and the Common Goods: The International Association of Academies, 1899–1914, in: Bernhard u. a., Science, S. 3–20.
Schroeder-Gudehus, Brigitte, Internationale Wissenschaftsbeziehungen und auswärtige Kulturpolitik 1919–1933. Vom Boykott und Gegen-Boykott zu ihrer Wiederaufnahme, in: Vierhaus/vom Brocke, Forschung, S. 858–885.
Schroeder-Gudehus, Brigitte/Rasmussen, Anne, Les fastes du progrès: Le guide des Expositions universelles 1851–1992, Paris 1992.
Schubring, Gert (Hg.), «Einsamkeit und Freiheit» neu besichtigt. Universitätsreformen und Disziplinenbildung in Preußen als Modell für Wissenschaftspolitik im Europa des 19. Jahrhunderts (= Boethius 24), Stuttgart 1991.
Schütt, Hans-Werner, Zum Berufsbild des Chemikers im Wilhelminischen Zeitalter, in: Der Chemiker im Wandel der Zeiten, hg. von Eberhard Schmauderer, Weinheim 1973, S. 285–309.
Schultze, Hermann, Die Entwicklung der chemischen Industrie in Deutschland seit dem Jahre 1875. Eine volkswirtschaftliche Studie mit besonderer Berücksichtigung der Unternehmerverbände und der Rentabilität der Aktiengesellschaften, Halle 1908.
Schulze, Hagen, Die Biographie in der «Krise der Geschichtswissenschaft», in: GWU 29 (1978), S. 508–518.
Schulze, Winfried, unter Mitarbeit von Sven Bergmann und Gerd Helm, Der Stifterverband für die Deutsche Wissenschaft 1920–1995, Berlin 1995.
Schumacher, Christopher, Der deutsche Giftgaseinsatz im Ersten Weltkrieg und sein militärischer Sinn, in: Historische Mitteilungen der Ranke-Gesellschaft 9 (1996), S. 1–65.
Schumacher, Martin (Hg.), M. d. R. Die Reichstagsabgeordneten der Weimarer Republik in der Zeit des Nationalsozialismus. Politische Verfolgung, Emigration und Ausbürgerung 1933–1945. Eine biographische Dokumentation, Düsseldorf 1991.
Schuster, Curt, Wissenschaft und Technik. Ihre Begegnung in der BASF während der ersten Jahrzehnte der Unternehmensgeschichte (= Schriftenreihe des Unternehmensarchivs der BASF 14), Ludwigshafen 1976.

Schwabe, Klaus, Wissenschaft und Kriegsmoral. Die deutschen Hochschullehrer und die politischen Grundfragen des Ersten Weltkrieges, Göttingen u. a. 1969.
Schwalbe, Hans/Seemann, Heinrich (Hg.), Deutsche Botschafter in Japan 1860–1973 (= Mitteilungen der Deutschen Gesellschaft für Natur- und Völkerkunde Ostasiens 57), Tokio 1974.
Schwankner, Robert, Verspätete Alchimie – Schauplatz Berlin: 1924–26, in: Kultur & Technik 4 (1980), H. 3, S. 22–24.
Schwankner, Robert, Das Meergoldprojekt: Berlin 1922–1927, in: Kultur & Technik 8 (1985), H. 2, S. 65–85.
Schwarte, Max (Hg.), Die Technik im Weltkriege, unter Mitwirkung von 45 technischen und militärischen fachwissenschaftlichen Mitarbeitern, Berlin 1920.
Schwarzmann, Max, Naturwissenschaftliche Vereine, in: Karlsruhe 1911. Festschrift 83. VDNA, S. 468–471.
Schwerin von Krosigk, Lutz Graf, Die große Zeit des Feuers. Der Weg der deutschen Industrie, 3 Bde., Tübingen 1958.
Seel, Wolfgang, Preußisch-deutsche Pulvergeschichte, Folge 2: Rauchloses Pulver, Teile 6–11, in: Deutsches Waffen-Journal 1984, S. 854–857, 976–981, 1134–1139, 1260–1264, 1402–1405, 1532–1535.
Segall, Jakob, Die beruflichen und sozialen Verhältnisse der Juden in Deutschland, Berlin 1912.
Seng, Ulrich, Die Schulpolitik des Bistums Breslau im 19. Jahrhundert (= Studien der Forschungsstelle Ostmitteleuropa an der Universität Dortmund 4), Wiesbaden 1989.
Servos, John W., Physical Chemistry from Ostwald to Pauling. The Making of a Science in America, Princeton/N. J. 1990.
Sheehan, James, Liberalism and the City in Nineteenth-Century Germany, in: Past and Present 51 (1971), S. 116–137.
Siegmund-Schultze, Reinhard, Theodor Vahlen – zum Schuldanteil eines deutschen Mathematikers am faschistischen Mißbrauch der Wissenschaft, in: NTM 21 (1984), H. 1, S. 17–32.
Siegmund-Schultze, Reinhard, Probleme interkulturellen Vergleichs deutscher und US-amerikanischer Wissenschaft am Beispiel der Mathematik zwischen 1876 und 1945, Vortragsmanuskript, Berlin 6. 6. 1995.
Siegmund-Schultze, Reinhard, Felix Kleins Beziehungen zu den Vereinigten Staaten, die Anfänge deutscher auswärtiger Wissenschaftspolitik und die Reform um 1900, in: Sudhoffs Archiv 81 (1997), S. 21–38.
Sieverts, Adolf/Hermsdorf, A., Der Nachweis gasförmiger Blausäure in Luft, in: Z. angew. Chem. 34 (1921), S. 3–5.
Silbergleit, Heinrich, Preußens Städte. Denkschrift zum 100jährigen Jubiläum der Städteordnung vom 19. November 1808, hg. im Auftrage des Vorstandes des Preußischen Städtetages, Berlin 1908.
Sitzungsberichte der Preußischen Akademie der Wissenschaften, Berlin 1890.
Slotten, Hugh R., Humane Chemistry or Scientific Barbarism? American Responses to World War I Poison Gas, 1915–1930, in: The Journal of American History 77 (1990), S. 476–498.
Smandek, Bernhard, Fritz Haber – Wissenschaft zwischen Sprengstoff, Kunstdünger und Giftgas, in: Tschirner, Martina/Göbel, Heinz-Werner (Hg.), Wissenschaft im Krieg – Krieg in der Wissenschaft, Marburg 1990, S. 241–247.
Smith, Helmut Walser, Religion and Conflict: Protestants, Catholics, and Anti-Semitism in the State of Baden in the Era of Wilhelm II, in: CEH 27 (1994), S. 283–314.

Soldanski, Hans, Rezension zu Frickhinger, Mehlmotte, in: Die Naturwissenschaften 6 (1918), S. 590.

Solf, Wilhelm, Rede zur Gründung der Deutschen Gesellschaft 1914, Berlin 1915.

Sösemann, Bernd, Jenseits von Partei und Parlament. Walther Rathenaus «aufbauende Ideenpolitik» in der Deutschen Gesellschaft 1914, in: Wilderotter, Rathenau, S. 169–178.

Sösemann, Bernd, Politische Kommunikation im «Reichsbelagerungszustand» – Programm, Struktur und Wirkungen des Klubs «Deutsche Gesellschaft 1914», in: Bobrowsky, Manfred/Langenbucher, Wolfgang R. (Hg.), Wege zur Kommunikationsgeschichte, München 1987, S. 630–649.

Sonnemann, Rolf u. a., Geschichte der Technischen Universität Dresden 1828–1978, Berlin (Ost) 1978.

Special-Orts-Repertorium von Galizien, hg. von der k. k. Statistischen Central-Commission (= Special-Orts-Repertorien der im Oesterreichischen Reichsrathe vertretenen Königreiche und Länder, Bd. 12), Wien 1886.

Spiers, Edward M., Chemical Warfare, Urbana–Chicago 1986.

Stark, Johannes, Erinnerungen eines deutschen Naturforschers, hg. von Andreas Kleinert, Mannheim 1987.

Staudinger, Hans, Wirtschaftspolitik im Weimarer Staat. Lebenserinnerungen eines politischen Beamten im Reich und in Preußen 1889 bis 1934, hg. von Hagen Schulze (= AfS, Beiheft 10), Bonn 1982.

Staudinger, Hermann, La technique moderne et la guerre, in: Revue internationale de la Croix-Rouge 1 (1919), S. 508–515.

Staudinger, Hermann, Rapport technique sur la guerre chimique, in: Revue internationale de la Croix-Rouge 7 (1925), S. 17–45.

Staudinger, Hermann, Arbeitserinnerungen, Heidelberg 1961.

[Staudinger, Hermann] Das Wissenschaftliche Werk von Hermann Staudinger. Gesammelte Arbeiten nach Sachgebieten geordnet, Bd. 5: Arbeiten allgemeiner Richtung, hg. von Magda Staudinger, Basel–Heidelberg 1975.

Stein, Julius, Geschichte der Stadt Breslau im neunzehnten Jahrhundert, Breslau 1884.

Steinbach, Peter/Tuchel, Johannes (Hg.), Lexikon des Widerstandes 1933–1945, München 1994.

Steinmetz, Max (Hg.), Geschichte der Universität Jena 1548/58–1958. Festgabe zum vierhundertjährigen Universitätsjubiläum, 2 Bde, Jena 1958/62.

Steinweg, Reiner (Red.), Lehren aus der Geschichte? Historische Friedensforschung (= Friedensanalysen 23), Frankfurt 1990.

Stellwaag, F., Cyanwasserstoff gegen Traubenwickler, in: Zschr. angew. Ent. 4 (1917–1919), S. 278–286.

Stern, Fritz, Fritz Haber. Politik und Wissenschaft, in: ders., Der Traum vom Frieden und die Versuchung der Macht. Deutsche Geschichte im 20. Jahrhundert, Berlin 1988, S. 62–89.

Stern, Fritz, Freunde im Widerspruch. Haber und Einstein, in: Vierhaus/vom Brocke, Forschung, S. 516–551; Wiederabdruck in: Karlauf, Thomas (Hg.), Deutsche Freunde. 12 Doppelporträts, Berlin 1995, S. 222–253.

Stern, Rudolf A., Fritz Haber: Personal Recollections, in: LBI Year Book 8 (1963), S. 70–102.

Stichweh, Rudolf, Differenzierung des Wissenschaftssystems, in: Renate Mayntz u. a. (Hg.), Differenzierung und Verselbständigung. Zur Entwicklung gesellschaftlicher Teilsysteme, Frankfurt–New York 1988. S. 45–115.

Stoltzenberg, Dietrich J., Zur Geschichte des Kaiser-Wilhelm-Instituts für physikalische

Chemie und Elektrochemie. Zur geplanten Veränderung des Instituts in eine Forschungs- und Entwicklungsstätte des Heeres für den Gaskampf und Gasschutz auch in Friedenszeiten 1916 und nach 1933, in: Ber. Wiss. gesch. 14 (1991), S. 15–23.
Stoltzenberg, Dietrich J., Fritz Haber. Chemiker, Nobelpreisträger, Deutscher, Jude, Weinheim u. a. 1994.
Stübig, Heinz, Der Einfluß des Militärs auf Schule und Lehrerschaft, in: Handbuch der deutschen Bildungsgeschichte, Bd. IV: 1870–1918, hg. von Christa Berg, München 1991, S. 515–523.
Stürmer, Michael, Militärkonflikt und Bismarckstaat. Zur Bedeutung der Reichsmilitärgesetze 1874–1890, in: Ritter, Gerhard A. (Hg.), Gesellschaft, Parlament und Regierung. Zur Geschichte des Parlamentarismus in Deutschland, Düsseldorf 1974, S. 225–248.
Sucker, Ulrich, Das Kaiser-Wilhelm-Institut für Biologie – seine Gründungsgeschichte, seine problemgeschichtlichen und wissenschaftstheoretischen Voraussetzungen (1911–1916), masch. Diss. B, HU Berlin 1987.
Suhling, Lothar, Walther Nernst und die Ammoniaksynthese nach Haber und Bosch, in: Albrecht, Naturwissenschaft, S. 343–356.
Szöllösi-Janze, Margit, Von der Mehlmotte zum Holocaust. Fritz Haber und die chemische Schädlingsbekämpfung während und nach dem Ersten Weltkrieg, in: Von der Arbeiterbewegung zum modernen Sozialstaat. Festschrift für Gerhard A. Ritter zum 65. Geburtstag, hg. von Jürgen Kocka u. a., München u. a. 1994, S. 658–682.
Szöllösi-Janze, Margit, Berater, Agent, Interessent? Fritz Haber, die BASF und die staatliche Stickstoffpolitik im ersten Weltkrieg, in: Ber. Wiss. gesch. 19 (1996), S. 105–117.
Szöllösi-Janze, Margit, Geschichte der außeruniversitären Forschung in Deutschland, in: Flämig, Christian u. a. (Hg.), Handbuch des Wissenschaftsrechts, 2. völlig überarb. u. erw. Aufl., Berlin u. a. 1996, Bd. 2, S. 1187–1218.
Szöllösi-Janze, Margit, Friedrich Kirchenbauer, Diener. Die berufliche Karriere von Fritz Habers Mechaniker an der Technischen Hochschule Karlsruhe, in: Jahrbuch für Universitätsgeschichte 1 (1998).
Szöllösi-Janze, Margit/Trischler, Helmuth (Hg.), Großforschung in Deutschland (= Studien zur Geschichte der deutschen Großforschungseinrichtungen 1), Frankfurt–New York 1990.
[Technische Hochschule Karlsruhe], Festgabe zum Jubiläum der vierzigjährigen Regierung seiner Königlichen Hoheit des Großherzogs Friedrich von Baden, in Ehrfurcht dargebracht von der Technischen Hochschule in Karlsruhe, Karlsruhe 1892.
[Technische Hochschule Karlsruhe], Die Grossherzogliche Technische Hochschule Karlsruhe. Festschrift zur Einweihung der Neubauten im Mai 1899, Karlsruhe 1899.
[Technische Hochschule Karlsruhe], Die Technische Hochschule Fridericiana Karlsruhe. Festschrift zur 125-Jahrfeier, hg. unter dem Rektorat von Ernst Terres, Karlsruhe 1950.
Teichmann, Ernst, Blausäure-Verfahren und Winterbekämpfung der Stechmücken, in: Zschr. angew. Ent. 5 (1919), S. 118–125.
Teichmann, Ernst, Die Bekämpfung der Wachsmotte (Galleria melonella) durch Blausäure, in: Zschr. angew. Ent. 4 (1917–1919), S. 287–289.
Teichmann, Ernst, Entlausung durch Zyanwasserstoff, in: Deutsche Medizinische Wochenschrift 43 (1917), S. 303 f.
Teichmann, Ernst, Zyanwasserstoff als Mittel zur Entlausung, in: Zschr. für Hygiene und Infektionskrankheiten 83 (1917), S. 449–466.
Teltschik, Walter, Geschichte der deutschen Großchemie. Entwicklung und Einfluß in Staat und Gesellschaft, Weinheim u. a. 1992.
Terraine, John, White Heat. The New Warfare 1914–18, London 1982.

Thackray, Arnold u. a., Chemistry in America, 1876–1976. Historical Indicators, Dordrecht u. a. 1985.
Thiel, Helmut, Einige Bemerkungen und Quellen zur Geschichte des städtischen evangelischen Gymnasiums zu St. Elisabet in Breslau 1293–1945, o. O., o. J. [1971].
Tirala, Lothar Gottlieb, Rasse, Geist und Seele, München 1935.
Tobies, Renate, Zur internationalen wissenschaftsorganisatorischen Tätigkeit von Felix Klein (1849–1925) auf dem Gebiet des mathematischen Unterrichts, in: NTM 16 (1979), S. 12–29.
Tobies, Renate, Zum Verhältnis von Felix Klein und Friedrich Althoff, in: Friedrich Althoff 1839–1908 (= ITW-Kolloquium 74), Berlin 1990, S. 35–56.
Tobies, Renate, Wissenschaftliche Schwerpunktbildung: der Ausbau Göttingens zum Zentrum der Mathematik und Naturwissenschaften, in: vom Brocke, Wissenschaftsgeschichte, S. 87–108.
Travis, Anthony S., The Rainbow Makers. The Origins of the Synthetic Dyestuffs Industry in Western Europe, Bethlehem/Pa. 1993.
Trescott, Marthy M., The Rise of the American Electrochemical Industry, 1880–1910: Studies in the American Technological Environment (= Contributions in Economics and Economic History 38), Westport 1981.
Treue, Wilhelm, Rezension in: Technikgeschichte 49 (1982), S. 71–78.
Treue, Wolfgang, Friedrich Schmidt-Ott, in: Berlinische Lebensbilder, Bd. 3, S. 235–249.
Treue, Wolfgang, Neue Wege der Forschung, ihrer Organisation und ihrer Förderung: Friedrich Schmidt-Ott (4. 6. 1860–24. 4. 1956), in: Ber. Wiss. gesch. 12 (1989), S. 229–238.
Trischler, Helmuth, Luft- und Raumfahrtforschung in Deutschland 1900–1970. Politische Geschichte einer Wissenschaft (= Studien zur Geschichte der deutschen Großforschungseinrichtungen 4), Frankfurt–New York 1992.
Trischler, Helmuth, Im Spannungsfeld von Individuum und Gesellschaft. Aufgaben, Themenfelder und Probleme technikbiographischer Forschung, in: Füssl, Wilhelm/Ittner, Stefan (Hg.), Biographie und Technikgeschichte (= BIOS-Sonderheft), Leverkusen 1998.
Trumpener, Ulrich, The Road to Ypres: The Beginnings of Gas Warfare in World War I, in: JMH 47 (1975), S. 460–480.
Tuchman, Arleen Marcia, Science, Medicine, and the State of Germany. The Case of Baden, 1815–1871, New York–Oxford 1993.
Ungern-Sternberg, Jürgen und Wolfgang von, Der Aufruf «An die Kulturwelt!» Das Manifest der 93 und die Anfänge der Kriegspropaganda im Ersten Weltkrieg (= Historische Mitteilungen, Beiheft 18), Stuttgart 1996.
United Nations War Crimes Commission, Law Reports of Trials of War Criminals, Bd. 1, London 1947.
Unser Weg durch die Jahrhunderte. Festschrift zur 350-Jahrfeier der Gründung des St. Matthiasgymnasiums zu Breslau, hg. vom Matthesianer-Verband (= Res Matthesiana 5), Landshut 1988.
[Vansittart] The Mist Procession. The Autobiography of Lord Vansittart, London 1958.
Velden, Reinhard von den, Klinik der Erkrankungen nach Dichloräthylsulfidvergiftung, in: Zeitschrift für die gesamte experimentelle Medizin 14 (1921), S. 1–27.
Verhandlungen der Deutschen Gesellschaft für angewandte Entomologie auf der ersten Jahresversammlung zu Würzburg vom 21. bis 24. Oktober 1913, Berlin 1914.
Verhandlungen der Deutschen Gesellschaft für angewandte Entomologie auf der zweiten Mitgliederversammlung zu München vom 24. bis 26. September 1918, Berlin 1919.

Vierhaus, Rudolf, Adolf von Harnack, in: ders./vom Brocke, Forschung, S. 473–485.
Vierhaus, Rudolf/vom Brocke, Bernhard (Hg.), Forschung im Spannungsfeld von Politik und Gesellschaft. Geschichte und Struktur der Kaiser-Wilhelm-/Max-Planck-Gesellschaft aus Anlaß ihres 75jährigen Bestehens, Stuttgart 1990.
Vietsch, Eberhard von, Wilhelm Solf. Botschafter zwischen den Zeiten, Tübingen 1961.
Voges, Wolfgang (Hg.), Methoden der Biographie- und Lebenslaufforschung, Opladen 1987.
Vogt, Adolf, Oberst Max Bauer. Generalstabsoffizier im Zwielicht 1869–1929 (= Studien zur Militärgeschichte, Militärwissenschaft und Konfliktsforschung 6), Osnabrück 1974.
Völkerrecht im Weltkrieg. Dritte Reihe im Werk des Untersuchungsausschusses, Bd. 4: Der Gaskrieg, hg. von Johannes Bell (= Das Werk des Untersuchungsausschusses der Verfassungsgebenden Deutschen Nationalversammlung und des Deutschen Reichstages 1919–1928. Verhandlungen, Gutachten, Urkunden, hg. im Auftrage des Reichstages), Berlin 1927.
Volhard, Jacob/Fischer, Emil, August Wilhelm von Hofmann. Ein Lebensbild, im Auftrage der Deutschen chemischen Gesellschaft (= Berichte der Deutschen chemischen Gesellschaft 35 [1902], Sonderheft), Berlin 1902.
Volkov, Shulamit, Soziale Ursachen des Erfolgs in der Wissenschaft. Juden im Kaiserreich, in: HZ 245 (1987), S. 315–342 (auch in: dies., Leben, S. 146–165).
Volkov, Shulamit, Jüdische Assimilation und jüdische Eigenart im deutschen Kaiserreich. Ein Versuch, in: GG 9 (1983), S. 331–348 (auch in: dies., Leben, S. 131–145).
Volkov, Shulamit, Jüdisches Leben und Antisemitismus im 19. und 20. Jahrhundert. Zehn Essays, München 1990.
Volkov, Shulamit, «Ich bin ein Deutscher jüdischen Stammes.» Walther Rathenau als Jude, in: Wilderotter, Rathenau, S. 129–138.
Volkov, Shulamit, Juden als wissenschaftliche ‹Mandarine› im Kaiserreich und in der Weimarer Republik. Neue Überlegungen zu sozialen Ursachen des Erfolgs jüdischer Naturwissenschaftler, in: AfS 37 (1997), S. 1–18.
Waeser, Bruno, Stickstoffindustrie (= Technische Fortschrittsberichte 5), Dresden–Leipzig 1924.
Walden, Paul, Physikalische bzw. allgemeine oder theoretische Chemie, in: Handwörterbuch der Naturwissenschaften, Bd. 2, 2. Aufl., Jena 1933, S. 359–363.
Walker, Mark, Die Uranmaschine. Mythos und Wirklichkeit der deutschen Atombombe, Berlin 1990 (am. Orig.: German National Socialism and the Quest for Nuclear Power 1939–1949, Cambridge 1989).
Walker, Mark, Legenden um die deutsche Atombombe, in: VfZ 38 (1990), S. 45–74.
Wandersleb, Ernst, Fritz HABER – seine Beziehungen zu Jena und zum Zeiss-Werk, in: Jenaer Rundschau 5 (1960), S. 109–113.
Wassermann, Günter/Wincierz, Peter (Hg.), Das Metall-Laboratorium der Metallgesellschaft AG 1918–1981: Chronik und Bibliographie, anläßlich des 100-jährigen Bestehens der Metallgesellschaft AG, Frankfurt 1981.
Weber, Alfred, Die Not der geistigen Arbeiter, München 1923.
Webersinn, Gerhard, Dr. Hans Herschel, Bürgermeister von Breslau, in: Jahrbuch der Schlesischen Friedrich-Wilhelms-Universität 12 (1967), S. 246–306.
Weinberg, Arthur von, Emil Fischers Tätigkeit während des Krieges, in: Die Naturwissenschaften 7 (1919), S. 868–783.
Weindling, Paul, The Uses and Abuses of Biological Technologies: Zyklon B and Gas Disinfestation Between the First World War and the Holocaust, in: History and Technology 11 (1994), S. 291–298.

Weindling, Paul, The First World War and the Campaigns against Lice: Comparing British and German Sanitary Measures, in: Eckart/Gradmann, Medizin, S. 227–239.
Weischedel, Wilhelm (Hg.), Idee und Wirklichkeit einer Universität. Dokumente zur Geschichte der Friedrich-Wilhelms-Universität zu Berlin (= Gedenkschrift der FU Berlin zur 150. Wiederkehr des Gründungsjahres der Friedrich-Wilhelms-Universität zu Berlin 1), Berlin 1960.
Weizmann, Chaim, Memoiren. Das Werden des Staates Israel, Zürich 1953 (Orig.: Trial and Error. The Autobiography of Chaim Weizmann, 4. Aufl. London 1950).
Welsch, Fritz, Geschichte der chemischen Industrie. Abriß der Entwicklung ausgewählter Zweige der chemischen Industrie von 1800 bis zur Gegenwart, Berlin (Ost) 1981.
Wende, Erich, C. H. Becker – Mensch und Politiker, Stuttgart 1959.
Wendel, Günter, Zur Würdigung unseres nationalen wissenschaftlichen Erbes. Dargestellt am Leben und Wirken des Physikochemikers Fritz Haber (1868–1934) (= Informations- und Studienmaterial der Zentralen Forschungsstelle «Der Kampf der deutschen Chemiearbeiter ...», Reihe A, Folge 8), Leuna–Merseburg 1962.
Wendel, Günter, Die Kaiser-Wilhelm-Gesellschaft 1911–1914. Zur Anatomie einer imperialistischen Forschungsgesellschaft, Berlin (Ost) 1975.
Wennemuth, Udo, Wissenschaftsorganisation und Wissenschaftsförderung in Baden. Die Heidelberger Akademie der Wissenschaften 1909–1949 (= Supplemente zu den Sitzungsberichten der Heidelberger Akademie der Wissenschaften, Philosophisch-historische Klasse 8), Heidelberg 1994.
Wenzel, Georg, Deutsche Wirtschaftsführer. Lebensgänge Deutscher Wirtschaftspersönlichkeiten. Ein Nachschlagebuch über 13 000 Wirtschaftspersönlichkeiten unserer Zeit, Hamburg 1929.
Wenzel, Stefi, Jüdische Bürger und kommunale Selbstverwaltung in preußischen Städten 1808–1848 (= Veröffentlichungen der Historischen Kommission zu Berlin 21), Berlin 1967.
Werner, Petra (Hg.), Ein Genie irrt seltener ... Otto Heinrich Warburg. Ein Lebensbild in Dokumenten, Berlin 1991.
Werner, Petra/Irmscher, Angelika (Hg.), Fritz Haber. Briefe an Richard Willstätter 1910–1934 (= Studien und Quellen zur Geschichte der Chemie 6), Berlin 1995.
Westphal, Wilhelm Heinrich, 68 Jahre als Physiker in Berlin, in: Phys. Blätter 28 (1972), S. 258–265.
Wetzel, Walter, Naturwissenschaften und chemische Industrie in Deutschland. Voraussetzungen und Mechanismen ihres Aufstiegs im 19. Jahrhundert (= Frankfurter Historische Abhandlungen 32), Stuttgart 1991.
Whittemore Jr., Gilbert F., World War I, Poison Gas Research and the Ideals of American Chemists, in: Social Studies of Science 5 (1975), S. 135–163.
Wigner, Eugene P./Hodgkin, R. A., Michael Polanyi, 12 March 1891–22 February 1976, in: Biographical Memoirs of Fellows of the Royal Society 23 (1977), S. 413–448.
Wild von Hohenborn, Adolf, Briefe und Tagebuchaufzeichnungen des preußischen Generals als Kriegsminister und Truppenführer im ersten Weltkrieg, hg. von Helmut Reichold (= Schriften des Bundesarchivs 34), Boppard 1986.
Wilderotter, Hans (Hg.), Walther Rathenau 1867–1922. Die Extreme berühren sich. Eine Ausstellung des Deutschen Historischen Museums in Zusammenarbeit mit dem Leo Baeck Institute, New York, Berlin 1993.
Wille, Hermann Heinz, Der Januskopf. Leben und Wirken des Physikochemikers und Nobelpreisträgers Fritz Haber, Berlin (Ost) 1969.
Wille, Johannes, Biologie und Bekämpfung der deutschen Küchenschaben, Berlin 1920.
Wille, Johannes, Chlorpikrin in der Schädlingsbekämpfung, insbesondere im Kampf

gegen den Kornkäfer (Calandra granaria L.), in: Zschr. angew. Ent. 7 (1920), S. 296–310.

Williamson, D. G., Walther Rathenau and the K. R. A., August 1914–March 1915, in: Zeitschrift für Unternehmensgeschichte 23 (1978), S. 118–136.

Willstätter, Richard, Fritz Haber zum sechzigsten Geburtstag, in: Die Naturwissenschaften 16 (1928), Heft 50: Haber-Festschrift, S. 1053–1060.

Willstätter, Richard, Aus meinem Leben. Von Arbeit, Muße und Freunden, Weinheim 1949 (2. Nachdruck der 2. Aufl. Weinheim 1973).

Wintermeyer, Ursula, Zur Geschichte der Entwicklung der physikalischen Chemie, Diss. rer. nat. (Physik), Frankfurt am Main 1974.

Wise, George, Science and Technology, in: Kohlstedt, Sally G./Rossiter, Margaret W. (Hg.), Historical Writing on American Science. Perspectives and Prospects, Baltimore u. a. 1986, S. 229–246.

Withrow, James R., The American Chemist and the War's Problems, in: Science 43 (1916), S. 835–842.

Witschakowski, Walter, Hochdrucktechnik (= Schriftenreihe des Unternehmensarchivs der BASF 12), Ludwigshafen 1974.

Witt, Otto N., Chemie, in: Lexis, Unterrichtswesen IV/1, S. 165–175.

Witt, Otto N., Die Chemische Industrie auf der Columbischen Weltausstellung zu Chicago und in den Vereinigten Staaten von Nord-Amerika im Jahre 1893. Bericht, dem Kgl. Preußischen Staatsminister und Minister der geistlichen, Unterrichts- und Medicinalangelegenheiten erstattet, Berlin 1894.

Witt, Peter-Christian, Wissenschaftsfinanzierung zwischen Inflation und Deflation: Die Kaiser-Wilhelm-Gesellschaft 1918/19 bis 1934/35, in: Vierhaus/vom Brocke, Forschung, S. 579–656.

Witt, Peter-Christian, Monarchen und Bürger. Über Untertanen und Untertänigkeit im wilhelminischen Deutschland (1890–1914), in: Freiheitsstreben, Demokratie, Emanzipation. Aufsätze zur politischen Kultur in Deutschland und den Niederlanden, hg. von Horst Lademacher/Walter Mühlhausen (= Niederlande-Studien 5), Münster 1993, S. 139–187.

Wittwer, Wolfgang W., Carl Heinrich Becker, in: Berlinische Lebensbilder, Bd. 3, S. 251–267.

Woker, Gertrud, Der kommende Giftgaskrieg. Im Auftrage der Internationalen Frauenliga für Frieden und Freiheit (= Kultur- und Zeitfragen 18), Leipzig 1925.

Wolf, Mechthild, Im Zeichen von Sonne und Mond. Von der Frankfurter Münzschneiderei zum Weltunternehmen Degussa AG, Frankfurt 1993.

Wolff, Theodor, Tagebücher 1914–1919. Der Erste Weltkrieg und die Entstehung der Weimarer Republik in Tagebüchern, Leitartikeln und Briefen des Chefredakteurs am «Berliner Tageblatt» und Mitbegründers der «Deutschen Demokratischen Partei», eingel. und hg. von Bernd Sösemann (= Deutsche Geschichtsquellen des 19. und 20. Jahrhunderts 54), 2 Bde, Boppard 1984.

Woodward, William R./Cohen, Robert S. (Hg.), World Views and Scientific Discipline Formation (= Boston Studies in the Philosophy of Science 134), Dordrecht u. a. 1991.

Woolf, Virgina, Collected Essays, Bd. 4, London 1967.

Wrangell, Margarethe von, Das Leben einer Frau 1876–1932. Aus Tagebüchern, Briefen und Erinnerungen dargest. von Wladimir Andronikow, München 1935.

Yerkes, Robert M. (Hg.), The New World of Science: Its Development During the War, New York 1920.

Zeidler, Manfred, Reichswehr und Rote Armee 1920–1933. Wege und Stationen einer

ungewöhnlichen Zusammenarbeit (= Beiträge zur Militärgeschichte 36), München 1993.
Zierold, Kurt, Forschungsförderung in drei Epochen: Deutsche Forschungsgemeinschaft. Geschichte, Arbeitsweise, Kommentar, Wiesbaden 1968.
Zuckerman, Solly, Nuclear Illusion and Reality, London 1982.
Zwehl, Hans von, Falkenhayn, Berlin 1926.
Zwiedineck-Südenhorst, Otto von, Die Großherzoglich Badische Technische Hochschule zu Karlsruhe, in: Lexis, Unterrichtswesen IV/1, S. 265–275.

Personenregister

Institutionenregister